Molekulare Sport- und Leistungsphysiologie

Norbert Bachl
Herbert Löllgen
Harald Tschan
Henning Wackerhage
Barbara Wessner
Hrsg.

Molekulare Sport- und Leistungsphysiologie

Molekulare, zellbiologische und genetische Aspekte der körperlichen Leistungsfähigkeit

Mit zahlreichen Abbildungen und Tabellen

Springer

Herausgeber
Norbert Bachl
Institut für Sportwissenschaft
Universität Wien
Wien
Österreich

Herbert Löllgen
DGSP, Praxis für Kardiologie
Sportkardiologie
Remscheid
Deutschland

Harald Tschan
Institut für Sportwissenschaft
Universität Wien
Wien
Österreich

Henning Wackerhage
Fakultät für Sport- und Gesundheitswissenschaften
Technische Universität München
München
Deutschland

Barbara Wessner
Institut für Sportwissenschaft
Universität Wien
Wien
Österreich

ISBN 978-3-7091-1590-9 ISBN 978-3-7091-1591-6 (eBook)
https://doi.org/10.1007/978-3-7091-1591-6

Die Deutsche Nationalbibliothek verzeichnet diese Publikation in der Deutschen Nationalbibliografie; detaillierte bibliografische Daten sind im Internet über http://dnb.d-nb.de abrufbar.

Umschlaggestaltung: deblik Berlin
Fotonachweis Umschlag: © petesaloutos, www.thinkstockphotos.de

Gedruckt auf säurefreiem und chlorfrei gebleichtem Papier

Springer ist Teil von Springer Nature
Die eingetragene Gesellschaft ist Springer-Verlag GmbH Österreich
Die Anschrift der Gesellschaft ist: Prinz-Eugen-Str. 8-10, 1040 Wien, Austria

Geleitwort

In den letzten Jahren hat sich der Wissensstand in Bezug auf Genetik und Leistungsfähigkeit immens vergrößert und somit neue Impulse für die leistungsphysiologische Forschung geschaffen, wodurch sich diese in eine gänzlich neue Richtung entwickelte. So war die Forschung hier vor nicht allzu langer Zeit auf die organische/systemische Ebene beschränkt. Mit Entwicklung der Muskelbiopsietechnik in den späten 60er Jahren verlagerte sich allerdings der Forschungsschwerpunkt von der organischen auf die zelluläre Ebene und wir begannen, die Stoffwechselvorgänge innerhalb der Muskelzellen sowie den Einfluss äußerer Faktoren auf die körperliche Leistungsfähigkeit besser zu verstehen. Die Entschlüsselung des menschlichen Genoms zu Beginn dieses Jahrhunderts brachte schließlich eine Revolution in der Biologie mit sich und hatte wiederum einen weitreichenden Einfluss auf die sportphysiologische Forschung. Eine Vielzahl neuer Forschungsstätten wurde auf der ganzen Welt in diesem Bereich etabliert, neue wissenschaftliche Fachzeitschriften gegründet. Als Ergebnis dessen wurde unser Wissen über Signalwege, Prozesse und Mechanismen auf molekularer und genomischer Ebene exponentiell erweitert und die Forschung ist nun in vollem Gange.

Das vorliegende Buch wurde von den Professoren Bachl, Löllgen, Tschan, Wackerhage und Wessner herausgegeben – selbst namhafte Wissenschaftler und Experten auf dem Gebiet der molekularen Leistungsphysiologie. Darüber hinaus wurden herausragende Wissenschaftler und Wissenschaftlerinnen, von denen einige Pionierarbeit in ihrem Fachbereich geleistet haben, eingeladen, Kapitel zu verfassen. Diese Kapitel bieten somit eine umfassende und maßgebliche Zusammenfassung der Erkenntnisse über die molekularen Aspekte der Sport- und Leistungsphysiologie.

In den einleitenden drei Kapiteln werden die grundlegenden Kenntnisse über die biologischen Aspekte der Vererbung, die Regulierung der Genexpression und die Regulierung von Anpassungsprozessen über ein Netz von molekularen Sensoren dargelegt. Abschnitt II gibt in sieben Kapiteln einen umfassenden Einblick in die molekulare Leistungsphysiologie, indem molekulare Mechanismen und physiologische Systeme unter dem Aspekt der Muskelaktivität miteinander in Verbindung gebracht werden. Eine Beschreibung der grundlegenden physiologischen und molekularen Mechanismen zu Beginn jedes Kapitels stellt die Besonderheit dieses Abschnittes dar. Abschnitt III befasst sich mit den Auswirkungen unterschiedlicher Trainingsarten auf individuelle physiologische Systeme, sowie mit den molekularen Mechanismen und ihrer Anpassung an Ausdauer- und Krafttraining sowie ihrer Beeinflussung durch Ernährung, Alter, onkologische und Herz-Kreislauf-Erkrankungen. Ein State-of-the-Art-Kapitel über den Einfluss der Genetik auf die Leistungsfähigkeit im Spitzensport erörtert, wie limitiert unser Wissen in diesem Bereich derzeit noch ist, und zeigt auf, welche Fortschritte in dieser Hinsicht noch notwendig sein werden. Ein weiteres Kapitel stellt das spannende Feld der Epigenetik in Zusammenhang mit Sport dar. Tatsächlich kann die Epigenetik einen neuen integrativen Ansatz bieten, der es uns ermöglichen kann, biologische Phänomene mit kognitiven Prozessen und Verhalten zu verknüpfen. Dadurch eröffnen sich neue Horizonte in unserer unerschöpflichen Suche, die menschliche Leistungsfähigkeit zu verstehen.

Insgesamt liefert dieses Buch über molekulare Sport- und Leistungsphysiologie einen grundlegenden Beitrag zum Verständnis der Funktionen des menschlichen Körpers während körperlicher Aktivität und Sport und spiegelt somit die neue Epoche wider, die wir im wissenschaftlichen Bereich der Ergophysiologie eingeschlagen haben.

Prof. Dr. Vassilis Klissouras, FACSM, FECSS
Professor of Ergophysiology
University of Athens & McGill University
Athens, September 2016
(Übersetzung aus dem Englischen durch die Herausgeber)

Geleitwort

Die neuen Erkenntnisse der Genetik und Molekularbiologie haben auch in der Sport- und Leistungsphysiologie eine Vielzahl von neuen Forschungsfeldern eröffnet. Nach spiroergometrischen und muskelbioptischen Messverfahren steht derzeit die Mikrostruktur der Zellen verschiedenster Organe, bezogen auf die menschliche Leistungsfähigkeit in allen ihren Ausprägungsformen, sowie die Trainierbarkeit und Anpassungsfähigkeit an verschiedenartige äußere Reize im Mittelpunkt des Forschungsinteresses. Viele Publikationen, sei es als Originalarbeiten bzw. als Bücher, wurden und werden vor allem englischsprachig veröffentlicht. Daher versuchen die Herausgeber und alle mitwirkenden Autoren aus den Fachbereichen Leistungsphysiologie, Sportmedizin, Sportwissenschaft, Trainingswissenschaft und Molekularbiologie mit dem vorliegenden Buch erstmals, die Grundlagen molekularer, sportphysiologischer, sportmedizinischer und sportwissenschaftlicher Aspekte der körperlichen Leistungsfähigkeit in deutscher Sprache zusammenzustellen.

Im ersten Abschnitt des Buches wird das relevante Grundwissen der Molekularbiologie und Genetik behandelt. Hier werden die Signaltransduktion und die Genexpression genauer erläutert. Der zweite Abschnitt befasst sich mit der molekularen Leistungsphysiologie. Schwerpunkte liegen hier vor allem auf dem Herz-Kreislauf-System, Muskelapparat, Bindegewebe, Endokrinum sowie dem Nerven- und Immunsystem. Danach thematisiert der dritte Teil des Werkes die speziellen Aspekte der molekularen Sport- und Leistungsphysiologie. Darin wird genauer auf die Anpassung an Ausdauer- und Krafttraining, Einfluss der Ernährung und Genetik auf die körperliche Leistungsfähigkeit, genetische Risikofaktoren sowie auf spezielle Aspekte in Prävention und Rehabilitation eingegangen.

Zum besseren Verständnis beinhaltet das Buch zahlreiche Abbildungen und ausführlich beschriebene Darstellungen. Obendrein geben die Verfasser sogenannte „Methoden-Informationen". Dieses Zusatzelement soll den Leserinnen und Lesern dazu dienen, einen besseren Transfer zwischen dem theoretischen Wissen durch Einbindung methodischer Aspekte und deren Umsetzung in der Praxis zu schaffen.

Der unterschiedlich aktuelle Wissensstand in den einzelnen Themen bzw. Subthemen beeinflusst natürlich das Herangehen der einzelnen Autoren an die komplexe Materie, was bedeutet, dass klassische sportphysiologische, sportmedizinische und sportwissenschaftliche Grundlagen mit den entsprechenden zellbiologischen bzw. molekularbiologischen und genetischen Befunden unterschiedlich gewichtet sind. Darüber hinaus macht der rasante Wissenszuwachs auf diesen Gebieten, auch durch immer wieder neuartige diagnostische Verfahren, eine umfassende State-of-the-Art-Darstellung schwierig, zumal die Vorbereitungsarbeiten bis zur Herausgabe dieses umfassenden Buches zweifellos einen längeren Zeitraum benötigten. Nichtsdestotrotz ist es den Autoren gelungen, die Zusammenhänge zwischen der klassischen Sport- und Leistungsphysiologie und der Genetik und molekularen Biologie so darzustellen, dass das vorliegende Werk ein interessantes basales Fachbuch für viele Berufsgruppen, insbesondere Sportmediziner, Sportwissenschaftler und Studierende in den genannten Disziplinen, darstellt, welches die grundlegenden Informationen über dieses hochinteressante und hochkomplexe Gebiet vermittelt.

Prim. Univ.-Prof. Dr. Dr. Josef Niebauer, MBA
Universitätsinstitut für präventive und rehabilitative Sportmedizin
Paracelsus Medizinische Privatuniversität (PMU) Salzburg
Präsident der Österreichischen Gesellschaft für Sportmedizin und Prävention
Salzburg, im September 2016

Vorwort

Die Leistungsphysiologie besitzt im Gegensatz zu den meisten anderen medizinischen Disziplinen die Möglichkeit und Aufgabe, physiologische und pathologische Fragestellungen gleichermaßen zu untersuchen und zu bearbeiten. Im umfassenden Bereich von Rehabilitation und Prävention, Freizeit- und Leistungssport bis zum Hochleistungssport kann wissenschaftstheoretisch und davon als Wissenstransfer abgeleitet, praktisch und praxisbezogen der Einfluss körperlicher (In-)Aktivität auf den Gesundheitszustand und die Leistungsfähigkeit des Menschen in Abhängigkeit von Geschlecht, Alter und besonderen Umweltbedingungen beurteilt werden. Die erhobenen Befunde dienen einerseits im Sportbereich zur Steuerung der körperlichen Aktivität für eine den jeweiligen Zielvorstellungen entsprechende Leistungsentwicklung, andererseits zur trainingstherapeutischen Intervention im Rahmen der komplexen Therapie fast aller chronischen Erkrankungen.

Ein kurzer Rückblick zeigt, dass die Sportmedizin schon im 19. Jahrhundert begann, verschiedene Geräte und Methoden zur Beurteilung der physischen Leistungsfähigkeit zu entwickeln und – als damals wichtigsten Parameter – die maximale Sauerstoffaufnahme als Bruttokriterium der aeroben Leistung zu erheben und zur Leistungsbeurteilung zu verwenden. Die Forschungsresultate dieser Zeit, sowie der ersten zwei Drittel des 20. Jahrhunderts, sind weltweit akzeptiert und fanden in allen Lebensbereichen ihre Umsetzung und Anwendung. Besonders wichtig ist es zu betonen, dass etwa ab der Hälfte des letzten Jahrhunderts die Sportmedizin und Leistungsphysiologie darin federführend waren, regelmäßige körperliche Aktivität nicht nur als eine der besten präventiven Maßnahmen, sondern vor allem in der komplexen Trainingstherapie und Rehabilitation vieler Erkrankungen zu implementieren. Daraus entstanden weltweit anerkannte Trainingsplanungen im Leistungssport sowie Bewegungsempfehlungen in der Vorbeugung und Behandlung von Erkrankungen wie Diabetes mellitus Typ 2, dem metabolischen Syndrom, Herz-Kreislauf-Erkrankungen, kognitiver und immunologischer Beeinträchtigungen sowie in der Wiederherstellung nach Operationen und Unfällen.

Schon in den 60iger Jahren des letzten Jahrhunderts wurde allerdings auch erkannt, dass viele der Trainingsempfehlungen nicht bei allen Menschen gleich effektiv waren bzw. die gewünschten Veränderungen erzielen konnten. Da gleichzeitig große Anstrengungen unternommen wurden, das Genom des Menschen zu entschlüsseln, war natürlich auch die Sport- und Leistungsphysiologie bzw. Leistungsmedizin an diesen Ergebnissen interessiert, um alle relevanten Fragestellungen besser verstehen bzw. im Sinne ihrer Anwendbarkeit umsetzen zu können.

Schließlich waren die letzten zwei Jahrzehnte vor allem dadurch geprägt, dass nicht nur die komplette Entschlüsselung des menschlichen Genoms, sondern auch neue Erkenntnisse der Zell- und Molekularbiologie die leistungsphysiologische Forschung zunehmend beeinflusst haben.

Der Begriff „von der Funktion zur Zelle" beschreibt diesen Weg in seiner Gesamtheit, spiegelt aber auch das Faktum wider, dass durch neue Erkenntnisse über Stoffwechselfunktionen im Mikrokosmos der Zellen verschiedenster Gewebetypen sowie des Zwischengewebes die Funktionsabläufe eines Organs, verschiedener Organsysteme bzw. des Gesamtorganismus besser verstanden werden können. In kaum einem anderen Bereich hat dies zu so vielen relevanten Erkenntnissen geführt wie in der Leistungsphysiologie, welche sowohl zur Verbesserung der

Leistungsfähigkeit von Topathleten/innen als auch zur personalisierten Empfehlungen für körperliche Aktivität und Training in der präventiven und rehabilitativen Bewegungstherapie Eingang gefunden haben. Dadurch sind neue Fragen aufgetaucht, welche sich einerseits auf den Einfluss der Genetik auf die Leistungsfähigkeit und andererseits auf die Reaktion der Zelle(n) auf bestimmte Reize in Abhängigkeit von Geschlecht, Alter und Trainingszustand beziehen. Dabei stehen sowohl leistungsdeterminierende Merkmale wie auch das Ausmaß der Adaptationsfähigkeit jeweils in Interaktion mit Umwelteinflüssen im Mittelpunkt des Interesses. Es bleibt abzuwarten, inwieweit neue Erkenntnisse aus dem „Omics-Approach" also der „Kette" von Genomics – Transcriptomics – Proteomics – Metabolomics – Epigenomics neue Erkenntnisse liefern werden, zumal - in diese Richtung weisend - schon Begriffe wie „Exeromics" oder „Sportomics" geprägt wurden.

Das vorliegende Buch macht es sich daher zur Aufgabe, vom leistungsphysiologischen Basiswissen ausgehend jene genetischen und molekularbiologischen Befunde darzustellen, welche die Auswirkungen von körperlicher Aktivität und Inaktivität auf Zellen und Organe beschreiben. Vorausgeschickt sei, dass es natürlich inhaltliche, wenn auch überschneidende, Abgrenzungen zwischen Genetik und Molekularbiologie gibt. Während sich die Genetik schwerpunktmäßig mit dem Genom, also dem Bauplan zur Bildung eines Lebewesens beschäftigt, liegt der Forschungsimpetus der Molekularbiologie in der Betrachtung der Funktion, Regulierung und Interaktion verschiedenster Biomoleküle auf molekularer Ebene. Es ist daher logisch, dass je nach gegebenem Genotyp Expressionsmuster und Signalketten unterschiedlich ablaufen und damit wiederum neue Erkenntnisse im Bereich der Molekular-, Populations- bzw. Epigenetik nach sich ziehen.

Ohne diese beiden großen Forschungsbereiche trennen zu können bzw. trennen zu wollen, sind zu Beginn des vorliegenden Buches einleitende Kapitel über Genetik, Genexpression und Signaltransduktion zu finden, denen ein Abschnitt über molekulare Abläufe im Herzkreislaufsystem, der Muskulatur, dem Nervensystem, dem Bindegewebe, dem endokrinen System, dem Immunsystem, sowie auch über bestimmte Wachstumsfaktoren folgt. Weitere Kapitel des Buches beschäftigen sich mit jenen molekularen und zellulären Anpassungsvorgängen, welche durch akute und chronische Trainingsreize nach Ausdauer- und Krafttraining ausgelöst werden. Anschließend folgen Kapitel über den Einfluss der Ernährung, des Alters und der körperlichen Aktivität in der Prävention und der Rehabilitation von onkologischen und kardiovaskulären Erkrankungen. In einem letzten Teil werden genetische und epigenetische Faktoren der Leistungsfähigkeit und Trainierbarkeit zusammengefasst bzw. gegenübergestellt.

Wie bei einem „Viel-Autorenbuch" üblich und notwendig, findet sich in den Kapiteln eine gewisse Variabilität in der Gewichtung klassischer physiologischer bzw. genetischer und molekularbiologischer Befunde, welche den „roten Faden" der molekularen Leistungsphysiologie um weitere interessante Inhalte ergänzen.

Das vorliegende Buch wendet sich an alle Gesundheitsberufe, welche mit leistungsphysiologischen, sport- und leistungsmedizinischen Fragestellungen, mit der medizinischen Trainingslehre und Trainingstherapie in Prävention und Rehabilitation, sowie mit Training im Leistungssport zu tun haben, insbesondere jedoch an Sportmediziner/innen, Fachärzte und -ärztinnen aller Fachrichtung in o. g. Einsatzfeldern, Sportwissenschaftler/innen, Physiotherapeut/innen sowie Studierende der entsprechenden Fachrichtungen. Aufgrund der Fülle der Befunde und der Vielzahl von Publikationen in den letzten Monaten und Jahren können nicht alle Inhalte in

Gänze abgedeckt werden, zumal der Wissensstand in den einzelnen Inhalten sehr unterschiedlich ist. Für den erwähnten Personenkreis jedoch soll das vorliegende Werk einen Anstoß liefern, sich mit der für die Zukunft so wichtigen Thematik der molekularen Leistungsphysiologie und Genetik intensiver zu befassen.

Der Dank der Herausgeber gilt allen Autor/innen, den Mitarbeiter/innen des Springer-Verlages für die Unterstützung bis zur Drucklegung, ganz besonders aber Frau Mag. Dr. Marlene Hofmann für die akribisch perfekte Zusammenstellung der Manuskripte und der Kommunikation mit den Autor/innen.

Die Herausgeber
Univ. Prof. Dr.med. Bachl Norbert
Prof. Dr. med. Herbert Löllgen
Univ.-Prof. Dr. Harald Tschan
Prof. Dr. Henning Wackerhage
Assoz.-Prof. DI Dr. Barbara Wessner
im September 2016

Inhaltsverzeichnis

I Grundlagen

1 **Einführung in die Genetik** 3
Barbara Wessner, Gerda Katschinka
1.1 **Einleitung** 4
1.2 **Das genetische Material** 4
1.2.1 Aufbau und Funktion der DNA 4
1.2.2 Organisation der DNA 7
1.2.3 Weitergabe der genetischen Information 10
1.3 **Grundlagen der Vererbung** 14
1.3.1 Mendel'sche Vererbungsregeln 14
1.3.2 Genotyp und Phänotyp 15
1.4 **Veränderungen des Genoms** 16
1.4.1 Mutationen und Polymorphismen 16
1.4.2 Evolution 17
1.4.3 Populationsgenetik 19
1.5 **Epigenetik** 19
1.5.1 DNA-Methylierung 20
1.5.2 Histonmodifikationen 20
1.5.3 Interaktionen zwischen DNA-Methylierung und Histonmodifikationen 23
1.5.4 Chromatin-Remodeling 24
Literatur 24

2 **Genexpression** 27
Barbara Wessner, Henning Wackerhage
2.1 **Zentrales Dogma der Molekularbiologie** 28
2.2 **Transkription** 29
2.2.1 Ablauf der Transkription 29
2.2.2 Posttranskriptionale Modifikationen 30
2.3 **Translation** 32
2.3.1 Der genetische Code 32
2.3.2 Ablauf der Translation 33
2.3.3 Posttranslationale Modifikationen 34
2.3.4 Räumliche Anordnung der Proteine 34
2.4 **Regulierung der Genexpression** 35
2.4.1 Epigenetische Mechanismen 35
2.4.2 Kontrolle auf Ebene der Transkription 36
2.4.3 MicroRNAs 36
2.5 **Proteinabbau** 38
2.5.1 Ubiquitin-Proteasom-System 38
2.5.2 Autophagie/Lysosom 39
Literatur 42

3 Signaltransduktion ... 45
Barbara Wessner, Henning Wackerhage
3.1 **Mechanismen der Signalübertragung** ... 46
3.2 **Ligand-Rezeptor-Wechselwirkung** ... 46
3.3 **Rezeptortypen** ... 47
3.3.1 Zytoplasmatische Rezeptoren ... 47
3.3.2 Membranrezeptoren ... 47
3.4 **Signalweiterleitung** ... 51
Literatur ... 53

II Molekulare Leistungsphysiologie

4 Einführung in das Herz-Kreislauf-System ... 57
Herbert Löllgen, Norbert Bachl, Christian Lorenz, Eric Schulze-Bahr, Ruth Löllgen, Eszter Csajági, Fabio Pigozzi
4.1 **Herz-Kreislauf-System** ... 60
4.1.1 Funktionen des Herz-Kreislauf-Systems ... 60
4.1.2 Gefäße ... 61
4.1.3 Angiogenese ... 64
4.2 **Gas- und Sauerstoffaustausch** ... 66
4.3 **Herzfunktion** ... 67
4.3.1 Molekularbiologische Aspekte der Herzmuskelhypertrophie ... 68
4.3.2 Physiologische Herzmuskelhypertrophie ... 68
4.3.3 Pathologische Herzmuskelhypertrophie ... 69
4.3.4 Reizleitungssystem ... 71
4.3.5 Reizbildung und Reizleitung ... 71
4.3.6 Herzmuskelkontraktion – elektrophysiologische Aspekte ... 73
4.4 **Herzmechanik – die Kontraktion des Herzen** ... 75
4.4.1 Elektromechanische Kopplung ... 75
4.4.2 Regulation der Herzmechanik ... 75
4.4.3 Steuerung der Herzaktion ... 76
4.5 **Methodik zur Erfassung hämodynamischer Messgrößen** ... 77
4.5.1 Komponenten der kardialen Funktion unter Belastung ... 81
4.5.2 Kardiale Messgrößen unter Belastung ... 82
4.5.3 Respiratorische Größen ... 84
4.5.4 Funktionelle Kapazität (Synonyma: Belastungskapazität, „Exercise capacity" oder „Physical capacity") ... 86
4.5.5 Klinische Symptome und Anstrengungsempfinden ... 86
4.5.6 Zelluläre Beschreibung und Funktion ... 88
4.5.7 Rezeptoren ... 88
4.5.8 Proteine und kardiale Marker ... 89
4.6 **Molekulare Anpassungsmechanismen** ... 89
4.6.1 Veränderung bei Belastung ... 89
4.6.2 Adaptation des Herzens durch körperliche Aktivität ... 90
4.6.3 Regulative Anpassungsmechanismen ... 91
4.6.4 Strukturelle Anpassungsmechanismen ... 92
4.6.5 Adaptation des Herzens durch körperliche Aktivität ... 96

4.6.6 Ausdauersport: Nutzen oder Schaden ... 97
4.6.7 Anpassung des arteriellen Gefäßsystems an chronische Belastungen (Training) ... 98
4.6.8 Zelluläre Beschreibung und Funktion ... 98
4.6.9 Optimierung und Maximierung der Leistungsfähigkeit ... 99
4.6.10 Arbeitende Muskulatur ... 99
4.6.11 Anpassung der Muskulatur an körperliche Aktivität ... 99
4.6.12 Weitere molekulare Anpassungsmechanismen ... 100
Literatur ... 101

5 Muskelapparat ... 105
Henning Wackerhage, Marlene Hofmann, Barbara Wessner
5.1 **Myogenese – Die Entstehung der Muskelzelle** ... 106
5.1.1 Satellitenzellen ... 106
5.1.2 Aktivierte Satellitenzellen und Proliferation zu Myoblasten ... 109
5.1.3 Differenzierung zu Muskelfasern ... 109
5.1.4 Regeneration ... 111
5.1.5 Zelltod ... 111
5.2 **Molekularer Aufbau der Muskelzelle** ... 114
5.2.1 Die kontraktile Einheit – das Sarkomer ... 115
5.2.2 Proteine des Sarkomers ... 115
5.2.3 Extrazelluläre Matrix ... 117
5.3 **Der Muskel als Energiewandler** ... 120
5.3.1 Energiestoffwechel im Muskel ... 120
5.4 **Muskelfasertypen** ... 122
5.5 **Überblick bewegungsinduzierter Signalwege** ... 125
Literatur ... 126

6 Nervensystem ... 129
Eva-Maria Strasser, Stefan Oesen
6.1 **Basisphysiologie des Nervensystems** ... 130
6.1.1 Motorische Einheit ... 130
6.1.2 Rekrutierung von motorischen Einheiten ... 130
6.1.3 Elektromechanische Kopplung ... 131
6.2 **Zentrale Faktoren der neuromuskulären Ermüdung** ... 131
6.2.1 Ermüdung ... 131
6.2.2 Spinale Mechanismen der Ermüdung ... 132
6.2.3 Suprapinale Mechanismen der Ermüdung ... 133
6.3 **Anpassungsreaktionen der motorischen Einheit auf Training** ... 133
6.3.1 Ausdauertraining ... 134
6.3.2 Krafttraining ... 134
6.4 **Anpassungsreaktionen des zentralen Nervensystems auf Training** ... 135
6.5 **Zusammenfassung** ... 136
Literatur ... 136

7 Mechanische Belastung und Bindegewebe ... 139
Micheal Kjaer, Norbert Bachl, Christian Lorenz, Stefan Nehrer, Florian Halbwirth
7.1 **Bindegewebe** ... 140
7.1.1 Strukturelle Grundlagen ... 140
7.1.2 Molekulare Grundlagen des Bindegewebes ... 145

7.1.3 Mechanische Übertragung und Wachstumsfaktoren im Matrixgewebe 146
7.2 **Knochen und Adaption durch körperliche Bewegung** 147
7.2.1 Mechanische Übertragung 147
7.2.2 Genetische Varianten und Knochenverletzung 149
7.2.3 Mechanische Übertragung 151
7.2.4 Genetische Varianten von Knorpelgewebe 152
7.3 **Sehnen und Adaption durch körperliche Bewegung** 153
7.3.1 Mechanische Übertragung 153
7.3.2 Funktion und mechanische Eigenschaften von menschlichem Sehnenbindegewebe im lebenden Organismus 155
7.3.3 Verletzungsrisiken des Bindegewebes 156
7.3.4 Genetische Varianten von Sehnenbindegewebe im Zusammenhang mit Sehnenverletzungen 156
Literatur 164

8 Wachstumsfaktoren unter besonderer Berücksichtigung des muskuloskelettalen Systems 171
Norbert Bachl, Christian Lorenz, Goldspink Geoffrey
8.1 **Einleitung** 173
8.2 **Definition, Wirkungsweisen und Signalketten von Wachstumsfaktoren** 178
8.3 **Wirkungen von Wachstumsfaktoren auf die Skelettmuskulatur** 190
8.3.1 IGF und MGF 191
8.3.2 FGF 199
8.3.3 Myostatin/GDF-8 199
8.3.4 VEGF 203
8.3.5 TGF-β 203
8.3.6 LIF 204
8.3.7 BDNF 204
8.4 **Wirkungen von Wachstumsfaktoren auf Knochen und Knorpel** 205
8.4.1 FGF 206
8.4.2 IGF und MGF 206
8.4.3 TGF-β 207
8.4.4 LIF 207
8.4.5 PDGF 207
8.4.6 BMP 208
8.5 **Wirkungen von Wachstumsfaktoren auf Bänder und Sehnen** 208
8.5.1 FGF 209
8.5.2 IGF und MGF 209
8.5.3 TGF-β 209
8.5.4 GDF 209
8.5.5 VEGF 210
8.5.6 EGF 210
8.5.7 PDGF 210
8.6 **Thrombozytenreiches Plasma, plättchenreiches Plasma, Platelet Rich Plasma (PRP)** 210
8.6.1 PRP in Skelettmuskelgeweben 212
8.6.2 PRP in Sehnen- und Bandgeweben 212
8.6.3 PRP in Knochen- und Knorpelgeweben 213
Literatur 214

9 Endokrines System ... 229
Erich Roth, Johannes Huber
9.1 **Grundlagen** ... 230
9.1.1 Wechselwirkung zwischen Stoffwechselprodukten und Hormonen ... 230
9.1.2 Vermittlung der Hormonwirkung ... 231
9.2 **Regulation hormoneller Systeme** ... 232
9.2.1 Hypothalamus/Hypophyse ... 232
9.2.2 Schilddrüsenhormone ... 235
9.2.3 Biogene Amine und das Zellwachstum ... 236
9.2.4 Steroidhormone ... 237
9.2.5 Sexualhormone ... 238
9.2.6 Parathormon/Vitamin D/Calcitonin ... 242
9.2.7 Insulin/Glukagon/Leptin (Energiestoffwechsel) ... 243
9.2.8 Hormone des Elektrolyt und Wasserhaushaltes ... 245
9.3 **Einfluss von Sport auf Hormonspiegel** ... 246
9.4 **Hormondoping** ... 248
9.4.1 Wachstumshormon ... 248
9.4.2 Androgene Hormone ... 248
9.5 **Weibliche Sexualsteroide, genetische Polymorphismen und körperliche Performance** ... 249
9.5.1 Einleitung ... 249
9.5.2 Blutkreislauf ... 249
9.5.3 Muskulatur ... 254
9.5.4 Geschlechtshormonabhängigkeit der Lungenfunktion ... 255
9.5.5 Stoffwechsel und Sexualsteroide ... 257
9.5.6 Sexualhormone und Psyche ... 259
Literatur ... 261

10 Immunsystem ... 265
Erich Roth, Barbara Schober-Halper, Barbara Wessner
10.1 **Einleitung** ... 266
10.2 **Grundlagen des Immunsystems** ... 267
10.2.1 Aufgaben des Immunsystems ... 267
10.2.2 Zellen des Immunsystems ... 267
10.2.3 Angeborenes Immunsystem – Phagozytose ... 270
10.2.4 Akute-Phase-Reaktion ... 272
10.2.5 Adaptive Immunabwehr – Antikörperbildung ... 273
10.2.6 Pro- und antiinflammatorische Zytokine ... 273
10.2.7 Mukosales Immunsystem ... 275
10.2.8 Immunologische Methoden ... 275
10.3 **Einfluss einer akuten sportlichen Belastung** ... 276
10.3.1 Angeborenes Immunsystem ... 276
10.3.2 Erworbenes Immunsystem ... 278
10.3.3 Zytokine ... 280
10.3.4 Hitzeschockproteine, Sauerstoffmetaboliten ... 281
10.4 **Langandauernde Trainingsperioden und Underperformance-Syndrom** ... 281
10.5 **Anti-inflammatorische Effekte körperlicher Aktivität** ... 283
10.6 **Erkrankungen und körperliche Inaktivität** ... 285
10.6.1 Diabetes ... 285

10.6.2 Karzinome ... 286
10.6.3 Rheumatologische und respiratorische Erkrankungen ... 286
10.6.4 Intensivpatienten ... 286
10.6.5 Alter ... 286
Literatur ... 287

III Spezielle Aspekte

11 Anpassung an Ausdauertraining ... 291
Hans Hoppeler
11.1 **Einleitung – systemphysiologischer Überblick** ... 292
11.2 **Mitochondrien in Muskelzellen** ... 294
11.2.1 Strukturelle und funktionelle Anpassung ... 294
11.2.2 Molekulare Mechanismen der mitochondrialen Anpassungsfähigkeit ... 295
11.3 **Mikrozirkulation und Makrozirkulation** ... 298
11.3.1 Mikrozirkulation ... 298
11.3.2 Makrozirkulation ... 299
11.4 **Hämoglobingehalt** ... 300
11.4.1 Akute Veränderungen des Hämoglobingehaltes ... 300
11.4.2 Chronische Veränderungen des Hämoglobingehaltes bei Ausdauerleistungen in der Höhe ... 300
11.5 **Herz** ... 301
11.6 **Lunge** ... 302
Literatur ... 303

12 Anpassung an Krafttraining ... 305
Henning Wackerhage, Stefan Oesen, Marlene Hofmann, Harald Tschan
12.1 **Einleitung** ... 306
12.2 **Talent für Muskelmasse und Kraft** ... 307
12.3 **Anpassungen** ... 307
12.3.1 Hyperplasie ... 308
12.3.2 Muskelfaserhypertrophie ... 308
12.4 **Signalwege** ... 309
12.4.1 mTOR ... 310
12.4.2 Myostatin/Smad ... 312
12.5 **Krafttraining und Satellitenzellen** ... 313
12.6 **Gleichzeitiges Kraft- und Ausdauertraining (Concurrent Training)** ... 315
Literatur ... 316

13 Stoffwechselprinzipien der Ernährung ... 319
Petra Stuparits, Erich Roth, Karl-Heinz Wagner
13.1 **Einleitung** ... 321
13.2 **Bedeutung der Ernährung für den Muskel** ... 321
13.2.1 Kohlenhydrate ... 322
13.2.2 Proteine ... 322
13.2.3 Fette ... 323

13.2.4 Mikronährstoffe ... 323
13.2.5 Flüssigkeitszufuhr ... 323
13.3 **Chemie der Makro- und Mikronährstoffe** ... 324
13.3.1 Proteine, Aminosäuren ... 324
13.3.2 Kohlenhydrate ... 325
13.3.3 Fette ... 326
13.3.4 Vitamine ... 328
13.3.5 Mineralstoffe – Mengenelemente ... 328
13.3.6 Mineralstoffe – Spurenelemente ... 330
13.4 **Molekulare Ernährungsprinzipien** ... 331
13.4.1 Stickstoffhomöostase ... 331
13.4.2 Aminosäuren ... 331
13.4.3 Energiegewinnung ... 333
13.4.4 Glukosestoffwechsel ... 333
13.4.5 Fettstoffwechsel ... 335
13.5 **Einfluss der Ernährung auf physiologische und molekulare Mechanismen der Trainingsanpassung** ... 336
13.5.1 Regulation des Energiestoffwechsels ... 336
13.5.2 Kohlenhydratstoffwechsel und Trainingsanpassung ... 337
13.5.3 Fettstoffwechsel und Trainingsanpassung ... 339
13.5.4 Proteinstoffwechsel und Trainingsanpassung ... 344
13.6 **Nahrungsergänzungsmittel im Sport** ... 347
Literatur ... 352

14 Einfluss des Alters ... 357
Barbara Wessner, Erich Roth, Marlene Hofmann, Norbert Bachl
14.1 **Einleitung** ... 358
14.2 **Theorien des Alterns** ... 360
14.2.1 Biologische Uhren ... 360
14.2.2 Genomische Instabilität ... 361
14.2.3 Inflammageing ... 361
14.2.4 Oxidativer Stress ... 362
14.3 **Der alternde Muskel** ... 364
14.4 **Training im Alter** ... 367
14.5 **Wechselwirkung mit Ernährungssubstraten** ... 368
Literatur ... 369

15 Körperliche Aktivität in der Prävention und Rehabilitation von onkologischen Erkrankungen ... 373
Eva-Maria Strasser, Michael Quittan
15.1 **Einleitung** ... 374
15.2 **Körperliche Aktivität in der Tumorprävention** ... 374
15.3 **Molekularbiologische Mechanismen der Tumorprävention durch körperliche Aktivität** ... 376
15.3.1 Einfluss auf körpereigene Abwehrmechanismen ... 376
15.3.2 Einfluss auf Stoffwechselprozesse ... 378
15.3.3 Einfluss auf das Immunsystem ... 380
15.4 **Körperliche Aktivität in der onkologischen Rehabilitation** ... 380

15.5 **Tumorkachexie** 382
15.5.1 Molekularbiologische Mechanismen der Tumorkachexie 382
15.5.2 Einfluss von körperlicher Aktivität auf die Tumorkachexie 385
Literatur 385

16 Körperliche Aktivität, Sport, Genetik und kardiovaskuläre Erkrankungen 391
Herbert Löllgen, Ruth Löllgen, Eric Schulze-Bahr, Norbert Bachl
16.1 **Einführung** 393
16.2 **Epidemiologie** 393
16.2.1 Langes QT-Syndrom (LQT-Syndrom, Long-QT-Syndrom) 393
16.2.2 Kurzes QT-Syndrom (SQT-Syndrom, Short QT-Syndrom) 395
16.2.3 Syndrom der frühen Repolarisation 397
16.2.4 Brugada-Syndrom (BrS) 397
16.2.5 Catecholaminerge polymorphe ventrikuläre Tachykardie (CPVT, catecholaminergic polymorphic ventricular tachycardia) 398
16.2.6 Wolff-Parkinson-White-Syndrom (WPW-Syndrom, Präexcitations-Syndrom) 398
16.2.7 Vorhofflimmern 401
16.3 **Kardiomyopathien** 402
16.3.1 Hypertrophe Kardiomyopathie (HCM) und hypertrophe obstruktive Kardiomyopathie (HOCM) 402
16.3.2 Arrhythmogene rechtsventrikuläre Kardiomyopathie (oder Dysplasie) (ARVD) 405
16.3.3 Linksventrikuläre Non-Compaction Kardiomyopathie (NCCM) 406
16.3.4 Dilatative Kardiomyopathie 407
16.3.5 Mitochondriale DNA-Erkrankung mit kardialer Beteilung 407
16.3.6 Koronare Herzkrankheit 407
16.4 **Körperliche Aktivität und Training** 409
16.4.1 Allgemeine Hinweise 409
16.4.2 Molekulare Mechanismen 409
16.4.3 Trainingseffekte bei Herzkrankheiten 409
16.5 **Genetische Untersuchungen bei Sportlern und deren Angehörigen** 411
16.5.1 Risikoabschätzung 411
16.5.2 Leitlinie zur sportärztlichen Vorsorgeuntersuchung 412
16.6 **Empfehlungen nach den Leitlinien der AHA** 412
16.6.1 Empfehlung zur genetischen Untersuchung bei langem QT-Syndrom (LQTS) 412
16.6.2 Empfehlung zur genetischen Untersuchung bei katecholaminerger polymorpher Kammertachykardie (Catecholaminergic polymorphic ventricular tachycardia, CPVT) 413
16.6.3 Empfehlung zur genetischen Untersuchung bei Brugada-Syndrom (BrS) 413
16.6.4 Empfehlung zur genetischen Untersuchung bei hypertropher Kardiomyopathie (HCM) 414
16.6.5 Empfehlung zur genetischen Untersuchung bei arrhythmogener rechtsventriulärer Kardiomyopathie/Dysplasie (AMC/ARVD) 414
16.6.6 Empfehlung zur postmortalen genetischen Untersuchung nach einem plötzlichen und unerwarteten Tod (sudden unexpected death – SUD; sudden infant death syndrom – SIDS) 414
Literatur 414

17 Genetik der Leistungsfähigkeit und Trainierbarkeit ... 419
Katharina Blume, Yannis Pitsiladis, Guan Wang, Bernd Wolfarth
17.1 **Einleitung** ... 420
17.2 **Das sportliche Talent** ... 421
17.3 **Geographische Variation** ... 422
17.4 **Genetische Diagnostik** ... 423
17.5 **Genetik und Sport in der wissenschaftlichen Literatur: wichtige Studien und Studienkohorten** ... 425
17.6 **Gene und Polymorphismen von Interesse** ... 428
17.6.1 Kandidatengene in Bezug zur Ausdauerleistungsfähigkeit ... 428
17.6.2 Kandidatengene des Muskelstoffwechsels ... 431
17.6.3 Kandidatengene im Zusammenhang mit der Sauerstoffzufuhr ... 434
17.6.4 Kandidatengene im Zusammenhang mit der Energiezufuhr ... 434
17.6.5 Andere wichtige Kandidatengene ... 436
17.7 **Limitationen** ... 437
17.8 **Zusammenfassung und Ausblick** ... 438
Literatur ... 439

18 Epigenetik und körperliche Aktivität ... 447
Gerda Katschinka, Barbara Wessner
18.1 **Einleitung** ... 448
18.2 **Beeinflussung der Gehirnfunktion** ... 449
18.3 **Epigenetische Modifikationen und Krebs** ... 452
18.4 **Diabetes mellitus** ... 454
18.5 **Immunsystem** ... 454
18.6 **Skelettmuskulatur, Epigenetik und körperliche Aktivität** ... 456
18.7 **Ausblick zur Bedeutung von Epigenetik im Sport** ... 460
Literatur ... 460

Serviceteil ... 463
Stichwortverzeichnis ... 464

Autorenverzeichnis

Bachl, Norbert, Univ.-Prof. Dr.
Institut für Sportwissenschaft/Abteilung Sport- und Leistungsphysiologie
Universität Wien
Auf der Schmelz 6
1150 Wien
Österreich
norbert.bachl@univie.ac.at

Blume, Katharina
Abteilung Sportmedizin
Humboldt-Universität Berlin/Charité
Universitätsmedizin Berlin
Philippstr. 13, Haus 11
10115 Berlin
Deutschland
katharina.blume@charite.de

Csajàgi, Eszter, Dr.
Lehrstuhl für Gesundheitswissenschaften und Sportmedizin/ Fakultät für Sport und Sportwissenschaften
Semmelweis Universität
Alkotàs utca 44
1123 Budapest
Ungarn
eszter.csajagi@gmail.com

Flich, Katharina
Vogelsanggasse 19/9
1050 Wien
Österreich
Katharina.flich@hotmail.com

Goldspink, Geoffrey, Emeritus Prof./ScD. PhD.
University College London
London University
Gower Street
WC1E 6BT London
England
gb.goldspink@btinternet.com

Halbwirth, Florian, Mag.
Zentrum für Regenerative Medizin und Orthopädie
Donau-Universität Krems
Dr.-Karl-Dorrek-Straße 30
3500 Krems
Österreich
florian.halbwirth@gmail.com

Hofmann, Marlene, Mag. Dr.
Forschungsplattform Active Ageing
Universität Wien
Auf der Schmelz 6
1150 Wien
Österreich
marlene.hofmann@univie.ac.at

Hoppeler, Hans, Prof. Dr. med. em.
Institut für Anatomie
Universität Bern
Baltzerstrasse 2
3000 Bern
Schweiz
hoppeler@ana.unibe.ch

Huber, Johannes, Univ. Prof. em.
Frauenklinik
Medizinuniversität Wien
Währinger Gürtel 16-18
1090 Wien
Österreich
johannes.huber@meduniwien.ac.at

Katschinka, Gerda, Mag.
Institut für Sportwissenschaft
Universität Wien
Auf der Schmelz 6
1150 Wien
Österreich

Kjaer, Michael, Professor, Chefarzt
Institute of Sports Medicine and Centre for Healthy Aging
Copenhagen University Hospital at Bispebjerg and Faculty of Health and Medical Sciences
University of Copenhagen
Bispebjerg Bakke 23
2400NV Copenhagen NV
Dänemark
michaelkjaer@sund.ku.dk

Löllgen, Herbert, Prof. Dr. med.
DGSP, Past Präsident, Praxis für Kardiologie, Sportkardiologie
DGSP
Bermesgasse 32 b
42897 Remscheid
Deutschland
loellgen@dgsp.de

Löllgen, Ruth, OÄ Dr. med., und Fellow, Lecturer (Univ. Sydney)
Kinderklinik der Universität, Notfallzentrum für Kinder und Jugendliche
Inselspital
Freiburgerstr.
CH-3010 Bern
Schweiz
Ruth.loellgen@gmail.com

Lorenz, Christian, Mag. Mag. Dr. Bakk.
Institut für Sportwissenschaft
Abteilung fur Sport- und Leistungsphysiologie
Universität Wien
Auf der Schmelz 6
1150 Wien
Österreich
christian.lorenz@univie.ac.at

Nehrer, Stefan, Univ.-Prof. Dr.
Zentrum für Regenerative Medizin und Orthopädie
Donau Universität Krems
Dr. Karl-Dorrek-Straße 30
3500 Krems
Österreich
Stefan.nehrer@donau-uni.ac.at

Oesen, Stefan, Mag.
Forschungsplattform Active Ageing
Universität Wien
Auf der Schmelz 6
1150 Wien
Österreich
stefan.oesen@gmail.com

Pigozzi, Fabio, Prof.
Department of Movement/ Human and Health Sciences
University of Rome „Foro Italico"
Piazza Lauro de Bosis 15
135 Rom
Italien
Fabio.pigozzi@uniroma4.it

Pitsiladis, Yannis, Prof.
FIMS Reference Collaborating Centre of Sports Medicine for Anti-Doping Research
University of Brighton
Welkin House, 30 Carlisle Road
BN20 7SN Eastbourne
Großbritannien
y.pitsiladis@brighton.ac.uk

Quittan, Michael, Prim. Univ.-Prof. Dr. MSc.
Institut für Physikalische Medizin & Rehabilitation – Karl Landsteiner Institut für Remobilisation und Funktionale Gesundheit
Kaiser Franz Joseph Spital – SMZ Süd
Kundratstrasse 3
1100 Wien
Österreich
michael.quittan@wienkav.at

Roth, Erich, Ao Univ. Prof. Mag. DI Dr.
Berggasse 20
3422 Sankt Andrä-Wördern
Österreich
erich.roth@outlook.com

Schober-Halper, Barbara, Mag. Dr.
Forschungsplattform Active Ageing
Universität Wien
Auf der Schmelz 6
1150 Wien
Österreich
barbara.halper@univie.ac.at

Schulze-Bahr, Eric, Univ.-Prof. Dr. med.
Institut für Genetik von Herzerkrankungen (IfGH),
Department für Kardiologie und Angiologie
Universitätsklinikum Münster
Domagkstr. 3
48149 Münster
Deutschland
eric.schulze-bahr@ukmuenster.de

Strasser, Eva-Maria, Dr.
Institut für Physikalische Medizin &
Rehabilitation – Karl Landsteiner Institut für
Remobilisation und Funktionale Gesundheit
Kaiser Franz Joseph Spital – SMZ Süd
Kundratstrasse 3
1100 Wien
Österreich
Eva-maria.strasser@wienkav.at

Stuparits, Petra, Mag. Dr., Bakk., M.A.E.I.S.
Institut für Sportwissenschaft/Abteilung
Trainingswissenschaft
Auf der Schmelz 6
1150 Wien
Österreich
petra.stuparits@univie.ac.at

Tschan, Harald, Univ.-Prof. Dr.
Insitut für Sportwissenschaft/ Abteilung
Trainingswissenschaft
Universität Wien
Auf der Schmelz 6
1150 Wien
Österreich
harald.tschan@univie.ac.at

Wackerhage, Henning, Prof. Dr.
Fakultät für Sport- und
Gesundheitswissenschaften
Technische Universität München
Georg-Brauchle-Ring 60/62
80992 München
Deutschland
henning.wackerhage@tum.de

Wagner, Karl-Heinz, Univ.-Prof. Mag. Dr.
Department für Ernährungswissenschaften
Universität Wien
Althanstraße 14 (UZA II)
1090 Wien
Österreich
karl-heinz.wagner@univie.ac.at

Wang, Guan, Dr.
FIMS Reference Collaborating Centre of Sports
Medicine for Anti-Doping Research
University of Brighton
Welkin House, 30 Carlisle Road
BN20 7SN Eastbourne
Großbritannien
G.Wang2@brighton.ac.uk

Wessner, Barbara, Assoz. Prof. Dipl.-Ing. Dr.
Institut für Sportwissenschaft /Abteilung Sport-
und Leistungsphysiologie
Universität Wien
Auf der Schmelz 6
1150 Wien
Österreich
barbara.wessner@univie.ac.at

Wolfarth, Bernd, Univ.-Prof. Dr. med.
Abteilung Sportmedizin
Humboldt-Universität Berlin/Charité
Universitätsmedizin Berlin
Philippstr. 13, Haus 11
10115 Berlin
Deutschland
bernd.wolfarth@charite.de

Grundlagen

Kapitel 1 **Einführung in die Genetik – 3**
Barbara Wessner, Gerda Katschinka

Kapitel 2 **Genexpression – 27**
Barbara Wessner, Henning Wackerhage

Kapitel 3 **Signaltransduktion – 45**
Barbara Wessner, Henning Wackerhage

Einführung in die Genetik

Barbara Wessner, Gerda Katschinka

1.1 Einleitung – 4

1.2 Das genetische Material – 4
1.2.1 Aufbau und Funktion der DNA – 4
1.2.2 Organisation der DNA – 7
1.2.3 Weitergabe der genetischen Information – 10

1.3 Grundlagen der Vererbung – 14
1.3.1 Mendel'sche Vererbungsregeln – 14
1.3.2 Genotyp und Phänotyp – 15

1.4 Veränderungen des Genoms – 16
1.4.1 Mutationen und Polymorphismen – 16
1.4.2 Evolution – 17
1.4.3 Populationsgenetik – 19

1.5 Epigenetik – 19
1.5.1 DNA-Methylierung – 20
1.5.2 Histonmodifikationen – 20
1.5.3 Interaktionen zwischen DNA-Methylierung und Histonmodifikationen – 23
1.5.4 Chromatin-Remodeling – 24

Literatur – 24

N. Bachl, H. Löllgen, H. Tschan, H. Wackerhage, B. Wessner (Hrsg.),
Molekulare Sport- und Leistungsphysiologie,
https://doi.org/10.1007/978-3-7091-1591-6_1

Die DNA stellt den molekularen Grundbaustein der Erbinformation oder den Bauplan eines Organismus dar. Die Mechanismen zur Weitergabe der genetischen Information an die Tochterzelle im Speziellen, aber auch auf die nächste Generation im Allgemeinen liegen im strukturellen und organisatorischen Aufbau der menschlichen DNA begründet. Während die Genetik vor allem den Genotyp betrachtet, ist der Phänotyp die Erscheinungsform nach außen, die normalerweise gut an die jeweiligen Umweltbedingungen angepasst ist. Doch innerhalb einer Population herrscht meist eine enorme genetische Vielfalt, was die unterschiedlichen Phänotypen zwischen den Individuen erklären kann, aber auch Grundlage der Evolution ist. Die Populationsgenetik hat es sich zur Aufgabe gemacht, Veränderungen in Populationen über einen großen Zeitrahmen hinweg zu untersuchen. Epigenetische Mechanismen letztlich bedingen eine Modifikation in der Struktur des Chromatins und stellen so vererbbare Veränderungen der Genfunktion dar, welche nicht durch Veränderungen der DNA-Sequenz erklärt werden können.

1.1 Einleitung

Die Genetik umfasst ein riesiges Feld, das sich mit dem Bauplan des Lebens in verschiedensten Organismen beschäftigt. Da es den Rahmen dieses Buches sprengen würde, beschränken wir uns in den meisten Fällen auf die Humangenetik. Themen aus der Pflanzengenetik oder Genetik der Einzeller werden nur dann herangezogen, wenn dies für das Verständnis wichtig erscheint. Ziel dieses Abschnitts ist es, einen eher breiten Überblick zu geben, der es einfacher machen soll, die sportspezifischen Aspekte aus den Abschnitten II und III begreiflich zu machen. Um tiefere Einblicke zu bekommen sei schon hier auf ausgezeichnete Grundlagenlehrbücher verwiesen [1, 2].

1.2 Das genetische Material

1.2.1 Aufbau und Funktion der DNA

Der Schweizer Arzt Friedrich Miescher führte in den Jahren 1868/69 an der Universität Tübingen Experimente durch, um die chemische Zusammensetzung von Leukozyten näher zu charakterisieren. Dabei stieß er auf eine unbekannte Substanz, die weder ein Protein noch ein Lipid sein konnte. Nachdem er sie aus dem Zellkern (Nukleus) isoliert hatte, nannte er sie Nuklein [3, 4]. Obwohl schon Miescher spekulierte, dass diese Substanz in der Übertragung der Erbinformation eine Rolle spielen könnte, sollte es bis 1944 dauern, ehe Oswald Theodore Avery, Colin MacLeod und Maclyn McCarty ihre Arbeit publizierten, in der sie die DNA (Desoxyribonukleinsäure) als materiellen Träger der Erbinformation bestätigten [5]. Für die Aufklärung der DNA-Struktur, die auf röntgen-kristallografische Strukturanalysen von Rosalind Franklin und Maurice Wilkins beruhte, wurden Francis Crick, James Watson und Maurice Wilkins im Jahre 1962 mit dem Nobelpreis für Medizin ausgezeichnet [6].

Die DNA (engl. deoxyribose nucleic acid) liegt bei Eukaryoten geschützt im Zellkern vor, daneben findet man sie aber auch in den Mitochondrien (mtDNA). Die Grundbausteine der DNA werden Nukleotide genannt. Sie bestehen aus einer der vier möglichen Pyrimidin- (Cytosin und Thymin) oder Purin-Basen (Adenin und Guanin), einem Zucker (Desoxyribose) und einem Phosphat. Diese Nukleotide werden über Phosphodiesterbindungen zu langen Ketten verknüpft und bilden die Einzelstrang-DNA (ssDNA, *single stranded* DNA). Diese weist durch das Zucker-Phosphat-Gerüst eine bestimmte Richtung auf. Definitionsgemäß wird immer von der 5‘ zur 3‘ Richtung abgelesen (▣ Abb. 1.1).

Normalerweise liegt die DNA als Doppelstrang (dsDNA, *double stranded* DNA) vor, wobei die zwei Einzelstränge über die Basen mittels Wasserstoffbrückenbindungen zum Doppelstrang verknüpft werden. Dabei bilden immer eine Purin- und eine Pyrimidin-Base ein Paar – also Adenin (A) und Thymin (T) sowie Guanin (G) und Cytosin (C). Aus diesen spezifischen Paarungen ergibt es sich, dass die DNA unter physiologischen Bedingungen meist die Form einer rechtsdrehenden Doppelhelix annimmt (B-Form). Trennt man den Doppelstrang der DNA in Einzelstränge (z. B. durch Erhitzen), so finden sich die Einzelstränge durch die spezifischen Basenbindungen (A-T und G-C) wieder exakt zusammen (▣ Abb. 1.2).

Die Gesamtheit der genetischen Information innerhalb eines Organismus fasst man unter dem Begriff Genom zusammen. Dabei besteht das menschliche Genom aus etwa $3{,}2 \times 10^9$ Basenpaaren (bp). Da

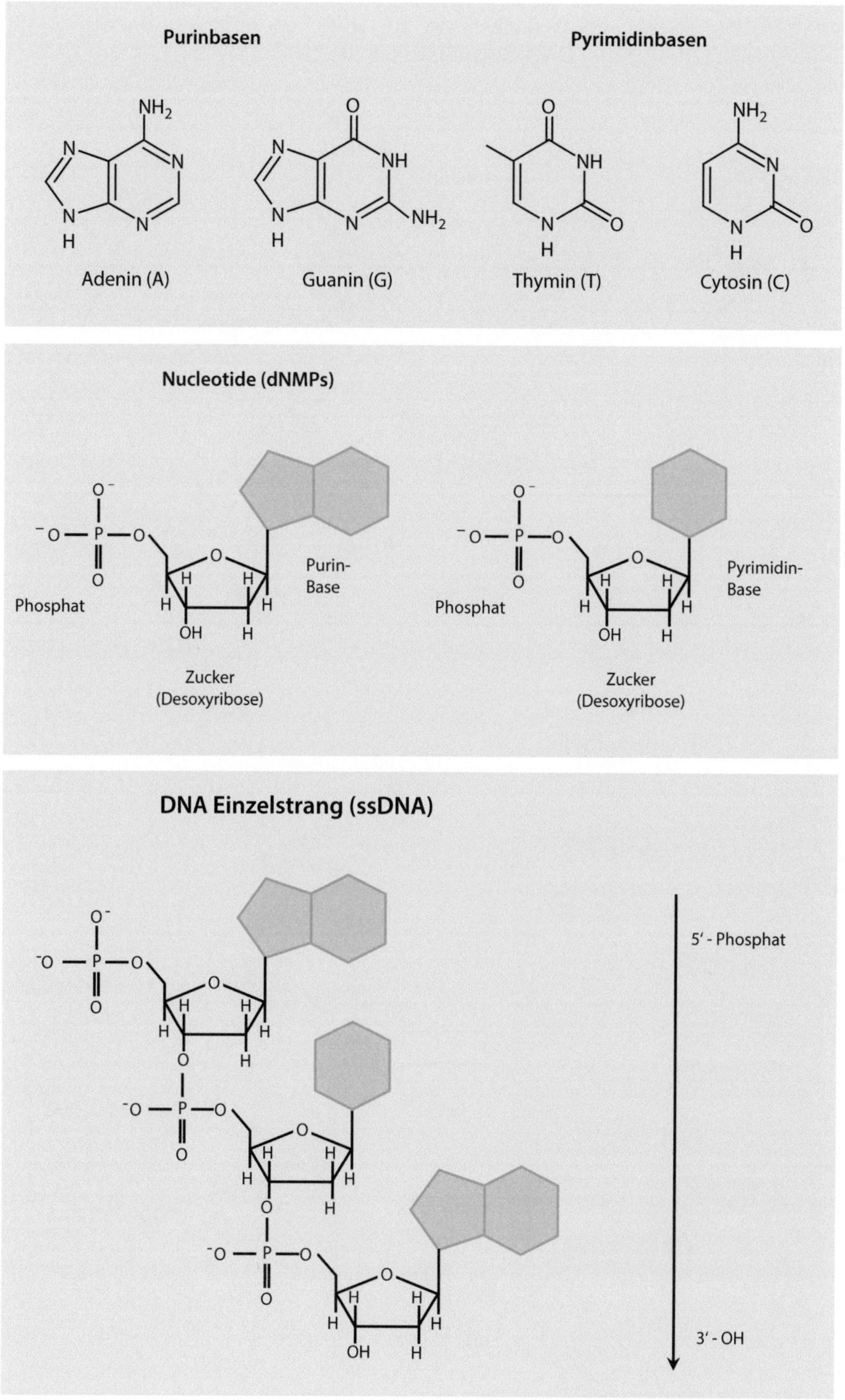

Purinbasen

Pyrimidinbasen

Adenin (A)

Guanin (G)

Thymin (T)

Cytosin (C)

Nucleotide (dNMPs)

Phosphat

Purin-Base

Zucker (Desoxyribose)

Phosphat

Pyrimidin-Base

Zucker (Desoxyribose)

DNA Einzelstrang (ssDNA)

5′ - Phosphat

3′ - OH

■ **Abb. 1.1** Aufbau der DNA. Ein DNA-Einzelstrang aufgebaut aus Nucleotiden der jeweiligen Purin- oder Pyrimidinbasen.

1

DNA Doppelstrang (dsDNA)

Adenin Thymin

3′ - Ende

Guanin Cytosin

3′ - Ende

5′ - Ende

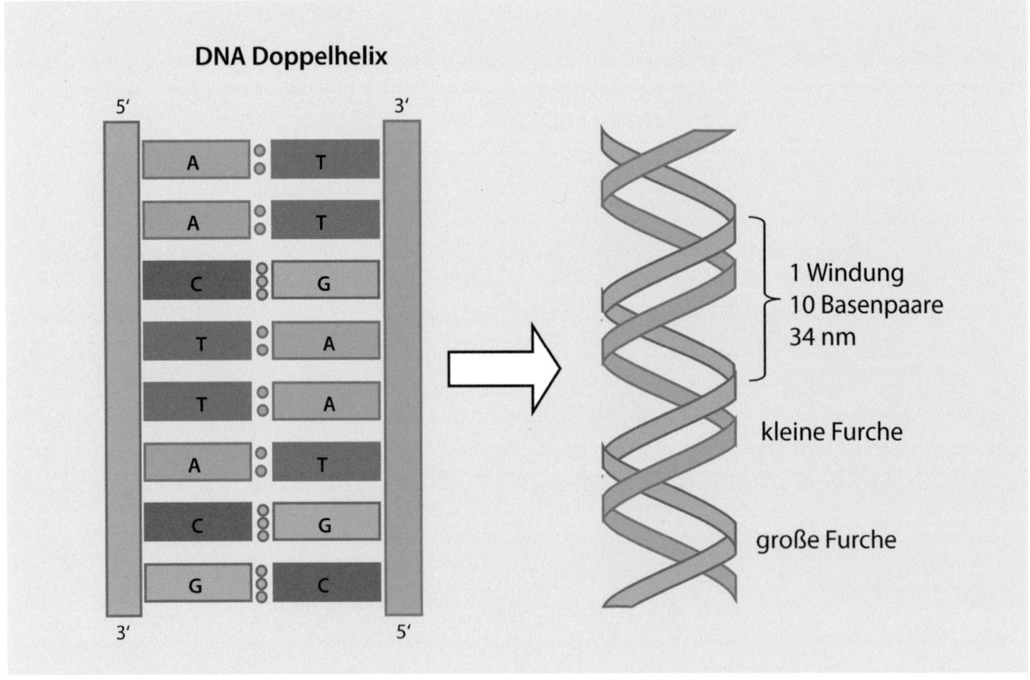

■ **Abb. 1.2** Bildung der DNA-Doppelhelix. Zwei DNA-Einzelstränge verbinden sich gegenläufig zum Doppelstrang.

zwischen den einzelnen Nukleotiden ein Abstand von 0,34 nm besteht, entspricht dies einer Länge von etwa 1 m. Die Größe des menschlichen Genoms unterscheidet sich nur geringfügig von dem der Maus oder der Ratte. Im Jahre 2001 gelang es zwei Forschungsgruppen, das humane Genom zu entschlüsseln (*Human Genome Project*) [7, 8]. Dies ermöglichte auch die ungefähre Identifizierung der Anzahl der Gene (vereinfacht gesagt, jene Teile der DNA, die die Informationen zur Bildung von Proteinen tragen, ▶ Kap. 2). Die Zahl fiel mit 25.000–30.000 vor allem im Vergleich zu anderen Lebewesen – für den Wurm *C. elegans* werden 20.000 Gene postuliert – überraschend niedrig aus, sodass sich die Komplexität des menschlichen Lebens nicht allein auf die Abfolge (Sequenz) der Basenpaare beschränken dürfte [9, 10].

Methoden INFO: Isolierung genomischer DNA

Genomische DNA kann aus unterschiedlichen Probenmaterialien wie Blut, Körperflüssigkeiten, Gewebe etc. gewonnen werden. Eine Ausnahme bilden rote Blutkörperchen, da diese keinen Zellkern enthalten. In der Praxis hat sich die Isolierung aus Speichel bewährt, da dieser ohne aufwändige invasive Eingriffe zur Verfügung steht und leicht mittels Spülung mit handelsüblicher Mundspüllösung oder Abstreifen mit Bürstchen gewonnen werden kann.

Zur **Isolierung von genomischer DNA** können unterschiedliche Methoden angewendet werden. Die Methode der Wahl hängt sowohl vom Ausgangsmaterial als auch vom späteren Verwendungszweck ab. Klassische Verfahren sind die Fällung mit Alkohol oder Salz sowie die Extraktion mit Phenol-Chlorophorm. Beide Verfahren sind aufwändig und führen bei niedriger Reproduzierbarkeit nur zu geringer Ausbeute und schlechter Qualität.

Ein neueres Verfahren nutzt die Adsorptionsfähigkeit der Nukleinsäuren an Silikaoberflächen in Gegenwart hoher Konzentrationen chaotroper Salze. Zur Entfernung etwaiger Verunreinigungen folgen Waschschritte mit alkoholhaltigen Puffern. Anschließend wird die DNA unter Niedrigsalzbedingungen eluiert.

Des Weiteren kann die negative elektrische Ladung der Phosphatgruppen zur Bindung an die positiv geladene Oberfläche eines Trägermaterials genutzt werden. Auch bei diesem Verfahren können Verunreinigungen durch die Auswahl von Reinigungspuffern effektiv entfernt werden. Zusätzlich können verschiedene Nukleinsäurearten durch Änderung der Salzkonzentration bzw. des pH-Wertes voneinander getrennt werden. Beide Methoden liefern hochwertige DNA-Qualität und eignen sich für automatisierte Verfahren, wodurch sich auch die Reproduzierbarkeit erhöht.

Die Quantifizierung erfolgt durch photometrische Messung bei einer Wellenlänge von 260 bzw. 280 nm. Der Quotient der erhaltenen Werte gibt Aufschluss über die Reinheit der gewonnen Probe (OD260/OD280 Ratio um 1,8 ist reine DNA).

1.2.2 Organisation der DNA

In menschlichen Zellen befindet sich der Großteil der DNA im Zellkern (**chromosomale DNA**), ein kleinerer Teil befindet sich in den Kraftwerken der Zellen, den Mitochondrien (**mitochondriale DNA**). Um die gesamte Länge der chromosomalen DNA im Zellkern (etwa 5–10 μm Durchmesser) unterzubringen, ist es notwendig, diese in einer geordneten Weise zu verpacken. Bei Bedarf (z. B. um die genetische Information abzulesen), müssen die Strukturen gelockert werden. Die menschliche mitochondriale DNA hingegen ist wesentlich kleiner (16.568 bp) und liegt in ringförmigen Strukturen vor.

▪ Chromosomale DNA

Die gesamte humane DNA liegt nicht als einzelner langer Doppelstrang vor, sondern ist in 46 Chromosomen unterschiedlicher Länge aufgeteilt (23 Chromosomenpaare). Bei den Paaren stammen jeweils ein Chromosom von der Mutter und eines vom Vater. 22 Chromosomen nennt man auch Autosome, da in jeder Zelle zwei Kopien vorliegen. Beim 23. Chromosomenpaar handelt es sich um das Geschlechtschromosom, das als X- oder Y-Chromosom vorkommen kann. Der Karyotyp einer gesunden Frau lautet somit 46,XX und der eines Mannes 46,XY.

Chromosome bestehen aus DNA und verschiedenen Proteinen, wobei die Gesamtheit aus DNA und Proteinen Chromatin genannt wird. Betrachtet man deren Organisation, dann ist die DNA in erster Instanz um Histone (= Proteine) gewickelt. Histone kommen in verschiedenen Typen vor (H1, H2A, H2B, H3, H4). Zwei mal vier dieser Histonmoleküle (H2A, H2B, H3 und H4) bilden das Core-Oktamer, um das sich die DNA in einer 2-fachen Schleife (~ 165 bp) wickelt. Das Histon H1 stabilisiert diese Einheit, die man als Nukleosom bezeichnet. Heute weiß man, dass die Histone und ihre Modifikationen nicht nur wesentliche Strukturelemente sind, sondern maßgeblich an der Regulierung der Genexpression beteiligt sind. In zweiter Instanz werden die kettenförmig aneinandergereihten Nukleosomen zu einer etwa 30 nm dicken Fibrille in Form eines Solenoids aufgewickelt. Danach werden die Fasern weiter in Schleifen gelegt (300 nm Faser) und aufgewickelt (700 nm Faser), bis das Chromatid letztlich soweit verdichtet (kondensiert) ist, um

1

es unter dem Lichtmikroskop erkennen zu können [11] (Abb. 1.3).

Ein Chromosom besteht nun aus zwei Chromatiden, die durch das Zentromer (Kinetochor) miteinander verbunden sind und so Arme meist unterschiedlicher Länge ausbilden. Um bestimmte Positionen an der DNA anzugeben, wird der kurze Arm p und der lange Arm q genannt. Zentromere bilden die Anknüpfungspunkte des Spindelapparats, mit Hilfe dessen während der Zellteilung die beiden Chromatiden auseinandergezogen werden.

An den Enden der Chromatiden befinden sich die Telomere. Bei jeder Teilung der Zelle wird ein Stück der Telomere abgeschnitten. So ergibt sich in den

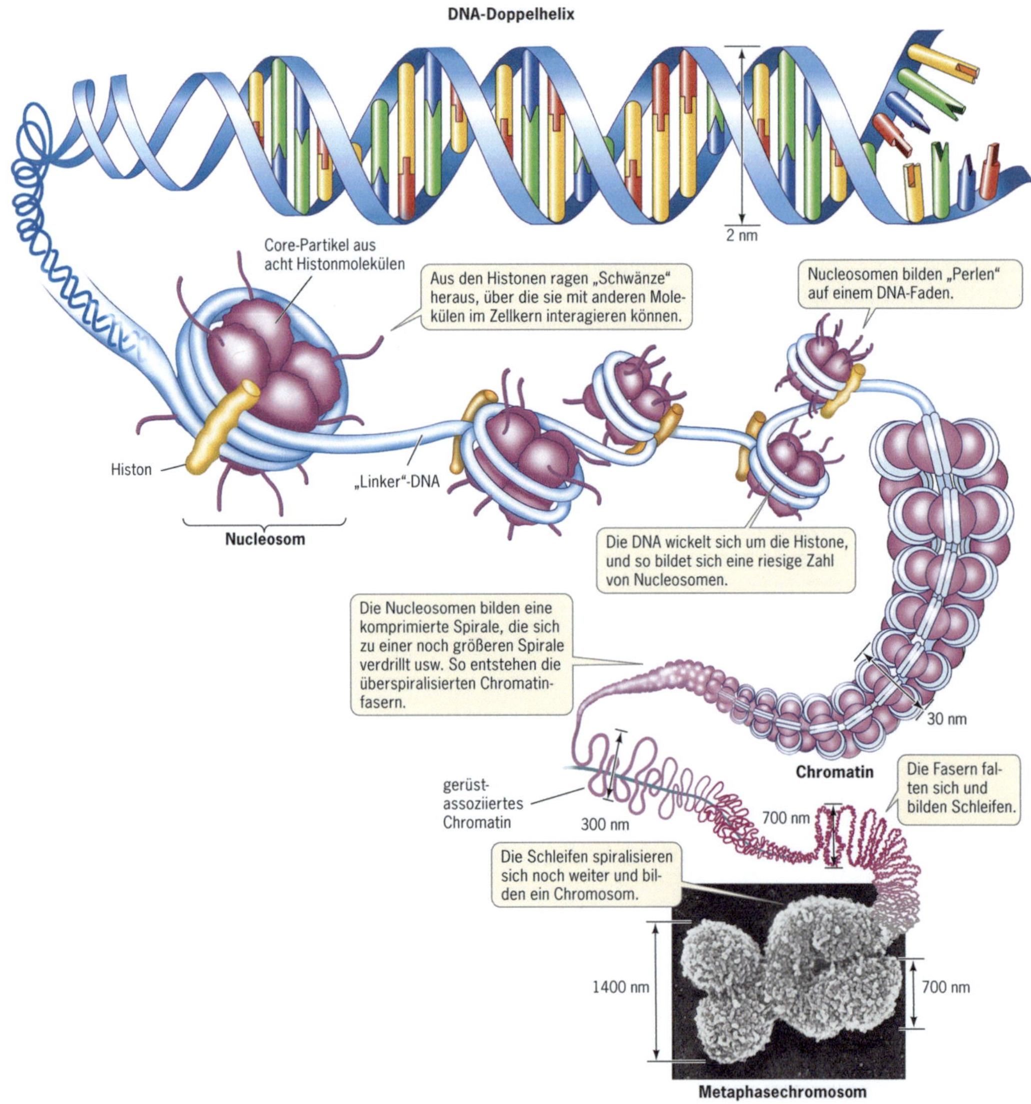

Abb. 1.3 Organisation der DNA im Zellkern. DNA und Histonproteine sind im Zellkern dicht gepackt [58].

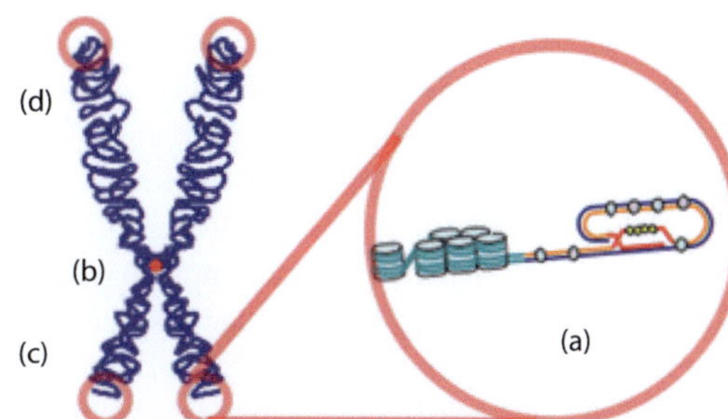

■ **Abb. 1.4** Aufbau eines Chromosoms. (a) Telomer an den Enden des Chromosoms (b) Zentromer, (c) kurzer Arm, (d) langer Arm (Licensed under CC BY-SA 3.0 via Wikimedia Commons).

meisten Zellen bei den Telomerlängen ein Limit von etwa 4 bp (Hayflick Limit), nach dessen Erreichung eine Zelle gealtert und nicht mehr teilungsfähig ist. Ausnahmen bilden hier etwa die Zellen des Immunsystems, aber auch Tumorzellen, die mit Hilfe von Enzymen, den Telomerasen, die fehlenden Stücke wieder nachbilden können [12–14] (■ Abb. 1.4).

Mitochondriale DNA

Bekannterweise spielen Mitochondrien eine wesentliche Rolle in der Energieproduktion von Zellen. Im Gegensatz zur chromosomalen DNA liegt die mitochondriale DNA als ringförmig geschlossener (zirkulärer) Doppelstrang vor, wobei innerhalb einer Zelle je nach Bedarf und Anzahl der Mitochondrien etwa 100–10.000 Kopien vorliegen. Erwartungsgemäß sind im mitochondrialen Genom die Informationen zur Herstellung von Schlüsselenzymen des Energiestoffwechsels sowie eines Teils der spezifischen Translationsmaschinerie gespeichert. Insgesamt kodiert das mitochondriale Genom im Menschen für 37 Gene (22 tRNA-Gene, 2 rRNA-Gene und 13 Protein-kodierende Gene) (■ Abb. 1.5).

Es ist jedoch wichtig zu erwähnen, dass die Mitochondrien nur im Zusammenspiel mit dem Zellkern funktionieren. So werden wichtige Teile der Mitochondrienmembran oder andere Enzyme im Zellkern hergestellt und müssen erst in die Mitochondrien eingeschleust werden. Interessant ist auch, dass die in den Mitochondrien enthaltene genetische Information jeweils nur von der Mutter (matroklin) weitergegeben wird. Mitochondrien, die aus den Spermien des Vaters stammen, werden markiert (ubiquitiniert) und selektiv abgebaut.

Den Ursprung der Mitochondrien wähnt man nach der Symbiontenhypothese in der Verschmelzung von eukaryotischen mit prokaryotischen Zellen. Dies würde auch den äußerst kompakten Aufbau erklären – es fehlen die in der chromosomalen DNA vorhandenen Abschnitte (Introns), die erst nach der Ablesung herausgeschnitten werden (► Kap. 2) [15, 16].

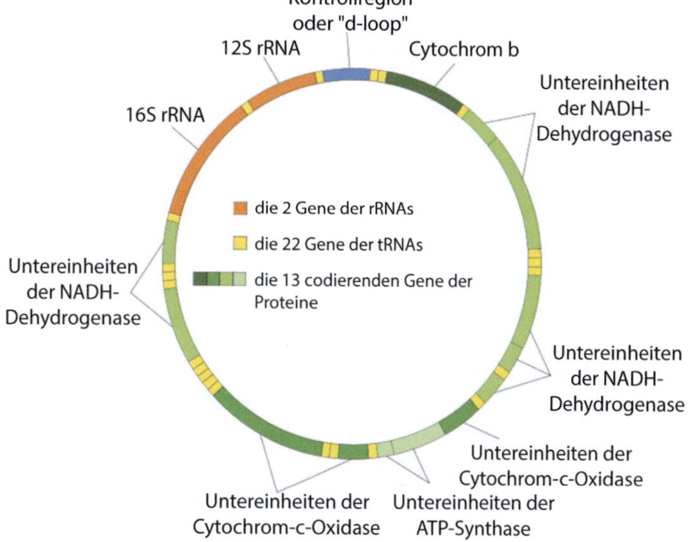

■ **Abb. 1.5** Mitochondriale DNA (Licensed under CC BY-SA 3.0 via Wikimedia Commons (translation by Knopfkind; layout by jhc)).

1.2.3 Weitergabe der genetischen Information

Bei jeder Zellteilung ist es wichtig, dass die genetische Information auch in den Tochterzellen erhalten bleibt. Um jedoch die in der DNA gespeicherte Information weitergeben zu können, muss gewährleistet sein, dass die Information vollständig und möglichst ohne Fehler übertragen wird. Hier bietet der Aufbau der DNA als Doppelstrang einen wesentlichen Vorteil: Trennt man die beiden Stränge, so kann jeder davon als Matrize für die Nachbildung eines Nachfolgestranges herangezogen werden. Da jeweils nur eine bestimmte Base an die vorliegende Base binden kann (A-T, G-C), ist auch die Abfolge der Basen (Sequenz) des neuen Stranges mit der des ursprünglichen identisch. Diesen Vorgang nennt man semikonservative Replikation. Sie erfolgt im Prinzip in zwei Schritten (◻ Abb. 1.6):

- Lokale Entspiralisierung und Trennung der Doppelhelix
- Neusynthese des zweiten Strangs

In diese Prozesse sind verschiedene Proteinkomplexe involviert. Im ersten Schritt bindet die DNA-Helikase an den Doppelstrang und trennt die beiden Stränge voneinander. Hier müssen nun einzelstrangbindende Proteine (SSB-Proteine) helfen, um die Stränge getrennt zu halten. Zur Neusynthese des zweiten Strangs sind wieder zwei Mechanismen erforderlich, da die DNA antiparallel ausgerichtet ist und das neue Nukleotid immer nur am 3'-Ende angehängt werden kann. Um mit der Synthese beginnen zu können, ist in beiden Fällen die Produktion eines kurzen „Primers" notwendig – dies erledigt die Primase. Beim Leitstrang werden nun die Nukleotide mit Hilfe der DNA-Polymerase kontinuierlich in Richtung des sich öffnenden Doppelstrangs angehängt. Die Neusynthese des Folgestrangs erfolgt jedoch diskontinuierlich gegen die Bewegung in kurzen Stücken (Okazaki-Fragmente). Dadurch entstehen Lücken zwischen den Fragmenten, die mit Hilfe der DNA-Ligase verbunden werden müssen. Durch die Entfernung des Primers am 3'-Ende der Matrize bleibt die DNA einzelsträngig und wird abgebaut, sofern die Zelle nicht mit Hilfe des Enzyms Telomerase in der Lage ist, die fehlenden Telomersequenzen wieder anzuhängen [17].

Die Replikation ist eine Grundvoraussetzung für die Weitergabe identischer Erbinformation an die Tochterzellen. In höheren Organismen ist dies nicht nur wichtig bei der Fortpflanzung (Reproduktion), sondern auch für Wachstum, Reparatur und Regeneration. Nach der Replikation müssen jedoch Mechanismen in Gang gesetzt werden, die gewährleisten, dass die Information korrekt auf die Tochterzellen aufgeteilt wird (Segregation). Des Weiteren müssen die anderen Zellbestandteile (Membranen, Organellen) nachgebildet werden.

Bei den Eukaryoten besteht der Zellzyklus (Zeit zwischen zwei Zellteilungen) aus verschiedenen Phasen. Die DNA-Replikation findet in der sogenannten Interphase statt, diese besteht wiederum aus der Gap-Phase 1 (G1), der eigentlichen Synthese-Phase (S) und der Gap-Phase 2 (G2). Daran schließt sich Mitose-Phase (M) an, bei der die DNA auf zwei genetisch identische Nachfolgezellen aufgeteilt wird. Der Übergang zwischen den einzelnen Phasen wird durch Cyclin-abhängige Kinasen (CdK) reguliert, die wiederum von verschiedenen Cyclinen aktiviert werden und so Phasen-spezifische Cyclin-CdK-Komplexe bilden. Diese Komplexe stellen wichtige Kontrollpunkte in der Zellteilung dar. Werden Fehler in der DNA identifiziert, so wird der Zellzyklus gestoppt, um nötige Reparaturen durchführen zu können oder um die Zelle in den programmierten Zelltod zu schicken (Apoptose). Auf der anderen Seite können Zellen, vor allem jene, die sich eher selten teilen, von außen etwa über Wachstumsfaktoren stimuliert werden (▶ Kap. 8)

Neben der Mitose steht den sich sexuell fortpflanzenden Organismen noch ein anderer Prozess der Zellteilung zur Verfügung – die Meiose. Dieser ist bei Zellen, die an der sexuellen Fortpflanzung beteiligt sind, anzutreffen und führt zu Zellen mit einem einfachen (haploiden) Chromosomensatz. Interessanterweise kommt es hier zu einer Verschiebung der Erbinformation – ein Prozess, der maßgeblich zur genetischen Vielfalt beiträgt. Im Folgenden sollen Mitose und Meiose näher betrachtet werden (◻ Abb. 1.7) [18, 19]:

Mitose

Nach der Replikation besteht ein Chromosom nur aus einem einzigen Doppelstrang, der relativ locker verpackt ist. Nach der Replikation jedoch werden

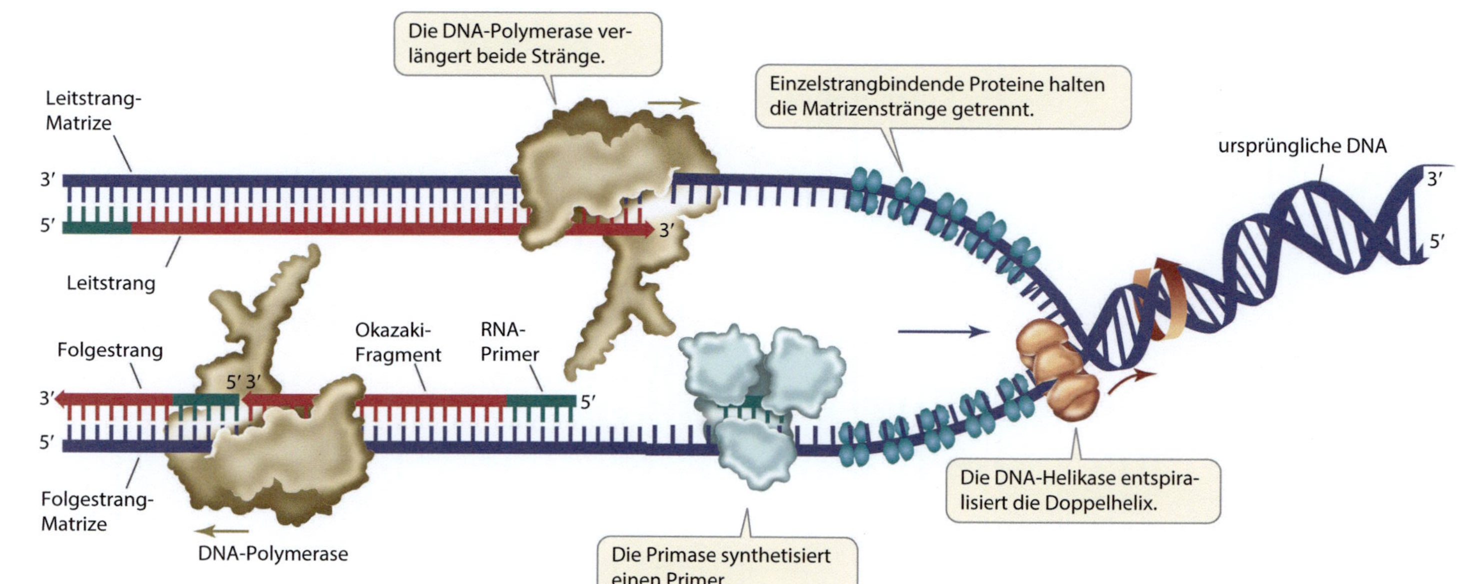

Abb. 1.6 Semikonservative Replikation. Zusammenspiel verschiedener Enzyme in der Replikation der DNA [58].

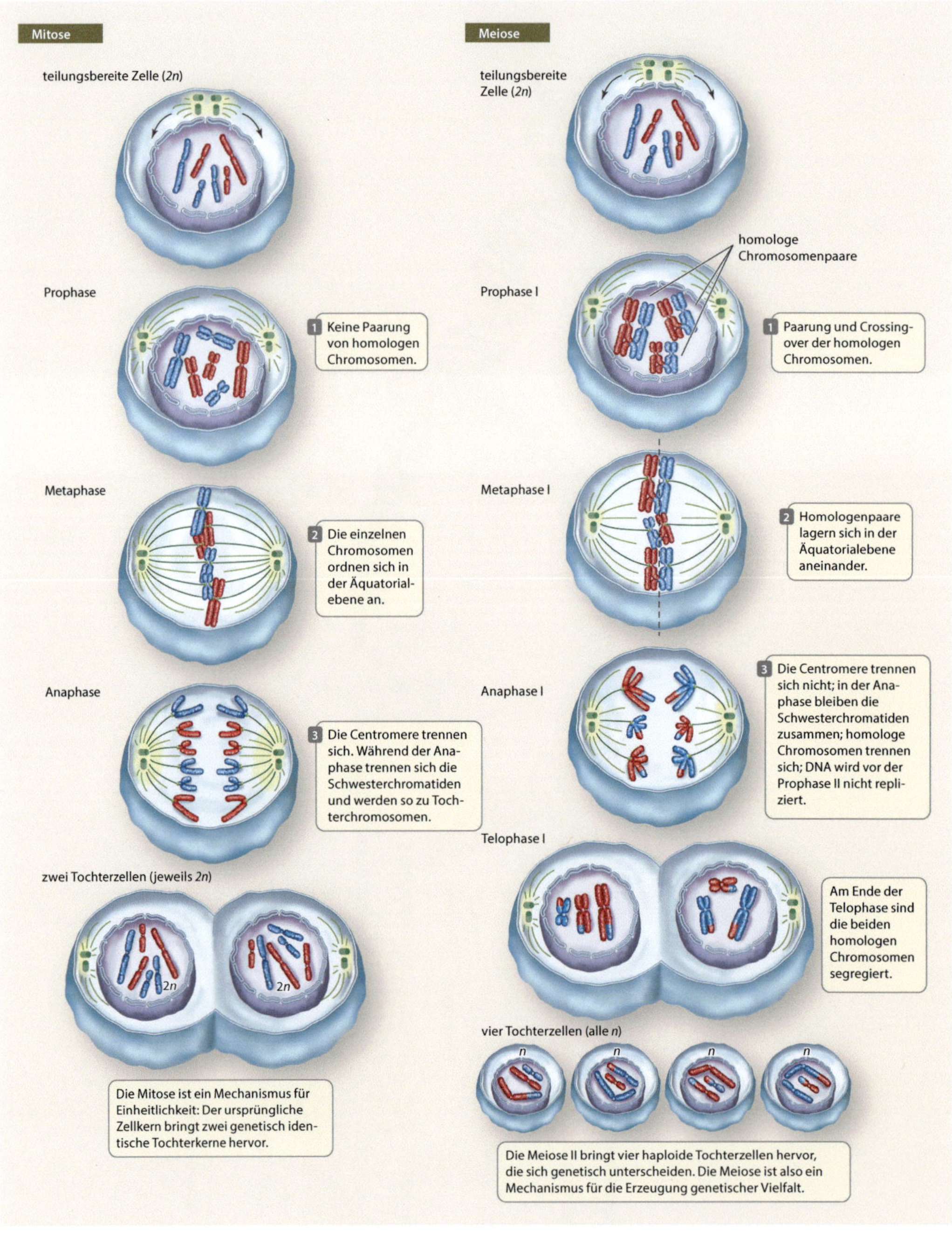

Mitose

teilungsbereite Zelle (2*n*)

Prophase

1 Keine Paarung von homologen Chromosomen.

Metaphase

2 Die einzelnen Chromosomen ordnen sich in der Äquatorialebene an.

Anaphase

3 Die Centromere trennen sich. Während der Anaphase trennen sich die Schwesterchromatiden und werden so zu Tochterchromosomen.

zwei Tochterzellen (jeweils 2*n*)

2*n*

2*n*

Die Mitose ist ein Mechanismus für Einheitlichkeit: Der ursprüngliche Zellkern bringt zwei genetisch identische Tochterkerne hervor.

Meiose

teilungsbereite Zelle (2*n*)

homologe Chromosomenpaare

Prophase I

1 Paarung und Crossing-over der homologen Chromosomen.

Metaphase I

2 Homologenpaare lagern sich in der Äquatorialebene aneinander.

Anaphase I

3 Die Centromere trennen sich nicht; in der Anaphase bleiben die Schwesterchromatiden zusammen; homologe Chromosomen trennen sich; DNA wird vor der Prophase II nicht repliziert.

Telophase I

Am Ende der Telophase sind die beiden homologen Chromosomen segregiert.

vier Tochterzellen (alle *n*)

n *n* *n* *n*

Die Meiose II bringt vier haploide Tochterzellen hervor, die sich genetisch unterscheiden. Die Meiose ist also ein Mechanismus für die Erzeugung genetischer Vielfalt.

Abb. 1.7 Mitose und Meiose. Aus einer teilungsbereiten Zelle entstehen bei der Mitose zwei idente, diploide Tochterzellen, während aus der Meiose vier unterschiedliche, haploide Tochterzellen hervorgehen [58].

die beiden DNA-Moleküle (Schwesterchromatiden) mit Hilfe des Cohäsins zusammengehalten. Die DNA liegt hier als äußerst kompakte (kondensierte) Struktur vor. Für die Aufteilung der DNA sind noch zwei zelluläre Strukturen wichtig – die Centrosomen sowie der Spindelapparat. Die eigentliche Mitose kann in einzelne Stadien zerlegt werden:

- *Prophase*: Während die Schwesterchromatiden nur mehr am Centromer durch das Cohäsin zusammengehalten werden, wandern die Centrosomen zu gegenüberliegenden Punkten an der Kernhülle. Zwischen diesen Polen werden nun Mikrotubuli ausgebildet (Spindelapparat)
- *Prometaphase*: Der Spindelapparat ist nun vollständig ausgebildet und die Kernhülle löst sich auf. Die Centrosome der Chromosomen binden an spezielle Kinetochor-Mikrotubuli am Spindelapparat.
- *Metaphase*: Die einzelnen Chromosomen ordnen sich äquatorial an.
- *Anaphase*: Nun werden die Schwesterchromatiden voneinander getrennt. Durch das Zusammenziehen der Kinetochor-Mikrotubuli wandern die Chromatiden zu den entgegengesetzten Polen.
- *Telophase*: Die Tochterchromosomen befinden sich nun an den Polen und die neuen Kernhüllen bilden sich aus.

Den Abschluss der Zellteilung bildet nun die Cytokinese, bei der das Cytoplasma geteilt wird. Im Gegensatz zur Mitose werden hier die Organellen nicht unbedingt gleichmäßig auf die Tochterzellen aufgeteilt. Kommt es zu keiner Teilung bilden sich mehrkernige Zellen (Syncitium).

▪ Meiose

Menschliche Körperzellen sind sogenannte somatische Zellen – sie enthalten einen doppelten Chromosomensatz (2n, diploid), den man auch nach der Teilung wieder vorfindet. Wichtig zu erwähnen ist, dass die Chromosomenpaare dabei korrespondierende, aber oft nicht idente genetische Informationen enthalten. Die geschlechtliche Fortpflanzung erfordert jedoch Zellen mit einem einfachen Chromosomensatz (n, haploid), sogenannte Gameten. Diese entstehen durch Meiose. Bei der Befruchtung verschmelzen zwei haploide Zellen (Ei- und Samenzelle) wieder zur Zygote mit diploidem Chromosomensatz.

Die Meiose umfasst zwei Zellteilungen, aber nur eine Replikation, wodurch letztlich die Zahl der Chromosomen halbiert wird. Die Meiose kann wieder in einzelne Prozesse zerlegt werden:

- *Meiose I:* Im Gegensatz zur Mitose paaren sich die homologen Chromosomen in der Prophase I und bilden sogenannte Tetraden. Dies bildet die Grundlage für das sogenannte Crossing-over, einem Prozess, bei dem einzelne Abschnitte der DNA zwischen den homologen Chromosomen ausgetauscht werden können. In der Metaphase I ordnen sich nun die homologen Chromosomen äquitorial an und werden in der Anaphase I an die Pole gezogen. In der Telophase I bilden sich die Zellkerne wieder aus. Jede Tochterzelle enthält nun einen vollständigen, aber haploiden Chromosomensatz. Hier ist die Zuteilung der einzelnen Chromosomen zu den einzelnen Tochterzellen zufällig (unabhängige Verteilung), was neben dem Crossing-over zur genetischen Variabilität beiträgt.
- *Meiose II:* Im Anschluss an die Meiose I folgt die Meiose II, die der Mitose ähnelt. Bei der Aufteilung auf vier Tochterzellen ist zu beachten, dass diese nun unterschiedliche genetische Informationen und einen einfachen Chromosomensatz enthalten.

Methoden INFO: Polymerasekettenreaktion

Die Methode der **Polymerase-Kettenrektion** (polymerase chain reaction, **kurz PCR**) wurde 1987 von Karry B. Mullis entwickelt. Dieses Verfahren zählt bis heute zu den wichtigsten Methoden der Molekularbiologie. Es ermöglicht in vitro die exponentielle Vervielfachung von Nukleotidsequenzen auf enzymatischer Basis.

Im Wesentlichen imitiert die PCR die bei der Zellteilung ablaufenden Reaktionen. In einem ersten Schritt erfolgt die die **Denaturierung**, also das Auftrennen der doppelsträngigen Ausgangs-DNA in zwei einzelsträngige DNA-Moleküle bei einer Temperatur von ca. 94-95°C. Nun wird die Temperatur auf etwa 50°C abgesenkt, sodass sich zwei gegenläufige Oligo-Nukleotid-Sequenzen (Primer) spezifisch an die nun einzelnen Stränge der Ausgangs-DNA anlagern können. Dieser Vorgang nennt sich **Primer-Annealing** (Anlagerung). Vom 3'-Ende der Primer aus synthetisiert nun die zugesetzte thermostabile DNA-Polymerase einen neuen Doppelstrang. Dieser **Elongation** genannte Schritt erfolgt normalerweise bei 72°C, da die Taq-Polymerase (die ursprünglich von einem in heißen Quellen lebenden Bakterium namens Thermus aquaticus stammt) bei dieser Temperatur die größte Aktivität aufweist. Auf diese Weise wird die Zahl der DNA-Moleküle nach einem PCR-Zyklus verdoppelt, wobei die nun entstandenen Produkte wieder als Ausgangsstoff für den nächsten Zyklus dienen. Folgen mehrere derartige Zyklen aufeinander, kann die Zahl der vorhandenen DNA-Moleküle exponentiell vervielfacht werden.

Durchgeführt wird die PCR in sogenannten Thermocyclern. Diese Geräte besitzen einen temperierbaren Reaktionsraum und sowohl Zeit, Temperatur als auch die Anzahl der durchzuführenden Zyklen lassen sich programmieren.

Als Template ist genomische DNA von verschiedenen Organismen aber auch virale DNA geeignet. Die beiden bei der PCR eingesetzten Oligo-Nukleotid-Primer sollten möglichst die gleiche Schmelztemperatur besitzen (das ist die Temperatur, bei der sich die beiden DNA-Stränge trennen), außerdem sollten sie weder stabile Sekundärstrukturen noch Dimere bilden können. Zur Überprüfung dieser Kriterien stehen eigene Computerprogramme zur Verfügung. Für die Durchführung einer PCR benötigt man zusätzlch Desoxyriobonukleotidtriphosphate (dNTPs) sowie Reaktionspuffer. Üblicherweise werden alle Komponenten außer der Ausgangs-DNA kommerziell erworben.

Der Nachweis der bei der PCR entstandenen Produkte kann auf zwei Arten erfolgen. Entweder mittels Elektrophorese, wobei die Produkte durch Anlegen einer Spannung nach Größe aufgetrennt und dann markiert werden, oder durch direkte Nachweissysteme wie bei der **Real-Time-PCR**. Die Real-Time-PCR wird durch eigene Thermocycler ermöglicht, die Erfassung der PCR-Produkte erfolgt direkt während ihrer Entstehung. Die Markierung kann über sequenzspezifische Sondenmoleküle (*Probe*), an die Fluoreszenzfarbstoffe gekoppelt sind, erfolgen oder durch unspezifische Fluoreszenzfarbstoffe wie z. B. SYBR Green. Die Fluoreszenz wird dann nach jedem PCR-Zyklus gemessen und ist direkt proportional zur Menge des gebildeten PCR-Produkts. Für die absolute Quantifizierung benötigt man zusätzlich externe Standards, die man in Form einer Verdünnungsreihe mitführt, während für die relative Quantifizierung sogenannte *housekeeping*-Gene als endogene Referenzen herangezogen werden. Eine Spezialform der Real-Time-PCR ist die **Real time-Multiplex-PCR**, bei der mehrere Zielsequenzen, die mit unterschiedlichen Fluorophoren markiert sein müssen, gleichzeitig erfasst werden können. Vorteil dieser Methode ist der geringere Nucleinsäureverbrauch, geringere Kosten aber auch die höhere Genauigkeit der Quantifizierung, da Referenzgen und Zielgen in derselben Reaktion gemessen werden können.

Da RNA nicht direkt als Template bei der PCR eingesetzt werden kann, wird die RNA mit Hilfe eines Enzyms, der **Reversen Transkriptase,** erst in cDNA (komplementärer DNA-Strang) umgeschrieben. Diese kann dann wie DNA amplifiziert werden.

Die Einsatzmöglichkeiten der PCR sind vielfältig: In der Medizin kann sie zum direkten Nachweis von Viren, zur Diagnose von Gendefekten aber auch für Vaterschaftsnachweise herangezogen werden. Die PCR kann durch Exprimieren von klonierten Genen auch zur Herstellung von Arzneimitteln dienen. Besondere Bedeutung kommt der PCR in der Forensik zu: Schon geringe Mengen an DNA können derart vervielfältigt werden, dass ausreichend Beweismaterial zur Verfügung steht. Neben dem Nachweis der DNA, ist die Quantifizierung der RNA eine wichtige Methode, um Anpassungsreaktionen auf verschiedene Stimuli zu beschreiben.

1.3 Grundlagen der Vererbung

Bevor Gregor Mendel die Ergebnisse aus seinen Kreuzungen mit Erbsen publizierte, herrschten bezüglich der Vererbung zwei Hypothesen vor. Die erste lautete, dass jeder Elternteil gleich viel zu den Nachkommen beiträgt. Laut der zweiten Hypothese, der Vermischungshypothese, sollten die Nachkommen jedoch eine Mischung aus den Merkmalen der Eltern aufweisen. Letztere wurde 1866 durch Mendel widerlegt [20]. Interessant ist auch, dass Mendel seine Schlussfolgerungen postulierte, lange bevor Chromosomen oder Gene bekannt waren. Seine Ableitungen basierten auf der statistischen Auswertung aus einer Vielzahl von Kreuzungsversuchen. Doch wie kam es zur Formulierung jener Regeln, die auch heute noch eine wesentliche Rolle in der Genetik spielen?

1.3.1 Mendel'sche Vererbungsregeln

Grundlage der Mendel'schen Experimente ist die Beobachtung eines genau definierbaren Merkmals (z. B. Blütenfarbe, Samenoberfläche, …) über Generationen hinweg, wobei das Merkmal verschiedene Ausprägungen (Merkmalsformen) einnehmen kann. Reinerbige Pflanzen zeigen die gleiche Ausprägung eines Merkmals über viele Generationen hinweg. Kreuzt man reinerbige Pflanzen (Elterngeneration P) mit alternativen Merkmalsformen untereinander, so entstehen Hybriden erster Generation (F1). Durch Selbstbestäubung der F1-Pflanzen entstehen Nachfahren zweiter Generation (F2), deren Ausprägung man wieder studieren kann.

Mendel stellte nun fest, dass bei der Kreuzung zweier reiner Linien bestimmte Eigenschaften in

F1 nicht sichtbar waren (z. B. der runzelige Samen) und nur identische Nachkommen (mit glattem Samen) produziert wurden, wohingegen sie in F2 im Verhältnis von 1:3 wieder auftauchten. Daraus leitete er ab, dass Merkmalsformen in diskreten Einheiten weitergegeben werden und eine Ausprägung dominant (runde Samen) gegenüber der andern (runzelige Samen) sein kann. Die nichtdominante Ausprägung wird rezessiv genannt. Dadurch wurde eindeutig die Vermischungshypothese widerlegt, wonach die F1-Generation Mischformen (ein wenig runzelige Samen) hervorbringen hätte müssen.

Um zu testen, ob mehrere Eigenschaften miteinander gekoppelt wären oder unabhängig voneinander weitergegeben werden können, betrachtete Mendel nun Erbsenpflanzen, die jeweils reinerbig für zwei Merkmale waren (gelbe, glatte Samen (dominant) sowie grüne, runzelige Samen (rezessiv)). Kreuzt man diese miteinander, so entstehen in F1 nur gelbe, glatte Erbsen, da diese Eigenschaften jeweils dominant sind. Durch Selbstbestäubung entstehen wieder Nachkommen dieser Dihybriden (F2), die nun aber vier verschiedene Ausprägungen aufweisen (glatt-gelb, glatt-grün, runzelig-gelb, runzelig-grün), wobei zwei davon nicht in den Elterngenerationen vorkommen. Insgesamt entstehen Nachkommen mit den Ausprägungen im Verhältnis von 9:3:3:1. Mit Hilfe dieser Experimente konnte belegt werden, dass verschiedene Merkmale unabhängig voneinander weitergegeben werden können.

Zusammengefasst lauten die drei Mendel'schen Regeln:

- *Uniformitätsregel*: Kreuzt man zwei reinerbige Eltern, die sich in nur einem Merkmal unterscheiden, so entstehen idente F1-Nachkommen.
- *Spaltungsregel*: Bei der Kreuzung von F1-Nachkommen entstehen F2-Nachkommen, die die Ausprägungen des Merkmals in einem bestimmten Verhältnis tragen.
- *Unabhängigkeitsregel*: Verschiedene Ausprägungen mehrerer Merkmale können unabhängig voneinander weitergegeben werden (ein einzelner Gamet kann also Merkmale väterlichen als auch mütterlichen Ursprungs weitergeben).

1.3.2 Genotyp und Phänotyp

Die im vorigen Abschnitt dargelegten Experimente von G. Mendel unterstützten die Partikelhypothese, wonach die einzelnen Ausprägungen in separaten Einheiten gespeichert sein müssen, die von je einem Elternteil stammen. Bei der Befruchtung verschmelzen haploide Gameten zu diploide Zygoten, die wieder haploide Geschlechtszellen hervorbringen können. Im Gegensatz zu Gregor Mendel kennen wir heute die DNA bzw. Chromosomen. Ein bestimmter Abschnitt der DNA, der für ein bestimmtes Merkmal entscheidend ist, wird Gen genannt. Wie im ▶ Abschn. 1.2.1 erwähnt, wird die Anzahl der menschlichen Gene auf 25.000–30.000 geschätzt, was die Komplexität schon erahnen lässt. Die Gesamtheit aller Gene eines Lebewesens bezeichnet man als Genom.

Manche der Mendel'schen Versuche sind direkt in die heutige Zeit und auf Menschen übertragbar. Betrachtet man einen bestimmten Abschnitt der DNA, bei dem es zwischen Individuen mehrere Ausprägungen gibt, so bezeichnet man diese verschiedenen Formen als Allele. Personen, die in den somatischen Zellen auf beiden Kopien der DNA nur eine dieser Formen aufweisen, nennt man homozygot (reinerbig), jene die unterschiedliche Formen tragen, werden als heterozygot (mischerbig) bezeichnet. Die nach außen hin sichtbare Erscheinungsform ist der Phänotyp, die zu Grunde liegende genetische Konstitution der Genotyp.

Die klassische Einteilung in dominante oder rezessive Allele kann nicht immer eingehalten werden. So spricht man etwa von unvollständiger Dominanz, wenn bei einem heterozygoten Genotyp ein Allel nicht wirksam und das andere nicht in der Lage ist, den Ausfall vollständig zu übernehmen. Der Phänotyp erscheint dann oft als „gemischte" Merkmalsform. Demgegenüber steht die Codominanz, bei der die beiden Allele nebeneinander im Phänotyp exprimiert werden (z. B. Glykosyltransferasen A und B im AB0 Blutgruppensystem) [21].

Eine weitere Ergänzung zu den einfachen Vererbungsregeln stellt die multiple Allelie dar. Obwohl ein Allel in einem Individuum nur in maximal zwei Ausprägungen vorkommt, so besteht doch die Möglichkeit, dass es innerhalb einer Population mehr als zwei verschiedene Formen dieses Merkmals gibt, wodurch sich die Zahl der möglichen Phänotypen wesentlich erhöhen kann.

Auch hat man festgestellt, dass ein Merkmal durch mehrere Gene bestimmt wird (Polygenie), oder umgekehrt, dass ein einzelnes Gen Einfluss auf verschiedene Merkmale hat (Pleiotropie). Ersteres kommt bei komplexen Phänotypen wie etwa der Körpergröße, aber auch der körperlichen Leistungsfähigkeit häufig vor. Hier beobachtet man dann nicht wie bei den einfachen Merkmalen eine abgegrenzte, qualitative Eigenschaft, sondern ein Kontinuum an Ausprägungen in einem bestimmten Bereich. Dies wird auch quantitative Variabilität genannt und die Gene, die gemeinsam zur komplexen Eigenschaft beitragen, bezeichnet man Loci für quantitative Merkmale (*Quantitative Trait Loci*) [22].

Laut Unabhängigkeitsregel dürfte es auch keinerlei Einschränkungen in der Weitergabe von Merkmalen geben. In der Realität treten jedoch sogenannte Kopplungen auf. Das bedeutet, dass verschiedene Gene, die nahe beieinander auf ein und demselben Chromosom liegen, oft gemeinsam und nicht unabhängig voneinander weitergegeben werden. Demgegenüber steht aber die Tatsache, dass es während der Meiose I bei der Tetradenbildung häufig zum Crossing-over, also zum Austausch von Chromosomenabschnitten zwischen homologen Chromosomen kommt. Betrifft dies zwei gekoppelte Gene, so können auch rekombinante Phänotypen entstehen, wenngleich in einer geringeren Anzahl als laut Unabhängigkeitsregel erwartet.

Ein besonderer Fall tritt bei der geschlechtsgekoppelten Vererbung auf, da das X-Chromosom bei Frauen in zweifacher Ausführung vorliegt, bei den Männern ebenso wie das Y-Chromosom nur einfach. Beim Menschen sind etwa 800 protein-kodierende Gene auf dem X-Chromosom und nur etwa 75 auf dem kleineren Y-Chromosom zu finden („Ensembl Human MapView release 72", Juni 2013). Liegt ein rezessives Merkmal bei einer Frau am X-Chromosom heterozygot vor, dann ist das Merkmal im Phänotyp nicht beobachtbar, die Frau ist aber Trägerin. Liegt es beim Mann vor, so ist es in jedem Fall im Phänotyp sichtbar. Ein Beispiel dafür ist etwa die Rot-Grün-Blindheit oder die muskuläre Dystrophie.

Auch das mitochondriale Genom weist einige Besonderheiten auf. Wie schon in ▶ Abschn. 1.2.2 dargestellt, wird es matroklin (über die Mutter) vererbt. Die Anzahl der Kopien ist variabel, wird aber vom Zellkern geregelt. Ein Charakteristikum ist, dass sich Mitochondrien nach Replikation der DNA je nach Bedarf teilen, aber auch fusionieren können [23, 24].

1.4 Veränderungen des Genoms

Wie im vorigen Abschnitt besprochen, können Unterschiede im Genotyp (Allele) zu unterschiedlichen Phänotypen führen. Sichtbar wird dies in den mannigfaltigen Unterschieden, die innerhalb einer Population zu beobachten sind, aber auch im Auftreten von pathologischen Veränderungen im Genom, was zu sogenannten Erbkrankheiten führen kann. Langfristig betrachtet, bildet die Variabilität des Genoms aber die Grundlage der Entwicklung von Organismen (Evolution). Zunächst wollen wir die molekularen Grundlagen dieser Veränderungen betrachten.

1.4.1 Mutationen und Polymorphismen

Änderungen in der Abfolge der Basenpaare in der DNA können weitreichende Folgen haben, da die Basensequenz einen direkten Einfluss auf die genetische Information und somit auf die zu bildenden Moleküle hat. Treten solche Änderungen im Genom auf, so spricht man von einer Mutation. Diese können sowohl in somatischen (den Zellen des Körpers) als auch in Keimbahnzellen vorliegen, wobei sie nur bei Keimbahnzellen vererbt werden können. Kommt eine Mutation in der Population in mehr als 1% der Individuen vor, so spricht man von einem Polymorphismus bzw. vom *Single Nucleotide Polymorphismus* (SNP), wenn nur ein Basenpaar betroffen ist. Im Phänotyp sichtbar werden nur jene Änderungen, die nicht tödlich für die betroffenen Zellen sind, und bei somatischen Zellen darüber hinaus jene, die dominant gegenüber dem ursprünglichen Allel sind (sonst müsste der äußerst unwahrscheinliche Fall eintreten, dass eine Mutation zwei Mal in einer Zelle vorkommt) oder auf einem nur einfach vorliegenden Geschlechtschromosom liegen.

Grundsätzlich kann man Chromosomenmutationen (Änderungen in der Zahl oder Struktur der Chromosomen) und Punktmutationen (betreffen nur einen kleinen Abschnitt der DNA) unterscheiden. Eine Fehlerquelle, die häufig zu Punktmutationen führt, stellt die Replikation dar, bei der die Information eines Stranges ident an den Tochterstrang übergehen soll. Betrachtet man die enorme Geschwindigkeit, mit der die DNA repliziert wird (etwa 50 Basen pro Sekunde beim Menschen), so muss man damit rechnen, dass hier auch Fehler auftreten können. Grundsätzlich wird die Fehlerrate auf 1 Fehler pro 100.000 Basen geschätzt. Dies würde für das menschliche Genom bedeuten, dass etwa 60.000 Fehler bei der vollständigen Ablesung eines Doppelstrangs erfolgen können. Daher gibt es ein ausgeklügeltes System an Reparaturmechanismen, das diese Fehlerrate auf etwa 1 zu 10.000.000.000 (10 Milliarden) reduziert. Zunächst wird schon während der Replikation Korrektur gelesen und ein falsch eingebautes Nukleotid sofort ausgeschnitten und neu synthetisiert. Zweitens wird die DNA nach der Replikation auf sogenannte Fehlpaarungen (A-G, T-C, …) überprüft, die betroffenen Basen werden ebenfalls ausgeschnitten und korrigiert (Fehlpaarungskorrektur). Neben spontanen Mutationen bei der Replikation können Mutationen durch Strahlung (UV- oder ionisierende Strahlung) oder chemische Agenzien induziert werden. Sollen solche Fehler später repariert werden, so geschieht dies durch die Exzisionsreparatur [25, 26].

Nach der Art der Mutation kann man bei den Punktmutationen Substitution, Deletion und Insertion unterscheiden. Betrachtet man die Auswirkungen einer Punktmutation, so kommt es darauf an, an welcher Stelle der DNA die Mutation zu finden ist (Protein- vs. nicht Protein-codierender Abschnitt) und welche Auswirkung die Änderung in Bezug auf den genetischen Code hat (▶ Kap. 2). Eine Punktmutation kann somit keine Auswirkungen haben, wenn sie in einem nicht-codierenden Bereich liegt oder wenn sie die Ablesung des genetischen Codes nicht beeinflusst (stille Mutation). Sie kann jedoch zu Verschiebungen führen, was die Information verändern kann (◘ Tab. 1.1).

Methoden INFO: DNA Sequenzierung

DNA-Sequenzierung ist die Bestimmung der Nukleotid-Abfolge in einem DNA-Molekül. Die erste routinemäßig angewandte Methode (Methode von Maxam und Gilbert) beruht auf der basenspezifischen chemischen Spaltung mit anschließender Auftrennung der Fragmente und deren radioaktiver Markierung. Da diese Methode aufwändig, wegen der verwendeten giftigen Reagentien gefährlich und auch nicht automatisierbar ist, wird sie kaum noch verwendet.

1977 wurde die Kettenabbruch- oder Didesoxynukleotidmethode nach Sanger etabliert. Hierbei handelt es sich um eine enzymatische Methode. In einem ersten Schritt wird die zu untersuchende DNA denaturiert, sodass diese nun in Einzelsträngen vorliegt. Um den Startpunkt für die Sequenzierung festzulegen, benötigt man einen bekannten Sequenzabschnitt. Ein zu diesem Abschnitt komplementärer Primer hybridisiert nun an dieser Stelle. Die ebenfalls zugesetzte Polymerase synthetisiert vom 3'-Ende des Primers beginnend einen neuen Doppelstang. Da man dem Reaktionsgemisch nicht nur dNTPs (Desoxyribonukleotide), sondern auch ddNTPs (Didesoxyribonukleotude) zugesetzt hat, die nach dem Zufallsprinzip binden, bricht der Strang in diesem Fall wegen der fehlenden 3'-OH-Gruppe ab. Es entstehen also unterschiedlich lange DNA-Stränge, die durch Anlegen eines elektrischen Feldes entsprechend ihrer Länge aufgetrennt werden. Durch die den vier verschiedenen Basen zugeordnete unterschiedliche Fluorophormarkierung der ddNTPs kann durch Ablesen mit einem Detektor ein Chromatogramm erstellt werden. Zu beachten ist, dass dieses Ergebnis dem ursprünglichen DNA-Strang komplementär ist. Die nun bekannte Endsequenz des analysierten DNA-Stranges kann als Ausgangspunkt für einen weiteren Untersuchungsabschnitt dienen.

Eine neuere Methode ist das Pyro-Sequencing. Wie bei der Methode nach Sanger wird eine DNA-Polymerase zur Synthese eines Gegenstranges genutzt. Wird ein Nuklotid eingebaut, entsteht unter Beteiligung des Enzyms Luziferase ein Lichtblitz, der von einem Detektor aufgezeichnet wird. (Es werden immer nur Nukleotide einer Basenart zugesetzt und dann sofort zerstört, es erfolgt nur im Fall der Bindung ein Lichtblitz. Nach vier Durchgängen muss also eine Reaktion erfolgt sein.)

Micro Arrays nutzen zur Sequenzierung die Hybridisierung kurzer DNA-Abschnitte an auf einem Glasträger fixierte und mit Farbstoffen markierte Oligonukleotide. Jede Farbreaktion steht für einen bekannten Sequenzabschnitt.

1995 konnte erstmals das vollständige Genom eines Bakteriums sequenziert werden (Hämophilus influencae). Im Rahmen des *Human Genome Projekts*, an dem weltweit 40 Länder beteiligt waren, gelang die erstmalige Entschlüsselung des gesamten menschlichen Genoms im April 2003.

1.4.2 Evolution

Unter Evolution wird oberflächlich gesehen die Veränderung einer bestimmten Population (nicht eines Individuums) über die Zeit verstanden. Betrachtet man diese aber von einem molekularen Standpunkt, so wird deutlich, dass es um die

Tab. 1.1 Punktmutationen oder Polymorphismen

Typ	Auswirkung auf die genetische Information							
Ursprüngliche DNA-Sequenz	DNA	CCA	GGC	ATT	TAT	CGT	CAG	...
	Aminosäure	Pro	Gly	Ile	Tyr	Arg	Gln	...
Substitution (Missense Mutation)	DNA	C**A**A	GGC	ATT	TAT	CGT	CAG	...
	Aminosäure	**Gln**	Gly	Ile	Tyr	Arg	Gln	...
Substitution (stille Mutation)	DNA	CCA	GG**A**	ATT	TAT	CGT	CAG	...
	Aminosäure	Pro	**Gly**	Ile	Tyr	Arg	Gln	...
Substitution (Nonsense Mutation)	DNA	CCA	GGC	ATT	TA**A**	CGT	CAG	...
	Aminosäure	Pro	Gly	Ile	**Stopp**			
Insertion (Einschub)	DNA	CCA	GGC	ATT	TAT	**A**CG	TCA	G...
	Aminosäure	Pro	Gly	Ile	Tyr	**Thr**	**Ser**	...
Deletion (Entfernung)	DNA	CCA	GGC	ATT	TAT	CGTC	AG.	...
	Aminosäure	Pro	Gly	Ile	Tyr	**Val**	...	...

Entwicklung bestimmter Phänotypen innerhalb einer Population auf Grund von Änderungen im Genotyp geht. Diese Sichtweise wurde möglich, als die Erkenntnisse Darwins, wonach sich Arten über die Zeit auf Grund natürlicher Selektion verändern können, mit den Erkenntnissen Mendels und der modernen Vererbungslehre in Beziehung gesetzt wurden [27].

Unter natürlicher Selektion verstand Darwin die erfolgreiche Fortpflanzung jener Individuen, die eine höhere Überlebensfähigkeit aufwiesen als ihre Artgenossen, wodurch sich langfristig die Phänotypen mit der geringeren Sterblichkeit und der höheren Fortpflanzungsrate durchsetzen. Betrachtet man die natürliche Selektion in Bezug auf den Phänotyp, so kann man folgende Effekte beobachten:

- **Stabilisierende Selektion**: Wenn der durchschnittliche Phänotyp einer Population eine höhere Überlebenswahrscheinlichkeit hat als die Extreme, dann kommt dieser am häufigsten in einer Population vor (z. B. mittleres Geburtsgewicht). Die genetische Variabilität in der Population wird geringer.
- **Gerichtete Selektion**: Bei der gerichteten Selektion trägt ein extremer Phänotyp häufiger zu Nachkommen bei als der durchschnittliche. Es kommt langfristig zur Änderung (Evolution) in Richtung des extremen Phänotyps.
- **Disruptive Selektion**: Im Gegensatz zur gerichteten Selektion bieten hier beide Extreme im Phänotyp einen Vorteil gegenüber dem Durchschnitt. Es entstehen Populationen mit einer bimodalen Verteilung der beiden Merkmale. Die genetische Variabilität in der Population wird hier höher.

Wie schon angemerkt, ist die natürliche Selektion ein Produkt aus Fortpflanzungserfolg und Überlebenswahrscheinlichkeit. Es ist daher nicht überraschend, dass eine Änderung im Phänotyp, die den Fortpflanzungserfolg begünstigt, zur Selektion beitragen kann. Man spricht dann von sexueller Selektion.

Änderungen im Genotyp entstehen durch Mutationen (▶ Kap. 1.4.1). Diese können unter bestimmten Bedingungen vorteilhaft, nachteilhaft, aber auch ohne Wirkung auf das Individuum sein. Ändern sich die Bedingungen (Umweltfaktoren), so können nun Allele, die zuvor vorteilhaft waren, nachteilige Auswirkungen haben. Insgesamt ist die Mutationsrate jedoch relativ gering, dennoch reicht sie aus, um die enorme genetische Variabilität hervorzubringen, die man in einzelnen Populationen beobachten kann [28].

Auch der Phänotyp des Menschen ist aus dem Selektionsdruck von vielen vergangenen Generationen heraus entstanden. Die körperliche Fitness etwa ist eines der Merkmale, das während der Evolution des Menschen in den Savannen Ostafrikas von Vorteil war, sodass sich das Genom in Richtung eines aktiven Lebensstils adaptiert hat. In der heutigen Zeit wirkt sich nun der in modernen Gesellschaften vorherrschende inaktive Lebensstil negativ aus, da das Genom nicht an diese Bedingungen angepasst ist. Dies ist eine wahrscheinliche Erklärung für das vermehrte Auftreten von Zivilisationskrankheiten wie Übergewicht, Bluthochdruck, kardiovaskuläre Krankheiten und ähnliches [29, 30].

1.4.3 Populationsgenetik

Die Populationsgenetik beschäftigt sich nun mit der Untersuchung der genetischen Variabilität innerhalb von Populationen, wobei eine Population aus Individuen einer Art besteht, die in einem abgegrenzten geographischen Raum leben und sich untereinander fortpflanzen können. Die einzelnen Individuen bilden einen Genpool, der aus den unterschiedlichen Kombinationen der möglichen Allele an einem bestimmten Genort (Locus) besteht. Die Häufigkeit, mit der dabei die einzelnen Allele innerhalb der Population auftreten, nennt man Frequenz.

Betrachtet man nun ein Allel, das in zwei Ausprägungen vorkommen kann (A und a), so gibt es in der Population drei Genotypen (AA, Aa und aa). Die Gesamtzahl der A-Allele in der Population setzt sich aus der Anzahl der Homozygoten x 2 ($2N_{AA}$, da A in diploiden Zellen zwei Mal vorkommt) plus der Anzahl der Heterozygoten (N_{Aa}) zusammen. Die Häufigkeit, mit der das Allel A in der Population vorkommt, ist nun die Frequenz p, und jene, mit der das Allel a vorkommt, ist q:

$$p = \frac{2N_{AA} + N_{Aa}}{2N} \text{ und } q = \frac{2N_{aa} + N_{Aa}}{2N}$$

Des Weiteren gilt für die Population $p + q = 1$, was bedeutet, dass man nur die Allelfrequenz eines Allels bestimmen muss und man erhält die Allelfrequenz des zweiten. Zu beachten ist allerdings, dass sich bei gleicher Allelfrequenz die Genotypfrequenzen erheblich unterscheiden können, je nachdem, ob es in der Population überwiegend homozygote oder heterozygote Individuen gibt.

Anfang des 20. Jahrhunderts leiteten Godfrey Hardy und Wilhelm Weinberg ein mathematisches Modell ab, woraus sich die einzelnen Genotypfrequenzen aus den Allelfrequenzen vorhersagen lassen. Dabei gilt das Hardy-Weinberg-Gleichgewicht, wenn die Partnerwahl zufällig erfolgt, die Population sehr groß ist und die Allelfrequenzen sich nicht durch evolutionäre Mechanismen ändern. Dieses lautet:

$$(p + q)^2 = p^2 + 2pq + q^2$$

Dabei steht p^2 für die Genotypfrequenz von AA, 2pq für die Genotypfrquenz von Aa und q^2 für die Genotypfrequenz von aa [31].

Eine der Grundannahmen des Hardy-Weinberg-Gleichgewichts lautet, dass kein evolutionärer Wandel stattfindet. Doch Populationen sind aus den verschiedensten Gründen ständig im Wandel. Evolutionäre Mechanismen, die eine Verletzung des Hardy-Weinberg-Gleichgewichts hervorrufen können, sind natürlich Mutationen, aber auch der Austausch von Erbinformation zwischen Populationen (Genfluss durch Wanderung) sowie der sogenannte genetische Drift. Dies ist ein Effekt, der vorwiegend in kleinen Populationen auftritt. Es handelt sich dabei um zufällige Veränderungen von Allelfrequenzen, zum Beispiel bei der Auswanderung weniger Pioniere in ein neues Gebiet (Gründereffekt). Dabei kann es vorkommen, dass nicht alle Allele der ursprünglichen Population vorhanden sind, was letztlich zu Veränderungen in den Allelfrequenzen führt [32, 33].

1.5 Epigenetik

Der Begriff Epigenetik wurde erstmals im Jahr 1942 von Conrad Hal Waddington verwendet, wobei er unter diesem Begriff den kausalen Mechanismus verstand, durch den die Gene des Genotyps den Phänotyp hervorbringen. Im Laufe der Zeit wandelte sich die Bedeutung des Begriffs, wobei nach wie vor kein klarer Konsens darüber besteht, was Epigenetik genau beinhaltet. Die Definitionen reichen von „struktureller Adaption von chromosmalen Regionen zur Registrierung, Signalisierung oder Weiterleitung veränderter Aktivitätszuständen" (Bird) zu „phänotypischer Variation, die nicht auf genetische Variation zurückzuführen ist" (Champagne) [34].

In der Entwicklungsbiologie wird der Fokus eher auf epigenetische Auswirkungen auf die Entwicklung innerhalb einer Generation gelegt als auf den Aspekt der Übertragung der Epigenome von einer Generation auf die nächste. Aus evolutionsbiologischer Perspektive interessiert primär die epigenetische generationenübergreifende Übertragung wie zum Beispiel des Phänotyps. Eine aus der molekularbiologischen Perspektive entwickelte Definition betrachtet Epigenetik als „die Untersuchung von mitotischen und/ oder meiotischen vererbbaren Veränderungen der Genfunktion, welche nicht durch Veränderungen der DNA-Sequenz erklärt werden können" [35].

In den Zellen des menschlichen Organismus gibt es somit trotz identischer genetischer Information Unterschiede in der Expression einzelner Gene (▶ Kap. 2). Einige Genabschnitte werden häufig, andere nur selten abgelesen. Hierbei spielen komplexe epigenetische Mechanismen eine Rolle. Die wichtigsten epigenetischen Vorgänge stellen die DNA-Methylierung, Histonmodifikationen und Chromatin-Remodeling dar. Im Gegensatz zu einem einheitlichen Genom in allen Zellen weist der Organismus mehrere Epigenome auf, welche sich abhängig von Zelltyp, Entwicklungsstadium, Alter, Geschlecht und weiteren Parametern unterscheiden [36, 37]. Epigenetische Mechanismen spielen eine wichtige Rolle in der Entwicklung und Differenzierung der verschiedenen Zelltypen im Organismus. In der adulten Zelle ermöglichen DNA-Methylierung und Histonmodifikationen als dynamische Prozesse eine Reaktion auf Umweltstimuli und eine Anpassung an externe Einflüsse.

1.5.1 DNA-Methylierung

Die DNA-Methylierung erfolgt durch das Anfügen einer Methylgruppe an das 5'-Kohlenstoff-Atom des Cytosinrings der Pyrimidinbase in der DNA. Dabei tritt die Methylierung bei Wirbeltieren ausschließlich an der Cytosinbase innerhalb der Dinucleotid-Sequenz Cytosin-Phosphat-Guanin (CpG) der DNA auf. Sie wird durch DNA Methyltransferasen (DNMTs) katalysiert. S-Adenosyl Methionin (SAM) ist der Methyldonor in dieser enzymatischen Reaktion. Rund achtzig Prozent aller CpG-Dinucleotide beim Menschen sind methyliert [38].

Es werden zwei Arten der DNA-Methylierung unterschieden, die Neumethylierung (*de novo Methylierung*) und die Erhaltung des Methylierungsmusters (*maintenance Methylierung*). Die *de novo Methylierung* wird durch die DNA Methyltransferasen DNMT3a und DNMT3b katalysiert. DNMT1 ist an der *maintenance Methylierung* beteiligt. DNMT1 kopiert in der DNA-Replikation die bereits am parentalen Strang bestehenden Methylierungsmuster auf den neusynthetisierten Tochterstrang und trägt so zum Erhalt der Methylierungsmuster bei. Wenn die normale replikationsabhängige Methylierung nicht erfolgt, wird von passiver Demethylierung gesprochen. Daneben kann eine aktive Demethylierung auftreten [39].

Es gibt zwei Modelle, welche die Wirkmechanismen der DNA-Methylierung auf die Genexpression erklären. Das erste Modell beschreibt die direkte Beeinflussung der Genaktivität durch die Methylierung der Cytosin-Base. Durch die Veränderung der Bindungsstelle von Transkriptionsfaktoren wird die Bindung von Transkriptionsfaktoren mit CpGs in ihren DNA-Erkennungselementen an die modifizierten DNA-Sequenzen beeinflusst. Das zweite Modell basiert darauf, dass DNA-Bindeproteine mit Affinität zu methylierter DNA an die methylierten CpGs binden und die Ablesung der genetischen Information (Transkription) indirekt über die Rekrutierung von Corepressoren hemmen (◘ Abb. 1.8) [39, 40].

1.5.2 Histonmodifikationen

Die Aminosäureschwänze der Histone, welche aus dem Nucleosom hervorragen, sind Orte epigenetischer Modifikationen. Zu den posttranslationalen Modifikationen der Histone gehören Acetylierung, Phosphorylierung, Methylierung der Aminosäuren Lysin, Arginin, Serin und Threonin. An den Histonschwänzen von H2A, H2B, H3 und H4 sind unterschiedliche Veränderungen an mehreren Aminosäuren möglich.

Die Position der modifizierten Aminosäure und die Kombination der verschiedenen Modifikationen spielt für die Veränderung der Chromatinstruktur und die Interaktion von Histonschwänzen mit regulatorischen Proteinen eine Rolle. Strahl und

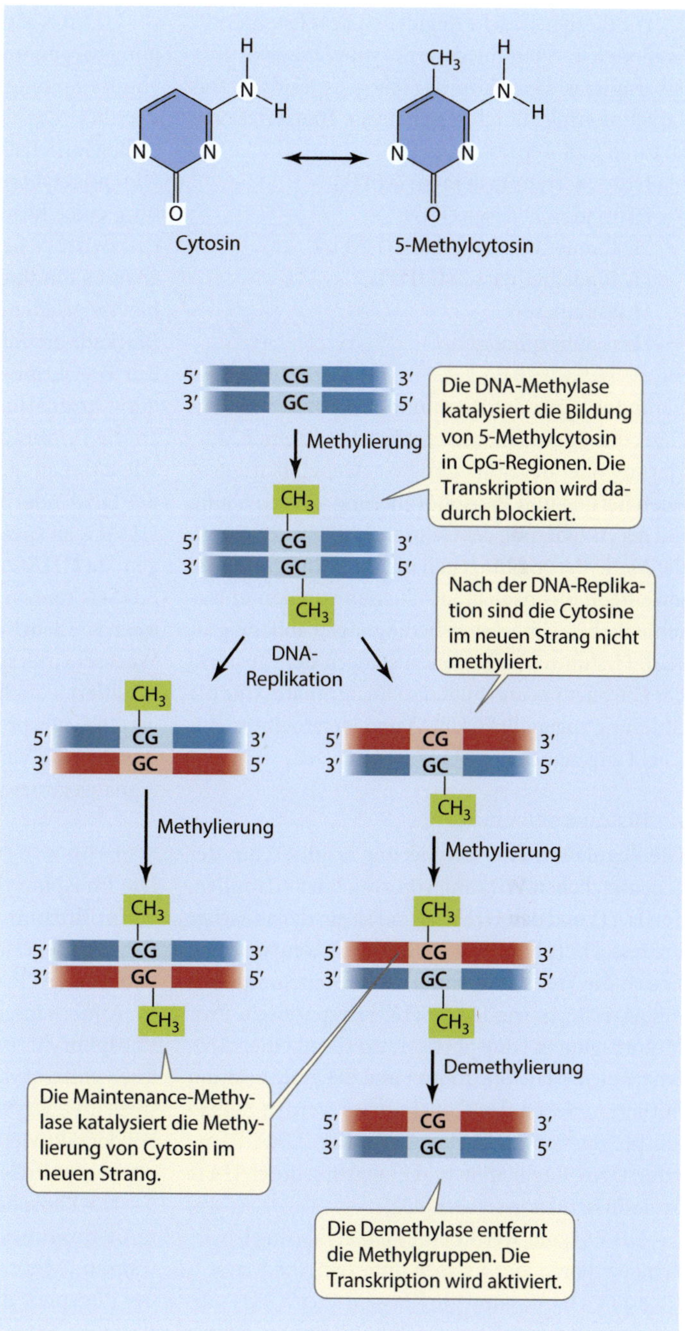

Abb. 1.8 DNA-Methylierung. Das Methylierungsmuster wird auch bei der Replikation weitergegeben [58].

Allis postulierten, dass die vielfältigen Histonmodifikationen in zahlreichen Kombinationen oder sequenzabhängig an einem oder mehreren Histonschwänzen einen Histon-Code bilden, welcher durch andere Proteine gelesen wird. Sie nehmen an, dass durch den Histon-Code unterschiedliche zelluläre Prozesse im Rahmen der Genregulation ausgelöst werden [41].

Für die dynamische Regulation der Histonmodifikationen sind verschiedene Enzyme verantwortlich; dabei agieren diese Enzyme nicht genspezifisch. Das Targeting erfolgt durch verschiedene Transkriptionsfaktoren und -repressoren:

- Histonacetyltransferasen (HATs)
- Histondeacetylasen (HDACs)
- Histonmethyltransferasen (HMTs)
- Histondemethylasen (HDMs)
- Histonkinasen
- Histonphosphatasen

Veränderungen der Histonmodifikationen um ein Gen oder einen Genabschnitt können zu einer Aktivierung oder der Stilllegung von Genen beitragen. Acetylierung und Phosphorylierung werden häufig mit der Aktivierung der Gentranskription verknüpft, die Methylierung hingegen mit der Stilllegung. Die jeweiligen Eigenschaften scheinen von den unterschiedlichen Umgebungsbedingungen abhängig zu sein. Histonmodifikationen steuern den Zustand des Chromatins und bilden so Euchromatin (für die Ablesung zugängliche DNA) und Heterochromatin (nicht zugängliche DNA) [42].

Histonacetylierung

Die Regulation der Acetylierung resultiert aus der gegensätzlichen Wirkung von zwei Enzymfamilien, den HATs und den HDACs, und ist ein dynamischer Prozess. HATs liegen als Multiproteinkomplexe vor. Durch die Wechselwirkung des Proteinkomplexes mit Aktivatoren werden die HATs an spezifische Promotorregionen transportiert, wo sie zu einer Acetylierung der Histone führen und die Transkription initiieren. Neben der Transkription werden Zellzyklusprogression, DNA-Rekombination, DNA-Reparatur, DNA-Replikation und Elongation durch HATs beeinflusst oder gesteuert [43].

Die Enzyme, welche eine Deacetylierung bewirken, werden in vier Klassen unterteilt, die Klasse I, II und IV HDACs und die Klasse III der NAD+-abhängigen Enzyme. Klasse I HDACs befinden sich im Zellkern der meisten Gewebe, Klasse II HDACs im Zellkern und im Zellplasma, wobei zelluläre Signale den Transport in den Zellkern oder aus dem Zellkern initiieren können. Eine hohe Anreicherung an Klasse II HDACs findet sich vor allem im Skelettmuskel, im Herzmuskel und im Gehirn [44, 45].

HDACs sind in zahlreichen Signalübertragungswegen und in der Transkriptionsrepression von Bedeutung. Sie haben eine niedrige Substratspezifität, das heißt jedes Enzym kann verschiedene Stellen innerhalb der Histonschwänze deacetylieren. Die Deacetylierung von Histonen führt zur Verdichtung von Chromatin, elektrostatischen Interaktionen zwischen benachbarten Nucleosomen und einer engeren Bindung der negativ geladenen DNA an die positiv geladenen Histone. Daraus ergibt sich eine Blockade des Zugangs zur Zielsequenz auf der DNA. Zur Transkriptionsrepression durch die Verdichtung der Chromatinstruktur werden die HDACs aktiv an die Promotorregionen rekrutiert, die Enzyme selbst stehen nicht in direkter Wechselwirkung mit der DNA oder Histonproteinen. Die Bindung der HDACs an spezifische DNA-Regionen kann erfolgen, da HDACs Teile von Proteinkomplexen sind. HDACs können zudem direkt mit Transkriptionsfaktoren wie dem Myocyte Enhancer Factor 2 (MEF2) in Wechselwirkung treten. Eine Hemmung von HDAC resultiert jedoch nicht immer direkt in einer gesteigerten Genexpression, da durch die Acetylierung die dynamische Veränderung des Chromatins und der Signalwege bewirkt wird [46].

Histonphosphorylierung

Die Phosphorylierung kann in allen Histonen an Serin, Threonin und Tyrosin erfolgen. Die Bindung von negativ geladenem γ-Phosphat von Adenosintriphosphat (ATP) oder Guanosintriphosphat (GTP) an die Aminosäuren wird durch Kinasen katalysiert. Die Phosphorylierung kann durch spezifische Phosphatasen entfernt werden. Die Histonphosphorylierung spielt im Zellzyklus während Mitose und Meiose und bei der Aktivierung von Genen während der Interphase eine Rolle.

H3-Phosphorylierungen stehen in Verbindung mit Chromosomenkondensation und Zellteilung während Mitose und Meiose. Hierbei wird der Grad der Phosphorylierung durch Kinase-Phosphatase-Paare reguliert. Jedoch ist nicht gesichert, dass die H3-Phosphorylierung direkt die Chromosmenkondensation bewirkt. Möglicherweise beeinflusst sie die Mechanismen des Chromosomenumbaus indirekt. Die Phosphorylierung von H3 während der Transkription wird mit der Aktivierung der „immediate early“ Gene assoziiert, welche direkt mit intrazellulären Signalkaskaden verbunden sind. Dabei wird die Histonphosphorylierung abhängig von Stimuli wie Wachstumsfaktoren, Stress oder Mitogenen durch den extrazellulären signalregulierten Kinase (ERK)- oder p38-mitogen-aktiviertes Protein-Kinase (MAPK)-Signalweg übertragen. In der Vermittlung der Phosphorylierung sind primär die Downstream-Kinasen der mitogen- und stressaktivierten Proteinkinase (MSK)-Familie von Bedeutung [47, 48].

■ Methylierung

Die Methylierung von Histonen kann in zwei große Gruppen unterteilt werden, die Lysin-Methylierung und die Arginin-Methylierung [49]. Die Methylierung der Histonschwänze bildet stabile epigenetische Markierungen, welche enzymatisch reversibel und dynamisch reguliert sind. Die Methylierung spielt eine Rolle in der Regulation der Transkription und in der Bildung von Heterochromatin. Durch die Methylierung der Histone wird die Wechselwirkung zwischen DNA und den Chromatin-assoziierten Proteinen beeinflusst. Dies ruft eine Veränderung der Nucleosomenstrukturen mit verschiedensten biologischen Wirkungen hervor.

Die Steuerung der Histonmethylierung erfolgt über ein komplexes Netzwerk spezifischer Methylasen, Methyltransferasen, Demethylasen und Proteinen, welche methylierte Stellen erkennen. Alle der bekannten Histonmethyltransferasen (HMTs) verwenden S-Adenosyl Methionin als Methyldonorgruppe. Es kommt zu keiner Veränderung des Ladungszustandes der Histone, je nach Stärke des Methylierungsgrades können jedoch Basizität, Hydrophobie und Affinität gegenüber der DNA verändert werden [50]. Die Histon-Lysin-Methyltransferasen (HKMTs) sind Enzyme, welche die Methylierung der Lysinreste von Histonen katalysieren. Die Modifikation der ε-Aminogruppe der Lysinreste kann in Form einer Mono-, Di- oder Trimethylierung erfolgen [51]. Die Arginin-Methylierung erfolgt mit Hilfe von Histon-Arginin-Methyltransferasen (HRMTs). Die Modifikation führt zu einer Monomethylierung oder einer symmetrischen oder asymmetrischen Dimethylierung der Argininreste. HRMTs enthalten im Gegensatz zu HKMTs neben ihrer katalytischen Domäne nur wenige weitere aktive Domänen [50].

Die Demethylierung von Argininresten führt zur Bildung von Citrullin (Desaminierung). Eine Demethylierung der Lysine erfolgt über Histondemethylasen (HDMs). Die Demethylierung durch LSD1 (Lysin-spezifische Demethylase 1) ist auf mono- und dimethyliertes Lysin begrenzt und funktioniert nicht bei trimethyliertem Lysin. Eine Demethylierung trimethylierter Lysine erfordert spezifische Enzyme. Durch die spezifische Wirkung der Demethylasen für mono-, di- oder trimethylierte Lysine wird eine selektive Kontrolle der Lysinmethylierung ermöglicht [52].

1.5.3 Interaktionen zwischen DNA-Methylierung und Histonmodifikationen

Zwischen einzelnen Histonmodifikationen sowie zwischen DNA-Methylierungen und Histonmodifikationen bestehen enge funktionelle Verknüpfungen. Dadurch können epigenetische Veränderungen verstärkt oder gehemmt werden, was neben der Vielzahl von Histonmodifikationen zu einer verfeinerten Regulierung in der Chromatinstruktur führt. Eine Modifikation wirkt sich nicht nur am gleichen Histon auf andere Modifikationen aus, sondern kann auch andere Histone beeinflussen [53].

Der Crosstalk zwischen Histonmodifikationen läuft über verschiedene Mechanismen ab. Wird dieselbe Position von mehr als einem Signal gleichzeitig angesteuert, kann es zu einem Wettbewerb zwischen den Modifikationen kommen. Dies ist vor allem an Lysinen, wo sowohl Acetylierungen als auch Methylierungen möglich sind, von Bedeutung. Außerdem können Histonmodifikationen kooperieren, um spezifische Faktoren effizienter zu rekrutieren [53].

Neben den Modifikationen an den Histonen können sich auch etwa DNA-Methylierung und Histonacteylierung bzw. -methylierung beeinflussen. Die hierarchische Ordnung der Ereignisse wird durch intrinsische Signale und Signale aus der Umwelt beeinflusst. Diese können ein Ungleichgewicht zwischen HAT- und HDAC-Aktivität hervorrufen, wodurch sich ein hypoacetylierter Zustand als erstes Ereignis des epigenetischen *Genesilencing* ergibt. Das hypoacetylierte Chromatin wird dann durch *de novo* DNA-Methyltransferasen (DNMTs) erkannt, welche CpG-Inseln methylieren und den Genpromotor stilllegen. Bei der Interaktion zwischen DNA-Methylierung und Histonmethylierung spielen LSD 1 und 2 eine wichtige Rolle in der Erhaltung der DNA-Methylierung [54-56].

Histonacetylierung und Histonmethylierung sind Gegenspieler an manchen Aminosäureresten, gleiches gilt auch für Phosphorylierung und Methylierung. In der Hypothese des binären Switch wird postuliert, dass die Phosphorylierung eine Bindung repressiver Proteine, welche Histonmethylierungen erkennen, blockiert und somit einen aktiven Genzustand herbeiführt [50].

1.5.4 Chromatin-Remodeling

Chromatin-Remodeling beschreibt ATP-abhängige Veränderungen in der DNA-Histon-Wechselwirkung, ohne kovalente DNA- oder Histonmodifikationen herbeizuführen. Die Chromatin-Remodeling-Faktoren (Remodeler) verwenden die Energie der ATP-Hydrolyse, um verschiedene Reaktionen an den Nucleosomen zu katalysieren. Sie lassen sich in mehrere Untergruppen einteilen und besitzen alle eine Untereinheit mit ATPase-Funktion. Chromatin-Remodeling-Faktoren können Nucleosomen verschieben, austauschen oder entfernen sowie den Histon-DNA-Kontakt unterbrechen.

Allen Aktivitäten gemeinsam ist die daraus resultierende veränderte Zugänglichkeit zur DNA. Dabei werden bestimmte DNA-Sequenzen für Transkriptionsfaktoren und andere Proteine zugänglich gemacht oder blockiert. Die Remodeler sind in verschiedene Prozesse der Initiation der Transkription oder des Chromatinaufbaus involviert [57].

Literatur

[1] Lee Y, Rio DC (2015) Mechanisms and Regulation of Alternative Pre-mRNA Splicing. Annual review of biochemistry 84:291-323. doi:10.1146/annurev-biochem-060614-034316

[2] Goldspink G (2005) Mechanical signals, IGF-I gene splicing, and muscle adaptation. Physiology 20:232–238. doi:10.1152/physiol.00004.2005

[3] Miescher F (1871) Ueber die chemische Zusammensetzung der Eiterzellen. Medizinisch-chemische Untersuchungen 4:441–460

[4] Dahm R (2008) Discovering DNA: Friedrich Miescher and the early years of nucleic acid research. Hum Genet 122 (6):565–581. doi:10.1007/s00439-007-0433-0

[5] Avery OT, Macleod CM, McCarty M (1944) Studies on the Chemical Nature of the Substance Inducing Transformation of Pneumococcal Types: Induction of Transformation by a Desoxyribonucleic Acid Fraction Isolated from Pneumococcus Type Iii. J Exp Med 79 (2):137–158

[6] Watson JD, Crick FH (1953) Molecular structure of nucleic acids; a structure for deoxyribose nucleic acid. Nature 171 (4356):737–738

[7] Lander ES, Linton LM, Birren B, Nusbaum C, Zody MC, Baldwin J et al. (2001) Initial sequencing and analysis of the human genome. Nature 409 (6822):860–921. doi:10.1038/35057062

[8] Venter JC, Adams MD, Myers EW, Li PW, Mural RJ, Sutton GG et al. (2001) The sequence of the human genome. Science 291 (5507):1304–1351. doi:10.1126/science.1058040291/5507/1304 [pii]

[9] Claverie JM (2001) Gene number. What if there are only 30,000 human genes? Science 291 (5507):1255–1257

[10] Consortium CeS (1998) Genome sequence of the nematode C. elegans: a platform for investigating biology. Science 282 (5396):2012–2018

[11] Felsenfeld G, Groudine M (2003) Controlling the double helix. Nature 421 (6921):448–453. doi:10.1038/nature01411nature01411 [pii]

[12] Hathcock KS, Chiang YJ, Hodes RJ (2005) Telomere biology and immune system. Discov Med 5 (27):288–292

[13] Blackburn EH (2000) Telomere states and cell fates. Nature 408 (6808):53–56. doi:10.1038/35040500

[14] Blasco MA (2003) Mammalian telomeres and telomerase: why they matter for cancer and aging. Eur J Cell Biol 82 (9):441–446. doi:S0171-9335(04)70315-5 [pii] 10.1078/0171-9335-00335

[15] Garcia-Rodriguez LJ (2007) Appendix 1. Basic properties of mitochondria. Methods Cell Biol 80:809–812. doi:S0091-679X(06)80040-3 [pii] 10.1016/S0091-679X(06)80040-3

[16] Schon EA, DiMauro S, Hirano M (2012) Human mitochondrial DNA: roles of inherited and somatic mutations. Nat Rev Genet 13 (12):878–890. doi:10.1038/nrg3275 nrg3275 [pii]

[17] Chagin VO, Stear JH, Cardoso MC (2010) Organization of DNA replication. Cold Spring Harb Perspect Biol 2 (4): a000737. doi:10.1101/cshperspect.a0007372/4/a000737 [pii]

[18] Nagaoka SI, Hassold TJ, Hunt PA (2012) Human aneuploidy: mechanisms and new insights into an age-old problem. Nat Rev Genet 13 (7):493–504. doi:10.1038/nrg3245 nrg3245 [pii]

[19] Watanabe Y (2012) Geometry and force behind kinetochore orientation: lessons from meiosis. Nat Rev Mol Cell Biol 13 (6):370–382. doi:10.1038/nrm3349 nrm3349 [pii]

[20] Mendel G (1866) Versuche über Plflanzenhybriden. Verhandlungen des naturforschenden Vereines in Brünn Band IV:3–47
[21] Zschocke J (2008) Dominant versus recessive: molecular mechanisms in metabolic disease. J Inherit Metab Dis 31 (5):599–618. doi:10.1007/s10545-008-1016-5
[22] Kim J, Oh S, Min H, Kim Y, Park T (2011) Practical issues in genome-wide association studies for physical activity. Ann N Y Acad Sci 1229:38-44. doi:10.1111/j.1749-6632.2011.06102.x
[23] Holt IJ, Reyes A (2012) Human mitochondrial DNA replication. Cold Spring Harb Perspect Biol 4 (12). doi:10.1101/cshperspect.a012971 a012971 [pii] cshperspect.a012971 [pii]
[24] Palmer CS, Osellame LD, Stojanovski D, Ryan MT (2011) The regulation of mitochondrial morphology: intricate mechanisms and dynamic machinery. Cell Signal 23 (10):1534–1545. doi:10.1016/j.cellsig.2011.05.021 S0898-6568(11)00170-7 [pii]
[25] Hegde ML, Hazra TK, Mitra S (2008) Early steps in the DNA base excision/single-strand interruption repair pathway in mammalian cells. Cell Res 18 (1):27–47. doi:10.1038/cr.2008.8 cr20088 [pii]
[26] Kunz C, Saito Y, Schar P (2009) DNA Repair in mammalian cells: Mismatched repair: variations on a theme. Cell Mol Life Sci 66 (6):1021–1038. doi:10.1007/s00018-009-8739-9
[27] Darwin C (1859) On the Origin of Species by Means of Natural Selection, or the Preservation of Favoured Races in the Struggle for Life. John Murray, London
[28] Sousa V, Hey J (2013) Understanding the origin of species with genome-scale data: modelling gene flow. Nat Rev Genet 14 (6):404–414. doi:10.1038/nrg3446 nrg3446 [pii]
[29] O'Keefe JH, Vogel R, Lavie CJ, Cordain L (2011) Exercise like a hunter-gatherer: a prescription for organic physical fitness. Prog Cardiovasc Dis 53 (6):471–479. doi:10.1016/j.pcad.2011.03.009 S0033-0620(11)00064-8 [pii]
[30] Wells JC (2012) The evolution of human adiposity and obesity: where did it all go wrong? Dis Model Mech 5 (5):595–607. doi:10.1242/dmm.009613 5/5/595 [pii]
[31] Mayo O (2008) A century of Hardy-Weinberg equilibrium. Twin Res Hum Genet 11 (3):249–256. doi:10.1375/twin.11.3.249 10.1375/twin.11.3.249 [pii]
[32] Disotell TR (2012) Archaic human genomics. Am J Phys Anthropol 149 Suppl 55:24–39. doi:10.1002/ajpa.22159
[33] Stringer C (2012) Evolution: What makes a modern human. Nature 485 (7396):33–35. doi:10.1038/485033a 485033a [pii]
[34] Winter J, Jung S, Keller S, Gregory RI, Diederichs S (2009) Many roads to maturity: microRNA biogenesis pathways and their regulation. Nature cell biology 11 (3):228–234. doi:10.1038/ncb0309-228
[35] Baar K (2006) Training for endurance and strength: lessons from cell signaling. Medicine and science in sports and exercise 38 (11):1939–1944. doi:10.1249/01.mss.0000233799.62153.19
[36] Handschin C (2010) Regulation of skeletal muscle cell plasticity by the peroxisome proliferator-activated receptor gamma coactivator 1alpha. Journal of receptor and signal transduction research 30 (6):376–384. doi:10.3109/10799891003641074
[37] Portela A, Esteller M (2010) Epigenetic modifications and human disease. Nature biotechnology 28 (10):1057–1068. doi:10.1038/nbt.1685
[38] Wood C, Snijders A, Williamson J, Reynolds C, Baldwin J, Dickman M (2009) Post-translational modifications of the linker histone variants and their association with cell mechanisms. FEBS J 276 (14):3685–3697. doi:10.1111/j.1742-4658.2009.07079.x
[39] Klose RJ, Bird AP (2006) Genomic DNA methylation: the mark and its mediators. Trends in biochemical sciences 31 (2):89–97. doi:10.1016/j.tibs.2005.12.008
[40] Bird AP, Wolffe AP (1999) Methylation-induced repression-belts, braces, and chromatin. Cell 99 (5):451–454
[41] Strahl BD, Allis CD (2000) The language of covalent histone modifications. Nature 403 (6765):41–45. doi:10.1038/47412
[42] Kouzarides T (2007) Chromatin modifications and their function. Cell 128 (4):693–705. doi:10.1016/j.cell.2007.02.005
[43] Clayton AL, Hazzalin CA, Mahadevan LC (2006) Enhanced histone acetylation and transcription: a dynamic perspective. Molecular cell 23 (3):289–296. doi:10.1016/j.molcel.2006.06.017
[44] de Ruijter AJ, van Gennip AH, Caron HN, Kemp S, van Kuilenburg AB (2003) Histone deacetylases (HDACs): characterization of the classical HDAC family. The Biochemical journal 370 (Pt 3):737–749. doi:10.1042/BJ20021321
[45] McKinsey TA, Zhang CL, Olson EN (2001) Control of muscle development by dueling HATs and HDACs. Current opinion in genetics & development 11 (5):497–504
[46] Nebbioso A, Manzo F, Miceli M, Conte M, Manente L, Baldi A et al. (2009) Selective class II HDAC inhibitors impair myogenesis by modulating the stability and activity of HDAC-MEF2 complexes. EMBO Rep 10 (7):776–782. doi:10.1038/embor.2009.88 embor200988 [pii]
[47] Choudhuri S, Cui Y, Klaassen CD (2010) Molecular targets of epigenetic regulation and effectors of environmental influences. Toxicology and applied pharmacology 245 (3):378–393. doi:10.1016/j.taap.2010.03.022
[48] Clayton AL, Mahadevan LC (2003) MAP kinase-mediated phosphoacetylation of histone H3 and inducible gene regulation. FEBS Lett 546 (1):51–58. doi:S0014579303004514 [pii]
[49] Li KK, Luo C, Wang D, Jiang H, Zheng YG (2012) Chemical and biochemical approaches in the study of histone methylation and demethylation. Med Res Rev 32 (4):815–867. doi:10.1002/mrr.20228
[50] Biel M, Wascholowski V, Giannis A (2005) Epigenetik – ein Epizentrum der Genregulation: Histone und histonmodifizierende Enzyme. Angewandte Chemie 117 (21):3248–3280. doi:10.1002/ange.200461346

[51] Rice JC, Allis CD (2001) Histone methylation versus histone acetylation: new insights into epigenetic regulation. Curr Opin Cell Biol 13 (3):263–273. doi:S0955-0674(00)00208-8 [pii]

[52] Bannister AJ, Kouzarides T (2005) Reversing histone methylation. Nature 436 (7054):1103–1106. doi:nature04048 [pii] 10.1038/nature04048

[53] Bannister AJ, Kouzarides T (2011) Regulation of chromatin by histone modifications. Cell Res 21 (3):381–395. doi:10.1038/cr.2011.22 cr201122 [pii]

[54] Tollefsbol TO (2004) Epigenetics protocols. In: Methods in molecular biology, vol 287. Humana Press, Totowa, N.J.

[55] Vaissiere T, Sawan C, Herceg Z (2008) Epigenetic interplay between histone modifications and DNA methylation in gene silencing. Mutat Res 659 (1-2):40–48. doi:10.1016/j.mrrev.2008.02.004 S1383-5742(08)00032-X [pii]

[56] Cheng X, Blumenthal RM (2010) Coordinated chromatin control: structural and functional linkage of DNA and histone methylation. Biochemistry 49 (14):2999–3008. doi:10.1021/bi100213t

[57] Burgio G, Onorati MC, Corona DF (2010) Chromatin remodeling regulation by small molecules and metabolites. Biochim Biophys Acta 1799 (10-12):671–680. doi:10.1016/j.bbagrm.2010.05.007 S1874-9399(10)00068-4 [pii]

[58] Sadava D, Orians, G., Heller, H.C., Hillis, D., Berenbaum, M.R. (2011) Purves, Biologie. 9. edn. Spektrum Akademischer Verlag, Heidelberg

Genexpression

Barbara Wessner, Henning Wackerhage

2.1 Zentrales Dogma der Molekularbiologie – 28

2.2 Transkription – 29
2.2.1 Ablauf der Transkription – 29
2.2.2 Posttranskriptionale Modifikationen – 30

2.3 Translation – 32
2.3.1 Der genetische Code – 32
2.3.2 Ablauf der Translation – 33
2.3.3 Posttranslationale Modifikationen – 34
2.3.4 Räumliche Anordnung der Proteine – 34

2.4 Regulierung der Genexpression – 35
2.4.1 Epigenetische Mechanismen – 35
2.4.2 Kontrolle auf Ebene der Transkription – 36
2.4.3 MicroRNAs – 36

2.5 Proteinabbau – 38
2.5.1 Ubiquitin-Proteasom-System – 38
2.5.2 Autophagie/Lysosom – 39

Literatur – 42

N. Bachl, H. Löllgen, H. Tschan, H. Wackerhage, B. Wessner (Hrsg.),
Molekulare Sport- und Leistungsphysiologie,
https://doi.org/10.1007/978-3-7091-1591-6_2

Transkription (das Ablesen bestimmter Gene von der DNA) und Translation (Übersetzen des Transkriptionsproduktes in ein Protein) werden unter dem Begriff Genexpression zusammengefasst. Da bestimmte Proteine jeweils zum richtigen Zeitpunkt in den richtigen Zellen gebildet werden müssen, ist die Regulierung der Genexpression von essentieller Bedeutung – nicht nur in der Anpassung an sportliche Belastungen. Doch nicht nur der Aufbau, sondern auch der Abbau von Proteinen unterliegt einem koordinierten Prozess, wodurch gezielt nicht mehr benötigte oder funktionsuntüchtige Proteine wieder eliminiert werden können.

2.1 Zentrales Dogma der Molekularbiologie

Wie im vorangegangenen Abschnitt beschrieben, ist die gesamte Information, die ein Organismus zum Überleben benötigt, in der DNA bzw. im Genom gespeichert. Beinahe alle Körperzellen (sofern sie einen Zellkern aufweisen) enthalten dieselbe idente Information. Doch wie wird die Information abgelesen und wie werden Gene spezifisch zu einem bestimmten Zeitpunkt oder in einer bestimmten Zelle aktiv? Zunächst wollen wir uns der ersten Frage zuwenden.

Im Jahr 1958 formulierte Francis Crick zwei Hypothesen, die noch heute in weiten Teilen ihre Gültigkeit haben. Die erste (Sequenzhypothese) besagt, dass die Reihenfolge der Basen der Nukleinsäure den Code für die Aminosäuresequenz eines bestimmten Proteins ausmacht. Die zweite Hypothese bezeichnete er als das „zentrale Dogma der Molekularbiologie". Dabei schlug er vor, dass der Informationstransfer von der Nukleinsäure zur Nukleinsäure und von der Nukleinsäure zum Protein, nicht aber vom Protein zur Nukleinsäure möglich sei [1, 2].

Heute wissen wir, dass das „Dogma" in seiner restriktiv ausgelegten Form nicht in Gänze haltbar ist, aber dennoch trägt es als Modell zum grundsätzlichen Verständnis der Informationsübertragung von der DNA (dient als Matrize) über die RNA (dient als Botenstoff) zum funktionell wirksamen Protein bei (■ Abb. 2.1) [3, 4]. Die beiden wesentlichen Prozesse, die in ► Abschn. 2.2 und 2.3 im Detail beschrieben werden, nennt man:

- Transkription (Übertragung von DNA auf RNA)
- Translation (Übersetzung der Information der RNA in ein Protein)

Eine Abschätzung aus den Analysen der Chromosome 6, 7, 14, 20 und 22 ergab, dass nur etwa 2% des humanen Genoms abgelesen und in ein Protein

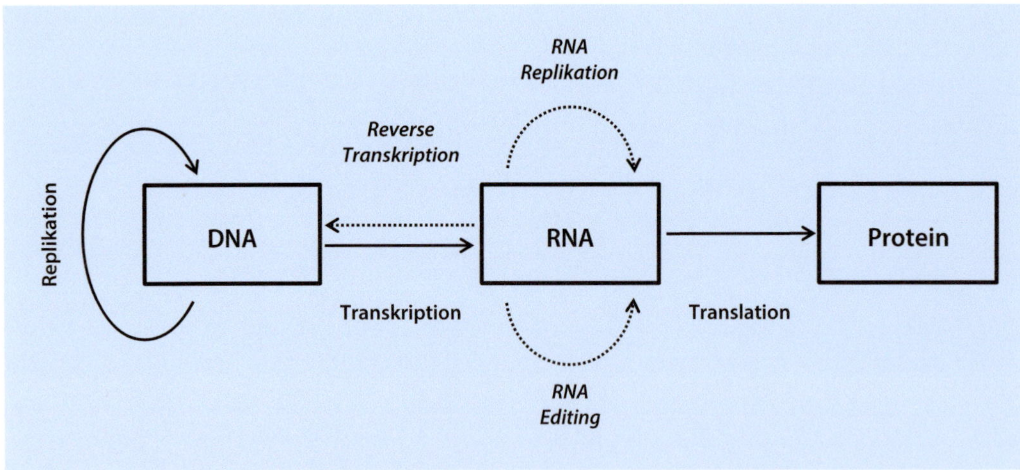

■ **Abb. 2.1** Genetischer Informationsfluss. Dargestellt sind neben dem „zentralen Dogma" der Molekularbiolgie (durchgezogene Pfeile) auch die Ausnahmen (gestrichelte Pfeile). So besteht das Genom einiger Viren etwa aus RNA. Das zu den Retroviren gehörige HIV (human immunodeficiency visus) etwa kann die RNA über die reverse Transkription in eine doppelsträngige DNA übersetzen, die in das Wirtsgenom eingebaut werden kann. Eine weitere Ausnahme ist auch das RNA-Editing, bei dem die RNA nach der Transkription verändert wird.

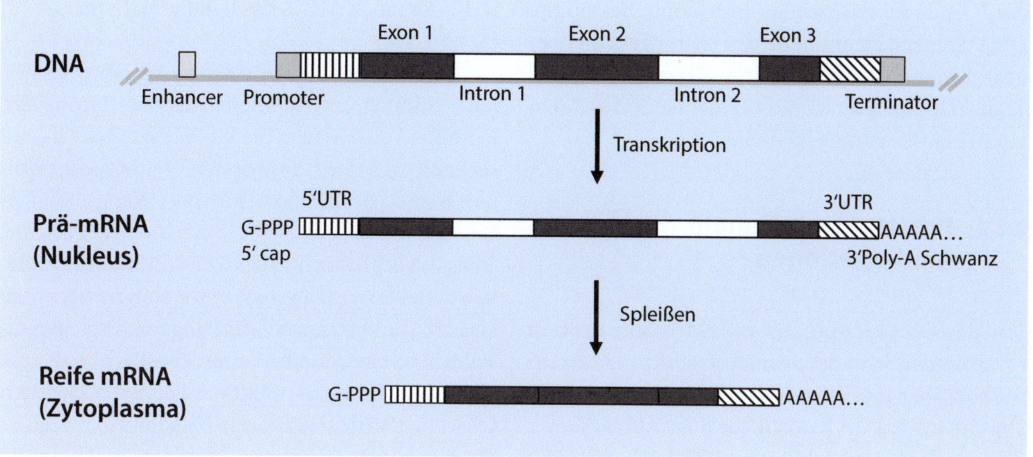

Abb. 2.2 Schematischer Aufbau von eukaryotischen Genen. Wichtige Elemente eines Gens dargestellt auf Ebene der DNA, sowie nach der Transkription (prä-mRNA) und Prozessierung (reife mRNA).

übersetzt werden, 43% werden abgelesen, aber nicht übersetzt, und 55% der DNA werden überhaupt nicht abgelesen [5]. Dieser Befund heißt aber nicht, dass mehr als die Hälfte unserer DNA „unnötig" ist. Vielmehr liegen hier offenbar teilweise hoch-konservative Regionen, die für die Regulierung der Genexpression von Bedeutung sind [6].

Jenen Abschnitt der DNA, der die genetische Information zur Bildung eines biologisch wirksamen Proteins (oder aktiver RNA) beinhaltet, bezeichnet man als Gen. Dazu gehören die Abschnitte, die die Aminosäuresequenz des Proteins vorgeben (Exons), die dazwischen liegenden Abschnitte (Introns) sowie jene Teile, die für die Regulierung der Transkription notwendig sind (Promotor, Enhancer, Silencer, Terminator) (Abb. 2.2).

2.2 Transkription

Da die genetische Information im Zellkern gespeichert ist, die Übertragung in ein Protein, die Translation, aber im Zytosol erfolgt, ist es notwendig, die Information zunächst auf einen Botenstoff zu übertragen, der aus dem Zellkern auswandern kann. Dieser Botenstoff, der durch die Transkription gebildet wird, ist die sogenannte Ribonukleinsäure (RNA), genauer gesagt die *Messenger RNA* (mRNA), die sich von der DNA in folgenden Punkten unterscheidet:

- Sie enthält als Zuckerbaustein Ribose (statt Desoxyribose).
- Sie liegt als Einzelstrang vor (statt Doppelstrang).
- Einbau von Uracil (U) (statt Thymin (T)).

All diese Änderungen haben zur Folge, dass die RNA im Vergleich zur DNA wesentlich instabiler ist und nach Erfüllung ihrer Funktion leichter wieder abgebaut werden kann. Bei der Proteinbiosynthese sind neben der mRNA noch die *Transfer RNA* (tRNA) und *ribosomale RNA* (rRNA) beteiligt.

2.2.1 Ablauf der Transkription

Bei der Transkription wird die Information der DNA mit Hilfe von RNA-Polymerasen abgelesen und in eine Vorläuferform der mRNA (= prä-mRNA) übersetzt (transkribiert). Dabei lassen sich drei Schritte unterscheiden: Initiation, Elongation und Termination. Bei der Initiation bindet die RNA-Polymerase an einer bestimmten Stelle vor einem Gen, dem Promotor. Die DNA wird dabei entspiralisiert. Diese Initiationsstelle bestimmt auch, welcher Strang der DNA abgelesen wird. Im darauf folgenden Schritt, der Elongation, bewegt sich die RNA-Polymerase am DNA Strang in 5' → 3'-Richtung entlang und kopiert den sogenannten antisense Strang der DNA durch das Anhängen von entsprechenden Nukleotiden an das 3'-Ende des wachsenden Transkripts. Bestimmte DNA-Sequenzen am Ende des Gens (Terminator) bestimmen den Abbruch (die Termination) der Transkription. Die RNA-Polymerase verlässt den DNA-Matrizenstrang (◘ Abb. 2.3).

2.2.2 Posttranskriptionale Modifikationen

Vor der Übersetzung der mRNA in ein Protein (Translation) wird das primäre Transkript, die prä-mRNA, noch im Zellkern prozessiert (modifiziert). Um die mRNA im Zytosol vor dem Abbau durch Ribonucleasen zu schützen und gleichzeitig die Bindung der mRNA an das Ribosom bei der Translation zu unterstützen, erfolgt zunächst das sogenannte *Capping*. Dabei wird ein modifiziertes GTP (Guanosintriphosphat) an das 5'-Ende der mRNA angehängt. Zur Unterstützung des Exports der reifen mRNA aus dem Zellkern wird am anderen Ende der mRNA ein sogenannter Poly-A-Schwanz bestehend aus 100–300 Adeninnukleotiden angehängt (◘ Abb. 2.2).

Letztlich müssen noch die Introns (nicht-codierende Sequenzen) aus der prä-mRNA entfernt werden. Dieser Vorgang wird Splicing genannt. Dazu wird ein Komplex aus verschiedenen Proteinen und der RNA gebildet (Spliceosom), der an den Exon-Intron-Grenzen ansetzen kann. Die Introns werden aus der prä-mRNA herausgeschnitten und wieder abgebaut. Die einzelnen Exons werden miteinander zur reifen mRNA verknüpft, die nach dem Transport aus dem Zellkern als Vorlage für das Protein dient. Es ist mittlerweile bekannt, dass so durch alternatives Splicing aus einem einzelnen Gen verschiedene mRNAs und somit Proteine entstehen können, indem die einzelnen Exons unterschiedlich zusammengesetzt werden. Eine aktuelle Abschätzung ergibt, dass aus jedem Gen zumindest zwei alternative Proteine entstehen können [7]. Ein bekanntes Beispiel ist der humane Insulin-ähnliche Wachstumsfaktor-1 (Insulin-like growth factor-1, IGF-1), der in seinen unterschiedlichen Formen eine wesentliche Rolle in der Anpassung der Muskulatur an Training, insbesondere Krafttraining, spielt (▶ Kap. 8 und 12). Durch alternatives Splicing entstehen hier IGF-1Ea, IGF-1b und IGF1-Ec (auch MGF, *mechano growth factor*) [8] (◘ Abb. 2.4).

Eine interessante Form der posttranskriptionellen Modifikationen stellt die RNA Editierung dar. Darunter versteht man die Veränderung der Basensequenz nach der Transkription. Beim Apolipoprotein B etwa, das für den Transport von Lipiden im Blut wichtig ist, gibt es zwei verschiedene Proteine, eines von der Leber und eines im Dünndarm synthetisiert. Beide werden jedoch von einem einzigen Gen kodiert. Die unterschiedliche Länge der Proteine entsteht durch eine Modifizierung der mRNA, wobei ein Cytosin in ein Uracil umgewandelt wird. Dadurch findet man in der Dünndarm-Version ein vorzeitigs Stopp-Codon, was in einem kürzeren Apolipoprtein B mündet [9].

Methoden INFO: RNA-Isolierung und -Quantifizierung

Im Gegensatz zur DNA liegt RNA üblicherweise in Einzelsträngen vor; sie ist deshalb anfälliger für spontane und enzymatische Hydrolyse. Während der Isolierung muss absolut steril gearbeitet werden, da die sowohl im Ausgangsmaterial als auch in der Umgebung vorkommenden RNasen die vorhandene RNA sofort zerstören würden. (Insbesondere das Tragen von Handschuhen ist wichtig, um Verunreinigungen mit den auf der menschlichen Haut vorkommenden RNasen, die dort der unspezifischen Immunabwehr dienen, zu verhindern.) Durch die Verwendung von speziellen Blutröhrchen (z. B. PAXgene) oder Lösungen (z. B. RNAlater) kann die RNA in der Probe allerdings sofort nach der Gewinnung stabilisiert werden.

Die **RNA-Isolierung** ähnelt von den Arbeitsschritten der Isolierung der DNA. Als erstes erfolgt die Homogenisierung der Zellen, dann die Inaktivierung der Proteine. Die Phenolextraktion erfolgt anders als bei der DNA-Isolierung im sauren Milieu (meist durch einen Indikator erkennbar). Für die Isolation selbst werden heutzutage fast ausschließlich kommerzielle Kits verwendet, die für die RNA-Isolierung aus unterschiedlichen Geweben optimiert sind und entweder Silica-Membranen oder Magnetic Beads enthalten, an die die RNA bindet. Anschließend folgen Waschschritte sowie der Elutionsschritt. Die Ermittlung der gewonnenen RNA-Konzentration erfolgt durch photometrische Messung bei der Wellenlänge von 260 bzw. 280 nm. Der Quotient der erhaltenen Werte gibt Aufschluss über die Reinheit der gewonnen Probe (OD260/OD280 Ratio um 2,0 ist typisch für reine RNA).

Die so gewonnene RNA kann durch weitere Arbeitsschritte in Untergruppen (wie rRNA mRNA, miRNA etc.) aufgetrennt werden. Für die Reverse Transcriptase-PCR, bei der die RNA in cDNA (DNA, die mittels des Enzyms Reverse Transkriptase aus RNA synthetisiert wird) umgeschrieben und anschließend amplifiziert wird, ist Gesamt-RNA üblicherweise ausreichend. Auch für Northern-Analysen kann meistens Gesamt-RNA verwendet werden.

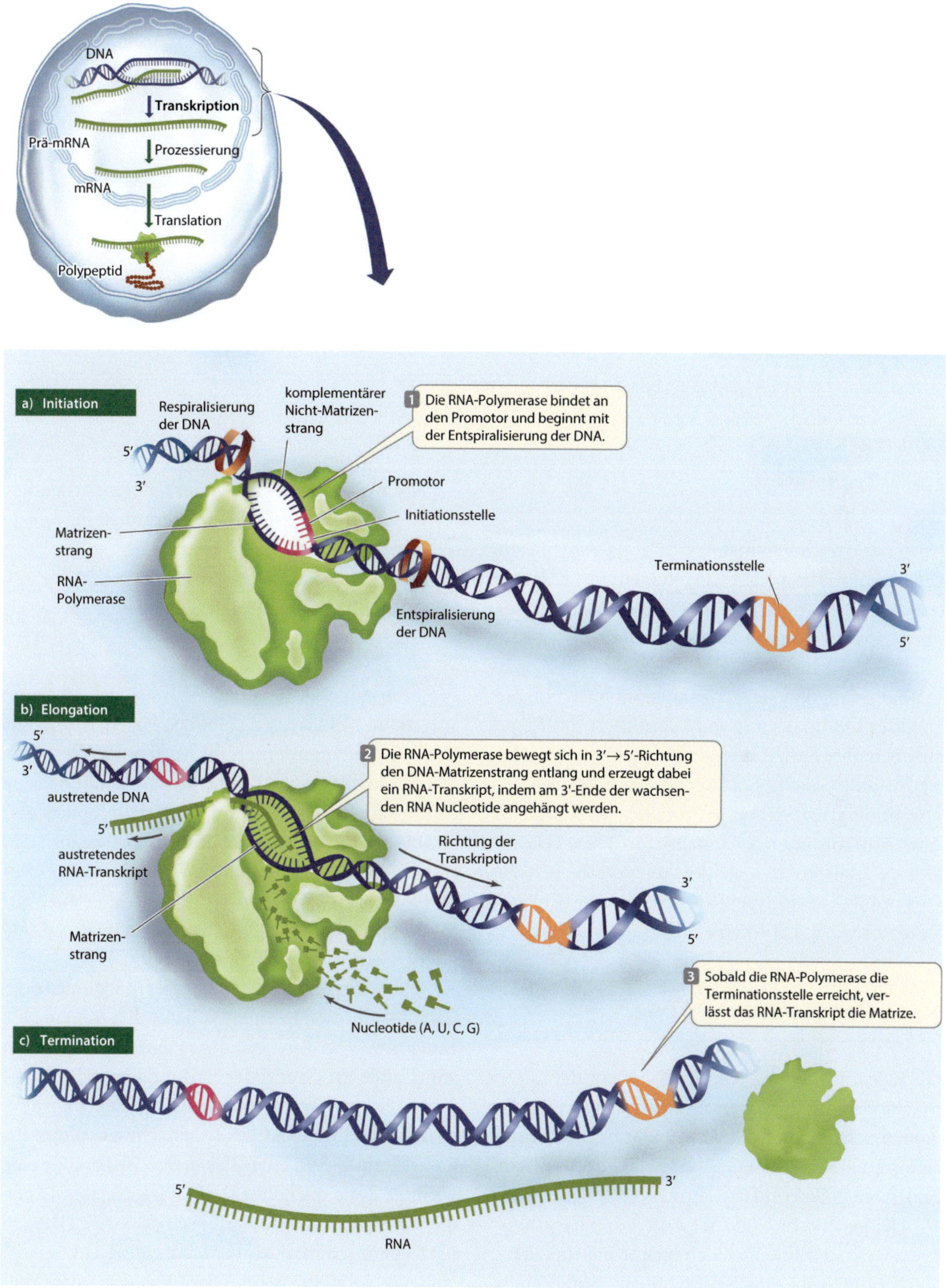

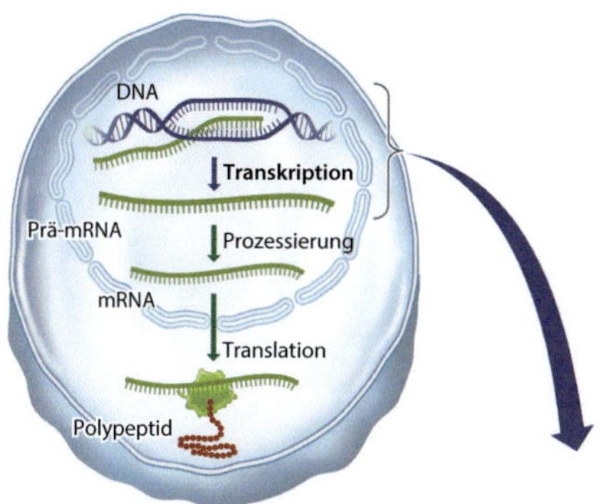

Abb. 2.3 Transkription. Initiation, Elongation und Termination als Teilschritte der Transkription [39].

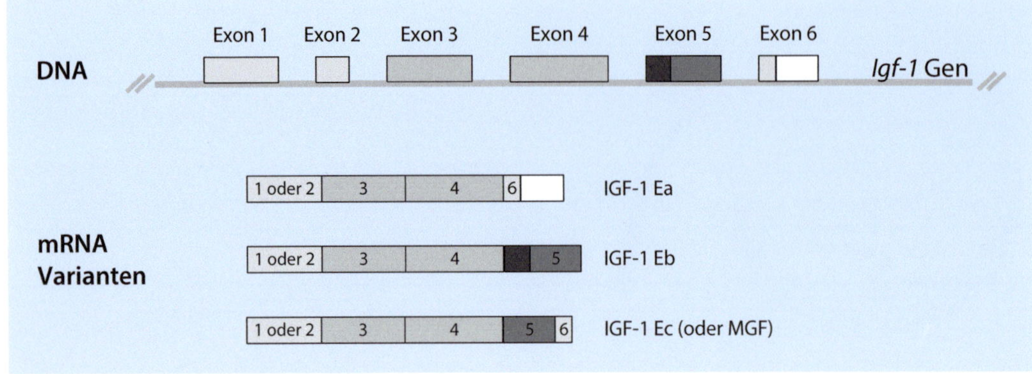

Abb. 2.4 Alternatives Splicing am Beispiel des IGF-1.

2.3 Translation

Nach erfolgreicher Transkription und Prozessierung wird die nun reife mRNA vom Nukleus in das Zytosol transportiert, wo sich die Ribosomen befinden, die für die Proteinsynthese essentiell sind.

Bei der Translation wird die mRNA im Zytosol in ein Protein übersetzt. Dieses kann nach entsprechender Modifizierung seine Funktion im Körper ausüben. Ihre Funktionen sind vielfältig und umfassen Strukturproteine (Kollagene, Actin, Myosin, …), immunologisch wirksame Proteine (Immunglobuline, Antikörper, …), Transportproteine (Hämoglobin, Transferrin, …), Speicherproteine (Casein, Ovalbumin, …) und regulierende Proteine (Enzyme, Rezeptoren, Signalproteine, …).

2.3.1 Der genetische Code

Die Regel, mit der eine Nucleotidsequenz der mRNA in eine Aminosäure übersetzt wird, nennt man den „genetischen Code" (Abb. 2.5). Die Aminosäuren werden kettenartig miteinander verknüpft und bilden ein Polypeptid bzw. Protein.

Der genetische Code beinhaltet drei Regeln:

- Jeweils drei aufeinanderfolgende Basenpaare (Codons) übermitteln die Information für eine Aminosäure.
- Der Code ist degeneriert/redundant (d. h. mehrere verschiedene Codons können für eine Aminosäure codieren), aber nicht mehrdeutig (ein bestimmtes Codon codiert nicht für verschiedene Aminosäuren).
- Der genetische Code ist mit wenigen Ausnahmen universell (d. h. er ist für alle Organismen gleich).

Proteine sind aus 20 verschiedenen Aminosäuren aufgebaut. Mit vier verschiedene Basen, die in 3er-Gruppen aneinandergereiht werden, ergeben sich $4^3 = 64$ Möglichkeiten. Das heißt, dass für die meisten Aminosäuren mit Ausnahme von Tryptophan und Methionin mehr als ein Codon zur Verfügung steht (Redundanz). Das Triplett AUG bestimmt immer den Startpunkt eines Proteins, steht aber auch für Methionin (Met), das Ende wird durch UAA, UAG oder UGA vorgegeben (Stopp-Codons).

Nun wird auch verständlich, dass Mutationen oder Polymorphismen in einer codierenden Region eine Änderung in der Aminosäuresequenz zur Folge haben kann, aber auf Grund der Redundanz nicht haben muss. Ein markantes Beispiel aus der Leistungsphysiologie betrifft das ACTN3-Gen. Dieses codiert für das α-Actinin-3-Protein, das in der Muskulatur eine wichtige Rolle spielt. Ein SNP (*Single Nucleotid Polymorphism*), also eine Änderung einer einzigen Base an der Stelle 577, führt dazu, dass statt eines CGA (→ Arg) ein UGA (→ Stopp) steht. Dies führt dazu, dass kein vollständiges α-Actinin 3 gebildet werden kann, was für etwa 18% der Bevölkerung zutrifft, die homozygot für diesen Polymorphismus sind (▶ Kap. 16) [10].

1. Base	2. Base												3. Base
	.U.			.C.			.A.			.G.			
U..	UUU	Phe	F	UCU	Ser	S	UAU	Tyr	Y	UGU	Cys	C	**..U**
	UUC			UCC			UAC			UGC			**..C**
	UUA	Leu	L	UCA			**UAA**	**Stopp**		**UGA**	**Stopp**		**..A**
	UUG			UCG			**UAG**			UGG	Trp	W	**..G**
C..	CUU			CCU	Pro	P	CAU	His	H	CGU	Arg	R	**..U**
	CUC			CCC			CAC			CGC			**..C**
	CUA			CCA			CAA	Gln	Q	CGA			**..A**
	CUG			CCG			CAG			CGG			**..G**
A..	AUU	Ileu	I	ACU	Thr	T	AAU	Asn	N	AGU	Ser	S	**..U**
	AUC			ACC			AAC			AGC			**..C**
	AUA			ACA			AAA	Lys	K	AGA	Arg	R	**..A**
	AUG	**Met**	**M**	ACG			AAG			AGG			**..G**
G..	GUU	Val	V	GCU	Ala	A	GAU	Asp	D	GGU	Gly	G	**..U**
	GUC			GCC			GAC			GGC			**..C**
	GUA			GCA			GAA	Glu	E	GGA			**..A**
	GUG			GCG			GAG			GGG			**..G**

Abb. 2.5 Genetischer Code. Übersicht der Codons, die für die 20 kanonischen Aminosäuren codieren. Die Aminosäuren sind im Drei- und Einbuchstabencode angegeben (Phe, Phenylalanin; Leu, Leucin; Ileu, Isoleucin; Met, Methionin; Val, Valin; Ser, Serin; Pro, Prolin; Thr, Threonin; Ala, Alanin; Tyr, Tyrosin; His, Histidin; Gln, Glutamin; Asn, Asparagin; Lys, Lysin; Asp, Asparaginsäure, Glu, Glutaminsäure; Cys, Cystein; Trp, Tryptophan; Arg, Arginin; Gly, Glycin). Das AUG (Methionin) entspricht dem Startcodon.

2.3.2 Ablauf der Translation

Bei der Translation wird die mRNA unter Zuhilfenahme des genetischen Codes in eine spezifische Sequenz aus verschiedenen Aminosäuren übersetzt. Verknüpft bilden diese das Polypeptid (Protein). Eine wichtige Rolle spielt hier die *Transfer RNA* (tRNA), die zum einen die Information aus den Codons der mRNA abliest und die entsprechenden Aminosäuren herbeibringt. Insgesamt gibt es für die 20 verschiedenen Aminosäuren mindestens ebenso viele spezifische tRNAs. Diese werden mit der entsprechenden Aminosäure beladen und können dann am entsprechenden Codon binden. Die eigentliche Translation erfolgt an den Ribosomen im Zytosol [11]. Diese bestehen aus zwei Untereinheiten (einer kleineren und einer größeren), die jeweils aus *ribosomaler RNA* (rRNA) sowie verschiedenen Proteinen zusammengesetzt sind. Erst bei der Translation finden diese beiden Untereinheiten zusammen.

Ähnlich zur Transkription erfolgt die Translation in drei Schritten: Initiation, Elongation und Termination. Bei der **Initiation** bindet die kleine ribosomale Untereinheit an der mRNA (am Startcodon AUG). Eine mit Methionin beladene tRNA kann nun andocken und die große ribosomale Untereinheit vervollständigt den Initiationskomplex. Danach folgt die **Elongation**, wo eine neue tRNA das nächste Codon der mRNA erkennt und daran bindet. Die neue Aminosäure wird von der tRNA abgelöst und mit dem Methionin verknüpft. Das Ribosom bewegt sich in 3‘-Richtung weiter an der mRNA entlang und die erste tRNA verlässt den Komplex, während die Peptidkette verlängert wird. Dieser Vorgang wiederholt sich, bis das Ribosom auf ein Stopp-Codon (UAA, UAG oder UGA) trifft. Dies leitet die **Termination** ein, bei der ein sogenannter Releasefaktor an die mRNA bindet und es zur Freisetzung des neu gebildeten Polypeptids kommt. Danach zerfällt auch das Ribosom wieder in die Untereinheiten (◘ Abb. 2.6). Die Länge der Polypeptidketten ist je nach Protein höchst unterschiedlich. Während die durchschnittliche Länge der Proteine in Eukaryoten ~ 472 Aminosäuren beträgt, gibt es auch Rekordhalter wie das in der Muskulatur vorkommende Titin, das über 30.000 Aminosäuren lang ist [12, 13].

2.3.3 Posttranslationale Modifikationen

Die verschiedenen Proteine üben die unterschiedlichsten Funktionen aus. Um diese Funktionen bestmöglich zu erfüllen, können die Peptidketten nach der Translation noch verändert werden. So können aus einem Gen verschiedene Proteine entstehen [14]. Wichtige Modifikationen sind die Proteolyse, die Glykosylierung sowie die Phosphorylierung.

Bei der **Proteolyse** wird das Polypeptid mit Hilfe von bestimmten Enzymen (Proteasen) in kleinere Einheiten zerlegt oder Teile abgeschnitten. Durch die **Glykosilierung** werden Glykane (Zucker) an die Peptidkette angehängt, ein Prozess, der im endoplasmatischen Retikulum bzw. im Golgi-Apparat stattfindet. Wichtige Glykoproteine im menschlichen Körper sind Kollagene, das Transferrin, verschiedene Immunglobuline und Hormone wie das Thyroid-stimulierende Hormon (TSH). Besonders wichtig für die Signalweiterleitung innerhalb von Zellen (Signaltransduktion ▶ Kap. 3) ist die **Phosphorylierung**. Mit Hilfe von Enzymen (Proteinkinasen) werden Signalproteine phosphoryliert und somit aktiviert. Dieser Vorgang ist reversibel und kann mit Hilfe von Phosphatasen, die die Phosphatgruppe wieder entfernen, rückgängig gemacht werden.

2.3.4 Räumliche Anordnung der Proteine

Man unterscheidet bei den Proteinen vier verschiedene Strukturebenen, die ihre Anordnung im Raum betreffen. Diese Ebenen umfassen die

a

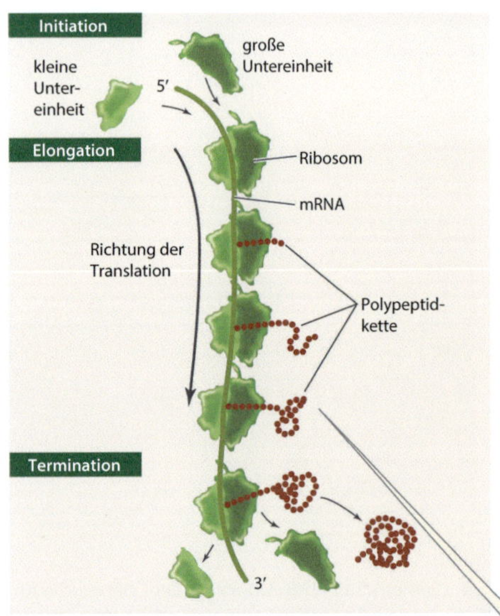

b

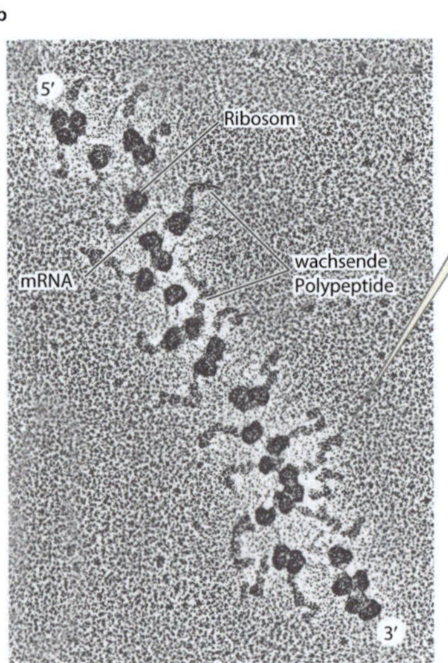

◘ **Abb. 2.6** Translation [39]

Primär-, Sekundär-, Tertiär- und Quartärstruktur [15]. Die Aminosäuresequenz eines Proteins bestimmt die **Primärstruktur**. Da sich die einzelnen Aminosäuren in den Eigenschaften ihrer Seitenketten unterscheiden (hydrophil, hydrophob, geladen, ungeladen), ergeben sich charakteristische Wechselwirkungen. Die Ausbildung von Wasserstoffbrückenbindungen zwischen den Aminosäureresten führt zur **Sekundärstruktur**. Typische Formen der Sekundärstruktur sind α-Helix und β-Faltblatt. Während sich diese beiden Strukturelemente innerhalb eines Proteins abwechseln können, gibt es auch Proteine, die ausschließlich aus α-Helices aufgebaut sind (z. B. Myoglobin oder Hämoglobin). Bei der **Tertiärstruktur** werden die einzelnen Sekundärstrukturen innerhalb einer Peptidkette durch stabilisierende Wechselwirkungen räumlich gefestigt. Diese Wechselwirkungen umfassen die Ausbildung von *Disulfidbrücken* zwischen zwei Cysteinen, *ionische Wechselwirkungen* zwischen positiv- und negativ-geladenen Seitenketten (Arginin, Lysin mit Glutaminsäure und Asparaginsäure), *hydrophobe Wechselwirkungen* zwischen ungeladenen Gruppen mit schlecht wasserlöslichen aliphatischen oder aromatischen Seitenketten (z. B. Alanin, Phenylalanin, …) und die schon zuvor erwähnten *Wasserstoffbrückenbindungen*. Obwohl viele Proteine aus nur einer Proteinkette bestehen (Monomere), kommt es bei anderen zur Ausbildung einer **Quartärstruktur**. Hier bilden mehrere gleiche oder unterschiedliche Peptide (Untereinheiten) das fertige Protein aus. Wie schon zuvor werden die Untereinheiten über verschiedene kovalente oder nicht-kovalente Wechselwirkungen zusammengehalten. Die Pyruvatkinase, die eine wesentliche Rolle in der ATP-Synthese (Glykolyse) spielt, ist ein Beispiel für ein Protein, das aus vier identen Untereinheiten zusammengesetzt ist (*Homooligomer*). Ein zweites Enzym der Glykolyse, die Lactat-Dehydrogenase, besteht ebenfalls aus vier Untereinheiten. Diese können aber zwei verschiedenen Typen entsprechen (H für Herz-Form oder M für Muskel-Form): Je nach Gewebe kommen unterschiedliche Isoformen des Proteins vor. So werden die homooligomeren Formen M_4 in Muskel und Leber sowie H_4 im Herz gefunden. Die *Heterooligomere* M_3H, M_2H_2, MH_3 kommen etwa in Immunzellen oder dem Gehirn vor [15].

Methoden INFO: Western Blot

Unter **Western Blot** versteht man eine Technik zum Nachweis von Proteinen (im Gegensatz zum Southern und Northern Blot, wo DNA bzw. RNA nachgewiesen werden). In einem ersten Schritt werden die Proteine mittels Elektrophorese nach ihrer Größe, Ladung oder anderen Eigenschaften aufgetrennt (üblicherweise Natriumdodecylsulfat-Polyacrylamidgelelektrophorese) und anschließend auf eine Membran übertragen. Diesen Vorgang nennt man Blotting. Werden die Proteine direkt auf die Membran aufgetragen, spricht man von Dot-Blot. Generell werden die Proteine immobilisiert und anschließend durch entsprechende Antikörper markiert. Der Nachweis kann durch Fluoreszenz-, Farb- oder Chemoluminiszenz-Visualisierung erfolgen.

Anwendung findet der Western Blot in der Forschung sowie in der Diagnostik (z. B. Nachweis von Antikörpern).

2.4 Regulierung der Genexpression

In einem komplexen Organismus wie dem Menschen ist es unerlässlich, dass die einzelnen Proteine genau zum richtigen Zeitpunkt in den richtigen Zellen gebildet werden. Es ist daher nicht überraschend, dass die Genexpression (die Neubildung von Proteinen) genauestens kontrolliert wird. Das Fine-Tuning ist dabei auf vielen Ebenen möglich, wobei die wichtigsten Kontrollpunkte im Folgenden genauer betrachtet werden sollen (◘ Abb. 2.7).

2.4.1 Epigenetische Mechanismen

Die epigenetischen Mechanismen wurden bereits in ► Abschn. 1.5 beschrieben. Wichtig für die Regulierung der Genexpression sind die DNA-Methylierung und das Chromatin-Remodeling. **DNA-Methylierungen** finden oft an sogenannten CpG-Inseln (Häufung von Cytosin/Guanin-Abfolgen in der DNA) am Anfang eines Gens (am Promotor) statt. Durch die Methylierung des Cytosins werden in der Regel die entsprechenden Gene inaktiviert. Interessanterweise werden Methylierungsmuster auch vererbt und sind dabei relativ stabil. Dennoch werden unmittelbar nach der Befruchtung einer Eizelle viele Gene demethyliert, wodurch diese in der frühen Phase der Embryonalentwicklung aktiv sind. Erst später werden sie durch erneute Methylierung wieder inaktiviert. Daneben gibt es Gene, die geschlechtsspezifisch methyliert und somit abgelesen werden (genomisches Imprinting). Ein Beispiel für ein paternal

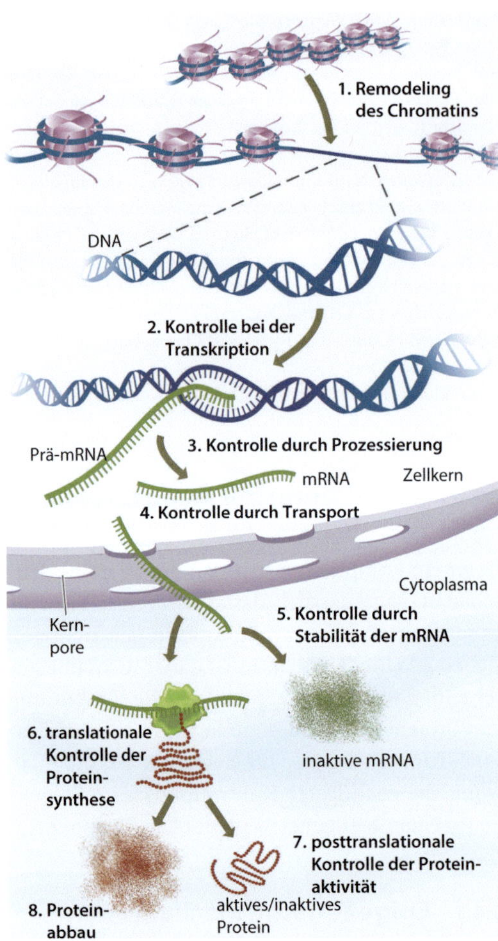

Abb. 2.7 Ebenen der Regulierung der Genexpression [39]

exprimiertes Gen wäre das IGF-2 (Insulin-ähnlicher Wachstumsfaktor 2), während die Ubiquitin Proteinligase E3A maternal aktiv ist [16].

Beim **Chromatin-Remodeling** wird etwa durch die Acetylierung der Histonschwänze durch das Enzym Histonacetyltransferase die Zugänglichkeit der DNA für regulatorische Proteine erleichtert. Dabei wird die dichte Packung der DNA gelockert und für die Transkription vorbereitet (Abb. 2.8). Im Gegensatz dazu können die Histondeacetylasen diese Acetylgruppen entfernen und somit die Transkription erschweren. Wissenschaftliche Studien konnten zeigen, dass wesentliche Schritte zum Auf- und Abbau der Skelettmuskulatur durch die epigenetische Kontrolle von MRF (myogenic regulatory factor) und MEF-2 (myocyte enhancer factor 2) gewährleistet werden [17].

2.4.2 Kontrolle auf Ebene der Transkription

Wichtige Regulatoren auf Ebene der Transkription stellen die Transkriptionsfaktoren dar. Wie in ▶ Abschn. 2.2 dargestellt, beginnt die Transkription am Promotor. Doch die RNA-Polymerase kann nicht direkt an den Promotor binden; dazu ist ein Protein (Transkriptionsfaktor IID, TFIID) notwendig, das eine bestimmte Stelle am Promotor (die TATA-Box) erkennt und dort bindet. In weiterer Folge binden an diesen Transkriptionsfaktor weitere Proteine sowie die RNA-Polymerase-II, bis der Transkriptionskomplex vollständig zusammengesetzt ist und die Transkription beginnen kann. Neben der TATA-Box gibt es auch andere Sequenzen in der DNA, die von spezifischen Transkriptionsfaktoren erkannt werden können.

Neben dem Promotor gibt es weitere Bindungsstellen an der DNA, die von verschiedenen regulatorischen Proteinen besetzt werden können, die wiederum mit der RNA-Polymerase interagieren und so die Ableserate regulieren. Positive Regulatoren nennt man Aktivatorproteine – diese binden an Enhancer-Sequenzen an der DNA. Negative Regulatorproteine werden Repressoren genannt – diese interagieren an den Silencer-Sequenzen. Interessant ist, dass diese oft weit entfernt vom eigentlichen Promotor liegen (Abb. 2.9). Es konnte gezeigt werden, dass durch Muskelkontraktionen wichtige Transkriptionsfaktoren wie MEF-2 (*myocyte enhancer factor-2*), NRF-1 (*nuclear respiratory factor-1*), SRF (*serum response factor)* und FOXO1 (*forkhead box protein O1*) aktiviert werden. Durch diese Aktivierung werden in weiterer Folge spezifische Proteine gebildet, die die Anpassung der Muskulatur an sportliche Aktivitäten bestimmen [18]. PGC-1α (*peroxisome proliferator-activated receptor gamma coactivator-1 α*) wurde als wichtiger Co-Aktivator für die oben genannten Transkriptionsfaktoren identifiziert [19].

2.4.3 MicroRNAs

MicroRNAs sind kurze (20–23 Nukleotide) nicht-codierende einzelsträngige RNA-Moleküle, die eine wesentliche Rolle in der post-transkriptionellen Kontrolle der Genexpression spielen [20]. Zurzeit sind in der Datenbank miRBase knapp 1900 menschliche

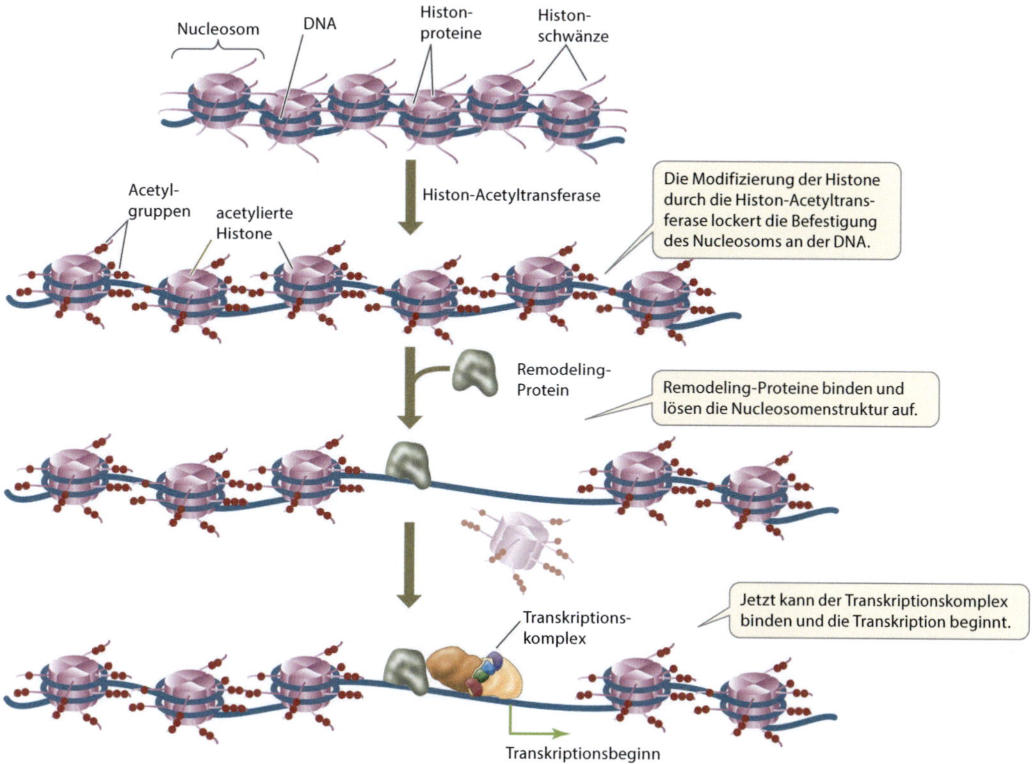

Abb. 2.8 Chromatin-Remodeling zur Erleichterung der Transkription [39]

microRNAs gelistet, doch deren Zahl vergrößert sich laufend. Obwohl es mittlerweile bekannt ist, dass es verschiedene Wege zur Bildung der verschiedenen microRNAs gibt, sind die folgenden Schritte wesentlich (Abb. 2.10). Zunächst wird das Primärtranskipt (*primary microRNA*, pri-microRNA) von der DNA mit Hilfe der RNA-Polymerase II oder III abgelesen. Die pri-microRNA weist eine typische Haarnadelstruktur auf und wird noch im Zellkern mit Hilfe der RNase Drosha und dem RNA-Bindungsprotein DGRC8 zur pre-miRNA (*precursor microRNA)* gespalten. Diese wird über Exportin ins Zytosol ausgeschleust, wo mit Hilfe einer weiteren RNAse (Dicer) die Haarnadelstruktur abgeschnitten wird und eine kurze, aber noch doppelsträngige microRNA entsteht. Im folgenden Schritt wird ein Strang abgebaut, während die nun reife microRNA mit dem Protein Argonaute (Ago) einen Komplex, den RISC (*RNA-induced silencing complex*) formt. Dieser Komplex interagiert nun mit der mRNA des Zielgens. Diese kann nun entweder abgebaut, destabilisiert oder inhibiert werden, wodurch die posttranskriptionelle Regulierung gewährleistet ist [21]. Studien haben gezeigt, dass eine einzelne microRNA hunderte Zielgene regulieren kann [22]. Computerunterstützte Abschätzungen ergaben, dass etwa 30% aller protein-codierenden Gene über microRNAs reguliert werden [23].

Eine Vielzahl von Untersuchungen belegt die Rolle von microRNAs in der Entstehung und Progression zahlreicher Erkrankungen wie Krebs [24], Herzkreislauferkrankungen [25], nichtalkoholische Fettlebererkrankungen [26], Übergewicht und metabolischem Syndrom [27]. Während viele microRNAs in den unterschiedlichsten Zelltypen vorkommen, werden manche microRNAs interessanter Weise spezifisch in bestimmten Geweben exprimiert [28]. MicroRNAs, die spezifisch im Muskel vorkommen, werden unter dem Begriff MyomiRs zusammengefasst. In Tab. 2.1 sind die bis jetzt bekannten MyomiRs (miR1, miR133a, miR133b, miR206, miR208b, miR486, miR499), deren Funktionen sowie deren Zielgene im Zusammenhang mit der Skelettmuskulatur dargestellt [29].

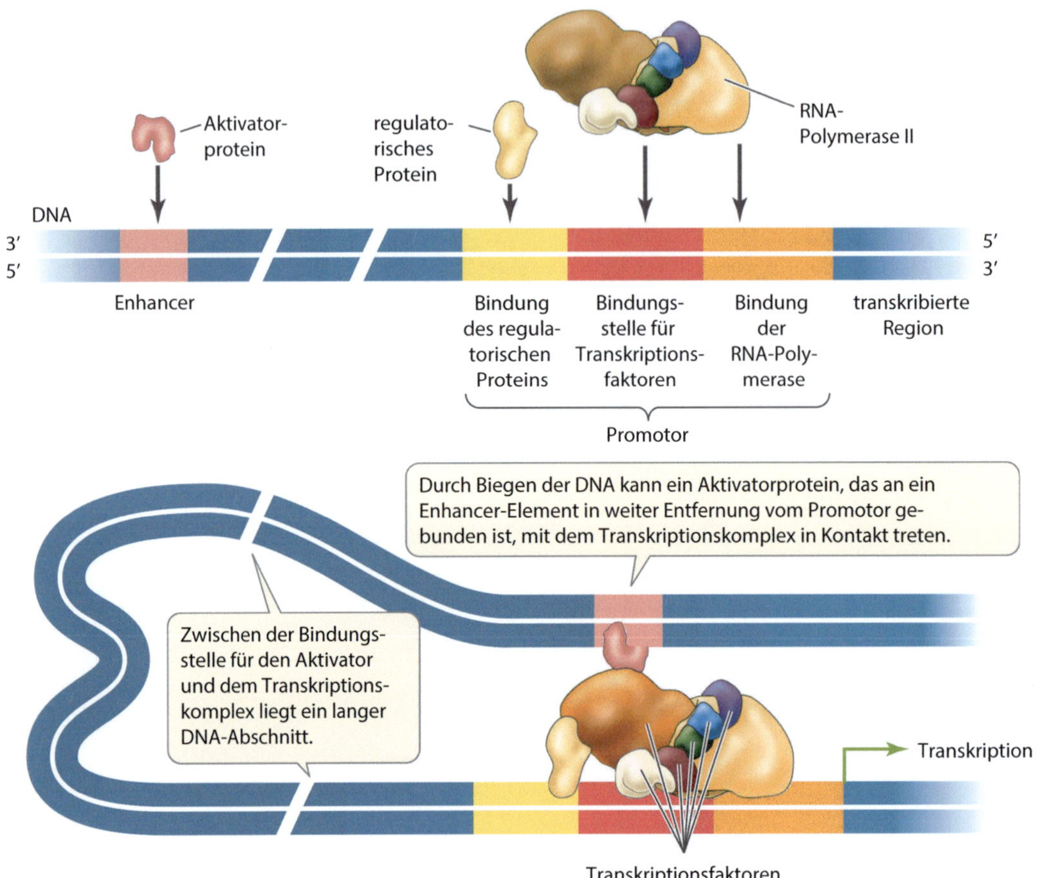

Abb. 2.9 Transkriptionsfaktoren, Repressoren und Aktivatoren [39]

2.5 Proteinabbau

Da viele Proteine nur in einem spezifischen Zeitfenster aktiv sein sollen, muss es im zellulären Verbund auch Mechanismen geben, nicht benötigte Proteine wieder abzubauen. Proteasen sind Enzyme, die die Peptidketten der Proteine wieder in die einzelnen Aminosäuren zerlegen können. Dieser Abbau erfolgt zum einen in spezifischen Zellorganellen, den Lysosomen. Zu den lysosomalen Proteasen (Cathepsine) zählen Enzyme wie die Elastase oder die Kollagenase. Zum anderen besitzen alle Zellen das sogenannte Ubiquitin-Proteasom-System, wo die abzubauenden Proteine zunächst markiert und danach gezielt im Proteasom abgebaut werden. Im Folgenden sollen diese beiden Wege speziell im Zusammenhang mit dem Abbau innerhalb von Muskelzellen betrachtet werden. Es ist aber wichtig zu betonen, dass diese Wege analog auch in anderen Zelltypen aktiv sind.

2.5.1 Ubiquitin-Proteasom-System

Das Proteasom ist ein Komplex aus mehreren Proteinen und kommt in allen Zellen recht häufig vor (ca. 30.000 Kopien pro Zelle). Da dieser Komplex eine Sedimentationsgeschwindigkeit von 26S aufweist, nennt man ihn auch das 26S-Proteasom. Damit spezifisch geschädigte oder nicht mehr benötigte Proteine abgebaut werden können, müssen diese markiert (poly-ubiquitiniert) werden [15]. In diese Ubiquitinierung sind verschiedene Enzyme (E1, E2, E3) involviert. E1 ist das Ubiquitin-aktivierende Enzym. Im Gegensatz zum E1 gibt es

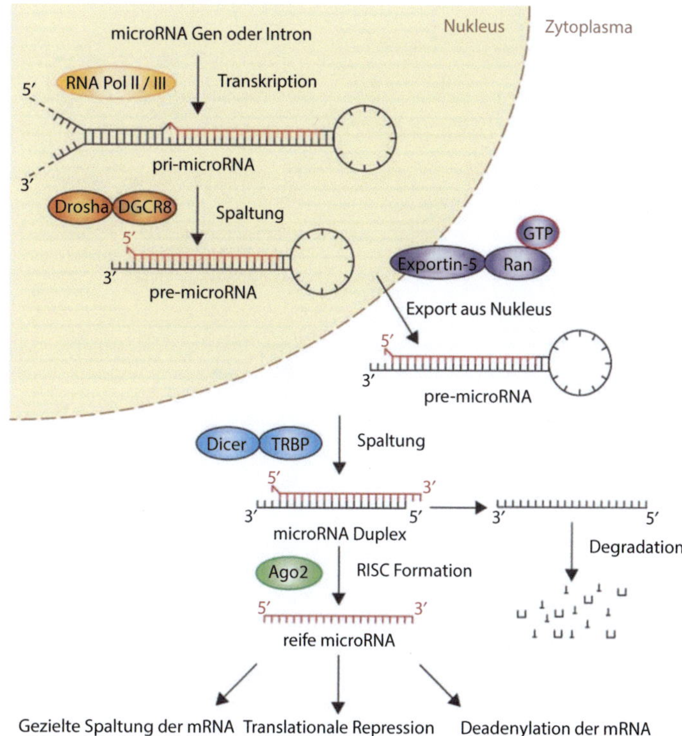

Abb. 2.10 Bildung und Wirkung von microRNAs (Reprinted by permission from Macmillan Publishers Ltd: Nature Cell Biology 11, 228–234, copyright (2009) [21])

zahlreiche Ubiquitin-Ligasen (E3), die das abzubauende Protein binden und den Übergang des Ubiquitins von E2 auf das Zielprotein katalysieren (Abb. 2.11).

Verschiedene E2/E3-Paare sind in den Abbau der verschiedenen Proteine involviert, wobei speziell die Ubiquitin-Ligasen eine gewisse Spezifität vermitteln. So gibt es beim Menschen etwa hundert E2s und mehr als tausend E3s [30]. Im Muskel wurden bereits einige Ubiquitin-Ligasen identifiziert. Dazu gehören Atrogin-1 oder MAFbx (*muscle atrophy F-box*) und MuRF1 (*Muscle RING finger 1*), die eine wesentliche Rolle in der alters- oder krankheitsassoziierten Muskelatrophie spielen, aber auch bei Anpassungsreaktionen der Muskulatur aktiv sind [30]. Daneben wurden im Zusammenhang mit Tumorkachexie (Tumor-induzierter Abbau der Muskelmasse), Fasten, Muskeldenervierung oder anderen muskelabbauenden Situationen auch weitere E3-Ligasen wie TRAF6 (*tumor necrosis factor receptor-associated factor 6*) [31], TRIM32 (*tripartite motif 32*) [32], FBXO40 [33] oder MUSA1 (auch FBXO30 oder FBXO31) [34] beschrieben.

2.5.2 Autophagie/Lysosom

Neben dem Ubiquitin-Proteasom-System gibt es noch einen weit verbreiteten Weg, über den geschädigte Organellen und Makromoleküle abgebaut werden können – die Autophagie. Man unterscheidet Mikroautophagie, Chaperon-vermittelte Autophagie und Makroautophagie [35, 36] (Abb. 2.12).

Bei der Mikroautophagie werden die abzubauenden Proteine direkt in das Lysosom aufgenommen, wo sie über lysosomale Proteasen abgebaut werden. Bei der Chaperon-vermittelten Autophagie werden Proteine mit einem bestimmten Konsensuspeptid (Lys-Phe-Glu-Arg-Gln) selektiv erkannt und über ein Membranprotein (LAMP-2A, *lysosome-associated membrane protein type 2A*) in das Lysosom transportiert. Die Makroautophagie wird durch verschiedene Stimuli wie oxidativen Stress oder Nahrungskarenz induziert. Im nächsten Schritt werden die abzubauenden Substanzen im Phagophor eingeschlossen und ein Autophagosom bildet sich. Dieses Autophagosom fusioniert mit dem Lysosom und der Inhalt wird abgebaut [30]. Zusätzlich kennt man

Tab. 2.1 MyomiRs und ihre Rolle in der Skelettmuskulaturentwicklung (adaptiert nach [29])

MyomiRs	Chromosomen-Location	Funktion im Skelettmuskel	Zielgene im Skelettmuskel
miR-1	20q13.33 (miR-1-1), 18q11.2 (miR-1-2)	Förderung der Myoblastendifferenzierung, Regeneration, Regulierung der Angiogenese, pro-apoptotisch, Kontrolle des oxidativen Stresses, Anti-Migration	BDNF, CCND1, CCND2, FZD7, G6PD, GJA1, HACD3, HDAC4, HSPA1, IGF1, IGF1R, MAP4K3, MEOX2, MET, MMD, NFAT5, NOTCH3, PAX3, PAX7, POLA1, RARB, SARS, SMARCB1, SMARCD2, UTRN, VEGFA, YY1
miR-133a	18q11.2 (miR-133a-1), 20q13.33 (miR-133a-2)	Förderung der Myoblastenproliferation, -differenzierung und -fusion, Regeneration, Regulierung des alternativen Splicings, Chromatin Remodeling, Regulierung des Zellschicksals, pro-apoptotisch, Kontrolle des Mitochondrienmetabolismus, Muskelfaserswitch	CALM1, DNM2, FGFR1, FOXL2,IGF1R, MAML1, PFN2, PP2AC,PRDM16, PTBP2, RUNX2, SMARCD1, SP1, SRF, TRPS1, UCP2
miR-133b	6p12.2	Förderung der Myoblastendifferenzierung und -fusion, Regeneration, Regulierung des alternativen Splicings, Chromatin Remodeling, Zellschicksalregulierung, pro-apoptotisch	FAIM, FGFR1, MAML1, PP2AC, PRDM16, PTBP2, SP1
miR-206	6p12.2	Förderung der Myoblastenproliferation, Regeneration, Regeneration neuromuskulärer Synapsen, Chromatin Remodeling, anti-angiogen, pro-apoptotisch, Kontrolle des oxidativen Stresses, Anti-Migration	BDNF, CCND1, CCND2, CLCN3, FSTL1, FZD7, G6PD, GJA1, HACD3, HDAC4, HMGB3, IGF1, IGFBP5, MAP4K3, MEOX2, MET, MMD, NFAT5, NGFR, NOTCH3, PAX3, PAX7, POLA1, RARB, SH3BGLR3, SMARCB1, SMARCD2, SNAI2, TIMP3, UTRN, VEGFA
miR-208b	14q11.2	Muskelfaserswitch, Förderung des Muskelwachstums	CBX1, MED13, MSTN, PURB, SOX6,SP3
miR-486	8p11.21	Kontrolle der Myoblastendifferenzierung und -fusion, Regulierung des alternativen Splicings, anti-apoptotisch, Pro-Migration	DOCK3, FOXO1, PAX7, PDGFRB, PTEN, SRSF1, SRSF3
miR-499	20q11.22	Muskelfaserswitch, Förderung des Muskelwachstums	CBX1, MAPK6, MED13, MSTN,PURB, SOX6, SP3

noch spezifische Wege, über die ganze Mitochondrien (Mitophagie) oder Peroxisome (Makropexophagie) recycelt werden.

Interessanterweise wird die Autophagie im Muskel nicht nur bei der Tumorkachexie oder der Sarkopenie (altersassoziierter Verlust an Muskelmasse und -funktion) induziert, auch physiologische Reize wie Ausdauer- und Krafttraining induzieren Autophagie, um etwa geschädigte Mitochondrien abzubauen [37, 38].

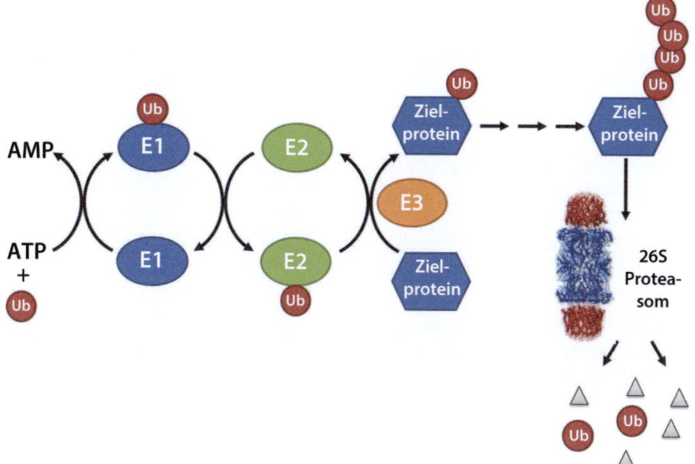

■ **Abb. 2.11** Ubiquitin-Proteasom System (Lizenziert unter CC BY-SA 3.0 über Wikimedia Commons).

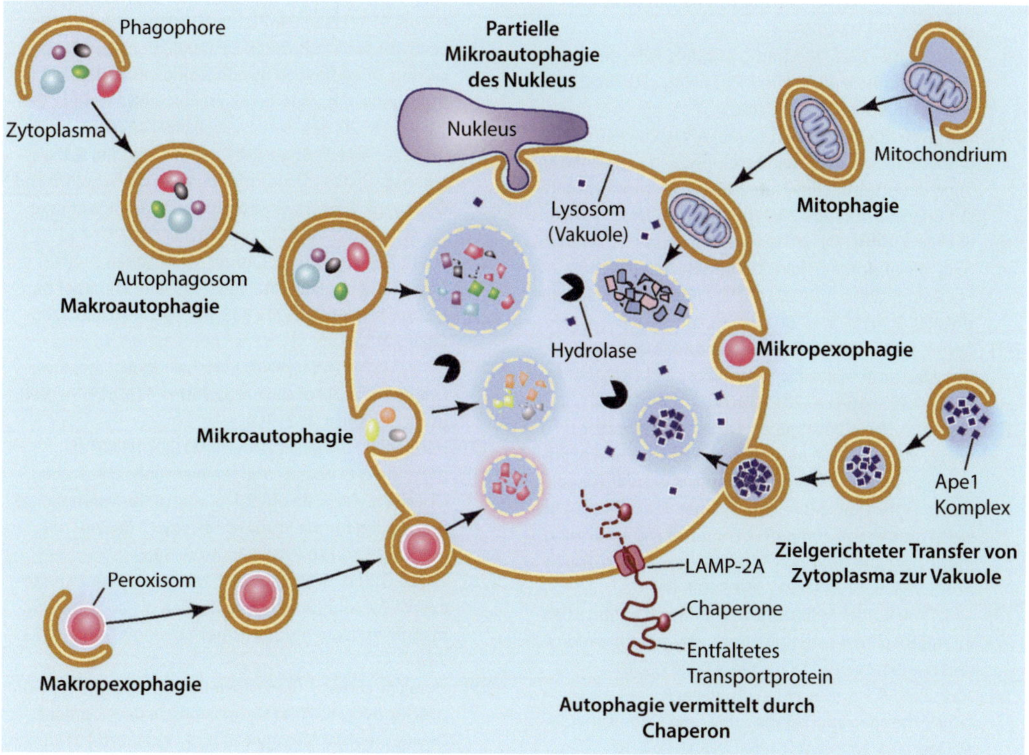

■ **Abb. 2.12** Verschiedene Formen der Autophagie (Reprinted by Permission from The American Physiological Society: Physiology (Bethesda) 23:248-62, copyright (2008) [36])

Literatur

[1] Crick F (1970) Central dogma of molecular biology. Nature 227 (5258):561–563

[2] Crick F (1958) On protein synthesis. Symp Soc Exp Biol 12:138–163

[3] Mattick JS (2003) Challenging the dogma: the hidden layer of non-protein-coding RNAs in complex organisms. Bioessays 25 (10):930–939. doi:10.1002/bies.10332

[4] Thieffry D, Sarkar S (1998) Forty years under the central dogma. Trends in biochemical sciences 23 (8):312–316. doi:S0968-0004(98)01244-4 [pii]

[5] Shabalina SA, Spiridonov NA (2004) The mammalian transcriptome and the function of non-coding DNA sequences. Genome Biol 5 (4): 105. doi:10.1186/gb-2004-5-4-105 gb-2004-5-4-105 [pii]

[6] Bird CP, Stranger BE, Dermitzakis ET (2006) Functional variation and evolution of non-coding DNA. Current opinion in genetics & development 16 (6):559–564. doi:S0959-437X(06)00202-4 [pii] 10.1016/j.gde.2006.10.003

[7] Lee Y, Rio DC (2015) Mechanisms and Regulation of Alternative Pre-mRNA Splicing. Annual review of biochemistry 84:291-323. doi:10.1146/annurev-biochem-060614-034316

[8] Goldspink G (2005) Mechanical signals, IGF-I gene splicing, and muscle adaptation. Physiology 20:232-238. doi:10.1152/physiol.00004.2005

[9] Davidson NO, Shelness GS (2000) APOLIPOPROTEIN B: mRNA editing, lipoprotein assembly, and presecretory degradation. Annu Rev Nutr 20:169-193. doi:10.1146/annurev.nutr.20.1.169 20/1/169 [pii]

[10] Berman Y, North KN (2010) A gene for speed: the emerging role of alpha-actinin-3 in muscle metabolism. Physiology (Bethesda) 25 (4):250–259. doi:10.1152/physiol.00008.2010 25/4/250 [pii]

[11] Savir Y, Tlusty T (2013) The ribosome as an optimal decoder: a lesson in molecular recognition. Cell 153 (2):471–479. doi:10.1016/j.cell.2013.03.032

[12] Tiessen A, Perez-Rodriguez P, Delaye-Arredondo LJ (2012) Mathematical modeling and comparison of protein size distribution in different plant, animal, fungal and microbial species reveals a negative correlation between protein size and protein number, thus providing insight into the evolution of proteomes. BMC research notes 5:85. doi:10.1186/1756-0500-5-85

[13] Linke WA, Kruger M (2010) The giant protein titin as an integrator of myocyte signaling pathways. Physiology 25 (3):186–198. doi:10.1152/physiol.00005.2010

[14] Jungblut PR, Holzhutter HG, Apweiler R, Schluter H (2008) The speciation of the proteome. Chemistry Central journal 2:16. doi:10.1186/1752-153X-2-16

[15] Schartl M, Gessler M, von Eckardatein A (2009) Biochemie und Molekularbiologie des Menschen. 1. Auflage edn. Elsevier GmbH, Urban & Fischer Verlag, München

[16] Glaser RL, Ramsay JP, Morison IM (2006) The imprinted gene and parent-of-origin effect database now includes parental origin of de novo mutations. Nucleic acids research 34 (Database issue): D29–31. doi:10.1093/nar/gkj101

[17] Bharathy N, Ling BM, Taneja R (2013) Epigenetic regulation of skeletal muscle development and differentiation. Sub-cellular biochemistry 61:139-150. doi:10.1007/978-94-007-4525-4_7

[18] Baar K (2006) Training for endurance and strength: lessons from cell signaling. Medicine and science in sports and exercise 38 (11):1939–1944. doi:10.1249/01.mss.0000233799.62153.19

[19] Handschin C (2010) Regulation of skeletal muscle cell plasticity by the peroxisome proliferator-activated receptor gamma coactivator 1alpha. Journal of receptor and signal transduction research 30 (6):376–384. doi:10.3109/10799891003641074

[20] Bartel DP (2004) MicroRNAs: genomics, biogenesis, mechanism, and function. Cell 116 (2):281–297

[21] Winter J, Jung S, Keller S, Gregory RI, Diederichs S (2009) Many roads to maturity: microRNA biogenesis pathways and their regulation. Nature cell biology 11 (3):228–234. doi:10.1038/ncb0309-228

[22] Baek D, Villen J, Shin C, Camargo FD, Gygi SP, Bartel DP (2008) The impact of microRNAs on protein output. Nature 455 (7209):64–71. doi:10.1038/nature07242

[23] Lewis BP, Burge CB, Bartel DP (2005) Conserved seed pairing, often flanked by adenosines, indicates that thousands of human genes are microRNA targets. Cell 120 (1):15–20. doi:10.1016/j.cell.2004.12.035

[24] Arora A, Singh S, Bhatt AN, Pandey S, Sandhir R, Dwarakanath BS (2015) Interplay Between Metabolism and Oncogenic Process: Role of microRNAs. Translational oncogenomics 7:11-27. doi:10.4137/TOG.S29652

[25] Smith T, Rajakaruna C, Caputo M, Emanueli C (2015) MicroRNAs in congenital heart disease. Annals of translational medicine 3 (21): 333. doi:10.3978/j.issn.2305-5839.2015.12.25

[26] Baffy G (2015) MicroRNAs in Nonalcoholic Fatty Liver Disease. Journal of clinical medicine 4 (12):1977–1988. doi:10.3390/jcm4121953

[27] Heneghan HM, Miller N, Kerin MJ (2010) Role of microRNAs in obesity and the metabolic syndrome. Obesity reviews: an official journal of the International Association for the Study of Obesity 11 (5):354–361. doi:10.1111/j.1467-789X.2009.00659.x

[28] Lagos-Quintana M, Rauhut R, Yalcin A, Meyer J, Lendeckel W, Tuschl T (2002) Identification of tissue-specific microRNAs from mouse. Current biology: CB 12 (9):735–739

[29] Horak M, Novak J, Bienertova-Vasku J (2016) Muscle-specific microRNAs in skeletal muscle development. Developmental biology 410 (1):1–13. doi:10.1016/j.ydbio.2015.12.013

[30] Sandri M (2015) Protein breakdown in cancer cachexia. Seminars in cell & developmental biology. doi:10.1016/j.semcdb.2015.11.002

[31] Paul PK, Bhatnagar S, Mishra V, Srivastava S, Darnay BG, Choi Y, Kumar A (2012) The E3 ubiquitin ligase TRAF6 intercedes in starvation-induced skeletal muscle atrophy through multiple mechanisms. Molecular and cellular biology 32 (7):1248–1259. doi:10.1128/MCB.06351-11
[32] Cohen S, Zhai B, Gygi SP, Goldberg AL (2012) Ubiquitylation by Trim32 causes coupled loss of desmin, Z-bands, and thin filaments in muscle atrophy. The Journal of cell biology 198 (4):575–589. doi:10.1083/jcb.201110067
[33] Shi J, Luo L, Eash J, Ibebunjo C, Glass DJ (2011) The SCF-Fbxo40 complex induces IRS1 ubiquitination in skeletal muscle, limiting IGF1 signaling. Developmental cell 21 (5):835–847. doi:10.1016/j.devcel.2011.09.011
[34] Sartori R, Schirwis E, Blaauw B, Bortolanza S, Zhao J, Enzo E et al. (2013) BMP signaling controls muscle mass. Nature genetics 45 (11):1309–1318. doi:10.1038/ng.2772
[35] Sanchez AMJ, Candau R, Raibon A, Bernardi H (2015) Autophagy, a Highly Regulated Intracellular System Essential to Skeletal Muscle Homeostasis. Role in Disease, Exercise and Altitude Exposure, Muscle Cell and Tissue. doi:10.5772/60698.
[36] Yen WL, Klionsky DJ (2008) How to live long and prosper: autophagy, mitochondria, and aging. Physiology 23:248-262. doi:10.1152/physiol.00013.2008
[37] Jamart C, Francaux M, Millet GY, Deldicque L, Frere D, Feasson L (2012) Modulation of autophagy and ubiquitin-proteasome pathways during ultra-endurance running. Journal of applied physiology 112 (9):1529–1537. doi:10.1152/japplphysiol.00952.2011
[38] Lo Verso F, Carnio S, Vainshtein A, Sandri M (2014) Autophagy is not required to sustain exercise and PRKAA1/AMPK activity but is important to prevent mitochondrial damage during physical activity. Autophagy 10 (11):1883–1894. doi:10.4161/auto.32154
[39] Sadava D, Orians, G., Heller, H.C., Hillis, D., Berenbaum, M.R. (2011) Purves, Biologie. 9. edn. Spektrum Akademischer Verlag, Heidelberg

Signaltransduktion

Barbara Wessner, Henning Wackerhage

3.1 Mechanismen der Signalübertragung – 46

3.2 Ligand-Rezeptor-Wechselwirkung – 46

3.3 Rezeptortypen – 47

3.3.1 Zytoplasmatische Rezeptoren – 47

3.3.2 Membranrezeptoren – 47

3.4 Signalweiterleitung – 51

Literatur – 53

N. Bachl, H. Löllgen, H. Tschan, H. Wackerhage, B. Wessner (Hrsg.),
Molekulare Sport- und Leistungsphysiologie,
https://doi.org/10.1007/978-3-7091-1591-6_3

Während in ▶ Kap. 1 die genetischen Grundlagen und in ▶ Kap. 2 die generellen Mechanismen der Genexpression vermittelt wurden, widmen wir uns hier ganz allgemein der Frage, wie ein Signal von außen in das Zellinnere weitergeleitet wird. Die Zielzelle reagiert auf diese Signale mit einer Anpassung. In dieser Signalübertragung ist die Bindung der Signalmoleküle (primäre Messenger, Ligand) an einen Oberflächenrezeptor von wesentlicher Bedeutung. Danach muss das Signal über verschiedene Signalwege an Effektorproteine im Inneren der Zelle weitergegeben werden. Letztlich kommt es zur Bildung von Molekülen, die in den Zellkern gelangen können und dort mit der DNA interagieren und die Genexpression und somit die Antwort der Zelle auf die ursprünglichen Signale einleiten.

3.1 Mechanismen der Signalübertragung

Um sich möglichst gut an intrinsische und extrinsische Reize anpassen zu können, muss gewährleistet sein, dass die verschiedenen Zellen einerseits miteinander kommunizieren können und dass außerdem Signale in der Zielzelle von außen nach innen (zum Zellkern) weitergeleitet werden. Bei der extrazellulären Kommunikation haben sich im Laufe der Zeit verschiedene Mechanismen entwickelt. Häufig treten die Zellen in direkten Kontakt mit der Zielzelle. Darüber hinaus werden von den Zellen jedoch meist Signalmoleküle gebildet und ausgeschüttet, die entweder auf sich selbst (autokrin), auf Zellen in direkter Nachbarschaft (parakrin) oder auf weit entfernte Zellen (endokrin) wirken. Dabei werden die Signalmoleküle beim endokrinen Weg (z. B. Hormone) über den Blutstrom zur Zielzelle transportiert (◻ Abb. 3.1). Auch Nervenzellen (Neuronen) können über weite Strecken hinweg mit Hilfe der Axone Kontakt zu ihren Zielzellen aufnehmen. An den Enden der Neuronen befinden sich chemische Synapsen. Wenn nun ein elektrischer Reiz dort angelangt, werden Signalmoleküle (Neurotransmitter) ausgeschüttet und interagieren mit den Rezeptoren auf der postsynaptischen Zielzelle.

Da es eine Vielzahl von Zellen und Reizen gibt, die aber spezifisch erkannt werden müssen, haben sich die unterschiedlichsten Formen dieser Signalweiterleitungen entwickelt. Im Folgenden werden sogenannte „Paradebeispiele" näher beschrieben. Der Zusammenhang im spezifischen Kontext (z. B. Muskulatur, Anpassung an Trainingsreize) wird dann in den jeweiligen Kapiteln beleuchtet.

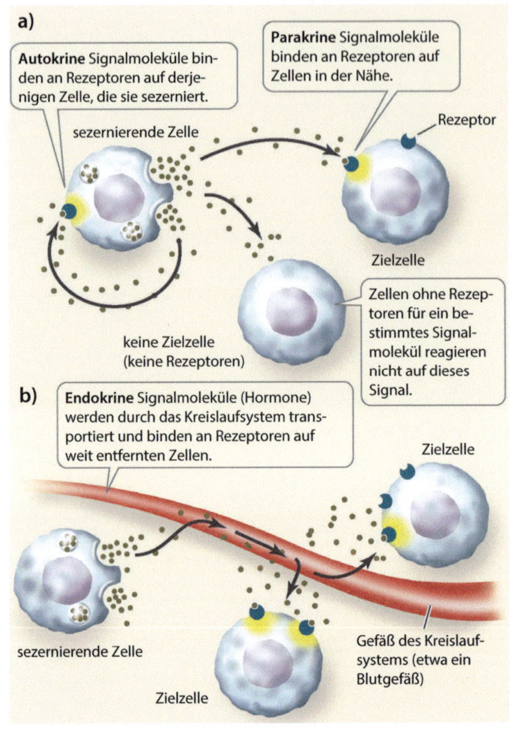

◻ **Abb. 3.1** Autokrine, prakrine oder endokrine Signalweiterleitung. Wirkungsorte der Signalmoleküle in Bezug auf Steuer- und Zielzelle [1].

3.2 Ligand-Rezeptor-Wechselwirkung

Damit das signalauslösende Molekül (Ligand) mit der Zielzelle interagieren kann, muss diese einen spezifischen Rezeptor für das Signalmolekül aufweisen. Dieser kann entweder direkt an der Zelloberfläche (Membranrezeptor) oder aber auch im Zellinneren im Zytoplasma (zytoplasmatischer Rezeptor) sitzen (◻ Abb. 3.2). Durch die Bindung des Signalmoleküls wird der Rezeptor aktiviert und die Zellantwort wird als Reaktion auf den Reiz eingeleitet [1].

Die Bindungen, die sich zwischen Ligand und Rezeptor etablieren, funktionieren nach dem Schlüssel/Schlüsselloch-Prinzip. D. h. nicht, dass nur ein

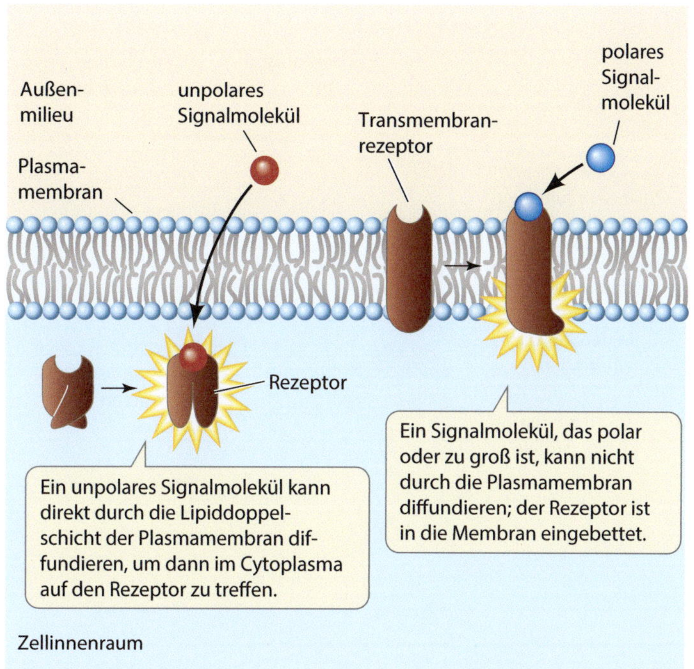

Abb. 3.2 Zytoplasmatische und Membranrezeptoren. Während polare (hydrophile) Liganden an Membranrezeptoren binden, wandern unpolare (lipophile) Moleküle direkt durch die Zellmembran und binden an intrazelluläre Rezeptoren [1].

Schlüssel passt, allerdings gibt es sogenannte Rezeptorfamilien, die sich strukturell sehr ähnlich sind und so eine bestimmte Gruppe von Liganden binden können. Als Beispiel seien hier etwa die Zytokinrezeptoren, die TGF-β-Rezeptorfamilie (*Transforming Growth Factor-β*) oder die Wachstumsfaktorrezeptoren genannt, die eine wichtige Rolle im Immunsystem oder beim Muskelab- und -aufbau haben. Die Liganden selbst können Proteine (Zytokine, Wachstumsfaktoren, Insulin, …), Aminosäurederivate (Histamin, Adrenalin etc.), Fettsäurederivate (Prostaglandine, Leukotriene etc.), Steroide (Cortisol, Östrogen, Testosteron etc.) oder Gase wie Stickstoffmonoxid (NO) sein.

3.3 Rezeptortypen

3.3.1 Zytoplasmatische Rezeptoren

Kleine, hydrophobe Signalmoleküle wie etwa Steroidhormone, Schilddrüsenhormone, Retinoide (Vitamin-A-Derivate) und Vitamin D können direkt durch die Plasmamembran hindurch diffundieren. Der für Cortisol spezifische Vorgang ist in Abb. 3.3 dargestellt. Cortisol bindet im Zytoplasma an seinen Rezeptor, der sich daraufhin strukturell verändert und ein Protein (Chaperon) abspaltet. Dadurch kann der Komplex in den Zellkern eindringen und eine für Cortisol spezifische Veränderung der Genexpression hervorrufen. Cortisol ist vor allem als Stressprotein bekannt, das in akuten und chronischen Stresssituationen, so auch nach sportlicher Aktivität, ausgeschüttet wird [2]. Die Wirkung ist dabei je nach Zielzelle vielfältig. So beeinflusst Cortisol unter anderem den Kohlenhydrat- und Fettstoffwechsel in der Leber [3], das Immunsystem [4] und wirkt speziell in hohen Dosen katabol auf den Muskel [5].

3.3.2 Membranrezeptoren

Neben den zytoplasmatischen Rezeptoren stellen die Membranrezeptoren eine wichtige Schaltstelle zwischen der Außenwelt der Zelle und der Signaltransduktionsmaschinerie im Inneren dar. Hier können

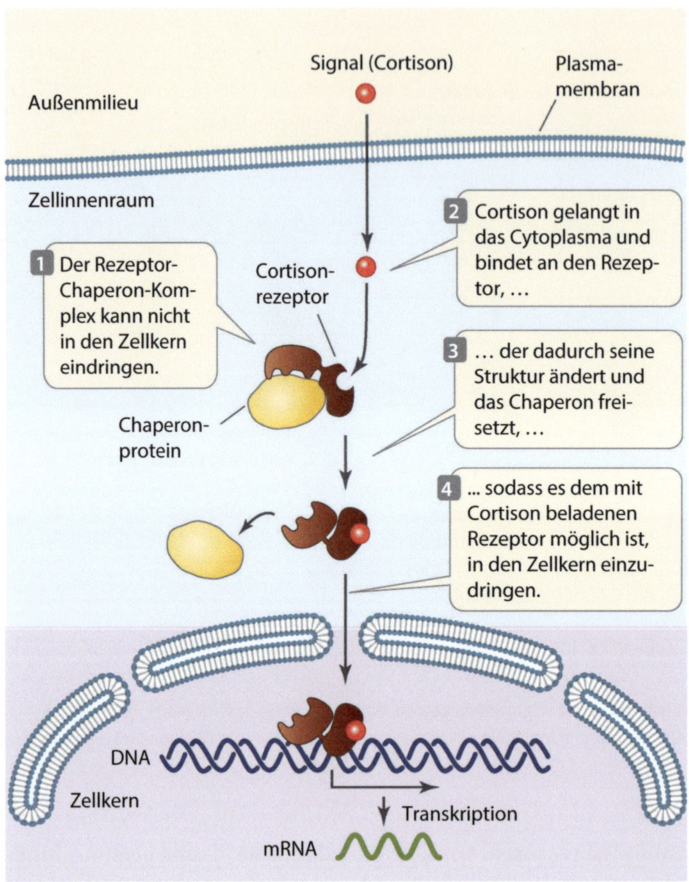

Abb. 3.3 Cortisolsignalweg [1].

drei große Gruppen von Rezeptoren unterschieden werden:

- Ionenkanalrezeptoren
- Enzymgekoppelte Rezeptoren
- G-Protein gekoppelte Rezeptoren

Ionenkanalrezeptoren kommen häufig bei Nervenzellen und kontraktilen Zellen vor, wo ein elektrisches Signal zur Freisetzung von Neurotransmittern führt. Diese wiederum binden an den Rezeptor, wodurch sich der Ionenkanal für bestimmte Ionen öffnet oder schließt. Ein wichtiges Beispiel für einen Ionenkanalrezeptor ist der Acetylcholinrezeptor (Abb. 3.4). Interessant in diesem Zusammenhang ist, dass verschiedene Zellen wie die Herzmuskel-, die Skelettmuskel- oder die Speicheldrüsenzelle unterschiedlich auf das Acetylcholin reagieren können, indem sich entweder die Rezeptoren leicht unterscheiden (Herzmuskel versus Skelettmuskel) oder die Zelle ist unterschiedlich spezialisiert und reagiert deswegen anders (Herzmuskel versus Speicheldrüsenzelle) [6].

Die **enzymgekoppelten Rezeptoren** sind eine weitere wichtige Gruppe von Rezeptoren. Dabei ist entweder der Rezeptor selbst ein Enzym oder er aktiviert ein katalytisch wirksames Protein im Zellinneren. Diese Rezeptoren besitzen eine extrazelluläre Domäne an der Zelloberfläche, an der der Ligand binden kann, und eine intrazelluläre Komponente, die katalytisch aktiv ist. Die meisten dieser Rezeptoren sind sogenannte Proteinkinasen, die die Aktivierung der Signalkaskade über Phosphorylierung weitergeben.

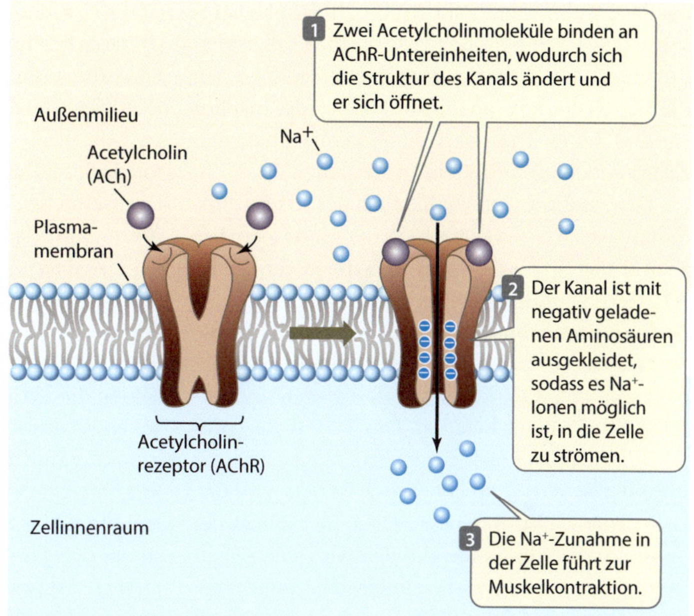

Abb. 3.4 Acytlcholinrezeptor als Kanal für Natriumionen [1].

Der Insulinrezeptor, der die Wirkung des Insulins im Skelettmuskel, der Leber und den Fettzellen vermittelt, ist ein Tetramer, das aus je zwei α- und zwei β-Untereinheiten aufgebaut ist (Abb. 3.5) [7]. Wenn Insulin an die α-Untereinheiten bindet, ändert sich die räumliche Anordnung der β-Untereinheiten, die durch die Plasmamembran ins Zellinnere reichen. Im intrazellulären Bereich sitzt die Proteinkinasedomäne des Rezeptors, die diesen durch Phosphorylierung aktiviert. Die Aktivierung wird

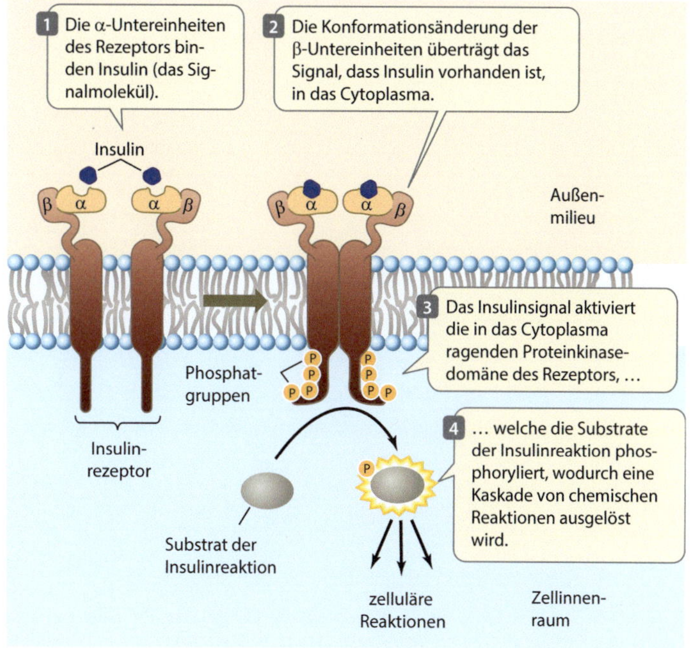

Abb. 3.5 Rezeptor für Insulin als Beispiel für einen Proteinkinaserezeptor.

auf das Insulinrezeptorsubstrat-1 (IRS-1) übertragen, das wiederum Proteine wie die PI3K (Phosphatidylinositol-3-Kinase) aktiviert. Hier trennen sich die Signalwege auf, um die Funktionen des Insulins wie die GLUT4-Translokation, Proteinsynthese und Zellproliferation vermitteln zu können [8].

Der Insulinrezeptor zählt nach der Art der Proteinkinase zu den Rezeptor-Tyrosinkinasen. Dies bezieht sich auf die Aminosäure Tyrosin, die bei der Aktivierung phosphoryliert wird. Daneben gibt es noch Transmembranrezeptoren mit Serin-/Threoninkinaseaktivität, zum Beispiel die Familie der TGF-β-Rezeptoren. Auch bei diesen Rezeptoren sind verschiedene Proteine beteiligt. Der TGF-β-Rezeptor 2 (TGF-βR2) ist konstitutiv aktiv. Wenn nun der Ligand, das TGF-β, an den Typ-2-Rezeptor bindet, kommt der TGF-β-Rezeptor 1 (TGF-βR1) hinzu, der phosphoryliert und somit aktiviert wird. Die Signalweiterleitung erfolgt intrazellulär über Smad-Proteine (Smads 2, 3, 4), die letztlich in den Zellkern gelangen und dort die Genexpression einschalten. TGF-β ist in der Regulierung von Zellteilung und -differenzierung im Immunsystem, bei der Tumorentstehung und bei fibrotischen Prozessen beteiligt [8, 9]. Zur großen TGF-β-Rezeptorfamilie gehören auch die BMP- (*bone morphogenetic protein-*) Rezeptoren, die im Zusammenhang mit dem Knochenstoffwechsel stehen [10], sowie die Activin-Rezeptoren, die im Muskelabbau beteiligt sind (◘ Abb. 3.6) [11].

Daneben gibt es noch Rezeptoren, die selbst über keine intrinsische Enzymaktivität verfügen, die aber eng mit Proteinen im Zytoplasma verknüpft sind, die diese Funktion ausüben. Zu diesen Rezeptoren zählen die Zytokinrezeptoren, die bei immunolgischen Reaktionen eine wesentliche Rolle spielen. Zytokine sind Botenstoffe, die von im Immunsystem beteiligten Zellen produziert werden, wie Interleukine, GM-CSF (*Granulocyte-macrophage colony-stimulating factor*) oder CNTF (*Ciliary neurotrophic factor*). Zahlreiche verschiedene Transmembranproteine gewährleisten die Spezifität für die unterschiedlichen Zytokine. Für die Weiterleitung des

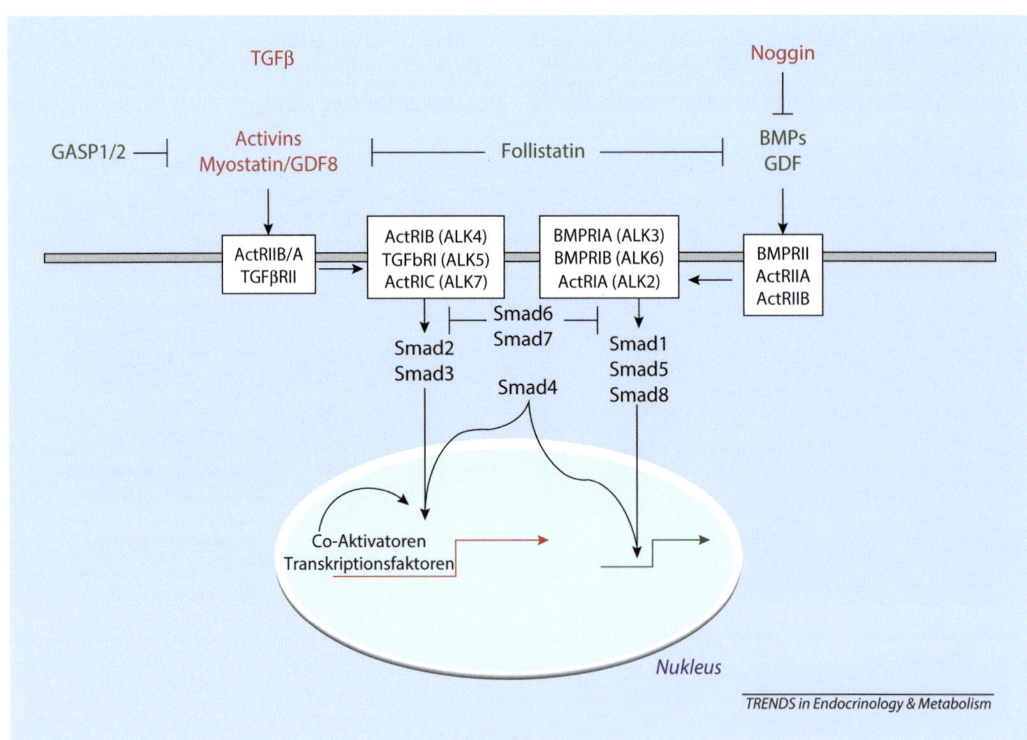

◘ **Abb. 3.6** TGF-β-Rezeptorfamilie (Reprinted from TGFβ and BMP signaling in skeletal muscle: potential significance for muscle-related disease, Roberta Sartori et al. [11], Copyright (2014) with permission from Elsevier).

Signals in das Zellinnere sorgen sogenannte Janus-Kinasen (JAK), zytoplasmatische Tyrosinkinasen, die mit dem Rezeptor interagieren und die Aktivierung an weitere Proteine (STAT, *signal transducers and activators of transcription*) weitergeben, die folglich in den Zellkern translozieren und dort die spezifische Genexpression einleiten. Dieser Signalweg wird daher auch JAK/STAT-Signalweg genannt [12].

Die letzte Klasse von Rezeptoren bilden die sogenannten **G-Protein gekoppelten Rezeptoren** (▣ Abb. 3.7) [1]. Das G-Protein besteht aus drei Untereinheiten (α, β, γ) und ist an der intrazellulären Seite an der Plasmamembran mit dem Rezeptor assoziert. Im inaktiven Zustand trägt die α-Untereinheit ein inaktives Guanosindiphosphat (GDP). Bei Ligandenbindung wird diese aktiviert, wodurch statt GDP ein Guanosintriphosphat (GTP) eingelagert ist. Dieses kann dann das Signal an Effektorproteine (Enzyme, Ionenkanäle) weitergeben, was wiederum zur Entstehung von intrazellulären Botenstoffen (sekundäre Messenger) führt. Die große Vielfalt von Varianten dieses Rezeptortyps ist durch die drei Untereinheiten gegeben. So wirken stimulatorische G-Proteine aktivierend auf die folgenden Signalwege, wohingegen inhibierende G-Proteine eher hemmend auf die Effektorproteine. Beispiele für diese Art von Rezeptoren sind etwa die adrenergen Rezeptoren (binden Catecholamine wie Adrenalin und Noradrenalin), das Rhodopsin (lichtperzipierender Rezeptor in der Retina), der Glucagonrezeptor sowie der Glutamatrezeptor oder Geschmacksrezeptoren [8, 13].

3.4 Signalweiterleitung

Um die sehr spezifische und differenzierte Reaktion von Zellen auf die unterschiedlichen Reize gewährleisten zu können, sind in der Signalweiterleitung vom Rezeptor in das Innere der Zelle die unterschiedlichsten Proteine und Moleküle beteiligt. Kleine intrazelluläre Mediatoren werden sekundäre Messenger genannt. Durch unterschiedliche chemische Eigenschaften (wasser- oder lipidlöslich) erfolgt schon eine gerichtete Diffusion dieser Moleküle. So wandern die wasserlöslichen Moleküle (cAMP, zyklisches AMP; Kalziumionen) in das Zytosol, während lipidlösliche (z. B. Diacylglycerin) eher in der Plasmamembran diffundieren. Die Effektorproteine sind größere intrazelluläre Signalproteine, die das Signal aufnehmen, übertragen, eventuell verstärken, auffächern und wieder weiterleiten. Sind viele Proteine an dieser Signalübertragung beteiligt, spricht man auch von einer Signalkaskade. Diese Schritte unterliegen naturgemäß einer komplexen Regulierung, um allen physiologischen Anforderungen gerecht werden zu können. Wichtig sind sogenannte Rückkopplungsschleifen, die im Falle einer positiven Rückkopplung das ursprüngliche Signal noch verstärken, im Falle einer negativen Rückkopplung das Signal wieder

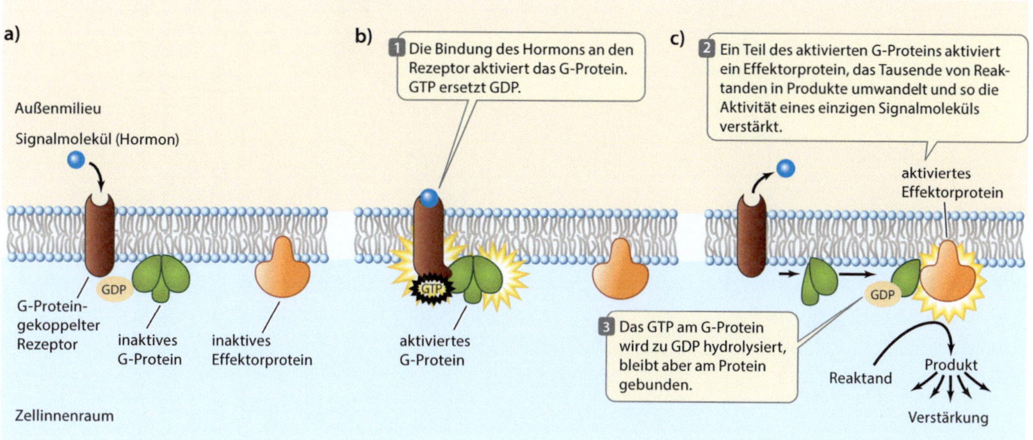

▣ **Abb. 3.7** G-Protein-gekoppelter Rezeptor [1].

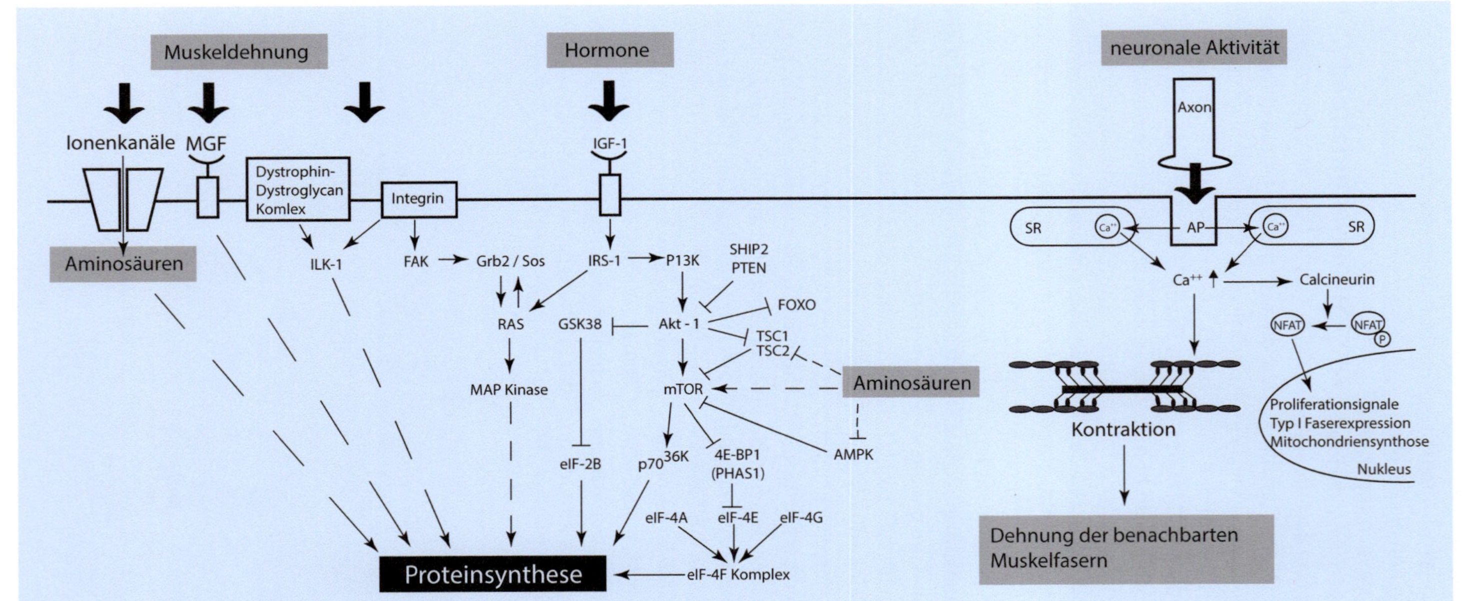

Abb. 3.8 Signaltransduktionswege der Proteinsynthese (AMPK = AMP-Activated Protein Kinase; AP = Aktionspotenzial; Ca = Kalzium; eIF-4A = Eukaryotic Initiation Factor-4A; eIF-2B = Eukaryotic Initiation Factor-2B; eIF-4E = Eukaryotic Initiation Factor-4E; eIF-4F = Eukaryotic Initiation Factor-4G; eIF-4G = Eukaryotic Initiation Factor-4G; 4E-BP1 eIF = 4E-Binding Protein; FAK = Focal Adhesion Kinase; FOXO = Forkhead Transcription Factor; Grb2 = Growth Factor Receptor Binding Protein 2; GSK3ß = Glycogen Synthase Kinase-3beta; IGF-1 = Insulin-like Growth Factor; ILK-1 = Integrin-linked Kinase 1; IRS-1 = Insulin Receptor Substrate-1; MGF = Mechano Growth Factor; MAP-Kinasen = Mitogen-aktivierte Protein Kinase; mTOR = mammalian target of rapamycin; NFAT = Nuclear Factor of Activated T-cells; PI3K = Phosphoinositide 3-Kinase; PTEN = Phosphatase and Tensin Homologue deleted on Chromosome 10; p70S6K = p70 S6 Kinase; RAS = Rat Sarcoma; SHIP2 = SH2-Domain Containing Inositol 5-Phosphatase 2; SR = arkoplasmatisches Retikulum; TSC 1/2 = Tuberous Sclerosis Complex 1/2 [17]).

beenden können, wenn genügend Produkt gebildet wurde. Die Empfindlichkeit an ein Signal kann etwa durch Veränderungen im Rezeptor (Abbau, Bildung hemmender Proteine, Inaktivierung etc.) erreicht werden [6].

Signalkaskaden, die in Zusammenhang mit der Anpassung des menschlichen Körpers an körperliche Aktivität und/oder Inaktivität stehen, sind etwa der PI3/Akt Signalweg [14], der TGF-β-Signalweg [11], das JAK/STAT-Signaling [12], Wnt/Notch/Hedgehog-Signalwege [15] und wichtig in der Interaktion mit der extrazellullären Matrix der Integrin-Signalweg [16]. Einige Wege wurden schon kurz beschrieben, da aber durch die Charakteristik dieses Buches eine detaillierte Beschreibung dieser Wege nicht zielführend erscheint, sei hier auf die entsprechenden Grundlagenbücher aus der Molekularbiologie verwiesen [6,1,8]. Als Beispiel, wie verschiedene Signalwege interagieren, sei hier nur die Muskelproteinbiosynthese in einer vereinfachten Form gezeigt (◻ Abb. 3.8). Dabei treffen verschiedene Reize (mechanisch durch die Muskeldehnung über Integrine; hormonell durch IGF-1 oder MGF; neuronale Reize über Kalziumsignale) auf die Muskelzelle, die letztlich auf diese Reize mit einer erhöhten Proteinbiosynthese reagieren.

Literatur

[1] Sadava D, Orians G, Heller HC, Hillis D, Berenbaum MR (2011) Purves, Biologie. 9. edn. Spektrum Akademischer Verlag, Heidelberg

[2] Wiley JW, Higgins GA, Athey BD (2016) Stress and glucocorticoid receptor transcriptional programming in time and space: Implications for the brain-gut axis. Neurogastroenterol Motil 28 (1):12–25. doi:10.1111/nmo.12706

[3] Djurhuus CB, Gravholt CH, Nielsen S, Mengel A, Christiansen JS, Schmitz OE, Moller N (2002) Effects of cortisol on lipolysis and regional interstitial glycerol levels in humans. Am J Physiol Endocrinol Metab 283 (1):E172–177. doi:10.1152/ajpendo.00544.2001

[4] Straub RH (2014) Interaction of the endocrine system with inflammation: a function of energy and volume regulation. Arthritis Res Ther 16 (1): 203. doi:10.1186/ar4484

[5] Simmons PS, Miles JM, Gerich JE, Haymond MW (1984) Increased proteolysis. An effect of increases in plasma cortisol within the physiologic range. J Clin Invest 73 (2):412–420. doi:10.1172/JCI111227

[6] Alberts B, Johnson A, Lewis J, Raff M, Roberts K, Walter P (2011) Molekularbiologie der Zelle. 5. edn. Wiley VCH Verlag & Co. KGaA, Weinheim, Deutschland

[7] Seino S, Seino M, Nishi S, Bell GI (1989) Structure of the human insulin receptor gene and characterization of its promoter. Proc Natl Acad Sci U S A 86 (1):114–118

[8] Schartl M, Gessler M, von Eckardatein A (2009) Biochemie und Molekularbiologie des Menschen. 1. Auflage edn. Elsevier GmbH, Urban & Fischer Verlag, München

[9] Zhu HJ, Burgess AW (2001) Regulation of transforming growth factor-beta signaling. Molecular cell biology research communications: MCBRC 4 (6):321–330. doi:10.1006/mcbr.2001.0301

[10] Sanchez-Duffhues G, Hiepen C, Knaus P, Ten Dijke P (2015) Bone morphogenetic protein signaling in bone homeostasis. Bone 80:43-59. doi:10.1016/j.bone.2015.05.025

[11] Sartori R, Gregorevic P, Sandri M (2014) TGFbeta and BMP signaling in skeletal muscle: potential significance for muscle-related disease. Trends in endocrinology and metabolism: TEM 25 (9):464–471. doi:10.1016/j.tem.2014.06.002

[12] Villarino AV, Kanno Y, Ferdinand JR, O'Shea JJ (2015) Mechanisms of Jak/STAT signaling in immunity and disease. Journal of immunology 194 (1):21–27. doi:10.4049/jimmunol.1401867

[13] Watari K, Nakaya M, Kurose H (2014) Multiple functions of G protein-coupled receptor kinases. Journal of molecular signaling 9 (1): 1. doi:10.1186/1750-2187-9-1

[14] Glass DJ (2010) PI3 kinase regulation of skeletal muscle hypertrophy and atrophy. Current topics in microbiology and immunology 346:267–278. doi:10.1007/82_2010_78

[15] Borggrefe T, Lauth M, Zwijsen A, Huylebroeck D, Oswald F, Giaimo BD (2016) The Notch intracellular domain integrates signals from Wnt, Hedgehog, TGFbeta/BMP and hypoxia pathways. Biochimica et biophysica acta 1863 (2):303–313. doi:10.1016/j.bbamcr.2015.11.020

[16] Carson JA, Wei L (2000) Integrin signaling's potential for mediating gene expression in hypertrophying skeletal muscle. Journal of applied physiology 88 (1):337–343

[17] Strasser EM, Wessner B, Roth E (2007) Cellular regulation of anabolism and catabolism in skeletal muscle during immobilisation, aging and critical illness. Wien Klin Wochenschr 119 (11-12):337–348. doi:10.1007/s00508-007-0817-0

Molekulare Leistungsphysiologie

Kapitel 4 **Einführung in das Herz-Kreislauf-System – 57**
Herbert Löllgen, Ruth Löllgen, Norbert Bachl, Christian Lorenz, Eric Schulze-Bahr, Eszter Csajági, Fabio Pigozzi

Kapitel 5 **Muskelapparat – 105**
Henning Wackerhage, Marlene Hofmann, Barbara Wessner

Kapitel 6 **Nervensystem – 129**
Eva-Maria Strasser, Stefan Oesen

Kapitel 7 **Mechanische Belastung und Bindegewebe – 139**
Micheal Kjaer, Norbert Bachl, Christian Lorenz, Stefan Nehrer, Florian Halbwirth

Kapitel 8 **Wachstumsfaktoren unter besonderer Berücksichtigung des muskuloskelettalen Systems – 171**
Norbert Bachl, Christian Lorenz, Goldspink Geoffrey

Kapitel 9 **Endokrines System – 229**
Erich Roth, Johannes Huber

Kapitel 10 **Immunsystem – 265**
Erich Roth, Barbara Schober-Halper, Barbara Wessner

Einführung in das Herz-Kreislauf-System

Herbert Löllgen, Norbert Bachl, Christian Lorenz, Eric Schulze-Bahr, Ruth Löllgen, Eszter Csajági, Fabio Pigozzi

4.1 Herz-Kreislauf-System – 60
4.1.1 Funktionen des Herz-Kreislauf-Systems – 60
4.1.2 Gefäße – 61
4.1.3 Angiogenese – 64

4.2 Gas- und Sauerstoffaustausch – 66

4.3 Herzfunktion – 67
4.3.1 Molekularbiologische Aspekte der Herzmuskelhypertrophie – 68
4.3.2 Physiologische Herzmuskelhypertrophie – 68
4.3.3 Pathologische Herzmuskelhypertrophie – 69
4.3.4 Reizleitungssystem – 71
4.3.5 Reizbildung und Reizleitung – 71
4.3.6 Herzmuskelkontraktion – elektrophysiologische Aspekte – 73

4.4 Herzmechanik – die Kontraktion des Herzen – 75
4.4.1 Elektromechanische Kopplung – 75
4.4.2 Regulation der Herzmechanik – 75
4.4.3 Steuerung der Herzaktion – 76

4.5 Methodik zur Erfassung hämodynamischer Messgrößen – 77
4.5.1 Komponenten der kardialen Funktion unter Belastung – 81
4.5.2 Kardiale Messgrößen unter Belastung – 82
4.5.3 Respiratorische Größen – 84
4.5.4 Funktionelle Kapazität (Synonyma: Belastungskapazität, „Exercise capacity" oder „Physical capacity") – 86
4.5.5 Klinische Symptome und Anstrengungsempfinden – 86

N. Bachl, H. Löllgen, H. Tschan, H. Wackerhage, B. Wessner (Hrsg.),
Molekulare Sport- und Leistungsphysiologie,
https://doi.org/10.1007/978-3-7091-1591-6_4

4.5.6 Zelluläre Beschreibung und Funktion – 88
4.5.7 Rezeptoren – 88
4.5.8 Proteine und kardiale Marker – 89

4.6 Molekulare Anpassungsmechanismen – 89
4.6.1 Veränderung bei Belastung – 89
4.6.2 Adaptation des Herzens durch körperliche Aktivität – 90
4.6.3 Regulative Anpassungsmechanismen – 91
4.6.4 Strukturelle Anpassungsmechanismen – 92
4.6.5 Adaptation des Herzens durch körperliche Aktivität – 96
4.6.6 Ausdauersport: Nutzen oder Schaden – 97
4.6.7 Anpassung des arteriellen Gefäßsystems an chronische Belastungen (Training) – 98
4.6.8 Zelluläre Beschreibung und Funktion – 98
4.6.9 Optimierung und Maximierung der Leistungsfähigkeit – 99
4.6.10 Arbeitende Muskulatur – 99
4.6.11 Anpassung der Muskulatur an körperliche Aktivität – 99
4.6.12 Weitere molekulare Anpassungsmechanismen – 100

Literatur – 101

Das Herz-Kreislauf-System und die Atmung sind jene Systeme, welche gleich „Zahnrädern ineinandergreifend" jede Zelle des menschlichen Körpers und somit auch die arbeitende Skelettmuskulatur mit Sauerstoff und energiereichen Substraten zur Gewährleistung des aeroben Stoffwechsels versorgen und die entsprechenden Stoffwechselendprodukte zu den jeweiligen Ausscheidungs- bzw. Metabolisierungsorganen transportieren. Wie alle Organe und Systeme des menschlichen Organismus unterliegen sie einer adaptiven Gesetzmäßigkeit, sowohl in Richtung Funktionsoptimierung (Prävention) und morphologischer Maximierung (Leistungssport, z. B. Sportherz) wie auch gegenteilig durch langdauernde körperliche Inaktivität nach Erkrankungen und Verletzungen. In allen physiologischen und pathologischen Regelkreisen dieser Organsysteme sind verschiedene Hormone, Enzyme, Zytokine, aber auch Botenstoffe auf molekularer Ebene, wie zum Beispiel miRNAs, eingeschalten, um funktionelle Abläufe zu steuern. In diesem Sinne wird in diesem Kapitel, von einfachen physiologischen und biologischen Gegebenheiten des Herz-Kreislauf-Systems ausgehend, vor allem auf jene funktionellen und morphologischen Veränderungen eingegangen, welche durch regelmäßige körperliche Aktivität, Training und Sportausübung induziert werden. Darüber hinaus werden diese Regulations- und Adaptationsmechanismen sowohl hinsichtlich ihrer prädisponierenden genetischen Voraussetzung wie auch bezogen auf molekulare Abläufe ergänzt und diskutiert. Aufgrund der zentralen Stellung des menschlichen Herzens im Sinne seiner lebenslangen Pumpfunktion wird neben physiologischen auch auf pathologische Veränderungen funktioneller wie morphologischer Art eingegangen und wesentliche diagnostische Kriterien, insbesondere seitens des EKGs und der Ergometrie, besprochen. Dazu gehört auch ein Hinweis auf jene Gene, welche nach derzeitigem Wissensstand für diverse Herz-Kreislauf-Erkrankungen verantwortlich sind und in ► Kap. 16 ausführlich dargestellt werden.

Methoden INFO: Belastungsuntersuchung und Messmöglichkeiten

Belastungs-EKG, Blutdruck, Herzfrequenz, dazu kommen die Spiroergometrie, die Rechtsherzkatheteruntersuchung (falls indiziert), die Blutgasanalyse und die Stress-Echokardiographie. Weitere Belastungsformen sind die Ergometrie unter Nuklidgabe (nukleare Perfusionssdarstellung oder Szintigramm), „Stressbelastung" mit einer Kernspinuntersuchung. Bei der letzteren Methode (mitunter auch bei der Stress-Echountersuchung) wird in der Regel ein Pharmakon gegeben, welches zu einer Stimulation des Herzens und der koronaren Durchblutung führt, wie z. B. Dobutamin oder A2a-Rezeptor-Agonisten oder Adenosin.

Beurteilungskriterien:

- **Belastungs-EKG:** Koronare Minderdurchblutung (Ischämie), Rhythmusstörungen während Belastung, Erregungsbildung- und Erregungsleitungsstörungen unter Belastung Veränderungen der Zeitwerte im EKG (QRS, QT-Dauer), sonstige Endstreckenveränderungen, T-Wellen-Alternans, P-Wellen- oder R-Amplituden-Veränderung.
- **Stress-Echo:** Hier steht der Ischämienachweis im Vordergrund, insbesondere Wandbewegungsstörungen, daneben belastungsinduzierte Flussbeschleunigungen an den Herzklappen (Stenose oder Insuffizienz unter Belastung).
- **Kernspinuntersuchung** (Magnetresonanz-Tomographie): Wiederum stehen die Wandbewegungen und die Flussveränderungen als Fragestellung an, ergänzt durch Kontrastmittelgabe (z. B. Gadolinum).
- **Nukliddarstellung:** Mittels Thallium oder häufiger mit Technetium; wird vor allem zum Ischämienachweis durchgeführt. Die Strahlenbelastung ist zu beachten.
- Die kardiologischen Indikationen zur Belastungsuntersuchung sind: **Diagnostik** (z. B. Ischämienachweis), **Therapiekontrolle** (vor und nach Interventionen oder Medikamentengabe) und **Prognoseabschätzung** (insbesondere die „physical capacity"), **Trainingsempfehlung** (Empfehlungen (Rezept) für Bewegung und körperliche Aktivität).
- **Sportmedizinische Indikationen** zur Belastungsuntersuchung sind: Diagnostik der Leistungsfähigkeit, Trainingssteuerung, Evaluierung oder Trainingsanpassung, Leistungsprognostik, Talentselektion [1].

Methoden INFO: Kontraindikationen zur Ergometrie
Absolut:

- **Kardial:** Akute Erkrankungen (auch bei Verdacht auf (V. a.))
  - Akuter Myokardinfarkt (STEMI, NSTEMI)
  - Instabile Angina pectoris
  - Symptomatische, schwere Aortenstenose
  - Dekompensierte Herzinsuffizienz
  - Peri-Myokarditis
  - Aortendissektion, auch V. a.
- Pulmonal:
  - Akute Lungenembolie
  - Schwere Atemwegsobstruktion

Relativ:

- **Kardial:**
  - Hauptstammstenose (auch V. a.)
  - Herzklappenerkrankung (mittel bis schwer)
  - Hypertrophe-obstruktive Kardiomyopathie
  - Tachykarde oder bradykarde **Arrhythmien**

- Höhergradige AV-Blockierung (neu)
- Arterieller **Bluthochdruck** mit systolischen Druckwerten über 180 mmHg, diastolische über 110 mmHg

- **Sonstige:**
  - Bekannte Elektrolytstörungen
  - Physische oder psychische Beeinträchtigungen

Hinweis: In der Praxis wird man eher strengere Kriterien anlegen, in der Klinik (z. B. Kardiologie) wird man auch bei manifesten Erkrankungen oder schweren Befunden eine Ergometrie je nach Fragestellung durchführen, um evtl. weitere Maßnahmen (wie Transplantation etc.) planen zu können.

Methoden INFO: Abbruchkriterien der Ergometrie
Subjektive Symptome:
- Schwindel, Ataxie
- Progrediente Angina pectoris (*)
- Progrediente Dyspnoe (*)

Objektive Befunde:
EKG-Veränderungen:
Progrediente Arrhytmien:
- Couplets, Salven, Kammertachykardien, zunehmende supraventrikuläre Extrasystolen, Vorhoftachykardien, Vorhofflattern, neu auftretendes Vorhofflimmern

Progrediente Erregungsleitungsstörungen:
- Zunehmende QRS-Verbreiterung, Auftreten eines Linksschenkelblockes (**)

Progrediente Erregungsrückbildungsstörung:
- (ST-Strecksenkung) horizontale Senkung über 0,2 mV (***), progrediente ST-Hebung (> 0,1 mV),
- Monophasische Deformierung (immer Abbruch)

Hämodynamik:
- Progredienter Blutdruckabfall
- Unzureichender Blutdruckanstieg (weniger als 10 mmHG pro Belastungsstufe)
- Übermäßiger Blutdruckanstieg (****)

Kommentar: Die Abbruchkriterien richten sich nach der Erfahrung des Untersuchers und seinen Möglichkeiten, an der Untersuchungsstelle evtl. Komplikationen zu beherrschen.
(*) Für diesen Punkt gilt: In der Klinik evtl. Fortsetzung der Ergometrie möglich (z. B. Frage des Durchgehphänomens), in der Praxis eher Abbruch der Belastung.
(**) Patienten mit Linksschenkelblock sollten nur submaximal belastet werden, in der Klinik höhere Belastung eher vertretbar.
(***) Fortsetzung der Belastung bei stärkerer ST-Senkung nur bei speziellen klinischen Fragestellungen, z. B. wenn bestimmte Interventionen (Medikamente, Angioplastie) überprüft werden sollen.
(****) Aus der bisherigen Literatur sind Komplikationen durch zu hohen Blutdruck während der Ergometrie nicht bekannt. Daher ist die Angabe eines oberen Grenzwertes schwierig. Bei Trainierten werden systolische Druckwerte über 250 mmHG nicht selten beobachtet, für Leistungen oberhalb 300 Watt sind sie typisch. Für die Praxis gilt als Richtwert, dass bei Druckwerten systolisch über 250 mmHG, diastolisch über 130 mmHG abgebrochen werden sollte, falls bestimmte Begleitumstände (Alter, Krankheiten, Hochdruck, koronare Herzkrankheit etc.) vorliegen.

4.1 Herz-Kreislauf-System

Die kardiale Funktion unter körperlicher Belastung wird bestimmt von der zentralen Hämodynamik, der Peripherie der Gefäß- und Muskelfunktionen sowie von der neurohumoralen Funktion. Die Peripherie ist der wesentliche Bereich der molekularbiologischen Funktion. Diese umfasst vor allem die Muskelfaserfunktion mit strukturellen und funktionellen Eigenschaften der Muskelzelle und der Mitochondrien [1–3].

4.1.1 Funktionen des Herz-Kreislauf-Systems

Alle vitalen Funktionen des Menschen sind an ein permanentes Zirkulieren des Blutes in den Gefäßen des Kreislaufsystems gebunden (◘ Tab. 4.1). Dieses setzt sich aus der sogenannten Endstrombahn in der Peripherie mit den Kapillargebieten zum Stoffaustausch, dem Herzen für die Pumpleistung und

◘ **Tab. 4.1** Typische Blutverteilung im Gefäßsystem eine Mannes [6]

Systemische Gefäße	
Arterien:	640 ml
Kapillaren:	300 ml
Venen:	3920 ml
	4860 ml
Lungengefäße	
Arterien:	119 ml
Kapillaren:	142 ml
Venen:	197 ml
	458 ml
Herz:	**282 ml**
Gesamtblutvolumen	**5600 ml**

schließlich – als Verbindung dieser beiden Bereiche – aus den zu- und abführenden Arterien und Venen zusammen. Der Kreislauf versorgt alle Organe und Organsysteme, wobei Magen-Darm-Trakt, Lunge und Niere Verbindungen zur Außenwelt aufweisen und mit ihren Oberflächenvergrößerungen entsprechend dem Kapillarbett die Aufnahme oder Abgabe der verschiedensten Stoffe zwischen Blut und Umwelt ermöglichen. So pumpt das Herz das Blut in ein weitgehend kontraktions- und dehnungsfähiges Röhrensystem in einer rhythmischen Schlagfolge. Das Blut wird durch das gesamte Kreislaufsystem fortbewegt und verteilt, wobei ein ständig bestehendes Druckgefälle und die Klappensysteme den Fluss nur in eine Richtung zulassen, sodass das Blut wieder zu seinem Ausgangspunkt, dem Herzen, zurückkehrt [4]. Arterien führen vom Herzen weg und münden in eine Endstrombahn, unabhängig davon, ob sie sauerstoffreiches oder sauerstoffarmes Blut enthalten. Venen sammeln das Blut aus der Endstrombahn und führen es zum Herzen zurück [5].

Die Kreisläufe des Blutes unterteilen sich in den kleinen oder Lungenkreislauf, welcher das kohlensäurereiche, venöse Blut in das Kapillarbett der Aveolen zur Oxygenierung leitet, und dem großen oder Körperkreislauf, welcher das sauerstoffreiche arterielle Blut in das Kapillarbett des Gesamtorganismus leitet. Zu diesem gehört auch das Pfortadersystem, welches eine gewisse Sonderstellung einnimmt, da die Venen aus dem Bereich des Magen-Darm-Traktes, der Milz und der Bauchspeicheldrüse über die Vena Porta zur Leber ziehen und erst nach dem erfolgten Leberstoffwechsel sich über die Lebervenen in die Vena Cava Inferior einmünden (Leber-Passage).

Bei körperlichen Aktivitäten dynamischer Art, insbesondere bei Ausdauerbelastungen, nimmt der Sauerstoffbedarf zu, was einerseits zu einer Aktivierung der gesamten Sauerstoff aufnehmenden, transportierenden und verwertenden Systeme (Lunge – Herz-Kreislauf – Muskulatur) führt, andererseits zu einer Umverteilung des Herzminutenvolumens in Abhängigkeit jener Organe und Organsysteme, welche für die Energieversorgung bei körperlicher Aktivität hauptsächlich in Anspruch genommen werden bzw. zur Thermoregulation notwendig sind.

Zusammengefasst garantiert das Herz-Kreislauf-System mit all seinen eingebundenen Organen und Organsystemen den Transport der Nährstoffe, Gase sowie auszuscheidender Substanzen, den Stoffaustausch in den Kapillar-Endstrombahnen der verschiedenen Organe und Organsysteme, den Wärmehaushalt, der durch alle chemischen und muskelkontrahierenden Aktivitäten erfolgt, die Sicherung einer stabilen Durchblutungsgröße durch Regelung des Druckes bzw. des peripheren Widerstandes, sowie die Abwehr von Schadstoffen durch ein diversifiziertes humorales und zelluläres Immunsystem.

4.1.2 Gefäße

Grundsätzlich lässt die Gefäßwand der Blutgefäße in ◘ Abb. 4.1 dargestellte Drei-Schichtung erkennen..

Die Tunika Intima kleidet als innerste Schicht das Gefäß aus und besteht aus einem sehr flachen, einschichtigen Epithel, dem Endothel.

Dieses einschichtige Epithel ist sowohl für die normale Funktion der Gefäße wie auch für die Entstehung von Gefäßerkrankungen bedeutend. Die Oberfläche der Endothelzellen ist mit verschiedenen extrazellulären Anteilen membrangebundener Proteoglykane überzogen, welche zusammen die gelartige Glykocalyx bilden (PRIEs AR [100]). Die durch den Blutfluss an das Endothel vermittelten mechanischen/biochemischen Signale werden von diesen Sensoren der Endothelzelle aufgenommen und mittels Mediatoren an die glatten Muskelzellen der Gefäßwand weitergegeben. Zu diesen Signalen zählen der mit dem Blutfluss assoziierte Shearstress, Katecholamine und inflammatorische Verbindungen wie Tumornekrosis Faktor α, Interleukin-6 und C-reaktives Protein (CRP). Als Antwort auf diese Reize produziert die Endothelzelle Mediatoren, wie zum Beispiel das vasoaktive Stickstoffmono-Oxyd (NO) (◘ Abb. 4.2), welches sowohl als Vasodilatator hauptsächlich die Lumenweite und damit die Regulation des Blutflusses, als auch den arteriosklerotischen Wandprozess beeinflusst. Die NO-Produktion steigt proportional zur Zunahme der laminaren Strömung in den Arterien an, sodass z. B. bei einer ausdauerbedingten Aktivität der unteren Extremitäten mit einer Durchblutungszunahme um das Fünffache (im Extremfall bis auf das 10 bis 12-Fache) auch ein aliquoter Anstieg der NO-Produktion resultiert.

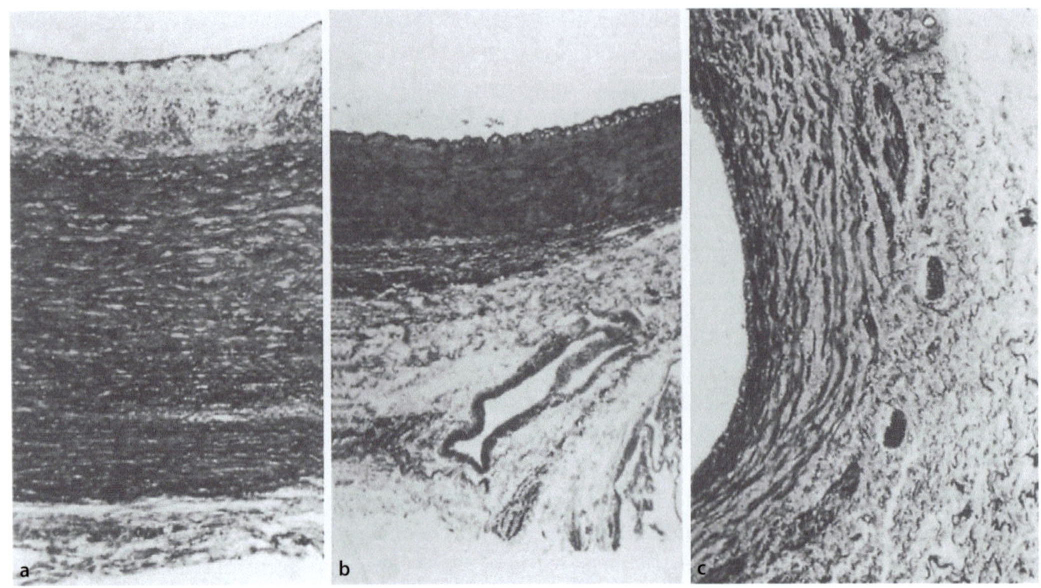

Abb. 4.1 Unterschiedlicher Wandbau der menschlichen Aorta [5] (**a**) A. femoralis, (**b**) V. femoralis, (**c**) Vegr. vor Reprod. X50.

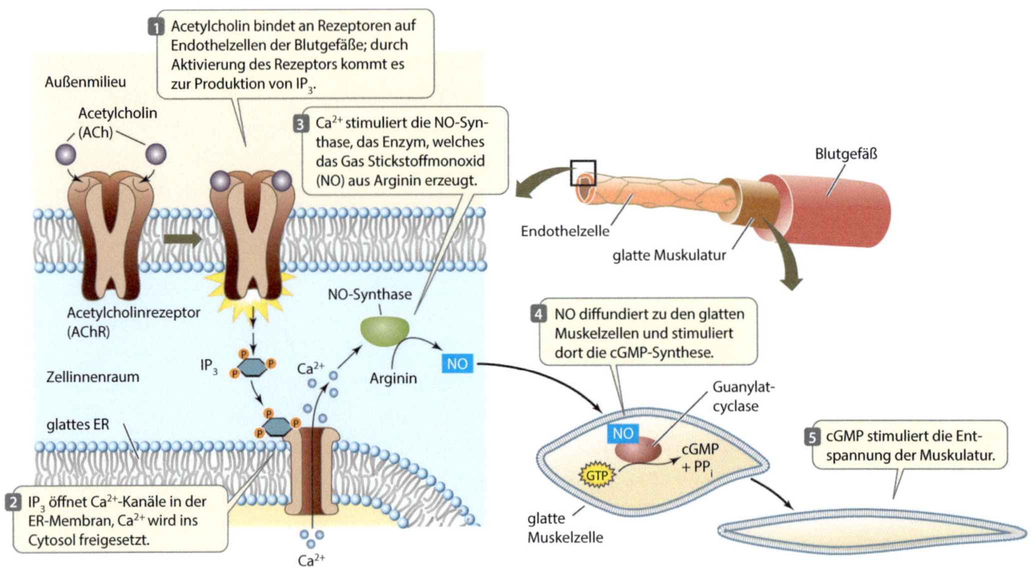

Abb. 4.2 Stickstoffmonoxid in der Signaltransduktion [9].

Ein NO-Konzentrationsanstieg bei aeroben dynamischen Belastungen ist einer der wichtigsten Wirkungsmechanismen von Ausdauertraining gegen die Entwicklung arteriosklerotischer Plaque. Eine Verminderung der endothelialen NO-Synthese führt zu einer Engerstellung der Gefäße bzw. auch zu einer Beschleunigung arteriosklerotischer Veränderungen der Gefäßwand. Dazu tragen auch Risikofaktoren, Konstellationen wie Hyperglykämie oder Dyslipoproteinämie bei, welche die Funktion und Struktur der Glykocalyx beeinträchtigen und damit die Fähigkeit zur Signaltransduktion herabsetzen [7, 8]. Dies wird dadurch verursacht, dass zyklische Ausdauerbelastungen zu einer Abnahme des proartherogenen oszillierenden Flussprofils und zu einer starken Aktivierung der endothelialen NO-Synthetase führen.

Die NO-Bildung erfolgt über eine endotheliale NO-Synthase (eNOS) und wird über das Binden von Ca^{2+}/Calmodulin aktiviert. Dies bedeutet, dass durch die Ca^{2+}-Konzentrationserhöhung in Endothelzellen, sowohl durch rezeptorabhängige als auch durch rezeptorunabhängige Agonisten wie beispielsweise Azetylcholin, Bradykinin, Histamin), eine Steigerung der NO-Bildung erfolgt. Des Weiteren wird die eNOS-Aktivität entscheidend durch Proteinkinasen, welche für deren Phosphorylierung verantwortlich sind, vor allem, welche die physiologisch über mechanische Stimulation des Endothels kontinuierlich aktiviert werden, geregelt.

Schon unter Ruhebedingungen ist eine kontinuierliche NO-Freisetzung aus dem Endothel in fast allen Gefäßen beobachtbar. Ständig auf das Endothel einwirkende physikalische Kräfte wie z. B. die Wandschubspannung, welche durch das vorbeiströmende Blut an der Endotheloberfläche entsteht, aber auch die durch die Herztätigkeit hervorgerufenen pulsatorischen Dehnungs- und Entdehnungszyklen, die Absenkung des arteriolären O_2-Partialdrucks oder aber der mechanischen Deformation der Gefäße in der kontrahierenden Skelettmuskulatur, verstärken diese basale NO-Freisetzung (■ Tab. 4.2).

Als Folge einer regelmäßigen Ausdaueraktivität führen laminare Flussprofile in den peripheren Arterien zu einer annähernd parallelen Ordnung der Endothelzellen zur Flussrichtung [13].

Statische Kraftbelastungen bewirken dagegen keine deutliche Zunahme des intraluminalen Blutflusses und eine Steigerung der lokalen NO-Produktion. Dem entspricht auch eine eher ungerichtete Anordnung der Endothelzellen, wodurch insbesondere an Gefäßaufzweigungen eine stärkere Neigung zur Ausbildung arteriosklerotischer Wandveränderungen zu beobachten ist [14]. Bei Krafttraining, insbesondere statischem Krafttraining, sind diese Effekte nicht im gleichen Maße erzielbar. Bezogen auf den Aufbau der Gefäße ist eine leichte

■ **Tab. 4.2** Funktion des Endothels und des NO (modifiziert nach [10–12])

Vasoaktive Substanzen	Endothel derived releasing factor (EDRF): NO Endothel derived hyperpolarization factor (EDHF) Endothelin, Prostaglandine
Um-, Abbau vasoaktiver Substanzen	Angiotensin, Bardykinin, Serotonin, ADP, Adenosin Noradrenalin
Homöostase, Plättchenfaktor	Bildung von Plasminogen Aktivator (tPA) Thrombomodulin Plasminogen Activator Inhibitor (PAI-1) Plättchenaktivierender Faktior (PAF) von Willebrand-Faktor „Heparine"
Regulation der Leukozytenadhäsion	Expression von Oberflächenadhäsionsmolekülen Sekretion von Monozyten-Stimulationsfaktoren
Regulation der Gefäßstruktur	Hemmung der Proliferation glatter Muskelzellen
Wirkungen von NO	Vasodilatation, Steigerung des subendothelialen Koronarflusses und der Koronarreserve, Antiremodeling, antioxidative, antiinflammatorische und antiaggregative Wirkung, Steigerung der Angiogenese, der Natriurese, positiv inotrope Wirkung, Verbesserung der diastolischen Funktion

Wandhypertrophie der Arterien bei extremem Kraftsport [15] bzw. in Analogie zum Sportherzen bei Ausdauertraining, eine harmonische Lumen- und Wanddickenzunahme sowie eine verbesserte Compliance der Gefäße beim Ausdauersport zu sehen [15].

4.1.3 Angiogenese

Nicht zu verwechseln ist die Angiogenese mit der Vaskulogenese, worunter die Bildung von Blutgefäßen durch Differenzierung von Vorläufer- zu Endothelzellen mit einer im Anschluss stattfindenden Bildung eines einfachen vaskulären Netzwerks verstanden wird.

Zur Angiogenese gehören. die Aussprossung kapillarähnlicher Strukturen aus postkapillaren Venulen sowie die Neubildung von Kapillaren durch Einwachsen periendothelialer bzw. transendothelialer Zellen und Zellbrücken in vorhandene Kapillaren.

Die Angiogenese läuft in einem komplexen, mehrstufigen und eng kontrollierten Prozess ab. Extrazelluläre Matrix sowie vaskulare Zellen sind darin verwickelt, wobei Endothelzellen maßgeblich und initial bedeutend sind, wohingegen glatte Muskelzellen, Perizyten oder Fibroblasten im weiteren Verlauf der Gefäßneubildung beteiligt sind. Die Aktivierung, die Aussprossung und die Differenzierung lassen sich im Verlauf der Angiogenese in etwa nach folgenden Ereignissen gliedern:

- Zunahme der venulären Permeabilität mit extravaskulären Fibrinablagerungen,
- Freisetzung von Proteasen aus dem Endothel,
- Abbau der Basalmembran und der das Gefäß umgebenden extrazellulären Matrix,
- Endothelzellmigration,
- Endothelzellproliferation und Kapillarlumenausbildung,
- Anastomosierung der neu gebildeten Kapillaren und Beginn der Durchblutung,
- Entwicklung der Wandstruktur, Rekrutierung und Differenzierung von glatten Muskelzellen und Perizyten.

Die Gefäßpermeabilitätserhöhung wird vor allem durch eine von VEGF verursachte Endothelzellenaktivierung gestartet, in deren Folge es zu einer verstärkten NO-Produktion und Vasodilatation der Widerstandsgefäße kommt. Die VEGF-Familie umfasst mehrere Repräsentanten, wobei VEGF-A der wichtigste ist. Splicingvarianten der VEGF-A-mRNA führen dabei zu fünf Isoformen, welche entsprechend ihrer Aminosäurenanzahl bezeichnet werden. Als Gegenstück fungieren die drei VEGF-Rezeptoren (VEGFR-1, VEGFR-2, VEGFR-3). Während VEGFR-3 hauptsächlich im lymphatischen Endothel zu finden ist, werden die ersten beiden hauptsächlich am vaskulären Endothel exprimiert, wo sie an einer großen Anzahl von Effekten der VEGF-Familie, speziell der VEGF-A Isoform, beteiligt sind.

Die VEGF-Familie mitsamt ihren Rezeptoren stellt somit das wichtigste Element in der Angiogeneseregulation dar (◘ Abb. 4.3).

Zum Endothel gehören die basale Membran und einige elastische Fasern (Membrana Elastica Interna). Durch diese wird die innere Gefäßschicht aus Endothel deutlich von der Tunika Media abgegrenzt, welche aus glatten Muskelfasern sowie aus kollagenen und elastischen Fasern besteht. Die Tunika Media ist in dieser Weise zusammengesetzt, um Druckschwankungen, welche durch die Pulswelle entstehen, aufzufangen und in bestimmten Arterienabschnitten die Gefäßweite und damit den peripheren Widerstand zu regulieren [4, 5]. Je nach Beanspruchung ist die qualitative Zusammensetzung der Tunika Media typisch für die einzelnen Gefäßabschnitte im Kreislaufsystem. Ihre elastischen Fasern, die sogenannte Membrana Elastica Externa, grenzen diese „mittlere Schicht“ von der Tunika Externa (früher auch als Adventitia bezeichnet) ab, welche das Blutgefäss mit dem umgebenden Gewebe verbindet. Neben kollagenen und elastischen Fasern, welche durch ein längsgerichtetes Scherengitter die unterschiedlichen Längen- und Breitenänderungen des Gefäßes unterstützen, enthält sie auch die gefäßwandeigenen Blutgefäße, die Vasa vasorum.

Im arteriellen Schenkel des Kreislaufsystems differenziert der Wandaufbau die Gefäße in elastische Arterien bzw. Arterien des muskulären Typs. Zu Ersteren zählt man die großen Gefäße im herznahen Bereich, zum Beispiel die Aorta, oder die Aa-Pulmonales, welche durch das Vorhandensein von elastischem Material die Windkesselfunktion ermöglichen, während die mittleren und kleineren Arterien im herzfernen Bereich einen überwiegend muskulären Wandaufbau zeigen, welcher vasokonstriktorisch oder vasodilatatorisch den peripheren Widerstand regelt und somit die Höhe des Blutdrucks beeinflusst.

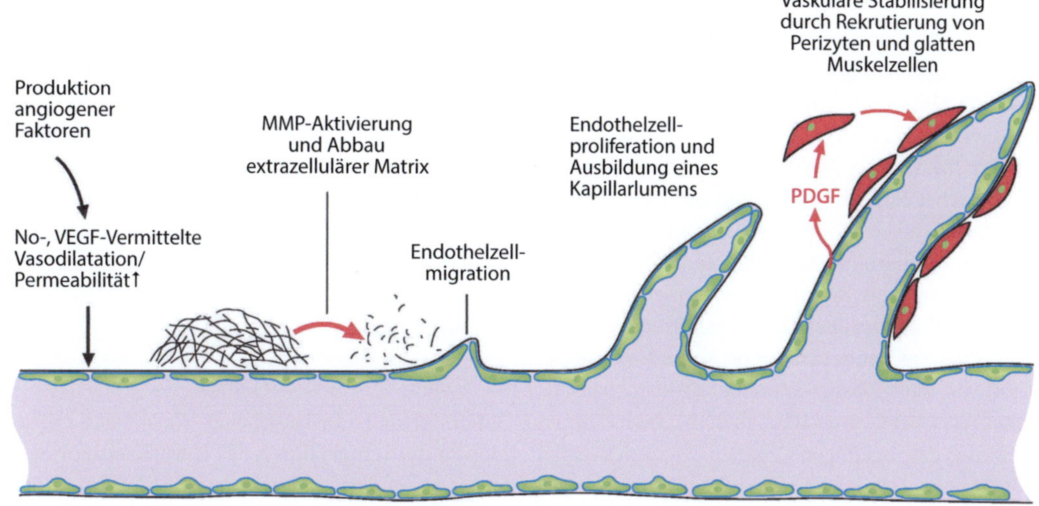

Abb. 4.3 Schematische Darstellung der Teilschritte der Angiogenese [16].

Zu ergänzen ist noch, dass durch die Windkesselfunktion der herznahen Arterien der bei jeder Herzaktion gegebene stoßweise Auswurf des Schlagvolumens in einen unvollständig gleichmäßigen Blutstrom in die Peripherie umgewandelt wird.

Die Bauweise der Venen, in denen sich auf Grund einer mehr als zwanzigfach größeren Compliance (im Vergleich zu Arterien) bis zu 65% des zirkulierenden Blutvolumens befindet, ist von den verschiedenen Körperregionen abhängig. Grundsätzlich sind Venen weitlumiger und dünnwandiger aufgebaut, ihre Media enthält mehr Kollagen, die Membrana Elastica Interna kann unvollständig sein, die Membrana Elastika Externa fehlt und die Adventitia steht durch kräftige kollagene Faserbündel direkt mit der Media in Verbindung [5]. Mit Ausnahme der herznahen großen Venen besitzen die meisten Venen sogenannte Venenklappen, welche durch taschenartig in das Gefäßlumen vorspringende Intima-Falten gebildet werden. Durch ihren Schluss wird der Rückfluss (gegen die Schwerkraft) verhindert, wodurch sie wie Ventile den Blutstrom zum Herzen lenken. Zwei Mechanismen unterstützen den Rückstrom vor allem in den Extremitäten, nämlich die sogenannte Muskelpumpe, welche durch Kontraktion der benachbarten Skelettmuskulatur auf die Venenwand einen Rückdruck ausüben, der die Klappenarbeit fördert, sowie die arteriovenöse Kopplung, worunter die Umschließung einer Arterie und zweier begleitender Venen durch eine bindegewebige Hülle verstanden wird, womit die Druckwelle des Arterienpulses auf die Wand der Venen übertragen wird und so den Rückstrom unterstützt (Abb. 4.4).

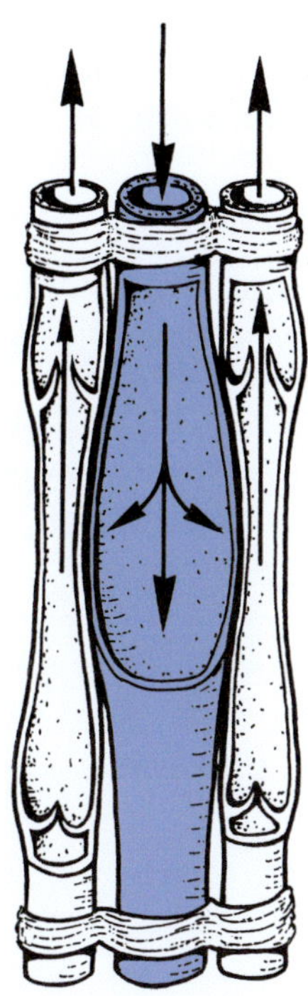

Abb. 4.4 Prinzip der arteriovenösen Kopplung [5]. Arterie blau eingezeichnet; die Pfeile bezeichnen die Strömungsrichtung des Blutes.

4

4.2 Gas- und Sauerstoffaustausch

Der Gas- und Stoffaustausch sowie die Wärmeabgabe zwischen Blut und Gewebe erfolgen in den kleinsten Gefäßen, den Kapillaren, im Bereich der Endstrombahn. Die Kapillaren sind aus einer dünnen Lage flacher Endothelzellen und mit einer basalen Membran aufgebaut, wodurch der Stoff- und Flüssigkeitsaustausch grundsätzlich in beide Richtungen erfolgen kann. Regulierende Kenngrößen dafür sind der Blutdruck, der Diffusionsdruck zwischen Blut und umgebendem Gewebe, kolloidosmotische Kräfte der Blut-Plasma-Proteine sowie der osmotische Druck der Gewebsflüssigkeit [5]. Zu erwähnen ist ferner, dass in einigen Organen, wie zum Beispiel Nieren- oder Darmzotten, ein sehr dünnes Endothel (hohe Durchlässigkeit), im Bereich des Gehirns auch „dichtere Kapillaren" anzutreffen sind, welche nur einen selektiven Stoffaustausch gestatten (Blut-Hirn-Schranke). Die Gesamtzahl der etwa 4–9 μm dünnen Kapillaren (ein Erythrozyt kann passieren) wird in einem sehr großen Schwankungsbereich zwischen 5 und 30 Mrd. geschätzt, woraus sich eine theoretisch denkbare Austauschfläche von ungefähr 1000 m^2 ergeben soll. Schließlich lassen sich die Kapillaren im Bereich der Endstrombahn noch an Hand ihrer Zuflüsse unterscheiden (◘ Abb. 4.5).

In vielen Organen bilden sie dreidimensionale Netze (Netzarterien, z. B. Skelettmuskulatur), welche ein Versorgungsmuster über vernetzte Zufuhrgefäße ermöglichen und somit auch bei Verschluss einer Kapillare die Durchblutung gewährleisten, während hingegen Arterien im Herzen oder Gehirn eher dem Typ der funktionellen Endarterie angehören, bei der keine Querverbindungen zu anderen Arterien bestehen, wodurch ein Verschluss zum Untergang des nachgeschalteten Versorgungsgebietes (Infarkt) führen kann.

▪ Gasaustausch in der Lunge

Sauerstoff wird in klassischer Weise nach Diffusion in der Lunge, durch das Herz-Kreislauf-System zum Erfolgsorgan transportiert (◘ Tab. 4.3). Die Gasaufnahme in der Lunge erfolgt durch Strömung bis zu den Alveolen, durch Konvektion und diffusivem Transport (Stratifikation) in den Alveolen; von dort erfolgt der Übertritt durch Diffusion ins Blut [17]. Über die Kapillaren wird der Sauerstoff an die Erfolgsorgane, die Mitochondrien, transportiert; im Gegenzug wird Kohlensäure abtransportiert. Dabei sind von den Alveolen mehrere Schichten zu überwinden: Basalmembran, Interstitium, Kapillarendothel, Erythrozyt. Zusätzlich spielt die Reaktionsrate mit Hämoglobin und die Affinität zu den vier

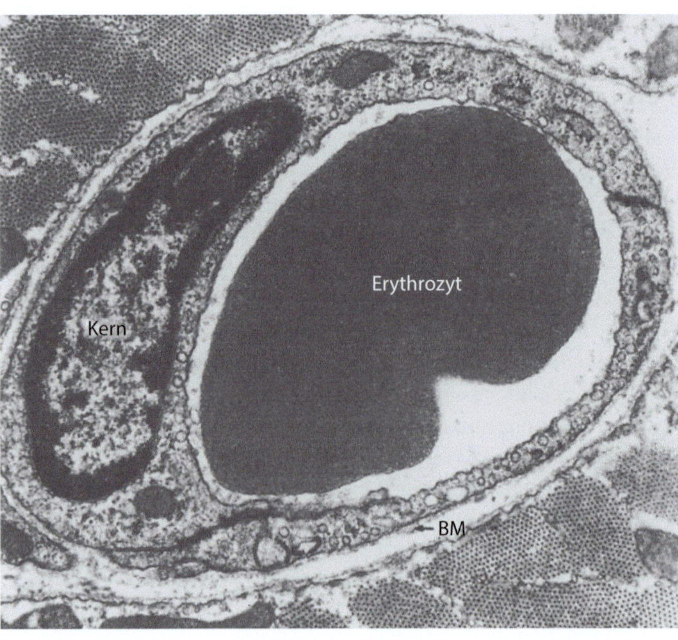

◘ **Abb. 4.5** Blutkapillare (quer) aus der Skelettmuskulatur [5]. Zwei Endothelzellen bilden ihre Wand, eine davon mit Kern; BM = Basalmembran. Elektronenmikroskopische Aufnahme.

Tab. 4.3 Einige Definitionen zum Sauerstofftransport [17].

Hüfnersche Zahl:	Die Menge O_2, in ml, die von 1 g Hb gebunden wird.
Sauerstoffgehalt:	Die Menge an O_2, die bei einem O_2-Partialdruck von 150 mmHg (20 kPa) und einem PCO_2 von 40 mmHg (5,3 kPa) und einer Temperatur von 37°C an Hämoglobin gebunden ist, zusätzlich zum physikalisch gelösten Sauerstoff.
Gesetz nach Henry Dalton:	Die Sauerstoffkonzentration ist gleich 0,0239/760 × 1000 × PO_2 (d. h. 0,03 PO_2) (PO_2 gleich Sauerstoffpartialdruck).

Eisen-Atomen eine Rolle [2, 17, 18]. Für den Sauerstofftransport sind verschiedene Gesetze zu beachten. Die Aufnahme von O_2 und Abgabe von CO_2 wird entscheidend durch die Sauerstoffbindungskurve bzw. die Kohlensäurebindungskurve bestimmt. Die Bindungskurve für O_2 hängt zudem von Umgebungstemperatur, dem pH, PCO_2, Hämoglobingehalt und 2,3 Biphosphoglyzerat ab [19]. Der oxidative Stoffwechsel ist entscheidend für die Bildung energiereicher Phosphate in den Mitochondrien.

4.3 Herzfunktion

Das menschliche Herz, welches nach dem Prinzip einer Druck-Saug-Pumpe arbeitet, befindet sich hinter dem Sternum im vorderen Mediastinum. Seine Gestalt ähnelt einem bauchigen Kegel, dessen Grundfläche als Herzbasis bezeichnet wird. Die Größe des menschlichen Herzens entspricht etwa der geschlossenen Faust eines Menschen, was ein Volumen zwischen 500 und 650 ccm bei der untrainierten Frau bzw. 650 bis 800 ccm beim untrainierten Mann, je nach anthropometrischen Voraussetzungen, bedeutet. Das Durchschnittsgewicht liegt zwischen 250 und 300 Gramm. Sowohl Volumen wie auch Herzgewicht können durch leistungssportliches Ausdauertraining in Abhängigkeit des Körpergewichtes (Körpervolumens) in etwa auf das Doppelte erhöht werden, nämlich auf 1100–1300 ccm bei der ausdauertrainierten Frau und auf etwa 1400–1700 ccm beim ausdauertrainierten Mann, entsprechend einem Herzgewicht von 500 Gramm und knapp darüber (Sportherz).

Diese Angaben beruhen auf den frühen Untersuchungen mit der röntgenologischen Herzdiagnostik [20]. Heute werden zur Größenbestimmung des Herzens und der Herzabschnitte wie auch der Herzmuskelmasse ausschließlich die zwei- und dreidimensionale Echokardiographie sowie die Kernspinuntersuchung des Herzens eingesetzt [21, 22].

Die Arbeitsweise des Herzens kann mit einer Ventilpumpe verglichen werden, wobei das Herz insgesamt in das „rechte Herz" für den Lungenkreislauf, das „linke Herz" für den Körperkreislauf morphologisch und funktionell unterteilt ist [5]. Bei einer Ruheherzfrequenz von etwa 70 Schlägen pro Minute, pumpt das Herz pro Tag mit etwa 100.000 Schlägen ca. 7.500 Liter Blut. Die erwähnte Größenzunahme des Sportherzens erhöht auch die hämodynamischen Parameter etwa auf das Doppelte, was bedeutet, dass die maximalen Herzminutenvolumina des Untrainierten von 16 bis 20 Liter pro Minute bei Ausdauertrainierten auf 35 bis 40 Liter pro Minute ansteigen können. Das Ruhe-Herzminutenvolumen ist mit etwa 5 Liter pro Minute annähernd gleich (bei Ausdauertrainierten gering vermindert). Die funktionellen Veränderungen hämodynamischer Parameter beim Ausdauertrainierten werden durch die Zunahme des Schlagvolumens bei gleichzeitiger Erniedrigung der Herzfrequenz bis auf 32 bis 35 Schläge (manchmal auch noch niedriger) realisiert.

Analog den Blutgefäßen ist auch die Herzwand aus drei Schichten aufgebaut. Alle Innenräume des Herzens, inklusive seiner Segel- und Taschenklappen, werden vom Endokard ausgekleidet, welches aus einer endothelialen und einer feinfaserigen Bindegewebsschicht zusammengesetzt ist. Weitere endokardiale Bildungen (ausgefaltete Duplikaturen) sind zum Beispiel Herzklappen, die sich an einer festen Bindegewebsgrundmembran mit Endothelüberzug aufbauen.

Das Myokard ist der dickste und funktionell entscheidende Wandteil des Herzens, wobei dessen

Dicke von der Funktionsweise der jeweiligen Herzhöhlen charakterisiert ist. Das Myokard der Vorhöfe ist daher dünner, da die Pumparbeit geringer ist, während hingegen das Myokard in den beiden Ventrikeln kräftiger ausgebildet ist, allerdings unterschiedlich, nämlich in der linken Kammer etwa dreimal so dick im Vergleich zur rechten Kammer, welche das Blut mit geringerem Druck in den kleineren Kreislauf pumpen muss [5]. Das Myokard besteht aus netzartig verzweigten Einzelzellen, die durch die sogenannten Discii Intercalares fest miteinander verbunden sind, was auch die Übertragung elektrischer Reize über die Muskelzüge ermöglicht [5]. Die Herzmuskelzellen (Myokardiozyten) besitzen eine Querstreifung, der Zellkern liegt jedoch stets im Zentrum der Zelle (Mehrkernigkeit kommt selten vor); sie haben einen hohen Mitochondriengehalt, da sie lebenslang einen aeroben Stoffwechsel zur Kontraktionsleistung garantieren müssen. Dementsprechend wird das Herz durch ein engmaschiges Kapillarnetz versorgt. Aufgrund der erwähnten oxidativen Kontraktionsleistung über die gesamte Lebensspanne besitzt das Myokard den größten Mitochondrienreichtum und die stärkste Kapillarisierung aller Gewebe [5].

Makroskopisch lässt das Myokard (speziell in der linken Kammer) ein am Herzskelett beginnendes und endendes dreischichtiges Raumwerk erkennen, welches aus äußeren Schräg-, mittleren Ring- sowie inneren Längsfasern besteht. An der dünnwandigen Herzspitze liegen die äußeren Schrägfasern in inneren Längszügen in Form eines Wirbels vor (Cortex Cordis), wodurch ein zusammenhängendes Maschenwerk entsteht, welches eine kräftige Kontraktion zu Beginn der Systole ermöglicht [4].

4.3.1 Molekularbiologische Aspekte der Herzmuskelhypertrophie

Die Entwicklung und das Wachstum des Myokards sind dynamische Prozesse. Während der Embryogenese und des postnatalen Zeitraums vergrößert sich die Anzahl der Herzmuskelzellen (Hyperplasia). Später wird nur noch das Volumen der Myozyten vergrößert (Hypertrophie). Der Reifungsprozess wird durch Apoptose reguliert, aber sowohl die Umwelt und exogene Einflüsse als auch pathologische Umstände beinflussen das normale Entwicklungsprogramm [23].

Die kardiale Hypertrophie wird als die Vergrößerung der terminaldifferenzierten Myozyten definiert. Obwohl diese Zellen nur ein Drittel aller Myokardzellen, aber 70% des Herzgewichts ausmachen, bedeutet diese Hypertrophie auch eine Zunahme des Gesamtherzgewichts [23]. Die Hypertrophie kann unter physiologischen (normaler Wandstress, normale Ventrikel- und Myozytenfunktion) wie pathologischen (abnormaler Wandstress, abnormale Ventrikel- und Myozytenfunktion) Umständen erfolgen [24]. Da diesen beiden Formen der Hypertrophie unterschiedliche molekulare, biochemische und physiologische Veränderungen zu Grunde liegen, ist die Differenzialdiagnose essentiell (Tab. 4.4).

4.3.2 Physiologische Herzmuskelhypertrophie

Die physiologische Hypertrophie wird durch den Entwicklungsprozess, das Wachstum beziehungsweise ein Ausdauer- (und Kraft-)Training induziert. Die wichtigsten Wachstumsfaktoren, die eine Hypertrophie des Herzens verursachen, sind durch Stress induziert (die non-Stress induzierten Wachstumsfaktoren spielen bei der Bildung einer pathologischen Hypertrophie eine wichtige Rolle). Der dynamische und statische Stress induziert jeweils eine Proteinsyntese im Herz und verursacht damit eine zelluläre Hypertrophie. Dieser Mechanismus wird als Mechanotransduktion bezeichnet [23, 25]. Durchgeführt und gesteuert wird die Mechanotransduktion durch verschiedene Mechanismen, wie z. B. Stretch-aktivierte Sarkolemm-Ionenkanälen [24], G-Protein-gekoppelte Rezeptoren, Na^+-H^+-Antiporters, Tyrosin Kinase und Extrazelluläre Matrix (ECM) Integrin-Kopplung [23]. So werden im Cytosol Signaltransduktionsmechanismen induzert, wie beispielsweise die Protein-Kinase C (PKC, verantwortlich für zelluläre Hyperplasie), die Mitogen Activated Protein-Kinase (MAPK) oder cAMP-dependent Protein-Kinase und Stress-aktivierte Protein-Kinase [24]. Gesteuert wird der ganze Prozess durch zahlreiche autokrine (IC-Kalzium signalling), parakrine (Kollagen, Fibronectin, Proteoglykan produziert in der ECM-Zellen) und

Tab. 4.4 Relative Bedeutung von Hypertrophie, Hyperplasie und Apoptose bei physiologischer und pathologischer Hypertrophie (nach [23])

Physiologische Hypertrophie			
Cardiogenese =>	postpartales Wachstum =>	Reifung =>	Alterung
Hyperplasie <= =>	<= Hypertrophie =>		
Pathologische Hypertrophie			
Erhöhte Herzarbeit =>	kompensierte Hypertrophie =>	Herzinsuffizienz	
Druckbelastung	normale Wandspannung	abnorme LV-Funktion	
Volumenbelastung	normale od. abnorme	abnorme LV-Funktion	
beides oder	LV - Funktion	abnorme Myocytenfunktion	
andere Ursachen	Normale Myozytenfunktion		
	<= Hypertrophie =>		
	<= Hyperplasie, Apoptose =>		

endokrine Faktoren (Thyroidhormone- regulieren die Myosin Light Chain Kinase) [26]. Die wichtigsten Zytokinen, die in diesem Transkriptionsprozess eine Rollen spielen, sind Interleukin (IL)-6 und Cardiotrophin, die den Janus-Kinase-Weg aktivieren und so positive Wirkung haben. Dem gegenüber stellen fibroblast growth factor (FGF), TGF-1, NGF, EGF, PDGF (Rezeptor-Tyrosin-Kinase-Weg), IL-1 und TNFα (Phospholipase-C-Aktivierung) [27], die in der pathologischen Hypertophie eine wichtige Rolle spielen, negative Regulatoren dar (Tab. 4.5).

4.3.3 Pathologische Herzmuskelhypertrophie

Die Hypertrophie der Herzmuskulatur wird als pathologisch bezeichnet [47], wenn sie durch abnormale (globale oder regionale) Zunahme in der Herzarbeit verursacht wird [23, 48]. Ursache können entweder Volumen- (z. B. Mitralinsuffizienz, Aorteninsuffizienz) oder Druckbelastung (z. B. Ausflussbahnobstruktion, Bluthochdruck, Aortenstenose) sein [48, 49]. Komplexe oder monogenetische Krankheiten gehören zu diesen, welche durch genomweite Assoziationsstudien abgeklärt wurden [33, 50]. Der allgemeine Verlauf dieser Krankheiten besteht aus einer kompensierten und einer dekompensierten Phase mit nachfolgender Apoptose; Beispiele für solche krankhaften Veränderungen sind in Tab. 4.6 angeführt.

Beim molekularen Hintergrund dieser Krankheiten dürfte es sich um einen ähnlichen Mechanismus wie bei der Non-Stretch induzierten physiologischen Hypertrophie handeln: Gαq-koppelt Rezeptor Überexpression von Angiotensin II (AT-II) [51, 52], Phenylephrin, Endothelin, PGF2α und Thrombin. Darüber hinaus zeigt sich eine andere Zellenzusammensetzung der extrazellulären Matrix im Vergleich zu physiologischen Gegebenheiten. Diese Zellen produzieren vermehrt Kollagen und Fibronectin, was zu einem vermehrten Kollagengehalt im Herzen führt [53]. Dieser Zustand wird auch von funktionsgestörten Matrix Metallo-Proteasen (MMP) unterstützt, welche Kollagen nicht in genügendem Maß abbauen [53]. Die Dekompensationsphase wird ebenfalls von FGF induziert, die durch PKC-A und -C, MAPK und Tyrosinkinasen wirken, indem sie die transkriptorische und posttranskriptorische Regulation verändern und abnormale Veränderungen in der Struktur und Funktion verursachen [54].

Bei atherosklerotischen Krankheiten wird der Anteil der Vererbbarkeit auf etwa 40% geschätzt [33]: 2011 wurden bei Myokardinfarkten 13 Genloci für die Krankheit verantwortlich gemacht [58], 2013 lag die Zahl schon bei 46 [57]. Außerdem muss angemerkt werden, dass die in Frage kommenden Genloci ethnien- und geschlechtsabhängig sind.

Tab. 4.5 Häufigste genetische Fehler bei monogenetischen Krankheiten [23, 28–46]

Gene Symbol	Häufigkeit (%)	Chr. Locus	Erbgang	Protein
HCM				
MYH7	40	14q.12	AD	ß-Myosin Schwerketten
MYBPC3	40	11p11.2	AD	Myosin Bindendes Protein
TNNT2	5	1q32	AD	Troponin T
DCM				
TTN	18-25	2q31	AD	Titin
LMNA	5-8	1q21		Lamin A/C
TNNT2	3-5	1q32	AD	Troponin T
RCM				
MYH7	5	14q.12	AD	ß-Myosin Schwerketten
TNNI3	5	19q13.4	AD	Troponin I
ARVD				
PKP2	40	12p11	AD	Plakophilin-2
DP	10	6p24.3	AD/AR	Desmoplakin
DSG-2	10	18q12.1	AD	Desmoglein-2
LVNC				
MYH7	13-16	14q.12	AD	ß-Myosin Schwerketten
MYBPC3	8	11p11.2	AD	Myosin Bindendes Protein
ZASP/LDB3	5	10q22.2-q23.3		LIM Domain Binden 3
LQTS				
KCNQ1	35	11p15.5	AD/AR	$I_{Ks}K^{+}$Kanal α-Einheit KvLQT1
KCNH2	40	7q35-q36	AD	$I_{Ky}K^{+}$Kanal α-Einheit HERG
SCN5A	10	3p21	AD	Kardiale Na^{+}Kanal α-Einheit
SQTS				
KCNQ1		11p15.5	AD/AR	$I_{Ks}K^{+}$Kanal α-Einheit KvLQT1
KCNH2		7q35-q36	AD	$I_{Ky}K^{+}$Kanal α-Einheit HERG
KCNJ2		17q23.1-q24.2	AD	$I_{K1}K^{+}$Kanal Kir 2.1
Brugada-Syndrome				
SCN5A	20-25	3p21	AD	Kardiale Na^{+}Kanal α-Einheit
CACNA1c		12p13.3	AD	Ca^{2+}Kanal α-Einheit
CACNB2b		10p12	AD	Ca^{2+}Kanal α-Einheit
CPVT				
RyR2	**50**	**1q42-q43**	**AD**	**Ryanodine Rezeptor**
CASQ2		1p13.3-p11	AR	Kardiale Calsquestrin

Chr = chromosomal, AD = autosomal dominant, AR = autosomal rezessiv

Tab. 4.6 Genetische Fehler bei komplexen* Herzkrankheiten [23, 33, 49, 55–57].

Gene Symbol	Chromosome Locus	Protein
Atherosclerose		
CDKN2A/2B	9p21	Cyclin-dependent kinase inhibitor 2A/2B
Hypertonie		
AGT	1q42.2	Angiotensinogen
CYP17A1	10q24.32	Cythochrome P450
NPPA und B	1p36.21	Natriuretic peptide A und B
NPR3	5p13-p14	Natriuretic peptide clearance factor
GUCY1A3	2q33	Subunits of the soluble guanylate cyclase,
ADM	11p15.4	Adrenomedullin
HFE	6p21	Metal ion transporter
SLC39A8	4q22-q24	Zinc transporter
SLC4A7	3p22	Electroneutral sodium bicarbonate cotransporter
PLCE1	10q23	Phospholipase C-epsilon-1 isoform
Hypercholestolämie		
Herzinsuffizienz		

* Komplex: Zwei oder mehrere Gene in Interaktion mit der Umgebung oder stochastische Faktoren

Das vermutlich wichtigste Gen, welches in der europäischen Bevölkerung als Risikofaktor gilt, ist das CDKN2A/2B: Cyclin-Dependent Kinase Inhibitor 2A/2B (Genlocus: 9p21) [55]. Andere in Frage kommende Gene sind in den CARDIoGRAM-Consortium- und CARDIoGRAMplusC4D-Consortium-Studien [57] angeführt, wobei zwei andere mit KHK assoziierte Risikofaktoren, wie z. B. Bluthochdruck, Hypercholesterinämie, hämatologische und metabolische Erkrankungen, in ihrer Interaktion mit anderen Genen sowie Umweltfaktoren zu berücksichtigen sind [33].

Obwohl Hypertonie auch eine monogenetische Krankheit sein kann [33], sind mendeliale Mutationen selten und nur für einen kleinen Teil der sekundären Hypertonieformen verantwortlich (Defekte in der renalen Natriumabsorption, erhöhte Mineralokortikoid-Aktivität in den distalen Nephronen) [33, 56].

Nach Levy [50] hat Bluthochdruck eine Vererbbarkeit von etwa 30 bis 60%, wobei verschiedene Gene im Renin-Angiotensin-Aldosterone-System eine maßgebliche Rolle spielen [52]. 2009 wurde 29 verantwortliche Genloci gefunden [27], die nicht nur in der europäischen, sondern auch in der afrikanischen, süd- und nordasiatischen Bevölkerung unter anderem für den systolischen und diastolischen Blutdruck, LV-Wanddicke und Schlaganfall verantwortlich sind [59].

Aus den angeführten Untersuchungen lässt sich darüber hinaus erkennen, dass die kardiovaskuläre Translationsmedizin nicht nur jene Gene identifiziert, die für bestimmte Krankheiten prädisponieren, sondern auch wichtige Informationen für die Prävention anbietet [33].

4.3.4 Reizleitungssystem

Das Herz verfügt über eine sogenannte Herzautonomie, das heißt, dass die zu den Kontraktionen führenden Erregungen im Herzen selbst gebildet werden. Eine spezialisiert veränderte Herzmuskulatur bildet das Erregungsleitungssystem (Reizleitungssystem), das spontane rhythmische lokale Erregungen bildet und sie zu jenen Herzmuskelzellen weiterleitet, welche für die Kontraktionen verantwortlich sind (Abb. 4.6).

4.3.5 Reizbildung und Reizleitung

Sinusknoten

Der Nodus Sinoatrialis oder KeithFlack-Knoten befindet sich im rechten Vorhof im Bereich der Mündung der oberen Hohlvene (vena cava superior). Er ist etwa 8 mm lang und 2 mm breit. Er besteht (wie auch die andere Teile des Reizleitungssystem) aus einigen hundert spezifischen Herzmuskelzellen,

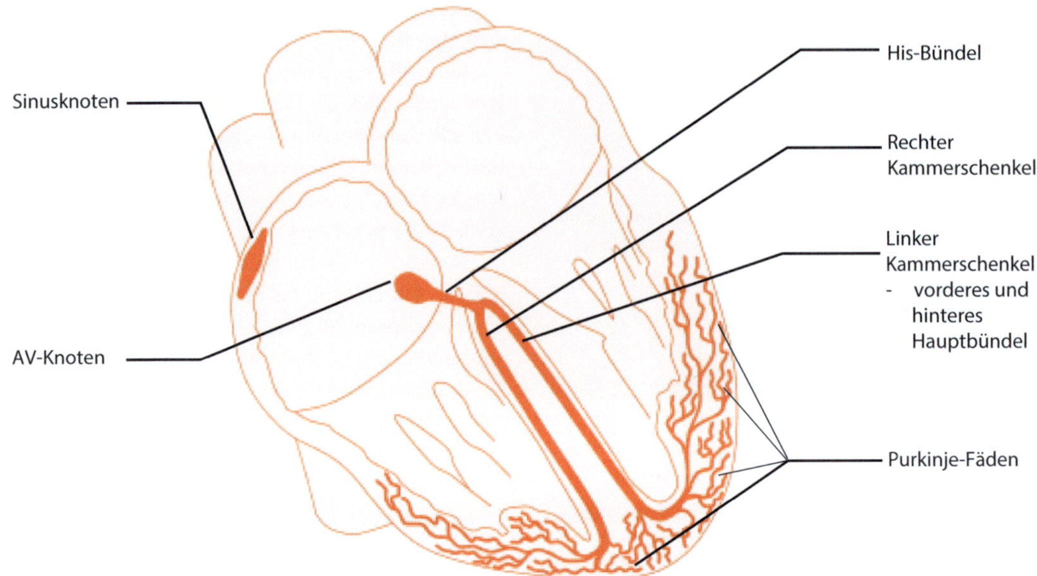

Abb. 4.6 Schema des Erregungsbildungs- und Erregungsleitungssystems in einem Frontalschnitt des Herzens.

den sogenannten spontan aktiven Schrittmacherzellen. Diese haben einen größeren Durchmesser als die Arbeitsmuskulatur, sind an Fibrillen ärmer (deutlich weniger T-Tubuli, kontraktile Elemente und auch Mitochondrien) und flüssigkeitsreicher. Sie enthalten auch viel Glykogen und Enzyme des anaeroben Stoffwechsels. Zwar kann die Erregung von allen Teilen des Reizleitungssystems ausgehen (siehe Tierversuche – Stannius-Ligaturen), jedoch ist die Erregungsfrequenz des Sinusknotens mit ca. 70 Schlägen pro Minute (intrinsische Herzfrequenz) die höchste. Die Eigenaktivität des Sinusknotens wird durch das immer wechselnde Membranpotenzial verursacht, welches durch Ionen-Kanäle aufrechterhalten wird. Im Gegensatz zu den Arbeitsmuskelzellen haben die Zellen des Sinus- und AV-Knotens ein weniger negatives, sich permanent veränderndes Ruhemembranpotenzial gegen -60 bis -65 mV. Diese Veränderung sind durch Ca^{2+}-Einfluss und K^{+}-Ausfluss verursacht. Diese Zellen haben quasi keine Ruhephase.

Die Vorhofmuskulatur leitet die Erregung zum AV-Knoten weiter. Physiologisch wird die Erregung nur in eine Richtung weitergeleitet (aufgrund der speziellen Aktionspotenziale des Herzmuskelzellen) (Abb. 4.7).

Der Atrioventrikularknoten (auch AV-Knoten oder Aschoff-Tawara-Knoten) befindet sich auf der rechten Seite des Septums interartriale in der Höhe der Ventilebene. Seine Eigenfrequenz liegt bei ca. 40 Schlägen pro Minute; unter physiologischen Bedingungen übernimmt er die Erregungsbildung nicht. In der Regel besteht eine koordinierte, vom Sinusknoten bestimmte Herzaktion, welche die nachfolgenden Zentren unterdrückt.

Vom AV-Knoten führt das ca. 10 mm lange His-Bündel (Truncus fasciculi atrioventricularis) zur Kammermuskulatur. Da die Ventilebene funktionell einen elektrischen Isolator darstellt (die Anuli Fibrosi dienen als Dichtung), ist es die Funktion des His-Bündels, die Erregungen zur Kammermuskulatur weiterzuleiten. Die Eigenfrequenz des His-Bündels liegt bei 20 Schlägen pro Minute.

Am Oberrand des muskulären Teils der Kammerscheidewand spaltet sich das His-Bündel in einen rechten und einen linken Kammerschenkel, wobei letzterer sich in ein vorderes und ein hinteres Hauptbündel teilt (Tawara-Schenkel). Diese laufen an den zwei Seiten der Kammerscheidewand unter dem Endokard bis zur Basis der Papillarmuskeln hinunter in Richtung Herzspitze und verbreitern sich

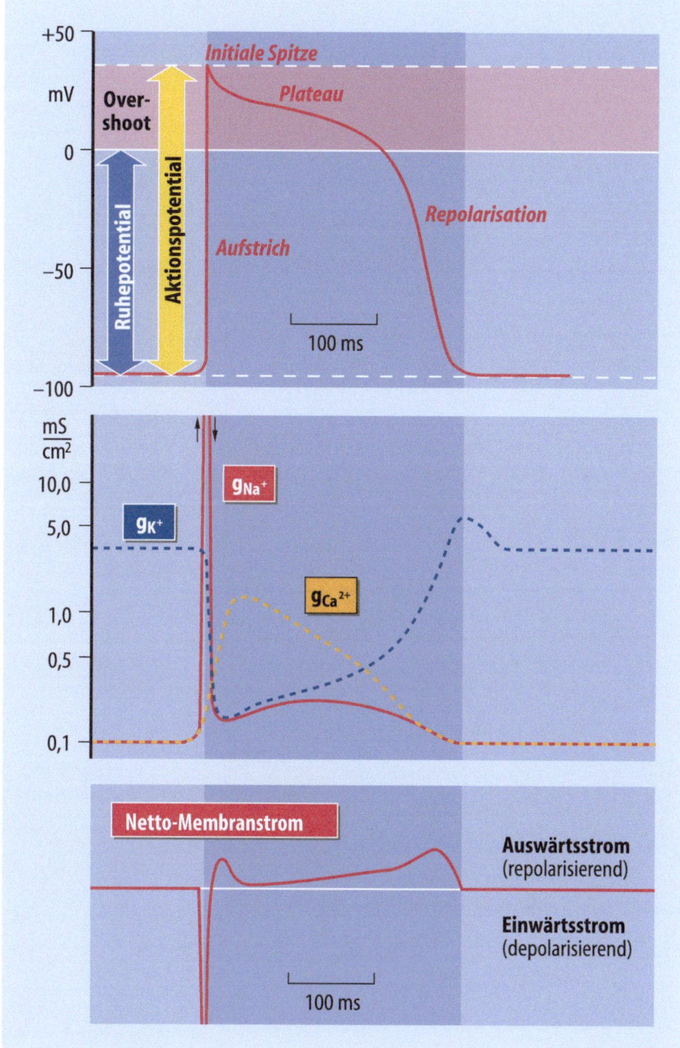

Abb. 4.7 Aktionspotenzial der Herzmuskelzelle [60]. Oben: Verlauf des Aktionspotenzials. Mitte: Änderungen der Membran-Ionenleitfähigkeiten für Na^+, Ca^{2+} und K^+, die dem Aktionspotenzial zu Grunde liegen. Unten: Richtung und Verlauf des Netto-Ionenstroms durch die Membran. Die Leitfähigkeit für den repolarisierenden Membranstrom spiegelt die Aktivität mehrerer K^+-Kanäle wider.

dann fächerförmig zu den Purkinje-Fasern, wobei die Papillarmuskeln über Ausläufer der Kammerschenkel (Moderatorband) im rechten Ventrikel als erste erreicht werden. Im Ventrikel wird die Erregung auf die Innenschicht der Arbeitsmuskelzellen übertragen.

Die Zellen des Erregungsleitungssystems und des Arbeitsmyokards sind über „Gap junctions“ eng untereinander verkoppelt. Die wichtigsten Strukturpartikel der „Gap junctions“ sind die Connexone (Cx40 und Cx43 in dem Erregungsleitungssystem und Cx43 und Cx45 in der Arbeitsmuskulatur), welche die elektrische Kopplung benachbarter Zellen ermöglichen. Als Folge kontrahiert das Myokard wie ein funktionelles Syncytium (Abb. 4.8).

4.3.6 Herzmuskelkontraktion – elektrophysiologische Aspekte

Der myokardialen Kontraktion entspricht das elektrische Aktionspotenzial. Dieser zentrale Mechanismus wird über Ionenkanäle gesteuert und umfasst 19 verschiedene transmembranöse Ionenströme

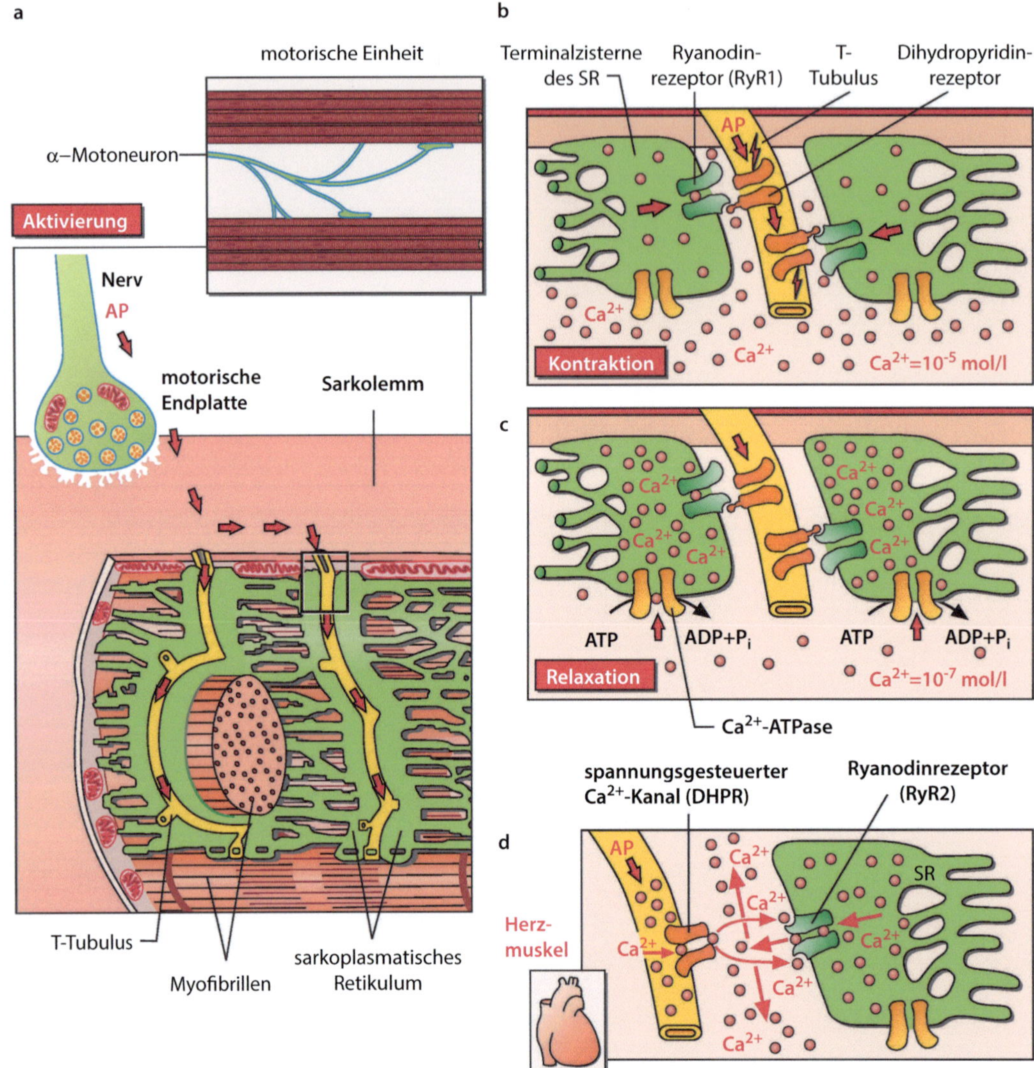

Abb. 4.8 Elektromechanische Kopplung [16]. **A** Aktivierung an einer motorischen Einheit (Einsatzbild; vereinfachend mit nur zwei Skelettmuskelfasern) durch Aktionspotenziale (AP). Nach der neuromuskulären Übertragung depolarisiert das in Ruhe innen negative Sarkolemm (Pfeile); die Erregung breitet sich auch entlang der T-Tubuli aus. **B** Zusammenspiel von Dihydropyridin- und Ryanodinrezeptor: Der RyR1 öffnet und Ca^{2+}-Ionen strömen ins Zytosol; die Myofibrillen kontrahieren. **C** Muskelerschlaffung beim Aufhören der elektrischen Signale: Die Tätigkeit einer ATP-getriebenen Ca^{2+}-Pumpe (Ca^{2+}-ATPase) in der SR-Membran senkt die zytosolische Ca^{2+}-Konzentration auf 10–7 mol/l ab. **D** Prinzip der Ca^{2+}-induzierten Ca^{2+}-Freisetzung in Herzmuskelzellen.

[61, 62]. Über eine elektromechanische Kopplung wird das elektrische Signal am Sarkolemm induziert und über eine Freisetzung von Kalzium-Ionen auf eine Muskelkontraktion (Natriumeinstrom, schnell) mit einem kurzen, spitzen, positiven Membranpotenzial übertragen. Es kommt zu einer Aktivierung unter Einwirkung von ß-Rezeptoren und der Proteinkinase; das Plateau wird durch einen langsamen Kalziumeinstrom bedingt, gefolgt von der Repolarisation (Kaliumausstrom). Die

Tab. 4.7 Ionenkanäle und zugehörige Gene der Hauptproteinkomponenten für wichtige Ströme des Aktionspotenzials im Ventrikelmyokard und im Sinusknoten

		Strom	Gen
Ventrikel	AP-Phase 0	i_{Na}	SCN5A
	AP-Phase 1	i_{to}	KCND3 (Kv4.3)
	AP-Phase 2	i_{CaL}	CACNA1C (α_{1c})
	AP-Phase 3	i_{Kr} i_{Ks}	KCNH3 (HERG) KCNQ1 (KvLQT1)
	AP-Phase 4	i_{k1}	KCNJ2 (Kir 2.1)

Ionenkanäle werden auch durch die zugehörigen Gene mitgesteuert, Mutationen der Gene führen zu Ionenkanalerkrankungen. Die Phase 0 entspricht dem schnellen Natriumeinstrom bei der Depolarisation (Gen: SCN5A), die Phase 2 ist ein Plateau mit Kalziumeinstrom (Gen: CACNA1C, alpha1c), Phase 3 entspricht der Rückbildung (Repolarisation) zum Ruhepotenzial (Kaliumstrom, KCNQ1 bzw. KvLQT1), Phase 4 ist wiederum das Ruhepotenzial (Gen: KCNJ2, Kir 2.1) [62]. Die Aktionspotenziale unterscheiden sich im Verlauf der Herzleitungsbahn [12, 62] (Tab. 4.7).

4.4 Herzmechanik – die Kontraktion des Herzen

Die elektromechanische Kopplung ist dafür verantwortlich, dass die im Erregungsleitungssystem gebildeten Reize in der Arbeitsmuskulatur zur Kontraktion führen. Das Myokard kontrahiert wie ein funktionelles Synzytium: Die Zellen sind miteinander sowohl mechanisch (Ebert-Linien) als auch elektrisch (gap junctions) verkoppelt. Die Sarkomerstruktur ist der Skelettmuskulatur gleich, aber die T-Tubuli und longitudinalen Zisternen sind viel stärker ausgeprägt. Der größte Unterschied ist, dass das Herz unter normalen Bedingungen nicht tetanisierbar ist (siehe Eigenschaften des Aktionspotenzials).

4.4.1 Elektromechanische Kopplung

Während des Aktionspotenzials werden im Sarkolemm spannungsgesteuerte L-Typ-Ca^{2+}-Kanäle geöffnet. Es kommt zu einem transsarkolemmalen Ca^{2+}-Ioneneinstrom (Trigger Ca^{2+} – insgesamt ca. 20% von extrazellulär). Dieser Einstrom induziert die Öffnung von Rhyanodinrezeptoren, die sich in den terminalen Zysternen der longitudinalen T-Tubuli im sarkoplasmatischen Retikulum (SR) befinden.

Dies führt zu der Ca^{2+}-induzierte Ca^{2+}-Freisetzung aus dem SR. 80% der zur Kontraktion gebrauchten Ca^{2+}-Ionen stammen von dem SR. Die Ca^{2+}-Ionen binden an Troponin C, was den Beginn der Kontraktion einleitet. Der kontraktile Apparat besteht aus Aktin- und Myosinfilamenten und Tropomyosin. Die Kontraktion wird durch den „Sliding Filament Mechanismus" durchgeführt; die Kontraktion selbst ist eine auxotonische Kontraktion mit Nachlast. Mit Beendigung der Kontraktion sind die Ca^{2+}-Ionen in das SR zurückgebracht: 80% durch die SERCA (SR-Ca-ATPase, reguliert von Phospholamban) und die übrigen 20% werden durch Na^{+}-Ca^{2+}-antiport (15%) und andere Ca^{2+}-ATPase aus der Myokardzelle gepumpt.

4.4.2 Regulation der Herzmechanik

Die Kontraktion des Herzmuskels per se wird durch das Druck-Fluss- oder Druck-Volumendiagramm, das Frank-Starling-Diagramm, als Ausdruck der Herzarbeit pro Kontraktion beschrieben. Für das Verhalten während hoher Leistungen bei körperlicher Arbeit kann dieses Diagramm allerdings nicht herangezogen werden. Die Regulation der Herzmuskelkontraktion wird durch zwei Regelkreise gesteuert.

Der innere Regelkreis wird durch den Frank-Starling-Mechanismus realisiert. Das bedeutet eine geometrische Veränderung (Aktin-Myosin-Interdigitation), die Permeabilitäterhöhung des SRs für Ca^{2+}, einen Anstieg in der Troponin-Ca^{2+}-Aktivität und der ATPase-Aktivität des Aktomyosin. Der äußere Regelkreis wird durch adrenerge Mechanismen beeinflusst: Die Katecholamine binden an die ß1-adrenergen-Rezeptoren, die durch

G-protein-cAMP Protein Kinase A die Zielproteinen phosphorylieren. In der Gesamtwirkung führt dies zu erhöhter Ca^{2+}-Permeabilität und Hemmung von Phospholamban und Troponin I.

4.4.3 Steuerung der Herzaktion

Obwohl das Herz über eigene Erregungsbildungs- und Erregungsleitungssysteme verfügt, wird es auch von höher gelegenen Ebenen beeinflusst. Efferente vegetative Nerven ermöglichen es, dass sich die Herzautomatie an den Bedürfnisse des Körpers anpasst:

Der Sympathikus erhöht über den Truncus cervicalis die Kontraktionskraft (positiv inotrop), die Erregungsleitung (positiv dromotrop), die Erregbarkeit (positiv bathmotrop), die Herzfrequenz (positiv chronothrop) und die Relaxation (positv lusitrop). Der Parasympathikus (N. Vagus) hemmt diese Wirkungen. Die beiden Ventrikel haben keine direkte parasympathische Innervation, jedoch finden sich im linken Vorhof parasympathische Ganglien, die diese Vorgänge, insbesondere die Regulation der Herzfrequenz, beeinflussen. Afferente Fasern, die vom Herzen weg führen, übermitteln unter anderem Schmerzreize (Ischämie, Angina pectoris).

Die Steuerung und Kontrolle des Sinusknotens und damit der Sinusherzfrequenz wird durch zahlreiche Faktoren bestimmt. Vagus und Sympathikus beeinflussen die Reaktion durch äußere Einflüsse wie auch durch Emotionen, vor allem aber die Reaktion auf eine körperliche Belastung. Bedeutend ist der Einflussstrom (I f, I f: funny current). Die parasympathische Regulation erfolgt über M2 muscarinische Rezeptoren mit Aktivierung des I KAch (Einwärtsstrom Kalium Acetylcholin), vermittelt über einen G-Protein-gekoppelten einwärts gerichteten Kaliumkanal. M2-Rezeptoren aktivieren einen L-typischen Kalzium-Kanal (I Ca-L), der wiederum die Adenylat-Cyclase negativ beeinflusst und einen stimulierenden Effekt auf ein G1-Protein hat mit einer Bremsung des I f. Die „Kalzium-Uhr“ mit Anregung des Ryanodin-Rezeptors (RyR) und einer Ca^{2+}-Freisetzung aus dem sarkoplasmatischen Retikulum bestimmen ganz wesentlich die Sinusfrequenz. Weitere regulierende und modulierende Faktoren sind Acetylcholin und Stickstoff-Monoxyd (NO) über die Stickstoff-Oxydase-Synthase (NOS). Sogenannte I f-Blocker spielen in die Regulation hinein. Weitere „Schrittmacher-Zellen“ im oberen Bereich des Sinusknotens werden durch sympathische Aktivierung stimuliert. Obwohl phasische vagale Aktivierungen den Sympathikus mitunter überspielen, können sympathische Aktivierungen und zirkulierende Katecholamine wiederum über beta-1-Rezeptoren den Parasympathikus dominieren [63].

Die Frequenz normaler Herzzyklen bei Sinusrhythmus beträgt 50 bis 90 Schläge pro Minute. Bei Kindern und Jugendlichen liegt sie höher bei etwa 115 bis 118 Schlägen pro Minute, mit zunehmendem Alter kann sie absinken. Die Ruheherzfrequenz wird von Alter, Rauchgewohnheit, Kaffeegenuss, Blutdruck und körperlicher Aktivität [63] bestimmt. Regelmäßiges Training führt zu einer Senkung der Ruheherzfrequenz um oder unter 60/min, Werte von 30/min sind bei Ausdauerathleten nicht ungewöhnlich.

Entsprechend den jeweiligen Anspannungs- und Austreibungsphasen im Rahmen eines Schlagzyklus des Herzens (Druck- und Volumenverhalten in den Ventrikeln) lassen sich folgende Zeiten für Systole und Diastole definieren:

Unter Ruhebedingungen dauert die Diastole etwa doppelt so lang wie die Systole (notwendige Zeit zur Durchblutung des Herzens), während sich bei körperlicher Belastung und damit einer Herzfrequenzzunahme das Verhältnis von Diastolen- zur Systolendauer verschiebt, nämlich von einem Verhältnis 2:1 zu ca. 3:5. Die Abläufe des Herzzyklus umfassen somit die Kontraktion des linken Ventrikels mit isovolumischer Kontraktion und schneller und langsamer Auswurfphase [64], die Relaxation mit Beginn und Abnahme der Ejektionsfraktion sowie der isovolumischen Relaxation und die nachfolgende Füllung mit der schellen Phase und der langsamen Phase, der Diastole und der Vorhofsystole (atriales „booster“) [64]. Im Vergleich zu den Volumenbedingungen im Herzzyklus beinhaltet die kontraktile Funktion die Vor- und Nachlast, die eigentliche myokardiale Kontraktilität sowie die Wandspannung („Wallstress“) als Produkt aus dem halben Druck und dem Quotienten aus Ventrikelradius und Wanddicke. Die Herzarbeit kann näherungsweise aus dem Produkt aus systolischem Blutdruck, Schlagvolumen und Herzfrequenz ermittelt werden (◘ Abb. 4.9, ◘ Abb. 4.10).

Die schematischen Abbildungen erläutern für einige hämodynamische Parameter das Verhalten

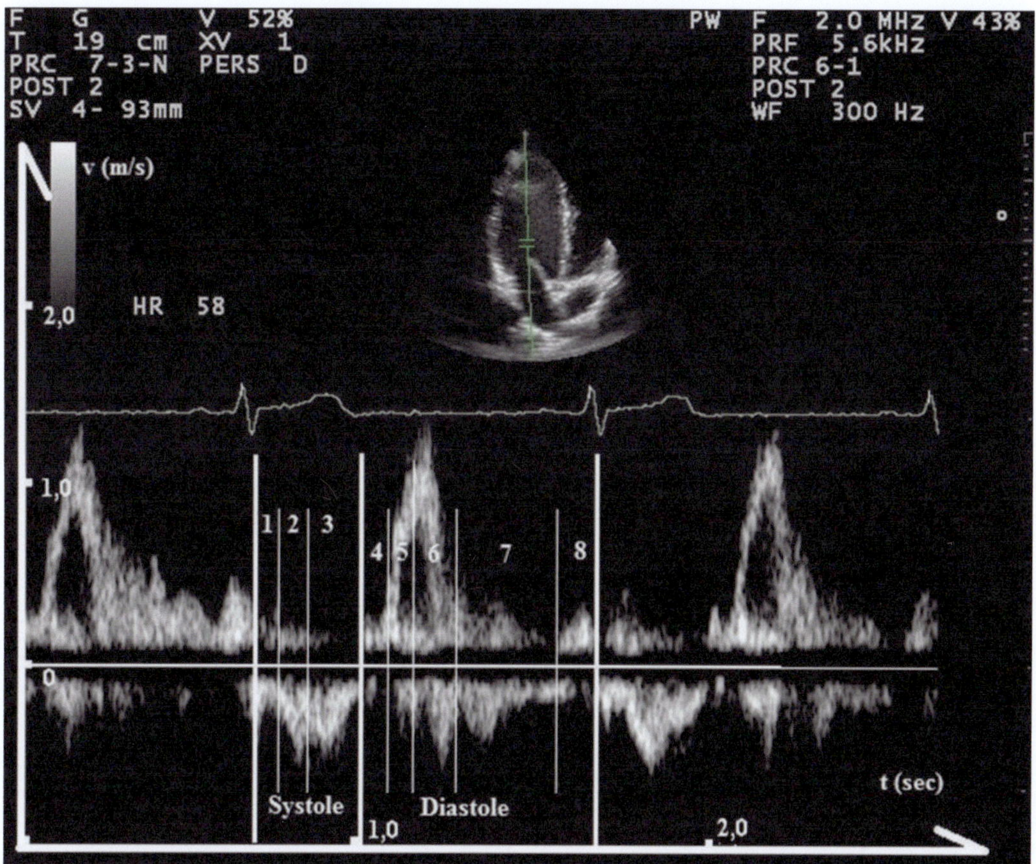

Abb. 4.9 Herzzyklus definiert mit gepulstem Doppler an der Mitralklappe. Diastole: a: IVRZ: Isovolumetrische Relaxation. Kammerfüllung: b1: schnelle Phase. b2: langsame Phase. c: Diastase: b: Vorhofsystole. Systole: e: Isovolumetrische Kontraktion. Auswurf: f1: schnelle Phase. f2: langsame Phase.

unter Belastung. Die Zunahme des Herzminutenvolumens bei körperlicher Aktivität führt besonders ausgeprägt zu einer Durchblutungssteigerung der Skelettmuskulatur, die bis zu 75% des gesamten Herzminutenvolumens betragen kann.

Mit steigender Herzfrequenz und Sauerstoffaufnahme erhöht sich der arterielle Mitteldruck mäßig, der systolische Druck steigt belastungsadäquat an, der diastolische Druck bleibt gleich, fällt ab oder steigt in einigen Fällen moderat an. Der periphere Widerstand in den Gefäßen sinkt schon bei geringer Belastung, bei Erhöhung von Herzfrequenz und Herzminutenvolumen ab. Der notwendige Sauerstoffmehrbedarf der Muskulatur während der körperlichen Belastung wird durch die erhöhte Durchblutung und eine stärkere Ausschöpfung von Sauerstoff (arteriovenöse Sauerstoffdifferenz) in der Peripherie erzielt (VO_2 = HMV (Schlagvol. × Herzfrequ.) × $avDO_2$).

Bei Belastung steigt die AVD gleich einer Sättigungskurve an, wobei Ausdauertrainierte üblicherweise eine höhere Ausschöpfung im submaximalen und maximalen Bereich aufweisen.

4.5 Methodik zur Erfassung hämodynamischer Messgrößen

Zur Erfassung hämodynamischer Messgrößen stehen heute verschiedene Methoden zur Verfügung. Meistens wird eine Fahrrad- oder Laufband(spiro)ergometrie verwendet, es werden aber auch sportspezifische Ergometriemethoden wie zum Beispiel „Endless pool“ für Schwimmer, Rudergerometer

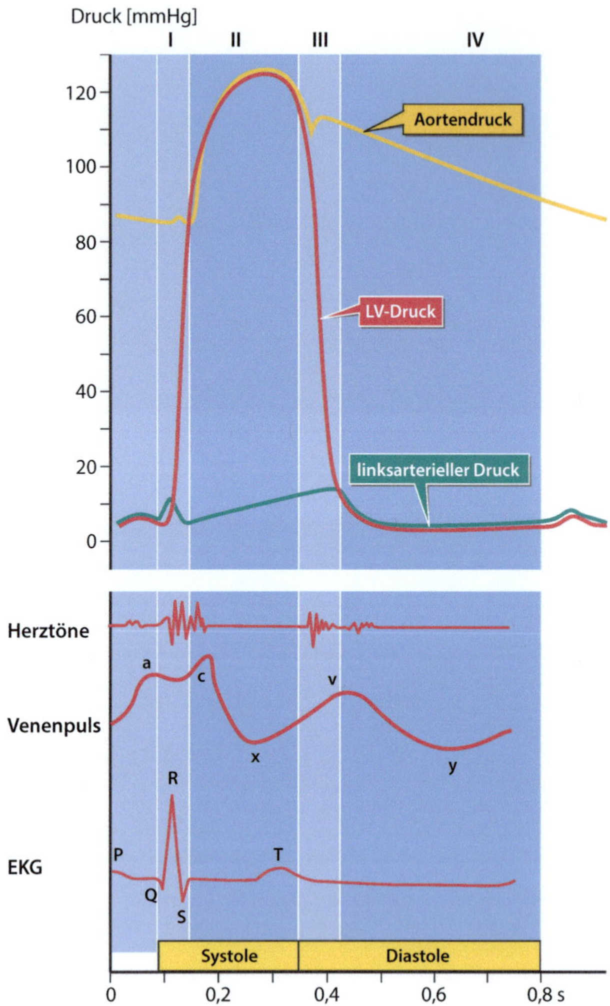

Abb. 4.10 Druckverläufe in den beiden Herzhälften und den angeschlossenen Gefäßen während der Aktionsphase eines Herzzyklus [16] (A = Anspannung, AT = Austreibung, E = Entspannung, F = Füllung).

oder Kajak-Kanu-Ergometer eingesetzt. Auf Grund der Miniaturisierung aller Hardwarekomponenten ist heute auch eine Spiroergometrie im Feldtest mit tragbaren und leichten Geräten zuverlässig möglich.

Die Reaktion der hämodynamischen Messgrößen hängt von der gewählten Methode der Ergometrie ab. Mit dem Laufband wird eine höhere Ausbelastung erzielt, die maximale Leistung auf dem Fahrradergometer ist im Sitzen wiederum höher als im Liegen.

Neben der ergometrischen Belastung hat sich in den letzten Jahren der 6-Minuten-Gehtest als Belastungsverfahren etabliert [2, 17, 18], welches auch ungeübte Patienten sehr gut ausüben können. Auch dabei sind methodische Standards einzuhalten [65].

Unter Ergometrie versteht man in diesem Zusammenhang die quantitative Messung und Beurteilung der körperlichen Leistungsfähigkeit. Die Reaktion des Körpers auf diese vorgegebene Belastung (engl. stress) ist die Beanspruchung (engl. strain). Diese kann in allen Leistungskategorien bei submaximalen und maximalen Belastungen variieren. So kann eine hohe Beanspruchung bei niedriger ergometrischer Leistung auf einen schlechten Trainingszustand, aber auch auf Erkrankungen hinweisen. Kriterium dafür ist die Reaktion des kranken oder gesunden oder trainierten Körpers. Die Fragestellungen bei der Belastungsuntersuchung sind diagnostischer Art in allen Leistungskategorien, Überprüfung einer Therapie und Intervention sowie die Prognoseabschätzung im Hinblick auf eine Erkrankungshäufigkeit oder auf die Lebenserwartung. Hierfür wird bevorzugt die Bestimmung der „physical fitness" oder funktionellen Kapazität herangezogen [66–69]. Diese eignet sich besonders bei Gesunden und Kranken zur Prognosebeurteilung (Abb. 4.11, Abb. 4.12, Abb. 4.13).

Für die Bewertung der Ergebnisse sind Einflussfaktoren von großer Bedeutung: Alter, Größe, Gewicht, Raumbedingungen (Temperatur, Luftfeuchte) sowie ein exakte Kalibrierung der Messgeräte. Die Tretkurbelgeschwindigkeit sollte bis 70 U/min liegen, bei erschöpfender Belastung auch zwischen 70 und 100 U/min. Zum methodischen Vorgehen sei auf die entsprechenden Monographien verwiesen [1, 2, 17]. Eine Qualitätskontrolle ist unumgänglich. Die Belastung wird grundsätzlich als symptomlimitierte maximale (erschöpfende) Belastung durchgeführt; nur so sind Aussagen über die Leistungsfähigkeit oder -einschränkung möglich. Die Anstrengung und auch der Grad der Ausbelastung können sehr einfach, doch zuverlässig, mit dem Anstrengungsempfinden nach Borg [2, 17] abgeschätzt werden. Maximale Belastungen erlauben die Bestimmung der maximalen Sauerstoffaufnahme, dem besten Bruttokriterium der körperlichen Leistungsfähigkeit. Dieses liegt im Mittel bei Männern um 40–45, bei Frauen um 35–40 ml/kgKG/min. Sportler können Werte um oder über 80 ml/kgKG/min erreichen. Submaximale Belastungen werden eher früh nach Krankheiten (akuter Infarkt, Herzinsuffizienz etc.) durchgeführt; dann sollte möglichst eine Spiroergometrie eingesetzt werden, um allenfalls die aerobe und anaerobe Schwelle zu erfassen, die dann ebenfalls eine Beurteilung der Leistungsfähigkeit und die Erstellung von Richtlinien zur Steuerung der Bewegungstherapie bzw. des Trainings ermöglicht. Die aeroben und anaeroben Schwellen können auch mit hinreichender Genauigkeit mittels Laktatanalysen bestimmt werden. Kontraindikationen, Nebenwirkungen und Abbruchkriterien sind immer streng zu beachten, auf Notfallmaßnahmen muss jedes Labor vorbereitet sein (z. B. Defibrillator und Notfallmedikamente) [2].

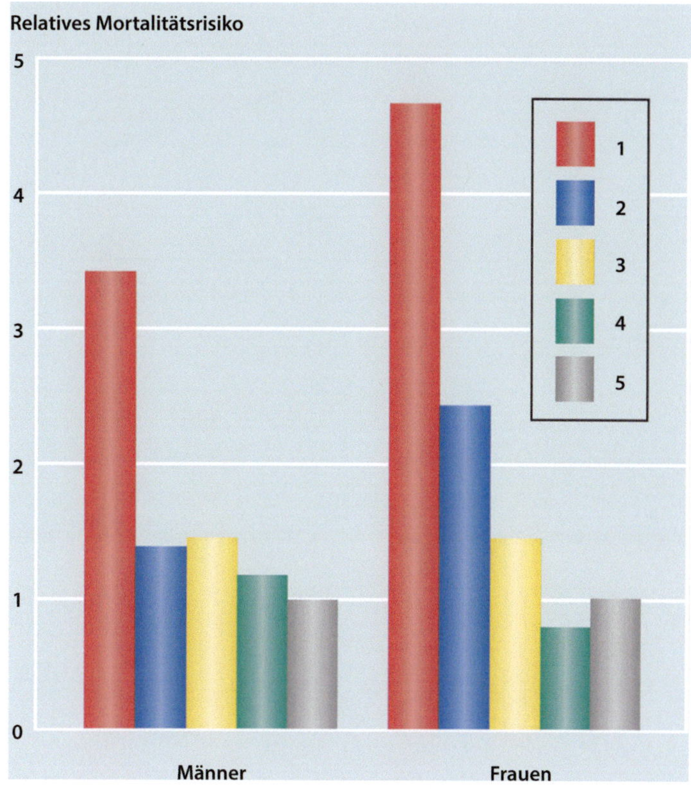

Abb. 4.11 Relatives Sterblichkeitsrisiko in Abhängigkeit von der Leistungsfähigkeit aus [70] nach Blair (1989). Die Zahlen 1–5 am rechten Rand kennzeichnen die Quintilen der Fitnesseinteilung von geringe (1) bis sehr gute Fitness (5). Fitness entspricht hier der körperlichen Leistungsfähigkeit. Diese wurde mit einer Ergometrie ermittelt.

Abb. 4.12 Sterblichkeit und Fitness in Abhängigkeit von der Leistungsfähigkeit in MET bei Gesunden (oben) und Koronarkranken (unten) aus [70] nach Myers (2002). Ein metabolisches Äquivalent (MET) entspricht einer Sauerstoffaufnahme von 3,5 ml/kgKG. Fünf MET entsprechen einer Leistung von 75 Watt auf dem Fahrradergometer.

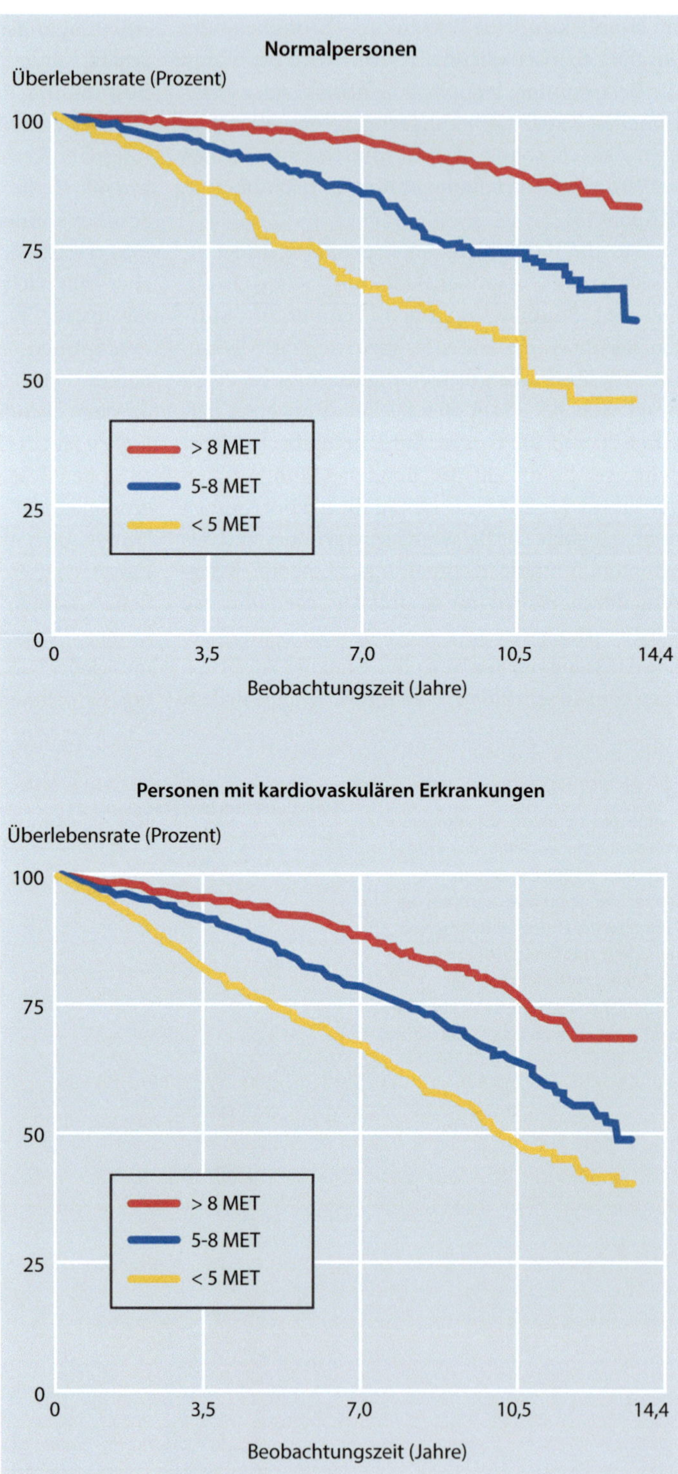

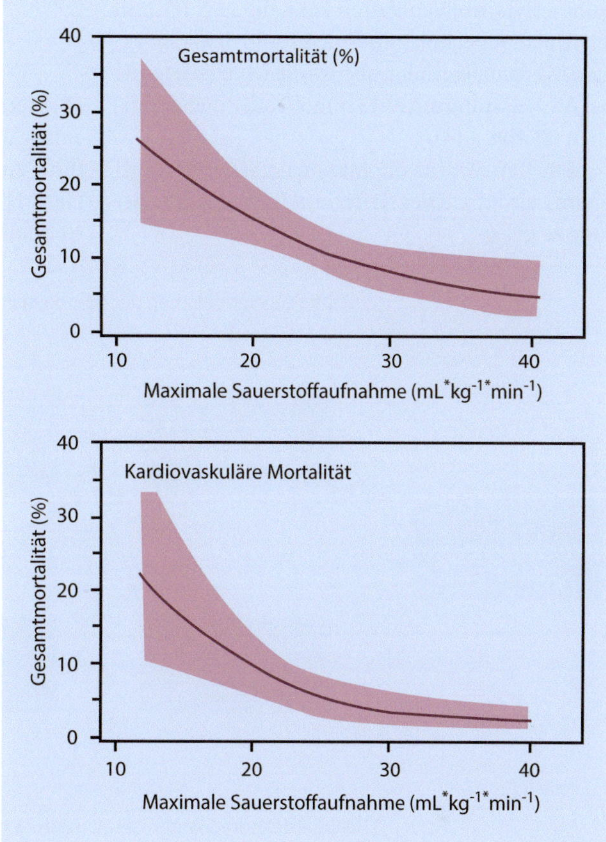

Abb. 4.13 Metaanalyse zur Leistungsfähigkeit und der allgemeinen und kardiovaskulären Sterblichkeit [69].

Die Messung des arteriellen Blutdruckes unter Belastung dient der Überwachung und Diagnostik gleichzeitig. Ein überschießender Blutdruckanstieg während Belastung weist auf eine mögliche arterielle Hypertonie hin. So haben Patienten im Alltag manchmal höhere Blutdruckwerte, die bei der Ergometrie als belastungspositive oder -negative Reaktion dokumentiert werden können. Bei gesunden ausdauertrainierten Sportlern sind hohe Blutdruckwerte kein Abbruchkriterium, hier werden mitunter systolische Blutdruckwerte um 300 mmHg erreicht.

4.5.1 Komponenten der kardialen Funktion unter Belastung

Die kardiale Funktion bei körperlicher Belastung umfasst die Zunahme des Herzzeitvolumens mit Anstieg von Herzfrequenz und Schlagvolumen, die periphere arteriovenöse Differenz mit der Sauerstoffausschöpfung [2, 17, 67, 71]. Alle Messungen sind unter Beachtung von Alter, Geschlecht und Trainingszustand sowie von latenten oder manifesten Krankheiten zu betrachten. Die Funktion des linken Ventrikels wiederum wird von Vorlast, Nachlast, inotroper und lusitroper Eigenschaft bestimmt, also der systolischen und diastolischen Funktion. Die koronare Perfusion steigt unter Belastung annähernd proportional zur Herzfrequenz an. Die Druck-Fluss-Beziehung im großen Kreislauf ist nichtlinear und wird durch den peripheren Widerstand und den Radius bzw. den Querschnitt der peripheren Blutgefäße gesteuert. Die Herzfrequenz selber steigt bei erschöpfender Belastung bis 200/min an, bei Hochtrainierten werden mitunter solche Werte nicht erreicht. In diesen Fällen ermöglicht die Spiroergometrie oder Laktatanalyse die Beurteilung der Ausbelastung. Die Muskeldurchblutung erreicht unter Belastung bereits das bis zu 30-Fache, die VO_{2max} erreicht das 20-Fache des

Ruhewertes, die Ventilation kann bis zu 170 l/min ansteigen, Katecholamin-Spiegel sind erwartungsgemäß ebenfalls erhöht, ebenso die Laktatwerte, die bei Ausbelastung um 8–13 mmol/l oder mehr erreichen (◘ Abb. 4.14).

Ein Beispiel für die maximale Sauerstoffaufnahme als mögliches Kriterium für die Ausbelastung zeigt [3].

4.5.2 Kardiale Messgrößen unter Belastung

Die Herzfrequenz unter Belastung wird durch Vagusentzug und sympathische Stimulation gesteuert. Dies führt zu einer Vasokonstriktion der Organe außer Herz, Hirn und arbeitender Muskulatur. Die Herzfrequenz steigt während körperlicher Belastung

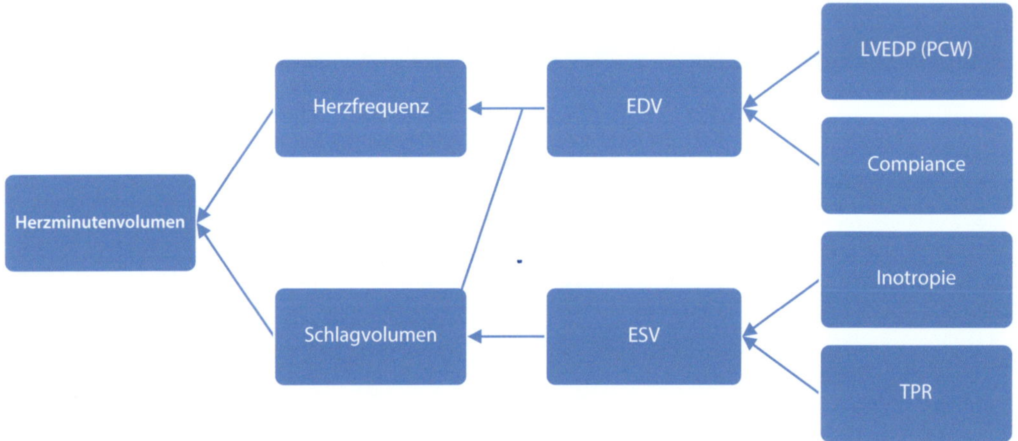

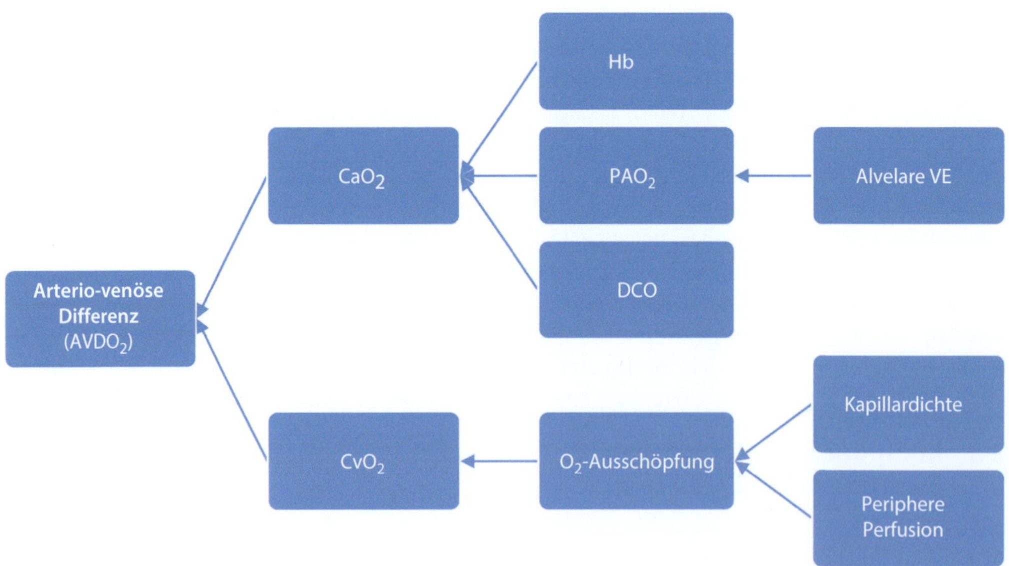

◘ **Abb. 4.14** Hämodynamik bei körperlicher Belastung (EDV = enddistaolisches Volumen, ESV = endsystolisches Volumen, LVEDP = enddiastoischer linksventrikulärer Druck, PCW = Druck in Wedge-Position in der Pulmonalarterie, TPR = gesamter peripherer Widerstand; Hb= Hämoglobin, CaO_2 = Gehalt an Sauerstoff in der Arterie, CvO_2 = Gehalt in der zentralen Vene, pa O_2 = Arterieller Partialdruck für Sauerstoff, DO_2 = Sauerstofftransportgröße, VAlv = Alvolarvolumen).

weitgehend parallel zur Belastungsintensität, oberhalb von 80% der maximalen Belastung kann eine leichte Abflachung auftreten. Die Steilheit des Frequenzanstieges wird von den Mechano- und Chemorezeptoren der arbeitenden Muskulatur sowie neurohumoralen Faktoren (s. u.) bestimmt. So steigen die Reninspiegel und die Katecholaminefreisetzung aus postganglionären Nervenendigungen an. Bei Belastungen nach dem Stufenschema folgt bis zu den mittleren Belastungsstufen eine jeweils exponentieller Frequenzanstieg mit einem gleichbleibenden Wert nach 2–3 Minuten („steady state"); dies wird bei höheren Belastungsintensitäten nicht mehr erreicht. An der zentralen Kontrolle des Kreislaufs sind in erster Linie Neurone in der Medulla oblongata beteiligt; die übergeordnete Steuerung und Koordination erfolgt durch den Hypothalamus [16]. Die wichtigsten afferenten und efferenten Verbindungen der medullären kreislaufsteuernden Kerngebiete in diesem Zusammenhang stellen rostrale und kaudale ventrolaterale Medulla, nucleus tractus solitarii und nucleus ambiguus (N. vagus) dar.

Die maximale Herzfrequenz entspricht einem Wert von 208 - 0,7 × Alter (in Jahren) entgegen geläufigen Maximalwertangaben. Allerdings ist die Standardabweichung der maximalen Herzfrequenzwerte erheblich, auch unabhängig vom Trainingszustand. Daher ist auch die Abschätzung der Leistungsfähigkeit nur aus regressionsanalytisch ermittelten Herzfrequenzwerten oder deren Extrapolierung sehr unzuverlässig [2, 17, 67, 72]. Die Steigung der ST-Strecke zur Herzfrequenz (microvolt pro Herzschlag pro Minute, auch als Index) ermöglicht eine zuverlässigere Ischämie-Beurteilung, vor allem bei maximaler Belastung. Eine Steigung von > 2,4 uV/Schlag pro Minute wird als pathologisch angesehen [1]. Auch eine Verlängerung der QT-Dauer unter Belastung gibt Hinweise auf eine mögliche koronare Herzkrankheit [1]. Ein träger Anstieg der Herzfrequenz entspricht einer chronotropen Inkompetenz und wird bei koronarer Herzkrankheit beobachtet, natürlich auch unter ß-Blockertherapie. Davon abzugrenzen ist der „langsame" Frequenzanstieg bei sehr gut trainierten Ausdauerathleten. Ein schneller oder überschießender Herzfrequenzanstieg tritt bei Trainingsmangel auf, nach längerer Bettruhe, bei Patienten mit Herzinsuffizienz, bei einer ausgeprägten Anämie, aber auch bei latenter oder manifester Schilddrüsenüberfunktion. Die maximale Leistung oder „physical capacity" kann nicht unbedingt aus dem maximal erzielten Herzfrequenzwert abgeleitet werden, vor allem, wenn ein „Levelling off" Phänomen besteht. Hierzu sind die Leistung in Watt und die maximale Sauerstoffaufnahme als erhobene Messwerte erforderlich.

Nach Belastungsende fällt die Herzfrequenz bedingt durch die Vagusreaktivierung und den Abfall des Sympathikus rasch ab. Ein verzögerter Abfall um weniger als 12 Schläge in der ersten Minute weist auf eine gestörte autonome Funktion hin und hat eine ungünstige prognostische Bedeutung im Hinblick auf kardiale Ereignisse [1, 2, 17]. Der arterielle Blutdruck steigt weitgehend parallel zur Herzfrequenz und zur Belastungsintensität an, während der periphere Widerstand abnimmt. Als Obergrenze unter Belastung gilt ein Wert von 200 mmHg systolisch bei 100 Watt bei Normalpersonen [2] oder < 210 mmHg (Männer) und < 190 mmHg (Frauen). Werte darüber gelten als hypertensive Reaktion. Trainierte Sportler können aber weitgehend höhere Werte erreichen, dies ist bei entsprechend höherer Leistung (in Watt) normal. Eine fehlender Anstieg des arteriellen Blutdruckes oder ein Abfall weist auf eine linksventrikuläre Funktionsstörung hin [2, 17].

Parallel zu Leistung, Herzfrequenz und Blutdruck steigen Schlag- und Herzminutenvolumen an, wobei das Schlagvolumen ab einer Belastungsintensität von etwa 50–60% gleich bleibt, das Herzzeitvolumen aber bis zur Ausbelastung weiter ansteigt. Die Anstiege beruhen auf der Belastungsintensität und der beteiligten Muskelmasse.

Die Leistungsfähigkeit bei höheren Belastungen wird somit wesentlich vom Herzminutenvolumen (Produkt aus Schlagvolumen und Herzfrequenz) sowie dem peripheren Sauerstoffbedarf bestimmt. Die myokardiale Durchblutung kann nur durch Herzkatheteruntersuchungen exakt ermittelt werden. Die hämodynamischen Veränderungen werden von der arteriovenösen Differenz mitbestimmt, diese wiederum von der Ausschöpfung durch die arbeitende Muskulatur. Entscheidend für die Ausschöpfung ist der Sauerstoffbedarf, der wiederum vom Trainingszustand sowie von anthropometrischen Faktoren abhängt.

Die Druckwerte im kleinen Kreislauf, die pulmonalen Druckwerte, steigen zunächst auch belastungsadäquat an, gehen aber bei Gesunden und Trainierten nicht über die Grenzwerte hinaus [2, 11, 17, 21]. Der Anstieg kann bis zum 6-Fachen betragen, ohne dass der transpulmonale Druckgradient sich erhöht.

4.5.3 Respiratorische Größen

Das hämodynamische Verhalten während Belastung spiegelt sich auch im respiratorischen Gasaustausch wieder. Ventilation, Sauerstoffaufnahme (VO_2) und Kohlensäureabgabe (VCO_2) steigen zu Beginn der Belastung (stufenförmig ansteigende Ergometrie) proportional zur Belastungsintensität an, da diese beiden eng mit der Erhöhung der metabolischen Durchsatzrate verbunden sind.

Bei zunehmender Belastung besteht ab dem Einsetzen des anaeroben Stoffwechsels durch die Bicarbonatpufferung der Milchsäure zusätzliches CO_2. Die dadurch bedingte ventilatorische Stimulation (über CO_2 und H^{2+}-Ionen-Konzentration) bewirkt eine der gesteigerten Kohlendioxidkonzentration entsprechende Erhöhung der alviolären Ventilation und des Atem-Minuten-Volumens. Dadurch kommt es zu einer Erhöhung des alviolären PO_2 (relative Hyperventilation), während der alvioläre PCO_2 konstant bleibt. Im spirometrischen Messprotokoll ist dieser Zeitpunkt durch den überproportionalen Anstieg von Kohlendioxidabgabe und Atem-Minuten-Volumen über die Sauerstoffaufnahme erkennbar. Gleichzeitig kommt es zu einem definitiven Anstieg des Atem-Äquivalents für Sauerstoff von einem zu Beginn der Belastung sich einstellenden Plateau, während das Atem-Äquivalent für Kohlendioxid gleichbleibt (aerobe Schwelle).

Diese Schwelle ist der Punkt während einer Belastung, ab dem ein gemischt aerob-anaerober Stoffwechsel gegeben ist, da der Energiebedarf der kontrahierenden Muskulatur nicht mehr nur aerob gedeckt werden kann (Aufnahme und Bedarf von Sauerstoff stehen nicht mehr im Gleichgewicht), was bedingt, dass zunehmend FTa- und FTx-Fasern rekrutiert und frequenziert werden, deren Stoffwechsel vorwiegend anaerob geprägt ist.

Bei weiterer Belastungssteigerung überschreitet die Laktatproduktion die Utilisations- und Kompensationsmechanismen des Organismus (= anaerobe Schwelle), wodurch es zu einer akkumulativen Häufung von Laktat im Muskel- und Blutkompartment kommt, welche schließlich den Belastungsabbruch nach sich ziehen (Abb. 4.15).

Das in den Muskelzellen produzierte Laktat gelangt in den intravasalen Raum und bewirkt ein Ansteigen der Blutlaktatkonzentration über den Ruhewert sowie reaktiv die Hyperventilation zur respiratorischen Kompensation der metabolischen Acidose (aerobe Schwelle). Zu diesem Zeitpunkt bzw. bis zur anaeroben Schwelle, welche auch als „Respiratory Compensation Threshold" (RCT) bezeichnet wird, besteht ein zeitlich sich verkürzendes Gleichgewicht zwischen der Laktatproduktion einerseits, der Laktatutilisation (hauptsächlich Leber, Herz, Skelettmuskulatur) und der respiratorischen Kompensation andererseits. Durch die progressive Laktatzunahme und den abfallenden arteriellen pH steigt die Ventilation überproportional zur zusätzlichen Kohlendioxidgabe. Dabei kommt es zu einem Abfall des alveolären PCO_2 und einem weiteren Anstieg des alveolären PO_2. Von den spiroergometrischen Messgrößen zeigt das Atem-Minuten-Volumen einen zur CO_2-Abgabe überproportionalen Anstieg, woraus ein definitiver Anstieg der Atem-Äquivalenz für

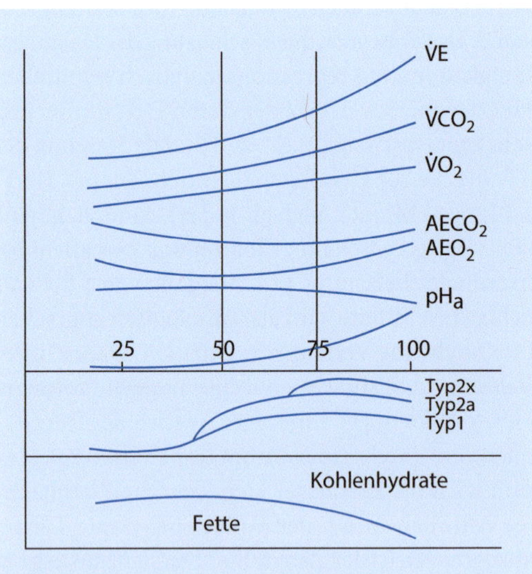

Abb. 4.15 Schematische Darstellung des Verhaltens spiroergometrischer und metabolischer Kenngrößen bei ansteigender Belastung zusammen mit dem Rekrutierungsverhalten der Muskelfasern und den vornehmlich beanspruchten Substraten [2].

CO_2 resultiert. Dieser Zeitpunkt, bei dem die Phase der respiratorischen Kompensation der metabolen Acidose und damit die Dauerleistungsgrenze überschritten werden, führt auch den Namen „Respiratory Compensation Threshold". Sowohl die aerobe als auch die anaerobe Schwelle (bzw. sinnhaft RCT) können auch durch mathematische Algorithmen aus der Laktat-Leistungskurve erhoben werden, wobei aufgrund der Stoffwechselprozesse diese beiden Schwellen nicht identisch sind oder sein müssen. Oberhalb der Schwellen steigt der Sympathikotonus an, der parasymspathische fällt ab. Dieses führt zu einer Vasokonstriktion im Körper außer in der arbeitenden Muskulatur, der koronaren und zerebralen Perfusion [21]. Parallel hierzu steigt die Sauerstoffextraktion im Muskel an.

Die erzielten maximalen Werte für Hämodynamik und Ventilation (einschließlich der maximalen Sauerstoffaufnahme) hängen vor allem von Alter, Geschlecht und Trainingszustand ab [2, 17, 73]. Der maximale VO_2 ist meist durch ein „leveling off" gekennzeichnet, also einer Abflachung der VO_2-Kurve bei weiter ansteigender Belastung. Die maximale Sauerstoffaufnahme (aerobic power) gilt nach wie vor als wichtigster Parameter der global ermittelten Leistungsfähigkeit. Sie wird auch als „Exercise capacity" oder funktionelle Kapazität bezeichnet. Dieser Parameter ist bei Gesunden und Kranken von großer klinischer Bedeutung. Je besser die funktionelle Kapazität ist, umso günstiger die Prognose hinsichtlich von Morbidität und Mortalität.

Unter körperlicher Belastung wird die myokardiale Sauerstoffaufnahme bestimmt von der Wandspannung (Druck mal Volumen dividiert durch Wanddicke des linken Ventrikels), der Kontraktilität und der Herzfrequenz. Eine exakte Bestimmung der myokardialen Sauerstoffaufnahme ist meist nur durch Kathetermessung möglich. Eine grobe Abschätzung ist aus dem Produkt von Herzfrequenz und systolischem Blutdruck möglich. Zwischen koronarem Blutfluss und der myokardialen Sauerstoffaufnahme besteht eine lineare Beziehung [1, 67].

Bei Patienten wird die Ausbelastung und die damit verbundene innere Beanspruchung (symptomlimitierte maximale Ausbelastung) oft durch eine Ermüdung der Beinmuskulatur, eine unzureichende Motivation, durch Ischämie oder eine linksventrikuläre Funktionsstörung begrenzt. Die dann erreichte höchste Sauerstoffaufnahme wird als peakVO_2 (mitunter auch als maxVO_2) bezeichnet; diese entspricht nicht der VO_{2max}, also der echten maximalen Sauerstoffaufnahme bei (theoretischer) Ausbelastung.

Tab. 4.8 gibt Messwerte für die Belastungsintensität und die Beurteilung der Leistungsbreite für Patienten an. In solchen Situationen ist die Messung der anaeroben Schwelle hilfreich, da hier keine Ausbelastung erforderlich ist, eine Beurteilung der Leistungsfähigkeit dennoch recht zuverlässig möglich ist.

Bei Untrainierten im Alter zwischen 15–30 Jahren liegen die Werte der VO_2 max. zwischen 40 und 45 mml/kgKG/min bei Männern bzw. 34–38 mml/kgKG/min bei Frauen, wobei das „natürliche" Aktivitätsverhalten verschiedener Länder (Populationen) zu berücksichtigen ist. Je nach Trainingsumfang und -intensität können diese Werte bei regelmäßig

Tab. 4.8 Einteilung der kardiopulmonalen Leistungsfähigkeit [17]

Funktionelle Klasse	VO_{2max}ml × kg-1min-1	HZV (Index)ml × kg-1min-1	Anaerobe Schwelleml × kg-1min-1	MET*
A	> 20	> 8	> 14	> 5,7
B	16–20	6–8	11–14	4,6–5,7
C	10–15	4–6	8–11	2,9–4,5
D	6–10	2–4	4–8	1,8–2,9
E	< 6	< 2	< 4	< 1.7

* MET = metabolische Äquivalent

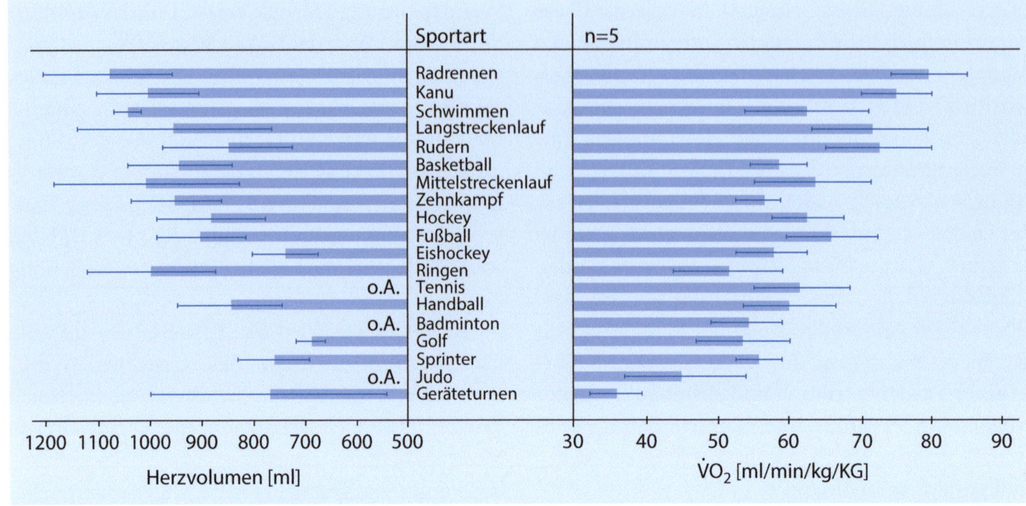

Abb. 4.16 Ausdauerleistungsfähigkeit und maximale Sauerstoffaufnahme von Sportlern verschiedener Sportdisziplinen (aus Löllgen et al. (2010) mit freundlicher Genehmigung).

trainierenden Breitensportlern bis auf ca. 150% der Normangaben steigen, bei Hochleistungssportlern bis auf zirka die doppelten Werte (Abb. 4.16).

Für Untrainierte beziehungsweise in der Prävention und Rehabilitation (abhängig von Grunderkrankungen beziehungsweise Rehabilitationsstadium) sollen Trainingsempfehlungen nach der Intensität der Belastung angegeben werden (Tab. 4.9, Abb. 4.17).

Von aktueller Bedeutung ist der Rückgang der Herzfrequenz nach Belastungsende (s. o.). Nach einer Minute sollte der Wert um > 12 Schläge pro Minute fallen. Dies spricht für eine ungestörte neurohumorale Reaktion bzw. für eine normale parasympathisch-sympathikotone Reaktion. Eine aktuelle Übersicht zu den Standards der Belastungsuntersuchung und des Trainings ist kürzlich publiziert worden [1]. Regelmäßiges intensives Ausdauertraining führt zu vielfältigen Anpassungsmechanismen. Diese beobachtet man besonders am Herzens, dem Sportherzen (s. u.) [11, 21, 76].

Die Messgrößen der Belastungsuntersuchung sind Grundlage zur Beurteilung der Leistungsfähigkeit und zur Trainingsberatung im Hinblick auf Häufigkeit, Intensität, Art des Trainings, Dauer und Wiederholungshäufigkeit der Trainingseinheiten [1]

4.5.4 Funktionelle Kapazität (Synonyma: Belastungskapazität, „Exercise capacity" oder „Physical capacity")

Die Belastungskapazität ist eine zentrale Größe in der funktionellen Beurteilung von Normalpersonen und Patienten (s. o.). Je höher diese ist, umso günstiger ist die Prognose hinsichtlich Mortalität und teilweise auch der Morbidität. Dies gilt auch für eine Reihe von Krankheiten. Beurteilungskriterien und Studien sind für verschiedene Krankheiten und Symptome publiziert worden [1, 2]. Als entscheidende Messgröße zur Bestimmung der funktionellen Kapazität gilt die maximale Sauerstoffaufnahme.

4.5.5 Klinische Symptome und Anstrengungsempfinden

Die Beobachtung des Probanden während Belastung erlaubt es, Hinweise zu erkennen, die über Dyspnoe, Angina pectoris und Erschöpfung Auskunft geben. Auch eine Cyanose, Ataxie oder Schwindel werden gelegentlich während Belastung beobachtet und bedürfen der weiteren Abklärung.

Tab. 4.9 Klassifikation der Belastungsintensität: Relative und maximale Belastungsintensität für kardiorespiratorische Ausdauer (modifiziert nach [74])

	Kardiorespiratorische Ausdauerleistung											Resistance Exercise
	Relative Intensität				Intensität (%$VO_{2\,max}$) relativ zur maximalen Leistungsfähigkeit in METs			Absolute Intensität	Absolute Intensität (MET) nach Alter			Relative Intensität
Intensität	%HRR oder%VO_2R	%HR_{max}	%$VO_{2\,max}$	Anstrengungsempfinden (Skala von 6–20 RPE*)	20 METs %VO_{2max}	10 METs %VO_{2max}	5 METs %VO_{2max}	METs	Young (20-39 yr)	Middle-aged (50-64 yr)	Older (< 65 yr)	%1RM
Sehr leicht	< 30	< 57	< 37	Sehr, sehr leicht (RPE 7)	< 34	< 37	< 44	< 2	< 2,4	< 2,0	< 1,6	<30
Leicht	30–39	57–63	37–45	Sehr leicht (RPE 9)	34–42	37–45	44–51	2,0–2,9	2,4–4,7	2,0–3,9	1,6–3,1	30–49
Moderat	40–59	64–76	46–63	Etwas anstrengend (RPE11–13)	43–61	46–63	52–67	3,0–5,9	4,8–7,1	4,0–5,9	3,2–4,7	50–69
Anstrengend	60–89	77–95	64–90	Anstrengend (RPE 14–17)	62–90	64–90	68–91	6,0–8,7	7,2–10,1	6,0–8,4	4,8–6,7	70–84
Submaximal bis maximal	≥ 90	≥ 96	≥ 91	Sehr anstrengend (RPE ≥ 18)	≥ 91	≥ 91	≥ 92	≥ 8,8	≥ 10,2	≥ 8,5	≥ 6,8	≥85

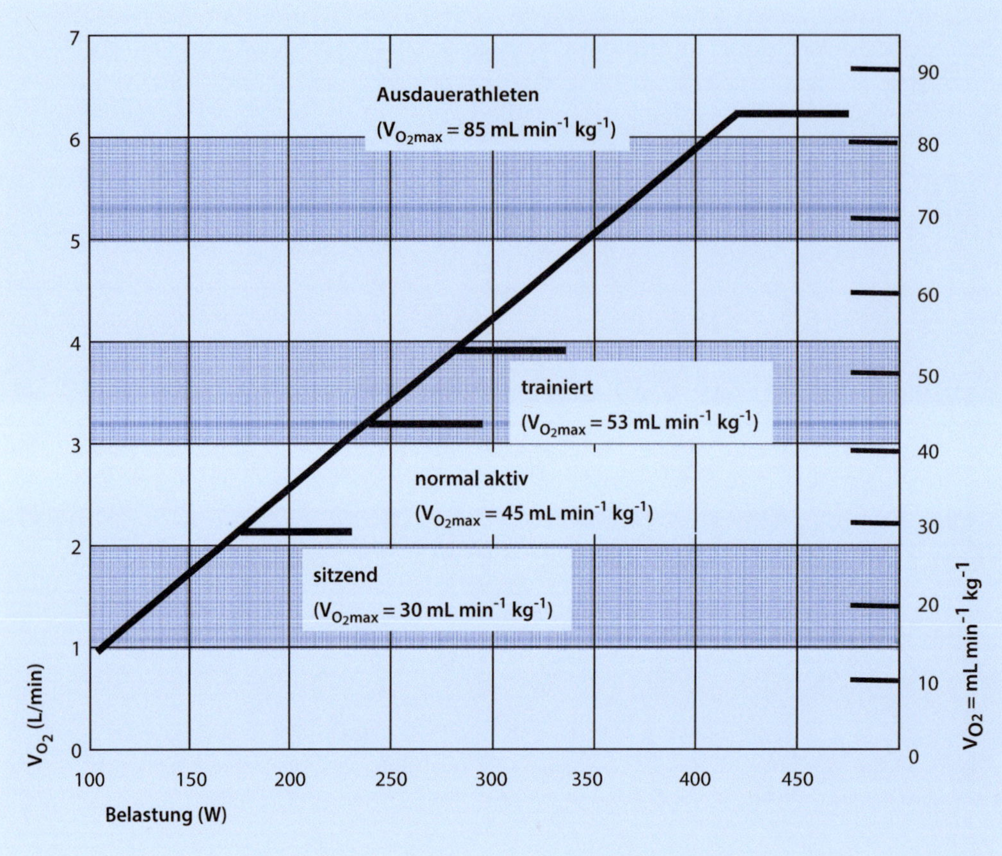

Abb. 4.17 Zusammenhang zwischen Sauerstoffaufnahme und Sport bei jungen Erwachsenen [74].

Für die Einschätzung der Anstrengung während Belastung hat sich die Skala nach Borg [2, 17] (Tab. 4.10) sehr bewährt. Der Proband muss während der Belastung angeben, wie anstrengend das Treten/Laufen für ihn ist. Mit dieser Angabe kann auch die mögliche Erschöpfung bzw. Ausbelastung abgeschätzt werden.

Der Untersucher fragt den Patienten/Probanden, wie anstrengend die Belastung (am Ende) ist. Der Proband gibt eine Zahl an, die Worte dienen dem Probanden als Orientierung.

4.5.6 Zelluläre Beschreibung und Funktion

Weitere Regulationen erfolgen über neurohumorale Mechanismen sowie die autonome Funktion mittels Katecholaminen, vagaler Reaktion, Renin-Angiotensin-Veränderungen sowie Zunahme von ANP und BNP (NTproBNP). Die Herzfrequenz unter Belastung wird gesteigert durch eine Sympathikusaktivierung und durch Aktivierung muskarinischer Rezeptoren sowie einer Stimulierung des cAMP vermittelten Schrittmacherstromes (If). Dieses führt zu einer hypothalamischen Aktivierung und Steuerung. Gleichzeitig werden zirkulierende Katecholamine freigesetzt, die wiederum positiv chronotrop und inotrop wirken. Zusätzlich erfolgt eine zentrale Steuerung aus einem medullären kardiovaskulären Zentrum [2, 21, 77, 78].

4.5.7 Rezeptoren

Das Frequenzverhalten wird ferner durch Baro-, Chemo- und Mechanorezeptoren (Muskulatur) moduliert [2, 67, 79]. Sympathikus und Parasympathikus

Tab. 4.10 Skala zur Angabe des Anstrengungsempfindens [2, 17]

Anstrengungsempfinden	
6	
7	Sehr, sehr leicht
8	
9	Sehr leicht
10	
11	Recht leicht
12	
13	Etwas anstrengend
14	
15	Anstrengend
16	
17	Sehr anstrengend
18	
19	Sehr, sehr anstrengend
20	

sind während der Belastung gleichzeitig aktiv. Nach Belastungsende fällt die Herzfrequenz bei Gesunden (< 12 Schläge/min) als Zeichen eines normalen Trainingszustandes bei parasympathischer Aktivität (s. o.) rasch ab [17]. Weitere Rezeptoren zur Steuerung der Kreislaufreaktion sind die Druck- und Chemorezeptoren der Arteria carotis und des Aortenbogens [21].

Während Belastung kommt es zu einem Anstieg der Katecholamine. Dieser ist bei Trainierten geringer ausgeprägt als bei Untrainierten, der Anstieg ist ähnlich dem der Laktatwerte [72]. Nach Gielen [71] führt ein überschießender und lange anhaltender Katecholaminanstieg zur „kardialen Ermüdung". Diese wird bei Sportlern nach ultralangen Läufen mit einem vorübergehenden, reversiblen Anstieg kardialer Marker und Auftreten einer leichten diastolischer Funktionsstörung [76] beobachtet.

4.5.8 Proteine und kardiale Marker

Das atriale natriuretische Peptid steigt bei Untrainierten, besonders aber bei Herzkranken, proportional zur Belastung an [79, 80], während bei Hochleistungssportlern kein signifikanter Anstieg berichtet wird [79]. Für das BNP (brain natriuretisches Peptid) werden vergleichbare Veränderungen beschrieben [76, 81, 82]. Die Werte sind je nach Trainingszustand und Länge bzw. Intensität der Ausdauerbelastung während und in den ersten 24 Stunden nach Belastungsende erhöht, insbesondere bei Messung mit hochsensitiven Verfahren [76]. Die Wirkung von ANP ist vasodilatierend, lusitrop und diuretisch. Zahlreiche Marker ermöglichen eine Abschätzung der Wirkung auf eine Linkshypertrophie (IGF-1, PI3K9). Weiterhin führt die Herabregelung kardial-spezifischer microRNAs (miR-133, miR-1) ebenfalls zu einer Linkshypertrophie (Tab. 4.11).

4.6 Molekulare Anpassungsmechanismen

4.6.1 Veränderung bei Belastung

Für die akute Belastung im Sport oder bei einer Ergometrie liegen einige molekularbiologische Befunde vor. Im Vordergrund steht die verstärkte Bildung und Vergrößerung von Mitochondrien mit einer funktionellen Anpassung von Substraten und Enzymen. Erst bei länger dauerndem Training sind Änderungen möglich [3, 13, 19, 83, 84].

Weitere Kandidatengene sind

- Leistung regulierende Hormone (EPO, EPOR, ß-ADR, alpha-ADR),
- Muskelstoffwechsel beeinflussende Faktoren wie CKMM, mtDNA
- Fettstoffwechsel beeinflussende Faktoren (LPL, LIPE, CPT)
- Wachstumsfaktoren (GH, GHR, IGF-1),
- Zelluläre Mediatoren und Wachstumsregulatoren (FOS, RAS, JUN, p53),
- Sonstige Faktoren (HSP70, TNF-alpha, NOS_3, ACE) [77, 85]

Während Belastung steigen freie Radikale an (ROS, reactive oxygen species [71, 81, 82]), sodass der Antioxidantien-Schutz abnimmt. Ein körperliches Training kann die Bildung von NO steigern und so den oxidativen Stress reduzieren [81, 82]. Zugleich aber führen leicht bis moderat erhöhte ROS zu verschiedenen regulativen Veränderungen mit einer Modulation der skelettalen Kraftentwicklung [78].

Tab. 4.11 Herzhypertrophie: Kontraktiles Muster bei trainingsbedingter Anpassung und bei pathologischer Hypertrophie (modifiziert nach [64])

	Physiologisch	Pathologisch
Beispiel	Sportherz	Aortenstenose
Signalmuster	Prosurvival	Pro-apoptotisch, fibrotisch
Schlüsselsignalmoleküle	IGF-1, PI3K-Akt (hemmt auch das pathol. Wachstum), Stat-3	P38 MAP-Kinase, JNK, TGF- ß
Fötales Genprogramm	Nein	Ja
Interstitielle Fibrose	Nein	Ja
Myozyten Apoptose	Nein	Ja
Systol. Kontraktion	Normal od. erhöht	Vermindert
Diastol. Relaxation	Normal od. gesteigert	Vermindert
LV-Füllung (Doppler)	Normal	Gestört

IKGF = Insulin-ähnl. Wachstumsfaktor; PI3K-Akt = phjosphatidylinositol-3-phophatase kinase-Akt; Akt ist dabei ein anderer Ausdruck für Proteinkinase B; STAT-3 = Signaltransducer und Transscriptions-Aktivator; MAP kinase = Mitrogen-activierte Proteinkinase; JNK = Jun N-terminale Kinase; TGF-ß = transformender Wachstumsfaktor-ß; angio II = Angiotensin II

Während lange Zeit der Nachweis von hohen ROS-Konzentrationen als ungünstig und schädlich angesehen wurde, zeigen neuere Studien, dass eine ständige niedrige Konzentration von ROS die Expression von antioxydativen Enzymen sowie anderen Abwehrmechanismen induzieren kann [62]. Im Laufe eines Trainings können eine Herauf-Regulation von endogenen antioxidativen Enzymen (z. B. Glutathion-Peroxidase, mitochondriale Superoxid-Dismutase (MnSOD) und gamma-gluatmylcystein Ssynthetase [3, 78]) beobachtet werden. Dies bedeutet zugleich, dass Training selber eine antioxydative Wirkung auch mit Bildung von NO (s. o.) entfaltet, eine Substitution antioxydativer Substanzen und durch Hemmung der endogenen Bildung eher ungünstig wirkt.

Hitze-Schock-Proteine (HSP, HSP70, HSP27) stellen eine Protektion der Herzmuskelzelle gegenüber ischämischen Vorgängen dar; die Wirkungen sind nach längerem Training stärker ausgeprägt. Ebenso kommt es bei einem längeren Training zu einem Schutz gegen eine Apoptose der Kardiomyozyten, möglicherweise durch eine Stabilisierung der Mitochondrien-Membran [71, 86].

Tab. 4.12 zeigt Veränderungen einiger Parameter auf zellulärer Ebene sowie die Signalwege im Rahmen körperlicher Aktivität [71, 78].

4.6.2 Adaptation des Herzens durch körperliche Aktivität

Ein intensives Ausdauertraining führt zu einer gleichmäßigen Herzvergrößerung und bei ausreichender Intensität auch zur Verdickung der Ventrikelwand als physiologische Anpassung (Sportherz) im Sinne einer harmonischen Erweiterung und Verdickung (auch als exzentrische Volumenhypertrophie bezeichnet) [21]. Mittels der Echokardiographie lassen sich diese Veränderungen einfach und valide am besten erfassen und im Verlauf beobachten, hinsichtlich Sensitivität, Reliabilität und Objektivität ist eine MRI-Untersuchung die exakteste Methode. Die Kenntnis des Sportherzens erlaubt eine präzisere Beurteilung der Belastungsuntersuchung bei Hochleistungssportlern.

Während körperlicher Belastung im Rahmen eines Trainingsprogramms treten zelluläre Veränderungen im Herzen sowie in der arbeitenden

■ Tab. 4.12 Belastung und molekularbiologische Abläufe (Signalwege) (modifiziert nach [78])

Körperliche Belastung					
Stimuli	pH	Metaboliten	ADP zu ATP	Ca^{++}	ROS
Kinasen und Phosphatasen	PKC	MAPK Calcineurin	AKT Calmodulin Kinase	p79aCK	AMPK
Transkription	HIF-1	p53	PGC-1	NF-kB	HSFs
Skelett, Muskelhypertrophie	Mitochondrienzunahme	Cytoprotektion			Abwehr von Antioxidantien

Muskulatur auf [13, 19, 66, 67, 83]. Ferner spielen Änderungen des Gefäßtonus sowie der Endothelfunktion eine Rolle, insbesondere bei vorhandenen Risikofaktoren oder vaskulären Vorschädigungen [15].

Unter Trainingsadaptation des Herzens versteht man eine durch Training bedingte physiologische und chronische Anpassung mit einer Funktionsökonomisierung und letztendlich erhöhten Leistungsfähigkeit. Auslösend dafür sind vor allem Ausdauerbelastungen (zyklisch-dynamische Belastungsformen mit mind. 1/7 bis 1/6 der Gesamtkörpermuskulatur). Nach dynamischem bzw. statischem Krafttraining oder Schnelligkeitstraining sind nur minimale Effekte auf das Herz-Kreislauf-System nachweisbar.

4.6.3 Regulative Anpassungsmechanismen

In Abhängigkeit von Umfang, Intensität und Häufigkeit des Ausdauertrainings sowie der eingesetzten Muskelmasse und der individuellen Adaptationsfähigkeit kommt es zu einer vegetativen Umstimmung mit einer Erhöhung des Vagotonus in Ruhe, mitunter mit einer nicht so ausgeprägten Reduktion der Sympatikusaktivität. Die Folge sind ein Absinken der Ruhe-Herzfrequenz (Trainingsbradykardie) und teilweise eine verlängerte Vorhof-AV-Knoten-Überleitungszeit (■ Tab. 4.13). Da sich der parasympathische Einfluss nicht auf den linken Ventrikel erstreckt, bleiben Kontraktionskraft und Schlagvolumen relativ unbeeinflusst. Die erniedrigte Herzfrequenz kann in der Anpassungsphase zu einer leichten Erniedrigung des Herzzeitvolumens in Ruhe führen. Die leistungsfördernde Adaptation dieser regulativen Anpassung zeigt sich unter Belastung. Bei submaximaler Belastung liegen die Herzfrequenzen im Vergleich zu Untrainierten niedriger. Bei nahezu

■ Tab. 4.13 EKG-Veränderungen bei Ausdauertraining: trainingsbedingte Veränderungen im Vergleich zu möglichen abnormalen Befunden (Seattle Kriterien [90])

Normale, gewöhnliche, trainingsadaptive EKG-Veränderungen	Abnormale, ungewöhnliche, nicht trainingsadaptive EKG-Veränderungen
Sinus Bradykardie	T-Negativierung
AV-Block I	ST-Strecke Senkung
Inkompletter Rechtsschenkelblock	Signifikante, pathologische Q-Zacke
Frühe Repolarisation	Hypertrophiezeichen des linkes Vorhofs
Linksventrikulärer Hypertrophie	Überdrehter Linkstyp/Linksanteriorer Hemiblock
	Überdrehter Rechtsstyp/ Rechtsanteriorer Hemiblock
	Rechtsherzhypertrophie
	Ventrikuläre Preexcitation
	Kompletter Rechts-/Linksschenkelblock
	Verkürzte/verlängerte QT
	Brugada-artige frühe Repolarisation

gleich großen Herzzeitvolumina wird dieser Effekt durch eine bessere Füllung des Herzens durch die niedrigere Pulsfrequenz und eine verbesserte diastolische Relaxation und somit durch die Förderung eines größeren Schlagvolumens erklärt. Da bei den maximalen Herzfrequenzen zwischen Trainierten und Untrainierten in dieser Leistungsklasse kaum Unterschiede sind, bedingt diese Adaptation auch ein erhöhtes Herzminutenvolumen im maximalen Belastungsbereich und damit eine verbesserte Leistungsfähigkeit, ohne dass dimensionale Veränderungen des Herzen erforderlich sein müssen.

4.6.4 Strukturelle Anpassungsmechanismen

Ab einer gewissen Umfangs- und Intensitätssteigerung des Ausdauertrainings auf mehr als 4–5 Stunden Ausdauersport (z. B. 50–70 km Laufen/Woche) kommt es infolge der vermehrten Volumenbelastung (wie z. B. bei Langstreckenläufern, Skilangläufern, Straßenradrennfahrern, Triathleten) zur Entwicklung einer strukturellen Anpassung, welche auch als „Sportherz" bezeichnet wird. Die Ausbildung eines Sportherzens hängt stark von den individuellen Veranlagungen ab. Es ist bekannt, dass gleiche Trainingsumfänge und -intensitäten bei verschiedenen Individuen zu unterschiedlichen Anpassungsreaktionen führen können. Durch eine Vielzahl von physiologischen, radiologischen, echokardiographischen und MRI-Untersuchungen gilt es als gesichert, dass das Sportherz als ein harmonisch dilatiertes und entsprechend hypertrophiertes Herz und damit als ein gesundes, besonders leistungsfähiges Herz zu bezeichnen ist. Strukturell sind an der Herzvergrößerung und Wanddickenzunahme alle vier Herzhöhlen beteiligt (harmonische Dilatation und Hypertrophie), was sich sowohl radiologisch als auch mittels Kernspintechnik und echokardiographisch nachweisen lässt. Durch echokardiographische Untersuchungen wurde nachgewiesen, dass beim Sportherz im Gegensatz zu krankhaften Herzgrößenveränderungen die Vergrößerungen der Innenvolumina immer parallel zur Wanddickenzunahme gehen, sodass die Wandspannung annähernd gleich bleibt. Dies ist aus dem Hypertrophie-Index (Verhältnis zwischen Wanddicken und Innendurchmesser des linken Ventrikels) erkennbar.

In einer Metaanalyse, bei welcher 84 echokardiographische Publikationen 17 MRI-Publikationen gegenübergestellt wurden, konnte V. Utomi [22] folgende Befunde erheben: Ausdauerathleten und Kraftathleten wiesen größere strukturelle Parameter des linken Ventrikels als vergleichbare Kontrollpersonen auf. Die Werte waren bei Ausdauerathleten größer (◘ Tab. 4.15), woraus die Autoren den Begriff der exzentrischen Hypertrophie (excentric type, Hypertrophie des linken Ventrikels, des rechten Ventrikels und des linken Vorhofs bei Ausdauerathleten) ableiten. Im Gegensatz zu einigen echokardiographischen Untersuchungen wurden in dieser Studie vergleichbare Werte für die Wanddicken (Septum und Hinterwand des linken Ventrikels) sowohl bei ausdauer- wie auch bei krafttrainierten Sportlern gefunden, wodurch die Bezeichnung einer „konzentrischen Hypertrophie" für Kraftathleten als obsolet zu gelten scheint. Allerdings muss als kritisch angemerkt werden, dass wesentlich weniger MRI-Studien von Kraftathleten zur Verfügung stehen. Wesentlich ist noch hinzuzufügen, dass die absolute Wanddicke und die enddiastolischen Dimensionen des linken Ventrikels auch bei Hochausdauertrainierten nicht jene Werte erreichen, die man bei hypertropher oder dilatativer Kardiomyopathie findet. Aus methodischer Sicht kann aus dieser Metaanalyse angemerkt werden, dass die Methode des MRI (Magnet-Resonanz-Imaging) oder CMR (Cardiac Magnetic Resonanz) zu höherem linksventrikulären enddiastolischen Volumen führte als die Echokardiographie, während im Gegensatz die linksventrikuläre Masse bei der Echokardiographie höher als bei der MRI-Methode gemessen wurde. Die Autoren schließen daraus, dass CMR bzw. MRI als der Goldstandard der Präzision bessere Werte für die linksventrikuläre Masse darstellt, da die Echokardiographie Werte, wahrscheinlich aufgrund der Verwendung entsprechender geometrischer Modelle, überschätzt (◘ Tab. 4.14, ◘ Tab. 4.15, ◘ Tab. 4.16).

Die Fluss-Druck-Beziehungen in Ruhe und unter Belastung zeigen keine wesentlichen Unterschiede zu Normalpersonen. Echokardiographische Funktionsparameter, welche die systolische und diastolische linksventrikuläre Funktion beschreiben, liegen

Tab. 4.14 Referenzwerte für die Bestimmung der kardialen Dimensionen durch Echokardiographie und Kernspinuntersuchung [22]

Parameter	Echokardiographie	MRT	p. Wert
LV Masse (g)	212 (195 bis 229) [118; 2403]	173 (156 bis 190) [30; 445]	< 0,001
LVEDV (ml)	135 (128 bis 142) [54; 791]	178 (162 bis 194) [28; 430]	< 0,001
LVEF (%)	64 (63 bis 66) [42; 1915]	61 (59 bis 62) [26; 378]	< 0,001
LV E/A	1,8 (1,7 bis 1,9) [69; 1806]	2,3 (2,0 bis 2,6) [7; 120]	< 0,001
LAD (mm)	36,9 (34,6 bis 39,2) [21; 436]	32,7 (29,8 bis 35,6) [2; 71]	0,026

Durchschnittswerte (95% CI) [Anzahl der Studien; Anzahl der Teilnehmenden]
In allen Studien befand sich die mittlere BSA zwischen 1,69 und 2,52. Multiple Metaanalysen und Regressions-Analysen zeigten einen signifikanten, positiven Zusammenhang zwischen BSA und der LV-Masse (b = 0,010; Tau2 p>/z/0,01; CI 0,001 bis 0,010), LAD (b = 0,001; Tau2 p>/z/0,001; CI 0,008 bis 0,012) und RVM (b = 0,001; Tau2 p>/z/0,001; CI 0,008 bis 0,012) bei p<0,05. Hieraus lässt sich schlussfolgern, dass mit steigender BSA in den Studien auch die Herzdimensionen steigen.
BSA = Körperoberfläche; E/A = Quotient aus früh- (E) und spätdiastolischer (A) maximaler Mitraleinstromgeschwindigkeit; LAD = Durchmesser des linken Vorhofs; LV = linksventrikulär; LVEDV = LV enddiastolisches-Volumen; LVEF = LV Auswurffraktion; RVM = rechtsventrikuläre Masse

beim Sportherzen in ähnlichen Bereichen wie beim untrainierten Herzen. In seltenen Fällen kann die Verkürzungsfraktion in Ruhe geringfügig unterhalb des Normbereiches liegen; sie steigt unter körperlicher Belastung aber regelrecht an. Für die differential diagnostische Abgrenzung pathologischer Herzveränderungen sind die Grenzwerte des Sportherzens zu beachten. Enddiastolische Durchmesser des linken Ventrikels von mehr als 60–63 mm (bzw. bis 67 mm bei Ausdauertrainierten mit Körperoberflächen zwischen 2,2 bis 2,4 m^2, z. B. Ruderer) sind in den meisten Fällen eher pathologisch, ebenso Kammerwanddicken über 15 mm (zwischen 13 und 15 mm liegt eine „Grauzone“). Eine Abklärung ist dann zwingend erforderlich. Ist der Innendurchmesser des linken Ventrikels bei solchen Befunden normal oder eher kleiner (< 50 mm), besteht der Verdacht auf eine hypertrophe Kardiomyopathie.

Da die Herzgröße auch vom Körperbau beeinflusst wird, werden die Angaben üblicherweise nicht in Absolutmaßen, sondern in Körpermasse bezogenen Werten vorgenommen. Die relative maximale Herzgrößenzunahme liegt radiologisch gemessen bei männlichen Hochleistungssportlern bei 17 bis 20 ml/kgKG (Normbereich 10–12 ml/kgKG) bei Frauen bis zu 10% niedriger (Normbereich 9–11 ml/kgKG). In der Literatur werden je nach Körpergewicht Absolutwerte von 1300 bis 1400 ml (Extremwert 1700 ml), bei Frauen 1000 bis 1100 ml (Extremwert 1300 ml), gefunden. Mittlere Sportherzvergrößerungen liegen bei Frauen zwischen 13 und 15 ml/kgKG, bei Männern zwischen 14 und 16 ml/kgKG. Diese Angaben sind historisch bedeutsam, werden jedoch heute ausnahmslos durch Herzecho- oder MRI-Messungen ersetzt. Entsprechend der Größenzunahme resultiert beim Sportherzen auch eine Zunahme der gesamten Myokardmasse, welche eine relative kritische Grenze bei ca. 7,5 g/kgKG erreicht. Somit relativiert sich auch die früher oft erwähnte Angabe des absoluten kritischen Herzgewichts bei 500 g, da bei höherer Körpermasse bzw. überdurchschnittlichen Körperdimensionen (> 2,2 m^2 Körperoberfläche) bei austrainierten männlichen Ausdauersportlern durchaus ein etwas höheres absolutes Herzgewicht erreicht werden kann.

Die Zunahme der kardiozirkulatorischen Leistungsfähigkeit eines Sportherzens zeigt sich insbesondere bei submaximalen und maximalen dynamischen Belastungen. Mit der Größenzunahme des Sportherzens geht – regulativ bedingt – eine weitere

Tab. 4.15 Strukturelle sowie funktionelle linksventrikuläre Kenndaten bei männlichen Ausdauertrainierten, Krafttrainierten und Untrainierten

Parameter	Ausdauertrainierte (AT)	Krafttrainierte (KT)	Untrainierte (UT)	p. Wert (Gesamt)
LV Masse Igl	232 (200 bis 250) [n = 64; 1099]	220 (205 bis 234) [n = 25; 510]	166 (145 bis 186) [n = 59; 1239]	< 0,001
IVSWT (mm)	11,0 (10,8 bis 11,3) [n = 68;1802]	11,0 (10,3 bis 11,8) [n = 19; 408]	9,2 (8,9 bis 9,5) [n = 63; 1352]	< 0,001
PWT (mm)	10,6 (10,3 bis 10,9) [n = 57; 1928]	10,4 (9,8 bis 10,9) [n = 14; 370]	8,8 (8,6 bis 9,1) [n = 53; 1433]	< 0,001
LVEDD (mm)	54,8 (54,1 bis 55,6) [n = 61; 1548]	52,4 (51,2 bis 53,6) [n = 17; 384]	50,1 (49,5 bis 50,7) [n = 56; 1174]	< 0,001
LVEDV (ml)	171 (157 bis 185) [n = 34; 493]	131 (120 bis 142) [n = 14; 189]	135 (125 bis 145) [n = 34; 539]	< 0,001
LV SV (ml)	106 (97 bis 116) [n = 28; 479]	86 (77–95) [n = 9; 125]	83 (77 bis 90) [n = 27; 590]	< 0,001
LVEF (%)	63 (61 bis 64) [n = 42; 1330]	66 (62–70) [n = 7; 85]	64 (62 bis 65) [n = 37; 878]	0,365
LV E/A	2,0 (1,9 bis 2,1) [n = 34; 844]	1,9 (1,7–2,0) [n = 8; 214]	1,8 (1,7 bis 1,9) [n = 34; 868]	0,014
LV E'	13,6 (12,3 bis 14,9) [n = 7; 204]	*	11,0 (9,4 bis 12,6) [n = 4; 183]	0,014

Durchschnittswerte (95% CI) [Anzahl der Studien; Anzahl der Teilnehmenden]
* Ungenügend Daten
E' = Gewebe-Doppler-Geschwindigkeit im Mitralanulus; E/A = Quotient aus früh- (E) und spätdiastolischer (A) maximaler Mitraleinstromgeschwindigkeit; IVSWT = interventrikuläre Wanddicke des Septums; LV = linksventrikulär; LVEDD = LV enddiastolischer Durchmesser; LVEDV = LV enddiastolisches Volumen; LVEF = linksventrikuläre Auswurffraktion; PWT = hintere Wanddicke; SV = Schlagvolumen; NA = nicht anwendbar, als Haupteffekt nicht signifikant (p>0.05)

Herzfrequenzabsenkung einher, welche in Ruhe und bei Belastung durch die Schlagvolumenzunahme ausgeglichen wird. Technisch gesehen arbeitet das Sportherz mit einem größeren Hubraum und einer erniedrigten Frequenz. Aus diesen ausdauertrainingsbedingten Anpassungserscheinungen resultiert eine Absenkung des myokardialen Sauerstoffverbrauches bezogen auf die gleiche Leistung; das Herz arbeitet somit bei submaximalen Belastungen ökonomischer.

Daher wird bei gleicher submaximaler Belastung zwischen Untrainierten und Trainierten ein nahezu identisches Herzzeitvolumen gefördert, allerdings mit erhöhtem Schlagvolumen und niedrigerer Herzfrequenz und sympathischer Aktivierung, was auch als ein Vorteil dieser trainingsbedingten Adaptation des Sportherzens angesehen werden kann. Die maximalen Herzfrequenzen differieren zwischen Untrainierten und Ausdauertrainierten kaum, wobei allerdings mit zunehmender Herzgröße jenseits von 14–15 ml/kgKG ein Trend zur Abnahme der maximalen Herzfrequenz besteht. Dies kann keinesfalls als negative Adaptation angesehen werden, da durch die niedrigen Ruheherzfrequenzen (bei etwa 32 bis 34 Schlägen pro Minute) trotzdem eine erhöhte Regulationsbreite besteht. Durch die hohen maximalen Schlagvolumina, welche zwischen 160 und 200 ml betragen können, werden bei maximalen Herzfrequenzen auch höhere maximale Herzzeit-Volumina von 35 bis zu 40 Liter pro Minute und mehr

Tab. 4.16 Strukturelle sowie funktionelle rechtsventrikuläre Kenndaten bei männlichen Ausdauertrainierten, Krafttrainierten und Untrainierten

Parameter	Ausdauertrainierte (AT)	Krafttrainierte (KT)	Untrainierte (UT)	p. Wert (Gesamt)
RV Masse (g)	91 (63 bis 119) [5; 116]	*	37 (24 bis 50) [4; 102]	< 0,01
RVEDD (mm)	33,5 (21,0 bis 46,0) [4; 140]	*	26,1 (16,1 bis 36,1) [4; 95]	0,347
RVEDV (ml)	222 (216 bis 227) [6; 136]	*	156 (153 bis 159) [6; 150]	0,627
RV SV (ml)	114 (115 bis 122) [5; 66]	*	94 (92 bis 98) [4; 66]	0,415
LAD (mm)	39,2 (35,9 bis 42,5) [10; 206]	31,9 (29,7 bis 34,1) [2; 58]	34,9 (31,9 bis 37,9) [11; 243]	< 0,001

Durchschnittswerte (95% CI) [Anzahl der Studien; Anzahl der Teilnehmenden]
* Ungenügend Daten
LAD = Durchmesser des linken Vorhofs; NA = nicht anwendbar; RV = rechtsventrikulär; RVEDD; RV = enddiastolischer Durchmesser; RVEDV = RV enddiastolisches Volumen; SV = Schlagvolumen. als Haupteffekt nicht signifikant (p> 0,05)

erreicht. Als Ausdruck dieser größeren kardiozirkulatorischen Leistungsfähigkeit kann auch das Bruttokriterium des aeroben Energieumsatzes, nämlich die maximale Sauerstoffaufnahme, bis zum doppelten Wert eines Untrainierten ansteigen: Die relativen gewichtsbezogenen Werte der maximalen Sauerstoffaufnahme können sich von 34–38 ml/kgKG/min bei der untrainierten Frau bis zu 70 bis 75 ml/kgKG/min bei der ausdauertrainierten Frau und von 40–45 ml/kgKG/min beim untrainierten Mann bis auf 84 bis 90 ml/kgKG/min beim ausdauertrainierten Mann erhöhen. Die Werte für die maximalen Sauerstoffaufnahmen nehmen im Altersgang etwa ab dem 30sten Lebensjahr pro Dekade um 10% für den Mann und um 8% für die Frau ab. Wie wichtig eine erhöhte kardiozirkulatorische Leistungsbreite auch im zunehmenden Alter ist, zeigt das Faktum, dass ab einer maximalen Sauerstoffaufnahme unter 20 ml/kgKG/min das Risiko der Gesamtmortalität exponenziell ansteigt. Auch im höheren Lebensalter lassen sich durch langjähriges Ausdauertraining beeindruckend hohe Werte für die maximalen Sauerstoffaufnahmen erzielen, wie zum Beispiel von 56 bis 60 ml/kgKG/min bei 60 bis 70-jährigen Ausdauersportlern sowie von 40 bis 44 ml/kgKG/min bei 80-jährigen Ausdauersportlern. Die dazu allerdings jahrzehntelang notwendigen Trainingsprozesse bewirken also nicht nur eine Erhöhung der maximalen Sauerstoffaufnahme auf Werte von untrainierten 20- bis 30-jährigen Männern, sondern ziehen auch eine wesentlich bessere Compliance des Herzmuskels, also eine schnellere diastolische Relaxationsgeschwindigkeit und damit eine bessere diastolische Füllung mit sich.

Aus der Literatur der letzten 50 Jahre sind die jeweils aktuell publizierten Werte für die maximale Sauerstoffaufnahme und die entsprechenden Bezugswerte des Sportherzens bei weiblichen und männlichen Hochleistungssportlern ersichtlich. Der Vollständigkeit entsprechend sei auf die ersten bahnbrechenden Arbeiten von Reindell, Musshof und Keul verwiesen, bei denen die Herzvolumina noch aus röntgenologischen Herzaufnahmen erfolgten [6, 11, 17]

Die Differenzialdiagnose zwischen physiologischer und pathologischer Herzhypertrophie ist nicht immer eindeutig. Diskriminanzkriterien werden von verschiedenen Autoren angegeben [21, 38, 87] (Tab. 4.17).

Tab. 4.17 Abgrenzung einer hypertrophen Kardiomyopathie (HCM, HOCM) vom Sportherzen [86]

	Physiologische Hypertrophie	Pathologische Hypertrophie
Familienanamnese	Negative	Positive
LV-Hypertrophie	Symmetrisch	Asymmetrisch
LV-Wanddicke	< 13 mm	> 15 mm, Septum-Hypertrophie
LV-Kammergröße	LVEDD > 55 mm, ellipsenförmig, keine MI	LVEDD < 45 mm, MI, entstellter Kammer
Linker Vorhof	Leichtgradige Vergrößerung, Trainingsadaptation	Mittelgradige Vergrößerung
LV-Obstruktion	Keine	Vorhanden
Mitral E/A	> 1	< 1
TDI myokardiale Geschwindigkeiten	Erhöhte systolische und diastolische Werte	Erniedrigte systolische und diastolische Werte
„Strain"	Normal	Vermindert
VO_2 max	> 50 ml/kgKG/min	< 45 ml/kgKG/min
NT pro BNP	Normal	Erhöht
Trainingsentzug	Regression	Keine Regression
Pathologische Herzgeräusche	Keine	MI-Geräusche hörbar
Vorhofflimmern	Selten	Häufig

LV = linker Ventrikel; EDD = enddiastolisch Durchmesser; MI = Mitralinsuffizienz bzw. Mitralrückfluss; OT = Ausflusstrakt; TDI = tissue doppler imaging; Gewebedoppler; E/A = echokardiographische Parameter des Mitralklappenflusses: E: 1. Gipfel als frühtransmitrale Einflussgeschwindigkeit; A: 2. Gipfel als spättransmitrale Einstromgeschwindigkeit; Strain = Wandspannung

4.6.5 Adaptation des Herzens durch körperliche Aktivität

Die Adaptationsfähigkeiten des Herzens durch Ausdauertraining ist nicht auf ein bestimmtes Alter begrenzt. Es konnte nachgewiesen werden, dass durch entsprechendes Training sowohl bei Kindern etwa ab dem 10. Lebensjahr als auch im höheren Lebensalter jenseits des 60. Lebensjahres adaptive Veränderungen im Sinne eines Sportherzens zu beobachten sind. Möglichkeiten und Grenzen dieser Adaptation in diesen Altersstufen sind nicht hinreichend geklärt.

Im Gegensatz zu zyklischem dynamischem Training (Ausdauertraining) sind bei einem dominierenden Krafttraining bzw. schnelligkeitsorientierten Training auch im Hochleistungssport keine wesentlichen regulativen bzw. dimensionellen Adaptationsreaktionen zu beobachten. Der bei langjährig dynamischem Ausdauertraining typische Anstieg des Vagotonus lässt sich bei Kraftsportarten nicht nachweisen, ebenso wenig wie eine deutliche Vergrößerung bzw. Hypertrophie. Die Veränderungen hinsichtlich Hypertrophie und Dilatation, welche bei Bodybuildern und Hochleistungsgewichthebern gefunden worden sind, müssen möglicherweise auf eine Einnahme von anabolen Steroiden bzw. bei diesen Sportarten häufig auftretende beginnende hypertone Regulationsstörung zurückgeführt werden. In diesem Sinne ist auch die „konzentrische Hypertrophie" des Herzens als Diagnose einer pathologischen Druckbelastung zu beurteilen.

Auch beim Sportherzen setzt – wie bei der Skelettmuskulatur – nach Trainingsabbruch bzw. Reduktion des Hochleistungstrainings ein Rückgang der Adaptationsmechanismen ein. Bei absoluter Körperruhe kann es bereits nach wenigen Wochen zu einer Abnahme der Herzgröße führen, bei langsamer

Reduktion des Trainingsumfanges und der Trainingsintensität kann dieser Prozess zwei bis vier Jahre in Anspruch nehmen. Auch die Dauer der Sportherzentwicklung ist offensichtlich ein wesentlicher Parameter für die Rückbildung. Darüber hinaus ist bekannt, dass die Wiederaufnahme von Ausdauertraining zu einer schnelleren erneuten Adaptation beim Sportherzen als beim erstmaligen Beginn führen kann. Andere Befunde weisen daraus hin, dass nach jahrzehntelangem Ausdauertraining eine vollständige Rückbildung nicht immer angetroffen wird, wenn als Breitensportler weiter trainiert wird. Diese Herzen bleiben auch leistungsfähiger als kleine untrainierte Herzen. Nach heutigem Wissen bestehen durch Ausdauertraining keine bedeutsamen gesundheitlichen Nachteile. Bei abruptem Trainingsabbruch (sollte in der Regel vermieden werden, dies kann aber bei Unfällen bzw. Verletzungen notwendig sein) können mitunter „vegetative" Störungen wie leichtgradige Herzrhythmusstörungen oder Missempfindungen in der Herzgegend (Athlete´s Heart Syndrome) auftreten, welche nicht als pathologisch zu bewerten sind. Oft sind sie auch psychosomatischer Genese. Nach einigen Wochen bzw. bei Wiederaufnahme des Trainings verschwinden sie regelhaft.

4.6.6 Ausdauersport: Nutzen oder Schaden

Die Frage, ob durch jahre- bzw. jahrzehntelange extreme Ausdauerbelastungen langfristig Schäden des Herz-Kreislauf-Systems auftreten können, wurde in den letzten Jahren eingehend untersucht.

Herzmarker, echokardiographische und kernspintomographische Parameter unmittelbar nach extremer sportlicher Belastung lassen keine Gefährdung erkennen [76]. Überlebenskurven von Hochleistungssportlern aus Ausdauerdisziplinen zeigen – wenn sie weiter zumindest 3 × pro Woche Ausdauer trainierten – einen deutlich günstigeren Verlauf als nicht trainierende Kontrollpersonen. Sie haben demnach eine höhere Lebenserwartung, besser Lebensqualität im Alter und seltener Beschwerden sowohl von Seiten des Herzens als auch des Muskel-Gelenk-Apparates. Dies ist hauptsächlich durch die Funktionsoptimierung der Arbeitsweise des Herzens, des Myokardstoffwechsels sowie die verbesserte Kapillarisierung und Kollateralisierung zu begründen. Die Unterschiede sind besonders im Altersbereich zwischen 50 und 65 Jahren eindrucksvoll, bleiben aber bis zum und über das 90. Lebensjahr erhalten.

Ein intensives Ausdauertraining führt zu einer gleichmäßigen Herzvergrößerung und bei ausreichender Intensität auch zur Verdickung der Ventrikelwand als physiologische Anpassung (Linkshypertrophie, Sportherz) im Sinne einer harmonischen Erweiterung und Verdickung (exzentrische Volumenhypertrophie) [21]. Echokardiographisch lassen sich diese Veränderungen am besten erfassen und im Verlauf beobachten. Die Kenntnis des Sportherzens erlaubt eine präzisere Beurteilung der Belastungsuntersuchung bei Hochleistungssportlern [22].

In neuerer Zeit wird eine überwiegende Vergrößerung des rechten Ventrikels durch ein extremes Ausdauertraining beschrieben; diese Befunde sind aber durch andere Autoren nicht bestätigt [88–94]. Im Tierversuch wurde dies an Ratten bestätigt; diese Vergrößerung bildete sich aber in der Erholungsphase wieder zurück [94]. Eine umfangreiche Studie von Rimensberger et al. [92] konnte die Befunde von LaGerche nicht bestätigen [88]. Auch andere Autoren [89–91, 93, 94] haben diese Befunde kritische analysiert und sehen eine solche Schädigung nur als seltene Ausnahme [9--94].

Schließlich wird in neuerer Zeit vermehrt über Vorhofflimmern bei Ausdauersportlern berichtet, insbesondere bei extremen Leistungen im Marathon oder Triathlon. Bei Freizeit- und Breitensportlern werden Rhythmusstörungen hingegen nicht vermehrt gefunden [95].

Die Pathophysiologie des Vorhofflimmerns bei Ausdauersportlern, teilweise mit extremen Trainingsleistungen, ist noch nicht ausreichend geklärt. Regulative, neurohumorale Reaktionen und morphologische Anpassungen des Sportherzens sind möglicherweise beteiligt. Infrage kommen die Vorhofvergrößerung und eine Ventrikelhypertrophie mit einer gleichzeitigen erhöhten parasympathischen Aktivität, häufig bei nächtlicher Frequenzabsenkung mit Verlängerung der Vorhof-Refraktär-Periode, ferner strukturelle Veränderungen (Fibrose) der Vorhofs, plötzlich gesteigerte sympathikotone Reaktionen, vor allem aber gesteigerter oxidativer Stress und Erhöhung von Entzündungsparametern. Auch nicht erkannte oder nicht beachtete passagere Allgemeinentzündungen mit Myokardbeteiligung

4

sind möglich. Diese sind zwar meist ausgeheilt, können aber kleinere Narben hinterlassen, die man gelegentlich im Kernspin sieht. Von diesen Narben her können Arrhythmien auftreten. In einem kleinen Kollektiv von Radrennfahrern ist auch eine Medikamenten induzierte Ursache zu diskutieren (Doping).

Meist handelt es sich um ein vagal bedingtes Vorhofflimmern, teilweise nächtlich bei Bradykardie auftretend. Durch eine Pulmonalvenenablation kann dieses relativ zuverlässig beseitigt werden, die sportlichen Aktivitäten können dann ohne Einschränkung wieder aufgenommen werden. Nach der Ablation wird mitunter eine erhöhte Herzfrequenz beobachtet, bedingt durch eine gleichzeitige Ablation parasympathischer Ganglien im linken Vorhof. Diese bildet sich aber nach einem erneuten Ausdauertraining wieder zurück.

4.6.7 Anpassung des arteriellen Gefäßsystems an chronische Belastungen (Training)

Für die Funktion des Gefäßsystems unter Belastung spielen sowohl die Muskularis-Schicht der Gefäßwand als auch das Endothel, weniger die Adventitia, die entscheidende Rolle, da von der Endothelfunktion ausgehend die Arterienweite gesteuert wird. Eine normale Endothelfunktion und nachfolgend die Gefäßerweiterung bei körperlicher Arbeit sind somit für die Belastbarkeit von entscheidender Bedeutung [15].

Auswirkungen auf Struktur und Funktion des arteriellen Gefäßsystems lassen sich am besten an Extremformen von körperlicher Aktivität und Inaktivität darstellen. So weisen hochausdauertrainierte Radsportler bzw. Mittel- oder Langstreckenläufer durch die trainingsbedingte chronische Mehrperfusion ein um 17,3% erweitertes Lumen der Arteria femoralis communis gegenüber Untrainierten auf. Entsprechende Unterschiede der Arteria subclavia bei Tennisspielern zwischen dem Schlag- und Wurfarm weisen ebenfalls auf den starken Einfluss des Blutstroms auf die Anpassung der Gefäßweite hin [96], hingegen liegt bei Menschen nach Immobilisation, im Extrembeispiel bei Paraplegikern, der Gefäßdurchmesser der Arteria femoralis communis bei 30% unter der Lumenweite von Untrainierten. Bei kurzfristiger Immobilisierung (Bed-Rest, Ruhigstellung nach Verletzungen) kann dies allerdings durch Training wieder verbessert werden. Entsprechend der zunehmenden Lumenweite bei hoch ausdauertrainierten Athleten kommt es auch zu einer erhöhten Wanddicke (etwa 12–14% über jener von Untrainierten). Schließlich ist jahrelanges Ausdauertraining auch mit einer Erhöhung der lokalen Compliance (Volumendehnbarkeit der arteriellen Gefäße, zum Beispiel in der Arterie femoralis communis bei Läufern und Radfahrern) verbunden. Bei Paraplegikern mit einer erzwungenen Immobilisation sinkt dieser Wert auf etwa 42% des entsprechenden Vergleichswertes von Normalpersonen ab, was eine wesentlich verminderte Dehnbarkeit der Gefäße bewirkt.

Die klinische Bedeutung einer verbesserten lokalen Gefäßwandelastizität liegt in der Verminderung des peripheren Gefäßwiderstandes und damit des Cardiac Afterloads [15]. Interessant ist auch, dass die durch den Shear-Stress erfolgte Zunahme der Perfusion die NO-Produktion nicht nur in den mehr perfundierten Arterien, sondern auch in den anderen Arterien verbessert.

Bei Kraftsportlern (zum Beispiel Gewichtheber oder Bodybuilder) konnten die genannten strukturellen und funktionellen Anpassungen des arteriellen Gefäßsystems in dieser Form nicht beobachtet werden. Bei dieser Personengruppe ist eher eine erhöhte Wanddicke der Arteria carotis und der Arteria femoralis messbar, was möglicherweise durch die (oft auch in Ruhe leicht erhöhten) bei Krafttraining ausgeprägten erhöhten Blutdruckwerten zu erklären ist oder womöglich genetisch determiniert oder kodeterminiert ist [15]. Darüber hinaus weisen Kraftsportler in dieser Untersuchung weder an der Arteria carotis noch an der Arteria femoralis eine höhere Gefäßelastizität auf [[15], [97].

4.6.8 Zelluläre Beschreibung und Funktion

Das Endothel produziert einen Wachstumsfaktor aus dem Plättchen (PDGF), EDRF, Prostacyclin (PGI2), die Bildung von Interleukin 1 (IL1)-Endothelin, und fördert die Funktion der Fibroblasten.

Als Wachstumshemmer bzw. Vasodilatatoren werden verschiedene Substanzen sezerniert: Heparin, NO, Prostacyclin und Bradykinin [[10], [72]]. Je nach Funktion können auch Vasokonstriktoren sezerniert werden (u. a. Endothelin, Angiotensin II, Thromboxan A2, Acetylcholin). Die Endothelsubstanzen modulieren Entzündungsvorgänge am Gefäß und haben hämostatische und thrombolytische Wirkungen.

Von besonderer Bedeutung ist die NO-Produktion. Sie steht in Konkurrenz zu den Oxydantien (freie Radikale, O***). NO reguliert den Gefässtonus und die myokardiale Kontraktilität. Die Schutzfunktion gegen Endothelveränderung vor allem im Koronargefäßsystem steht dabei im Vordergrund.

4.6.9 Optimierung und Maximierung der Leistungsfähigkeit

Entscheidend für die Leistungssteigerung sind die Optimierung der Energieversorgung und des Sauerstofftransportes. Für die energieliefernden Systeme spielen Kapazitäten und deren Kinetik, Substrate und Enzyme eine Rolle [84, 98].

Definitionen und Verhaltensmuster der Hämodynamik und des Stoffwechsels unter Belastung sind an anderer Stelle ausführlich dargestellt [2, 17, 67].

Einige Auswirkungen eines Trainingsprogramms sind nach klassischer Auffassung:

- verbesserte Muskelfunktion (Zunahme der Mitochondrien, des Glykogengehalts),
- verbesserte Funktion der Typ-I-Muskelfasern (oxydative Kapazität),
- kardio-pulmonale Funktionsverbesserung: erhöhte Belastungskapazität, verbesserte Koronarperfusion, Senkung der Herzfrequenz, ggf. Senkung des Blutdruckes, verbesserte periphere Ausschöpfung u. a.,
- metabolische Verbesserungen (Blutfettwerte, Endothelfunktion, Thrombozytenadhäsivität u. a. mehr),
- psycho-neurologische Funktionsverbesserung (Kognition, Beweglichkeit, verminderte Sturzneigung, Besserung einer Depression).

4.6.10 Arbeitende Muskulatur

Veränderungen der arbeitenden Muskulatur finden sich ebenfalls nach regelmäßigem körperlichem Training, und zwar sowohl in der Muskelfaserzusammensetzung als auch auf molekularbiologischer und zellulärer Ebene.

4.6.11 Anpassung der Muskulatur an körperliche Aktivität

Der Einfluss von akuten und chronischen Belastungen auf die arbeitende Muskulatur ist durch Muskelbiopsien (M. Quadriceps) eingehend untersucht worden.

Die Muskelfasern spielen für die Leistungsfähigkeit eine Rolle. Vermehrt schnelle Fasern fördern die Schnellkraft und Sprintleistung, ein Überwiegen der langsamen Muskelfasern begünstigt Ausdauerleistungen. Durch Training lässt sich eine gewisse reversible Anpassung (Umwandlung) erzielen [19, 83].

Regelmäßiges körperliches Training führt auch zu Anpassungserscheinungen der arbeitenden Muskulatur. Dabei werden die qualitativen Eigenschaften der schnellen Muskelfasern an die Ausdauerleistung angepasst. Die Muskelfaserverteilung bleibt prinzipiell erhalten, doch können die schnellen Fasern die Eigenschaften der langsamen annehmen und somit die Funktion verbessern.

Im Akutversuch lassen sich Substrate und Enzyme untersuchen, der Laktatquotient zwischen Blut und Muskel ermöglicht eine Beurteilung der Transportfunktion [66]. Veränderungen nach einem Training im Biopsat sind die Zunahme der Mitochondrien, deren Größe und Funktion, daneben auch die intramitochondrialen Enzyme wie SDH u. a. [18]. Vergleichbare Veränderungen lassen sich auch im Trainingsversuch bei Herzpatienten nachweisen [86]. Training führt darüber hinaus zu einer Mitochondriogenese, einer Muskelhypertrophie (IL-4, IL-7, IL-15), einer Vermehrung der oxydativen Fasertypen (Typ I), einer vermehrten Fettsäurenoxydation, einem Antioxidantien-Schutz (erhöhtes MnSOD) und schließlich zum Anstieg der aeroben Kapazität [78].

Bei einem Training kommt es typischerweise zunächst zu Veränderungen der arbeitenden Muskulatur, dann erst zu kardiovaskulären Anpassungen und zu neurohumoralen Veränderungen. Dieser Ablauf erfolgt in gleicher Weise auch bei Herzpatienten und solchen mit pulmonalen Erkrankungen [73].

Mit der „Transcription activator-like effector nuclease" lassen sich Gene und Chromosome (DNA) bearbeiten. Einzelne Nukleinsäuren können entfernt, andere hinzugefügt werden. Dies dürfte daher eine für die Zukunft sehr vielversprechende neue Technik sein.

4.6.12 Weitere molekulare Anpassungsmechanismen

▪ Myokine

Neuere Studien weisen darauf hin, dass auch der Skelettmuskel als ein endokrines Organ betrachtet werden kann [99]. So werden Zytokine und Peptide als Botenstoffe vom arbeitenden Muskel freigesetzt und üben endokrine oder parakrine Wirkungen aus. Diese Wirkungen können innerhalb des Muskels oder nach Sekretion ihre Wirkung auf andere Organe entfalten, wie Knochen, Fettgewebe, Leber, Pankreas oder auch das Gehirn [99]. Diese Zytokine und Peptide werden als Myokine bezeichnet. Einige dieser Myokine sind in ◘ Tab. 4.18 aufgeführt. Sie sind an der Muskelhypertrophie (siehe oben) und Fettverbrennung, der Endothelfunktion oder an immunologischen Vorgängen beteiligt. Myokine können die Wirkung der Adipokinine abschwächen oder aufheben. Eine Reihe dieser Funktionen hängt von der Muskelkontraktion ab. Daher bedingt die körperliche Inaktivität eine Funktionsverschlechterung mit Steigerung der inflammatorischen Wirkung (IL-6). Von den Interleukinen (IL-1 bis IL-35) spielt vor allem das IL-6 eine Rolle, welches bei anderen Erkrankungen (rheumatoide Arthritis, KHK) als proinflammatorisch bekannt ist.

Zwischen dem IL-6-Spiegel und der körperlichen Aktivität besteht eine inverse Beziehung: IL-6 ist hoch bei Bewegungsmangel und niedrig bei regelmäßiger Bewegung. Eine Parallele zu inflammatorischen Prozessen wie bei der koronaren Gefäßerkrankung besteht somit. Insgesamt vermitteln Myokine durch ein Training einen protektiven Effekt bei vorherigem Bewegungsmangel [78, 86, 99].

▪ Anpassungen durch epigenetische Veränderungen

Neben genetischen Beeinflussungen spielen zunehmend epigentische Veränderungen eine Rolle. Unter Epigenetik versteht man Zelleigenschaften, die auf Tochterzellen vererbt werden, die aber nicht in der DNA-Sequenz festgelegt sind [86]. Es kommt zu einer Veränderungen des Nukleosoms bei gleichbleibender DNA, einer Prägung [13]. Die epigenetischen Veränderungen laufen meist über eine Methylierung an Zytosinen und an Histonproteinen (HDAC und HAT). Diese (acht) verschiedenen Histone können enzymatisch aus einem inaktiven, methylierten Histon in ein aktiviertes acetyliertes Histon umgewandelt werden [13]. Eine epigenetische Veränderung wird nur selten vererbt, kann aber bei körperlichem Training zu günstigen präventiven und therapeutischen Umwandlungen auch bei bestehenden klassischen Risikofaktoren führen. Die Wirkungen sind antiinflammatorisch, hemmen proliferative Vorgänge und verändern die Expression der MMP [10].

◘ Tab. 4.18 Positive Wirkungen von Myokinen zur Prävention durch körperliche Aktivität [71, 78, 86, 99]

Zytokine:	Hypertrophie fördernd: IL-4. IL-6, IL-7, IL-15, Myostatin (20) LIF, FGF-21, FP1. TGFbeta, Follistatin Steigerung der Insulin-Sensitivität Förderung der Osteogenese (IGF-1, FGF-2) Anti-inflammatorische Wirkung (IL-6) Umwandlung in braunes Fettgewebe (Irisin)
Signalwege zur Regulation im Skelettmuskel durch körperliche Aktivität:	HSP70 (Schutz gegen Ischämie), IGF-1
Stimuli im arbeitenden Skelett-Muskel:	pH-Wert, Metaboliten, Umwandlung von ATP zu ADP, Kalzium, ROS
Kinasen und Phosphatasen:	PKC, MAPK, AKT, p70SK, AMPK, Calmodulin Kinase, Calcineurin
Transkriptionsfaktoren und Co-Aktivatoren:	HIF-1, p53, PGC-1, NF-kB, HSFs, LIF, MMP, Talen (Transcription activator-like effector nuclease)

Literatur

[1] Fletcher GF et al. (2013) Exercise standards for testing and training: a scientific statement from the American Heart Association. Circulation. 128(8): p. 873–934

[2] Löllgen H, Erdmann E, Gitt A (2009) Ergometrie: Belastungsuntersuchungen in Klinik und Praxis. Vol. 3.. Springer

[3] Salminen A, Vihko V (1983) Endurance training reduces the susceptibility of mouse skeletal muscle to lipid peroxidation in vitro. Acta Physiol Scand. 117(1): p. 109–13

[4] Tittel K (1999) Beschreibende und funktionelle Anatomie des Menschen Vol. 12. München: Urban & Fischer

[5] Appell H-J, Stang-Voss C, Battermann N (2008) Funktionelle Anatomie, Grundlagen sportlicher Leistung und Bewegung. 4., vollst. überarb. Aufl. Heidelberg: Springer Medizin-Verl. XII, 179 S

[6] Lentner C (1990) Geigy scientific tables: Heart and circulation. Geigy scientific tables, ed. C. Lentner. Vol. 5. Minnesota: Ciba-Geigy

[7] Noble MI, Drake-Holland AJ, Vink H (2008) Hypothesis: arterial glycocalyx dysfunction is the first step in the atherothrombotic process. QJM. 101(7): p. 513–8

[8] Schmidt-Trucksäss A, Huonker M, Halle M, Dickhuth HH, Sandrock M (2008) Einfluss der körperlichen Aktivität auf die Arterienwand. Deutsche Zeitschrift für Sportmedizin. 59(9): p. 200–205

[9] Markl J et al. (2012) Purves, Biologie. Heidelberg: Springer Spektrum

[10] Drexler H, Haller H, Landmesser U (2003) Endothelfunktion und kardiovaskuläre Erkrankungen. Vol. 2. UNI-MED-Verlag

[11] Roskamm H (2004) Arbeitsweise des gesunden Herzens. Herzkrankheiten: Pathophysiologie, Diagnostik, Therapie ed. Roskamm H, Neumann FJ, Kalusche D, Bestehorn HP. Springer

[12] Schmidt RF (2007) Physiologie des Menschen, mit Pathophysiologie; mit 77 Tabellen; [+ IMPP-Fragen Physiologie online]. 30., neu bearb. und aktualisierte Aufl. Heidelberg: Springer. XXII, 1030 S

[13] Baggish AL, Wood MJ (2011) Athlete's heart and cardiovascular care of the athlete: scientific and clinical update. Circulation. 123(23): p. 2723–35

[14] Glagov S et al. (1988) Hemodynamics and atherosclerosis. Insights and perspectives gained from studies of human arteries. Arch Pathol Lab Med. 112(10): p. 1018–31

[15] Schmidt-Trucksäss A (2007) Gefäßerkrankungen und Sport, in: Sportmedizin für Ärzte, Lehrbuch auf der Grundlage des Weiterbildungssystems der Deutschen Gesellschaft für Sportmedizin und Prävention (DGSP) Dickhuth F, Röcker K, Berg A (Hrsg.). Deutscher Ärzte-Verlag: Köln. p. 111–113

[16] Schmidt RF (2007) Physiologie des Menschen mit Pathophysiologie. 30., überarb. u. aktualisierte Aufl. Springer Berlin Heidelberg, S. 595

[17] Löllgen H (2005) Kardiopulmonale Funktionsdiagnostik. Vol. 4. Novartis

[18] Löllgen H, Löllgen R (2012) Ergometry, in Encyclopedia of Exercise Medicine in Health and Disease, F.C. Mooren, Editor. Springer: Heidelbert

[19] Holloszy JO (1975) Adaptation of skeletal muscle to endurance exercise. Med Sci Sports. 7(3): p. 155–64

[20] König K (1980) in: Normal Values in Adults Ergometry According to Age, Sex and Training, D.H. M.R. Rulli V., Editor. 1980, Soc. Europea di Cardiologia: Rom. p. 81

[21] Dickhuth H-H, Mayer F, Röcker K, Berg A (2007) Sportmedizin für Ärzte: Lehrbuch auf der Grundlage des Weiterbildungssystems der Deutschen Gesellschaft für Sportmedizin und Prävention (DGSP). Deutscher Ärzteverlag

[22] Utomi V et al. (2013) Systematic review and meta-analysis of training mode, imaging modality and body size influences on the morphology and function of the male athlete's heart. Heart. 99(23): p. 1727–33

[23] Fuster V, Alexander RW, O'Rourke RA, Roberts R, King SB, Wellens H (2001) Hurst's the Heart. 10 ed. McGraw-Hill Professional

[24] Haggart CR et al. (2014) Effects of stretch and shortening on gene expression in intact myocardium. Physiol Genomics. 46(2): p. 57–65

[25] Watson PA (1996) Mechanical activation of signaling pathways in the cardiovascular system. Trends Cardiovasc Med. 6(3): p. 73–9

[26] Sadoshima J, Izumo S (1993) Mechanical stretch rapidly activates multiple signal transduction pathways in cardiac myocytes: potential involvement of an autocrine/paracrine mechanism. EMBO J. 12(4): p. 1681–92

[27] Newton-Cheh C et al. (2009) Genome-wide association study identifies eight loci associated with blood pressure. Nat Genet. 41(6): p. 666–76

[28] Ackerman MJ et al. (2011) HRS/EHRA expert consensus statement on the state of genetic testing for the channelopathies and cardiomyopathies this document was developed as a partnership between the Heart Rhythm Society (HRS) and the European Heart Rhythm Association (EHRA). Heart Rhythm. 8(8): p. 1308–39

[29] Cerrone M, Priori SG (2011) Genetics of sudden death: focus on inherited channelopathies. Eur Heart J. 32(17): p. 2109–18

[30] Crotti L (2011) Genetic predisposition to sudden cardiac death. Curr Opin Cardiol. 26(1): p. 46–50

[31] Engberding R. et al. (2010) Isolated non-compaction cardiomyopathy. Dtsch Arztebl Int. 107(12): p. 206–13

[32] Ferrari P, Bianchi G (2000) The genomics of cardiovascular disorders: therapeutic implications. Drugs. 59(5): p. 1025–42

[33] Ganesh SK et al. (2013) Genetics and genomics for the prevention and treatment of cardiovascular disease: update: a scientific statement from the American Heart Association. Circulation. 128(25): p. 2813–51

[34] Gerull B. et al. (2004) Mutations in the desmosomal protein plakophilin-2 are common in arrhythmogenic right ventricular cardiomyopathy. Nat Genet. 36(11): p. 1162–4

[35] Hershberger RE et al. (2009) Genetic evaluation of cardiomyopathy – a Heart Failure Society of America practice guideline. J Card Fail. 15(2): p. 83–97

[36] Hershberger RE et al. (2010) Coding sequence rare variants identified in MYBPC3, MYH6, TPM1, TNNC1, and TNNI3 from 312 patients with familial or idiopathic dilated cardiomyopathy. Circ Cardiovasc Genet. 3(2): p. 155–61

[37] Hoedemaekers, Y.M. et al. () Cardiac beta-myosin heavy chain defects in two families with non-compaction cardiomyopathy: linking non-compaction to hypertrophic, restrictive, and dilated cardiomyopathies. Eur Heart J, 2007. 28(22): p. 2732–7

[38] Maron BJ, Maron MS, Semsarian C (2012) Genetics of hypertrophic cardiomyopathy after 20 years: clinical perspectives. J Am Coll Cardiol. 60(8): p. 705–15

[39] Morimoto S (2008) Sarcomeric proteins and inherited cardiomyopathies. Cardiovasc Res. 77(4): p. 659–66

[40] Noseworthy PA, Newton-Cheh C (2008) Genetic determinants of sudden cardiac death. Circulation. 118(18): p. 1854–63

[41] Priori SG, Zipes DP (2006) Sudden cardiac death. A handbook for clinical practice. Blackwell Publishing

[42] Probst S et al. (2011) Sarcomere gene mutations in isolated left ventricular noncompaction cardiomyopathy do not predict clinical phenotype. Circ Cardiovasc Genet. 4(4): p. 367–74

[43] Richard P et al. (2003) Hypertrophic cardiomyopathy: distribution of disease genes, spectrum of mutations, and implications for a molecular diagnosis strategy. Circulation. 107(17): p. 2227–32

[44] Roden D (2009) Cardiovasciular genetics and genomics. Blackwell Publishing

[45] Sen-Chowdhry S et al. (2010) Mutational heterogeneity, modifier genes, and environmental influences contribute to phenotypic diversity of arrhythmogenic cardiomyopathy. Circ Cardiovasc Genet. 3(4): p. 323–30

[46] Sidhu, J. and R. Roberts, Genetic basis and pathogenesis of familial WPW syndrome. Indian Pacing Electrophysiol J, 2003. 3(4): p. 197–201

[47] Weber KT, Brilla CG (1991) Pathological hypertrophy and cardiac interstitium. Fibrosis and renin-angiotensin-aldosterone system. Circulation. 83(6): p. 1849–65

[48] Friehs I et al. (2013) Pressure-overload hypertrophy of the developing heart reveals activation of divergent gene and protein pathways in the left and right ventricular myocardium. Am J Physiol Heart Circ Physiol. 304(5): p. H697–708

[49] Asakura M, Kitakaze M (2009) Global gene expression profiling in the failing myocardium. Circ J. 73(9): p. 1568–76

[50] Levy D. et al. (2009) Genome-wide association study of blood pressure and hypertension. Nat Genet. 41(6): p. 677–87

[51] Cooper GT (1987) Cardiocyte adaptation to chronically altered load. Annu Rev Physiol,. 49: p. 501–18

[52] Yamazaki T, Komuro I, Yazaki Y (1999) Role of the renin-angiotensin system in cardiac hypertrophy. Am J Cardiol. 83(12A): p. 53H–57H

[53] Prockop DJ, Kivirikko KI (1995) Collagens: molecular biology, diseases, and potentials for therapy. Annu Rev Biochem. 64: p. 403–34

[54] Sugden PH, Bogoyevitch MA (1995) Intracellular signalling through protein kinases in the heart. Cardiovasc Res. 30(4): p. 478–92

[55] McPherson R. et al. (2007) A common allele on chromosome 9 associated with coronary heart disease. Science. 316(5830): p. 1488–91

[56] International Consortium for Blood Pressure Genome-Wide Association, S. et al. (2001) Genetic variants in novel pathways influence blood pressure and cardiovascular disease risk. Nature. 478(7367): p. 103–9

[57] Consortium CAD et al. (2013) Large-scale association analysis identifies new risk loci for coronary artery disease. Nat Genet. 45(1): p. 25–33

[58] Schunkert H et al. (2011) Large-scale association analysis identifies 13 new susceptibility loci for coronary artery disease. Nat Genet. 43(4): p. 333–8

[59] Williams RR et al. (1990) Genetics of hypertension: what we know and don't know. Clin Exp Hypertens A. 12(5): p. 865–76

[60] Thews G, Vaupel P (2005) Vegetative Physiologie, mit 64 Tabellen. 5., aktualisierte Aufl. ed. Berlin [u. a.]: Springer. XV, 619 S

[61] Rubert M, Zipes DP (2012) Genesis of Cardiac Arrhythmias: Electrophysiologic Considerations, in Braunwald's Heart Disease – A Textbook of Cardiovascular Medicine, M. R.O. Bonow, D.L, Zipes, D.P., Libby, P., Editor. Elsevier Saunders: Philadelphia. p. 653–684

[62] Piper H (2007) Herzerregung,in Physiologie Des Menschen: Mit Pathophysiologie, L. R.F. Schmidt, F., Editor. Springer: London

[63] Olshansky B, Sullivan RM (2013) Inappropriate sinus tachycardia. J Am Coll Cardiol. 61(8): p. 793–801

[64] Opie LH, Hasenfuss G (2012) Mechanisms of Cardiac Contraction and Relaxation, in Braunwald's Heart Disease – A Textbook of Cardiovascular Medicine, M. R.O. Bonow, D.L., Zipes, D.P., Libby, P., Editor. Elsevier Saunders: Philadelphia. p. 459–486

[65] Berbalk A, Boldt F, Hansel J, Horstmann T, Huonker M, Löllgen H, Mooren F-C, Nührenbörger C, Schmitt H, Urhausen A (2007) Leitlinie. Vorsorgeuntersuchung im Sport. Available from: http://www.dgsp.de/_downloads/allgemein/leitlinie_vorsorgeuntersuchung_4.10.2007-1-19.pdf

[66] Löllgen H, Graham T, Sjogaard G (1980) Muscle metabolites, force, and perceived exertion bicycling at varying pedal rates. Med Sci Sports Exerc. 12(5): p. 345–51

[67] Froelicher VF, Myers J (2006) Exercise and the Heart. 5 ed. 2006: Saunders

[68] Kokkinos P et al. (2010) Exercise capacity and mortality in older men: a 20-year follow-up study. Circulation. 122(8): p. 790–7

[69] Vanhees L et al. (1994) Prognostic significance of peak exercise capacity in patients with coronary artery disease. J Am Coll Cardiol. 23(2): p. 358–63
[70] Löllgen H (2003) Primärprävention kardialer Erkrankungen: Stellenwert der körperlichen Aktivität. Deutsches Ärzteblatt. 100(15): p. A–987/B–828/C–773
[71] Gielen S, Schuler G, Adams V (2010) Cardiovascular effects of exercise training: molecular mechanisms. Circulation. 122(12): p. 1221–38
[72] Drexler H et al. (1992) Alterations of skeletal muscle in chronic heart failure. Circulation. 85(5): p. 1751–9
[73] Weisman IM, Zeballos RJ (2001) Clinical exercise testing. Clin Chest Med. 22(4): p. 679–701, viii
[74] Garber CE et al. (2011) American College of Sports Medicine position stand. Quantity and quality of exercise for developing and maintaining cardiorespiratory, musculoskeletal, and neuromotor fitness in apparently healthy adults: guidance for prescribing exercise. Med Sci Sports Exerc,. 43(7): p. 1334–59
[75] Rowell LB (1986) Human circulation regulation during physical stress. London: Oxford University Press
[76] Scharhag J, Löllgen H, Kindermann W (2013) Herz und Leistungssport: Nutzen oder Schaden? Deutsches Ärzteblatt. 110: p. 1–2
[77] Niess AM.e.a. (2002) Freie Radikale und oxidativer Stress bei körperlicher Belastung und Trainingsanpassung – Eine aktuelle Übersicht. Deutsche Zeitschrift für Sportmedizin. 53(12): p. 345–353
[78] Vina J et al. (2012) Exercise acts as a drug; the pharmacological benefits of exercise. Br J Pharmacol. 167(1): p. 1–12
[79] Bachl, N., Kinzlbauer, M., Tschan, H., Metabolische Größen – Grundlagen, in Ergometrie. Belastungsuntersuchungen in Klinik und Praxis, E. H. Löllgen, E., Gitt, A., Editor. 2009, Springer
[80] Völker K (2012) Bewegung im Alltag zur Prävention und Therapie. 53. 6(671–677)
[81] Hambrecht R et al. (2003) Regular physical activity improves endothelial function in patients with coronary artery disease by increasing phosphorylation of endothelial nitric oxide synthase. Circulation. 107(25): p. 3152–8
[82] Wienbergen H, Hambrecht R (2012) Physical exercise training for cardiovascular diseases. Herz. 37(5): p. 486–92
[83] Saltin B, Gollnick PD (1983) Skeletal Muscle Adaptability: Significance for Metabolism and Performance
[84] Steinacker JM, Wang L, Lormes W, Reißnecker S, Liu Y (2002) Strukturanpassungen des Skelettmuskels auf Training. Deutsche Zeitschrift für Sportmedizin. 53(12): p. 354–360
[85] Wolfarth B (2002) Genetische Polymorphismen bei hochtrainierten Ausdauerathleten – die Genathlete-Studie. Deutsche Zeitschrift für Sportmedizin. 53(2): p. 338–344
[86] Bloch W, Suhr F, Zimmer P (2012) Molekulare Mechanismen der Herz- und Gefäßanpassung durch Sport. Einfluss von Epigenetik, Mechanotransduktion und freien Radikalen. Herz. 37(5): p. 508–517
[87] Cheng TO (2009) Hypertrophic cardiomyopathy vs athlete's heart. Int J Cardiol. 131(2): p. 151–5
[88] La Gerche A et al. (2012) Exercise-induced right ventricular dysfunction and structural remodelling in endurance athletes. Eur Heart J. 33(8): p. 998–1006
[89] Sheikh N, Sharma S (2014) Impact of ethnicity on cardiac adaptation to exercise. Nat Rev Cardiol. 11(4): p. 198–217
[90] Sharma S (2003) Athlete's heart – effect of age, sex, ethnicity and sporting discipline. Exp Physiol. 88(5): p. 665–9
[91] Chandra N et al. (2013) Sudden cardiac death in young athletes: practical challenges and diagnostic dilemmas. J Am Coll Cardiol. 61(10): p. 1027–40
[92] Rimensberger C et al. (2014) Right ventricular adaptations and arrhythmias in amateur ultra-endurance athletes. Br J Sports Med. 48(15): p. 1179–84
[93] Zaidi A et al. (2013) Physiological right ventricular adaptation in elite athletes of African and Afro-Caribbean origin. Circulation. 127(17): p. 1783–92
[94] Utomi, V. et al. (2014) Predominance of normal left ventricular geometry in the male "athlete's heart". Heart. 100(16): p. 1264–71
[95] Williams PT, Franklin BA (2013) Reduced incidence of cardiac arrhythmias in walkers and runners. PLoS One. 8(6): p. e65302
[96] Huonker M et al. (2003) Size and blood flow of central and peripheral arteries in highly trained able-bodied and disabled athletes. J Appl Physiol (1985). 95(2): p. 685–91
[97] Miyachi, M. et al. () Unfavorable effects of resistance training on central arterial compliance: a randomized intervention study. Circulation, 2004. 110(18): p. 2858–63
[98] Steinacker J (2009) Energieliefernde Systeme und Laktat in der Ergometrie, in Ergometrie. Belastungsuntersuchungen in Klink und Praxis, E. H. Löllgen, E., Gitt, A., Editor. Springer: Berlin Heidelberg. p. 213–227
[99] Pedersen BK, Febbraio MA (2012) Muscles, exercise and obesity: skeletal muscle as a secretory organ. Nat Rev Endocrinol. 8(8): p. 457–65
[100] Pries AR, Secomb TW, Gaehtgens P. The endothelial surface layer. Pflugers Arch. 2000 Sep;440(5):653–66.

Muskelapparat

Henning Wackerhage, Marlene Hofmann, Barbara Wessner

5.1 Myogenese – Die Entstehung der Muskelzelle – 106
5.1.1 Satellitenzellen – 106
5.1.2 Aktivierte Satellitenzellen und Proliferation zu Myoblasten – 109
5.1.3 Differenzierung zu Muskelfasern – 109
5.1.4 Regeneration – 111
5.1.5 Zelltod – 111

5.2 Molekularer Aufbau der Muskelzelle – 114
5.2.1 Die kontraktile Einheit – das Sarkomer – 115
5.2.2 Proteine des Sarkomers – 115
5.2.3 Extrazelluläre Matrix – 117

5.3 Der Muskel als Energiewandler – 120
5.3.1 Energiestoffwechel im Muskel – 120

5.4 Muskelfasertypen – 122

5.5 Überblick bewegungsinduzierter Signalwege – 125

Literatur – 126

N. Bachl, H. Löllgen, H. Tschan, H. Wackerhage, B. Wessner (Hrsg.),
Molekulare Sport- und Leistungsphysiologie,
https://doi.org/10.1007/978-3-7091-1591-6_5

Der Muskel ist neben dem Gehirn das wichtigste Sportorgan. Die Motorzentren im Gehirn und Rückenmark innervieren über Motoneurone die Muskelfasern, um die 640 Muskeln im menschlichen Körper zu aktivieren. Es wird geschätzt, dass es im Rückenmark ≈ 120.000 Motoneuronen gibt, die ≈ 100 Millionen Muskelfasern innervieren [1].

Dieses Kapitel beschreibt den Lebenszyklus der Muskelzelle sowie die Struktur und den molekularen Aufbau der quergestreiften Muskulatur. Dabei werden Faktoren beschrieben, die von der Differenzierung der muskulären Stammzelle (Satellitenzelle) bis zur ausgeprägten Muskelfaser auf diese Einfluss nehmen. Außerdem ist die molekulare Reaktion der Muskulatur auf außergewöhnliche Umwelteinflüsse wie Verletzungen und deren Reparatur bzw. Regeneration Teil dieses Einführungskapitels. Darüber hinaus werden Aspekte aus der klassischen Muskel- und Sportphysiologie diskutiert. Dies beinhaltet die Thermodynamik und den Energiestoffwechsel des Muskels, die Funktion von α-Motoneuronen und den unterschiedlichen Muskelfasertypen bei einer Kontraktion.

Der Muskelapparat und im Speziellen der Aufbau der Muskelzelle sowie die umliegenden Strukturen (extrazelluläre Matrix) sollen somit auf molekularer Ebene vorgestellt werden.

5.1 Myogenese – Die Entstehung der Muskelzelle

Das „Organ" Muskel, und die Muskelzelle im Spezifischen, ist ein hoch komplexes Gewebe, das eine Vielzahl von Aufgaben im menschlichen Organismus übernimmt. Der Prozess der Entstehung des Muskels, die Myogenese, wird in verschiedene Phasen unterteilt [2]:

- embryonale Phase,
- pränatale Phase,
- adulte Phase.

Die folgenden Abschnitte beschäftigen sich mit der adulten Phase der Myogenese. Die embryonale und pränatale Phase sollen an dieser Stelle daher nur kurz erwähnt sein, um wichtige Endpunkte der Phasen aufzuzeigen:

Aus dem Mesoderm entwickeln sich in der embryonalen Phase die ersten Muskelfasern. Diese dienen als Vorlage für die Weiterentwicklung des Muskelgewebes. Die sehr wenig untersuchte pränatale Phase der Myogenese beinhaltet eine anfängliche und extensive Proliferation myogenetischer Vorläufer, die bis zur Erreichung der benötigten Anzahl von Myonuclei anhält. Hat die myofibrilläre Proteinsynthese ihren Höhepunkt erreicht, stellen diese myogenetischen Vorläufer ihren Umsatz ein und werden so zu ruhenden Satellitenzellen [3].

In ◘ Abb. 5.1 wird ein Überblick über die Phasen der adulten Myogenese gegeben und molekulare Faktoren der zeitlichen Abfolgen zugewiesen. Diese Abbildung dient zum besseren Verständnis der folgenden Abschnitte.

Myonuclei erwachsener Menschen können sich nicht mehr teilen. Daher werden externe Zellkerne benötigt, wenn Muskeln wachsen oder repariert werden müssen. Die Frage ist daher: Woher kommen diese externen Zellkerne, die mit existierenden Muskelfasern verschmelzen können oder die neue Muskelfasern bilden können?

5.1.1 Satellitenzellen

Die Produktion von neuen Myonuclei ist ausgelagert und wird von sogenannten Satellitenzellen übernommen. Satellitenzellen sind die Haus-Stammzellen von Muskelfasern. Es wird vermutet, dass zwischen 1,4 und 7,3% von allen Zellkernen im Muskel die Zellkerne von Satellitenzellen sind [4]. Satellitenzellen wurden von Alexandra Mauro und Bernhard Katz in Studien am Elektronenmikroskop an Muskelfasern entdeckt [5,v6]. In ihrer Publikation beschreibt Mauro Satellitenzellen als Zellen, die zwischen der Basal Lamina und der Membran der Muskelfasern quasi eingequetscht sind. Wegen dieser Position hat Mauro diese Zellen als Satellitenzellen bezeichnet [5]. Mauro bemerkte, dass ruhende Satellitenzellen fast nur aus Zellkern bestehen und dass sie nur wenig Zytoplasma haben. Sie stellte die im Nachhinein korrekte Hypothese auf, dass die Muskelreparatur eine Funktion der Satellitenzellen ist.

Bevor in den nächsten Abschnitten der Frage nachgegangen wird, ob Satellitenzellen für die Hypertrophie nach Krafttraining und Regeneration nach Verletzung essentiell sind, wollen wir erst die molekularen Mechanismen besprechen, die das

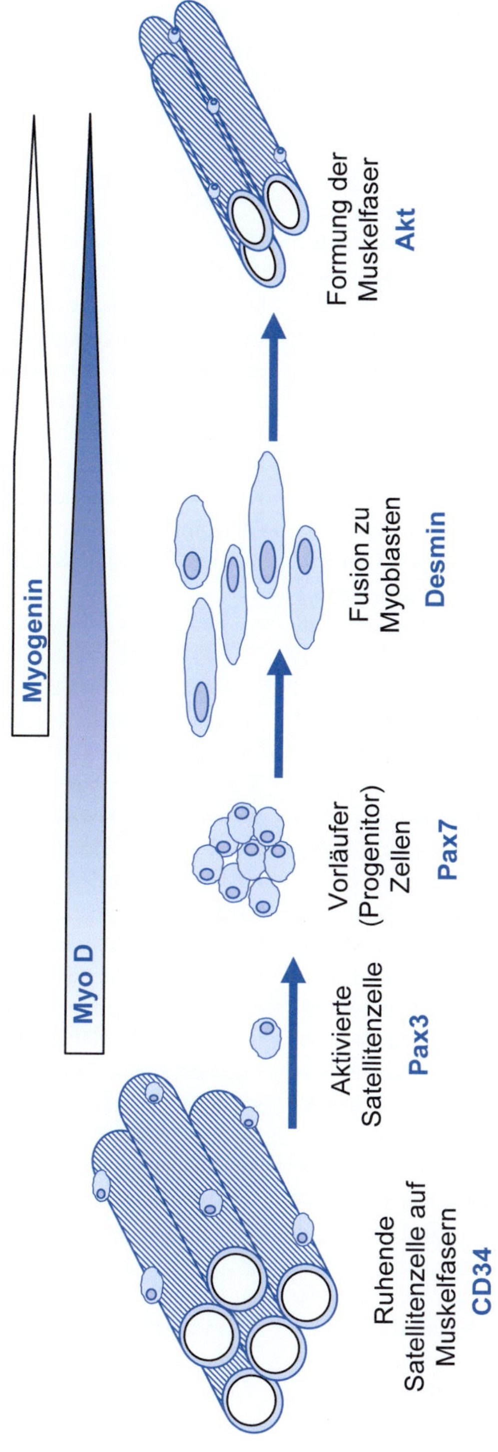

Abb. 5.1 Phasen der Myogenese mit vorherrschenden Faktoren.

Schicksal von Satellitenzellen regulieren und für die Myogenese verantwortlich sind. Die Myogenese vollzieht sich, wie beschrieben, nicht nur während der embryonalen Entwicklung, sondern auch wenn Satellitenzellen auf Verletzungs- und Wachstumsstimuli reagieren.

In den ersten Experimenten zur molekularen Myogenese wurde gezeigt, dass 5-Azacytidine Nicht-Muskelzellen (hier Fibroblasten) in Muskelzellen (Myoblasten) umwandeln konnte. Die Muskel-machende Chemikalie, 5-Azacytidine, verringert die Methylierung von DNA, was ein epigenetischer Regulationsmechanismus ist. Naiv suggeriert dies, dass 5-Azacytidine Regionen im Genom freigibt, die normalerweise nur während der Muskelentwicklung offen sind und reguliert werden können. In den Muskelzellen fanden die Autoren, dass neue Gene exprimiert wurden, die sie MyoA, B, C und so weiter nannten. Bei dieser Suche identifizierten sie den Transkriptionsfaktor MyoD, der, wenn künstlich in der Zelle produziert, Fibroblasten in Muskelzellen umwandeln konnte [7].

Das Team demonstrierte später, dass MyoD Nerven-, Fett- und Leberzellen in Myoblasten umwandeln konnte [8]. Nach der Entdeckung von MyoD identifizierten andere Teams bald Myf5, Mrf4 (Myf6) und Myogenin als weitere Transkriptionsfaktoren mit einer MyoD ähnelnden Basic Helix-Loop-Helix (bHLH) Struktur, die die Myogenese an verschiedenen Punkten regulieren. Die MyoD-Genfamilie wird als Myogenic Regulatory Faktoren (MRFs) bezeichnet. In vivo wurde die Funktion der MRFs an transgenen Knock-Out-Mäusen untersucht. Zur Überraschung der Untersucher entwickelte sich in einer MyoD-Knock-Out-Maus die Muskulatur normal und MyoD verhinderte nicht – wie von vielen erwartet wurde – die Entwicklung der Muskulatur. Um dieses Phänomen weiter zu untersuchen, generierten die Forscher eine MyoD und Myf5 doppel Knock-Out-Maus und fanden, dass sich bei diesen Mäusen kein Muskel entwickelte, was demonstrierte, dass MyoD und Myf5 redundant sind [9]. Mit anderen Worten, MyoD ist ein genetischer Reservereifen für Myf5 und andersherum, was nicht überraschend ist, wenn man die Wichtigkeit dieser Transkriptionsfaktoren für die Muskelentwicklung kennt.

Das mit MyoD und Myf5 von der Struktur her verwandte Myogenin hat eine andere Funktion als MyoD und Myf5. Myogenin wird später während der Myogenese exprimiert und reguliert die Fusion von Myoblasten zu sogenannten Myotubes, die die Vorläufer von vollständig entwickelten Muskelfasern sind [9, 10].

Wie funktionieren die Myogenic Regulatory Faktoren?

MyoD und die anderen Faktoren binden sich mit ihrer Helix-Loop-Helix Domäne an spezifische, kurze DNA-Sequenzen, die E-Boxen genannt werden. Darüber regulieren sie die Transkription, indem sie RNA-Polymerase-II zum ersten Codon eines Gens rekrutieren. Es wurde geschätzt, dass MyoD sich an 60.000 Stellen im Genom bindet [11]. Als wahrscheinliche Folge öffnet MyoD die DNA vieler Muskelgene, sodass RNA Polymerase diese Gene finden und entweder direkt oder nach einem weiteren Regulationsschritt transkribieren kann [11].

Was ist die Funktion der Myogenic Regulatory Factors bei der Regulation von Satellitenzellen?

Myogenic Regulatory Factors sind in ruhenden Satellitenzellen nur wenig exprimiert, was sich erst bei der Aktivierung der Satellitenzellen zum Beispiel nach Verletzung oder Krafttraining ändert. Deshalb muss die Identität von Satellitenzellen von anderen Faktoren reguliert werden. Der wichtigste von diesen Faktoren wurde in einer Publikation 2000 charakterisiert und ist der sogenannte Paired-Box-Transkriptionsfaktor Pax7. Mäuse, bei denen das Pax7-Gen ausgeknockt ist, haben fast keine Satellitenzellen und wiegen nur die Hälfte. Dies zeigt, dass Pax7 für die Entwicklung und Identität von Satellitenzellen ein wichtiger Transkriptionsfaktor ist [12]. Pax7 ist auch einer der besten Marker für Satellitenzellen, da gute Antikörper zur Verfügung stehen.

Die Satellitenzellen durchlaufen verschiedene Stadien [13], um sich dann selbst zu erneuern oder zu differenzieren. Diese Phasen sind:

- **Quiescent oder ruhende Satellitenzellen:** Die meisten Satellitenzellen in einem unstimulierten, erwachsenen Muskel sind ruhend und exprimieren Pax7, jedoch nicht MyoD.
- **Aktivierte Satellitenzellen (= Myoblasten):** Das Hauptmerkmal der Satellitenzellaktivierung ist, dass Satellitenzellen zusätzlich zu Pax7 jetzt auch MyoD exprimieren und aktivierte Satellitenzellen sich teilen können.

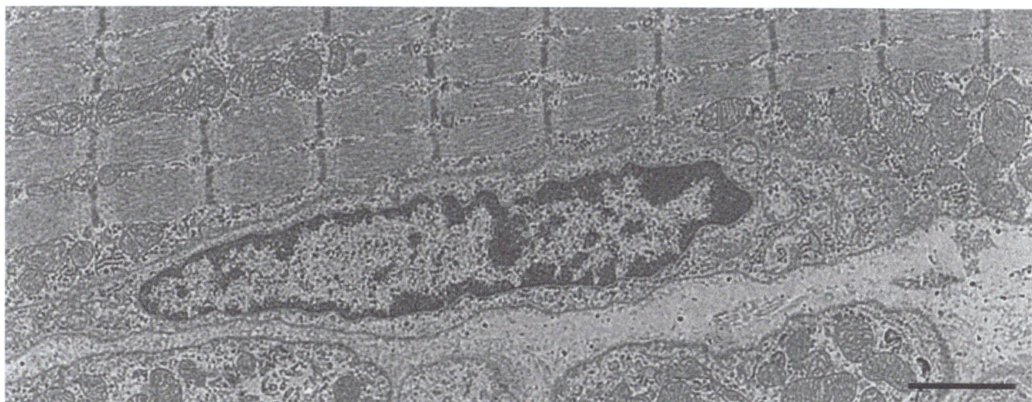

Abb. 5.2 Satellitenzellen auf Muskelfasern visualisiert mit einem Scanning Elektronmikroskop, 2 µm.

- **Selbst erneuernde Satellitenzellen:** Selbst erneuernde Satellitenzellen hören ebenfalls mit der Zellteilung auf und die Exprimierung von MyoD geht zurück.

Nach der Entdeckung der Myogenic Regulatory Factors und Pax7 war die nächste Frage, wie die Exprimierung dieser Faktoren durch Krafttraining oder Verletzung reguliert wird. Diese Frage ist in wesentlichen Punkten unbeantwortet. Wichtige Signalwege, die die Aktivierung von ruhenden Satellitenzellen regulieren, sind die Notch, Hippo, myostatin-Smad und Wnt Signalwege. Neuere Publikationen zeigen, dass Notch die ruhenden Satellitenzellen in diesem Zustand hält [14] und dafür sorgt, dass Satellitenzellen in ihre Nische zwischen der Basal Lamina und Zellmembran findet [15]. Im Gegensatz dazu sorgt Yap, ein wichtiges Element im Hippo-Signalweg, dafür, dass aktivierte Satellitenzellen sich teilen, und Yap muss deaktiviert werden, bevor Satellitenzellen Muskelfasern reparieren oder neu bilden können [16]. Myostatin hemmt die Aktivierung von Satellitenzellen und die Zellteilung [17], was ein Mechanismus ist, über den Myostatin Muskelwachstum hemmen kann, besonders nach der Geburt, wenn Satellitenzellen für das Längenwachstum von Muskeln entscheidend sind. Im Gegensatz zu Myostatin aktivieren Smad 1, 3 und 5 und der Wnt-Signalweg wie Yap die Zellteilung von aktivierten Satellitenzellen und hemmen die Differenzierung [18, 19]. Es ist ungeklärt, welche Signale diese Signalwege nach Verletzung und Krafttraining regulieren und warum mehrere Signalwege eine ähnliche Funktion haben. Mehrere Immun- und Wachstumsfaktoren wurden als potenzielle Regulatoren der obigen Signalwege und daher von Satellitenzellen identifiziert, doch insgesamt ist das Bild noch unklar [20].

5.1.2 Aktivierte Satellitenzellen und Proliferation zu Myoblasten

Nach Verletzung oder durch Krafttraining werden Satellitenzellen aktiviert, wobei die Satellitenzellen aus ihrer Nische durch die Basal-Lamina ausbrechen und mit bis zu 60 µm/h die Muskelfaser auf- und abwandern (in Zellkultur gemessen [21]) (Abb. 5.2). Das Hauptmerkmal der Satellitenzellaktivierung ist, dass Satellitenzellen zusätzlich zu Pax7 jetzt auch MyoD exprimieren. Aktivierte Satellitenzellen können sich zu diesem Zeitpunkt in zwei Richtungen entwickeln: Entweder differenzieren sie und verschmelzen mit existierenden Muskelfasern oder bilden neue, oder sie erneuern sich selbst und kehren in den Ruhezustand zurück.

5.1.3 Differenzierung zu Muskelfasern

Die Differenzierungsphase mit der Bezeichnung der Stadien der Vorläufer der Muskelzelle ist in zwei Phasen eingeteilt. Die frühe Phase der Differenzierung kennzeichnet sich durch die Rekrutierung der Myoblasten zu zusammenhängenden Myozyten. Die späte Phase der Differenzierung ist durch die Fusion der Myozyten zu Muskelfasern gekennzeichnet. Eine optimal ablaufende Differenzierungsphase ist entscheidend für Muskelwachstum und die Regeneration von Muskelfasern nach Verletzungen. Sehr früh wurde bereits beobachtet, dass Myoblasten extrazelluläres Kalzium zur topographischen Veränderung der Zelloberfläche und der zytoskelettalen Organisation benötigen. Aktuelle Studien zeigten auch auf molekularer Ebene, dass verschiedenste Oberflächen- und intrazelluläre Proteine das Signal zur Fusion der Myoblasten induzieren [22]. Die nächsten Abschnitte beschreiben bekannte Signalmechanismen zur Stimulation der Myoblasten-Fusion:

▪ Integrine

Integrine oder auch Adhesionsmoleküle, die als Transmembranproteine maßgeblich an der Signalübertragung beteiligt sind, kommen in den Untereinheiten α und β auf der Plasmamembran vor. Sie erlauben das Anhaften von anderen Zellen oder an die extrazelluläre Matrix. Eines der Moleküle, das die Signalübertragung der Integrine vermittelt, ist FAK (focal adhesion kinase; protein tyrosine kinase). Quach et al. (2009) beobachteten einen Anstieg der Phosphorylierung von FAK während der moygenetischen Differenzierung. Inhibiert man diese Phosphorylierung von FAK, können Myoblasten nicht fusionieren; dennoch wird die Expression von Genen, die der Differenzierung zugeordnet werden, nicht beeinträchtigt. Dies lässt vermuten, dass FAK die morphologischen Parameter der Myogenese kontrolliert [23]. Caveolin-3 und das Integrin β1D sind weitere Proteine, die durch FAK erhöht werden, und im Prozess der Fusion involviert sind. Die genauen Mechanismen, die zur Rekrutierung von FAK und Aktivierung von Integrinen führen, sind noch nicht zur Gänze erforscht. Eine Isoform der Proteinkinase C (PKC, Isoform PKCθ), welche in Muskelzellen vorhanden ist, könnte für diese Phosphorylierung verantwortlich sein.

▪ MAPKs

Einer der meist beschriebenen Signalwege in diesem Zusammenhang ist der der MAP-Kinasen (mitogen-activated protein kinase). Dazu werden auch die ER-Kinasen 1 und 2 (extracellular signal-regulated kinase 1/2), die c-Jun N-terminal Kinasen (JNK), das Protein 38 (p38) und ERK5 gezählt [24]. Dabei wurde sowohl der positive, als auch die negative Einfluss dieser Faktoren auf den Signalweg aufgedeckt [22]. Dinev et al. (2001) erforschten die wichtige Rolle von ERK5 im Prozess der Differenzierung mit Hilfe von C2C12-Zellkulturen. Man konnte beobachten, dass ERK5 während der Differenzierungsphase der Myoblasten erhöht ist und so die Aktivität von Cdkn1a (cyclin dependent kinase inhibitor; p21) und My11 erhöhen [25]. Darüber hinaus phosphoriliert ERK5 MyoD (myoblast determination protein 1) und Mef2C (myocyte enhancer factor 2C) in vitro. Blockt man ERK5, wird die Expression von Genen, die der Differenzierung zugehörig sind, wie MyoD, Myogenen und p21, erniedrigt.

Hindi et al. (2013) zeigen dennoch große Lücken in diesem Signalweg auf. Beispielsweise ist noch immer unklar, was genau den initiierenden Stimulus, der zur Aktivierung von ERK5 während der Myogenese führt, definiert und welche Rolle dieser bei der Regeneration von verletzten Muskelfasern spielt [22].

▪ Calcineurin-NFATc

Der Kalzium-induzierte Signalweg der Differenzierung beinhaltet die Transkriptorfaktoren der NFAT-Familie (NFATc1 bis -c4). Sie regulieren die Gentranskription zu Proliferation, Zellüberleben und Differenzierung in einer Vielzahl von Zelltypen [26, 27]. Eine Erhöhung der intrazellulären Kalzium-Konzentration bewirkt die Aktivierung von Serin und Theonin Phosphatase Calcineurin, welche NFATc dephosphorilisieren und die Einschleusung in den Zellkern der NFATc und somit die Regulation der Transkription ermöglichen [27]. Dabei spielt vor allem NFATc2 eine wichtige Rolle. Diese Isoform wandert nach der frühen Phase der Fusion in den Nukleus und ist dort essentiell für die nachfolgende Verschmelzung von Muskelzellen. Neben Kalzium aktivieren auch weitere Stimuli NFATc2, um die Fusion der Myoblasten zu initiieren. Beispielsweise induziert Prostaglandin F2α (PGF2α) die Myotuben-Formation in IL-4-mangelnden Zellen. Des Weiteren wird beschrieben, dass Wachstumshormone (growth hormone, GH) die Aktivität von NFATc2 in Zellkulturen erhöhen [28].

Die *Differenzierung von Myoblasten ist im Zusammenhang mit Muskelwachstum und Hypertrophie nach Krafttraining* eine der wichtigsten Phasen zur Adaptation. Guerci et al. (2012) untersuchten den Transkriptorfaktor SRF (serum response factor;

c-fos serum response element-binding transcription factor), welcher in Hypertrophie-induzierten Signalen involviert ist. Eine gezielte Beseitigung des Gens Srf, welches SRF kodiert, bewirkt eine Inhibierung der trainingsinduzierten Hypertrophie in adulten Muskelfasern und beeinträchtigt die Proliferation von Satellitenzellen und deren Fusion mit bereits bestehenden Muskelfasern [29]. Die Fusion der Myoblasten wird durch SRF-induzierte Mobilisierung von IL-6 und IL-4 nach mechanischer Belastung vorangetrieben. Jedoch wird IL-4 nicht direkt durch SRF reguliert, sondern über Steigerung der Expression von Cox2 (cyclooxygenase-2). SRF wird jedoch für die Aktivierung des IGF-1 (insulin-like growth factor-like 1)-Akt Signalweges (▶ Kap. 8 Wachstumsfaktoren), einem wichtigen Hypertrophie-Mediator, nicht benötigt. Die Studie von Guerci et al. (2012) weist auch auf die Bedeutung der Satellitenzellenfusion als limitierender Faktor im Zusammenhang mit Hypertrophie hin.

Das Wissen bezüglich Differenzierung zur Muskelfaser basiert wie auch beschrieben zum Großteil auf Experimenten mit Zellkulturen oder Tierstudien und bedarf Untersuchungen am Menschen, um gesicherte Aussagen zu treffen.

5.1.4 Regeneration

Die große Kapazität eines Muskels zur Reparatur war schon seit dem 19ten Jahrhundert bekannt [30]. Die regenerative Kapazität des Muskels wurde am besten von Studitsky demonstriert, der ganze Muskeln entnahm, sie homogenisierte und zeigte, dass das Homogenat – wenn zurückverpflanzt – sich teilweise regenerieren konnte. Bei der Homogenisierung wurde eine Schere genommen und bei der Prozedur müssen die Satellitenzellen intakt geblieben sein [31]. Dieses Experiment zeigte, wie gut sich die Skelettmuskulatur selbst reparieren kann, und Satellitenzellen waren die Hauptkandidaten als die Zellen, die den Muskel regenerieren.

Jedoch warf eine Publikation von einem italienischen Team Zweifel an der Hypothese auf, dass die Regeneration von Muskeln nach Verletzung von Satellitenzellen abhing. Das italienische Team demonstrierte eindeutig, dass Zellen aus dem Knochenmark Muskeln regenerieren können [32]. Daher stellte sich die Frage, ob Zellen aus dem Knochenmark die wichtigsten Zellen waren, die die Regeneration nach Verletzung bewirken. Und wenn dies wahr sein sollte, waren Satellitenzellen nur die kleinen Fische bei der Muskelregeneration?

Diese Frage wurde durch mehrere Experimente beantwortet. Als erstes wurde demonstriert, das die Muskelregeneration durch Knochenmarkszellen ein seltenes Ereignis war [33]. Zweitens wurde demonstriert, dass Satellitenzellen wahre Stammzellen sind, die sich selbst erneuern und effizient in Muskelfasern differenzieren können [34]. In dieser Studie untersuchte die Forschungsgruppe erst, ob sich Satellitenzellen selbst erneuern und differenzieren können, da dies die zwei Kriterien für Stammzellen sind. Experimentell demonstrierte das Team aus London dies, indem sie Muskelfasern mit Satellitenzellen transplantierten. Die transplantierten Satellitenzellen hatten ein Marker-Gen, das entweder bei Selbsterneuerung oder Differenzierung (Reparatur) eine blauen Punkt hinterließ [34]. Die Forschungsgruppe fand, dass die transplantierten Satellitenzellen sich selbst erneuerten und differenzierten. Darüber hinaus fanden sie, dass Selbsterneuerung und Differenzierung keine seltenen Ereignisse waren. Damit bestieg die Satellitenzelle wieder den Thron der Muskelstammzelle, wie es in einem Editorial beschrieben wurde. In dem eindrucksvollsten Experiment zu diesem Thema transplantierten Forscher eine einzige Satellitenzellen und fanden, dass diese eine Zelle zwischen 20.000 und 80.000 neue Satellitenzellen produzieren konnte [35]. Zusammengefasst sind Satellitenzellen die wichtigsten Stammzellen im Muskel. Es gibt andere Stammzellen, die im Prinzip die Skelettmuskulatur erneuern können, doch ihre Kapazität zur Reparatur ist minimal mit den möglichen Ausnahmen von Perizyten und Mesoangioblasten in Blutgefäßen.

5.1.5 Zelltod

Zelltod gehört wie die Reifung und Entwicklung zum Zyklus eine Zelle und ist für die Funktion eines Organismus essentiell. Im Allgemeinen werden zwei Arten von Zelltod unterschieden: einerseits der vom System gewünschte oder programmierte Zelltod, die Apoptose; andererseits die Nekrose. Beide Arten des Zelltodes laufen jedoch nach einem kontrollierten Programm ab, wobei bei der Nekrose, die beispielsweise mit einer Verletzung einhergeht, geschädigte Zellen in einem „Notfallprogramm" beseitigt werden müssen, und die Nekrose von einer Entzündung und somit einer Immunreaktion begleitet wird. Die Apoptose hingegen wird gezielt induziert und tritt bei vielen physiologischen und pathologischen Situationen auf. Das Apoptosesignal inhibiert aktiv das der Nekrose; ist das Apoptosesignal jedoch nicht erfolgreich (z. B. apoptoseresistente Tumorzellen), kann der Mechanismus der Nekrose einspringen [36].

■ Apoptose – der programmierte Zelltod

Der Prozess der Apoptose wird als energieabhängiger und genetisch regulierter Vorgang der Zellelimination ohne eine begleitende Inflammation beschrieben. Die Apoptose wird durch spezifische Todessignale oder durch das Ausbleiben von Überlebenssignalen (Tod durch Vernachlässigung) ausgelöst [36]. Bei der Entwicklung einer Zelle können die im Zellzyklus definierten Checkpoints bei einer fehlerhaften Entwicklung das Tumorsuppressorprotein p53 aktivieren und somit sowohl einen Zellzyklusarrest als auch die Apoptose induzieren. Bei einer gereiften Zelle kann die Apoptose grundsätzlich durch zwei Mechanismen ausgelöst werden: einerseits extern, durch Rezeptoren an der Zelloberfläche, aber auch intern durch das Mitochondrium.

Die Apoptose auslösenden Oberflächenrezeptoren werden als TNF-Rezeptoren (Tumor-Nekrose-Faktor) beschrieben. Ein Vertreter dieser Rezeptoren ist *Fas* (CD95). Binden Fas-Liganden als Trimere an die Fas-Rezeptoren, wird im zytoplasmatischen Teil des Rezeptors die Kettenreaktion der Todesdomäne (death domain; DD) in Gang gesetzt. Ein weiteres Schlüsselprotein in dieser Kaskade ist FADD (fas-associated adaptor protein containing death domains). Dieses besitzt eine sogenannte bestimmte Domäne (death effector domain – DED), die an die DED der Protease Caspase 8 bindet. Somit wird durch Annäherung der Caspasen und die Spaltung dieser eine proteolytische Kettenreaktion ausgelöst, die zur Apoptose der Zelle führt [37].

Wird die Zelle nicht mehr mit wichtigen Überlebenssingale (z. B. Wachstumsfaktoren, Zytokinen) versorgt, wird die Mitochondrienmembran instabil und Cytochrom C tritt ins Zytosol aus. Die Membranstabilität des Mitochondriums wird unter anderem von der Proteinfamilie Bcl2 bestimmt. Darin gibt es Mitglieder, die proapoptotisch wirken (z. B. Bax, Bad) und die Hemmung der Apoptose bewirken (z. B. Bcl2, $BclX_L$). Dieses Gleichgewicht ist oft ausschlaggebend für das Überleben der Zelle. Ist dieses zellinterne Signal der Apoptose ausgelöst, bindet Cytochrom C an Apaf (apoptosis-activating factor) und aktiviert somit die assoziierte Caspase 9 und in weiterer Folge Caspase 3 [37].

Beide Mechanismen aktivieren die bereits erwähnten Caspasen. Caspasen sind Proteasen mit einem Cystein, daher werden sie auch Cysteinproteasen genannt. Ihre Hauptfunktion besteht darin, die Peptidbindung C-Terminal von Asparat zu spalten. Davon leitet sich auch die englische Bezeichnung ab: **c**ysteinyl-**a**spartate **s**pecific **prot**e**ase**. Beide Signalwege haben die Caspase 3 als gemeinsame Schlüsselcaspase. Wird diese gespalten, aktiviert sie eine Effektorcaspase, die weitere intrazelluläre Substrate (z. B. PKC, Gelsolin) proteolytisch spaltet. Letztendlich gelangt durch die Spaltung des Substrats der Caspase 3, ICAD (Inhibitor of caspase-activated DNase), CAD in den Zellkern, wo sie Doppelstrangbrüche zwischen den Nukleosomen induziert. Dies führt zum unweigerlichen Tod der Zelle und in weiterer Folge zur Vorbereitung zum Abtransport der aufgespaltenen Reste der Zelle [37].

Die weiteren morphologischen Veränderungen der Zelle sind beim Apoptoseprogramm sehr typisch. Bei der Apoptose wird – im Gegensatz zur Nekrose – die Zellmembran nicht zerstört. Ist der programmierte Zelltod eingeleitet, schrumpft die Zelle und es kommt zu einer Fragmentierung der Zelle. Bei diesem aktiven und energieverbrauchenden Prozess der Zelle entstehen die typischen apoptotischen Körperchen, die unter dem Mikroskop erkennbar sind. In diesen Körperchen befinden sich die Organellen, umhüllt von einer intakten Membran, die so zum Abtransport bzw. Recycling bereit sind [36].

Die Elimination von apoptotischen Zellen wird neben den Makrophagen auch durch die Autophagie (auch Makroautophagie oder Autophagozytose) ermöglicht. Die Autophagie ist ein katabolischer Prozess zum Abbau und Recyceln von Zellorganellen und Proteinen. Somit ist die Autophagie die letzte Phase zur Beseitigung einer nicht funktionierenden oder toten Zelle. Dieser wichtige Recyclingprozess ist in allen Geweben des menschlichen Organismus relevant für die Reinigung von kranken oder toten Zellen. Daher beschreiben manche Autoren die Autophagie auch als eigenständige Form des Zelltodes [38].

Die Autophagie hat neben der Fragmentelimination auch andere wichtige Funktionen in der Aufrechterhaltung eines gesunden Organismus. Vor allem bei der Entstehung pathologischer Prozessen bzw. bei der Beseitigung von beschädigten Zellorganellen wird der Autophagie eine kritische Rolle zugeschrieben. Je ökonomisierter dieser Recyclingprozess funktioniert, desto weniger entstehen kranke Zellen, wie es bei Krebs, neurodegenerativen und Immunerkrankungen der Fall ist. Darüber hinaus wird der Autophagie eine große Rolle im Alterungsprozess zugeschrieben (▶ Kap. 14 Alter).

Erst seit kurzem wird die *Autophagie im Zusammenhang mit Sport* intensiver erforscht. Dabei konnte beobachtet werden, dass Sport die Autophagie in Muskeln von Mäusen induziert und somit einen wichtige Rolle bei der physiologischen Anpassung an sportliche Reize einnimmt. Eine Schlüsselfunktion wird hierbei dem Enzym AMPK (activated protein kinase – AMP) zugeschrieben. Als Energiesensor fungiert es als Organisator zur Ökonomisierung der Energieverteilung in der Zelle. Darüber hinaus werden durch einen gut funktionierenden Autophagieprozess „ausgediente" Mitochondrien schneller ersetzt und somit verläuft die Energieproduktion in einer Muskelzelle effizienter [39].

Es existieren mehrere Zugänge, um die Zellapoptose zu detektieren. Der grundsätzliche Zugang dieser Techniken basiert jedoch auf der morphologischen Änderung der Zelle durch den Vorgang der Apoptose an sich. Dies kann per Mikroskopie, Western Blotting, Gel Elektrophorese zur DNA-Musterbestimmung, ELISA und Durchflusszytometrie-Analyse passieren.

Methoden INFO: Detektion von Apoptose durch Durchflusszytometrie

Die **Durchflusszytometrie** basiert auf dem Prinzip der Zellmarkierung durch Immunfluoreszensen. Eine Analyse von Zellsuspensionen mit sogenannten fluorochrom-markierten monoklonalen Antikörpern wird durch FACS-Geräte (fluorenscence activated cell sorter) ermöglicht. Mit Hilfe dieser Maschinen können Zellen (auch durch gleichzeitige Mehrfachfärbung) innerhalb weniger Minuten auf Zellcharakterisierungen, Rezeptor/Ligand-Wechselwirkungen und Funktionsanalysen bzw. Toxizitätsmessungen analysiert werden. Je nach Zustand bzw. Phänotyp der Zelle binden die Antikörper an bestimmte Oberflächenproteine der Zelle. Diese Oberflächenproteine sind spezifisch für die Art der Zelle und verändern sich auch je nach Zustand der Zelle, wie es beispielsweise bei der Apoptose der Fall ist. Die sogenannte CD-Klassifizierung (cluster of differentiation) der Oberflächenproteine macht die Analyse der Zellen somit eindeutig.

Vereinfacht beschrieben werden Zellen mit den gewünschten Antikörpern inkubiert, ungebundene Antikörper werden durch „Waschen" (Zentrifugation) entfernt und in einer bestimmten Menge an Flüssigkeit suspendiert. Diese Zellsuspension wird durch eine enge Flow-Kammer gesaugt, und so kann jede einzelne Zelle durch einen Laserstrahl analysiert werden. Je nach Streuung des Laserlichtes werden mit Hilfe von Photodetektoren auch Größe und Granularität der Zellen analysiert. Hinsichtlich der Apoptose verwendet man unter anderem das Fluorochrom-Annexin V, welches an Phosphatidylserin (PS) bindet, das sich an der Membran der geschädigten bzw. bereits apoptischer Zelle befindet. Um eine genauere Differenzierung von nekrotischer bzw. apoptotischer Zellen zu definieren, wird oft zusätzlich mit Propidium Iodid (PI) gefärbt, da PI nur an nekrotischen Zellen bindet.

Mit Hilfe der Durchflusszytometrie wird vor allem die Apoptose von Immunzellen detektiert. Apoptose wird aber auch in Muskelzellen induziert. Bei Herzmuskelzellen wurde Apoptose vor allem bei Ischämie und bei Reperfusionsverletzungen detektiert [40], wie es beispielsweise bei einem Herzinfarkt der Fall ist. Durch den wiederkehrenden Blutfluss wandern aktivierte Leukozyten und freie Sauerstoffradikale (reactive oxygen species – ROS) in das Gewebe ein. ROS schädigen die DNA durch Oxidation von Purin-, Pyrimidin-Basen und Guanin und können somit auch einen programmierten Zelltod induzieren. Ca^{2+} spielt bei der Initiierung des Zelltodes durch Reperfusionsverletzungen auch eine Rolle. Dies betrifft vor allem das interne, durch das Mitochondrium ausgelöste Signal der Apoptose. Durch die Reperfusion kommt es zu einer Akkumulation des intrazellulären Ca^{2+}. Die ATP-Produktion im Mitochondrium wird somit herabgesetzt und die Energiequelle der Zelle versiegt [40].

Apoptose in Muskelzellen wurde auch unter nicht pathologischen Bedingungen beobachtet. Bei der Atrophie aufgrund einer zu geringen Reizbelastung der Muskelfaser kommt es zu einer Ökonomisierung, bei der bestimmte Zellen nicht mehr gebraucht werden und somit durch Apoptose eliminiert werden. Aber auch extreme (exzentrische) Belastungen, die auf die Muskelfaser wirken, können zu hohen Stress (z. B. ROS) bzw. auch Verletzungen (z. B. Reperfusion) auslösen und somit die Apoptose induzieren.

Nekrose

Im Allgemeinen beschreibt die Nekrose den pathologischen Tod der Zelle, wie es beispielsweise bei traumatischen Ereignissen wie Verletzungen oder Verbrennungen der Fall ist. Der nekrotische Tod einer Zelle wurde lange Zeit als Gegenstück zur Apoptose und somit als unkontrollierter, durch physikochemischen Stress induzierter Tod der Zelle beschrieben. Es konnte jedoch gezeigt werden, dass auch die Nekrose einem kontrollierten Programm unterliegt [36].

Wie auch bei der Apoptose kann der Tumor-Nekrose-Faktor (TNF) je nach Zelltyp über TNFR1 auch Nekrose induzieren. Dabei schreiben Schartl et al. (2009) der Serin/Threonin-Kinase (RIP1) und dem Adapterprotein TRAF2 eine Schlüsselrolle zu. Sie vermitteln die Aktivierung der NADPH-Osidase NOX1, die in der Lage ist, ROS zu produzieren. Durch ROS kommt es zur Hyperaktivierung der poly(ADP-ribose)-Polymerase 1 (PARP1) und zur Aktivierung der cJun-N-terminalen Kinase (JNK), die wiederum mitochondriale Fehlfunktionen auslösen können. Darüber hinaus induziert RIP1 auch die PIDD-vermittelte NF-kappaB-Aktivierung (▶ Kap. 10 Immunsystem). An dieser Stelle sei jedoch erwähnt, dass, obwohl manche Mechanismen bzw. Signalketten bei Apoptose und Nekrose ähnlich verlaufen, die beiden Prozesse nicht parallel laufen können. So inhibiert die Initiatorcaspase der Apoptose beispielsweise RIP1 und inaktiviert somit den nekrotischen Zelltod.

Ist die Nekrose induziert, verläuft der Prozess ähnlich der Apoptose in morphologisch erkennbaren Phasen ab. Kennzeichen dafür sind:

- die Schwellung der Zelle,
- der Verlust der Membranintegrität,
- die Freisetzung des Zellinhalts,
- der Verlust der Organellen und
- der Abbau der DNA durch Endo- und Exonucleasen [36].

5.2 Molekularer Aufbau der Muskelzelle

Muskelgewebe ist eines der am häufigsten vorkommenden Gewebearten des menschlichen Körpers. Drei verschiedene Muskelarten kann man hinsichtlich Kontrolle, Zellstruktur und Vorkommen unterscheiden. Die unwillkürliche glatte Muskulatur kommt vor allem in Darm, Blase, Blutgefäßen und den Atemwegen vor. Die willkürlich kontrahierende quergestreifte Skelettmuskulatur ist zur Bewegung der Extremitäten erforderlich, und die unwillkürlich quergestreifte Herzmuskulatur nimmt eine Sonderstellung in den Arten der Muskulatur ein, da diese auf den Herzmuskel beschränkt ist.

Dieses Kapitel beschäftigt sich ausschließlich mit der Skelettmuskulatur, welche uns erst willentliche Bewegung und die Aufrechterhaltung unserer Körperhaltung ermöglicht. Die Muskelzelle enthält zusätzlich zu den essentiellen Zellbestandteilen (Zellmembran, Zellplasma, Ribsomen, Golgi-Apparat, endoplasmatisches Retikulum, Lysosomen, Mitochondrien und Zellkern) die im Sarkoplasma befindlichen Struktur- und Regulatoreiweiße (z. B. Aktin und Myosin) sowie Enzyme des (anaeroben) Energiestoffwechsels und Myoglobin.

Skelettmuskeln sind in Bündeln organisiert und durch die Faszie (Perimysium), eine Art Bindegewebshaut, zusammengefasst. Die Faszie ist von Ansatz bis Ursprung des Muskels gespannt und über Sehnen an den Knochen befestigt. Einzelne Bündel von Muskelzellen werden von einer weiteren Faszie (Fasciculus) umfasst und durch das Endomysium unterteilt. Aufgrund der Anordnung der Muskelzellen in langen Kanälen werden diese auch als Muskelfasern bezeichnet. Betrachtet man Muskelfasern unter einem Elektronenmikroskop, erscheinen diese als gestreift. Dieses Muster entsteht durch die Anordnung der Proteine, wie sie in ▶ Abschn. 5.2 beschrieben werden. Aus diesem Grund wird die Skelettmuskulatur auch als quergestreift bezeichnet. Eine Muskelzelle kann sich über die gesamte Muskellänge erstrecken und wird jeweils von einem Motoneuron innerviert. Über die motorische Endplatte der Nervenzelle löst dieses mit Hilfe von Acetylcholin eine Kontraktion aus (▶ Kap. 6 Nervensystem). Motoneuronen innervieren am Sarkolemm, der Membran der Muskelzelle, welche die einzelnen Myofibrillen umspannt.

Da sich eine Muskelzelle aus mehreren fusionierten Myoblasten entwickelt (▶ Kap. 2.2), besitzt die Muskelzelle mehrere Zellkerne. Dies stellt eine Besonderheit der Muskelzelle dar [41]. Im Inneren einer Muskelzelle befinden sich vor allem Sarkoplasma (Zytoplasma der Muskelzelle),

Mitochondrien, Myoglobin, mehr als 15.000 Zellkerne und ca. 1.000 längsgeordnete Myofibrillen, die eine Dicke von ca. 1–3 µm aufweisen [41]. Die Muskelzelle kann in einzelne seriell geschaltete Einheiten unterteilt werden – die Sarkomeren –, in denen die Kontraktion stattfindet, und wird als Segment der Myofibrille zwischen zwei Z-Scheiben definiert [42–44, 41].

5.2.1 Die kontraktile Einheit – das Sarkomer

Betrachtet man eine Skelett-Muskelfaser unter dem Elektronenmikroskop, erscheint diese als Streifen, was durch die Ausrichtung der zytoskelettalen Proteine zu Stande kommt. Das etwas dunklere A-Band, indem vor allem die kontraktilen Filamente Aktin und Myosin zusammengefasst werden, alterniert mit dem helleren I-Band. Die dem I-Band zugeordnete Z-Linie trennt die einzelnen etwa 1,5 µm langen Sarkomere (■ Abb. 5.3) [43, 44].

Allgemein wird das Sarkomer in Bänder bzw. Linien unterteilt. Das A-Band umfasst den C-Streifen und das H-Band, sowie die M-Linie. Im I-Band befindet sich die Z-Linie (auch Z-Scheibe), die die einzelnen Sarkomere abgrenzt. Das an der M-Linie befestigte Myosin-Filament zieht bei der Kontraktion das an der Z-Linie befestigte Aktin näher und verkleinert somit das Sarkomer. Der Querschnitt einer Myofibrille zeigt die dünnen Filamente der Aktin-, Tropomyosin- und Troponin-Proteine und die dicken Filamente des Myosin-Proteins. Diese überlagern sich in den einzelnen Bändern. Um den fein koordinierten Ablauf der Kontraktion zu ermöglichen, benötigt es einiger weiterer Proteine.

5.2.2 Proteine des Sarkomers

Die Proteine, die das Zytoskelett der Muskelzelle formen, werden in der Literatur unterschiedlich unterteilt. Als „primäre" Proteine werden das dünnere Aktinfilament und das dickere

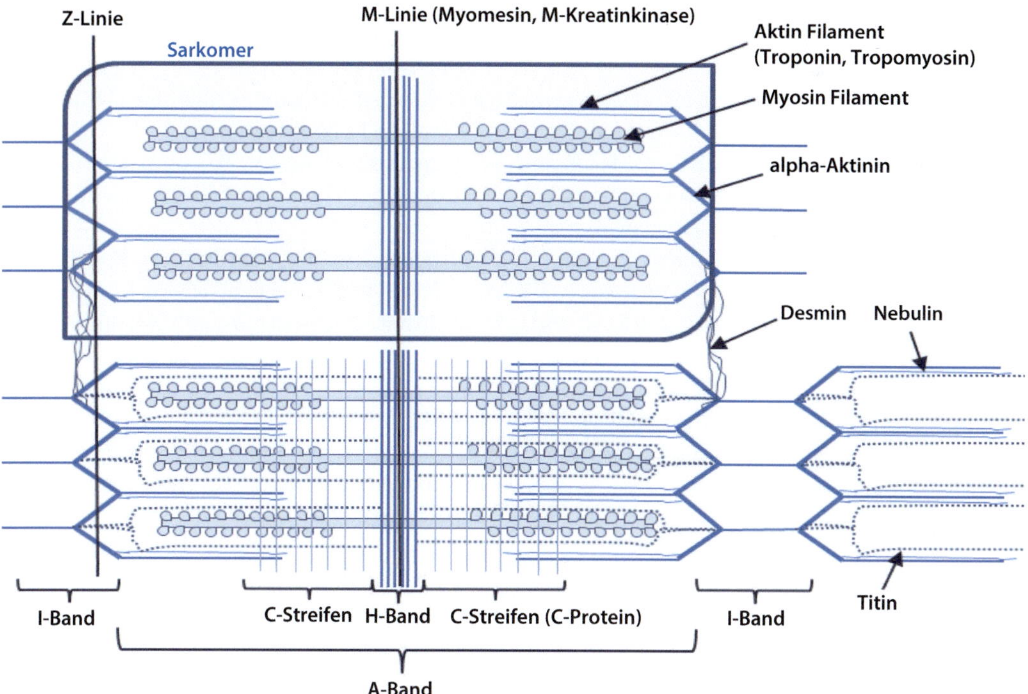

■ **Abb. 5.3** Schematischer Aufbau des Sarkomers (modifiziert nach Hoppeler u. Billeter (2003), mit freundlicher Genehmigung [42]).

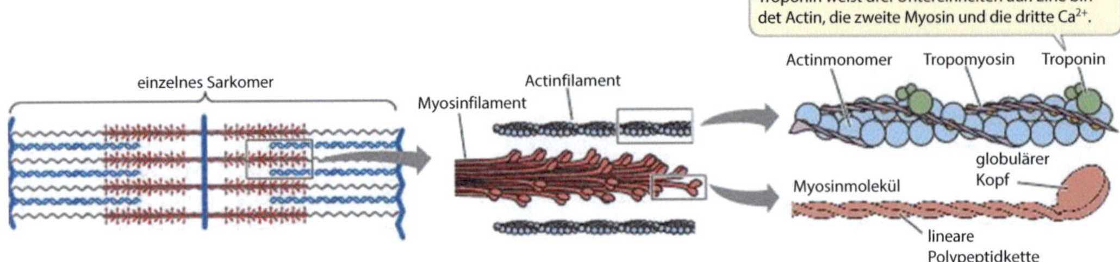

Abb. 5.4 Aufbau von Aktin und Myosin [84].

Myosinfilament beschrieben. Dem Aktinfilament werden darüber hinaus Aktin-assoziierte Proteine zugeschrieben, wie zum Beispiel das Troponin und das Tropomyosin. Weitere Proteine, die vor allem für die Zusammenfügung der einzelnen Sarkomere zuständig sind (z. B. Desmin), werden als intermediäre Proteine bezeichnet [40, 44]. Das Protein Titin nimmt aufgrund der Länge Sonderstellung dar. Kleinere Proteine, wie zum Beispiel Dystrophin und Talin, stellen die Verknüpfung zu den Kollagenfilamenten der Faserhülle dar. Im Folgenden werden die wichtigsten Proteine des Sarkomers detaillierter nach Lage, Aufbau und Eigenschaften beschreiben:

Myosin

Das dominante Myosin (ca. 15 nm; 520 kDa) nimmt die Hälfte der gesamten Protein-Masse des Sarkomers ein und ist auf Grund der Größe leicht zu isolieren (Abb. 5.4). Es bildet ca. 300–400 parallel angeordnete Myosinmoleküle mit je einem Myosinköpfchen am Ende, das Myosinfilament. Das Köpfchen besteht aus insgesamt sechs Einheiten: zwei großen Einheiten („heavy chain"; je 220 kDa) und vier leichten Einheiten („light chains"; je 20 kDa). Das Myosinfilament ist an der M-Linie verankert und bindet bei der Kontraktion an das Aktinfilament. Laut Mougios [41] können drei biologische Eigenschaften unterschieden werden:

- *Eigenformung*: Myosin ist in der Lage, sich je nach pH-Wert der Lösung, in der es sich befindet, selbst in die filamentäre Form zu bringen. Bei einem physiologischen pH-Level von 0,3 mol L^{-1} formt sich das intakte Filament.
- *Enzym Aktivität*: Myosin hydrolisiert ATP zu ADP und P_i. Diese Enzym- Fähigkeit macht Myosin zu einer ATPase, was zur Kontraktion unbedingt benötigt wird (► Kap. 2.5).
- *Bindung an Aktin*: Myosin bindet an die polymerisierte Form von Aktin, das Hauptprotein des Aktinfilaments. Dies macht die Kontraktion überhaupt möglich.

Aktin

Aktin ist die Hauptkomponente des Aktinfilaments und in zwei Formen vorhanden. Als Monomer bei niedriger Ionenkonzentration wird es als G-Aktin (globulär), bei gesteigerter Ionenkonzentration als F-Aktin (faserig, fadenförmig) bezeichnet.

Wie in Abb. 5.4 zu sehen, setzt sich das Aktinfilament außerdem noch aus *Tropomyosin* und dem *Troponin-Komplex* zusammen.

Der Troponin-Komplex setzt sich aus den drei Subeinheiten des Troponins zusammen [43]:

- Troponin I – bindet an Aktin
- Troponin T – bindet an Tropomyosin
- Troponin C – bindet an Calzium Ionen

Das Tropomyosin umspannt die Aktin-Proteine, um die Stabilität des Filaments zu sichern. Ein Aktinfilament (36 nm; 42 kDa) ist mit dem α-Aktinin verbunden und somit an der Z- Linie verankert.

α-Aktinin

α-Aktinin bindet das Aktinfilament an die Z-Linie. Laut Hoppeler u. Billeter [42] enthalten Z-Linien „langsamerer" Typ-I-Muskelfasern mehr α-Aktinin als „schnelle" Typ-II-Muskelfasern. Zusammen mit den Proteinen Aktin, Dystrophin, Talin und Vinculin spielt α-Aktinin eine wichtige Rolle in der Verankerung des Zytoskeletts an Strukturen des Sarkolemmas (Costamere). Des Weiteren spielen diese fünf Proteine eine wichtige Rolle in der Kraftübertragung auf das Endmysium [43].

Nebulin

Nebulinfilamente verlaufen parallel zu Aktinfilamenten [44] und dienen als Längenmaß beim Aufbau des dünnen Filaments. Sie sind an der Z-Linie verankert und außerdem für die Stabilisierung des Sarkomers mitverantwortlich [42].

Desmin

Desmin verbindet die längs und quer angrenzenden Z-Linien miteinander und ist somit ein wichtiger Bestandteil der quergestreiften Anordnung von Z-Linie und A-Band. Durch die ringförmige Ausrichtung des Desmins um die Z-Linie ist es auch für den mechanischen Schutz in transversaler Richtung zuständig [44]. Betrachtet man Muskelfasern, die durch beispielsweise exzentrisches Krafttraining beschädigt worden sind, erkennt man vor allem die zerstörte Z-Linie in den Sarkomeren.

Titin

Das Titin-Filament besteht aus statischen und elastischen Regionen und ist zwischen der Z- und der M-Linie befestigt. Durch diese Lage ist das Titin für die Stabilität des Myosinfilaments auch während der Kontraktion verantwortlich [43]. Bei einer Kontraktion hat das Titin die Funktion einer Feder, die die Sarkomere wieder in ihre Ausgangslänge zusammenziehen. Jeweils 6 Titinfilamente sind mit einem Myosinfilament assoziiert und wachsen mit steigender Hypertrophie des Muskels, somit steigt bei auch die Ruhespannung des Muskels [44].

C-Protein

Ähnlich wie die Aufgabe des Titins in der Längsachse ist das C-Protein für die Stabilisierung des Myosins in der vertikalen Achse verantwortlich. Laut Hoppeler u. Billeter [42] könnte es auch als Längenmaß beim Aufbau des dicken Filaments dienen.

M-Protein, Myomesin, M-Kreatin-Kinase

Die M-Linie setzt sich aus dem M-Protein, dem Myomesin und der M-Kreatin-Kinase zusammen. Dabei verankert das M-Protein das Myosinfilament und das Myomesin das Titinan der M-Linie.

Die M-Kreatin-Kinase liefert das ATP an das Kreatinphosphat in unmittelbarer Nähe der Myosinköpfe [42].

5.2.3 Extrazelluläre Matrix

Als extrazelluläre Matrix (extracellularmatrix – ECM) bezeichnet man das aus Makromolekülen bestehende Netzwerk, in das Gewebszellen und die versorgenden Strukturen eingebettet sind [45]. Im Allgemeinen verleiht die ECM dem Gewebe dadurch mechanische Stabilität, Widerstandsfähigkeit und Elastizität, wie es beispielsweise die Haut, Bänder, Sehnen, Knorpel, aber auch Knochen erfordern [40]. Aus biomechanischer Sicht hat die ECM die wichtige Aufgabe, einen Großteil der Belastung auf das Gewebe passiv abzufangen. Physiologisch stabilisiert die ECM Nerven- und Blutbahnen zwischen den Zellen. Darüber hinaus übernimmt die ECM auch einen wichtigen Teil der Kommunikation zwischen den Gewebszellen und den versorgenden Strukturen. Dabei trägt die ECM einen wichtigen Beitrag zu Adaptations- und Regenerationsvorgängen bei. Somit reagiert diese nicht nur auf pathologische Mechanismen der Zellen, sondern ist auch für die Funktion der Zelle verantwortlich [46]. Grundsätzlich lassen sich zwei Arten von Matrizen unterscheiden, die interstitielle Membranen oder auch das Bindegewebe des Zwischenraums, und die Basismembranen, die vor allem zwischen Mesenchym und Epithelien bzw. Endothelien vorkommen (wie z. B. Faszie des Muskels).

Es werden drei Hauptbestandteile der ECM unterschieden [47, 40, 46]:

Kollagene

Kollagen nimmt den größten Anteil der ECM des Muskels ein. Kollagene sind hoch spezialisierte Proteine, die bestimmte Merkmale eines Strukturproteins aufweisen [40]. Es werden zwei Klassen von Kollagenen im Muskel unterschieden, in denen man bestimmte Kollagene zusammenfasst:

a. Fibrillen formende Kollagene: Kollagene I, II, II, V und XI
b. Nicht-fibrilläre Kollagene: Kollagene IV, VI–X, XII–XIX, XXV, XXVI

Die einzelnen Kollagene sind in die Entwicklung der Muskelzelle involviert; dabei spielen vor allem die fibrillären Kollagene I und III im Endo-, Peri- und Epimysium eine wichtige Rolle [48]. Welche

Kollagene in welchen Geweben des Muskels zu welchen Anteilen genau vorkommen, ist noch unklar, da die Isolation der Gewebsschichten eine wissenschaftliche Herausforderung darstellt [46].

Glykoproteine

Die meisten Glykoproteine fungieren als Anknüpfungspunkt zwischen den Kollagenen (IV) und der Basismembran oder dem Sarkolem [46]. In der Literatur werden unterschiedliche Einteilungen der Glykoproteine vorgeschlagen, hier eine Auflistung laut Mooren und Völker [40]:

a. *Interstitielle Membran*: Fibronectin, Tenascin, Fibrillin, Elastin, Matrillin, Thrombospondin
b. *Basis Membran*: Laminin, Nidogen/Entactin, Fibulin

Das Fibronectin ist eines der am häufigsten untersuchten Glykoproteinen. Es kommt als lösliche Form im Blutplasma vor, und wird von Hepatozyten sezerniert. Als unlösliche Form trägt diese zur Stabilität der ECM durch die Vermittlung der Anlagerung an andere ECM-Moleküle bei. Diese koordinative Funktion spielt vor allem bei Regenerations- und Reparaturvorgängen eine wichtige Rolle [40].

Proteoglykane

Proteoglykane werden von Mooren u. Völker [40] als Subset großer Proteine der ECM beschrieben, die einen große Menge von speziellen Kohlehydraten (Glycosaminoglykane – GAG), an dem zentralen Protein gebunden, besitzen. Im Muskel beinhalten diese darüber hinaus auch Chondroitinsulfate und Heparansulfate. Des Weiteren bilden die Autoren Untergruppen der Proteoglykane bezüglich Eigenschaften und angehängter Aminosäure:

a. *kleine Leucin-reiche Proteoglykane (SLRPs):* Decorin, Biglycan, Fibromodulin, Lumican, Epiphycan,
b. *moduläre Proteoglykane, die nicht an Hyaluron binden:* Perlecan, Agrin, Testican,
c. *moduläre Proteoglykane, die an Hyaluron und Lektin binden:* Aggrecan, Versican, Neurocan, Brevican.

Durch die Interaktion der GAG mit Wasser können Proteoglykane auch mit anderen Zellen, Kollagenen, weiteren Proteinen der ECM und darüber hinaus auch mit Wachstumsfaktoren interagieren [40]. Wachstumsfaktoren wie beispielsweise TGF-β (transforminggrowth faktor-β) oder bFGF (basicfibroblastgrowthfactor) werden mit Hilfe der negativ geladenen GAG-Gruppe gespeichert und freigesetzt [46].

Doch viele Autoren betonen die Forschungslücken in der Thematik der ECM, da der Fokus rezenter wissenschaftlicher Studien sich doch primär auf die kontraktilen Elemente der Muskelzelle konzentrierte und neue biochemische Methoden die genaue Erforschung überhaupt möglich machen.

Spezielle Aspekte der extrazellulären Matrix des Muskels

Wie bereits beschrieben, übernimmt die ECM auch wichtige physiologische Aufgaben. Im speziellen Hinblick auf das Muskelgewebe ist die ECM nicht nur für die Versorgung, sondern auch für die Entwicklung der Muskelzellen – von Differenzierung bis Zelltod und darüber hinaus (Abtransport) – verantwortlich [45]. Biomechanisch betrachtet, limitieren die Faszien die Expansion des Muskels bzw. der Muskelzellen während der Bewegung. Darüber hinaus spielen die unterschiedlichen ECM des Muskels eine fundamentale Rolle in der Kraftübertragung von Zelle zu Zelle, aber auch von Sehne auf Muskel [49]. Deshalb sollten Muskel, Muskelzellenbündel bzw. Muskelzellen mit ihrer angrenzenden ECM als unzertrennlicher Komplex gesehen und auch als solcher weiter untersucht werden. Gilbert et al. (2010) bewiesen mit Hilfen einer Muskel-Stammzellen-Kultur auch, dass die ECM für die Entwicklung dieser Stammzellen (Satellitenzellen) ausschlaggebend ist. Über die Hauptbestandteile der ECM hinaus (Kollagene, Proteoglykane und Glykoproteine) werden in der Literatur auch ECM-Rezeptoren beschrieben. Zellen, in diesem Kontext vor allem Muskelzellen, binden an die ECM über zellspezifische Oberflächenrezeptoren [45]. Dabei werden Dystroglycane, Syndecane und Integrine am häufigsten beschrieben.

Dystroglycan wurde im Skelettmuskel als Teil des Glykoprotein-Komplexes entdeckt, wird aber nun als universelles transmembranes Protein beschrieben, das auch im Nervensystem und anderen Epithelien wichtige Funktionen übernimmt [51]. Aufgebaut ist das Dystroglycan aus zwei Subeinheiten (α- und β-Dystroglycan), welche von einem einzelnen Gen synthetisiert werden (Dag1) [45]. Als Adhäsions-Molekül übernimmt Dystroglycan zwei Funktionen: Einerseits den physischen Zusammenhang zwischen ECM und Zytoskelett, um Stabilität während der Kontraktion zu gewährleisten; andererseits fungiert Dystroglycan auch als Signalüberträger von außerhalb der Zelle ins Innere [51].

Nach den Autoren Thorsteinsdottir et al. (2011) [45] werden vier unterschiedliche*Syndecane* beschrieben (syndecans 1–4). 1–3 werden bestimmten Geweben zugeordnet, Syndecan 4 wird universell exprimiert [52]. Syndecane können direkt an ECM-Moleküle binden oder auch an Wachstumsfaktoren. Mit relativ großen und flexiblen Glykosaminoglykan-Ketten stellen sie einen idealen Rezeptor für Liganden dar.

Integrine bestehen aus nicht-kovalent gebundenen Heterodimeren und werden zur Familie der transmembranen Glykoproteine gezählt [52]. Sie werden ebenfalls in α- und β-Einheiten unterteilt. Bis jetzt sind 18 α- und 8 β-Einheiten in Säugetieren beschrieben worden. Aus diesen Kombinationen wurden bereits 24 unterschiedliche Integrine benannt, welche je für einen oder mehrere ECM Moleküle als Rezeptor dienen. Dabei werden 8 α- und 2 β-Ketten direkt mit der Skelettmuskel-Entwicklung in Zusammenhang gebracht [45].

Diese Einteilung der ECM-Ebenen bezieht sich mehr auf eine anatomische Einteilung als auf eine strukurelle, da Studien zur genaueren Differenzierung der gewebsspezifischen Zusammensetzung noch weitgehend fehlen [46]. Dennoch soll hier eine kurze Beschreibung der muskelspezifischen Matrizen zum Verständnis dienen:

Endomysium Das Endomysium umhüllt einzelne Muskelzellen mit einem hochspezialisiertem geordneten Netzwerk. Purslow und Trotter [53] fanden heraus, dass diese sich mit der Verlängerung der Sarkomere nicht-linear deformieren. Die Autoren schließen daraus, dass sich die Kraft durch die Geometrie des Netzwerks bei Kontraktionen nur durch die Scherkräfte des Endomysiums überträgt. Diese Studien wurden vorwiegend an Katzen und Rindern durchgeführt und sind fast 20 Jahre alt. Auch ähnlich detaillierte Studien an Mäusen wurden bereits durchgeführt. Dabei wurde die Existenz sogenannter „Patches" erforscht, die sich zwischen den Muskelzellen gruppiert organisierten. Ob diese Ergebnisse auch für den menschlichen Muskel übertragbar sind, bedarf neuerer Studien.

Permysium Das Permysium umschließt ein Bündel von Muskelzellen. Aufgrund der anatomischen Nähe zum Endomysium ist es technisch sehr schwierig, diese Gewebsarten zu differenzieren. Die Menge von Permysium im Muskel variiert in den verschiedenen Körperregionen sehr stark. Die Masse des Permysiums nimmt 0,43–4,6% des Trockengewichts des Muskels aus [54]. Ein wesentlicher Unterschied zum Endomysium besteht in der Kollagenzusammensetzung. Das Perimysium besteht aus einer geringeren Menge an elastischen Fasern. Vor allem der Kollagen-Typ-I, der im Endomysium nicht vorhanden ist, bringt dem Gewebe die notwendige Festigkeit gegenüber Zugkräften [49]. Passerieux et al. [55] identifizieren wichtige Funktionen des Permysiums:

- strukturelle Eindämmung der Muskelfaserbündel in Faszikel,
- Verbindung zwischen synergistischen Muskelfasern und dem angrenzenden Faszikel, um so die Kraft zur Sehne zu generieren,
- Anhaftung der längeren Kollagenfasern an die Muskelfasern über die gesamte Länge des Muskels und an Ansatz und Ursprung der Sehne,
- Unabhängigkeit der Funktion der Faszikel während der Kontraktion.

So übernimmt das Permysium einen wesentlichen-Teil der Kraftübertragung von Muskelzelle zu Muskelzelle und trägt zur Stabilität der Anordnung der Faserbündel bei.

Epimysium Die Möglichkeit der Sektion des Epimysiums alleine macht nicht nur mechanische Untersuchungen an diesem wesentlich einfacher. Das Epimysium umspannt den gesamten Muskel und besteht aus sehr großen Kollagenbündeln mit ähnlichen Strukturen, wie man sie in Sehnen beobachtet [56]. Somit definiert das Epimysium das Volumen eines Muskels und hält mit Hilfe der Muskelfaszie einen permanenten Tonus, um die intramuskulären Elemente zu stabilisieren [49]. Um trotzdem die notwendige Mobilität zu erhalten, ist in den kollagenen Elementen des Epimysiums auch Hyaluronsäure zu finden. Dies erlaubt den Kollagenfasern, wenn notwendig, im Gewebe zu gleiten.

▪ Adaptation der ECM

Training Die ECM des Muskels übernimmt wichtige Funktionen in der Kraftübertragung und im Zusammenhang mit der passiv elastischen Reaktion des Muskels. Deshalb liegt es nahe, dass sich strukturelle Anpassungen der ECM auf Ausdauer- bzw. Kraftbelastungsreize ergeben. Blutfluss, Sauerstoffnachfrage, Kollagen-Synthese und Metalloproteasen der Matrix erhöhen sich mit steigender Belastung. Auch die Transkription und die post-translationalen Anpassungen der Proteine der ECM sind nach sportlichen Belastungen gesteigert [57]. Studien zur akuten oder chronischen Adaptation der ECM durch Training beschränken sich hauptsächlich auf in vivo Tierstudien [40, 58]. Dabei ist zu erkennen, dass die Anpassung abhängig von der Belastungsart und spezifisch für einen Muskel ist. Der Fokus der Studien in diesem Zusammenhang liegt auf dem Metabolismus und der Expression der Kollagene; Proteoglykane und andere Glykoproteine der ECM des Muskels sind bis dato kaum untersucht.

Alter Die mechanischen Eigenschaften und Funktionen des Skelettmuskels nehmen mit zunehmendem Alter ab. Dies geschieht hauptsächlich durch die Abnahme der Muskelmasse und der kontraktilen Proteinen sowie die Einwanderung von Fettgewebe in den Muskel [58, 59]. Trappe [58] betont auch, dass die ECM des Muskels zu den Veränderungen im Altersgang beiträgt. Biochemische Veränderungen im Alter sind vor allem in der Biosynthese der Kollagen-Fasern, der Degradationsrate der unterschiedlichen Kollegen-Typen und der Bildung von Kollagen-Brücken, sogenannten „cross-links", zu erkennen [59]. Doch sind auch hier wissenschaftliche Studien ausständig und die wenigen widersprechen sich oft in ihren Ergebnissen, was nicht zuletzt an den unterschiedlichen Untersuchungsmethoden und Studiendesigns liegt. So stellen Gao et al. [56] basierend auf Studien mit Ratten eine Abnahme der Flexibilität des Epimysiums mit zunehmendem Alter fest. Rodrigues et al. [60] weisen auf eine Zunahme der elastischen Fasern mit der gleichzeitigen Abnahme der resistenten Fasern hin, und schlagen somit eine reduzierte Widerstandsfähigkeit der ECM im Alter vor. Sicherlich steht zur Diskussion, ob diese Veränderungen sich allein durch das Alter oder durch Inaktivität ergeben.

5.3 Der Muskel als Energiewandler

Der Skelettmuskel ist eine Maschine, der die chemische Energie der Nahrung zuerst in der ATP-Hydrolyse-Reaktion in chemische Energie in Form von ATP umwandelt. Im zweiten Schritt wird die chemische Energie der ATP-Hydrolyse-Reaktion während der Muskelkontraktion in mechanische Arbeit und Hitze umwandelt. Gemäß dem ersten Satz der Thermodynamik geht dabei keine Energie verloren. Der Muskel ähnelt daher einem Verbrennungsmotor, der die chemische Energie im Benzin in Arbeit und Hitze wandelt. Die Umwandlung der chemischen Energie in mechanische Energie ist nur wenig effizient. Zum Beispiel werden bei der Radergometrie nur 20–30% der chemischen Energie des ATP in mechanische Leistung gewandelt. Die restlichen 70–80% sind Hitze oder Wärmeenergie. Experimentell lässt sich das oben Gesagte relativ einfach bei der Radergometrie demonstrieren. Der chemische Energie-Input ist proportional zu der Sauerstoffaufnahme (VO_2 in l/min), denn pro Liter Sauerstoff werden ungefähr 20 kJ an Nahrungsenergie gewandelt. Der mechanische Energie-Output des Muskels pro Zeiteinheit ist die Leistung, die auf einem Fahrradergometer Watt (1 Watt = 1 Joule pro Sekunde) gemessen wird. Die mechanische Effizienz ist daher:

$$E = Em/(VO_2 \times 20\ kJ/min)$$

(E = Effizienz; Em = mechanische Energie in J/s (1 Joule/s = 1 Watt); VO_2 = Sauerstoffaufnahme in l/min)

5.3.1 Energiestoffwechel im Muskel

Der wichtigste ATP-Verbraucher im Muskel ist die ATPase des Myosins, die bei voller Aktivierung durch Ca^{2+} mit der Kontraktionsgeschwindigkeit der

Muskelfaser korreliert [61,62]. Die Reaktion, die von der Myosin ATPase und anderen ATP-verbrauchenden ATPasen katalysiert wird, lautet:

$ATP \rightarrow ADP + Pi$

Die Energie, die bei der Hydrolyse von einem mol ATP verfügbar wird, hängt von den Konzentrationen von ATP, ADP und Pi ab. Die sogenannte freie Energie der Reaktion ΔG_{ATP} ist umso höher, je größer die ATP-Konzentration und je niedriger die Konzentrationen von ADP und Pi sind. Die Formel lautet:

$\Delta G_{ATP} = \Delta G'0_{ATP} + RTln[ADP][Pi]/[ATP]$

(ΔG_{ATP} = Freie Energie der ATP-Hydrolyse (kJ. mol^{-1}); $\Delta G'0_{ATP}$ = Freie Energie unter Standardbedingungen (-31.8 kJ.mol^{-1}) [63]; R = Gaskontante (8,314 J.$mol^{-1}K^{-1}$), T = absolute Temperatur (310 K (37°C))

Unter zellulären Bedingungen in Ruhe ist ΔG_{ATP} um die -60 kJ.mol^{-1}. Das Minus-Vorzeichen besagt, dass 60 kJ.mol^{-1} verfügbar werden, wenn 1 mol ATP gespalten werden. Diese Energie kann dann in mechanische Energie oder Arbeit und Hitze gewandelt werden. Während der Muskelkonzentration mit zunehmender Ermüdung vermindert sich die ΔG_{ATP} (ΔG_{ATP} in Richtung 0 kJ.mol^{-1}) ein wenig und im toten Muskel erreicht ΔG_{ATP} nach einiger Zeit 0 kJ.mol^{-1}, da das ATP so lange sinkt und ADP und Pi so lange steigen, bis die ATP-Hydrolyse im chemischen Gleichgewicht ist. In einigen Publikationen wird geschrieben, dass bei einem mol ATP -31.8 kJ.mol^{-1} Energie frei werden, was falsch ist, da -31.8 kJ.mol^{-1} die Energie ist, die nur bei 1 mol ATP, 1 mol ADP und 1 mol Pi (die Konstante $\Delta G'0_{ATP}$ in der Formel) frei wird. Im ruhenden Muskel liegt die ATP-Konzentration jedoch bei etwa 8 mmol, ADP bei geschätzten ≈10–30 µmol und Pi bei ≈5–15 mmol und ΔG_{ATP} ist daher um die -60 kJ.mol^{-1} [64]. Da sich die ADP-Konzentration im mikromolaren Bereich bewegt und nicht verlässlich gemessen werden kann, sollte sie als eine grobe Annahme angesehen werden. Damit ist die ADP-Konzentration im ruhenden Muskel 100–1000 Mal niedriger als die ATP-Konzentration. Die Ursache dieses großen Konzentrationsunterschieds ist, dass das meiste ADP durch die ATP-Synthese-Reaktionen sofort wieder zu ATP rephosphoryliert wird. Dies stabilisiert die freie Energie der ATP-Hydrolyse ΔG_{ATP} und verhindert, dass die ATP-Konzentration selbst während intensiver Belastung signifikant absinkt.

Letzteres ist lebenswichtig, denn wenn ATP verbraucht ist oder genauer, wenn sich die ATP-Hydrolyse-Reaktion dem Gleichgewicht nähert (ΔG_{ATP} = 0 kJ.mol^{-1}), dann kommt es zur irreversiblen Totenstarre (Rigor Mortis).

Die relative Konstanz der ATP-Konzentration ist bemerkenswert, denn der ATP-Verbrauch kann beim Übergang von Ruhe zu einem maximalen, kurzen Tetanus ≈ 200-fach ansteigen [65]. Um die ATP-Konzentration relativ konstant zu halten, müssen daher die ATP-Synthesereaktionen innerhalb kürzester Zeit die ATP-Synthese um das 200-Fache steigern. Dies wird durch drei unterschiedlich schnell reagierende ATP-Synthesereaktionen erreicht. Die ATP-Synthesereaktionen sind, vereinfacht geschrieben [64]:

- **Lohmann-Reaktion**: PCr + ADP → ATP + Pi (sehr schnell; braucht Bruchteile einer Sekunde zur vollen Aktivierung. Phosphokreatin ist aber in weniger als einer Minute erschöpft)
- **Anaerobe Glykolyse**: Glukose/Glykogen + ADP → ATP + Laktat (schnell, braucht wenige Sekunden zur vollen Aktivierung und wird danach bald durch den sinkenden pH-Wert gehemmt)
- **Oxidative Phosphorylierung** (areob) in Mitochondrien: Glukose/Glykogen/Freie Fettsäuren + ADP + O_2 → ATP + CO_2 (die ATP-Synthese durch die oxidative Phosphorylierung braucht ≈ 3–5 min zur vollen Aktivierung und reduziert sich erst bei signifikantem Glykogenverbrauch)

Von den genannten Reaktionen ist die Lohmann-Reaktion, die von dem Enzym Kreatinkinase katalysiert wird, die wichtigste, um auch bei schnellen Änderungen die ATP-Hydrolyse stabil zu halten. Dies wird dadurch erreicht, dass die Aktivität der Kreatinkinase im Muskel hoch ist, und dadurch dass die Phosphatgruppen eine ≈ 100-mal höhere Affinität für ADP als für Kreatin haben. Daher bindet sich die Phosphatgruppe im Phosphokreatin schnell an ADP, wenn sich die ADP-Konzentration bei einem Anstieg des ATP-Verbrauchs erhöht. Die Konsequenz ist, dass während ermüdenden Muskelkontraktionen die Phosphokreatin-Konzentration und nicht die ATP-Konzentration sinkt, was mit 31 P-NMR gut am menschlichen Muskel demonstriert werden kann.

5.4 Muskelfasertypen

Es wird geschätzt, dass es im Rückenmark ≈ 120.000 Motoneuronen gibt, die ≈ 100 Mio. Muskelfasern innervieren [1]. Diese motorischen Einheiten verursachen, als Endpunkte des Nervensystems (▶ Kap. 6 Nervensystem), Bewegungen wie Sprechen, Augenbewegungen, Mimik, Gestik, Stehen, Gehen, Sprinten, Gewichtheben, Marathon-Laufen und komplexe Turnbewegungen wie einen Handstand-Überschlag. Die Präzision, Intensität und Dauer der eben genannten Bewegungen oder Muskelkontraktionen variiert enorm. Es ist daher einleuchtend, dass es verschiedene Typen von α-Motoneuronen, Muskelfasern und motorischen Einheiten gibt, die für Präzision, Kraft und Schnelligkeit oder Ausdauer optimiert sind. In den unterschiedlichen motorischen Einheiten variieren die α-Motoneurone und die Muskelfasern. In den 1970er Jahren wurden α-Motoneurone elektrisch stimuliert und die Kraft, die von den innervierten Muskelfasern produziert wurde, wurde gemessen. Aufgrund dieser Experimente wurden drei verschiedene Typen von motorischen Einheiten vorgeschlagen [66]:[1]

- **FF (schnell ermüdend, fast fatigable):** FF motorische Einheiten bestehen aus einem großen α-Motoneuron, mit einer hohen Schwelle für Innervierung, welches über lange, schnell übertragende Axone mit schnellen Typ-IIx- und Typ-IIb-Muskelfasern verbunden ist
- **S (langsam, Englisch slow):** Langsame motorische Einheiten bestehen aus kleinen α-Motoneuronen, die leicht innerviert werden können, und kleinen Axonen, die langsame Typ-I-Fasern innervieren
- **FR (ermüdungsresistent fast fatigue resistant):** FR motorische Einheiten bestehen aus α-Motoneuronen, die Typ-IIa-Muskelfasern innervieren. Die Eigenschaften der α-Motoneuronen liegen wahrscheinlich zwischen denen der FF und S motorischen Einheiten

Diese Auflistung zeigt, dass α-Motoneurone und Muskelfasern in Typen untergliedert werden können. Bei α-Motoneuronen ist das Problem, dass es im Gegensatz zu Muskelfasertypen keine verlässlichen Markerproteine gibt, über die die unterschiedlichen α-Motoneurontypen identifiziert werden können. Sie lassen sich nur über die Zellgröße und die Innervierungscharakteristiken unterscheiden. Letztere wurden in sich frei bewegenden Ratten über lange Zeiträume im langsamen Soleus-Muskel und schnellen Extensor-Digitorum-Longus (EDL)-Muskel gemessen. Die Forscher fanden drei Typen von α-Motoneuronen oder motorischen Einheiten. Der erste Typ, ein EDL α-Motoneuron (wahrscheinlich Teil einer FF motorischen Einheit), feuerte kurze Salven von meist 1–6 Aktionspotenzialen mit ≈ 70–90 Hz, jedoch relativ selten (≈ 2.500–11.000 Aktionspotenziale pro Tag). Das zweite EDL α-Motoneuron (wahrscheinlich Teil einer FR motorischen Einheit) feuerte längere Salven mit einer etwas langsameren Frequenz (≈ 60–80 Hz), jedoch häufiger (≈ 90.000–240.000 Aktionspotenziale pro Tag). Soleus α-Motoneuronen hingegen feuerten oft kontinuierlich über mehrere Minuten mit einer Frequenz von ≈ 20 Hz, was sich über den Tag zu 300.000–600.000 Aktionspotenzialen summierte [67].

Sportliche Bewegungen verändern die Frequenz und Häufigkeit der Aktionspotenziale, die von α-Motoneuronen in den aktiven Muskeln gefeuert werden. In diesem Kontext ist das „Henneman-Größenprinzip" wichtig, da es für einen Muskel mit gemischten Motorischen Einheiten (S, FR, FF) den Zusammenhang zwischen der vom Muskel erzeugten Kraft und den Aktionspotenzialen, die von den unterschiedlichen motorischen Einheiten erzeugt werden, beschreibt Mendell (2005). Nehmen wir an, dass vom Gehirn aus Aktionspotenziale

1 Die in dieser Auflistung beschriebenen Beziehungen zwischen α-Motoneuron und Muskelfaser sind noch nicht vollständig bewiesen, denn im Gegensatz zu den Muskelfasertypen gibt es noch keine verlässlichen Marker für die unterschiedlichen α-Motoneuronen [1]. Mit „klein" und „groß" ist der Zellkörper der α-Motoneurone gemeint. Mit „schnell" und „langsam" ist die Leitungsgeschwindigkeit der α-Motoneurone für Aktionspotenziale gemeint.

mit zunehmender Frequenz in Richtung eines α-Motoneuron-Pools gefeuert werden, der aus S, FR und FF α-Motoneuronen oder motorischen Einheiten besteht. Ein Hauptunterschied zwischen S, FR und FF α-Motoneuronen ist, das sich deren Aktivierungsschwelle unterscheidet, wobei die Aktivierungsschwelle der S α-Motoneuronen am niedrigsten, der FR α-Motoneuron mittelhoch und der FF α-Motoneuronen am höchsten ist. Als Konsequenz feuern fast nur die S α-Motoneuronen, wenn der α-Motoneuron-Pool vom Gehirn nur leicht innerviert wird. Das Resultat ist eine leichte Kontraktion, wie sie z. B. beim Stehen oder Gehen vorkommt. Funktionell macht dies Sinn, da S α-Motoneuronen Typ-I-Muskelfasern innervieren, die nur wenig Kraft erzeugen, doch ermüdungsresistent sind. Werden vom Gehirn aus Aktionspotenziale mit erhöhter Frequenz in Richtung des gemischten α-Motoneuronenpools gefeuert, dann werden zunehmend auch FR und bei sehr hohen Frequenzen FF α-Motoneuronen innervieren, die mittelschnelle Typ-IIa- und schnelle Typ-IIx-Muskelfasern zum Kontrahieren bringen. Zusammenfassend werden daher S α-Motoneuron bei allen Belastungen innerviert und FR und FF nur bei stärkeren bis maximalen Kontraktionen.

Es gibt jedoch Ausnahmen, wie zum Beispiel, wenn bei einem Marathonlauf die langsamen Typ-I-Muskelfasern Glykogen-entleert sind und daher bei gegebener Innervierung weniger Kraft erzeugen. Um die Laufgeschwindigkeit zu erhalten, muss sich der Läufer dann mehr anstrengen oder Aktionspotenziale mit erhöhter Frequenz in Richtung des α-Motoneuronpools, der den ermüdenden Muskel innerviert, senden. Als Konsequenz werden zusätzlich FR und bei zunehmender Ermüdung auch FF α-Motoneuronen innerviert, um in dem betroffenen Muskel die Kraft zu erzeugen, die für die Laufgeschwindigkeit notwendig ist. Das eben Gesagte wurde experimentell von Gollnick und Saltin demonstriert, die die Glykogen-Entleerung von Muskelfasern, ein Zeichen für deren Kontraktion, bei unterschiedlichen Belastungsintensitäten gemessen hatten [68].

Die Zahl und Frequenz der Aktionspotenziale, die von den unterschiedlichen α-Motoneuronen gefeuert wird, bestimmt wesentlich den Typ der Muskelfaser, der von dem α-Motoneuron innerviert werden. Ebenso hat eine Veränderung der Innervierung eines α-Motoneurons einen Effekt auf den Typ und die Genexpression der innervierten Muskelfasern. Wir werden im Folgenden erst die verschiedenen Muskelfasertypen einführen und dann zeigen, wie Reize wie Ausdauertraining oder Denervierung die Muskelfasertypen beeinflussen.

Abgesehen von α-Motoneuronen, die über einen Meter lang sein können, sind Muskelfasern die längsten Zellen im menschlichen Körper. Zum Beispiel erreichen Muskelfasern im menschlichen Sartorius- und Gracilismuskel Längen von bis zu 20 cm [69]. Jede Muskelfaser beinhaltet viele Zellkerne. In Rattenmuskelfasern werden zwischen 44 und 116 Zellkerne pro mm Muskelfasern gezählt [70]. Das heißt, das in einer 20 cm langen Muskelfaser zwischen 9.700 und 23.000 Zellkerne sein sollten. Muskelfasern halten daher mit Abstand den Rekord für die meisten Zellkerne pro Zelle. Die Zellkerne innerhalb einer Muskelfaser können sich nicht mehr teilen und werden daher als post-mitotisch beschrieben (Mitose ist der Hauptschritt bei der Zellteilung). Die mitotischen Zellen, die Muskeln regenerieren oder Zellkerne bei der Muskelfaserhypertrophie generieren können, sind die sogenannten Satellitenzellen. Satellitenzellen sind Stammzellen, und wir werden Satellitenzellen ausführlich im Krafttrainingskapitel besprechen, daher hier nur ein kurzer Hinweis.

Wie oben gesagt, gibt es verschiedene Muskelfasern und eine detaillierte Einführung in die Geschichte der Muskelfasern findet sich in einer früheren Publikation von uns [62]. Muskelfasern wurden zunächst aufgrund ihrer Farbei in rot und weiß unterteilt. Später wurden Muskelquerschnitte mit histochemischen Reaktionen gefärbt, die je nach Inkubation mit einem nicht physiologisch sauren oder alkalinen pH nur bestimmte Muskelfasern färben. Die Goldstandard-Methode ist jedoch, Muskelfasern mit Antikörpern für die unterschiedlichen Myosin Heavy Chain Isoformen zu bestimmen, was im Wesentlichen von Schiaffino entwickelt wurde [71]. Mit dieser Methode können in den wesentlichen menschlichen Muskeln drei Myosin Heavy Chain Isoformen oder Muskelfasern unterschieden werden: die langsame Typ-I-Isoform, die mittelschnelle Typ-IIa-Isoform und die schnelle Typ-IIx-Isoform. Menschen besitzen die Gene für eine sehr schnelle Typ-IIb-Isoform, doch im Vergleich zu zum Beispiel Nagetieren gibt es keine Typ-IIb-Muskelfasern, die Typ-IIb-Myosin Heavy Chain exprimieren, in den wichtigsten Muskeln im Menschen [76].

Zum ersten können Muskelfasern sich ändern und während einer Übergangsphase exprimieren Muskelfasern mehrere Myosin Heavy Chain Isoformen. Solche gemischten Fasern werden Hybridfasern genannt. Zweitens gibt es zwar eine alles-oder-nicht Exprimierung der Myosin Heavy Chain Isoformen, doch die Konzentration von anderen Proteinen, wie z. B. metabolischen Enzymen, kann variabel sein. Daher könnte man zum Beispiel Typ-IIa-Muskelfasern weiter unterteilen. Einige Forscher heben das Kontinuum von Muskelfasertypen hervor, was besagt, dass keine klaren Grenzen zwischen den einzelnen Typen gezogen werden können. Drittens gibt es mehr Myosin Heavy Chain Isoformen als hier angeführt werden. In Muskeln, die das Auge bewegen, findet sich die extraocular Myosin Heavy Chain Isoform. Ebenso gibt es embryonale und developmental Myosin Heavy Chains Isoformen, die während der Entwicklungsphase in Muskelfasern exprimiert sind oder zum Beispiel in regenerierenden Muskelfasern nach einer Muskelverletzung.

Die prozentualen Anteile der verschiedenen Muskelfasern variieren zwischen Individuen, Sportlern, zwischen den Muskeln im Körper und verschiedenen Spezies wie folgt:

Interindividuelle Variation Aufgrund genetischer Variation und Umweltfaktoren variieren Menschen in den prozentualen Anteilen von Muskelfasertypen. Zum Beispiel haben die Hälfte der nordamerikanischen Kaukasier entweder weniger als 35% oder mehr als 65% langsame Typ-I-Muskelfasern in ihren Vastus-Lateralis-Muskeln [72]. Dies zeigt, dass die Muskelfaserzusammensetzung in der Bevölkerung stark variiert.

Muskelfaserzusammensetzung bei Athleten Sprinter haben generell mehr Typ-II- und Ausdauersportler mehr Typ-I-Muskelfasern in den wichtigsten, lokomotorischen Muskeln [73, 74].

Intraindividuelle Variation Forscher fanden ebenso eine große Variation der Muskelfaserzusammensetzung in den unterschiedlichen Muskeln beim Menschen. Zum Beispiel besteht der Orbicularis-Oculi-Augenmuskel nur zu 15% aus langsamen Typ-I-Muskelfasern während der langsame Soleus zu 89% aus Typ-I-Fasern besteht [75]. Generell haben Haltungsmuskeln mehr Typ-I-Fasern, während Muskeln, die nur gelegentlich kontrahieren, mehr Typ-II-Fasern beinhalten.

Variation zwischen verschiedenen Spezies Die Anteile von Muskelfasern variieren zwischen verschiedenen Arten. Zum Beispiel haben Nager Typ-IIb-Fasern in vielen Muskeln, während dies beim Menschen nicht der Fall ist [76].

Ebenso können sich die Muskelfaseranteile in einem gegebenen Muskel verändern und dies hängt stark von dem Typ und der Aktivität der α-Motoneuronen ab. Es gibt viele Hinweise, dass die Innervierung von α-Motoneuronen die Muskelfasertypen wesentlich bestimmt. Jedoch gibt es auch Hinweise dafür, dass Muskelfasern einen Einfluss auf α-Motoneurone haben. So wurde gezeigt, dass eine Erhöhung von Typ-I-Muskelfasern durch PGC-1 α-Überexprimierung in mehr neuromuskuläre Junctions führte, die das Markerprotein SV2A für S α-Motoneuronen exprimieren [77]. Die meisten Hinweise gibt es jedoch dafür, dass die Aktivität von α-Motoneuronen den Muskelfasertyp wesentlich beeinflusst. Die Evidenz für diese Aussage stammt von mehreren Experimenten:

- Ausdauertraining (physiologischer Reiz) verursacht eine kleine schnell-zu-langsam Veränderung der Muskelfasertypen. Meist sinkt der Anteil der schnellen Typ-IIx-Muskelfasern und Typ-IIa-Fasern erhöhen sich [78, 79]. Möglicherweise führt dies über Jahrzehnte zu einer signifikanten Veränderung von Typ-II- zu Typ-I-Fasern [80]. Jedoch ist es schwierig, zwischen den Effekten von Training und jenen des Alterungsprozesses zu unterscheiden [81].
- Chronische, elektrische Stimulation mit niedriger (oft 10 Hz) Stimulation (supra-physiologisch). Dies ist ein Modell für permanentes Ausdauertraining mit niedriger Intensität. Das Resultat ist eine komplette Umwandlung von Typ-II- zu Typ-I-Muskelfasern in schnellen Muskeln von Nagetieren [85].
- Kreuz-Reinnervierung (supra-physiologisch). Dies beinhaltet, dass ein Nerv, der einen

langsamen Muskel innerviert, durchtrennt wird und an einen schnellen Muskel angelegt wird. Auch in diesem Fall ändern sich die Faserproportionen [82].

- Denervierung (z. B. durch Rückenmarksverletzung; pathologisch). Dies resultiert in einem Kontraktionsstopp und induziert eine Typ-I- zu Typ-II-Umwandlung von Muskelfasern über Jahre nach der Verletzung [83].

5.5 Überblick bewegungsinduzierter Signalwege

In den Kapiteln zur Anpassung an Ausdauer- und Krafttraining (▶ Kap. 11 und 12) werden spezifisch die Signalwege dieser Trainingsarten beschrieben. Hier soll ein allgemeiner Überblick über die in der Forschung bereits bekannten Signalwege der verschiedenen Anpassungen gezeigt werden.

Mechanismen, die durch einen Ausdauerreiz ausgelöst werden beziehen sich vor allem auf die Biogenese des Mitochondriums. Im Gegensatz dazu werden, Kraftreize mit der Proteinsynthese und der Hypertrophie in Zusammenhang gebracht. Dennoch wird zur Verständlichkeit an dieser Stelle von den unterschiedlichen Reizen ausgegangen, um ein vereinfachtes Schema der Ausdauer- und Kraftsignalwege zu zeigen.

In ◘ Abb. 5.5 wird von dem initiierenden Signal, der Muskelkontraktion während körperlicher Bestätigung, ausgegangen. Diese resultiert in einer biochemischen Veränderung des Milieus in der Muskelfaser. Im Allgemeinen findet dadurch eine Aktivierung von Proteinkinasen, Phosphatasen und Deacetylasen statt, die wiederum Transkriptorfaktoren beeinflussen. Das Ausmaß der Aktivierung und Beeinträchtigung dieser Signalwege hängt vor allem von Intensität, Dauer und Art des physiologischen Reizes ab.

Dieses komplexe Netzwerk von beiden Signalwegen darf aber nicht als separat ablaufende Kettenreaktionen gesehen werden. Vielmehr bestehen Überschneidungen und Feedback-Systeme, die sich gegenseitig beeinflussen.

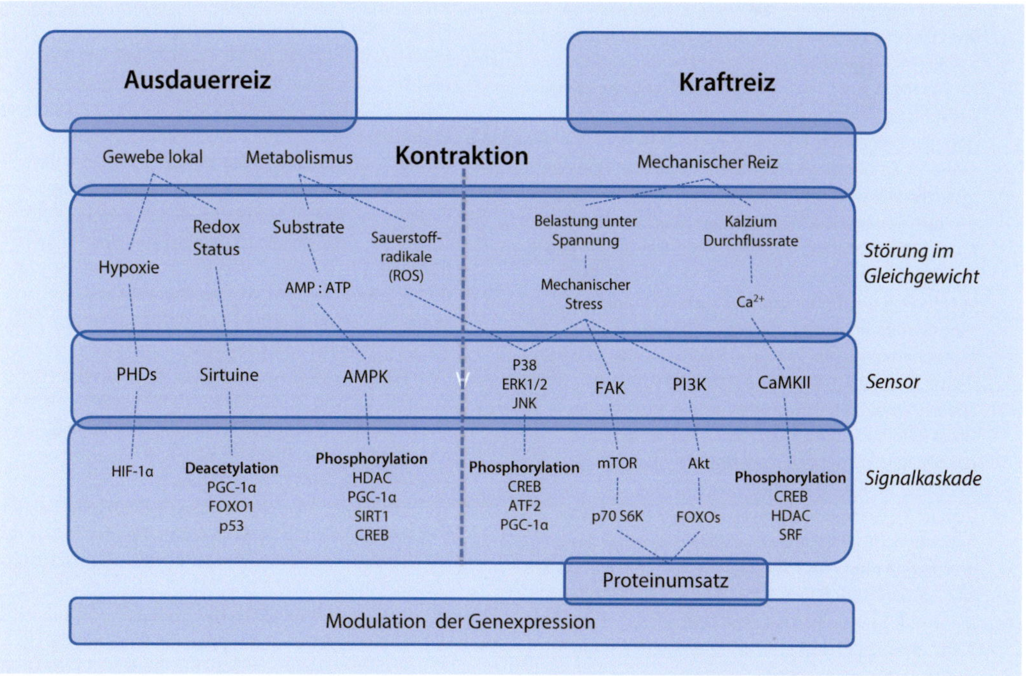

◘ **Abb. 5.5** Allgemeine Signalwege der Muskelzelle, die durch Ausdauer- bzw. Kraftreize induziert werden.

Literatur

[1] Kanning KC, Kaplan A, Henderson CE (2010) Motor neuron diversity in development and disease. Annu Rev Neurosci 33: 409–440. doi: 10.1146/annurev.neuro.051508.135722

[2] Tajbakhsh S (2009) Skeletal muscle stem cells in developmental versus regenerative myogenesis. J Intern Med 266 (4): 372–389. doi: 10.1111/j.1365-2796.2009.02158.x JIM2158 [pii]

[3] Bentzinger CF, Wang YX, Rudnicki MA (2012) Building muscle: molecular regulation of myogenesis. Cold Spring Harb Perspect Biol 4 (2). doi: 10.1101/cshperspect.a008342 a008342 [pii] 4/2/a008342 [pii]

[4] Kadi F, Charifi N, Denis C, Lexell J, Andersen JL, Schjerling P et al. (2005) The behaviour of satellite cells in response to exercise: what have we learned from human studies? Pflugers Arch 451 (2): 319–327. doi: 10.1007/s00424-005-1406-6

[5] Mauro A (1961) Satellite cell of skeletal muscle fibers. J Biophys Biochem Cytol 9: 493–495

[6] Katz B (1961) The Terminations of the afferent Nerve Fibre in the Muscle Spindle of the Frog. Philos Trans R Soc Lond B Biol Sci 243: 221–240

[7] Lassar AB, Paterson BM, Weintraub H (1986) Transfection of a DNA locus that mediates the conversion of 10T1/2 fibroblasts to myoblasts. Cell 47 (5): 649–656. doi: 0092-8674(86)90507-6 [pii]

[8] Weintraub H, Tapscott SJ, Davis RL, Thayer MJ, Adam MA, Lassar AB, Miller AD (1989) Activation of muscle-specific genes in pigment, nerve, fat, liver, and fibroblast cell lines by forced expression of MyoD. Proc Natl Acad Sci U S A 86 (14): 5434–5438

[9] Arnold HH, Braun T (1996) Targeted inactivation of myogenic factor genes reveals their role during mouse myogenesis: a review. Int J Dev Biol 40 (1): 345–353

[10] Edmondson DG, Olson EN (1989) A gene with Homology to the Myosimilarity region of MyoD1 is expressed during Myogenesis and is sufficient to activate the Muscle Differentation Program. Genes Dev 3: 628–640

[11] Cao Y, Yao Z, Sarkar D, Lawrence M, Sanchez GJ, Parker MH et al. (2010) Genome-wide MyoD binding in skeletal muscle cells: a potential for broad cellular reprogramming. Dev Cell 18 (4): 662–674. doi: 10.1016/j.devcel.2010.02.014 S1534-5807(10)00112-7 [pii]

[12] Seale P, Sabourin LA, Girgis-Gabardo A, Mansouri A, Gruss P, Rudnicki MA (2000) Pax7 is required for the specification of myogenic satellite cells. Cell 102 (6): 777–786. doi: S0092-8674(00)00066-0 [pii]

[13] Zammit PS, Golding JP, Nagata Y, Hudon V, Partridge TA, Beauchamp JR (2004) Muscle satellite cells adopt divergent fates: a mechanism for self-renewal? J Cell Biol 166 (3): 347–357. doi: 10.1083/jcb.200312007 jcb.200312007 [pii]

[14] Mourikis P, Sambasivan R, Castel D, Rocheteau P, Bizzarro V, Tajbakhsh S (2012) A critical requirement for notch signaling in maintenance of the quiescent skeletal muscle stem cell state. Stem Cells 30 (2): 243–252. doi: 10.1002/stem.775

[15] Brohl D, Vasyutina E, Czajkowski MT, Griger J, Rassek C, Rahn HP et al. (2012) Colonization of the satellite cell niche by skeletal muscle progenitor cells depends on Notch signals. Dev Cell 23 (3): 469–481. doi: 10.1016/j.devcel.2012.07.014 S1534-5807(12)00333-4 [pii]

[16] Judson RN, Tremblay AM, Knopp P, White RB, Urcia R, De Bari C et al. (2012) The Hippo pathway member Yap plays a key role in influencing fate decisions in muscle satellite cells. J Cell Sci 125 (Pt 24): 6009–6019. doi: 10.1242/jcs.109546 jcs.109546 [pii]

[17] McCroskery S, Thomas M, Maxwell L, Sharma M, Kambadur R (2003) Myostatin negatively regulates satellite cell activation and self-renewal. J Cell Biol 162 (6): 1135–1147. doi: 10.1083/jcb.200207056 jcb.200207056 [pii]

[18] Ono Y, Calhabeu F, Morgan JE, Katagiri T, Amthor H, Zammit PS (2011) BMP signalling permits population expansion by preventing premature myogenic differentiation in muscle satellite cells. Cell Death Differ 18 (2): 222–234. doi: 10.1038/cdd.2010.95 cdd201095 [pii]

[19] Otto ni F et al. (2008) Canonical Wnt signalling induces satellite-cell proliferation during adult skeletal muscle regeneration. J Cell Sci 121 (pt 17): 2939–2950. doi: 10.1242/jcs.026534 jcs.026534 [pii]

[20] Bentzinger CF, von Maltzahn J, Rudnicki MA (2010) Extrinsic regulation of satellite cell specification. Stem Cell Res Ther 1 (3): 27. doi: 10.1186/scrt27 scrt27 [pii]

[21] Otto A, Collins-Hooper H, Patel A, Dash PR, Patel K (2011) Adult skeletal muscle stem cell migration is mediated by a blebbing/amoeboid mechanism. Rejuvenation Res 14 (3): 249–260. doi: 10.1089/rej.2010.1151

[22] Hindi SM, Tajrishi MM, Kumar A (2013) Signaling mechanisms in mammalian myoblast fusion. Sci Signal 6 (272): re2. doi: 10.1126/scisignal.2003832 scisignal.2003832 [pii]

[23] Quach NL, Biressi S, Reichardt LF, Keller C, Rando TA (2009) Focal adhesion kinase signaling regulates the expression of caveolin 3 and beta1 integrin, genes essential for normal myoblast fusion. Mol Biol Cell 20 (14): 3422–3435. doi: 10.1091/mbc.E09-02-0175 E09-02-0175 [pii]

[24] Chang L, Karin M (2001) Mammalian MAP kinase signalling cascades. Nature 410 (6824): 37–40. doi: 10.1038/35065000 35065000 [pii]

[25] Dinev D, Jordan BW, Neufeld B, Lee JD, Lindemann D, Rapp UR, Ludwig S (2001) Extracellular signal regulated kinase 5 (ERK5) is required for the differentiation of muscle cells. EMBO Rep 2 (9): 829–834. doi: 10.1093/embo-reports/kve177 kve177 [pii]

[26] Wu H, Peisley A, Graef IA, Crabtree GR (2007) NFAT signaling and the invention of vertebrates. Trends Cell Biol 17 (6): 251–260. doi: S0962-8924(07)00103-1 [pii] 10.1016/j.tcb.2007.04.006

[27] Horsley V, Pavlath GK (2002) NFAT: ubiquitous regulator of cell differentiation and adaptation. J Cell Biol 156 (5): 771–774. doi: 10.1083/jcb.200111073 jcb.200111073 [pii]

[28] Mavalli MD, DiGirolamo DJ, Fan Y, Riddle RC, Campbell KS, van Groen T et al. (2010) Distinct growth hormone receptor signaling modes regulate skeletal muscle development and insulin sensitivity in mice. J Clin Invest 120 (11): 4007–4020. doi: 10.1172/JCI42447 42447 [pii]

[29] Guerci A, Lahoute C, Hebrard S, Collard L, Graindorge D, Favier M et al. (2012) Srf-dependent paracrine signals produced by myofibers control satellite cell-mediated skeletal muscle hypertrophy. Cell Metab 15 (1): 25–37. doi: 10.1016/j.cmet.2011.12.001 S1550-4131(11)00459-1 [pii]

[30] Scharner J, Zammit PS (2011) The muscle satellite cell at 50: the formative years. Skelet Muscle 1 (1): 28. doi: 10.1186/2044-5040-1-28 2044-5040-1-28 [pii]

[31] Studitsky AN (1964) Free Auto- and Homografts of Muscle Tissue in Experiments on Animals. Ann N Y Acad Sci 120: 789–801

[32] Ferrari G, Cusella-De Angelis G, Coletta M, Paolucci E, Stornaiuolo A, Cossu G, Mavilio F (1998) Muscle regeneration by bone marrow-derived myogenic progenitors. Science 279 (5356): 1528–1530

[33] Sherwood RI, Christensen JL, Conboy IM, Conboy MJ, Rando TA, Weissman IL, Wagers AJ (2004) Isolation of adult mouse myogenic progenitors: functional heterogeneity of cells within and engrafting skeletal muscle. Cell 119 (4): 543–554. doi: S0092867404010360 [pii] 10.1016/j.cell.2004.10.021

[34] Collins CA, Olsen I, Zammit PS, Heslop L, Petrie A, Partridge TA, Morgan JE (2005) Stem cell function, self-renewal, and behavioral heterogeneity of cells from the adult muscle satellite cell niche. Cell 122 (2): 289–301. doi: S0092-8674(05)00455-1 [pii] 10.1016/j.cell.2005.05.010

[35] Sacco A, Doyonnas R, Kraft P, Vitorovic S, Blau HM (2008) Self-renewal and expansion of single transplanted muscle stem cells. Nature 456 (7221): 502–506. doi: 10.1038/nature07384 nature07384 [pii]

[36] Schartl M, Arand M (2009) Biochemie und Molekularbiologie des Menschen: große Falttafel mit Stoffwechselübersicht; [mit herausnehmbarer Stoffwechselkarte & interaktiver Lerneinheit zum Citratzyklus; mit dem Plus im Web; Zugangscode im Buch]. 1. Aufl. edn. Elsevier, München

[37] Schütt C, Bröker B (2011) Grundwissen Immunologie. 3 edn. Spektrum Akademischer Verlag, Heidelberg

[38] Suzanne M, Steller H (2013) Shaping organisms with apoptosis. Cell Death Differ 20 (5): 669–675. doi: 10.1038/cdd.2013.11 cdd201311 [pii]

[39] Garber K (2012) Autophagy. Explaining exercise. Science 335 (6066): 281. doi: 10.1126/science.335.6066.281 335/6066/281 [pii]

[40] Mooren FC, Völker K (2005) Molecular and Cellular Exercise Physiology. Human Kinetics, Champaign

[41] Mougios V (2006) Exercise Biochemistry. Human Kinetics, Champaign

[42] Hoppeler H, Billeter R (2003) Struktur und Funktion der Skelettmuskulatur. Therapeutische Umschau 60 (7): 363–370

[43] Maughan RJ, Gleeson M (2010) The biochemical basis of sports performance. 2nd edn. Oxford University Press, Oxford

[44] Weineck J (2010) Sportbiologie. 10., überarb. und erw. Aufl. edn. Spitta, Balingen

[45] Thorsteinsdottir S, Deries M, Cachaco AS, Bajanca F (2011) The extracellular matrix dimension of skeletal muscle development. Dev Biol 354 (2): 191–207. doi: 10.1016/j.ydbio.2011.03.015 S0012-1606(11)00179-5 [pii]

[46] Gillies AR, Lieber RL (2011) Structure and function of the skeletal muscle extracellular matrix. Muscle Nerve 44 (3): 318–331. doi: 10.1002/mus.22094

[47] Brzoska E, Ciemerych MA, Przewozniak M, Zimowska M (2011) Regulation of muscle stem cells activation: the role of growth factors and extracellular matrix. Vitam Horm 87: 239–276. doi: 10.1016/B978-0-12-386015-6.00031-7 B978-0-12-386015-6.00031-7 [pii]

[48] Nishimura T, Ojima K, Hattori A, Takahashi K (1997) Developmental expression of extracellular matrix components in intramuscular connective tissue of bovine semitendinosus muscle. Histochem Cell Biol 107 (3): 215–221

[49] Turrina A, Martinez-Gonzalez MA, Stecco C (2013) The muscular force transmission system: role of the intramuscular connective tissue. J Bodyw Mov Ther 17 (1): 95–102. doi: 10.1016/j.jbmt.2012.06.001 S1360-8592(12)00162-3 [pii]

[50] Gilbert PM, Havenstrite KL, Magnusson KEG, Sacco A, Leonardi NA, Kraft P et al. (2010) Substrate Elasticity Regulates Skeletal Muscle Stem Cell Self-Renewal in Culture. Science 329 (5995): 1078–1081. doi: 10.1126/science.1191035

[51] Moore CJ, Winder SJ (2010) Dystroglycan versatility in cell adhesion: a tale of multiple motifs. Cell Commun Signal 8: 3. doi: 10.1186/1478-811X-8-3 1478-811X-8-3 [pii]

[52] Morgan MR, Humphries MJ, Bass MD (2007) Synergistic control of cell adhesion by integrins and syndecans. Nat Rev Mol Cell Biol 8 (12): 957–969. doi: nrm2289 [pii] 10.1038/nrm2289

[53] Purslow PP, Trotter JA (1994) The morphology and mechanical properties of endomysium in series-fibred muscles: variations with muscle length. J Muscle Res Cell Motil 15 (3): 299–308

[54] Purslow PP (2010) Muscle fascia and force transmission. J Bodyw Mov Ther 14 (4): 411–417. doi: 10.1016/j.jbmt.2010.01.005 S1360-8592(10)00006-9 [pii]

[55] Passerieux E, Rossignol R, Letellier T, Delage JP (2007) Physical continuity of the perimysium from myofibers to tendons: involvement in lateral force transmission in skeletal muscle. J Struct Biol 159 (1): 19–28. doi: S1047-8477(07)00042-1 [pii] 10.1016/j.jsb.2007.01.022

[56] Gao Y, Kostrominova TY, Faulkner JA, Wineman AS (2008) Age-related changes in the mechanical properties of the epimysium in skeletal muscles of rats. J Biomech 41 (2): 465–469. doi: S0021-9290(07)00398-3 [pii] 10.1016/j.jbiomech.2007.09.021

[57] Kjaer M, Langberg H, Miller BF, Boushel R, Crameri R, Koskinen S et al. (2005) Metabolic activity and collagen turnover in human tendon in response to physical activity. J Musculoskelet Neuronal Interact 5 (1): 41–52
[58] Trappe T (2009) Influence of aging and long-term unloading on the structure and function of human skeletal muscle. Appl Physiol Nutr Metab 34 (3): 459–464. doi: 10.1139/H09-041 h09-041 [pii]
[59] Kragstrup TW, Kjaer M, Mackey AL (2011) Structural, biochemical, cellular, and functional changes in skeletal muscle extracellular matrix with aging. Scand J Med Sci Sports 21 (6): 749–757. doi: 10.1111/j.1600-0838.2011.01377.x
[60] Rodrigues CJ, Rodrigues Junior AJ (2000) A comparative study of aging of the elastic fiber system of the diaphragm and the rectus abdominis muscles in rats. Braz J Med Biol Res 33 (12): 1449–1454. doi: S0100-879X2000001200008 [pii]
[61] Barany M (1967) ATPase activity of myosin correlated with speed of muscle shortening. J Gen Physiol 50 (6): Suppl: 197–218
[62] Spurway NC, Wackerhage H (2006) Genetics and molecular biology of muscle adaptation. Elsevier/ Churchill Livingstone, Edinburgh
[63] Guynn RW, Veech RL (1973) The equilibrium constants of the adenosine triphosphate hydrolysis and the adenosine triphosphate-citrate lyase reactions. J Biol Chem 248: 6966–6972
[64] Wackerhage H, Leyk D (2000) Muskulärer Energiestoffwechsel. Strauss, Köln
[65] Meyer RA, Foley JM (1996) Cellular processes integranting the metabolic response to exercise, vol 12. Exercise; Regulation and Integration of multiple Systems. Oxford University Press, Oxford
[66] Burke RE, Levine DN, Tsairis P, Zajac FE (1973) Physiological types and histochemical profiles in motor units of the cat gastrocnemius. J Physiol 234: 723–748
[67] Hennig R, Lomo T (1985) Firing patterns of motor units in normal rats. Nature 314 (6007): 164–166
[68] Gollnick PD, Piehl K, Saltin B (1974) Selective glycogen depletion pattern in human muscle fibres after exercise of carying intensity and at varying pedalling rates. J Physiol 241: 45–57
[69] Heron MI, Richmond FJR (1993) In-Series Fiber Architecture in Long Human Muscles. J Morphol 216 (1): 35–45. doi: 10.1002/jmor.1052160106
[70] Tseng BS, Kasper CE, Edgerton VR (1994) Cytoplasm-to-myonucleus ratios and succinate dehydrogenase activities in adult rat slow and fast muscle fibers. Cell Tissue Res 275 (1): 39–49
[71] Schiaffino S (2010) Fibre types in skeletal muscle: a personal account. Acta Physiol (Oxf) 199 (4): 451–463. doi: 10.1111/j.1748-1716.2010.02130.x APS2130 [pii]
[72] Simoneau JA, Bouchard C (1995) Genetic determinism of fiber type proportion in human skeletal muscle. FASEB J 9 (11): 1091–1095
[73] Costill DL, Daniels J, Evans W, Fink W, Krahenbuhl G, Saltin B (1976) Skeletal muscle enzymes and fiber composition in male and female track athletes. J Appl Physiol 40 (2): 149–154
[74] Costill DL, Fink WJ, Pollock ML (1976) Muscle fiber composition and enzyme activities of elite distance runners. Med Sci Sports 8 (2): 96–100
[75] Johnson MA, Polgar J, Weightman D, Appleton D (1973) Data on the distribution of fibre types in thirty-six human muscles. An autopsy study. J Neurol Sci 18 (1): 111–129. doi: 0022-510X(73)90023-3 [pii]
[76] Smerdu V, Karsch-Mizrachi I, Campione M, Leinwand L, Schiaffino S (1994) Type IIx myosin heavy chain transcripts are expressed in type IIb fibers of human skeletal muscle. Am J Physiol 267 (6 Pt 1): C1723–1728
[77] Chakkalakal JV, Nishimune H, Ruas JL, Spiegelman BM, Sanes JR (2010) Retrograde influence of muscle fibers on their innervation revealed by a novel marker for slow motoneurons. Development 137 (20): 3489–3499. doi: 10.1242/dev.053348 dev.053348 [pii]
[78] Gollnick PD, Armstrong RB, Saltin B, Saubert CWt, Sembrowich WL, Shepherd RE (1973) Effect of training on enzyme activity and fiber composition of human skeletal muscle. J Appl Physiol 34 (1): 107–111
[79] Jansson E, Kaijser L (1977) Muscle adaptation to extreme endurance training in man. Acta Physiol Scand 100 (3): 315–324
[80] Trappe SW, Costill DL, Fink WJ, Pearson DR (1995) Skeletal muscle characteristics among distance runners: a 20-yr follow-up study. J Appl Physiol 78 (3): 823–829
[81] Lexell J, Taylor CC, Sjostrom M (1988) What is the cause of the ageing atrophy? Total number, size and proportion of different fiber types studied in whole vastus lateralis muscle from 15- to 83-year-old men. J Neurol Sci 84 (2-3): 275–294
[82] Buller AJ, Eccles JC, Eccles RM (1960) Interactions between motoneurones and muscles in respect of the characteristics speeds of their responses. J Physiol 150: 417–439
[83] Biering-Sorensen B, Kristensen IB, Kjaer M, Biering-Sorensen F (2009) Muscle after spinal cord injury. Muscle Nerve 40 (4): 499–519. doi: 10.1002/mus.21391
[84] Markl J, Sadava D, Orians G, Heller HC, Hillis D, Berenbaum MR (2012) Purves, Biologie. Springer Spektrum, Heidelberg
[85] Pette D, Vrbová G (1992) Adaptation of mammalian skeletal muscle fibers to chronic electrical stimulation. Rev Physiol Biochem Pharmacol. 120:115–202

5

Nervensystem

Eva-Maria Strasser, Stefan Oesen

6.1 Basisphysiologie des Nervensystems – 130
6.1.1 Motorische Einheit – 130
6.1.2 Rekrutierung von motorischen Einheiten – 130
6.1.3 Elektromechanische Kopplung – 131

6.2 Zentrale Faktoren der neuromuskulären Ermüdung – 131
6.2.1 Ermüdung – 131
6.2.2 Spinale Mechanismen der Ermüdung – 132
6.2.3 Suprapinale Mechanismen der Ermüdung – 133

6.3 Anpassungsreaktionen der motorischen Einheit auf Training – 133
6.3.1 Ausdauertraining – 134
6.3.2 Krafttraining – 134

6.4 Anpassungsreaktionen des zentralen Nervensystems auf Training – 135

6.5 Zusammenfassung – 136

Literatur – 136

N. Bachl, H. Löllgen, H. Tschan, H. Wackerhage, B. Wessner (Hrsg.),
Molekulare Sport- und Leistungsphysiologie,
https://doi.org/10.1007/978-3-7091-1591-6_6

Dieses Kapitel zeigt neben einer basisphysiologischen Einführung in die molekularen Mechanismen des Nervensystems vor allem dessen Plastizität und Adaptationsfähigkeit durch körperliche Belastungen. Zunächst wird auf die kurzfristigen Änderungen des Nervensystems durch Ermüdung eingegangen. In weiterer Folge werden längerfristige Adaptionen durch spezielle Trainingsformen erörtert. Der Einfluss zentraler Mechanismen auf die Trainierbarkeit der Skelettmuskulatur lässt sich am Beispiel des ideomotorischen Trainings untermauern. Es wurde gezeigt, dass durch Bewegungsvorstellungen Veränderungen in jenen Zonen im Kortex erzielt werden können, welche an der Bewegungssteuerung und somit auch am koordinativen Ablauf beteiligt sind [1].

6.1 Basisphysiologie des Nervensystems

6.1.1 Motorische Einheit

Die Kontraktion von Muskelfasern wird durch das zentrale Nervensystem über α-Motoneurone im Vorderhorn des Rückenmarks und den zugehörigen Axonen reguliert. Das α-Motoneuron und die Muskelfasern, die dadurch innerviert werden, werden als motorische Einheit bezeichnet. Die Anzahl der Muskelfasern, die von einem einzelnen α-Motoneuron innerviert werden, unterscheiden sich in den einzelnen Muskeln deutlich voneinander. Insgesamt wird beschrieben, dass in Muskeln, die sehr fein abgestimmte Bewegungen durchführen, wie zum Beispiel Augenmuskeln, ein α-Motoneuron nur wenige Muskelfasern versorgt, wohingegen in Muskeln, die gröbere Bewegungen ausführen, viele Muskelfasern von einem einzelnen α-Motoneuron innerviert werden [2].

Von Burke et al. wurden die motorischen Einheiten entsprechend ihren physiologischen Fähigkeiten bezüglich Kontraktionsform, Kraftentwicklung und Ermüdbarkeit in drei verschiedene Typen eingeteilt [3]: „fast fatigable" (FF), „fast fatigue resistant" (FR) und „slow" (S). Die FF motorischen Einheiten zeichnen sich durch eine rasche Kontraktion, eine hohe Kraftentwicklung und eine rasche Ermüdung aus. Sie haben dicke Axone, die eine rasche Überleitung der Aktionspotenziale bewirken, und versorgen sogenannte „fast glycolytic" Muskelfasern. Die FR motorischen Einheiten kontrahieren ebenfalls schnell, bewirken eine moderate Kraftentwicklung und sind relativ ermüdungsresistent. Sie haben moderat leitende Axone und innervieren „fast oxidative glycolytic" Muskelfasern. Die S motorischen Einheiten kontrahieren sich langsam, zeigen nur eine geringe Kraftentwicklung, sind aber dafür sehr resistent gegenüber Ermüdung. Sie haben langsamere Axone und innervieren „slow oxidative" Muskelfasern. Warum die einzelnen Typen von motorischen Einheiten unterschiedlich starke Kontraktionen in der Muskulatur hervorrufen, ist derzeit noch nicht vollständig geklärt. Eine wichtige Rolle dürfte allerdings die Tatsache spielen, dass FF motorische Einheiten viel mehr Muskelfasern innervieren als S motorische Einheiten und die FF innervierten Muskelfasern zusätzlich größer sind [4].

6.1.2 Rekrutierung von motorischen Einheiten

Als Rekrutierung bezeichnet man die sukzessive Aktivierung von motorischen Einheiten während einer Willkürinnervation, die dazu dient, die Muskelkraft zu regulieren. Nach dem Henneman'schen Größenprinzip werden bei schwachen Muskelkontraktionen zunächst nur die S motorischen Einheiten mit der geringsten Aktivierungsschwelle aktiviert. Um eine Zunahme der Muskelkraft zu bewirken, werden schließlich nacheinander die anderen größeren FR und FF motorischen Einheiten mit höheren Aktivierungsschwellen dazugeschaltet [5]. Funktionell ist dies durchaus sinnvoll, da S α-Motoneurone Typ-I-Muskelfasern innervieren, die zwar nur eine geringe Kraft erzeugen, jedoch ermüdungsresistent sind. Werden vom Gehirn aus Aktionspotenziale mit erhöhter Frequenz ausgesendet, werden zunehmend auch FR und bei sehr hohen Frequenzen FF α-Motoneurone aktiviert, die die schnellen Typ-II-Muskelfasern zur Kontraktion bringen. Diese

Muskelfasern bewirken eine kräftigere Kontraktion, ermüden allerdings auch rascher.

6.1.3 Elektromechanische Kopplung

Eine Muskelkontraktion wird nur dann ausgelöst, wenn ein α-Motoneuron über das Axon ein Aktionspotenzial an die Muskelzelle weiterleitet. Dieser Prozess wird auch elektromechanische Kopplung genannt. Der erste Schritt ist die Generierung eines Aktionspotenzials im peripheren Nervenaxon, welches sich bis zur neuromuskulären Endplatte hin fortleitet. Dort angekommen, bewirkt die Depolarisation der Nervenmembran einen Kalziumeinstrom, der zu einer Freisetzung von Acetylcholin-Vesikeln in den synaptischen Spalt führt. Der Neurotransmitter Acetylcholin diffundiert zur postsynaptischen Muskelmembran und bindet dort an die Acetylcholinrezeptoren. Dadurch kommt es zu einer Depolarisation des Muskelsarkolemms, welches sich in alle Richtungen ausbreitet. Entlang von besonderen Einstülpungen des Sarkolemms, dem sogenannten transverse Tubulus-System, wird das Aktionspotenzial auch tiefer in die Muskelzelle hineingeleitet, wo es einen engeren Kontakt mit dem sarkoplasmatischen Retikulum erhält. Die Depolarisation der Zellmembran im T-Tubulus-System bewirkt die Aktivierung eines spannungsabhängigen Kalziumkanals, dem Dihydropyridin-Rezeptor, der wiederum an den Ryanodin-Rezeptor in der Membran des sarkoplasmatischen Retikulums gekoppelt ist. Als Folge strömt Kalzium aus dem sarkoplasmatischen Retikulum in die ruhende Muskelfaser. Dort bindet es an Troponin C, welches über den Troponinkomplex (bestehend aus Troponin C, I und T) Tropomyosin von seinen Aktin-Bindestellen entfernt und diese dadurch für Myosin freigibt. Aktin bindet sich an Myosin und löst somit eine Verschiebung der Aktin-Filamente gegenüber den Myosin-Filamenten aus. Nach Beendigung der Kontraktion wird Kalzium durch ATPase-Pumpen (SERCA) wieder ins sarkoplasmatische Retikulum zurückgepumpt. Als Konsequenz bindet sich Tomomyosin wieder an Aktin, was zur Folge hat, das Myosin nicht mehr an Aktin binden kann und die Kontraktion dadurch beendet wird.

6.2 Zentrale Faktoren der neuromuskulären Ermüdung

6.2.1 Ermüdung

Jede fortdauernde Belastung geht mit einer Ermüdung der Arbeitsmuskulatur einher. Ermüdung ist daher definiert als zeitabhängige, durch Bewegung induzierte Reduktion der Muskelleistungsfähigkeit [5]. Da für eine erfolgreiche Muskelkontraktion sowohl das zentrale Nervensystem, der periphere Nerv mit der neuromuskulären Endplatte als auch die Skelettmuskulatur selbst notwendig sind, kann auch jeder dieser Faktoren ursächlich an der Ermüdung beteiligt sein.

Neben den peripheren Ermüdungsprozessen spielen die zentralen Ermüdungsprozesse eine entscheidende Rolle. Die enorme Bedeutung der zentralen Ermüdung wurde bereits früh durch Erkenntnisse von Mosso unterstrichen. Wenn ein Muskel bis zur Erschöpfung kontrahiert wird, lässt sich durch elektrische Stimulation immer noch die gewünschte Kraft/Leistung produzieren [4].

Grundsätzlich sinkt die Aktivität der Motoneuronen mit Fortdauer von muskulären Kontraktionen. Allerdings ist der Mechanismus bei maximalen im Vergleich zu submaximalen Kontraktionen unterschiedlich. Bei maximalen Kontraktionen wird im EMG ein sofortiger Rückgang der Aktivität sichtbar. Dieser Umstand ist auf zwei Ursachen zurückzuführen. Einerseits erfolgt ein ermüdungsinduzierter Abfall der Depolarisationsrate der Motoneuronen. Andererseits sinkt die Feuerungsrate der motorischen Einheiten. Nach einem anfänglichen Höchstwert erreicht die Depolarisationsrate der Motoneuronen nach etwa 60 Sekunden ein Plateau. Einige motorische Einheiten hören schließlich trotz fortdauernder Belastung ganz auf zu depolarisieren [7].

Bei submaximalen Kontraktionen, welche bis zur völligen Ermüdung aufrechterhalten werden sollen, zeigt sich folgendes Muster: Es werden im Laufe der Kontraktion zunehmend motorische Einheiten hinzugeschaltet, um die Leistung aufrechtzuerhalten. Ein Mechanismus für diese zusätzliche Rekrutierung ist die sogenannte „late adaption“, eine Herabsetzung des Membranpotenzials und damit der Reizschwelle der verfügbaren Motoneurone [9]. Gleichzeitig ist eine Reduzierung der Feuerungsrate des Großteils der Motoneurone zu beobachten. Diese Reaktion setzt ein, sobald die vorgegebene Kraft erreicht wurde, auch wenn die Ermüdung noch nicht eingesetzt hat [8].

Im folgenden Abschnitt werden die zentralen Mechanismen der Ermüdung genauer besprochen.

6.2.2 Spinale Mechanismen der Ermüdung

Eine mögliche Ursache scheinen Veränderungen in den Muskelrezeptoren, insbesondere den ***Muskelspindeln***, zu sein. Muskelspindeln sind Sinnesorgane, die den Dehnungszustand der Muskulatur erfassen und dadurch die Länge regulieren. Im übertragenen Sinne schützen sie die Muskulatur vor einer Überdehnung. Der dafür zuständige Mechanismus wird als γ-Schleife bezeichnet [10]. Diese wird gebildet aus der efferenten motorischen Innervation über die ***γ-Motoneurone*** und den afferenten Ia-Fasern. Durch eine rasche Dehnung des Muskels kommt es zu einer Dehnung der Muskelspindeln und durch die Aktivierung der afferenten Ia-Afferenzen zu einer Aktivierung der α-Motoneuronen im Rückenmark. Dies hat eine Kontraktion des Muskels zur Folge, wobei es zu einer Längenverkürzung des Muskels und dadurch zu einer Entspannung der Muskelspindel kommt [11].

Um den Einfluss der γ-Motoneurone beziehungsweise der Muskelspindeln auf den Ermüdungsprozess zu untersuchen, haben Hagbarth et al. versucht, diese durch ein Lokalanästhetikum zu hemmen [13]. Es zeigte sich eine signifikante Reduzierung der α-Motoneuron-Feuerungsrate während einer maximalen Kontraktion im Musculus Tibialis anterior. Die Rückmeldungen der Muskelspindeln an die α-Motoneurone sind also ein wesentlicher Teil im Ermüdungsprozess bei Kontraktionen. Zusammenfassend wurde festgestellt, dass in der erholten Muskulatur anfangs die Aktivität der Muskelspindeln mit der Intensität der Kontraktion ansteigt. Dazu werden einerseits neue Muskelspindeln rekrutiert, andererseits auch die Feuerungsrate bereits aktiver Spindeln erhöht [12]. Mit fortdauernder Kontraktion kommt es allerdings schließlich zu einer Abnahme der Muskelspindeln-Aktivität. Dieses Fehlen der afferenten Signale an die α-Motoneurone kann eine mögliche Erklärung für die reduzierte Feuerungsrate der α-Motoneurone sein.

Als mögliche Ursache für die verminderten Rückmeldungen durch die Muskelspindeln wird eine veränderte Sensitivität des Muskels für Überdehnungszustände diskutiert. Diese Theorie wurde von Avela und Komi bestätigt, die den Muskeldehnungsreflex bei exzentrischen Kontraktionen vor und nach einem Marathon untersuchten. Nach dem Marathon konnte kein Muskeldehnungsreflex nachgewiesen werden, da die Funktion der dafür verantwortlichen Muskelspindeln durch die vorhergegangene Belastung vermindert war [14].

Eine weitere Ursache scheint die Senkung der ***Reizschwelle der Motoneurone*** während eines Ermüdungsprozesses zu sein. Die Reizschwelle eines Motoneurons wird meist über den H-Reflex determiniert. Der H-Reflex ist das Korrelat des Muskeldehnungsreflexes und wird durch elektrische Stimulation der Ia-Afferenzen ausgelöst. Bei muskulärer Ermüdung sinkt die Reizschwelle der Motoneuronen. Garland und McCommas zeigten eine Reduktion des H-Reflexes um 50% nach einer Stimulierung des M. Soleus bei 15 Hz nach 10 Minuten unter ischämischen Bedingungen [10]. Diese Senkung der Reizschwelle ist wahrscheinlich nicht durch das Phänomen der „late adaption" zu erklären, da die Veränderungen des H-Reflexes nach der Ermüdung unter ischämischen Bedingungen bestehen bleiben [11]. Aufgrund dieser Tatsache geht man davon aus, dass zumindest ein Teil dieser Reduktion des H-Reflexes vom ermüdeten Muskel selbst ausgehen muss. Zusammengefasst heißt das, dass die Reduktion der Reizschwelle bei Ermüdung sowohl vom Muskel als auch vom ZNS bestimmt wird.

Auch die ***präsynaptische Hemmung*** der α-Motoneurone spielt in der neuronalen Ermüdung eine Rolle. Das Signal der Ia-Fasern kann durch präsynaptische Hemmung reguliert werden. Konkret kommt es dabei zu einer präsynaptischen Permeabilitätsänderung, wodurch der Kalziumeinstrom reguliert wird. Dadurch reduziert sich die synaptische Übertragungsrate. Man erachtet es mittlerweile als sehr wahrscheinlich, dass im Ruhezustand eines Muskels eine präsynaptische Hemmung vorherrscht, welche durch einen supraspinalen Mechanismus selektiv aufgehoben werden kann [8]. Beginnt nun der erholte Muskel zu kontrahieren, kommt es zu einer Reduktion der präsynaptischen Hemmung in den Agonisten bei gleichzeitiger Steigerung der Hemmung in den Antagonisten [17]. Die Reduktion der präsynaptischen Hemmung ist wichtig, damit die Motoneuronen exakt auf die Signale aus den Muskelspindeln reagieren können. Bei fortdauernden Kontraktionen ändert sich die Regulation der präsynaptischen Hemmung. In einer Studie von Nielsen und Kagamihara [18] wurde die Co-Aktivierung von Agonist und Antagonist während wiederholter maximaler isometrischer Kontraktionen der Beinbeuger und -strecker im EMG beobachtet. Es zeigte sich durch die Ermüdung eine erhöhte Co-Aktivierung, was sich in einer Reduktion der EMG-Amplitude des Agonisten bei gleichbleibender Amplitude des Antagonisten äußerte. Im Vergleich zu der Kontraktion im Ruhezustand kommt es während der Ermüdung zu keiner Steigerung der präsynaptischen Hemmung im Antagonisten. Infolgedessen wird einerseits die intermuskuläre Koordination beeinträchtigt, andererseits könnte somit der ermüdungsbedingte, verminderte Informationsfluss der Muskelspindeln an das Rückenmark erklärt werden.

6.2.3 Suprapinale Mechanismen der Ermüdung

Um den Einfluss von supraspinalen Mechanismen auf die Ermüdung des Nervensystems feststellen zu können, bedient man sich Methoden, bei denen direkt der Kortex stimuliert wird (transkranielle Magnetstimulation – TMS). Diese Stimulation kann über sogenannte motorisch evozierte Potenziale (MEP) kontrolliert werden. Ziel dieser Stimulation ist es, den Kortex im ermüdeten sowie im ermüdungsfreien Zustand zu stimulieren. Eine Beobachtung von Gollhofer et al. bestätigt eine signifikante Veränderung der MEP-Amplitude nach Ermüdung. Als Parameter galt hier die durchschnittliche Steigung der MEP-Rekrutierungskurven bei verschiedenen Reizstärken [21]. An möglichen Unterschieden lässt sich der Einfluss von supraspinalen Mechanismen auf die Ermüdung des Nervensystems feststellen. Die Erregbarkeit des Kortex und des Rückenmarks wird anhand der Amplitude der MEPs beurteilt. Eine erhöhte Reizbarkeit drückt sich in einer erhöhten Amplitude aus. Die Ruhephase der MEPs unmittelbar nach der Stimulation wird als *„silent period"* bezeichnet und gibt Auskunft über den Grad der Hemmung im Kortex. Je länger diese *silent period* ist, desto höher ist der Hemmungsgrad im Kortex [8].

Eine durch andauernde willkürliche Kontraktion herbeigeführte Ermüdung äußerte sich sowohl in einer vergrößerten MEP-Amplitude als auch in einer verlängerten *silent period*. Diese Reaktion deutet auf einen gleichzeitigen Anstieg der Erregbarkeit und der Hemmung hin [17, 18]. Um die Ursache der Hemmung zu lokalisieren, wurde durch spezielle Vibrationen am Muskel der Input der Muskelspindeln verringert. Hierbei kam es zu keinen messbaren Veränderungen im Kortex, was darauf schließen lässt, dass die Ursache der ermüdungsbedingten Adaptation auf anderer Ebene liegen muss. Ebenso führte die Stimulierung des Tractus corticospinalis zu keiner Erhöhung der MEP-Amplitude, was darauf schließen lässt, dass der Mechanismus nicht auf Rückenmarksebene gesteuert wird.

Als Ursache für die erhöhte MEP-Amplitude wird daher die Rekrutierung von kortikospinalen Zellen vermutet. Dabei werden jene Zellen hinzugeschaltet, welche nicht nur für den spezifisch innervierten Muskel verantwortlich sind, sondern ein breiteres Innervationsmuster aufweisen. Das heißt, es werden neben dem Zielmuskel auch andere Muskeln angesteuert. Diese Verbreiterung des Rekrutierungsmusters führt zu einer zusätzlichen Kontraktion verbundener Muskeln.

Zusammengefasst kann die neuromuskuläre Ermüdung ein leistungslimitierender Faktor der Kontraktionsfähigkeit des Muskels sein. Die Ursache dafür ist multifaktoriell. Es ist daher schwierig zu sagen, welche der oben genannten Mechanismen von größerer Bedeutung und welche weniger relevant sind [7, 21].

6.3 Anpassungsreaktionen der motorischen Einheit auf Training

Durch ein Krafttraining oder ein Ausdauertraining kommt es zu zahlreichen molekularbiologischen Veränderungen in der Skelettmuskulatur. Aber nicht nur der Skelettmuskel reagiert auf diese Reize, sondern auch das Nervensystem zeigt Anpassungsreaktionen. In diesem Kapitel sollen die molekularbiologischen Anpassungsreaktionen der motorischen Einheit auf körperliche Belastungen wie Ausdauer- oder Krafttraining dargestellt werden.

6.3.1 Ausdauertraining

Die derzeitige Literatur gibt nur wenig und oft widersprüchliche Informationen über die morphologischen Anpassungen des Nervensystems an ein Ausdauertraining. Ein Grund dafür dürfte der Mangel an quantitativen Messmethoden sein. Daher sind auf Grund dieser technischen Schwierigkeiten alle bisher erworbenen Kenntnisse auf tierexperimentelle Arbeiten zurückzuführen. Es scheint so, als würde ein Ausdauertraining insgesamt zu einer Vergrößerung der neuromuskulären Endplatten führen und zu einer vermehrten Verzweigung der Nervenfasern in diesem Bereich. Des Weiteren kommt es zu einer vermehrten Expression von Azetylcholinrezeptoren an der postsynaptischen Muskelmembran [22]. Durch die Vergrößerung der präsynaptischen Membranfläche und eine erhöhte Proteinsynthese sowie einen beschleunigten axonalen Transport kommt es auch in der präsynaptischen Nervenfaser zu Veränderungen nach einem Ausdauertraining [23, 24]. Zusätzlich erhöht Ausdauertraining die Azetylcholinesterase-Aktivität im Bereich der neuromuskulären Endplatten von schnellen Muskelfasern, wodurch es zu einem schnelleren Abbau von Azetylcholin im synaptischen Spalt kommt. Es wird vermutet, dass dadurch eine Desensibilisierung des Azetylcholinrezeptors verhindert werden kann. Wie bereits beschrieben, wird die Desensibilisierung des Azetylcholinrezeptors als eine der Ursachen für die Muskelermüdung angesehen. Eine Erhöhung der Azetylcholinesterase-Aktivität im Rahmen eines Ausdauertrainings könnte somit einen direkten Einfluss auf die Muskelermüdung nehmen.

Ausdauertraining führt auch zu Veränderungen der α-Motoneurone im Rückenmark und der daraus hervorgehenden Axone. Während es zu keinen nennenswerten morphologischen Veränderungen des α-Motoneuron-Zellkörpers kommt, scheint Ausdauertraining die Verzweigung von Dendriten zu vermehren [25]. In Bezug auf den Zellmetabolismus der Motoneurone konnte des Weiteren gezeigt werden, dass Ausdauertraining zu einer signifikanten Zunahme der Proteinsynthese führt [26]. In Ratten wurde auch gezeigt, dass es nach 12 Wochen Ausdauertraining zu einer Beschleunigung des antegraden Transports innerhalb eines Axons kommt [24]. Über den antegraden axonalen Transport werden mit einer Geschwindigkeit von ungefähr 1–2 mm/h Proteine, Neurotransmitter, Wachstumsfaktoren oder Lipide zum synaptischen Spalt transportiert [27]. Es wird angenommen, dass eine Beschleunigung des axonalen Transports einen vermehrten Bedarf an den neuromuskulären Endplatten widerspiegelt. In einer weiteren Studie wurde gezeigt, dass es nach 13 Wochen Ausdauertraining zu einem vermehrten Transport des Proteins SNAP-25 zur terminalen Endplatte kommt [28]. Dieses Protein spielt eine wichtige Rolle für die Freisetzung von Neurotransmittern und wird daher für jede Veränderung an der neuromuskulären Endplatte benötigt. Auch das Calcitonin gene-related peptide (CGRP) wird nach einem 16-wöchigen Ausdauertraining vermehrt zur terminalen Endplatte transportiert. Wird dieses Neuropeptid in den synaptischen Spalt freigesetzt, so fördert es die vermehrte Expression von Azetylcholinrezeptoren an der postsynaptischen Muskelzelle [29].

6.3.2 Krafttraining

Während in den letzten Jahren viele Erkenntnisse bezüglich des Effektes von Muskeltraining auf die Skelettmuskulatur dazugewonnen wurden, weiß man über die Anpassungen des Nervensystems nach Muskelkrafttraining noch sehr wenig. Die meisten Ergebnisse beziehen sich auf tierexperimentelle Studien beziehungsweise auf die Tatsache, dass sie nicht ausschließlich mit Veränderungen in der Muskulatur selbst erklärt werden können.

Die wahrscheinlich am häufigsten untersuchte Veränderung, die dem Nervensystem zugeschrieben wird, ist der „cross education“ Effekt. Damit ist die Tatsache gemeint, dass bei einem einseitigen Muskelkrafttraining nicht nur in der trainierten Seite ein Kraftzuwachs beobachtet werden kann, sondern auch in der kontralateralen untrainierten Seite. Diese Veränderung kann sowohl in der oberen als auch in der unteren Extremität in allen Muskeln beobachtet werden [30]. In der Literatur wird angenommen, dass dieser kontralaterale Kraftzuwachs ungefähr 7–8% beträgt [31]. Die genauen Mechanismen des „cross education" Effektes sind noch nicht bekannt, es bestehen allerdings einige Hypothesen dazu. Es wurde gezeigt, dass einseitige willkürliche Muskelkontraktionen zu akuten Veränderungen in der kontralateralen motorischen Nervenleitung sowohl auf spinaler als auch auf kortikaler Ebene führen [32, 33]. Daher wird angenommen, dass langfristiges Krafttraining zu funktionellen Veränderungen in diesen kontralateralen Nervenleitungen führt, die schließlich in einer effizienteren neuralen Versorgung resultieren.

Des Weiteren wird vermutet, dass Krafttraining Veränderungen in den motorischen Zentren, die für die Kontrolle und Ausführung von Bewegungen zuständig sind, hervorruft. In diesem Zusammenhang wurde gezeigt, dass das einseitige Training von bestimmten Trainingsfunktionen auch zu einer Verbesserung derselben Funktionen in der kontralateralen Extremität führt. Diese Tatsache wird als motorische Lernfähigkeit bezeichnet. Krafttraining kann als eine Form der motorischen Lernfähigkeit angesehen werden, da hierbei die Fähigkeit der maximalen Aktivierung aller Motorunits während einer bestimmten Tätigkeit trainiert wird [34].

Auch die Synchronisation der Aktivität der motorischen Einheiten wird durch Krafttraining beeinflusst. Es wird vermutet, dass eine verbesserte Synchronisation zu einer verbesserten Kraftentwicklung während einer Willkürkontraktion führt [35].

6.4 Anpassungsreaktionen des zentralen Nervensystems auf Training

Das ZNS kann nicht darauf reduziert werden, Motoneuronen zu innervieren, um somit Bewegungen auszuführen. Der neuronalen Ansteuerung sowie dem Aktivierungsmuster verschiedenster Bewegungen kommt im Sport leistungsentscheidende Bedeutung zu [7]. So muss die Abfolge der angesteuerten Muskulatur beispielsweise bei einem Gewichtheber exakt stimmen, um maximale Lasten zu überwinden. Diese Feinkoordination wird oft unter dem Terminus Bewegungsökonomie zusammengefasst. Es muss also im Sinne des Athleten liegen, Adaptionen in diesem Bereich durch gezieltes Training hervorzurufen.

Neben den muskulären Veränderungen kommt es durch Training auch zu spinalen und supraspinalen Anpassungen. Ebenso wie in der Peripherie reagieren diese Systeme in Abhängigkeit von dem Stimulus, der auf sie einwirkt. Es kommt jedoch nicht nur zu kurzzeitigen Anpassungen an verschiedene Belastungsformen, sondern zu relativ konstanten zentralen Adaptionen.

So kommt es im Rahmen von ***Koordinationstraining*** zu einer Synaptogenese, also einer Neubildung von Synapsen. Außerdem wird die synaptische Übertragungsrate erhöht, man spricht von einer synaptischen Potenzierung, und es kommt zu einer Reorganisation der Bewegung im motorischen Kortex. So konnte beispielsweise bei Ratten, welche einen Hindernisparcours überwinden mussten, nach einiger Zeit eine signifikant höhere Anzahl von Synapsen festgestellt werden im Vergleich zu Ratten, welche einen Parcours ohne Hindernisse zurücklegten. Mittels TMS konnte die Veränderung der Bewegungsmuster auch beim Menschen festgestellt werden. Im Vergleich zwischen der trainierten und untrainierten Hand im Rahmen einer koordinativen Aufgabe auf einer Klaviertastatur konnte gezeigt werden, dass die MEP-Amplitude ausschließlich in der trainierten Hand sinkt [36]. Des Weiteren lässt sich feststellen, dass sich die Aktivierungsmuster von Sportlern deutlich voneinander unterscheiden in Abhängigkeit davon, ob die Bewegung bekannt ist [37].

Ausdauertraining führt zu einer Angiogenese im motorischen Kortex [36]. Ratten, welche freien Zugang zu einem Laufrad bekommen, zeigen nach 30 Tagen einen verbesserten Blutfluss sowie eine erhöhte Angiogenese im motorischen Kortex im Vergleich zu inaktiven Ratten [38].

Ebenso kommt es durch ***Krafttraining*** zu neuronalen Anpassungen. Bestätigt wird das durch den Umstand, dass es durch Krafttraining zu Steigerungen der Muskelkraft kommen kann, ohne dass eine Hypertrophie stattfindet. Man geht nicht von einer Reorganisation der Bewegung im motorischen Kortex aus, jedoch wird die Reizschwelle der spinalen Motoneuronen verändert. Außerdem kommt es wie beim Koordinationstraining zu einer Neubildung von Synapsen. Untermauert wird die Bedeutung zentraler Adaptionen an Krafttraining durch den „*cross education*“ Effekt. Die Erkenntnis, dass bei unilateralem Training auch der kontralaterale Muskel profitiert, ist in der Trainingspraxis vor allem dann entscheidend, wenn eine Seite immobil ist [36].

6.5 Zusammenfassung

6

Wie beschrieben, kommt es bei Kraft- und Ausdauertraining zu unterschiedlichen Adaptation auf unterschiedlichen Ebenen des zentralen und peripheren Nervensystems. Hohe Kraftleistungen im Gegensatz zu ausdauernden Belastungen erfordern spezifische Innervationsmuster, die eine Interferenz darstellen können. Beispielsweise erfordert Explosivkraft eine schnelle willkürliche Ansteuerung der Zielmuskulatur, was durch ein gleichzeitiges Ausdauertraining gehemmt wird [39]. Eine potenzielle Erklärung für die Inferenz liefern Adkins et al. durch die Hypothese, dass Krafttraining zu einer gesteigerten Aktivierung beziehungsweise Rekrutierung von spinalen Motoneuronen führt, wohingegen Ausdauertraining den Kortex durch Angiogenese verändert [36].

Um eine mögliche Interferenz zwischen Ausdauer- und Krafttraining zu detektieren, untersuchten Häkkinen et al. die Effekte eines gleichzeitigen Kraft und Ausdauertraining im Vergleich zu einem reinen Krafttrainingsprotokoll [39]. Nach 21 Wochen zeigten sich keine signifikanten Unterschiede zwischen den beiden Interventionsformen im Einwiederholungsmaximum, in der isometrischen Maximalkraft oder im Muskelquerschnitt. Festzuhalten ist, dass beide Trainingsprotokolle Steigerungen der Parameter zwischen 20 und 29% aufwiesen. Die maximale Sauerstoffaufnahme konnte in der Kraft- und Ausdauertrainingsgruppe gesteigert werden, was aber aufgrund der Intervention durchaus logisch erscheint. Weitere Unterschiede zwischen den Gruppen ergaben sich in den Parametern der Explosivkraft (Kraftentwicklungsrate, Kraftentwicklung während der ersten 500 ms). Hier konnte lediglich die Krafttrainingsgruppe signifikante Zuwächse erreichen. Diese Ergebnisse sprechen nicht zwingend für eine globale Interferenz zwischen Ausdauer und Krafttraining, zeigen jedoch vor allem im Bereich der Explosivkraft negative Auswirkungen eines zeitgleichen Trainings.

Die Spezifität der Anpassung an unterschiedliche Trainingsformen wird durch eine Studie untermauert, in der die Anpassungen an Kraft- beziehungsweise Ausdauertraining miteinander verglichen wurden. Hier zeigten sich Steigerungen der Maximalkraft sowie der Kraftentwicklungsrate nach einer sechswöchigen Intervention lediglich in der Krafttrainingsgruppe, wohingegen die Ausdauertrainingsgruppe die Zeit bis zur völligen Ermüdung bei 30% der Maximalkraft erhöhen konnte (isometrische Kontraktion). Die EMG-Amplitude bei 30% der isometrischen Maximalkraft stieg in beiden Gruppen an, jedoch zeigten sich unterschiedliche Entwicklungen der Entladungsraten. Nach dem Ausdauertraining sank die Entwicklungsrate signifikant ab, nach dem Krafttraining hingegen stieg selbige an. Diese unterschiedliche Anpassung ist auch eine mögliche Erklärung für die oben genannten Ergebnisse von Häkkinen et al. [39].

Literatur

[1] Gabriel DA, Kamen G, Frost G (2006) Neural adaptations to resistive exercise: mechanisms and recommendations for training practices. Sports Med. 36(2): p. 133–49

[2] Feinstein B et al. (1955) Morphologic studies of motor units in normal human muscles. Acta Anat (Basel) 23(2): p. 127–42

[3] Burke RE, Levine DN, Zajac FE (1971) 3rd, Mammalian motor units: physiological-histochemical correlation in three types in cat gastrocnemius. Science. 174(4010): p. 709–12

[4] Bodine SC et al. (1987) Maximal force as a function of anatomical features of motor units in the cat tibialis anterior. J Neurophysiol. 57(6): p. 1730–45

[5] Henneman E, Somjen G, Carpenter DO (1965) Functional Significance of Cell Size in Spinal Motoneurons. J Neurophysiol. 28: p. 560–80

[6] Mosso A (1904) Fatigue. London: Swan Sonnenschein

[7] Gandevia SC (1998) Neural control in human muscle fatigue: changes in muscle afferents, motoneurones and motor cortical drive [corrected]. Acta Physiol Scand. 162(3): p. 275–83

[8] Gardiner P (2011) Advanced Neuromuscular Exercise Physiology. Human Kinetics

[9] Nordstrom MA et al. (2007) Does motoneuron adaptation contribute to muscle fatigue? Muscle Nerve. 35 (2): p. 135–58
[10] Garland SJ, McComas AJ (1990) Reflex inhibition of human soleus muscle during fatigue. J Physiol. 429: p. 17–27
[11] Duchateau J, Hainaut K (1993) Behaviour of short and long latency reflexes in fatigued human muscles. J Physiol. 471: p. 787–99
[12] Klinke R, Silbernagl S (2005) Lehrbuch der Physiologie. Vol. 5. Auflage. Stuttgart: Thieme
[13] Rohen JW (2001) Funktionelle Neuroanatomie: Lehrbuch und Atlas. Stuttgart: Verlag für Medizin und Naturwissenschaften
[14] Bongiovanni LG, Hagbarth KE, Stjernberg L (1990) Prolonged muscle vibration reducing motor output in maximal voluntary contractions in man. J Physiol. 423: p. 15–26
[15] Hagbarth KE et al. (1986) Gamma loop contributing to maximal voluntary contractions in man. J Physiol. 380: p. 575–91
[16] Avela J, Komi PV (1998) Reduced stretch reflex sensitivity and muscle stiffness after long-lasting stretch-shortening cycle exercise in humans. Eur J Appl Physiol Occup Physiol. 78(5): p. 403–10
[17] Hultborn H et al. (1987) Assessing changes in presynaptic inhibition of I a fibres: a study in man and the cat. J Physiol. 389: p. 729–56
[18] Nielsen J, Kagamihara Y (1993) The regulation of presynaptic inhibition during co-contraction of antagonistic muscles in man. J Physiol. 464: p. 575–93
[19] Gandevia SC et al. (1996) Supraspinal factors in human muscle fatigue: evidence for suboptimal output from the motor cortex. J Physiol. 490 (Pt 2): p. 529–36
[20] Taylor JL et al. (1996) Changes in motor cortical excitability during human muscle fatigue. J Physiol. 490 (Pt 2): p. 519–28
[21] Gollhofer A, Taube W, Leukel C (2006) Zentrale Ermüdung als leistungslimitierender Faktor bei schnellkräftigen Kontraktionen: Evaluation der Ermüdungswiderstandsfähigkeit vor und nach Training mit Hilfe von elektrischer Nervenstimulation und transkranieller Magnetstimulation. BISp-Jahrbuch, 2006/07: p. 203–208
[22] Desaulniers P, Lavoie PA, Gardiner PF (1998) Endurance training increases acetylcholine receptor quantity at neuromuscular junctions of adult rat skeletal muscle. Neuroreport. 9(16): p. 3549–52
[23] Deschenes MR et al. (1993) The effects of exercise training of different intensities on neuromuscular junction morphology. J Neurocytol. 22(8): p. 603–15
[24] Jasmin BJ, Lavoie PA, Gardiner PF (1988), Fast axonal transport of labeled proteins in motoneurons of exercise-trained rats. Am J Physiol. 255 6Pt(1): p. C731–6
[25] Gazula VR et al. (2004) Effects of limb exercise after spinal cord injury on motor neuron dendrite structure. J Comp Neurol. 476(2): p. 130–45
[26] Gerchman LB, Edgerton VR, Carrow RE (1975) Effects of physical training on the histochemistry and morphology of ventral motor neurons. Exp Neurol. 49(3): p. 790–801
[27] von Bartheld CS (2004) Axonal transport and neuronal transcytosis of trophic factors, tracers, and pathogens. J Neurobiol. 58(2): p. 295–314
[28] Kang CM, Lavoie PA, Gardiner PF (1995) Chronic exercise increases SNAP-25 abundance in fast-transported proteins of rat motoneurones. Neuroreport. 6(3): p. 549–53
[29] Gharakhanlou R, Chadan S, Gardiner PF (1999) Increased activity in the form of endurance training increases calcitonin gene-related peptide content in lumbar motoneuron cell bodies and in sciatic nerve in the rat. Neuroscience. 89(4): p. 1229–39
[30] Shima N et al. (2002) Cross education of muscular strength during unilateral resistance training and detraining. Eur J Appl Physiol. 86(4): p. 287–94
[31] Munn J, Herbert RD, Gandevia SC (2004) Contralateral effects of unilateral resistance training: a meta-analysis. J Appl Physiol (1985). 96(5): p. 1861–6
[32] Hortobagyi T et al. (2003) Changes in segmental and motor cortical output with contralateral muscle contractions and altered sensory inputs in humans. J Neurophysiol. 90(4): p. 2451–9
[33] Muellbacher W et al. (2000) Changes in motor cortex excitability during ipsilateral hand muscle activation in humans. Clin Neurophysiol. 111(2): p. 344–9
[34] Carroll TJ, Riek S, Carson RG (2001) Neural adaptations to resistance training: implications for movement control. Sports Med. 31(12): p. 829–40
[35] Milner-Brown HS, Stein RB, Lee RG (1975) Synchronization of human motor units: possible roles of exercise and supraspinal reflexes. Electroencephalogr Clin Neurophysiol. 38(3): p. 245–54
[36] Adkins DL et al. (2006) Motor training induces experience-specific patterns of plasticity across motor cortex and spinal cord. J Appl Physiol (1985). 101(6): p. 1776–82
[37] Tyc F, Boyadjian A, Devanne H (2005) Motor cortex plasticity induced by extensive training revealed by transcranial magnetic stimulation in human. Eur J Neurosci. 21(1): p. 259–66
[38] Swain RA et al. (2003) Prolonged exercise induces angiogenesis and increases cerebral blood volume in primary motor cortex of the rat. Neuroscience. 117(4): p. 1037–46
[39] Hakkinen K et al. (2003) Neuromuscular adaptations during concurrent strength and endurance training versus strength training. Eur J Appl Physiol. 89(1): p. 42–52

Mechanische Belastung und Bindegewebe

Michael Kjaer, Norbert Bachl, Christian Lorenz, Stefan Nehrer, Florian Halbwirth

7.1 Bindegewebe – 140

7.1.1 Strukturelle Grundlagen – 140

7.1.2 Molekulare Grundlagen des Bindegewebes – 145

7.1.3 Mechanische Übertragung und Wachstumsfaktoren im Matrixgewebe – 146

7.2 Knochen und Adaption durch körperliche Bewegung – 147

7.2.1 Mechanische Übertragung – 147

7.2.2 Genetische Varianten und Knochenverletzung – 149

7.2.3 Mechanische Übertragung – 151

7.2.4 Genetische Varianten von Knorpelgewebe – 152

7.3 Sehnen und Adaption durch körperliche Bewegung – 153

7.3.1 Mechanische Übertragung – 153

7.3.2 Funktion und mechanische Eigenschaften von menschlichem Sehnenbindegewebe im lebenden Organismus – 155

7.3.3 Verletzungsrisiken des Bindegewebes – 156

7.3.4 Genetische Varianten von Sehnenbindegewebe im Zusammenhang mit Sehnenverletzungen – 156

Literatur – 164

N. Bachl, H. Löllgen, H. Tschan, H. Wackerhage, B. Wessner (Hrsg.),
Molekulare Sport- und Leistungsphysiologie,
https://doi.org/10.1007/978-3-7091-1591-6_7

Anpassungen des Bindegewebes an mechanische Belastungen in Muskeln, Sehnen, Bändern oder Knochen führen zu einer gesteigerten Synthese und zum Umsatz von Matrixproteinen, einschließlich des Kollagens, des am häufigsten vorkommenden Eiweißes im menschlichen Körper.

Bildung und Abbau von Kollagen nehmen mit akuter Belastung von Knochen, Sehnen und Skelettmuskeln im lebenden Organismus zu, wobei der Grad der Stoffwechselaktivität vom Gewebetyp abhängig ist. Dies steht im Zusammenhang mit einer lokalen und systematischen Freisetzung von Wachstumsfaktoren, die temporär mit einem Anstieg des Prokollagens gekoppelt ist. Regelmäßiges Belasten des Gewebes, wie zum Beispiel durch körperliches Training, führt – vor allem bei jüngeren Personen – zu einem gesteigerten Umsatz von Kollagen und einer Netzkollagensynthese und steht im Zusammenhang mit einer Anpassung der mechanischen Eigenschaften des Gewebes, die potenziell zu einem belastungsresistenteren Gewebe führt.

Auch molekulare Reaktionen, die eine gesteigerte Bildung von Crosslinks (Brückenmolekülen) fördern – welche unter mechanischer Belastung eine Zunahme aufweisen –, führen möglicherweise zu einer Versteifung des Gewebes. Die Anpassungszeit des Bindegewebes an chronische Belastung ist verglichen mit jener von kontraktilen Elementen der Skelettmuskulatur oder des Myokards länger. Eine gesunde, unverletzte Sehne (wie auch der Knorpel) bleibt mit großer Wahrscheinlichkeit ab dem Erwachsenenalter bei physischer Inaktivität bzw. sporadischer Sportausübung unverändert; hingegen sind massivere Veränderungen, z. B. bei Sehnen, sehr wahrscheinlich auf Training während der Wachstumsphase zurückzuführen.

Laufende Beobachtungen unterstützen die Ansicht, dass durch mechanische Belastungen eine Anpassung von kollagenreichen Geweben erfolgt. Dies erfordert in der Matrix ein enges Zusammenspiel zwischen mechanischer Signalwirkung und biochemischen Veränderungen, wodurch Anpassungen in der Morphologie, der Struktur und in den Materialeigenschaften des Gewebes resultieren können.

Schließlich deuten viele Befunde darauf hin, dass die Entwicklung, der Erhalt sowie die Regeneration von Bindegewebsstrukturen nicht nur durch eine komplexe Interaktion verschiedener Gene, qualifiziert durch Umweltfaktoren, sondern auch durch diverse Polymorphismen beeinflusst wird, was möglicherweise für die Zukunft interessante Optionen für präventive wie auch rehabilitative Maßnahmen offen lässt.

7.1 Bindegewebe

7.1.1 Strukturelle Grundlagen

Bindegewebe ist für die Erhaltung der Struktur von Zellen und Geweben entscheidend. Seine dominierenden Proteine (vor allem in Haut, Sehnen, Bändern, Fascien, Knochen, Knorpel, Gefäßen, inneren Organen, Dentin), die Kollagene, sind die am reichlichsten vorhandenen Moleküle des menschlichen Körpers und für den Strukturerhalt sowie die Übertragung aller mechanischer Reize in andere Gewebearten verantwortlich. Sehnen, Bänder und Knochen sind auf ihre Kollagenstrukturen angewiesen, um die Spannungsentwicklung von kontrahierenden Skelettmuskeln in eine zielgerichtete Bewegung zu übertragen. Auch im Skelettmuskel selbst wird kollagenreiches Gewebe benötigt, um bei einer Verkürzung der Muskelfasern eine geordnete Kraftentwicklung des gesamten Muskels sicherstellen zu können.

Das Binde- und Stützgewebe zeichnet sich dadurch aus, dass die interzellulare Substanz durch feste (kollagene) oder elastische feine Fibrillen gebildet wird, deren Quantität die verschiedenen Arten dieser Gewebe bestimmt. Eine derartige Zusammensetzung der Interzellularsubstanz ist verständlich, da das Binde- und Stützgewebe neben gewissen Stoffwechselaufgaben vor allem mechanische Funktionen zu erfüllen hat. Je nachdem, ob Zellen, Fasern oder Interzellularsubstanz vorherrschen, lassen sich folgende Formen des Stütz- und Bindegewebes unterscheiden (Tab. 7.1):

1. Das zellreiche Binde- und Stützgewebe, zu dem das embryonale Bindegewebe (Mesenchym), das netzförmige oder retikuläre Bindegewebe und das Fettgewebe gehören.
2. Das faserreiche (fibrilläre) Binde- und Stützgewebe, zu dem das lockere Bindegewebe, das straffe Bindegewebe und das elastische Bindegewebe zählen und
3. das interzellularsubstanzreiche Stützgewebe, also das Knorpel- und Knochengewebe.

Tab. 7.1 Zusammenfassende Darstellung der Struktur, des Vorkommens sowie der Funktion der zell- beziehungsweise faserreichen und interzellularsubstanzreichen Binde- und Stützgewebe

Gewebeart:	Struktur:	Vorkommen:	Funktion:
Embryonales Bindegewebe (Mesenchym)	Sternförmige Zellen, durch Plasmaausläufer verbunden, bilden ein Netzwerk	Dem mittleren Keimblatt (Mesoderm) entstammend, breitet sich bei Embryonen zwischen den Organanlagen aus; besondere Form: gallertiges Gewebe (in Nabelschnur)	Mutterboden aller Gewebe, die mechanisch-statische Aufgaben haben bzw. der Wärmeregulation, dem Stoffwechsel, der Abwehr und der Regeneration dienen
Retikuläres Bindegewebe	Dem embryonalen Bindegewebe ähnelnd; Retikulumzellen, Retikulin-, Gitter- oder argyrophile Fasern bilden eng- bzw. weitmaschige Netze	Stützgerüst der Lymphorgane, im Knochenmark und in vielen Schleimhäuten	Bildungsstätte für zellige Elemente der Lymphe und des Blutes; Schutz und Abwehr (infolge der Fähigkeit der Retikulumzellen zur Phagozytose)
Fettgewebe	Mit Fett-Tröpfchen angefüllte Zellen, deren Protoplasma und Zellkerne zunehmend an die Zellwand gedrückt werden; von feinen Retikulinfasern umsponnen	Unterhaut, Bauchfell, Darmgekröse, Nierenlager, gelbes Knochenmark	Druckpolster, Körpergestaltformung, Schutz vor Wärmeverlust, Nahrungsspeicher- bzw. Depotorgan
Lockeres Bindegewebe	Bindegewebszellen (Fibrozyten) und freie Zellen (u. a. Histiozyten), verzweigte kollagene, elastische und Gitterfasern, die weitmaschige Netze bilden	In den Spalten zwischen anderen Geweben und im Unterhautbindegewebe	Verbindung der Organe untereinander, Umhüllung der Muskelteile, Leitgebilde für Aufzweigungen der Blut- und Lymphgefäße, sowie der Nerven, Flüssigkeitsspeicher
Elastisches Bindegewebe	Dem lockeren Bindegewebe ähnelnd; dominierend: parallel angeordnete, sehr stark gewellte, zu einem Netz verbundene elastische Fasern	Unterhautbindegewebe, Nackenband, Zwischenbogenbänder der Wirbelsäule, Blutgefäßwände, Lungenbläschen	Energiespeicherung (bei Dehnung der elastischen Fasern), bringt Fasern in Ausgangslage zurück
Straffes Bindegewebe	Dominierend: dicht gepackte, praktisch undehnbare kollagene Faserbündel, parallel verlaufend oder sich durchflechtend; nur wenige elastische Fasern und stark abgeplattete Fibrozyten	Sehnen, Bänder, Gelenkkapseln, Faszien	Übertragung der Muskelkraft auf Knochen, Schutzhüllen für Muskeln bzw. -gruppen
Hyaliner Knorpel	Kugelige bis eiförmige Zellen (Chondrozyten) in Knorpelhöhlen der Grundsubstanz; masierte kollagene Fibrillen	Luftröhre, Rippen, Gelenkflächenüberzug, Epiphysenfugen beim Wachsenden	Embryonale Basis (Matrix) für die meisten Knochen; Druckelastizität und -festigkeit

Tab. 7.1 Fortsetzung

Gewebeart:	Struktur:	Vorkommen:	Funktion:
Elastischer Knorpel	Dem hyalinen Knorpel ähnelnd; dominierend: in die Grundsubstanz eingebautes elastisches Fasernetz	Ohrmuschel, Ohrtrompete, äußerer Gehörgang, Kehlkopfdeckel	Verformbarkeit, Lageberständigkeit
Faser- (Bindegewebs-) Knorpel	Dominierend: kollagene Fibrillen, zwischen denen verstreut einige Knorpelzellnester liegen	Zwischenwirbelscheiben, Gelenkslippen und –disken bzw. –menisken, Schambein- und Brustbeinsymphyse	Stoß- und Zugfestigkeit

Tab. 7.2 Charakteristika verschiedener Binde- und Stützgewebe [1]

Charakteristika verschiedener Binde- und Stützgewebe					
Gewebe	Zelltyp	Menge an Grundsubstanz	Dominate Faserart	Menge an Fasern	Ausrichtung der Fasern
Sehnen	Fibrozyt	+	Kollagen	++++	parallel
Faszien	Fibrozyt	+	Kollagen	+++	geflechtartig
Knochen	Osteozyt	++	Kollagen	+++	spiralig
Hyaliner Knorpel	Chondrozyt	++++	Kollagen	+	arkadenförmig
Faserknorpel	Chondrozyt	++	Kollagen	+++	In versch. Hauptverläufen
Elastischer Knorpel	Chondrozyt	+++	Elastische Fasern	++	netzartig

Somit bestehen alle Binde- und Stützgewebe aus zwei Komponenten, nämlich einerseits den Fibrozyten, Chondrozyten oder Osteozyten (ausgereifte Formen) und andererseits ihren Produkten, welche sie synthetisieren und in den Interzellularraum abgeben. Während bei anderen Gewebetypen Zellen hauptsächlich Träger von Funktionen sind, bestimmt das große Volumen des Interzellularraumes beim Binde- und Stützgewebe durch die Zusammensetzung seiner Matrix wesentlich die biomechanischen Eigenschaften. Diese Interzellularsubstanz setzt sich aus ungeformten Anteilen (amorphe Grundsubstanz) sowie aus geformten Anteilen, wie kollagenen und elastischen Fasern, zusammen. Das quantitative Verhältnis von Grundsubstanz und Fasern bestimmt die mechanischen Besonderheiten der verschiedenen Bindegewebsarten (Tab. 7.2).

Kollagene Fasern

Etwa ein Drittel des gesamten Körperproteins liegt in Form von Kollagen vor. Die Struktureinheiten der meist Bündel bildenden Kollagenfasern sind die kollagenen Fibrillen, deren Durchmesser altersabhängig zwischen 30 und 520 nm liegen kann. Jede Fibrille ist aus Tropokollagenmolekülen aufgebaut, welche aus Polypeptidketten mit bestimmten Aminosäurensequenzen bestehen. Die Zusammensetzung der Peptidketten bestimmt die unterschiedlichen Kollagentypen verschiedener Gewebearten. Hauptbestandteile sind Glycin, Prolin und Hydroxyprolin.

Tab. 7.3 Einteilung der Kollagene nach Art und Typ

Art	Typ
Fibrilläre Kollagene	Kollagene des Typs I, II, III, V und XI
Netzbildende Kollagene	Kollagene des Typs IV (Lamina densa der Basalmembran), VIII und X
Fibrillenassoziierte Kollagene (FACIT)	Kollagene des Typs IX, XII, XIV, XXII
Perlenschnurartige Kollagene	Kollagen Typ VI
Verankerungsfibrillen	Kollagen Typ VII

Die Tropokollagenmoleküle sind durch Querbrücken vernetzt, worauf die besondere Zugfestigkeit der Gesamtfaser beruht. Hingegen ist die Elastizität der kollagenen Fasern mit etwa 5% relativ gering. Kollagenfasern liegen in den Geweben in den jeweiligen Zugrichtungen der größten Zugbeanspruchung vor [1] (Tab. 7.3).

Elastische Fasern

Elastische Fasern, deren Durchmesser zwischen 0,2 und 5 µm variiert, bilden dreidimensionale Netzwerke und bestehen aus einer amorphen, glykoproteinreichen Matrix, dem Elastin, welches randständig in Oxytalanfasern eingebettet ist. Wie der Name schon sagt, sind elastische Fasern sehr stark dehnbar. Sie können sich bei Zugbelastungen bis auf das 2,5-Fache ihrer Ausgangslänge reversibel ausdehnen. Daher sind all jene Organe, deren Funktion von reversibler Dehnbarkeit abhängt, wie zum Beispiel Lunge, herznahe Gefäße, Haut oder elastische Knorpel, besonders reich an elastischen Fasern.

Umgeformte Interzellularsubstanz

Die Fasern und Zellen des Bindegewebes liegen in einer strukturlosen Grundsubstanz, welche von Bindegewebszellen gebildet wird und hauptsächlich aus Glykanen und Proteinen besteht. Proteoglykane haben die Fähigkeit, Wasser zu binden, wodurch sie osmotisch aktiv sind. Neben der dadurch erzielten mechanischen Festigkeit dient die Interzellularsubstanz auch als Diffusionsraum für wasserlösliche Substanzen.

Glykoproteine sorgen in der Matrix oder als sogenannte Adhäsionsproteine – wenn sie membrangebunden sind – für den Zusammenhalt der Zellen und der geformten Anteile der Matrix. Im Zuge des Alterns nimmt die Menge der ungeformten Interzellularsubstanz ab, hingegen der Anteil der Fasern im Bindegewebe zu, was zu einem Wasserverlust, verminderten Stoffaustausch und einer nachlassenden Gewebsspannung führt.

Somit kann zusammenfassend festgehalten werden, dass die mechanische Beanspruchbarkeit der unterschiedlichen Gewebearten des Binde- und Stützgewebes einerseits vom Zelltyp, andererseits aber ganz besonders von der Art und Menge an ungeformten und geformten Interzellularsubstanzen sowie der Ausrichtung der Fasern abhängt.

Kollagen – vor allem Typ I (ein fibrilläres Kollagen) – macht 50–80% der Trockenmasse in Sehnen, Bändern und Knochen, jedoch in der Skelettmuskulatur nur 5–10% aus. Andere Kollagentypen haben wiederum nicht nur die Aufgabe der Zugkraftübertragung.

Kollagene Typ II fungieren als Strukturproteine des hyalinen und des elastischen Knorpels, Kollagene Typ III finden sich in Gefäßwänden von inneren Organen, Haut und Hornhaut und Kollagene Typ IV und V sind Bestandteile der Basallamina. In Abhängigkeit vom Gewebetyp sind neben den Kollagenen Elastin, Proteoglykane, Glykolipide und zelluläre Bestandteile als wichtige Bausteine in den entsprechenden Zelltypen vorhanden. Proteoglykane können als eine Gruppe von Makromolekülen bezeichnet werden, welche sich an Kollagenfibrillen in orthogonaler Weise anlagern können. Decorin ist das in Sehnen hauptsächlich vorgefundene Proteoglykan, weiterhin sind Hyaluronan, Biglykan, Fibromodulin und Numican ebenfalls in kleinen Anteilen vertreten. In Sehnen ist der Zusammenhalt dieser Matrixkomponenten durch Sehnenfibroblasten gewährleistet, welche 90–95% der Zellen einer Sehne darstellen. Zwischen den einzelnen Zellen bestehen kommunizierende Verbindungen.

Tab. 7.4 Übersicht der verschiedenen Strukturebenen mit dazugehörigem molekularem Bereich

Strukturebene	molekularer Bereich
Primärstruktur (= Sequenz)	Polypeptidketten mit repetitiven G-X-Y-Sequenzen
Sekundärstruktur	linksgängige Kollagen-Helices (α-Ketten)
Tertiärstruktur	rechtshändige Tripelhelix aus 3 Polypeptidketten
Quartärstruktur	Kollagenfibrille, Kollagennetzwerke, uvm.

Kollagenmoleküle besitzen einen hohen Anteil an Prolin und Glycin, sowie eine Vielzahl von hydroxylierten Aminosäuren, wie Hydroxyprolin und Hydroxylysin, welche eine Quervernetzung der Proteine und die Ausbildung einer stabilen Kollagenmatrix ermöglichen. Kollagenfasern bestehen aus drei alpha-helikalen Proteinketten (linksgängige Helix), von denen jeweils drei dieser Helices in einer rechtsgängigen Superhelix arrangiert sind, welche untereinander durch Wasserstoffbrücken stabilisiert werden. Jede Kollagenhelix kann in Abhängigkeit von Typ und Vorkommen aus mehreren hundert bis tausenden Aminosäuren aufgebaut sein. Die dichte Wicklung dieser Helices ist für die hohe Zugfestigkeit von Kollagenfasern ausschlaggebend, welche Zugkräfte bis zum 10.000-Fachen ihres Eigengewichtes aufnehmen können (Tab. 7.4).

Auffallend ist, dass in der Primärstruktur des Kollagens jede dritte Aminosäure Glycin ist, welche als die kleinste Aminosäure ideal in die Tripelhelix mit ihren engen Windungen hineinpasst. Hydroxyprolin stabilisiert die Tripelhelix über Wasserstoffbrücken zwischen den benachbarten Polypeptidketten, Hydroxylysin ist für die Ausbildung kovalenter Quervernetzungen verantwortlich, welche zur räumlichen Fixierung der einzelnen Tripelhelices innerhalb der Kollagenfibrillen notwendig sind. In den Fibrillen sind benachbarte Kollagenmoleküle nicht bündig angeordnet, sondern um etwa ein Fünftel ihrer Länge gegeneinander versetzt, woraus ein charakteristisches Bänderungsmuster (D-Periode) entsteht. Viele dieser derartig kovalent stabilisierten Kollagenfibrillen bilden schließlich kabelartige Bündel, die Kollagenfasern. Beispielsweise betragen die Kollagen-Typ-I-Fibrillen in Sehnen durchschnittlich 50–500 nm, in der Haut 40–100 nm und in der Kornea 25 nm. Wie bereits erwähnt, wird die Fibrillogenese des Kollagens auch durch kleine leucinreiche Proteoglykane reguliert, woraus die jeweiligen Durchmesser bzw. die Anordnung in den entsprechenden Geweben resultieren [2]. Obwohl die speziellen Aufgaben vieler zellulärer Bestandteile des Bindegewebes nicht hinreichend abgeklärt sind, scheinen sie tragende Rollen im Rahmen von Entwicklungsprozessen, in der Ansammlung und Speicherung von Flüssigkeit, in der Anordnung der Gewebsstruktur sowie in der mechanisch-chemischen Signalwirkung zu spielen. Schließlich ist hinzuzufügen, dass die Synthese von Kollagen vom Vorhandensein der Ascorbinsäure abhängig ist. Ein Mangel an Vitamin C rief in früheren Zeiten das Krankheitsbild des Skorbuts hervor. Eine große Zahl genetischer Erkrankungen beruht auf Defekten des Kollagens oder assoziierter Proteine, wie zum Beispiel das Ehler-Danlos-Syndrom, die Osteogenesis imperfecta, das Stickler-Syndrom sowie das Alport-Syndrom.

Strukturen, die reich an Kollagen Typ I sind, wie Sehnen, Bänder, Knochen oder intramuskuläres Bindegewebe, wurden hinsichtlich ihrer biochemischen Eigenschaften in einem breiten Rahmen untersucht. Im Bezug auf ihre metabolischen und biochemischen Funktionen werden aufgrund bestehender Studien viele dieser Bindegewebsarten, wie zum Beispiel Sehnen, Bänder und Knorpel, als relativ inert, also stoffwechselträge betrachtet. Allerdings waren früher molekulare und biochemische Techniken am lebenden Organismus eingeschränkt einsetzbar, was bedeutet, dass Forschungsergebnisse oft ausschließlich auf Untersuchungen der Eigenschaften von Leichengewebe, Tiergewebe bzw. Zellkulturen erzielt werden konnten. Obwohl diese Studien wertvolle Einblicke geliefert haben, ermöglichten sie kein vollständiges Verstehen der Reaktion des kollagenreichen Gewebes des lebenden Menschen bei veränderten mechanischen Belastungen. Durch neuartige methodologische Entwicklungen im Bereich der Molekularbiologie und Genetik und Gegenüberstellung dieser Befunde mit morphologisch und biomechanisch erhobenen Gewebseigenschaften konnte in den letzten 10 bis 15 Jahren ein genauerer Einblick erzielt werden, wie mechanische Belastungen sowohl die Zellen als auch die Matrix der Sehnen beeinflussen. So konnte gezeigt werden, dass zum Beispiel die menschliche Sehne als Antwort auf mechanische Belastungen unter Training ihren Blutfluss, die metabolische Aktivität und die Aufnahme von Substraten (z. B. Glukose) um das Drei- bis Vierfache erhöht [3]. Obwohl diese Werte bei Weitem niedriger sind als jene bei Skelettmuskeln, konnte daraus abgeleitet werden, dass durch Training auch im Bindegewebe eine erhöhte metabolische Aktivität hervorgerufen werden kann.

7.1.2 Molekulare Grundlagen des Bindegewebes

Die Anpassung der Matrix aufgrund mechanischer Belastungen des Bindegewebes betrifft etliche Proteine, vor allem aber das Kollagen Typ I. Zusätzlich spielen die Mineralisierung des Knochengewebes, der Gehalt an Glykosaminoglykanen (GAGs) und die wasserretinierende Funktion des Knorpels eine wichtige Rolle hinsichtlich mechanischer Reize. Theoretisch kann das Ausmaß der Kollagensynthese mit verschiedenen indirekten und direkten Methoden festgestellt werden. Die Bestimmung eines erhöhten Prokollagen-mRNA-Wertes im Gewebe zeigt offensichtlich eine Hochregulierung der transkriptionellen Aktivität, was aber nicht eine ausgereifte Kollagenbildung garantiert. Des Weiteren kann die Aktivität von Signalwegen in der intrazellulären Kollagen-Biosynthese durch die Bestimmung von Enzymen, wie beispielsweise der Prolyl-4-Hydroxylase (P-4-H), der Galactosylhydroxy-lysyl-Glukotransferase (GGT) oder der Lysyl-Hydroxylase (LHy) bestimmt werden, wie es durch eine erhöhte Kollagensynthese nach Training im Tierversuch bereits nachgewiesen werden konnte [4].

Dass die Kollagenbildung im Bindegewebe unter akuten und chronischen Belastungen ansteigt, konnte auch mit einer Mikrodialyse (bei der Katheter nahe der zu untersuchenden Region entlang einer Sehne platziert werden) bereits bestätigt werden. Dabei zeigte sich, dass die interstitielle Konzentration von Prokollagen-Propeptiden, die bei der Reifung einer Sehne von Prokollagen zu Kollagen (PICP oder PINP) abgespalten werden, sowohl an der zuvor belasteten als auch an der unbelasteten Sehne festgestellt werden konnte [5]. Wenn die so zirkulierenden Werte der Prokollagen-Propeptide herangezogen werden, um die Kollagensynthese widerzuspiegeln, zeigt sich, dass 80–85% aller PICP und PINP von Knochen kommen.

Des Weiteren können bei kollagenhaltigen Geweben, wie Sehnen, Bändern, Knochen und Knorpeln auch andere Methoden, wie zum Beispiel die Verwendung von stabilen Isotopen per Inkorporation in repräsentativen Tracern im Humanversuch, angewendet werden. Wenn entsprechende Mengen (Probenvolumina) des jeweiligen Gewebes gewonnen werden können, kann die Proteinsynthese auch direkt bestimmt werden. Durch perkutane Biopsien erhaltene Sehnengewebsproben, aus denen der Proteinumsatz, der mRNA-Umsatz und der Durchmesser der Kollagenfibrillen analysiert wurden, konnte sowohl bei jüngeren wie auch bei älteren Patienten und gesunden Probanden nachgewiesen werden, dass körperliche Aktivität die Kollagensynthese in den Sehnen erhöhen kann. In einem gewissen Gegensatz dazu konnte Heinemeier [6] zeigen, dass der Kollagenumsatz im Kern von Sehnen Erwachsener fast vernachlässigbar ist und akute Belastungsreize die Kollagenexpression bzw. seine Wachstumsfaktoren, welche die Kollagensynthese stimulieren, in der menschlichen Patellarsehne nicht hochregulieren. Diese Befunde stehen allerdings im Kontrast zu der Hochregulierung der Wachstumsfaktoren und der Kollagenexpression nach unterschiedlichen Arten der Muskelkontraktionen und bei Untersuchungen der belastungsinduzierten Aufnahme von Prolin, welche in tierischen Sehnen beobachtet wurde. Daher bleibt die Frage offen, ob und welche signifikanten Veränderungen der primären Kollagenstruktur von Sehnen erwachsener Menschen auftreten, wenn diese einer physischen Aktivität ausgesetzt sind.

Der bisher dokumentierte bewegungsinduzierte Anstieg der Kollagensynthese kann einerseits als eine

Indikation dafür angesehen werden, dass der Proteinabbau nach Bewegung aktiviert wird, was durch einen Anstieg lokaler Matrix-Metalloprotease-Werte im Sehnengewebe nach akuter Bewegung gekennzeichnet ist. Kürzlich wurde eine neue Methodik zur Analyse des Kollagenabbaus am lebenden Organismus entwickelt und validiert: Bei oraler Einnahme von mit Deuterium angereichertem Wasser über einige Tage wird Deuterium in Aminosäuren in verschiedenen Geweben angereichert. Nach Beendigung der Aufnahme ist es unter Zuhilfenahme der Ausscheidungskurven von Deuterium aus eiweißreichen Geweben möglich, den Proteinabbau in verschiedenen Gewebstypen einzuschätzen.

Im Skelettmuskel steigt die Kollagensynthese bei akuter Bewegung um das Zwei- bis Dreifache in einem Zeitrahmen an, welcher der myofibrillären Proteinsynthese entspricht. Dieser Anstieg ist stärker ausgeprägt als bislang in anderen Bindegeweben nach Belastung gesehen werden konnte. Offensichtlich scheinen Bindegewebsstrukturen im Skelettmuskel etwas anders reguliert zu werden als die kontraktilen Myofibrillproteine. Während die kontraktilen Muskelproteine ein Minimum an relativer Belastungsintensität (typischerweise > 60% vom 1 Wiederholungsmaximum) benötigen, um ihre Netto-Proteinsynthese zu erhöhen, scheint die Kollagensynthese der intramuskulären Bindegewebsstrukturen eher unabhängig von der relativen Arbeitsbelastung zu sein. Dies könnte auch bedeuten, dass eine Hochregulierung der Kollagensynthese des Bindegewebes auch durch moderate Belastung stimuliert werden kann, wie das z. B. während eines Rehabilitationsprozesses realisiert werden kann.

7.1.3 Mechanische Übertragung und Wachstumsfaktoren im Matrixgewebe

Eine wichtige Frage in Bezug auf den erhöhten Proteinumsatz im Matrixgewebe ist, welche Signalwege im Bindegewebe durch die Spannungsentwicklung bei der Muskelkontraktion aktiviert werden und – noch spezifischer – welche Faktoren bei dieser Regulierung eine Rolle spielen. Es ist bekannt, dass die Anwesenheit von Integrin-Rezeptoren für die Wahrnehmung/Erfassung von mechanischen Reizen entscheidend ist und der Rho-Rock-Signalweg die mechanische Signalwirkung in Richtung der entsprechenden chemischen Reaktionen umsetzt. Zusätzlich zur mechanischen Belastung können auch humorale Faktoren die Proteinsynthese beeinflussen. Ein Beispiel dafür lässt sich durch den Geschlechtsunterschied dahingehend nachweisen, dass junge Frauen nach körperlicher Betätigung einen geringeren Anstieg der Kollagenbildung in den Sehnen aufweisen als junge Männer. Weitere Experimente an weiblichen Probandinnen mit variierenden Sexualhormonspiegeln (z. B. durch orale Kontrazeptiva) legen dar, dass Östradiol bei Frauen zu einer verminderten Reaktionsantwort der Kollagensynthese beitragen kann. Dieser Effekt könnte bei jungen Frauen jedoch auf eine sekundäre Reduzierung von IGF-1 zurückzuführen zu sein, da Östradiol einen anabolen Effekt auf Muskeln, Sehnen und Knochen bei postmenopausalen Frauen mit niedrigen IGF-1-Spiegeln hat.

Ein gut dokumentierter Regulationsfaktor der Kollagensynthese ist die GH-IGF-1-Achse. Es konnte gezeigt werden, dass eine IGF-1- (und IGF-2-)Gabe bei Kaninchen die Proteinsynthese in Sehnen sowie auch die Heilung nach Sehnenverletzungen beschleunigt. Auch in Knochen und im intramuskulären Bindegewebe scheint IGF-1 zur Kollagensynthese eine anabole Funktion zu haben. Im Hinblick auf die Skelettmuskulatur ist festzuhalten, dass die GH-IGF-1-Achse einen stimulierenden Effekt auf die Kollagenproteinsynthese hat, während die kontraktile Muskelproteinsynthese weder bei Erwachsenen noch bei älteren Menschen beeinflusst wird. Dies unterscheidet sich von der muskelwachstumsfördernden Wirkung von GH-IGF-1 auf den embryonalen menschlichen Muskel bzw. Tiermodelle und zeigt, dass eine leistungsverbessernde Rolle von GH-IGF-1 beim erwachsenen Athleten nicht auf einem Muskelwachstum, sondern auf einer Stärkung der intramuskulären Matrixstruktur basiert. IGF-1 konnte auch in menschlichen Achillessehnen direkt mit Fibroblasten verbunden sowie auch in bestimmbaren Konzentrationen im Interstitium von menschlichen Sehnen nachgewiesen werden. Obwohl dies die Annahme unterstützt, dass IGF-1 im belasteten menschlichen Bindegewebe eine Rolle spielt, muss eine Hochregulierung von IGF-1 während und nach körperlicher Aktivität erst dokumentiert werden. Die Analyse von aus ganzen Nagetiersehnen gewonnener RNA ergab, dass die funktionelle Überlastung eines einzigen Muskels in der Sehne des Gesamtmuskels (nach Entfernung von den anderen synergetisch wirkenden Muskeln) zu einer gesteigerten Expression von IGF-1 in dieser Sehne führt und – in einer weiteren Studie – dass kurzfristiges Krafttraining die Expression sowohl von TGF-ß-1 als auch von IGF-1 in den Achillessehnen von Ratten hervorruft.

7.2 Knochen und Adaption durch körperliche Bewegung

7.2.1 Mechanische Übertragung

Das Knochengewebe ist das am meisten differenzierte Stützgewebe und stellt gleichzeitig unser wichtigstes Kalziumdepot dar. Es setzt sich aus einer Interzellularsubstanz, der sogenannten Knochenmatrix, und den in diese eingebetteten und für den Knochenstoffwechsel verantwortlichen Osteozyten zusammen, welche in starker Verbindung untereinander stehen. Der Zellkörper der Osteozyten ist in Knochenhöhlen, den Lakunen, eingebettet, wohingegen die Ausläufer in dünnen Kanälchen der Interzellularsubstanz liegen, in der Nähe von Blutgefäßen, und so für den entsprechenden Stoffaustausch sorgen. Auf Grund dieser metabolischen Funktion der Osteozyten ist es dem Knochen möglich, sich bis ins hohe Alter anzupassen und umzubauen.

Osteozyten stellen die meisten, die langlebigsten und am schlechtesten untersuchten Zellen des Knochens dar. Dabei handelt es sich um spezielle Osteoblasten, welche eine morphologische Veränderung durchlaufen und zu Osteozyten werden [7].

Ausgehend vom Bindegewebe können Knochen auf zwei Wegen aufgebaut werden, dem direkten, bindegewebigen Weg und dem indirekten, knorpeligen Weg. Auf dem ersten Weg werden Deckknochen wie zum Beispiel das Schlüsselbein oder Schädel- und Gesichtsknochen aufgebaut. Auf dem zweiten Weg, der die Mehrzahl unsere Knochen betrifft, wird ein zunächst gebildetes hyalines Knorpelgewebe schrittweise durch Knochengewebe ersetzt. Dies erfolgt sowohl vom Inneren, also enchondral, als auch vom Äußeren, also perichondral, des vorläufig gebildeten Knorpels. In weiterer Folge wird von Bindegewebszellen der Knorpelhaut, die sich zu den Osteoblasten umwandeln und für die Knochenbildung verantwortlich sind, die Knorpeloberfläche zu einer Knochenmanschette umgebaut, welche durch weitere hautschichtartige Anlagerung von Knochensubstanz dicker wird. Während die Gegenspieler der Osteoblasten, die Osteoklasten, das zuvor gebildete Knorpelgewebe zerstören, ziehen von der Manschette Osteozyten weiter in das Knorpelgewebe ein und verkalken dieses.

Auf makrostruktureller Ebene setzt sich ein Knochen aus einem kortikalen, röhrenförmigen und einem trabekulären, schwammartigen Anteil zusammen. Der fertig ausgebildete kortikale Bereich eines Knochens bildet die äußere Hülle und besteht aus überlappenden, parallelen Osteonen, den anatomischen Überresten eines abgeschlossenen Knochenumbauprozesses [8]. Diese Art der Knochen bildet in der Regel lange, feste und weniger flexible Röhrenknochen, welche als Hebel für die Aufnahme von Belastungen und Bewegungen notwendig sind [9].

Der kortikale Knochen bildet eine Hülle um den inneren, schwammigen, trabekulären Teil. Dieser galt auf Grund seines komplexen Aufbaus lange Zeit als Grund für die Belastbarkeit des Knochens. Mittlerweils gibt es allerdings auch Hinweise, dass dies maßgeblich durch den kortikalen Teil des Knochens erreicht wird und der trabekuläre Teil seine Begründung in einer Gerüstfunktion findet, um große Oberflächen für eine rasche Verfügbarkeit von Mineralien und verschiedenen Zelltypen und ihren Vorläuferzellen aufzuweisen [10].

Für den Umbau von Knochen sind demnach zwei Typen von Zellen entscheidend: Osteoblasten und Osteoklasten. Sie bilden eine multizelluläre Einheit des Knochens, welche den Knochen entsprechend seiner drei Komponenten (endokortikal, intrakortikal, trabekular) umzubauen vermögen [11]. Der Knochen unterliegt dabei einem ständigen Auf- und Abbau und es wird geschätzt, dass so pro Jahr ca. 10% der Knochenmasse erneuert werden. Je nach Anzahl der aktiven Osteoblasten beziehungsweise Osteoklasten entscheidet sich, ob gerade ein Auf- oder ein Abbau stattfindet.

Die Fähigkeit des Knochens, sich an Beanspruchungen im Laufe des Lebens immer wieder anzupassen, stellt in jüngeren Jahren, vor allem während des Wachstums, eine Notwendigkeit dar, ebenso die Anpassung an körperliche Aktivität, um beispielsweise physiologisch in der Lage zu sein, einem ebenfalls hypertrophierten Muskel eine entsprechende Grundlage zu bieten und eine funktionell harmonische Einheit zu bilden. Diese Fähigkeit der Anpassung nimmt allerdings im Alter ab und hängt von einer Vielzahl von Signalen und Regelmechanismen ab.

Knochen zeigen vielfältige und unterschiedliche Gestalten und können sich beispielsweise hinsichtlich ihrer Struktur, Zusammensetzung, Länge und Form und damit verbunden unterschiedlichen mechanischen, biologischen und chemischen Funktionen unterscheiden, um so optimal, je nach ihrer physiologischen Funktion wie zum Beispiel Stabilität, Schutz und Depot von Heilungszellen oder der Mineralienhomeostase, abgestimmt zu sein [12].

Ein Knochen muss viele, teils widersprüchliche physikalische Eigenschaften vereinen und aufweisen. Beispielsweise muss er steif sein, um Verformungen wiederstehen und Kräften standhalten zu können, und auf der anderen Seite muss er flexibel sein, um eintreffende Energie absorbieren zu können. Des Weiteren muss er Kompressionen und Spannungen standhalten können, ohne dabei zu brechen oder sonstwie Schaden zu nehmen. Wenn er beispielsweise zu spröde ist, kann der Knochen im Falle eintreffender Belastungen und Energie diese nicht absorbieren und wird beschädigt. Wenn er andererseits zu flexibel und elastisch ist, wird er bei höheren Belastungen schneller brechen. Darüber hinaus müssen Knochen auch noch so leicht wie möglich sein, um Bewegungen zuzulassen [13].

Knochengewebe setzt sich aus durch Kalziumhydroxyapatitkristalle versteiftes Typ-1-Kollagen zusammen und die unterschiedlichen Materialzusammensetzungen des Knochens und seine Struktur bestimmen seine Stärke [14]. Je nach Höhe und Dichte der Kalzifizierung weist der Knochen mehr oder weniger der erwähnten physikalischen Eigenschaften auf, wobei eine höhere Mineraldichte eine höhere Steifigkeit bei geringerer Flexibilität und umgekehrt bedeutet [14]. Neben dem Verhältnis von diesen biegsamen, elastischen, organischen Bestandteilen zu den steifen, starren, anorganischen Bestandteilen hängt die Biegungsfestigkeit des Knochengewebes auch von der Art des Verbundes ab. Das sogenannte „Cross-Linking" des Kollagens und das Ausmaß dieser Vernetzungen und Verstrebungen hat ebenso Einfluss auf die Funktion des Knochens [15–18].

Je nachdem, um welchen Knochen es sich also handelt und welche funktionellen Aufgaben dieser zu tragen hat beziehungsweise welchen Kräften und Belastungen er ausgesetzt ist, finden sich dort entsprechende Anpassungen der materiellen Zusammensetzung.

Die Bestimmung des Knochenmineralgehalts (BMC) oder der Knochenmineraldichte (BMD) ist seit vielen Jahren mithilfe der Dual-Röntgen-Absorptiometrie (DEXA) möglich, welche in der klinischen Diagnostik eingesetzt wird, um gesunde Knochen von osteoporotischen zu unterscheiden. Obwohl die Mineralisierung einen äußerst wichtigen Parameter für die Festigkeit der Knochen darstellt, liefert sie keine Informationen über die räumliche Knochenstruktur und berücksichtigt auch nicht andere Proteine, wie etwa Kollagen, welche zur Beurteilung der Knochenfestigkeit von Bedeutung sind.

Wenngleich die knöcherne Struktur die tolerierbare Belastung bestimmt, haben auch unterschiedliche Belastungen Einfluss auf die knöcherne Struktur, weshalb Knochen auch Anpassungen ihrer Struktur an verschiedene Belastungen zeigen können und fähig sind, sich entsprechend umzubauen [19]. Regelmäßiges körperliches Training zum Beispiel kann den BMC/BMD bei Jugendlichen und Erwachsenen erhöhen und auch dem Knochenschwund im Alter entgegenwirken. Das optimale Zeitfenster zur Stimulation der Knochenbildung scheint derzeit das Alter von 8–14 Jahren zu sein. Bei den meisten Menschen wird der Spitzenwert des Knochenmineralgehalts mit etwa 30 Jahren erreicht und nimmt danach allmählich ab. Aktivitäten mit Gewichtsbelastung sind für die Knochenbildung besser als solche ohne Gewichtsbelastung. Aus einigen Studien an Kindern und Jugendlichen ist bekannt, dass vielfältige Stimulationen (z. B. Ballspiele besser als Langstreckenläufe) optimale Reize darstellen.

Die bereits erwähnte Fähigkeit des Knochengewebes, sich an mechanische Belastungen anzupassen, wird dabei stark sowohl von der Intensität als auch von der Art der körperlichen Aktivität beeinflusst und hat dementsprechende Auswirkungen auf den Knochenstoffwechsel. In einer Studie von Zorbas et al. [20] wurde gezeigt, dass ein aerobes Training Veränderungen hervorruft, welche denen einer reduzierten Knochenresorption ähnlich sind, wohingegen ein anaerobes Training eher in einem generell beschleunigten Knochenstoffwechsel resultiert. Darüber hinaus scheint körperliche Aktivität synergistisch mit Signalmolekülen wie beispielsweise Wachstumshormon oder Wachstumsfaktoren zu wirken [21].

Eine Immobilisation hat negative Auswirkungen auf die Knochenmineraldichte und die Intaktheit des Knochens. Beispielsweise führt eine ca. dreiwöchige Bettruhe zu einer 0,9%igen Reduktion des Knochenmineralgehalts pro Woche [22]. Im Gegensatz zum Knorpelgewebe scheint der Verlust an Knochenmasse, selbst nach nur kurzer Immobilisierung, in vielen Fällen, zumindest teilweise, nicht wiederherstellbar zu sein, wenngleich eine vollständige Wiederherstellung der Mobilität möglich ist [23].

Unterschiedliche Studien haben gezeigt, dass die Knochenmasse durch körperliche Aktivitäten, speziell gewichtsorientierte Aktivitäten, erhöht ist und bei körperlich aktiven Personen um 10–15% höher ist als bei inaktiven Kontrollpersonen [24]. Des Weiteren scheint auch das Alter, in dem mit einer sportlichen Aktivität angefangen wird, Auswirkungen auf die Knochenmasse zu haben. In einer Studie von Haapasalo et al. [25] wurde gezeigt, dass Sportlerinnen, welche vor der Pubertät ihre sportliche Aktivität gestartet haben, bei gleicher Anzahl von aktiven Jahren höhere Knochenmassen hatten als Sportlerinnen, die erst nach der Pubertät ihre Karriere starteten.

7.2.2 Genetische Varianten und Knochenverletzung

Vitamin-D-Rezeptoren- (VDR) Polymorphismus

Vitamin D oder auch Calciferol ist eine essentielle Substanz im kardiovaskulären – immunologischen – und muskuloskelettalen System. Die am besten beschriebene biologische Funktion ist die Regulierung des Kalziumhaushaltes und des Knochenmetabolismus. Damit hat Vitamin D einen große Einfluss auf die Knochendichte [26, 27]. Die Hauptfunktion der Förderung der intestinalen Kalzium- und Phosphat-Aufnahme regelt eine ausreichende Konzentration im Serum und stellt so genügend Kalzium für den notwendige Knochenaufbau bereit [28, 29]. Die biologische Aktivität von Vitamin D wird durch das Binden von 1,25(OH)2D an den Vitamin-D-Rezeptor (VDR) gesteuert. Der Vitamin-D-Rezeptor (VDR) gehört zur Familie der Steroidrezeptoren vom Typ II und ist ein Calcitriol-bindender Transkriptionsfaktor. Das VDR-Gen befindet sich auf dem Chromosom 12q13-14 und hat eine Länge von 1281 Nukleotiden, welche für das aus 427 Aminosäuren bestehende VDR-Protein kodieren [30]. Unterschiedlichste Studien zeigen, dass verschiedene Varianten des VDR-Rezeptors verantwortlich sind für das Auftreten von Osteoporose [31, 32]. In einer Studie von Chatzipapas [33] konnte klar gezeigt werden, dass ein VDR-Polymorphismus in Fok1 und Bsm1 ein direkt abhängiger Risikofaktor für Stressfrakturen ist. Für den Fok1 Polymorphismus gab es eine 3,7-fach höhere Wahrscheinlichkeit für Stressfrakturen, wenn er in der Variante ff (homozygote Anwesenheit der Schnittstellen für die Restriktionsendonuklease Fok1) oder Ff (heterozygote Anwesenheit der Restriktionsstelle) auftrat als bei dem FF-Genotyp (homozygote Abwesenheit). Zu denselben Ergebnissen kommen Studien aus Japan und Amerika [3, 34, 35]. Ähnlich wie beim Fok1-Polymorphismus steigt beim Bsm1-Polymorphismus in der Variante BB das Risiko für eine Stressfraktur um das 9-Fache im Vergleich zum bb-Genotyp [33]. Zu einem ähnlichen Ergebnis kommen auch Studien aus Indien, Asien und dem Iran [36, 37]. Es muss hier auch angeführt werden, dass in anderen Studien der Einfluss der Polymorphismen im VDR, die durch die drei Restriktionsenzyme Apa1, Bsm1 und Taq1 definiert werden, nicht zu signifikanten Ergebnissen im Zusammenhang mit dem Einfluss auf die Knochendichte kommt [38–40].

Kollagen-Typ-I-alpha- 1 (COL1A1) Polymorphismus

Kollagen Typ I ist bei Säugetieren das am häufigsten vorkommende Kollagen. Zirka 90% des menschlichen Körpers besteht aus Kollagen Typ I. Kollagen Typ I ist ein fibrilläres Kollagen und kommt in der Haut, den Sehnen, den Knochen, den Gefäßen und den inneren Organen vor und ist aus zwei α1-(I)-Ketten und einer α2-Kette aufgebaut [41]. In einigen Studien konnte gezeigt werden, dass bei Polymorphismen in der Bindungsstelle (SP 1) bei Kollagen 1 alpha 1 das Risiko für Osteoporose erhöht ist [42].

Dies ist der Fall, wenn der Polymorphismus in Form vom Ss-heterozygoten Genotyp vorliegt. Es konnte klar gezeigt werden, dass bei dieser Patientenauswahl mit dem Ss-Genotyp ein 15% höheres Risiko für eine Fraktur im Bereich der Wirbelsäule besteht als beim homozygoten SS-Genotyp.

Eine Gruppe aus Sheffield konnte in einem anderen Zusammenhang, als sie Kinder und Jugendliche miteinander verglichen, zeigen, dass bei Vorhandensein des s-Alles das Risiko für eine Fraktur bei der präpubertären Gruppe deutlich erhöht ist; OR ist 3,1 [43]. In dieselbe Richtung geht auch eine türkische Studie, in der Ss-heterozygote Frauen eine geringere Knochendichte sowohl beim Oberschenkelhals und auch beim Lendenwirbel hatten als SS-homozygote Patientinnen [44]. Eine Erhöhung des Risikos für Frakturen konnte auch in einer weiteren Studie aus England für das Auftreten eines Polymorphismus im 5‘ Ende von Kollagen 1 alpha 1 gezeigt werden. Dabei wurde eine Metastudie durchgeführt und es zeigte sich, das TT-homozygote Patienten eine 1,31-fache Erhöhung für Frakturen gegenüber den GG-homozygoten haben [45]. In anderen Studien zum Thema gibt es Resultate, die keinen eindeutigen Hinweis auf einen Zusammenhang zwischen einem SP1-Polymorphismus und der Knochendichte liefern. So zeigen Forschungsgruppen, dass der Polymorphismus im SP1 ihrer Studienkohorten keinen Einfluss auf die Knochendichte hat [46, 47].

Estrogen-Rezeptor-Gen-Polymorphismus

Estrogenrezeptoren (ER) sind Steroidrezeptoren, die durch das Steroidhormon Estrogen aktiviert werden. Nach dieser Aktivierung kann der ER in den Zellkern translozieren und an die DNA binden, um die Aktivität von verschiedenen Genen zu regulieren. Man unterscheidet zwischen zwei Subtypen ERα und ERβ [48]. Der ERα gilt auch als ein Kandidat für die genetische Regulierung der Knochenmasse, des Knochenumbaus und des postmenopausalen Knochenschwundes [49]. In einer Studie aus China konnte gezeigt werden, dass der Polymorphismus in ESR-α PvuII einen signifikanten Einfluss auf die Knochendichte des Oberschenkelhalsknochens, aber nicht auf die Lendenwirbel hat. Im Gegensatz dazu wurde beim Xba1-Genotyp kein Einfluss auf die Knochendichte beim Oberschenkelhalsknochen und den Lendenwirbeln festgestellt [50]. In einer ähnlichen Studie aus Korea konnte beim Oberschenkelhals und der Ward's-Dreieck-Knochendichte bei Frauen mit dem Pp-Genotyp ein signifikant höherer Wert gezeigt werden als bei Frauen mit dem pp-Genotyp. Wiederum konnte kein Einfluss des Xba1-Genotyp auf die Knochendichte festgestellt werden [51].

Studien aus Indien [52], in denen nur ein leichter Einfluss der Polymorphismen auf den ER-Genlocus auf die Knochendichte gezeigt werden kann, weisen beim Estrogenrezeptor-Polymorphismus auch wieder auf die unterschiedlichen Ergebnisse von Patientenkohorten hin.

In einigen Studien konnte aber wiederum kein direkter Zusammenhang mit einem Genpolymorphismus im ERα und einer geringeren Knochendichte gezeigt werden [53–55].

Weitere Gene

In zahlreichen Studien sind Genkandidaten angeführt, bei denen Polymorphismen zu einer verringerten Knochendichte und somit zu einem erhöhten Risiko für Knochenbrüche führen [32, 56, 57]. Damit müssen auch all jene Gene in Betracht gezogen werden, die mit der Regulation des Knochenumbaus in Zusammenhang gebracht werden können, bei denen in diversen Studien keine signifikanten Unterschiede gemessen werden konnten. Beispielhaft sind hier noch angeführt das Methylenetetrahydrofolatereduktase- (MTHFR) Gen, das bei dem Auftreten des C677T-Polymorphismus zu einem erhöhten Knochenbruchrisiko führt [58]. Aber auch das Apolipoprotein-E- (ApoE) Gen [59–63], das Osteoprotegerin-Gen [64], die Bone-morphogenetic-proteins- (BMP) Gene [65–68] und die Gene, die den Wnt-Signalweg [66, 69–71] beeinflussen, sind als potenzielle Kandidaten-Gene zu sehen.

Diese Genkandidaten und auch die ausführlicher beschriebenen Gene sollte man aber nicht alleine betrachten, sondern immer in Kombination mit epigenetischen Einflüssen, um somit genauere Aussagen treffen zu können. In den oben angeführten Studien sind immer spezielle, relativ kleine Patientenkohorten ausgewählt worden, mit denen man keine globalen Aussagen über mögliche Gen-Kandidaten machen kann.

7.2.3 Mechanische Übertragung

Knorpelgewebe bildet sich aus Mesenchymzellen, welche sich zu einem Blastem zusammenschließen. Diese Zellen, dann als Chondroblasten bezeichnet, sekretieren in weiterer Folge Knorpelmatrix, welche allmählich die restlichen Zellen auseinanderdrückt. Die so eingeschlossenen Zellen dieser spezialisierten Matrix nennt man Chondrozyten [72]. Diese bilden ca. 1–5% des Gelenksknorpelvolumens. Es handelt sich dabei um sehr spezialisierte Zellen, welche die Synthese und den Erhalt der Matrixinfrastruktur steuern [73].

Generell können drei Knorpelarten unterschieden werden. Diese unterscheiden sich, auf Grund der Zusammensetzung ihrer Matrix beziehungsweise ihres unterschiedlichen Verhältnisses von Knorpelzellen zu Interzellularsubstanz und von Glycosaminoglycanen zu Kollagen, in Festigkeit und Funktion. Man unterscheidet den glasigen/hyalinen Knorpel, den elastischen und den faserigen/bindegewebigen Knorpel.

Der hyaline Knorpel ist als Überzug der Gelenkflächen, als Rippenknorpel, in den Luftröhren und Bronchienspangen sowie in Teilen des Kehlkopfgerüstes anzutreffen. Er ist in Gestalt des Epiphysenfugenknorpels für das Längenwachstum verantwortlich und stellt die knorpelige Matrix für einen Großteil des Skeletts dar.

Das in die Interzellularsubstanz eingelagerte elastische Fasernetz verleiht dem elastischen Knorpel eine stärkere Biegsamkeit, wie es zum Beispiel im Bereich der Ohrmuschel des äußeren Gehörganges oder des Kehldeckels gegeben ist.

Schließlich stellt der faserige oder bindegewebige Knorpel ein Gemisch von Binde- und Knorpelgewebe dar, in dem ein Geflecht aus Kollagenfibrillen anzutreffen ist, welche im Gegensatz zu den Knorpelzellen quantitativ eindeutig überwiegen. Die hohe Zugfestigkeit des Knorpelgewebes bedingt seinen Einsatz als Grundsubstanz für die Disci intervertebrales, die Disci articulares, Menisken, für die Symphysis publica sowie Labra glenoidalia [74].

Der glasig-hyaline Knorpel wird dort eingesetzt, wo Druck- und Stoßeinwirkungen abgefangen und verteilt werden müssen, zum Beispiel als glatte Überzüge auf den Gelenksflächen. Diese glatte, nahezu reibungswiederstandfreie Oberfläche des hyalinen Gelenksknorpels weist außerdem eine hohe Abnutzungsresistenz auf und besitzt keine Nerven-, Gefäß- oder Lymphstrukturen [75]. Er besteht zu ca. 65% seiner Feuchtmasse aus Wasser, zu 10–20% aus Kollagen, zu 10–20% aus Proteoglykanen und zu ca. 1–5% aus Chondrozyten. Letztere liegen spärlich verstreut in der Matrix, synthetisieren alle Matrixbestandteile und regulieren deren Stoffwechsel.

90–95% des Kollagens des hyalinen Gelenksknorpels stellt das Typ-II-Kollagen dar, welches ihm seine Bruchfestigkeit verleiht [72].

Proteoglykane sind für die Druckfestigkeit dieses Knorpels verantwortlich. Sie werden von den Chondrozyten produziert und in die Matrix freigesetzt.

Der elastische Knorpel, in welchem man ein engmaschiges, elastisches Fasernetz findet, das in die Interzellularsubstanz eingelagert ist, ist äußerst biegsam und kann nach Verformung wieder in seine Ausgangslage zurückkehren. Diesen Typ findet man vorwiegend im Bereich der Ohrmuschel, des Kehldeckels oder aber des äußeren Gehörganges.

Der letzte Knorpeltyp, der faserige Knorpel, stellt ein Gemisch aus Binde- und Knorpelgewebe dar und weist eine große Druckfestigkeit und Widerstandskraft gegenüber Zugbelastungen auf.

Knorpelgewebe hat eine eingeschränkte Kapazität für Wachstum und Reparatur. Aus vielen Untersuchungen ist bekannt, dass regelmäßige körperliche Aktivität, Bewegung und Training zu einer Erhöhung der Knorpeldichte führt, was vor allem auf einen höheren Wassergehalt und zum Teil auch auf einen erhöhten Wert der Glykosaminoglykane (GAG) zurückzuführen ist. Dies kann mithilfe einer Kernspinspektroskopie mit speziellen kontrastvisualisierenden GAGs festgestellt werden. In Tierversuchen konnte gezeigt werden, dass exzessive Belastungsreize zu einer Reduzierung der Knorpeldicke führen können, was allerdings beim Menschen noch nicht nachgewiesen wurde. Bei akuten Belastungen wird beim Menschen aufgrund von Wasserverdrängung vorübergehend die Knorpeldicke vermindert, die normale Dicke wird jedoch ein paar Stunden später wieder erreicht. Die biochemischen Veränderungen im Knorpel unter Bewegung sind nicht vollständig geklärt, allerdings wurden erhöhte COMP-Werte (Cartilage Oligomeric Matrix Protein) und eine verstärkte Ausschüttung von IL-10 aus dem Knorpel gefunden, was hypothetisch den positiven

Effekt von Bewegung auf den Knorpelstoffwechsel auch im Sinne einer Schutzfunktion erklären könnte.

Um die Funktion und die Gesundheit von Knorpelgewebe aufrecht zu erhalten, sind entsprechende Belastungen dieses Gewebes essentiell. Knorpelgewebe ist in der Lage, seine biologische wie mechanische Funktionstüchtigkeit und Stabilität ein Leben lang über eine große Bandbreite von Belastungsintensitäten und Belastungsfrequenzen zu verarbeiten und diesen zu wiederstehen. Nichtsdestotrotz müssen diese Belastungsnormative innerhalb eines Rahmens bleiben, und sowohl Unterbelastungen wie auch Überbelastungen können zu negativen Veränderungen des Knorpelgewebes führen. Im Falle zu wenig intensiver Reize und einer Unterbelastung kommt es zu einer Atrophie des Gewebes, wohingegen eine Überbelastung Schäden und Verletzungen des Knorpelgewebes verursachen und somit seine Funktionen maßgeblich beeinflussen und reduzieren kann.

In erster Linie hängen die mechanischen Eigenschaften eines Gelenksknorpels von dessen Verhältnis und Zusammensetzung der unterschiedlichen extrazellulären Matrixproteine, aber auch ihrer dreidimensionalen Struktur und Verflechtung ab.

Aber auch innerhalb eines Knorpels gibt es Bereiche beziehungsweise Regionen mit unterschiedlichen mechanischen Eigenschaften. Studien haben gezeigt, dass es innerhalb eines Knorpels Regionen gibt, welche hohe Belastungen erfahren und dadurch steifer sind als Regionen, welche geringere mechanische Belastungen erfahren [76]. Dabei scheint es, als würde jede Region des Knorpels optimal hinsichtlich seiner auf ihn wirkenden Belastungen adaptiert sein. Da es sich bei Knorpelgewebe allerdings um ein Gewebe mit einer geringen Stoffwechselrate handelt, zeigen sich solche Anpassungen erst nach längerer Zeit, also erst nach nach Jahren.

Wenngleich die Immobilisation eines Gelenks eine Atrophie des Knorpelgewebes und des angrenzenden Gewebes des Gelenks verursacht [77], können die Strukturen, zumindest zum Großteil, nach einer Remobilisation wiederhergestellt werden. Andererseits gibt es auch Studien, welche zeigten, dass die Wiederherstellung im Laufe einer Remobilisierung nicht gleichmäßig verläuft und unterschiedliche Bereiche, aber auch unterschiedliche Zonen des Knorpels auch unterschiedlich schnell wiederhergestellt werden oder eben nicht völlig wiederhergestellt werden können [78] und die Steifigkeit des Knorpels unter der der Kontrollgruppe zurückgeblieben ist [79].

Bei fortdauernder (Monate bis Jahre) Immobilisation findet eine graduelle Resorbierung des Knorpels statt, welcher zusehends durch Bindegewebe ersetzt wird.

Tierexperimente an Hunden, die ein moderates „Training" durchführten, haben gezeigt, dass sich deren Gelenksknorpeleigenschaften verbesserten, wohingegen die Tiere, die ein wiederholend intensives „Training" absolvierten, eher zu Verletzungen des Knorpelgewebes neigten.

7.2.4 Genetische Varianten von Knorpelgewebe

Aggrecan-Polymorphismus

Aggrecan ist ein großes aggregierendes Proteoglykan. Es ist eines der Hauptbestandteile der Bandscheiben und des Knorpels [80, 81]. Das humane Aggrecan-Gen sitzt am Chromosom 15q26 [82]. Aggrecan hat durch seine osmotischen Fähigkeiten die Funktion, im Knorpel und den Bandscheiben große Druckbelastungen ausgleichen zu können [83, 84]. Bei einem CS1-Polymorphismus im Aggrecan kommt es zu einem verminderten Gehalt an Chondroitinsulfat in den Knorpeln und Bandscheiben, was zu einer verringerten Widerstandsfähigkeit gegenüber Druckbelastung und in späterer Folge zu einer frühzeitigen Degeneration führen kann [83].

Kollagen-Typ-II-alpha- 1 (COL2A1) Polymorphismus

Das COL2A1-Gene sitzt am Chromosom 12q zwischen 13.11 und 13.2. Typ-II-Kollagen ist der Hauptbestandteil des Knorpels. Mutationen im Kollagen 2A1 werden in verschiedenen Formen der Chondrodysplasie beobachtet [85]. In diversen Studien gibt es Hinweise, dass Polymorphismen von COL2A1 für verschiedenen Varianten der Arthrose verantwortlich sein könnten [86, 87]. COL2A1 ist physisch in der Nähe vom Vitamin-D-Rezeptor (VDR) angeordnet und beide scheinen eine Rolle in der Arthrose-Entstehung zu spielen. Eine holländische Forschungsgruppe zeigte einen klaren Zusammenhang zwischen VDR und COL2A1 bei der Arthrose-Entstehung [88]. Andere Forschergruppen aus den USA und Finnland konnten so einen Zusammenhang wiederum nicht feststellen [85, 89, 90].

Weitere Gene

Ein Single-Nukleotid-Polymorphismus im rs2615977-Gen im Intron 31 von COL11A1 ist verantwortlich für diverse Formen des Stickler-Syndroms. Dieses Syndrom ist unter anderem durch eine vorzeitige schwere Osteoarthrose gekennzeichnet, welche sich im Alter manifestiert [91].

Der Frizzled-Related-Protein (FRZB) T/G Haplotyp ist nur in der Pathogenese der Hüftarthrose von kaukasischen Frauen involviert [89]. Dieses Protein ist ein Antagonist für den Wnt-Signalweg. Der Wnt/β-Catenin-Signalweg ist wichtig für die Regulierung des chondrozytären Phänotyps, Mutationen und die Funktion von Chondrozyten. Durch seinen direkten Einfluss auf den Wnt-Signalweg spielt das FRZB einen großen Rolle bei Chondrozytenmutationen [92–95].

Der Einfluss von Asporin (ASPN) wird im Zusammenhang mit Arthrose immer wieder genannt. Asporin kodiert für ein knorpelspezifisches extrazelluläres Protein, welches ein Mitglied der kleinen leucinreichen Proteoglykanfamilie ist. Kizawa und Koautoren zeigten nicht nur eine genetische Verbindung zwischen einer Wiederholung von Asparaginsäure im Asporingen, sondern konnten auch zeigen, dass es abundant in arthrotischem Knorpel vorkommt [96, 97]. Sie fanden auch heraus, dass Asporin die Expression von Genen, die für Kollagen Typ II und Aggrecan kodieren, inhibiert.

In Anlehnung an die Studie von Kizawa und Koautoren versuchten diverse Forschergruppen, den Zusammenhang mit dem Allel D14 und Arthrose in der kaukasischen Bevölkerung nachzuweisen, was aber nicht gelang.

Andere Gene, die auch noch als Kandidaten für ein frühzeitiges Auftreten von Arthrose gelten, sind Calmodulin [98] und das Cartilage-oligomeric-matrix-Protein-Gen [99].

Auch bei den Knorpelgenpolymorphismen kann man keine globalen Aussagen treffen, denn Polymorphismen, die in einer ethnischen Gruppe zu Arthrose führen, haben bei anderen keine Auswirkung. Viele der Genkandidaten haben auch eine unterschiedliche Ausprägung zwischen den Geschlechtern [85].

7.3 Sehnen und Adaption durch körperliche Bewegung

7.3.1 Mechanische Übertragung

Die Hauptaufgabe von Sehen ist es, die vom Muskel generierte Kraft auf einen Knochen zu übertragen und so eine Bewegung in einem Gelenk zu erzeugen. Hierzu müssen Sehnen, wenn physiologische Belastungen auf sie wirken und um einem Kraft/Energie/Effizientverlust vorzubeugen, sehr starr sein. Man bezeichnet solche Sehnen als „Lagesehnen". Es gibt aber auch weitere Funktionen von Sehnen, wie zum Beispiel die Speicherung und Freisetzung von elastischer Spannungsenergie [100, 101]. Diese sogenannten „Energiespeichersehnen" sind notwendig, um während physiologischer Belastungen möglichst effizient Energie zu speichern, wenn die Sehne gespannt beziehungsweise gedehnt wird, und wieder abzugeben, wenn sie wieder in ihre ursprüngliche Form zurückkehrt.

Die Fähigkeit von Sehnen, sowohl Steifheit als auch Elastizität zu gewährleisten, basiert auf ihren nichtlinearen visko-elastischen, anisotropen und verschiedenartigen (heterogenen) mechanischen Eigenschaften. Diese scheinbar widersprüchlichen Eigenschaften sind von großer Bedeutung und Wichtigkeit und resultieren aus der komplexen Struktur der extrazellulären Matrix, welche sich hauptsächlich aus Kollagen zusammensetzt und sich in größere Subeinheiten bündelt. Neben dem Kollagen und der extrazellulären Matrix besteht Sehnengewebe vor allem aus spindelförmigen Fibroblasten, welche zwischen den Kollagenfasern liegen. Eine bestimmte hierarchische Architektur dieser Subeinheiten durch eine parallele Ausrichtung von Typ-I-Kollagen zur mechanischen Achse begründet die speziellen mechanischen Eigenschaften. Jedes Molekül Kollagen besteht aus Polypeptidketten. Drei solcher

Ketten, die interzellulären Peptid-Alpha-Ketten (2 Alpha-1-Ketten und eine Alpha-2-Kette), bilden ein dicht gepacktes helikales Tropokollagenmolekül (Pro-Kollagen-Tripel-Helixstruktur). Fünf solcher Moleküle wiederum bilden eine Microfibrille insofern, als dass diese Struktur aus der Zelle ausgelagert und in Tropokollagen gespalten wird, welches kovalent an die umgebende Matrix gebunden ist. Diese chemischen Veränderungen führen zu unlöslichen Kollagenmolekülen, welche sich harmonisch zu einer Mikrofibrille zusammenfügen, die sich ihrerseits wieder durch lateralen und longitudinalen Einbau zu Fibrillen, einer mäßig verdrehten gitterartigen Struktur, zusammenschließen und diese dann zu Fasern gruppieren. Mehrerer Fasern bilden Faserbündel und diese wiederum bilden einen Faszikel [102].

Zusätzlich werden die Faszikel von Sehnen und Bändern von einem lockeren Bindegewebe, dem Endotenon, zusammengehalten, welches Blut- und Lymphgefäße sowie Nerven enthält und in das Epitenon übergeht, welches die gesamte Sehne umgibt. Die Oberfläche dieses Epitenons ist wiederum von einer dünnen Schicht, dem Paratenon umgeben, das ein freies Bewegen der Sehne im umliegenden Gewebe ermöglicht.

Zu Beginn, während unserer Entwicklung, zeigen die Fibrillen ein mehr oder weniger homologes Bild von gleicher Größe und gleichem Querschnitt. Sie beginnen ab der Adoleszenz, sich zu differenzieren und in Größe und Länge zu unterscheiden, bis es im Alter wieder zu einer Verringerung der mittleren Kollagenfibrillenquerschnitte kommt [103].

Das wichtigste Molekül hinsichtlich des strukturellen Aufbaus von Sehnen ist das Kollagen. Des Weiteren spielen Proteoglykane, wie Dekorin, Lumican und Versican, aber auch Glycoproteine wie Elastin und Tenastin, C-Tenascin-C, eine wichtige Rolle [104].

Es gibt viele unterschiedliche Kollagen-Typen (I, II, III, V, …) wobei das Typ-I-Kollagen das in Sehnen vorherrschende und wichtigste ist [105, 106]. Je nach Sehnentyp, Sehne, aber auch Literatur macht dessen Anteil an der Trockenmasse zwischen 50 und 95% aus und ist für deren hohe Zugbelastbarkeit verantwortlich. Die restlichen 5 bis 50% einer Sehne hingegen bestehen aus anderen Kollagenen, Elastin, Proteoglykanen, Glykolipiden und anderen zellulären Bestandteilen.

Proteoglykane, welche als eine Gruppe von Makromolekülen bezeichnet werden können, die sich an Kollagenfibrillen in orthogonaler Weise anlagern, sind hauptverantwortlich für die visko-elastischen Eigenschaften der Sehnen, wenngleich sie keinen Beitrag zum Bruchwiderstand der Sehnen liefern [107]. Das in Sehnen hauptsächlich vorgefundene Proteoglykan ist Dekorin, während hingegen Hyaluronan, Biclykon, Fibromodulin und Lumican in kleinen Anteilen vertreten sind.

Die für den Aufbau der Sehnen, also für die Sekretion und Herstellung von Kollagen und der extrazellulären Matrix wichtigste Zelle ist die Tenozyte. Dabei handelt es sich um spezialisierte Fibroblasten, welche in bestimmter Art und Weise in länglichen Reihen nahe der Kollagenfibrillen angeordnet sind. Die jeweilige Ausrichtung der Kollagenfasern bedeutet eine Spannungsentwicklung in der Richtung dieser Faserausrichtung, welche von der Organisationsstruktur des Kollagens in der extrazellulären Matrix abhängt [108].

Die Größe und Form von Sehnen kann recht unterschiedlich sein und im Allgemeinen zeigen Sehnen von Streckern eher eine abgeflachte Struktur, wohingegen die der Beugersehnen eine eher rundlich-ovale Form aufweisen [102]. Diese unterschiedlichen Formen erlauben ihnen nicht nur, eine durch die Muskelkontraktion generierte Spannung auf den Knochen zu übertragen, sondern auch elastische Energie zu speichern, als eine Art Gelenksoberfläche zu dienen oder eine Art Umlenk-Mechanismus zu ermöglichen. Die Feinstruktur der Sehnen hängt von den jeweiligen mechanischen Aufgaben ab. Die rundlich-ovalen Sehnen, welche uni-axiale Spannungen vermitteln, haben eher parallel ausgerichtete Bündel von Kollagenfasern (z. B. die Flexoren-Sehnen von Hand und Fuß), während flachere Sehnen, die komplexeren Beanspruchungen entsprechen müssen, eher unterschiedlich gerichtete Kollagenfasern besitzen (z. B. in den Sehnen der Rotatoren-Manschette, Eichhorn). Regionen von Sehnen, die neben den normalen Belastungen auch Druck und Scherkräften ausgesetzt sind, enthalten außerdem zusätzlich faserknorpelig-spezifische Proteine, wie die Kollagentypen II sowie IX bis XI und die proteoglykale Biglycan und Aggrecan [107].

Die Steifigkeit von Sehnen variiert je nach Geschlecht, Alter und körperlicher Aktivität des Individuums, erhöht sich beispielsweise im Laufe des Lebens und wird durch körperliche Aktivität verringert [109].

Es wurde weitläufig angenommen, dass Sehnengewebe metabolisch relativ inaktiv ist. Tierstudien haben allerdings gezeigt, dass die Reißfestigkeit, die Steifheit und die Querschnittsfläche sowie der Kollagenanteil durch körperliche Aktivität erhöht waren, womit gezeigt wurde, dass Sehnengewebe sehr wohl metabolische Aktivität zeigt [110, 111].

Wiederholte mechanische Belastungen (also z. B. körperliches Training) kann die Kollagensynthese in Sehnen steigern, während hingegen eine nur 10 Tage andauernde Inaktivität (wie z. B. Ruhigstellung oder Bed-Rest) die Synthese sowohl von Kollagen wie auch von Myofibrilloren-Protein in Sehnen und Skelettmuskeln um 25% senkt. Trotz dieser inaktivitätsbedingten Veränderungen waren keine bedeutenden anatomischen Veränderungen zu beobachten, was wahrscheinlich auf die Tatsache zurückzuführen ist, dass die Kollagensynthese an sich und deren mögliche Bestimmung nicht immer genau der tatsächlichen Inkorporation von funktionell ausgereiftem Kollagen in existente Strukturen entspricht [112].

Zahlreiche Studien haben inzwischen nachweisen können, dass Sehnen beziehungsweise deren Zellen in der Lage sind, sich an mechanische Beanspruchungen anzupassen, beispielsweise in Form einer fast 100%igen akuten Steigerung der Kollagensynthese in der Patellarsehne nach einem Satz einer körperlichen Belastung [113]. Diese Vorgänge dienen einer strukturellen Anpassung der Strukturen an die höheren Belastungen. In weiteren Studien [114, 115] hat man gezeigt, dass sich der durchschnittliche Fibrillendurchmesser, die Zahl der Fibrillen sowie die Querschnittsfläche der Sehnen bei Mäusen, welche in einem Laufrad „trainierten", veränderte. Je nach Signal, beispielsweise Höhe und Dauer der mechanischen Belastung, werden unterschiedliche Reaktionen und Anpassungen hervorgerufen [102].

Eine Immobilisation andererseits bewirkte eine Hinunterregulierung der Kollagenbiosynthese.

Die Immobilisierung der Hinterbeine bei Ratten durch einen Gipsverband zeigte eine Verringerung der Enzymaktivität der Kollagenbiosynthese sowohl in der Skelettmuskulatur als auch im Sehnengewebe [110, 111]. Das Ausmaß der Kollagensynthese hängt dabei vom Proteingleichgewicht innerhalb dieses Gewebes ab [116]. Darüber hinaus scheint sie auch durch Dehnung der Muskeln und Sehnen beeinflusst zu sein, und so zeigt sich eine zumindest teilweise hinunterregulierte Kollagenexpression im Verlauf einer Immobilisation.

In anderen Untersuchungen [117, 118] konnte gezeigt werden, dass sowohl ein einziger Satz, aber auch ein chronisches körperliches Training die Kollagen-Typ-I-Synthese stimulieren [106]. Magnussen u. Kjaer [106] beispielsweise haben gezeigt, dass in gut trainierten Läufern die Achillessehnenquerschnitte markant größer waren als in der Kontrollgruppe.

Je nachdem, wie groß der Querschnitt, die Materialeigenschaften des Sehnengewebes und die aufgebrachte Kraft sind, wird eine Sehne unter Belastung mehr oder weniger gedehnt. Im Normalfall kann eine Sehne keine Kräfte bewerkstelligen, die größer als jene sind, die auch der Muskelbauch auszuhalten vermag [101].

7.3.2 Funktion und mechanische Eigenschaften von menschlichem Sehnenbindegewebe im lebenden Organismus

Um bei der Fortbewegung durch Speicherung und Freisetzung von elastischer Verformungsenergie wie eine Feder arbeiten zu können, ist eine dünne (und lange) Sehne vorteilhaft. Umgekehrt würde eine dickere Sehne, die weniger „strain energy" (Formänderungsenergie) abgeben würde, die durchschnittliche Belastung (Kraft/Fläche) um die Sehne vermindern und dabei einen größeren Sicherheitsspielraum schaffen.

Daten aus Tierversuchen zeigen, dass Sehnen sowohl qualitativen (funktionellen) als auch hypertrophen oder, als Reaktion auf Ausdauertraining, auch beiden Veränderungen ausgesetzt sein können und deshalb kein kohärentes Muster gegeben ist. Beim Menschen weisen Querschnittstudien darauf hin, dass durch gewöhnliches/habituales Langstreckenlaufen ein größerer Querschnitt der Achillessehne als im Vergleich zu Nichtläufern zu finden ist. Allerdings hat ein etwa neun Monate dauerndes Lauftraining bei zuvor untrainierten jungen Proband/innen zu keiner Hypertrophie der Achillessehne geführt. Andererseits wurde jedoch gezeigt, dass Krafttraining über drei Monate beachtliche Veränderungen der Materialeigenschaften von menschlichen Sehnen älterer Menschen hervorruft, ohne dabei eine Sehnenhypertrophie zu bewirken.

Skelettmuskelfasern erstrecken sich nicht immer von einer Sehnenplatte zur anderen, was bedeutet, dass die kontraktile Kraft lateral an angrenzende

Fasern übertragen werden kann, um Bewegung zu initiieren [119]. Kraft wird von den Muskelfasern von der Aponeurose über die Muskel-Sehnenverbindungen übertragen und kann auch zu parallel angrenzenden Strukturen über die Aponeurose übertragen werden. Die Sehne ist eine „hierarchische Struktur“ und um zu verstehen, wie die Kraft innerhalb einer ganzen Sehne übertragen wird, ist es notwendig, die mechanischen Eigenschaften in den verschiedenen Bereichen zu untersuchen. Es zeigt sich, dass sich fast alle Fibrillen über die gesamte Sehnenlänge erstrecken und eine Sehne daher die Summe der individuellen Fibrillen darstellt. Das bedeutet aber nicht, dass zwischen ihnen keine Verbindung besteht. Im Gegenteil: Mechanische Eigenschaften, wie zum Beispiel die Festigkeit, werden durch Veränderungen in der Vernetzungsstruktur reguliert. Die Fibrillen sind in Faszikeln angeordnet. Die Fähigkeit der Faszikeln, Kraft zu anderen, parallel angrenzenden Faszikeln zu übertragen, wurde bei Operationen im menschlichen Patellar- und Achillessehnengewebe untersucht. Die dabei gewonnenen Daten bestätigen, dass die laterale Kraftübertragung zwischen Faszikeln relativ klein oder vernachlässigbar ist.

7.3.3 Verletzungsrisiken des Bindegewebes

Sehnen, Bänder und Knochen des menschlichen Körpers werden während der Fortbewegung und durch sportliche Aktivitäten beträchtlichen Belastungen ausgesetzt. Zum Beispiel können die Achilles- und die Patellarsehne während des Laufens einem Vielfachen des Körpergewichts ausgesetzt sein. Leider muss auch festgehalten werden, dass Sehnen nicht fähig sind, sich an alle speziellen Belastungsbedingungen anzupassen, woraus daher pathologische Reaktionen entstehen, die Überlastungsverletzungen oder -schäden und komplette Sehnenrisse miteinschließen. Die Ätiologie dieser Verletzungen, speziell in Hinsicht darauf, wie sich Bindegewebe genau an körperliche Aktivität bzw. dem Bewegungsmangel anpasst, ist bislang nicht vollständig geklärt, auch unter dem Aspekt, in welchem Ausmaß spezifische genetische Profile (zum Beispiel Kollagenpolymorphismen) mit einer höheren Inzidenz von Überlastungsverletzungen auf Grund schlechterer Anpassung an Belastung in Zusammenhang gebracht werden können. Diverse Untersuchungen weisen auf ein höheres Risiko für Überlastungsverletzungen in Abhängigkeit von genetisch bedingten Varianten von Kollagentypen hin. Früher herrschte die Meinung vor, dass Überlastungsverletzungen nur aus wiederholten mechanischen Verletzungen der Sehne resultieren. Allerdings liegen zwischenzeitlich Befunde vor, dass molekulare Reaktionen, die bei Tendinopathien untersucht wurden, von jenen bei einer partiellen Ruptur deutlich abweichen. Eine mangelnde Regeneration resultiert aus der Apoptose von Sehnenzellen und in der Folge davon in einer beschleunigten Produktion von GAGs, einer entzündlichen Aktivierung und einer erhöhten Proteolyse (Eiweißabbau), woraus eine degenerative Matrixveränderung im Sinne einer Tendopathie entsteht. Interessanterweise scheint derzeit ein Trainingsplan mit schweren Krafttrainingsbelastungen der überbeanspruchten Sehne die beste Behandlungsmöglichkeit zu sein, da es zu einer Neubildung der Matrix und einer Normalisierung der Struktur führt.

7.3.4 Genetische Varianten von Sehnenbindegewebe im Zusammenhang mit Sehnenverletzungen

COL1A1

Das COL1A1-Gen kodiert für das Polypeptid Kollagen Iα1, welches gemeinsam mit Kollagen Iα2 im Verhältnis 2:1, das Typ-I-Kollagen, einen der Hauptbestandteile von Sehnen und Bändern bildet. Dieses Gen liegt am Chromosom 17 [120]. In früheren Studien wurde bereits ein Zusammenhang des COL1A1S-p1-Bindungsstellen-Polymorphismus innerhalb Intron1 des COL1A1-Gens mit Knochenbrüchen aufgrund von Osteoporose [42], Osteoarthritis [121], Myokardinfarkt [122], Erkrankungen der Bandscheiben bei Lendenwirbel [123] und Belastungsharninkontinenz bei Frauen [124] nachgewiesen. Dieser Polymorphismus (SNP rs18000125) betrifft eine Bindungsstelle für den Transkriptionsfaktor SR p1 innerhalb des COL1A1-Gens. Dabei wird Guanin durch Thymin ersetzt, was zu einer gesteigerten Expression des COL1A1-Gens führt

[42, 125]. Wegen des hohen Vorkommens von Kollagen-I in Sehnen und Bändern und den bisher gefundenen Zusammenhängen mit den genannten Erkrankungen bzw. Verletzungen lässt sich vermuten, dass eine Verbindung zwischen diesem Kollagen Iα1-Polymorphismus und dem Auftreten von Band- und Sehnenverletzungen bestehen könnte [120, 126, 127]. In schmerzenden Achillessehnen wurde außerdem eine signifikant gesteigerte Expression des COL1A1-Gens nachgewiesen [128, 129], woraus ebenfalls auf mögliche Zusammenhänge geschlossen werden kann. Aus Studien von Khoschnau und Posthumus [120, 126, 127], welche einen Zusammenhang zwischen dem COL1A1-Gen und Achillessehnen-, Kreuzband- und Schulterverletzungen untersuchten, konnten Collins, Posthumus und Schwellnus [130] in einer Synopsis folgende Zusammenhänge finden: Der COL1A1Sp1-Bindungsstellen-Polymorphismus (SNPrs180012) kann mit einer hohen Wahrscheinlichkeit vor allem mit Kreuzbandverletzungen in Zusammenhang gebracht werden. Aufgrund der geringen Häufigkeit des TT-Genotyps bedarf es jedoch weiterer Studien mit größeren Samples, um genauere Aussagen hinsichtlich der Auswirkungen dieses Polymorphismus treffen zu können [130]. Das seltene Vorkommen dieser Allel-Kombination bedingt aber auch, dass die klinische Relevanz dieses Polymorphismus zur Vorhersage von Band- und Sehnenverletzungen nicht sehr groß ist. Das Miteinbeziehen dieser Sequenzvariante in multifaktorielle Modelle zur Beschreibung von akuten Band- und Sehnenverletzungen sollte weiter untersucht werden. Auswirkungen anderer Polymorphismen innerhalb es Exons und Introns des COL1A1-Gens auf die besagten Sehnen- und Bänderverletzungen sind bis heute nicht geklärt [131].

COL5A1

Das COL5A1-Gen zählt ebenfalls zu jenen Genen, welche hinsichtlich eines Zusammenhanges mit Band- und Sehnenverletzungen untersucht wurden. Das COL5A1-Gen befindet sich ganz in der Nähe des ABO-Gens am Ende des langen Arms von Chromosom 9 [132]. Da die Blutgruppe ABO von mehreren Forschern mit einem erhöhten Risiko für Achillessehnen-Verletzungen in Verbindung gebracht wurde [133–135], kommt das COL5A1-Gen auch aufgrund seiner Nähe zum ABO-Gen und seiner biologischen Funktion als eines der Kandidatengene in Frage. Das COL5A1-Gen kodiert für eine bestimmte Komponente des Typ-V-Kollagens und spielt daher möglicherweise eine wichtige Rolle in der Regulierung der Fibrillogenese und ist demzufolge für die Belastbarkeit von Sehnen mitverantwortlich [136, 137]. Laut einer Studie von Mokone et al. [138] besteht ein Zusammenhang zwischen dem BstUI RFLPs (rs12722) des COL5A1-3'-UTR-Gens und Achillessehnenpathologien, vor allem chronischen Achillessehnen-Tendinopathien. Für Personen mit CC-Allel-Kombination dieses Gens ist es unwahrscheinlich, Symptome einer solchen Erkrankung zu entwickeln. Eine Studie von September et al. [139] an 85 australischen und 93 südafrikanischen Testpersonen mit Achillessehnen-Tendinopathien und 210 australischen und 132 südafrikanischen gesunden Testpersonen konnte diese Ergebnisse bestätigen, da ein Zusammenhang des BstUI FRFLP und dem Auftreten von Achillessehnen-Tendinopathien festgestellt wurde. Wie in der Studie von Mokone et al. [138] war in der Gruppe der Kontrollpersonen der CC-Genotyp doppelt so häufig vertreten wie in der Gruppe mit den Achillessehnen-Tendinopathien. Allerdings wird darauf hingewiesen, dass die funktionellen Auswirkungen dieses Polymorphismus, der offensichtlich die mRNA-Stabilität beeinflusst und damit möglicherweise zu interindividuellen Unterschieden der Fibrillogenese beiträgt, nicht bekannt sind und möglicherweise ein sich in der Nähe des COL5A1-Gens befindliches anderes Gen ein tatsächlich kausales Gen sein kann, welches die Anfälligkeit einer Person für Achillessehnenverletzungen erhöht. In einer weiteren Fall-Kontrollstudie wurden von Posthumus et al. [126] die Fragestellung untersucht, ob die unterschiedlichen Sequenzvarianten des COL5A1-Gens zu einem erhöhten Risiko eines Risses des vorderen Kreuzbandes unter geschlechtsspezifischen Aspekten führen. Auch in dieser Studie konnte nachgewiesen werden, dass der CC-Genotyp des BstUI FRFLP (rs 12722) des COL5A1-Gens signifikant seltener bei Frauen mit Kreuzbandrissen auftritt als die Varianten TT und TC. Die Autoren berechneten, dass Frauen, welche den CC-Genotyp besaßen, ein um das 6,6-Fache reduzierte Risiko haben, einen Riss des vorderen Kreuzbandes zu erleiden. Hinsichtlich der Varianten des DpnII RFLP(rs13946) und der des BstUI RFLP (rs12722) bei Männern wurden keine signifikanten Unterschiede nachgewiesen [140]. Allerdings scheinen diese Ergebnisse nicht generalisierbar zu sein, da – wie auch von den Autoren festgehalten – eine relativ kleine Fallzahl weiblicher Probanden gegeben war. Jedenfalls bleibt unklar, warum diese Genvariante den Auftritt von Kreuzbandverletzungen bei Frauen, jedoch nicht bei Männern beeinflusst. Posthumus et al. [126] vermuten, dass die Gen-Hormon-Interaktionen mit den entsprechenden Expressionen bei Frauen zu einer signifikant gesteigerten Anfälligkeit für Kreuzbandverletzungen führen. Sexualhormone können etwa die Genexpression beeinflussen, insbesondere vieler MMPs [141] (◘ Abb. 7.1).

Laguette et al. [143] und Abrahams et al. [144] fanden, dass weitere funktionelle Untergruppen im Bereich des COL5A1-3'-UTR als Polymorphismus bestehen, welche möglicherweise die Regulation der COL5A1-mRNA-Stabilität und damit anzunehmenderweise auch der Kollagen-Typ-V-Produktion beeinflussen (rs71746744, rs16399, rs1134170, rs4919510 in MIR608). Darüber hinaus konnte nachgewiesen werden, dass Polymorphismen des MIR608-Gens (rs4919510 c/g) ebenfalls mit chronischen Tendopathien der Achillessehne in Zusammenhang zu stehen scheinen, da bei solchen Patienten der CC-Genotyp überrepräsentiert war. Jedes Allel des MIR608-Gens kodiert für bestimmte miRNA, Hsa-miR-608, welche an verschiedene funktionelle cis-acting Elemente an COL5A1 3'-UTR-Gen binden können. Collins [145] schließt daraus, dass die Ergebnisse von Studien betreffend das COL5A1-Gen und MIR608-Gene zusammen mit den anderen funktionellen Ergebnissen der

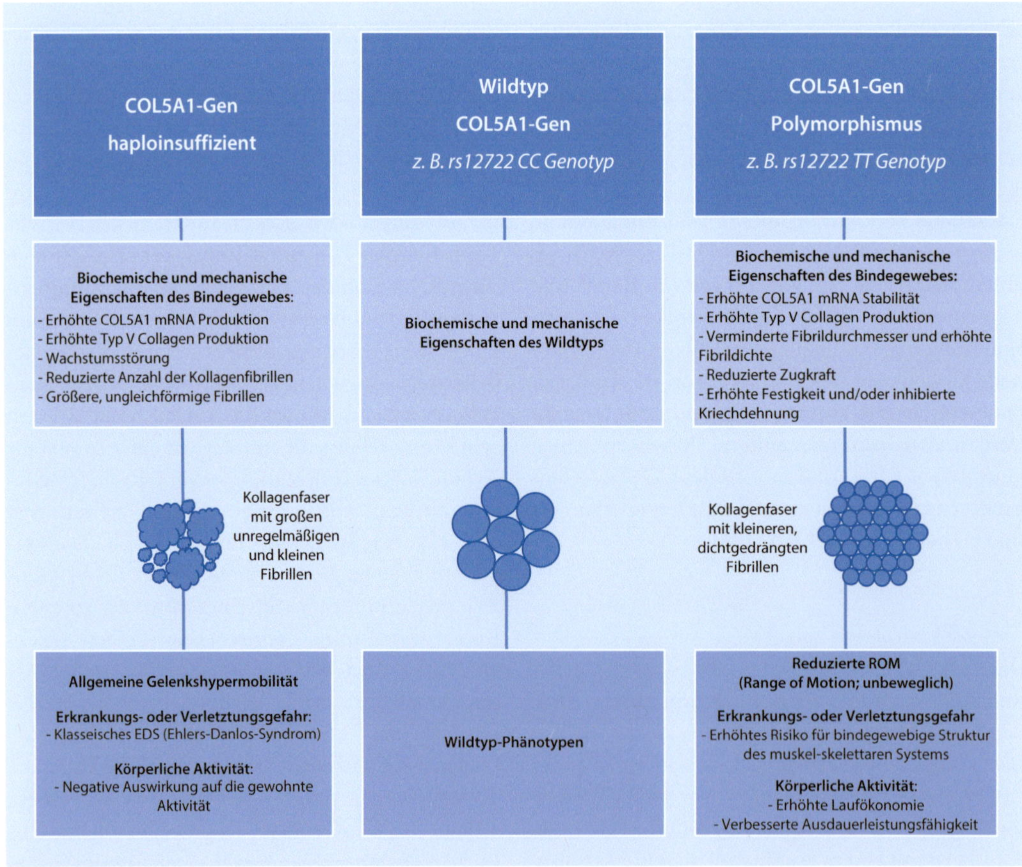

◘ **Abb. 7.1** Schematische Zusammenfassung der Beziehung zwischen COL5A1-Genotyp, Eigenschaften, Flexibilität, Erkrankungs- und Verletzungsgefahr und körperliche Aktivität (von oben nach unten) (modifiziert nach [142]).

COL5A1-3'-UTR-Region bezogen auf die Kollagen-Typ-V-Synthese als molekulare Mechanismen zur Entstehung der Achillessehnen-Tendinopathien verstanden werden können. Die daraus abzuleitende Hypothese besagt, dass die T-Form des COL5A1-3'-UTR eine vermehrte Produktion von Kollagen Typ V, eine Abnahme des Fibrillendurchmessers und eine Zunahme der Fibrillendichte bewirkt, woraus die strukturellen Unterschiede in den entsprechenden Fibrillen mit unterschiedlichen mechanischen Eigenschaften, wie zum Beispiel der Zugbeanspruchung, resultieren (increased creep inhibition).

In diesem Zusammenhang ist auch eine Studie von Raleigh et al. [141] interessant, in welcher analysiert werden sollte, ob Varianten des COL5A1-Gens und des MMP3-Gens interagieren und damit die Wahrscheinlichkeit von Achillessehnenverletzungen beeinflussen. Die Ergebnisse dokumentieren, dass eine Kombination des G-Allels, des MMP3, SPPs rs 679620 und des T-Allels des COL5A1 SNPs rs12722 zu einem signifikant erhöhten Risiko führt, eine Achillessehnen-Tendinopathien zu entwickeln. Bei einer Kombination des A- und des C-Allels trat eine Tendinopathie signifikant seltener auf.

Zusammengefasst kann also als wahrscheinlich erachtet werden, dass Zusammenhänge zwischen dem BstUI-Restriktionslängen-Polymorphismus des COL5A1-Gens (rs127222) und Achillessehnenverletzungen bestehen. Personen mit der Allel-Kombination CC haben demnach ein geringeres Risiko. Allerdings ist bei der Interpretation Vorsicht geboten, da aufgrund der Nähe mit anderen Genen das Typ-V-Kollagen nicht direkt für die Entstehung von Achillessehnenverletzungen verantwortlich sein könnte.

Tenascin-C-Gen

Dieses Gen befindet sich – wie auch das COL5A1-Gen – auf der Spitze des langen Arms von Chromosom 9, in der Nähe des ABO-Gens [132]. Das Tenascin-C-Gen (TNC) kodiert für Tenascin-C, einem wichtigen strukturellen Baustoff von Sehnen [146]. Es bindet andere Komponenten der extrazellulären Matrix und der Zellrezeptoren und spielt eine wichtige Rolle in der Zell-Matrix-Interaktion [147]. In Sehnen erfolgt die Expression von Tenascin-C hauptsächlich in Regionen, die für die Übertragung biomechanischer Kräfte zuständig sind [148] und daher beispielsweise auch in den Achillessehnen [146]. Das Protein Tenascin-C kann in mehreren Isoformen mit individuellen Funktionen auftreten, welche durch alternatives Splicing entstehen können [147]. Laut Untersuchungen von Jarvinen et al. [146, 148], regulieren mechanische Impulse die Expression von TNC. Diese ist während und nach Sehnenverletzungen gestört [128, 149], da gefunden wurde, dass in gesunden Sehnen eine kleinere Isoform des TNC-Proteins produziert wird als in den degenerierten Sehnen. Chiquet et al. [150] postulieren, dass überhohe mechanische Beanspruchungen zu einer geänderten Synthese von TNC und somit in Folge zu Achillessehnen-Tendinopathien führen können. In einer Studie von Mokone et al. [151] sollte untersucht werden, ob ein Guanin-Thymin- (GT)-Dinukleotid-Repeat-Polymorphismus im Intron 17 des 9. Chromosoms mit der Wahrscheinlichkeit einer Achillessehnenverletzung zusammenhängt. Insgesamt wurden 18 verschiedene Allel-Varianten dieses Polymorphismus des TNC-Gens gefunden. Die Untersuchung ergab, dass eine um das 6,2-fach verringerte Wahrscheinlichkeit für Personen mit den homo- oder heterozygotischen Allel-Varianten 13- und 17-GT-Wiederholungen besteht, eine Achillessehnenerkrankung zu erleiden, während hingegen das Risiko für Personen mit den Varianten des Tenascin-C-Gens mit 12- und 14-GT-Wiederholungen deutlich erhöht zu sein scheint. Allerdings muss – wie schon erwähnt – durch die Nähe dieser Gene mit anderen Genplätzen – die Möglichkeit berücksichtigt werden, dass ein einzelnes Gen des Chromosoms 9 p32 bis p34 mit der Entstehung von Achillessehnenverletzungen eher als unwahrscheinlich erscheint, wie auch schon in einer der erwähnten Studien von Mokone et al. 2005 zum Zusammenhang des TNC-Gens mit dem COL5A1-Gen dargestellt wurde. Laut September, Schwellnus und Collins [152] sind die funktionellen Effekte des Polymorphismus sowohl des TNC-Gens wie auch des COL5A1-Gens auf die Genexpression bzw. Proteinbildung nicht bekannt, zumal viele Polymorphismen außerhalb des Genoms zu finden waren. Allerdings ist es in genetischen Assoziationensstudien üblich, eine statistische Korrelation eines Krankheitsmerkmals mit Frequenzvarianten in bekannten Funktionen zu finden [153]. Obwohl ein bestimmter Polymorphismus also

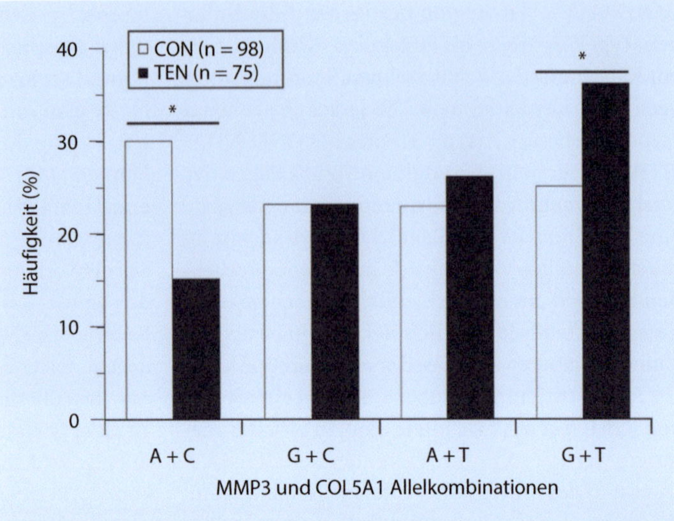

Abb. 7.2 Relative Verteilung der Allelkombination des MMP3 SNPs rs679620 (A/G) und des COL5A1 SNPs (C7T) [141]. (Con = Kontrollgruppe, TEN = Tendinopathie-Subgruppe. Haplotyp AC, p-Wert = 0,002; Haplotyp GT, p-Wert = 0,006).

7

keinen funktionellen Effekt auf ein Krankheitsmerkmal zu haben scheint, wird er gemeinsam mit der tatsächlich kausalen Variante vererbt, was auch als Kopplungsungleichgewicht (linkage disequilibrium) zu bezeichnen ist. Der Polymorphismus, dem eine Assoziation mit einer Pathologie nachgewiesen wird, und die für jene tatsächlich verantwortliche Variante müssen nicht einmal innerhalb desselben Gens liegen [152]. Dies unterstreicht die interpretative Vorsicht in der Aussage, dass zwar unter anderem Polymorphismen der Gene TNC und COL5A1 signifikant mit dem Auftreten von Achillessehnenverletzungen in Verbindung gebracht werden können, tatsächlich aber andere mit diesen Polymorphismen gekoppelt vererbte Genvarianten die tatsächlichen Ursachen sein könnten.

Matrix-Metalloproteasen

Bei den sogenannten Matrix-Metalloproteasen (MMPs) handelt es sich um Enzyme, welche für die Regulation der extrazellulären Matrix mitverantwortlich sind. Darüber hinaus sind auch mehrere Gewebsinhibitoren von Metall-Proteasen (TIMPs) bekannt, welche im Rahmen von Verletzungen unterschiedlich hinauf- bzw. hinunterreguliert sein können [154]. Zu den MMPs zählt auch die MMP3, welche katalytisch mehrere Substrate zerlegen kann, wie etwa die Kollagene Typ II, IV, V, IX und X, Laminin, Fibronectin, Proteoglykan, Decorin und Aggrecan [155, 156]. Außerdem ist die MMP3 in der Lage, andere MMPs zu aktivieren [156]. Ireland et al. [128] und Alfredson et al. [157] konnten nachweisen, dass in verletzten Achillessehnen die Expression des MMP3-Gens gesenkt und jene des MMP2-Gens erhöht ist. In der Synovialflüssigkeit von Personen nach Kreuzbandriss wurde durch Untersuchungen von Higuchi et al. [158] eine erhöhte Konzentration des MMP3-Proteins festgestellt. Thornten et al. [159] konnten nachweisen, dass die Expression von MMP3 und MMP13 in der Achillessehne und in der Supraspinatussehne von den jeweiligen mechanischen Belastungen abhängt.

Auch September, Schwellnus und Collins [152] nehmen aufgrund der bisher bekannten Zusammenhänge an, dass diverse MMPs als Kandidatengene für Achillessehnenverletzungen anzusehen sind. In einer rezenten Studie von Raleigh et al. [141] wurde versucht, einen Zusammenhang zwischen den Varianten des MMP3-Gens und Achillessehnen-Tendinopathien bzw. -rupturen herzustellen (Abb. 7.2). Die Autoren fanden, dass die Genotypen GG, CC und AA mit einer signifikant erhöhten Zahl von Achillessehnen-Tendinopathien einhergehen. Raleigh et al. [141] vermuten, dass eine Reduktion der MMP3-RNA bzw. MMP3-Proteine ohne einen entsprechenden Rückgang von Gewebsinhibitoren der Metallo-Proteine (TIMPS) möglicherweise zu einem Anstieg von Proteoglykanen führt, wie es auch in bereits degenerierten Sehnen nachgewiesen wurde [160]. Allerdings muss hinzugefügt werden, dass in Untersuchungen von Corps et al. [161] auch ein erhöhtes MMP3-Niveau zur Entstehung von Achillessehnen-Tendinopathien führen kann. Durch die Interaktion von Sequenzvarianten des MMP3- und des COL5A1-Gens können Risikoveränderungen hypothetisch formuliert werden. Die Synthese und Aktivierung des MMP3-Enzyms kann möglicherweise durch COL5A1 beeinflusst werden [141]. Daher sollte in weiteren Studien erhoben werden, ob sich die Expression dieser Gene bei Tendinopathie-Patienten mit den Allelen G und T von den Nichtträgern dieser Allele hinsichtlich der Unterschiede in der Inzidenz unterscheidet. Schließlich muss erwähnt werden, dass sich das MMP3-Gen zusammen mit acht weiteren MMPs in einem Cluster auf Chromosom 11 befindet, wodurch nicht ausgeschlossen werden kann, dass eine andere MMP mit der Ätiologie von Achillessehnenverletzungen ebenfalls in Verbindung stehen kann [141].

TGF-5

Darüber hinaus scheinen genetische Varianten des Transforming Growth Factors (TGF-5) für die Pathogenese der Achillessehnen-Tendopathien eine Rolle zu spielen [162]. Dieser Wachstumsfaktor ist auch als Bone Morphogenetic Protein 14 (BMP-14) oder Cartilage-derived-Morphogenetic-Protein-1 (CDMP-1) bekannt und in die Entwicklung sowie in den Erhaltungs- und Regenerationsstoffwechsel von Knochen, Knorpel und Bindegewebe inklusive Sehnen involviert. Mutationen im Bereich dieses Genes können verschiedene vererbbare Entwicklungsstörungen verursachen, wie zum Beispiel die seltene Hunter-Thompson-Variante einer „akromesomelen" Skelettdysplasie (Akromesomelic Dysplasia). Ein funktioneller SNP (rs143383; T/C) im Bereich von 5'-UTR des TGF-5-Gens wurde bisher in Assoziationsstudien mit Osteoathritis, kongenitaler Hüftdysplasie und erhöhtem Femur-Frakturrisiko in Zusammenhang gebracht. Posthumus et al. [163] fanden einen Zusammenhang dieses Polymorphismus mit einem zweifach erhöhten Risiko für Tendopathien der Achillessehne bzw. der Achillessehnenrupturen.

CASP8

Das CASP8-Gen kodiert für eine Kaspase-8, welche in einer Signaltransduktionskette anzutreffen ist, die die Apoptose von Sehnenfibroblasten reguliert. Der Heilungsprozess nach Sehneneinrissen wird unter anderem durch eine zytokingesteuerte Apoptose von beschädigten Fibroblasten gewährleistet. Dieser Prozess beinhaltet die Regulierung einer Balance zwischen Aufbau- und Abbaustoffwechsel der extrazellulären Matrix und damit die Aufrechterhaltung einer Homöostase. Jede Veränderung im Ausmaß der Apoptose kann daher die Reparatureffekte im verletzten Sehnengewebe beeinflussen. Nell et al. [164] konnten zeigen, dass zwei verschiedene Polymorphismen des CASP8-Gens (CASP8-652 6 N, CASP8-51423 G>C) diesen Repairprozess beeinflussen und damit das Risiko für Tendinopathien erhöhen können. Auch bei diesem Gen muss allerdings die mögliche Interaktion mit anderen Genen berücksichtigt werden.

COL12A1 und COL14A1

Im Zusammenhang mit Sehnenverletzungen wird bezüglich dieser Gene vermutet, dass sie für Proteine kodieren, die in ähnliche biologische Prozesse wie Tenascin-C und Typ-V-Kollagen verwickelt sind und damit das Risiko zur Achillessehnenverletzung erhöhen [165, 166]. Kollagen Typ XII und Typ XIV gehören zu der Familie der FACITs (Fibrill Associated Collageens with Interrupted Triple-Helices). Diese Kollagene bilden selbst keine Fibrillen, sondern interagieren mit fibrilären Kollagenen. So können sie etwa interfibriläre Verbindungen herstellen und mit anderen extrazellulären Molekülen und Molekülen der Zelloberflächen innerhalb von Sehnen und Bändern interagieren [167, 168], woraus sich vermuten lässt, dass diese beiden Kollagene in die Fibrillogenese miteingebunden sind [166]. Darüber hinaus wird vermutet, dass diese Kollagene, wie Tenascin-C, die zelluläre Antwort des Gewebes auf mechanische Reize beeinflussen [165]. In einer Studie von September et al. [169] wurden jeweils zwei SNPs jedes Gens im Hinblick auf einen möglichen Zusammenhang mit Band- oder Sehnenverletzungen herangezogen. Bei einer relativ kleinen Fallzahl wurden in dieser Studie keine signifikanten Zusammenhänge zwischen den Sequenzvarianten und einer erhöhten Verletzungswahrscheinlichkeit der Achillessehne festgestellt. Posthumus et al. (2009c) fanden in einer Fall-Kontroll-Aassoziationsstudie mit allerdings nicht gleich verteilten Geschlechtern eine erhöhte Verletzungswahrscheinlichkeit um das 2,4-Fache bei jenen Frauen, welche Trägerinnen des AA-Genotyps des AluIRFLP (Restriktionsfragment-Längenpolymorphismus) hatten. Bei den Männern konnte kein signifikanter Zusammenhang festgestellt werden. Zwischen der Sequenzvariante BsrI des COL12A1-Gens und Rissen des vorderen Kreuzbandes wurden sowohl bei Männern als auch bei Frauen keine signifikanten Ergebnisse erzielt. Auch bei dieser Studie ist die Erklärung der geschlechtsspezifischen Unterschiede unklar, wiewohl auch hier vermutet wird, dass Sexualhormone eine wichtige Rolle spielen können. Allerdings dürfen wegen der geringen Fallzahl und der unterschiedliche Geschlechterverteilung diese Ergebnisse nicht als allgemein gültig angesehen werden.

Eine Vielzahl von Studien gibt es auch zu der Fragestellung hinsichtlich eines Zusammenhanges zwischen genetischen Markern und Diskopathien der Lendenwirbelsäule. In einem systematischen Review wurden von Eskola et al. [170] über 1350 Studien erfasst, von denen nach Selektion, an Hand verschiedener Ein- und Ausschlusskriterien schließlich 52 Studien in die Analyse aufgenommen wurden. Die Autoren fanden für keinen der untersuchten Polymorphismen eine hohe Evidenz, jedoch für die Genvarianten Asporin (ASPN), Kollagen XI Alpha I (COL11A1), Growth Differentiation Factor 5 (GDF5), Sickle Tail (SKT), Thrombopondin 2 (THBS2) und Matrix Metalloproteinase 9 (MMP9) eine moderate epidemiologische Evidenz. Der zugehörige häufigst beschriebene Phänotyp waren MRI verifizierte Diskushernien mit ischialgiformen Schmerzen. Erwähnenswert ist ferner, dass die Autorengruppe aus den vorhandenen Daten eine „Protein-Protein-Interaktionsnetworkstudie“ (PPI) durchführte, bei denen 17 von 28 untersuchten Genen hinsichtlich der Proteine positive Zusammenhänge mit Bandscheibenerkrankungen aufzeigten und darüber hinaus 76 neue interagierende Proteine gefunden wurden. Obwohl Bandscheibenläsionen multifaktoriell entstehen und vom Alter, der jeweiligen Belastung, Geschlecht, Übergewicht, Unfällen und Verletzungen und vielen anderen Faktoren abhängen, sollten diese Ergebnisse laut Aussage der Autoren Anlass für neue Studien darstellen.

Weitere Gene

Es liegt auf der Hand, dass noch zahlreiche andere Gene für Bestandteile von Sehnen und Bändern kodieren und möglicherweise das Auftreten von entsprechenden Verletzungen beeinflussen. Darüber hinaus müssen auch jene Gene berücksichtigt werden, welche den Aufbau-, Erhaltungs- und Abbaustoffwechsel von Sehnen und Bändern regulieren [131, 152, 171]. Auch können verschiedene Varianten des COL11A1- und COL11A2-Gens mit dem COL5A1-Gen interagieren und dadurch auch das Risiko für Tendopathien in der Achillessehne modulieren [172]. Darüber hinaus müssen auch jene Proteine berücksichtigt werden, welche eine Rolle in der Regulation der Aufrechterhaltung der Homöostase der extrazellulären Matrix einnehmen [141], wie zum Beispiel die Proteine Decorin, Lumican, Fibromodulin und Thrombospondin 2 [131, 171]. Von September et al. [152] wird darüber hinaus noch das Gen COL27A1 (in der Nähe von COL5A1 und TNC) erwähnt, sowie andere Wachstumsfaktoren, wie Zytokine, Interleukine sowie ADAMTs (a disintegrin like and Metallo-Protease Thrombospondin with Type 1 Motif) und TIMPs (Tissue Inhibitor of Metallo-Proteinase). Khoury et al. [173] konnten nachweisen, dass in der multifaktoriellen Ätiologie von Tendopathien in der Achillessehne die TIMP2 rs4789932-Variante das Risiko dafür erhöht, während hingegen eine Variante im Bereich der ADAMTS-14-Gens das Auftreten von Tendopathien hinauszuzögern scheint. Schließlich müssen bestimmte Proteinkinasen berücksichtigt werden, welche die Apoptose auch in Sehnen und Bändern mitbeeinflussen, wobei aus einer erhöhten Apoptose-Rate schwächere und verletzungsanfällige Sehnen resultieren können. Neben den schon erwähnten Genen TNC und COL5A1 könnte möglicherweise auch das COL3A1-Gen in diesem Sinne eine Rolle spielen [152, 174]. Die dargestellten Polymorphismen verschiedener Gene, welche aus heutiger Sicht zu Veränderungen im Bindegewebe der Sehnen und damit zu einer erhöhten Verletzungsanfälligkeit bzw. Neigung zu Tendinopathien (insbesondere der Achillessehne) führen, müssen als erste Mosaiksteine in jenem Puzzle angesehen werden, welches die molekularen Mechanismen zur Entstehung von Tendinopathien beschreiben. Weiterführende Studien müssen an wesentlich größeren

Populationen durchgeführt werden, wobei anzumerken ist, dass bei vielen der erwähnten Studien die jeweiligen Kohorten der Patienten bzw. Kontrollpersonen (über ein bestimmtes Institut selektiert) in speziellen Regionen anzutreffen waren. Für Assoziationsstudien im Bereich der Genetik sind sowohl größere Gruppen als auch verschiedene Ethnien notwendig, um begründete Aussagen erhalten zu können, welche vielleicht in der Zukunft als Basis für prognostische Aussagen hinsichtlich einer Verletzungsanfälligkeit herangezogen werden können [175]. September et al. [176] weisen in ihrem sehr übersichtlich gestalteten und inhaltlich ausgezeichnetem Review über Applikationsmöglichkeiten genetischer Tests in der Prävention, Behandlung sowie sekundär-präventiver Maßnahmen von Achillessehnen-Tendinopathien darauf hin, dass in der Ätiologie dieser Pathologien sowohl veränderbare wie auch nicht veränderbare Risikofaktoren inkludiert werden müssten (◘ Tab. 7.5).

Die Zusammenhänge zwischen diesen Risikofaktoren müssen auch im Sinne der Diseasome-Forschung an großen Populationen erhoben werden, um ein multifaktorielles Modell zur Risikovorhersage von Achillessehnen-Tendinopathien bzw. Kreuzbandrupturen zu finden. Aus heutiger Sicht bestehen nach wie vor einige Einschränkungen in der Einbeziehung von genetischen Markern in die Ätiologie von Verletzungen des Muskel-Sehnen-Bandapparates, nämlich die Validität von Verletzungsrisken-assoziierten Polymorphismen verschiedener Populationen, die Kombination von Polymorphismen verschiedener Gene in ihrer Interaktion, die sich dynamisch verändernden Beziehungen zwischen dem genetischen Profil und umweltbedingten Einflüssen (epigenetische Einflüsse), die Identifikationsmöglichkeit für alle anderen (noch unbekannten) Polymorphismen, welche Verletzungsrisken modulieren, sowie der Einfluss von anderen externen Faktoren, welche die an sich komplizierten individuellen Risikoscores zwischen den genetischen und epigenetischen Profilen beeinflussen.

Aus diesen Faktoren ergibt sich natürlich auch die ethische Frage, inwieweit genetische Profile dieser Art zur Talentselektion bzw. zur Selektion von Sporttreibenden mit „straffem Bindegewebstyp" herangezogen werden dürfen bzw. sollen. Aus momentaner Sicht können die dargestellten Screeningmethoden bzw. Genpolymorphismen keinesfalls als einziger diagnostischer Zugang gesehen werden, vielmehr als eine Möglichkeit unter vielen, Verletzungsrisken frühzeitig bestimmen zu können. Daraus ist auch zu folgern, dass die Erhebung dieser genetischen Profile insbesondere aber deren Interpretation

◘ **Tab. 7.5** Allgemeine nicht modifizierbare und modifizierbare Risikofaktoren für chronische Achillessehnen-Tendiopathien und/oder frühere Kreuzbandrisse

Nicht-modifizierbare Risikofaktoren	Modifizierbare Risikofaktoren
Alter	Bewegung
Geschlecht	Trainingsfehler
Frühere Verletzungen	Schuhbekleidung
Anatomische Gegebenheiten	Gebrauch von Arzneimitteln
Flexibilität, Gewebeelastizität	Rauchen
Systemische Erkrankungen	Ernährung
Gewebeoberflächen	Beruf
Umweltbedingungen	Psychische Faktoren
Menstruationszyklus	Körpergewicht
Familiäre Prädisposition	Protektoren
Genetische Polymorphismen	Biomechanische Faktoren

entsprechend ausgebildeten Ärzten, Genetikern bzw. Wissenschaftlern überlassen bleiben muss, und nicht durch internetbasierte anonyme Befunde einer weltweit irgendwo angesiedelten Gentechnologie-Firma erfolgen soll.

Literatur

[1] Appell H-J, Stang-Voss C, Battermann N (2008) Funktionelle Anatomie Grundlagen sportlicher Leistung und Bewegung. 4., vollst. überarb. Aufl., Heidelberg: Springer Medizin-Verl. XII, 179 S.

[2] Brinckmann JR, Notbohm H, Müller PK (2005) Collagen: primer in structure, processing and assembly. Berlin: Springer. 252 p

[3] Arai H et al. (1997) A vitamin D receptor gene polymorphism in the translation initiation codon: effect on protein activity and relation to bone mineral density in Japanese women. J Bone Miner Res. 12(6): p. 915–21

[4] Kovanen V (1989) Effects of ageing and physical training on rat skeletal muscle. An experimental study on the properties of collagen, laminin, and fibre types in muscles serving different functions. Acta Physiol Scand Suppl. 577: p. 1–56

[5] Magnusson SP, Langberg H, Kjaer M (2010) The pathogenesis of tendinopathy: balancing the response to loading. Nat Rev Rheumatol. 6(5): p. 262–8

[6] Heinemeier KM et al. (2013) Lack of tissue renewal in human adult Achilles tendon is revealed by nuclear bomb (14)C. FASEB J. 27(5): p. 2074–9

[7] Han Y et al. (2004) Mechanotransduction and strain amplification in osteocyte cell processes. Proc Natl Acad Sci U S A. 101(47): p. 16689–94

[8] Marotti G (1996) The structure of bone tissues and the cellular control of their deposition. Ital J Anat Embryol. 101(4): p. 25–79

[9] Ruff CB, Hayes WC (1988) Sex differences in age-related remodeling of the femur and tibia. J Orthop Res. 6(6): p. 886–96

[10] Holzer G et al. (2009) Hip fractures and the contribution of cortical versus trabecular bone to femoral neck strength. J Bone Miner Res. 24(3): p. 468–74

[11] Orwoll ES et al. (2003) The effect of teriparatide [human parathyroid hormone (1–34)] therapy on bone density in men with osteoporosis. J Bone Miner Res. 18(1): p. 9–17

[12] Rho JY (1996) An ultrasonic method for measuring the elastic properties of human tibial cortical and cancellous bone. Ultrasonics. 34(8): p. 777–83

[13] Wainwright SA (1982) Mechanical Design in Organisms. Princeton University Press. 423

[14] Currey J (2001) Sacrificial bonds heal bone. Nature. 414(6865): p. 699

[15] Newitt DC et al. (2002) In vivo assessment of architecture and micro-finite element analysis derived indices of mechanical properties of trabecular bone in the radius. Osteoporos Int. 13(1): p. 6–17

[16] Bailey AJ et al. (1999) Age-related changes in the biochemical properties of human cancellous bone collagen: relationship to bone strength. Calcif Tissue Int. 65(3): p. 203–10

[17] Banse, X, Devogelaer JP, Grynpas M (2002) Patient-specific microarchitecture of vertebral cancellous bone: a peripheral quantitative computed tomographic and histological study. Bone. 30(6): p. 829–35

[18] Viguet-Carrin S, Garnero P, Delmas PD (2006) The role of collagen in bone strength. Osteoporos Int. 17(3): p. 319–36

[19] Frost HM (1965) An analysis of the relative complexity of cell system dynamics in bone. Henry Ford Hosp Med J. 13(3): p. 271–83

[20] Zorbas YG, Federenko YF, Naexu KA (1994) Urinary excretion of microelements in endurance-trained volunteers during restriction of muscular activity and chronic rehydration. Biol Trace Elem Res. 40(3): p. 189–202

[21] Oxlund H et al. (1998) Growth hormone and mild exercise in combination markedly enhance cortical bone formation and strength in old rats. Endocrinology. 139(4): p. 1899–904

[22] Krolner B, Toft B (1983) Vertebral bone loss: an unheeded side effect of therapeutic bed rest. Clin Sci (Lond). 64(5): p. 537–40

[23] Kannus P et al. (1994) The site-specific effects of long-term unilateral activity on bone mineral density and content. Bone. 15(3): p. 279–84

[24] Heinonen A et al. (1999) Good maintenance of high-impact activity-induced bone gain by voluntary, unsupervised exercises: An 8-month follow-up of a randomized controlled trial. J Bone Miner Res. 14(1): p. 125–8

[25] Haapasalo H et al. (1996) Dimensions and estimated mechanical characteristics of the humerus after long-term tennis loading. J Bone Miner Res. 11(6): p. 864–72

[26] McClung JP, Karl JP (2010) Vitamin D and stress fracture: the contribution of vitamin D receptor gene polymorphisms. Nutr Rev. 68(6): p. 365–9

[27] Morrison NA et al. (1994) Prediction of bone density from vitamin D receptor alleles. Nature. 367(6460): p. 284–7

[28] Moore DD et al. (2006) International Union of Pharmacology. LXII. The NR1H and NR1I receptors: constitutive androstane receptor, pregnene X receptor, farnesoid X receptor alpha, farnesoid X receptor beta, liver X receptor alpha, liver X receptor beta, and vitamin D receptor. Pharmacol Rev. 58 (4): p. 742–59

[29] Walters MR (1992) Newly identified actions of the vitamin D endocrine system. Endocr Rev. 13(4): p. 719–64

[30] Labuda M et al. (1992) Two hereditary defects related to vitamin D metabolism map to the same region of human chromosome 12q13-14. J Bone Miner Res. 7(12): p. 1447–53

[31] Thomas T, Briot K (2013) Vitamin D: skeletal and muscular effects. Presse Med. 42(10): p. 1351–7

[32] You L et al. (2013) New insights into the gene function of osteoporosis. Front Biosci (Landmark Ed). 18: p. 1088–97

[33] Chatzipapas C et al. (2009) Polymorphisms of the vitamin D receptor gene and stress fractures. Horm Metab Res. 41(8): p. 635–40

[34] Lu HJ et al. (2003) Association of the vitamin D receptor gene start codon polymorphism with vitamin D deficiency rickets. Zhonghua Er Ke Za Zhi. 41(7): p. 493–6

[35] Wang D et al. (2013) Vitamin D receptor Fok I polymorphism is associated with low bone mineral density in postmenopausal women: a meta-analysis focused on populations in Asian countries. Eur J Obstet Gynecol Reprod Biol. 169(2): p. 380–6

[36] Pouresmaeili F et al. (2013) Association between Vitamin D Receptor Gene BsmI Polymorphism and Bone Mineral Density in A Population of 146 Iranian Women. Cell J. 15(1): p. 75–82

[37] Vupputuri MR et al. (2006) Prevalence and functional significance of 25-hydroxyvitamin D deficiency and vitamin D receptor gene polymorphisms in Asian Indians. Am J Clin Nutr. 83(6): p. 1411–9

[38] Gong G et al. (1999) The association of bone mineral density with vitamin D receptor gene polymorphisms. Osteoporos Int. 9(1): p. 55–64

[39] Macdonald HM et al. (2006) Large-scale population-based study shows no evidence of association between common polymorphism of the VDR gene and BMD in British women. J Bone Miner Res. 21(1): p. 151–62

[40] Thakkinstian A et al. (2004) Meta-analysis of molecular association studies: vitamin D receptor gene polymorphisms and BMD as a case study. J Bone Miner Res. 19(3): p. 419–28

[41] Shoulders MD, Raines RT (2009) Collagen structure and stability. Annu Rev Biochem. 78: p. 929–58

[42] Mann V et al. (2001) A COL1A1 Sp1 binding site polymorphism predisposes to osteoporotic fracture by affecting bone density and quality. J Clin Invest. 107(7): p. 899–907

[43] Blades HZ et al. (2010) Collagen gene polymorphisms influence fracture risk and bone mass acquisition during childhood and adolescent growth. Bone. 47(5): p. 989–94

[44] Simsek M et al. (2008) Effects of hormone replacement therapy on bone mineral density in Turkish patients with or without COL1A1 Sp1 binding site polymorphism. J Obstet Gynaecol Res. 34(1): p. 73–7

[45] Jin H et al. (2011) Polymorphisms in the 5' flank of COL1A1 gene and osteoporosis: meta-analysis of published studies. Osteoporos Int. 22(3): p. 911–21

[46] Erdogan MO et al. (2011) Association of estrogen receptor alpha and collagen type I alpha 1 gene polymorphisms with bone mineral density in postmenopausal women. Osteoporos Int. 22(4): p. 1219–25

[47] Hu WW et al. (2011) No association between polymorphisms and haplotypes of COL1A1 and COL1A2 genes and osteoporotic fracture in postmenopausal Chinese women. Acta Pharmacol Sin. 32(7): p. 947–55

[48] Levin ER (2005) Integration of the extranuclear and nuclear actions of estrogen. Mol Endocrinol. 19(8): p. 1951–9

[49] Tobias JH et al. (2007) Use of clinical risk factors to identify postmenopausal women with vertebral fractures. Osteoporos Int. 18(1): p. 35–43

[50] Wang CL et al. (2007) Association of estrogen receptor alpha gene polymorphisms with bone mineral density in Chinese women: a meta-analysis. Osteoporos Int. 18(3): p. 295–305

[51] Nam HS et al. (2005) Association of estrogen receptor-alpha gene polymorphisms with bone mineral density in postmenopausal Korean women. J Bone Miner Metab. 23(1): p. 84–9

[52] Mitra S, Desai M, Khatkhatay MI (2006) Association of estrogen receptor alpha gene polymorphisms with bone mineral density in postmenopausal Indian women. Mol Genet Metab. 87(1): p. 80–7

[53] Bandres E et al. (2005) Association between bone mineral density and polymorphisms of the VDR, ERalpha, COL1A1 and CTR genes in Spanish postmenopausal women. J Endocrinol Invest. 28(4): p. 312–21

[54] Gennari L et al. (2005) Estrogen receptor gene polymorphisms and the genetics of osteoporosis: a HuGE review. Am J Epidemiol. 161(4): p. 307–20

[55] Yamada Y et al. (2002) Association of polymorphisms of the estrogen receptor alpha gene with bone mineral density of the femoral neck in elderly Japanese women. J Mol Med (Berl). 80(7): p. 452–60

[56] Nguyen TV, Eisman JA (2012) Genetics and the individualized prediction of fracture. Curr Osteoporos Rep. 10(3): p. 236–44

[57] Nguyen TV, Eisman JA (2013) Genetic profiling and individualized assessment of fracture risk. Nat Rev Endocrinol. 9(3): p. 153–61

[58] Wang H, Liu C (2012) Association of MTHFR C667T polymorphism with bone mineral density and fracture risk: an updated meta-analysis. Osteoporos Int. 23(11): p. 2625–34

[59] Cauley JA et al. (1999) Apolipoprotein E polymorphism: A new genetic marker of hip fracture risk – The Study of Osteoporotic Fractures. J Bone Miner Res. 14(7): p. 1175–81

[60] Efstathiadou Z et al. (2004) Apolipoprotein E polymorphism is not associated with spinal bone mineral density in peri- and postmenopausal Greek women. Maturitas. 48(3): p. 259–64

[61] Peter I et al. (2011) Associations of APOE gene polymorphisms with bone mineral density and fracture risk: a meta-analysis. Osteoporos Int. 22(4): p. 1199–209

[62] Schoofs MW et al. (2004) ApoE gene polymorphisms, BMD, and fracture risk in elderly men and women: the Rotterdam study. J Bone Miner Res. 19(9): p. 1490–6

[63] Sennels HP et al. (2003) Association between polymorphisms of apolipoprotein E, bone mineral density of the lower forearm, quantitative ultrasound of the calcaneus and osteoporotic fractures in postmenopausal women with hip or lower forearm fracture. Scand J Clin Lab Invest. 63(4): p. 247–58

[64] Song JF et al. (2013) Association between single nucleotide polymorphisms of the osteoprotegerin gene and postmenopausal osteoporosis in Chinese women. Genet Mol Res. 12(3): p. 3279–85

[65] Guimaraes JM et al. (2013) Polymorphisms in BMP4 and FGFR1 genes are associated with fracture non-union. J Orthop Res. 31(12): p. 1971–9

[66] Kumar J et al. (2011) LRP4 association to bone properties and fracture and interaction with genes in the Wnt- and BMP signaling pathways. Bone. 49(3): p. 343–8

[67] Medici M et al. (2006) BMP-2 gene polymorphisms and osteoporosis: the Rotterdam Study. J Bone Miner Res. 21(6): p. 845–54

[68] Wang H et al. (2008) Association of bone morphogenetic protein-2 gene polymorphisms with susceptibility to ossification of the posterior longitudinal ligament of the spine and its severity in Chinese patients. Eur Spine J. 17(7): p. 956–64

[69] Ferrari SL, Deutsch S, Antonarakis SE (2005) Pathogenic mutations and polymorphisms in the lipoprotein receptor-related protein 5 reveal a new biological pathway for the control of bone mass. Curr Opin Lipidol. 16(2): p. 207–14

[70] Kubota T, Ozono K (2013) Wnt signaling molecules related to osteoporosis. Clin Calcium, 2013. 23(6): p. 855–60

[71] Trivedi R, Goswami R, Chattopadhyay N (2010) Investigational anabolic therapies for osteoporosis. Expert Opin Investig Drugs. 19(8): p. 995–1005

[72] Bhosale AM, Richardson JB (2008) Articular cartilage: structure, injuries and review of management. Br Med Bull. 87: p. 77–95

[73] Chen Q et al. (1999) Assembly of a novel cartilage matrix protein filamentous network: molecular basis of differential requirement of von Willebrand factor A domains. Mol Biol Cell. 10(7): p. 2149–62

[74] Tittel K (2003) Beschreibende und funktionelle Anatomie des Menschen. 14., völlig überarb. und erw. Aufl ed. München u. a.: Urban & Fischer. XI, 436 S.

[75] Buckwalter JA, Mankin HJ (1998) Articular cartilage: degeneration and osteoarthritis, repair, regeneration, and transplantation. Instr Course Lect. 47: p. 487–504

[76] Rasanen T, Messner K (1996) Regional variations of indentation stiffness and thickness of normal rabbit knee articular cartilage. J Biomed Mater Res. 31(4): p. 519–24

[77] Tammi M et al. (1988) Effects of joint loading on articular cartilage collagen metabolism: assay of procollagen prolyl 4-hydroxylase and galactosylhydroxylysyl glucosyltransferase. Connect Tissue Res. 17(3): p. 199–206

[78] Haapala J et al. (1999) Remobilization does not fully restore immobilization induced articular cartilage atrophy. Clin Orthop Relat Res. 362: p. 218–29

[79] Haapala J et al. (2000) Incomplete restoration of immobilization induced softening of young beagle knee articular cartilage after 50-week remobilization. Int J Sports Med. 21(1): p. 76–81

[80] Aspberg A (2012) The different roles of aggrecan interaction domains. J Histochem Cytochem. 60(12): p. 987–96

[81] Watanabe H, Yamada Y, Kimata K (1998) Roles of aggrecan, a large chondroitin sulfate proteoglycan, in cartilage structure and function. J Biochem. 124(4): p. 687–93

[82] Korenberg JR et al. (1993) Assignment of the human aggrecan gene (AGC1) to 15q26 using fluorescence in situ hybridization analysis. Genomics. 16(2): p. 546–8

[83] Roughley P et al. (2006) The involvement of aggrecan polymorphism in degeneration of human intervertebral disc and articular cartilage. Eur Cell Mater. 11: p. 1–7; discussion 7

[84] Roughley PJ, Alini M, Antoniou J (2002) The role of proteoglycans in aging, degeneration and repair of the intervertebral disc. Biochem Soc Trans. 30(Pt 6): p. 869–74

[85] Valdes AM et al. (2007) Sex and ethnic differences in the association of ASPN, CALM1, COL2A1, COMP, and FRZB with genetic susceptibility to osteoarthritis of the knee. Arthritis Rheum. 56(1): p. 137–46

[86] Ikeda T et al. (2002) Association analysis of single nucleotide polymorphisms in cartilage-specific collagen genes with knee and hip osteoarthritis in the Japanese population. J Bone Miner Res. 17(7): p. 1290–6

[87] Meulenbelt I et al. (1999) Haplotype analysis of three polymorphisms of the COL2A1 gene and associations with generalised radiological osteoarthritis. Ann Hum Genet. 63(Pt 5): p. 393–400

[88] Uitterlinden AG et al. (2000) Adjacent genes, for COL2A1 and the vitamin D receptor, are associated with separate features of radiographic osteoarthritis of the knee. Arthritis Rheum. 43(7): p. 1456–64

[89] Baldwin CT et al. (2002) Absence of linkage or association for osteoarthritis with the vitamin D receptor/type II collagen locus: the Framingham Osteoarthritis Study. J Rheumatol. 29(1): p. 161–5

[90] Jakkula E et al. (2005) The role of sequence variations within the genes encoding collagen II, IX and XI in non-syndromic, early-onset osteoarthritis. Osteoarthritis Cartilage. 13(6): p. 497–507

[91] Raine EV et al. (2013) Allelic expression analysis of the osteoarthritis susceptibility gene COL11A1 in human joint tissues. BMC Musculoskelet Disord. 14: p. 85

[92] Enomoto-Iwamoto M et al. (2002) The Wnt antagonist Frzb-1 regulates chondrocyte maturation and long bone development during limb skeletogenesis. Dev Biol. 251(1): p. 142–56

[93] Tamamura Y et al. (2005) Developmental regulation of Wnt/beta-catenin signals is required for growth plate assembly, cartilage integrity, and endochondral ossification. J Biol Chem. 280(19): p. 19185–95

[94] Lories RJ et al. (2006) Evidence for a differential association of the Arg200Trp single-nucleotide polymorphism in FRZB with hip osteoarthritis and osteoporosis. Rheumatology (Oxford). 45(1): p. 113–4

[95] Leijten JC et al. (2012) Gremlin 1, frizzled-related protein, and Dkk-1 are key regulators of human articular cartilage homeostasis. Arthritis Rheum. 64(10): p. 3302–12

[96] Iida A et al. (2006) High-resolution SNP map of ASPN, a susceptibility gene for osteoarthritis. J Hum Genet. 51(2): p. 151–4
[97] Kizawa H et al. (2005) An aspartic acid repeat polymorphism in asporin inhibits chondrogenesis and increases susceptibility to osteoarthritis. Nat Genet. 37(2): p. 138–44
[98] Mototani H et al. (2005) A functional single nucleotide polymorphism in the core promoter region of CALM1 is associated with hip osteoarthritis in Japanese. Hum Mol Genet. 14(8): p. 1009–17
[99] Valdes AM et al. (2004) Association study of candidate genes for the prevalence and progression of knee osteoarthritis. Arthritis Rheum. 50(8): p. 2497–507
[100] Alexander RM (2002) Tendon elasticity and muscle function. Comp Biochem Physiol A Mol Integr Physiol. 133(4): p. 1001–11
[101] Birch HL (2007) Tendon matrix composition and turnover in relation to functional requirements. Int J Exp Pathol. 88(4): p. 241–8
[102] Benjamin M, Kaiser E, Milz S (2008) Structure-function relationships in tendons: a review. J Anat. 212(3): p. 211–28
[103] Strocchi R et al. (1991) Human Achilles tendon: morphological and morphometric variations as a function of age. Foot Ankle. 12(2): p. 100–4
[104] Frank CB (2004) Ligament structure, physiology and function. J Musculoskelet Neuronal Interact. 4(2): p. 199–201
[105] Fukuta S et al. (1998) Identification of types II, IX and X collagens at the insertion site of the bovine achilles tendon. Matrix Biol. 17(1): p. 65–73
[106] Kjaer M (2004) Role of extracellular matrix in adaptation of tendon and skeletal muscle to mechanical loading. Physiol Rev. 84(2): p. 649–98
[107] Robinson PS et al. (2004) Strain-rate sensitive mechanical properties of tendon fascicles from mice with genetically engineered alterations in collagen and decorin. J Biomech Eng. 126(2): p. 252–7
[108] Killian ML et al. (2012) The role of mechanobiology in tendon healing. J Shoulder Elbow Surg. 21(2): p. 228–37
[109] Reeves ND (2006) Adaptation of the tendon to mechanical usage. J Musculoskelet Neuronal Interact. 6(2): p. 174–80
[110] Savolainen J et al. (1988) Effects of denervation and immobilization on collagen synthesis in rat skeletal muscle and tendon. Am J Physiol. 254 (6Pt 2): p. R897–902
[111] Savolainen J et al. (1988) Collagen synthesis and proteolytic activities in rat skeletal muscles: effect of cast-immobilization in the lengthened and shortened positions. Arch Phys Med Rehabil. 69(11): p. 964–9
[112] Laurent GJ, Harrison NK, McAnulty RJ (1988) The regulation of collagen production in normal lung and during interstitial lung disease. Postgrad Med J. 64 Suppl 4: p. 26–34
[113] Miller BF et al. (2005) Coordinated collagen and muscle protein synthesis in human patella tendon and quadriceps muscle after exercise. J Physiol. 567(Pt3): p. 1021–33
[114] Michna H (1984) Morphometric analysis of loading-induced changes in collagen-fibril populations in young tendons. Cell Tissue Res. 236(2): p. 465–70
[115] Michna H, Hartmann G (1988) Hypertrophy, androgens, and tendon karyometry: functional and experimental investigations. Gegenbaurs Morphol Jahrb. 134(6): p. 903–12
[116] Turto H, Lindy S, Halme J (1974) Protocollagen proline hydroxylase activity in work-induced hypertrophy of rat muscle. Am J Physiol. 226(1): p. 63–5
[117] Langberg H, Bulow J, Kjaer M (1999) Standardized intermittent static exercise increases peritendinous blood flow in human leg. Clin Physiol. 19(1): p. 89–93
[118] Langberg H et al. (2002) Substantial elevation of interleukin-6 concentration in peritendinous tissue, in contrast to muscle, following prolonged exercise in humans. J Physiol. 542(Pt3): p. 985–90
[119] Street SF (1983) Lateral transmission of tension in frog myofibers: a myofibrillar network and transverse cytoskeletal connections are possible transmitters. J Cell Physiol. 114(3): p. 346–64
[120] Khoschnau S et al. (2008) Type I collagen alpha1 Sp1 polymorphism and the risk of cruciate ligament ruptures or shoulder dislocations. Am J Sports Med. 36(12): p. 2432–6
[121] Lian K et al. (2005) Type I collagen alpha1 Sp1 transcription factor binding site polymorphism is associated with reduced risk of hip osteoarthritis defined by severe joint space narrowing in elderly women. Arthritis Rheum. 52(5): p. 1431–6
[122] Speer G et al. (2006) Myocardial infarction is associated with Spl binding site polymorphism of collagen type 1A1 gene. Acta Cardiol. 61(3): p. 321–5
[123] Tilkeridis C et al. (2005) Association of a COL1A1 polymorphism with lumbar disc disease in young military recruits. J Med Genet. 42(7): p. e44
[124] Skorupski P et al. (2006) An alpha-1 chain of type I collagen Sp1-binding site polymorphism in women suffering from stress urinary incontinence. Am J Obstet Gynecol. 194(2): p. 346–50
[125] Grant SF et al. (1996) Reduced bone density and osteoporosis associated with a polymorphic Sp1 binding site in the collagen type I alpha 1 gene. Nat Genet. 14(2): p. 203–5
[126] Posthumus M et al. (2009) The COL5A1 gene is associated with increased risk of anterior cruciate ligament ruptures in female participants. Am J Sports Med. 37(11): p. 2234–40
[127] Posthumus M et al. (2009) Investigation of the Sp1-binding site polymorphism within the COL1A1 gene in participants with Achilles tendon injuries and controls. J Sci Med Sport. 12(1): p. 184–9

[128] Ireland D et al. (2001) Multiple changes in gene expression in chronic human Achilles tendinopathy. Matrix Biol. 20(3): p. 159–69

[129] de Mos M et al. (2007) Achilles tendinosis: changes in biochemical composition and collagen turnover rate. Am J Sports Med. 35(9): p. 1549–56

[130] Collins M, Posthumus M, Schwellnus MP (2010) The COL1A1 gene and acute soft tissue ruptures. Br J Sports Med. 44(14): p. 1063–4

[131] Collins M, Raleigh SM (2009) Genetic risk factors for musculoskeletal soft tissue injuries. Med Sport Sci. 54: p. 136–49

[132] Bennett EP et al. (1995) Genomic cloning of the human histo-blood group ABO locus. Biochem Biophys Res Commun. 211(1): p. 347

[133] Kannus P, Natri A (1997) Etiology and pathophysiology of tendon ruptures in sports. Scand J Med Sci Sports. 7(2): p. 107–12

[134] Jozsa L et al. (1989) Distribution of blood groups in patients with tendon rupture. An analysis of 832 cases. J Bone Joint Surg Br. 71 (2): p. 272–4

[135] Kujala UM et al. (1992) ABO blood groups and musculoskeletal injuries. Injury. 23(2): p. 131–3

[136] Silver FH, Freeman JW, Seehra GP (2003) Collagen self-assembly and the development of tendon mechanical properties. J Biomech. 36(10): p. 1529–53

[137] Birk DE (2001) Type V collagen: heterotypic type I/V collagen interactions in the regulation of fibril assembly. Micron. 32(3): p. 223–37

[138] Mokone GG et al. (2006) The COL5A1 gene and Achilles tendon pathology. Scand J Med Sci Sports. 16(1): p. 19–26

[139] September AV et al. (2009) Variants within the COL5A1 gene are associated with Achilles tendinopathy in two populations. Br J Sports Med. 43(5): p. 357–65

[140] Posthumus M et al. (2009) Genetic risk factors for anterior cruciate ligament ruptures: COL1A1 gene variant. Br J Sports Med. 43(5): p. 352–6

[141] Raleigh SM et al. (2009) Variants within the MMP3 gene are associated with Achilles tendinopathy: possible interaction with the COL5A1 gene. Br J Sports Med. 43(7): p. 514–20

[142] Collins M, Posthumus M (2011) Type V collagen genotype and exercise-related phenotype relationships: a novel hypothesis. Exerc Sport Sci Rev. 39(4): p. 191–8

[143] Laguette MJ et al. (2011) Sequence variants within the 3'-UTR of the COL5A1 gene alters mRNA stability: implications for musculoskeletal soft tissue injuries. Matrix Biol. 30(5–6): p. 338–45

[144] Abrahams Y et al. (2013) Polymorphisms within the COL5A1 3'-UTR that alters mRNA structure and the MIR608 gene are associated with Achilles tendinopathy. Ann Hum Genet. 77(3): p. 204–14

[145] Collins M (2013) Molecular genetics an important tool in elucidating the molecular mechanisms underlying tendinopathies. British Journal of Sports Medicine. 47(9)

[146] Jarvinen TA et al. (2003) Mechanical loading regulates the expression of tenascin-C in the myotendinous junction and tendon but does not induce de novo synthesis in the skeletal muscle. J Cell Sci. 116(Pt 5): p. 857–66

[147] Jones FS, Jones PL (2000) The tenascin family of ECM glycoproteins: structure, function, and regulation during embryonic development and tissue remodeling. Dev Dyn. 218(2): p. 235–59

[148] Jarvinen TA et al. (1999) Mechanical loading regulates tenascin-C expression in the osteotendinous junction. J Cell Sci. 112 Pt 18: p. 3157–66

[149] Riley GP et al. (1996) Tenascin-C and human tendon degeneration. Am J Pathol. 149(3): p. 933–43

[150] Chiquet M et al. (2003) How do fibroblasts translate mechanical signals into changes in extracellular matrix production? Matrix Biol. 22 (1): p. 73–80

[151] Mokone GG et al. (2005) The guanine-thymine dinucleotide repeat polymorphism within the tenascin-C gene is associated with achilles tendon injuries. Am J Sports Med. 33(7): p. 1016–21

[152] September AV, Schwellnus MP, Collins M (2007) Tendon and ligament injuries: the genetic component. Br J Sports Med. 41(4): p. 241–6; discussion 246

[153] Palmer LJ, Cardon LR (2005) Shaking the tree: mapping complex disease genes with linkage disequilibrium. Lancet. 366(9492): p. 1223–34

[154] Magra M, Maffulli N (2005) Matrix metalloproteases: a role in overuse tendinopathies. Br J Sports Med. 39(11): p. 789–91

[155] Birkedal-Hansen H et al. (1993) Matrix metalloproteinases: a review. Crit Rev Oral Biol Med. 4(2): p. 197–250

[156] Somerville RP, Oblander SAS, Apte SS (2003) Matrix metalloproteinases: old dogs with new tricks. Genome Biol. 4(6): p. 216

[157] Alfredson H et al. (2003) cDNA-arrays and real-time quantitative PCR techniques in the investigation of chronic Achilles tendinosis. J Orthop Res. 21(6): p. 970–5

[158] Higuchi H et al. (2006) Changes in biochemical parameters after anterior cruciate ligament injury. Int Orthop. 30(1): p. 43–7

[159] Thornton GM et al. (2010) Changes in mechanical loading lead to tendonspecific alterations in MMP and TIMP expression: influence of stress deprivation and intermittent cyclic hydrostatic compression on rat supraspinatus and Achilles tendons. Br J Sports Med. 44(10): p. 698–703

[160] Chard MD et al. (1994) Rotator cuff degeneration and lateral epicondylitis: a comparative histological study. Ann Rheum Dis. 53(1): p. 30–4

[161] Corps AN et al. (2002) Ciprofloxacin enhances the stimulation of matrix metalloproteinase 3 expression by interleukin-1beta in human tendon-derived cells. A potential mechanism of fluoroquinolone-induced tendinopathy. Arthritis Rheum. 46(11): p. 3034–40

[162] Posthumus M et al. (2010) Components of the transforming growth factor-beta family and the pathoge-

nesis of human Achilles tendon pathology – a genetic association study. Rheumatology (Oxford). 49(11): p. 2090–7

[163] Posthumus M et al. (2012) Matrix metalloproteinase genes on chromosome 11q22 and the risk of anterior cruciate ligament (ACL) rupture. Scand J Med Sci Sports. 22(4): p. 523–33

[164] Nell EM et al. (2012) The apoptosis pathway and the genetic predisposition to Achilles tendinopathy. J Orthop Res. 30(11): p. 1719–24

[165] Chiquet M (1999) Regulation of extracellular matrix gene expression by mechanical stress. Matrix Biol. 18(5): p. 417–26

[166] Young BB et al. (2002) The roles of types XII and XIV collagen in fibrillogenesis and matrix assembly in the developing cornea. J Cell Biochem. 87(2): p. 208–20

[167] Keene DR et al. (1991) Two type XII-like collagens localize to the surface of banded collagen fibrils. J Cell Biol. 113(4): p. 971–8

[168] Schuppan D et al. (1990) Undulin, an extracellular matrix glycoprotein associated with collagen fibrils. J Biol Chem. 265(15): p. 8823–32

[169] September AV et al. (2008) The COL12A1 and COL14A1 genes and Achilles tendon injuries. Int J Sports Med. 29(3): p. 257–63

[170] Eskola PJ et al. (2012) Genetic association studies in lumbar disc degeneration: a systematic review. PLoS ONE. 7(11): p. e49995

[171] Magra M, Maffulli N (2007) Genetics: does it play a role in tendinopathy? Clin J Sport Med. 17 (4): p. 231–3

[172] Hay M et al. (2013) Association of type XI collagen genes with chronic Achilles tendinopathy in independent populations from South Africa and Australia. Br J Sports Med. 47(9): p. 569–74

[173] El Khoury L et al. (2013) Polymorphic variation within the ADAMTS2, ADAMTS14, ADAMTS5, ADAM12 and TIMP2 genes and the risk of Achilles tendon pathology: A genetic association study. J Sci Med Sport. 16(6): p. 493–8

[174] Raleigh DP, Plaxco KW (2005) The protein folding transition state: what are Phi-values really telling us? Protein Pept Lett. 12 (2): p. 117–22

[175] Schwellnus MP (2013) Genetic biomarkers and exercise-related injuries: current clinical applications? Br J Sports Med. 47(9): p. 530–2

[176] September AV, Posthumus M, Collins M (2012) Application of genomics in the prevention, treatment and management of Achilles tendinopathy and anterior cruciate ligament ruptures. Recent Pat DNA Gene Seq. 6(3): p. 216–23

Wachstumsfaktoren unter besonderer Berücksichtigung des muskuloskelettalen Systems

Norbert Bachl, Christian Lorenz, Goldspink Geoffrey

8.1 Einleitung – 173

8.2 Definition, Wirkungsweisen und Signalketten von Wachstumsfaktoren – 178

8.3 Wirkungen von Wachstumsfaktoren auf die Skelettmuskulatur – 190

8.3.1 IGF und MGF – 191
8.3.2 FGF – 199
8.3.3 Myostatin/GDF-8 – 199
8.3.4 VEGF – 203
8.3.5 TGF-β – 203
8.3.6 LIF – 204
8.3.7 BDNF – 204

8.4 Wirkungen von Wachstumsfaktoren auf Knochen und Knorpel – 205

8.4.1 FGF – 206
8.4.2 IGF und MGF – 206
8.4.3 TGF-β – 207
8.4.4 LIF – 207
8.4.5 PDGF – 207
8.4.6 BMP – 208

N. Bachl, H. Löllgen, H. Tschan, H. Wackerhage, B. Wessner (Hrsg.),
Molekulare Sport- und Leistungsphysiologie,
https://doi.org/10.1007/978-3-7091-1591-6_8

8.5 Wirkungen von Wachstumsfaktoren auf Bänder und Sehnen – 208
8.5.1 FGF – 209
8.5.2 IGF und MGF – 209
8.5.3 TGF-β – 209
8.5.4 GDF – 209
8.5.5 VEGF – 210
8.5.6 EGF – 210
8.5.7 PDGF – 210

8.6 Thrombozytenreiches Plasma, plättchenreiches Plasma, Platelet Rich Plasma (PRP) – 210
8.6.1 PRP in Skelettmuskelgeweben – 212
8.6.2 PRP in Sehnen- und Bandgeweben – 212
8.6.3 PRP in Knochen- und Knorpelgeweben – 213

Literatur – 214

Wachstumsfaktoren sind Proteine, agieren als Signalvermittler und können Zellen spezifischer Gewebe auf unterschiedliche Art und Weise und in unterschiedliche Richtungen beeinflussen [1]. Sie stellen einen der wichtigsten Stoffe jener molekularen Vorgänge dar, die beim Wachstum und der Erhaltung von Geweben sowie bei der Heilung von Verletzungen ablaufen [2].

Wachstumsfaktoren sind Stoffe, die vor allem die Proliferation und die Differenzierung ihrer Zielzellen steuern und regulieren und auf Grund dieser regulierenden Wirkungen und Funktionen wirkungsvolle Instrumente bei der Beeinflussung unterschiedlicher Gewebe darstellen [2]. Sie binden an Membranrezeptoren und initiieren so verschiedene, teils hochkomplexe Signalwege, wobei sie auf drei verschiedene Arten wirken können: autokrin, parakrin und endokrin [1].

Einige Wachstumsfaktoren haben auf bestimmte Gewebetypen mehr Einfluss als auf andere, manche Wachstumsfaktoren wirken auf mehrere Gewebearten und wieder andere haben sehr spezifischen Einfluss auf einen bestimmten Gewebetyp.

Im vorliegenden Kapitel werden die wichtigsten Wachstumsfaktoren, Funktionsweisen und Wirkungen über Signalketten kurz beschrieben. Anschließend wird in einer zusammenfassenden Darstellung versucht, die Rolle verschiedener Wachstumsfaktoren in der Beeinflussung der Gewebetypen Muskulatur, Knochen, Knorpel, Bänder und Sehnen zu charakterisieren. Ein Kapitel über die therapeutische Verwendung von thrombozytenreichem Plasma (PRP) in der Therapie von Verletzungen schließt diese überblicksartige Darstellung der Wachstumsfaktoren ab.

Obwohl viele der Wachstumsfaktoren – belegt durch Studien mit Zellkulturen, Tierstudien wie auch Humanstudien – vielversprechende Möglichkeiten in der therapeutischen Verwendung nach Verletzungen und Operationen am muskoskelettären System in Aussicht stellen, muss derzeit allerdings festgehalten werden, dass viele weitere RCTs notwendig sein werden, um die singuläre oder additive Verwendung von Wachstumsfaktoren, deren Applikation in bestimmten regenerativen Phasen sowie deren Dosierung in einem Maße aufzubereiten, dass sie als State-of-the-Art-Therapie verwendet werden können.

8.1 Einleitung

Wachstumsfaktoren als ein Teil komplexer zellulärer Kommunikationsstrukturen spielen bei allen Prozessen des Gewebeauf- und -abbaus sowie der Gewebereparatur und -regeneration eine zentrale Rolle, indem sie als Signalgeber für verschiedene Zellen agieren [1] und zum Beispiel an der Steuerung von Zellteilungen, Gewebsdifferenzierungen, der Angiogenese oder der extrazellulären Matrixproduktion beteiligt sind sowie Einfluss auf die Chemotaxis und die Zellenwanderung haben [4]. Im Bereich des muskuloskelettalen Systems trifft dies besonders auf Knochen-, Knorpel-, Muskel-, Bänder- und Sehnengewebe zu [1].

Ein gutes Beispiel für die Interaktion verschiedener Wachstumsfaktoren in bestimmten Zeitzyklen stellt die Wund- oder Defektheilung dar.

Prozesse, durch die Gewebe repariert und regeneriert werden, sind komplexe biologische Vorgänge, welche gewebsspezifisch und in bestimmten Zeitzyklen ablaufen und von Zytokinen und Wachstumsfaktoren reguliert und gesteuert werden [6]. Unabhängig davon, ob eine Wunde bzw. Verletzung mechanisch, thermisch oder chemisch entstanden ist, verläuft die Defektheilung im Prinzip gleich und teilt sich nach der sofort ablaufenden Hämostase in drei Phasen, nämlich die Phase der Entzündung (Inflammation), der Proliferation und der Vernarbung (Maturation) (Abb. 8.1 und Abb. 8.2). Aus den Abbildungen geht hervor, dass sich diese Phasen wie alle biologischen Prozesse überlappen und gegenseitig beeinflussen. Kurz zusammengefasst beginnt die Wundheilung mit der Blutung, zu deren Stillung sich die Gefäße kontrahieren, die Gerinnungskaskade aktiviert wird, Thrombozyten aggregieren und einen Thrombus bilden. Die in dem Thrombinpfropf enthaltenen Thrombozyten zerfallen und setzen dadurch Wachstumsfaktoren (vor allem PDGF, IGF, EGF und TGF-β), Zytokine und Matrixproteine aus ihren Alpha-Granula frei. Mittels komplexer Mechanismen beeinflussen diese die Einwanderung von neutrophilen Granulozyten und Monozyten in das Wundgebiet, deren Hauptaufgabe die Bekämpfung von allfällig eingewanderten Keimen beziehungsweise der Abbau von zerstörten Gewebeanteilen ist.

Darüber hinaus leiten die Makrophagen, welche aus den Monozyten entstehen, nach etwa vier Tagen durch eine Ausschüttung von diversen zellaktivierenden Wachstumsfaktoren sowie Zytokinen die zweite Phase, nämlich die proliferative Phase der Wundheilung ein. In der Proliferationsphase entsteht im Verlauf von 10 bis 14 Tagen Granulationsgewebe, welches viele neu gebildete Kapillaren, neu geschaffene extrazelluläre Matrix und Fibroblasten, Endothelzellen und Epithelzellen in einem eher etwas lockeren Netzwerk vereinigt. In dieser Phase wandern Fibroblasten von den Wundrändern ein, proliferieren und produzieren Kollagen, was hauptsächlich durch die chemotaktische mitogene Wirkung von PDGF und EGF verursacht wird. Von TGF-β gesteuert, bilden sich Myofibroblasten, welche später die Wundkontraktionen steuern. Darüber hinaus wird auch die extrazelluläre Matrix bestehend aus Proteoglykanen und Fibronektin und Kollagen III durch die Interaktion von Wachstumsfaktoren,

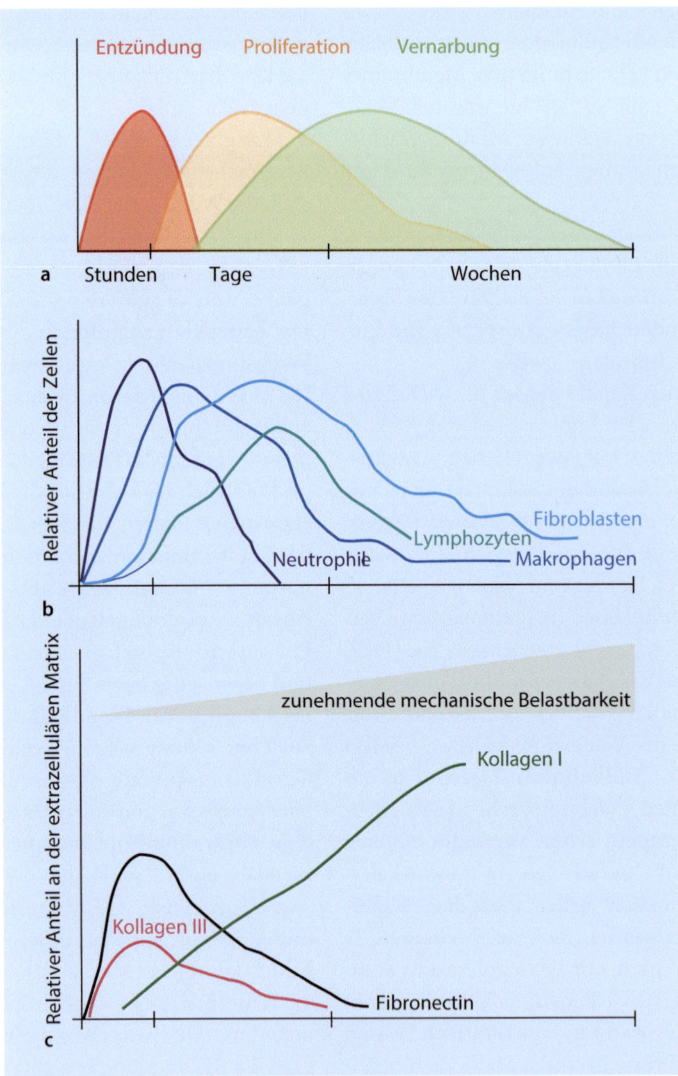

Abb. 8.1 Phasen der Wundheilung [5]. **a** Die 3 Phasen der Wundheilung, **b** phasische Ausprägung der Zelltypen in der Wunde, **c** phasische Ausprägung der Matrixkomponenten in der Wunde.

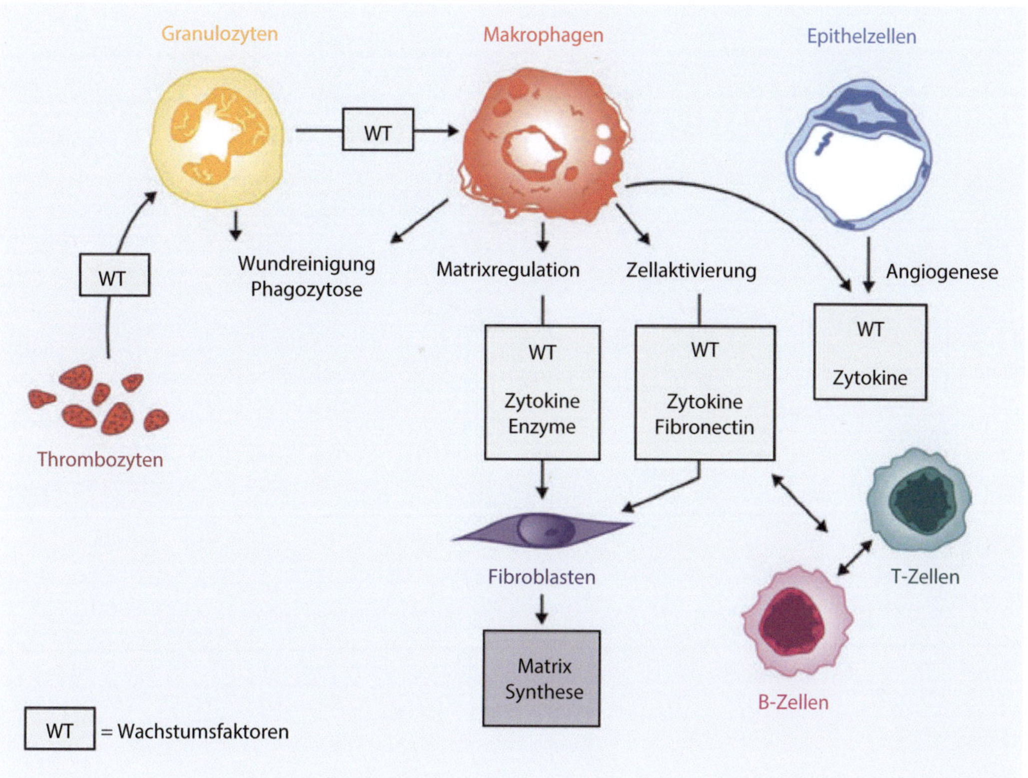

Abb. 8.2 Die Interaktion der an der Wundheilung beteiligten Zellen im vereinfachten Schema nach [5] (nach [453–458]).

Proteasen und Proteaseinhibitoren gebildet. Begleitend dazu bzw. schon ein bis zwei Tage nach der Verletzung kommt es durch Einwanderung von Endothelzellen aus dem Wundrand und Wundgrund mit Unterstützung von VEGF, FGF, PDGF, TGF-β und TNF-α sowie anderer Integrine und Zytokine zu einer Angiogenese, um die kapillare Blutversorgung zu ermöglichen. Allfällige Epithelialisierungen werden ebenfalls durch die erwähnten Wachstumsfaktoren, aber auch durch physikalische Einflüsse wie pO_2 und pH gesteuert. In der letzten Phase, die, wie auch die Remodellingphase, am Knochen am längsten dauert, kommt es zu einer weiteren Umstrukturierung der Kollagenmatrix, wodurch die mechanische Endbelastbarkeit des verletzten Gewebes bzw. der Wunde wiederhergestellt wird (Abb. 8.3, Tab. 8.1, Tab. 8.2).

Schon diese kurze Zusammenstellung zeigt den Einfluss verschiedener Wachstumsfaktoren mit ihrer Expression in bestimmten Zeitzyklen auf die physiologische Geweberegeneration beziehungsweise Wundheilung. Hinzuzufügen wäre, dass viele dieser Wachstumsfaktoren über Signalketten interagieren, welche für viele Gewebe, vor allem der Muskulatur, für die Proteinsynthese beziehungsweise den Proteinabbau verantwortlich sind. Aus der Synopsis ihrer klinischen Einsatzmöglichkeiten und der eben erwähnten Signalketten ist es daher ein Ziel vieler Forschergruppen, Wachstumsfaktoren isoliert oder kombiniert exogen zuzuführen, zumal Studienergebnisse über positive Wirkungen von Wachstumsfaktoren vielversprechende Ansätze ergeben haben, diese auch in der klinischen Praxis zu etablieren, um eine rasche Restitutio ad integrum zu ermöglichen [8]. So ist es zum Beispiel nach muskuloskelettalen Sportverletzungen ein wichtiges Ziel, eine möglichst rasche Heilung einzuleiten, um die volle Funktionsfähigkeit und Belastbarkeit für Training und Wettkämpfe so schnell wie möglich wiederherzustellen. Dies gilt natürlich auch für nicht sportbedingte

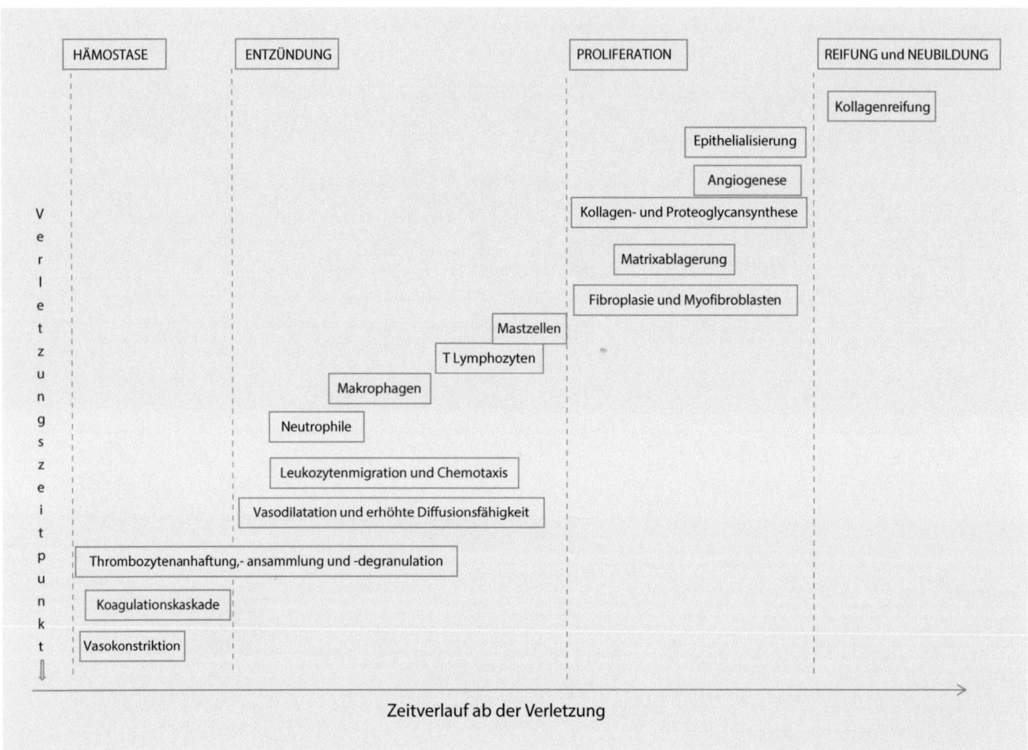

Abb. 8.3 Darstellung der zeitlichen Beziehungen der unterschiedlichen Prozesse, wie sie während der dermalen Wundheilung auftreten (adaptiert nach [7]).

Tab. 8.1 Thrombozyten-Alpha-Granula-Bestandteile und ihre Bedeutung in der Wundheilung.

Adhäsionsglykoproteine	Proteoglykane	Homeostasefaktoren und Cofaktoren	Zelluläre Mitogene	Protease-Inhibitoren	Weitere
Fibronektin	PF4	Fibrinogen	PDGF	α_2-Makroglobulin	IgG, IgA, IgM
Vitronectin	βTG	Faktor V, VII, XI, XII	TGF-β	α_2-Antitrypsin	Albumin
Thrombospondin	Serglycin	Kininogene	ECGF	PDCI	GPIa/multimerin
vWF	HRGP	Protein S	EGF	α_2-Antiplasin	
		Plasminogen	VEGF/VPF	PAI1	
			IGF	TFPI	
			Interleukin-β	α_2-PI	
				PIXI	
				PN-2/APP	
				C1-Inhibitor	

Tab. 8.2 Makrophagenaktivität und Mediatoren der Wundheilung.

Phagozytose & bakterielle Stasis	Wundausschneidung	Zelluläre Rekrutierung & Aktivierung	Matrix-Synthese	Angiogenese
Sauerstofffreie Radikale	Kollagenese	Wachstumsfaktoren: PDGF, TGF-β, IGF, EGF	Wachstumsfaktoren: PDGF, TGF-β, EGF	Wachstumsfaktoren: EGF, VEGF
Stickstoffoxid	Elastase	Zytokine: TNF-α, IL-1, IL-6	Zytokine: TNF-α, IL-1, IFN-γ	Zytokine: TNF-α
	Matrix-Metalloproteinase	Fibronectin	Enzyme: Arginase, Kollagenase	Stickstoffoxid
			Prostaglandine	
			Stickstoffoxid	

Verletzungen und Unfälle aufgrund kürzerer Krankenstände, geringerer Kosten für das Gesundheitssystem und weniger subjektiver Einschränkungen der Patienten.

Methoden INFO: Therapeutische Anwendungen von Wachstumsfaktoren zur Wundheilung
Die therapeutische Anwendung von Wachstumsfaktoren bei unterschiedlichen Verletzungen und Erkrankungen zur schnelleren und besseren Heilung hat sich in zahlreichen Tierexperimenten als vielversprechender Ansatz auch für den Menschen gezeigt. Aus aktueller Sicht können keine humantherapeutischen Interventionen empfohlen beziehungsweise aus Tierexperimenten gewonnene Erkenntnisse uneingeschränkt im Humanbereich eingesetzt werden. Speziell hinsichtlich der Art der Verabreichung von Wachstumsfaktoren, deren Dosierung und Kombination miteinander, dem Timing der Verabreichung im Hinblick auf deren zum Teil unbekannten zeitlichen Wirkungsweisen und Wechselwirkungen, und vieler weiterer offener Punkte muss eine direkte therapeutische Intervention am Menschen mit wenigen Ausnahmen ausgeschlossen werden. Ausnahmen zeigen sich mit Einschränkung beispielsweise bei der Verwendung von IGF-1, Myostatininhibitoren und PRP.

Darüber hinaus stellen therapeutische Applikationen von Wachstumsfaktoren vielversprechende zukünftige Anwendungsfelder bei der altersinduzierten Muskelatrophie bis hin zur Sarkopenie, bei Muskeldystrophien sowie bei kachektischen Zuständen in Folge von Tumorerkrankungen, Herzerkrankungen, Diabetes mellitus oder Nierenschäden dar [9]. Wachstumsfaktoren sind schon im Rahmen von Tierversuchen untersucht. Mittlerweile sind jedoch bereits auch Tests auf klinischer Basis in Vorbereitung.

In diesem Sinn spielen folgende Wachstumsfaktoren auf Grund vieler bisheriger tierexperimenteller und humaner Studien eine wichtige Rolle:

- Insulin-like Growth Factor 1 (IGF-1),
- Mechano Growth Factor (MGF),
- Basic Fibroblast Growth Factor (b-FGF),
- Platelet Derived Growth Factor (PDGF),
- Vascular Endothelial Growth Factor (VEGF),
- Transforming Growth Factor β (TGF-β),
- Myostatin (GDF-8),
- Bone Morphogenetic Protein (BMP),
- Leukemia Inhibitory Factor (LIF),
- Epidermal Growth Factor (EGF) und
- Brain Derived Neurotrophic Factor (BDNF).

Viele dieser Wachstumsfaktoren (wie zum Beispiel IGF-1, MGF, Myostatin, VEGF u. a.) haben allerdings nicht nur das Potenzial, die Therapie von (Sport-) Verletzungen positiv zu beeinflussen und vielleicht zukünftig zu revolutionieren, sondern ein ebenso großes Potenzial, im Rahmen des professionellen Dopings missbraucht zu werden, obwohl noch viele Fragen über ihre isolierte und synergistische Expression und Wirkungsweise unbeantwortet sind und daher auch keine gesicherten Befunde über potenzielle Kurz- oder Langzeitnebenwirkungen beziehungsweise potenzielle Gesundheitsrisiken und/oder -schäden existieren.

8.2 Definition, Wirkungsweisen und Signalketten von Wachstumsfaktoren

Wachstumsfaktoren sind Proteine, welche vor allem an der intrazellulären Kommunikation beteiligt sind, als Signalvermittler für Zellen agieren und durch Steuerungen von Zellmigration, Zellproliferation, Zelldifferenzierung sowie der Steuerung von Aufbau, Metabolismus und Apoptose wesentlichen Einfluss auf das Schicksal der Zellen nehmen. Auf Grund dieser regulierenden Wirkungen und Funktionen können sie Zellen und damit Gewebe und Organe in unterschiedliche Richtungen beeinflussen [1, 3]. Wachstumsfaktoren binden an Membranrezeptoren und induzieren teils hoch komplexe Signalwege, wobei sie autokrin, parakrin und endokrin wirken können und damit einen der wichtigsten molekularen Mechanismen für den Zellstoffwechsel darstellen [2].

Wachstumsfaktoren können gewebespezifisch sein oder auch auf mehrere Gewebearten sowie in unterschiedlicher Zeitkinetik wirken (◘ Tab. 8.4).

In ◘ Tab. 8.3 sind überblicksartig die bekannten Wirkungsweisen und Funktionen wesentlicher Wachstumsfaktoren dargestellt.

▪ Signalwege

Infolge ihrer Wirkungsweise interagieren viele der Wachstumsfaktoren (insbesondere IGF-1, MGF, Myostatin, FGF, VEGF u. a.) mit den Signalketten, welche die meisten anabolen und katabolen Vorgänge im menschlichen Organismus steuern und daher auch für die Adaptions/Anpassungsfähigkeit der Skelettmuskulatur mit den entsprechenden metabolisch-strukturellen Veränderungen verantwortlich sind. Bei der Beschreibung und Interpretation dieser molekularen Mechanismen muss aus der bestehenden Datenlage allerdings die Schwierigkeit berücksichtigt werden, dass ein Großteil der bisherigen Befunde durch Studien mit Zellkulturen beziehungsweise genetisch manipulierten Organismen erhoben wurden, welche zwar notwendig sind, um die einzelnen Schritte in den Signalkaskaden zu beschreiben, andererseits allerdings mit hoher Wahrscheinlichkeit nur eingeschränkt auf Veränderungen der menschlichen Muskulatur unter Trainingsbedingungen übertragen werden können [11] (◘ Abb. 8.4).

Darüber hinaus wird von Hoppeler et al. [11] festgehalten, dass die Signalnetzwerke, welche Anpassungserscheinungen der Muskulatur an Ausdauer oder Kraft bewirken, durch sehr viele Eingangspunkte determiniert werden, welche teilweise parallel sowie über Feed-Forward- and Feed-Backward-Mechanismen verbunden sind, sodass die jeweilige Gewichtung der Knotenpunkte in einem gegebenen Netzwerk unterschiedlich sein kann [11]. Ferner muss auch berücksichtigt werden, dass diese Phänomene der unterschiedlichen Gewichtung auch von der Spezies, also zum Beispiel den verschiedenen Tierrassen, unterschiedlich sein können [11].

In einer beispielhaften Übersichtsarbeit von Hoppeler et al. [11] wird die Signalinduktion durch Bewegungsreize wie folgt beschrieben:

Mechanische Belastungen, Hormone, neuronale Aktivierung sowie heterostatische Stoffwechselauslenkungen bedingen über verschiedene Wege Signalprozesse, welche über Transkription und posttranskriptionale Modifikationen beziehungsweise Translation und posttranslationale Modifikationen zu einer Bildung von Proteinen (Hypertrophie beziehungsweise aerobe Adaptation) respektive zu deren Abbau (Atrophie beziehungsweise Funktionsverschlechterung) führen können. In der erwähnten Übersichtsarbeit von Hoppeler et al. [11] sind, wie auch in ► Kap. 12 dargestellt, jene Signalwege beschrieben, die durch den Stimulus eines Krafttrainings beziehungsweise Ausdauertrainings initiiert werden.

Speziell für Krafttrainings können folgende Eingangswege beschrieben werden:

▪▪ IGF und MGF

IGFs wurden erstmals von Salmon u. Daughaday [12] im Rahmen von Untersuchungen zu „Mittlersubstanzen" der Wachstumshormonaktivität gefunden.

Das Insulin-like-Growth-Factor-System umfasst unter anderen drei Liganden, darunter IGF-1 und IGF-2 [13]. IGF-1 wird von den meisten Geweben exprimiert, wobei der Großteil in der Leber freigesetzt wird. Während IGF-1 seine Hauptwirkung in der postnatalen Entwicklung zeigt und bei Mängeln beziehungsweise Blockierung teils starke Retardierungen im postnatalen Wachstum und der Körpergröße auftreten, scheint IGF-2, welches ebenfalls in der Leber, aber auch in anderen Geweben exprimiert

Tab. 8.3 Bekannte Funktionen und Wirkungsweisen der wesentlichsten Wachstumsfaktoren.

Name	Funktion/Wirkung/Auswirkung auf	Literatur
Platelet Derived Growth Factor (PDGF)	Stimuliert Fibroblasten-, TGF-B-, Kollagen-, Proteoglycansynthese, Zellwachstum, Granulation; Zellmatrixbildung; Stimulierung von Wachstumsfaktorenausschüttung; Chemoattraktion und Knochenzellproliferation auf Ebene von Fibroblasten, Chondrozyten, Osteoblasten und mesenchymalen Stammzellen; Angiogenese; Makrophagenaktivierung; Mitogen für mesenchymale Zellen; reguliert Protein- und DNA-Synthese am Ort der Verletzung	Cole et al. (2010), Foster et al. (2009), Engebretsen et al. (2010), Liebermann et al. (2002), Malloy et al. (2003)
Transforming Growth Factor β (TGF-β)	Pleiotroper Wachstumsfaktor; stimuliert undifferenzierte Mesenchymzellproliferation; reguliert Zellmigration, Proteinaseexpression, Fibronektinbindungsinteraktionen; beendet die Zellproliferation; stimuliert Kollagenproduktion (Typ I), Fibroblastenproliferation; induziert Deposition von Knochenmatrix und hemmt Knochenresorption	Liebermann et al. (2002), Engebretsen et al. (2010), Malloy et al. (2003)
TGF-β1	Reguliert Fibroblastenproliferation; Bildung extrazellulärer Matrix; erhöht Kollagenproduktion von Fibroblasten; unterdrückt Interleukin-1-bedingte Effekte auf die Proteoglykansynthese im Knorpel; Blutgefäß- und Kollagensynthese; Wachstumshemmung im Bereich Fibroblasten und Monozyten; Apoptose	Cole et al. (2010), Foster et al. (2009)
Fibroblast Growth Factor (FGF)	Mitogen für Mesenchymzellen, Chondrozyten und Osteoblasten	Liebermann et al. (2002)
(b-FGF)	Kollagenproduktion; stimuliert Angiogenese und Myoblastenproliferation; Zellwachstum auf Blutgefäß-, Eingeweidemuskel und Hautgewebsebene; Migration im Bereich von Fibroblasten und weiteren Zelltypen	Cole et al. (2010), Foster et al. (2009), Malloy et al. (2003)
Vascular Endothelial Growth Factor (VEGF)	Fördert Angiogenese; Antiapoptosewirkung auf Blutgefäßzellen; Vaskularisierung	Cole et al. (2010), Foster et al. (2009), Engebretsen et al. (2010), Malloy et al. (2003)
Epidermal Growth Factor (EGF)	Fördert Zelldifferenzierung, Angiogenese und Mesenchymzell- und Epithelzellproliferation	Cole et al. (2010), Engebretsen et al. (2010)
Bone Morphogenetic Protein (BMP)	Fördert Differenzierung von Mesenchymzellen zu Chondroblasten und Osteoblasten	Liebermann et al. 2002
Insulin-like Growth Factor 1 (IGF-1)	Fördert Proliferation und Differenzierung von Osteoprogenitorzellen, Zellwachstum und Differenzierung; Chemotaxis für Fibroblasten, Stimulierung der Proteinsynthese, fördert Knochenbildung; fördert Zellproliferation und -migration, stimuliert Matrixproduktion	Liebermann et al. (2002), Foster et al. (2009), Engebretsen et al. (2010), Malloy et al. (2003)
Platelet-derived epidermal growth factor (PDEGF)	Stimuliert epidermale Regeneration, fördert Wundheilung durch Stimulation der Proliferation von Keratinozyten und dermalen Fibroblasten, erhöht Produktion und Wirkung weiterer Wachstumsfaktoren; Zellwachstum und -rekrutierung auf Blutgefäßzell- und Hautzellebene; Zytokinsekretion	Engebretsen et al. (2010), Foster et al. (2009)

Tab. 8.3 Fortsetzung

Name	Funktion/Wirkung/Auswirkung auf	Literatur
LIF	Muskelhyperthrophie; Muskelregeneration, Stimulierung der Satellitenzellenproliferation in Muskulatur; knochenremodelliernde Wirkung	Spangenburg & Booth (2006), Barnard et al. (1994), Spangenburg & Booth (2002), Reid et al. (1990), Dazai et al. (2000)
BDNF	An struktureller und funktionaler Plastizität des ZNS beteiligt; essentiell im Überleben, Differenzierung sowie des neuronalen Wachstums im Gehirn; Neuronenreifung, verhindert Neuronenapoptose; negativer Modulator in Inflammationsphase, immunoprotektive Wirkung	Neeper et al. (1995), Mattson et al. (2004), McAllister et al. (1999), Tyler et al. (2002, Binder (2004), Lindsay (1994), Makar et al. (2008), Correia et al. (2011)

Tab. 8.4 Wachstumsfaktorenexpression in muskuloskelettalem Gewebe (adaptiert nach Ljungqvist et al. 2008).

Wachstumsfaktor	Muskel	Knorpel	Band/Sehne	Knochen
GH		+	+	+
IGF-1	++	+	+	+
MGF	+++	?	+	?
B-FGF	+	+	±	+
PDGF	-		±	±
VEGF	+		±	
TGF-β	±	+	+	+
BMP	+	+		

wird, vor allem in der pränatalen Entwicklung eine Rolle zu spielen. Bei Hemmung dieses Wachstumshormons resultieren entsprechende pränatale Retardierungen im Wachstum. Die IGF-2-Expression nimmt nach der Geburt stark ab, sodass beispielsweise bei Nagern postnatal keine dramatischen Entwicklungsveränderungen auftreten [13]. IGF-1 und IGF-2 sind Bestandteil einer Feedbackschleife zwischen dem GH-Releasing-Hormon des Hypothalamus, der Hypophyse und der Leber [14] Maki [15], wobei IGF-2 weniger stark von GH gegenreguliert zu sein scheint als IGF-1 [16].

IGF-1 ist heute einer der am besten untersuchten Wachstumsfaktoren zur Induktion einer Muskelhypertrophie. Die Tatsache, dass IGF-1 sowohl in der Leber als auch in der Skelettmuskulatur exprimiert wird, unterstreicht eine mögliche parakrine/autokrine Wirkung von IGF-1 bezüglich einer Steuerung des Muskelwachstums [17]. IGF-1 alleine scheint allerdings nicht ausreichend zu sein, um aus präventiver und therapeutischer Sicht Muskelmasse zu erhalten. In einer Studie von Elis et al. [18] konnte gezeigt werden, dass erhöhte Serum-IGF-1-Spiegel bei einem gleichzeitigen Fehlen einer lokalen IGF-1-Expression im Muskel bei männlichen Mäusen hinsichtlich einer erhaltenden, protektiven Wirkung auf das muskuloskelettale System im Alternsgang nicht ausreicht. Ähnliches zeigte sich auch bei weiblichen Mäusen und einer erhaltenden, protektiven Wirkung hinsichtlich des trabekulären Knochens.

Auf Grund verschiedener RNA-Splicings existieren auch verschiedene Isoformen von IGF-1, wobei der Skelettmuskel zumindest zwei exprimiert: IGF-1Ea und IGF-1Ec [19]. Letzterer wird weitläufig, um Verwirrungen zu verhindern, als Mechano Growth Factor bezeichnet, da er als Folge

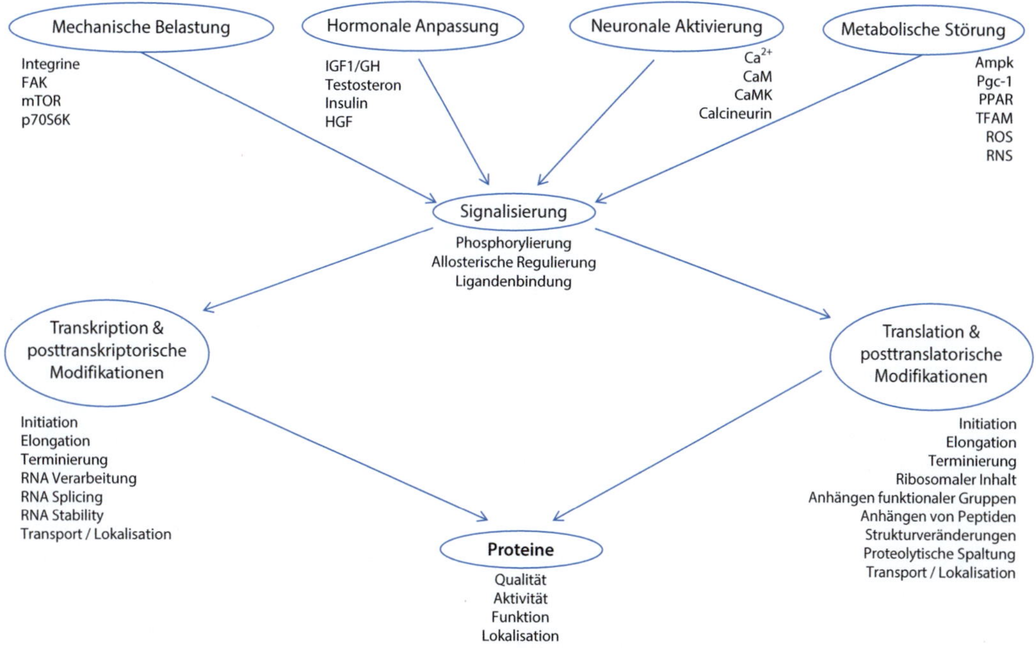

Abb. 8.4 Schematische Darstellung der muskulären Signalintegration durch körperliche Aktivität (adaptiert nach [11]).

mechanischer Stimuli beziehungsweise zellulärer Schäden nach Muskelverletzungen produziert wird [19, 20].

Im menschlichen Muskel können drei Isoformen von IGF-1 unterschieden werden: Neben IGF-1Ea und dem IGF-1Ec (MGF), welcher dem IGF-1Eb bei Nagern entspricht, wird auch eine humane IGF-1Eb-Variante exprimiert.

IGF-1Ea, die häufigste Splice-Variante, wird sowohl in der Muskulatur als auch in der Leber produziert. Die zweite Splice-Variante, IGF-1Ec (MGF), wird vorwiegend als Antwort auf Elektrostimulation, mechanische Stimuli (muskuläre Aktivität) beziehungsweise nach Muskelverletzungen produziert. Über die dritte Splice-Variante im Menschen, IGF-1Eb, welche offensichtlich hauptsächlich in der Leber produziert wird, gibt es noch relativ wenige gesicherte Befunde, zumal viele seiner Wirkungen noch nicht geklärt sind [21], wenngleich vermutet wird, dass diese Splice-Variante bei der Muskelhypertrophie sowie der Muskelregeneration involviert ist [22]. Speziell im Hinblick auf das muskuläre System scheint eine positive Wirkung von MGF in der Rehabilitation nach schweren Verletzungen mit Muskelatrophien – auch im Sport – sowie zur Vorbeugung und Behandlung von Sarkopenie von großem Interesse und von Bedeutung zu sein.

MGF wurde neben der Skelettmuskulatur auch schon in anderen Geweben entdeckt, wie zum Beispiel im Herzmuskel, in Sehnen, Knochen, aber auch im Nervensystem [23, 24].

Bezogen auf die Strukturen des muskuloskelettären Systems haben Studien gezeigt, dass die IGFs für die Entwicklung somatischen Gewebes wesentlich sind. IGFs begünstigen unter anderem die Differenzierung des Myoblasten- und Osteoblastengewebes in Muskel- und Knochengewebe [25]. In einer In-Vivo-Studie bei Mäusen haben zwei gezielt hergestellte IGF-1-Mutationen, welche sich zum einen durch eine Aminosäurensubstitution von E durch R an Position 3 (KIR) und zum zweiten durch eine Löschung der ersten drei Aminosäuren (KID) von der unveränderten IGF-1-Wildtypform unterscheiden, größere Wirkungen hinsichtlich des somatischen Wachstums als das unveränderte IGF-1 gezeigt. Das Körpergewicht und die Körpergröße sowie die kortikale Knochenfläche und -dicke der IGF-1-Mutantenmäuse war signifikant größer als in der Kontrollgruppe [26].

Signalwege IGF-1 IGF-1 ist der anabole Hauptfaktor der Skelettmuskulatur, weshalb eine verminderte Produktion dieses Faktors beziehungsweise eine geringere Bioverfügbarkeit von IGF-1, aber auch eine Inhibition des intrazellulären Transduktionssignalwegs, welcher durch das Binden von IGF-1 an seinen Rezeptor ausgelöst wird, zur Muskelatrophie führt, wie man sie auch in katabolen Zuständen vorfindet. Der Aktivierung eines entsprechenden Signalweges und dessen Wirkungen geht erstmals das Binden von IGF-1 an seine Rezeptoren voraus [27]. Einer dieser Signalwege ist der Ras-ERK-Weg über das Shc-Protein. Dieser führt über eine gesteigerte Funktion der Transkriptionsfaktoren zu einer Stimulierung der Zellproliferation [28]. Ein zweiter Signalweg wird durch die Phosphorylierung des IRS-Proteins gestartet. Dies führt zu einer Aktivierung der PI-3-Kinase und der Ser473-Phosphorylierung von PKB, welches metabole und anti-apoptotische Effekte vermittelt [29, 30]. Des Weiteren können mechanische Signale über Signalproteine wie Integrin β1 und Integrin-linked Kinase (ILK) zu einer Phosphorylierung des IGF-1-Rezeptors und einer Aktivierung der PI3K-Akt-Signalkette in der Muskelzelle führen. Inwieweit weitere Integrin-Effektoren wie die Focal Adhesion Kinase (FAK) die IGF-1-Akt-Signalkette beeinflussen, ist Gegenstand weiterer Untersuchungen [9].

Ein weiterer Signalweg von IGF-1 ist der Akt/PKB-Signalweg. Das Binden von IGF-1 an seinen Rezeptor führt zu Beginn dieses Signalwegs zu Aktivierungen und Phosphorylierungen verschiedener Substanzen (siehe Wackerhage). Resultierend entstehen Andockstellen für zwei Kinasen nämlich PDK1 und Akt, wobei erstere zur Aktivierung von Akt führt [9]. Akt stimuliert mTOR und den entsprechenden Signalweg sowie die Glykogensynthasekinase 3β (GSK3β), was zu einer gesteigerten Proteinsynthese, Hypertrophie und einer Inhibierung der Apoptose führt [9, 31].

Des Weiteren bestehen Interaktionen verschiedener Aminosäuren, insbesondere Leucin, auf die mTORC1, wobei diese Effekte von der Rag Family of GTPasis, welche mit Raptor interagieren, unterstützt werden.

Ferner kann mTOR unabhängig vom PI3K/Akt-Signalweg durch Phosphatidic Acid aktiviert werden, ein Mechanismus, der über die Phospholipase D (PLD) als Antwort auf mechanische Reize bei exzentrischen Muskelkontraktionen diskutiert wird.

Darüber hinaus bewirkt Akt eine Inhibierung der Proteindegradierung durch Unterdrückung der Transkriptionsfaktoren von FoxO.

Bekannterweise sind die FoxO-Faktoren für weitere Transkriptionsschritte der sogenannten Muskelatrophie F-box (MAFbx) und Muskelringfinger 1 (MuRF1) verantwortlich, welche zu einer Ubiquitylisierung von Myosin und anderen Muskelproteinen und deren Abbau über das Proteosom führen. Darüber hinaus initiiert FoxO weitere Transkriptionsschritte in Richtung zur Aktivierung autophager lysosomer Abbauprozesse. Erwähnenswert ist ferner, dass sowohl FoxO als auch MAFbx in einem negativen Feedbackmechanismus die Proteinsynthese im Bereich der mTOR-Aktivität inhibieren (◘ Abb. 8.5, ◘ Abb. 8.6).

Bei Säugetieren gibt es drei verschiedene AKT-Gene: AKT1, AKT2 und AKT3, wobei ersteres für die Steuerung des Muskelwachstums und die Proteinraufregulierung verantwortlich zu sein scheint [32]. Zwei wichtige Moleküle des AKT-Signalwegs sind zum einen mTor, welches durch AKT aktiviert wird, und zum anderen GSK3β, welches durch AKT gehemmt wird. FoxO stellt einen dritten Mediator in dieser Signalkette dar. In-Vivo-Studien haben gezeigt, dass die Aktivierung von FoxO signifikante Atrophien von Myotuben und ausgereiften Muskelzellen verursacht. Während einer Muskelatrophie ist die FoxO-Expression erhöht und eine reduzierte AKT-Aktivität bewirkt die Dephosphorilierung dieser Faktoren [17]. Darüber hinaus vermag FoxO mTOR zu inhibieren [33]. Auf der anderen Seite bedeutet eine Inaktivierung von FoxO und seiner zentralen Rolle in der Aktivierung atrophischer Signalwege ein Verhindern atropher Vorgänge.

Diese hier sehr einfach dargestellten und auf das Wesentlichste reduzierten Signalwege werden wiederum an unterschiedlichen Stellen auf unterschiedliche Art und Weise durch verschiedene Feedbackschleifen beeinflusst (◘ Abb. 8.7).

Von den IGF-Bindungsproteinen kann wahrscheinlich IGFBP5 am wirksamsten die IGF-1-Signalkette durch eine Bindung an den IGF-1-Rezeptor blockieren.

Eine weitere Interaktion mit der IGF-1-Akt-Signalkette ist durch inflammatorische Zytokine wie beispielsweise den Tumornekrosis-Faktor α (TNFα) gegeben, wobei über die Jun N-terminale Kinase (JNK) der Abbauweg auf dem Signalschritt

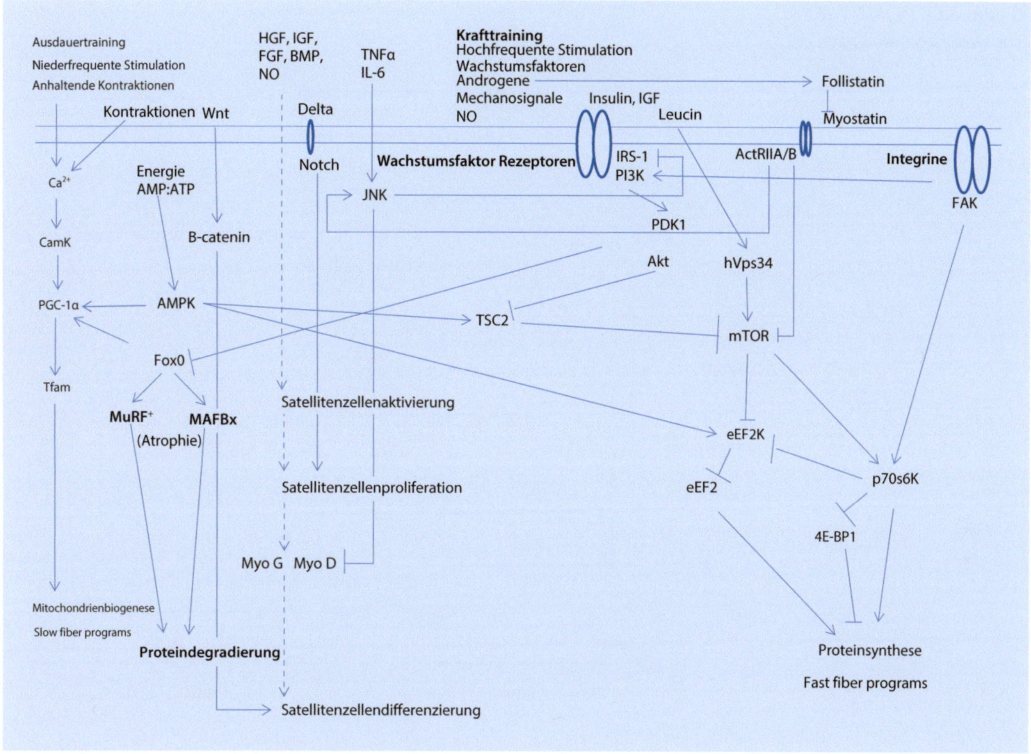

Abb. 8.5 Vereinfachte, zusammenfassende Darstellung bekannter Signalweginteraktionen im Rahmen eines Krafttrainings- beziehungsweise eines Ausdauertrainingsstimulus (adaptiert nach [11]).

(IRS) blockiert wird. Daraus lässt sich ableiten, wie eng muskeldegradierende Mechanismen mit den Konzentrationen von TNFα und anderen Zytokinen verbunden sind, wenn diese bei oxydativem Stress beziehungsweise bei chronischer Inflammation [34] erhöht sind. Auch bestimmte Lipid-Phosphatasen (PTEN) können im Bereich des Signalschrittes PI3K die Signalkette negativ beeinflussen. Neben der inhibierenden Wirkung von TNFα gibt es eine weitere Wirkung zirkulierender Zytokine wie TNF Related Weak Inducer of Apoptosis (TWEAK), welche MuRF1 über den Transkriptionsfaktor Nuklear-Faktor κB (NFκB) aktivieren und so zu einem Proteinabbau führen können. Inwieweit die beiden TNFα-Wirkungsmechanismen bei bestimmten pathologischen Situationen gleichgeschaltet sind beziehungsweise im Sinne der negativen Wirkung auf den Eiweißaufbau oder der positiven Wirkung auf den Eiweißabbau interagieren, ist derzeit ungeklärt [35].

Im Hinblick auf die Gestaltung von Ausdauer- und Krafttraining sind die Interaktionen zwischen der oxidativen Signaltransduktion und der IGF-1-Akt-Signalkette wesentlich. Es ist bekannt, dass die AMPK, welche durch die Entleerung der ATP-Speicher aktiviert wird und als „oxidativer Energiesensor" bezeichnet werden kann, TORC1 durch Phosphorilierung und Inaktivierung des Raptors sowie durch Phosphorilierung und Aktivierung von TSC2 blockiert. Den Stellenwert dieser Wechselwirkung auf die Größe von Muskelfasern unterstreichen AMPKα1 und AMPKα1/α2 doppelt Knock-out-Mäuse, welche dadurch eine Muskelhypertrophie entwickelten [36, 37]. Die AMPK kann überdies den FoxO-abhängigen Proteinabbau unterstützend beeinflussen. Gegensätzlich dazu wird die FoxO-Aktivierung und die daraus resultierende Muskelatrophie durch den Peroxisome Proliferator Activated Rezeptor γ Koaktivator 1α (PGC1α) gehemmt, welcher im Rahmen der oxidativen Signalkette

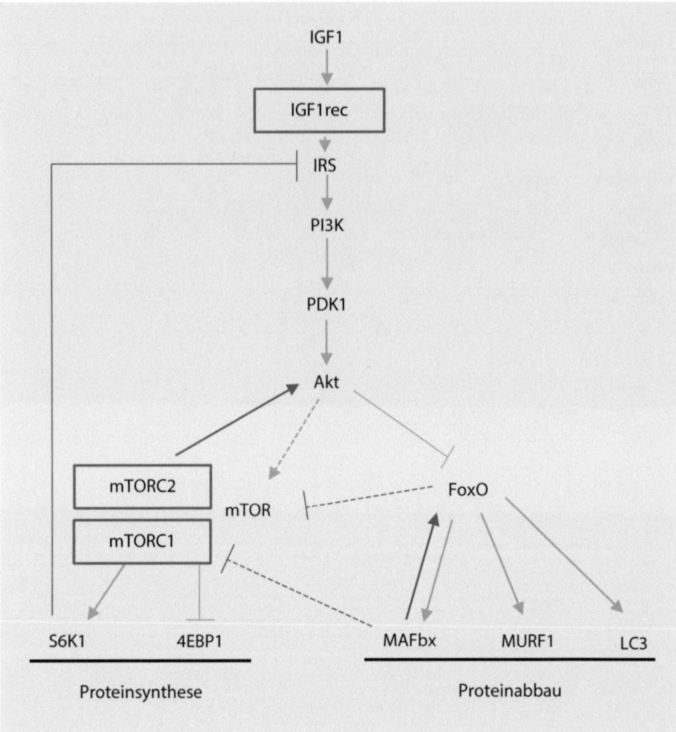

■ **Abb. 8.6** Der IGF-1-Akt-Signalweg (adaptiert nach [9]).

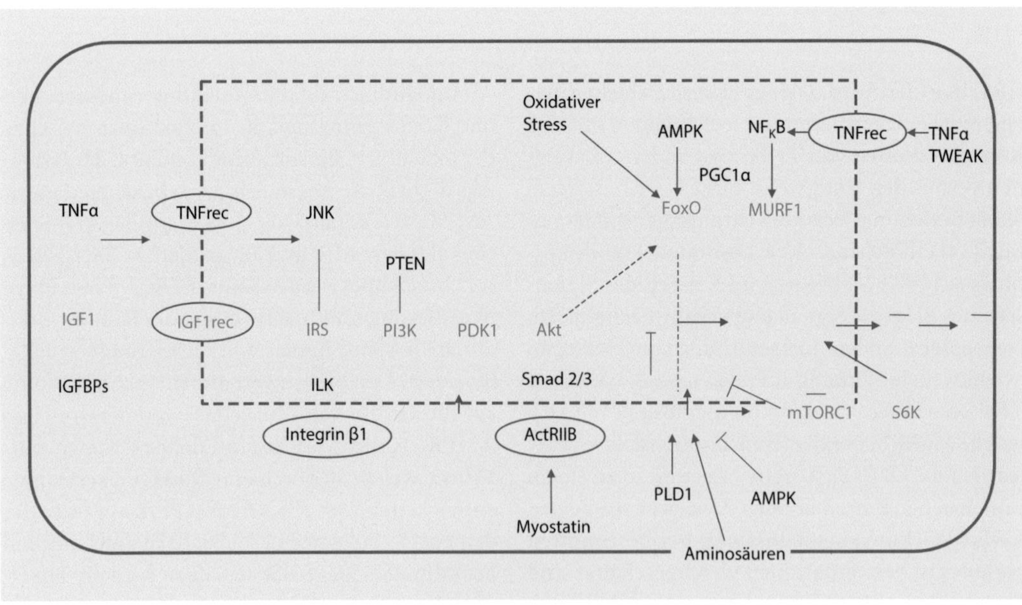

■ **Abb. 8.7** IGF-1-Akt Signalweg und regulierende Interaktionen (adaptiert nach [9]).

als transkriptionaler Koaktivator fungiert. Damit schützt PGC1α die Muskelzelle vor einer FoxO-induzierten Atrophie. Höhere Konzentrationen von PGC1α in den slow twitch Fasern (oxidative Muskelfasern) können daher deren größere Widerstandsfähigkeit gegen Muskelatrophie erklären [38, 39, 40]. Inwieweit die gegensätzlichen Wirkungen von AMPK und PGC1α, beides wichtige Faktoren in der oxidativen Signalkette, in ihrer Interaktion auf Muskelmasse aufbauende beziehungsweise abbauende Signalketten von bestimmten Trainingsformen beziehungsweise alimentären Gegebenheiten abhängig sind, bleibt derzeit offen, zumal Studien über das „Concurrent Training“ bei unterschiedlichen Belastungsmodellen und Kollektiven (Untrainierten, Ausdauersportlern, Krafttrainierten) uneinheitliche Befunde ergeben [41, 42].

Schließlich ist noch erwähnenswert, dass Corticosteroide verschiedene Signalschritte der IGF-1-Akt-Signalkette hemmend beeinflussen können beziehungsweise die Produktionsrate von Myostatin erhöhen können. Darüber hinaus besteht eine synergistische Wirkung mit FoxO1, einer Isoform, hinsichtlich einer Aktivierung der MuRF1-Signalkette.

▪ ▪ Myostatin

Myostatin, ursprünglich als „Growth and Differentiation Factor 8“ (GDF-8) bezeichnet [35], gehört zur GDF- (Growth/Differentiation Factor) Familie, einer Unterfamilie der TGF-β-Familie, wurde von McPherron et al. [43] entdeckt und wirkt als Inhibitor für das Skelettmuskelwachstum [43]. Zahlreiche Studien konnten zeigen, dass es bei einem Fehlen von Myostatin oder aber auf Grund von Mutationen im Myostatin-Gen zu markant größeren Muskelmassen und Muskelwachstum kommt, wie zum Beispiel beim „Belgian Blue Cattle“ [43, 44, 45, 46, 47].

Signalwege Myostatin Wie die meisten Mitglieder der TGF-β-Familie scheint auch Myostatin (GDF-8) seine Wirkungen über den SMAD Signalweg zu erzielen. Dabei bindet Myostatin an seinen Rezeptor ActRIIB eine ARII [48]. Dadurch werden die intrazellulären Signaltransducer SMAD2 und SMAD3 phosphoryliert, welche gemeinsam einen Komplex mit SMAD4 bilden, was daraus resultierend zur Translokation des gesamten Transkriptionsfaktorkomplexes in den Zellkern führt [49, 50]. Dieser reguliert dort die Expression bestimmter Zielgene und bewirkt schlussendlich eine Reduzierung des Vermögens der Myoblastenproliferation und -fusion [48]. Es ist in diesem Zusammenhang erwähnenswert, dass im Gegensatz zu dieser Wirkung mTOR die SMADs inhibiert.

Neben diesem bekannten SMAD-abhängigen Signalweg sind aber noch weitere, SMAD-unabhängige, Signalwege bekannt, welche von Mitgliedern der TGF-β-Familie genutzt werden. Solche sind zum Beispiel die MAPK-Signalwege inklusive der ERK-, p38- und JNK-Signalwege [51, 52]. Vom p38-Weg ist beispielsweise bekannt, dass er eine wichtige Rolle bei der Kontrolle der Proliferation und Differenzierung spielt [53, 54].

▪ ▪ FGF

FGF wurde erstmals 1973 in der Hypophyse entdeckt, hat unterschiedliche biologische Wirkungen und ist unter anderem an der Mitogenese, der Zellmigration und Zelldifferenzierung, aber auch der Angiogenese und der Wundheilung beteiligt [3].

Obwohl ursprünglich nur als ein Protein identifiziert, welches die Fibroblastenproliferation zu begünstigen schien, sind heute 22 unterschiedliche Faktoren bekannt, welche bei verschiedenen biologischen Prozessen, wie zum Beispiel bei der Regeneration unterschiedlicher Gewebe wie Haut, Blutgefäße, Nerven-, Muskel-, Knorpel-, Fett-, Knochengewebe, Bändern und Sehnen [3], beteiligt sind.

FGF-1 und FGF-2 werden im Verlauf der Entzündungsphase im Rahmen von Gewebeschäden beziehungsweise Verletzungen, aber auch im Rahmen von Adaptationsprozessen, zum Beispiel in Folge eines körperlichen Trainings, freigesetzt.

Signalwege FGF Auch hier führt die Bindung von FGFs an ihren Rezeptor zur Aktivierung unterschiedlicher Signalwege mit verschiedenen zellulären Antworten. Die drei am besten verstandenen Signalwege sind der schon genannte PI3-Kinase/Akt-Signalweg, der RAS/MAP-Kinase-Signalweg und der PLCγ-Signalweg [3].

RAS/MAP-Kinase-Signalweg: Bei diesem Hauptsignalweg liegt der wichtigste Schritt in der Phosphorylierung der Tyrosinreste des Dockingproteins FRS2α. Dies bewirkt neue Bindungsstellen für

Aktivierungs- und Abschwächungssignale steuernde Proteine [55, 56]. Die Bildung des FRS2-Signalkomplexes bewirkt wiederum eine Aktivierung des RAS/MAP-Kinase und des PI3-Kinase/Akt-Signalwegs [57]. Ersterer steht nach derzeitiger Studienlage mit dem Zellwachstum in Verbindung [58]. FGF-Signalwege werden sowohl positiv wie auch negativ reguliert, wobei geringe Veränderungen des Signals von großer Bedeutung hinsichtlich ihrer jeweiligen biologischen Antwort sind.

PLCγ-Signalweg: Eines der Hauptzielmoleküle des aktivierten FGF-Rezeptors in diesem Signalweg ist PLCγ. Bei Aktivierung führt es zur Bildung von Inositol Triphosphate (IP3) und Diacylglycerol (DAG) [59]. IP3 fördert die Freisetzung von Kalzium aus dem endoplasmatischen Retikulum, wo es gemeinsam mit DAG PKC aktiviert.

Da die Unterbrechung dieses Signalwegs weder die Mitogenese noch die Zelldifferenzierung beeinflusst, ist seine physiologische Relevanz nicht ganz klar [60]. Nichts desto trotz zeigen einige Ergebnisse, dass er zumindest in bestimmten Zellen für die Adhäsion wichtig zu sein scheint [61].

8

▪▪ TGF-β

Von TGF-β sind derzeit drei Isoformen bekannt (TGF-β1, TGF-β2, TGF-β3) [62]. Es handelt sich dabei um multifunktionelle Wachstumsfaktoren, welche eine wichtige Regulatorfunktion in erwachsenen, aber auch in embryonalen Zellen haben. Während der Entwicklung regulieren sie nahezu alle zellulären Prozesse von der Zellproliferation und Zelldifferenzierung über die Zellmigration bis hin zur Apoptose [63]. Im Verlauf der Extremitätenentwicklung sind sie für die Differenzierung verschiedener Gewebe wie Knochen und Bänder des muskuloskelettalen Systems verantwortlich. Darüber hinaus sind sie auch an der Morphogenese und Myogenese regulatorisch beteiligt [64–70].

Signalwege TGF-β Der TGF-β-Signalprozess wird durch dessen Binden an entsprechende Transmembranrezeptoren, Serin/Threonin-Kinasen, TGF-β-Rezeptor I, II, III (TβR I, II, III), gestartet. Bei letzterem Rezeptor handelt es sich lediglich um einen Co-Rezeptor, der die Affinität der restlichen Rezeptoren erhöht.

TGF-β bindet an TβR II, welcher mit TβR I einen Komplex bildet, welcher wiederum bewirkt, dass TβR II TβR I „cross-phosphorylate" und so aktiviert wird. In weiterer Folge werden rezeptoraktivierte SMAD-Proteine rekrutiert, welche an den aktiven TβR I binden und dabei durch den gesamten Liganden-Rezeptor-Komplex phosphoryliert werden. Daraufhin wandert dieser SMAD-Komplex in den Zellkern, wo er gemeinsam mit weiteren Faktoren DNA bindet und die Expression unterschiedlicher Gene beeinflusst [71, 72] (▪ Abb. 8.8).

Des Weiteren können durch die Liganden aktivierte TGF-β-Rezeptoren andere intrazelluläre Signalwege wie beispielsweise den MAPK-, den PI3K/AKT- oder den Rho-like GTPase-Signalweg aktivieren [71].

▪▪ VEGF

VEGF ist ein hochspezifisches Mitogen für vaskularendotheliale Zellen und steuert die Angiogenese, die Knochenbildung in den Knochenwachstumszone, die extrazelluläre Matrixremodellierung sowie die Chondroklastenfunktion und ist somit auch für die Apoptose der Chondrozyten verantwortlich [73]. Bis dato gibt es keine klinischen Daten über die Verwendung beziehungsweise Dosierung von VEGF bei muskuloskelettalen Verletzungen beim Menschen, wie zum Beispiel nach posttraumatischen Muskeldefekten [74], wohl aber bei Patienten mit Extremitätenischämie [75].

Signalwege VEGF Es existieren unterschiedliche Isoformen von VEGF, welche allerdings alle an zwei Typ3-Rezeptoren, nämlich FLT1 und KDR, binden und so ihre Signalwege in Gang setzten. Auf Grund der verschiedenen Isoformen von VEGF und deren Rezeptoren und auf Grund von unterschiedlichen Transmembranproteinen, welche mit den VEGF-Rezeptoren assoziieren, entsteht eine große Vielseitigkeit und Plastizität hinsichtlich der VEGF-Signalwirkung [76].

Bei Säugetieren wird die Wirkung von VEGF durch Bindung an die Mitglieder einer Rezeptor-Tyrosin-Kinasen- (RTK) Familie, nämlich VEGFR1, VEGFR2 und VEGFR3, ausgelöst, wobei zweiteres die wichtigste Isoform darstellt [77].

▪▪ LIF

Der Leukemia Inhibitory Factor (LIF) hat seinen Namen auf Grund seiner Fähigkeit erhalten, die Proliferation von kultivierten, myeloischen,

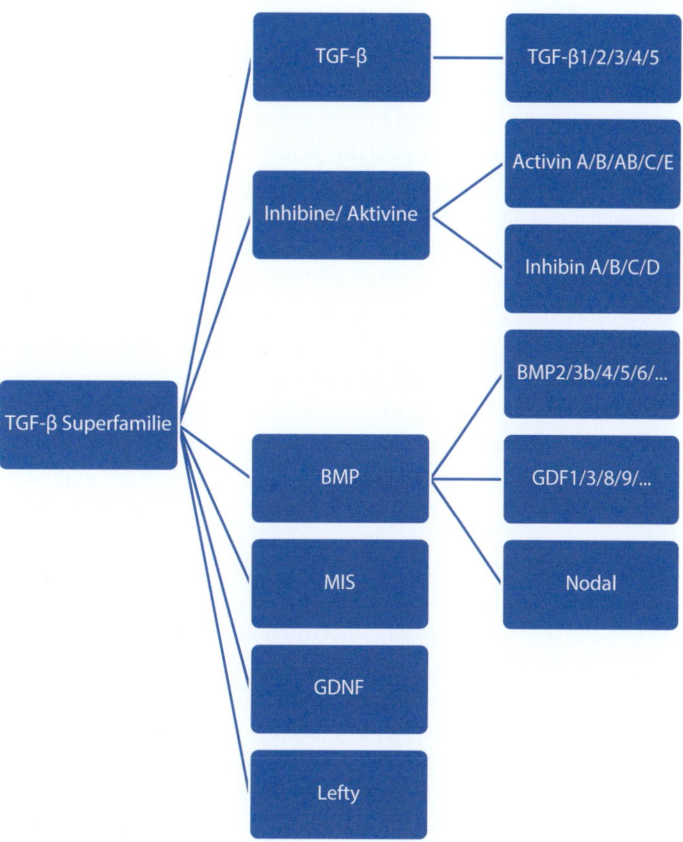

Abb. 8.8 TGF-β-Superfamilie (TGF-β = Transforming Growth Factor Beta, BMPs = Bone Morphogenetic Proteins, GDFs = Growth Differentiations Factors, GDNFs = Glial-derived Neurotrophic Factors, MIS = Müllerian Inhibiting Substance).

leukämischen Zellen zu hemmen [78, 79]. LIF ist ein Mitglied der IL-6-Familie der Zytokine und hat zahlreiche Wirkungen auf unterschiedliche Zellen [80], [81]. Er wird zum Beispiel von Osteoblasten, hypertrophen und praehypertrophen Chondrozyten an der Wachstumsplatte, aber auch von regenerierenden Muskelzellen produziert [82, 83] und spielt eine pleiotrope Rolle während der Muskelregeneration [84]. LIF hat auch Auswirkungen auf das Zellwachstum, die Zelldifferenzierung und fördert unter anderem die Proliferation von Osteoblasten und Megakaryocytenprecursorzellen. Darüber hinaus unterdrückt er die Differenzierung embryogener Stammzellen, fördert die Freisetzung von Kalzium aus den Knochen und stimuliert die Knochenbildung [85].

Signalwege LIF LIF ist ein Zytokin, welches seinen zellulären Signalweg durch Bindung an ein Heterodimer der gp130- und LIF-Rezeptor- (gp190) Untereinheit startet und dadurch eine Phosphorylierung und als Folge eine Aktivierung von JAK1 und JAK2 und der Transkriptionsfaktoren STAT1 und vor allem STAT3 bewirkt [86–91]. Über die Rolle und die Aktivierung von STAT1- beziehungsweise MAPK3/1-MAP-Kinase während dieses Prozesses ist hingegen wenig bekannt.

Wenngleich dieser JAK/STAT-Signalweg der wichtigste zu sein scheint, kann die Signaltransduktion auch über den SHP-2/Ras/ERK- oder den PI3K/Akt-Signalweg erfolgen [88]. Die unterschiedliche Wichtigkeit des jeweiligen Weges hängt auch vom Gewebetyp ab [90].

PDGF

PDGF wurde als wachstumsfördernder Aktivator in menschlichen Thrombozyten entdeckt. Es existieren drei Isoformen: PDGF-AA, -AB, -BB. Von diesen hat nur die BB-Variante signifikante Bedeutung für die Skelettmuskelregeneration [92]. Im Gegensatz zu vielen anderen Wachstumsfaktoren zirkuliert PDGF nicht. Seine Halbwertszeit liegt bei weniger als zwei Minuten nach intravenöser Injektion. In vivo stimuliert PDGF die Angiogenese und wird von verletzen Gefäßen, Thrombozyten und Makrophagen exprimiert. Darüber hinaus ist PDGF an der Zellmigration, auch für adulte Muskelprecurserzellen, beteiligt.

PDGF ist einer der ersten Wachstumsfaktoren, der nach einer Gewebeverletzung exprimiert wird. Er wird auch in der Frühphase einer Frakturheilung ausgeschüttet und ist in der Lage, die Produktion weiterer Faktoren einzuleiten, was PDGF eine wichtige Rolle bei der Initiierung der Fibroblastenproliferation und -differenzierung, der Kollagenablagerung und der Angiogenese verleiht [93].

Signalwege PDGF PDGF beziehungsweise alle seine Isoformen wirken auf ihre Zielzellen durch gleichzeitige Bindung an zwei Tyrosin-Kinasen-Rezeptoren und deren Aktivierung [94]. Auf Grund der Tatsache, dass alle Isoformen auf nur zwei Rezeptoren wirken, kommt es hinsichtlich deren Wirkungen in manchen Bereichen zu Überlappungseffekten. Demgegenüber behaupten andere Studien, dass die verschiedenen PDGFs sehr wohl auch unterschiedliche, sehr spezifische und exklusive physiologische Wirkungen haben können und die Überlappungseffekte nicht so weitläufig sind.

Nach Bindung einer PDGF-Isoform bewirkt die Phosphorylierung der Rezeptoren verschieden weiterlaufende Signalwege, wie zum Beispiel den PI3K-, den Akt-, den NF-KB-, den Notch- oder den ERK-Signalweg [95–98].

▪▪ BMP

Bone Morphogenic Proteine (BMP), von denen heute über 20 verschiedene, teils redundant wirkende Formen bekannt sind, gehören zur TGF-β-Familie und wirken bei der Zelldifferenzierung, der Zellproliferation sowie der Migration mit und sind auch an der zellulären Homeostase beteiligt [99]. So spielen sie eine spezielle und wesentliche Rolle in der Knochenregeneration und -regulierung. Auf Grund ihrer osteoinduktiven Wirkungen besitzen BMPs vielfältige Potenziale für die Behandlung von muskuloskelettalen und knöchernen Störungen [100], hauptsächlich in der Traumatologie und Dentalmedizin. BMPs sind für die Demineralisierung des Knochens und Knochen(um)bildungen verantwortlich und stellen die molekulare Grundlage dieser Vorgänge dar [101, 102].

BMPs entfalten ihre Wirkungen neben Knochen auch in anderen Gewebetypen und agieren als vielfältige Mediatoren. So sind zum Beispiel BMP-2, -4 und -7 an der Knorpelregeneration und BMP-12 und -13 an der Bänderheilung beteiligt [103–106]. Sie sind an der skelettalen Entwicklung ebenso wie an der Knochenformung und der Zelldifferenzierung beteiligt und spielen eine Rolle auf dem Forschungsgebiet der Stammzellbiologie [107–110].

Signalwege BMP BMP-Signalwege – im Rahmen eines engmaschigen Kontrollsystems – bewirken sowohl transkriptional als auch nicht-transkriptional verschiedene zelluläre Antwortreaktionen. Zusätzlich werden diese Vorgänge durch weitere Regulatoren hinsichtlich der Signalintensität, der Signaldauer oder aber der Signaleffektivität beeinflusst [99]. Unter den verschiedenen BMPs ist der Signalweg für BMP-2 derjenige, der am besten beschrieben ist. BMP-2 bindet an seine Rezeptoren, einen Komplex (BISC) eines Typ-I- und eines Typ-II-Rezeptors, und startet so die SMAD-Signalkette. Durch das Binden an den Komplex transphosphoryliert der Rezeptor Typ II den Typ I, woraufhin dieser rezeptorgebundene SMADs (1, 5, 8) phosphoryliert und so eine Konformationsänderung und in dessen Folge den Eintritt in das Zytoplasma bewirkt. Die aktivierten SMADs wandern in den Zellkern und fördern dort die Transkription spezifischer Gene, wie beispielsweise bambi und smad7 [111–113].

Ein weiterer, SMAD-unabhängiger Signalweg wird dadurch aktiviert, dass der BISC (-Komplex) eine Proteinkinase (p38 MAPK) aktiviert [114]. Dieser Signalweg zeichnet sich durch eine Beteiligung von XIAP, TAK1 und TAB aus, die einen Komplex bilden, welcher MKK reguliert und in weiterer Folge zur Aktivierung von MAP-Kinasen führt [115–117].

Neben diesen beiden Signalwegen gibt es weitere Nicht-SMAD-Signalwege, welche zurzeit untersucht werden.

▪▪ EGF

EGF wurde vor über 50 Jahren von Stanley Cohen isoliert [118], welcher diesen Wachstumsfaktor als kleines, sekretiertes Molekül, reich an

Disulfidverbindungen, identifizierte [119, 120]. In weiterführenden Studien konnte belegt werden, dass EGF bei der Mitose kultivierter Epidermalzellen eine Rolle spielt, die DNA-Synthese fördert, die Translation stimuliert, die Proteinphosphorylierung steigert [121, 122] sowie die Proliferation von Zellen des Bandgewebes unterstützt [123, 124].

Signalwege EGF Verschiedene parallele EGF-Signalwege wurden in der Vergangenheit aufgeklärt. Wieder wird durch das Binden von EGF an seinen Rezeptoren eine Reihe von unterschiedlichen Folgeschritten, Phosphorylierungen und Aktivierungen in Gang gesetzt [125], bis am Ende das PIP3 wiederum an Akt bindet, dessen Kinaseaktivität stimuliert und so die Phosphorylierung von Proteinen fördert, welche das Zellwachstum, den Einstig in den Zellkreislauf sowie das zelluläre Überleben fördern [126]. Dabei ist auch mTOR ein positiver Translationsregulator [127].

▪▪ GDF

Die TGF-β-Superfamilie ist ein Zusammenschluss multifunktionaler Zytokine, welche unterschiedliche Rollen in verschiedenen Geweben während der Entwicklung, aber auch im Adultzustand spielen [128, 129]. Sie ist wiederum in Unterfamilien mit strukturell ähnlichen Molekülen untergliedert. Zu diesen Unterfamilien gehören beispielsweise die DVR (Dpp-Vgr1-Related), die GDNF (Glial Cell-line-derived Neurotrophic Factor), die Activin- und die TGF-β-sensu-stricto-Familie. Erstere beinhaltet die Untergruppen der GDFs (Growth/Differentiation Factors) und der BMPs (Bone Morphogenetic Proteins) [130], welche eine wesentliche Rolle in der skelettalen Entwicklung spielen.

▪▪ BDNF

BDNF ist ein einfaches Protein, welches der Familie der Neurotrophine angehört und eine wesentliche Rolle in der Neurobiologie, vor allem an der strukturellen sowie funktionalen Plastizität des Zentralnervensystems, spielt [131, 132]. Neurotrophine modulieren verschiedene neuronale Prozesse während der Entwicklung. Bei Säugetieren umfasst die Familie der Neurotrophine folgende Substanzen: NGF, Neurotrophine-3, Neurotrophin-4/5 und BDNF. Diese sind in unterschiedlichen Ausmaßen und zu unterschiedlichen Zeitpunkten für das neuronale Überleben, die Differenzierung, die synaptische Potenzierung sowie für die Depression und die Apoptose verantwortlich [133]. BDNF ist essentiell im Überleben, in der Differenzierung sowie dem neuronalen Wachstum im Gehirn und steht daher auch im Verdacht, im Bereich des Lernens und des Gedächtnisses eine Rolle zu spielen [134–136]. Darüber hinaus verhindert es die stressbedingte Neuronenapoptose und wirkt bei der Neuronenreifung mit [137]. BDNF wird in unterschiedlichen Gewebetypen, wie dem Zentralnervensystem, dem Muskelgewebe und dem peripheren Blut, gefunden [138].

Körperliche Aktivität hat positive Auswirkungen auf viele Gewebe, Organe und Organsysteme des Organismus. Die neurobiologischen Mechanismen, welche hinter den positiven Effekten einer körperlichen Aktivität auf die Kognition stehen, sind eine gesteigerte Hirndurchblutung und die dadurch bewirkte Synthese von Neurotransmittern, einer verringerte Beta-Amyloid-Protein-Bildung [139] sowie die gesteigerte Synthese von BDNF [140]. Vor allem aerobe Aktivität erhöht die BDNF-Konzentrationen sowohl akut als auch chronisch [141]. Unterschiedliche Studien [142, 143] haben haben bei Patienten mit neuronalen Erkrankungen trendhaft gesteigerte BDNF-Konzentrationen nach Training nachweisen können, woraus gehofft werden kann, dass körperliche Aktivität durch die Ausschüttung von BDNF bei neurodegenerativen Erkrankungen neuroprotektiv wirken könnte, wenngleich der Ursprung der BDNF in diesem Zusammenhang nicht restlos geklärt ist. Körperliche Aktivität erhöht die Zahl der Thrombozyten, welche wiederum BDNF mRNAs beinhalten. Pan et al. [144] haben gezeigt, dass BDNF die Blut-Hirn-Schranke in beide Richtungen überwinden kann, weshalb vermutet wird, dass peripheres BDNF eine essentielle Reserve für das Gehirn darstellen könnte. Aber auch bei gesunden jungen Personen konnte eine erhöhte periphere BDNF-Konzentration nach einem 5-wöchigen Ausdauertraining festgestellt werden [145]. Eine Studie von Chan et al. [146] hat gezeigt, dass auch der Lebensstil Einfluss auf die BDNF-Level hat. Unter den untersuchten gesunden Personen zeigte sich ein Zusammenhang zwischen erhöhten BDNF-Levels und körperlicher Aktivität sowie Fernsehen. Letzteres dürfte auf Grund seines kognitiven Stimulus zu einer Erhöhung der BDNF-Level beitragen. Akute körperliche Aktivität bewirkt eine Erhöhung der BDNF-Plasma-Konzentrationen, wobei hier Unterschiede hinsichtlich der Art und der Intensität der körperlichen Aktivität gefunden wurden [143, 141]. Eine Studie von Cho et al. [147] hat gezeigt, dass die basalen BDNF-Level negativ mit dem kardiorespiratorischen Fitnesslevel bei jungen Studenten korrelieren, wenngleich direkt nach der körperlichen Aktivität eine positive Korrelation gefunden wurde. Eine Studie mit Sprintern zeigte, dass erhöhte basale BDNF-Plasma-Konzentrationen mit einer erhöhten Sprintleistung korrelieren [148].

Neben der körperliche Aktivität und dem Lebensstil scheint auch das Lebensalter Einfluss auf die BDNF-Konzentrationen zu haben. Eine Studie von Webster et al. [149] hat gezeigt, dass sich die BDNF-Konzentrationen im Alternsgang verändern, wobei nach einer Untersuchung von Foster et al. [150] die Reduzierung der peripheren BDNF-Level mit dem altersbedingten neuronalem Verlust in Verbindung steht. Darüber hinaus findet man eine reduzierte BDNF-Expression bei älteren Personen mit unterschiedlichen neurodegenerativen Erkrankungen, wie beispielsweise Parkinson, Demenz und Alzheimer [151, 152].

BDNF scheint auch als negativer Modulator in der Inflammationsphase zu wirken, und seine Produktion im Rahmen von körperlicher Aktivität durch Muskelzellen oder Zellen des Immunsystems scheint die immunoprotektive Wirkung von BDNF bei chronischen Entzündungen nahe zu legen [148, 153].

Im Bereich des neuromuskulären Systems wird angenommen, dass skelettmuskelabgeleitetes BDNF das Überleben von inervierenden Motorneuronen fördert und die neuromuskuläre Übertragung potenziert [154–156].

Während der embryonalen Entwicklung exprimieren primordiale Skelettmuskel große Mengen von BDNF, welches bei der anschließenden Reifung wieder hinunterreguliert wird [157]. Des Weiteren steht die Erpression von BDNF in Zusammenhang mit sich entwicklenden Muskelzellen.

8.3 Wirkungen von Wachstumsfaktoren auf die Skelettmuskulatur

Die muskuloskelettären Gewebe reagieren auf mechanische Reize beziehungsweise Elektrostimulation durch Aktivierung von anabol wirksamen Signalketten, welche die Struktur und damit auch die Funktion verschiedener Gewebe erhalten beziehungsweise verbessern (Hypertrophie). Ein Ausbleiben dieser Reize führt zu katabolen Prozessen, welche Struktur wie Funktion der erwähnten Gewebe reduzieren (Atrophie). Kenntnisse über die Adaptation beziehungsweise die Deadaptation der Muskulatur sowie anderer muskuloskelettärer Strukturen sind nicht nur wichtig, um den Trainingsprozess in allen Kategorien der Sportausübung den jeweiligen Zielvorstellungen entsprechend zu steuern, sondern auch, um alle Wiederherstellungsmaßnahmen im Bereich des Bewegungsapparates nach Unfällen, Verletzungen und Operationen rehabilitativ effektiv beeinflussen zu können. Ein weiterer wichtiger Einsatzbereich liegt in der Prävention der durch die zunehmende Bewegungsarmut in unserer Gesellschaft resultierenden Inaktivitätsatrophie der Muskulatur, welche insbesonders im höheren Lebensalter gravierende sozioökonomische und gesundheitliche Probleme nach sich zieht, da bewegungsinaktive ältere Menschen einfache Alltagsbelastungen nicht mehr bewältigen können und dadurch unterstützende Pflegemaßnahmen benötigen. Diese verursachen zusammen mit den notwendigen Therapien verschiedener Begleiterkrankungen hohe Kosten und reduzieren die Lebensqualität der betroffenen Patienten dramatisch.

Neue Daten weisen darauf hin, dass neben einem erhaltenden Ausdauertraining der Stellenwert von regelmäßigem Krafttraining im Alter zur Prävention der Muskelatrophie bis hin zur Sarkopenie steigt, wiewohl festgehalten werden muss, dass alterungsbedingte Veränderungen über die Lebensspanne hin schicksalhaft ablaufen. Molekulare und zelluläre Veränderungen weisen darauf hin, dass mit zunehmendem Alter die Sensitivität verschiedener Signalketten auch für mechanische Signale abnimmt, wobei Inaktivität und/oder intrinsische Gewebsveränderungen additiv zusammenspielen, zumal neurophysiologische, neuromuskuläre und zirkulatorische Faktoren sowie flussratenlimitierende Prozesse nicht nur in der Muskulatur, sondern auch in anderen Organen beziehungsweise Organsystemen limitierende Faktoren darstellen.

Prinzipiell haben molekularbiologische Erkenntnisse dazu beigetragen, jene anabolen beziehungsweise katabolen Mechanismen zu verstehen, die für die Hypertrophie beziehungsweise Atrophie der Muskulatur verantwortlich sind. Die sogenannte „GH-IGF-1-Achse" sowie weitere Wachstumsfaktoren spielen dabei eine wesentliche Rolle, wobei – wie auch GH-IGF-1 von Hoppeler et al. [11] festgehalten – viele Mechanismen in ihrer Interaktion nicht hinreichend abgeklärt sind beziehungsweise nur aus tierexperimentellen Studien resultieren, wodurch eine Übertragbarkeit auf den menschlichen Organismus nicht immer gegeben ist. Trotzdem sind verschiedene Wirkungsmechanismen dieser Substanzen durch viele Humanstudien in einem so hohen Ausmaß verständlich geworden, dass sie in den ◘ Abb. 8.9 und ◘ Abb. 8.10 zusammengefasst werden können.

8.3.1 IGF und MGF

IGF-1 spielt in der fetalen Entwicklung, dem Muskelwachstum, der Muskeldifferenzierung und zum Erhalt der Muskelhomöostase bei Erwachsenen eine Schlüsselrolle unter den Wachstumsfaktoren [159].

Aufgrund seiner muskelzellproliferierenden und muskelzelldifferenzierenden Wirkung trägt IGF-1 besonders zur Muskelhypertrophie und Muskelregeneration bei [160, 161, 162].

Ein lokaler Mangel, zum Beispiel auf Grund einer verringerten Bioverfügbarkeit oder von Veränderungen des Signaltransduktionsweges, führen daher auch zu Störungen der regenerativen Prozesse [162]. Im Rahmen dieser Vorgänge dürfen auch mögliche Wirkungen von IGF-1 auf Blutgefäßepithelien, welche an diesen Vorgängen beteiligt sind, nicht vergessen werden [9].

Ein Großteil des zirkulierenden IGF-1 ist auf Grund seiner Bindung an IGF Binding Proteins (IGFBPs) biologisch inaktiv [163]. Bei Zugabe von IGF-1 in ein Differenzierungsmedium haben Wieteska-Skrzeczynska et al. [164] eine deutliche Stimulation der Expression von IGFBP-5 bewirkt. Ähnliches

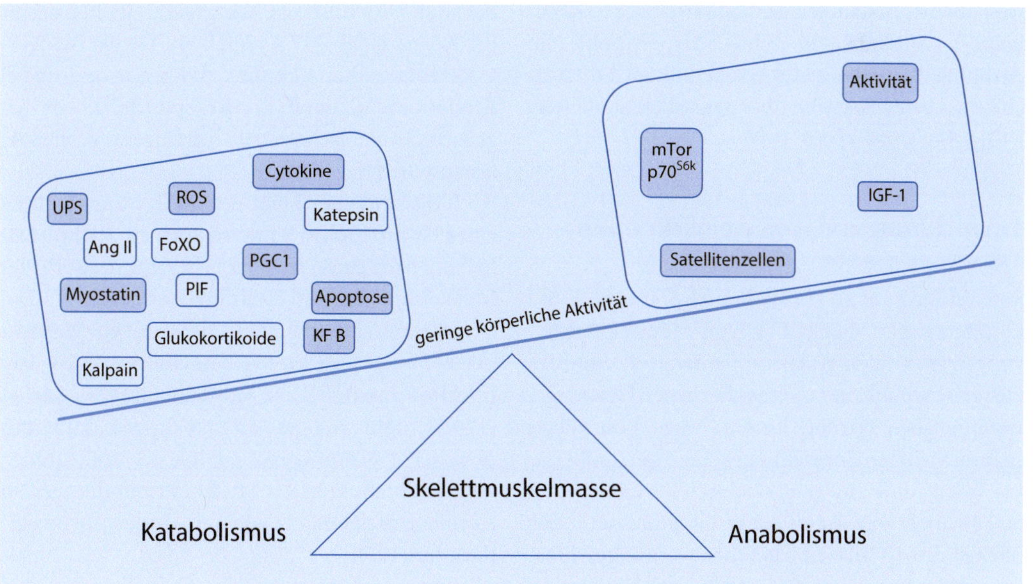

◘ **Abb. 8.9** Schematische Darstellung der in der Muskelmassenregulation beteiligten Faktoren sowie der Einfluss von geringer körperlicher Aktivität auf diese [158] (die durch körperliche Aktivität beeinflussbaren Faktoren sind blau hinterlegt).

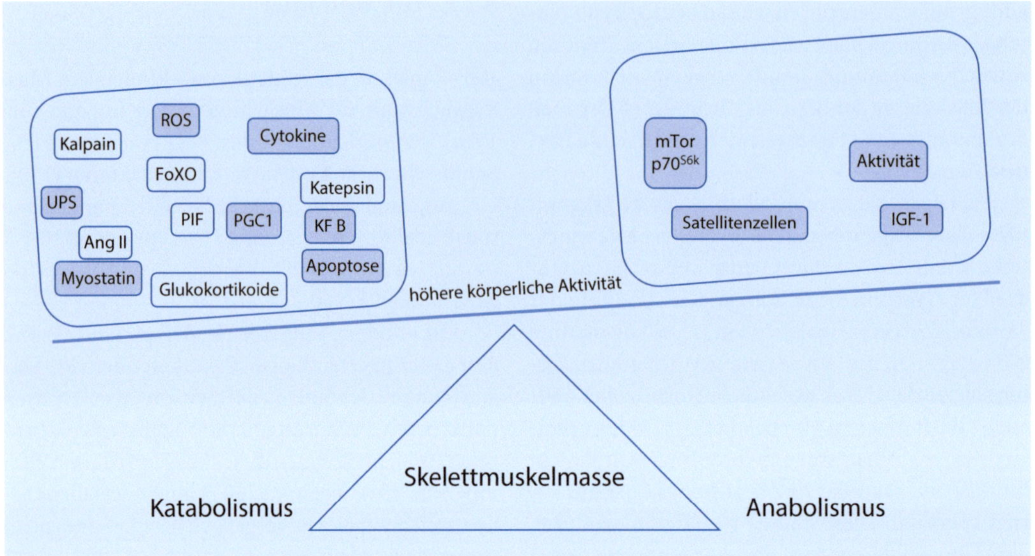

Abb. 8.10 Schematische Darstellung der in der Muskelmassenregulation beteiligten Faktoren sowie der Einfluss von hoher körperlicher Aktivität auf diese [158] (die durch körperliche Aktivität beeinflussbaren Faktoren sind blau hinterlegt).

haben auch Tripathi et al. [165] festgestellt, woraus geschlossen wurde, dass IGF-1 eine regulierende Wirkung auf seine Bindungsproteine hat.

IGF-1 ist zusammen mit Myostatin ein sehr wesentlicher Bestandteil der homöostatischen Regulation der Muskulatur hinsichtlich Hypertrophie und Atrophie. Bemerkenswert erscheint hier die Tatsache, dass beide Faktoren über denselben Signalweg, P13K/Akt, wirken [166, 167].

Entwicklung und Wechselwirkungen – Tierexperimente

Sowohl Baker et al. [168] als auch Liu et al. [169] konnten zeigen, dass IGF-1-Null-Mäuse Retardierungen im fötalen Wachstum aufweisen und zum Geburtszeitpunkt nur 65% des normalen Geburtsgewichtes haben. Darüber hinaus wiesen diese Mäuse in ihrer weiteren Entwicklung keinen peri-pubertalen Wachstumsschub auf, wodurch ihr Gewicht bis zu 70% niedriger war als bei Wildtypmäusen. Auch blieben diese Mäuse unfruchtbar, woraus geschlossen werden kann, dass IGF-1 auch einen Einfluss auf das Reproduktionssystem hat [168].

Bei Hunden, bei denen einzelne Nukleotidpolymorphismen im IGF-1-Gen zwischen großen und kleinen Hunderassen gefunden wurden, konnte eine ähnliche Verbindung zwischen Körpergröße und Plasma-IGF-1-Spiegeln festgestellt werden [170].

Auch beim Menschen sind ähnliche Daten bekannt. Hier führt ein Mangel an IGF-1 zu geringer Körpergröße [171]. Auch ein Defekt bei IGF-1-Rezeptoren kann ähnliche Folgen haben, da bei Kindern mit einem IGF-1-Rezeptordefekt ein vorgeburtlich und nachgeburtlich geringeres Wachstum festzustellen war [172].

IGFs sind aber nicht nur an der Entwicklung einer Hypertrophie, sondern auch an der Muskelheilung nach einer Verletzung beziehungsweise der Muskelregeneration nach mechanischen Reizen (Krafttraining) beteiligt [173]. Schon vor längerer Zeit konnte gezeigt werden, dass eine intramuskuläre Injektion von IGF-1 die Muskelheilung begünstigt [174]. Erhöhte Mengen an im Körper zirkulierendem IGF-1 stimulieren die Glukose- und Aminosäurenaufnahme in der Muskulatur und tragen so zu einer gesteigerten DNA- und Muskelproteinsynthese bei [175].

Insgesamt fördert IGF eine Muskelhypertrophie durch Vergrößerung der Myotuben sowie DNA- und Proteinsynthesesteigerungen [176–181]. Auch eine Hemmung der Proteindegradierung und eine

Unterdrückung von muskelspezifischen, atrophiefördernden Ligasen durch IGF-1 fördert somit den Erhalt beziehungsweise eine Hypertrophie der Muskulatur [182, 183].

Diese Wirkungen können auch durch verschiedene intramuskuläre Applikationsarten von IGF-1 erzielt werden. So kam es nach der Verabreichung von rekombinantem IGF-1 mit Hilfe eines Katheters in den musculus tibialis anterior bei adulten Ratten zu einer Hypertrophie der Muskulatur [176, 179].

In einer anderen Studie von Schakman [184] konnte einer corticosteroidbedingten Muskelatrophie entgegengewirkt werden.

Regulation der systemischen IGF-1-Konzentration

Wachstumshormon initiiert die Expression des IGF-1-Gens in der Leber und anderen Geweben, so auch der Skelettmuskulatur. Bisherige Forschungsergebnisse weisen darauf hin, dass das IGF-1-Gen verschiedene Varianten von IGF-1 exprimieren kann. IGF-1 besitzt zwei Introns, welche die Transkription der systemischen Variante oder der intrazellulären Variante von IGF-1 initiieren. Letztere daraus resultierende Peptide besitzen eine terminale Carboxylsequenz, während hingegen die systemische Variante von IGF-1 durch spezielle Bindungsproteine im Serum stabilisiert wird, da sonst die Halbwertszeit des „reifen" IGF-1-Peptids zu kurz wäre. Die Interaktion zwischen dem zirkulierenden systemischen IGF-1 mit verschiedenen Gewebstypen wird durch die Freisetzung von Bindungsproteinen gesteuert, was auch als ein typisches Beispiel einer „Pre-Rezeptorregulation" angesehen werden kann.

Die intrazelluläre Expression und das Splicing des IGF-1-Gens

Das IGF-1-Gen produziert in Abhängigkeit vom Splicing in unterschiedliche Exons 5 und 6 verschiedene IGF-1-Typen (■ Abb. 8.11). Aus molekularbiologisch-physiologsicher Sicht ist dies insofern bemerkenswert, als dass das Splicing des IGF-1-Gens

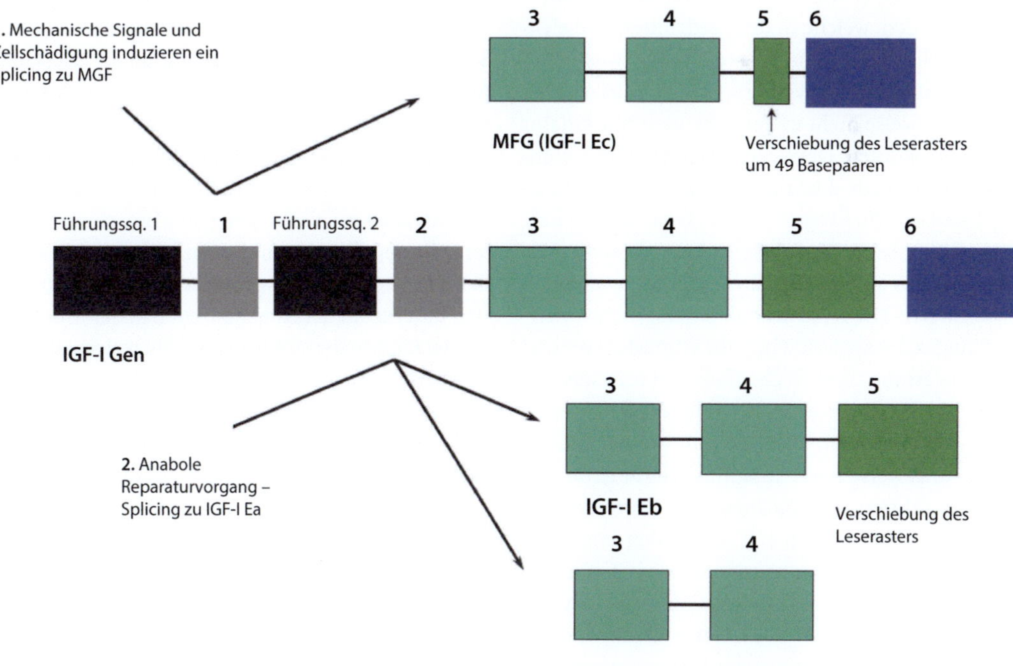

■ **Abb. 8.11** Darstellung des Splicingmechanismus des humanen IGF-1-Gens in der Humanmuskulatur, um humane IGF-1Ec-(MGF) sowie IGF-IEa- und IEF-Ieb-Isoformen herzustellen [185].

eine Verschiebung des Leserahmens nach sich zieht, sodass das C-terminale Ende des IGF-1-Peptids unterschiedlich ist. Da jede Aminosäure von drei Nukleotiden kodiert wird, bedeutet ein Verschieben des Leserahmens, dass bei einem Splicing, bei dem nur ein einziges Nukleotid verloren wird, die gesamte „Downstream sentence" verändert ist, woraus ein unterschiedliches C-terminales Peptid resultiert. IGF-1Ec wurde zum ersten Mal in einem Tiermodell geklont, in welchem ein Hinterlauf in einer gestreckten Position mittels einer Gipsmanschette immobilisert und mit einer implantierten Mikroelektrode intermittierend mit niedriger Voltage elektrostimuliert wurde. Ausgangspunkt dafür war die Erfahrung, dass Muskeln an notwendige Längenveränderungen adaptieren, indem Sarkomere seriell am Ende der bestehenden Myofibrillen hinzugefügt werden. Wenn dieser in Streckstellung immobilisierte Muskel zusätzlich elektrisch stimuliert wird, müsste durch Hinzufügung paralleler Sarkomere auch ein Dickenwachstum realisiert werden. Entsprechend der experimentellen Anordnung wurde aus dieser Muskulatur RNA extrahiert mit „differentialdisplay" und analysiert. Dabei konnten RNA-Transkripte identifiziert werden, welche in dem gedehnten und elektrostimulierten und daher regelmäßig kontrahierenden und letztlich hypertrophierten Muskel, aber vergleichsweise nicht in der ruhenden Muskulatur gefunden wurden. Der Vergleich mit einer Genom-Datenbank ergab, dass sich diese mRNA vom Insulin-like-Growth-Factor- (IGF-1) Gen ableiten ließ, wobei die 3'-Sequenz im Vergleich zum Leber- beziehungsweise zum systemischen oder intrazellulären Typ von IGF-1Ea verschieden war. Bioptische Untersuchungen des menschlichen Skelettmuskels vor und nach Belastung ergaben ebenfalls drei verschiedene Splice-Varianten von IGF-1. Die verschiedenen Splicing-Varianten, welche in der menschlichen beziehungsweise tierischen Muskulatur gefunden wurden, führten anfänglich zu einer Nomenklaturkonfusion, da das Ratten-IGF-IEb analog dem in der menschlichen Muskulatur gefundenen IGF-IEc war. Deshalb wurde IGF-1Ec auch als Mechano Growth Factor (MGF) bezeichnet, da er nur als Antwort auf mechanische Reize und in der Regeneration nach Muskelverletzungen exprimiert wird (Mechanotransduktion). Wie später beschrieben, wird die IGF-1Ec-Splice-Variante (MGF) in einem kurzen Zeitraum exprimiert, wenn ein mechanischer Stimulus auf den Muskel einwirkt. MGF gipfelt in einem Zeitfenster von etwa einem Tag danach, in dem das Peptid Satellitenzellen aktiviert, wodurch Extrazellkerne für die muskuläre Adaptation beziehungsweise Regeneration zur Verfügung gestellt werden [186, 187]. Im Gegensatz zur kurzzeitigen Expression von MGF wird das IGF-1-Gen weiterhin transkribiert und exprimiert für den Zeitraum von etwa einer Woche IGF-1Ea, welches mit Unterstützung von Transkriptionsfaktoren, vor allem Myogenin, die Fusion von Myoblasten zu Myotuben bewirkte [188]. Die kurze Halbwertszeit des „pulsatil" produzierten MGF und die Zurverfügungstellung von Muskelzellkernen für ein Muskelwachstum ist auch der Grund für die Empfehlung, Krafttraining regelmäßig jedenfalls im Abstand von einigen Tagen zu wiederholen.

Zusammengefasst sind beide Splice-Varianten des IGF-1-Gens in diesen Prozess involviert, da MGF die Wiederauffüllung des (Satellitenzellen-) Pools stimuliert und damit den „Kickstart" für Wachstums- und Wiederherstellungsprozesse liefert, während hingegen das IGF-1Ea für die weiteren zur Hypertrophie notwendige Schritte verantwortlich ist.

Allerdings scheinen die Selbsterhaltung der Satellitenzellen und die Regeneration der Muskulatur auf molekularer Ebene wesentlich komplexer zu sein (◘ Abb. 8.12). In einer rezenten Studie konnten Günther et al. (2013) an Mäusen nachweisen, dass Pax 7 ebenfalls eine wichtige Rolle in der Teilung von Satellitenzellen spielen. Bei gentechnisch veränderten Mäusen, bei denen die Funktion von Pax 7 in den Satellitenzellen ausgeschalten wurde, reduzierte sich die Anzahl der Satellitenzellen in der Muskulatur nach einer toxininduzierten Muskelschädigung in einem hohen Ausmaß, wobei viel mehr geschädigte oder abgestorbene Muskelfasern gesehen wurden [189]. In elektronenmikroskopischen Untersuchungen zeigte sich bei diesen Mäusen ohne Pax 7, dass in den wenigen noch vorhandenen Satellitenzellen kaum mehr das Heterochromatin, also die für Stammzellen typisch stark verpackte DANN, zu finden war. Überdies waren nicht nur die typischen kondensierten Chromatinstrukturen, sondern auch die Zellorganellen und das Zytoplasma abnormal. In einer anderen Versuchsreihe führte ein übermäßiges Vorhandensein von Pax 7 in diesen Zellen zu einer drastisch verstärkten Zellteilungsaktivität, woraus

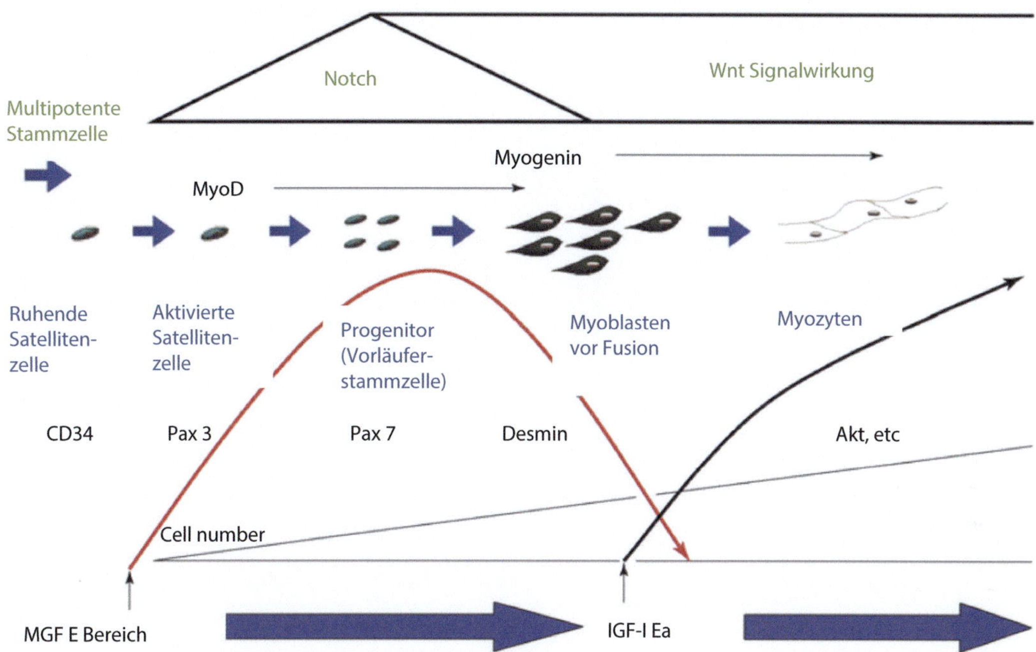

Abb. 8.12 Entwicklungsgang der Satellitenzellen (übersetzt nach [185]).

die Autoren auf eine zentrale Rolle dieses Transkriptionsfaktors in der Regulation der Satellitenzellfunktion schließen.

Während diese Prozesse in der Jugend und im Erwachsenenalter ein hohes Maß an muskulärer Wiederherstellung beziehungsweise trainingsbedingter Hypertrophie ermöglichen, sinkt diese Fähigkeit mit zunehmendem Lebensalter. Auch bei verschiedenen dystrophen Muskelerkrankungen ist diese Expressionskette nicht in der beschriebenen Weise auslösbar, da bestimmte zytoskelettäre Komponenten defekt sind oder wie bei der Duchenne-Muskeldystrophie fehlen. Bei mdx-dystrophen Mäusen – welche als Tiermodell im Vergleich zur Duchenne-Muskeldystrophie beim Menschen herangezogen wird – ist die Muskulatur nicht in der Lage, auf einen mechanischen Reiz zu reagieren und die Signalkette inklusive des Splicings des IGF-1-Gens zu IGF-IEc zu initiieren. Wenn bei solchen mdx-dystrophischen Mäusen der Dystrophie-Komplex mittels Zelltransfer wiederhergestellt wird, kann die durch einen mechanischen Reiz ausgelöste Signalkette inklusive der Produktion von MGF teilweise wiederhergestellt werden. Bezogen auf die Altersabhängigkeit dieser Signalkette bleibt die Frage offen, warum die Mechanotransduktion während des Alterungsprozesses an Sensitivität verliert. Es ist bekannt, dass die Muskelfasern im Altersgang auf Grund von Quervernetzungen („cross linking") sowie auch durch die Zunahme an fibrösen Strukturen an Plastizität verlieren. Darüber hinaus ist auch die erwähnte deutlich geringere Ausschüttung der beschriebenen systemischen, anabol wirksamen Hormone gegeben, welche für die Expression jener Gene verantwortlich sind, welche die Mechanotransduktion als Antwort auf einen mechanischen Reiz in die Wege leiten. In diesem Zusammenhang sei auch auf das Faktum verwiesen, dass eine zusätzliche Gabe von Wachstumshormon die Expression des IGF-1-Gens verstärken kann. Auch der beachtliche Verlust von Muskelfasern, Motoneuronen sowie motorischen Endplatten kann als Antwort auf die funktionelle Einschränkung der Wachstumshormonachse angesehen werden.

Wie in Abb. 8.13 am Beispiel des Ratten-Muskelmodells dargestellt, ist ein adäquater Belastungsreiz der Auslöser für eine muskuläre Adaptation. In

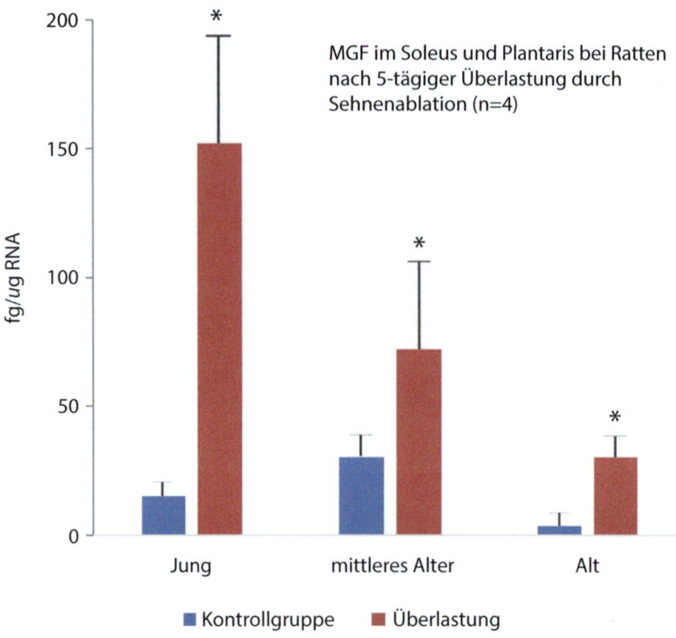

Abb. 8.13 Altersabhängige MGF-Expression sowie die altersabhängige Hypertrophie als Antwort auf einen Mechanostimulus [185].

8

Untersuchungen von Klossner et al. [190], konnte nachgewiesen werden, dass durch mechanische Reize fokale Adhäsionskinasen (FAKs) freigesetzt werden, welche mit den Titin-Molekülen innerhalb der Muskelfasern interagieren. Dieses dreidimensionale Bindegewebssystem dient zur Stabilisierung der Sarkomere und ist mittels bindegewebiger Elemente mit jenen Sehnen verbunden, welche die von der kontrahierenden Muskulatur erzeugte Spannung auf die entsprechenden Sehneninsertionen der Knochen umsetzt. Inwieweit diese FAKs andere Signalmoleküle phosphorylieren und damit die Plastizität der intramuskulären Bindegewebsstrukturen beeinflussen können, ist weitgehend unbekannt, auch im Zusammenhang mit der GH-IGF-1-Achse und der MGF-Expression im Alternsgang sowie bei Muskeldystrophien. Aus Tier- und Humanstudien ist jedenfalls bekannt, dass die Plastizität dieses Muskel-Bindegewebssystems bei regelmäßigem Training auch in höherem Alter höher ist als bei Untrainierten, allerdings nicht mit den entsprechenden Daten eines jugendlichen Muskels verglichen werden kann (Abb. 8.14).

Auf die Fragestellung von Aktivitätsveränderungen der Mechanotransduktion im Alternsgang bezogen, untersuchte eine Forschergruppe [191] Muskelbiopsien von Jugendlichen, jungen und älteren Erwachsenen. In den daraus angelegten Muskelzellkulturen wurde die Wirkung von MGF-E-24aa-Peptid (der spezifisch aktiven Sequenz des IGF-1Ec) durch folgende Parameter analysiert: den Verschmelzungsindex, den Prozentsatz von nicht verschmolzenen (Desmin positiven) „Reservezellen" und die mittlere Zahl von Zellkernen pro Myotube. Die Ergebnisse dieser Studie zeigten, dass das MGF-Peptid die Zeitspanne für eine Proliferationsfähigkeit der Satellitenzellen signifikant bei Jugendlichen und jungen Erwachsenen, allerdings nicht signifikant bei der Muskulatur von alten Erwachsenen erhöhte. Da allerdings eine MGF-induzierte Hypertrophie in diesen Satellitenzellkulturen bei allen drei Altersgruppen zu beobachten war, ist anzunehmen, dass auch Muskelfasern von älteren Menschen durch Zugabe von MGF-E-24aa-Peptid aktiv werden können. Daraus kann geschlossen werden, dass eine der Hauptursachen der altersbedingten Muskelatrophie in der nicht mehr möglichen beziehungsweise stark eingeschränkten MGF-Produktion liegen kann.

Auch in anderen Studien konnte nachgewiesen werden, dass die altersbedingte Sarkopenie, also der Verlust von Muskelmasse und Muskelkraft, auf eine Veränderung der IGF-1-induzierten Signalkette

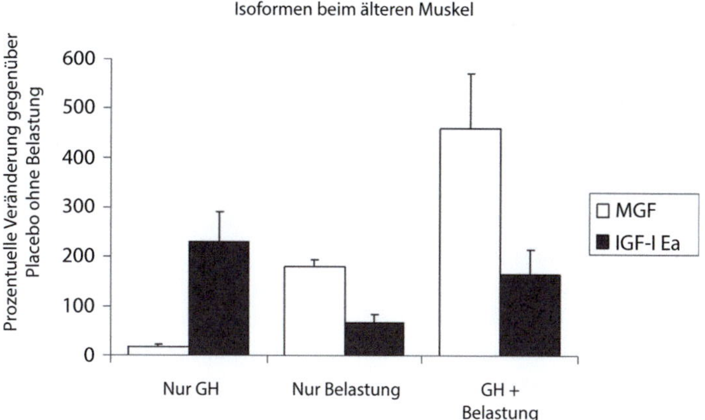

Abb. 8.14 Muskel-MGF-Level in den drei Interventionsgruppen [185].

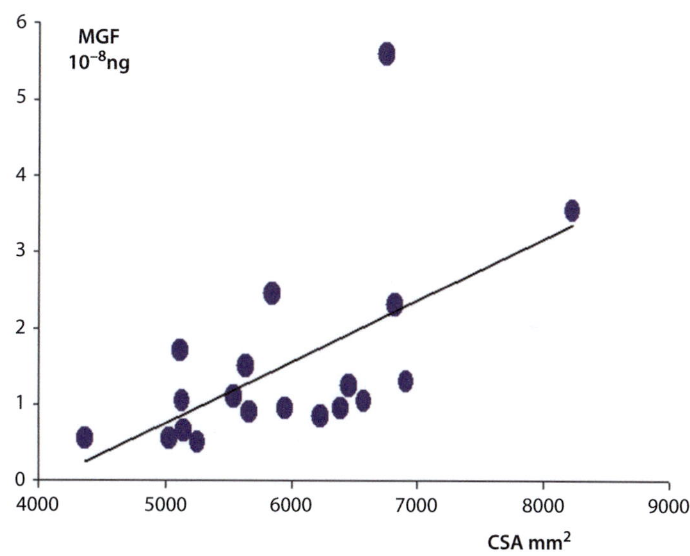

Abb. 8.15 MGF-Spiegel vor und nach einem Training [185].

beziehungsweise auf die verringerte Fähigkeit, MGF zu produzieren, zurückzuführen ist [186, 188, 192]. Als Ursache dafür werden die ebenfalls mit zunehmendem Alter verringerten GH-Spiegel diskutiert. Hameed et al. [19] konnten zeigen, dass eine Wachstumshormonsupplementierung bei älteren Personen eine Erhöhung der Muskelmasse bewirkt. Auch konnte ein Zusammenhang zwischen MGF-Spiegeln und der Muskelmasse gezeigt werden [20] (Abb. 8.15).

Durch einen virusvermittelten Gentransfer von IFG-1 bei adulten Mäusen konnte neben einer resultierenden Muskelhypertrophie auch ein Schutz vor altersbedingter Abnahme der Muskelkraft und der Muskelmasse gezeigt werden [193, 194].

Wie schon erwähnt, kann möglicherweise eine Ursache für die mit höherem Alter entstehende Sarkopenie die Abnahme der regenerativen Kapazität der Muskulatur durch eine verminderte Zahl und/oder Funktion der Satellitenzellen sein. Deren Aktivation, Proliferation und Differenzierung wird von verschiedenen Myogenic Regulatory Factors (MRFs) gesteuert [195, 196]. Dazu gehören Myogenic Basic Helix-Loop-Helix- (bHLH) Proteine, Myogenic Determination Factor (MyoD), Myogenin, Myogenic Factor 5 (myf-5) und der Myogenic Regulatory

Factor 4 (MRF 4). Wie auch in ◘ Abb. 8.12 dargestellt, spielen Myogenin, MyoD und Pax 7 eine wesentliche Rolle im Rahmen dieser regenerativen Prozesse durch Aktivierung von Satellitenzellen. Sowohl bei alten Ratten [197] wie auch bei älteren Menschen [198] wurde gefunden, dass die Expression dieser MRFs nach einem Belastungsstimulus geringer ausfiel als bei der jüngeren Spezies. In Zusammenhang mit den auftretenden hormonellen Inbalancen, insbesondere IGF-1 und Myostatin betreffend, aber auch mit Veränderungen der Calpain-Aktivität scheint es, dass die eingeschränkte Anpassungsfähigkeit der alten Skelettmuskulatur mit Veränderungen der transkriptionalen Hierarchie verbunden ist, welche für die Myogenese verantwortlich ist, möglicherweise auch mitbeeinflusst durch die MRFs [199].

Darüber hinaus konnte auch nachgewiesen werden, dass die altersbedingte Abnahme der MGF-Produktion nicht nur im Muskel, sondern auch in anderen Geweben gefunden werden konnte. Dies lässt vermuten, dass mit zunehmendem Alter eine generelle Abnahme der Reagilibität des Mechanotransduktionssystems aus physiologischer und molekularbiologischer Sicht gegeben ist.

Berücksichtigt man die mit zunehmendem Alter abnehmende Konzentration von Wachstumshormon, welches unter anderem auch die Expression des IGF-1-Gens stimuliert, kann vermutet werden, dass die Verwendung von MGF durchaus als eine neue Behandlungsform einer Muskelatrophie im hohen Lebensalter angesehen werden kann.

Satellitenzellen und Muskelregeneration

Die bioptische Entnahme von Satellitenzellen, deren Vermehrung in Zellkulturen und anschließende Reinjektion in die Muskulatur war für mehrere Arbeitsgruppen ein vielversprechender therapeutischer Ansatz bei Muskelatrophie, auch deshalb, da gezeigt werden konnte, dass der Transfer mesenchymaler Stammzellen in dystrophe Mäuse die MGF-Produktion erhöhen konnte. Andererseits ergaben viele Studien, dass die meisten dieser Satellitenzellen (Myoblasten) kurz nach der Reinjektion in die Muskulatur abstarben. Unter Berücksichtigung dieser Ergebnisse scheint die Aktivierung der MGF-Produktion durch mechanische Reize beziehungsweise durch Injektionen von rekombinantem MGF eine bessere Option zur Behandlung der Muskelatrophie zu sein, weil dadurch der Satellitenzellenpool angeregt wird. Heinemeier et al. [24] konnten zeigen, dass diese Aktivierung des Satellitenzellenpools schon nach einer einzigen Einheit Krafttraining zu beobachten ist.

In Abhängigkeit verschiedener Arten des Krafttrainings konnte die Arbeitsgruppe um Steinacker zeigen, dass die MGF-Level um 1160% und die IGF-1-Spiegel 335% bei jungen Erwachsenen anstiegen, wenn maximale Spannungen bei der Muskelkontraktion erreicht werden konnte [200].

Interessant ist weiterhin, dass auch exzentrische Belastungen mit einer Aktivierung der Akt/mTor/p70 Signalkette verbunden sind. Allerdings ist es unklar, warum dabei kein Zusammenhang zwischen dieser Aktivierung und der Höhe der exzentrischen Belastung bei jungen Menschen, wohl aber bei alten Menschen besteht. Da hypothetisch vermutet wird, dass die Proteinkinasen A, C und cAMP als „second messengers“ in die Hochregulation von MGF verwickelt sind, resultiert daraus die Frage, welche Belastungsmodelle in Abhängigkeit vom Lebensalter die höchste Effektivität zur Erhaltung der Muskelmasse aufweisen. Wie schon erwähnt, kann MGF auch in anderen Geweben bei mechanischer Belastung beziehungsweise Gewebszerstörung gebildet werden, wie zum Beispiel in Myocard [201] und Sehnen [24], und auch dazu beitragen, die Wirkung von transplantierten Satellitenzellen zu verbessern.

Zusammenfassend kann festgehalten werden, dass Ergebnisse über die Interaktion von körperlicher Aktivität und die Expression von Wachstumsfaktoren beziehungsweise deren zusätzliche Verabreichung zukünftig insbesondere zum Erhalt und Wiederaufbau der Muskulatur von hohem Interesse sein werden. Die nichttherapeutische Verwendung von hGH zur Leistungssteigerung bei Athleten ist laut WADA-Code verboten, zumal hGH relativ leicht nachgewiesen werden, da zwei Isoformen des Wachstumshormons bestehen und ein verändertes Verhältnis dieser beiden Isoformen als Diskriminanzkriterium herbeigezogen werden kann. Auf Grund ihrer Wirkungen auf die Muskulatur werden auch IGF-IEa und IGF-IEc (MGF) auf die WADA-Dopingliste gesetzt. Darüber hinaus ist festzuhalten, dass IGF-IEa als anabol wirkende Substanz eine hohe mitogene Potenz für verschiedene Zellarten besitzt und daher theoretisch karzinogen wirken kann. Die bisherigen Untersuchungen zu IGF-IEc (MGF) haben gezeigt, dass dies bei MGF nicht zutrifft.

Derzeit kann das MGF-E24aa-Peptid in verschiedenen stabilisierten Produkten via Internet erworben werden. In einigen Ländern wird rekombinantes MGF derart produziert, dass seine cDNA in ein Bakterium eingebracht wird und damit jene Prozesse ablaufen wie bei der Herstellung von Insulin. Eine weitere Problematik liegt in der Möglichkeit des „Gendopings", bei dem die cDNA des IGF-1-Splice (zum Beispiel MGF) mittels eines Transportvirus in bestimmte Muskel oder Muskelgruppen injiziert wird, woraus auch eine längere Wirkungszeit resultieren würde. Auch wenn dabei „Minigene" verwendet werden, können diese durch die quantitative Reverse-Transkriptase-Polymerase-Kettenreaktion detektiert werden. Dies bedarf spezieller Primer [202], welche an bestimmten Sequenzen verschiedener Wachstumsfaktoren, z. B. GH, IGF-1, IGF-1Ea, IGF-1Eb, IGF-1Ec (MGF), binden und damit Analysen ermöglichen.

Im Vergleich zu IGF-1 wurde IGF-2 bislang noch nicht so intensiv hinsichtlich Muskelreperatur- und Regenerationsvorgängen untersucht. Bekannt ist, dass die IGF-2-Spiegel während der Skelettmuskelregeneration stark erhöht sind [203, 204, 205, 206] und die Ausschüttung von IGF-1 und IGF-2 zu unterschiedlichen Zeitpunkten während der Muskelregeneration stattfindet, wobei jene von IGF-1 der von IGF-2 vorausgeht [207].

8.3.2 FGF

In der Inflammationsphase im Verlauf einer Gewebsbeschädigung wird eine hohe Anzahl von FGFs ausgeschüttet, welche die Proliferation von Satellitenzellen fördern und zum Teil an der Chemotaxis für weitere Muskelprecursorzellen verantwortlich sind [208].

FGF-6 gehört zur Familie der Cytokine, welche vor allem an der Zellproliferation und Zelldifferenzierung beteiligt sind, aber auch während der Morphogenese in Erscheinung treten. FGF-6 wird im Muskel exprimiert und ist während der Muskelregeneration in hohen Konzentrationen zu finden [209–211]. Neben einer angiogenen Wirkung von FGF-6 hat eine Studie von Floss et al. (1997) [210] gezeigt, dass FGF-6-Null-Mäuse vermehrt Fibrosen und eine Myotubendegeneration nach einer Verletzung aufwiesen.

FGF-1 und vor allem FGF-2 stimulieren ebenfalls die Proliferation und hemmen die Differenzierung von myogenen Precursorzellen [212].

Allerdings liegen auch Daten von Mitchell et al. [213] vor, aus denen bei unterschiedlichen Verabreichungsmethoden von FGF-2 keine Verbesserung beziehungsweise Beschleunigung der Muskelheilung nachzuweisen war.

FGF-2 dürfte darüber hinaus eine angiogene Wirkung haben und eine Neovaskularisierung, zumindest bei Mäusen, bewirken [214]. Auch in anderen Tierstudien, in welchen FGF-2 in Kombination mit weiteren Wachstumsfaktoren wie zum Beispiel mit VEGF verwendet wurden, konnten erhöhte Angiogeneseaktivitäten nachgewiesen werden [215]. Efthimiadou et al. [216] konnte in Rattenversuchen zeigen, dass nur FGF-2, nicht aber FGF-1 eine lokal am Injektionsort gesteigerte Angiogenese bewirkt, wohingegen Rosengart et al. [217] auch von einer durch FGF-1 hervorgerufenen Neovaskularisierung spricht.

Die intramuskuläre Verabreichung eines FGF-2 neutralisierenden Antikörpers zum Zeitpunkt einer Verletzung bewirkt eine verringerte Anzahl und einen verringerten Durchmesser der regenerierenden Muskelfasern, was auf eine verzögerte Proliferation beziehungsweise Fusion der aktivierten Satellitenzellen zurückzuführen sein dürfte [218]. Demgegenüber bewirkt eine FGF-2-Injektion in mdx-Mäuse eine verbesserte Satellitenzellenproliferation und Muskelregeneration [219], was auch Studien von Yablonka-Reuveni et al. [220] und Menetrey et al. [174] belegen.

Schließlich ist noch FGF-7 zu erwähnen, welcher unter anderem die Teilung und Differenzierung von Myoblasten in den sich entwickelnden Myotuben während der Muskelentwicklung bewirkt [208].

8.3.3 Myostatin/GDF-8

Je nachdem, ob das Gleichgewicht eher auf der Seite der Muskelzellreplikation und der Proteinsynthese oder aber auf der Seite der Muskelproteolyse und dem Zelltod liegt, kommt es zu einem Wachstum oder einem Abbau von Muskelmasse [221].

Myostatin ist wahrscheinlich der wichtigste und wirkungsvollste Wachstumsfaktor für eine negative Regulation von Muskelwachstum in der embryonalen Myogenese, wie Beispiele von muskulärer Hypertrophie bei homozygoten Mutationen der entsprechenden Gene in Mäusen [222], Rindern [223] und auch bei Menschen [224] zeigen. Myostatin wird vor allem während der Embryogenese exprimiert und verhindert die Proliferation und Differenzierung von Myoblasten während der Entwicklung und scheint darüber hinaus auch die Funktion von Satellitenzellen in adulten Muskeln während des Wachstums und der Regeneration zu beeinträchtigen [225–228].

Neben der Hemmung der Proliferation und Differenzierung von Myoblasten hemmt Myostatin auch den Akt/mTOR-Signalweg, welcher die Proteinsynthese steuert [166, 229]. Man kann daher davon ausgehen, dass Myostatin die Proteinsynthese reduziert und so zu einem Muskelabbau führt [230]. In Vitro konnte dies vor allem durch eine verhinderte Proteinsynthese in Myoblasten und Myotuben gezeigt werden. In-Vivo-Studien haben gezeigt, dass bei einem Fehlen von Myostatin die myofibrilläre Proteinsyntheserate erhöht war [231, 232]. Follistatin, ein Myostatin-Inhibitor, zeigt ähnliche Resultate und bewirkt eine gesteigerte Skelettmuskelproteinsynthese [230].

Dies ist auch der Grund, weshalb es bei pharmakologisch oder aber genetisch bedingter Blockade dieses Signalweges bei allen untersuchten Vertebraten zu einem übergroßen Muskelwachstum kommt [44]. Myostatin-Knockout-Mäuse zeigen eine bis zu 30% größere Körpermasse, wobei der individuelle Muskelanteil zwischen 200 und 260% über dem der Wildtypmäuse liegt [35].

Ein Myostatin-Knock-out beziehungsweise ein Myostatin-Knock-down im Embryonalstadium führt zu einer Erhöhung der Anzahl von Muskelfasern, während ein Knock-out im Erwachsenenalter auch die Zahl, stärker jedoch den Querschnitt erhöht, wobei dieser und die mögliche Kraftentwicklung keine proportionale Entwicklung zeigen [233]. Ähnliche Ergebnisse von Amthor et al. [234] erbrachten bei transgenen Knock-out-Mäusen zwar eine größere Muskelmasse, aber eine geringere spezifische Muskelkraft als bei der Kontrollgruppe. Die Autoren vermuten, dass auf Grund einer Überentwicklung des sarkoplasmatischen Reticulums in Kombination mit einem Defizit an Mitochondrien ein beeinträchtigtes Kalziumgleichgewicht resultiert.

Interessant verhalten sich die Zeitzyklen der Myostatinexpression nach einer Muskelverletzung. Kirk et al. [235] haben zu einem Zeitpunkt, an dem die Zelldegeneration ausgeprägt und die Satellitenzellenaktivität gering ist, hohe Spiegel an Myostatin in nekrotischem Gewebe und Bindegewebe gefunden. Dies könnte dafür sprechen, dass Myostatin als eine Art Inhibitor der Satellitenzellenproliferation in dieser ersten Reparationsphase fungiert. Die hohen Spiegel von Myostatin in dieser frühen Phase der Regeneration könnten auch als Chemoattraktoren für andere Substanzen dienen, wie es auch dem verwandten TGF-β1 zugeschrieben wird. In einer späteren Phase der Regeneration nehmen die Myostatinspiegel ab, um im ausgereiften Muskel ihre Normalwerte zu erreichen.

Wie auch in ► Kap 12.4.2 dargestellt, haben auch körperliche Aktivität und Training Einfluss auf die Myostatinexpression. Studien von Hulmi et al. [235] und Roth et al. [236] konnten darstellen, dass es in Folge eines Krafttrainings bei Männern sowohl akut als auch chronisch zu einer Reduktion der Myostatinspiegeln kommt. Ähnliche Ergebnisse konnten auch nach Ausdauerbelastungen gefunden werden, wenngleich hier die Myostatinspiegel nur nach acht und zwölf Stunden signifikante Unterschiede im Vergleich zur Ausgangsmessung zeigten [237].

Ähnliche Befunde konnten auch von Hittel et al. [238] erhoben werden. Schon Klitgaard et al. [239] wiesen nach, dass chronisch schwimmende Ratten höhere Muskelquerschnittsflächen zeigten, was durch eine aktuellere Studie von Matsakas et al. [240] bestätigt wurde. Schwimmtrainierte Ratten zeigten nach intensiven und längeren Schwimmeinheiten eine signifikante Reduktion der Myostatinexpression sowie signifikant größere Muskelquerschnitte des musculus gastrocnemius als Ratten einer Kontrollgruppe. Des Weiteren ergab diese Studie, dass die Myostatinexpression in den weißen, oberflächlichen Fasern des Gastrocnemius höher war als die der roten, tiefer liegenden Fasern, was auch schon in Untersuchungen von Carlson et al. [223] und Wehling et al. [241] gefunden wurde. In Analogie zu diesen Untersuchungen bestätigen neuere Studien, dass die Auswirkungen einer Myostatininhibierung beziehungsweise einer Myostatinblockade vom Muskelphasertyp abhängig sind und in Typ-II-Fasern zu einer größeren Hypertrophie als in Typ-I-Fasern führen [35, 242].

Auch beim Menschen konnten ähnliche Befunde erhoben werden. Die durch körperliche Aktivität unterdrückte Myostatin-mRNA und daraus resultierende Proteinproduktion erfolgt bereits nach einer Stunde und hält bis zu 24 Stunden nach Beendigung der Aktivität vor [237, 243, 244]. Bereits neun respektive zehn Wochen eines Hypertrophietrainings bewirkten eine Reduzierung der Myostatin-mRNA in der entsprechenden Muskulatur [236, 245].

Auch ein 6-monatiges Ausdauertraining reduzierte Serum- und Muskelmyostatinspiegel bei Männern mittleren Alters [238]. Coffey et al. [41] konnten schon vor Jahren nachweisen, dass Veränderungen der Muskelmyostatin-mRNA-Level von den jeweiligen langjährig ausgeübten Sportarten beziehungsweise vom Leistungsniveau abhängen. Bei ausdauertrainierten Radfahrern fielen sie drei Stunden nach einer maximalen Krafttrainingsbelastung gering aus, während bei Krafttrainierten keine Veränderungen gefunden werden konnten.

In einer Studie von Willoughby [246, 247] wurden – zunächst kontrovers zu allen anderen Studien – nach einem 12-wöchigen Krafttraining erhöhte mRNA- und Serumprotein-Level von Myostatin gefunden. Diese Unterschiede dürften allerdings auf unterschiedliche Messzeitpunkte in den verschiedenen Studien zurückzuführen sein, da Willoughby et al. ihre Werte unmittelbar nach der letzten Trainingseinheit erhoben haben [35]. Peters et al. [247, 248] interpretierten diese Ergebnisse derart, dass ein Krafttraining im Sinne eines zellulären Umbaus offensichtlich eine akute Erhöhung der Myostatinaktivität bewirkt, diese aber von einer chronisch adaptiven Antwort im Sinne einer reduzierten basalen Expression gefolgt wird und damit zur Hypertrophie führt. Allerdings gibt es keine eindeutigen Studien zum „Time Course" der Myostatin-Expression. Darüber hinaus ist bekannt, dass verschiedene Krafttrainingsprotokolle (Intensität beziehungsweise Gesamtdosis) für unterschiedliche Effekte auf die Myostatin-mRNA-Produktion ursächlich sein können [24, 245]. Dies wird auch durch eine Studie von Manini et al. [249] bestätigt, der bei einem niedrig-intensiven Krafttraining (20%, 1 RM, 4 Sets, 15–30 WH) keine veränderten mRNA-Myostatin-Expressionen bei gesunden untrainierten Männern und Frauen gefunden hat.

Die Wirkungen von Myostatin beziehungsweise Myostatinhemmern hinsichtlich der Steuerung und Regulation von Homöostase, Hypertrophie und Atrophie der Muskulatur in Abhängigkeit von verschiedenen Umweltbedingungen beziehungsweise Erkrankungen führte natürlich auch zur Frage der Einsatzmöglichkeit dieser Substanz im Bereich der klinischen Medizin, insbesondere bei Muskelatrophien nach Verletzungen, Operationen beziehungsweise Ruhigstellungen, bei altersbedingtem Muskelverlust hin zur Sarkopenie und bei Kachexie in Folge chronischer Erkrankungen.

Bei MDX-Mäusen konnte durch eine Blockierung von Myostatin durch serumzirkulierende Antikörper eine vergrößerte Muskelmasse und Muskelgröße sowie absolute Muskelkraft, eine gesteigerte Leistungsfähigkeit und eine signifikante Reduzierung der Muskeldegeneration erzielt werden [250], was durch Untersuchungen von Whittemore [251] bei adulten Mäusen mit Hilfe eines Myostatin-Antikörpers bestätigt wurde. Auch eine inaktivitätsbedingte Atrophie konnte durch eine Myostatinhemmung bei Mäusen vermieden werden [252]. In diesem Zusammenhang sind Befunde von Gentry et al. [253] interessant, dass bei manchen Myostatin-Null Mausstämmen eine erhöhte Rate von Muskelentartungen und intramuskulären Läsionen auftrat als bei Myostatin heterozygoten Mäusen.

Ähnliche Untersuchungen sind in mehreren Humanstudien durchgeführt worden. Leider konnte eine erfolgreiche Myostatinhemmung im Humanversuch bis jetzt noch nicht schlüssig nachgewiesen werden [251]. Eine Myostatininhibition bei Patienten mit verschiedenen Muskeldystrophien ergab eine von der Dosis abhängige Zunahme des Muskelfaserquerschnitts, aber keine Änderung der Kraft der Patienten beziehungsweise des Krankheitsfortschrittes [254]. Auch bei der Sarkopenie liegen unterschiedliche Ergebnisse vor. Während Yarasheski et al. [255] und Leger et al. [256] einen Zusammenhang zwischen erhöhten zirkulierenden Myostatinspiegel und dem Grad der Muskelmassenverluste bei sarkopenischen Patienten zeigen konnten, haben andere Autoren [257, 258] keinen Zusammenhang zwischen Myostatin-mRNA-Spiegel und der Muskelmasse gefunden. Interessant ist der Hinweis in einem

Review von Elliot et al. [35], dass bis auf eine einzige Studie [250] nach der vorhandenen Datenlage keine Hinweise auf mögliche pathologische Muskelveränderungen nach einer In-Vivo-Myostatininhibitionstherapie zu existieren scheinen.

In diesem Zusammenhang muss darauf hingewiesen werden, dass die Myostatininhibition natürlich auch im Sport zu einer unfairen Leistungssteigerung resp. einem unfairen Muskelwachstum benutzt werden kann bzw. wahrscheinlich auch schon benutzt wird.

Schließlich erscheint es wesentlich, sowohl im Hinblick auf die Anwendungsmöglichkeit einer Myostatininhibitionstherapie im klinischen Bereich wie auch auf die Interaktion von Myostatin mit diversen metabolischen Prozessen im Organismus, zu erwähnen, dass beispielsweise bei Steroidmyopathien, degenerationsbedingten Muskelerkrankungen, HIV, chronischen Erkrankungen sowie Kachexie die Myostatinexpression erhöht ist [259]. Wie Myostatin und Risikofaktoren beziehungsweise manifeste Erkrankungen (pathologische Regelkreise) interagieren, zeigen folgende Beispiele. Bezogen auf das von Pedersen [34] und weiteren Autoren [260, 261] in die Literatur eingeführte „Diseasome of physical inactivity", welches über die Kette körperlicher Inaktivität - abdominelle Adipositas – Makrophageninfiltration in das viszerale Fettgewebe – chronisch-systemische Inflammation – zu Insulinresistenz und Diabetes mellitus Typ II, Arteriosklerose und kardiovaskulären Erkrankungen, Mamma- und Kolonkarzinom sowie zur Depression und Demenz führen kann, wird von Frost u. Lang [262] sowie von Elliott et al. [35] postuliert, dass alle zu einer Muskelatrophie führenden Prozesse sowohl durch eine erhöhte systemische Inflammation als auch durch erhöhte Myostatinspiegel verursacht werden. Die Autoren fügen auch hinzu, dass bei einer direkten Verbindung zwischen Myostatinexpression und systemischer Inflammation auch eine prospektive Therapieoption ableitbar sein könnte.

Im Zusammenhang mit anderen Risikofaktoren gibt es Untersuchungen [35], bei welchen eine Beziehung beziehungsweise Interaktion zwischen Myostatin und dem Fettgewebe dahingehen gefunden wurde, dass eine zunehmende Adipositas die Myostatinexpression hochregulieren kann. Allerdings ist die Rolle dieser Myostatinüberexpression nicht zur Gänze geklärt, zumal die Frage in vivo nicht beantwortet werden kann, ob Myostatin direkt Adipozyten beeinflussen kann oder aber indirekt über die Verringerung der Muskelmasse, wodurch wieder der Grundumsatz negativ beeinflusst würde. Wenn allerdings die Theorie bestätigt wird, dass eine zunehmende Adipositas in vivo eine Myostatinüberexpression stimuliert, weist dies im Sinne eines fatalen Verstärkungseffektes auf die negative Beeinflussung für Übergewichtige beziehungsweise adipöse Personen hin.

Bezogen auf Übergewicht und das metabolische Syndrom scheint auch der Zusammenhang zwischen Myostatin und dem Glukosestoffwechsel interessant. Aus verschiedenen experimentellen Untersuchungen zusammengefasst, wird ein sogenanntes „Myostatin-Hypoglykämie-Paradox" postuliert, was bedeutet, dass ähnlich einer verkehrten U-Kurve sowohl eine Inhibition als auch eine Überexpression von Myostatin zu einer Hypoglykämie führen kann, während hingegen normale Myostatinexpressionsraten zur Homöostase der Glukose beitragen [35]. Elliott formuliert daraus die vorsichtige Hypothese, dass aus klinischer Sicht möglicherweise eine Myostatin-Inhibition in der Behandlung von Typ-II-Diabetes-Patienten eine zukünftige Rolle spielen könnte. Als Mechanismus läge die Erhöhung der Muskelmasse und damit des Grundumsatzes, ein erhöhter Gesamtenergieverbrauch, eine Verringerung der peripheren Fettmasse und daraus resultierend eine Hypoglykämie und mit einer erhöhten Insulinsensitivität zu Grunde, wie es von Zhao et al. [263] an Mäusen untersucht wurde.

Eine der am schwierigsten zu therapierenden Erkrankungen ist die in Folge chronischer Erkrankungen auftretende Kachexie, zumal die Ursachen für deren Genese nicht hinreichend geklärt sind. Nach Wagner [254] besteht hinreichende Evidenz für die Hypothese, dass sowohl eine periphere Gewebshypoxie, eine systemische Inflammation, eine hormonelle Inbalance und damit Einbeziehung von Myostatin sowie eine erhöhte proteosomale Aktivität als Mechanismen beitragen, wobei vieles auf eine dominierende Rolle der chronisch-systemischen Inflammation hindeutet, was auch durch Tierexperimente bestätigt wurde. Auch eine Infusion von TNFα beeinflusste das IGFBP-5 negativ [264], während hingegen eine Inhibition von TNFα einer inflammationsbedingten Inhibition der anabolen Akt-Signalkette vorbeugt [265].

Aus vielen Tierexperimenten sowie Humanstudien kann zusammenfassend festgehalten werden, dass aus muskulärer wie auch aus metabolischer Sicht sowohl die Wachstumshormon-IGF-Achse als auch Myostatin beziehungsweise dessen Inhibitoren präventiv wie rehabilitativ eine wichtige Rolle spielen, woraus in Zukunft wahrscheinlich neue Therapieoptionen resultieren können.

Methoden INFO: Die GH-IGF-1-Achse zur Therapie der Muskelatrophie

Die Signalketten der GH-IGF-1-Achse als positive Regulatoren sowie jene von Myostatin und proteolytischer Mechanismen als negative Faktoren muskulärer Adaptationen bzw. Deadaptationen bieten nach ungezählten Tier- und Humanstudien vielversprechende Ansätze für die präventive wie rehabilitative Anwendung bei Muskelatrophie nach Verletzungen, Unfällen, Operationen und längerer Bettruhe sowie zur Behandlung der Sarkopenie beziehungsweise der kachetischer Zustände nach schweren Erkrankungen. Momentan fehlen zu einer State-of-the-Art-Applikation weitere Humanstudien, welche sich nicht nur mit den dargestellten Signalketten und Wirkungsweisen beschäftigen, sondern auch andere interagierende Faktoren wie verschiedene Wachstumsfaktoren, Cytokine sowie die dadurch bedingten metabolischen Reaktionen berücksichtigen. Aus der Synopsis der Literatur lässt sich jedoch der Hinweis ableiten, dass vor allem Myostatin-blockierende Interventionsmaßnahmen wie auch therapeutische Maßnahmen über lokale IGF-1-Splice-Varianten richtungsweisende Zukunftsoptionen bieten.

8.3.4 VEGF

Die Angiogenese ist ein Prozess, der stark durch VEGF reguliert wird. Als mitogener Faktor wirkt VEGF auf Endothelzellen und spielt bei der Angiogenese eine wesentliche Rolle [266]. Frey et al. [74] konnten zeigen, dass VEGF zur Wiederherstellung der Muskelkraft beiträgt und die Bildung von Narbengewebe nach einer Verletzung reduziert. Diese positiven Vorgänge sowie eine Reduzierung des Narbengewebes sind wahrscheinlich auf die Chemotaxis entzündlicher Zellen sowie myogener Precursorzellen zurückzuführen [267, 268]. Auch Frey et al. [74] konnten in diesem Zusammenhang, eine verringerte Narbenbildungen und verbesserte Muskelregeneration feststellen, wenn VEGF lokal in das verletzte Gewebe injiziert wurde.

In Untersuchungen mit experimentell erzeugten Muskelverletzungen konnte festgestellt werden, dass VEGF, aber auch seine Rezeptoren in den regenerierenden Muskelfasern exprimiert werden, woraus geschlossen wurde, dass es sich hier um einen autokrinen Signalweg handelt, welcher das Überleben und die Regeneration von Muskelzellen fördert [269]. Bei einer ebenfalls lokalen, subkutanen Transplantation von „VEGF-engeneered Myoblasten" in athymische „Nacktmäuse" wurde in der Folge eine erhöhte Muskelmasse und eine erhöhte Neovaskularisierung [270] sowie reduzierte Fibrosen [266] festgestellt. Ähnliche Ergebnisse wurden bei unterschiedlichen Muskelverletzungen von Oshima et al. [271] erhoben. Diesen Befunden stehen allerdings jene von Frey et al. [74] und Deasy et al. [266] gegenüber, bei denen keine gesteigerte Angiogenese festgestellt werden konnte.

Im klinischen Bereich wurde VEGF nach einer großen Zahl von Tierversuchen in den vergangenen Jahren bereits intensiv getestet, wie beispielsweise einer Studie von Baumgartner et al. [75], der in Rahmen einer Phase-I-Studie bei Patienten mit Extremitätenischämie durch eine VEGF-Plasmid-Injektion einen verbesserten Durchfluss und somit eine Verbesserung des funktionellen Zustandes der Patienten erreichen konnte. Seit Baumgartner et al. [75] haben sich viele weitere Tier- sowie Humanstudien mit der Verbesserung des Blutflusses sowie der Vaskularisierung bei Exträmitätenisschämien, welche mit Hilfe von Verabreichungen von angiogenen Wachstumsfaktoren wie VEGF erreicht werden können, beschäftigt [272–277].

Ähnlich wie bei Myostatin dürfte auch VEGF als potenzielle Dopingsubstanz von Interesse sein. Neben einem eventuellen Vorteil durch eine vermehrte muskuläre Vaskularisierung, welche auch im Bereich der Lungen und des Herzens möglich sein könnte, muss allerdings deutlich auch auf die Gefahr der Induktion eines Tumorwachstum hingewiesen werden, wofür ein überproportionales Zellwachstum mit VEGF-induzierter Vaskularisierung notwendig ist.

8.3.5 TGF-β

TGF-β gehören zu einer kleinen Familie multifunktionaler Wachstumsfaktoren, TGF-β-1, -2, -3 [92], und werden am Ort der Verletzung von

Thrombozyten freigesetzt. Faktoren der TGF-β-Familie sind seit langem bekannt als Modulatoren der Myoblastenaktivität und Inhibitoren der Proliferation und Differenzierung [208, 219, 278–281].

Teilweise unterschiedliche Wirkungen von TGF-β werden in In-Vivo- und In-Vitro-Studien gefunden. In Vitro bewirkt TGF-β eine dosisabhängige Reduzierung der Satellitenzellenproliferation und -differenzierung [278]. In Vivo zeigt TGF-β jeweils in Abhängigkeit vom Vorhandensein weiterer Wachstumsfaktoren, wie zum Beispiel PDGF, FGF oder IGF, eine hemmende, eine stimulierende oder aber keine Wirkung auf die Satellitenzellenproliferation [278, 282].

TGF-β ist auch ein starkes Mitogen für Osteoblasten und hat eine antiresorptive Wirkung auf Knochen [170]. TGF-β bewirkt aber auch eine Anreicherung von fibrotischem Gewebe in der Muskulatur und stimuliert die Expression von Myostatin, welches bekanntermaßen das Muskelwachstum und die Muskelhypertrophie unterdrückt [170]. Man kann daher annehmen, dass Training und daraus resultierende Muskelhypertrophien TGF-β-1 und Myostatin hinunterregulieren, jedoch die Expression von IFG-1 steigern [283].

8

8.3.6 LIF

Von LIF-Knock-out-Versuchen bei Mäusen ist bekannt, dass LIF für die Muskulatur notwendig ist, um auf mechanische Beanspruchung zu reagieren und die Muskelmasse zu vergrößern [284]. Ähnliche Ergebnisse wurden auch in vivo bei Ratten bei täglicher Gabe von LIF über vier Wochen erzielt. Hier konnte eine Zunahme der Kraft und des Muskelfaserquerschnitts bei den langsamen Muskelfasern festgestellt werden, wohingegen bei den schnellen Muskelfasern keine Veränderungen anzutreffen waren [285].

Des Weiteren stimuliert LIF die Proliferation der Satellitenzellen der Muskulatur [286]. In vitro fördert LIF die Proliferation von myogenen Precursorzellen und in vivo erhöht LIF deren Anzahl und Größe und kann die Muskelfaserdegenerierung bei mdx-Mäusen verbessern [287]. Die Myoblastenfusion zu Myotuben wird dabei nicht unterdrückt [288, 289]. Untersuchungen von Dowsing et al. [290] haben gezeigt, dass die Expression von LIF am Ort der Verletzung schnell ansteigt und das Überleben von motorischen und sensorischen Neuronen fördert. Eine Verabreichung von LIF in Muscle-Crush-Modellen führte zu einer vergrößerten Regenerationsrate des verletzten Muskels durch eine Vergrößerung der Muskelfasergröße [288].

Bei Verabreichung von LIF sowohl bei Wildtypmäusen als auch LIF-Knock-out-Mäusen zeigte sich eine verbesserte Muskelregeneration, welche bei den Knock-out-Mäusen größer ausfiel als bei den normalen Mäusen [84]. Im Verlauf eine Muskelkontusion waren die LIF-Rezeptor-mRNAs in den Muskelfaserkernen beziehungsweise den Muskelprecursorzellkernen hinaufreguliert [291].

8.3.7 BDNF

Wenngleich weitläufige Übereinstimmung herrscht, dass Muskelaktivität die BDNF-Expression reguliert, so herrscht bei der Frage, wie das geschieht, Uneinigkeit. Bei Ratten hat sich gezeigt, dass während der perinatalen Phase bis eine Woche nach der Geburt zu dem Zeitpunkt, zu dem die Tiere anfangen aktiv zu werden, die BDNF-Expression erhöht ist und während der zwei nachfolgenden Wochen wieder sinkt. Während der Muskeldenervation im Adultsstadium wird sie wieder gesteigert [292–294].

Eine andere Studie hat zeigen können, dass wiederholte Muskelaktivität die BDNF-Expression steigert, während dies nach einer einmaligen Laufeinheit bis sechs Stunden danach nicht erfolgt [295]. Wie Cuppini et al. [296] in ihrer Untersuchung gezeigt haben, führt akute körperliche Aktivität bei Ratten zu keiner signifikanten Veränderung der BDNF-mRNA-Expression bis mindestens sechs Stunden nach der Belastung. Erst 24–48 Stunden nach der Aktivität steigt die Expression und kehrt nach 72 Stunden wieder zu ihrem Ausgangslevel zurück.

Das BDNF-Protein-Level steigt kontinuierlich bis 72 Stunden nach einer einmaligen Aktivität an. Bei sich widerholenden Aktivitäten wurden erhöhte Proteinlevel zwei und 24 Stunden nach der letzten Aktivität gefunden. Diese scheinbar widersprüchlichen Daten wurden insofern interpretiert, als dass wiederholte Aktivitäten die BDNF-Sekretion-Signalwege beschleunigen und so eine Proteinakkumulation innerhalb der Zellen über einen längeren Zeitraum verhindern.

Auf Grund der Tatsache, dass Muskelzellen die Quelle von BDNF im gesunden Skelettmuskel sind, liegt es auf der Hand, dass diese ebenfalls hauptverantwortlich für die aktivitätsabhängige BDNF-Expression sind [296, 297].

Zusammen mit der Tatsache, dass BDNF-Serumlevel nicht im Zusammenhang mit Muskelaktivität stehen dürften, scheint muskulaturstammendes BDNF eine autokrine/parakrine Rolle zu spielen [296]. Neben Muskelzellen produzieren auch Motoneurone, Endothelzellen sowie Schwammzellen TrkB-Rezeptoren [298, 299, 300]. Mikrovaskularisierung erfolgt im Skelettmuskel als Konsequenz anhaltender Aktivitäten und BDNF fördert die Vaskularisierung. Zusammen mit den Ergebnissen von Cuppini et al. [296] von BDNF-Erhöhung im aktivierten Muskel postulieren Cuppini et al. [296], dass BDNF an der Muskelvaskularisierung als Folge muskulärer Aktivität beteiligt ist.

Die Expression von Neutrophinen als Folge einer körperlichen Aktivität wurde im Bereich des Nervensystems bereits intensiv untersucht. In unterschiedlichen Studien hat sich gezeigt, dass die von Ratten freiwilig gelaufene Distanz proportional zur Menge an expremiertem BDNF im Bereich des Nervensystems ist [301, 302].

Im Gegensatz zu einigen anderen Studien [131, 301, 303] haben Ogborn & Gardiner [304] oder aber Gomez-Pinilla et al. [295] und Cuppini et al. [296] kein kumulatives Dosis-Antwort-Verhalten einer BDNF mRNA-Expression im Nervensystem in Folge eines Laufbandtrainings bei Ratten zeigen können.

Im Gegensatz zu den genannten Unterschieden, welche im musculus soleus gefunden wurden, zeigten Untersuchungen des musculus gastrocnemius keine signifikanten Unterschiede in der BDNF-mRNA-Expression nach fünf beziehungswesie zehn Tagen körperlicher Aktivität. Eine Erklärung hierfür könnte sein, dass der musculus gastrocnemius, vorwiegend schnelle und mixed Muskelfasern, im Gegensatz zum musculus soleus, welcher hauptsächlich aus langsamen Fasern besteht, während dieser Langezeitaktivitäten unzureichend aktiviert wurde [304].

8.4 Wirkungen von Wachstumsfaktoren auf Knochen und Knorpel

Wie auch bei allen anderen Gewebearten, spielen Wachstumsfaktoren bei der Entwicklung von Knochen- und Knorpelstrukturen eine wesentliche Rolle, um die jeweils spezifischen Materialeigenschaften dieser Gewebetypen herzustellen und zu erhalten. Während der Knorpel im ausdifferenzierten Zustand blut-, lymph-, gefäß- und nervenlos ist, seinen erforderlichen Stoffwechselaustausch in erster Linie über eine Diffusion von Nährstoffen aus der Synovialflüssigkeit – unterstützt durch die Wechseldruckbe- und -entlastung („Pump-Saug-Mechanismus") – realisieren muss und daher als „stoffwechselträge Struktur" nach Verletzungen eine relativ geringe Regenerationsfähigkeit hat, zählt das Knochengewebe zu jenen Gewebetypen, welche seine Fähigkeit zur Regeneration bis ins Erwachsenenalter hinein bewahrt und während des gesamten Lebens einen kontinuierlichen Remodellierungsprozess durchläuft [305, 306]. Diese Regenerationsfähigkeit, die durch Wachstumsfaktoren moduliert wird, ist umso wichtiger, da Überlastungsschäden, Erkrankungen und Verletzungen des Stütz- und Bewegungsapparates mit zum Teil chronischen Schmerzen in unserer heutigen Gesellschaft in ihrer Inzidenz und Prävalenz zunehmen. Dies mag zum Teil an der steigenden Lebenserwartung und der dadurch bedingten stärkeren Abnutzung des Stütz- und Bewegungsapparats, wie auch an arbeits- oder sportbedingten Verletzungen und (Überlastung-)Schäden liegen. Ein Hinweis auf die Aktualität dieses Phänomens ist die Tatsache, dass die Jahre 2000–2010 von den Vereinten Nationen und der Weltgesundheitsorganisation als das „Jahrzehnt der Knochen und Gelenke" bezeichnet wurden!

Bei der Darstellung von Wirkungen verschiedener Wachstumsfaktoren auf Knochen- und Knorpelgewebe muss beachtet werden, dass im Sinne der Lokomotion die Muskulatur, Sehnen, Knochen und Gelenksknorpel Bestandteile jener kinetischen Kette darstellen, welche die Spannungsentwicklung der sich kontrahierenden Muskelfasern in eine zielgerichtete Bewegung umsetzen. Daher besteht in Analogie zur mechanisch-funktionell engen Beziehung zwischen Muskulatur, Sehnen, Knochen und Knorpel auch eine solche hinsichtlich des Ana- und Katabolismus während des Wachstums, der Entwicklung und Erhaltung sowie des Alterns. Es ist bekannt, dass eine erhöhte Muskelmasse auch zu einer verbesserten Mineralisierung im Bereich der jeweils belasteten Skelettstrukturen führt [307]. Vice versa bewirkt die im Alter zunehmende Atrophie der Muskulatur auch einen Verlust an Knochenmasse [308]. Warner et al. [309] konnten zeigen, dass es als Folge einer fokalen Paralyse und eines Verlustes an Muskelgewebe zu einer Verringerung einer kortikalen Knochenmasse kommt. Darüber hinaus ist bekannt, dass diese funktionell wie auch metabolisch enge Beziehung zwischen Knochen und Skelettmuskulatur auch die Heilung von Frakturen beeinflusst [310, 311].

Ergebnisse einer Studie von Utvag et al. [312] weisen nach, dass Brüche bei intakter Muskulatur schneller heilten als Brüche zusammen mit schweren Muskelverletzungen. Hamrick et al. [283] postulierten, dass eine parakrine Signalwirkung zwischen Muskeln auf Knochen wahrscheinlich sei und somit die Skelettmuskulatur als lokale Quelle für knochenwirksame Wachstumsfaktoren dient. In dieser Studie haben darüber hinaus immunhistochemische Untersuchungen gezeigt, dass IGF-1 auf der Myozytenoberfläche und am Muskel-Knochen-Übergang gefunden werden kann. Interessant ist ferner, dass FGF-2 auch in den Muskelzellen am Übergang zum Periosteum lokalisiert werden konnte, wo auch die Rezeptoren für beide Wachstumsfaktoren vorhanden sind [283], was wiederum auf die engen mechanisch funktionellen wie metabolischen Beziehungen aller Gewebestrukturen in der kinetischen Kette hinweist.

8.4.1 FGF

Das Vorhandensein von FGF-2 führt zu einer erhöhten Expression von osteogenen Markern und der Mineralisation, woraus sich seine Rolle in der Knochenheilung ableiten lässt [313]. Des Weiteren scheint die Dosis von lokal verabreichtem FGF-2 bei Verletzungen im Tiermodell entscheidend zu sein, da höhere Dosen die Knochenremodellierung fördern und die Heilung beschleunigen, während geringe, aber auch stark erhöhte Dosen keine signifikanten Wirkungen zeigen [314, 315].

In einer diesbezüglichen Studie an Pavianen konnten durch eine lokale Injektion von FGF-2 am Ort der Knochenbrüche eine Verbesserung der Zellularität, der Vaskularisation sowie eine erhöhte mechansiche Festigkeit gefunden werden [316]. Kawaguchi et al. [317] konnten in einer Humanstudie durch Applikation von unterschiedlichen rhFGF2-Dosen eine schnellere Heilung im Sinne einer radiographisch nachweisbaren Knochenvereinigung, nach einer osteoarthritisch bedingten Intervention, eines höheren Mineralanteils sowie einer höheren Knochendichte feststellen. Darüber hinaus war der Prozentsatz der schmerzfreien und wieder voll belastbaren Patienten in der Gruppe, die eine hohe Dosis an rhFGF2 erhalten haben, höher als in der Gruppe mit niedrigeren rhFGF2-Dosen.

Bezogen auf das Knorpelgewebe konnte eine chondrogene Differenzierung von Knochenmarksstammzellen durch FGF-2 nachgewiesen werden [318]. Chiou et al. [319] fanden, dass eine Behandlung von Knochenmarks- oder Fettgewebestammzellen mit FGF-2 eine signifikante Erhöhung der Chondrogeneseaktivität verursachte, wobei bei entsprechenden Konzentrationen Verbesserungen der Knorpelstruktur gezeigt werden konnten.

8.4.2 IGF und MGF

Die Skelettmuskelregeneration wird mit einer vermehrten Expression von GH-IGF-1 beziehungsweise MGF in Verbindung gebracht [196, 320]. Hypothetisch kann angenommen werden, dass die muskelzelluläre Sekretion auf Grund ihrer lokalen Nähe eventuell in Verbindung mit dem Knochenstoffwechsel steht. Dafür würde auch sprechen, dass bei einer Überexpression von IGF-1 in der Muskulatur die Knochenmasse und Knochengröße erhöht wird [321] und eine ektopische Expression von IGF-1 in der Muskulatur einen Knochenschwund bei Inaktivität vorbeugt [322].

In diesem Zusammenhang kann auch auf unveröffentlichte Ergebnisse von Wessner et al. [323] verwiesen werden, nach denen im Knochen- Muskel- und Sehnengewebe von verunfallten Schifahrern (offene Frakturen) erhöhte MGF-Konzentration anzutreffen waren, wobei durch die unterschiedliche

Art der Verletzungen beziehungsweise der Zeitdauer bis zum operativen Eingriff kein statistischer Zusammenhang zu finden war.

8.4.3 TGF-β

TGF-β-1 führt zu einer Umverteilung von Stammzellen des Knochenmarkes zu den Orten der Knochenremodellierung [324–327]. Studien an Mäusen haben gezeigt, dass es bei einer Einschränkung der Signaltransduktion von TGF-β in den Osteoblasten zu einer Verbesserung des Elastizitätsmoduls, der Knochenmatrix, der Mineralienkonzentration, der Bruchbelastbarkeit und der Knochenmasse kommt. Eine TGF-β-1-Inhibierung hatte eine höhere Knochendichte und ganz allgemein eine verbesserte Knochenqualität zur Folge [328, 329].

Andererseits waren Missbildungen und Defekte wie zum Beispiel verkürzte Röhrenknochenbildungen oder eine reduzierte Knochenmineraldichte der Tibia bei Mäusen anzutreffen, die kein TGF-β-1 gebildet haben [330].

Offensichtlich sind die Wirkungen von TGF-β konzentrationsabhängig. Während etwa erhöhte TGF-β-1- Spiegel mit einer Osteosklerose in Beziehung stehen, sind reduzierte TGF-β-1-Spiegel mit einer Osteopenie assoziiert [324, 325, 331, 332]. Leicht bis mittelmäßig erhöhte TGF-β-Spiegel stimulierten die frühe Osteoblastenproliferation, unterbinden aber die finale Differenzierung und Mineralisation [333, 334].

Auch beim Menschen zeigen Veränderungen der TGF-β-1-Spiegel Korrelationen mit der Mineralknochendichte und Knochenmassenzunahme [335].

In einer Studie von Schmidmaier et al. [336] an Ratten konnte eine synergistische Wirkung von TGF-β-1 und IGF-1 im Sinne einer höheren maximalen Belastungs- und Torsionssteifigkeit des Knochens nach einer Fraktur im Vergleich zur Einzelverabreichung nachgewiesen werden. Dies wird auch durch Ergebnisse von Liang et al. [337] und Fowlkes et al. [338] dahingehend bestätigt, dass eine exogene Zufuhr von IGF-1 und FGF-2 die Knochenbildung stimuliert.

Im Bereich von Knorpelgewebe konnten ebenfalls Wirkungen von TGF-β nachgewiesen werden. TGF-β-3 exprimierende Gewebegerüste setzten in einer Matrix aus Kollagen II und Aggrecan Chondrozyten frei, was zu einer um 130% höheren Rekrutierung von Zellen und zu einer vergrößerten Dicke und Dichte im Vergleich zu Knorpelgewebe ohne TGF-β-3 führte [339].

8.4.4 LIF

Auch im Knochen- und Knorpelgewebe konnten Auswirkungen von LIF gefunden werden. Eine Studie von Reid et al. [340] mit Mäusen konnte nachweisen, dass LIF die Kalziumresorption aus den Knochen und die Anzahl der Osteoklasten erhöht. Andererseits wurde gezeigt, dass LIF die Knochenbildung durch Bindung an die Osteoblasten fördert und deren Anzahl erhöht [341]. Im Gegensatz zu diesen In-Vivo-Studien wurden in einer Ex-Vivo-Untersuchung Knochenbildungen sowohl bei einer LIF- Hemmung als auch bei einer LIF-Stimulierung gefunden. Als Hypothese zu diesem wiedersprüchlichen Befund gelten unbekannte Mechanismen im Zusammenspiel von Zell-Zell- aber auch Zell-Umwelt-Faktoren [342].

8.4.5 PDGF

PDGF wird nach Frakturen bei Menschen und Mäusen während der frühen Phase einer Knochenbruchheilung exprimiert [343, 344]. PDGF ist bei der Aufrechterhaltung des hyaline-like chondrogenen Phänotyps beteiligt, erhöht die Chondrozytenproliferation und reguliert die Proteoglykansynthese [345].

Während In-Vitro-Studien einen mitogenen Effekt von PDGF auf Osteoblasten gezeigt haben [346], liegen bei Tierversuchen nicht ganz eindeutige Ergebnisse vor [347]. In dieser Studie wurde PDGF hinsichtlich seiner Wirkung auf das Knochengewebe nach einer Osteotomie bei Hasen untersucht, wobei die durchtrennten Stellen mit PDGF behandelt wurden. Wenngleich nach vier Wochen im betroffenen Bein eine höhere osteogene Differenzierung und eine höhere Knochendichte im Vergleich mit der Kontrollgruppe gefunden wurden, gab es keine Unterschiede zwischen dem behandelten Bein und dem intakten Bein. Da nur eine geringe Anzahl an Tieren untersucht wurde, können diese Ergebnisse nicht als statistisch abgesichert angesehen werden.

8.4.6 BMP

Urist [101] zeigte zum ersten Mal, dass BMPs ektopisch Knochenbildung bewirken können.

Verschiedene Studien haben mittlerweile BMPs als wichtige Faktoren der Osteogenese erkannt. Verschiedene Formen rekombinanter BMPs (rhBMP, die wichtigsten von ihnen sind rhBMP-2 und rhBMP-7), wurden mittlerweile in verschiedenen klinischen Studien untersucht und werden in klinischen Settings als ergänzende therapeutische Mittel verwendet [108, 348]. In mehreren Studien [349–351] wurde gezeigt, dass BMP-2 dosisabhängig die Knochenregeneration steuert, wobei höhere Dosen auch zu mehr Knochenbildung und Knochenregeneration führt.

Da bisherige Studienergebnisse gezeigt haben, dass adenovirale, retrovirale oder aber rekombinante BMP-Verabreichung die Osteogenese bei Tieren förderten, zählen rhBMPs dank dieser osteoinduktiven Wirkung zu therapeutischen Hoffnungsträgern der klinischen Knochenregeneration [352–361].

Kang et al. [362] und Luu et al. [106] konnten nachweisen, dass BMP-2, BMP-6 und BMP-9 die größten osteogenen Wirkungen besitzen, beziehungsweise dass BMP-9 den stärksten Einfluss auf den osteogenen Phänotyp und die Differenzierung in mesenchymalen Stammzellen, sowohl in vivo als auch in vitro, aufweist [363–366] und daher einen vielversprechender Faktor bei der Knochenregeneration in der klinischen Praxis darstellen könnte.

Speziell im Bereich von kraniofascialen Defekten sowie bei Zahnimplantaten beschäftigt man sich schon länger mit BMP und lange stellte man sich die Frage „Wie viel Knochen können wir herstellen?“ [367]. Durch immer mehr Studien und Forschungsfortschritte ist es gelungen, vermehrt mit BMP-2 zu arbeiten, und es können so heutzutage bereits größerer Mengen von Knochengewebe hergestellt werden. Diese osteoinduktiven Proteine wie beispielsweise BMP-2 werden herangezogen, um Knochen, beispielsweise im Bereich des Kiefers im Rahmen von Zahnimplantaten, aufzubauen [368].

Mehrere Tier- sowie Humanstudien haben bereits gezeigt, dass BMP-2 großes Potenzial bei kraniofascialen Behandlungen hat und in einigen Fällen bereits klinische Anwendung findet. Bisher jedoch lag der Fokus primär auf der Herstellung von Knochengewebe überhaupt und es wurden große Mengen von BMP-2 verabreicht, ohne Augenmerk auf eine präzise morphologische Kontrolle zu legen beziehungsweise legen zu können. Man darf allerdings nicht vergessen, dass BMP-2 stark mitogen wirkt und somit auch Gefahren und Probleme wie beispielsweise exzessives Knochenwachstum und ungünstige Immunantworten [369, 370] in sich birgt, sodass die eigentliche Frage heute lauten müsste: „Können wir die richtige Menge Knochengewebe für den richtigen Ort herstellen?“ [367].

BMP1-3, eine Isoform des BMP1-Gens, zirkuliert im Plasma und ist bei Patienten mit akuter Knochenfraktur signifikant erhöht. Eine systematische Verabreichung von rekombinantem humanen BMP1-3 bei Ratten mit einer Röhrenknochenfraktur beziehungsweise lokale Verabreichung bei Hasen mit großen Knochendefekten der Ulna führte zu einer verbesserten Knochenheilung. Auch zeigte eine Neutralisation von endogenem BMP1-3 durch entsprechende Antikörper eine verschlechterte Knochenvereinigung [371], was dafür spricht, dass die Menge an zirkulierendem BMP1-3 essentiell für die Knochenheilung ist.

In Kombination mit BMP7 führt eine lokale Implantation von BMP1-3 zu einer gesteigerten Knochenbildung. Die Kombination dieser beiden Faktoren potenziert die an sich unabhängigen, wenngleich synergistischen Wirkungen, die wesentlich für den Heilungsprozess sind, nämlich die Stimulierung der Zellproliferation und -differenzierung durch BMP7 und die Förderung der Zellmigration durch BMP1-3. Ein solche Kombination könnte also für zukünftige Regenerationsprozesse des Knochengewebes von großer Bedeutung sein [372].

8.5 Wirkungen von Wachstumsfaktoren auf Bänder und Sehnen

Da Sehnen im Vergleich zum Muskelgewebe nach einer Verletzung auf Grund ihrer geringeren Stoffwechselrate langsamer heilen, sind spezifische Wirkungen bestimmter Wachstumsfaktoren von besonderem therapeutischem Interesse, speziell im Bereich der Rehabilitation von sportbedingten muskuloskelettalen Verletzungen.

8.5.1 FGF

FGF-2 ist neben bereits erwähnten Einflüssen auf die Muskulatur und das Knochen-/Knorpelgewebe auch bei der Reparatur von Band- oder Sehnenschäden ein wichtiger Faktor bei der Steuerung der Vorläuferzellendifferenzierung [373, 374], wodurch ein verbesserter Heilungsprozess durch Neovaskularisierung und Bildung von Granulationsgewebe, Caro luxurians („wildes Fleisch"), gegeben ist [375], wie es auch bei der Behandlung einer Läsion des vorderen Kreuzbandes bei Hunden gefunden wurde [376].

8.5.2 IGF und MGF

In-Vitro-Studien haben einen stimulierenden Effekt von IGF-1 auf die Kollagensynthese in Bändern und Sehnen wie auch im intramuskulären Bindegewebe gezeigt. Durch IGF-1 wird die Fibroblastenproliferation und die Synthese extrazellulärer Matrixproteine stimuliert [377–379]. Dies wird durch Ergebnisse von Steinert et al. [380] bezogen auf die Synthese von extrazellulären Matrixproteinen wie zum Beispiel Kollagen Typ I und Kollagen Typ II, Elastin, Tenascin-C und Vimentin, ein Intermediärfilament aus der Gruppe der Desmine, bestätigt.

In einer aktuellen Human-Studie von Hansen et al. [381] wurde der Einfluss von IGF-1 auf die Kollagensynthese in Patellarsehnen untersucht. Nach einer lokalen Injektion von IGF-1 wurde eine signifikante Erhöhung der Kollagensynthese der betroffenen Sehne im Vergleich zu einer mit einer Salzlösung als Plazebo behandelten Pattelarsehne des anderen Beines gefunden. Diese Ergebnisse bestätigen auch Daten von anderen In-Vitro- und Tierstudien, bei denen eine Verabreichung von IGF-1-Antikörpern die Mitogenaktivität im Sehnengewebe bei Vögeln verringerte [382]. Andererseits führte eine IGF-1-Verabreichung in ein vorderes Kreuzband bei Hasen zu einer gesteigerte Kollagenproduktion [377] beziehungsweise zu einer beschleunigten Heilung von Ratten-Achillessehnen [383]. Gleichgerichtete Befunde gibt es aus Studien von Olesen et al. [384] und Heinemeier et al. [24].

8.5.3 TGF-β

In der Entwicklungsphase ist TGF-β bei der Bildung von Bänder- und Sehnengewebe wichtig. Ein Fehlen von TGF-β-2 und TGF-β-3 führt bei Mäusen zu einer Nichtbildung von Kreuzbändern [70]. Anaguchi et al. [385] konnten in einer In-Vivo-Studie bei Kaninchen eine erhöhte Stressresistenz und eine erhöhte Bruchfestigkeit des fibrösen Gewebes nach einer Verabreichung von TGF-β feststellen.

In weiteren Tierstudien konnte eine Aktivität von TGF-β während der unterschiedlichen Phasen bei Sehnenheilungen nach unterschiedlichen Sehnenverletzungen nachgewiesen werden [2, 375, 386].

Darüber hinaus ist bekannt, dass TGF-β-1 eine wesentliche Rolle bei der Kollagenbildung, aber auch bei der Entwicklung einer Fibrose inne hat [387, 388]. In Sehnen und Bändern werden diese Effekte durch eine Aktivierung zweier Transkriptionsfaktoren, den frühen Growth Response Factors 1 (EGR1) und 2 (EGR2), erreicht [389]. Bei einem Fehlen dieser Transkriptionsfaktoren kommt es zu einer Verringerung des Kollagenanteils in Bändern und Sehnen [390]. Hagerty et al. [391] haben nicht zuletzt auch auf Grund dieser Ergebnisse daraus geschlossen, dass der Anstieg der Kollagensynthese in ihrer Studie auf Grund einer Regulation der EGR 1 und 2 im Rahmen einer TGF-β-Gabe zustande gekommen ist.

8.5.4 GDF

Aus der Literatur kann abgeleitet werden, dass vor allem drei Mitglieder der GDF-Familie einen Einfluss auf die Entwicklung von Sehnengewebe haben: GDF-5, GDF-6 und GDF-7 [392]. Tierexperimente haben gezeigt, dass GDF-5-Null-Mäuse kleinere Sehnen mit einem geringeren Anteil an Kollagen Typ I, geringere Werte in Festigkeit und Reißwiderstandsfähigkeit und auch Defekte im Bereich der Knochen und Gelenke aufwiesen [393]. Es bleibt allerdings ungeklärt, ob diese Veränderungen im Bereich der Sehnen auf Grund der Wirkung im Knochen- und Gelenksbereich resultierten oder auf Grund direkter Wirkung von GDF-5 auf das Sehnengewebe. GDF-5 wird nämlich auch zu Beginn der fetalen Gelenksbildung im Gelenkszwischenraum exprimiert. Bekannt ist auch, dass eine subkutane Injektion von GDF-5, -6, -7 eine ektopische Bänderbildung hervorrufen kann [394]. Durch eine direkte Injektion von GDF-5, -6, -7 in eine verletzten Achillessehne von Ratten resultierte eine dosisabhängigen Verbesserung der mechanischen Eigenschaften dieser Sehne [395].

GDF-8 (Myostatin) hat als negativer Regulator der Muskelmasse – wie in ▶ Kap. 12.4.2 dargestellt – einen großen Einfluss auf die kontraktilen Eigenschaften des Skelettmuskels. Eine Hemmung von Myostatin erhöht die maximale isometrische Kraft von Skelettmuskeln und damit auch die Anfälligkeit für kontraktionsbedingte Muskel-Sehnen-Verletzungen, was bei Myostatin-Null-Mäusen im Vergleich mit Wildtypmäusen beobachtet wurde [250, 396, 397]. Diese Ergebnisse sowie Befunde, dass die serienelastischen Elemente eines Muskels sowie die Sehnen und Faszien die Muskelfasern durch Reduzierung ihrer Belastung vor Schäden schützen [398], legt die Vermutung nahe, dass Myostatin eine Rolle bei der Regulation der strukturellen und funktionellen Eigenschaften der Sehnen spielt. Mendias et al. [392], die sich näher mit den Zusammenhängen von Myostatin und dessen Einfluss auf die mechanischen und funktionellen Eigenschaften auseinandergesetzt haben, konnten zeigen, dass die Muskelmasse des musculus tibialis anterior bei Myostatin-Null-Mäusen im Vergleich zu heterozygoten Myostatin-Mäusen um 72% größer, die entsprechenden Sehen allerdings um 40% kleiner waren. Der Ausfall von Myostatin in den Myostatin-Null-Mäusen hatte kleinere, hypozelluläre und brüchige Sehnen zur Folge. Darüber hinaus liegen Ergebnisse vor, dass Myostatin die Kollagen-Typ-I-Synthese der Sehnenfibroblasten sowohl in vivo als auch in vitro fördert.

Zusammenfassend folgt daraus, dass die GDF-8 (Myostatin) sowohl den Skeletmuskel als auch dessen Sehnen beeinflusst und für eine harmonische Funktion im Zusammenwirken dieser beiden Strukturen essentiell zu sein scheint.

8.5.5 VEGF

VEGF zeigt auch im Bereich der Sehnen klinisch positive Wirkungen. Eine lokale Injektion von VEGF in einer Achillessehne bei Ratten bewirkte eine signifikante Verbesserung der Bruchfestigkeit und des Heilungsprozesses [399].

8.5.6 EGF

In einer In-Vivo-Studie von Throm et al. [123] konnte gezeigt werden, dass EGF eine erhöhte Fibroblastenproliferation und eine erhöhte Kollagensynthese bewirkt. Hagerty et al. [391] konnten nachweisen, dass bereits geringe Mengen EGF und PDGF die Bandfunktion beeinflussen.

8.5.7 PDGF

Batten et al. [400], welche den Einfluss der Dosis und des Verabreichungszeitpunktes von PDGF untersucht haben, stellen fest, dass bei Behandlungen von akuten Bänderverletzungen mit PRP die besten Resultate innerhalb der ersten 24 h erzielt werden können.

Zusammenfassend zeigen die Studien über die Wirkungsweise verschiedener Wachstumsfaktoren auf verschiedene Gewebetypen vielversprechende Ergebnisse, sowohl im Hinblick auf die Erforschung ihrer Wirkungsmechanismen als auch daraus resultierend für zukünftige klinische Einsätze. Allerdings ist derzeit nach wie vor ungeklärt, ob und wie diese Wachstumsfaktoren isoliert oder kombiniert (zum Beispiel in Form von PRP) angewandt werden müssen, wie viele Applikationen in welchen Zeiträumen nach Verletzungen und welche Dosierungen notwendig sind, um einen verbesserten Heilungsprozess zu ermöglichen. Durch das große Interesse vieler Forschungsgruppen, die Regeneration und Rehabilitation bei muskuloskelettären Verletzungen zu beschleunigen, ist zu erwarten, dass nach den dafür notwendigen klinischen Studien beziehungsweise RCTs (randomisiert kontrollierte Studien) in Zukunft effektive therapeutische Interventionsmöglichkeiten zur Verfügung stehen werden.

8.6 Thrombozytenreiches Plasma, plättchenreiches Plasma, Platelet Rich Plasma (PRP)

Zur Behandlung muskuloskelettaler Verletzungen existieren unterschiedliche therapeutische Konzepte, darunter die Verwendung und Verabreichungen autologen Blutes. Unterschiedliche Produkte wie zum Beispiel Autologous Conditioned Serum (ACS), Plasma Rich in Growth Factors (PRGF) oder

Platelet Rich Plasma (PRP) werden hier unterschieden [401]. Neben den gängigsten Bezeichnungen „thrombozytenreiches Plasma“ und „plättchenreiches Plasma“ findet man in der Literatur auch noch weitere Bezeichnungen wie zum Beispiel „Thrombozyten- oder Plättchenkonzentrat“, „wachstumsfaktorenreiche Plättchen“, „plättchenreiche Fibrinmatrix“ et cetera [402].

Da PRP ein Konzentrat verschiedener Wachstumsfaktoren ist – welche zuvor teilweise seitens ihrer Interaktion mit verschiedenen Signalketten und ihrer isolierten Wirkungsweise dargestellt wurden –, soll im Folgenden auf die summativen Wirkungen bei Applikation in verschiedenen Gewebstypen des aktiven und passiven Bewegungsapparates eingegangen werden.

Nach jahrelangen Untersuchungen und differierenden Herstellungsmethoden gilt Anitua [403] als Begründer der derzeitigen PRP-Technologie, der das Produkt dieser auf Plättchen und Plasma basierenden Technologie als „wachstumsfaktorreiches Plasma“ bezeichnet.

Im weiteren Verlauf wurde PRP bei verschiedenen Indikationen wie zum Beispiel in der Ophthalmologie, der Orthopädie, der Sportmedizin, der Dermatologie, der Kardiologie, der plastischen Chirurgie und der Neurologie eingesetzt [404] und ist heute in der Zahnmedizin, Dermatologie, plastischen und maxillofazialen Chirurgie, bei akuten Traumen, der kosmetischen Chirurgie oder aber der Veterinärmedizin nicht mehr wegzudenken [405–407], wenngleich die Verabreichungsformen sehr unterschiedlich sind beziehungsweise keine einheitlichen Richtlinien existieren [401].

PRP ist, ganz einfach ausgedrückt, eine Ansammlung von Wachstumsfaktoren [408], welche eine rasche Heilung von verletztem Gewebe fördern. Seine Gewinnung ist einfach, effektiv, kostengünstig und nur minimal invasiv [8, 124]. Hierfür wird autologes Vollblut zentrifugiert [8], um es in seine Bestandteile Plasma, Thrombozyten und weiße Blutkörperchen sowie rote Blutkörperchen aufzuteilen [409].

In einem weiteren Zentrifugenschritt (die Notwendigkeit hierfür ist umstritten) beziehungsweise je nach Protokoll wird PRP von PPP (Platelet Poor Plasma, plättchenarmes Plasma) getrennt [4, 8, 409], um den sich absetzenden zellulären Bestandteil des Plasmas zu gewinnen [410].

Das Prinzip des PRP basiert also auf einer Umkehrung der zullulären Anteile des Blutes, indem die Erythrozyten auf zirka 5% reduziert und die Thrombozyten auf zirka 94% erhöht werden [405]. PRP hat demnach eine höhere Konzentration an Blutplättchen als Vollblut und ist somit ein Konzentrat autologer Blutplättchen [8, 410, 411]. Die klassische Plättchenkonzentration eines PRP beträgt üblicherweise $0,5 \times 10^{11}$ Plättchen je Einheit [409]. Das Amerikanische Rote Kreuz definiert eine Konzentration von mehr als $5,5 \times 10^{10}$ Thrombozyten pro 50 ml Blut (Erhöhung um den Faktor 2,8) als PRP [4, 124].

Thrombozyten, welche im Fall einer Verletzung als erste Zellen am Ort des betroffenen Gewebes in Erscheinung treten [124], sind die kleinsten Blutbestandteile, stellen zytoplasmische Fragmente ihrer Vorgänger, der Megakaryozyten, dar und beinhalten große Mengen von „Schlüssel-Wachstumsfaktoren“, deren Freisetzung und Aggregation eine wichtige Rolle spielt [412]. Sie besitzen verschiedene Organellen wie Mitochondrien und drei verschiedene Typen von Granuli jedoch keinen Zellkern [412]. Unter den drei Granuli (Alpha, Beta, Gamma) sind es vor allem die Alpha-Granuli, welche durch eine Zugabe von Kalziumchlorid oder Thrombin aktiviert werden und so innerhalb der ersten 10 Minuten das Freisetzen von zirka 70% ihrer bioaktiven Substanzen (zum Beispiel Wachstumsfaktoren, Adhäsionsmoleküle und Glycoproteine) und innerhalb von einer Stunde nahezu aller Wachstumsfaktoren ermöglichen (wenngleich es zu weiteren Ausschüttungen während der Phase der Plättchenviabilität kommt) [4, 409, 413, 414]. Diese Wachstumsfaktoren und bioaktiven Substanzen spielen auf komplexe Art und Weise zusammen, um ein physiologisches Gleichgewicht im Gewebe wiederherzustellen [415, 416] sowie die Angiogenese, die Gerinnung und die Gewebereperatur zu steuern [417], womit sie eine wichtige Rolle bei der Heilung von Geweben einnehmen [418].

Die zurzeit wichtig erscheinenden beziehungsweise am besten untersuchten bioaktiven Proteine im PRP sind die Platelet Derived Growth Factor (PDGF), Transforming Growth Factor (TGF-β), Vascular Endothelial Growth Factor (VEGF), Insulin-like Growth Factor 1 (IGF-1), Fibroblastic Growth Factor (FGF) und der Epidermale Growth Factor (EGF) [124, 410–412, 416, 419, 420].

Aus therapeutischer Sicht bewirkt die Applikation von PRP in verschiedene Gewebe einerseits die Freisetzung der erwähnten Wachstumsfaktoren und andererseits die Bildung einer dreidimensionalen stützenden Fibrinmartrix, welche als temporäres Gerüst für einwandernde Zellen dient und dadurch die endogene Geweberegeneration startet [421, 422].

PRP stellt aktuell ein weit verbreitetes Verfahren zur Behandlung verschiedener Verletzungen und Erkrankungen [402], so auch bei sportbedingten Verletzungen, dar, wenngleich die Schlüsselfunktionen und die komplexen Wirkungsweisen nicht hinreichend geklärt sind [402, 423, 424].

Daher sind in der momentan existenten Literatur Studien zu finden, welche positive Effekte einer solchen Behandlung aufzeigen [425] und andere, welche keine Effekte [426, 427] beziehungsweise eventuell sogar nachteilige Effekte von PRP anführen [428].

8.6.1 PRP in Skelettmuskelgeweben

Soweit aus der zur Verfügung stehenden Literatur bekannt, existieren keine randomisierten kontrollierten Human-Studien (RCT) und auch nur eine geringe Anzahl von Studien mit unterschiedlichem Design bezüglich der therapeutischen Applikation von PRP. Eine dieser Studien hat ein PRP-ähnliches Produkt nämlich Autologous Conditioned Serum (ACS) bei Profisportlern mit Muskelzerrungen untersucht. Die Ergebnisse zeigten eine signifikant schnellere Rückkehr der Sportler in das gewohnte Training im Vergleich mit Kontrollpersonen, wenngleich eine kleine Fallzahl, die nichtverblindete Durchführung, eine atypische Kontrollgruppe sowie unterschiedliche Arten von Muskelzerrungen eine starke Limitierung der Ergebnisse bedeuteten [429].

In einer weiteren Studie von Sanchez et al. [430] wurden 22 Muskelverletzungen von 20 Hochleistungssportlern mit PRGF (Plasma Rich in Growth Factors) behandelt, welches in die betroffene Muskulatur injiziert wurde (PDGF-AB, TGF-b, VEGF, EGF, IGF-I und HGF wurden dabei erhoben und mit einer entsprechenden Kontrollgruppe verglichen). Nach nur der Hälfte der erwarteten Regenerationszeit war eine volle Belastbarkeit und funktionale Kapazität gegeben. Darüber hinaus zeigten diese Athleten keine Fibrosen und keine Folgeverletzungen, nachdem sie ihre normale Sportaktivität wieder aufgenommen hatten.

In einer Single-case Studie wurde bei einer 42-jährigen Person mit Grad-II-Semimembranosuszerrung PRP injiziert. 17 Tage später war die Person schmerzfrei, hatte einen vollen ROM und konnte ihrer gewohnten sportlichen Tätigkeiten nachgehen [431]. In einem weiteren Fallbericht wurde ein Bodybuilder mit einer Adduktorruptur mit seriellen PRGF (Plasma Rich in Growth Factors) – einem ähnlichen Produkt wie PRP (siehe oben) – mittels Injektionen über drei Wochen behandelt und zeigte eine reduzierte Schmerzempfindung sowie eine beschleunigte Rückkehr ins wettkampforientierte Training [432]. Als Kritik ist anzumerken, dass der Verletzungsgrad nicht bekannt war und noch weitere Behandlungsinterventionen erfolgten.

8.6.2 PRP in Sehnen- und Bandgeweben

Ein Konzentrat von Wachstumsfaktoren, wie man es zum Beispiel in autologem PRGF findet, erhöht die Proliferation der Tenocyten signifikant und stimuliert diese darüber hinaus zur Produktion von Wachstumsfaktoren, wie zum Beispiel VEGF. In weiterer Folge wird dadurch die Angiogenese angeregt, was wiederum den Heilungsprozess der Sehnen beschleunigt [433]. So bewirkten wiederholte Injektion von PRGF in Achillessehnenfaszikel neben einer verringerten Fibrose eine Steigerung der Angiogenese und somit schlussendlich eine schnellere und bessere Heilung [404, 434]. In einer weiteren Studie von Anitua et al. [435] bewirkte eine Injektion einer trombozytenreichen Matrix in Achillessehnen von Schafen eine Neovaskularisierung und stimulierte die Angiogenese. Darüber hinaus konnten keine Fibrosenbildungen festgestellt werden.

Im Tierversuch zeigte eine isolierte Verabreichung von PDGF in das mediale Seitenband eine Verbesserung der Qualität dieses Bandes und verbesserte die biomechanischen Eigenschaften im Vergleich mit einer Kontrollgruppe [436]. In PRP kultivierte Bänder und Sehnen zeigen ein erhöhtes COL1A1:COL3A1-Verhältnis und eine verringerte Matrix-Metalloprotease-12-Expression, was für eine gesteigerte Produktion von Kollagen Typ I und eine verringerte Degradierung in Sehnen spricht. Eine Studie von Hoppe et al. [437] hat gezeigt, dass während einer 28-tägigen lokalen Behandlung mit PRGF auch Tenozyten von chronisch degenerativen und eingezogenen Einrissen der Rotatorenmanchette fähig sind zu proliferieren sowie mRNA und Proteine von Kollagen Typ I, II und X zu exprimieren. Auch andere Studien [407, 438, 439] konnten nachweisen, dass bei Tieren eine Behandlung von Bändern mit thrombozytenstämmigen Wachstumsfaktoren eine verbesserte Zellproliferation bewirkt.

In einer Studie von Joshi et al. [440] führte eine Kombination eines kollagenen Gerüstes und PRP zu einer Verbesserung der vorderen Kreuzbandrekonstruktion im Sinne einer signifikanten Steigerung der Zelldichte, einer Verringerung der Ablösung des reparierten Gewebes nach drei Monaten und verbesserten biomechanischen Eigenschaften. In Untersuchungen von Murray et al. [441-443] allerdings zeigten vordere Kreuzbandrekonstruktionen, welche mit thrombozytenreichen Produkten behandelt wurden, keine signifikanten Unterschiede im Vergleich mit einer Kontrollgruppe. Murray et al. [443] konnten aber auch feststellen, dass es im Bereich von extraartikulären Bändern zu einer höheren Anreicherung von Fibrinogen und Wachstumsfaktoren während der Heilung kommt als bei intraartikulären Bändern.

Randomisierte kontrollierte Studien konnten solche Effekte bisher noch nicht eindeutig nachweisen, weshalb eine PRP-Behandlung im Bereich von Kreuzbandverletzungen auch nicht empfohlen werden kann [410].

Auch bei der Verwendung von PRP bei Sehnenverletzungen zeigten sich unterschiedliche Ergebnisse, wie zum Beispiel in einer Studie von Lyras et al. [407] und Aspenberg und Virchenko [444] dahingehend, dass eine einmalige PRP-Injektion bei Ratten die maximale Belastung und die Steifigkeit in den frühen Phasen einer Sehnenverletzung erhöht, dieser Effekt allerdings mit fortschreitender Zeit schwächer wird [407, 444].

Andere Studien ergaben Hinweise, dass die Effekte in Abhängigkeit von der Art der Sehnen differieren. Es wird postuliert, dass lasttragende Sehnen, wie zum Beispiel die Patellar- oder die Achillessehne, andere Heilungsreaktionen zeigen als nichtlasttragende Sehen, wie zum Beispiel die der Hand- und Ellbogengelenksstrecker und Beuger [425, 426, 428].

Auch der Zeitpunkt der PRP Injektion mag hinsichtlich der Effekte eine Rolle spielen. Chan et al. [445] haben feststellen können, dass eine Injektion am 7. Tag nach der Verletzung die mechanischen Eigenschaften der Sehne nach 14 Tagen in einem größeren Ausmaß verbessert als eine Injektion am 3. Tag nach der Verletzung, was dafür spricht, dass sich der optimale Zeitpunkt einer Injektion am Ende der Entzündungsphase im Heilungsprozess, also nach etwa einer Woche [4] befinden könnte.

Zusammenfassend kann festgehalten werden, dass die wenigen randomisierten kontrollierten klinischen Studien zum Teil sehr unterschiedliche Ergebnisse bezüglich der Effektivität einer PRP-Behandlung von verletzten Bändern und Sehnen erzielt haben [410].

8.6.3 PRP in Knochen- und Knorpelgeweben

Gruber et al. [446] konnten nachweisen, dass sowohl Thrombozyten als auch thrombinaktivierte Plättchen die Mitogenaktivität von kultivierten menschlichen, vom trabekulären Knochenmark stammenden Zellen hervorrufen und auch die Proliferation von Osteoblasten-like Zellen erhöht wird [447]. Han et al. [448] hat gezeigt, dass PRP das Vorhandensein von Knochenmarkstromazellen (im Gegensatz zu thrombinaktivierten PRP) in einer Dosis-abhängigen Art und Weise nach 48 Stunden steigert.

In Tierstudien unter Behandlung mit PRP konnten eine verbesserte Chondrogenese und eine schnellere Heilung von Meniskusdefekten nachgewiesen werden [449, 450].

Wiewohl evidenzbasierte Behandlungen mit PRP großteils fehlen, scheint auf Grund seiner beschleunigenden Heilungswirkung ein schnelleres Comeback in den Wettkampf im Spitzensport möglich zu sein [451]. Daher werden diese Injektionstherapien auch immer mehr bei Sportverletzungen eingesetzt [452]. Aus einem Fallbeispiel eines jungen Fußballspielers [419] geht hervor, dass eine intraartikuläre Verabreichung von PRGF während einer athroskopischen Behandlung einer Kniegelenksknorpelverletzung hervorragende Resultate bewirkte. Eine solche Verletzung geht normalerweise mit mehreren größeren Eingriffen einher, deren Langzeitwirkungen wenig erfolgversprechend sind. In diesem Fall und mit der beschriebenen Behandlung mit PRGF wurden exzellente funktionelle Ergebnisse erzielt, wodurch der Sportler bereits nach 18 Wochen seine normalen sportlichen Aktivitäten ausüben konnte.

Trotz einiger weniger vielversprechender Untersuchungen liegen auf Grund einer noch unzureichender Studienlage Daten über ein therapeutisches Optimum hinsichtlich der Dosis, aber auch im Hinblick auf die biologische Sicherheit noch nicht vor, womit eine breite klinische Anwendung noch nicht realisierbar erscheint.

Zusammenfassend ist festzustellen, dass der komplexe Prozess der Gewebsheilung bis heute nur teilweise verstanden wird. Darüber hinaus sind die chronologischen Abläufe während eines Heilungsprozesses nur wenig untersucht [401]. Auch gibt es wenig gesicherte Befunde über die chronotypischen Zellvorgänge, die zelltypischen Aktivitätsphasen und die unterschiedlichen – sich eventuell gegenseitig bedingenden – Zell- und bioaktiven Substanzinteraktionen und synergistischen Wirkungen. Weitestgehende Uneinigkeit besteht auch in Fragen der Konzentration, der Menge, des Zeitpunktes und des Ortes der Verabreichung, der Aktivierung von PRP, der Verabreichungstechnik und der Anzahl von Verabreichungen [4, 124, 410]. Keine Übereinkunft gibt es auch darüber, ob die Verabreichung eines Anästhetikums vor einer PRP-Injektion Einfluss auf die Ergebnisse einer solchen Intervention hat [401], beziehungsweise hinsichtlich des Zeitpunktes der Aktivierung des PRP, und ob eine aktive Aktivierung überhaupt notwendig ist [402].

Auf Grund vieler noch offener Fragen hinsichtlich der Indikation, der bestmöglichen Anwendung des Verabreichungszeitpunktes, der Dosierung und Verabreichungszahl sowie der biologischen Sicherheit sind weitere RCT unerlässlich und dringend notwendig.

Methoden INFO: Therapeutische Anwendung von PRP in der Sporttherapie

Thrombozytenreiches Plasma (PRP) kann als eine „Ansammlung" verschiedener Wachstumsfaktoren, vor allem aus dem Alpha-Granuli von Thrombozyten angesehen werden, welche eine beschleunigte Heilung verschiedener Gewebsstrukturen fördern. Ihre Gewinnung aus dem autologen Vollblut ist einfach, effektiv, kostengünstig und nur minimal invasiv. Bedauerlicherweise gibt es über die Verwendung von PRP nach Verletzungen in Sehnen und Bandgeweben, Muskulatur, Knochen und Knorpelgeweben nur wenige RCTs mit eindeutigen Ergebnissen, sondern eher viele Kasuistiken und nicht verblindeten Vergleichsstudien, zum Teil auch mit unterschiedlichen Verletzungstypen, bei denen allerdings durchaus ein verbesserter Heilungsprozess gesehen werden konnte. Da die Gewebsheilung ein äußerst komplexer Prozess ist und die chronobiologischen Abläufe nur wenig untersucht sind, bestehen nach wie vor viele offene Fragen hinsichtlich der Konzentration der Menge, des Zeitpunktes, des Ortes der Verabreichung bzw. der Aktivierung von PRP, der Verabreichungstechnik und der Anzahl der Verabreichungen. Weitere RCTs werden notwendig sein, um die Verwendung von PRP zu einer sicheren und effektiven therapeutischen Option machen zu können.

Literatur

[1] Lieberman JR et al. (2002) The Role of Growth Factors in the repair of bone. The Journal of Bone & Joint Surg Am. 84-A(6): 1032–44

[2] Molloy T et al. (2003) The Roles of Growth Factors in tendon and ligament healing. Sports Med. 33(5): 381–94

[3] Yun YR et al. (2010) Fibroblast Growth Factors: Biology, Function, and Application for Tissue Regeneration. Journal of Tissue Engineering. 1(1): 218142–218142

[4] Nguyen RT, Borg-Stein J, McInnis K (2011) Applications of Platelet-Rich Plasma in Musculoskeletal and Sports Medicine: An Evidence-Based Approach. Pm&R. 3(3): 226–250

[5] Witte MB, Barbul A (1997) General principles of wound healing. Surg Clin North Am. 77(3): 509–28

[6] Rodrigues MT, Reis RL, Gomes ME (2012) Engineering tendon and ligament tissues: present developments towards successful clinical products. J Tissue Eng Regen Med

[7] Strodtbeck F (2001) Physiology of Wound Healing. Newborn and Infant Nursing Review

[8] Kon E et al. (2011) Platelet-rich plasma (PRP) to treat sports injuries: evidence to support its use. Knee Surgery, Sports Traumatology, Arthroscopy. 19(4): 516–527

[9] Schiaffino S, Mammucari C (2011) Regulation of skeletal muscle growth by the IGF1-Akt/PKB pathway: insights from genetic models. Skeletal Muscle. 1(1): 4

[10] Ljungqvist A et al. (2008) International Olympic Committee Consensus Statement: Molecular Basis of Connective Tissue and Muscle Injuries in Sport. Clinics in Sports Medicine. 27(1): 231–239

[11] Hoppeler H et al. (2011) Molecular mechanisms of muscle plasticity with exercise. Compr Physiol. 1(3): 1383–412

8

[12] Salmon WD Jr., Daughaday WH (1957) A hormonally controlled serum factor which stimulates sulfate incorporation by cartilage in vitro. J Lab Clin Med. 49(6): 825–36
[13] Le Roith D (2003) The insulin-like growth factor system. Exp Diabesity Res. 4(4): 205–12
[14] Froesch (1985) Actions of insulin-like
[15] Maki RG (2010) Small is beautiful: insulin-like growth factors and their role in growth, development, and cancer. J Clin Oncol. 28(33): 4985–95
[16] Kaplan SA, Cohen P (2007) The somatomedin hypothesis 50 years later. J Clin Endocrinol Metab. 92(12): 4529–35
[17] Cassano M et al. (2009) Cellular mechanisms and local progenitor activation to regulate skeletal muscle mass. Journal of Muscle Research and Cell Motility. 30(7-8): 243–253
[18] Elis S et al. (2011) Increased serum IGF-1 levels protect the musculoskeletal system but are associated with elevated oxidative stress markers and increased mortality independent of tissue igf1 gene expression. Aging Cell. 10(3): 547–550
[19] Hameed M et al. (2003) Expression of IGF-I splice variants in young and old human skeletal muscle after high resistance exercise. The Journal of Physiology. 547(1): 247–254
[20] Goldspink G (2012) Age-Related Loss of Muscle Mass and Strength. Journal of Aging Research. 1–11
[21] Rotwein P (1986) Two insulin-like growth factor i messenger rnas are expressed in human liver. Proc Natl Acad Sci U S A. 83(1): 77–81
[22] McKoy G et al. (1999) Expression of insulin growth factor-1 splice variants and structural genes in rabbit skeletal muscle induced by stretch and stimulation. J Physiol. 516 (Pt 2): 583–92
[23] Dluzniewska J (2005) A strong neuroprotective effect of the autonomous C-terminal peptide of IGF-1 Ec (MGF) in brain ischemia. The FASEB Journal
[24] Heinemeier KM et al. (2007) Short-term strength training and the expression of myostatin and IGF-I isoforms in rat muscle and tendon: differential effects of specific contraction types. J Appl Physiol (1985). 102(2): 573–81
[25] Schmid C et al. (1983) Preferential enhancement of myoblast differentiation by insulin-like growth factors (IGF I and IGF II) in primary cultures of chicken embryonic cells. FEBS Lett;161(1): 117–21
[26] Elis S et al. (2011) Unbound (bioavailable) IGF1 enhances somatic growth. Disease Models & Mechanisms. 4(5): 649–658
[27] Grzelkowska-Kowalczyk K, Wieteska-Skrzeczyńska W (2010) Treatment with TNF-α and IFN-γ alters the activation of SER/THR protein kinases and the metabolic response to IGF-I in mouse c2c12 myogenic cells. Cellular & Molecular Biology Letters. 15(1): 13–31
[28] Rommel C et al. (2001) Mediation of IGF-1-induced skeletal myotube hypertrophy by PI(3)K/Akt/mTOR and PI(3)K/Akt/GSK3 pathways. Nat Cell Biol. 3(11): 1009–13
[29] Peruzzi F (2001) Anti-apoptotic Signaling of the Insulin-like Growth Factor-I Receptor through Mitochondrial Translocation of c-Raf and Nedd4. Journal of Biological Chemistry. 276(28): 25990–25996
[30] Ciaraldi TP et al. (2002) Insulin and insulin-like growth factor-1 action on human skeletal muscle: preferential effects of insulin-like growth factor-1 in type 2 diabetic subjects. Metabolism. 51(9): 1171–9
[31] Clemmons DR (2009) Role of IGF-I in skeletal muscle mass maintenance. Trends in Endocrinology & Metabolism. 20(7): 349–356
[32] Yang ZZ et al. (2004) Physiological functions of protein kinase B/Akt. Biochem Soc Trans. 32(Pt 2): 350–4
[33] Southgate RJ et al. (2007) FOXO1 Regulates the Expression of 4E-BP1 and Inhibits mTOR Signaling in Mammalian Skeletal Muscle. Journal of Biological Chemistry. 282(29): 21176–21186
[34] Pedersen BK (2009) The diseasome of physical inactivity -- and the role of myokines in muscle--fat cross talk. J Physiol. 587(Pt 23): 5559–68
[35] Elliott B et al. (2012) The central role of myostatin in skeletal muscle and whole body homeostasis. Acta Physiologica. 205(3): 324–340
[36] Mounier R et al. (2009) Important role for AMPKalpha1 in limiting skeletal muscle cell hypertrophy. FASEB J. 23(7): 2264–73
[37] Lantier L et al. (2010) Coordinated maintenance of muscle cell size control by AMP-activated protein kinase. FASEB J. 24(9): 3555–61
[38] Hornberger TA et al. (2004) Mechanical stimuli regulate rapamycin-sensitive signalling by a phosphoinositide 3-kinase-, protein kinase B- and growth factor-independent mechanism. Biochem J. 380(Pt 3 795–804
[39] Hornberger TA et al. (2006) The role of phospholipase D and phosphatidic acid in the mechanical activation of mTOR signaling in skeletal muscle. Proc Natl Acad Sci U S A. 103(12): 4741–6
[40] O'Neil TK et al. (2009) The role of phosphoinositide 3-kinase and phosphatidic acid in the regulation of mammalian target of rapamycin following eccentric contractions. J Physiol. 587(Pt 14): 3691–701
[41] Coffey VG et al. (2006) Interaction of contractile activity and training history on mRNA abundance in skeletal muscle from trained athletes. Am J Physiol Endocrinol Metab. 290(5): E849–55
[42] Nader GA (2006) Concurrent strength and endurance training: from molecules to man. Med Sci Sports Exerc. 38(11): 1965–70
[43] McPherron A et al. (1997) Regulation of skeletal muscle mass in mice by a new TGF-p superfamily member. Nature. 387(6628): 83–90
[44] McPherron A et al. (1997) Double muscling in cattle due to mutations in the myostatin gene. Proc Natl Acad Sci U S A. 94(23): 12457–61
[45] Lin J et al. (2002) Myostatin Knockout in Mice Increases Myogenesis and Decreases Adipogenesis. Biochemical and Biophysical Research Communications. 291(3): 701–706

[46] Zimmers TA (2002) Induction of Cachexia in Mice by Systemically Administered Myostatin. Science. 296(5572): 1486–1488

[47] Hadjipavlou G et al. (2008) Two single nucleotide polymorphisms in themyostatin(GDF8) gene have significant association with muscle depth of commercial Charollais shee Animal Genetics. 39(4): 346–353

[48] Rebbapragada A et al. (2003) Myostatin Signals through a Transforming Growth Factor -Like Signaling Pathway To Block Adipogenesis. Molecular and Cellular Biology. 23(20): 7230–7242

[49] Zhu X et al. (2004) Myostatin signaling through Smad2, Smad3 and Smad4 is regulated by the inhibitory Smad7 by a negative feedback mechanism. Cytokine. 26(6): 262–272

[50] Allen DL, Unterman TG (2007) Regulation of myostatin expression and myoblast differentiation by FoxO and SMAD transcription factors. Am J Physiol Cell Physiol. 292(1): C188–99

[51] Philip B, Lu Z, Gao Y (2005) Regulation of GDF-8 signaling by the p38 MAPK. Cellular Signalling, 2005. 17(3): 365–375

[52] Huang Z et al. (2007) Regulation of myostatin signaling by c-Jun N-terminal kinase in C2C12 cells. Cellular Signalling. 19(11): 2286–2295

[53] Martin-Blanco E (2000) p38 MAPK signalling cascades: ancient roles and new functions. Bioessays. 22(7): 637–45

[54] Ono K, Han J (2000) The p38 signal transduction pathway: activation and function. Cell Signal. 12(1): 1–13

[55] Wong A (2002) FRS2alpha attenuates FGF receptor signaling by Grb2- mediated recruitment of the ubiquitin ligase Cbl. Proceedings of the National Academy of Sciences. 99(10): 6684–6689

[56] Lax I et al. (2002) The docking protein FRS2alpha controls a MAP kinase-mediated negative feedback mechanism for signaling by FGF receptors. Mol Cell.10(4): 709–19

[57] Dailey L et al. (2005) Mechanisms underlying differential responses to FGF signaling. Cytokine & Growth Factor Reviews. 16(2): 233–247

[58] Katoh M, Katoh M (2006) FGF signaling network in the gastrointestinal tract (review). Int J Oncol. 9(1): 163–8

[59] Yun YR et al. (2010) Fibroblast growth factors: biology, function, and application for tissue regeneration. J Tissue Eng. 2010: 218142

[60] Spivak-Kroizman T et al. (1994) Point mutation in the fibroblast growth factor receptor eliminates phosphatidylinositol hydrolysis without affecting neuronal differentiation of PC12 cells. J Biol Chem.269(20): 14419–23

[61] Kolkova K et al. (2000) Neural Cell Adhesion Molecule-Stimulated Neurite Outgrowth Depends on Activation of Protein Kinase C and the Ras–Mitogen - Activated Protein Kinase Pathway. The Journal of Neuroscience. 20(6): 2238–2246

[62] Lorda-Diez CI et al. (2010) Tgfβ2 and 3 are coexpressed with their extracellular regulator Ltbp1 in the early limb bud and modulate mesodermal outgrowth and BMP signaling in chicken embryos. BMC Developmental Biology. 10(1): 69

[63] Wu MY, Hill CS (2009) Tgf-beta superfamily signaling in embryonic development and homeostasis. Dev Cell. 16(3): 329–43

[64] Millan F (1991) Embryonic gene expression patterns of TGF 2 and p3 suggest

[65] [65] Cusella-De Angelis MG et al. (1994) Differential response of embryonic and fetal myoblasts to TGF beta: a possible regulatory mechanism of skeletal muscle histogenesis. Development. 120(4): 925–33

[66] Filvaroff EH et al. (1994) Inhibition of myogenic differentiation in myoblasts expressing a truncated type II TGF-beta receptor. Development.120(5): 1085–95

[67] Merino R et al. (1998) Morphogenesis of digits in the avian limb is controlled by FGFs, TGFbetas, and noggin through BMP signaling. Dev Biol. 200(1): 35–45

[68] Spagnoli A et al. (2007) TGF-signaling is essential for joint morphogenesis. The Journal of Cell Biology. 177(6): 1105–1117

[69] Seo HS, Serra R (2007) Deletion of Tgfbr2 in Prx1-cre expressing mesenchyme results in defects in development of the long bones and joints. Dev Biol. 310(2): 304–16

[70] Pryce BA et al. (2009) Recruitment and maintenance of tendon progenitors by TGF signaling are essential for tendon formation. Development. 136(8): 1351–1361

[71] Smith AL, Robin TP, Ford HL (2012) Molecular pathways: targeting the TGF-beta pathway for cancer therapy. Clin Cancer Res. 18(17): 4514–21

[72] Feng XH, Derynck R (2005) Specificity and versatility in tgf-beta signaling through Smads. Annu Rev Cell Dev Biol. 21: 659–93

[73] Gerber HP et al. (1999) VEGF couples hypertrophic cartilage remodeling, ossification and angiogenesis during endochondral bone formation. Nat Med. 5(6): 623–8

[74] Frey SP et al. (2012) VEGF Improves Skeletal Muscle Regeneration After Acute Trauma and Reconstruction of the Limb in a Rabbit Model. Clinical Orthopaedics and Related Research®. 470(12): 3607–3614

[75] Baumgartner I et al. (1998) Constitutive Expression of phVEGF165 After Intramuscular Gene Transfer Promotes Collateral Vessel Development in Patients With Critical Limb Ischemia. Circulation. 97(12): 1114–1123

[76] Vieira JM et al. (2010) VEGF receptor signaling in vertebrate development. Organogenesis. 6(2): 97–106

[77] Horowitz A, Seerapu HR (2012) Regulation of VEGF signaling by membrane traffic. Cellular Signalling. 24(9): 1810–1820

[78] Gearing DP et al. (1987) Molecular cloning and expression of cDNA encoding a murine myeloid leukaemia inhibitory factor (LIF). EMBO J. 20; 6(13): 3995–4002

[79] Hilton DJ et al. (1988) Specific binding of murine leukemia inhibitory factor to normal and leukemic monocytic cells.Proc Natl Acad Sci U S A. 85(16): 5971–5
[80] Metcalf D (1992) Leukemia inhibitory factor--a puzzling polyfunctional regulator. Growth Factors. 7(3): 169–73
[81] Hunt LC et al. (2013) An anti-inflammatory role for leukemia inhibitory factor receptor signaling in regenerating skeletal muscle. Histochemistry and Cell Biology. 139(1): 13–34
[82] Gallucci S et al. (1998) Myoblasts produce IL-6 in response to inflammatory stimuli.Int Immunol. 1; 10(3): 267–73
[83] Grimaud E et al. (2002) Leukaemia Inhibitory Factor (Lif) Is Expressed in Hypertrophic Chondrocytes and Vascular Sprouts during Osteogenesis. Cytokine. 20(5): 224–230
[84] Kurek J et al. (1997) The role of leukemia inhibitory factor in skeletal muscle regeneration. Muscle Nerve. 20(7): 815–22
[85] Murata M et al. (1999) Leukemia inhibitory factor, a potent cardiac hypertrophic cytokine, enhances L-type Ca2+ current and [Ca2+]i transient in cardiomyocytes. J Mol Cell Cardiol. 31(1): 237–45
[86] Gearing DP et al. (1992) The IL-6 signal transducer, gp130: an oncostatin M receptor and affinity converter for the LIF receptor. Science. 255(5050): 1434–7
[87] Cheng JG et al. (2001) Dual control of LIF expression and LIF receptor function regulate Stat3 activation at the onset of uterine receptivity and embryo implantation. Proceedings of the National Academy of Sciences. 98(15): 8680–8685
[88] Heinrich P et al. (2003) Principles of interleukin (IL)-6-type cytokine signalling and its regulation. Biochem J. 374(Pt 1): 11–20
[89] Poehlmann TG et al. (2005) Trophoblast invasion: tuning through LIF, signalling via Stat3. Placenta. 26: S37–S41
[90] Kimber SJ (2005) Leukaemia inhibitory factor in implantation and uterine biology. Reproduction. 130(2): 131–145
[91] Tapia A et al. (2008) Leukemia inhibitory factor promotes human first trimester extravillous trophoblast adhesion to extracellular matrix and secretion of tissue inhibitor of metalloproteinases-1 and -2. Human Reproduction. 23(8): 1724–1732
[92] Karalaki M et al. (2009) Muscle regeneration: cellular and molecular events. In Vivo. 23(5): 779–96
[93] Hsu C, Chang J (2004) Clinical implications of growth factors in flexor tendon wound healing. J Hand Surg Am. 29(4): 551–63
[94] Gabrielli A et al. (2007) Stimulatory autoantibodies to the PDGF receptor: A link to fibrosis in scleroderma and a pathway for novel therapeutic targets. Autoimmunity Reviews. 7(2): 121–126
[95] Wang Z et al. (2007) Down-regulation of Platelet-Derived Growth Factor-D Inhibits Cell Growth and Angiogenesis through Inactivation of Notch-1 and Nuclear Factor- B Signaling. Cancer Research. 67(23): 11377–11385
[96] Kong D et al. (2008) Mammalian Target of Rapamycin Repression by 3,3'-Diindolylmethane Inhibits Invasion and Angiogenesis in Platelet-Derived Growth Factor-D-Overexpressing PC3 Cells. Cancer Research. 68(6): 1927–1934
[97] Kong D et al. (2008) Platelet-derived growth factor-D overexpression contributes to epithelial-mesenchymal transition of PC3 prostate cancer cells. Stem Cells. 26(6): 1425–35
[98] Wang Z et al. (2010) Emerging roles of PDGF-D signaling pathway in tumor development and progression. Biochimica et Biophysica Acta (BBA) – Reviews on Cancer. 1806(1): 122–130
[99] Ruschke K et al. (2012) BMPs are mediators in tissue crosstalk of the regenerating musculoskeletal system. Cell and Tissue Research. 347(3): 521–544
[100] Luther G et al. (2011) BMP-9 induced osteogenic differentiation of mesenchymal stem cells: molecular mechanism and therapeutic potential. Curr Gene Ther. 11(3): 229–40
[101] Urist MR (2002) Bone: formation by autoinduction. 1965. Clin Orthop Relat Res. (395): 4–10
[102] Wozney JM et al. (1988) Novel regulators of bone formation: molecular clones and activities. Science. 242(4885): 1528–34
[103] Hu J et al. (2004) Developmental expression and function of Bmp4 in spermatogenesis and in maintaining epididymal integrity. Developmental Biology. 276(1): 158–171
[104] Kuo A et al. (2006) Microfracture and bone morphogenetic protein 7 (BMP-7) synergistically stimulate articular cartilage repair. Osteoarthritis and Cartilage. 14(11): 1126–1135
[105] [105] Di Cesare PE et al. (2006) Regional gene therapy for full-thickness articular cartilage lesions using naked DNA with a collagen matrix. Journal of Orthopaedic Research, 2006. 24(5): 1118–1127
[106] Luu HH et al. (2007) Distinct roles of bone morphogenetic proteins in osteogenic differentiation of mesenchymal stem cells. Journal of Orthopaedic Research. 25(5): 665–677
[107] Attisano L, Wrana JL (2002) Signal transduction by the TGF-beta superfamily. Science. 31; 296(5573): p 1646–7
[108] Shi Y, Massagué J (2003) Mechanisms of TGF-β Signaling from Cell Membrane to the Nucleus. Cell. 113(6): 685–700
[109] Varga AC, Wrana JL (2005) The disparate role of BMP in stem cell biology. Oncogene. 24(37): 5713–5721
[110] Zhang J, Li L (2005) BMP signaling and stem cell regulation. Developmental Biology. 284(1): 1–11
[111] Chen YG, Massagué J (1999) Smad1 recognition and activation by the ALK1 group of transforming growth factor-beta family receptors. J Biol Chem. 274(6): 3672–7
[112] Massague J (2005) Smad transcription factors. Genes & Development. 19(23): 2783–2810

[113] Sieber C et al. (2009) Recent advances in BMP receptor signaling. Cytokine & Growth Factor Reviews. 20(5-6): 343–355
[114] Mu Y, Gudey SK, Landström M (2011) Non-Smad signaling pathways. Cell and Tissue Research. 347(1): 11–20
[115] Yamaguchi K et al. (1999) XIAP, a cellular member of the inhibitor of apoptosis protein family, links the receptors to TAB1-TAK1 in the BMP signaling pathway. EMBO J. 18(1): 179–87
[116] Sorrentino A et al. (2008) The type I TGF-β receptor engages TRAF6 to activate TAK1 in a receptor kinase-independent manner. Nature Cell Biology. 10(10): 1199–1207
[117] Liu Z et al. (2009) GDF5 and BMP2 inhibit apoptosis via activation of BMPR2 and subsequent stabilization of XIA Biochimica et Biophysica Acta (BBA) Molecular Cell Research. 1793(12): 1819–1827
[118] Cohen S (1960) Purification of a nerve-growth promoting protein from the mouse salivary gland and its neuo-cytotoxic antiserum. Proc Natl Acad Sci U S A. 46(3): 302–11
[119] Cohen S (1962) Isolation of a mouse submaxillary gland protein accelerating incisor eruption and eyelid opening in the new-born animal. J Biol Chem. 237: 1555–62
[120] Savage CR Jr, Cohen S (1972) Epidermal growth factor and a new derivative. Rapid isolation procedures and biological and chemical characterization. J Biol Chem. 10; 247(23): 7609–11
[121] Armelin HA (1973) Pituitary extracts and steroid hormones in the control of 3T3 cell growth. Proc Natl Acad Sci U S A. 70(9): 2702–6
[122] Hollenberg MD, Cuatrecasas (1973) Epidermal growth factor: receptors in human fibroblasts and modulation of action by cholera toxin. Proc Natl Acad Sci U S A. 70(10): 2964–8
[123] Throm A.M et al. (2010) Development of a cell-derived matrix: Effects of epidermal growth factor in chemically defined culture. J Biomed Mater Res A. 92(2): 533–41
[124] Cole BJ et al. (2010) Platelet-Rich Plasma: Where Are We Now and Where Are We Going? Sports Health: A Multidisciplinary Approach. 2(3): 203–210
[125] Rongo C (2011) Epidermal growth factor and aging: a signaling molecule reveals a new eye opening function Aging (Albany NY). 3(9): 896–905
[126] Vivanco I, Sawyers CL (2002) The phosphatidylinositol 3-Kinase–AKT pathway in human cancer. Nature Reviews Cancer. 2(7): 489–501
[127] Morgensztern D, McLeod HL (2005) PI3K/Akt/mTOR pathway as a target for cancer therapy. Anticancer Drugs. 16(8): 797–803
[128] Kingsley DM (1994) The TGF-beta superfamily: new members, new receptors, and new genetic tests of function in different organisms. Genes & Development, 1994. 8(2): 133–146
[129] Herpin A (2004) Transforming growth factor-β-related proteins: an ancestral and widespread superfamily of cytokines in metazoans. Developmental & Comparative Immunology. 28(5): 461–485
[130] Sullivan AM, O'Keeffe GW (2005) The role of growth/differentiation factor 5 (GDF5) in the induction and survival of midbrain dopaminergic neurones: relevance to Parkinson's disease treatment.J Anat. 207(3): 219–26
[131] Neeper SA et al. (1995) Exercise and brain neurotrophins. Nature. 373(6510): 109
[132] Mattson MP, Maudsley S, Martin B (2004) BDNF and 5-HT: a dynamic duo in age-related neuronal plasticity and neurodegenerative disorders. Trends Neurosci. 27(10): 589–94
[133] Mousavi K,Jasmin BJ (2006) BDNF is expressed in skeletal muscle satellite cells and inhibits myogenic differentiation. J Neurosci. 26(21): 5739–49
[134] McAllister AK, Katz LC, Lo DC (1999) Neurotrophins and synaptic plasticity. Annu Rev Neurosci. 22: 295–318
[135] Tyler WJ et al. (2002) From acquisition to consolidation: on the role of brain-derived neurotrophic factor signaling in hippocampal-dependent learning. Learn Mem. 9(5): 224–37
[136] Binder DK (2004) The role of BDNF in epilepsy and other diseases of the mature nervous system. Adv Exp Med Biol. 548: 34–56
[137] Lindsay RM (1994) Neurotrophic growth factors and neurodegenerative diseases: therapeutic potential of the neurotrophins and ciliary neurotrophic factor. Neurobiol Aging. 15(2): 249–51
[138] Yamamoto H, Gurney ME (1990) Human platelets contain brain-derived neurotrophic factor. J Neurosci. 10(11): 3469–78
[139] Adlard PA et al. (2005) Voluntary exercise decreases amyloid load in a transgenic model of Alzheimer's disease. J Neurosci. 25(17): 4217–21
[140] Eggermont L et al. (2006) Exercise, cognition and Alzheimer's disease: more is not necessarily better. Neurosci Biobehav Rev. 30(4): 562–75
[141] Knaepen K et al. (2010) Neuroplasticity – exercise-induced response of peripheral brain-derived neurotrophic factor: a systematic review of experimental studies in human subjects. Sports Med. 40(9): 765–801
[142] Schulz, K.H et al. () Impact of aerobic training on immune-endocrine parameters, neurotrophic factors, quality of life and coordinative function in multiple sclerosis. J Neurol Sci, 2004. 225(1–2): 11–8
[143] Gustafsson, G et al. () The acute response of plasma brain-derived neurotrophic factor as a result of exercise in major depressive disorder. Psychiatry Res, 2009. 169(3): 244–8
[144] Pan W et al. (1998) Transport of brain-derived neurotrophic factor across the blood-brain barrier. Neuropharmacology. 37(12): 1553–61
[145] Zoladz JA et al. (2008) Endurance training increases plasma brain-derived neurotrophic factor concentration in young healthy men. J Physiol Pharmacol. 59 Suppl 7: 119–32

8

[146] Chan KL, Tong KY, Yip SP (2008) Relationship of serum brain-derived neurotrophic factor (BDNF) and health-related lifestyle in healthy human subjects. Neurosci Lett. 447(2–3): 124–8
[147] Cho HC et al. (2012) The concentrations of serum, plasma and platelet BDNF are all increased by treadmill VO(2)max performance in healthy college men. Neurosci Lett. 519(1): 78–83
[148] Correia PR et al. (2011) Increased basal plasma brain-derived neurotrophic factor levels in sprint runners. Neurosci Bull. 27(5): 325–9
[149] Webster MJ et al. (2006) BDNF and trkB mRNA expression in the hippocampus and temporal cortex during the human lifespan. Gene Expr Patterns. 6(8): 941–51
[150] Foster PP, Rosenblatt KP, Kuljis RO (2011) Exercise-induced cognitive plasticity, implications for mild cognitive impairment and Alzheimer's disease. Front Neurol. 2: 28
[151] Holsinger RM et al. (2000) Quantitation of BDNF mRNA in human parietal cortex by competitive reverse transcription-polymerase chain reaction: decreased levels in Alzheimer's disease. Brain Res Mol Brain Res. 76(2): 347–54
[152] Komulainen P et al. (2008) BDNF is a novel marker of cognitive function in ageing women: the DR's EXTRA Study. Neurobiol Learn Mem. 90(4): 596–603
[153] Makar TK et al. (2008) Brain derived neurotrophic factor treatment reduces inflammation and apoptosis in experimental allergic encephalomyelitis. J Neurol Sci. 270(1–2): 70–6
[154] Oppenheim RW et al. (1992) Brain-derived neurotrophic factor rescues developing avian motoneurons from cell death. Nature, 1992. 360(6406): 755–7
[155] Sendtner M et al. (1992) Brain-derived neurotrophic factor prevents the death of motoneurons in newborn rats after nerve section. Nature. 360(6406): 757–9
[156] Zhang X, Poo MM (2002) Localized synaptic potentiation by BDNF requires local protein synthesis in the developing axon. Neuron. 36(4): 675–88
[157] Griesbeck O et al. (1995) Expression of neurotrophins in skeletal muscle: quantitative comparison and significance for motoneuron survival and maintenance of function. J Neurosci Res. 42(1): 21–33
[158] Lenk K, Schuler G, Adams V (2010) Skeletal muscle wasting in cachexia and sarcopenia: molecular pathophysiology and impact of exercise training. J Cachexia Sarcopenia Muscle. 1(1): 9–21
[159] Duan C, Ren H, Gao S (2010) Insulin-like growth factors (IGFs), IGF receptors, and IGF-binding proteins: Roles in skeletal muscle growth and differentiation. General and Comparative Endocrinology. 167(3): 344–351
[160] Engert JC, Berglund EB, Rosenthal N (1996) Proliferation precedes differentiation in IGF-I-stimulated myogenesis. J Cell Biol. 135(2): 431–40
[161] Hirata A et al. (2003) Expression profiling of cytokines and related genes in regenerating skeletal muscle after cardiotoxin injection: a role for osteopontin.Am J Pathol. 163(1): 203–15
[162] Nystrom G et al. (2009) Local insulin-like growth factor I prevents sepsis-induced muscle atrophy. Metabolism. 58(6): 787–797
[163] Firth SM (2002) Cellular Actions of the Insulin-Like Growth Factor Binding Proteins. Endocrine Reviews. 23(6): 824–854
[164] Wieteska-Skrzeczyńska W, Grzelkowska-Kowalczyk K, Rejmak E (2011) Growth factor and cytokine interactions in myogenesis. Part II. Expression of IGF binding proteins and protein kinases essential for myogenesis in mouse C2C12 myogenic cells exposed to TNF-α and IFN-γ. Polish Journal of Veterinary Sciences. 14(3)
[165] Tripathi G et al. (2009) IGF-independent effects of insulin-like growth factor binding protein-5 (Igfbp5) in vivo. The FASEB Journal. 23(8): 2616–2626
[166] Ji M et al. (2008) Myostatin induces p300 degradation to silence cyclin D1 expression through the PI3K/PTEN/Akt pathway. Cellular Signalling. 20(8): 1452–1458
[167] Gentile MA et al. (2010) Androgen-mediated improvement of body composition and muscle function involves a novel early transcriptional program including IGF1, mechano growth factor, and induction of -catenin. Journal of Molecular Endocrinology. 44(1): 55–73
[168] Baker J et al. (1993) Role of insulin-like growth factors in embryonic and postnatal growth. Cell. 75(1): 73–82
[169] Liu JL et al. (1998) Insulin-like growth factor-I affects perinatal lethality and postnatal development in a gene dosage-dependent manner: manipulation using the Cre/loxP system in transgenic mice. Mol Endocrinol. 12(9): 1452–62
[170] Sutter NB et al. (2007) A Single IGF1 Allele Is a Major Determinant of Small Size in Dogs. Science. 316(5821): 112–115
[171] Savage MO et al. (2006) Endocrine assessment, molecular characterization and treatment of growth hormone insensitivity disorders. Nat Clin Pract Endocrinol Metab. 2(7): 395–407
[172] Abuzzahab JM et al. (2003) IGF-I receptor mutations resulting in intrauterine and postnatal growth retardation.N Engl J Med. 349(23): 2211–22
[173] Negishi S et al. (2005) The Effect of Relaxin Treatment on Skeletal Muscle Injuries. The American Journal of Sports Medicine. 33(12): 1816–1824
[174] Menetrey J et al. (2000) Growth factors improve muscle healing in vivo. J Bone Joint Surg Br. 82(1): 131–7
[175] Fryburg DA (1994) Insulin-like growth factor I exerts growth hormone- and insulin-like actions on human muscle protein metabolism. Am J Physiol. 267(2 Pt 1): E331–6
[176] Adams GR, McCue SA (1998) Localized infusion of IGF-I results in skeletal muscle hypertrophy in rats.J Appl Physiol; 84(5): 1716–22
[177] Bark TH et al. (1998) Increased protein synthesis after acute IGF-I or insulin infusion is localized to muscle in mice. Am J Physiol. 275(1 Pt 1): E118–23

[178] Barton-Davis ER et al. (1998) Viral mediated expression of insulin-like growth factor I blocks the aging-related loss of skeletal muscle function Proc Natl Acad Sci U S A. 95(26): 15603–7
[179] Chakravarthy MV et.al. (2000) IGF-I restores satellite cell proliferative potential in immobilized old skeletal muscle.J Appl Physiol; 89(4): 1365–79
[180] Musarò A et al. (2001) Localized Igf-1 transgene expression sustains hypertrophy and regeneration in senescent skeletal muscle. Nat Genet. 27(2): 195–200
[181] Pelosi L et al. (2007) Local expression of IGF-1 accelerates muscle regeneration by rapidly modulating inflammatory cytokines and chemokines. The FASEB Journal. 21(7): 1393–1402
[182] Bodine SC et al. (2001) Identification of ubiquitin ligases required for skeletal muscle atrophy. Science. 23; 294(5547): 1704–8
[183] Sacheck JM (2004) IGF-I stimulates muscle growth by suppressing protein breakdown and expression of atrophy-related ubiquitin ligases, atrogin-1 and MuRF1. AJP: Endocrinology and Metabolism. 287(4): E591–E601
[184] Schakman O (2005) Insulin-Like Growth Factor-I Gene Transfer by Electroporation Prevents Skeletal Muscle Atrophy in Glucocorticoid-Treated Rats. Endocrinology. 146(4): 1789–1797
[185] Goldspink G, Wessner B, Bachl N (2008) Growth factors, muscle function and doping. Curr Opin Pharmacol. 8(3): 352–7
[186] Hill M, Goldspink G (2003) Expression and splicing of the insulin-like growth factor gene in rodent muscle is associated with muscle satellite (stem) cell activation following local tissue damage. The Journal of Physiology. 549(2): 409–418
[187] Bamman MM et al. (2007) Cluster analysis tests the importance of myogenic gene expression during myofiber hypertrophy in humans. J Appl Physiol. 102(6): 2232–9
[188] Goldspink G, Yang SY (2004) The splicing of the IGF-I gene to yield different muscle growth factors. Adv Genet. 52: 23–49
[189] Gunther S et al. (2013) Myf5-positive satellite cells contribute to pax7-dependent long-term maintenance of adult muscle stem cells. Cell Stem Cell. 13(5): 590–601
[190] Klossner S et al. (2009) Mechano-transduction to muscle protein synthesis is modulated by FAK. Eur J Appl Physiol. 106(3): 389–98
[191] Kandalla PK et al. (2011) Mechano Growth Factor E peptide (MGF-E), derived from an isoform of IGF-1, activates human muscle progenitor cells and induces an increase in their fusion potential at different ages. Mech Ageing Dev. 132(4): 154–62
[192] Grounds MD (1998) Age-associated changes in the response of skeletal muscle cells to exercise and regeneration.Ann N Y Acad Sci. 854: 78–91
[193] Barton-Davis ER, Shoturma DI, Sweeney HL (1999) Contribution of satellite cells to IGF-I induced hypertrophy of skeletal muscle. Acta Physiol Scand. 167(4): 301–5
[194] Barton ER, DeMeo J, Lei H (2010) The insulin-like growth factor (IGF)-I E-peptides are required for isoform-specific gene expression and muscle hypertrophy after local IGF-I production. J Appl Physiol (1985). 108(5): 1069–76
[195] Kadi F et al. (2004) Satellite cells and myonuclei in young and elderly women and men. Muscle Nerve. 29(1): 120–7
[196] Chargé SB, Rudnicki MA (2004) Cellular and molecular regulation of muscle regeneration. Physiol Rev. 84(1): 209–38
[197] Alway SE et al. (2002) Potential role for Id myogenic repressors in apoptosis and attenuation of hypertrophy in muscles of aged rats. Am J Physiol Cell Physiol. 283(1): C66–76
[198] Bigot A et al. (2008) Replicative aging down-regulates the myogenic regulatory factors in human myoblasts. Biol Cell,. 100(3): 189–99
[199] Ryall JG, Schertzer JD, Lynch GS (2008) Cellular and molecular mechanisms underlying age-related skeletal muscle wasting and weakness. Biogerontology. 9(4): 213–28
[200] Liu Y et al. (2008) Response of growth and myogenic factors in human skeletal muscle to strength training. Br J Sports Med. 42(12): 989–93
[201] Carpenter V et al. (2008) Mechano-growth factor reduces loss of cardiac function in acute myocardial infarction. Heart Lung Circ. 17(1): 33–9
[202] Beiter T et al. (2011) Direct and long-term detection of gene doping in conventional blood samples. Gene Ther. 18(3): 225–31
[203] Edwall D et al. (1989) Induction of insulin-like growth factor I messenger ribonucleic acid during regeneration of rat skeletal muscle. Endocrinology. 124(2): 820–5
[204] Levinovitz A et al. (1992) Activation of insulin-like growth factor II expression during skeletal muscle regeneration in the rat: correlation with myotube formation. Mol Endocrinol. 6(8): 1227–34
[205] Krishan K, Dhoot GK (1996) Changes in some troponin and insulin-like growth factor messenger ribonucleic acids in regenerating and denervated skeletal muscles. J Muscle Res Cell Motil. 17(5): 513–21
[206] Bakay M et al. (2002) A web-accessible complete transcriptome of normal human and DMD muscle Neuromuscul Disord. 12 Suppl 1: S125–41
[207] Hayashi S et al. (2004) Sequence of IGF-I, IGF-II, and HGF expression in regenerating skeletal muscle. Histochemistry and Cell Biology. 122(5): 427–434
[208] Husmann I et al. (1996) Growth factors in skeletal muscle regeneration Cytokine Growth Factor Rev. 7(3): 249–58
[209] de Lapeyrière O et al. (1993) Expression of the Fgf6 gene is restricted to developing skeletal muscle in the mouse embryo. Development. 118(2): 601–11

[210] Floss T, Arnold HH, Braun T (1997) A role for FGF-6 in skeletal muscle regeneration. Genes & Development. 11(16): 2040–2051

[211] Kastner S et al. (2000) Gene Expression Patterns of the Fibroblast Growth Factors and Their Receptors During Myogenesis of Rat Satellite Cells. Journal of Histochemistry & Cytochemistry. 48(8): 1079–1096

[212] Anderson JE et al. (1995) The time course of basic fibroblast growth factor expression in crush-injured skeletal muscles of SJL/J and BALB/c mice Exp Cell Res. 216(2): 325–34

[213] Mitchell CA et al. (1996) The exogenous administration of basic fibroblast growth factor to regenerating skeletal muscle in mice does not enhance the process of regeneration.Growth Factors. 13(1–2): 37–55

[214] Nakamura S et al. (2008) Effect of controlled release of fibroblast growth factor-2 from chitosan/fucoidan micro complex-hydrogel onin vitro andin vivo vascularization. Journal of Biomedical Materials Research Part A. 85A(3): 619–627

[215] Lee J-S et al. (2007) Combined administration of naked DNA vectors encoding VEGF and bFGF enhances tissue perfusion and arteriogenesis in ischemic hindlimb. Biochemical and Biophysical Research Communications. 360(4): 752–758

[216] Efthimiadou A (2006) Angiogenic effect of intramuscular administration of basic and acidic fibroblast growth factor on skeletal muscles and influence of exercise on muscle angiogenesis * Commentary. British Journal of Sports Medicine. 40(1): 35–39

[217] Rosengart TK et al. (1997) Therapeutic angiogenesis: a comparative study of the angiogenic potential of acidic fibroblast growth factor and heparin. J Vasc Surg. 26(2): 302–12

[218] Lefaucheur JP, Sebille A. (1995) Basic fibroblast growth factor promotes in vivo muscle regeneration in murine muscular dystrophy. Neurosci Lett. 202(1-2): 121–4

[219] Lefaucheur JP, Sébille A. (1995) Muscle regeneration following injury can be modified in vivo by immune neutralization of basic fibroblast growth factor, transforming growth factor beta 1 or insulin-like growth factor I. J Neuroimmunol. 57(1–2): 85–91

[220] Yablonka-Reuveni Z, Seger R, Rivera AJ (1999) Fibroblast Growth Factor Promotes Recruitment of Skeletal Muscle Satellite Cells in Young and Old Rats. Journal of Histochemistry & Cytochemistry. 47(1): 23–42

[221] Conlon I, Raff M (1999) Size control in animal development.Cell. 96(2): 235–44

[222] Benabdallah BF, Bouchentouf M, Tremblay JP (2005) Improved success of myoblast transplantation in mdx mice by blocking the myostatin signal. Transplantation. 79(12): 1696–702

[223] Carlson CJ et al. (1999) Skeletal muscle myostatin mRNA expression is fiber-type specific and increases during hindlimb unloading. Am J Physiol. 277(2 Pt 2): R601–6

[224] Dasarathy S et al. (2004) Skeletal muscle atrophy is associated with an increased expression of myostatin and impaired satellite cell function in the portacaval anastamosis rat. Am J Physiol Gastrointest Liver Physiol. 287(6): G1124–30

[225] Kim JS, Cross JM, Bamman MM (2005) Impact of resistance loading on myostatin expression and cell cycle regulation in young and older men and women. Am J Physiol Endocrinol Metab. 288(6): E1110–9

[226] Haddad FH, Mahafza SM (2008) Impact of metabolic syndrome's components on the development of cardiovascular disease in a Jordanian cohort with metabolic syndrome. Saudi Med J. 29(9): 1299–305

[227] Garma T et al. (2007) Similar acute molecular responses to equivalent volumes of isometric, lengthening, or shortening mode resistance exercise. J Appl Physiol (1985). 102(1): 135–43

[228] Kim JS et al. (2007) Load-mediated downregulation of myostatin mRNA is not sufficient to promote myofiber hypertrophy in humans: a cluster analysis. J Appl Physiol (1985). 103(5): 1488–95

[229] Hittel DS et al. (2009) Increased Secretion and Expression of Myostatin in Skeletal Muscle From Extremely Obese Women. Diabetes. 58(1): 30–38

[230] Suryawan A et al. (2006) Expression of the TGF-β Family of Ligands Is Developmentally Regulated in Skeletal Muscle of Neonatal Rats. Pediatric Research. 59(2): 175–179

[231] Taylor WE et al. (2001) Myostatin inhibits cell proliferation and protein synthesis in C2C12 muscle cells.Am J Physiol Endocrinol Metab. 280(2): E221–8

[232] Welle S, Bhatt K, Pinkert CA (2006) Myofibrillar protein synthesis in myostatin-deficient mice. Am J Physiol Endocrinol Metab. 290(3): E409–15

[233] Stewart CE, Rittweger J (2006) Adaptive processes in skeletal muscle: molecular regulators and genetic influences. J Musculoskelet Neuronal Interact. 6(1): 73–86

[234] Amthor H et al. (2007) Lack of myostatin results in excessive muscle growth but impaired force generation. Proceedings of the National Academy of Sciences. 104(6): 1835–1840

[235] Kirk S et al. (2000) Myostatin regulation during skeletal muscle regeneration. J Cell Physiol. 184(3): 356–63

[236] Roth S et al. (2003) Myostatin gene expression is reduced in humans with heavy-resistance strength training: a brief communication.Exp Biol Med (Maywood). 228(6): 706–9

[237] Louis E et al. (2007) Time course of proteolytic, cytokine, and myostatin gene expression after acute exercise in human skeletal muscle. J Appl Physiol. 103(5): 1744–51

[238] Hittel DS et al. (2010) Myostatin Decreases with Aerobic Exercise and Associates with Insulin Resistance. Medicine & Science in Sports & Exercise. 42(11): 2023–2029

[239] Klitgaard H et al. (1989) Morphological and biochemical changes in old rat muscles: effect of increased use. J Appl Physiol (1985). 67(4): 1409–17

[240] Matsakas A et al. (2006) Effect of swimming on myostatin expression in white and red gastrocnemius muscle and in cardiac muscle of rats. Experimental Physiology. 91(6): 983–994

[241] Wehling M et al. (2000) Modulation of myostatin expression during modified muscle use. FASEB J. 14(1): 103–10

[242] Lawlor MW et al. (2011) Inhibition of Activin Receptor Type IIB Increases Strength and Lifespan in Myotubularin-Deficient Mice. The American Journal of Pathology. 178(2): 784–793

[243] Hulmi JJ et al. (2009) Resistance exercise with whey protein ingestion affects mTOR signaling pathway and myostatin in men. J Appl Physiol. 106(5): 1720–9

[244] Callis TE et al. (2009) MicroRNA-208a is a regulator of cardiac hypertrophy and conduction in mice. Journal of Clinical Investigation. 119(9): 2772–2786

[245] Kraemer WJ et al. (2002) American College of Sports Medicine position stand. Progression models in resistance training for healthy adults. Med Sci Sports Exerc. 34(2): 364–80

[246] Willoughby DS (2004) Effects of an alleged myostatin-binding supplement and heavy resistance training on serum myostatin, muscle strength and mass, and body composition. Int J Sport Nutr Exerc Metab. 14(4): 461–72

[247] Willoughby DS (2004) Effects of heavy resistance training on myostatin mRNA and protein expression. Med Sci Sports Exerc. 36(4): 574–82

[248] Peters D (2003) Asynchronous functional, cellular and transcriptional changes after a bout of eccentric exercise in the rat. The Journal of Physiology. 553(3): 947–957

[249] Manini TM et al. (2011) Myogenic and proteolytic mRNA expression following blood flow restricted exercise. Acta Physiol (Oxf). 201(2): 255–63

[250] Bogdanovich S et al. (2002) Functional improvement of dystrophic muscle by myostatin blockade. Nature. 420(6914): 418–21

[251] Whittemore LA et al. (2003) Inhibition of myostatin in adult mice increases skeletal muscle mass and strength. Biochem Biophys Res Commun. 300(4): 965–71

[252] McMahon CD et al. (2003) Myostatin-deficient mice lose more skeletal muscle mass than wild-type controls during hindlimb suspension. Am J Physiol Endocrinol Metab. 285(1): E82–7

[253] Gentry BA et al. (2011) Hindlimb skeletal muscle function in myostatin-deficient mice. Muscle & Nerve. 43(1): 49–57

[254] Wagner KR et al. (2008) A phase I/IItrial of MYO-029 in adult subjects with muscular dystrophy. Ann Neurol. 63(5): 561–71

[255] Yarasheski KE et al. (2002) Serum myostatin-immunoreactive protein is increased in 60-92 year old women and men with muscle wasting. J Nutr Health Aging. 6(5): 343–8

[256] Léger B et al. (2008) Human Sarcopenia Reveals an Increase in SOCS-3 and Myostatin and a Reduced Efficiency of Akt Phosphorylation. Rejuvenation Research. 11(1):163–175B

[257] Marcell TJ et al. (2001) Comparison of GH, IGF-I, and testosterone with mRNA of receptors and myostatin in skeletal muscle in older men. Am J Physiol Endocrinol Metab. 281(6): E1159–64

[258] Ratkevicius A et al. (2011) Serum concentrations of myostatin and myostatin-interacting proteins do not differ between young and sarcopenic elderly men. J Gerontol A Biol Sci Med Sci. 66(6): 620–6

[259] Reardon KA et al. (2001) Myostatin, insulin-like growth factor-1, and leukemia inhibitory factor mRNAs are upregulated in chronic human disuse muscle atrophy. Muscle Nerve. 24(7): 893–9

[260] Pedersen BK, Febbraio MA (2008) Muscle as an endocrine organ: focus on muscle-derived interleukin-6. Physiol Rev. 88(4): 1379–406

[261] Fischer CP et al. (2007) Plasma levels of interleukin-6 and C-reactive protein are associated with physical inactivity independent of obesity. Scand J Med Sci Sports. 17(5): 580–7

[262] Frost RA, Lang CH (2005) Skeletal muscle cytokines: regulation by pathogen-associated molecules and catabolic hormones. Curr Opin Clin Nutr Metab Care. 8(3): 255–63

[263] Zhao B, Wall RJ, Yang J (2005) Transgenic expression of myostatin propeptide prevents diet-induced obesity and insulin resistance. Biochem Biophys Res Commun. 337(1): 248–55

[264] Lang CH et al. (2006) Sepsis and inflammatory insults downregulate IGFBP-5, but not IGFBP-4, in skeletal muscle via a TNF-dependent mechanism. Am J Physiol Regul Integr Comp Physiol. 290(4): R963–72

[265] Lang CH, Frost RA (2007) Sepsis-induced suppression of skeletal muscle translation initiation mediated by tumor necrosis factor alpha. Metabolism. 56(1): 49–57

[266] Deasy BM et al. (2009) Effect of VEGF on the Regenerative Capacity of Muscle Stem Cells in Dystrophic Skeletal Muscle. Molecular Therapy. 17(10): 1788–1798

[267] Germani A et al. (2003)Vascular endothelial growth factor modulates skeletal myoblast function. Am J Pathol. 163(4): 1417–28

[268] Arsic N et al. (2004) Vascular endothelial growth factor stimulates skeletal muscle regeneration in Vivo. Molecular Therapy. 10(5): 844–854

[269] Messina S et al. (2007) VEGF overexpression via adeno-associated virus gene transfer promotes skeletal muscle regeneration and enhances muscle function in mdx mice. The FASEB Journal. 21(13): 3737–3746

[270] Levenberg S et al. (2005) Engineering vascularized skeletal muscle tissue. Nat Biotechnol. 23(7): 879–84

[271] Oshima H et al. (2005) Differential myocardial infarct repair with muscle stem cells compared to myoblasts. Mol Ther. 12(6): 1130–41
[272] Baffour R et al. (2000) Angiogenic therapy for the chronically ischemic lower limb in a rabbit model. J Surg Res. 93(2): 219–29
[273] Silvestre JS et al. (2003) Vascular endothelial growth factor-B promotes in vivo angiogenesis. Circ Res. 93(2): 114–23
[274] Srivastava S, Terjung RL, Yang HT (2003) Basic fibroblast growth factor increases collateral blood flow in spontaneously hypertensive rats. Am J Physiol Heart Circ Physiol. 285(3): H1190–7
[275] Voskuil M et al. (2003) Modulation of collateral artery growth in a porcine hindlimb ligation model using MCP-1. Am J Physiol Heart Circ Physiol. 284(4): H1422–8
[276] Lazarous DF et al. (2000) Basic fibroblast growth factor in patients with intermittent claudication: results of a phase I trial. J Am Coll Cardiol. 36(4): 1239–44
[277] Kusumanto YH et al. (2006) Treatment with intramuscular vascular endothelial growth factor gene compared with placebo for patients with diabetes mellitus and critical limb ischemia: a double-blind randomized trial. Hum Gene Ther. 17(6): 683–1
[278] Allen RE, Boxhorn LK (1987) Inhibition of skeletal muscle satellite cell differentiation by transforming growth factor-beta. J Cell Physiol. 133(3): 567–72
[279] Allen RE, Boxhorn LK (1989) Regulation of skeletal muscle satellite cell proliferation and differentiation by transforming growth factor-beta, insulin-like growth factor I, and fibroblast growth factor. J Cell Physiol. 138(2): 311–5
[280] Greene EA, Allen RE (1991) Growth factor regulation of bovine satellite cell growth in vitro.J Anim Sci. 69(1): 146–52
[281] Lefaucheur J-P et al. (1996) Angiogenic and inflammatory responses following skeletal muscle injury are altered by immune neutralization of endogenous basic fibroblast growth factor, insulin-like growth factor-1 and transforming growth factor-β1. Journal of Neuroimmunology. 70(1): 37–44
[282] McLennan IS, Koishi K (2002) The transforming growth factor-betas: multifaceted regulators of the development and maintenance of skeletal muscles, motoneurons and Schwann cells. Int J Dev Biol. 46(4): 559–67
[283] Hamrick MW et al. (2010) Role of muscle-derived growth factors in bone formation. J Musculoskelet Neuronal Interact. 10(1): 64–70
[284] Spangenburg EE, Booth FW (2006) Leukemia inhibitory factor restores the hypertrophic response to increased loading in the LIF(–/–) mouse. Cytokine. 34(3-4): 125–130
[285] Gregorevic P, Williams DA, Lynch GS (2002) Effects of leukemia inhibitory factor on rat skeletal muscles are modulated by clenbuterol. Muscle & Nerve. 25(2): 194–201
[286] Spangenburg EE, Booth FW (2002) Multiple signaling pathways mediate LIF-induced skeletal muscle satellite cell proliferation. AJP: Cell Physiology. 283(1): C204–C211
[287] Austin L et al. (2000) Leukemia inhibitory factor ameliorates muscle fiber degeneration in the mdx mouse. Muscle Nerve. 23(11): 1700–5
[288] Barnard W et al. (1994) Leukemia inhibitory factor (LIF) infusion stimulates skeletal muscle regeneration after injury: injured muscle expresses lif mRNA. J Neurol Sci. 123(1-2): 108–13
[289] White JD et al. (2001) Leukemia inhibitory factor enhances regeneration in skeletal muscles after myoblast transplantation.Muscle Nerve. 24(5): 695–7
[290] Dowsing BJ (1999) Leukemia inhibitory factor is an autocrine survival factor for Schwann cells. J Neurochem. 73(1): 96–104
[291] Kami K et al. (2000) Gene Expression of Receptors for IL-6, LIF, and CNTF in Regenerating Skeletal Muscles. Journal of Histochemistry & Cytochemistry. 48(9): 1203–1213
[292] Fernyhough P, Maeda K, Tomlinson DR (1996) Brain-derived neurotrophic factor mRNA levels are up-regulated in hindlimb skeletal muscle of diabetic rats: effect of denervation. Exp Neurol. 141(2): 297–303
[293] Funakoshi H et al. (1993) Differential expression of mRNAs for neurotrophins and their receptors after axotomy of the sciatic nerve. J Cell Biol, 1993. 123(2): 455–65
[294] Funakoshi H et al. (1995) Muscle-derived neurotrophin-4 as an activity-dependent trophic signal for adult motor neurons. Science. 268(5216): 1495–9
[295] Gomez-Pinilla F et al. (2001) Differential regulation by exercise of BDNF and NT-3 in rat spinal cord and skeletal muscle. Eur J Neurosci. 13(6): 1078–84
[296] Cuppini R et al. (2007) Bdnf expression in rat skeletal muscle after acute or repeated exercise. Arch Ital Biol. 145(2): 99–110
[297] Liem RS, Brouwer N, Copray JC (2001) Ultrastructural localisation of intramuscular expression of BDNF mRNA by silver-gold intensified non-radioactive in situ hybridisation. Histochem Cell Biol. 116(6): 545–51
[298] Gonzalez M et al. (1999) Disruption of Trkb-mediated signaling induces disassembly of postsynaptic receptor clusters at neuromuscular junctions. Neuron. 24(3): 567–83
[299] Kermani P et al. (2005) Neurotrophins promote revascularization by local recruitment of TrkB+ endothelial cells and systemic mobilization of hematopoietic progenitors. J Clin Invest. 115(3): 653–63
[300] Pitts EV et al. (2006) Neurotrophin and Trk-mediated signaling in the neuromuscular system. Int Anesthesiol Clin. 44(2): 21–76
[301] Adlard PA et al. (2004) The timecourse of induction of brain-derived neurotrophic factor mRNA and protein in the rat hippocampus following voluntary exercise. Neurosci Lett. 363(1): 43–8

[302] Widenfalk J, Olson L, Thoren P (1999) Deprived of habitual running, rats downregulate BDNF and TrkB messages in the brain. Neurosci Res. 34(3): 125–32

[303] Gomez-Pinilla F et al. (2002) Voluntary exercise induces a BDNF-mediated mechanism that promotes neuroplasticity. J Neurophysiol. 88(5): 2187–95

[304] Ogborn DI, Gardiner PF (2010) Effects of exercise and muscle type on BDNF, NT-4/5, and TrKB expression in skeletal muscle. Muscle Nerve. 41(3): 385–91

[305] Luo J et al. (2005) Gene therapy for bone regeneration. Curr Gene Ther. 5(2): 167–79

[306] Chen L et al. (2010) Insulin-like growth factor 2 (IGF-2) potentiates BMP-9-induced osteogenic differentiation and bone formation. J Bone Miner Res. 25(11): 2447–59

[307] Rauch F et al. (2004) The 'muscle-bone unit' during the pubertal growth spurt. Bone. 2004. 34(5): 771–775

[308] Greenlund LJ, Nair KS (2003) Sarcopenia--consequences, mechanisms, and potential therapies. Mech Ageing Dev. 124(3): 287–99

[309] Warner SE et al. (2006) Botox induced muscle paralysis rapidly degrades bone. Bone. 38(2): 257–64

[310] Stein H et al. (2002) The muscle bed--a crucial factor for fracture healing: a physiological concept. Orthopedics. 25(12): 1379–83

[311] Gerstenfeld LC, Einhorn TA (2003) Developmental aspects of fracture healing and the use of pharmacological agents to alter healing. J Musculoskelet Neuronal Interact. 3(4): 297–303; discussion 320–1

[312] Utvag SE et al. (2003) Influence of extensive muscle injury on fracture healing in rat tibia. J Orthop Trauma. 17(6): 430–5

[313] Lisignoli G et al. (2001) Basic fibroblast growth factor enhances in vitro mineralization of rat bone marrow stromal cells grown on non-woven hyaluronic acid based polymer scaffold. Biomaterials. 22(15): 2095–105

[314] Kato T et al. (1998) Single local injection of recombinant fibroblast growth factor-2 stimulates healing of segmental bone defects in rabbits. J Orthop Res. 16(6): 654–9

[315] Zellin G, Linde A (2000) Effects of recombinant human fibroblast growth factor-2 on osteogenic cell populations during orthopic osteogenesis in vivo. Bone. 26(2): 161–8

[316] Radomsky ML et al. (1999) Novel formulation of fibroblast growth factor-2 in a hyaluronan gel accelerates fracture healing in nonhuman primates. J Orthop Res. 17(4): 607–14

[317] Kawaguchi H et al. (2007) Local application of recombinant human fibroblast growth factor-2 on bone repair: A dose-escalation prospective trial on patients with osteotomy. Journal of Orthopaedic Research. 25(4): 480–487

[318] Solchaga LA et al. (2005) FGF-2 enhances the mitotic and chondrogenic potentials of human adult bone marrow-derived mesenchymal stem cells. Journal of Cellular Physiology. 203(2): 398–409

[319] Chiou M, Xu Y, Longaker MT (2006) Mitogenic and chondrogenic effects of fibroblast growth factor-2 in adipose-derived mesenchymal cells. Biochemical and Biophysical Research Communications. 343(2): 644–652

[320] Goetsch SC et al. (2003) Transcriptional profiling and regulation of the extracellular matrix during muscle regeneration. Physiol Genomics. 14(3): 261–71

[321] Banu J, Wang L, Kalu DN (2003) Effects of increased muscle mass on bone in male mice overexpressing IGF-I in skeletal muscles. Calcif Tissue Int. 73(2): 196–201

[322] Alzghoul MB (2004) Ectopic expression of IGF-I and Shh by skeletal muscle inhibits disuse-mediated skeletal muscle atrophy and bone osteopenia in vivo. The FASEB Journal

[323] Wessner B et al. (2012) Einfluss der Dauer wintersportlicher Aktivität vor einer Bandverletzung auf die Expression von COL1A1, COL3A1, TGF-b1 und CTGF im Sehnengewebe, in Medizinische Universität Wien. Institut für Sportwissenschaft und Universitätssport: Wien

[324] Erlebacher A et al. (1998) Osteoblastic responses to TGF-beta during bone remodeling. Mol Biol Cell. 9(7): 1903–18

[325] Filvaroff E et al. (1999) Inhibition of TGF-beta receptor signaling in osteoblasts leads to decreased bone remodeling and increased trabecular bone mass. Development. 126(19): 4267–79

[326] Tang Y et al. (2009) TGF-β1–induced migration of bone mesenchymal stem cells couples bone resorption with formation. Nature Medicine. 15(7): 757–765

[327] Bailey DuBose K, Zayzafoon M, Murphy-Ullrich JE (2012) Thrombospondin-1 inhibits osteogenic differentiation of human mesenchymal stem cells through latent TGF-β activation. Biochemical and Biophysical Research Communications. 422(3): 488–493

[328] Alliston T (2006) TGF-beta regulation of osteoblast differentiation and bone matrix properties. J Musculoskelet Neuronal Interact. 6(4): 349–50

[329] Mohammad KS et al. (2009) Pharmacologic inhibition of the TGF-beta type I receptor kinase has anabolic and anti-catabolic effects on bone. PLoS ONE. 4(4): e5275

[330] Geiser AG et al. (1998) Decreased bone mass and bone elasticity in mice lacking the transforming growth factor-beta1 gene. Bone. 23(2): 87–93

[331] Bismar R et al. (1999) Transforming growth factor beta (TGF-beta) levels in the conditioned media of human bone cells: relationship to donor age, bone volume, and concentration of TGF-beta in human bone matrix in vivo. Bone. 24(6): 565–9

[332] Khosla S et al. (2012) Benefits and Risks of Bisphosphonate Therapy for Osteoporosis. Journal of Clinical Endocrinology & Metabolism. 97(7): 2272–2282

[333] Borton AJ et al. (2001) The loss of Smad3 results in a lower rate of bone formation and osteopenia through dysregulation of osteoblast differentiation and apoptosis. J Bone Miner Res. 16(10): 1754–64

[334] Lieb E et al. (2004) Effects of transforming growth factor beta1 on bonelike tissue formation in three-dimensional cell culture. II: Osteoblastic differentiation. Tissue Eng. 10(9-10): 1414–25
[335] Atfi A, Baron R (2010) PTH battles TGF-beta in bone. Nat Cell Biol. 12(3): 205–7
[336] Schmidmaier G et al. (2003) Synergistic effect of IGF-I and TGF-beta1 on fracture healing in rats: single versus combined application of IGF-I and TGF-beta1. Acta Orthop Scand. 74(5): 604–10
[337] Liang H et al. (1999) Bone anabolic effects of basic fibroblast growth factor in ovariectomized rats. Endocrinology; 140(12): 5780–8
[338] Fowlkes JL et al. (2006) Effects of systemic and local administration of recombinant human IGF-I (rhIGF-I) on de novo bone formation in an aged mouse model. J Bone Miner Res. 21(9): 1359–66
[339] Moya ML et al. (2010) The effect of FGF-1 loaded alginate microbeads on neovascularization and adipogenesis in a vascular pedicle model of adipose tissue engineering. Biomaterials. 31(10): 2816–2826
[340] Reid LR et al. (1990) Leukemia inhibitory factor: a novel bone-active cytokine. Endocrinology. 126(3): 1416–20
[341] Dazai S et al. (2000) Leukemia inhibitory factor enhances bone formation in calvarial bone defect. J Craniofac Surg. 11(6): 513–20
[342] Malaval L, Aubin JE (2001) Biphasic effects of leukemia inhibitory factor on osteoblastic differentiation. J Cell Biochem Suppl. Suppl 36: 63–70
[343] Trippel SB (1997) Growth factors as therapeutic agents. Instr Course Lect. 46: 473–6
[344] Andrew JG et al. (1995) Platelet-derived growth factor expression in normally healing human fractures. Bone. 16(4): 455–60
[345] Schmidt M, Chen E, Lynch S (2006) A review of the effects of insulin-like growth factor and platelet derived growth factor on in vivo cartilage healing and repair. Osteoarthritis and Cartilage. 14(5): 403–412
[346] Canalis E, McCarthy TL, Centrella M (1989) Effects of platelet-derived growth factor on bone formation in vitro. J Cell Physiol. 140(3): 530–7
[347] Nash TJ et al. (1994) Effect of platelet-derived growth factor on tibial osteotomies in rabbits. Bone. 15(2): 203–8
[348] Heckman JD et al. (1991) The use of bone morphogenetic protein in the treatment of non-union in a canine model. J Bone Joint Surg Am. 73(5): 750–64
[349] Angle SR et al. (2012) Healing of rat femoral segmental defect with bone morphogenetic protein-2: a dose response study. J Musculoskelet Neuronal Interact. 12(1): 28–37
[350] Tazaki J et al. (2009) BMP-2 release and dose-response studies in hydroxyapatite and beta-tricalcium phosphate. Biomed Mater Eng. 19(2-3): 141–6
[351] van den Dolder J et al. (2003) Observations on the effect of BMP-2 on rat bone marrow cells cultured on titanium substrates of different roughness. Biomaterials. 24(11): 1853–60
[352] Mason JM et al. (1998) Expression of human bone morphogenic protein 7 in primary rabbit periosteal cells: potential utility in gene therapy for osteochondral repair. Gene Ther. 5(8): 1098–104
[353] Riew KD et al. (1998) Induction of bone formation using a recombinant adenoviral vector carrying the human BMP-2 gene in a rabbit spinal fusion model. Calcif Tissue Int. 63(4): 357–60
[354] Gazit D et al. (1999) Engineered pluripotent mesenchymal cells integrate and differentiate in regenerating bone: a novel cell-mediated gene therapy. J Gene Med. 1(2): 121–33
[355] Lou J et al. (1999) Gene therapy: adenovirus-mediated human bone morphogenetic protein-2 gene transfer induces mesenchymal progenitor cell proliferation and differentiation in vitro and bone formation in vivo. J Orthop Res. 17(1): 43–50
[356] Krebsbach PH et al. (2000) Gene therapy-directed osteogenesis: BMP-7-transduced human fibroblasts form bone in vivo. Hum Gene Ther. 11(8): 1201–10
[357] Franceschi RTet al. (2000) Gene therapy for bone formation: in vitro and in vivo osteogenic activity of an adenovirus expressing BMP7. J Cell Biochem. 78(3): 476–86
[358] Okubo Y et al. (2000) Osteoinduction by Bone Morphogenetic Protein-2 via Adenoviral Vector under Transient Immunosuppression. Biochemical and Biophysical Research Communications. 267(1): 382–387
[359] Sandhu H et al. (2001) Demineralized bone matrix, bone morphogenetic proteins, and animal models of spine fusion: an overview. European Spine Journal. 10(0): S122–S131
[360] Lee SJ (2001) Regulation of myostatin activity and muscle growth. Proceedings of the National Academy of Sciences. 98(16): 9306–9311
[361] Varady P et al. (2001) Morphologic analysis of BMP-9 gene therapy-induced osteogenesis. Hum Gene Ther. 12(6): 697–710
[362] Kang Q et al. (2004) Characterization of the distinct orthotopic bone-forming activity of 14 BMPs using recombinant adenovirus-mediated gene delivery. Gene Ther. 11(17): 1312–20
[363] Cheng H (2003) Osteogenic activity of the fourteen types of human bone morphogenetic proteins (BMPs). J Bone Joint Surg Am. 85-A(8): 1544–52
[364] Peng Y et al. (2003) Transcriptional characterization of bone morphogenetic proteins (BMPs)-mediated osteogenic signaling. Journal of Cellular Biochemistry. 90(6): 1149–1165
[365] Peng Y (2004) Inhibitor of DNA Binding/Differentiation Helix-Loop-Helix Proteins Mediate Bone Morphogenetic Protein-induced Osteoblast Differentiation of Mesenchymal Stem Cells. Journal of Biological Chemistry. 279(31): 32941–32949
[366] Luo Q (2004) Connective Tissue Growth Factor (CTGF) Is Regulated by Wnt and Bone Morphogenetic Proteins Signaling in Osteoblast Differentiation of Mesenchymal Stem Cells. Journal of Biological Chemistry. 279(53): 55958–55968

[367] Smith DM et al. (2012) Precise control of osteogenesis for craniofacial defect repair: the role of direct osteoprogenitor contact in BMP-2-based bioprinting. Ann Plast Surg. 69(4): 485–8

[368] Jung RE et al. (2009) A randomized-controlled clinical trial evaluating clinical and radiological outcomes after 3 and 5 years of dental implants placed in bone regenerated by means of GBR techniques with or without the addition of BMP-2. Clin Oral Implants Res. 20(7): 660–6

[369] Bodde EW et al. (2008) The kinetic and biological activity of different loaded rhBMP-2 calcium phosphate cement implants in rats. J Biomed Mater Res A. 87(3): 780–91

[370] Shields LB et al. (2006) Adverse effects associated with high-dose recombinant human bone morphogenetic protein-2 use in anterior cervical spine fusion. Spine (Phila Pa 1976). 31(5): 542–7

[371] Grgurevic L et al. (2011) Bone morphogenetic protein (BMP)1-3 enhances bone repair. Biochem Biophys Res Commun. 408(1): 25–31

[372] Kakagia DD et al. (2007) Synergistic action of protease-modulating matrix and autologous growth factors in healing of diabetic foot ulcers. A prospective randomized trial. J Diabetes Complications. 21(6): 387–91

[373] Chang J et al. (1998) Molecular studies in flexor tendon wound healing: the role of basic fibroblast growth factor gene expression. J Hand Surg Am. 23(6): 1052–8

[374] Cool S et al. (2003) Temporal expression of fibroblast growth factor receptors during primary ligament repair. Knee Surgery, Sports Traumatology, Arthroscopy. 12(5)

[375] Chan BP et al. (2000) Effects of basic fibroblast growth factor (bFGF) on early stages of tendon healing: a rat patellar tendon model. Acta Orthop Scand. 71(5): 513–8

[376] Kobayashi D et al. (1997) Effect of basic fibroblast growth factor on the healing of defects in the canine anterior cruciate ligament. Knee Surg Sports Traumatol Arthrosc. 5(3): 189–94

[377] DesRosiers EA, Yahia L, Rivard CH (1996) Proliferative and matrix synthesis response of canine anterior cruciate ligament fibroblasts submitted to combined growth factors. J Orthop Res. 14(2): 200–8

[378] Abrahamsson SO, Lohmander S (1996) Differential effects of insulin-like growth factor-I on matrix and DNA synthesis in various regions and types of rabbit tendons. J Orthop Res. 14(3): 370–6

[379] Murphy DJ, Nixon AJ (1997) Biochemical and site-specific effects of insulin-like growth factor I on intrinsic tenocyte activity in equine flexor tendons. Am J Vet Res. 58(1): 103–9

[380] Steinert A et al. (2008) In situ IGF-1 gene delivery to cells emerging from the injured anterior cruciate ligament. Biomaterials. 29(7): 904–916

[381] Hansen M et al. (2013) Local administration of insulin-like growth factor-I (IGF-I) stimulates tendon collagen synthesis in humans. Scand J Med Sci Sports. 23(5): 614–9

[382] Tsuzaki M et al. (2000) Insulin-like growth factor-I is expressed by avian flexor tendon cells. J Orthop Res. 18(4): 546–56

[383] Kurtz CA et al. (1999) Insulin-like growth factor I accelerates functional recovery from Achilles tendon injury in a rat model. Am J Sports Med. 27(3): 363–9

[384] Olesen JL et al. (2007) Exercise-dependent IGF-I, IGFBPs, and type I collagen changes in human peritendinous connective tissue determined by microdialysis. J Appl Physiol (1985). 102(1): 214–20

[385] Anaguchi Y et al. (2005) The effect of transforming growth factor-beta on mechanical properties of the fibrous tissue regenerated in the patellar tendon after resecting the central portion. Clinical Biomechanics. 20(9): 959–965

[386] Kondo E (2005) Effects of Administration of Exogenous Growth Factors on Biomechanical Properties of the Elongation-type Anterior Cruciate Ligament Injury With Partial Laceration. American Journal of Sports Medicine. 33(2): 188–196

[387] Paxton JZ, Grover LM, Baar K (2010) Engineering anIn VitroModel of a Functional Ligament from Bone to Bone. Tissue Engineering Part A. 16(11): 3515–3525

[388] Sarrazy V et al. (2011) Mechanisms of pathological scarring: Role of myofibroblasts and current developments. Wound Repair and Regeneration. 19: s10–s15

[389] Chen SJ (2006) The Early-Immediate Gene EGR-1 Is Induced by Transforming Growth Factor-beta and Mediates Stimulation of Collagen Gene Expression. Journal of Biological Chemistry. 281(30): 21183–21197

[390] Lejard V et al. (2011) EGR1 and EGR2 Involvement in Vertebrate Tendon Differentiation. Journal of Biological Chemistry. 286(7): 5855–5867

[391] Hagerty P et al. (2012) The effect of growth factors on both collagen synthesis and tensile strength of engineered human ligaments. Biomaterials. 33(27): 6355–6361

[392] Mendias CL, Bakhurin KI, Faulkner JA (2008) Tendons of myostatin-deficient mice are small, brittle, and hypocellular. Proceedings of the National Academy of Sciences. 105(1): 388–393

[393] Mikic B et al. (2001) GDF-5 deficiency in mice alters the ultrastructure, mechanical properties and composition of the Achilles tendon. J Orthop Res. 19(3): 365–71

[394] Wolfman NM et al. (1997) Ectopic induction of tendon and ligament in rats by growth and differentiation factors 5, 6, and 7, members of the TGF-beta gene family. J Clin Invest. 100(2): 321–30

[395] Forslund C et al. (2003) A comparative dose-response study of cartilage-derived morphogenetic protein (CDMP)-1, -2 and -3 for tendon healing in rats. J Orthop Res. 21(4): 617–21

[396] Bogdanovich S (2005) Myostatin propeptide-mediated amelioration of dystrophic pathophysiology. The FASEB Journal. 19(6): 543–549
[397] Mendias CL et al. (2006) Contractile properties of EDL and soleus muscles of myostatin-deficient mice. J Appl Physiol (1985). 101(3): 898–905
[398] Griffiths RI (1991) Shortening of muscle fibres during stretch of the active cat medial gastrocnemius muscle: the role of tendon compliance. J Physiol. 436: 219–36
[399] Zhang F et al. (2003) Effect of vascular endothelial growth factor on rat Achilles tendon healing. Plast Reconstr Surg. 112(6): 1613–9
[400] Batten ML et al. (1996) Influence of dosage and timing of application of platelet-derived growth factor on early healing of the rat medial collateral ligament. J Orthop Res. 14(5): 736–41
[401] Masuki H et al. (2016) Growth factor and pro-inflammatory cytokine contents in platelet-rich plasma (PRP), plasma rich in growth factors (PRGF), advanced platelet-rich fibrin (A-PRF), and concentrated growth factors (CGF). Int J Implant Dent. 2(1): 19
[402] Engebretsen L, Steffen K (2010) To PRP or not? British Journal of Sports Medicine. 44(15): 1071–1071
[403] Anitua E (1999) Plasma rich in growth factors: preliminary results of use in the preparation of future sites for implants. Int J Oral Maxillofac Implants. 14(4): 529–35
[404] Anitua E et al. (2007) The potential impact of the preparation rich in growth factors (PRGF) in different medical fields☆. Biomaterials. 28(31): 4551–4560
[405] Marx RE (2004) Platelet-rich plasma: evidence to support its use. Journal of Oral and Maxillofacial Surgery. 62(4): 489–496
[406] Cervelli V et al. (2009) Application of platelet-rich plasma in plastic surgery: clinical and in vitro evaluation. Tissue Eng Part C Methods. 15(4): 625–34
[407] Kazakos K et al. (2009) The use of autologous PRP gel as an aid in the management of acute trauma wounds. Injury. 40(8): 801–805
[408] Mei-Dan O et al. (2010) Early return to play following complete rupture of the medial collateral ligament of the elbow using preparation rich in growth factors: A case report. Journal of Shoulder and Elbow Surgery. 19(5): e1–e5
[409] Ehrenfest DM, Rasmusson L, Albrektsson T (2009) Classification of platelet concentrates: from pure platelet-rich plasma (P-PRP) to leucocyte- and platelet-rich fibrin (L-PRF). Trends in Biotechnology. 27(3): 158–167
[410] Paoloni J et al. (2011) Platelet-rich plasma treatment for ligament and tendon injuries.Clin J Sport Med. 21(1): 37–45
[411] Marx RE (2001) Platelet-rich plasma (PRP): what is PRP and what is not PRP? Implant Dent. 10(4): 225–8
[412] Engebretsen L et al. (2010) IOC consensus paper on the use of platelet-rich plasma in sports medicine. British Journal of Sports Medicine. 44(15): 1072–1081
[413] McCarrel T, Fortier L (2009) Temporal growth factor release from platelet-rich plasma, trehalose lyophilized platelets, and bone marrow aspirate and their effect on tendon and ligament gene expression. Journal of Orthopaedic Research. 27(8): 1033–1042
[414] Lopez-Vidriero E et al. (2010) The Use of Platelet-Rich Plasma in Arthroscopy and Sports Medicine: Optimizing the Healing Environment. Arthroscopy: The Journal of Arthroscopic & Related Surgery. 26(2): 269–278
[415] Alsousou J et al. (2009) The biology of platelet-rich plasma and its application in trauma and orthopaedic surgery: a review of the literature. J Bone Joint Surg Br. 91(8): 987–96
[416] Foster TE et al. (2009) Platelet-Rich Plasma: From Basic Science to Clinical Applications. The American Journal of Sports Medicine. 37(11): 2259–2272
[417] Murphy G et al. (1980) The latent collagenase and gelatinase of human polymorphonuclear neutrophil leucocytes. Biochem J. 192(2): 517–25
[418] Anitua E et al. (2004) Autologous platelets as a source of proteins for healing and tissue regeneration. Thromb Haemost. 91(1): 4–15
[419] SaNchez M et al. (2003) Plasma Rich in Growth Factors to Treat an Articular Cartilage Avulsion: A Case Report. Medicine & Science in Sports & Exercise. 35(10): 1648–1652
[420] Frechette JP, Martineau I, Gagnon G (2005) Platelet-rich Plasmas: Growth Factor Content and Roles in Wound Healing. Journal of Dental Research. 84(5): 434–439
[421] Kajikawa Y et al. (2008) Platelet-rich plasma enhances the initial mobilization of circulation-derived cells for tendon healing. Journal of Cellular Physiology. 215(3): 837–845
[422] Anitua E, Alkhraisat MH, Orive G (2012) Perspectives and challenges in regenerative medicine using plasma rich in growth factors. Journal of Controlled Release. 157(1): 29–38
[423] Anitua E et al. (2008) Delivering growth factors for therapeutics. Trends in Pharmacological Sciences. 29(1): 37–41
[424] Reider B (2009) Proceed With Caution. The American Journal of Sports Medicine. 37(11): 2099–2101
[425] Peerbooms JC et al. (2010) Positive Effect of an Autologous Platelet Concentrate in Lateral Epicondylitis in a Double-Blind Randomized Controlled Trial: Platelet-Rich Plasma Versus Corticosteroid Injection With a 1-Year Follow-u The American Journal of Sports Medicine. 38(2): 255–262
[426] de Vos RJ et al. (2010) Platelet-rich plasma injection for chronic Achilles tendinopathy: a randomized controlled trial. JAMA. 303(2): 144–9
[427] Castricini R et al. (2011) Platelet-Rich Plasma Augmentation for Arthroscopic Rotator Cuff Repair: A Randomized Controlled Trial. The American Journal of Sports Medicine. 39(2): 258–265

[428] Schepull T et al. (2011) Autologous Platelets Have No Effect on the Healing of Human Achilles Tendon Ruptures: A Randomized Single-Blind Study. The American Journal of Sports Medicine. 39(1): 38–47
[429] Wright-Carpenter T et al. (2004) Treatment of muscle injuries by local administration of autologous conditioned serum: a pilot study on sportsmen with muscle strains. Int J Sports Med. 25(8): 588–93
[430] Sánchez M et al. (2014) Muscle repair: platelet-rich plasma derivates as a bridge from spontaneity to intervention. Injury. 45 Suppl 4: 7–14
[431] Hamilton BH, Best TM. (2010) Platelet-enriched plasma and muscle strain injuries: challenges imposed by the burden of proof. Clin J Sport Med. 21(1): 31–6
[432] Loo WL et al. (2009) Plasma rich in growth factors to treat adductor longus tear. Ann Acad Med Singapore. 38(8): 733–4
[433] Anitua E et al. (2005) Autologous preparations rich in growth factors promote proliferation and induce VEGF and HGF production by human tendon cells in culture. J Orthop Res. 23(2): 281–6
[434] Anitua E et al. (2006) Autologous fibrin matrices: a potential source of biological mediators that modulate tendon cell activities. J Biomed Mater Res A. 77(2): 285–93
[435] Anitua E et al. (2006) New insights into and novel applications for platelet-rich fibrin therapies. Trends Biotechnol. 24(5): 227–34
[436] Letson AK, Dahners LE (1994) The effect of combinations of growth factors on ligament healing. Clin Orthop Relat Res, 1994(308): 207–12
[437] Hoppe S et al. (2012) Tenocytes of chronic rotator cuff tendon tears can be stimulated by platelet-released growth factors. Journal of Shoulder and Elbow Surgery
[438] St Pierre P et al. (1995) Tendon-healing to cortical bone compared with healing to a cancellous trough. A biomechanical and histological evaluation in goats. J Bone Joint Surg Am. 77(12): 1858–66
[439] Lyras DN et al. (2009) The effect of platelet-rich plasma gel in the early phase of patellar tendon healing. Archives of Orthopaedic and Trauma Surgery. 129(11): 1577–1582
[440] Joshi SM et al. (2009) Collagen-Platelet Composite Enhances Biomechanical and Histologic Healing of the Porcine Anterior Cruciate Ligament. The American Journal of Sports Medicine. 37(12): 2401–2410
[441] Murray MM et al. (2007) Enhanced histologic repair in a central wound in the anterior cruciate ligament with a collagen–platelet-rich plasma scaffold. Journal of Orthopaedic Research. 25(8): 1007–1017
[442] Murray MM et al. (2007) Collagen-platelet rich plasma hydrogel enhances primary repair of the porcine anterior cruciate ligament. Journal of Orthopaedic Research. 25(1): 81–91
[443] Murray MM et al. (2009) Platelet-rich plasma alone is not sufficient to enhance suture repair of the ACL in skeletally immature animals: An in vivo study. Journal of Orthopaedic Research. 27(5): 639–645
[444] Aspenberg P, Virchenko O (2004) Platelet concentrate injection improves Achilles tendon repair in rats. Acta Orthop Scand. 75(1): 93–9
[445] Chan BP et al. (2006) Supplementation-time dependence of growth factors in promoting tendon healing. Clin Orthop Relat Res. 448: 240–7
[446] Gruber R et al. (2002) Platelets stimulate proliferation of bone cells: involvement of platelet-derived growth factor, microparticles and membranes. Clin Oral Implants Res. 13(5): 529–35
[447] Weibrich G et al. (2002) Growth stimulation of human osteoblast-like cells by thrombocyte concentrates in vitro. Mund Kiefer Gesichtschir. 6(3): 168–74
[448] Han, B., The Effect of Thrombin Activation of Platelet-Rich Plasma on Demineralized Bone Matrix Osteoinductivity. The Journal of Bone & Joint Surgery (American), 2009. 91(6): 1459
[449] Akeda K et al. (2006) Platelet-rich plasma stimulates porcine articular chondrocyte proliferation and matrix biosynthesis. Osteoarthritis and Cartilage. 14(12): 1272–1280
[450] Ishida K et al. (2007) The regenerative effects of platelet-rich plasma on meniscal cells in vitro and its in vivo application with biodegradable gelatin hydrogel. Tissue Eng. 13(5): 1103–12
[451] Maffulli N, Del Buono A (2012) Platelet plasma rich products in musculoskeletal medicine: Any evidence? The Surgeon. 10(3): 148–150
[452] Orchard JW (2008) The early management of muscle strains in the elite athlete: best practice in a world with a limited evidence basis. British Journal of Sports Medicine. 42(3): 158–159
[453] Teller P, White TK (2009) The physiology of wound healing: injury through maturation. Surg Clin North Am. 89(3): 599–610
[454] Singer AJ, Clark RA (1999) Cutaneous wound healing. N Engl J Med. 341(10): 738–46
[455] Schäffer M, Becker HD (1999) Immunregulation der Wundheilung. Chirurg. 70: 897–908
[456] Kujath P, Michelsen A (2008) Wounds – from physiology to wound dressing. Dtsch Arztebl Int. 105(13): 239–48
[457] Diegelmann RF (1997) Cellular and biochemical aspects of normal and abnormal wound healing: an overview. J Urol. 157(1): 298–302
[458] Broughton G 2nd, Janis JE, Attinger CE (2006) The basic science of wound healing. Plast Reconstr Surg. 117(7 Suppl): 12S–34S

8

Endokrines System

Erich Roth, Katharina Flich, Johannes Huber

9.1 Grundlagen – 230
9.1.1 Wechselwirkung zwischen Stoffwechselprodukten und Hormonen – 230
9.1.2 Vermittlung der Hormonwirkung – 231

9.2 Regulation hormoneller Systeme – 232
9.2.1 Hypothalamus/Hypophyse – 232
9.2.2 Schilddrüsenhormone – 235
9.2.3 Biogene Amine und das Zellwachstum – 236
9.2.4 Steroidhormone – 237
9.2.5 Sexualhormone – 238
9.2.6 Parathormon/Vitamin D/Calcitonin – 242
9.2.7 Insulin/Glukagon/Leptin (Energiestoffwechsel) – 243
9.2.8 Hormone des Elektrolyt und Wasserhaushaltes – 245

9.3 Einfluss von Sport auf Hormonspiegel – 246

9.4 Hormondoping – 248
9.4.1 Wachstumshormon – 248
9.4.2 Androgene Hormone – 248

9.5 Weibliche Sexualsteroide, genetische Polymorphismen und körperliche Performance – 249
9.5.1 Einleitung – 249
9.5.2 Blutkreislauf – 249
9.5.3 Muskulatur – 254
9.5.4 Geschlechtshormonabhängigkeit der Lungenfunktion – 255
9.5.5 Stoffwechsel und Sexualsteroide – 257
9.5.6 Sexualhormone und Psyche – 259

Literatur – 261

N. Bachl, H. Löllgen, H. Tschan, H. Wackerhage, B. Wessner (Hrsg.),
Molekulare Sport- und Leistungsphysiologie,
https://doi.org/10.1007/978-3-7091-1591-6_9

Die Bedeutung des endokrinen Systems bei sportlicher Betätigung beruht einerseits auf den Veränderungen systemischer Hormonkonzentrationen, welche von Art und Dauer der Belastung abhängig sind, andererseits auf deren daraus resultierenden Wirkungen auch verschiedener Organe bzw. Stoffwechselprozesse, welche für die Realisierung einer physischen Leistung verantwortlich sind. Bildung und Freisetzung von Hormonen sind durch verschiedene einfache bzw. komplexe Regelkreise determiniert und unterliegen oftmals einer neuronalen Kontrolle. Die Wirkung der Hormone basiert auf der Vermittlung chemischer Signale, die an den entsprechenden Zellen der Zielorgane über Rezeptoren aufgenommen werden. Wachstum, Entwicklung, Leistungsbereitschaft und Adaptierungsfähigkeit sowie der Alterungsprozess werden damit gesteuert. Dabei ist hervorzuheben, dass sich bei Frauen und Männern bei gleichen physiologischen Mechanismen unterschiedliche Regel- und Wirkungsmechanismen manifestieren können.

Seit Jahren hat das Wort „Gender" Hochkonjunktur – und das zu Recht, da auch die Medizin perzipierte, dass die gleichen physiologischen Mechanismen sich unterschiedlich manifestieren können – entsprechend dem jeweiligen Geschlecht. Diese Unterschiedlichkeit betrifft auch die Zyklusphasen, die Lebensphase der Frau, vor allem aber die jeweilige hormonelle Situation. Im zweiten Teil dieses Kapitels wird – auch für die Sportmedizin von Bedeutung – auf die wichtigsten Regelkreise des weiblichen Körpers eingegangen, welche neben ihrer Aufgabe für die Reproduktion in die körperliche und damit in die sportliche Leistungsfähigkeit der Frau eingreifen. Unter dem Aspekt der bekannten genetischen Polymorphismen wird auf die Bedeutung verschiedener weiblicher Sexualsteroide auf die körperliche Leistungsfähigkeit bezogen auf den Blutkreislauf, die Muskulatur, die Lungenfunktion, den Stoffwechsel sowie die Psyche eingegangen.

9.1 Grundlagen

Die Bedeutung des endokrinen Systems bei sportlicher Betätigung beruht einerseits auf den Veränderungen systemischer Hormonkonzentrationen, welche von Art und Dauer der Belastung abhängig sind, und andererseits auf seiner Bedeutsamkeit für die Plastizität der Skelettmuskulatur, wobei sowohl endogen gebildete als auch exogen zugeführte Hormone (Doping) eine wichtige Rolle spielen.

Das folgende Kapitel basiert auf Unterlagen folgender Monographien: [1–5]

Hormone sind Botenstoffe, also chemische Signale, die von bestimmten Zelltypen freigesetzt werden und an Zielorten Stoffwechselwege beeinflussen. Endokrine Drüsen (Hormondrüsen) konstituieren sich aus einer Ansammlung endokriner Zellen. Sie werden als sekretorisches Organ definiert. Zu den wichtigsten endokrinen Drüsen zählen Hypothalamus, Hypophyse, Schilddrüse, Nebenschilddrüse, Pankreas, Nebennieren, Gonaden und Zirbeldrüse. Man unterscheidet glandotrope Hormone, die auf andere Hormondrüsen wirken und dort sekundäre Hormone freisetzen, und Effektorhormone, die direkt auf die Zielzellen wirken.

Es ergibt sich eine Einteilung der Hormone in drei Gruppen. Die größte Gruppe stellen Peptidhormone oder Proteohormone (z. B. Insulin) dar. Diese sind wasserlöslich und lassen sich daher leicht im Blut transportieren, nachdem sie in den produzierenden Zellen in Vesikel verpackt und durch Exozytose freigesetzt wurden. Hingegen sind die Steroidhormone (z. B. Testosteron), die aus dem Steroid Cholesterin synthetisiert werden, lipidlöslich, diffundieren nach ihrer Bildung aus den Zellen und werden für den Transport im Blut an Carrierproteine gebunden. Ihre Rezeptoren liegen vor allem im Zellinneren. Schlussendlich gibt es Aminosäurederivate, die zumeist Abkömmlinge der Aminosäure Tyrosin (z. B. Tyroxin) sind. Diese können wasserlöslichen oder lipidlöslichen Charakter haben. Zusätzlich besitzen bisweilen Fettsäure- und Phospholipidderivate hormonähnliche Wirkungen.

9.1.1 Wechselwirkung zwischen Stoffwechselprodukten und Hormonen

In den Hormondrüsen bewirken bereits kleine Zellpopulationen die Bildung und Freisetzung von Hormonen mit immenser Wirkung auf den Stoffwechsel. Hormone liegen im Blut im Konzentrationsverhältnis zu ihrem Metaboliten in extrem geringen

Konzentrationen vor, dies ist auch am Beispiel des Glukose/Insulinverhältnisses gut zu erkennen: Postprandial (12 Stunden nach der letzten Nahrungsaufnahme) liegt eine Glukosekonzentration von 5 mmol/l vor, während die Insulinkonzentration 50 pmol/l beträgt. Das bedeutet, dass in einem Milliliter Plasma 100.000.000-mal mehr Glukosemoleküle als Insulinmoleküle vorliegen. Die Ursache für die enorme Potenz der Hormone liegt darin begründet, dass diese über die rezeptorvermittelte Signaltransduktion ihre Effektivität ausüben. Nicht nur Hormone, sondern auch niedermolekulare Metaboliten binden an Rezeptoren und entfalten dort hormonähnliche Wirkungen. So wird beispielsweise die Lipolyse in den Fettzellen durch die Bindung von 3-Hydroxybutyrat an einen G-Protein-Rezeptor verringert, oder, auf ähnliche Weise, in den pankreatischen ß-Zellen über eine Stimulierung des GPR41-Rezeptors durch Laktat. Auch gibt es Fettsäuren, die an der Regulation der Insulinsekretion beteiligt sind, indem sie an den GPR40-Rezeptor binden.

9.1.2 Vermittlung der Hormonwirkung

Die Hormonwirkung basiert auf der Vermittlung chemischer Signale, die an den entsprechenden Zielzellen über Rezeptoren aufgenommen werden. Hormone, die über den Blutkreislauf verteilt werden, sind als endokrin zu bezeichnen; parakrine Hormone hingegen erreichen nur Zielzellen in unmittelbarer Umgebung (z. B. Histamin); autokrine Hormone werden von den Rezeptoren der sezenierenden Zelle wiederaufgenommen; bei juxtakrinen Hormone wird das signalgebende Molekül in der Zellmembran der produzierenden Zelle verankert und agiert mit dem Rezeptor der benachbarten Zelle.

Wasserlösliche Hormone können nur über Rezeptoren ins Zellinnere gelangen. Diese Rezeptoren bestehen aus drei Domänen: einer nach außen ragenden ligandenbindenden Domäne, einer membrandurchspannenden Domäne und einer cytoplasmatischen Domäne. Wird die ligandenbindende Domäne angeregt, so kommt es zur Bildung eines Signals (dem sekundären Messenger), das im Cytoplasma der Zelle eine Signalkaskade stimuliert, welche letztlich über Proteinphosphatasen oder -kinasen zur Aktivierung von Enzymen führt oder im Zellkern die Genexpression beeinflussen kann. Peptid- und Proteohormone bestehen aus einer oder mehreren Polypeptidketten und ihre Speicherung erfolgt in sekretorischen Vesikeln, aus denen sie durch Exozytose freigesetzt werden. Die biologische Halbwertszeit der Peptidhormone beträgt 4–40 min, jene der Proteohormone bis zu 3 h. Viele Peptid- und Proteohormone werden aus inaktiven Vorstufen durch enzymatische Prozessierung freigesetzt. Die stimulierenden, glandotropen Hormone der Adenohypophyse erfahren zusätzlich eine posttranslationale Modifikation durch Glykosylierung, wobei die Zuckerreste wichtige Determinanten der biologischen Wirksamkeit dieser sogenannten Glykoproteohormone sind. Wenn Peptid- und Proteohormone extrazellulär an Rezeptoren einer Zellmembran binden, wird das Signal über diesen Rezeptorkomplex intrazellulär weitergeleitet. Dabei werden entweder Ionenkanäle geöffnet oder die Aktivität intrazellulärer Proteine verändert. Letztlich wird durch die Aktivierung, durch die es zu einer Signalkaskade kommt, die Transkription von Genen beeinflusst. Die wichtigsten Rezeptoren sind G-Protein-gekoppelte Rezeptoren, Guanylatzyklase-Rezeptoren, Rezeptor-Tyrosin-Kinasen, Rezeptor-Serin/Threonin-Kinasen und Tyrosinase-gekoppelte Rezeptoren. Zur genauen Wirkungsweise dieser Rezeptoren siehe [6] (◘ Abb. 9.1).

Lipidlösliche Hormone können durch die Plasmamembran diffundieren und intrazellulär an nukleäre Rezeptoren andocken. Hierzu zählen die klassischen Steroidhormone – Kortisol, Aldosteron, Östradiol, Progesteron und Testosteron; diese werden in den Nebennierenrinden, im Ovar, im Hoden und in der Plazenta aus dem Vorstufenmolekül Cholesterin synthetisiert.

Eicosanoide wirken als Liganden sowohl bei membranständigen als auch bei nukleären Rezeptoren (z. B. am Peroxisome Proliferator Activating Receptor, PPAR). Sie sind Derivate von Fettsäuren und Phospholipiden, wie etwa Arachidonsäure und Linolensäure (beides ungesättigte Fettsäuren), die durch Zyklooxygenase oder Lipoxygenase zu hormonaktiven Metaboliten werden. Zu ihnen zählen etwa Prostaglandine und Leukotriene. Als Agonisten von Plasmamembranrezeptoren wirken auch Metaboliten der Glycerophospholipide (z. B. Lysophosphatidylcholin) und der Phosphosphingolipide (z. B. Sphingosin-1-phosphat).

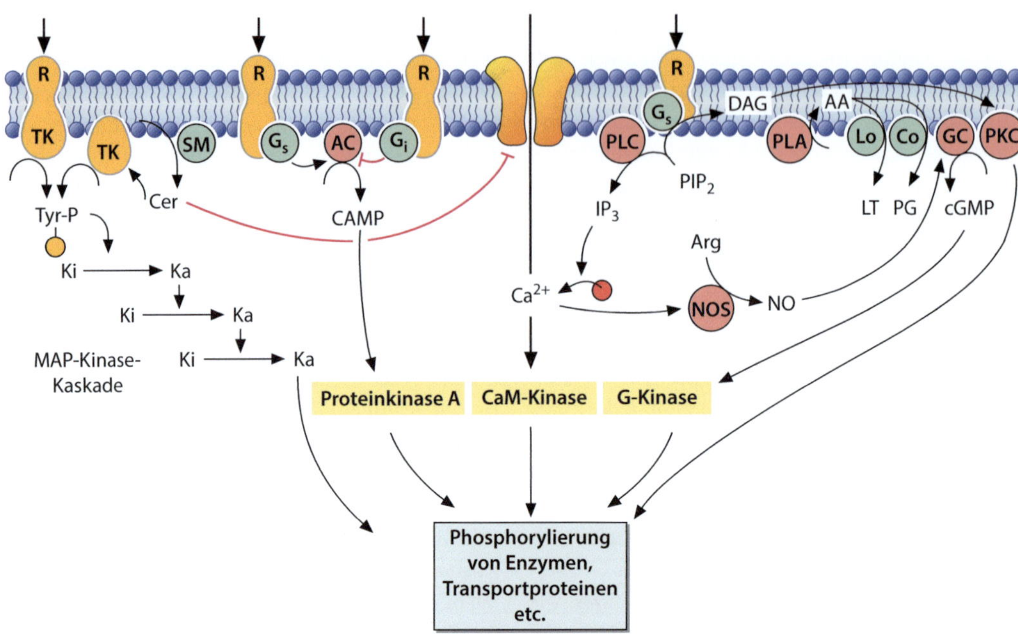

Abb. 9.1 Zusammenstellung der wichtigsten Elemente intrazellulärer Signaltransduktion [5, S. 245] (R = Rezeptor, TK = Tyrosinkinase, Tyr-P = phosphoryliertes Tyrosin, Ki und Ka = inaktive und aktivierte Kinasen, MAP-Kinase = Mitogen Activated Kinase, SM = Sphingomyelinase, Cer = Ceramid, G_1 und G_2 = stimulierendes und hemmendes G-Protein, AC = Adenylatzyklase, PLC = Phospholipase C, PLA_2 = PLC = Phospholipase A_2, IP_3 = Inositoltrisphosphat, PIP_2 = Phophatidylinositolbiphosphat, DAG = Diacylglyzerol, AA = Arachidonsäure, LO = Lipoygenase, CO = Cyclooxigenase, LT = Leukotriene, PG = Prostaglandine, GC = Guanyllatzyklase, PKC = Proteinkinase C, Arg = Arginin, NOS = NO-Synthase, NO = Stickoxid, cAMP = zyklisches Adenosinmonophosphat, cGAMP = zyklisches Guanosinmonophosphat)

9.2 Regulation hormoneller Systeme

Der Hormonspiegel im Plasma zeigt neben einer zirkadianen Rhythmik auch kurzfristige Oszillationen. Die Bildung und Freisetzung von Hormonen ist durch verschiedene Regelkreise determiniert und unterliegt oftmals einer neuronalen Kontrolle. Bei der neuronalen Kontrolle sind die Nerven bzw. deren Neurotransmitter maßgebend, und hierbei sind es präganglionäre, cholinerge Neurone oder postganglionäre, entweder cholinerge oder adrenerge Neurone, die derartige Wirkung ausüben. Bei einfachen Regelkreisen kommt es bei Nichterfüllen des Sollwertes eines Metaboliten oder Ions zu einer Ausschüttung von Hormonen, wobei die Sekretion solange aufrechterhalten wird, bis Ist- und Sollwert übereinstimmen. Die Regelgröße wird durch Sensoren (Rezeptoren) bestimmt. Beispielgebend wären etwa Kalzium und das Parathormon. In Abb. 9.2 ist ein einfacher Regelkreis anhand des Beispiels von Glukose und Insulin dargestellt. Der Regelkreis wird komplizierter, wenn die Hormonfreisetzung durch andere Hormone kontrolliert wird, wie etwa bei glandotropen Hormonen oder bei Regelkreisen im hypothalamisch-hypophysären System.

9.2.1 Hypothalamus/Hypophyse

Die Hormone des Hypothalamus-Hypophysensystems haben wichtige Steuerungsfunktionen im Körper. So reguliert der Hypothalamus den Wasserhaushalt, die Nahrungs- und Flüssigkeitsaufnahme, die Körpertemperatur, den Schlaf-Wach-Rhythmus und die Fortpflanzung. Aufgrund der Nähe zum limbischen System ist er außerdem an der Steuerung von Emotionen wie Wut und Angst beteiligt.

Der Hypothalamus ist eine etwa 15 g schwere Region, nicht größer als ein Fünf-Cent-Stück, liegt am Boden des Zwischenhirns in der Nähe des Chiasma opticum, der Sehnervkreuzung, und ist über einen Stil mit der Hypophyse verbunden. Die

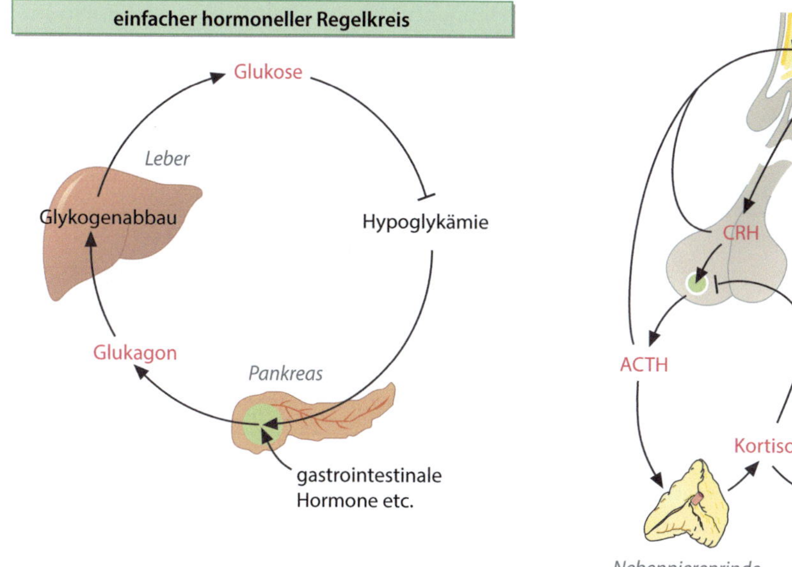

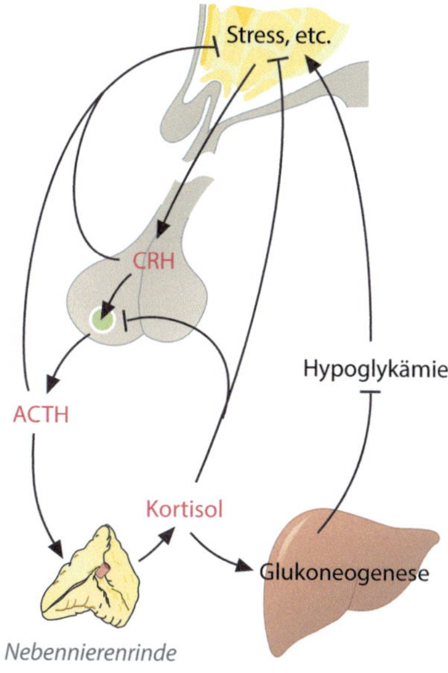

Abb. 9.2 Hormonelle Regelkreise. Einfacher hormoneller Regelkreis (li, Beispiel Glukagon) und hypothalamisch-hypophysärer Regelkreis (re, Beispiel Kortisol). Gezeigt ist jeweils nur eine der Wirkungen von Glukagon und Kortisol [5, S. 237].

Hypophyse selbst ist so groß wie ein Kirschkern und besteht aus zwei Teilen mit unterschiedlicher Funktion: dem Vorderlappen (Adenohypophyse) und dem Hinterlappen (Neurohypophyse). Der Hypothalamus bildet Effektorhormone, Releasing-Hormone (Liberine) und Inhibiting-Hormone (Statine), verschiedene Neuropeptide und Dopamin. Die Hormonfreisetzung aus dem Hypothalamus wird neural, hormonell und über Umwelteinflüsse reguliert. Neuronal nimmt der Hypothalamus Signale aus der Peripherie wahr, wie Sättigungssignale aus dem Magen-Darm-Trakt oder die Volumenbelastung des Herzen. Darüber hinaus regelt der Hypothalamus die Glukosekonzentration, die er über das Appetitverhalten einerseits und über eine Stimulierung der hepatischen Glykogenspaltung andererseits im Bereich von 4–5 mmol/l konstant hält.

Die Releasing-Hormone des Hypothalamus sind Peptidhormone und umfassen das Somatotropin Releasing Hormon (GHRH), das Thyreotropin Releasing Hormon (TRH), das Corticotropin Releasing Hormon (CRH) und das Gonatropin Releasing Hormon (GRH). Die wichtigsten Inhibiting-Hormone sind Somatostatin und Dopamin, die in der Adenohypophyse die Sekretion des Wachstumshormons bzw. des Prolaktins hemmen. Außerdem werden im Hypothalamus Oxytocin und das antidiuretische Hormon (ADH), auch Vasopressin genannt, gebildet. Diese werden zur Neurohypophyse transportiert, dort gespeichert und bei Bedarf freigesetzt. Oxytocin ist ein wichtiges Hormon für die Auslösung der Geburtswehen und der Laktation. Umgangssprachlich wird es als „Kuschelhormon" bezeichnet, da es für zwischenmenschliche Beziehungen als förderlich angesehen wird. Die Releasing-Hormone führen eine Kaskade weiterer hormoneller Regulationen an, von denen beispielhaft das TRH dargestellt sei.

Die pulsatile Abgabe von Thyreotropin-Releasing-Hormon (TRH) wird in den Neuronen des paraventrikulären Nucleus durch niedrige Schilddrüsenhormonkonzentrationen stimuliert. Das abgegebene TRH führt zur Ausschüttung des Thyreotropin-stimulierenden Hormons (TSH) und Prolactin. Durch das TSH erfolgt eine Anregung der Schilddrüse zur Produktion und Freisetzung von Thyroxin/Tetrajodthyronin (T4) und Trijodthyronin (T3). Diese Hormone schließlich beeinflussen letztlich den Energiestoffwechsel, die Thermogenese, die Organentwicklung und das Längenwachstum.

Die Hypophyse sekretiert glandotrope Hormone und Effektorhormone. Glandotrope Hormone sind das TSH (siehe oben), das Adenokortikotrope Hormon (ACTH), das Follikel-stimulierende Hormon (FSH) und das Luteinisierende Hormon (LH). ACTH hat eine besondere Bedeutung für den Stoffwechsel, da es die Nebennierenrinde zur Produktion von Glukokortikoiden anregt. Darüber hinaus werden Lipotropine und Endorphine gebildet. ß-Endorphin und Enkephaline binden an Opiatrezeptoren, die sowohl im ZNS als auch im peripheren Gewebe exprimert sind und die Adenylatzyklase hemmen. Sie wirken, wie pflanzliche oder synthetische Opioide, analgetisch und psychotrop.

Die wichtigsten Effektorhormone der Hypohyse sind das Prolaktin, das Melanozyten-stimulierende Hormon (MSH) und das Wachstumshormon (HGH: Human Growth Hormon, Somatotropes Hormon).

Melanozyten-stimulierende Hormone (MSH), auch **Melanotropine** genannt, sind eine Gruppe von Peptidhormonen, die im Hypothalamus und Hypophysenzwischenlappen gebildet werden, und dieselbe Gruppe von Melanocortinrezeptoren (MC1R, MC2R, MC3R, MC4R und MC5R) aktivieren. Sie regulieren in den pigmentbildenden Melanozyten die Melaninsynthese sowie die Melanozytenexpansion und die Pigmentdispersion, sodass eine Einflussnahme von MSH auf die Pigmentierung der Haut vorhanden ist. Sie begrenzen die Fieberreaktion und sind darüber hinaus an der Regulierung von Hunger und sexueller Erregung beteiligt. ACTH, Melanotropin, Endorphine und Enkephaline resultieren alle aus der Spaltung von Pro-Opiomelanocortin.

Prolaktin ist für das Wachstum der Brustdrüse im Verlauf der Schwangerschaft und die Laktation verantwortlich, löst Brutpflegeverhalten aus und steht auch im Zusammenhang mit Krebsgeschehen (Prolaktin-abhängige Tumore). Es unterdrückt den Eisprung, da es die pulsatile Ausschüttung der dafür notwendigen Gonadotropine, LH und FSH, hemmt. Die Ausschüttung von Prolaktin wird durch Dopamin gehemmt und durch exogene Faktoren wie Stress, Non-REM-Schlaf und Hypoglykämie gefördert. Dies ist sinnvoll, da unter bestimmten Umständen der Eisprung verhindert oder hinausgezögert werden kann. Beim Mann ist ein hoher Prolaktinspiegel möglicherweise für eine erektile Dysfunktion und einen Libidoverlust verantwortlich. Der Prolaktinrezeptor ist insofern von Interesse, da er von drei Hormonen aktiviert werden kann: von Prolaktin, GH und Plazenta-Laktogen, wobei hier unterschiedliche molekulare Abläufe zu studieren sind [7].

Das **Wachstumshormon (GH)** hat eine besondere Bedeutung für den Stoffwechsel, das Längenwachstum und das Muskelwachstum. Es ist ein nicht glykolysiertes Proteohormon, das seine Wirkung entweder direkt rezeptorvermittelt oder über die Induktion von Insulin-like Growth Factor 1 und 2 ausübt (siehe ▶ Kap. 8 Wachstumsfaktoren). Die Sekretion von GH unterliegt einer metabolischen und hormonellen Steuerung und erfolgt pulsativ in mehrstündigen Abständen, während die Bildung vor allem in den Nachtstunden geschieht. Die GH-Sekretion ist am höchsten in der Pubertät und geht im Alter zurück. Allgemein wird GH durch Bewegung, Aminosäuren (Arginin) und niedrige Glukosewerte stimuliert, spezifischer sind GHRH sowie Ghrelin die hierbei wichtigsten hormonellen Stimuli. Im Gegensatz dazu wirken Somatostatin und IGF-1 inhibierend. Durch die Bindung an den GH-Rezeptor (ein tyrosinkinaseassoziierter Rezeptor) entfaltet GH seine Wirkung, indem die JAK/STAT-Signalkaskade und der Transkriptionsfaktor Stat55b aktiviert werden, welche die IGF-1-Bildung stimulieren [8, 9]. Der molekulare Mechanismus der GH-Stimulationskaskade beginnt bei der Bindung von einem GH an zwei GH-Rezeptoren (GHR), die als Dimer die GHR-assoziierte Tyrosinkinase JAK2 aktivieren, was zu einer Phosphorylierung von JAK2 und GHR führt (◘ Abb. 9.3).

Dieser Ablauf stimuliert eine große Anzahl von Signalmolekülen wie die MAP-Kinasen, die Phosphatidylinositol 3´Phosphat-Kinase, Diaglyzerin, die Protein-Kinase C, das intrazelluläre Kalzium und die Stat-Transkriptionsfaktoren [10]. GH und IGF senden anabole Wachstumssignale an die quergestreifte Muskulatur, die Knochen, das Bindegewebe, die Knorpel sowie die inneren Organe aus. Im Fettgewebe hemmt GH die Differenzierung von Adipozyten und die Triglyzeridakkumulation, indem es die Lipolyse und die Fettsäureoxidation stimuliert und die Lipoproteinlipase und die Glukoseaufnahme hemmt. Die antagonisierende Wirkung von IGF-1 wird gestoppt, indem GH die Synthese des IGF-1 Binding Proteins (IGFBP) stimuliert und dadurch das wirksame, freie IGF-1 zur Bindung zwingt.

Stoffwechselmäßig bewirkt GH eine Freisetzung metabolischer Substrate, die zur Energiebereitstellung bei Exercise verwendet werden (Übersicht:

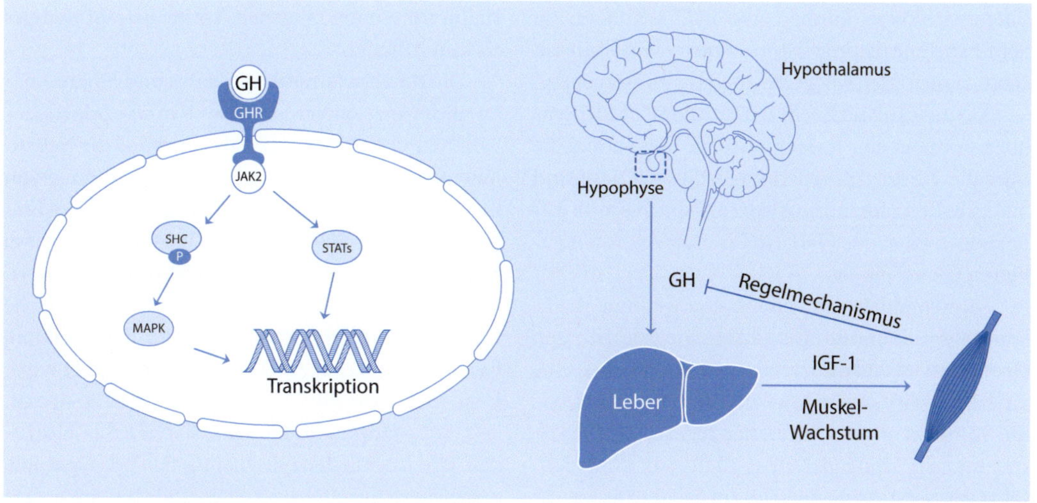

Abb. 9.3 Signalwege GH.

[11]). GH erhöht die Spiegel der freien Fettsäuren, den Glyzerinspiegel und gleichzeitig die Blutglukosekonzentrationen (anti-insulinärer Effekt). Dadurch kommt es zu einem Anstieg der Pyruvatkonzentrationen. Genetische Untersuchungen haben jedoch gezeigt, dass GH die Gene für die oxidative Phosphorylierung (ATP) herunterschaltet. Das lässt vermuten, dass das vermehrt gebildete Pyruvat zur Laktatbildung herangezogen wird und die anaerobe Glykolyse stimuliert, was kurzfristig zu verstärkter Muskelkraft führt.

9.2.2 Schilddrüsenhormone

Die jodhaltigen Schilddrüsenhormone Trijodthyronin (Liothyronin, T3) und Thyroxin (Levothyroxin, T4) werden in den Follikelzellen der Schilddrüse aus der Aminosäure Tyrosin und aus Jod gebildet. Vorstufe zu Jod ist das Thyreoglobulin, das wie das Enzym Thyreoperoxidase (TPO) im Epithel synthetisiert wird. TPO oxidiert J^- zu dem Monojodkation J^+, das auf das Thyreoglobulin transferiert wird (Jodierung). Das L-Tyrosin liegt dabei in Form von an Thyreoglobulin gebundenen Tyrosyl-Resten vor, an welche das Jodid mit Hilfe des TPO gebunden wird. Die Sekretion der Schilddrüsenhormone erfolgt nach Stimulation der Epithelzellen durch das thyreotrope Hormon TSH (Thyreoidea-stimulierendes Hormon). Dieses wird von der Hypophyse gebildet und reguliert die Bildung der Schilddrüsenhormone (siehe oben). Es ist der wichtigste Laborwert zur Untersuchung der Schilddrüsenfunktion, wobei erniedrigte TSH-Werte auf eine Schilddrüsenüberfunktion (Hyperthyreose) hinweisen und erhöhte auf eine Unterfunktion (Hypothyreose). Dieser Zusammenhang ergibt sich durch die vermehrte Freisetzung von TSH aus der Hypophyse bei zu geringer Blutkonzentration von Schilddrüsenhormonen und umgekehrt. Da eine zu geringe TSH-Konzentration auch ein Hinweis auf eine gestörte Hypophysenfunktion sein kann, werden zur Differentialdiagnose die Hormonspiegel im Blut bestimmt. Hierbei erfolgt die Bestimmung des freien T3 (fT3), da T3 im Blut hauptsächlich in an Protein gebundener Form vorliegt (T3 und T4 werden im Verhältnis 1:10 an das Blut abgegeben und liegen dort zu 99% gebunden an Thyroxin-binding Globulin, TGB, vor). T3 wird durch Konversion (Abspaltung eines Jod-Atoms von T4 in der Leber) gebildet. Eine Störung dieses Prozesses führt zu reversiblem T3 (rT3), welches zur Diagnose eines low T3-Syndroms bedeutsam sein kann. Dieses tritt bei klinisch euthyreoten Patienten (nicht Schilddrüsen-benigne Erkrankungen) auf, wie bei Leberzirrhose, Diabetes mellitus, ausgedehnten inflammatorischen Erkrankungen, bei Erschöpfungszuständen, physischem oder psychischem Stress, Kortisolüberschuss oder Schadstoffbelastungen. Auch ausgedehntes Fasten oder medikamentale Behandlungen wie Kortikosteroide, Antirhythmika, Beta-Rezeptor-Blocker oder

Phenobarbiturate können eine T4/T3-Konversion hemmen. Eine niedrige T4/T3-Konversion kann mit einer erniedrigten Körpertemperatur einhergehen.

Auf molekularer Ebene wirken die Schilddrüsenhormone über eine transkriptionale Regulation, die über die T3-Rezeptoren ausgelöst wird. Diese sind nukleäre Rezeptoren, die wiederum spezifisch an T3-Response-Elemente (TRE) in Promotoren von regulierten Genen binden.

Die Schilddrüsenhormone sind wichtige Regulatoren des Energiestoffwechsels. Sie erhöhen den Grundumsatz und die Herzfrequenz und haben eine vielfältige Wirkung im Intermediärstoffwechsel, wie die Stimulierung der Glukoneogenese, der Glykolyse und der Lipogenese. Bei all diesen Stoffwechselwegen verstärken die Schilddrüsenhormone die Expression der jeweiligen Schlüsselenzyme sowohl auf transkriptionaler als auch auf translationaler Ebene und erhöhen darüber hinaus den Sauerstoffverbrauch und die Wärmeproduktion. Eine Hypothyreose ist gekennzeichnet durch Müdigkeit, einen langsamen Herzschlag, trockene Haut und Verstopfung. Eine Hyperthyreose zeigt sich durch Herzrasen, Gewichtsverlust, Durchfälle, Zittern, übermäßiges Schwitzen. Der Grundumsatz und die Wärmeproduktion des Körpers werden dadurch erhöht, dass die Hormone sowohl Substrate des intermediären Metabolismus als auch Ionen (Na^+, K^+, Ca^{2+}) unter ATP-Verbrauch vermehrt durch Membranen schleusen. Die Hydrolyse des energiereichen ATP durch die membranständige Na^+-K^+-ATPase setzt dabei einen Teil der Energie in Form von Wärme frei und trägt so zur Thermogenese bei.

Ein Jodmangel in der Nahrung oder eine gestörte Jodaufnahme beeinträchtigen die Hormonproduktion und kann im Extremfall zu einer Hypothyreose führen. Durch den Rückkoppelungsmechanismus wird vermehrt TSH gebildet, das auch die Proliferation der Schilddrüsenzellen bewirkt. Das führt zu einer Vergrößerung der Schilddrüse (Struma oder Kropf).

9.2.3 Biogene Amine und das Zellwachstum

Die Aminosäuren Tyrosin, Tryptophan und Histidin sind Vorläufersubstanzen biogener Amine, worunter Katecholamine (Adrenalin, Noradrenalin, Dopamin), Serotonin und Histamin fallen. Die Halbwertszeit der biogenen Amine beträgt weniger als fünf Minuten.

Die **Katecholamine** Adrenalin und Noradrenalin spielen im sympathischen System als postganglionäre Neurotransmitter und als Hormone der Nebennierenrinden wichtige Rollen. Bei der Bildung von Katecholaminen wird Tyrosin in den Neuronen und chromaffinen Zellen durch die Tyrosin-Hydroxylase zu Dihydroxyphenylalanin (DOPA) metabolisiert, welches im nächsten Schritt durch die aromatische L-Aminosäurenhydroxylase, mithilfe des Cofaktors Pyridoxalphosphat, in Dopamin überführt wird. Dopamin wird durch die Dopamin-ß-Hydroxylase zu Noradrenalin metabolisiert. In den Neuronen wird jenes in den präsynaptischen Sekretgranula gespeichert, in der Nebennierenrinde hingegen wird es zu einem großen Teil durch die Phenylethanolamin-N-Methyltransferase (PNMT) zu Adrenalin synthetisiert (◘ Abb. 9.4).

Die Katecholamine vermitteln ihre Wirkung über membranständige Rezeptoren auf den Zelloberflächen. Bei Katecholaminrezeptoren unterscheiden wir zwei verschiedene Gruppen, zu denen mehrere Untergruppen hinzukommen. Noradrenalin, das ein selektiver α-Agonist ist und nur an α-adrenerge Rezeptoren bindet, bewirkt eine generalisierte Vasokonstriktion und dadurch einen erhöhten systolischen und diastolischen Blutdruck. Adrenalin hingegen ist ein unselektiver α- und β-Agonist und führt deswegen zu dosisabhängigen Effekten auf das Gefäßsystem.

Adrenalin, das weithin als Stresshormon bekannt ist, wird in Gefahrensituationen ausgeschüttet. Es erhöht den Herzschlag und kontrahiert die Blutgefäße in der Haut, den Nieren und im Verdauungstrakt und stellt damit Voraussetzungen für eine Flucht oder Kampfreaktion her, da vermehrt Blut im Skelettmuskel zirkuliert (erhöhter systolischer, verringerter diastolischer Blutdruck). Außerdem bindet Adrenalin an Rezeptoren von Leber- und Fettzellen und stimuliert so den Energienachschub über die Glukosebildung aus Glykogen (Leber) und die Lipolyse. Ein Adrenalinstoß kann jedoch auch zu einem Kontrollverlust führen. So ist es bekannt, dass ein Adrenalinschock Kampfsportler daran hindern kann, oft eingeübte Bewegungsabläufe durchzuführen.

Dopamin ist hauptsächlich ein D1- und ß1-Agonist. Eine Stimulation der D1-Rezeptoren in Nierengefäßen führt zur Vasodilatation, fördert die glomuläre Filtrationsrate, den Blutfluss durch die Nieren

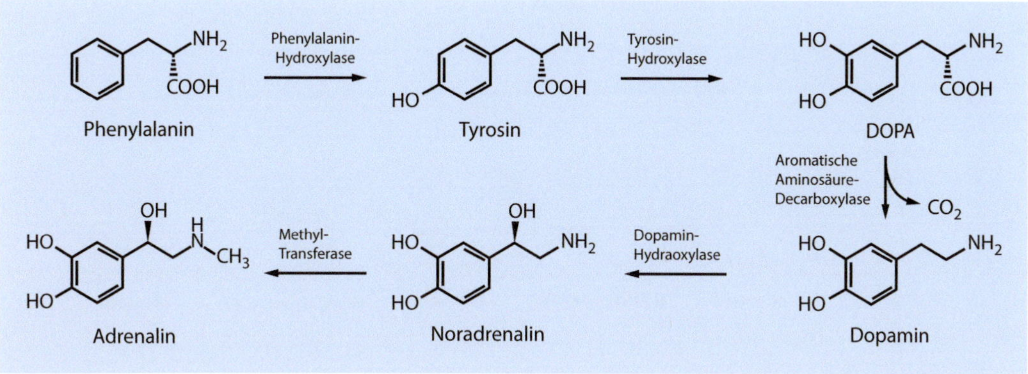

Abb. 9.4 Phenylalanin-Tyrosin-Stoffwechsel (https://de.wikipedia.org/wiki/Adrenalin#/media/File:Adrenalin_(Biosynthese).png, letzter Zugriff am 20. Januar 2016).

und die Na^+-Ausscheidung aus den Nieren. Damit werden die Nierenfunktion verbessert und der Wasserhaushalt kontrolliert.

Abgebaut werden die Katecholamine hauptsächlich über die Catechol-O-Methylierung und oxidative Desaminierung.

9.2.4 Steroidhormone

Die Nebennierenrinde sekretiert eine Reihe von Steroidhormonen, die aus Cholesterin synthetisiert werden. Prinzipiell unterscheiden wir dabei die Mineralkortikoide, die hauptsächlich für die Salz- und Wasserregulation zuständig sind, von den Glukokortikoiden, die den Intermediärstoffwechsel beeinflussen. Außerdem produziert die Nebenschilddrüse Androgene, deren wichtigster Vertreter das Testosteron ist, welches für die Sexualorgane und den Muskelaufbau von Bedeutung ist. Die Synthese der unterschiedlichen Steroidhormone findet in drei Zonen der Nebennierenrinde statt, die jeweils mit speziellen Enzymen ausgestattet sind.

In der Zona glomerulosa entstehen die Mineralkortikoide (C21-Steroide), in der Zona fasculata die C21-Glukokortikoide und in der Zona reticularis entstehen die schwach wirksamen C19-Androgene (Abb. 9.5).

Über das Hypothalamus-Hypophysensystem wird die Freisetzung der Glukokortikoide und Androgene reguliert, wohingegen die Regulation der Mineralkortikoide über das Renin-Angiotensinsystem und über die Kaliumkonzentration im Plasma erfolgt. Die Synthese der Steroidhormone erfolgt in den Mitochondrien aus Cholesterin. Der regulierende Faktor für die Steroidhormonsynthese ist StAR1 (Steroid Acute Response Protein), das durch ACTH und Angiotensin II stimuliert wird und das das Cholesterin, welches im endoplasmatischen Retikulum synthetisiert wird oder aus LDLs oder HDLs stammt, in die innere Mitochondrienmembran transportiert.

Die Wirkung von Aldosteron, dem wichtigsten Mineralkortikoid, wird in ▶ Abschn. 9.2.8 beschrieben.

Das wichtigste Glukokortikoid ist das **Kortisol**. Die Stimulierung der Kortisolfreisetzung läuft über das Hypothalamus-Hypophysensystem (adrenokortitrophe Achse). Im Hypothalamus wird das Corticotropin Releasing Hormon (CRH) gebildet und in das hypothalamisch-hypophysäre Portalsystem abgegeben. In der Hypophyse wird die Produktion und Sekretion von ACTH angeregt, das in der Nebennierenrinde den Melanocortinrezeptor MC2R stimuliert und über eine Erhöhung des c-AMP die Synthese der Glukokortikoide stimuliert. Hohe Glukokortikoidspiegel hemmen in einem Rückkoppelungsmechanismus die CRH- und ACTH-Bildung. Dieser Rückkopplungsmechanismus kann durch lang andauernden Stress defekt werden. Die wichtigsten Regulatoren der Glukokortikoidbildung sind der Schlafrhythmus und sämtliche physischen und psychischen Belastungen, die eine Mobilisierung der Energiereserven erfordern, wie etwa Stress, Angst, Schmerz, Hypoxie, Schock und Infektionen. Ein anhaltend hoher Kortisolspiegel steht auch im Zusammenhang mit einer Verschlechterung des Immunsystems.

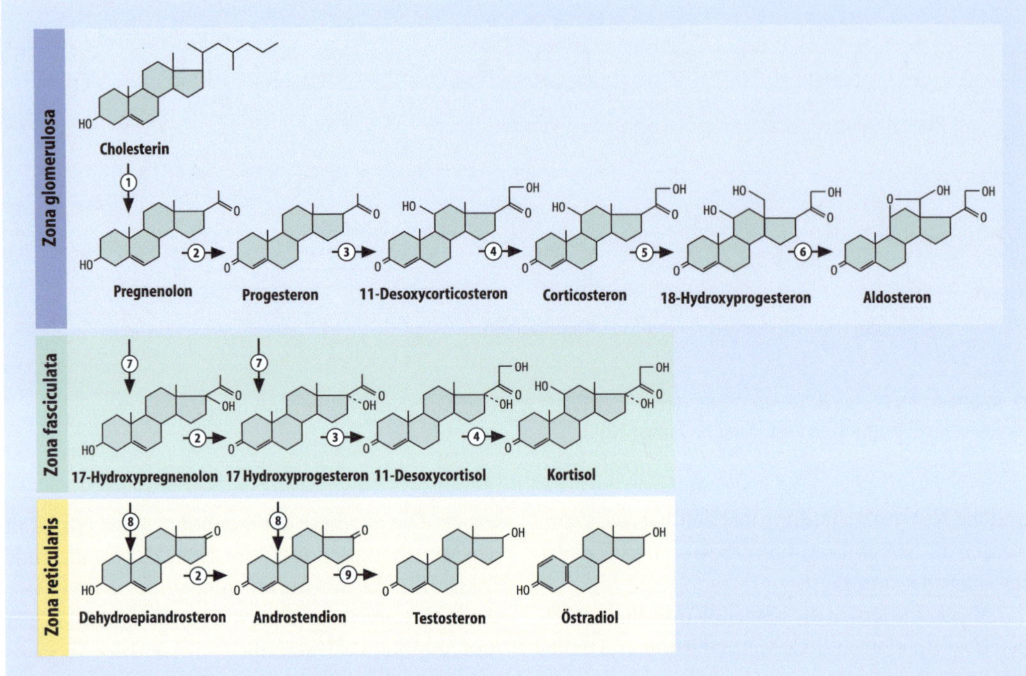

Abb. 9.5 Synthese der Nebennierenrindenhormone [5].

Metabolisch aktiv sind nur jene 5% des Kortisol, die im Plasma frei zirkulieren, der Rest ist an das Kortisol-bindende Globulin (CBG) oder an Albumin gebunden. Die metabolischen Effekte von Kortisol sind vielfältig und betreffen die Verringerung der Aufnahme von Aminosäuren, die Hemmung der Proteinsynthese, die Stimulierung des Abbaus des Muskelproteins sowie die Stimulierung der Glukoneogenese und der Glykogenolyse in der Leber, die Hemmung der Glukoseaufnahme des Skelettmuskels und die Fettmobilisierung. Somit wirkt es im Proteinstoffwechsel katabol und führt im Kohlenhydratstoffwechsel zu einer Erhöhung der Blutglukose (Abb. 9.6)

Molekular betrachtet, wirken die Glukokortikoide über die Aktivierung des Glukokortikoidrezeptors, welcher im Zytoplasma an das Hitzeschockprotein 90 gebunden ist. Der Ligandenkomplex gelangt durch spezielle Transportmechanismen in den Zellkern, wo er an eine spezifische DNA-Sequenz, das Glukokortikoidelement (GRE), bindet und entsprechende Gene anschaltet. Der Abbau der Glukokortikoide findet größtenteils in der Leber statt, eine Ausnahme hierzu stellt nur die krankhafte Hyperkortisolämie dar, bei welcher überschüssiges Kortisol über die Niere ausgeschieden wird.

9.2.5 Sexualhormone

Die Geschlechtsorgane (Gonaden), das heißt, bei Männern die Hoden (Testes) und bei Frauen die Eierstöcke (Ovarien), produzieren Hormone und Geschlechtszellen (Gameten). In diesem Kapitel werden die den Steroiden zugeordneten Geschlechtshormone, nämlich die Androgene, Östrogene und Gestagene (wie das Progesteron) behandelt. Streng genommen gehören zu den Sexualhormonen auch die übergeordneten Hormone des Hypothalamus-Hypophysensystems, die die Bildung der Steroidhormone über Releasing-Faktoren beeinflussen.

So auch das Gonatropin Releasing Hormon (GnRH), das, nach Bildung im Hypothalamus und portaler Weitergabe zur Adenohypophyse, die Synthese der Gonadotropine LH und FSH stimuliert. LH und FSH stimulieren die Synthese der Sexualsteroide

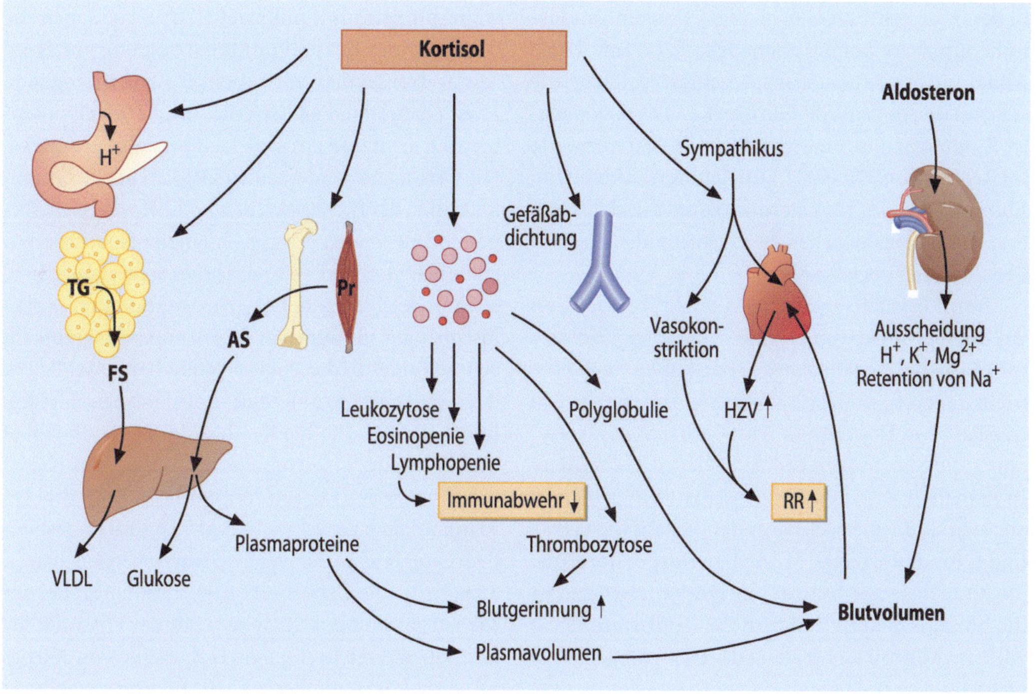

Abb. 9.6 Wirkungen der Nebennierenrindenhormone [5, S. 260].

aus Cholesterin in spezialisierten Zellen, die in den Testes und den Ovarien zu finden sind und den dafür notwendigen, spezifischen Enzymapparat besitzen.

Androgene sind Substanzen, die die Entwicklung und Erhaltung männlicher Merkmale bewirken. Androgene werden hauptsächlich von Männern, aber in geringem Maße auch von Frauen synthetisiert. Die Androgene der Frau werden zu zwei Dritteln in der Nebenniere und zu einem Drittel im Ovar gebildet. Die beiden gebildeten Substanzen, DHEA bzw. Androstendion, haben keine unmittelbare biologische Androgenwirkung, können aber im peripheren Gewebe wie der Haut, den Haarfollikel, der Klitoris und dem Fettgewebe zu Testosteron umgewandelt werden. Eine leicht erhöhte Androgenproduktion kann bei Frauen zu einer Störung der Ovulation führen und zu Hirsutismus, der sich durch vermehrte Körperbehaarung zeigt. Bei einer stark gesteigerten Androgenproduktion kommt es zusätzlich zur Vertiefung der Stimme und Klitorishypertrophie. Androgenen wird auch eine stimulierende Wirkung auf den Libido zugeschrieben.

Zu den wichtigsten Androgenen gehören das Testosteron, das Dehydroepiandrosteron (DHEA), das Dehydroepiandrosteron-Sulfat (DHEA-S), das Androstendion („Andro"), das Androstendiol, das Androsteron und das 5α-Dihydrotestosteron (DHT). DHT kann im Gegensatz zu Testosteron nicht zu Östradiol aromatisiert werden. **Testosteron** wird zu 95% in den Leydig-Zellen der Testes gebildet und zu 5% in der Nebennierenrinde und im Ovar, wobei Männer etwa 7 mg/d sezernieren und Frauen 0,7 mg/d, und das sowohl in einem zirkadianen wie auch in einem zirkaannulären Rhythmus. Starke körperliche Aktivität und emotionaler Stress können die Androgensekretion herabsetzen. Testosteron wird im Blut zu 98% in gebundener Form an SHGB (Sexualhormon-bindendes Globulin) transportiert, wobei nur das freie Testosteron mit den Zellen agieren kann. Es hat eine Halbwertszeit von 10–20 Minuten. Nach einem Steigen der Testosteronspiegel in den ersten sechs Monaten bleiben diese bis zur Pubertät niedrig, steigen dann an und bleiben nach der Pubertät bis zum 40.–50. Lebensjahr weitgehend konstant, wenngleich mit tageszeitlichen Schwankungen mit in den Morgenstunden liegendem Konzentrationshöhepunkt. Ab der 4. Lebensdekade ist eine 1–3% Abnahme der Testosteronspiegel festzustellen, die sich mit steigendem Alter fortsetzt. Ein hypogonadaler Zustand ist durch morgendliche Testosteronwerte im Bereich von 300–500 ng/dl definiert. Abbau und Eliminierung des Testosterons erfolgt durch Oxidation am C-17 in der Leber, die Glukuronidierung und Eliminierung über die Niere.

Beim erwachsenen Mann wirkt Testosteron auf die reproduktiven Organe wie Testes, Prostata und Samenblase. Die Androgene haben auch eine nicht sexualspezifische Wirkung, indem sie den Muskel- und Knochenaufbau fördern und als psychotrope Substanzen die Aggressivität erhöhen. In manchen Organen wirkt Testosteron direkt, in anderen sind seine nachfolgenden Metaboliten DHT und Östradiol aktiv. DHT wird im Körper durch die 5α-Reduktase aus Testosteron synthetisiert und ist die biologisch aktivste Form des Testosterons. So wirkt in der Prostata vor allem das DHT, hingegen bei Haut und Haarfollikeln DHT und Testosteron. Eine Defizienz der 5α-Reduktase führt zu einer Störung der Ausbildung des männlichen Genitals während der Embryonalentwicklung, sodass betroffene Jungen bis zur Pubertät oft als Mädchen aufgezogen werden. Testosteron wird durch Aromatisierung zu Östradiol durch die Cytochrom-P450-Aromatase. Dieser Vorgang ist vor allem für das Knochenwachstum und für gewisse Hirnareale von Bedeutung. Bei Aromatasedefizit haben Männer eine verminderte Knochendichte und ein nach der Pubertät fortgesetztes Längenwachstum aufgrund des fehlenden Verschlusses der Epiphysenfugen.

Testosteron und DHT binden an den nukleären Androgenrezeptor (AR), welcher zur NR3C4 Superfamilie zählt und einen Transkriptionsfaktor darstellt. Dieser Rezeptor findet sich in den meisten Geweben, wo gewebespezifische Koaktivatoren oder Korepressoren zum aktiven Rezeptorkomplex führen. Zurzeit sind 71 solcher Proteine bekannt, die mit AR assoziiert sind.

Östrogene (Follikelhormone) sind die wichtigsten weiblichen Geschlechtshormone. Zu den Östrogenen werden das Estradiol (Östradiol, Östrogen), das Estron, das Estronsulfat und das Estriol gezählt. Estron besitzt in der Molekülstruktur nur eine Hydroxygruppe und wird daher als E_1 bezeichnet, während Estradiol mit zwei Hydroxygruppen die Bezeichnung E_2 zufällt und Estriol, entsprechend seiner drei Hydroxygruppen, E_3. Die östrogenen Effekte betreffend ist Estradiol etwa 10-fach potenter als Estron und circa 80-fach potenter als Estriol. Die Östrogene werden hauptsächlich in den Granulosazellen der Eierstöcke, den Follikeln, im Gelbkörper und zu einem geringen Teil in der Nebennierenrinde gebildet, und, während einer Schwangerschaft, auch in der Plazenta. Die Östrogenbildung ist zyklusabhängig, nimmt nach der Menopause signifikant ab und findet ab diesem Zeitpunkt hauptsächlich in der Nebennierenrinde statt. Eine Östrogenbildung findet auch in den Hoden des Mannes statt, wobei durch das Enzym Aromatase aus Testosteron Östradiol entsteht. Das Serumniveau von Östradiol bei Männern liegt zwischen 14 und 55 pg/ml und ist mit dem einer Frau in den Wechseljahren vergleichbar (< 35 pg/ml). Die Östradiolkonzentration liegt bei der Menstruation bei < 50 pg/ml. Mit der Ovarialfollikelbildung erreicht sie einen Höhepunkt von 200 pg/ml, sinkt kurzzeitig beim Eisprung und steigt kurzzeitig in der Gelbkörperphase an, um anschließend auf Normalniveau zu sinken, wenn keine Schwangerschaft vorliegt. Während einer Schwangerschaft steigt der Blutspiegel von Östrogenen bis zur Geburt auf das 10- bis 100-Fache an.

Die Östrogene sind verantwortlich für die Ausbildung der sekundären Geschlechtsorgane, die Einnistung des Eis in die Gebärmutter, für die Öffnung des Muttermundes, die Laktation, den Libido zum Zeitpunkt der Ovulation und beeinflussen das Gebärmuttersekret. Sexualunspezifische Wirkungen sind die Retention von Kalzium, Phosphat und Natrium, der Kalziumeinbau in die Knochen und die Knochenreifung (ein Mangel kann zur Osteoporose führen), sie senken den kapillaren Druck, stimulieren das Immunsystem, spielen eine Rolle im Lipid- und Lipoproteinstoffwechsel (senken den Cholesterinspiegel), führen zu einer Wassereinlagerung in den Geweben und haben eine Reihe von psychotropen Effekten. Klinisch verwendet werden die Östrogene als Bestandteil der „Pille", bei der Therapie von klimakterischen Beschwerden und bei bestimmten Tumoren.

Während der Pubertät, des Zyklus und der Schwangerschaft unterliegt die Östradiolbildung einem komplizierten Regelkreis. Vor der Pubertät wird die Östradiolbildung durch einen Feedback-Mechanismus gehemmt, indem im Hypothalamus die Freisetzung von GnRH durch die vorhandenen niedrigen Östradiolkonzentrationen gehemmt wird. Während des Zyklus wird GnRH pulsativ freigesetzt und stimuliert in der Hypophyse die ebenfalls pulsative Abgabe von FSH und LH. Mangelernährung und psychischer Stress hindern eine solche Freisetzung dieser Hormone und verhindern damit die Eizellreife und die Produktion von Östradiol. Mit zunehmender Reife des Follikels werden in den Theka- und Granulosazellen Inhibine gebildet.

Der Ausgangsstoff für die Östradiol-Synthese im Organismus ist Cholesterin. Über Pregnenolon, Progesteron, 17α-Hydroxyprogesteron, Androst-4-en-3,17-dion, Testosteron und 19-Hydroxytestosteron entsteht schlussendlich das Östradiol. Durch Oxidation der OH-Gruppe in 17. Position kann es in Estron überführt werden. Abgebaut wird Östradiol durch 4-Hydroxylierung mittels CYP1B1 in der Leber. Die Östrogene diffundieren als lipophile Substanzen durch die Zellmembran und binden an zytoplasmatische Rezeptoren. Das hat zur Folge, dass dieser Komplex in den Nukleus transloziert, bindet und als Transkriptionsfaktor verschiedene Gene aktiviert. Es gibt zwei Arten von Östrogen-Rezeptoren (ERs), die in Form von zwei Isoformen, ERα und ERβ genannt, vorliegen. Die wichtigsten physiologischen Wirkungen werden durch den ERα vermittelt, der vorwiegend im Endometrium des Uterus, in der Brustdrüse und im Stroma des Ovars vorkommt. ERβ wird ebenfalls in der Brustdrüse, in den Granulosazellen des Ovars sowie in vielen nichtreproduktiven Zellen des Gewebes, z. B. in Endothel, Knochen, ZNS, Muskel oder Leber, exprimiert. Die beiden Rezeptoren haben nur 50% Homologie, sodass sie spezifisch pharmakologisch stimuliert oder gehemmt werden können. Pflanzliche Phytoöstrogene (z. B. Genistein) binden selektiv an ERβ.

Der prominenteste Vertreter der **Gestagene** ist das Progesteron, auch Gelbkörperhormon genannt, und seine wichtigste Aufgabe ist es, die Einnistung der befruchteten Eizelle vorzubereiten. Es wird deswegen hauptsächlich in der zweiten Periode des Menstruationszyklus gebildet, wobei die Ausschüttung von LH in der Hypophyse stimuliert wird. Progesteron wird vor allem im Corpus luteum der Granulosazellen und in der Plazenta synthetisiert und ausgeschüttet, in geringeren Mengen auch von anderen Geweben. Die Synthese geht vom Pregnenolon aus und benötigt das Enzym 3β-Hydroxysteroid-Dehydrogenase. Wie oben festgehalten, ist Progesteron ein Zwischenprodukt in der Östrogensynthese. Nur dadurch, dass in der zweiten Zyklushälfte die Enzyme, die für die Steroidsynthese zuständig sind, über Progesteron hinaus nicht aktiv sind, kann es zu der vermehrten Bildung von Letzterem kommen. Nachdem die Gebärmutterschleimhaut in der ersten Zyklushälfte unter dem Einfluss von Östrogenen gewachsen ist, wird sie in der zweiten Zyklushälfte durch eine Vaskularisierung darauf vorbereitet, nun vermehrt Nährstoffe für die befruchtete Eizelle herzustellen. Außerdem wirkt Progesteron auf die Milchdrüsen, wo es Verdichtung und vermehrtes Wachstum hervorruft, und fördert Flüssigkeitseinlagerung ins Gewebe, was sowohl für das erhöhte Körpergewicht vor der Regelblutung, als auch letztlich für einen Teil der Gewichtserhöhung in der Schwangerschaft verantwortlich ist. In der Frühschwangerschaft ist die Stimulation der Progesteronsynthese durch β-hCG abgesichert, das aufgrund seiner starken Strukturhomologie zu LH auch den LH-Rezeptor aktiviert. Wenn keine Schwangerschaft eintritt, fehlt dieses Signal und der Progesteron- und Östrogenspiegel bilden sich zurück. In weiterer Folge löst der abfallende Progesteronspiegel die Abblutung des Endometriums (Menstruation) aus. In der Perimenopause kommt es auf Grund des Nachlassens der ovariellen Funktion zu einem Überwiegen der Progesteronsekretion im Verhältnis zur Östradiolsekretion. Erhöhte Progesteronkonzentrationen sind beim adrenogenitalen Syndrom festzustellen, bei dem es sich um eine Störung der Hormonproduktion in der Nebennierenrinde handelt, sodass es zu einer Überproduktion männlicher Hormone und infolgedessen zu einer Vermännlichung kommt.

Die Sexualhormone spielen eine wichtige Rolle bei der Regeneration des Skelettmuskels [12]. Da die Produktion von Sexualhormonen im Alter zurückgeht, wäre, um altersbedingten Muskelabbau zu mindern und die Regenerationsfähigkeit des Muskels zu erhöhen, eine entsprechende Substitution von Interesse. Obwohl bezüglich des positiven Effektes einer Hormonersatztherapie (HET) unterschiedliche Resultate vorliegen, scheint eine HET gemeinsam mit einem Muskelaufbauprogramm die bestmögliche Wirkung zu erzielen [13].

So etwa verbessert eine Östrogenzufuhr bei alternden Frauen sowohl die Skelettmuskelhomöostase und die Regenerationsfähigkeit des Muskels [14], als sie auch die Granulozyteninfiltration nach schwerem und exzessivem Übungsprogramm verringert. Sowohl beim hypogonadalen als auch beim eugonadalen Mann erhöht die Gabe von Testosteron Muskelmasse und -stärke. Zur Verringerung der Gesundheitsrisiken einer HET ist möglicherweise die Gabe von selektiven Östrogen- und Androgen-Rezeptor-Modulatoren (SERMs und SARMs) dienlich, die zusätzlich zu einem Anstieg der aktiven Körpermasse führen [15]. Der Einsatz von pflanzlichen Phytoöstrogenen oder Isoflavonen zur Muskelstimulation, d. h. als Ersatz zur klassischen HET, ist noch nicht ausreichend untersucht.

9.2.6 Parathormon/Vitamin D/ Calcitonin

Parathormon (PTH) wird in der Nebenschilddrüse gebildet. Seine wichtigste Aufgabe ist die Regulierung des Kalziumhaushaltes. Die Kalziumaufnahme aus der Nahrung erfolgt in Form einer Diffusion im Dünndarm und einem regulierten aktiven Transport im Duodenum. Der Kalziumtransport im Blut erfolgt zu 40% an Proteine gebunden, zu 10% an Anionen komplexgebunden (Phosphat, Citrat) und zu 50% ungebunden als freies Ca^{2+}. Biologische Aktivität hat nur komplexiertes und ionisiertes Ca^{2+}. Da die Kalziumkonzentration im Plasma sehr gering ist, bedarf es hierbei einer effektiven Regelung. Zu diesem Zweck gibt es in den Zellmembranen der Nebenschilddrüse Calcium-sensing-Rezeptoren. Wird in diesen Zellen an den Gα1-gekoppelten Rezeptoren Ca^{2+} gebunden so wird die Adenylatzyklase gehemmt und es kommt zu einem Abfall des c-AMP, der wiederum eine verminderte PTH-Sekretion bewirkt. Bei Ca^{2+}-Mangel läuft dieser Regulationsmechanismus in die andere Richtung ab. Die Sezernierung von PTH bewirkt eine Stimulation der $1{,}25(OH)_2$-Vitamin-D-Synthese in der Niere, die zu einer vermehrten Ca^{2+}-Absorption im Darm führt. Darüber hinaus stimuliert PTH die Expression des Kalziumkanals TRPV5, was zu einer vermehrten tubulären Rückresorption von Ca^{2+} führt und dadurch die Ca^{2+}-Ausscheidung im Urin vermindert. Der zweite Effekt von PTH führt indirekt zur Reifung und Aktivierung der Osteoklasten und damit zu einer Kalzium-Phosphat-Mobilisierung aus dem Knochengewebe. Die Osteoklasten besitzen lediglich einen Rezeptor für die Osteoblasten, jedoch keinen für PTH. Hier kommt es zu einer Stimulierung des RANKL-RANK (Receptor Activator of Nuclear Factor κB-ligand)-Systems, das letztlich zu einer Reifung der Osteoklasten führt. An den Zielzellen in der Niere und im Knochen bindet PTH ebenfalls an Gα-Rezeptoren, wobei die Adenylatzyklase und die Phospholipase C aktiviert werden.

Die Phosphatkonzentration, im Gegensatz zur Kalziumkonzentration, variiert im Plasma stark, mit ausgeprägtem Tag-/Nachtrhythmus, wobei die niedrigsten Spiegel am Vormittag und die höchsten am Abend festzustellen sind. Phosphat wird im Dünndarm über einen aktiven Transport aufgenommen, der über den Na^+/Phosphat-Kotransporter IIb läuft, der jeweils drei Na^+-Ionen und ein HPO_4^{2-}-Ion aus dem Darmlumen in die Zelle schleust. Phosphat wird hauptsächlich über die Niere ausgeschleust. Die Regulation des Phosphatspiegels erfolgt hauptsächlich über die Rückresorption in den Nieren und zu einem kleineren Teil über die Regulation der Phosphataufnahme im Darm. PTH vermindert über eine Suppression der Na^+/Phosphat-Kotransporter IIa und IIc die Rückresorption im proximalen Tubulus, sodass vermehrt Phosphat mit dem Urin ausgeschieden wird.

Seit Neuerem gewinnt Vitamin D immer mehr an Bedeutung. Es ist als Metabolit bedeutsam im Kalzium- und Knochenmetabolismus, aber ebenfalls wichtig bei kardiovaskulären Erkrankungen, Asthma, Allergien, Autoimmunkrankheiten und beim Skelettmuskelaufbau.

Das mit der Nahrung aufgenommene oder in der Haut gebildete Vitamin D_3 (Cholecalciferol) wird über zwei Hydroxylierungsschritte in der Leber zunächst zu 25(OH)-Vitamin D_3 (25-Hydroxycholecalcierol) und dann in der Niere zum aktiven Metaboliten $1{,}25(OH_2)$-Vitamin D3 (1,25-Dihydroxycholecalciferol) verstoffwechselt. Die 1-α-Hydroxylierung des 25(OH)-Vitamin D3 in der Niere wird durch PTH-, Ca^{2+}, Phosphat- und Vitamin-D3-Konzentration im Blut reguliert. Da das Vitamin-D-bindende Protein (DBP) über 99% des Vitamins D im Blut bindet und dieser Komplex nicht in der Leber abgebaut werden kann, verlängert sich so seine Halbwertszeit.

Vitamin D erhöht die Kalzium- und Phosphataufnahme im Darm, vermindert deren Ausscheidung im Urin und interagiert mit PTH bei der Mobilisation von Ca^{2+} und Phosphat aus dem Knochen.

Calcitonin wird in den C-Zellen der Schilddrüse gebildet und entsteht durch eine posttranslationale Prozessierung seines Prohormons Präprocalcitonin. Calcitonin ist ein Gegenspieler des PTH und senkt die extrazellulären Ca^{2+}-Spiegel. Hohe Plasmaspiegel von Ca^{2+} stimulieren die Freisetzung von Calcitonin. Diese hemmt die Zahl und Aktivität der Osteoklasten und inhibiert zusätzlich die osteolytische Wirkung des PTH, wodurch weniger Ca^{2+} vom Knochen freigesetzt wird. Calcitonin wirkt ähnlich wie PTH über einen $G\alpha_s$-gekoppelten Calcitoninrezeptor, der über die cAMP-Bildung die Protein-Kinase A aktiviert.

Erwähnenswert ist noch Procalcitonin, die Vorstufe des Calcitonins, das bei infektionsbedingter Inflammation im Plasma bis zum 1000-Fachen erhöht vorliegt.

9.2.7 Insulin/Glukagon/Leptin (Energiestoffwechsel)

Die hormonelle Regulation des Energiestoffwechsels läuft über die beiden Pankreashormone Insulin und Glukagon. Diese werden im Pankreasgewebe in Inseln (mit einem Umfang von ca. 1 Million Zellen) gebildet, die im exokrinen Teil des Organs liegen, welcher Verdauungsenzyme bildet (Bikarbonat, Amylase, Lipase, Trypsin, Chymotrypsin), und die außerdem von einem eigenen Gefäßsystem versorgt werden. Die venöse Abgabe von Insulin und Glukagon mündet in die Vena portae, sodass die beiden Hormone ihre größte Aktivität in der Leber entfalten können. Innerhalb der Inseln gibt es drei Zelltypen: die A-Zellen, die Glukagon produzieren, die B-Zellen, in denen das Insulin produziert wird, und die D-Zellen, die Somatostatin sekretieren.

Insulin ist ein Peptidhormon, dessen Sekretion bedarfsmäßig – je nach aufgenommener Nahrung bzw. Stoffwechselanforderung – gesteuert wird. Insulin entsteht, zusammen mit C-Peptid, bei Spaltung von Proinsulin. Der Hauptregulator der Insulinsekretion ist der Glukosespiegel im Blut, wobei eine hohe Glukosekonzentration die Insulinfreisetzung stimuliert. Die Insulinsekretion läuft über einen Sensormechanismus ab, bei dem der Glukosetransporter GLUT2 eine wesentliche Rolle spielt. Im Rahmen dieses Vorgangs wird die Glukose phosphoryliert (Glukokinase) und in die Glykolyse eingebracht, was letztlich zu einem ATP-Anstieg führt. Das veränderte ATP/ADP-Verhältnis schließt den ATP-abhängigen K^+-Kanal KIR6.2 und es kommt zu einer Polarisierung der β-Zelle. Infolgedessen wird ein spannungsabhängiger Ca^{2+}-Kanal geöffnet und die ansteigende intrazelluläre Ca^{2+}-Konzentration löst die Exozytose der insulinhaltigen Granula aus. Die Insulinsekretion ist biphasisch. Etwa 5% des Insulins befinden sich in einem schnell mobilisierbaren Pool von Granula, die bereits an die Membran angedockt haben und schnell entleert werden können, sodass der Insulinspiegel innerhalb von 5–10 Minuten rasch ansteigt. Dementgegen muss der zweite, wesentlich größere Pool erst entlang der Mikrotubuli zur Plasmamembran bewegt werden. Letztlich induzieren hohe Glukosemengen auch die Expression des Insulingens, das bereits 30 min nach Stimulation transkribiert wird. Die oben beschriebene Depolarisierung der β-Zelle kann auch durch Aminosäuren, Fettsäuren oder Ketonkörper erreicht werden, die ebenfalls den ATP-Spiegel erhöhen können. Auch Hormone und Neurotransmitter wie Acetylcholin, Cholecystokinin und Glucagon-like Peptid 1 verstärken die Insulinsekretion. Hingegen hemmen Katecholamine und Somatostatin die Insulinsekretion über eine Hemmung der Adenylatzyklase.

Insulin hat eine vielfache Wirkung im Intermediärstoffwechsel mit unterschiedlicher Kinetik. Primär dient Insulin der Regulation des Glukosemetabolisms. Neben den oben beschriebenen Regulationsmechanismen via pankreatischer Insulinsekretion wird die Glukosezufuhr zu den Geweben/Organen über Glukosetransporter geregelt. Bisher sind 14 verschiedene GLUT-Typen beschrieben, die entweder insulinunabhängig oder insulinabhängig sind. Das Gehirn, das einen Anteil von 25% am täglichen Energiebedarf hat, nimmt die Glukose insulinunabhängig auf (GLUT1). Ebenso insulinunabhängig ist GLUT2, der in Hepatozyten, in den β-Zellen des Pankreas, in der Darmmukosa und in den Epithelzellen der Niere vorkommt. Die schnellste Insulinwirkung betrifft den Skelettmuskel und das

Fettgewebe. Hier wirkt der Transporter GLUT4. Er wird intrazellulär von Vesikeln gespeichert. Insulin vermittelt die Fusion des Transporters mit der Plasmamembran. Nach Glukoseaufnahme und nach Reduzierung des Blutspiegels wird der Transporter durch Endozytose wieder aufgenommen und kann erneut verwendet werden. Postprandial fließen 75–90% der Blutglukose in Muskel- und Fettzellen. GLUT4 wird auch durch körperliche Aktivität stimuliert. Körperliche Aktivität und Fasten erhöht die Zahl der Insulinrezeptoren. Bei Typ-II-Diabetikern und bei Adipösen ist die Glukoseaufnahme über GLUT4 gestört (Insulinresistenz).

Die Stoffwechseleinflüsse von Insulin sind vielfältig und es kann in diesem Rahmen nicht auf alle molekularen Regulationsvorgänge eingegangen werden. Prinzipiell sind die Stoffwechselantworten auf Insulin das Ergebnis von Enzymaktivierungen oder -hemmungen durch Phosphorylierungen oder Dephosphorylierungen. Dabei antagonisiert Insulin häufig die Wirkungen von cAMP. Die Bindung von Insulin an den Insulinrezeptor, eine heterotetramere Tyrosinkinase, aktiviert verschiedene Signalkaskaden. Der PI-e-Kinase-Weg ist v. a. für die metabolischen Signale verantwortlich, der GRB2/MAP-Kinase-Weg für die zellproliferierenden Effekte. Insulin stimuliert die Glykolyse, die Glykogensynthese und -speicherung in Leber und Muskel, die Triglyzeridsynthese in Leber und Fettgewebe sowie die Speicherung (Aufnahme) von Aminosäuren und die Proteinsynthese im Skelettmuskel. Gleichzeitig hemmt Insulin die hepatische Glukoneogenese und die Glykogenolyse. Fällt der Blutzuckerspiegel unter einen gewissen Wert (80 mg/dl), wird die Insulinproduktion stark reduziert und in weiterer Folge treten verschiedene Gegenspieler des Insulins auf, nämlich Glukagon, Adrenalin, Kortisol und Somatostatin.

Glukagon ist ein Polypeptid und wird in den Typ-A-Zellen der pankreatischen Inseln, in endokrinen Zellen des Dünndarms (GLP-1, Glucagon-like Protein I) und im Gehirn (GLP-2, Glucagon-like Protein II) produziert. Glukagon entsteht mithilfe einer Prohormon-Konvertase durch proteolytische Spaltung von Proglukagon.

Glukagon, als Gegenspieler von Insulin, besitzt die Hauptaufgabe, den Blutzuckerspiegel zu regulieren. Im Falle einer Hypoglykämie wird die vierfache Menge an Glukagon freigesetzt. Eine vermehrte Glukagonsekretion entsteht auch nach einer protein- oder aminosäurereichen Ernährung und bei Stress, durch den die Glukagonfreisetzung über eine Stimulierung von β-adrenergen Rezeptoren erfolgt. Eine Hemmung der Glukagonsekretion erfolgt durch erhöhte Konzentrationen von Glukose und freien Fettsäuren sowie durch Insulin, GLP-1 und Somatostatin. Im Kohlenhydratstoffwechsel stimuliert Glukagon die Enzyme der Glykogenolyse und der Glukoneogenese und hemmt die Glykogensynthese. Glukagon wirkt proteinkatabol und führt über eine Stimulierung der Autophagosomen zu einem Proteinabbau im Skelettmuskel. Die freigesetzten Aminosäuren werden zur Leber transportiert und dort für die Glukoneogenese verwendet.

Glukagon bindet an den Gαs-Protein-gekoppelten Glukagonrezeptor, stimuliert die Adenylatzyklase und, über das entstehende c-AMP, die Protein-Kinase A. Der Rezeptor stimuliert außerdem die Phospholipase C und mobilisiert intrazelluläres Ca^{2+}.

GLP-1 wird nach Nahrungsaufnahme (Lipide + Kohlenhydrate) von den L-Zellen des Darms freigesetzt. Es stimuliert die Insulinsekretion und hemmt die Glukagonfreisetzung. GLP-1 wird den Inkretinen (= gastrointestinale Hormone zur Steuerung der Insulinfreisetzung) zugerechnet, zu denen auch das glukoseunabhängige insulinotrope Peptidhormon GIP (Glucose Dependent Insulinotropic Peptide) gehört. Die Inkretine hemmen darüber hinaus das Peptidhormon Sekretin, die gastrointestinale Motilität und im Zentralnervensystem den Appetit, womit sie Einfluss auf die Nahrungsaufnahme nehmen.

Leptin ist ein Peptidhormon, dem die Aufgabe zukommt, Energiestoffwechsel und Nahrungsaufnahme zu regulieren. Es wird hauptsächlich von Adipozyten abgegeben und hemmt den Appetit. Es ist zu vermuten, dass die erhöhten Leptinspiegel bei adipösen Personen auf eine Leptinresistenz zurückzuführen sind. Hohe Fruktoseaufnahmen stehen in Zusammenhang mit dieser Leptinunempfindlichkeit.

Die quantitative Regulation des freien, d. h. bioaktiven Leptins findet im Plasma durch Leptinrezeptoren statt. Dementgegen entfaltet Leptin im Hypothalamus seine Wirkung über sechs verschiedene Rezeptortypen. Einer dieser Rezeptoren, Ob-Rb, stimuliert im hypothalamischen Nukleus die Jak-Stat- und MAPK-Signaltransduktionskaskade. Es kommt zur Expression von Genen, die die Synthese von Endocannabinoiden hemmt, die für eine Appetitanregung stehen. Darüber hinaus hemmt Leptin den Appetit, da es als Gegenspieler des Neuropeptid Y wirkt, und stimuliert die Synthese von α-MSH (Melanotropin-stimulating Hormon), das ein weiterer Appetithemmer ist. Ein Leptinmangel oder das Fehlen des Rezeptors führt zu einer ungehemmten Nahrungsaufnahme. Fasten oder eine verringerte Kalorienaufnahme senken die Leptinspiegel. Wie jedoch diverse Studien zeigten, führt Leptingabe nicht zu einer gewünschten Körpergewichtsreduktion, was im Zusammenhang mit seiner kurzen Halbwertszeit stehen könnte. Darüber hinaus kam es vereinzelt zu inflammatorischen Reaktionen, zu einer Stimulierung der Artheriosklerose, aber auch zu einer Stimulierung der Angiogenese. Leptin stimuliert das sympathische Nervensystem und bewirkt eine Erhöhung des Blutdrucks, der Herzfrequenz sowie der Thermogenese durch einer Entkoppelung der Zellatmung von der ATP-Synthese (Expression von Thermogenin – UCP: uncoupling protein). Leptin hat möglicherweise auch einen Einfluss auf den Menstruationszyklus. Eine niedrige Kalorienaufnahme oder ein hoher Energieverbrauch (Spitzensport) kann zu einer Unterbrechung der Menstruation führen. Eine kurze Trainingsperiode mit leichter Belastung (60 min, < 800 kcal) bewirkt keine Veränderung des Leptinstoffwechsels; erst eine länger andauernde Trainingsperiode führt zur Freisetzung von freien Fettsäuren und senkt Leptin [16].

Bei der Regulation der Energiehomöostase sind eine Reihe von Organen involviert, die unterschiedliche Hormone freisetzen und Signale aussenden [17]. Von diesen Substanzen seien zwei besonders erwähnt, nämlich Ghrelin und Adiponectin.

Ghrelin wird vor allem im Gastrointestinaltrakt (Magenfundus, aber auch Duodenum, Jejunum, Ileum und Kolon) sowie in diversen anderen Geweben produziert, wohingegen **Adiponectin** im Fettgewebe produziert wird. Beide Substanzen sind an der Regulation des Energiestoffwechsels und des Appetits beteiligt. Adiponection beeinflusst die postprandialen Fettsäurespiegel und die Glukosebildung in der Leber. Bei einer Insulinresistenz liegen niedrige Plasmaadiponectinkonzentrationen vor. Ghrelin stimuliert die Expression von Wachstumshormonen und wirkt appetitanregend. Bei Adipositas mit verringerter Insulinsensitivität sind die Konzentrationen beider Substanzen erniedrigt. Es erhebt sich die Frage, inwieweit körperliche Tätigkeit Ghrelin und Adiponection beeinflusst [18]. Die vorliegenden Untersuchungen ergaben, dass (a) die Grehlinspiegel nach einer akuten Belastung (Radfahren, Laufen) nicht ansteigen und dabei auch nicht die Wachstumshormonfreisetzung stimulieren, (b) erniedrigte Ghrelinkonzentrationen bei höheren Belastungen und bei einem höheren Wachstumshormonspiegel auftreten und (c) ein Ghrelinanstieg bei chronischer Exercise und bei dem dadurch entstehenden Gewichtsverlust auftritt.

Bezüglich der Einflüsse von Exercise auf die Adiponectinkonzentrationen liegen wenige Untersuchungen vor, die uneinheitlich sind [18, 19]. Die Adiponectinspiegel ändern sich nicht bei gemäßigter Körperbetätigung und steigen nach einer intensiven Trainingsperiode an. Nach längeren Trainingsperioden mit ansteigender Fitness, steigender Insulinsensitivität und sinkendem Körpergewicht steigen die Adiponectinspiegel zwar an, dieser Anstieg scheint aber nicht eine direkte Folge der steigenden Adiponectionkonzentrationen zu sein.

9.2.8 Hormone des Elektrolyt und Wasserhaushaltes

Renin-Angiotensin-Aldosteron-System (RAAS): Durch die Nieren wird ein Enzym, Renin, in die Zirkulation abgegeben, das daraufhin ein Hormon stimuliert. Dieser Zyklus wird Renin-Angitensin-Aldosteron-System (RAAS) genannt. Die Sekretion von Renin wird durch einen niedrigen Blutdruck in den Nierenkapillaren stimuliert. Renin agiert als Proteinase, indem es von einem zirkulierenden Peptid, das aus der Leber stammt, dem Angiotensin, das Carboxylende abspaltet, sodass Angiotensin I entsteht. Dieses wiederum wird von dem Angiotensin Converting Enzym (ACE), das auf Endothelzellen in allen Kapillaren, aber vor allem in der Lunge vorkommt, erneut gespalten und es entsteht das aktive Angiotensin II. Angiotensin II ist ein Hormon und bindet an die AT1- und ATs-Rezeptoren in der Nebennierenrinde. AT1 hat kardiovaskuläre Effekte und bewirkt die Freisetzung von Aldosteron aus dem adrenalem Cortex. Es stimuliert die Kontraktion des Herzens, aktiviert das sympathische Nervensystem und die Konstriktion der Blutgefäße und bewirkt eine Salz- und Flüssigkeitsretention in der Niere. All das führt zu einem Blutdruckanstieg. Das RAAS ist somit ein wichtiger Teil der homöostatischen Blutdruckregulation und des Flüssigkeits- und Salzhaushaltes. Aldosteron stimuliert über einen Mineralkortikoidrezeptor die Gene der γ-Untereinheit des epithelialen Natriumkanals (ENaC) und des Channel Inducing Factors (CHIF). ENaC vermittelt den Na^+-Einstrom in die renale Epithelzelle, während CHIF die Aktivität des basolateralen Na^+K^+-Transporters erhöht und für den Na^+-Ausstrom verantwortlich ist, wodurch es letztlich zu einem Rücktransport des Na^+ in das Plasma kommt. Im Gegenzug zur Na^+-Resorption aus dem Lumen in die Epithelzellen kommt es zu einem K^+-Einstrom in das Lumen und zu einer K^+-Sekretion in den Urin.

Das RAAS ist somit ein wichtiger Ansatz für die therapeutische Blutdruckregulation, wobei einerseits ACE-Hemmer und andererseits AT1-Rezeptorantagonisten als Therapeutika eingesetzt werden.

ACE spielt auch eine Rolle im Energiestoffwechsel. Experimentell zeigte sich, dass ACE-defiziente Mäuse einen erhöhten Energiebedarf und schlankeres Erscheinungsbild besitzen. Außerdem konnte gezeigt werden, dass eine genetische Variation beim ACE-Gen zu einer erhöhten Ausdauerkapazität führt [3].

Vasopressin (ADH) dient zur Regulation des Wasserhaushaltes. Osmoregulatoren im Hypothalamus reagieren auf den Anstieg der Osmolarität in der Extrazellularflüssigkeit (Plasma) und stimulieren die Ausschüttung von ADH. Dieses steigert die Wasserrückresorption in der Niere und verringert dadurch die Urinausscheidung. Außerdem erhöht Vasopressin den Blutdruck durch die hervorgerufene Vasokonstriktion. Eine Absenkung des Blutvolumens oder Blutdrucks um 10% führt zur Vasopressinfreisetzung. Der blutdrucksteigende Effekt wird über V1-Rezeptoren in glatten Muskelzellen vermittelt, deren Aktivierung die Vasokonstriktion bewirkt.

Wir unterscheiden drei **natriuretische Peptide (Proteine)**, das artriale (ANP), das B-Typ (BNP) und das C-Typ (CNP), die für eine Natriurese, eine Diurese und eine Vasorelaxation verantwortlich sind. ANP wird im rechten Vorhof gebildet und bei erhöhtem atrialem Druck freigesetzt. In Folge kommt es zu einer Wanddehnung und einer Dehnung der Kardiomyozyten. Während BNP im Ventrikel des Herzens gebildet wird, wird CNP hauptsächlich im Gehirn produziert, wo es seinen Wirkungsort zu haben scheint. ANP löst eine Relaxation der glatten Muskelzellen und der Arteriolen aus und verringert dadurch den arteriellen Gefäßwiderstand. Diese Vasorelaxation führt in der Niere zu einer vermehrten Durchblutung und einer vermehrten Wasser- und Salzausscheidung. ANP wirkt dem RAAS entgegen, indem es die Renin- und Aldosteronfreisetzung vermindert. Bei Patienten mit Herzinsuffizienz staut sich das Blut im linken Herzventrikel zurück, da die Pumpleistung des Herzens nicht ausreicht, das Blut in die Aorta zu befördern. Dieser Rückstau führt zu einer vermehrten Bildung von BNP, das auch vermehrt im Blut auftritt und deswegen zu diagnostischen Gründen zur Bestimmung einer akuten Herzinsuffizienz verwendet wird.

Die natriuretischen Peptide wirken über Rezeptoren, die in der Niere, auf Gefäßmuskeln und auf Endothelzellen exprimiert werden. Die Rezeptoren sind membrangebundene Guanylatcyclasen, die nach ihrer Aktivierung zu einer erhöhten cGMP-Konzentration führen.

Zusammenfassend ist festzuhalten, dass die Schwankungen in der Osmolarität über die Regulation des freien Wassers verlaufen. Vasopressin verringert das Urinvolumen durch eine Rückresorption des Wassers in der Niere. Das RAAS bewirkt ebenfalls eine Rückresorption von Wasser und Natrium. Gegenspieler dazu sind die natriuretischen Peptide, die zu einer erhöhten Natrium- und Wasserausscheidung führen.

9.3 Einfluss von Sport auf Hormonspiegel

In Abhängigkeit von Belastungsgrad, Anzahl der Wiederholungen und Dauer der Belastung beeinflussen körperliche Tätigkeiten (Exercise) die Hormonspiegel im Blut, da es durch Sport zu einer veränderten Hormonsekretion kommt. Exercise, d. h. eine geregelte körperliche Tätigkeit, wie sie bei Training oder Sportausübung vorkommt, stimuliert das neuroendokrine System in einer stressähnlichen Situation (Übersicht siehe [20, 21]). Die neuroendokrine Antwort ist abhängig von Dauer, Intensität und Wiederholungen der Betätigung. Die hormonellen Mechanismen versuchen, die Körperhomöostase wieder herzustellen. Als Reaktion auf einen akuten Krafttrainingsreiz steigen im Plasma die Hormonkonzentrationen von GH, IGF-1, IGF-Binding Protein 3, Testosteron, Kortisol Adrenalin und Noradrenalin an [22, 23]. Wiederholte Übungen, bei denen viel Muskelmasse involviert ist, erhöhen den Anstieg der anabolen Hormone GH und Testosteron.

Während einer akuten Belastung sind die Katecholamine notwendig, um die Muskelkontraktionen zu stimulieren, die Energiebereitstellung sicherzustellen und dadurch die entsprechende Muskelkraft herzustellen. Nicht zuletzt sorgen die Katecholamine für eine entsprechende Umverteilung des Blutflusses (fight or fly).

Krafttraining bewirkt in der Übungsphase einen Testosteronanstieg (Übersicht: [24]), der bei Frauen geringer ausfällt als bei Männern. Allerdings scheint es, dass ein Ausdauertraining auch bei Frauen einen Testosteronanstieg hervorruft. Bei akuter Belastung ist bei Frauen der GH-Anstieg ausgeprägter [25]. Nach den Übungseinheiten, in der Regenerationsphase, kommt es überwiegend (unterschiedliche Literaturangaben) zu einem Testosteronabfall [26].

Exercise erhöht die Spiegel von GH und IGF-1 (Übersicht: [11]). Die GH-Konzentrationen sind am Ende einer Übungseinheit am höchsten. Der anabole Effekt des GH liegt nicht an der Erhöhung der Muskelkraft per se, sondern daran, dass es zur vermehrten Bereitstellung von Substraten (freie Fettsäuren und Glyzerin) für den Muskelaufbau beiträgt. Molekular betrachtet, gibt es Hinweise, dass GH die Gene des oxidativen mitochondrialen Stoffwechsels hemmt, den Pyruvatgehalt in der Zelle anhebt und es zu einer vermehrten Laktatbildung kommt, von der bekannt ist, dass sie über die anaerobe Glykolyse die Muskelkraft und die Kontraktilität während der Übungsphase erhöht. Darüber hinaus trägt GH zur Konservierung von Protein bei, indem es die Proteinoxidation verringert, und es verringert die Fettmasse. Eine GH-Gabe hat keinen positiven Effekt auf die aerobe Kapazität bei Dauerleistungen. Eine gemeinsame Gabe von GH und Testosteron erhöht die Sprintkapazität um 8,3% im Vergleich zu einem Placebo. Eine GH-Gabe kann auch die Regeneration, präziser den Zustand der Sehnen, positiv beeinflussen, indem es die Kollagensynthese stimuliert.

Das nach Exercise freigesetzte Kortisol spielt möglicherweise eine Rolle bei der Neuorganisation des Muskelgewebes [22]. Glukokortikoide hemmen die Proteinsynthese und stimulieren die Proteolyse im Sinne eines Eiweißkatabolismus, wodurch es zu einer verringerten Bildung von Actin und den schweren Aminosäureketten des Myosin kommt. Die Trainingseinheiten, die den höchsten Laktat- oder Kreatinkinaseanstieg hervorrufen, haben den höchsten Anstieg von Kortisol und ACTH [27]. Östradiol scheint eine positive Rolle in der Regenerationsphase zu haben, indem es Membranschädigungen und strukturelle Schäden eindämmt [28]. Darüber hinaus haben Östrogene eine Vielzahl von Einflüssen auf andere Hormone, sowohl mit als auch ohne Exercise [29].

Eine körperliche Betätigung beeinflusst die Schilddrüsenhormone. Ausgedehnte langanhaltende Belastungen führen zu einem nicht pathologischen Hypothyreoidismus (Abfall der Schilddrüsenhormone), wohingegen ein kurzfristiges Intervalltraining die Schilddrüsenhormone unmittelbar nach der Belastung ansteigen lässt, wobei die Überführung von T4 in T3 unterdrückt ist [30].

Übertraining (Overtraining Syndrom, OTS), heute auch als UPS (Underperformance Syndrom) bezeichnet, wird durch einen Überbelastungszustand hervorgerufen [31], dem ein nicht zu begründender Leistungsabfall folgt. Die einzig wirksame Therapie besteht in einer mehrwöchige Trainingsunterbrechung. Die biochemischen Zusammenhänge des OTS oder UPS sind bis heute nicht klar verstanden, scheinen aber eng mit dem hormonellen Zustandsbild vergesellschaftet zu sein [32]. Als Vorstufe eines OTS spricht man von einem Überlastungszustand (engl. overreaching). Man unterschied früher ein sympathikotones von einem parasympathikotonen Übertrainingssyndrom. Es scheint sich hier aber um zwei Phasen zu handeln, wobei das sympathikotone in ein parasympathikotones Übertrainingssyndrom übergehen kann. Ersteres ist eher temporär, letzteres kann chronisch werden, mit etwaig zusätzlich depressiven Anteilen. Das sympathikoide Übertraining ist gekennzeichnet durch einen erhöhten Ruhepuls, verzögerten Rückgang der Herzfrequenz nach Belastung, Müdigkeit, Schlaflosigkeit, orthostatische Kreislaufdysregulation, erhöhte Infektanfälligkeit, eine erhöhte Konzentration der Katecholamine

Adrenalin und Noradrenalin sowie von Kortisol, und einen Abfall der Hypophysenhormone ACTH, GH, Prolaktin und LH. Im Gegensatz dazu sind beim parasympathikotonen Übertrainingssyndrom der Ruhepuls und die Katecholaminwerte sowie Kortisol erniedrigt (adrenale Insuffizienz) [33].

9.4 Hormondoping

In den Medien wird man wiederholt mit Meldungen über Doping bei Spitzensportlern konfrontiert. Zu diesem Themenkomplex möchten wir auf zwei jüngst erschienene Bücher hinweisen, die sich diesem Problem ausführlich widmen [34, 35]. Im Folgenden soll kurz auf die beiden wichtigsten hormonellen Dopingsubstanzen hingewiesen werden, nämlich das Wachstumshormon (GH) und die anabolen androgenen Steroide, hierbei im Speziellen Testosteron.

9.4.1 Wachstumshormon

Wachstumshormon (GH) ist eine anabole Substanz und wird deswegen zum Doping, vor allem bei Bodybuildern, aber auch im Spitzensport (Radfahren), eingesetzt. Zum GH-Doping werden auch das Doping mit GH-Analoga und das mit IGF-1 gezählt. GH verringert die Fettmasse, erhöht die Körpermasse und das Muskelwachstum, führt aber auch zu einer Wassereinlagerung, wodurch erhöhte Muskelmasse vorgetäuscht wird. Der wissenschaftliche Beweis für den Sinn eines GH-Dopings fällt eher schwach aus [36]. Jüngste Untersuchungen ergaben, dass GH zwar den Glukosespiegel im Blut und den muskulären Pyruvatspiegel anhebt, dieses aber nicht aerob verstoffwechselt wird, da GH die Gene für die oxidative mitochondriale Energieproduktion herabreguliert und die Aktivität der Pyruvatdehydrogenase erniedrigt. Dadurch wird Pyruvat nicht zu Acetyl-CoA metabolisiert und kann deswegen nicht in den Zitronensäurezyklus eingehen. Allerdings wird das Pyruvat zu Laktat reduziert und vermehrt Energie aus der anaeroben Glykolyse gewonnen. GH fördert somit die rasche Energiebereitstellung aus der anaeroben Glykolyse und bewirkt eine akute Anhebung der Kontraktilität und der Muskelkraft. Deswegen scheint GH bei kurzfristigen Belastungen – wie bei Sprints – einen Vorteil zu bringen (review: [11]).

9.4.2 Androgene Hormone

Anabole androgene Steroide (AAS) repräsentieren eine Hormonklasse, die mit dem Hormon Testosteron affiliiert sind. Testosteron ist verantwortlich für die Ausbildung der männlichen Geschlechtsorgane, für das Muskelwachstum und hat psychotrope Effekte in Hinblick auf eine Steigerung der Aggressivität. Somit ist es eine ideale Dopingsubstanz für manche Sportklassen und wird vergleichsweise häufig verwendet, etwa um beim Kraftsport die Muskelmasse anzuheben, jedoch findet es auch, in niedrigeren und öfter verabreichten Dosen, Einsatz im Ausdauersport. Da Testosteron die Regeneration fördert, wird es auch während Trainingsperioden verwendet. Anabol wirkende Androgene sind, im Bereich des Bodybuildings, die am häufigsten verwendeten Dopingsubstanzen.

Als endogene Substanz hat Testosterondoping den Ruf der Ungefährlichkeit. Anabolika sind meistens Derivate des 19-Nor-Testosterons wie Clostebol, Metelonon oder Nandrolon. Chemische Modifikationen – Testosteron-Analoga – wurden aufgrund ihrer Nebenwirkungen vielfach aus dem Vertrieb zurückgezogen. Nebenwirkungen bei Männern sind eine Störung der Hodenfunktion und eine verminderte Spermatogenese. Frauen erleiden eine Virilisierung, Akne, rauchige Stimme, Zyklusstörungen und Menstruationsverschiebungen. Bei Kindern kommt es durch die Einnahme von Anabolika zu einer Verzögerung des Knochenwachstums und einem vorzeitigem Verschluss der Epiphysenfugen.

Anders als Testosteron ist dessen Vorstufe Dehydroepiandrosteron (DHEA) am freien Markt (z. B. in Amerika) erhältlich und wird dort vielfach verwendet. Die androgene Wirkung von DHEA entsteht durch die Metabolisierung zu Testosteron und Dehydrotestosteron. Außerdem bindet es auch an spezifische Membranrezeptoren an Endothelzellen, aktiviert die endotheliale Stickstoffmonoxid-Synthase mittels eines an das G-Protein gebundenen Plasmarezeptors und hat darüber hinaus immunmodulierende Eigenschaften. Das 5α-Isomer von Testosteron, DHT, hat auch anabole Eigenschaften und wird ebenfalls beim Doping eingesetzt.

Die muskelhypertrophe Wirkung von Testosteron beruht auf einer Stimulierung der Zellproliferation, einer Erhöhung der Zellgröße, einer Steigerung der Muskelproteinsynthese und einer besseren

Regenerationsfähigkeit des Muskels. Testosteron ist in der Lage, spezifische Signaltransduktionswege zu stimulieren, wobei vor allem die Aktivierung des mTOR-Signalweges von Bedeutung ist. Sowohl Typ-I- als auch Typ-II-Muskelfasern werden durch Testosteron aktiviert. Darüber hinaus kommt es durch Testosteron auch zu einer Erhöhung der Anzahl der Satellitenzellen, einer myonuklearen Akkretion, einer Freisetzung von mesenchymalen pluripotenten Zellen innerhalb der myogenischen Zellpopulation und einer Aktivierung des intrazellulären Androgen-Rezeptors (AR). Der Hormon-Rezeptor-Komplex gelangt in den Zellkern und bindet dort an spezifische Hormone Response Elemente (HRE) in der Promoter-Region androgenregulierender Gene, die für den anabolen Effekt des Testosterons verantwortlich sind. Allerdings stimuliert Testosteron nicht nur die Transkription von Genen, sondern wirkt auch über den G-Protein-gekoppelten Rezeptor, erhöht die intrazelluläre Kalziumfreisetzung und aktiviert die extrazellulären Signal-regulierenden Kinasen 1/2 (ERK 1/2).

Eine der Wirkungsweisen androgener Hormone läuft über eine Stimulierung von Follistatin, das in weiterer Folge Myostatin hemmt [37]. Myostatin ist ein negativer Regulator des Muskelwachstums. Im Gegensatz zu den androgenen Steroiden hatten Östradiol, Progesteron, das Luteinisierende Hormon und das Follikel-stimulierende Hormon keinen Einfluss auf die Follistatin- und Myostatinkonzentrationen.

9.5 Weibliche Sexualsteroide, genetische Polymorphismen und körperliche Performance

9.5.1 Einleitung

Rückblende

Im April des Jahres 1967 sitzen zwei hohe Funktionäre der „Boston Athletik Association" auf dem Rücksitz eines Pressewagens. Ihre Aufgabe besteht eigentlich darin, Sport und Sportler zu fördern. An diesem Tag sehen sie aber – laut Bericht einer Tageszeitung – ihre Aufgabe darin, den Läufer mit der Nr. 261 an der Teilnahme des Bostoner Marathons zu hindern. Der einzige Grund: Läufer Nr. 261 ist eine Frau. Die Teilnahme war ihr – offensichtlich aus biologischen Gründen – untersagt.

Die Information hatte ein Fotograf den Funktionären gesteckt, Läufer Nr. 261 hatte sich unter dem Namen K.V. Switzer angemeldet. Niemand war auf die Idee gekommen, dass es Katharina V. Switzer sein könnte, eine Frau.

Mit Mütze und Jogging-Anzug trat also Nr. 261 an die Startlinie. Bei Meile 2 sprangen die Funktionäre aus dem Wagen, stürmten auf Nr. 261 zu und schrien: „Verschwinde, verdammt noch mal, aus meinem Rennen!". Womit sie nicht gerechnet hatten: Tommy Miller, Hammerwerfer, Marathonläufer, Freund von Kathrin Switzer.

Er sorgte dafür, dass die Situation den umgekehrten Ausgang nahm: Am Straßenrand landeten nun die Funktionäre und Switzer lief den Marathon zu Ende. Sie bewies damit, dass sein kann, was nicht sein darf: Frauen können ebenfalls Marathon laufen, auch wenn Generationen von Ärzten erklärt hatten, warum das eine körperliche Unmöglichkeit sei. K. V. Switzer's Bild ging um die Welt, 1984 wurde Frauen-Marathon eine olympische Disziplin.

Hauptziel der Evolution ist die Erhaltung der Art – ihr dienen die männlichen und weiblichen Körper in unterschiedlicher Weise; letzterer hat dabei weitreichendere und nachhaltigere Aufgaben zu erfüllen, die einerseits mit hohen physiologischen Belastungen einhergehen und andererseits den weiblichen Körper konditionieren, auch sportliche (Hoch-) Leistungen zu vollbringen. Die gleichen Regelkreise des weiblichen Körpers, die für die Reproduktion wichtig sind, greifen in die körperliche und damit in die sportliche Leistungsfähigkeit ein – ein gutes Beispiel dafür ist das Molekül des Jahres 1992, das Stickmonoxid [38].

9.5.2 Blutkreislauf

Das Stickstoffmonoxid-System

Das Stickstoffmonoxid (NO) gehört zu den Gasotransmittoren, das während der Schwangerschaft die Gebärmutter ruhigstellt. Unmittelbar vor der Geburt wird dieser Relaxierungseffekt verschoben: vom Corpus uteri zur Cervix uteri. Dadurch kann die Wehentätigkeit im Fundusbereich beginnen, die Muskelfasern des Muttermundes hingegen relaxieren sich durch das dort verstärkt gebildete NO – dies ermöglicht den Durchtritt des Kindes. Gesteuert wird dieser Prozess vom Östradiol, das die endotheliale NO-Synthase anregt, wodurch Arginin in Citrullin umgewandelt und gleichzeitig Stickmonoxid freigesetzt wird – ein Vorgang, der auch in anderen Körperkompartments, vor allem in der pars muscularis der Blutgefäße, stattfindet und den kardioprotektiven und antihypertensiven Effekt des 17ß-Östradiols erklärt.

Für die körperliche Leistungsfähigkeit ist diese reguläre Steuerung des Blutflusses, die den Muskel mit Sauerstoff und nutritiven Substanzen versorgt, bedeutend; da gleichzeitig das Stickmonoxid in die mitochondriale Aktivität und in die Glukoseverwertung steuernd eingreift, bekommt dieser Neurotransmitter für die Sportmedizin einen klinischen und einen wissenschaftlichen Impakt [39].

Die Abhängigkeit der endothelialen NO-Synthase von der endogenen Östradiolbildung oder der exogenen Östrogenzufuhr hat für die Leistungsfähigkeit des weiblichen Körpers Bedeutung und sollte in die Interpretation von genetischen Variationen des NOS-Gens einfließen, das nach den bisherigen Daten unterschiedliche Verteilungsmuster bei Spitzensportlern und dem normalen Kollektiv zeigt.

NO diffundiert leicht über Zellgrenzen und erfüllt mehrere biologische Aufgaben. Sexualsteroide bedienen sich dieses verpönten Gases, um Effekte zu erzielen, von denen man noch vor kurzem meinte, dass sie über Steroidrezeptoren ausgelöst würden [40].

Während man früher die Auffassung vertrat, dass 17ß-Östradiol ausschließlich über seinen Rezeptor biologische Wirkungen bewirkt, ist man in jüngerer Zeit der Meinung, dass es auch rezeptorunabhängige, nicht durch ein Andocken an der DNA vermittelte Wirkungen des Östrogens gibt. Dazu zählen Veränderungen, die Östrogene an elektrischen Potenzialen (z. B. Kalziumionen) oder an gasförmigen, leicht penetrierbaren Einfachverbindungen bewirken. Zu letzteren zählt das Stickstoffmonoxid, eine evolutionär alte Verbindung, die – als Vorläufer von Hormonen – ebenfalls an der Informationsübertragung biologischer Systeme beteiligt ist [41].

Informationsübertragungen erfolgen also nicht nur durch Steroide oder Peptidhormone, sondern auch über einfache biologische Reaktionen, wie z. B. über die Veränderung elektrischer Potenziale. Durch seine Fähigkeit, an freie Elektronen zu binden, ist das Stickstoffmonoxid an der Interaktion verschiedener biologischer Systeme beteiligt.

Der Wirkungsmechanismus des NO

Rezeptor für Stickstoffmonoxid am Enzym Guanylcyclase ist das Eisen der Hämkomponente. Die Guanylcyclase katalysiert die Synthese des sekundären Botenstoffes cGMP. Bindet das Stickstoffmonoxid an die Hämgruppe, so ändert sich deren Raumstruktur; dies induziert die Bildung des für viele physiologische Prozesse wichtigen cGMP aus GTP. Die daraus entstehende Phosphorylierungskaskade nimmt eine Fülle von physiologischen Funktionen wahr [42].

NO ist sowohl in Wasser als auch in Fett löslich, was die hohe Diffusionskapazität dieses Gases im Gewebe erklärt. Die Reaktivität des NO hängt von den Redoxverhältnissen ab: NO und O_2 reagieren stark miteinander und bilden oxidierte Moleküle: das Nitrogendioxid und die Peroxinitrite; beide Verbindungen sind toxischer als NO.

Überschüssiges NO wird durch eine Bindung an Thiole gespeichert; im Plasma selbst ist es teilweise auch an die SH-Gruppen des Albumins assoziiert. In das Blut freigesetzt, wird NO relativ rasch zu NO_3 konvertiert, welches mit einer Halbwertszeit von fünf bis acht Stunden ausgeschieden wird. Der Rückschluss muss mit Vorsicht erfolgen, da sowohl nitritkonservierte Nahrungsmittel als auch das NO der Atmung auf das urinäre NO_3 einen Einfluss ausüben.

Isoformen der NO-Synthasen

Es gibt verschiedene Isoformen der NO-Synthase (NOS): Die konstitutive NOS (cNOS) kommt präferentiell im Endothel und in den Nervengeweben vor, die induzierbare NOS (iNOS) vor allem in aktivierten Immunzellen, aber auch in den Muskelzellen der Gefäßwand. Innerhalb der konstitutiven NOS unterscheidet man zwei Familien: das endotheliale Enzym und das neurale Enzym.

Die iNOS unterscheidet sich von der cNOS dadurch, dass sie kalziumunabhängig ist und von den Makrophagen in einer 1000-fach höheren Konzentration freigesetzt wird als die eNOS. Die Aufgabe der iNOS liegt darin, Viren, Bakterien und Tumorzellen zu zerstören. NO ist in der Lage, in den Mitochondrien der Krebszellen den Zitronensäurezyklus und damit das Wachstum der Zelle zu unterdrücken; außerdem blockiert es eine Reihe von elektronenübertragenden Vorgängen sowie die DNA-Synthese im Zellkern. Stimuliert wird die iNOS von Lipopolysacchariden sowie vom gamma IFN.

Die konstitutiven NOS können up-reguliert werden; auf diesem Mechanismus basiert die kardioprotektive Wirkung des Sports und des Ösrogens, beide rufen in der pars muscularis und am Endothel gleiche Effekte hervor.

Während körperliche Aktivität über die Scherkräfte am Gefäßbett die Freisetzung des Stickmonoxids bewirkt, regt das Östrogen direkt die NO-Synthase an.

Die NOS weist eine ähnliche Aminosäurensequenz auf wie die Cytochrom-P450-Reduktase. Normalerweise fungiert die Reduktase als Elektronenspender für P450-Enzyme, die eine Reihe von Medikamenten abbauen. Bei der Elektronenabgabe wird die Cytochrom-P450-Reduktase von drei Cofaktoren unterstützt, welche die Elektronen auf andere Komponenten übertragen: das NADPH, FAD und FMN. Für alle drei hat die Reduktase in ihrer Aminosäuresequenz spezielle Erkennungsstellen.

Bemerkenswerterweise hat nun die NO-Synthase für genau die gleichen drei Cofaktoren Erkennungsstellen, die sich auch in der gleichen Lage am Molekül befinden. Allerdings besitzt die NO-Synthase noch andere Bindungsstellen, die der Cytochrom-P450-Reduktase fehlen, und zwar eine für Calmodulin und eine weitere zur Phosphorylierung. Letztere unterstreicht die Beobachtung, dass die NO-Synthase durch verschiedene Kinasen phosphoryliert werden kann: durch eine cAMP-abhängige und eine Kalzium-Calmodulin-abhängige Proteinkinase sowie durch die Proteinkinase C.

Bei dermaßen vielen Bindungsstellen zur Regulation ihrer Aktivität wird die NO-Synthase offenbar von mehr Faktoren beeinflusst als viele anderen Enzyme. Dies erklärt auch die multimorphen Funktionen des Enzyms.

Phylogenetisch ist die Verwandtschaft mit der Cytochrom-P450-Reduktase auffallend. Neben der Entgiftung hat dieses Enzym noch eine weitere Funktion: Es gibt an Hämoxygenasen Elektronen ab. Bei dieser Abgabe von Elektronen setzt die Cytochrom-P450-Reduktase ebenfalls ein Gas frei, nämlich das Kohlenmonoxid (CO) (vergleichbar dem Stickstoffmonoxid der NO-Synthase). Wie NO, so stimuliert auch das CO die Bildung von cGMP; es bindet an die Hämkomponente der Guanylatzyklase, welche die Produktion des sekundären Botenstoffs cGMP katalysiert.

Dies bedeutet, dass auch CO ein Neurotransmitter ist, der cGMP (im Gehirn) reguliert.

Die strukturellen Ähnlichkeiten der Enzyme NO-Synthase und Cytochrom-P450-Reduktase dürften ihre parallele Aufgabe widerspiegeln, die Geschwisterbotenstoffe CO bzw. NO zu synthetisieren. Sie erfüllen ihre Funktion zwar in unterschiedlichen Bereichen des Gehirns und sind in andere Stoffwechselwege eingegliedert; ihre Wirkungsmechanismen gleichen jedoch einander sehr.

Vielfältige Aufgaben des NO

Da sowohl sportliche Aktivität wie auch Östrogene Stickmonnoxid freisetzen, ist ein Blick auf seine vielfältigen Wirkungen gerechtfertigt.

Entdeckt wurde NO zunächst in den Nervenzellen des Säugetierorganismus. Im Gehirn entsteht es in bestimmten Neuronen, wenn deren Glutamatrezeptoren (NMDA-Rezeptoren) erregt werden. Der Neurotransmitter Glutamat öffnet Ionenkanäle für Kalzium und die in die Zellen strömenden Ionen binden sich mit Calmodulin, einem Cofaktor, der die Stickstoffmonoxidsynthase aktiviert. Diese wandelt die Aminosäure Arginin in Citrullin um und setzt das Stickstoffmonoxid frei. Kalzium aktiviert damit die Stickstoffmonoxidsynthase, ein Prozess, der nur wenige Millisekunden dauert. Kalzium und Östrogene haben damit – wie auch in anderen biologischen Systemen – einen synergistischen Effekt [43].

Nach dem derzeitigen Wissensstand ist dieser Neurotransmitter in folgende biologische Systeme involviert, die auch für die Sportmedizin von Bedeutung sind:

- Neurotransmission
- Immunabwehr
- Apoptose
- Gefäßdilatation
- Darmmotilität
- Augendruck
- Reizblase

Statt mit einem Rezeptorprotein an der Außenmembran einer Zelle Kontakt aufzunehmen, wandert NO durch einfache Diffusion in die Zelle hinein, wo es die Bildung von cGMP katalysiert. Damit eignet es sich in hervorragendem Maße als retrograder Messenger, der mühelos vom postsynaptischen Neuron wieder in den präsynaptischen rückdiffundiert und eine Reaktion, die vom präsynaptischen Teil ausgegangen ist, „belohnen" bzw. amplifizieren kann. So liegt ein zusätzlicher Mechanismus zur Verstärkung von neuronalen Signalübertragungen an Synapsen vor, der zur Etablierung von Gedächtnisbrücken wesentlich ist. Für die große Bedeutung, die NO in der Ausbildung von Gedächtnis brücken hat, spricht auch die Tatsache, dass die NO-Synthase vor allem im Hippocampus lokalisiert ist, in jener Region, die für die Gedächtnisbildung eminent wichtig ist. Außerdem konnte man demonstrieren, dass eine Verstärkung der Signalübertragung nicht mehr stattfindet, wenn die NO-Synthase blockiert wird.

Die NO-Synthase ist nur in bestimmten Neuronenpopulationen anzutreffen: In der Hypophyse findet man sie im Hinterlappen, in den Ausläufern von Nervenzellen, deren Zellkörper im Hypothalamus liegen und die Oxytocin und Vasopressin freisetzen. In der Nebenniere kommt die Synthase hochkonzentriert im Neuronengeflecht vor, das die Nebennierenzelle zur Abgabe von Adrenalin stimuliert.

Der Zusammenhang zwischen psychischen und immunologischen Vorgängen ist bekannt; eine der vielen Brücken zwischen beiden Systemen scheint auch NO zu sein. Ein wichtiger Neurotransmitter, der die Verbindung zum psychischen Äquilibrium herstellt, nämlich Glutamin, stimuliert die NO-Synthase, die ihrerseits wieder in die Immunabwehr von Viren, Bakterien und Karzinomzellen involviert ist.

Glutamat, das die NO-Synthase induziert, ist ein physiologischer Neurotransmitter. So besteht hier ein starker Konnex zwischen der Immunsituation und dem NO. NO wird deswegen auch als Immunophilin bezeichnet.

Glaucom und NO

Der normale Augendruck beträgt 16 mmHg und wird vom Schlemm-Kanal gesteuert, der die Kammerflüssigkeit in das episklerale Venensystem abführt. Die Resistenz des Schlemm-Kanals steht mit der ziliären Produktion des Kammerwassers in einer physikalischen Korrespondenz: Der Schlemm-Kanal wird so dilatiert bzw. verengt, dass durch die Kammerwasserproduktion der erwünschte Druck von 16 mmHg aufrechterhalten bleibt. Die Zellen des Schlemm-Kanals haben mit glatten Muskelzellen eine große Ähnlichkeit, sie kontrahieren auch bei Anwesenheit cholinerger Agonisten und relaxieren, wenn NO vorhanden ist – ein Vorgang, den man auch im Endothel bzw. im Blutgefäß findet [44].

Dementsprechend ist es auch nicht verwunderlich, dass Nitrovasodilatatoren den Kammerdruck senken. Arbeiten zeigen, dass bei Glaukomen NO-enthaltende Zellen reduziert sind bzw. dass die NO-Produktion gering ist. Unter diesem Aspekt sollte die Bedeutung körperlicher Betätigung sowie des Östrogens für die Normalisierung des Augendruckes untersucht werden.

Dies könnte auch für andere Systeme gelten:

Im Darm kommt es durch eine NO-Anreicherung zu Geblähtheit, Flatulenz und Störungen der Peristaltik, wie dies oft prämenstruell von den Patientinnen berichtet wird. Der Öffnungsmechanismus des venösen Systems im Corpus cavernosum wird ebenfalls entscheidend von NO beeinflusst. Aber auch die Muskelsysteme der Blase, die an der Harnspeicherung bzw. an der Miktion beteiligt sind, werden von NO moduliert. Der gute therapeutische Erfolg, welcher bei Reizblase und Pollakisurie mit einer Östrogenbehandlung erzielt wird, beruht wahrscheinlich auf dem relaxierenden Stickstoffmonoxid, das auch dort durch das Östradiol freigesetzt wird.

Östradiol – NO

Der kardioprotektive Effekt, den 17ß-Östradiol auszuüben imstande ist, gilt nach einer Re-Beurteilung der WHI-Studie heute wieder als gesichert und wird mit der lipidsenkenden Wirkung des Steroids, vor allem aber mit der NO-stimulierenden Wirkung des Östrogens erklärt.

Östradiol stimuliert – ähnlich wie die Scherkräfte des vorbeifließenden Blutes – die endotheliale NO-Synthase und bewegt sie zu einer verstärkten Freisetzung des NO, welches in die Gefäßmuskelschicht diffundiert und dort durch eine Lockerung der Actin-Myosinfibrillen eine Gefäßdilatation hervorruft. Auch dabei wird Arginin in Citrullin unter Abspaltung des NO umgewandelt [45].

Die Wirkung der Sexualsteroide auf die induzierbare NO-Synthase scheint anders bzw. invers zu sein: Das in mononukleären Zellen freigesetzte NO wird durch die Sexualsteroide supprimiert; ein Hormonabfall, wie dies periovulatorisch und prämenstruell der Fall ist, führt zu einer verstärkten Up-Regulierung der induzierbaren NO-Synthase. Während demnach die konstitutiven NO-Synthasen durch das Östrogen angeregt werden, wird die induzierbare NO-Synthase durch den Steroidabfall stimuliert [46, 47].

Die stimulierende Wirkung des Östrogens auf die eNOS wird durch neue Erkenntnisse unterstrichen, die zeigen, dass über das NO der Körper in der Lage ist, unterschiedliche Teile dem Saurstoffbedarf anzupassen. Das arterielle NO wird vom oxyHb in einer R-Konfiguration gebunden und intramolekular auf Cystin übertragen, wodurch sich das SNO-Hb bildet. Nach Abgabe des Sauerstoffs geht SNO-Hb in die instabile T-Form über, welche das Abgeben von NO an eine Thiolgruppe erlaubt, z. B. vom Membranprotein AE1, von wo es auf das Endothel weitergegeben wird und eine Dilatation hervorruft – auch dort, wo kein NO gebildet worden war. Dies setzt allerdings ein korrektes Hämoglobin voraus [48].

Angiotensin-Converting-Enzym-System

Angiotensin-konvertierendes Enzym (engl. „Angiotensin Converting Enzyme", ACE) (Synonym: Kininase II) ist ein Enzym, das bei der Aufrechterhaltung des Blutdruckes und der Regelung des Wasser-Elektrolyt-Haushaltes von großer Bedeutung ist.

ACE hat die Eigenschaften einer Peptidase und wandelt innerhalb des Renin-Angiotensin-Systems das Peptid und Prohormon Angiotensin I durch Abspaltung der zwei C-terminalen Aminosäuren in das Hormon Angiotensin II um. Dieses wirkt stark gefäßverengend (vasokonstriktorisch). ACE erhöht auf diese Weise indirekt den Blutdruck. ACE unterstützt diese Funktion auch durch Abspaltung der zwei C-terminalen Aminosäuren des Gewebshormons Bradykinin.

Das ACE moduliert aber auch inflammatorische Prozesse in der Lunge, die Erythropoese, die Oxygenierung im Gewebe und die sportliche Performance [49].

ACE und Reproduktion

Von den rund hundert derzeit bekannten unterschiedlichen Genvarianten, die auf die körperliche Fittness und die sportliche Leistungsfähigkeit Einfluss ausüben, ist die Bedeutung des ACE-Polymorphismus für Sportler wissenschaftlich durch viele Arbeiten gesichert. Diese Enzymkette ist bei Frauen allerdings auch in die Ovulation involviert. Genauso, wie das nur mittelzyklisch ansteigende Luteinisierende Hormon (LH) für die Auslösung des Eisprungs mitverantwortlich ist, besetzt präovaltorisch auch das Angiotensin das AGTR2 und induziert die gleiche Kaskade der Matrixmetalloproteinasen, die zum Eisprung führen und von denen man früher meinte, dass sie nur durch das LH ausgelöst würden. Das ACE-System kann deshalb mit Recht als cogonadotropes System bezeichnet werden [50–52].

Gleichzeitig stimuliert das Angiotensin die Androgenbildung in den Thekazellen des Ovars; dies kann zur Hyperandrogenämie und zum poly-cystischen Ovar (PCO) führen. Die DD-Variante des ACE-Gens ist häufiger bei PCO-Patientinnen anzutreffen; da dies mit einer vermehrten Androgenbildung verbunden ist, könnte die Leistungsfähigkeit des weiblichen Körpers auch von diesem biologischen Aspekt beeinflusst werden.

ACE-Polymorphismus und sportliche Performance

Das ACE-Gen ist im langen Arm des Chromosoms 14 lokalisiert, im Intron 16 befindet sich ein 287 Basenpaare langer Abschnitt, der entweder vorhanden (I-Variante) oder auch fehlen kann (D-Variante). Obwohl sich der Polymorphismus im nicht kodierenden Teil des Gen findet, ist die DD-Variante mit einer höheren ACE-Aktivität und damit auch mit einem erhöhten Angiotensin-II-Serumspiegel assoziiert [53–65].

Insertionsträgerinnen weisen niederere Aktivitäten auf und finden sich vor allen bei Ausdauersportlerinnen, während die DD-Form, die auch eine rasche Vasokonstriktion ermöglicht, bei Sprintern und Schwimmern überrepräsentiert ist.

ACE-Polymorphismus und Sexualsteroide

Sexualsteroide modulieren das ACE-System und zeigen dabei einen genotypischen Unterschied. Während das 17ß-Östradiol – auch aufgrund seiner Wirkung auf die NOS – eine blutdrucksenkende Wirkung hat und damit das ACE-System antagonisiert, ruft präferentiell bei DD-Trägerinnen die Östrogenzufuhr einen besonders ACE-hemmenden Effekt hervor, was für Ausdauer- und Schnell-Leistungssportlerinnen unterschiedliche Konsequenzen haben könnte. Dabei ist die Wirkung des Östrogens dosisabhängig. Supraphysiologische Östrogenmengen, vor allem aber die alkylierten Östrogene der Pille, steigern die ACE-Aktivität [66, 67].

Auch das Progesteron greift in das ACE-System über das nachgeschaltete Aldosteron ein, das in der Niere die Wasser- und Natrium-Retention steigert. Progesteron ist ein Aldosteronantagonist und vermindert damit auch die über das ACE-System induzierte Hypertonie und Wassereinlagerung.

9.5.3 Muskulatur

Myostatin

Myostatin ist ein Protein (Eiweiß), das im menschlichen oder tierischen Körper gebildet wird. Es hemmt das Muskelwachstum, sodass die Muskeln nicht unkontrolliert wachsen. Myostin unterdrückt die Proliferation von Myoblasten in committed Myoblasten und die Differenzierung in Myotubuli, deren Degraduierung es gleichzeitig verlangsamt. Eine Inaktivierung der natürlichen Proteinfunktion von Myostatin führt zu überschießendem Muskelwachstum [68].

Polymorphismus und Muskelhypertrophie

Das Gen für das Myostatin liegt am langen Arm des Chromosoms 2. Eine Genvariante führt zu einer Veränderung der Aminosäuresequenz Lys(K)153Arg(R), was wiederum die Proteolyse aus seinem Propeptid bzw. die Affinitit zum ActRIIB verändert, was zu einer Reduktion seiner Aktivität führt.

2004 wurde bei einem deutschen Jungen diese Mutation des Myostatin-Gens festgestellt, die die Bildung eines verkürzten und somit nicht voll funktionsfähigen Myostatin-Proteins zur Folge hat. Der Junge ist seit seiner Geburt ungewöhnlich muskulös.

In der deutschsprachigen Öffentlichkeit wird seitdem Myostatin immer wieder als Kandidat für Gendoping genannt. Allerdings müsste für ein Gendoping mit Myostatin die Wirkung des im Menschen vorhandenen natürlichen Myostatinproteins erfolgreich antagonisiert werden. Bislang gelingt dieser gentherapeutische Ansatz nur bei Mäusen mit schwerer Muskelerkrankung und auch nur mit mäßigem Erfolg. Demgegenüber stehen konventionelle therapeutische Ansätze, die über eine direkte Blockade der natürlichen Myostatinwirkung im Tierversuch bereits erfolgreich waren. Man hofft, hierdurch eines Tages muskeldegenerative Erkrankungen behandeln zu können. Mit MYO-029 (Stamulumab) wurde ein Antikörper, der das natürliche Myostatin hemmt, in einer klinischen Studie geprüft. Dies hatte keinen signifikanten Erfolg. Möglicherweise kann aber ein gezielterer Inhibitor auf eine bessere Wirkung hoffen lassen [69].

Follistatin – der natürliche ovarielle Inhibitor des Myostatin

Interessanterweise bildet die die zentral-periphere Steuerungsachse des weiblichen Reproduktionstraktes ein Hormon, das als natürlicher Antagonist zum Myostatin wirkt, indem es sich an Myostatin bindet und dessen Wirkung am p 21, SMAD 3, CDK 2 und Myogenin moduliert [70].

Follistatin ist ein autokrines Glykoprotein. Es kommt bei fast allen höher entwickelten Tieren im ganzen Körper vor, wobei sich die höchsten Konzentrationen in den Ovarien und der Haut finden. Es ist Teil der sogenannten Inhibin-Activin-Follistatin-Achse. Während der Menopause steigt das FSH an, während das Follistatin kontinuierlich ab der Prämenopause abzusinken beginnt – ein Phänomen, das in der Sportmedizin bis dato unberücksichtigt blieb. Klinische Studien mit rekombinantem Follistatin zeigen im Tierversuch bei der spinalen Muskelatrophie therapeutische Erfolge [71].

Bei Centennarians konnte der MSTN-K153R-Polymorphismus häufiger gefunden werden [72, 73].

Für die Frauenheilkunde ist der inverse Zusammenhang zwischen dem Myostatin und dem ovariellen Follistatin deshalb interessant, weil der weibliche Körper nach der Menopause mitunter über einen starken Kollagenverlust klagt. Bekanntlich steigt in den Wechseljahren – komplementär zum Östrogenabfall – das FSH an, dadurch sinkt das Follistatin – die physiologische Hemmwirkung des Myostatin fällt weg. Dies würde den von manchen Menopausalen als besonders schmerzlich empfundenen Kollagen- und Muskelschwund erklären.

Alpha-Actinin 3

Am langen Arm des Chromosoms 11 liegt das Gen für das Alpha-Actinin 3 (ACTN3), welches in einer für die Sportmedizin nicht unwichtigen polymorphen Konstellation vorliegt, das auch einen Genderaspekt beinhaltet. Alpha-Actinin 3 (ACTN3) ist ein Protein in Wirbeltieren, das das Strukturprotein Actin mit anderen Strukturproteinen verbindet und so an der Muskelkontraktion teilnimmt. Seine Expression ist auf die Skelettmuskulatur begrenzt. Es ist in der Z-Scheibe genannten Struktur und den „Dense Bodies“ (dichten Körpern) lokalisiert, wo es hilft, die myofibrillären Actinfilamente zu verankern

Alpha-Actin-3-Genvariation

Genvarianten setzen sich im Laufe der Evolution deswegen durch, weil sie der Trägerin einen Überlebensvorteil bieten. Ähnlich wie beim ACE-Gen scheint es auch beim ACTN3-Gen zu einer „Ausdauerversion“ anstatt einer „Akutkraftversion“ zu kommen. Letztere vermittelt zwar einen rascheren Zugriff auf Kraftleistungen, erstere hingegen bietet bei Ausdauerleistungen, wie die Populationsmigration eine war, Vorteile [74].

Beim Menschen wurde eine Mutation (rs1815739; R577X) im ACTN3-Gen identifiziert, das bei einem signifikanten Prozentsatz der Bevölkerung zu einer verkürzten Variante des Alpha-Actinin 3 führt. Weltweit existiert diese Variante bei etwa 20% der Bevölkerung. Allgemein weisen afrikanische Amerikaner das niedrigste Vorkommen dieser Mutation auf, während Asiaten das höchste haben. Wissenschaftler glauben, dass sich Schwankungen in diesem Gen entwickelten, um sich Voraussetzungen des Energieverbrauchs der Menschen in verschiedenen Teilen der Welt anzupassen.

Studien zeigen eine Verlinkung der Fasertypen zum ACTN3; so haben Individuen mit hohem Anteil an schnellen Muskelfasern die nichtmutierte Version des Gens [75]. Ebenfalls haben Studien von Eliteathleten ergeben, dass das ACTN3-Gen die sportliche Leistung beeinflussen kann. Während die nichtmutierte Version des Gens mit einer Sprint-Leistung verbunden wird, ist die mutierte Version mit sportlichen Ausdauerleistungen assoziiert [76].

ACTN3-Polymorphismus und Sexualhormone

Der rs1815739; R577X-Polymorphismus kann in homozygoter und in heterozygoter Form vorkommen. Während bei männlichen Athleten die verkürzte Form mitunter in heterozygoter Konstellation zu finden ist, fehlt sie bei weiblichen Athleten völlig; sie weisen immer die längere, aktivere Version auf.

Eine Erklärung für dieses Phänomen dürften die Androgene sein, die bei Frauen in weitaus geringerer Menge vorkommen als bei Männern und die eine muskelanabole Wirkung entfalten. Die Heterozygotie in der kürzeren Version können Männer mit dem Testosteron leichter kompensieren als Frauen. Allerdings variiert auch der Testosteronspiegel beim weiblichen Geschlecht, was sportmedizinisch von Bedeutung sein könnte. Vor allem orale Kontrazeptiva führen zu einer Dauersupression der für den Muskelaufbau wichtigen C19-Steroide, während im Spontanzyklus der Testosteronspiegel periovulatorisch am höchsten ist [77].

9.5.4 Geschlechtshormonabhängigkeit der Lungenfunktion

Die Geschlechtshormon- und Zyklusabhängigkeit der Lungenfunktion ist für die Sportmedizin von zunehmender Bedeutung, nicht zuletzt auch deshalb, weil man zeigen konnte, dass zwei wichtige Parameter für die körperliche Leistungsfähigkeit, nämlich die „lung forced vital capacity“ (FVC) und das „forced exporatory volume in 1 second“ (FEV1), genetisch moduliert sind und polymorph vorkommen.

Eine optimale Lungenfunktion ist vor allem für die Gravidität notwendig; deshalb verbessert jenes Hormon, das die Schwangerschaft in der Lutealphase vorbereitet und während der Gravidität hoch konzentriert ist – nämlich das Progesteron –, verschiedene Aspekte der Lungenfunktion [78].

Noch vor einer Dekade vertrat man die Meinung, dass Hormone auf die Lungenfunktion keinen Einfluss hätten; in der Zwischenzeit musste diese Position durch eine Fülle von Daten revidiert werden. Nachdem die Erhaltung der Art und die Reproduktion zu den obersten Gütern der Evolution gehören, erscheint es auch mehr als verständlich, dass sowohl der Stoffwechsel wie auch die Atmung – beides essentiell für die Energiegewinnung – in die Fortpflanzung, die ja ein hochenergetischer Prozess ist, involviert sind. Darüber hinaus ist die Atmung nicht nur in den Gasaustausch, sondern auch in die Säure-Basenbalance involviert sowie in die Regelung der Körpertemperatur und in die Muskel-Fettverteilung – Vorgänge in unserem Körper, von denen man weiß, dass sie sexualsteroidgesteuert sind.

Steuerungsmoleküle, die von den Sexualsteroiden abhängig sind, aber auch Geschlechtshormone selbst greifen physiologisch und pathophysiologisch in den Atmungsprozess ein. So bewirkt das für die Wehentätigkeit wichtige (und östrogenabhängige) Histamin nicht nur eine Kontraktion der Uterusmuskulatur, sondern auch der Lungenmuskeln, was zu einer Bronchokonstriktion führt. Das Noradrenalin bewirkt eine Bronchodilatation, das Progesteron hingegen verhindert eine im Schlaf mitunter auftretende Kollapsneigung der oberen Luftwege.

9

Dass Sexualsteroide in die Atmung involviert sein müssen, ergibt sich auch aus der Tatsache, dass es während der Schwangerschaft zu einer Hyperventilation und zu einer Abnahme des partiellen CO_2-Druckes kommt – ein Phänomen, das übrigens auch in der Lutealphase feststellbar ist.

Neben endokrinen Faktoren scheinen auch Körperbau, Gewicht und die hypophysäre Aktivität in den Atmungsprozess involviert zu sein. Bei Patientinnen mit einem Sleep Apnoe Syndrom zeigt sich deutlich eine verringerte Somatotropin-Freisetzung, sodass – entweder ätiologisch oder konsekutiv – das Wachstumshormon beziehungsweise seine Syntheseabnahme in Atmungsproblemen, die während des Schlafes auftreten, involviert zu sein scheint. Da eine Zunahme des Body Mass Index deutlich die 24-Stunden Somatotropin-Freisetzung reduziert, scheint die Schlafqualität beziehungsweise schlafassoziierte Atmungsstörungen sowohl vom Wachstumshormon wie auch von der body composition mitreguliert zu werden. Dies würde auch erklären, warum der Verzicht auf das Abendessen mit einer – wie viele Patienten berichten – Verbesserung der Schlafqualität verbunden ist [79].

Den Einfluss, den Hormone auf die Schlafqualität haben, zeigt sich auch daraus, dass in Hormonmangelzuständen das Schlafapnoe-Syndrom zunimmt. Untersuchungen zeigten, dass 60% der hypergonadotropen Frauen eine nokturale Desaturation mit Sauerstoff aufweisen, als Zeichen der im Schlaf auftretenden Atmungsstörungen; vermehrt treten in Sexualsteroidmangelzuständen Apnoen und Hypopnoen auf, während man diese nur in 11% bei Frauen mit normalen Geschlechtshormonspiegeln findet.

Den Einfluss, den das Progesteron auf die Schlafqualität hat, erkennt man auch aus der Tatsache, dass PCO-Patientinnen in 20–44% eine Schlafapnoe entwickeln. Führt man Frauen selektive Serotonin-Reuptake-Inhibitoren zu, dann verringern sich die Schlafapnoe-Anfälle – eine Erklärung dafür, warum das Progesteron beziehungsweise eventuell Progesteron-Metabolite auf Progesteron günstig reagieren. Der vermutete Pathomechanismus zwischen der Schlafapnoe und der Verbesserung durch das Progesteron wird demnach über die Serotonin-Reuptake-inhibierende Wirkung des Progesterons beziehungsweise seiner Metabolite gehen.

Nochmals erwähnenswert ist es – und das besitzt auch einen Gender-Aspekt –, dass man in 20–44% der progesterondefizitären PCO-Patientinnen ebenfalls eine Schlafapnoe findet.

Neben der Wirkung als selektiver Serotonin-Reuptake-Inhibitor, über den auch die Atemfrequenz moduliert wird, erhöht das Progesteron die Aktivität des genioklossalen Muskels, wodurch die Erschlaffung und das Entstehen von Schnarchzuständen verhindert wird. Das Progesteron verringert dabei selbst die Wirkung des Alkohols, der in der Follikelphase die genioklossale Muskelaktivität reduziert, jedoch nicht in der Lutealphase – offenbar in Anwesenheit des Progesterons [80].

Tatsächlich gibt es auch Studien, die zeigen, dass Gestagene die schlafassoziierten Atmungsstörungen verbessern; auch für das Chlormadinonacetat liegen ähnliche Untersuchungen vor, die demonstrierten, dass durch dieses Gestagen die Sauerstoffsättigung des Hämoglobins steigt [81].

Während Androgene den Progesteron- und den Östrogenrezeptor bei der Frau unterdrücken und damit die Wirkung des Progesterons auf die Atmungsaktivität reduzieren, scheint bei Männern das Testosteron die Apnoe-Symptomatik zu verhindern. Bei Männern mit einem niedrigen Testosteronspiegel findet man häufiger eine nächtliche Apnoe.

9.5.5 Stoffwechsel und Sexualsteroide

Neun Monate Gravidität und drei Monate Laktation benötigen rund 140.000 kcal zusätzlich; der weibliche Organismus stellt seinen Stoffwechsel unter das Postulat der Fortpflanzung – ein Aspekt, der auch für die Sportmedizin nicht unwichtig ist.

Glukose- und Proteinmetabolismus

Während das 17ß-Östradiol die Insulinresistenz senkt und die Glukoseverwertung der Zelle verbessert, erhöht das Progesteron die Insulinresistenz. Diesen Unterschied bemerkt man sogar zwischen den beiden Phasen des Menstruationszyklus. Die Progesteronphase und damit auch die Schwangerschaft sind mit einer prodiabetischen Stoffwechsellage assoziiert. Dies dient vor allem der Fortpflanzung: Durch das progesteroninduzierte Ansteigen der insulinen Wachstumsfaktoren und der Glukose können diese dem Feten als Wachstumsinduktoren zur Verfügung gestellt werden, da im mütterlichen Organismus die Glukose schlechter verwertet werden kann, was aber gleichzeitig mit einer passageren Hyperinsulinämie verbunden ist.

In der östrogenen Phase hingegen steht die Zuckerverwertung des weiblichen Organismus im Vordergrund: Durch sportliche Aktivitäten werden beide Östrogenrezeptoren im Muskel up-reguliert; gleichzeitig fördert das Östrogen die Kontraktionsvermittelte Aufnahme der Glukose in den Typ-I-Muskelfibrillen, was vor allem für den Ausdauersport von Wichtigkeit zu sein scheint. Damit ist die Glukoseverwertung in der ersten Zyklusphase besser.

Während die Progesteronphase mit einer schlechteren Verwertung der Glukose verbunden ist, werden Aminosäuren hingegen besser eingebaut; die Synthese von Proteinen ist in der zweiten Zyklusphase stärker, was ebenfalls für sportmedizinische Überlegungen wichtig sein kann [82].

Sexualsteroide und Fettstoffwechsel

Fettanbau und Fettabbau sind endokrin moduliert. Die mit der Nahrung aufgenommenen sowie die endogen synthetisierten Fette werden von der Lipoproteinlipase in den verschiedenen Körperteilen in unterschiedlichem Maße gespalten, wodurch dem jeweiligen Gewebe freie Fettsäuren als Energielieferanten oder zur Fettspeicherung zur Verfügung gestellt werden.

Diese Lipaseaktivität, die damit die Fettversorgung der Zellen gewährleistet, ist bei der Frau von Körperregion zu Körperregion verschieden und korreliert darüber hinaus auch mit den Sexualhormonen in unterschiedlicher Weise.

Prinzipiell unterscheidet man das abdominal-periumbilikale Fett vom gluteofemoralen. Letzteres gilt als Energiereservoir in der Stillzeit, ist durch Fasten schwer mobilisierbar und bildet sich präferentiell in der geschlechtsreifen Zeit bzw. während einer Überdosierung mit Östrogenen und Gestagenen. Das abdominal-umbilikale Fett hingegen ist, zumindest in der fertilen Lebensphase, vorwiegend alimentär bedingt.

Zirkulierende Triglyceride werden durch Lipoproteinlipasen in Monoacylglycerin und freie Fettsäuren hydrolysiert. Letztere können dann in den Fettzellen aufgenommen und im Rahmen der Liponeogenese erneut verestert werden.

Die Lipolyse hingegen wird durch die Hormonsensitive Lipase ausgelöst, welche das in den Fettzellen gespeicherte Triglycerid spaltet. Diese Lipoproteinlipase muss, um aktiviert zu werden, phosphorylisiert sein, was durch G-Protein-mediierte Stimulation der Adenylat-Cyclase geschieht [83].

Bei großen Fettzellen ist die Lipoproteinlipase-Aktivität naturgemäß auch erhöht, sodass das Abnehmen adipöser Patienten schwerer wird. Insulin verhindert den Transport der Triglyceride aus der Fettzelle; einerseits hemmt es die Hormon-abhängige Lipase, andererseits stimuliert es die Reveresterung der hydrolysierten Fettsäuren. Durch das Fasten sinkt der Insulinspiegel. Dies ist einer der wichtigsten Mechanismen des Abnehmens.

Die Lipaseaktivität wird im abdominellen Bereich alimentär angeregt, Sexualhormone hingegen, die als Schwangerschaftshormone die Laktation vorbereiten, stimulieren die gluteale Lipase; das Progesteron und das Östradiol regen sowohl im parametranen wie auch im gluteofemoralen Bereich die Lipoproteinlipaseaktivität an und vergrößern damit die Fettzelle, wobei das Progesteron zum vollen lipogenetischen Effekt das Östradiol benötigt.

Das Fett des Gesäßes und der Oberschenkel wird als „Sexualfett" bezeichnet. Die Ernährung des Neugeborenen war im Rahmen der Evolution ein hohes Gut, das durch die Energie der Adipozyten dieser Körperregion gesichert war. Oxytocin hat einen starken lipolytischen Effekt auf die Adipozyten der Regio gluteofemoralis, was allerdings nur dann zum Tragen kommt, wenn während der Laktation ein Nahrungsdefizit besteht. Dann nimmt der Organismus aus den unteren Körperpartien die Fettsäuren und verwendet sie für die Laktogenese. Dies erklärt auch, warum der Regio gluteofemoralis ein erotischer Stellenwert in der Hierarchie der Blicke zukommt: Die reproduktive Potenz einer Frau wird durch die Fettakkumulation in diesem Körperteil charakterisiert. Ist ausreichend Fettreservoir vorhanden, so bedeutet dies eine suffiziente Energiequelle für die Ernährung der gemeinsamen Nachkommen. Dementsprechend ist die erotisierende Wirkung dieses Körperteils Folge uralter Engramme, die in unserem Gehirn etabliert sind.

Cortisol beeinflusst das Fettgewebe in ambivalenter Weise: Einerseits stimuliert es die Lipoproteinlipase, andererseits aber vermehrt es auch die ß-adrenergen Rezeptoren. Letztere wirken lipolytisch, die Erhöhung der Lipoproteinlipase hingegen führt zu einer Vergrößerung der Fettzellen. Da dieser Effekt unter Cortisol überwiegt und die Induktion der ß-adrenergen Rezeptoren lediglich permissiv ist, vergrößern sich unter Cortisoleinwirkung die Adipozyten vor allem im abdominalen Bereich, in welchem die größte Anzahl von Glukokortikoidrezeptoren vorhanden ist. Dies erklärt auch, warum der Morbus Cushing mit einer exzessiven abdominalen Fettleibigkeit verbunden sein kann. Das Progesteron hingegen schützt vor diesem Cortisoleffekt; es antagonisiert das Nebennierenrindenhormon und bewahrt damit die normal ovulierende, nicht an einem Progesterondefizit leidende Frau vor der Stammfettsucht.

Ist die Adipositas einmal etabliert, so entsteht via Cortisol ein Circulus vitiosus: Durch das Übergewicht wird reaktiv vermehrt Cortisol in der Nebenniere produziert, die wieder die zentrale Lipoproteinlipase anregt, wodurch es zu einer permanenten Verstärkung der Lipogenese kommt.

Der zentrale, das Cortisol stimulierende Effekt scheint auch einen positiven Effekt auf die Androgene zu haben, die die gleichen Präkursoren besitzen wie das Cortisol. Dies könnte unter Umständen auch erklären, dass über zentrale Mechanismen nicht nur die Cortisolsynthese, sondern auch die teilweise parallel verlaufende Androgenbildung angeregt wird [84].

Im viszeralen Fett, das durch Cortisol amplifiziert wird, bildet sich der Plasminogenaktivator-Inhibitor 1, was möglicherweise die erhöhte Thromboseneigung bei Adipositas in dieser Körperregion erklärt. Auch der TNFalpha wird bei viszeraler Fettsucht vermehrt freigesetzt.

Das natürliche Progesteron unterbricht diesen Circulus vitiosus, indem es die Stimulation des Cortisols auf die Lipoproteinlipase hemmt. Dies würde auch mit der Beobachtung übereinstimmen, dass geschlechtsreife Frauen eher im gluteofemoralen als im abdominalen Bereich Gewichtsprobleme haben, bei Frauen in der Peri- bzw. Menopause hingegen, wenn die ovulatorischen Zyklen geringer werden und das Progesteron abnimmt, die viszerale Fetteinlagerung zu einem größeren Problem wird.

Das Cortisol kann zusammen mit dem Interleukin 11 die Aromatase anregen und damit im Gewebe eine Hyperöstrogenämie erzeugen.

Bei der zentralen Steuerung der Adipositas spielt das Cortisol Releasing Hormon eine große Rolle. Einerseits erhöht es das ACTH und damit das Cortisol, aber auch die Androgene (androide Adipositas), auf der anderen Seite unterdrückt es sowohl das GH-RH wie auch das GnRH. Cortisol hemmt die durch Katecholamin induzierte Lipolyse. Die Lipoproteinlipase wird darüber hinaus ebenfalls durch das Cortisol angeregt, wodurch vermehrt Triglyceride in die Adipozyten aus den Kapillaren eingebaut werden. Das Somatotropin hingegen hemmt die Lipoproteinlipase. Bei der Lipolyse arbeiten Testosteron und Somatotropin zusammen, der alleinige Effekt eines der beiden Hormone ist für die Lipolyse oft nicht ausreichend. Der lipogenetische Effekt des Cortisols wird durch Progesteron antagonisiert. Zusammenfassend kann man sagen, dass Cortisol die Lipidakkumulation fördert, während Testosteron, zusammen mit dem Somatotropin, diese antagonisiert.

Auch DHEAS ist, ähnlich wie Progesteron, ein Cortisolantagonist und spielt möglicherweise ebenfalls in der Entwicklung der abdominellen Fettsucht eine Rolle. Es ist bekannt, dass Cortisol auch in der Postmenopause konstant bleibt, während jedoch DHEAS absinkt.

Durch den geänderten Cortisol/DHEA-Quotienten könnte die Lipoproteinlipase ebenfalls stimuliert werden. Das Cortisol regt allerdings nicht nur die Lipoproteinlipase an, es vermehrt auch die Aktivität der Glycerophosphatdehydrogenase, einem Enzym, das für den „In-die-Zelle-Transport" der Triglyzeride verantwortlich ist. Somit wird der lipogenetische Effekt des Cortisols auf mehreren Ebenen exekutiert.

Der zweite Mechanismus, der in die Gewichtsproblematik eingreift, ist der Fettabbau, der vor allem durch Adrenalin angeregt wird. Bei diesem Membranrezeptor-gebundenen Vorgang, der von der Dichte der Adrenalin- bzw. Glukagonrezeptoren im Gewebe abhängt, wird über adrenerge Rezeptoren der Fettabbau stimuliert, wobei die adrenergen Rezeptoren – wie in vielen anderen Geweben auch – einen einander antagonisierenden Effekt aufweisen. Die Lipolyse ist durch die Adenylatzyklase initiiert, die eine Kaskade intrazellulärer Mechanismen in Gang setzt, welche letzten Endes zum Fettabbau führen. Von klinischem Interesse ist, dass sowohl das Testosteron als auch das Dihydrotestosteron indirekt über die ß-adrenergen Rezeptoren die Adenylatzyklase stimulieren und damit die Lipolyse initiieren.

Der physiologische Mechanismus, der zu einer Androgen-induzierten Lipolyse führt, scheint über die ß-adrenergen Rezeptoren zu laufen, die durch Androgene up-reguliert werden: Durch Testosteron wird, vor allem im abdominellen Bereich, die Anzahl der ß-adrenergen Rezeptoren amplifiziert, was dann zum Fettabbau führt.

Dies ist der zweite Weg, der zu einer Vermehrung des abdominellen Fettes führen kann: Bei Sexualhormonstörungen tritt mitunter auch ein Androgenmangel auf, der, wenn auch über einen anderen Mechanismus als beim Cortisolüberschuss, eine Vergrößerung der abdominellen Adipozyten bewirkt. Testosteron hat aber – und damit gleicht es in spiegelbildlicher Weise dem Cortisol – noch einen zweiten Einfluss auf den Fettstoffwechsel. Es regt nicht nur die Lipolyse an, sondern hemmt auf der anderen Seite auch die Lipoproteinlipase, die vom Cortisol stimuliert wird.

Die Verwertung der Fette, aber auch deren Einbau in das Gewebe sind wichtige Variablen in der körperlichen Leistungsfähigkeit, bei der das Cortisol, das Adrenalin und das Wachstumshormon bekannterweise wichtige Rollen spielen. Androgene, Progesteron und Östrogene, also die weiblichen Sexualsteroide, greifen in diese Regelkreise ein und haben dabei einen größeren Impakt, als man bisher vermutete.

9.5.6 Sexualhormone und Psyche

Die Psychologie spielt nicht nur im Alltag, sondern auch bei sportlichen Wettkämpfen eine große Rolle. Zunehmend erkennt man, dass auch Genkonstellationen für die psychische Contenance von Sportlerinnen wichtig zu sein scheinen. Polymorphismen im Gen für den Brain Derived Neurotrophic Factor (BDNF), für den Serotonin Transporter (5 HTT) und für den Neuropepetid Y 2 Rezeptor (NPYR2) werden derzeit auf ihre Bedeutung für den kompetitiven Wettkampf evaluiert.

Auch der Stellenwert der Geschlechtshormone für die nervliche Belastungsfähigkeit von Sportlerinnen rückt immer mehr in den Fokus des Interesses.

GABA-Rezeptor und Progesteron

Der GABA-Rezeptor gehört zu den Chlorionen-Rezeptoren, während der Dopamin-Rezeptor zur Superfamilie der G-Protein- gekoppelten Rezeptoren (GPCR) gehört. Entsprechend der Aminosäuresequenz unterscheidet man D1- bis D5-Rezeptoren.

G-Protein-Rezeptor-gekoppelte Rezeptoren (wie der Dopamin-Rezeptor) können eine homodimere oder eine heterodimere Bindung eingehen. Die Carboxyl-terminale Domäne des Dopamin-5-Rezeptors kann mit dem intrazellulären Anteil des GABA-Rezeptors ebenfalls ein Dimer bilden. Damit führt die Aktivierung des Dopamin-D5-Rezeptors zu einer inhibierenden synaptischen Aktivität über den GABA-Rezeptor f – ein Aspekt, der möglicherweise bei der Schizophrenie wichtig ist [85].

Der klassische inhibitorische Neurotransmitter des GABA-Rezeptors ist die Gammaaminobuttersäure; ihre hemmende Wirkung auf die nachgeschalteten Neurone übt sie dadurch aus, dass sie an der postsynaptischen Membran den Chloreinstrom bzw. den Kaliumaustritt verstärkt. Dadurch wird die Potenzialdifferenz zwischen innen und außen an der Plasmamembran der nachgeschalteten Neurone erhöht – die Erregungsschwelle ist damit hinaufgesetzt.

Um GABA aufnehmen zu können, müssen die postsynaptischen Membranen GABA-Rezeptoren besitzen, von denen es mehrere Typen gibt. Der GABA-Rezeptor ist präferentiell an der erwähnten Permeabilitätssteuerung für Chlorionen beteiligt. Seine Ansprechbarkeit auf GABA wird durch andere Rezeptoren moduliert. Am GABA-Rezeptor docken z. B. Benzodiazepine an, die selbst zwar nicht in der Lage sind, die Chlorionenpermeabilität zu verändern, die allerdings den GABA-Rezeptor in seiner Wirkung so amplifizieren, dass geringere Mengen von GABA notwendig sind, um den gleichen oder sogar höheren Hemmeffekt zu erzielen.

Einen ähnlich agonistischen Einfluss wie Benzodiazepine üben Progesteron bzw. seine Derivate aus. Dies erklärt die sedierende und anxiolytische Wirkung des Gelbkörperhormons. Interessant ist, dass eine weitgehende Übereinstimmung zwischen dem Benzodiazepinentzugssyndrom (bei Langzeitanwenderinnen nach Absetzen derartiger Medikamente) und dem klimakterischen Syndrom besteht [86].

Die klassischen Beschwerden bei Benzodiazepinentzugspatientinnen sind Schweißausbrüche, Schlaflosigkeit, depressive Verstimmung und Palpitationen.

Der sedierende Effekt des Progesterons – eine wichtige Qualität dieses Sexualsteroids – ist seit langem bekannt: Mit hohen Mengen Progesteron gelingt es, eine Anästhesie durchzuführen; andererseits weiß man, dass in der Schwangerschaft ebenfalls durch das vermehrt zirkulierende Progesteron ein geringerer Bedarf an Barbituraten (z. B. für die Narkoseeinleitung) besteht.

Über die Besetzung der GABA-Rezeptoren kommt es zu einer Verstärkung der GABA-induzierten Potenzialerhöhung – ein sedierender Effekt ist die Folge.

Allerdings ist es nicht alleine das Progesteron, das am GABA-Rezeptor andockt; einige Progesteronmetabolite haben eine noch höhere Affinität zum GABA-Rezeptor als die Ausgangssubstanz Progesteron; die zerebrale Metabolisierung des Gelbkörperhormons scheint demnach von grundlegender Bedeutung dafür zu sein, ob das zugeführte Progesteron tatsächlich sedierend wirkt. Sowohl die GABA-ergen Neurone als auch die Gliazellen verfügen über ein steroidmetabolisierendes Instrumentarium und können damit die Erregung der postsynaptischen Neurone modifizieren.

Der wichtigste Progesteron-Metabolit im Gehirn ist das 3-Alpha-Hydroxy-5-Alpha-Pregnan-20-One (Allopregnenolon), das vom Progesteron durch die 5-Alpha-Reduktase und durch die 3-Alpha-Hydroxy-Oxyreduktase gebildet wird. Das 5-Beta-Stereo-Isomer, nämlich das 3-Alpha-Hydroxy-5-Beta-Pregnan-20-ON, ist ebenfalls neuroaktiv und wird als Pregnanolon bezeichnet.

Die Reaktion der postsynaptischen Neurone hängt jedoch auch davon ab, welcher GABA-Rezeptor vorhanden ist; der Rezeptor selbst besteht aus drei verschiedenen Teilen, welche in unterschiedlichen Isoformen vorliegen können, sodass durch eine gezielte oder willkürliche Komposition theoretisch mehrere tausend GABA-Rezeptortypen möglich wären.

In Stressbedingungen, aber auch während des Menstruationszyklus modifizieren mit Hilfe dieser Subunits die Neurone ihre GABA-Rezeptoren und machen sie dadurch für die verschiedenen Steroide verschieden empfänglich. Dies ist ein weiterer Umstand, der die Abschätzung von Steroidwirkungen auf das Gehirn erschwert.

Die biologische Wirkung des GABA-Rezeptors scheint auch einem zirkadianen Rhythmus unterworfen zu sein: Während der Nacht wirkt Progesteron auf den GABA-Rezeptor sedierend, während des Tages kann er auch stimulative Second-messenger-Reaktionen hervorrufen.

Noch komplizierter wird die Situation durch ein weiteres Detail: GABA ist nicht der einzige sedierende Neurotransmitter. Auch Glycin besitzt an Neuronen eigene Rezeptoren und wirkt normalerweise – ebenfalls wie GABA – sedierend.

Manche Steroide – und dazu gehört das Progesteron – üben auf beide Rezeptoren einen konträren Effekt aus: Während das Gelbkörperhormon die Wirkung des GABA-Rezeptors verstärkt, reduziert es den sedierenden Effekt des Glycins.

Obwohl man auf Grund der hohen Komplexität noch weit davon entfernt ist, die psychotrope Wirkung der Sexualsteroide im Detail zu verstehen, kann man doch davon ausgehen, dass in genere das Gelbkörperhormon sedierend wirkt und bei der prämenstruellen Depression, bei der Epilepsie, aber möglicherweise auch bei der Migräne deshalb einen günstigen Einfluss ausübt. Im individuellen Fall hängt die Reaktion allerdings noch von einer Fülle anderer Faktoren ab: Von der intrazerebralen

Steroidgenese bzw. Steroidmetabolisierung, vom Isotyp der Rezeptoren und von der Interaktion mit anderen sedierenden Rezeptoren des Gehirns.

Progestagene weisen naturgemäß nicht die gleichen Abbauprodukte wie das reine natürliche Progesteron auf. Sie können dementsprechend nicht am GABA-Rezeptor binden. Das ist die Erklärung, warum viele Gestagene – im Unterschied zum natürlichen Progesteron – keinen anxiolytischen, sondern oft einen beunruhigenden und nebenwirkungsreichen Effekt haben.

Während Progesteron und seine Metabolite direkt an den GABA-Rezeptoren andocken können, wirkt Östradiol in indirekter Weise auf das Nervensystem. Es steuert einerseits den Metabolismus des Progesterons und übt damit auf die Entstehung jener Intermediärprodukte, die neurologisch aktiv sind, einen Einfluss aus. Andererseits stimuliert es das Enzym Glutamatdecarboxylase, das die Bildung von GABA aus Glutaminsäure katalysiert.

Die Gamma-Aminobuttersäure (GABA) wird aus dem Glutamat durch die Decarboxylase synthetisiert. GABA wird in den GABAergen Neuronen, in den Perikaryas und in den Dendriten, nicht aber in den Glia-Zellen gebildet.

Vor der Pubertät werden die LH-RH-Neurone durch die Gamma-Aminobuttersäure unterdrückt. Glutamerge Neurone sind mit den LH-RH-Neuronen assoziiert, wobei aus Glutamat GABA entstehen kann.

Die Rolle von GABA auf die Kontrolle von LH-RH scheint sowohl inhibitorsch wie auch stimulatorisch zu sein. Möglicherweise ist über dem GABA-a Rezeptor der Transmittor inhibitorisch, während über dem GABA-b Rezeptor er auf LH-RH-Neurone stimulativ wirkt.

Progesteron-Rezeptor-enthaltende Neurone im Hypothalamus sind GABA-Neurone, GABA-a-Rezeptoren beinhalten „steroid-recognition sides", wo auch Progesteron-Metabolite andocken können. Aber auch das Östrogen scheint eine Rolle zu spielen. Seine Anwesenheit ist notwendig, um die Anzahl der Progesteron-Rezeptoren in den GABA-Neuronen zu vermehren. Die Abnahme der LH-RH-Neuron-Inhibierung durch das Abnehmen von GABA scheint essentiell für den Beginn der Menarche zu sein.

Auch präovulatorisch ist GABA ein wichtiger inhibitorischer Neurotransmittor, der das frühzeitige Ansteigen des LH verhindert. Vor dem Östrogen-Peak sinkt der GABA ab.

Die wechselnde Struktur des GABA-Rezeptors kann einerseits durch das physiologische Wachstum vor der Pubertät (evtl. durch STH ausgelöst) bedingt sein oder aber auch durch die Einwirkung von adrenalen und gonadalen Steroiden.

In der Pubertät werden die GABA-Rezeptoren, welche während der Kindheit aktiv waren, in ihrer Aktivität reduziert. Die dafür notwendigen anatomischen und biochemischen Veränderungen werden entweder durch das ansteigende Wachstumshormon oder durch die in den Gonaden und in den Nebennieren bei der Pubertät vermehrt freigesetzten Steroide induziert. Die abnehmende GABA-Aktivität führt komplementär zu einer verstärkten Wirkung der glutamatergen Neurone, wodurch die LHRH-Pulsation im Hypothalamus ansteigt. Dies ist einerseits ein zentraler Mechanismus, der die Pubertät einläutet, andererseits senkt es die ubiquitär-sedierende Wirkung der Gamma-Aminobuttersäure, was zum Ausbruch von neurologischen Erkrankungen wie Migräne, Epilepsie und Schizophrenie – typisch für die frühe Adoleszens – führen kann.

Literatur

[1] Hershberger MVE, S, von Eckardstein A (2009) Hormone, in Biochemie und Molekularbiologie des Menschen, M. Schartl, Gessler, M, V. Eckardstein, A., Editor. Urban und Fischer: München. p. 688–745

[2] Sadava D.e.a. (2012) Hormone der Tiere, in Purves Biologie, Sadava D., Orians, G., Heller, H.C., Hillis, D., Berenbaum, M.R., Markl, J., Editor. Spektrum Akademischer Verlag: Heidelberg

[3] Frayn KN (2010) Metabolic Regulation. A Human Perspective. 3 ed., Oxford: Wiley-Blackwell

[4] Deutzmann R (2010) Hormonale Regulation, in Physiologie, J.C. Behrends, Bischofberger, J., Deutzmann, R., Editor. Georg Thieme Verlag. p. 830

[5] Lang F, Lang P (2007) Basiswissen Physiologie. 2 ed. Heidelberg: Springer Medizin Verlag

[6] Schartl M, Gessler M, von Eckardstein A (2009) Biochemie und Molekularbiologie des Menschen. München: Urban und Fischer

[7] Brooks CL (2012) Molecular mechanisms of prolactin and its receptor. Endocr Rev. 33(4): p. 504–25

[8] Herrington J, Carter-Su C (2001) Signaling pathways activated by the growth hormone receptor. Trends Endocrinol Metab. 12(6): p. 252–7

[9] Rotwein P (2012) Mapping the growth hormone – Stat5b – IGF-I transcriptional circuit. Trends Endocrinol Metab. 23(4): p. 186–93

[10] Carter-Su C, Schwartz J, Smit LS (1996) Molecular mechanism of growth hormone action. Annu Rev Physiol. 58: p. 187–207
[11] Birzniece V, Nelson Ho KK (2011) Growth hormone and physical performance. Trends Endocrinol Metab. 22(5): p. 171–8
[12] Velders M, Diel P (2013) How sex hormones promote skeletal muscle regeneration. Sports Med. 43(11): p. 1089–100
[13] Taaffe DR et al. (2005) The effect of hormone replacement therapy and/or exercise on skeletal muscle attenuation in postmenopausal women: a yearlong intervention. Clin Physiol Funct Imaging. 25(5): p. 297–304
[14] MacNeil LG et al. (2011) 17beta-estradiol attenuates exercise-induced neutrophil infiltration in men. Am J Physiol Regul Integr Comp Physiol. 300(6): p. R1443–51
[15] Dalton JT et al. (2011) The selective androgen receptor modulator GTx-024 (enobosarm) improves lean body mass and physical function in healthy elderly men and postmenopausal women: results of a double-blind, placebo-controlled phase II trial. J Cachexia Sarcopenia Muscle. 2(3): p. 153–161
[16] Hansen D et al. (2012) Effect of acute endurance and resistance exercise on endocrine hormones directly related to lipolysis and skeletal muscle protein synthesis in adult individuals with obesity. Sports Med. 42(5): p. 415–31
[17] Lancha A, Fruhbeck G, Gomez-Ambrosi J (2012) Peripheral signalling involved in energy homeostasis control. Nutr Res Rev. 25(2): p. 223–48
[18] Kraemer RR, Castracane VD (2007) Exercise and humoral mediators of peripheral energy balance: ghrelin and adiponectin. Exp Biol Med (Maywood). 232(2): p. 184–94
[19] Bouassida A et al. (2010) Review on leptin and adiponectin responses and adaptations to acute and chronic exercise. Br J Sports Med. 44(9): p. 620–30
[20] Fragala MS et al. (2011) Neuroendocrine-immune interactions and responses to exercise. Sports Med. 41(8): p. 621–39
[21] Fuqua JS, Rogol AD (2013) Neuroendocrine alterations in the exercising human: implications for energy homeostasis. Metabolism. 62(7): p. 911–21
[22] Kraemer WJ, Ratamess NA (2005) Hormonal responses and adaptations to resistance exercise and training. Sports Med. 35(4): p. 339–61
[23] Meckel Y. et al. (2011) Hormonal and inflammatory responses to different types of sprint interval training. J Strength Cond Res. 25(8): p. 2161–9
[24] Vingren JL et al. (2010) Testosterone physiology in resistance exercise and training: the up-stream regulatory elements. Sports Med. 40(12): p. 1037–53
[25] Kraemer WJ et al. (1991) Endogenous anabolic hormonal and growth factor responses to heavy resistance exercise in males and females. Int J Sports Med. 12(2): p. 228–35
[26] Schumann M et al. (2013) Acute neuromuscular and endocrine responses and recovery to single-session combined endurance and strength loadings: "order effect" in untrained young men. J Strength Cond Res. 27(2): p. 421–33
[27] Kraemer WJ et al. (1989) Training responses of plasma beta-endorphin, adrenocorticotropin, and cortisol. Med Sci Sports Exerc. 21(2): p. 146–53
[28] Amelink GJ. et al. (1990) Sex-linked variation in creatine kinase release, and its dependence on oestradiol, can be demonstrated in an in-vitro rat skeletal muscle preparation. Acta Physiol Scand. 138(2): p. 115–24
[29] Kraemer RR, Francois M, Castracane VD (2012) Estrogen mediation of hormone responses to exercise. Metabolism. 61(10): p. 1337–46
[30] Hackney AC et al. (2012) Thyroid hormonal responses to intensive interval versus steady-state endurance exercise sessions. Hormones (Athens). 11(1): p. 54–60
[31] Meeusen R et al. (2013) Prevention, diagnosis, and treatment of the overtraining syndrome: joint consensus statement of the European College of Sport Science and the American College of Sports Medicine. Med Sci Sports Exerc. 45(1): p. 186–205
[32] Urhausen A, Gabriel H, Kindermann W (1995) Blood hormones as markers of training stress and overtraining. Sports Med. 20(4): p. 251–76
[33] Brooks K, Carter J (2013) Overtraining, Exercise, and Adrenal Insufficiency. J Nov Physiother. 3(125)
[34] Mullis PE (2010) Hormones and the science of athletic performance. Preface. Endocrinol Metab Clin North Am. 39(1): p. xvii
[35] Thieme DH (2010) Doping in Sports: Biochemical Principles, Effects and Analysis. Handbook of Experimental Pharmacology, ed. F.B. Hofmann. Vol. 195. Berlin Heidelberg: Springer
[36] Baumann GP (2012) Growth hormone doping in sports: a critical review of use and detection strategies. Endocr Rev. 33(2): p. 155–86
[37] Mosler S et al. (2013) Modulation of follistatin and myostatin propeptide by anabolic steroids and gender. Int J Sports Med. 34(7): p. 567–72
[38] Koshland DE Jr. (1992) The molecule of the year. Science. 258(5090): p. 1861
[39] Allen JD et al. (2010) Plasma nitrite flux predicts exercise performance in peripheral arterial disease after 3months of exercise training. Free Radic Biol Med. 49(6): p. 1138–44
[40] Sessa F et al. (2011) Gene polymorphisms and sport attitude in Italian athletes. Genet Test Mol Biomarkers. 15(4): p. 285–90
[41] Chambliss KL, Shaul PW (2002) Estrogen modulation of endothelial nitric oxide synthase. Endocr Rev. 23(5): p. 665–86
[42] Totzeck M et al. (2012) Higher endogenous nitrite levels are associated with superior exercise capacity in highly trained athletes. Nitric Oxide. 27(2): p. 75–81
[43] Suhr F et al. (2013) Skeletal Muscle Function during Exercise-Fine-Tuning of Diverse Subsystems by Nitric Oxide. Int J Mol Sci. 14(4): p. 7109–39

[44] Haefliger IO et al. (1999) Potential role of nitric oxide and endothelin in the pathogenesis of glaucoma. Surv Ophthalmol. 43 Suppl 1: p. S51–8
[45] Chen Z et al. (1999) Estrogen receptor alpha mediates the nongenomic activation of endothelial nitric oxide synthase by estrogen. J Clin Invest. 103(3): p. 401–6
[46] Worda C et al. (2004) The influence of Nos3 polymorphisms on age at menarche and natural menopause. Maturitas. 49(2): p. 157–62
[47] Hefler LA et al. (2002) A polymorphism of the Nos3 gene and age at natural menopause. Fertil Steril. 78(6): p. 1184–6
[48] Stonek F et al. (2001) Calculated background elimination in quantifying nitric-oxide synthase enzyme activity. J Biochem Biophys Methods. 50(1): p. 29–32
[49] Puthucheary Z et al. (2011) The ACE gene and human performance: 12 years on. Sports Med. 41(6): p. 433–48
[50] Hefler LA et al. (2002) Polymorphisms of the angiotensinogen gene, the endothelial nitric oxide synthase gene, and the interleukin-1beta gene promoter in women with idiopathic recurrent miscarriage. Mol Hum Reprod. 8(1): p. 95–100
[51] Wang Z et al. (2013) Significant association between angiotensin-converting enzyme gene insertion/deletion polymorphism and risk of recurrent miscarriage: a systematic review and meta-analysis. Metabolism. 62(9): p. 1227–38
[52] Su MT et al. (2013) Genetic association studies of ACE and PAI-1 genes in women with recurrent pregnancy loss: a systematic review and meta-analysis. Thromb Haemost. 109(1): p. 8–15
[53] Bernstein KE et al. (2013) A modern understanding of the traditional and nontraditional biological functions of angiotensin-converting enzyme. Pharmacol Rev. 65(1): p. 1–46
[54] Montgomery HE et al. (1998) Human gene for physical performance. Nature. 393(6682): p. 221–2
[55] Myerson S et al. (1999) Human angiotensin I-converting enzyme gene and endurance performance. J Appl Physiol (1985). 87(4): p. 1313–6
[56] Tsianos G et al. (2004) The ACE gene insertion/deletion polymorphism and elite endurance swimming. Eur J Appl Physiol. 92(3): p. 360–2
[57] Gayagay G. et al. (1998) Elite endurance athletes and the ACE I allele the role of genes in athletic performance. Hum Genet. 103(1): p. 48–50
[58] Alvarez R et al. (2000) Genetic variation in the renin-angiotensin system and athletic performance. Eur J Appl Physiol. 82(1-2): p. 117–20
[59] Collins M et al. (2004) The ACE gene and endurance performance during the South African Ironman Triathlons. Med Sci Sports Exerc. 36(8): p. 1314–20
[60] Woods D et al. (2001) Elite swimmers and the D allele of the ACE I/D polymorphism. Hum Genet. 108(3): p. 230–2
[61] Costa AM et al. (2009) Association between ACE D allele and elite short distance swimming. Eur J Appl Physiol. 106(6): p. 785–90
[62] Montgomery H, Dhamrait S (2002) ACE genotype and performance. J Appl Physiol (1985). 92(4): p. 1774–5; author reply 1776–7
[63] Woods DR, Humphries SE, Montgomery HE (2000) The ACE I/D polymorphism and human physical performance. Trends Endocrinol Metab. 11(10): p. 416–20
[64] Sonna LA et al. (2001) Angiotensin-converting enzyme genotype and physical performance during US Army basic training. J Appl Physiol (1985). 91(3): p. 1355–63
[65] Karjalainen J et al. (1999) Angiotensinogen gene M235T polymorphism predicts left ventricular hypertrophy in endurance athletes. J Am Coll Cardiol. 34(2): p. 494–9
[66] Woods D et al. (2001) Angiotensin-I converting enzyme genotype-dependent benefit from hormone replacement therapy in isometric muscle strength and bone mineral density. J Clin Endocrinol Metab. 86(5): p. 2200–4
[67] Komukai K, Mochizuki S, Yoshimura M (2010) Gender and the renin-angiotensin-aldosterone system. Fundam Clin Pharmacol. 24(6): p. 687–98
[68] Gonzalez-Cadavid NF, Bhasin S (2004) Role of myostatin in metabolism. Curr Opin Clin Nutr Metab Care. 7(4): p. 451–7
[69] Fischetto G, Bermon S (2013) From gene engineering to gene modulation and manipulation: can we prevent or detect gene doping in sports? Sports Med. 43(10): p. 965–77
[70] Tsuchida K (2004) Activins, myostatin and related TGF-beta family members as novel therapeutic targets for endocrine, metabolic and immune disorders. Curr Drug Targets Immune Endocr Metabol Disord. 4(2): p. 157–66
[71] Santiago C et al (2011) The K153R polymorphism in the myostatin gene and muscle power phenotypes in young, non-athletic men. PLoS ONE. 6(1): p. e16323
[72] Garatachea N et al. (2013) Association of the K153R polymorphism in the myostatin gene and extreme longevity. Age (Dordr). 35(6): p. 2445–54
[73] Gonzalez-Freire M et al. (2010) The K153R variant in the myostatin gene and sarcopenia at the end of the human lifespan. Age (Dordr). 32(3): p. 405–9
[74] Eynon N et al. (2013) Genes for elite power and sprint performance: ACTN3 leads the way. Sports Med. 43(9): p. 803–17
[75] Scott RA et al. (2010) ACTN3 and ACE genotypes in elite Jamaican and US sprinters. Med Sci Sports Exerc. 42(1): p. 107–12
[76] Eynon N et al. (2009) Is there an ACE ID – ACTN3 R577X polymorphisms interaction that influences sprint performance? Int J Sports Med. 30(12): p. 888–91
[77] Cieszczyk P, Sawczuk M, Maciejewska-Karlowska A, Ficek K (2012) ACTN3 R577X polymorphism in top-level Polish rowers. Journal of Exercise Science & Fitness. 10(1): p. 12–15
[78] Johannesson M, Ludviksdottir D, Janson C (2000) Lung function changes in relation to menstrual cycle in females with cystic fibrosis. Respir Med. 94(11): p. 1043–6
[79] Lanfranco F et al. (2010) Neuroendocrine alterations in obese patients with sleep apnea syndrome. Int J Endocrinol. 2010: p. 474518

[80] Teran-Perez G et al. (2012) Steroid hormones and sleep regulation. Mini Rev Med Chem. 12(11): p. 1040–8

[81] Vos PJ et al. (1994) Effects of chlormadinone acetate, acetazolamide and oxygen on awake and asleep gas exchange in patients with chronic obstructive pulmonary disease (COPD). Eur Respir J. 7(5): p. 850–5

[82] Hill M et al. (2014) Steroid profiling in pregnancy: a focus on the human fetus. J Steroid Biochem Mol Biol. 139: p. 201–22

[83] Blouin K, Boivin A, Tchernof A (2008) Androgens and body fat distribution. J Steroid Biochem Mol Biol. 108(3-5): p. 272–80

[84] Lee MJ et al. (2014) Deconstructing the roles of glucocorticoids in adipose tissue biology and the development of central obesity. Biochim Biophys Acta. 1842(3): p. 473–81

[85] Huber JC, Ott J (2009) The dialectic role of progesterone. Maturitas. 62(4): p. 326–9

[86] Gruber DM. et al. (1999) Progesterone and neurology. Gynecol Endocrinol. 13 Suppl 4: p. 41–5

Immunsystem

Erich Roth, Barbara Schober-Halper, Barbara Wessner

10.1 Einleitung – 266

10.2 Grundlagen des Immunsystems – 267
10.2.1 Aufgaben des Immunsystems – 267
10.2.2 Zellen des Immunsystems – 267
10.2.3 Angeborenes Immunsystem – Phagozytose – 270
10.2.4 Akute-Phase-Reaktion – 272
10.2.5 Adaptive Immunabwehr – Antikörperbildung – 273
10.2.6 Pro- und antiinflammatorische Zytokine – 273
10.2.7 Mukosales Immunsystem – 275
10.2.8 Immunologische Methoden – 275

10.3 Einfluss einer akuten sportlichen Belastung – 276
10.3.1 Angeborenes Immunsystem – 276
10.3.2 Erworbenes Immunsystem – 278
10.3.3 Zytokine – 280
10.3.4 Hitzeschockproteine, Sauerstoffmetaboliten – 281

10.4 Langandauernde Trainingsperioden und Underperformance-Syndrom – 281

10.5 Anti-inflammatorische Effekte körperlicher Aktivität – 283

10.6 Erkrankungen und körperliche Inaktivität – 285
10.6.1 Diabetes – 285
10.6.2 Karzinome – 286
10.6.3 Rheumatologische und respiratorische Erkrankungen – 286
10.6.4 Intensivpatienten – 286
10.6.5 Alter – 286

Literatur – 287

N. Bachl, H. Löllgen, H. Tschan, H. Wackerhage, B. Wessner (Hrsg.),
Molekulare Sport- und Leistungsphysiologie,
https://doi.org/10.1007/978-3-7091-1591-6_10

In der Immunologie wird die Abwehr einer Infektion durch den Körper untersucht. Der Mensch ist ständig umgeben von Mikroorganismen, die Krankheiten verursachen können. Das Immunsystem vollführt ein geniales Abwehrprogramm, damit der Mensch trotz ständiger Gefahren nur selten krank wird. Darüber hinaus verfügt unser Körper über die Fähigkeit, sich Infektionskrankheiten, von denen wir einmal betroffen waren, zu merken und eine lang andauernde Immunität dagegen zu entwickeln. Wie diese Abwehrprogramme auf molekularer Ebene genau aussehen, werden wir im folgenden Kapitel näher erläutern.

Da die Immunologie eine junge Wissenschaft ist und erst im 18. Jahrhundert mit der Erforschung der Immunität von Edward Jenner ihren Anfang machte, bleiben auch heute noch viele Fragen offen.

Dieses Buchkapitel beschäftigt sich im ersten Teil mit den Grundlagen des Immunsystems sowie dem akut ablaufenden und erworbenen Immunsystem. Im zweiten Abschnitt werden der Einfluss von akuten und länger andauernden sportlichen Belastungen auf das Immunsystem und einige Studien zu diesem Thema beschrieben.

Im letzten Teil dieses Kapitels beschäftigen wir uns mit Inaktivität und dessen Einfluss auf Erkrankungen wie Diabetes, Karzinome, Alter usw. Hier spielt das Immunsystem eine tragende Rolle, weil sowohl durch die Inaktivität selbst sowie auch durch diverse Krankheiten die Immunfunktion verändert bzw. beeinträchtigt ist.

10.1 Einleitung

Der Beginn der Sportimmunologie kann mit 1893 datiert werden, als Schultz nach physischer Betätigung einen Anstieg der Leukozyten im Blut feststellte [67]. Seit den siebziger Jahren des letzten Jahrhunderts wird eine Reihe von systematischen Untersuchungen durchgeführt, die Veränderungen immunologischer Parameter im Rahmen unterschiedlicher körperlicher Aktivitäten untersuchen. In der medline findet man heute unter dem Begriff „immune function and exercise" 1999 Arbeiten (Stand: 20.12.2016). Institutionalisiert wurde das Gebiet Immunologie und Sport innerhalb der Sportwissenschaften 1989 durch die Gründung der „International Society for Exercise and Immunology" (ISEI). Als Folge daraus erschien 2011 eine Publikation, die die Ergebnisse einer Konsenskonferenz darstellte, die sich exzessiv mit dem Thema „Immune Function and Exercise" [1] auseinandersetzte. In dem vorliegenden Artikel werden daher insbesondere die Schlussfolgerungen dieser Konsensuskonferenz berücksichtigt. Des Weiteren liegen zu diesem Thema zwei ausgezeichnete Übersichtsarbeiten vor, deren Inhalte ebenfalls in dieses Kapitel eingearbeitet wurden [2, 3].

Im englischen Sprachgebrauch wird zwischen „physical activity" (körperliche Aktivität) und „exercise" (Sport, zielgerichtetes Training) unterschieden. Der Definition nach ist eine erhöhte körperliche Aktivität dann gegeben, wenn die körperliche Aktivität ein Ausmaß erreicht, die einen Energiebedarf über den des Grundbedarfs bewirkt. Exercise, Sport und Training sind dadurch charakterisiert, dass ein geplanter, strukturierter und sich wiederholender Übungsablauf durchgeführt wird, um eine oder mehrere Komponenten körperlicher Fitness zu beeinflussen [4]. Immunologische Untersuchungen wurden bereits in den Bereichen Ausdauertraining, Schnelligkeitstraining und Krafttraining durchgeführt.

Das Gebiet Sport und Immunologie hat heute aber auch die medizinische Wissenschaft erreicht. Neueste Studien zeigen, dass körperliche Aktivität zu Verbesserung einer Reihe von Krankheitsbildern wie Diabetes, Arteriosklerose, kardialer Dysfunktion, Neurodegeneration, Krebs oder Bluthochdruck führt. Diese Krankheiten haben die chronische Entzündung (Inflammation) als wichtigen pathogenen Faktor. Als Inflammation gilt eine 2- bis 4-fache Erhöhung der pro- und anti-inflammatorischen Zytokine, die von einem Anstieg der Akute-Phase-Proteine sowie der Neutrophilen und NK-Zellen im Blut begleitet wird [5]. Die chronische Inflammation ist durch eine gezielte Bewegungstherapie zu beeinflussen [2]. Einer der positiven Faktoren der erhöhten körperlichen Aktivität ist, dass es zu einer Verringerung des Bauchfettes kommt. Wir werden sehen, dass abdominales Fett wesentlich zur Bildung pro-inflammatorischer Faktoren beiträgt. Aber nicht nur eine Gewichtsabnahme, sondern auch eine regelmäßige körperliche Aktivität tragen zu einer Verbesserung der Immunlage bei. Körperlich aktive

Menschen leben fünf Jahre länger und haben acht Jahre mehr an krankheitsfreier Zeit [6].

Hingegen können exzessive körperliche Belastungen zu akuten und chronischen Erkrankungen führen. Hier sind es Infektionen und vor allem solche des respiratorischen Traktes (upper respiratory tract infection, URTI), die am häufigsten Auftreten [7]. Daraus ist zu schließen, dass körperliche Betätigung und Immunfunktion in einer Art Dosis-/Wirkungsverhältnis zueinander stehen. Als einer der verbindenden Faktoren zwischen Bewegung und Immunologie stehen möglicherweise die Hormone. Es ist bereits seit Längerem bekannt, dass Stress ähnlich wie überschießende körperliche Belastung das Auftreten von Infektionen begünstigt [8]. Aus diesem Grund werden wir in diesem Kapitel den unterschiedlichen Einfluss von Ausdauertraining und Krafttraining sowie die Bedeutung des Übertrainings und die kombinierte Verbindung von Training und psychischer Belastung (wie sie unmittelbar vor oder während eines Wettkampfes besteht) darstellen.

Es ist im Rahmen dieses Artikels nicht möglich, die immunologischen Vorgänge des Körpers in Gänze darzustellen. Diesbezüglich sei auf ausgezeichnete Lehrbücher zu diesem Thema verwiesen [9, 10]. Trotzdem soll im Folgenden versucht werden, einige immunologische Prinzipien zu erläutern, die im Zusammenhang mit physischer Aktivität, Sport und Training stehen.

10.2 Grundlagen des Immunsystems

10.2.1 Aufgaben des Immunsystems

Aufgabe der Immunologie ist es, den Körper gegen Infektionen von außen zu schützen. Als Soldaten gegen pathogene Erreger stehen das angeborene und das erworbene Immunsystem zur Verfügung. Das angeborene Immunsystem greift Erreger rasch an, hat aber kein Gedächtnis, das heißt, bei einer Zweitinfektion laufen die Abwehrmechanismen nicht schneller ab; dafür reagiert es auf ein breites Spektrum von Erregern (Pathogenen). Hingegen reagiert das erworbene (oder adaptive) Immunsystem bei einer Erstinfektion eher langsam auf das Pathogen, hat aber bei einer Zweitinfektion eine hohe Spezifität gegen den Erreger oder dessen Produkte (immunologisches Gedächtnis) und es kommt zu einer lebenslangen Immunität gegen eine erneute Infektion mit demselben Erreger. Das adaptive Immunsystem kann im Normalfall auch zwischen „Selbst“ und „Nicht Selbst“ unterscheiden.

Die Hauptwaffe des adaptiven Immunsystems sind Antikörper, die spezifisch gegen Antigene gerichtet sind und diese in ihrer Wirkung neutralisieren können. Die Bildung dieser Antikörper erfordert ein komplexes Zusammenwirken von zellulären und löslichen (humoralen) Bestandteilen des Körpers. Die Komponenten des angeborenen Immunsystems bestehen ebenfalls aus humoralen und zellulären Elementen. Zu den humoralen Komponenten gehören Enzyme, das Komplementsystem, Lysozyme und die Akute-Phase-Proteine. Die wichtigsten zellulären Elemente sind Monozyten, Makrophagen, Granulozyten und die Natural-Killer-Zellen (NK-Zellen). Alle diese Blutzellen werden im Knochenmark aus Stammzellen gebildet. Dazu gehören die roten Blutkörperchen (Erythozyten), die Megakaryozyten (Vorstufen der Thrombozyten, die zur Blutgerinnung wichtig sind) und die weißen Blutkörperchen (Leukozyten), die wiederum aus Granulozyten (60–70%), Monozyten (10–15%) und Lymphozyten (20–40%) bestehen. Eine wichtige Rolle spielen Zytokine, die beiden Immunsystemen zuordenbar sind. Zytokine sind Proteine (Polypeptide), die von zellulären Elementen gebildet werden und die Immunantwort über ihre pro- bzw. anti-inflammatorischen Eigenschaften beeinflussen [9]. Ein anderer wesentlicher Teil unseres Abwehrsystems sind Bakterien, die mit uns in Symbiose leben. Die Anzahl dieser symbiotischen Bakterien, die hauptsächlich im Dickdarm angesiedelt sind, übertrifft die Anzahl unserer eigenen Zellen um das Zehnfache (10^{14} vs. 10^{13}). Diese „guten“ Bakterien (Probiotika) werden heute therapeutisch auch in der Sportmedizin eingesetzt. Therapieansätze mit Praebiotika zielen darauf ab, diese „guten“ Bakterien in unserem Körper zu vermehren [11].

10.2.2 Zellen des Immunsystems

Die Blutzellen des Immunsystems entstehen aus pluripotenten, hämapoetischen Stammzellen im Knochenmark. Aus der myelischen Stammzelle entstehen

Thrombozyten, Mastzellen, polymorphkernige Granulozyten und Monozyten. Aus den lymphoiden Stammzellen entstehen B- und T-Zellen, große granulierte Lymphozyten, natürliche Killerzellen und dendritische Zellen. Granulozyten, Lymphozyten und Monozyten werden zu den Leukozyten zusammengefasst (◘ Abb. 10.1). Gemessen werden die Leukozyten mittels Durchflusszytometrie.

Methoden INFO: Leukozytendifferentialanalyse

Das heute übliche Verfahren zur Bestimmung von Leukozytensubpopulationen (in erster Linie Lymphozyten, Monozyten, Granulozyten) ist die **Durchflusszytometrie**, die sich der direkten und indirekten Immunfluoreszenz bedient. Dabei wandern die Zellen in einem Flüssigkeitsstrom einzeln durch eine Messkammer, wo sie von einem Laserlicht angestrahlt werden und ein charakteristisches Streulicht entsteht (Vorwärts- und Seitwärtsstreulicht), was eine Aussage über die Größe und die Granularität der Zellen zulässt. Durch die zusätzliche Markierung von charakteristischen Oberflächenstrukturen mit fluoreszierenden Antikörpern (CD45, CD3, CD19, ...) oder die unspezifische Färbung von DNA und RNA lassen sich die Leukozytensubpopulationen differenziert darstellen und gleichzeitig kann deren Anzahl und Verteilung festgestellt werden.

Granulozyten sind weiße Blutzellen die in drei Typen unterschieden werden können: Die Granula der neutrophilen Leukozyten lassen sich mit neutralen Farbstoffen anfärben, die der Eosinophilen mit Eosin und die der Basophilen mit basischen Farbstoffen. Bei den Granulozyten haben die polymorphkernigen Granulozyten mit 60–70% den größten Anteil an den Leukozyten. Sie werden im Knochenmark mit einer Rate

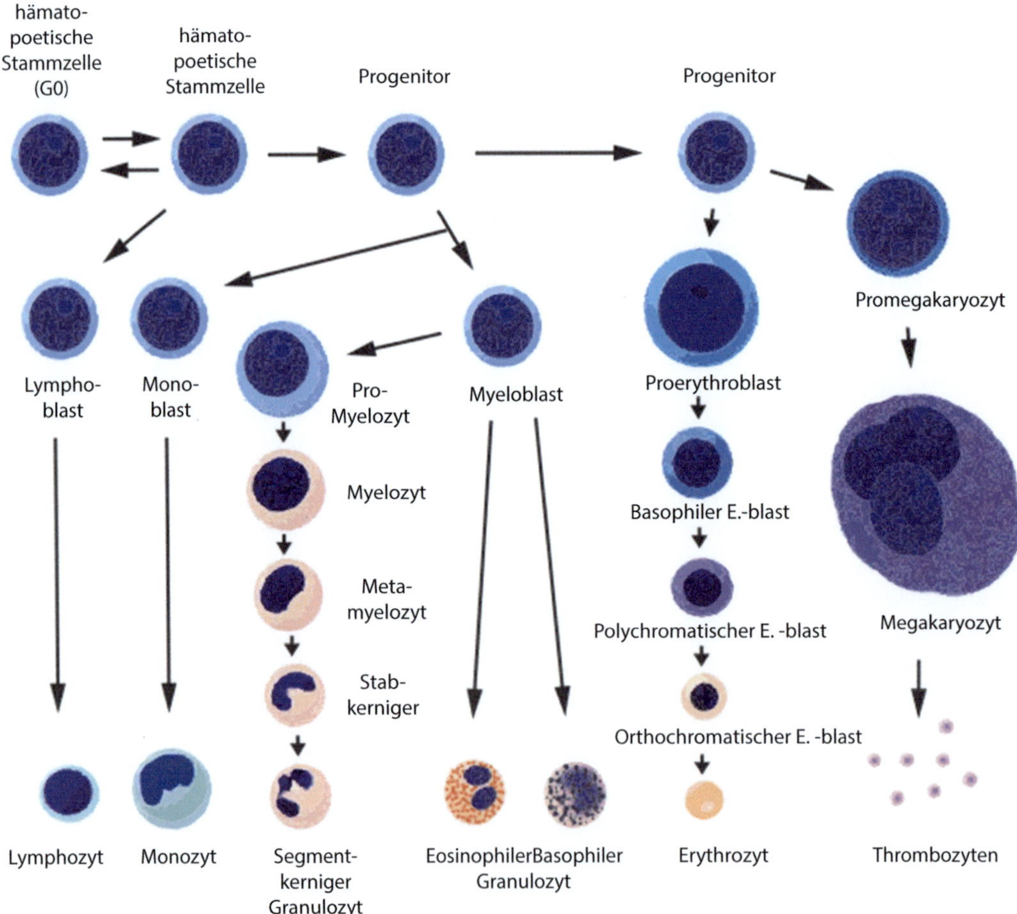

◘ **Abb. 10.1** Zelluläre Bestandteile des Blutes entstehen aus hämatopoetischen Stammzellen.

von 80 Mio. pro Minute produziert. Eosine Granulozyten stellen nur einen kleinen Prozentsatz der Leukozyten (2–5%) und spielen bei Allergien (hier steigt ihre Anzahl) und bei Wurminfektionen eine Rolle. Basophile Granulozyten machen nur einen sehr geringen Anteil der Leukozyten aus (< 1%). Diese werden auf einen Allergiereiz freigesetzt.

Monozyten machen etwa 4–8% der Leukozyten aus und stellen das mononukleäre phagozytierende System dar. Sie werden gemäß ihrer Oberflächenproteine CD14, CD40, CD11b und CD64 klassifiziert. Aus den zirkulierenden Monozyten entstehen bei Gewebeeintritt die **Makrophagen**. Monozyten und Makrophagen bilden zusammen einen von drei Typen von Phagozyten des Immunsystems, wobei die Granulozyten und die dendritischen Zellen die anderen beiden sind. Je nach Organ tragen sie eine anderer Bezeichnung: Kupffer-Sternzellen in der Leber, intraglomeruläres Mesangium in der Niere, Alveolarmakrophagen in der Lunge, Serosamakrophagen, Mikroglia des Gehirns. Da ihre Hauptaufgabe die Phagozytose von Mikrooganismen und Fremdkörpern ist, präsentieren sie die Bestandteile des zuvor aufgenommenen Erregers an die Zelloberfläche des Makrophagen gemeinsam mit einem MHC-II-Molekül (Haupthistokompatibilitätskomplex) oder auch HLA-DR2 (Human Leucozyt Antigen) genannt. Wir unterscheiden MHC-I- und MHC-II-Rezeptoren. Erstere sind auf allen kernhaltigen Zellen, binden Eigen- und Fremdproteine und aktivieren CD-8-Lymphozyten. MHC-II-Rezeptoren sind an Antigen Präsentierenden Zellen (APCs), Dendriten, Makrophagen und B-Zellen zu finden. Sie binden Fremdantigene und aktivieren CD-4-Lymphozyten. Makrophagen bewirken, dass sich T-Zellen stark vermehren und in „handelnde" Effektor-T-Zellen und Gedächtnis-T-Zellen differenzieren. Die Antigenpräsentation ist allerdings mehr den dendritischen Zellen überlassen.

Dendritische Zellen sind Zellen, die sich aus Makrophagen oder Vorläufern der T-Zellen entwickeln. Wie Makrophagen und neutrophile Zellen zerstören sie die Krankheitserreger, die sie aufnehmen. Allerdings liegt ihre Hauptfunktion nicht in der Zerstörung von Mikroorganismen und der Antigenpräsentation, sondern in der Reifung zu Zellen, die eine primäre Immunantwort bewirken, indem sie eine große Anzahl von naiven T-Zellen aktivieren.

Mastzellen haben ihre Bedeutung vor allem in der Allergieabwehr, sind aber auch bei der Wundheilung und bei Entzündungen aktiv und unterstützen hier die Abwehr von Bakterien und Parasiten. Im Skelettmuskel unterstützen sie die Proliferation von Myozyten und sind im Regenerationsprozess nach Muskelverletzungen beteiligt. Sie beinhalten vor allem Heparin und Histamin, setzen aber auch Proteasen, Prostaglandine, Leukotriene und Zytokine frei.

Thrombozyten haben ebenfalls eine Funktion im Immunsystem. Sie tragen an ihrer Oberfläche Rezeptoren für Immunglobulin G und E sowie MHC-Antigene. Ihre Aufgabe ist es, permeabilitätssteigernde Substanzen freizusetzen, Komplementfaktoren zu aktivieren und damit Leukozyten anzulocken.

Der Anteil der **Lymphozyten** im Blut liegt bei 20–30%. Man kann sie weiter in **B-Zellen** und **T-Zellen** unterscheiden. Im Knochenmark findet die Differenzierung der B-Zellen und im Thymus die der T-Zellen statt. Von den primären lymphatischen Organen (Knochenmark, Thymus) wandern die Lymphozyten in die sekundären lymphatischen Organe, wie Lymphknoten, Tonsillen und Milz, aus. B-Lymphozyten entwickeln sich zu Plasmazellen und sind für die Antikörperproduktion zuständig. T-Zellen werden aufgrund ihrer Oberflächenmarker und ihrer Funktion in T-Helferzellen und zytotoxische T-Zellen unterschieden. T-Helferzellen sind wichtig für die Immunantwort, indem sie zum Beispiel B-Zellen zur Antikörperproduktion anregen und Makrophagen dabei helfen, ihre aufgenommenen Mikroorganismen abzutöten. Als weitere Helfer für die Immunabwehr gelten CD-Zellen (cluster determinant), an deren Nummer Immunologen erkennen, welches Molekül von einem bestimmten Antikörper gebunden wird. $CD4^+$-Zellen üben zum Beispiel eine helfende Wirkung auf B- und T-Lymphozyten aus (helper cells), während $CD8^+$-Lymphozyten zu den supprimierenden und zytotoxischen Zellen zählen. Die Gruppe der $CD4^+$-Zellen lässt sich noch in weitere Subpopulationen gliedern, die sich auf Grund ihres Zytokinmusters unterscheiden. **Zytokine** ist die allgemeine Bezeichnung für alle Proteine, die von Immunzellen ausgeschüttet werden und das Verhalten von nahegelegenen Zellen beeinflussen können, sofern diese geeignete Rezeptoren besitzen. TH1-Lymphozyten (Typ 1) fördern die zelluläre Immunität und Entzündungsreaktionen, wobei TNF-α (Tumor-Nekrose Faktor α), IL-2 (Interleukin 2) und IFN-γ (Interferon γ) die charakteristischen Zytokine dafür sind. Ihr wichtigstes Effektormolekül ist IFN-γ, das aktivierend auf Makrophagen, CD8-T-Zellen und NK-Zellen wirkt. Außerdem verstärkt IFN-γ die Antigenpräsentation durch HLA-Moleküle. TH2-Lymphozyten fördern die humorale Immunität und produzieren überwiegend IL-2, -4, -5, -6, -10 und -13. Sie steuern die humorale Immunantwort, indem sie B-Zellen zur Proliferation und Antikörperproduktion anregen. Diese beiden Zellpopulationen stehen in einer Wechselwirkung. TH2-Zellen schränken die Aktivität der TH1-Zellen durch vermehrte Produktion von IL-10 ein. Umgekehrt wird die Zytokinproduktion der TH2-Zellen durch vermehrte Produktion von IFN-γ und IL-12 durch TH1-Zellen unterdrückt. Regulatorische T-Zellen (T_{Reg}) kontrollieren die Immunantwort, indem sie die Nachproduktion und Reifung der Leukozyten konstant halten. Vor allem regulieren sie die klonale Expression von B-Zellen und die Abtötung überschüssiger T-Zellen. Sie sekretieren IL-10 und TGF-ß.

Natürliche Killerzellen (NK-Zellen) sind große granulierte Lymphozyten. Ihre Hauptaufgabe ist das Erkennen von Tumorzellen und virusinfizierten Zellen, deren Tod sie durch Apoptose (gerichteter Zelltod) herbeiführen. Sie erkennen an der Zielzelle geringe Mengen an MHC-Klasse 1. Sie werden durch IL-12, IFN-α und IFN-β aktiviert und können dann große Mengen von IFN-γ bilden (▣ Tab. 10.1).

10.2.3 Angeborenes Immunsystem – Phagozytose

Wenn pathogene Mikroorganismus (Viren, Bakterien, Parasiten, Pilze) oder Fremdkörper in den Körper einzudringen versuchen, werden sie entweder von einem Barrieresystem, das im Wesentlichen aus der Haut und den Epithelzellen (Gastrointestinaltrakt, Mundhöhle, Lunge) besteht, oder vom angeborenen Immunsystem (unspezifische Immunantwort) in Empfang genommen. Letzteres versucht, die Fremdkörper mit Hilfe von Fresszellen (Phagozyten) aufzulösen oder zu „fressen" – ein Vorgang, der Phagozytose genannt wird. Zu den Phagozyten werden die Neutrophilen (Granulozyten), die Monozyten, die Makrophagen und die dendritischen Zellen (DCs) gezählt. Neutrophile und Monozyten befinden sich im Blut und wandern zu dem befallenen Gewebe. Dort werden die Monozyten in Makrophagen umgewandelt. Makrophagen und dendritsche Zellen befinden sich in allen Geweben, hauptsächlich aber im lymphatischen Gewebe wie den Lymphknoten, der Milz und den Mandeln. Bei der Phagozytose werden die Bakterien von Granulozyten und Makrophagen aufgenommen und eingeschlossen (Phagosom). Viren werden von den Natural-Killer-Zellen (NKs) bekämpft und lysiert (über Zytolysin und Perforin, die Poren in die Virushülle schneiden). NKs zählen zur Klasse der Lymphozyten. Diese haben spezifische Rezeptoren für die viralen Glykoproteine. Wichtig für die Phagozytose ist das Erkennen des Fremdkörpers, das durch Opsonierung entsteht. Dabei kommt es zu einer passiven Beladung der Bakterien mit körpereigenen Proteinen, die vom Phagozyten über spezifische Rezeptoren erkannt werden. Spezifische Antikörper (IgG = Immunglobulin-G) und Komplementaktivierungsprodukte liefern das erste Signal zur erfolgreichen Phagozytose, initiieren die Bildung von Pseudopodien (Ausläufer des Zytosols), die Anbindung von IgG und starten die Phagozytose. Die Lyse über die Komplementkaskade erfolgt durch ein Zusammenwirken der Komplementfragmente C3a, C3b, C5a, C5b, C6, C7, C8 und C9, die einen Membrankomplex formen. Dieser wiederum schneidet Poren in die Bakterienmembran. Über die Poren kommt es zu einem osmotisch bedingten Wassereinfluss, der letztlich das Bakterium zum Platzen bringt. Bei der komplementunabhängigen Phagozytose verschmilzt die Granula der Granulozyten mit dem Phagosom (Fresskörperchen) und die in der Granula enthaltenen Enzyme greifen den Fremdkörper an (Degranulierung). Lysozyme zerstören die Wand der Bakterien, das für das Bakterienwachstum notwendige Eisen wird durch Laktoferrin cheliert. In weiterer Folge werden andere Zellbestandteile, wie Proteine und Nukleinsäuren, enzymatisch gespalten. Die Zellbestandteile werden dann von Makrophagen antigenpräsentierenden Zellen angeboten, wodurch weitere Entzündungsreaktionen in Gang gesetzt werden, die letztlich in der spezifischen Infektabwehr über Antikörper enden.

Ein weiterer Abtötungsprozess der Bakterien läuft über den oxidativen Burst. Dabei wird molekularer

Tab. 10.1 Wichtige Zellen des Immunsystems

Zelltyp	Quantität im Blut	Aufgabe	In anderen Organen
Granulozyten (hauptsächlich Neutrophile)	70% der Leukozyten	Phagozytose Abbau des zerstörten Gewebes	
Monozyten	10–15% der Leukozyten	Phagozytose Antigen-Präsentierung Zytokin-Produktion Zytotoxizität	Makrophagen im Gewebe
Lymphozyten	20–40% der Leukozyten	Initiatoren der Immunantwort, Zytokin-Produktion	> 90% in Knochenmark, Milz, Thymus, Mandeln, Lymphknoten, Peyerschen Plaques
T-Lymphozyten (CD3)	60–75% der Lymphozyten	Zytotoxizität, Immunregulierung	
Helferzellen (CD4)	60–70% der T-Zellen	Immunaktivierung, Antigen-Erkennung Zytokin Produktion	
Typ1-T-Helferzellen (TH 1)		IFN-γ, TNF-α, IL-2	Aktivierung und Differenzierung von Makrophagen, Entzündungsreaktion, Vasodilatation
Typ2-T-Helferzellen (TH 2)		IL-4, -5, -6, -13; Lymphotoxin-α	Stimulieren B-Zellen, Mastzellen, eosophine und basophile Granulozyten
T-reg Zellen (CD4, CD25)		Autoimmunität, IL-10, TGF-β	
Suppressor-Zellen CD8	30–40% der T-Zellen	Zytotoxizität	
Natural-Killer-Zellen (NK) (CD16, CD56)	5–20% der Lymphozyten	Zytotoxizität Zytokin-Produktion	
B-Zellen	5–15% der Lymphozyten	Antikörper-Produktion Gedächtniszellen	
Dendritische Zellen		Antigenpräsentierung Antigenpräsentation Immunologische Toleranz	Gewebe, Haut, Schleimhäute

Sauerstoff in mikrobizide O_2-Metaboliten (Superoxidanion O_2; Wasserstoffperoxid H_2O_2; Hydroxylradikal OH; Hypochloridion OCl) über ein kompliziertes Enzymsystem zerlegt, an deren Anfang die NADPH-Oxydase steht. Die reaktiven Sauerstoffspezies (ROS) oxydieren die Membranlipide der Bakterien (Peroxydation) und wirken damit zytotoxisch.

An dieser Stelle sei erwähnt, dass die Gabe von antioxydativen Substanzen (z. B. Vitaminen) die Bildung dieser Sauerstoffmetaboliten verringern kann und dadurch die Phagozytosekapazität verringert. Das heißt, die Einnahme von antioxidativen Substanzen verringert zwar die Bildung von Sauerstoffradikalen, die bei höherer Belastung im Skelettmuskel entstehen, kann sich aber kontraproduktiv bei Infektionen auswirken.

Methoden INFO: Oxidativer Burst

Dieser Test dient der Bestimmung der Effektivität der Abtötung von Mikroorganismen mit Hilfe in der Zelle gebildeten oxydativen Sauerstoffverbindungen. Opsonierte Bakterien werden mit Phagozyten inkubiert und dann mit N-formyl-MetLeuPhe (fMLP), PMA oder Zymosan stimuliert. Durch die Stimulation werden Sauerstoffradikale freigesetzt, die Chemolumineszens wird im Luminometer (Luziferaseaktivität) oder im Durchflusszytometer gemessen. Die Burst-Reaktion ist bei einer Immunschwäche verringert.

Auch die Entstehung des Eiters steht in Verbindung zur Phagozytose. Zur Eiterbildung kommt es, wenn die Phagosomen platzen und die darin enthaltenen hydrolytischen Enzyme die Granulozyten und das umgebende Gewebe zersetzen. Die bei Entzündungen beobachteten Rötungen der Haut entstehen dadurch, dass die eingewanderten Phagozyten verschiedene Metaboliten wie Leukotriene und Prostaglandine (Produkte der Arachidonsäure) freisetzen. Die Prostaglandine bewirken eine bessere Durchblutung der Gewebe, die einer verbesserten Infektabwehr dient. Gleichzeitig erzeugen sie Schmerz, der eine Schonhaltung bewirken soll. Letztlich wird die Entzündungshemmung durch weitere Produkte des Arachidonstoffwechsels, nämlich den Lipoxinen und Resolvinen, terminisiert. Die Messung des oxydativen Bursts und die Phagozytoseaktivität werden als wichtiger Parameter zur Quantifizierung der angeborenen Immunantwort verwendet.

Als Übergang von der angeborenen zur erworbenen Immunität kann ein System angesehen werden, das wiederkehrende Strukturen von pathogenen Keimen oder deren Produkte erkennt. Diese Strukturen werden als PAMPs (pathogen associated molecular pattern) bezeichnet. Rezeptoren an Monozyten, Makrophagen und dendritischen Zellen (aber auch solche auf Neutrophilen, B-Zellen und Epithelzellen) erkennen nun solche unterschiedlichen molekularen Gruppen von PAMPs. Die wichtigste Gruppe dieser Rezeptoren sind die Toll-like Rezeptoren (TLR), deren Bezeichnung von den Toll-Proteinen der Drosophila (= Fruchtfliege – das experimentelle Haustier der Molekularbiologie) herrührt. Zurzeit sind zehn TLRs (1–10) identifiziert, deren Spezifität bekannt ist. Einer der zuerst beschriebenen TLR war der TLR4, der das Lipopolysaccharid (LPS, ein Teil des Endotoxins), einen Membranbestandteil gramnegativer Bakterien, erkennt. TLR erkennen aber auch Peptidoglykane grampositiver Bakterien sowie das Zymosan der Pilze (TLR3), des Weiteren doppel- und einsträngige virale RNA (TLR3 bzw. TLR 7/8), das Flagellin von geißeltragenden Bakterien (TLR5) und andere mehr. Da diese Mustererkennungsrezeptoren (pattern recognition receptors, PRP) auch auf dendritischen Zellen auftreten, sind diese in der Lage, die Antigene der Erreger dem adaptiven Immunsystem anzubieten und diese damit zur Antikörperbildung zu instruieren.

Neben diesen Oberflächenrezeptoren gibt es Rezeptoren innerhalb des Zytoplasmas, die Nod-like receptors (NLRs) und die RIG-I-like receptors (RLRs). Diese sind Teil eines zytosolischen Proteinkomplexes in Makrophagen und Neutrophilen, dem „Inflammasom", das in weiterer Folge eine Proteinase, die Caspase-1, aktiviert [12]. Caspase-1 aktiviert wiederum die pro-inflammatorischen Zytokine Interleukin-1ß und IL-18. Anschließend kommt es zur IFN-γ-Sekretion, einer Aktivierung der NK-Zellen, einer Hemmung der glykolytischen Enzyme, einer DNA-Fragmentierung und Porenbildung, was sowohl einen bakteriziden als auch einen anti-viralem Effekt bewirkt.

10.2.4 Akute-Phase-Reaktion

Eine weitere unmittelbare Reaktion im Entzündungsgeschehen ist die Akute-Phase-Reaktion, wo es zur Bildung von spezifischen Proteinen und somit zu einem Anstieg der Plasmakonzentrationen dieser Proteine kommt. Das bekannteste Akute-Phase-Protein (APP) ist das C-reaktive Protein (CRP), das bei Entzündungen einen großen Teil der Proteinsynthesekapazität der Leber einnimmt. CRP bewirkt eine Opsonierung der Bakterien, wobei CRP die Lipoproteine der Bakterienoberflächen modifiziert und dadurch die Phagozytose oder die rezeptorvermittelte Endozytose vorbereitet. Weitere wichtige APP sind das Haptoglobin und Hämopexin, die freies Hämoglobin binden und den Eisenbestand des Körpers sichern. Auch Gerinnungsfaktoren und Komplementfaktoren zählen zu den APP, wobei vor allem der Anstieg des Fibrinogens von Bedeutung ist. Zu den APP zählen auch gewisse Zytokine/Interleukine (siehe unten), wie das IL-1, IL-6, IL-8 und TNF-α, die unmittelbar nach einer Infektion oder einem Trauma gebildet werden.

Die Akute-Phase-Reaktion führt andererseits zu einer verringerten Synthese gewisser in der Leber synthetisierter Proteine, wie Albumin, Präalbumin, Lipoprotein und Transferrin. Diese Proteine werden als negative Reaktanzen der Akute-Phase-Reaktion bezeichnet. Die APP sind somit wichtige Kennzeichen einer Entzündung und werden analytisch verwendet.

10.2.5 Adaptive Immunabwehr – Antikörperbildung

Die Bildung von Antikörpern ist das zentrale Ereignis der adaptiven Immunabwehr. Bei der Antikörperbildung kommt es zu einem ausgeklügelten Zusammenspiel des zellulären und humoralen Immunsystems und spezialisierten Organen, in denen die Immunzellen gebildet werden.

Die zur Bildung von spezifischen Antikörpern notwendige (Fremd-) Antigenpräsentation wird von den dendritischen Zellen, Monozyten und Makrophagen durchgeführt (antigen-presenting cells, APCs). Nach der Bindung von Fremdantigenen an den APCs können diese antigenen Determinanten (Epitope) von den Antigenrezeptoren der B- oder der T-Lymphozyten erkannt werden (B-Zell-Rezeptor, BCR, bzw. T-Zell-Rezeptor, TCR). Ein bis jetzt noch nicht mit dem Körper in Verbindung getretenes Antigen führt zu einer Stimulierung der naiven T-Zellen, wohingegen ein bereits bekanntes Antigen Memory-T-Zellen stimuliert (sekundäre Immunantwort). In diesem Spiel der Antigenpräsentation haben nun noch Genprodukte des Haupthistokompatibilitätskomplexes (major histocombatibility complex, MHC) eine wichtige Rolle. Diese Präsentationsmoleküle sind beim Menschen die sogenannten HLA-Proteine (human leukocyte antigen, HLA). Diese werden bei der Antigenpräsentation von den APCs exprimiert. Es gibt zwei Klassen von HLA-Molekülen, wobei an den APCs vor allem HLA-Klasse-II-Moleküle exprimiert werden. In die Höhlen (grooves) der HLA-II-Moleküle werden kurze Peptidketten der Antigene gefangen, die dann an die T-Zell Rezeptor präsentiert werden. Nach der Aktivierung der naiven $CD4^{+}$-T-Helfer- (TH) Zellen durch die APCs kommt es zur Bildung kostimulierender Signale (Zytokine und/oder Assessor-Moleküle), die zu einer Differenzierung in TH1- oder TH2-Zellen führt. Diese Zellen wiederum sezernieren ein spezifisches Interleukinpattern, das andere Immunzellen aktiviert. Die Stimulierung reifer B-Zellen resultiert in der Proliferation und Differenzierung in Immunglobulin-sekretierende Plasmazellen, die dann die spezifischen Antikörper produzieren. Diese bilden die Basis für die sogenannte humorale Immunität, indem sie verschiedene Klassen von Antikörpern bilden (IgA, IgD, IgE, IgG und IgM), welche verschiedene Funktionen im Körper haben. Die im Blut dominante Antikörperklasse ist das IgG (12 g/l) gefolgt von IgA (1,8 g/l) und IgM (1 g/l). IgD und IgE liegen im Blut nur in minimalen Konzentrationen vor (< 0,05 g/l).

10.2.6 Pro- und antiinflammatorische Zytokine

Zytokine sind Proteine (Polypeptide), die einerseits die sekretierende Zelle selbst beeinflussen können (autokrin) und andererseits die Kommunikation zwischen verschiedenen Körperzellen (parakrin) steuern. Sie haben teilweise auch hormonelle Wirkungen, da sie, in einem Organ gebildet, den Stoffwechsel eines anderen Organs beeinflussen. Zytokine sind somit an der Signalübertragung zwischen den Zellen während der Immunantwort beteiligt. Sie haben einen entscheidenden Einfluss auf die Zellvermehrung (Proliferation) und die Zelldifferenzierung. Ihre Wirkung ist allerdings nicht nur auf das Immunsystem beschränkt, sondern sie können auch systemisch wirken und haben Mediatorfunktionen bei verschiedenen Stoffwechselvorgängen. In der Nomenklatur werden sie als Interleukine (aus Leukozyten), Myokine (aus Muskelzellen), Adipokine (aus Adipozyten) oder Chemokine bezeichnet. Chemokine sind kleine Polypeptide, die nicht nur von Makrophagen, sondern auch von Endothelzellen, von Keratinozyten der Haut, von Fibroblasten und auch von den Zellen der glatten Muskulatur gebildet werden. In die Interleukinnomenklatur wurden inzwischen 30 Zytokine aufgenommen (◘ Tab. 10.2). Eine Nachweismethode der Zytokine ist der ELISA.

Tab. 10.2 Immunologische Bedeutung der Zytokine

Zytokin	Produzierende Zellen	Wichtige Zielzellen	Wirkung
IL-1	Makrophagen Epithelzellen	Leukozyten Gefäßendothel Hypothalamus Hepatozyten	Pro-inflammatorisch Fieber T-Zell-Aktivierung Makrophagenaktivierung Induktion von APPs
IL-2	CD4-T-Zellen	T-, B-, NK-Zellen	T-Zell- und B-Zell-Proliferation IFN-Freisetzung NK-Zell-Proliferation und Zytotoxizität
IL-4	CD4-T-Zellen (TH2) Mastzellen Basophile Myozyten	T- und B-Zellen Makrophagen	T-Zellen-Proliferation TH2-Differenzierung B-Zellen-Aktivierung Makrophagen
IL-6	CD4-T-Zellen Fibroplasten Makrophagen Myozyten	Proliferierende B-Zellen Plasmazellen T-Zellen Hepatozyten	Wachstum Ig-Sekretion APPs
IL-10	TH2-Zellen Reg-T-Zellen	Makrophagen T-Zellen	Makrophagen: Anti-inflammatorisch B-Zellen: Ig-Synthese
IL-12	Dendritische Zellen Makrophagen	T-Zellen NK-Zellen	Induktion von TH-1-Zellen Proliferation Zytotoxizität
IL-13	TH2-Zellen	B-Zellen Makrophagen	Ähnlich wie IL-4 Anti-inflammatorisch
IL-15	Makrophagen Myozyten Div. Zellen	NK-Zellen CD8-T-Zellen	Anabol für Muskel Vermindert Fettgewebe
IL-18	Makrophagen	NK-Zellen T-Zellen	Pro-inflammatorisch IFN-γ-Freisetzung Hemmt IgE- und IgG1-Produktion
IFN-γ	NK-Zellen TH1-Zellen CD8-Zellen	Makrophagen NK-Zellen Epithelzellen Endothelzellen	HLA-1- und HLA-2-Induktion Makrophagenaktivierung Zytotoxizität von CD-8- und NK-Zellen
TNF-α	Makrophagen T-, B-Zellen NK-Zellen	Div. Zellen	Pro-inflammatorisch Apoptotisch
TNF-β	TH-1-Zellen	Adipozyten	Abbau von Fettdepots
TGF-β	Makrophagen Div. Zellen	TH1	Anti-inflammatorisch Zelldifferenzierung Fibrosierung von Gewebe

▫ **Tab. 2.2** Fortsetzung

Zytokin	Produzierende Zellen	Wichtige Zielzellen	Wirkung
G-CSF	Makrophagen Endothel	Granulozyten	Reifung der Granulozyten Neurotrophisch
MCP-1	Monozyten, Makrophagen, Dentriden	Monozyten, m-T-Zellen,-Dentriden	Monokin für Monozyten, Basophile

Methoden INFO: ELISA

Der Enzyme-Linked Immunosorbent Assay (ELISA) eignet sich wegen seiner Empfindlichkeit und Spezifität hervorragend zur Quantifizierung von Proteinen (z. B. Zytokinen), mit denen eine Antigen-Antikörper-Reaktion möglich ist. Man unterscheidet zwei prinzipielle Verfahren, den Sandwich-ELISA und den kompetitiven Immunoassay.

Beim ersten Verfahren wird zunächst der Antikörper gegen das nachzuweisende Antigen auf der sogenannten Mikrotiter-Platte aufgebracht. Anschließend wird die Probe hinzugefügt, sodass das Antigen am Antikörper binden kann. Nach einem Waschschritt wird ein zweiter (Detektions-)Antikörper aufgebracht, der spezifisch an den ersten Antikörper bindet. Dadurch entsteht ein Antikörper-Antigen-Antikörper-Komplex. Meist ist der Detektionsantikörper direkt mit einem Enzym gekoppelt, das im letzten Schritt gemeinsam mit dem Substrat (Chromogen) eine Farbreaktion ermöglicht. Die Intensität der Farbentwicklung korreliert nun direkt mit der Menge des Antigens, wodurch dieses quantifiziert werden kann.

Beim kompetitiven Immunoassay wird an Stelle des zweiten Antikörpers ein zweites mit einem Farbstoff markiertes Antigen (Kompetitor) verwendet, das dem nachzuweisenden Antigen strukturell sehr ähnlich ist. Die beiden Antigene stehen nun in Konkurrenz um den Antikörper. Je höher die Konzentration des nachzuweisenden Antigens in der Probe ist, desto weniger markiertes Antigen wird demzufolge an den Antikörper gebunden und desto niedriger ist die Farbreaktion.

10.2.7 Mukosales Immunsystem

Die Mukosaloberflächen des Darms, des Urogenitaltraktes, der Mundhöhle und des respiratorischen Systems haben Erstkontakt mit pathogenen Mikroorganismen und haben ein Immunsystem entwickelt, das als „allgemeines mukosales Immunsystem“ bezeichnet wird. Darüber hinaus gibt es an Schleimhautoberflächen des Darms sowie des Respirationstraktes und Urogenitaltraktes lymphatisches Gewebe, das als MALT (mucosa associated lymphoid tissue) bezeichnet werden. Im Darm heißt dieses System GALT (gut-associated lymphoid tissue), wo 90% aller immunkompetenten Zellen gefunden werden. Das GALT besteht aus den Peyer´s patches, den mesenterischen Lymphknoten, der Lamina propria und den intraepithelialen Lymphozyten. Nachdem die T- und B-Lymphozyten in den Peyer´s Patches gegen intestinale Antigene stimuliert werden, wandern sie als Gedächtnis- oder Effektorzellen zum efferenten Teil des mukosalen Immunsystems, nämlich der Lamina propria und ins Epithel, wo dann die Immunantwort stattfindet. Die Hauptaufgabe des mukosalen Immunsystems ist die Bildung von (sekretorischem) IgA in den B-Zellen der Mukosa, das gemeinsam mit hydrolytischen Enzymen wie der α-Amylase, Laktoferrin und Lysozym die erste Barriere der Abwehr von pathogenen Mikroorganismen darstellt. Die Abwehrmechanismen gliedern sich in Verhinderung der Anhaftung und Penetrierung der Mikroorganismen, Neutralisierung der Viren und Exkretion der lokal geformten Immunkomplexe durch das mukosale Epithel in Richtung Lamina propria.

10.2.8 Immunologische Methoden

Wie wir gesehen haben, ist das immunologische Netzwerk weitläufig und deswegen sind die verschiedenen Möglichkeit, Immunreaktionen zu testen und den Immunstatus festzustellen, vielfältig [13]. Die Testsysteme laufen mehrheitlich über Blut und Speichel, da hier die einfachsten Zugänge zum Probenmaterial gegeben sind. Allerdings sei darauf hingewiesen, dass Immunzellen in vielen Organen arbeiten und diese Reaktionen eigentlich nur in Tierversuchen getestet werden könnten. Wir unterscheiden *in vivo* Methoden, wo die Immunantwort direkt im Körper gemessen wird (Hauttest, siehe unten), und Methoden, wo Zellen dem Körper entnommen werden, die dann direkt mit Reaktionspartnern versehen werden (*ex vivo*) oder wo Zellen in einem Reagenzbehälter kultiviert werden und dann ihre Funktion untersucht wird (*in vitro*). Außerdem kann die Zellzahl oder die Konzentration eines humoralen (löslichen) Stoffes in Körperflüssigkeiten untersucht werden. Bei diesen humoralen Stoffen wird es sich hauptsächlich um Peptide oder Proteine handeln.

10.3 Einfluss einer akuten sportlichen Belastung

Sport, Training und gerichtete physische Aktivität lassen sich im angelsächsischen Bereich übergeordnet durch das Wort „exercise" zusammenfassen. Im folgenden Kapitel wird der Einfluss einer gezielten sportlichen Belastung auf die Immunantwort dargestellt. Da die Beeinflussung immunologischer Parameter zwischen akuter und länger andauernder Belastung fließend sein kann, werden zur besseren Übersicht teilweise Veränderungen beider Belastungsstrategien gegenübergestellt.

10.3.1 Angeborenes Immunsystem

Leukozytenanzahl

Die Sportimmunologie begann 1893, als Schultz einen Anstieg der Leukozytenzahl im Blut nach physischer Betätigung feststellte. Bestätigt wurden diese Ergebnisse ungefähr 10 Jahre später, als feststand, dass diese erhöhten Leukozytenzahlen nach einem Marathon auftraten und dieser Anstieg nicht mit einer veränderten Hämokonzentration, also einem Flüssigkeitsverlustes, erklärt werden konnte. Kontrollierte Untersuchungen dieses Phänomens ergaben, dass der Leukozytenanstieg von der Intensität, Dauer und Art der körperlichen Belastung abhängig ist. Bei Belastungen mit einer Dauer von weniger als einer Stunde ist die Leukozytose von der Belastungsintensität abhängig. Eine körperliche Belastung kann bereits nach 5–10 Minuten zu einem Leukozytenanstieg führen. Eine erschöpfende Körperbetätigung (exhaustive exercise) kann in kurzer Zeit zu einer Verdoppelung der Leukozytenzahl führen. Hingegen kommt es bei einer submaximalen Belastung von 45 Minuten zu einem Maximalanstieg der Leukozyten nach 15 Minuten, der sich bis zum Ende der Betätigung nicht mehr ändert [14, 15].

Ursache der Leukozytose ist eine stimulierte Freisetzung von Leukozyten aus dem Knochenmark bzw. aus den an den Gefäßwänden gebundenen Leukozyten (siehe unten), die als verzögerte Leukozytose (delayed leucocytosis) bezeichnet wird [16]. Diese Bezeichnung ist nicht immer richtig zutreffend, denn bei sehr langer körperlicher Betätigung kommt es drei Stunden nach Beginn zu einem maximalen Leukozytenanstieg, ohne dass später ein weiterer Anstieg zu vermerken ist. Bei kurzfristiger hochintenisver Belastung gibt es einen zweiten Leukozytenpeak 2–4 Stunden nach Beginn der Belastung. Bei kurzfristiger, aber auch bei länger andauernder Belastung besteht der Leukozytenanstieg aus einem vermehrten Auftreten von Neutrophilen und Lymphozyten, bei andauernder Belastung kommt es nahezu ausschließlich zu einer Neutrophilie.

Was sind nun die Mechanismen, die zu dieser Leukozytenerhöhung im Blut führen? Unter Normalbedingungen (normaler Blutfluss) ist die Anzahl der Leukozyten, die frei im Blut schwimmen, und denen, die an den Gefäßwänden haften, ungefähr gleich groß. Eine Erhöhung des Blutflusses bewirkt nun einerseits eine Erhöhung der Scherkräfte an den Gefäßen, die zu einer Ablösung der Leukozyten (demargination) von der Gefäßwand führt. Andererseits bewirkt ein erhöhter Blutfluss eine Öffnung von verschlossenen Mikrokapillaren und führt dadurch zu einer erhöhten Anzahl von Leukozyten im Blut. Eine erhöhte Leukozytenfreisetzung findet auch aus den Gefäßsystemen von Leber und lymphatischen Organen (Milz) statt [16].

Molekular gesehen stehen die durch Sport erhöhten Spiegel von Adrenalin und Kortisol im Zusammenhang mit der Leukozytose. Adrenalin erhöht den Herzindex (cardiac index) über β_1-Rezeptoren und stimuliert den Blutfluss von den viszeralen Organen zur Lunge (via α_1-Rezeptoren) und zum Skelettmuskel (via β_2-Rezeptoren). Kortisol wirkt nicht so schnell wie Adrenalin und führt eher zu einem verzögerten Anstieg der Leukozyten. Eine Infusion von Kortisol führt erst Stunden später zu einer Leukozytose. Die Kortisolwirkung ist strikt belastungsabhängig, da eine Belastung über 60–70% der VO_{2max} zu einem Kortisolanstieg führt, eine unter 50% der VO_{2max} einen Kortisolabfall bewirkt [17]. Länger andauernde Belastungen (Marathon) führen zu einem Kortisolanstieg, da Kortisol gebraucht wird, um die Glukoneogenese zu stimulieren und den Glukosespiegel konstant zu halten. Allerdings ist dieser Anstieg verzögert und wahrscheinlich für den biphasischen Leukozytenanstieg verantwortlich. Ein weiterer molekularer Mechanismus, der die Leukozytenhaftung an der Gefäßwand verhindert, liegt daran, dass Sport die Rezeptordichte an den Leukozyten bzw. den Endothelzellen verringert. Außerdem erhöht Adrenalin über die β-Adrenorezeptoren der Endothelzellen die Aktivität der Adenylazyklase, was wiederum verantwortlich für eine verringerte Leukozytenanhaftung an den Gefäßwänden ist.

Nach körperlicher Betätigung steigt nicht nur die Anzahl der Neutrophilen und Monozyten im Blut an, sondern auch die der NK-Zellen. Die NK-Population erhöht sich um 55% nach einer Belastung von einer Stunde bei 65% VO_{2max}, bei extremen Belastungen kann dieser Anstieg bei 480% liegen [18]. Auch hier scheint ein funktioneller Zusammenhang zwischen dem Anstieg der NK-Lymphozyten und den Katecholaminen zu bestehen. Eine intensive Belastung führt zu einer Lymphopenie (verringerte Zahl von Lymphozyten), die auch 30–60 Minuten nach Beendigung einer extremen Belastung zu finden ist, wobei es vor allem zu einem Abfall der NK-Zellen und der zytotoxischen $CD8^+$-Zellen kommt. Die durch NK-Zellen bewirkte Zytotoxizität ist von der Trainingsintensität abhängig. Eine hohe Trainingsintensität verringert diese, wohingegen gemäßigtes Training die NK-Zytotoxizität erhöht. Die NK-Aktivität könnte auch durch die Neutropenie verringert sein. Andererseits führt eine Belastung zu einer Veränderung des TH1/TH2-Gleichgewichtes, da Kortison die IL-2 Freisetzung unterdrückt und es dadurch zu einer verringerten NK-Aktivität kommen könnte. Die Lymphozytenzahl steht in inverser Beziehung zur Blutkortisonkonzentration.

Die phylogenetische Begründung der Leukozytose bei körperlicher Aktivität scheint darin zu liegen, dass Adrenalin als Fluchtstimulator die Gefahr von Verletzungen anzeigt und dieser durch die erhöhte Leukozytenzahl vorgebeugt werden sollte.

Nach Beendigung einer körperlichen Betätigung kommt es wieder zu einer Normalisierung der Leukozytenanzahl (ungefähr nach 20 Minuten), nur bei Extrembelastungen bleibt die Leukozytenzahl länger erhöht. Die Leukozyten haften wieder an den Gefäßwänden und auch die Milz scheint vermehrt Leukozyten aufzunehmen, wobei vor allem reife Zellen eine erhöhte Bindungskapazität zu haben scheinen [2].

▪ Phagozytose der Leukozyten

Die Ergebnisse über den Einfluss von Sport auf die Phagozytose sind unterschiedlich. Es hat den Anschein, dass Athleten, die jahrelang im Ausdauertraining stehen, eine verringerte Phagozytoseaktivität im Vergleich zu einer nicht sportlich aktiven Gruppe haben. Bei Belastung (Trainierte VO_{2max} 61% verglichen zu Untrainierten VO_{2max} 37%) steigt allerdings die Phagozytoseaktivität der trainierten Gruppe höher an als die der untrainierten Gruppe [19]. Es wurde angenommen, dass die verringerte Phagozytoseaktivität der trainierten Athleten möglicherweise für ein erhöhtes Auftreten von opportunistischen Infektionen verantwortlich sein könnte.

▪ Oxidativer Burst der Neutrophilen

Sport erhöht die Degranulierung (eine Zellreaktion, bei der es durch Fusion einer Vielzahl von Vesikeln mit der Zellmembran zu einer gesteigerten Ausschüttung von Sekreten kommt) von Neutrophilen und führt zur Freisetzung hydrolytischer Enzyme wie von Elastase und Myeloperoxidase. Diese Reaktion könnte als eine akute Entzündungsantwort auf Belastung angesehen werden. Allerdings scheint vor allem eine exzentrische Belastung zur Degranulierung zu führen. Trainierte Sportler haben bei einer genormten Belastung (Radfahren mit 70% der VO_{2max} für 30 min) eine geringere Elastasefreisetzung als Untrainierte. 2,5 Stunden nach Beendigung der Belastung kam es zu einem signifikanten Abfall der Elastasefreisetzung nach einer *ex vivo* bakteriellen Stimulierung [20]. Die Bildung von aktiven Sauerstoffmetaboliten zur Abtötung von Bakterien ist eine wichtige Funktion der Neutrophilen. Gemäßigte Belastung (Radfahren bei 50% VO_{2max}) scheint dieses zu erhöhen, wohingegen eine höhere Belastung (Radfahren 80% VO_{2max}) zu einem Absinken der Sauerstoffradikale führt. Während eines Marathons kommt es auch zu einem Abfall des respiratorischen Bursts [21]. Ähnliche Ergebnisse, also ein erniedrigter Burst bei größerer Belastung, sind auch in der Regenerationsperiode messbar. Der molekulare Mechanismus, der hier dahinterliegt, ist ein Anstieg von Adrenalin, das wiederum zu einem geringeren Burst führt.

■ Monozyten/Makrophagen

Viele Studien untersuchten den Einfluss von akuter Belastung auf die $CD14^+$-Blut-Monozyten. Wandern Monozyten ins Gewebe, werden sie zu Makrophagen. Akuter Sport führt zu einer Monozytose. Die Auswirkung von körperlicher Belastung auf die Funktion von Monozyten ist abhängig von der Intensität der Belastung. Während eine gemäßigte Belastung die Funktionen von Makrophagen (Anhaftung, Chemotaxis, Phagozytose, mikrobielle Aktivität) erhöht, ist das bei intensiver Belastung nicht der Fall. Jedoch bewirkt eine extensives Training (90 min Radfahren bei 65% VO_{2max} in warmer Umgebung bei 34 Grad) eine verringerte Expression einiger TLRs (1, 2, 4) sowie von HLA-DR und reduziert die LPS-stimulierte Freisetzung von IL-6 und TNF-α aus Monozyten [22]. Die reduzierte Monozytenaktivität ist möglicherweise für die verringerte angeborene und adaptive Immunantwort, die durch Stress bei hoher sportlicher Belastung entsteht, verantwortlich.

10

10.3.2 Erworbenes Immunsystem

■ Anzahl von T- und B-Lymphozyten

Akute sportliche Betätigung (Laufband für 45 min unter 80% VO_{2max}) führt zu einem biphasischen Anstieg der T-Lymphozyten und, in einem geringeren Maße, auch der B-Zellen [23]. Nach Beendigung des Trainings sinken die Lymphozytenzahlen unter das ursprüngliche Niveau, um zwei Stunden später wieder anzusteigen. Diese Veränderungen sind proportional zur Übungsintensität. In ähnlicher Weise reagieren auch die T-Zellen-Subsets. Die $CD4^+$-Zellen, die einen 70% Anteil an den T-Zellen innehaben, erhöhen ihren Anteil mehr als die $CD8^+$-Zellen. Allerdings steigt der relative Anteil der $CD8^+$-Zellen (prozentuelle Änderung des Vorwertes) stärker an als der der $CD4^+$-Zellen. Daraus resultiert ein verringertes $CD4^+/CD8^+$-Verhältnis, also ein Zustand einer Immunsuppression. Der nach der Belastung beobachtete Abfall der T-Zellen ist hauptsächlich begründet in einer verringerten Anzahl von TH1-Zellen, nicht aber von TH2-Zellen. Noch nicht geklärt ist, ob dieser Zellschwund in einer erhöhten Apoptose (Zelllyse) oder in einer Verteilung der Zellen in andere Kompartimente begründet ist. Ursache für den Anstieg der Lymphozytenzahlen sind erhöhte Adrenalinwerte, die den Cardiac Output und die Scherkräfte an den Gefäßwänden erhöhen. Außerdem erhöht Adrenalin die Expression von Adhäsionsmolekülen wie Integrin und Selektin.

■ T- und B-Zellfunktion

Akute Belastung führt zu einer Aktivierung der T-Zellen nach einer Stimulation mit Mitogenen und Antigenen, wobei es zu einer erhöhten Expression von Oberflächenmarkern wie CD69, CD25, CD45RO, CD45RA und HLA-DR kommt [23]. Das vermehrte Auftreten von T-Zellen mit einer HLA-DR-Expression nach einer exzessiven Trainingseinheit scheint in einer vermehrten Freisetzung von $CD3^+HLA\text{-}DR^+$-Zellen in die Blutzirkulation zu liegen, da der Anstieg mit der beobachteten Lymphozytosis korreliert. Ein ähnlicher Anstieg wurde für $CD25^+$-Zellen festgestellt, der ebenfalls mit dem prozentuellen Anstieg der $CD3^+$-Zellen korrelierte. In diesem Zusammenhang muss auch festgehalten werden, dass es in Abhängigkeit von der Art der aktivierten TH-Zellen (TH1 oder TH2) zu einem unterschiedlich ausgeprägten Zytokinmuster kommt, nämlich zur IL-2- und TNF-α-Freisetzung bei einer Zell-meditieren Immunantwort (TH1) und der Sekretion von IL-4, IL-5, IL-6 und IL-13 bei einer humoralen Immunantwort (TH2). So führt eine hochintensive (exhaustive) Trainingseinheit zu einem Abfall von IFN-γ und IL-2 im stimulierten Vollblut [24].

Es gibt einige Studien, die eine verringerte Mitogen- und Antigen-stimulierte T-Zellen-Proliferation nach akuter Belastung dokumentieren. Auch hier scheint die Proliferation in Abhängigkeit von der Intensität und der Dauer der Belastung abzunehmen. Eine 45-minütige Belastung mit einer Intensität von 80% der VO_{2max} verringert die Proliferation eine Stunde nach Beendigung der Trainingseinheit um 50%, während eine Trainingsintensität von 50% der VO_{2max} nur zu einem 25%igen Abfall führt. Es sei darauf hingewiesen, dass die Proliferationsdaten einzelner Subzelltypen in Abhängigkeit zur relativen Verteilung der Lymphozytenpopulation stehen und Proliferationsdaten deswegen verfälscht sein können. Es kann nämlich auch deswegen zu reduzierten Proliferationsraten kommen, da nach Training offenbar die Zahl der nicht proliferationsfähigen Zellen (tote Zellen) bei der Kultivierung abnimmt und deswegen eine niedrigere Gesamtproliferationsrate messbar ist, die Proliferationsfähigkeit der einzelnen Zelle aber unbeeinflusst bleibt.

B-Zellen differenzieren nach Stimulation in Gedächtnis- und Plasmazellen. Plasmazellen befinden sich hauptsächlich in Lymphknoten und in der Mukosa und sind in der Lage, große Mengen an Immunglobulin-G- (IgG) Antikörpern gegen ein spezifisches Antigen herzustellen. Moderate körperliche Betätigung scheint keinen Einfluss auf die Plasmakonzentrationen von IgG-, IgA- und IgM-Antikörper zu haben, wohingegen intensivere Trainingsphasen (120 min Laufband bei 65% VO_{2max}) zu einem Abfall der Mitogen-stimulierten IgM-Antikörperbildung führen [25]. Prinzipiell sind die beschriebenen Veränderungen an Immunglobulinen nach Trainingseinheiten sehr unterschiedlich, was auch an der verwendeten Methodik liegen könnte, da die *in vitro* Stimulation nicht unbedingt die *in vivo* Situation repräsentieren muss. Allerdings weisen einige Studien darauf hin, dass erhöhte Immunglobulinkonzentrationen unabhängig von Veränderungen der T- und B-Lymphozytenzahlen anzusteigen scheinen.

Wie bereits in ▶ Abschn. 10.2.7 erläutert, spielt das mukosale Immunsystem eine tragende Rolle. Auch im angeborenen Immunsystem sind die Aufgaben dieses Systems nicht zu vernachlässigen und stehen in direktem Zusammenhang mit sportlicher Belastung. Eine verringerte Konzentration von sekretorischem IgA (sIgA) oder eine stark verringerte Speichelsekretion führt zu einem gehäuften Auftreten von Infektionen.

Da das mukosale Immunsystem für die Erstabwehr von Keimen so wichtig ist, ist es verständlich, dass hier eine größere Anzahl von Untersuchungen vorliegt. Sportler mit einem IgA-Defizit haben ein größeres Risiko, an respiratorischen Effekten zu erkranken [26]. Die Analyse der sekretorischen IgA-Antikörper findet im Speichel statt, was den Vorteil der Nichtinvasivität hat. Viele Studien berichten über einen Abfall der IgA-Immunoglobuline nach intensiver sportlicher Betätigung. Hier können unterschiedliche Ergebnisse mit dem unterschiedlichen Speichelfluss erklärt werden, da die Speichelsekretion unter neuraler Kontrolle liegt. Physischer oder physiologischer Stress führt zu einer Vasokonstriktion der Blutgefäße, die zu den Speicheldrüsen führen, und bedingt dadurch eine geringere Speichelsekretion. Deswegen werden die IgA-Konzentrationen oft nicht in absoluten Konzentrationen, sondern in Relation zu der Konzentration von Protein und Albumin im Speichel angegeben. Allerdings ist auch dieses Verhältnis mit Vorsicht zu beurteilen, da es bei Sport auch zu einer verringerten Proteinkonzentration im Speichel kommen kann. Deswegen scheinen die auf Albumin bezogenen Werte der Realität am nächsten zu kommen. Doch werden nicht nur die Konzentrationen von IgA im Speichel, sondern auch die IgA-Sekretionsraten zur Beurteilung herangezogen. So fand sich bei Eliteruderinnen nach einem zweistündigen Training ein Abfall der IgA-Konzentrationen um 50% und einer der IgA-Sekretion um 20%. Im Gegensatz dazu führt moderate sportliche Betätigung zu einem Anstieg der sIgA.

Ein anderes antimikrobielles Protein ist die α-Amylase, deren Sekretion und Aktivität bei erhöhter Aktivität des sympathischen Nervensystems ansteigt. Aus diesem Grund fanden einige Studien in Abhängigkeit von der Trainingsintensität einen Anstieg der α-Amylase nach körperlicher Betätigung. In ähnlicher Weise kommt es bei Training mit hoher Intensivität zu einem Anstieg von Laktoferrin und Lysozym [27].

Der molekulare Weg der Bildung und Sekretion von IgA ist noch nicht geklärt. Eine erhöhte IgA-Sekretion bedarf in Abhängigkeit vom polymeren Ig-Rezeptor- (pIgR) IgA-Komplex eine vermehrte Bildung in den Plasmazellen und eine stimulierte Transzytose durch die Epithelzellen. Da während eines Trainings die Steigerung eines Konzentrationsanstiegs von sIgA sehr rasch eintritt, ist anzunehmen, dass vor allem die Transzytose für diesen Anstieg von Bedeutung sein dürfte. Noch ungewisser ist der molekulare Mechanismus, der zu einer Abnahme der sIgA-Sekretion führt. Ergebnisse bei Ratten zeigten, dass eine längere Periode am Laufrad zu einer Abnahme ders sIgA-mRNA führt. Wie schon öfters erwähnt, sind die Veränderungen im Immunsystem unter Belastung mit einer erhöhten sympathischen Stimulation verbunden. Das trifft auch für das mukosale Immunsystem zu, wo über die Stimulierung der Achse Hypothalamus – Hypophyse – adrenerge Drüsen eine Verringerung der Transzytose bewirkt wird, die mit einer verringerten Sekretion von IgA einhergeht.

10.3.3 Zytokine

Zytokine wurden ursprünglich als Botenstoffe von Immunzellen für Immunzellen gesehen. Heute wissen wir, dass Zytokine auch von anderen Zellen als Immunzellen, nämlich von Endothelzellen, Keratinozyten der Haut, Fibroblasten, Adipozyten (Adipokine) und von den Zellen der glatten Muskulatur sezerniert werden. Die von Muskelzellen sezernierten Proteine werden als Myokine bezeichnet und es sind heute mehrere Hundert davon bekannt [28]. Myokine haben autokrine (beeinflussen die eigene Zelle), parakrine (beeinflussen benachbarte Zellen) und hormonelle (werden von einem Organ freigesetzt und beeinflussen den Stoffwechsel in einem anderen Organ) Eigenschaften und sind ein wichtiges Kommunikationsmittel zwischen Muskelzellen, Immunsystem und Stoffwechsel [29].

Die Zytokinforschung im Sport begann 1991, als festgestellt wurde, dass es nach einem Marathon zu Veränderungen des Zytokinpattern im Blut kommt [30]. Die gravierendste Veränderung im Zytokinpattern waren erhöhte IL-6-Konzentrationen, wie sie 2,5 h nach Beendigung eines intensiven Lauftrainings nachgewiesen wurden. Aber auch andere pro-inflammatorische Zytokine, wie IL-1β, TNF-α, und anti-inflammatorische wie IL-10, IL-15, IL-19, Zytokin-Inhibitoren (IL-1-Rezeptor-Antagonist, lösliche TNF-Rezeptoren) und Chemokine (IL-8, Makrophagen-inflammatorisches Protein, Monozyten-chemotaktisches Protein 1) und Colonny Stimulating Factor 1 sind nach Ausdauersport erhöht [31]. Nach einem intensiven Training werden zuerst die anti-inflammatorischen Zytokine (IL-4, IL-6, IL-10) sekretiert und erst sechs Stunden später steigen die pro-inflammatorischen Zytokine (IL-1ß, TNF-α) an, die dann bis zu 48 h erhöht bleiben [32].

Bei sportlicher Betätigung ist die gravierendste Zytokinveränderung der systemische Anstieg der IL-6-Konzentrationen in Abhängigkeit von Dauer und Intensität des Trainings. IL-6 wird vor allem von Monozyten/Makrophagen, Fibroblasten und Endothelzellen gebildet. Allerdings sezernieren auch T- und B-Zellen, Neutrophile, Eosinophile, Osteoblasten, Keratinozyten und Myozyten geringe Mengen von IL-6. Somit ergibt sich die Frage, welche Zellpopulationen für den IL-6-Anstieg nach Training verantwortlich sind. Untersuchungen von Makrophagen im Skelettmuskel zeigten, dass sportliche Tätigkeit zu keinem Anstieg der mRNA in diesem Zelltyp führt. In einem interessanten experimentellen Design wurde ein Bein einer exzentrischen Belastung ausgesetzt, wohingegen das andere Bein in Ruhestellung blieb. Bilanzmessungen über Bestimmungen der arteriovenösen Konzentrationsunterschiede von IL-6 der Beingefäße ergaben erhöhte IL-6-Freisetzungen aus dem belasteten Bein. Diese Untersuchung zeigte, dass die nach Training erhöhte IL-6-Freisetzung eine Folge der Belastung des Skelettmuskels ist. Rezente Untersuchungen zeigen, dass im Myozyten des kontrahierenden Muskels vermehrt IL-6 gebildet wird. Der Grund für die IL-6-Freisetzungen des Myozyten ist möglicherweise ein Energiedefizit der Zelle, da eine negative Korrelation mit dem Glykogengehalt des Muskels und der IL-6-Freisetzung festgestellt wurde. Das freigesetzte IL-6 dient in der Leber als Schlüsselreiz der Glukoneogenese, die eine vermehrte Versorgung des belasteten Muskels mit Glukose bewirkt. Der endgültige Beweis für diesen zuerst als Hypothese kreierten Vorgang gelang der Gruppe von Febbraio und Pedersen, die an gesunden Erwachsenen während einer Belastung am Ergometer bei 40% der VO_{2max} mittels stabiler Isotopen die Glukoseneubildung maßen und dabei gleichzeitig rekombinantes IL-6 infundierten [33]. Die Ergebnisse zeigten, dass die Gruppe mit der IL-6-Infusion ungefähr dieselbe Glukosemenge produzierte wie eine Vergleichsgruppe, die intensiver (70% der VO_{2max}) trainiert hat. Kein Unterschied fand sich in den Konzentrationen von Hormonen (Glukagon/Insulin-Verhältnis, Katecholamine, Kortison), die einen stimulierenden Einfluss auf die Glukoneogenese haben. Des Weiteren zeigte diese Studie, dass IL-6 die Lipolyse stimuliert. IL-6 hat auch eine endokrinologische Wirkung, indem es Kortison stimuliert, was möglicherweise darin begründet ist, dass IL-6 einen Effekt auf den Hypothalamus hat. Im Zytokinnetzwerk induziert IL-6 die Freisetzung von anti-inflammatorischen Zytokinen, wie IL-1ra (ein Inhibitor von IL-1) und IL-10. Interessanterweise wird IL-6 während intensiven Trainings nicht nur vom Skelettmuskel, sondern auch vom Gehirn und Fettgewebe freigesetzt, wobei hier der molekulare Vorgang noch nicht geklärt ist.

Molekulare Ereignisse, die zur IL-6-Sekretion führen, sind eine Aktivierung des Transkriptionsfaktors

NF-κB und eine Signaltransduktionskaskade zwischen dem Ca^{2+}Ca-Faktor von aktivierten T-Zellen (NFAT) und der Glykogen/p38 Mitogen-aktivierten Protein-Kaskade (MAPK). IL-6 bewirkt eine Erhöhung der Glukoseaufnahme des Skelettmuskels über eine Aktivierung der AMPK (AMP-activiated protein kinase), das wiederum eine Reihe von Genen anschaltet und den Stoffwechsel vom Verbrauch auf Erhaltung umpolt. Mäuse, bei denen die IL-6-Gene ausgeschaltet wurden (knockout mice) entwickeln eine Fettleibigkeit und eine Glukose Intoleranz. Allerdings kann eine chronisch erhöhte IL-6-Konzentration zur Hyperinsulinämie und einer verschlechterten Insulin-stimulierten Glukoseaufnahme des Skelettmuskels führen [28]. Die Analyse der mRNA-Expression in Monozyten ergab, dass außer IL-6 und IL-8 noch IL-1ß unter Trainingsbedingungen vermehrt exprimiert wird. IL-8 scheint ähnliche stimulierende Effekte auf die Glukoneogenese zu haben wie IL-6 und spielt darüber hinaus noch eine Rolle bei der Angiogenese. Über die Bedeutung der IL-1ß-Stimulation ist noch wenig bekannt. IL-15 hat eine anabole Wirkung auf den Skelettmuskel und vermindert das Fettgewebe.

10.3.4 Hitzeschockproteine, Sauerstoffmetaboliten

Training löst im Muskel eine Stressreaktion aus und führt zur Bildung Stress-abhängiger Proteine, wie den Hitzeschockproteinen (HSP) [34]. Je größer die Trainingsintensität, desto größer ist die Stimulation von HSPs. Andererseits haben trainierte Sportler höhere HSP-Basiswerte als Nichttrainierte und sind deswegen möglicherweise besser geschützt gegen externen Stress. Die Nomenklatur der HSP richtet sich nach dem Molekulargewicht. Die wichtigsten Vertreter sind HSP27, HSP70, HSP60 und HSP90. Die HSP stehen mit der Inflammation in Verbindung, da sie gegen Sauerstoffradikale schützen. Außerdem stimulieren HSP25/27 und HSP70 die Freisetzung anti-inflammatorischer Zytokine wie TNF-α, HMGB1, IL-6 und IL-1β. Die Modulierung des Zytokinpatterns bewirkt eine verringerte Expression der Adhäsionsproteine in den Gefäßwänden sowie eine geringere Einwanderung der Leukozyten und verringert dadurch die Entzündungsreaktion.

10.4 Langandauernde Trainingsperioden und Underperformance-Syndrom

Wie schon in den vergangenen Kapiteln dargestellt, stehen die immunologischen Effekte in Abhängigkeit zur Intensität der körperlichen Betätigung. Gemäßigte körperliche Tätigkeiten üben positive Effekte auf verschiedene Krankheitsbilder aus, während Überbelastungen einen negativen Einfluss auf die Gesundheit haben. Neben diesem Gesundheitseffekt ist es sportphysiologisch von Interesse, inwieweit ein Zusammenhang zwischen einer bestimmte Trainingsart, einer Schädigung des Skelettmuskels (delayed onset muscle soreness, DOMS) und einer lokalen Inflammation besteht. Die wissenschaftliche Beurteilung dieser Effekte ist allerdings mit Schwierigkeiten verbunden, da in den wissenschaftlichen Untersuchungen oft die Übungsbelastungen (Intensität, Dauer) variieren und darüber hinaus die Sportler individuell reagieren.

Findet im Rahmen eines langfristigen Aufbautrainings eine kurzfristige Periode (einige Tage oder Wochen) mit erhöhtem Trainingsumfang und/oder -intensität statt, die dann von einem reduzierten Training in Umfang und/oder Intensität abgelöst wird, so kann es zu einem erhöhten Leistungszuwachs kommen. Dieses kurzfristige Übertraining führt zu immunologischen Veränderungen mit einer unterdrückten Immunantwort sowohl des angeborenen als auch des erworbenen Immunsystems. So kommt es auch bei gut trainierten Athleten zu Veränderungen der Leukozytenfunktionen mit einem verringerten CD4/CD8-Verhältnis, einer geringeren mitogenstimulierten Lymphozytenproliferation und Antikörpersynthese und einer geringeren zytotoxischen Aktivität der NK-Zellen. Verschärfte Trainingsbedingungen im militärischen Bereich mit zusätzlicher Nahrungskarenz, Schlafentzug, extremer Hitze (oder Kälte), Reizverarmung, Alkoholabusus und negativen Emotionen verschärfen die oben angeführten Veränderungen und verringern auch signifikant die Sekretion von IgA [35].

In einer ausgeklügelten Studie untersuchten Lancester et al. das Phänomen des intensivierten Trainings auf die Immunantwort. Sie quantifizierten die Immunantwort vor und unmittelbar nach der Belastung und dann wieder nach sechs Tagen und nach zwei Wochen. Unmittelbar nach dem intensivierten Training kam es zu einem verringerten oxydativen Burst und einer verringerten Lymphozytenproliferation. Darüber hinaus waren die Anzahl der IFN-γ^+-T-Zellen und die IFN-γ-Produktion sowie die sIgA-Konzentrationen verringert. Zwei Wochen nach Ende der Regenerationsphase waren alle Werte mit Ausnahme der sIgA-Konzentrationen wieder im Normalbereich [36].

Einige Longitudinalstudien verfolgten bei Eliteathleten das Immunpattern im Laufe eines Jahres. Ein sieben Monate andauerndes intensives Training bei australischen Wettkampfschwimmern führte zu verringerten Serumkonzentrationen von IgA, IgG und IgM sowie zu einer verringerten mukosalen Sekretion von IgA. Die verringerten sIgA-Konzentrationen korrelierten signifikant mit einer erhöhten Inzidenz von Infektionen (siehe unten). Unverändert waren bei diesem langfristigen Trainingsaufbau der prozentuelle Anteil der B- und T-Zellen, jedoch war die Anzahl der NK-Zellen verringert [37]. Bei Radrennfahrern beeinträchtigte ein sechs Monate andauerndes Training einen Abfall der $CD3^+$ - und $CD4^+$-Zellen, eine verringerte IL-2-Produktion und einen verringerten oxydativen Burst der Neutrophilen. Bei Profifußballern waren die Auswirkungen einer Saison auf die Immunantwort nicht so klar wie in den beiden oben angeführten Beispielen. Interessanterweise hatten Fußballer der Premier League dann eine geringe sIgA-Konzentration, wenn sie auf der Verliererseite standen (verringertes Verhältnis von Gewinnen zu Siegen und Platzverluste in der Tabelle), also außer Form waren.

Das Übertrainings-Syndrom (overtraining syndrome, OTS) wurde als Definition jüngst modernisiert und zwar in der Form, das nicht Übertraining per se, sondern eine nicht erfolgte Leistungssteigerung durch intensives Training nach einer Regenerationsphase von zwei Wochen das Limitierende ist. So wurde aus dem OTS das UPS (underperformance syndrom), also das Syndrom, dass trotz intensiven Trainings eine Leistungsverminderung statt einer Leistungssteigerung eintritt [38].

Zu den am häufigsten auftretenden Krankheitsbildern beim UPS gehören Erkrankungen des respiratorischen Systems. Hier unterscheidet man Infektionen des oberen Respirationstraktes (upper respiratory tract infection, URTI) und Symptome des oberen Respirationstraktes (upper respiratory symptoms, URS). Das jüngst veröffentlichte Konsensuspapier hat sich intensiv mit diesen Erkrankungen auseinandergesetzt, wie sie nach hoher Belastung/Überbelastung auftreten können [1]. Ein Drittel der Erkrankungen sind Infektionen (nachgewiesener Keim), ein Drittel unspezifische Entzündungen und ein weiteres Drittel ist unbekannter Genese. Von den Infektionen ist ein kleinerer Teil bakterieller Natur, der größere Teil viralen Ursprungs, hervorgerufen durch Herpes-Viren oder Epstein-Barr-Viren [39]. Prinzipiell ergaben vergleichende Untersuchungen mit der Normalbevölkerung, dass das Auftreten von URTI oder URS bei Spitzenathleten über den Jahresdurchschnitt gerechnet gleich hoch ist wie bei der Normalbevölkerung. Diese sind allerdings dann besonders gefährdet, wenn sie hohe Trainingseinheiten bewältigen oder unmittelbar vor oder nach einem Wettkampf stehen [40, 41]. Daneben gibt es aber eine Kohorte von Ausdauerathleten, die eine höhere URS-Rate hat als die Normalbevölkerung.

Es gibt zahlreiche Untersuchungen, die erforschten, welche immunologischen Größen durch Übertraining verändert werden. Die Mehrheit der Athleten im UPS hat eine signifikant verringerte Anzahl von Leukozyten im Blut. Eine regelmäßige Kontrolle der Leukozytenanzahl ist somit ein guter Parameter, um zu überprüfen, ob das Training zu fordernd ist. Möglicherweise kommt es durch das langfristige Training zu einem Mangel der Leukozytenbildung im Knochenmark. In der Regenerationsphase nach intensivem Training steigen die Leukozyten (Neutrophilen) wieder an, wohingegen sich die Lymphozytenzahl verringert. Aus diesem Grund wurde vorgeschlagen, das Verhältnis von Neutrophilen zu Lymphozyten (N:L) als Testparameter zu verwenden. Ist dieses Verhältnis 24 Stunden nach der Belastung noch immer erhöht (normalisiert sich üblicherweise 6–9 Stunden nach Beendigung des Trainings), so könnte es als Zeichen eines Übertrainings gewertet werden. Allerdings gelang es in einer prospektiven Studie nicht, diesen Paramater dementsprechend zu validieren. Eine signifikante Korrelation zu URS ergibt sich in einer veränderten mukosalen Immunität mit verringerten Konzentrationen des sekretorischen IgA (siehe ▶ Abschn. 10.2.7 Mukosale Immunität) [41].

Eine wesentliche Rolle für das Auftreten von Infektionen/Entzündungen spielen zudem die Interleukine (siehe ▶ Abschn. 10.3.3 Zytokine). Eine inflammatorische Reaktion wird durch eine Muskelschädigung verursacht, wo es 6–48 h nach dem Training zur Einwanderung von Makrophagen und Neutrophilen in das geschädigte Gewebe kommt. Es kommt zu einem Anstieg von IL-6, das die TH2-Zellen stimuliert. Diese wiederum produzieren IL-10 und IL-4, die wiederum die TH1-Zellen unterdrücken. Die Typ-1-T-Zellen sind aber für die Abwehr von Viren verantwortlich und letztlich könnte diese Kombination von erhöhtem IL-6 und verringerter Aktivität der Typ-1-Zellen für das gehäufte Auftreten von URTI und URS sein. Eine interessante tierexperimentelle Beobachtung ergab, dass Mäuse nach einer Endotoxin-Injektion eine erhöhte Überlebensrate haben, wenn sie einem körperlichem Stimulus vor der Injektion unterzogen werden. Den nach Training erhöhten IL-6-Konzentrationen wird auch eine mögliche Rolle für das Ermüdungssystem nachgesagt, da IL-6 auch im Hirn wirksam werden kann.

Glutamin ist die häufigste freie Aminosäure im Plasma und im Skelettmuskel. Einige Studien zeigten, dass Übertraining mit verringerten Glutaminwerten in Verbindung steht, wobei sich die Normalkonzentration des Glutamins im Plasma von 600–700 µm auf 400–500 µm verringert. Die Plasmaglutaminkonzentration ist aber von der Art der Ernährung (erhöht bei Eiweißzufuhr, erniedrigt bei Kohlenhydratzufuhr) und anderen Parametern (Infektionen) abhängig und deswegen schwer zu standardisieren.

Es gibt mehrere Thesen, warum es zu einer Immundepression nach Übertraining kommt. Eine davon ist die Glutaminhypothese, die besagt, dass der Abfall von Glutamin zu einer Suppression der Lymphozytenaktivität beiträgt, da Glutamin ein wichtiger Wachstumsfaktor für die Lymphozytenproliferation ist [42]. Klarer definiert ist die Hypothese, dass es durch Übertraining zu einer Schädigung des Muskelgewebes kommt [43]. Diese Theorie hypothetisiert, dass es durch die Gewebeschädigung zu einem veränderten Zytokinpattern kommt, das zu einem erhöhten Verhältnis von TH2- zu TH1-Lymphozyten führt und die dadurch unterdrückte zelluläre Immunität für das Auftreten von Krankheitssyndromen verantwortlich ist. In ähnlicher Weise wird das Übertrainings-Fatigue-Syndrom erklärt: Übertraining bewirkt ein inflammatorisches Zytokinpattern, welches in weiterer Folge zur Ermüdung führt. Maßgeblich scheinen hier die erhöhten IL-6-Werte zu sein. In einer Studie wurde nachgewiesen, dass die Infusion von rekombinanten IL-6 zu Ermüdung, leichter Depression, einem erhöhten Herzschlag und einem verschlechterten Schlaf führt. Darüber hinaus scheint es eine erhöhte IL-6-Sensitivität bei gewissen Athleten (ähnlich wie bei dem chronischen Fatigue-Syndrom) zu geben, die bei wiederholter Belastung eine erhöhte IL-6-Wirkung auch im Gehirn bewirken und dadurch zu dem Fatigue-Syndrom führen [44].

10.5 Anti-inflammatorische Effekte körperlicher Aktivität

Wir wissen heute, dass sich ein physisch aktives Leben positiv auf die Gesundheit auswirkt. Körperlich aktive Menschen leben im Durchschnitt um fünf Jahre länger und es verringern sich die durch Krankheit gekennzeichneten Lebensjahre um 8 Jahre [45]. Körperliche Fitness ist somit ein Kofaktor bei Krankheitsbildern wie sekundärem Diabetes (Insulin-Resistenz), kardiovaskulären Erkrankungen, Arteriosklerose, Rheumatismus, Neurodegeneration, Depressionen und Tumorwachstum. Bewegungsabhängige Erkrankungen werden als „Diseasome der körperlichen Untätigkeit" bezeichnet [46]. Körperliche Tätigkeiten können diese genannten Krankheitsbilder verbessern. Somit ist es verständlich, dass die Auswirkungen von unterschiedlichen Bewegungstherapien (Trainingsmethoden) heute bei verschiedenen Erkrankungen intensiv beforscht werden. Körperliche Aktivität hat verschiedene Auswirkungen auf molekulare zelluläre Vorgänge, die im Folgenden kurz dargestellt werden.

Ein inaktiver Lebensstil (sedentary lifestyle) führt zu einer vergrößerten viszeralen Fettakkumulation, die in engem Zusammenhang mit dem Auftreten einer chronischen Entzündung steht. Körperliche Betätigung verringert die Akkumulation von Bauchfett durch einen erhöhten Grundumsatz, einen verringerten Appetit (Abfall des Ghrelins und Anstieg des Adiponektin) und eine erhöhte Freisetzung der katabolen Hormone (Katecholamine, Glukokortikoide, Wachstumshormon, Prolaktin).

In einer sehr interessanten Versuchsanordnung wurden die Auswirkungen eines aktiven mit denen eines ruhigen Lebensstils verglichen. Der Versuch wurde an jungen gesunden Männern durchgeführt. Eine Gruppe verfolgte einen normalen Lebensstil, gemessen an der täglichen Anzahl der Schritte, die bei ungefähr 10.000 liegt, währenddessen der Versuchsgruppe ein ruhender Lebensstil mit nur 1.500 Schritte pro Tag vorgeschrieben wurde. Die Versuchsperiode betraf einen Zeitraum von zwei Wochen. In der Versuchsgruppe kam es zu einem 7%igen Zuwachs an abdominalen Fett, einem 7%igen Abfall der VO_{2max}, einer Verringerung der fettfreien Masse des Skelettmuskels und einer Verschlechterung des Glukose- und des Fettstoffwechsels mit einer erhöhten Insulinresistenz [47, 48].

Ein bewegungsaktiver Lebensstil verringert das inflammatorische Potenzial und führt zu einem Abfall des C-reaktiven Proteins (CRP), ein valider Indikator einer akuten oder chronischen Entzündung. In einem jüngst erschienenen Artikel wird der Skelettmuskel als sekretorisches Organ bezeichnet [28]. Diese Sichtweise ist darin begründet, dass die Muskelzellen Botenstoffe (Myokine) sekretieren, die autokrine, parakrine und endokrine Effekte haben und dadurch auch das Immunsystem beeinflussen (siehe oben). Das Muskelsekretom besteht aus mehreren hundert Proteinen (IL-6, IL-8, IL-10, IL-15, IL-19, IL-1ra und anderen), deren Sekretion im Zusammenhang mit einer körperlicher Tätigkeit (Muskelkontraktionen) steht. Eine elegante Beweisführung, dass inflammatorische Zytokine durch körperliche Tätigkeit verringert ausgeschüttet werden, zeigt eine Untersuchung an Freiwilligen, denen eine niedrige Dosis von Endotoxin infundiert wurde. Die experimentelle Endotoxinämie bewirkte einen 2- bis 3-fachen Anstieg der zirkulierenden TNF-α-Werte. Wurde dieselbe Menge Endotoxin an Versuchspersonen nach einer 2,5-stündigen Belastung auf einem Laufrad gegeben, so fand sich kein Anstieg der inflammatorischen TNF-α-Konzentration [49]. Körperliche Betätigung senkt somit die Bildung pro-inflammatorischer Zytokine (TNF-α, IL-1) und erhöht die Bildung anti-inflammatorischer Zytokine (IL-4, IL-10). Nicht so klar ist die Rolle von IL-6, das einerseits pro-inflammatorisch wirkt, andererseits eine positive (hormonähnliche) Wirkung auf andere Organsysteme wie Leber und Pankreas hat. So erhöht eine körperliche Belastung die IL-6-Sekretion vom Muskel (bis zum hundertfachen), reduziert aber andererseits beim alten Menschen die IL-6-Bildung und stimuliert IL-10, was ebenfalls als anti-inflammatorischer Effekt gilt [50]. Im Rahmen dieser sekretorischen Wirkung des Skelettmuskels sind noch die Zytokine IL-8 und IL-15 zu nennen. IL-15 hat eine anabole Wirkung auf den Skelettmuskel und vermindert das Fettgewebe [51], wohingegen IL-8 eine Rolle bei der Angiogenese (Wachstum von Blutgefäßen) spielt [52].

Die körperliche Betätigung verbessert das Gefäßsystem durch eine Erhöhung des Scherstresses an den Gefäßwänden. Das bewirkt eine verringerte Expression des endothelialen Angiotensin II Typ 1 Rezeptors (AT1R), was wiederum zu einer verringerten Bildung von Sauerstoffradikalen sowie einer erhöhten Stickstoffmonoxid-Freisetzung führt und dadurch einer Arteriosklerose entgegenwirken könnte.

Der positive Einfluss einer körperlichen Belastung auf die Insulinresistenz könnte auf molekularem Niveau darin begründet sein, dass die verringerte TNF-α- und Resistin-Freisetzung die Adiponektin-Konzentrationen erhöht, die gemeinsam mit den erniedrigten hsCRP-Spiegeln einen positiven Einfluss auf das metabolische Syndrom haben. Andererseits stimuliert eine geringe körperliche Belastung die Insulin-Resistenz, indem Gene angeschaltet werden, die die Expression des Peroxisom Proliferator-aktivierten Rezeptor-γ Koaktivators (PGC-1α) herabsetzen [52]. Da eine körperliche Belastung eine Aktivierung von PGC-1 bewirkt [53], stellen die Peroxisom Proliferator-aktivierten Rezeptoren (PPARs), die als Transkriptionsfaktoren eine Reihe von oydativen Genen (OXPHOS) einschalten, ein Verbindungsglied von Stoffwechsel, Inflammation und Skelettmuskelaktivität dar. Ein weiteres Bindeglied zwischen körperlicher Belastung und Insulinresistenz könnte über die Sättigungshormone laufen [54].

Körperliche Belastung führt zu einer erhöhten Bildung (+ 32%) von Genen und Proteinen, die für die oxydative Phosphorylierung (OXPHOS) und eine verbesserte Mitochondrienfunktion verantwortlich sind [55, 56]. In einer rezenten Publikation wurde gezeigt, dass der molekulare Mechanismus dieser stimulierten oxydativen Phosphorylierung durch Bewegung möglicherweise über eine Freisetzung natriuretischer Peptide vom Herzen und einer Zunahme von Rezeptoren für natriuretische Peptide im Muskel läuft [56]. Die natriuretischen Peptide stimulieren verschiedene PPARs, die in weiterer Folge oxidativ wirkende Gene einschalten und die Fettoxidation erhöhen.

Sehr rezent wurde gezeigt, dass Bewegung die Autophagie stimuliert [57]. Die Autophagie, ein lysosomaler Abbauweg, ist verantwortlich dafür, dass Zellabfälle, die sich aus falsch zusammengesetzten Proteinen oder Zellbestandteilen zusammensetzen, abgebaut werden und für Neusynthesen wieder zur Verfügung stehen [58]. Die Autophagie ist somit ein wirksamer Prozess, die Funktion von Organen (Herz, Leber, Skelettmuskel) zu erhalten, und hat auch eine wichtige Rolle als therapeutisches Prinzip bei Karzinomerkrankungen. Die Autophagie wird stimuliert durch Fasten, oxydativen Stress und, wie jüngste Forschungsergebnisse zeigten, auch durch körperliche Betätigung. Im Skelettmuskel werden durch die Autophagie Bestandteile der Mitochondrien abgeräumt und erhöhen dadurch die Vitalität der Muskelzellen.

Zusammenfassend stimulieren körperliche Belastungen eine Reihe von molekularen Prozessen, die sich günstig bei Krankheiten, denen eine chronische Inflammation zugrunde liegt, auswirken.

10.6 Erkrankungen und körperliche Inaktivität

Die körperliche Untätigkeit erhöht das Risiko einer Typ-2-Diabetes-Erkrankung, einer kardiovaskulären Erkrankung, an Kolon- und Brustkrebs zu erkranken sowie unter Demenz und Depression zu leiden. Dieser Cluster der Erkrankungen wurde jüngst als Diseasome zusammengefasst. Die chronische Inflammation kann als übergreifender Mechanismus für diese Erkrankungen angesehen werden. Wie schon erwähnt, verringert eine körperliche Betätigung diese Inflammation. Es gibt eine Reihe von klinischen Untersuchungen, die in kontrollierten Studien unterschiedliche Trainingsmöglichkeiten bei dem Diseasome, der körperlichen Untätigkeit, untersucht haben. Es kann im Rahmen dieses Artikels nicht auf all diese Untersuchungen eingegangen werden, sodass hier nur zusammenfassend auf die wichtigsten Studien bei einigen dieser Krankheitsbilder verwiesen wird. Ausführlich wird dieses Thema in einer jüngst erschienene Übersichten zu diesem Thema behandelt [50].

10.6.1 Diabetes

Diabetes ist eine chronische Stoffwechselerkrankung mit epidemiologischem Ausmaß, deren Inzidenz steigend ist. Die inflammatorische Komponente scheint in der Genese eine wesentliche Rolle zu spielen. Mit Diabetes sind eine Reihe von Folge- oder Begleiterkrankungen vergesellschaftet, wie kardiovaskuläre Erkrankungen, Retinopathie, Nierenerkrankungen und Gefäßerkrankungen bis zur Amputation. Wir unterscheiden den primären (angeborenen) vom sekundären Diabetes. Letzterer steht in Relation zum Lebensstil. Zu den Risikofaktoren, an sekundären Diabetes zu erkranken, gehören körperliche Untätigkeit und Adipositas. Aus diesem Grund ist es klar, dass eine erhöhte körperliche Aktivität eine wichtige präventive Maßnahme gegen sekundären Diabetes ist [59]. Körperliche Aktivitäten haben positive Stoffwechseleinflüsse, indem sie die Insulin-Sensitivität erhöhen, das glykolysierte Hämoglobin (HbA1c) erniedrigen und die Sauerstoffverwertung verbessern. Obwohl klare Vorteile einer erhöhten physikalischen Aktivität bei diabetischen Patienten vorliegen, sind die genauen molekularen Mechanismen, die diese Verbesserung bewirken, noch nicht ganz aufgeklärt. Die wichtigsten mechanistischen Vorstellungen betreffen eine Reduzierung des oxydativen Stresses und eine Verringerung der chronischen Inflammation.

Während keinerlei Zweifel besteht, dass eine erhöhte Aktivität zur Diabetesprävention beiträgt, sind die Ergebnisse über den Effekt von unterschiedlichen körperlichen Belastungen auf Risikofaktoren bei bestehendem Diabetes noch nicht gesichert. In einer jüngst in Italien durchgeführten Studie wurden die Auswirkungen eines hoch intensivem gegenüber einem niedrig intensivem aeroben Training bzw. eines Krafttrainings auf die kardiovaskulären Risikofaktoren von sekundärem Diabetes untersucht [60]. In dieser Studie wurde keine Verbesserung der kardiovaskulären Risikofaktoren gefunden. Andererseits zeigte eine Reihe von Studien Verbesserungen zellulärer Systeme bei Typ-1-Diabetes durch kontrollierte körperliche Tätigkeit an, wobei allerdings auch darauf hingewiesen werden muss, dass die körperliche Tätigkeit einer engmaschigen Kontrolle bedarf, da es zu Schwankungen im Blutzuckerspiegel kommen kann [61].

10.6.2 Karzinome

Karzinompatienten haben eine Reihe immunologischer Veränderungen in ihrem Krankheitsverlauf, von denen die inflammatorische Komponente wesentlich zu sein scheint. Eine Verbesserung des Lebensstils mit erhöhter körperlicher Aktivität ist auch für Karzinompatienten von Vorteil (siehe ▶ Kap. 15 Körperliche Aktivität in der Prävention und Rehabilitation von onkologischen Erkrankungen). Da Karzinompatienten zu dem Diseasome der körperlichen Untätigkeit gehören, sei hier darauf hingewiesen, dass bei Karzinompatienten eine erhöhte körperliche Aktivität sowohl während als auch nach chemotherapeutischer Behandlung die kardiorespiratorische Fitness erhöht [62]. Allerdings wird kritisiert, dass die Studien nicht einheitlich in Bezug auf Größe und Art der körperlichen Tätigkeit validiert sind. Die Ergebnisse sind am besten für Brustkrebs, wo ein gemäßigtes Training eine Verbesserung der Prognose und der Lebensqualität bringt [63]. Ein protektiver Effekt wurde auch bei Kolonkarzinom festgestellt [64]. Eine erhöhte körperliche Aktivität kann möglicherweise auch das Risiko bei Lungen-, Pankreas- und Prostatakrebs verringern.

10.6.3 Rheumatologische und respiratorische Erkrankungen

Anti-inflammatorische Effekte einer erhöhten körperlichen Aktivität wurden bei Patienten mit Autoimmunarthritis, bei Patienten mit chronisch obstruktiven Lungenerkrankungen (COPD) und bei Asthma festgestellt. Bei diesen Patienten wurde durch die körperliche Aktivität ein Konzentrationsabfall von CRP und IL-6 festgestellt [65].

10.6.4 Intensivpatienten

Bei kritisch erkrankten Patienten kommt es zu einem Anstieg der pro-inflammatorischen Zytokine. Darüber hinaus haben Intensivpatienten einen erhöhten Eiweißkatabolismus und deswegen exorbitante Gewichts- und Skelettmuskelverluste im Laufe ihrer Erkrankung. Neben der katabolen Stoffwechselsituation (erhöhte katabole Hormone und pro-inflammatorische Zytokine) bewirkt auch die Sedierung der Patienten eine Myopathie. Ernährungsinterventionen vermindern zwar diesen Eiweißabbau, brachten letztlich aber nicht die erwarteten Ergebnisse. Deswegen gibt es nun eine Reihe von Interventionen, die speziell auf eine Erhöhung der körperlichen Aktivität im Rahmen des akuten Geschehens oder in der Rehabilitationsphase hinarbeiten. In der Tat zeigen verschiedene Studien, dass eine frühe intensive physikalische Therapie den Aufenthalt an der Intensivstation und im Krankenhaus verkürzen kann [66].

10.6.5 Alter

Im Alter kommt es zu einer geringfügigen chronischen Inflammation, charakterisiert durch eine zwei- bis vierfache Erhöhung der systemischen IL-6- und TNF-α-Konzentrationen und einen Anstieg von CRP und Serum Amyolid A, auch in Abwesenheit einer chronischen Erkrankung. Während im Alter die Immunantwort auf einen Infekt relativ normal abläuft, scheint die Terminierung dieser Immunantwort eingeschränkt zu sein. Möglicherweise hat diese leichte chronische Inflammation auch darin ihren Sinn, um für etwaige Effekte rasch gewappnet zu sein. Deswegen sind neben einer Reihe von pharmakologischen Zugängen (Statine, ACE-Inhibitoren, nichtsterodiale anti-inflammatorische Medikamente) heute auch Lebensstil-Interventionen von Bedeutung. Hier sind es neben der Ernährung vor allem die körperliche Aktivität, die einer chronischen Inflammation entgegenwirken kann [1]. In der Tat zeigen die meisten Studien, dass es auch im Alter durch eine erhöhte körperliche Aktivität zu einem Abfall von CRP, IL-6 und TNF-α kommt.

Literatur

[1] Walsh NP et al. (2011) Position statement. Part one: Immune function and exercise. Exerc Immunol Rev. 17: p. 6–63

[2] Gleeson M (2007) Immune function in sport and exercise. J Appl Physiol. 103(2): p. 693–9

[3] Nieman DC (2000) Exercise immunology: future directions for research related to athletes, nutrition, and the elderly. Int J Sports Med. 21 Suppl 1: p. S61–8

[4] Weineck J (ed.) (2009) Optimales Training: Leistungsphysiologische Trainingslehre unter besonderer Berücksichtigung des Kinder- und Jugendtrainings. Vol. 16. Auflage. 1098

[5] Bruunsgaard H et al. (2003) Elevated levels of tumor necrosis factor alpha and mortality in centenarians. Am J Med. 115(4): p. 278–83

[6] Garcia Lizana F (2012) European innovation partnership on active and healthy aging: moving from policy to action. Gac Sanit

[7] Moreira A et al. (2009) Does exercise increase the risk of upper respiratory tract infections? Br Med Bull. 90: p. 111–31

[8] Iwata M, Ota KT, Duman RS (2012) The inflammasome: Pathways linking psychological stress, depression, and systemic illnesses. Brain Behav Immun

[9] Murphy KM, Travers P, Walport M (2009) Janeway Immunologie. Heidelberg. 1063

[10] Schütt CB, Bröker B (2009) Grundwissen Immunologie. 279

[11] Gleeson M et al. (2011) Daily probiotic's (Lactobacillus casei Shirota) reduction of infection incidence in athletes. Int J Sport Nutr Exerc Metab. 21(1): p. 55–64

[12] Strowig T et al. (2012) Inflammasomes in health and disease. Nature. 481(7381): p. 278–86

13 Luttmann W, Bratke K, Kupper M, Myrtek D (2009) Der Experimentator Immunologie. Spektrum Akademischer Verlag; 3. Aufl. p. 324

[14] Gimenez M et al. (1986) Leukocyte, lymphocyte and platelet response to dynamic exercise. Duration or intensity effect? Eur J Appl Physiol Occup Physiol. 55(5): p. 465–70

[15] Nieman DC et al. (1998) Effects of mode and carbohydrate on the granulocyte and monocyte response to intensive, prolonged exercise. J Appl Physiol. 84(4): p. 1252–9

[16] Weineck J (ed.) (2010) Sportbiologie. Vol. 10. überarbeitete Auflage. Balingen: Spitta. 1141

[17] Gabriel HH, Kindermann W (1998) Adhesion molecules during immune response to exercise. Can J Physiol Pharmacol. 76(5): p. 512–23

[18] Gabriel HH, Urhausen A, Kindermann W (1991) Circulating leucocyte and lymphocyte subpopulations before and after intensive endurance exercise to exhaustion. Eur J Appl Physiol Occup Physiol. 63(6): p. 449–57

[19] Blannin AK et al. (1996) Effects of submaximal cycling and long-term endurance training on neutrophil phagocytic activity in middle aged men. Br J Sports Med. 30(2): p. 125–9

[20] Li TL, Cheng PY (2007) Alterations of immunoendocrine responses during the recovery period after acute prolonged cycling. Eur J Appl Physiol. 101(5): p. 539–46

[21] Chinda D et al. (2003) A competitive marathon race decreases neutrophil functions in athletes. Luminescence. 18(6): p. 324–9

[22] Lancaster GI et al. (2005) The physiological regulation of toll-like receptor expression and function in humans. J Physiol. 563 (Pt 3): p. 945–55

[23] Nieman DC et al. (1994) Effect of high- versus moderate-intensity exercise on lymphocyte subpopulations and proliferative response. Int J Sports Med. 15(4): p. 199–206

[24] Haahr PM et al. (1991) Effect of physical exercise on in vitro production of interleukin 1, interleukin 6, tumour necrosis factor-alpha, interleukin 2 and interferon-gamma. Int J Sports Med. 12(2): p. 223–7

[25] Nehlsen-Cannarella SL et al. (1991) The effects of acute moderate exercise on lymphocyte function and serum immunoglobulin levels. Int J Sports Med. 12(4): p. 391–8

[26] Pyne D.B et al. (2001) Mucosal immunity, respiratory illness, and competitive performance in elite swimmers. Med Sci Sports Exerc. 33(3): p. 348–53

[27] West NP et al. (2010) The effect of exercise on innate mucosal immunity. Br J Sports Med. 44(4): p. 227–31

[28] Pedersen BK (2011) Muscles and their myokines. J Exp Biol, 2011. 214(Pt 2): p. 337–46

[29] Pillon NJ et al. (2013) Cross-talk between skeletal muscle and immune cells: muscle-derived mediators and metabolic implications. Am J Physiol Endocrinol Metab. 304(5): p. E453–65

[30] Northoff H, Berg A (1991) Immunologic mediators as parameters of the reaction to strenuous exercise. Int J Sports Med. 12 Suppl 1: p. S9–15

[31] Ostrowski K et al. (2001) Chemokines are elevated in plasma after strenuous exercise in humans. Eur J Appl Physiol. 84(3): p. 244–5

[32] Ostapiuk-Karolczuk J et al. (2012) Cytokines and cellular inflammatory sequence in non-athletes after prolonged exercise. J Sports Med Phys Fitness. 52(5): p. 563–8

[33] Pedersen BK, Febbraio MA (2008) Muscle as an endocrine organ: focus on muscle-derived interleukin-6. Physiol Rev. 88(4): p. 1379–406

[34] Noble EG, Shen GX (2012) Impact of exercise and metabolic disorders on heat shock proteins and vascular inflammation. Autoimmune Dis. 2012: p. 836519

[35] Carins J, Booth C (2002) Salivary immunoglobulin-A as a marker of stress during strenuous physical training. Aviat Space Environ Med. 73(12): p. 1203–7

[36] Lancaster GI et al. (2004) Effects of acute exhaustive exercise and chronic exercise training on type 1 and type 2 T lymphocytes. Exerc Immunol Rev. 10: p. 91–106

[37] Gleeson M et al. (1995) The effect on immunity of long-term intensive training in elite swimmers. Clin Exp Immunol. 102(1): p. 210–6

[38] Budgett R et al. (2000) Redefining the overtraining syndrome as the unexplained underperformance syndrome. Br J Sports Med. 34(1): p. 67–8

[39] Cox AJ et al. (2008) Clinical and laboratory evaluation of upper respiratory symptoms in elite athletes. Clin J Sport Med. 18(5): p. 438–45

[40] Matthews CE et al. (2002) Moderate to vigorous physical activity and risk of upper-respiratory tract infection. Med Sci Sports Exerc. 34(8): p. 1242–8

[41] Nieman DC et al. (2006) Relationship between salivary IgA secretion and upper respiratory tract infection following a 160-km race. J Sports Med Phys Fitness. 46(1): p. 158–62

[42] Newsholme EA (1994) Biochemical mechanisms to explain immunosuppression in well-trained and overtrained athletes. Int J Sports Med. 15 Suppl 3: p. S142–7

[43] Lakier Smith L (2003) Overtraining, excessive exercise, and altered immunity: is this a T helper-1 versus T helper-2 lymphocyte response? Sports Med. 33(5): p. 347–64

[44] Steinacker JM et al. (2005) Thyroid hormones, cytokines, physical training and metabolic control. Horm Metab Res. 37(9): p. 538–4

[45] Bronnum-Hansen H et al. (2007) Impact of selected risk factors on expected lifetime without long-standing, limiting illness in Denmark. Prev Med. 45(1): p. 49–53

[46] Pedersen BK (2009) The diseasome of physical inactivity – and the role of myokines in muscle-fat cross talk. J Physiol. 587(Pt 23): p. 5559–68

[47] Olsen RH et al. (2008) Metabolic responses to reduced daily steps in healthy nonexercising men. JAMA. 299(11): p. 1261–3

[48] Krogh-Madsen R et al. (2010) A 2-wk reduction of ambulatory activity attenuates peripheral insulin sensitivity. J Appl Physiol. 108(5): p. 1034–40

[49] Starkie R et al. (2003) Exercise and IL-6 infusion inhibit endotoxin-induced TNF-alpha production in humans. FASEB J. 17(8): p. 884–6

[50] Ertek S, Cicero A (2012) Impact of physical activity on inflammation: effects on cardiovascular disease risk and other inflammatory conditions. Arch Med Sci. 8(5): p. 794–804

[51] Quinn LS et al. (2009) Oversecretion of interleukin-15 from skeletal muscle reduces adiposity. Am J Physiol Endocrinol Metab. 296(1): p. E191–202

[52] Alibegovic AC et al. (2010) Insulin resistance induced by physical inactivity is associated with multiple transcriptional changes in skeletal muscle in young men. Am J Physiol Endocrinol Metab. 299(5): p. E752–63

[53] Alvarez-Guardia D et al. (2011) PPARbeta/delta activation blocks lipid-induced inflammatory pathways in mouse heart and human cardiac cells. Biochim Biophys Acta. 1811(2): p. 59–67

[54] Balagopal PB et al. (2010) Changes in circulating satiety hormones in obese children: a randomized controlled physical activity-based intervention study. Obesity (Silver Spring). 18(9): p. 1747–53

[55] Menshikova EV et al. (2005) Effects of weight loss and physical activity on skeletal muscle mitochondrial function in obesity. Am J Physiol Endocrinol Metab. 288(4): p. E818–25

[56] Engeli S et al. (2012) Natriuretic peptides enhance the oxidative capacity of human skeletal muscle. J Clin Invest. 122(12): p. 4675–9

[57] He C et al. (2012) Exercise-induced BCL2-regulated autophagy is required for muscle glucose homeostasis. Nature. 481(7382): p. 511–5

[58] Rambold AS, Lippincott-Schwartz J (2011) Mechanisms of mitochondria and autophagy crosstalk. Cell Cycle. 10(23): p. 4032–8

[59] Golbidi S, Mesdaghinia A, Laher I (2012) Exercise in the metabolic syndrome. Oxid Med Cell Longev. p. 349710

[60] Pugliese G et al. (2009) Self glucose monitoring and physical exercise in diabetes. Diabetes Metab Res Rev. 25 Suppl 1: p. S11–7

[61] Stehno-Bittel L (2008) Intricacies of fat. Phys Ther. 88(11): p. 1265–78

[62] Wolin KY et al. (2012) Implementing the exercise guidelines for cancer survivors. J Support Oncol. 10(5): p. 171–7

[63] Zopf EM, Baumann FT, Pfeifer K (2013) Physical Activity and Exercise Recommendations for Cancer Patients during Rehabilitation. Rehabilitation (Stuttg)

[64] Halle M, Schoenberg MH (2009) Physical activity in the prevention and treatment of colorectal carcinoma. Dtsch Arztebl Int. 106(44): p. 722–7

[65] Moy ML et al. (2013) Daily Step Count is Associated with Plasma CRP and IL-6 in a US Cohort with COPD. Chest

[66] Poulsen JB (2012) Impaired physical function, loss of muscle mass and assessment of biomechanical properties in critical ill patients. Dan Med J. 59(11): p. B4544

[67] Schultz G (1893) Experimentelle Untersuchungen über das Vorkommen und die diagnostische Bedeutung der Leukocytose (experimental research on the antecedents and diagnostic importance of leukocytosis). Dtsche Arch Klin Med. 51: p. 234–81

Spezielle Aspekte

Kapitel 11 **Anpassung an Ausdauertraining – 291**
Hans Hoppeler

Kapitel 12 **Anpassung an Krafttraining – 305**
Henning Wackerhage, Stefan Oesen, Marlene Hofmann, Harald Tschan

Kapitel 13 **Stoffwechselprinzipien der Ernährung – 319**
Petra Stuparits, Erich Roth, Karl-Heinz Wagner

Kapitel 14 **Einfluss des Alters – 357**
Barbara Wessner, Erich Roth, Marlene Hofmann, Norbert Bachl

Kapitel 15 **Körperliche Aktivität in der Prävention und Rehabilitation von onkologischen Erkrankungen – 373**
Eva-Maria Strasser, Michael Quittan

Kapitel 16 **Körperliche Aktivität, Sport, Genetik und kardiovaskuläre Erkrankungen – 391**
Herbert Löllgen, Ruth Löllgen, Norbert Bachl

Kapitel 17 **Genetik der Leistungsfähigkeit und Trainierbarkeit – 419**
Katharina Blume, Yannis Pitsiladis, Guan Wang, Bernd Wolfarth

Kapitel 18 **Epigenetik und körperliche Aktivität – 447**
Gerda Katschinka, Barbara Wessner

Verschiedene Formen des Trainings bewirken unterschiedliche Anpassungen in den einzelnen physiologischen Systemen. Darüber hinaus bestimmen Einflussfaktoren wie **Alter, Ernährung, Gesundheitszustand, genetische (Risiko-) Faktoren** und **Lebensstil** diese Anpassungskaskade, die von dem Belastungsreiz ihren Ausgang nimmt. Abschnitt III umfasst die speziellen Aspekte dieser Einflussfaktoren auf molekularer Basis und betrachtet (patho-)physiologische Auswirkungen auf das menschliche System.

Zu Beginn dieses Abschnitts stehen die klassischen Belastungsformen der **Kraft** und **Ausdauer** und ihre spezifischen molekularen Anpassungsmechanismen. Dabei wird speziell auf die bisher bekannten molekularen Mechanismen eingegangen, einzelne Signalwege genauer betrachtet und aufgezeigt, welche physiologischen Systeme dadurch beeinflusst werden. In dem darauf folgenden Kapitel werden der Einfluss der Ernährung im leistungsphysiologischen Zusammenhang analysiert und praktische Hinweise präsentiert.

Darüber hinaus wird in diesem Anschnitt auf spezielle Aspekte von pathologischen Prozessen eingegangen. ► Kap. 13 beschäftigt sich vorerst mit dem physiologischen Prozess des Alterns und den dadurch ausgelösten pathologischen Prozessen sowie die Auswirkungen der veränderten körperlichen Leistungsfähigkeit. Die Prävention und Rehabilitation von onkologischen Erkrankungen durch körperliche Aktivität wird in ► Kap. 14 abgehandelt, wobei wiederum Rehabilitation durch Kraft und Ausdauer im Vordergrund steht. ► Kap. 15 analysiert genetische Risikofaktoren in kardiovaskulären Erkrankungen und Bindegewebe, präsentiert mögliche genetische Untersuchungen und eine eventuelle Risikoabschätzung.

Die Epigenetik im speziellen Hinblick auf die Veränderungen durch körperliche Aktivität bildet den Abschluss dieses Buches. Das Kapitel stellt unter anderem auch einen Ausblick der Bedeutung von Epigenetik im Zusammenhang mit Sport vor.

Anpassung an Ausdauertraining

Hans Hoppeler

11.1 Einleitung – systemphysiologischer Überblick – 292

11.2 Mitochondrien in Muskelzellen – 294
11.2.1 Strukturelle und funktionelle Anpassung – 294
11.2.2 Molekulare Mechanismen der mitochondrialen Anpassungsfähigkeit – 295

11.3 Mikrozirkulation und Makrozirkulation – 298
11.3.1 Mikrozirkulation – 298
11.3.2 Makrozirkulation – 299

11.4 Hämoglobingehalt – 300
11.4.1 Akute Veränderungen des Hämoglobingehaltes – 300
11.4.2 Chronische Veränderungen des Hämoglobingehaltes bei Ausdauerleistungen in der Höhe – 300

11.5 Herz – 301

11.6 Lunge – 302

Literatur – 303

N. Bachl, H. Löllgen, H. Tschan, H. Wackerhage, B. Wessner (Hrsg.),
Molekulare Sport- und Leistungsphysiologie,
https://doi.org/10.1007/978-3-7091-1591-6_11

Eine Ausdauerleistung beansprucht bestimmte molekulare und in weiterer Folge auch physiologische Systeme. In diesem Kapitel soll geklärt werden, welche Anpassungsmechanismen bei einer Ausdauerleistung in Gang gesetzt werden. Dabei sind die Mitochondrien die Hauptakteure in diesem speziellen Leistungsbereich. Welche molekularen Kapazitäten diese aufweisen, welche Anpassungsmechanismen stattfinden, sowie die Auswirkungen auf physiologische Systeme wie Blutkreislauf, Herz und Lunge werden in diesem Kapitel behandelt. Darüber hinaus wird auf die spezielle Beanspruchung in extremer Höhe und deren leistungsphysiologische Anpassung genauer eingegangen.

11.1 Einleitung – systemphysiologischer Überblick

Als Ausdauerleistungen werden Leistungen bezeichnet, welche über eine längere Zeit, mindestens Minuten, erbracht werden. Die dabei erbrachten mechanischen Leistungen sind relativ niedrig, typischerweise weniger als ein Fünftel der Leistung, welche für Sprints im Sekundenbereich zur Verfügung stehen. Ein untrainierter 30-jähriger Mann von 75 kg Gewicht sollte eine maximale Leistung von etwa 200 Watt auf einem Fahrradergometer über 30 Minuten erbringen können. Seine Sprintfähigkeit über 10 Sekunden beträgt aber über 1000 Watt. Damit steht für die Dauerleistung nicht das maximale Drehmoment, das die Muskeln kurzfristig entwickeln können, im Vordergrund, sondern die Versorgung mit Energie, welche über den aeroben Metabolismus bereitgestellt werden kann.

Aerober Metabolismus für Dauerleistung findet in den Mitochondrien der aktivierten Skelettmuskulatur statt (▪ Abb. 11.1). Dabei werden Kohlenhydrate und Fette als hauptsächliche Substrate verwendet. Unter Verbrauch von Sauerstoff werden diese via Krebszyklus und oxidativer Phosphorylierung vollständig zu Wasser (H_2O) und Kohlendioxid (CO_2) metabolisiert. Das entstehende Wasser findet Eingang in den interstitiellen Raum und letztlich in die Zirkulation. Dieses Wasser kann vor allem für die Wärmeregulation verwendet werden. Die Bereitstellung von mechanischer Leistung in der Muskulatur hat eine Effizienz von lediglich etwa 20%. Dies bedeutet, dass für die in der Muskelzelle bereitgestellte mechanische Energie, in unserem Beispiel 200 Watt, nicht weniger als 800 Watt Abwärme anfallen. Dies stellt eine massive thermische Belastung des Organismus dar, welcher darauf mit Schwitzen reagiert. Aus stöchiometrischen Gründen ist die Menge des aufgenommenen Sauerstoffs und die

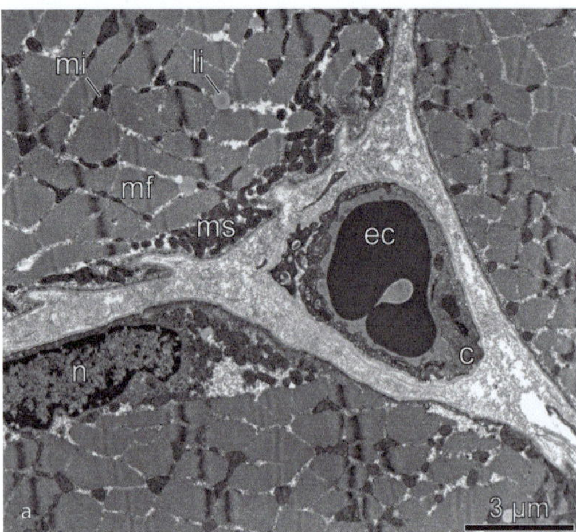

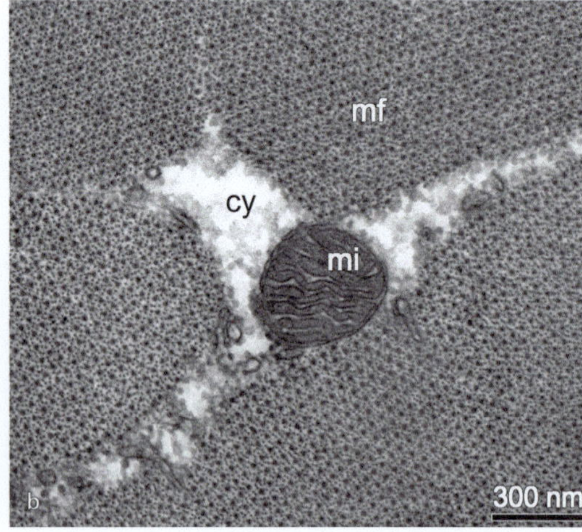

▪ **Abb. 11.1a,b** Querschnitte menschlicher Skelettmuskulatur bei schwacher und starker elektronenoptischer Vergrößerung: zentrale Mitochondrien (mi), subsarkolemmale Mitochondrien (ms), Kapillaren (c), Fetttröpfchen (li), Erythrozyt (ec), Zellkern (n), Myofibrillen (mf), Zytoplasma (cy).

Menge des abgegebenen Kohlendioxids für die Metabolisierung von Kohlenhydraten genau gleich groß (Respirationsquotient = Menge O_2 aufgenommen/ Menge CO_2 abgegeben).

Leistung kann sowohl in Watt (Joule/sec) als auch in mlO_2/min ausgedrückt werden, nämlich 1 Watt = 2,99 mlO_2/min [1]. Für eine Leistung von 200 Watt am Fahrradergometer müssen deswegen nicht weniger als 3000 mlO_2/min von der Umgebungsluft in die Skelettmuskulatur transportiert werden. Diese zirka 3000 mlO_2 sind in mehr als 100 l Ventilationsvolumen enthalten, welche durch unsere Atemmuskulatur jede Minute in die Alveolen der Lunge gebracht werden müssen. In der Lunge findet der Gasaustausch statt; die frische Luft bringt Sauerstoff mit und transportiert bei der Exspiration das im Metabolismus entstandene Kohlendioxid ab. In den Alveolenwänden wird dann das von der Pulmonalarterie stammende weitgehend entsättigte Blut (venös) wieder mit Sauerstoff beladen. Es handelt sich dabei um einen Diffusionsschritt.

Über die Pulmonalvenen gelangt das arterialisierte Blut in den linken Vorhof und in den linken Ventrikel und wird über die Aorta im ganzen Körper verteilt. Es handelt sich dabei um einen Konvektionsvorgang, wobei die transportierte Sauerstoffmenge einerseits vom Herzminutenvolumen (Herzfrequenz × Schlagvolumen) abhängt und anderseits vom Erythrozytengehalt (Hämoglobingehalt) des Blutes. Wichtig ist dabei festzuhalten, dass bei einer maximalen aeroben Belastung (VO_{2max}) nicht weniger als 95% des gesamten aufgenommenen Sauerstoffs in der arbeitenden Skelettmuskulatur verbraucht werden. Die Verteilung des Herzminutenvolumens geschieht primär über die großen Gefäße, welche ihrerseits die kleineren Arterien und Arteriolen der eingesetzten Muskeln versorgen.

In der Muskulatur besteht ein enges Netz von Kapillaren, welche in Ruhe nur periodisch versorgt werden. Diese Kapillaren sind in mikrovaskulären Einheiten organisiert, in denen die Kapillaren vom arteriellen Zufluss bis zum venösen Abfluss etwa 1 mm parallel zu den Muskelfasern verlaufen. Bei gedehnten Muskeln verlaufen die Kapillaren gestreckt, bei kontrahiertem Muskel tritt eine Schlängelung auf. Die Aufenthaltszeit der Erythrozyten im Kapillarbett beträgt beim Menschen unter Belastung etwa 0,5 sec [2]. In diesem Zeitraum muss der diffusive Transfer von Sauerstoff in die Muskelzelle, letztlich zu den Muskelzellmitochondrien, stattfinden.

Zusammenfassend kann man sagen, dass der Transfer des Sauerstoffs in die Mitochondrien zwei konvektive und zwei diffusive Schritte beinhaltet. Konvektiv ist der Transport des Sauerstoffs in der Luft in den Luftwegen sowie in den Erythrozyten in der Blutbahn. Diffusiv ist der Übertritt des Sauerstoffs in die Kapillaren der Lunge sowie von den Muskelkapillaren in die Muskelzellen. Der Sauerstofffluss geschieht gesamthaft gesehen entlang eines abnehmenden Sauerstoffpartialdruckes. Besonders günstig erscheint in diesem Zusammenhang der Umstand, dass der Sauerstoffpartialdruck in den Mitochondrien auf 0 abfällt, da in den Mitochondrien eine Metabolisierung stattfindet und der Sauerstoff nicht mehr als molekularer Sauerstoff in Erscheinung tritt. Dies gestattet es dem Organismus, den gesamten in der Umwelt vorhandenen Sauerstoffpartialdruck auszunutzen. Wie erwähnt, erfolgt der Sauerstofffluss im Organismus entlang einer Partialdruckkaskade von der Umwelt zu den Muskelmitochondrien. Dabei kann nur Sauerstoff fließen, wenn die Mitochondrien tatsächlich aktiv sind und Sauerstoff verbrauchen. Der Sauerstoffbedarf des Organismus wird also durch die Aktivität der Mitochondrien gegeben, alle anderen Schritte der Sauerstoffkaskade dienen der Sauerstoffversorgung.

In einem Leistungstest nimmt der Sauerstoffverbrauch mit zunehmender Belastung zu und erreicht schließlich ein Maximum (VO_{2max}). VO_{2max} ist eine Charakteristik der gesamten Sauerstoffkaskade inklusive der Mitochondrien. VO_{2max} ist eine reproduzierbar messbare physiologische Größe, welche bei Individuen über längere Zeit konstant bleibt [3]. VO_{2max} nimmt einerseits systematisch mit zunehmendem Alter ab [4] und kann anderseits in jedem Alter durch Dauerleistungstraining erhöht werden. Über einen Trainingszeitraum von zwei Monaten kann bei optimalem Training und bei vorher untrainierten Personen ein Zuwachs von VO_{2max} um 10 bis 15% erwartet werden [1]. Es ist davon auszugehen, dass die gesamte Trainierbarkeit von VO_{2max} bei 30 bis 40% liegen mag; dazu gibt es allerdings keine guten Längsschnittdaten.

Die Frage der Limitierung von VO_{2max} hat die Leistungsphysiologen über Jahre stark beschäftigt.

Die dominierende Vorstellung, immer noch vertreten in verschiedenen Lehrbüchern, war lange Zeit, dass VO_{2max} durch das Herz limitiert werde – und dass die Peripherie (Muskulatur) über exzessive oxidative Kapazität verfüge [5]. Die grundsätzliche Anlage der Sauerstoffkaskade von der Umwelt zu den Skelettmuskelmitochondrien verlangt aber einen Partialdruckgradienten für jeden einzelnen Schritt der Kaskade. Damit besteht aber notwendigerweise auch ein gewisser (unterschiedlicher) Widerstand auf dem Niveau jeden einzelnen Schrittes. Das heißt, jeder Schritt der Sauerstoffkaskade trägt einen Teil zum Gesamtwiderstand bei [6], [7]. Beim Menschen, bei VO_{2max}, in Normoxie ist es allerdings so, dass ein Großteil des fraktionellen Widerstands im Herzen zu finden ist. Das Konundrum der exzessiven peripheren oxidativen Kapazität beim Menschen lässt sich darauf zurückführen, dass der Mensch, als Zweibeiner, in der Lage ist, VO_{2max} mit einem kleinen Anteil der gesamten Skelettmuskelmasse zu erreichen. Dies ist für vierbeinige Säuger nicht möglich [8].

Die Trainierbarkeit der VO_{2max} ruft natürlich nach einer Erklärung. Man kann sich fragen, auf welche Weise eine solche Anpassung stattfinden kann. Verändert sich nur ein Einzelschritt der Sauerstoffkaskade – oder verändern sich alle Schritte? Dabei ist die Fragestellung eigentlich eine zweifache: Vorerst ist deskriptiv festzuhalten, ob und allenfalls in welchem Umfang ein Einzelschritt der Sauerstoffkaskade durch eine Trainingsintervention verändert werden kann. In einem zweiten Schritt stellt sich dann die Frage nach den Mechanismen der festgestellten Veränderung. Welches sind die physiologischen Reize, die eine Trainingsanpassung hervorrufen, und welche molekularen Mechanismen führen zu den zu beobachteten funktionellen, respektive strukturellen Konsequenzen, welche der Anpassung zugrunde liegen?

Das vorliegende Kapitel versucht in diesem Sinne Umfang und Mechanismen der Trainingsanpassungen im Dauerleistungsbereich für jeden Schritt der Sauerstoffkaskade aufzuzeigen. Ich beginne dabei in der Peripherie, also bei den Muskelmitochondrien, und behandle anschließend die stromaufwärts liegenden Schritte der Sauerstoffkaskade. Da die Aufklärung der molekularen Mechanismen dieser Anpassungsvorgänge im Moment in vollem Gange ist, kann der vorliegende Text nichts anderes als eine Zeitaufnahme darstellen.

11.2 Mitochondrien in Muskelzellen

11.2.1 Strukturelle und funktionelle Anpassung

Die Skelettmuskulatur reagiert außerordentlich rasch auf einen adäquaten Trainingsreiz. Typischerweise nimmt der Mitochondriengehalt im vastus lateralis, Oberschenkelstrecker, bei untrainierten Versuchspersonen bei einem intensiven Dauerleistungstraining auf dem Fahrradergometer von 6 Wochen (5 × 30 min Training an der anaeroben Schwelle pro Woche) um über 30% zu [1]. Dies stellt eine enorme Syntheseleistung der Skelettmuskelfasern dar. Müssen doch über 1000 verschiedene nuklear und mitochondrial kodierte Proteine in koordinierter Weise synthetisiert werden. Im gleichen Umfang, wie der Mitochondriengehalt der Muskulatur zunimmt, nimmt auch die mechanische Leistung zu, die die Versuchspersonen im Dauerleistungsbereich (30 min) erbringen können. Interessant ist dabei festzustellen, dass, bei Umrechnung von Watt in mlO_2/min (siehe oben), der beobachtete Gewinn an VO_{2max} ziemlich genau dem Gewinn an mechanischer Leistung entspricht, wenn man berücksichtigt, dass die Effizienz des Radfahrens etwa 20% beträgt. Anders ausgedrückt heißt das, dass es eine enge Übereinstimmung von VO_{2max} -Zunahme, Zunahme an mechanischer Leistung und Zunahme an Mitochondriengehalt gibt.

Die Daten aus allometrischen Versuchen, in denen die gewichtsspezifische VO_{2max} nicht durch Training, sondern durch Körpergrößenunterschiede (Vergleich Maus vs. Elefant) sowie im Vergleich athletischer und nicht-athletischer Tiere derselben Größe (Pferd vs. Rind oder Hund vs. Ziege) zustande kommen, zeigen, dass für alle Säugetiere der mitochondriale Sauerstoffverbrauch bei VO_{2max} derselbe ist (5 mlO_2/min für einen ml Mitochondrien; [9]). Dies bedeutet, dass eine Steigerung der VO_{2max} durch Training mit einer Biogenese von Mitochondrien einhergehen muss.

11.2.2 Molekulare Mechanismen der mitochondrialen Anpassungsfähigkeit

Bei jeder körperlichen Belastung im Rahmen eines Trainings wirken eine ganze Reihe von Stressoren auf das gesamte System, speziell aber auf die Skelettmuskulatur. Man kann als hauptsächliche Stressoren für die Muskelzelle im Rahmen eines Trainings die mechanische Belastung, die Veränderung des hormonellen Milieus, die neuronale Aktivierung und die metabole Störung identifizieren [10]. Je nach Dauer und Intensität des Trainings sind diese Grundstressoren in unterschiedlichem Umfange aktiv. Während im Dauerleistungstraining eher eine lang andauernde metabole Störung im Vordergrund steht, ist für das Krafttraining der mechanische Reiz von größter Wichtigkeit.

Die Frage, die sich damit stellt, ist, wie die genannten Stressoren zu einer Vermehrung des mitochondrialen Gehalts (und damit letztlich des Proteingehalts) der Muskelzelle um 30% in sechs Wochen führen können. Wenn wir davon ausgehen, dass der Proteinabbau in einer Dauerleistungssituation eher zu- als abnimmt, muss eine vermehrte Syntheseleistung der Muskelzelle angenommen werden. Grundsätzlich könnte dies durch eine Vermehrung der Genexpression (trankriptionelle Aufregulierung) oder durch eine Vermehrung der ribosomalen Syntheseleistung (translationelle Aufregulierung) zustande kommen.

Eine ganze Reihe von Hinweisen zeigt, dass bei Dauerleistungstraining die Erhöhung der Transkription zur Vermehrung der Mitochondrien führt. Die grundlegende Arbeit dazu stammt von Henrietta Pilegaard [11]. Pilegaard konnte eine Zunahme der Transkription einer Reihe von muskelrelevanten Genen mit Maximum eine Stunde nach einem Dauerleistungstraining zeigen. Diese Steigerung der Transkription war etwas später gefolgt von einem Anstieg der jeweiligen mRNA (Botennukleinsäure). Diese Versuche waren der direkte Beweis einer transkriptionellen Aufregulierung in Zusammenhang mit Dauerleistungstraining.

Es gilt heute als gesichert, dass für die mitochondriale Biogenese im Rahmen von Dauerleistungstraining die transkriptionelle Hochregulierung von entscheidender Bedeutung ist. Diese transkriptionelle Hochregulierung führt dazu, dass wir für viele Muskeltranskripte mRNA-Spiegel haben, welche in Proportion zum gemessenen Mitochondriengehalt stehen [12]. Dieser Befund impliziert auch, dass sich bei Trainingsstopp der mRNA-Gehalt der Muskelzellen wieder „normalisiert" und damit letztlich die strukturellen Trainingsanpassungen wieder verschwinden. Dies ist in Übereinstimmung mit der persönlichen Erfahrung und mit der vorhandenen Literatur zum Detraining [13].

Es gibt eine ganze Reihe von Signalkaskaden, welche unter Dauerleistungstrainingsbedingungen aktiviert werden und welche zu einer mitochondrialen Biogenese führen. Diese werden in der Folge einzeln besprochen. Interessant ist, dass alle diese Signalwege auf PGC-1α (peroxisome proliferator-activated receptor gamma coactivator 1 α; ein nukleärer Rezeptor-Koregulator) konvergieren. PGC-1α seinerseits ist der gemeinsame Aktivator und Koordinator der mitochondrialen Biogenese und wird weiter unten ausführlicher besprochen. Eine detailliert referenzierte Zusammenfassung der molekularen Signalwege der Trainingsanpassungen für Dauerleistung wurde kürzlich veröffentlicht ([14], ◘ Abb. 11.2).

▪ Energiestatus und AMPK-Signalweg

AMPK ist eine serine/threonine Kinase, welche aus drei Untereinheiten zusammengesetzt ist. AMPK wird durch Bindung von AMP aktiviert, wobei der ATP/AMP-Quotient der Muskelzelle einen guten Indikator für die Aktivierung von AMPK darstellt. Aktiviertes AMPK fördert energiebereitstellende Prozesse wie Glukoseaufnahme und Lipidoxidation. Gleichzeitig interferiert AMPK mit energieverbrauchenden Prozessen, speziell mit der Protein- und der Lipidsynthese. Der Energiestatus der Muskelzelle ist ein wichtiger Indikator für die Intensität des Dauerleistungstrainings. AMPK ist somit, mindestens beim Menschen, einer der wichtigsten Schaltstellen für mitochondriale Anpassungen. Das AMPK-System steht mit den unten besprochenen Kalzium-abhängigen Signalkaskaden in Verbindung und ist dabei auch an der Regulation der Substratselektion der arbeitenden Muskulatur beteiligt [15].

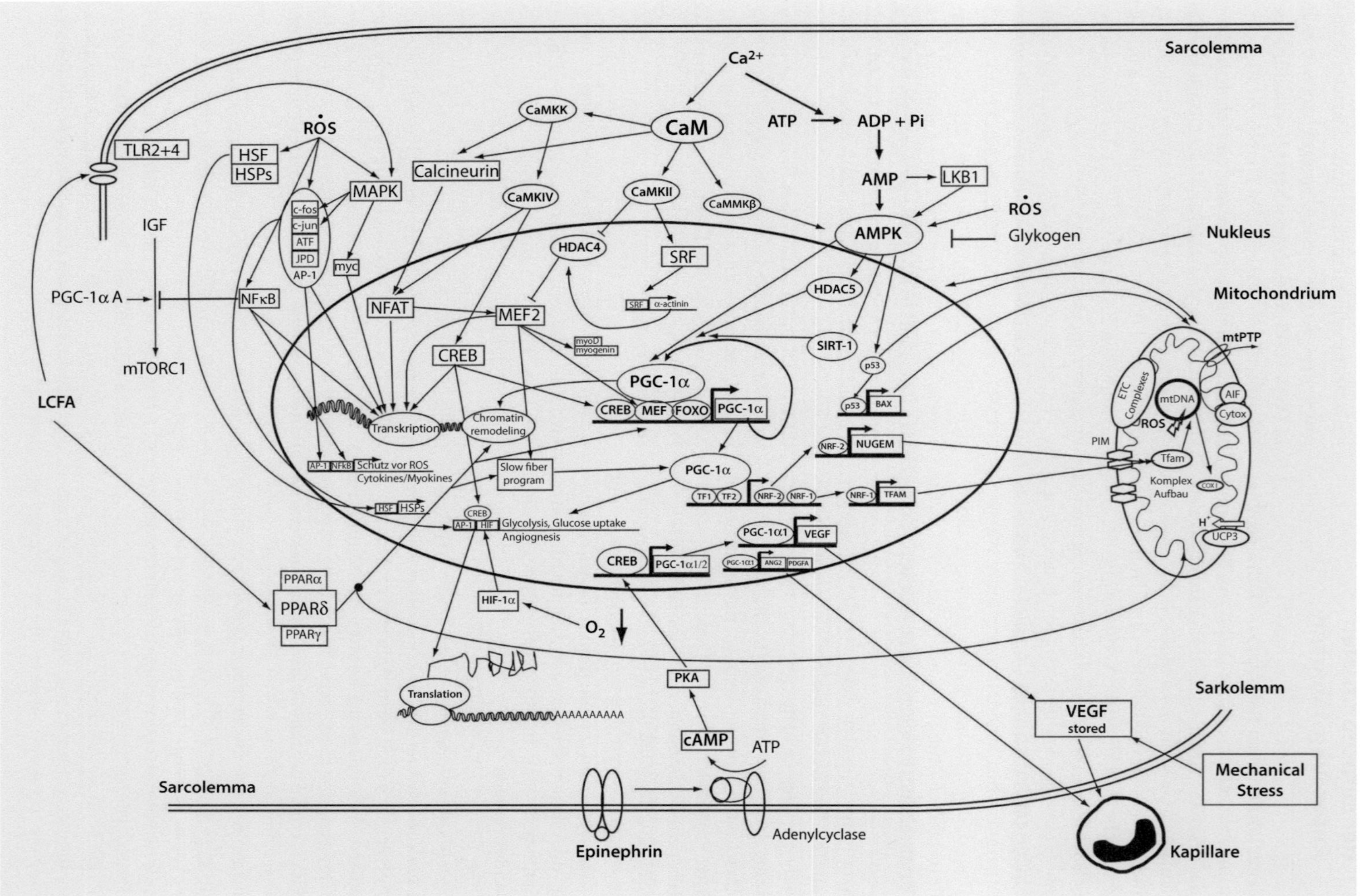

Abb. 11.2 Übersicht über die wichtigsten Signalwege der Muskelzelle, welche bei Dauerleistungstraining aktiviert werden ([14], mit freundlicher Genehmigung).

Kalzium-abhängige Signalwege

Die Aktivierung der Kontraktion in der Muskelzelle wird durch Kalziumfreisetzung aus dem sarkoplasmatischen Retikulum bewerkstelligt. Es überrascht deswegen nicht, dass der mit der Muskelaktivierung einhergehende Kalziumanstieg in der Muskelzelle als Signalweg genutzt wird [16]. Der Kalziumanstieg in der Muskelzelle wird initial durch Calmodulin erfasst. Calmodulin erfährt dabei eine Konformationsänderung, welche für die Aktivierung verschiedener CaMK (Ca^{2+} – calmodulin-dependent protein kinases) notwendig ist. Zusätzlich erfährt Calmodulin auch eine Translokation in den Kern und kann Calcineurin aktivieren. Über die CaMKII kann eine Kodierung der Ca^{2+}-Konzentrationsfluktuationen in der Muskelzelle stattfinden. Eine Aktivierung der CaMKII bewirkt überdies eine Phosphorylierung von Klasse-II-HDACs (Histone Deacetylasen), welche in der Aktivierung eines Programms zur Förderung der Genexpression des langsamen Fasertyps (Typ I) eine Rolle spielen. Damit findet auch der Fasertypenshift bei Kreuzinnervierungsexperimenten eine Erklärung. Die Aktivierung einer anderen Isoform einer Calmodulin-abhängigen Proteinkinase, CaMKIV, wird mit der Aktivierung von PGC-1α in Zusammenhang gebracht und spielt damit vermutlich für die mitochondriale Biogenese eine besondere Rolle. Calmodulin-aktiviertes Calcineurin scheint eine Reihe von Funktionen in der Myogenese und in der Aktivierung von Satellitenzellen wahrzunehmen.

ROS und Redox-Signalwege

ROS (reactive oxygen species) sind eine Reihe von kurzlebigen, extrem reaktiven, geladenen Sauerstoffderivaten wie $O_2^{\cdot-}$ (Superoxid Anion), H_2O_2 (Wasserstoffperoxyd) und $ONOO^-$ (Peroxynitrit). Generell wurden die ROS als Protein-denaturierende Substanzen als schädlich eingestuft. Antioxidantien, enthalten in vielen Sportgetränken, können ROS abfangen und sollen deswegen die schädliche Wirkung dieser, während körperlicher Arbeit vermehrt auftretenden, Oxidantien verhindern oder vermindern. Diese Ansicht ist in Frage gestellt, da erkannt wurde, dass die an die Mitochondrientätigkeit gebundene ROS-Produktion auch wichtige genregulatorische Funktionen erfüllt. Besonders sind die ROS verantwortlich für die zelluläre Produktion von Stressproteinen und von Enzymen, welche die Muskelzelle vor Oxidation schützen. ROS scheinen Redox-sensitive Systeme an verschiedenen Stellen der Muskelzelle zu beeinflussen, wobei gezeigt wurde, dass eine ganze Reihe von Transkriptionsfaktoren aktiviert werden können. Speziell soll auch PGC-1α Redox-sensitive aktiviert werden. Zusätzlich wird den ROS eine Rolle bei der Freisetzung von Zytokinen und Myokinen zugeschrieben. Die Rolle von Antioxidantien in Sportlergetränken wird damit in Frage gestellt und es gibt Hinweise darauf, dass Antioxidantien trainingsinduzierte Adaptationen verhindern können [17].

HIF-1 (hypoxia inducible factor 1)

Es ist seit langem bekannt, dass während intensiver Arbeit der Sauerstoffpartialdruck in der Muskulatur sehr stark abfallen kann. Diese lokale Hypoxie wurde generell als ein wichtiger, wenn nicht der wichtigste, Anpassungsreiz an Dauerleistungstraining angesehen. Dies ist ein Grund, warum zur Verbesserung des Dauerleistungsvermögens immer wieder verschiedene Formen von Höhentraining diskutiert wurden. Hypoxie wirkt über den Transkriptionsfaktor HIF-1, welcher von Semenza [18] beschrieben wurde. HIF-1 ist ein „Mastergen", welches in der Lage ist, eine große Anzahl von Genen, welche der Sauerstoffhomöstase dienen, zu ko-regulieren. HIF-1 ist an der Regulation der Genexpression von Erythropietin und von VEGF (vascular endothelial growth factor) beteiligt. Zusätzlich fördert HIF-1 Glukoseaufnahme und Glukosemetabolismus sowie generell die Glykolyse. Auch PGC-1α gehört zu den Zielen des HIF-1 Systems. Die Rolle von Hypoxie im Training wird heute differenziert gesehen. Das HIF-System ist nur einer von vielen im Dauerleistungstraining aktivierten Signalwege; es kann die Trainingsantwort zwar modulieren, ist aber nicht allein dafür verantwortlich. Die Rolle von HIF in der Angiogenese ist komplex und viele Frage bleiben offen [19].

Substratmetabolismus und das PPAR-System (peroxysome proliferator-activated receptor)

Beim PPAR-System handelt es sich um eine Familie von Transkriptionsfaktoren, welche in der Regulation des Lipidmetabolismus und der Entzündung eine Rolle spielen. Diese Transkriptionsfaktoren sind unter anderem an der Verschiebung des Substratmetabolismus in Richtung vermehrte Fettoxidation beim Dauerleistungstraining beteiligt. Monomere PPAR können freie Fettsäuren binden und erkennen, nach Translokation in den Kern, spezifische DNA-Bindungsstellen vieler Gene, deren Proteine am Lipid- oder am Kohlenhydratmetabolismus beteiligt sind. PPAR sind verantwortlich für die Erkennung von intrazellulären freien Fettsäuren. Es gibt drei Typen von PPAR mit überlappenden biologischen Eigenschaften, PPARα, PPARβ/δ, und PPARγ, wobei in der Skelettmuskulatur PPARβ/δ am wichtigsten zu sein scheint. PPARβ/δ fördert eine Reihe von Enzymen, welche für die Aufnahme, den Transport und die Oxidation von Fetten in der Muskulatur verantwortlich sind. Generell regelt PPARβ/δ die Substratselektion in der Muskulatur während der Arbeit, aber auch beim Fasten. Zusätzlich scheint PPARβ/δ PGC-1α und das Typ-I-Faserprogramm zu fördern. Neben der Bedeutung der PPAR für den Substratmetabolismus wird auch eine Beteiligung an der Angiogenese diskutiert [20].

Der nukleare Rezeptor-Koregulator, PGC-1α

Klassischerweise wurden Transkriptionsfaktoren als wichtigste Regulatoren der Genexpression gesehen. Heute ist klar, dass Koregulatoren nukleärer Rezeptoren (z. B. PGC-1α) als „Masterregulatoren" eine Schlüsselrolle in der Koordination der Genregulation spielen. Sie sind in der Lage, multiple Transkriptionsfaktoren funktionell zu integrieren. Sie können damit biologische Programme ausführen, wie zum Beispiel die genregulatorische Antwort auf einen Trainingsreiz. Dazu ist es notwendig, die Genexpression von hunderten von Genen simultan zu koordinieren. Diese Koregulatoren werden als essentielle Teile des epigenetischen Systems gesehen, welche den Phänotyp auf dynamische Weise festlegen. Dabei spielt PGC-1α die Rolle eines Masterregulators der mitochondrialen Biogenese. PGC-1α bindet und aktiviert sehr viele Transkriptionsfaktoren und bildet eine Plattform für Proteine, welche die Zugänglichkeit der DNA regulieren. Auch die Koordination des nuklearen sowie des mitochondrialen Genoms scheint von PGC-1α bewerkstelligt zu werden. Neben der grundlegenden Bedeutung von PGC-1α für die mitochondriale Biogenese gibt es auch Hinweise für eine Beteiligung von PGC-1α an der Bereitstellung der muskulären anitioxidativen Antwort und an Entzündungsvorgängen [21].

Insgesamt gesehen ist die mitochondriale Biogenese ein komplexes regulatorisches Geschehen, in dem verschiedene Signalwege zusammenwirken und auf PGC-1 konvergieren. Beim Menschen scheinen das AMPK-Signal und die Kalzium-abhängigen Kaskaden die dominanten Einflussvariablen für die Dauerleistungsanpassungen auf mitochondrialem Niveau zu sein. Die Bücher sind aber noch lange nicht geschlossen und wir sind von einem transparenten und kompletten Verständnis der molekularen Anpassungsvorgänge noch weit entfernt.

11.3 Mikrozirkulation und Makrozirkulation

11.3.1 Mikrozirkulation

Das Ziel der besprochenen mitochondrialen Anpassungen im Dauerleistungstraining besteht in einer verbesserten Energiebereitstellung aus aeroben Quellen für die Muskelkontraktion. Größere Mengen an Mitochondrien sind in der Lage, eine größere Menge ATP zu regenerieren, und zwar durch kompletten Abbau der Substrate Kohlenhydrate und Fett sowie in kleinerem Umfang allenfalls auch Aminosäuren. Dazu ist in entsprechend stöchiometrischen Mengen Sauerstoff notwendig. Es ist daher leicht einzusehen, dass eine Vermehrung der Mitochondrien mit einer Vermehrung des Sauerstoffangebots an die Peripherie einhergehen muss. Wir stellen auch deskriptiv fest, dass ein Dauerleistungstraining auch zu einer Vermehrung der kapillären Versorgung der Muskelfasern führt – und zwar nahezu im Umfang der Zunahme der Mitochondrien-Volumina [1].

Für die Vermehrung der Kapillaren (Angiogenese) sind grundsätzlich zwei Mechanismen beschrieben worden: einerseits kapilläre Sprossung und anderseits Intussuszeption [22] [23] [24]. Bei der kapillären Sprossung findet ein Auswachsen der Endothelzellen unter Auflösung der kapillären Basalmembran statt. Es kommt zur Bildung einer Kapillarsprosse. Diese Form des Wachstums findet vor allem statt, wenn die Muskulatur aktiv ist (also wenn Kapillaren auf Zug belastet werden) und wenn VEGF (vascular endothelial growth factor) erhöht ist. Wir haben bei der Mitochondriogenese gesehen, dass VEGF bei lokaler oder systemischer

Hypoxie erhöht ist und dass dabei HIF-1 eine Rolle spielt. Intussuszeption bezeichnet eine Erweiterung des Kapillarbetts durch Unterteilung vorbestehender Kapillaren. Dieser Modus der Gefäßvermehrung scheint dann ausgelöst zu werden, wenn die Endothelzellen bei einer vermehrten Durchblutung unter einer erhöhten Scherbeanspruchung stehen [23]. Es ist davon auszugehen, dass beide Arten der Kapillarvermehrung bei Dauerleistungstraining eine Rolle spielen.

VEGF (sowie vermutlich AMPK) spielt bei der Angiogenese eine Schlüsselrolle. VEGF wird dabei in der Skelettmuskulatur produziert und vermehrt die Proliferation und Migration von Endothelzellen. Dies ist eine notwendige Voraussetzung für kapilläre Sprossung. Zusätzlich erhöht aber VEGF auch die kapilläre Permeabilität und begünstigt die Hyperämie-abhängige Vasodilatation. In diesem Sinne schafft VEGF auch für die Intussuszeption günstige Voraussetzungen. Die Erweiterung des muskulären Kapillarbettes ist aber abhängig von vielen zusätzlichen Faktoren, zum Beispiel Angiopoietine und PDGF (platelet derived growth factor). Diese Faktoren müssen an der richtigen Stelle und in der richtigen zeitlichen Abfolge vorhanden sein, damit ein funktionell stabiles Gefäßbett resultiert [25].

Chinsomboon et al. [26] haben in eleganten Experimenten mit muskelspezifischen knock-outs von PGC-1α darauf hingewiesen, dass β-adrenerge Signalwege spezielle Formen von PGC-1α, nämlich PGC-1α2 und PGC-1α3, induzieren können. Dabei kommt es zu einer β-adrenergen, aber VEGF-unabhängigen Angiogenese. Ein ähnliches Phänomen wird nicht nur in der Muskulatur, sondern auch im braunen Fett beobachtet. Auch dort ist eine β-adrenerg gesteuerte und von HIF unabhängige Angiogenese nachgewiesen worden [27].

Es ist zur Zeit schwierig abzuschätzen, welche Bedeutung VEGF, HIF und β-adrenerge Stimulation für das Kapillarwachstum im Dauerleistungstraining haben. Ebenfalls ist unklar, in welchem Umfang Kapillarsprossung und Intussuszeption zur beobachteten mikrovaskulären Erweiterung beitragen. Sicher ist, dass die Erweiterung des Kapillarbetts der Vergrößerung des Mitochondrienvolumens zeitlich vorangeht [28], dass aber die kapillären Veränderungen vom Umfang her kleiner bleiben als die mitochondrialen Veränderungen.

11.3.2 Makrozirkulation

Bei der Zunahme des Kapillarbetts um bis zu 30% als Folge von Dauerleistungstraining im Rahmen von zwei Monaten erstaunt es nicht, dass auch das Gefäßbett der zuführenden arteriellen Gefäße den Bedürfnissen der Peripherie angepasst werden muss [29]. Leider sind unsere Kenntnisse zu den Veränderungen der großen Blutgefäße und der Widerstandsgefäße mit Dauerleistungs- oder Krafttraining zurzeit noch beschränkt. Es gibt zwar einzelne Querschnittsstudien und verschiedene Trainingsinterventionen, aber es gibt noch keinen Konsens, weder zum Umfang der funktionellen, noch zur Bedeutung der strukturellen Veränderungen.

In einer Trainingsinterventionsstudie (n = 8; 8 Wochen Radfahren; Alter: 70 Jahre) konnte gezeigt werden, dass der maximale Blutfluss in der Femoralarterie signifikant erhöht war und in derselben Arterie auch Durchmesser und Ruhefluss größer geworden waren [30]. An der Brachialarterie und an der Karotis konnten in dieser Studie keine Veränderungen festgestellt werden. In einer Querschnittsstudie bei über 50 trainierten und untrainierten 47-Jährigen wurde bei den Trainierten ein um 7% signifikant größerer Ruhedurchmesser der Arteria femoralis communis gefunden, bei gleichzeitig über 20% geringerer Wandstärke [31]. Dieselben Autoren berichten auch über ähnliche Veränderungen bei einer 3-monatigen Trainingsintervention (hauptsächlich Gehen) bei 50-Jährigen. In der Querschnitts- sowie in der Trainingsinterventionsstudie waren der Ruheblutfluss der Femoralarterie und sowie deren Scherbelastung gleich groß, während die tangentiale Wandbelastung bei den Trainierten um rund 30% größer war.

Thijssen et al. [32] stellten fest, dass die Verdickung der Intima und Media (IMT) sowohl der herznahen Gefäße als auch der peripheren Arterien das dominante klinische Problem bei Gefäßerkrankungen darstellt und prognostisch ungünstig ist. Lorenz et al. [33] konnten in einer Metaanalyse zeigen, dass eine Vergrößerung der IMT der Aorta um lediglich 0,1 mm mit einem Anstieg des Schlaganfallrisikos um 18% und des Herzschlagrisikos um 15% verbunden ist. Auch der Wandverdickung der peripheren Arterien, sowohl der Arteria femoralis als auch der Arteria brachialis, kommen prognostische Bedeutung zu.

Es gibt eine ganze Reihe epidemiologischer Studien [32], die zeigen, dass es einen negativen Zusammenhang zwischen der Wandstärke der Karotis und der selbst rapportierten physischen Aktivität und objektiven Fitnessparametern gibt. Allerdings zeigen auch langfristige Interventionsstudien an größeren Populationen, dass sich die Wandstärke der Karotis nicht reduzieren lässt, sondern, dass bestenfalls ein Sistieren der Progredienz der Verdickung erreicht werden kann [34]. Im Gegensatz zur Karotis lassen sich die Wandstärke und der Durchmesser peripherer Arterien (also der Widerstandsgefäße) durch Dauerleistungstraining (und Krafttraining) günstig beeinflussen [32]. Als relevante mechanistische Ursachen für Wandstärkenveränderungen von Arterien werden lokale sowie systemische Scherkräfte, arterieller Druck und Druckveränderungen, Gefäßtonus, sympathischer Tonus, oxidativer Stress und Entzündung diskutiert [32]. Die Bedeutung dieser potenziellen Stressoren – und zwar im positiven wie im negativen Sinne – wird aber im Moment kontrovers diskutiert.

Insgesamt kann als gesichert angenommen werden, dass aerobes Training den Durchmesser von Arterien vergrößert und deren Wandstärke verringert und zwar sowohl bei Gesunden als auch bei Patienten mit kardiovaskulären Risikofaktoren. Dabei scheinen periphere Arterien auf Training besser anzusprechen als die herznahen Gefäße, speziell die Karotis. Diese arteriellen Veränderungen scheinen einen Teil des kardioprotektiven Effekts des Trainings auszumachen. Zu Art und Umfang des Trainings kann zurzeit keine Aussage gemacht werden und die Mechanismen, welche die beobachteten Veränderungen bewirken, sind in ihrer Bedeutung im Moment wenig verstanden.

11.4 Hämoglobingehalt

11.4.1 Akute Veränderungen des Hämoglobingehaltes

Der Hämoglobingehalt des Blutes hat einen unmittelbaren und wichtigen Einfluss auf den Sauerstofftransport in die Peripherie, da der Hämoglobingehalt bei gegebenem Herzminutenvolumen die Menge des transportierbaren Sauerstoffs bestimmt. Dieser Sachverhalt stellt letztlich die Grundlage für die Beeinflussung der aeroben Leistungsfähigkeit durch Dopingmaßnahmen wie zum Beispiel die Anwendung von Erythropoietin oder die Verabreichung von Eigenbluttransfusionen, wie im Radsport und in andern Dauerleistungssportarten üblich. Dabei wird versucht, den Hämatokriten möglichst nahe an die erlaubte Grenze von 50% zu bringen. Bei Überschreiten dieser Grenze wird der Sportler gesperrt. Die Überschreitung der 50%-Grenze an und für sich stellt noch kein Dopingvergehen dar. Dazu muss die Doping-Intervention, also EPO-Verabreichung oder Bluttransfusion, direkt nachgewiesen werden.

Der Umfang der Leistungsverbesserung mit akuter Manipulation des Hämoglobingehalts ist bedeutend. Wir konnten nachweisen, dass die Verabreichung von zwei Konserven Eigenblut die Leistungsfähigkeit über Nacht um mehr als 7% verbesserte [35], [36]. In dieser Studie führte die Retransfusion von 450 ml autologem Blut zu einer Erhöhung des Hämoglobingehaltes von 4%. VO_{2max} war ebenfalls um 4% signifikant erhöht, ohne dass dabei das maximale Herzminutenvolumen, das Schlagvolumen oder die maximale Herzfrequenz verändert gewesen wäre. Die beobachtete Leistungsverbesserung bei einer relativ kleinen Erhöhung des Hämoglobingehalts deutet darauf hin, dass Manipulationen des Hämoglobingehalts einen massiven Wettbewerbsvorteil bei Dauerleistungswettkämpfen ausmacht. Für den Sauerstofftransport am wichtigsten scheint der totale Hämoglobingehalt des Körpers, tHb-mass, oder auch das totale Volumen der Erythrozyten, (RCM = red cell mass) zu sein [37]. Diese Autoren belegen, dass eine Veränderung der tHb-mass um 1 g Hämoglobingehalt die VO_{2max} um 3–4 ml/min verändert.

11.4.2 Chronische Veränderungen des Hämoglobingehaltes bei Ausdauerleistungen in der Höhe

Wie im oberen Abschnitt festgehalten, erscheint der totale Hämoglobingehalt (tHb-mass) als eine wichtige Determinante der VO_{2max} (wobei tHb-mass = Hämoglobinkonzentration × Blutvolumen). Dauerleistungstraining vergrößert das Blutvolumen und den Gesamthämoglobingehalt des Blutes [38].

Dauerleistungsathleten haben ein Blutvolumen, das im Schnitt 40–50% höher ist als das Blutvolumen von Untrainierten oder von alpinen Skiathleten. Auch zeigen Längsschnittstudien, dass sich das Blutvolumen entsprechend der Trainingsintervention verändert [39]. Die Hämoglobinkonzentration wird durch Dauerleistungstraining wenig verändert. Dauerleistungsathleten haben höhere Blutvolumina bei ähnlicher Hämoglobinkonzentration wie Untrainierte. Dies führt dazu, dass bei Dauerleistungstrainierten tHb-mass in etwa demselben Umfang wie das Blutvolumen erhöht ist.

Im Gegensatz zum Dauerleistungstraining führt Höhenexposition zu einem Anstieg der Hämoglobinkonzentration. Dabei hat die Höhenexposition selbst keinen (oder allenfalls einen negativen) Einfluss auf das Blutvolumen. Das Blutvolumen kann allerdings auch in der Höhe durch Training beeinflusst werden. Dauerleistungstrainierte, welche in der Höhe leben, haben damit sowohl erhöhte Hämatokritkonzentrationen als auch erhöhte Blutvolumina, also die günstigsten natürlichen Voraussetzungen zum Erreichen einer hohen VO_{2max}.

Dopingpraktiken sind, wie bereits erwähnt, effektive Mittel, um, kombiniert mit Training, massive Veränderungen der tHb-mass zu erreichen. Schmidt u. Prommer [38] zeigen, dass tHb-mass durch Anwendung von rekombinantem Erythropoietin um bis zu 8% und mit Transfusionen um bis zu 15% erhöht werden kann. Man kann damit davon ausgehen, dass entsprechendes Doping Leistungsverbesserungen um bis zu 30% ermöglicht.

11.5 Herz

Wir haben das Herz, genauer gesagt das Herzminutenvolumen, als wichtigste Determinante in der Sauerstofftransportkette beim Menschen in Normoxie und bei Betätigung von großen Muskelmassen kennengelernt [6]. Das Herzminutenvolumen ist das Produkt aus Herzfrequenz und Schlagvolumen. Es ist die Erfahrung eines jeden Athleten, dass die maximale Herzfrequenz mit Dauerleistungstraining unverändert bleibt. Eine trainingsinduzierte Zunahme des Herzminutenvolumens setzt deswegen eine Zunahme des Schlagvolumens voraus. Es soll dabei nicht unerwähnt bleiben, dass die altersbedingte Abnahme der VO_{2max} im Wesentlichen durch die altersbedingte Abnahme der maximalen Herzfrequenz bedingt ist und durch Dauerleistungstraining nicht günstig beeinflusst werden kann [40].

Die Frage stellt sich deswegen, auf welche Weise Dauerleistungsathleten höhere Schlagvolumina erreichen können [41]. Dabei muss berücksichtigt werden, dass das endsystolische Volumen bei Athleten nie kleiner ist als das endsystolische Volumen bei Nicht-Athleten. Daraus folgt unmittelbar, dass das größere Schlagvolumen von Athleten zwingenderweise aufgrund eines größeren enddiastolischen Volumens zustande kommen muss. Levine et al. [42] konnten zeigen, dass Dauerleistungsathleten sowohl eine größere statische als auch eine größere dynamische Dehnbarkeit des linken Ventrikels haben als Untrainierte. Dies führt zu größeren absoluten und relativen Veränderungen des enddiastolischen Volumens bei gegebenem Füllungsdruck. Das Ruheschlagvolumen der Athleten war in dieser Studie 46% größer als das Ruheschlagvolumen der Untrainierten.

Es gibt zusätzliche Faktoren, welche zum großen Schlagvolumen der Herzen von Dauerleistungsathleten beitragen. Dazu gehört einerseits ein besonders dehnbares Perikard und anderseits eine rasche diastolische Relaxation mit einer diastolischen Saugwirkung des Ventrikels. Die diastolische Relaxation und die Saugwirkung sind wichtig, weil die Ventrikelfüllung beim Athleten im selben Zeitrahmen passieren muss wie beim Untrainierten (gleiche maximale Herzfrequenz). Dabei stellt man sich vor, dass der Grund für die diastolische Saugwirkung in einem Umbau der Herzkammer zu suchen ist. Im Rahmen der konzentrischen Hypertrophie des Athletenherzens kommt es zu einer Verschiebung des Gleichgewichtvolumens des Herzens hin zu größeren Volumina. Das Gleichgewichtsvolumen des Herzens ist das Herzvolumen, bei dem der transmurale Füllungsdruck null beträgt. Beim Athleten kontrahiert sich damit der Ventrikel systolisch unter das Gleichgewichtsvolumen. Dies ist ein aktiver Vorgang, welcher dazu führt, dass der Beginn der Diastole durch passive restorative Kräfte charakterisiert wird, welche eine Saugwirkung ausüben [41].

Phänomenologisch haben Dauerleistungsathleten ein Herz, welches nicht nur größer ist als das Herz von Untrainierten, sondern auch über eine größere Wandstärke verfügt (konzentrische Hypertrophie). Es gibt Hinweise darauf, dass an dieser arbeitsinduzierten Herzhypertrophie ein parakriner Faktor beteiligt ist, welcher von Nervenendigungen in der Muskulatur bei körperlicher Belastung sezerniert wird. Es handelt sich um ein Peptid, genannt CGRP (calcitonin gene related peptide). CGRP wird in der Zirkulation beim Menschen bei submaximaler Arbeit um einen Faktor zehn, bei maximaler Arbeit um einen Faktor vierzig erhöht gefunden [43]. Zellkulturarbeiten zeigen, dass CGRP einen trophischen Effekt auf Herzmuskelzellen in Zellkultur haben [44]. In eigenen Versuchen konnten wir zeigen, dass die Blockierung des CGRP-Rezeptors bei Dauerleistungstraining bei Mäusen zu einer Kardiodilatation führt, während unter Kontrollbedingungen trainierte Mäuse, mit intaktem CGRP-Signalwegen, eine konzentrische Herzhypertrophie zeigen [45]. Die bis jetzt vorliegenden Resultate können allerdings nur als Hinweise darauf gedeutet werden, dass CGRP ein Myokin (Muskelhormon) sein könnte, welches für die beobachteten strukturellen Veränderungen am Herzen bei Dauerleistungstraining verantwortlich sein könnte.

11.6 Lunge

Die Lungen sind der Gasaustauscher, eingesetzt zwischen der Umwelt und dem Körperinnern. In den Lungen fließt der Sauerstoff, entlang eines Partialdruckgradienten, aus den Alveolen zu den Erythrozyten in den Lungenkapillaren. Dabei haben wir festgestellt, dass athletische Spezies (z. B. Hunde und Pferde) über relativ weniger Lungendiffusionskapazität verfügen als sedentäre Spezies (z. B. Ziegen und Rinder [46]). Als Konsequenz daraus können nicht-athletische Spezies den arteriellen Sauerstoffpartialdruck und die arterielle Sauerstoffsättigung auch bei maximaler aerober Arbeit erhalten. Die in den Lungenkapillaren für die Sauerstoffsättigung der Erythrozyten zur Verfügung stehende Zeit ist in nicht-athletischen Spezies mehr als ausreichend, um eine volle Sauerstoffsättigung des Blutes auch bei maximalem Herzminutenvolumen zu erzielen. Bei Pferden ist dies nicht der Fall [47]. Bei athletischen Tieren sinkt bei maximaler aerober Belastung der arterielle Partialdruck von Sauerstoff, und das Blut, welches die Lungen verlässt, kann nicht mehr vollständig gesättigt werden. Dies ist nicht ein Zeichen für ein ungenügendes Funktionieren des Gasaustauschers, sondern hängt damit zusammen, dass die vorhandene strukturelle Lungendiffusionskapazität maximal genutzt wird. Athletische Spezies haben, im Verhältnis zum vorhandenen Volumen des Kapillarbetts, ein so großes Herzminutenvolumen, dass die Aufenthaltszeit der Erythrozyten in der Lunge für eine Vollsättigung zu kurz wird. Diese Spezies nutzen damit eigentlich nur den steilen Teil der Sauerstoffdissoziationskurve und verzichten auf eine Vollsättigung des Blutes beim Transfer durch die Lungen

Grundsätzlich gehören wir Menschen zu den sedentären Spezies [48]. Es ist üblich, dass auch bei Erreichen von VO_{2max} beim Menschen der arterielle Partialdruck für Sauerstoff nicht abfällt. Dies ist nicht der Fall bei einer Gruppe von sehr gut trainierten Dauerleistungsathleten, bei denen ein Abfallen der arteriellen Sauerstoffsättigung unter maximaler Belastung festgestellt wurde [49]. Dieser Zustand wird als belastungsinduzierte arterielle Hypoxämie bezeichnet (EIAH – exercise induced arterial hypoxemia [50]). Es gibt offensichtlich verschiedene Ursachen für das Vorliegen einer belastungsinduzierten arteriellen Hypoxämie, welche übrigens bei Frauen häufiger ist und auch bei weniger trainierten Individuen auftreten kann [51].

Für alle Schritte der Sauerstoffkaskade haben wir Anpassungsfähigkeit nachgewiesen. Bei entsprechendem Training kann die Kapazität, Sauerstoff zu transportieren oder zu metabolisieren, vergrößert werden. Für die Lunge gibt es zurzeit keine gesicherten Hinweise darauf, dass die Diffusionskapazität für Sauerstoff trainierbar ist [52], [53]. Diese Aussage berücksichtigt hauptsächlich tierexperimentelle Daten an gesunden Tieren. Beim Menschen können aus ethischen Gründen keine strukturellen Untersuchungen zur Anpassungsfähigkeit der Lunge mit Dauerleistungstraining gemacht werden. Die Aussage, dass die Lunge durch Training nicht angepasst werden kann, bedeutet nicht, dass Dauerleistungstraining nicht sinnvollerweise und mit gutem Erfolg bei verschiedenen pathologischen Zuständen der Lunge eingesetzt werden kann und soll [54]. Allerdings deutet die fehlende Anpassungsfähigkeit der Lunge darauf hin, dass die bei Untrainierten vorhandene Reserve an Diffusionskapazität durch trainingsinduzierte Anpassungen von Herz, Gefäßbett und Muskulatur ausgeschöpft werden kann. Damit würde die Lunge zwar nicht eine akute, wohl aber eine chronische Limitierung der Anpassungsfähigkeit an Dauerleistungstraining darzustellen.

Literatur

[1] Hoppeler H, Howald H, Conley K, Lindstedt SL, Claassen H, Vock P, Weibel ER (1985) Endurance training in humans: aerobic capacity and structure of skeletal muscle. J Appl Physiol 59(2): 320–327

[2] Kayar SR, Conley KE, Claassen H, Hoppeler H (1986) Capillarity and mitochondrial distribution in rat myocardium following exercise training. J Exp Biol 120: 189–199

[3] Hawkins MN, Raven PB, Snell PG, Stray-Gundersen J, Levine BD (2007) Maximal oxygen uptake as a parametric measure of cardiorespiratory capacity. Med Sci Sports Exerc 39(1): 103–107

[4] Shvartz E, Reibold RC (1990) Aerobic fitness norms for males and females aged 6 to 75 years: a review. Aviat Space Environ Med 61(1): 3–11

[5] Gollnick PD, Saltin B (1982) Significance of skeletal muscle oxidative enzyme enhancement with endurance training. Clin Physiol 2(1): 1–12

[6] di Prampero PE (1985) Metabolic and circulatory limitations to VO_2 max at the whole animal level. J Exp Biol 115: 319–331

[7] Hoppeler H, Weibel ER (1998) Limits for oxygen and substrate transport in mammals. J Exp Biol 201(Pt 8): 1051–1064

[8] Hoppeler H (1990) The different relationship of VO_2max to muscle mitochondria in humans and quadrupedal animals. Respir Physiol 80(2-3): 137–145

[9] Weibel ER, Hoppeler H (2005) Exercise-induced maximal metabolic rate scales with muscle aerobic capacity. J Exp Biol 208(Pt 9): 1635–1644

[10] Flück M, Hoppeler H (2003) Molecular basis of skeletal muscle plasticity – from gene to form and function. Rev Physiol Biochem Pharmacol 146: 159–216

[11] Pilegaard H, Ordway GA, Saltin B, Neufer PD (2000) Transcriptional regulation of gene expression in human skeletal muscle during recovery from exercise. Am J Physiol Endocrinol Metab 279(4): E806–E814

[12] Puntschart A, Claassen H, Jostarndt K, Hoppeler H, Billeter R (1995) mRNAs of enzymes involved in energy metabolism and mtDNA are increased in endurance-trained athletes. Am J Physiol 269(3 Pt 1): C619–C625

[13] Mujika I, Padilla S (2001) Muscular characteristics of detraining in humans. Med Sci Sports Exerc 33(8): 1297–1303

[14] Hoppeler H (2016) Molecular networks in skeletal muscle plasticity. J Exp Biol 219: 205–2013

[15] Turcotte LP, Abbott MJ (2012) Contraction-induced signaling: evidence of convergent cascades in the regulation of muscle fatty acid metabolism. Can J Physiol Pharmacol 90(11): 1419–1433

[16] Ojuka EO, Goyaram V, Smith JA (2012) The role of CaMKII in regulating GLUT4 expression in skeletal muscle. Am J Physiol Endocrinol Metab 303(3): E322–E331

[17] Peternelj TT, Coombes JS (2011) Antioxidant supplementation during exercise training: beneficial or detrimental? Sports Med. 41(12): 1043–1069

[18] Semenza GL (2009) Regulation of oxygen homeostasis by hypoxia-inducible factor 1. Physiology (Bethesda) 24: 97–106

[19] Wagner PD (2011) The critical role of VEGF in skeletal muscle angiogenesis and blood flow. Biochem Soc Trans 39(6): 1556–1559

[20] Bishop-Bailey D (2011) PPARs and angiogenesis. Biochem Soc Trans 39(6): 1601–1605

[21] Olesen J, Kiilerich K, Pilegaard H (2010) PGC-1alpha-mediated adaptations in skeletal muscle. Pflugers Arch 460(1): 153–162

[22] Zhou AL, Egginton S, Brown MD, Hudlicka O (1998) Capillary growth in overloaded, hypertrophic adult rat skeletal muscle: an ultrastructural study. Anat Rec 252(1): 49–63

[23] Egginton S, Zhou AL, Brown MD, Hudlická O (2001) Unorthodox angiogenesis in skeletal muscle. Cardiovasc Res 49(3): 634–646

[24] Egginton S (2011) Physiological factors influencing capillary growth. Acta Physiol (Oxf) 202(3): 225–239

[25] Jain RK (2003) Molecular regulation of vessel maturation. Nat Med 9(6): 685–693

[26] Chinsomboon J, Ruas J, Gupta RK, Thom R, Shoag J, Rowe GC, Sawada N, Raghuram S, Arany Z (2009) The transcriptional coactivator PGC-1alpha mediates exercise-induced angiogenesis in skeletal muscle. Proc Natl Acad Sci USA 106(50): 21401–21406

[27] Xue Y, Petrovic N, Cao R, Larsson O, Lim S, Chen S, Feldmann HM, Liang Z, Zhu Z, Nedergaard J, Cannon B, Cao Y (2009) Hypoxia-independent angiogenesis in adipose tissues during cold acclimation. Cell Metab 9(1): 99–109

[28] Skorjanc D, Jaschinski F, Heine G, Pette D (1998) Sequential increases in capillarization and mitochondrial enzymes in low-frequency-stimulated rabbit muscle. Am J Physiol 274(3 Pt 1): C810–C818

[29] Spence AL, Carter HH, Naylor LH, Green D (2013) A prospective randomised longitudinal study involving 6-months of endurance or resistance exercise on conduit artery adaptation in humans. J Physiol Jan 28. [Epub ahead of print]

[30] Thijssen DH, de Groot PC, Smits P, Hopman MT (2007) Vascular adaptations to 8-week cycling training in older men. Acta Physiol (Oxf) 190(3): 221–228

[31] Dinenno FA, Tanaka H, Monahan KD, Clevenger CM, Eskurza I, DeSouza CA, Seals DR (2001) Regular endurance exercise induces expansive arterial remodelling in the trained limbs of healthy men. J Physiol 534(Pt 1): 287–295

[32] Thijssen DH, Cable NT, Green DJ (2012) Impact of exercise training on arterial wall thickness in humans. Clin Sci (Lond) 122(7): 311–322
[33] Lorenz MW, Markus HS, Bots ML, Rosvall M, Sitzer M (2007) Prediction of clinical cardiovascular events with carotid intima-media thickness: a systematic review and meta-analysis. Circulation 30;115(4): 459–67
[34] Rauramaa R, Halonen P, Väisänen SB, Lakka TA, Schmidt-Trucksäss A, Berg A, Penttilä IM, Rankinen T, Bouchard C (2004) Effects of aerobic physical exercise on inflammation and atherosclerosis in men: the DNASCO Study: a six-year randomized, controlled trial. Ann Intern Med 140(12): 1007–1014
[35] Ferretti G, Kayser B, Schena F, Turner DL, Hoppeler H (1992) Regulation of perfusive O_2 transport during exercise in humans: effects of changes in haemoglobin concentration. J Physiol 455: 679–688
[36] Turner DL, Hoppeler H, Noti C, Gurtner HP, Gerber H, Schena F, Kayser B, Ferretti G (1993) Limitations to VO_2max in humans after blood retransfusion. Respir Physiol 92(3): 329–341
[37] Schmidt W, Prommer N (2008) Effects of various training modalities on blood volume. Scand J Med Sci Sports 18 Suppl 1: 57–69
[38] Schmidt W, Prommer N (2010) Impact of alterations in total hemoglobin mass on VO_2max. Exerc Sport Sci Rev 38(2): 68–75
[39] Heinicke K, Wolfarth B, Winchenbach P, Biermann B, Schmid A, Huber G, Friedmann B, Schmidt W (2001) Blood volume and hemoglobin mass in elite athletes of different disciplines. Int J Sports Med 22(7): 504–512
[40] Hawkins S, Wiswell R (2003) Rate and mechanism of maximal oxygen consumption decline with aging: implications for exercise training. Sports Med 33(12): 877–888
[41] Levine BD (2008) VO_2max: what do we know, and what do we still need to know? J Physiol 586(1): 25–34
[42] Levine BD, Lane LD, Buckey JC, Friedman DB, Blomqvist CG (1991) Left ventricular pressure-volume and Frank-Starling relations in endurance athletes. Implications for orthostatic tolerance and exercise performance. Circulation 84(3): 1016–1023
[43] Schifter S, Breum L, Niclasen B, Vollmer-Larsen A, Rasmussen HS, Graff-Larsen O (1995) Calcitonin gene-related peptide during exercise and training. Horm Metab Res 27(10): 473–475
[44] Bell D, Tamamori M, Marumo F, Hiroe M, McDermott BJ, Ito H (1997) Calcitonin gene-related peptide (CGRP) increases cell surface area and induces expression of skeletal alpha-actin ANP mRNA in hypertrophying neonatal cardiomyocytes. Regul Pept 71(1): 1–7
[45] Gubser, M, Rieger G, Hoppeler H, Vogel J, Baum O (2012) Treatment with the alpha-calcitonin gene-related peptide receptor antagonist CGRP prevents exercise-induced cardiac hypertrophy in mice.
[46] Weibel ER, Taylor CR, Hoppeler H (1991) The concept of symmorphosis: a testable hypothesis of structure-function relationship. Proc Natl Acad Sci USA 88(22): 10357–10361
[47] Evans DL, Rose RJ (1988) Cardiovascular and respiratory responses in Thoroughbred horses during treadmill exercise. J Exp Biol 134: 397–408
[48] Hoppeler H (1990) The different relationship of VO_2max to muscle mitochondria in humans and quadrupedal animals. Respir Physiol 80(2-3): 137–145
[49] Powers SK, Lawler J, Dempsey JA, Dodd S, Landry G (1989) Effects of incomplete pulmonary gas exchange on VO_2 max. J Appl Physiol 66(6): 2491–2495
[50] Dempsey JA, Wagner PD (1999) Exercise-induced arterial hypoxemia. J Appl Physiol 87(6): 1997–2006
[51] Guenette JA, Sheel AW (2007) Exercise-induced arterial hypoxaemia in active young women. Appl Physiol Nutr Metab 32(6): 1263–1273
[52] Hoppeler H, Altpeter E, Wagner M, Turner DL, Hokanson J, König M, Stalder-Navarro VP, Weibel ER (1995) Cold acclimation and endurance training in guinea pigs: changes in lung, muscle and brown fat tissue. Respir Physiol 101(2): 189–198
[53] Wagner PD (2005) Why doesn't exercise grow the lungs when other factors do? Exerc Sport Sci Rev 33(1): 3–8
[54] Goldstein RS, Hill K, Brooks D, Dolmage TE (2012) Pulmonary rehabilitation: a review of the recent literature. Chest 142(3): 738–749
[55] Schuler B, Rieger G, Gubser M, Arras M, Gianella M, Vogel O, Jirkof P, Cesarovic N, Klohs J, Jakob P, Brock M, Gorr TA, Baum O, Hoppeler H, Samillan-Soto V, Gassmann M, Fischer JA, Born W, Vogel J (2014) Endogenous α-calcitonin-gene-related peptide promotes exercise-induced, physiological heart hypertrophy in mice. Acta Physiol (Oxf). 211(1):107–21. doi: 10.1111/apha.12244. Epub 2014 Mar 13

Anpassung an Krafttraining

Henning Wackerhage, Stefan Oesen, Marlene Hofmann, Harald Tschan

12.1 Einleitung – 306

12.2 Talent für Muskelmasse und Kraft – 307

12.3 Anpassungen – 307
12.3.1 Hyperplasie – 308
12.3.2 Muskelfaserhypertrophie – 308

12.4 Signalwege – 309
12.4.1 mTOR – 310
12.4.2 Myostatin/Smad – 312

12.5 Krafttraining und Satellitenzellen – 313

12.6 Gleichzeitiges Kraft- und Ausdauertraining (Concurrent Training) – 315

Literatur – 316

N. Bachl, H. Löllgen, H. Tschan, H. Wackerhage, B. Wessner (Hrsg.),
Molekulare Sport- und Leistungsphysiologie,
https://doi.org/10.1007/978-3-7091-1591-6_12

Ziel des Krafttrainings ist es, Muskelmasse und Kraft zu gewinnen. Um dies zu erreichen, führen Sportler ein progressives Krafttraining durch, um mit hohen Widerständen die Innervation der trainierten Muskeln, die Muskelmasse und die Kraft per Muskelquerschnitt zu erhöhen. Die Trainierbarkeit der Kraft und die absolute Kraft hängen zudem von dem Talent ab, was weitgehend als genetische Prädisposition bezeichnet wird. Krafttraining aktiviert die mTOR-Kaskade und diese Aktivierung ist für die Erhöhung der Muskelmasse und damit die Hypertrophie notwendig. Der Myostatin-Smad-Signalweg reguliert die Muskelmasse auch, doch die Rolle bei der Anpassung an Krafttraining ist immer noch unklar.

Zum Schluss dieses Kapitels wird auf die Satellitenzellen eingegangen, die bei der Regeneration und Anpassung nach einem Kraftreiz eine Sonderstellung einnehmen.

12.1 Einleitung

Beim Krafttraining kontrahieren Muskeln gegen hohe Widerstände. Krafttraining wird in der Regel progressiv durchgeführt, das heißt, dass die Widerstände erhöht werden, wenn sich die Kraft steigert, sodass der relative Widerstand im Vergleich zur Maximalkraft ungefähr konstant bleibt. Die Anpassungen an Krafttraining sind eine erhöhte Muskelmasse (Hypertrophie) und Muskelfasern werden im trainierten Muskel durch das Nervensystem stärker innerviert. Die Erhöhung der Muskelmasse hängt potenziell von einer Veränderung der Muskelfaserzahl (Hyperplasie) und einer Veränderung der Größe der Muskelfasern (Hypertrophie) ab. Im Tierversuch sind Veränderungen der Muskelfaserzahl um > 50% bei extremen Muskelwachstumsmodellen wie Synergist-Ablation beobachtet worden [1]. Bei Krafttrainingsstudien, die über wenige Monate gehen, trägt die Hyperplasie hingegen nicht oder nur wenig zur Muskelgrößenanpassung bei. Die kurz- und mittelfristige Größenanpassung der krafttrainierten Muskeln beim Menschen beruht daher quasi vollständig auf einer Veränderung des Muskelfaser- und Muskelquerschnitts. Die erhöhte Muskelmasse und Innervation sind die Grundlagen für eine Kraft- oder Schnellkraftsteigerung.

Krafttraining war schon in der Antike bekannt. Der Legende nach hat Milos von Kroton in der Olympischen Periode zum Training ein Kalb getragen. Mit dem Wachstum des Kalbs zum Stier stieg der Widerstand der Belastung an und daher ist dies ein frühes Beispiel für progressives Krafttraining. In der englischsprachigen Literatur wurden die ersten Manuskripte zum progressiven Krafttraining von De Lorme publiziert, der zeigte, dass Krafttraining und nicht Training mit leichten Widerständen die Rehabilitation verbessert [2].

Wie sieht das nach wissenschaftlichen Erkenntnissen optimale Krafttrainingsprogramm aus? Die Athleten müssen Entscheidungen zu vielen Variablen treffen. Diese beinhalten:

- Trainingsziel(e): Maximalkraft, Schnellkraft, Kraftausdauer, Muskelmasse;
- Trainierende(r): Kinder, Freizeitsport, Leistungssport, Rehabilitation, Männer, Frauen;
- Geräte: Maschinen, freie Gewichte, isokinetische Maschinen;
- Kontraktionstyp: dynamisch, langsam, schnell, statisch, exzentrisch;
- Widerstand:% der Maximalkraft;
- Wiederholungen pro Satz;
- Anzahl der Sätze;
- Pausenlänge;
- begleitende Ernährungsmaßnahmen: Protein, Kohlenhydrate, Kreatin.

Selbst wenn optimale oder fast optimale Entscheidungen für die obigen Variablen getroffen werden, bedeutet dies nicht, dass das Training erfolgreich ist, da die Trainierbarkeit der Kraft bzw. Muskelmasse in der Bevölkerung stark variiert. Dies wurde in einer Studie von [3] demonstriert, in der die Variabilität der Anpassung an ein standardisiertes Krafttraining analysiert wurde. Die Forschergruppe fand heraus, dass sich bei einigen Individuen nach Krafttraining weder der Muskelquerschnitt oder die Kraft veränderte. Im Gegensatz dazu gab es andere Individuen, bei denen nach demselben Trainingsprogramm die Muskelmasse um > 40% und die Kraft um > 100% anstieg. Diese Daten zeigen, dass die Trainierbarkeit der Kraft beim Menschen stark variiert. Eine hohe Trainierbarkeit ist eine Hauptkomponente für das Talent für Kraftsportarten, denn wenn die Trainierbarkeit der Kraft fehlt, dann erhöhen auch hohe Krafttrainingsumfänge die Kraft nur wenig.

Aufgrund der vielen möglichen Krafttrainingsvariablen und der Variabilität der Trainierbarkeit ist es quasi unmöglich, ein wissenschaftlich gut belegtes „optimales" Krafttrainingsprogramm zu empfehlen, selbst wenn in der Literatur oft etwas anderes suggeriert wird. 2002 hat zum Beispiel das American College of Sports Medicine [4] einen Position Stand veröffentlicht, in dem angeblich wissenschaftlich fundierte Information zum progressive Krafttraining gegeben werden. Dieser Position Stand wurde kritisch analysiert mit dem Ergebnis, dass die Empfehlungen zu Wiederholungen, Kontraktionsmodus und Pausen im Wesentlichen subjektiv sind und nicht auf wissenschaftlichen Daten beruhen [5]. Aufgrund dieser Kritik hat das ACSM in 2009 einen neuen Position Stand publiziert, in dem die Empfehlungen mit einer Skala von A bis D bewertet wurden. In dieser Skala bedeutet „A" sichere Evidenz (randomisierte Studien mit guten Kontrollen, viele Studien mit ähnlichen Ergebnissen) und „D" wenig oder qualitative minderwertige Evidenz (Expertenmeinung). Eine Analyse des 2009 ACSM Position Stands zeigte jedoch, dass der 2009 Position Stand dem 2002 Position Stand stark ähnelt und kritisiert, dass die Autoren Publikationen zitieren, die ihre Schlussfolgerungen und Empfehlungen nicht belegen [6].

■ Welche Schlussfolgerungen können für das praktische Krafttraining gezogen werden?

Die erste Schlussfolgerung ist, dass ein wissenschaftlich belegtes, „optimales" Krafttrainingsprogramm nicht existiert, selbst wenn dies in der Literatur manchmal behauptet wird. Die zweite Schlussfolgerung ist, dass ein gutes Krafttrainingsprogramm zu unterschiedlichen Anpassungen führt, was von der Trainierbarkeit des Trainierenden abhängt. Trotz all diesen Ausführungen sollte ein Trainingsprogramm mit 1–5 Sätzen mit jeweils 6–12 Wiederholungen mit Gewichten, die zur Erschöpfung führen, bei den meisten Individuen die Kraft signifikant erhöhen. Ernährungsmaßnahmen können insbesondere die Muskelmassenanpassung noch weiter erhöhen.

12.2 Talent für Muskelmasse und Kraft

Die Muskelmasse und Kraft variieren bei untrainierten Individuen enorm. Dies hängt von Umweltfaktoren wie der Ernährung ab, ist aber auch genetisch bedingt. In einer Studie an 16–25 Jahre alten, schwedischen Männern fanden die Autoren heraus, dass die Handkraft zwischen 50 und 999 N variiert. Mit anderen Worten, die stärksten Männer waren 20-mal stärker als die schwächsten. Insbesondere Zwillingsstudien haben gezeigt, dass die Kraft signifikant vererbt ist, wie in ◘ Tab. 12.1 gezeigt wird [7].

Die hohe Variabilität der Vererbbarkeiten in ◘ Tab. 12.1 kann vor allem damit erklärt werden, dass die Schätzungen nicht sehr präzise sind. Zusammengefasst scheint die Kraft aber grob zu 50% oder mehr vererbbar zu sein. Ein Hauptfaktor für die Muskelmasse und Kraft ist die Zahl der Muskelfasern, aus denen ein Muskel besteht. Die Zahl der Muskelfasern wird im Wesentlichen im Embryo festgelegt und ändert sich im ausgewachsenen Organismus nur wenig [8]. In Tieren und Menschen variiert die Muskelfaserzahl enorm. Jan Lexell et al. haben Leichen untersucht und beobachtet, dass die Faserzahl im vastuslateralis bei 18–22 Jahre alten Männer zwischen 393.000 und 903.000 Fasern variierte [9]. Diese mehr als zweifache Differenz deutet darauf hin, dass es selbst ohne Krafttraining große Variationen in Variablen gibt, die die Kraft bestimmen:

- große Variation der Muskelfaserzahl [9];
- große Variation in der Krafttrainierbarkeit [3];
- Vererbbarkeit der Muskelmasse (Zwillings- und Familienstudien) [7,10,11].

12.3 Anpassungen

Menschliche Muskelfasern, wie beispielsweise aus dem Sartorius oder Gracilis, können bis zu 20 cm lang sein [12]. Bezüglich Muskelfasern gibt es im Zusammenhang mit Krafttraining zwei Hauptfragen: Erstens, kann sich die Faserzahl im erwachsenen Körper prinzipiell verändern und zweitens, kann die Faserzahl durch Krafttraining erhöht werden? Eine Erhöhung der Muskelfaserzahl wird als Hyperplasie

Tab. 12.1 Vererbbarkeits-Schätzungen von Kraft und Muskelmasse (Peeters et al. 2009). Die Vererbbarkeiten in Peeters et al. (2009) sind als Fraktionen von „1“ und nicht als Prozente, wie in der Tabelle hier, angegeben.

	Zwillingsstudien	Familien- und sib-pair Studien
Statische Kraft	14–83% (20 Studien)	27–58% (5 Studien)
Dynamische Kraft (isokinetische, konzentrische und exzentrische Kraft)	29–90% (3 Studien	42–87% (nur konzentrisch; 2 Studien)
Schnellkraft (Sprung, Wingate Test)	34–97% (7 Studien)	22–68% (1 Studie)

definiert im Gegensatz zur Hypertrophie, was eine Erhöhung der Muskel- oder Fasergröße ist.

12.3.1 Hyperplasie

Die Muskelfaserzahl kann sich bei Säugetieren im Prinzip erhöhen, was Hyperplasie genannt wird, doch der Anstieg der Muskelmasse bei mehrmonatigem Krafttraining kann nicht durch Hyperplasie erklärt werden. Veränderungen der Muskelfaserzahl wurden in einer Meta-Analyse zusammengefasst, in der Hypertrophiestudien an Tieren analysiert wurden. Die Studie zeigte, dass extreme Hypertrophie-Stimuli wie Synergist-Ablation zu einer 50%igen Hypertrophie führen können und dass 7% dieses Anstiegs durch Hyperplasie zu erklären ist. In einigen der analysierten Studien steigt die Muskelfaserzahl um über 30% an, was demonstriert, dass Hyperplasie signifikant zu einer Muskelhypertrophie beitragen kann [1]. Während bei mehrmonatigem Krafttraining die Hyperplasie beim Menschen vernachlässigbar ist, so ist immer noch ungeklärt, ob ein mehrjähriges Krafttraining und eventuell anabole Steroide zu einer Hyperplasie führen.

12.3.2 Muskelfaserhypertrophie

Bevor wir die Hypertrophie nach Krafttraining diskutieren zuerst einige Zahlen und Fakten zu Muskeln: Bei Männer machen Muskeln im Durchschnitt ≈ 38% und bei Frauen ungefähr ≈ 31% der Körpermasse aus [13]. Dies hängt natürlich stark von der Körperzusammensetzung ab. Bei fettleibigen, untrainierten Individuen ist der Muskelanteil deutlich niedriger und bei Bodybuildern – insbesondere vor Wettkämpfen – ist der Muskelanteil deutlich höher. Muskel besteht zu ≈ 70% (700 ml/kg Muskel) aus Wasser und zu ≈ 30% (300 g per kg Muskel) aus Feststoffen. Letztere sind zu ≈ 70% (215 g/kg Muskel) Protein [14]. Im Muskel gibt es tausende von unterschiedlichen Proteinen, doch in der Mehrzahl sind es myofibrilläre Proteine, die im Sarkomer zu finden sind. Es wurde geschätzt, dass ≈ 20–40% des Gesamtproteins (45–85 g pro kg Muskel) aus Myosin Heavy Chain und dass ≈ 15% (30 g/kg Muskel) aus Aktin besteht [15].

Im Allgemeinen ist eine Hypertrophie ein Anstieg des Zellvolumens oder der Zellmasse. Muskelhypertrophie resultiert, wenn die Proteinmasse eines Muskels zunimmt oder, anders ausgedrückt, wenn die Proteinbilanz positiv ist. Die Proteinbilanz ist definiert als der Unterschied zwischen Proteinsynthese und Proteinabbau. Beide, Proteinsynthese und noch mehr Proteinabbau, sind beim Menschen im Muskel nur schwer zu messen, doch einige Forschungsgruppen in der Welt haben dieses Problem gemeistert.

Methoden INFO: Messung Proteinsynthese

Um die Proteinsynthese im menschlichen Muskel zu messen, werden Aminosäuren infundiert, die mit stabilen (nicht radioaktiven) Isotopen angereichert sind. Zum Beispiel liegt Kohlenstoff normalerweise zu ≈ 99% als 12C- und zu ≈1% als das schwerere, aber nicht radioaktive 13C-Isotop vor. Um die Proteinsynthese zu messen, werden stabile Isotope wie 13C oder 2H in Aminosäuren angereichert, um einen Tracer für das Experiment zu produzieren. Die so gekennzeichneten Aminosäuren werden dann in den Körper infundiert, wo sie im Verlauf der Proteinsynthese in das Muskelprotein integriert werden. Werden dann Muskelbiopsien entnommen, dann von der Anreicherung der stabilen Isotope die Muskelproteinsynthese berechnet werden. Je schneller sich die stabilen Isotope im Muskel anreichern, um so größer ist die Muskelproteinsynthese.

Solche Studien zur Proteinsynthese zeigen, dass ein einziges Krafttraining die Proteinsynthese im trainierten Muskel für bis zu 72 h erhöhen kann (▣ Abb. 12.1, [16]).

Der Anstieg der Proteinsynthese nach Krafttraining dauert deutlich länger als der Anstieg der Proteinsynthese, der durch eine Mahlzeit, die Proteine beinhaltet, stimuliert wird [17]. Wenn jedoch das Krafttraining im Fastenzustand durchgeführt wird, dann steigt der Proteinabbau noch stärker an als die Proteinsynthese an. Es kommt insgesamt zu einem Proteinabbau [18]. Die Proteinsynthese wird nur positiv, wenn Krafttraining durchgeführt wird und die Aminosäurenkonzentration wie nach einer Mahlzeit erhöht ist [19].

Schlussfolgernd erhöht Krafttraining die Proteinsynthese im trainierten Muskel. Langfristig führen solche Proteinsynthese-Wellen nach Krafttraining und Nahrungsaufnahme zu einer positiven Proteinbilanz und daher auch zur Muskelhypertrophie. Im Tierversuch kommt bei intensiven Muskelwachstumsreizen zur Hypertrophie auch Hyperplasie dazu. Ob mehrjähriges Krafttraining auch beim Menschen zu einer signifikanten Hyperplasie führt, ist ungeklärt.

12.4 Signalwege

Gezieltes Krafttraining ist ein potenter Stimulus für die Skelettmuskel-Hypertrophie bei Individuen, die über die Trainierbarkeit der Muskelmasse verfügen. Trainingsinduzierte Anpassungen werden durch Variablen ausgelöst, die sich bei der Muskelkontraktion verändern. Diese Signale werden von Sensorproteinen wie dem Calmodulin gemessen, an das sich Kalzium bindet, oder AMPK, an das sich AMP und Glykogen bindet. Diese Sensorproteine binden und modulieren Signalübertragungsproteine wie Kinasen und Phosphatasen, die wie ein Computer-Chip diese Informationen weiterleiten, verstärken und analysieren. Am Ende der Signalwege stehen Proteine, die die Anpassung regulieren. Solche Anpassungsproteine werden durch Signalübertragungsproteine reguliert und regulieren die Transkription von Genen, die Proteinsynthese (Translation), den Proteinabbau und andere Zellfunktionen wie zum Beispiel die Zellteilung.

In den folgenden Abschnitten zeigen wir, wie Sensorproteine, Signalübertragungsproteine und Anpassungsproteine die Proteinsynthese nach Krafttraining erhöhen.

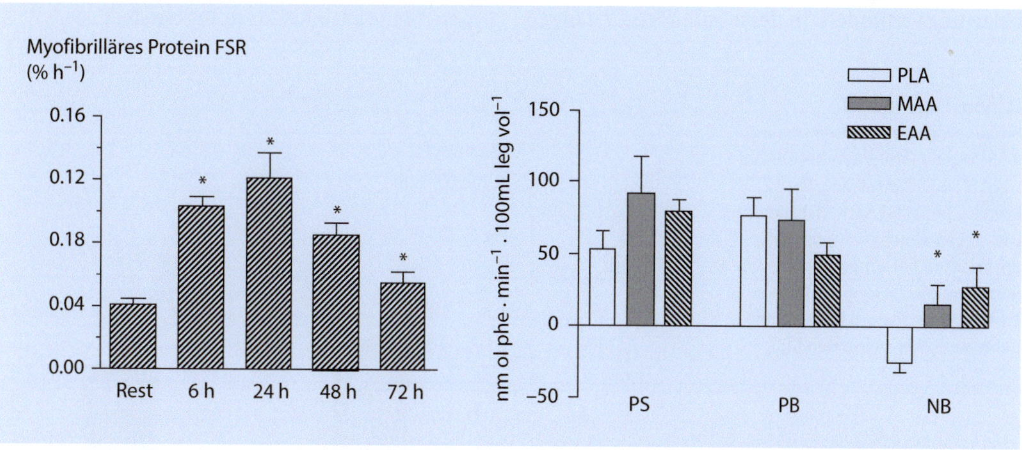

▣ **Abb. 12.1** Anstieg der Proteinsynthese nach Krafttraining. Links: Krafttraining erhöht die myofibrilläre Proteinsynthese für bis zu 72 h [16]. Rechts: Krafttraining und Aminosäuren zusammen führen zu einer positive Proteinbilanz. In der Abbildung sind der Effekt von Krafttraining alleine (Pla, Placebo), Krafttraining und gemischte Aminosäuren (MAA) und essentielle Aminosäuren (EAA) auf die Proteinsynthese (PS), den Proteinabbau (PB) und die Netto-Proteinbalance dargestellt [19].

12.4.1 mTOR

Die Proteinsynthese wird durch ein Protein reguliert, das „mammalian Target of Rapamycin", abgekürzt mTOR, genannt wird. mTOR ist eine Serine/Threonin-Kinase und reguliert neben der Proteinsynthese die Produktion von Ribosomen, welche Proteine herstellen und in einigen Zelltypen Proteinabbau, was Autophagie genannt wird. mTOR ist generell ein Hauptregulator von Muskelwachstum. Der Name „mTOR" beruht auf der Chemikalie Rapamycin, welche mTOR und die Proteinsynthese hemmt [20]. Rapamycin ist daher eine wichtige Chemikalie in der mTOR-Forschung, da sie die mTOR-Funktionen hemmt.

Der Zusammenhang zwischen dem mTOR-Signalweg und Muskelhypertrophie wurde zuerst in einem Krafttrainingsmodell an Ratten beschrieben [21]. In diesem Experiment zeigten die Autoren, dass eine Muskelhypertrophie nach sechs Wochen Krafttraining direkt mit der Phosphorylierung von der Kinase $p70^{S6K}$, einem Bestandteil des mTOR-Signalwegs, korreliert. Diese Studie suggerierte, dass der mTOR-Signalweg die Muskelhypertrophie bei Krafttraining zumindest teilweise reguliert, bewies es aber nicht. Der Beweis wurde in drei nachfolgenden Studien erbracht. In der ersten Studie zeigten Bodine et al. [22] an Mäusen, dass Rapamycin eine Muskelhypertrophie nach mechanischer Muskelbelastung verhindert. In der zweiten Studie zeigten Drummond et al. (2009), dass 12 mg Rapamycin vor Beinkrafttraining mit 70% der Maximalkraft [23] den normalen Anstieg der Proteinsynthese im trainierten Muskel verhinderte. Im dritten Experiment zeigten Goodman et al. [24], dass Rapamycin die Muskelhypertrophie nach Synergie-Ablation, was normalerweise zu einer starken Hypertrophie führt, verhindert. Diese drei Experimente demonstrieren überzeugend, dass die normale Muskelhypertrophie nach mechanischen Belastungen wie Krafttraining von dem mTOR-Signalweg abhängig ist (◘ Abb. 12.2).

Weitere Beweise für die Involvierung des mTOR-Signalwegs stammen von Studien, in denen Elemente dieses Signalwegs im Muskel aktiviert wurden. So führt eine Aktivierung von PKB oder Akt in Muskelfasern [25] oder allen Muskel zu einer starken Muskelfaser- und Muskelhypertrophie. In einem ähnlichen Experiment aktivierten Goodman et al. mit genetischen Methoden mTOR [26] und fanden heraus, dass die Muskelfasern mit aktivierten mTOR innerhalb einer Woche um ≈ 40% hypertrophiert sind. Zusammengefasst zeigen diese Daten, dass Krafttraining den mTOR-Signalweg aktiviert und dass dies die Proteinsynthese akut erhöht und langfristig eine Muskelhypertrophie (wenn der Trainierende eine ausreichende Hypertrophie-Trainierbarkeit hat) hervorruft. So scheint es, dass der mTOR-Signalweg den Hauptmechanismus zur Regulation der Muskelhypertrophie nach Krafttraining darstellt.

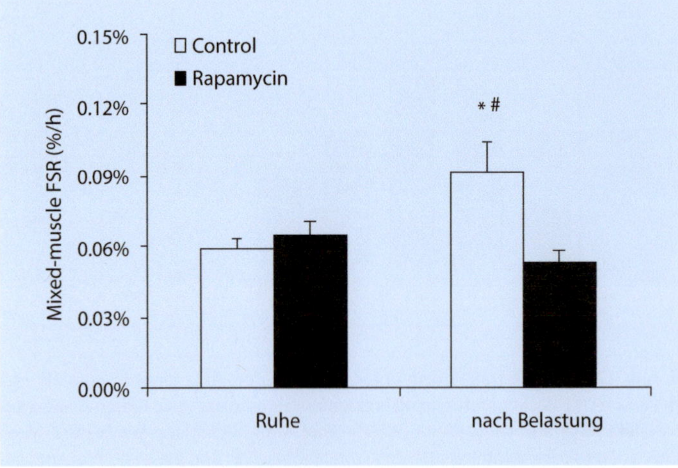

◘ **Abb. 12.2** Muskel-Proteinsynthese nach Krafttraining (FSR: Muskel-Proteinsynthese; Basal steht für vor Krafttraining; Post-Exercise bedeutet nach Krafttraining). Dieses Experiment demonstriert, dass der mTOR-Hemmer Rapamycin den normalen Anstieg der Muskel-Proteinsynthese nach Krafttraining beim Menschen verhindert [23].

12

- **Wie reguliert der mTOR-Signalweg die Muskelhypertrophie nach Krafttraining?**

Der mTOR-Signalweg hat zwei mTOR-Komplexe, die mTOR-Komplex 1 und 2 (mTORC1, mTORC2) genannt werden. Diese zwei mTOR-Komplexe unterscheiden sich in ihrer Lokalisation, Proteinzusammensetzung und den Proteinen, die von den beiden Komplexen phosphoryliert und reguliert werden:

- mTORC1 wird von mTOR, raptor, mLST8/GβL, PRAS40 und deptor gebildet.
- mTORC2 wird von mTOR, rictor, mLST8/GβL, protor, deptor und mSIN1 gebildet.

Nach Krafttraining reguliert mTORC1 die Proteinsynthese, ist also für Sportphysiologen der interessantere der zwei Komplexe. Hingegen reguliert mTORC2 zum Beispiel die Insulin-stimulierte Glukose-Aufnahme. mTORC1 kann durch Krafttraining, Aminosäuren und mTOR2 stimuliert werden. Die Aktivierung von mTORC1 durch diese Reize wird immer über ein G-Protein, das Rheb (Ras homologueenriched in brain) genannt wird, reguliert. Rheb aktiviert mTOR wahrscheinlich, indem es PLD (phospholipase D) aktiviert, die Phosphite-Säure synthetisiert, die mTOR aktiviert. Die Aktivierung von mTORC1 über Rheb und PLF kann durch verschiedene Reize stimuliert werden:

1. Wachstumsfaktoren (siehe ▶ Kap. 8 Wachstumsfaktoren) wie IGF-1 und Insulin aktivieren mTOR über die folgende Kette von Regulatoren: IGF-1 oder Insulin binden sich an Insulin- oder ähnliche Rezeptoren, die dann über IRS, PI3K, PDK1 (mTORC2), PKB/Akt, PRAS40, TSC2 und Rheb mTORC1 aktivieren. Vereinfacht bedeutet das, dass, je mehr Insulin oder IGF-1 sich an den Rezeptor bindet, umso mehr mTORC1 aktiviert wird. Da das Endprodukt mTORC2 ist, bedeutet dies, dass IGF-1, Insulin und die Regulatoren zwischen den Rezeptoren und mTORC1 die Proteinsynthese aktivieren. Dies wurde demonstriert, indem IGF-1 [27] oder aktives PKB/Akt [25, 28] in Muskelfasern überexprimiert wurden. In beiden Fällen führte dies zur Hypertrophie.
2. Aminosäuren aktivieren mTORC1 über Rag, kleine G-Proteine und Regulator [29].
3. Krafttraining reguliert mTORC1 über einen bis jetzt noch nicht charakterisierten Mechanorezeptor.

Darüber hinaus wird mTORC1 auch noch von Ausdauertraining beeinflusst, über die Erhöhung der AMP-Konzentration und der Verringerung der Glykogenkonzentration. Die Veränderungen des AMPs und Glykogens aktivieren AMPK, was mTORC1 und damit die Proteinsynthese indirekt hemmt [30]. Dieser Mechanismus stellt sicher, dass der Muskel nicht hypertrophiert, wenn die Energiebereitstellung für langfristige Muskelkontraktionen gesichert werden muss.

Diese drei anabolen und das eine katabole Signal beeinflussen die mTORC1-Aktivität, die diese drei Inputs wie ein Computer misst und je nach Intensität der anabolen und katabolen Signale die Proteinsynthese aktiviert oder hemmt. Wir werden an dieser Stelle nicht im Detail die vielen Regulationsmechanismen besprechen, über die die Proteine im mTORC1-Signalweg die Informationen weiterleiten. Es genügt, zu sagen, dass die meisten Interaktionen Proteinphosporylierungen sind und darüber hinaus Phospholipide und G-Proteine eine Rolle spielen. Eine Übersicht ist in ◘ Abb. 12.3 gegeben.

Die Aktivität von mTORC1 hängt von den vier oben genannten Inputs ab und mTORC1 reguliert dann verschiedene Zellfunktionen. Nach Krafttraining – was der stärkste, positive Reiz ist – werden mTORC1 und damit die Proteinsynthese oder – wissenschaftlich gesagt – die Translation über Tage hinweg aktiviert. Dabei werden die Proteine von Ribosomen hergestellt. Ribosomen sind Organellen, die aus ribosomaler RNA und 79 Proteinen hergestellt werden. 2009 bekamen Venkatraman Ramakrishnan, Thomas A Steitz und Ada E. Yonath den Nobelpreis dafür verliehen, dass sie die Struktur und Funktion der Ribosomen aufgeklärt haben und damit zeigten, wie ein Ribosom aussieht und wie es Proteine synthetisiert. mTORC1 aktiviert die Proteinsynthese oder Translation, indem es die Ribosom-aktivierenden Proteine 4E-BP1 und die 70 Kilodalton schwere, ribosomale Proteinkinase S6 (S6K1) aktiviert. Als Folge löst 4E-BP1 die Bindung von eIF4E [31]. Diese Ereignisse führen dann zum Start

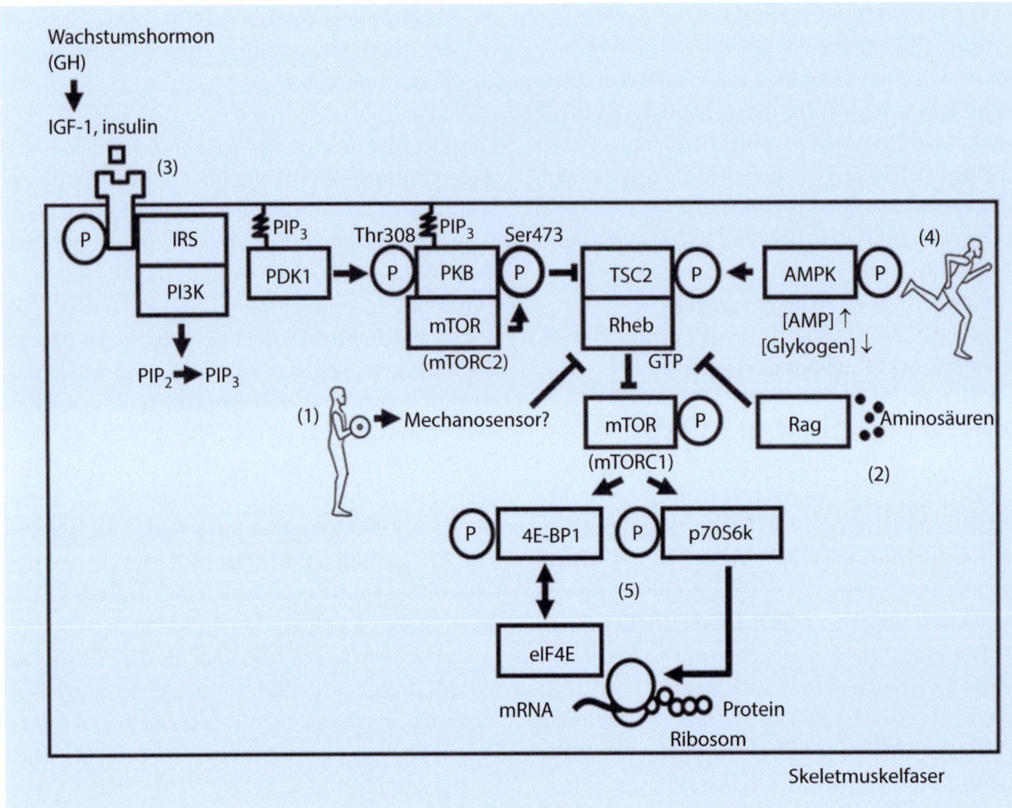

Abb. 12.3 Übersicht mTORC1 und Proteinsynthese. Ein vereinfachtes und trotzdem kompliziert erscheinendes Modell, das zeigt, wie über mTORC1 die Proteinsynthese reguliert wird. (1) Krafttraining, (2) Aminosäuren, (3) Wachstumshormon, IGF-1, Insulin und (4) Ausdauerkontraktionen über AMPK (5) regulieren AMPK. Das aktive mTORC1 phosphoryliert 4E-BP1 und p70 S6k, woraufhin sich 4E-BP1 von eIF4E entfernt. Diese Reaktionen tragen dazu bei, dass das Ribosom zusammengesetzt wird und mRNA liest und eine Aminosäurenkette zusammensetzt [57].

der Translation oder Proteinsynthese durch Ribosomen. mTORC1 startet nicht nur die Translation oder Proteinsynthese, sondern sorgt auch dafür, dass die Aminosäurenkette zum fertigen Protein synthetisiert wird, was Elongation genannt wird. Zusammenfassend ist mTORC1 der Hauptregulator der Proteinsynthese im Muskel und allen anderen Organen. mTORC1 wird durch Krafttraining, Aminosäuren und anabole Hormone aktiviert und durch aktiviertes Ausdauertraining über AMPK gehemmt. Aktives mTORC1 startet die Translation oder Proteinsynthese durch Ribosomen und sorgt auch dafür, dass die Aminosäurenkette (Peptid) verlängert wird, bis das ganze Protein produziert wird. Nach Krafttraining und Ernährung ist die Proteinsynthese größer als der Proteinabbau und über einen längeren Zeitraum führt dies zur Muskelhypertrophie.

12.4.2 Myostatin/Smad

Neben dem mTOR-Signalweg reguliert auch der Myostatin-Smad-Signalweg die Muskelhypertrophie. Der mTOR-Signalweg und der Myostatin-Smad-Signalweg sind für das Muskelwachstum das Gaspedal und die Bremse oder das Yin und Yang. Mit anderen Worten: mTOR produziert die Hypertrophie und Myostatin-Smad limitiert die Muskelgröße. Der Myostatin-Smad Effekt ist am deutlichsten in Tiermodellen, wo der Myostatin-Smad-Signalweg ausgeknockt worden ist. Die Muskeln von Rindern und Mäusen, wo Myostatin fehlt, sind zweimal so groß wie die von denen, wo das Myostatin-Gen intakt ist [32]. Doch Myostatin alleine hemmt die Muskelgröße nicht maximal. Dies wird deutlich, wenn das Myostatingen inaktiviert wird und wenn das FLRG-Gen (ein Myostatin-Hemmer) aktiviert wird. Eine solche genetische Manipulation vervierfacht die Muskelmasse [33]. Es gibt auch andere Elemente im Myostatin-Smad-Signalweg, wie Ski, die die Muskelmasse regulieren, was zeigt, dass die Elemente im Myostatin-Smad-Signalweg eine ähnliche Funktion haben [34]. Es steht daher außer Frage, dass der Myostatin-Smad-Signalweg die Muskelmasse reguliert. Doch ist die Muskelhypertrophie, die durch Hemmung des Myostatin-Smad-Signalwegs ausgelöst wird, auch funktionell, was heißt, dass Muskelmasse und die Maximalkraft parallel ansteigen? Die Ergebnisse zeichnen hier kein einheitliches Bild. In der Myostatin-Knockoutmaus kommt es zum Anstieg der Maximalkraft, doch die spezifische Kraft – die Kraft in Relation zum Muskelquerschnitt – ist niedriger [35]. Eine Studie berichtet auch von einem Jungen, bei dem beide Allele des Myostatingens defekt sind und die Kraft erhöht ist [36], und es gibt ebenfalls Rennhunde, wo ein Myostatinallel defekt ist [37]. Diese letztgenenannten Studien zeigen, dass eine Erniedrigung des Myostatin-Smad-Signalwegs zumindest in einigen Fällen zu einer funktionellen Muskelhypertrophie führen kann, da die Schnelligkeit und Kraft ansteigen.

▪ Trägt der Myostatin-Smad-Signalweg zur Muskelanpassung an Krafttraining bei? Wie funktioniert der Myostatin-Smad-Signalweg und wie reguliert er die Muskelmasse?

Genetisch hat Myostatin einen großen Effekt auf die Muskelmasse, doch die Bedeutung des Myostatin-Smad-Signalswegs für die Hypertrophieanpassung an Krafttraining ist immer noch unklar. Louis et al. (2007) haben Myostatin-mRNA mit RT-PCR über 0–24 h nach Kraft- und Ausdauertraining gemessen. Sie fanden eine signifikante Erniedrigung von Myostatin-mRNA mit dem Tiefpunkt 8 h nach Krafttraining. Überraschenderweise fanden sie ebenfalls eine Myostatin-Erniedrigung nach Ausdauertraining, was generell keine Hypertrophie verursacht. In einer weiteren Studie fanden Kim et al. ebenso weniger Myostatin-mRNA nach Krafttraining, doch dies korrelierte nicht mit der Änderung der Muskelmasse nach Krafttraining [38]. Daher ist unklar, inwieweit Veränderungen im Myostatin-Smad-Signalweg nach Krafttraining zu der Veränderung der Muskelmasse beitragen. Und selbst wenn Myostatin-mRNA oder Protein nach Krafttraining signifikant absinken würden, dann bewiese dies noch nicht, dass die Aktivität vom Myostatin-Smad-Signalweg signifikant erniedrigt ist und dass diese Erniedrigung entscheidend zur Anpassung der Muskelmasse an Krafttraining beiträgt. Wie in ◘ Abb. 12.4 zu sehen ist, wird Myostatin transkribiert, translatiert, die Enden werden abgeschnitten, es muss aus der Muskelzelle gelangen, kann mit sich selbst oder anderen Molekülen Dimere bilden und das von Myostatin abhängige Smad kann von ski und sno gehemmt werden und so weiter. Mit anderen Worten, die Myostatin-mRNA ist nur eine von vielen Komponenten in diesem Signalweg, die dessen Aktivität bestimmen. Es wäre für diese Forschung ideal, wenn anstatt Myostatin eine Variable gemessen werden könnte, die gut mit der Aktivität des Myostatin-Smad-Signalwegs korreliert.

Obwohl es nicht geklärt ist, wie der Myostatin-Smad-Signalweg durch Krafttraining beeinflusst wird und wie er zu der Anpassung beiträgt, so zeigen die Organismen mit Myostatin-Mutationen einen deutlichen Muskelhypertrophiephenotyp. Wird Myostatin generell ausgeknockt, sodass es weder während der embryonalen Entwicklung noch im erwachsenen Organismus exprimiert wird, dann teilen sich Myoblasten wahrscheinlich mehr in der Entwicklungsphase und es resultieren Hyperplasie und Hypertrophie. Wenn Myostatin in ausgewachsenen Tieren ausgeknockt wird, dann kommt es zum Muskelwachstum durch Hypertrophie. [39, 40]. In beiden Fällen wird die Myostatin-induzierte Hypertrophie dadurch bedingt, dass die Proteinsynthese größer als der Proteinabbau ist [41, 42]. Derzeit ist es immer noch ungeklärt, wie Myostatin die Proteinsynthese reguliert. Myostatin reguliert vor allem die Aktivität von Smad-Proteinen, doch es ist derzeit nicht vollständig geklärt, ob Smad-Proteine die Proteinsynthese oder die Aktivität der Ribosomen beeinflussen. Die Frage, wie Myostatin genau die Muskelhypertrophie verursacht, ist eine der am wichtigsten, ungeklärten Fragen in der Sportmedizin.

12.5 Krafttraining und Satellitenzellen

Satellitenzellen sind die Stammzellen des Muskels. Sie können sich zu Muskelfasern weiterentwickeln oder alternativ sich teilen und selbst erneuern. Satellitenzellen liegen zwischen der Membran der

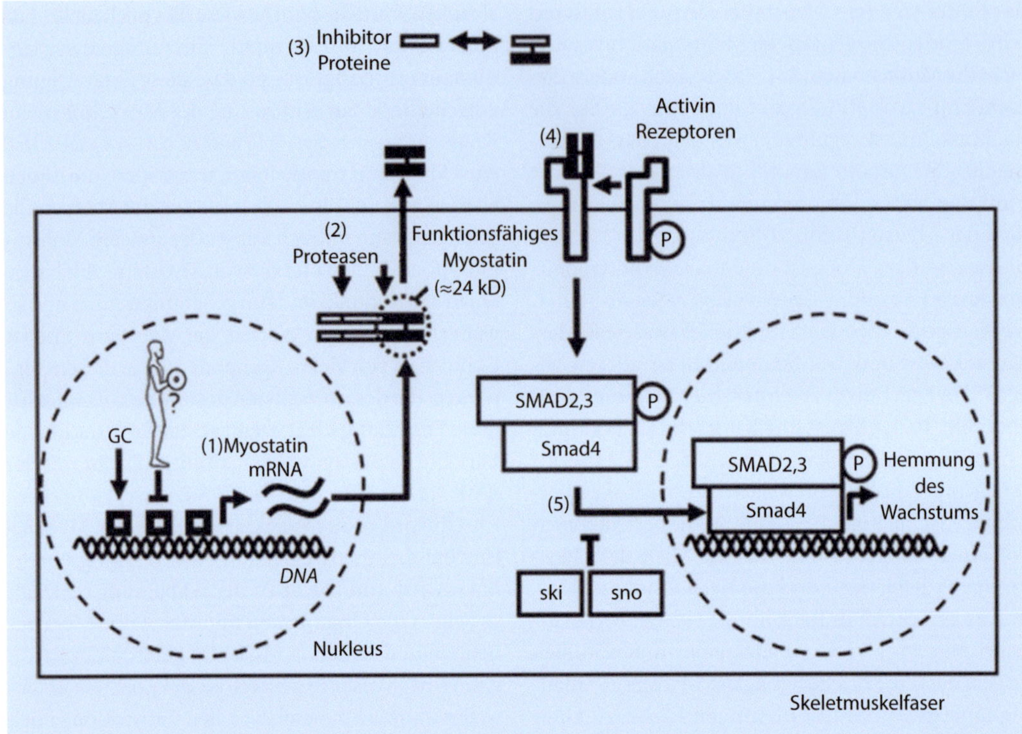

Abb. 12.4 Schema Signalweg. (1) Glukokortikoide wie Kortisol und Immobilisation erhöhen die Myostatin-mRNA. Im Gegensatz dazu vermindert Krafttraining – laut der Mehrzahl der Studien – die Myostatinexpression. (2) Das transkribierte und translatierte Myostatin wird dann zum funktionsfähigen Myostatin weiterverarbeitet, indem Teile des Proteins abgeschnitten werden. Zwei Myostatinmolekuele formieren sich zu einem aktiven Myostatindimer, welches sekretiert wird. (3) Extrazelluläres Myostatin formt nicht nur aktive Myostatindimere, sondern auch inaktive Dimerkomplexe, wenn sich Myostatin an Hemmprotein wie Follistatin, FLRG und GASP bindet [33]. Nur das aktive Myostatin bindet sich an TGFß-Typ-II-Rezeptoren, die den Typ-I-Rezeptor und Smad2/3 am C-terminalen Ende phosphorylieren. Das phosphorylierte Smad2/3 geht dann zusammen mit Smad4 in den Zellkern, wo Gene reguliert werden, die wiederum die Muskelmasse regulieren [57].

Muskelfasern und der Basal Lamina, einem Netz aus elastischen Proteinen, das die Muskelfasern umhüllt. Sind Satellitenzellen für die Muskelhypertrophie nach Krafttraining notwendig? Diese Frage wurde über 20 Jahre lang intensiv diskutiert. In diesem Zusammenhang wurde die Hypothese von myonuklearen Domänen vorgeschlagen [43]. Diese Hypothese besagt, dass Mechanismen existieren, die dafür sorgen, dass das Verhältnis zwischen der Zahl der Zellkerne und dem Zellvolumen oder Zytoplasma konstant gehalten wird. Wenn diese Hypothese hält, dann muss in hypertrophierenden Muskelfasern die Zellkernzahl ansteigen, während atrophierende Muskelfasern Zellkerne verlieren sollten. Die Debatte um diese Hypothese und um die Funktion von Satellitenzellen während Hypertrophie war eine kontroverse Diskussion von Sportphysiologen im Journal of Applied Physiology [44].

Neuere Ergebnisse zeigen, dass Satellitenzellen zumindest kurzzeitig für die Hypertrophie nicht notwendig sind und dass die Myonuklearen-Domäne-Hypothese nicht zutrifft. Wenn Muskelhypertrophie über Myostatin-Knockout [45] oder die Überexprimierung von aktivem PKB/Akt induziert wird [46], dann führt dies in beiden Fällen zu einem Anstieg der myonuklearen Domäne, was suggeriert, dass neue Zellkerne, die von Satellitenzellen generiert werden, für diese Typen von Muskelhypertrophie nicht essentiell sind.

Der Goldstandard, um die myonukleare Domäne-Hypothese und die Rolle von Satellitenzellen für die Muskelhypertrophie nach Krafttraining zu überprüfen, ist, aus einem Muskel die Satellitenzellen zu entfernen und dann einen Hypertrophiereiz zu setzen. Hypertrophiert der Muskel nicht, dann wäre die Hypothese der myonuklearen Domänen widerlegt. Rosenblatt und Parry (1992) versuchten, die Funktion von Satellitenzellen zu blockieren, indem sie γ-Strahlung benutzten. Gleichzeitig benutzten sie Synergie-Ablation, um eine Hypertrophie zu induzieren. Sie fanden, dass die Muskelmasse um ≈ 25% nach γ-Irradiation und Hypertrophiereiz niedriger war, während derselbe Hypertrophiereiz alleine eine Hypertrophie um ≈ 20% hervorrief [47]. Ihre Interpretation war, dass Satellitenzellen für die Muskelhypertrophie notwendig waren. Jedoch hat γ-Strahlung starke Effekte nicht nur auf Satellitenzellen und daher wurde diese Studie unterschiedlich interpretiert. Fast 20 Jahre später generierten McCarthy et al. (2011) transgene Mäuse, bei denen in Satellitenzellen ein Gift exprimiert werden konnte, was zum Verlust von > 90% der Satellitenzellen führte. Das Entfernen von fast allen Satellitenzellen hatte keinen signifikanten Effekt auf die Muskelhypertrophie [48], was die myonukleare Domänen-Hypothese widerlegt und demonstriert, dass Satellitenzellen für die akute Muskelhypertrophie nicht notwendig sind. Jedoch war die Muskelmasse nach acht Wochen signifikant reduziert (persönliche Mitteilung, Charlotte A. Peterson). Zusammengefasst sind Satellitenzellen für eine akute Muskelhypertrophie nicht notwendig, doch sie werden für die langfristige Aufrechterhaltung einer Hypertrophie gebraucht.

Im Gegensatz dazu sind Satellitenzellen für die Muskelregeneration nach Muskelverletzung unabdingbar [49].

12.6 Gleichzeitiges Kraft- und Ausdauertraining (Concurrent Training)

In Sportarten wie Rugby, Zehnkampf und Rudern müssen Kraft- und Ausdauer gleichzeitig entwickelt werden. Hier ist eine wichtige Frage, inwieweit die beiden Trainingsarten sich beeinflussen und wann Kraft und Ausdauer an einem Tag trainiert werden sollen: Ausdauer- vor Krafttraining oder anders herum? Bereits 1980 wurde von Dr. Robert Hickson bemerkt, dass das gleichzeitige Training von Kraft und Ausdauer zu weniger Adaptation der jeweiligen konditionellen Fähigkeit führt, als das Training der einzelnen Fähigkeiten für sich [50]. In seinem Artikel postulierte Hickson, dass Verbesserungen der Kraft durch das simultan durchgeführte Ausdauertraining negativ beeinflusst werden. Dies wurde als der „*Concurrent Training Effekt*" bezeichnet. Zu dieser Zeit war wenig über die physiologischen Mechanismen bekannt, speziell darüber, wie durch Krafttraining ein Zuwachs der Muskelmasse und durch Ausdauertraining die metabolischen Verbesserungen der Zelle zustande kommen [51]. Zudem konnten die Messmethoden Veränderungen nicht sensitiv genug feststellen, um die Hypothese zu bestätigen. Obwohl Beweise für und gegen diesen Effekt folgten, scheint die Beeinflussung dieses Effekts in gewissen Situationen standzuhalten [52]. So konnte Hickson nur spekulieren über eventuelle Überschneidungen oder Beeinträchtigungen dieser Prozesse, die zur gewünschten Verbesserung führen.

Die heutige Wissenschaft sucht aber vor allem auf *molekularer Ebene* eine Erklärung für dieses Phänomen und scheint bei den antagonistischen Signalwegen von Kraft- und Ausdauerreizen fündig geworden zu sein [52].

Coffey et al. zeigten bereits den unerwünschten Effekt dieser antagonistischen Signalwege auf molekularer Ebene im Zusammenhang mit Kraft- und Ausdauertraining auf akute Belastungen [53]. Eine weitere Studie dieser Gruppe untersuchte auch den Concurrent Effekt bei aufeinander folgenden Sprint- und Kraftbelastungen [54]. Untersucht wurden unter anderem die mRNA von IGF-1 und MGF mit Hilfe von RT-PCR. Die Ergebnisse zeigten, dass auch wiederholte Sprints vor einem Krafttraining den akuten anabolen Effekt des Kraftreizes verringern. Dies zeigten unter anderem niedrigere IGF-1-mRNA-Werte.

Chronische morphologische und molekulare Adaptionen von Intervall-, Kraft- und Concurrent-Training, untersuchten auch de Souza et al. (2013). Trotz umfangreicher Untersuchungen mit Hilfe von Muskelbiopsien und Magnetresonanztomographien sowie molekularer Unterschiede der Adaptation zwischen den Trainingsarten sahen die Autoren keine Beeinträchtigung von Muskelkraft und Hypertrophie verglichen zur Krafttrainingsgruppe nach einer Trainingsperiode von acht Wochen [55].

Hawley (2009) versucht in seinem Review die Problematik molekular zu erklären und bezieht sich auf die Überschneidung der spezifischen Signalwege von Kraft- und Ausdauerreizen des Energiesensors AMPK. Die Aktivierung von AMPK durch Ausdauertraining inhibiert das Signal an mTOR via TSC (tuberoussclerosiscomplex) und supprimiert somit die durch Krafttraining induzierte Proteinsynthese [56].

Sicherlich stellt die Aufklärung dieses Phänomens eine große Herausforderung an Sportwissenschaftler. Dabei sollten Ergebnisse nicht nur auf den Trainingstyp, sondern auch auf die Intensität hinterfragt werden, da bezüglich akuter metabolischer und intrazellulärer Abläufe noch immer viele Fragen offen sind. Zudem kommt darüber hinaus dazu, dass molekulare Signalwege nicht linear ablaufen, sondern eher einem komplexen Netzwerk mit Feedback-Regulationen und Nebensignaleffekten entsprechen. Durch die Entwicklung immer sensitiverer Messmethoden und die Entdeckung neuer Faktoren bleibt dieses Feld der Sport-Forschung sicherlich ein interessantes.

Literatur

[1] Kelley G (1996) Mechanical overload and skeletal muscle fiber hyperplasia: a meta-analysis. J Appl Physiol (1985) 81 (4):1584–1588

[2] DeLorme T (1945) Restoration of muscle power by heavy-resistance exercises. J Bone Joint Surg Am 27:645

[3] Hubal MJ, Gordish-Dressman H, Thompson PD, Price TB, Hoffman EP, Angelopoulos TJ et al. (2005) Variability in muscle size and strength gain after unilateral resistance training. Med Sci Sports Exerc 37 (6):964–972. doi:00005768-200506000-00010 [pii]

[4] Kraemer WJ, Adams K, Cafarelli E, Dudley GA, Dooly C, Feigenbaum MS et al. (2002) American College of Sports Medicine position stand. Progression models in resistance training for healthy adults. Med Sci Sports Exerc 34 (2):364–380

[5] Aubert B, Barate R, Boutigny D, Couderc F, Gaillard JM, Hicheur A et al. (2004) Measurement of the B0→ΦK*0 decay amplitudes. Phys Rev Lett 93 (23):231804

[6] Carpinelli RN (2009) Challenging the American Collage of Sports and Medicine 2009 Position Stand on Resistance Training Medicina Sportiva 13 (2):131–137. doi:10.2478/v10036-009-0020-7

[7] Peeters MW, Thomis MA, Beunen GP, Malina RM (2009) Genetics and sports: an overview of the premolecular biology era. Med Sport Sci 54:28–42. doi:10.1159/000235695. 000235695 [pii]

[8] Ontell MP, Sopper MM, Lyons G, Buckingham M, Ontell M (1993) Modulation of contractile protein gene expression in fetal murine crural muscles: emergence of muscle diversity. Dev Dyn 198 (3):203–213. doi:10.1002/aja.1001980306

[9] Lexell J, Taylor CC, Sjostrom M (1988) What ist the Cause of the Aging Atrophy? Total Number, Size and Proportion of different Fiber Types studied in whole Vastus Muscle from 15- to 83-year-old Men. J Neurol Sci 84:275–294

[10] Bouchard C, Malina RM, Pérusse L (1997) Genetics of fitness and physical performance. Human Kinetics Publ., Champaign, Ill.

[11] Silventoinen K, Magnusson PK, Tynelius P, Kaprio J, Rasmussen F (2008) Heritability of body size and muscle strength in young adulthood: a study of one million Swedish men. Genet Epidemiol 32 (4):341–349. doi:10.1002/gepi.20308

[12] Heron MI, Richmond FJ (1993) In-series fiber architecture in long human muscles. J Morphol 216 (1):35–45. doi:10.1002/jmor.1052160106

[13] Janssen I, Heymsfield SB, Wang ZM, Ross R (2000) Skeletal muscle mass and distribution in 468 men and women aged 18–88 yr. Journal of applied physiology 89 (1):81–88

[14] Forsberg AM, Nilsson E, Wernemann J, Bergstrom J, Hultman E (1991) Muscle composition in relation to age and sex. Clin Sci (Lond) 81:249–256

[15] Carroll CC, Carrithers JA, Trappe TA (2004) Contractile protein concentrations in human single muscle fibers. J Muscle Res Cell Motil 25 (1):55–59

[16] Miller BF, Olesen JL, Hansen M, Dossing S, Crameri RM, Welling RJ et al. (2005) Coordinated collagen and muscle protein synthesis in human patella tendon and quadriceps muscle after exercise. J Physiol 567 (Pt 3): 1021–1033. doi:jphysiol.2005.093690[pii]. 10.1113/jphysiol.2005.093690

[17] Bohe J, Low JF, Wolfe RR, Rennie MJ (2001) Latency and duration of stimulation of human muscle protein synthesis during continuous infusion of amino acids. J Physiol 532 (Pt 2): 575–579. doi:PHY_12181[pii]

[18] Phillips SM, Tipton KD, Aarsland A, Wolf SE, Wolfe RR (1997) Mixed muscle protein synthesis and breakdown after resistance exercise in humans. Am J Physiol 273 (1 Pt 1):E99–107

[19] Tipton KD, Ferrando AA, Phillips SM, Doyle D, Jr., Wolfe RR (1999) Postexercise net protein synthesis in human muscle from orally administered amino acids. Am J Physiol 276 (4 Pt 1):E628–634

[20] Davies SP, Reddy H, Caivano M, Cohen P (2000) Specificity and mechanism of action of some commonly used protein kinase inhibitors. Biochem J 351 (Pt 1):95–105

[21] Baar K, Esser K (1999) Phosphorylation of p70(S6k) correlates with increased skeletal muscle mass following resistance exercise. Am J Physiol 276 (1 Pt 1):C120–127

[22] Bodine SC, Stitt TN, Gonzalez M, Kline WO, Stover GL, Bauerlein R et al. (2001) Akt/mTOR pathway is a crucial regulator of skeletal muscle hypertrophy and can pre-

vent muscle atrophy in vivo. Nat Cell Biol 3 (11):1014–1019. doi:10.1038/ncb1101-1014. ncb1101-1014 [pii]

[23] Drummond MJ, Fry CS, Glynn EL, Dreyer HC, Dhanani S, Timmerman KL et al. (2009) Rapamycin administration in humans blocks the contraction-induced increase in skeletal muscle protein synthesis. J Physiol 587 (Pt 7): 1535–1546. doi:10.1113/jphysiol.2008.163816. jphysiol.2008.163816 [pii]

[24] Goodman CA, Frey JW, Mabrey DM, Jacobs BL, Lincoln HC, You JS, Hornberger TA (2011) The role of skeletal muscle mTOR in the regulation of mechanical load-induced growth. J Physiol 589 (Pt 22): 5485–5501. doi:10.1113/jphysiol.2011.218255. jphysiol.2011.218255 [pii]

[25] Pallafacchina G, Calabria E, Serrano AL, Kalhovde JM, Schiaffino S (2002) A protein kinase B-dependent and rapamycin-sensitive pathway controls skeletal muscle growth but not fiber type specification. Proc Natl Acad Sci U S A 99 (14):9213–9218. doi:10.1073/pnas.142166599. 142166599 [pii]

[26] Goodman CA, Miu MH, Frey JW, Mabrey DM, Lincoln HC, Ge Y et al. (2010) A phosphatidylinositol 3-kinase/protein kinase B-independent activation of mammalian target of rapamycin signaling is sufficient to induce skeletal muscle hypertrophy. Mol Biol Cell 21 (18):3258–3268. doi:10.1091/mbc.E10-05-0454. E10-05-0454 [pii]

[27] Coleman ME, DeMayo F, Yin KC, Lee HM, Geske R, Montgomery C, Schwartz RJ (1995) Myogenic vector expression of insulin-like growth factor I stimulates muscle cell differentiation and myofiber hypertrophy in transgenic mice. J Biol Chem 270 (20):12109–12116

[28] Lai KM, Gonzalez M, Poueymirou WT, Kline WO, Na E, Zlotchenko E et al. (2004) Conditional activation of akt in adult skeletal muscle induces rapid hypertrophy. Mol Cell Biol 24 (21):9295–9304. doi:24/21/9295 [pii]. 10.1128/MCB.24.21.9295-9304.2004

[29] Kim E, Guan KL (2009) RAG GTPases in nutrient-mediated TOR signaling pathway. Cell Cycle 8 (7):1014–1018. doi:8124 [pii]

[30] Inoki K, Zhu T, Guan KL (2003) TSC2 mediates cellular energy response to control cell growth and survival. Cell 115 (5):577–590. doi:S0092867403009292[pii]

[31] Holz MK, Ballif BA, Gygi SP, Blenis J (2005) mTOR and S6K1 mediate assembly of the translation preinitiation complex through dynamic protein interchange and ordered phosphorylation events. Cell 123 (4):569–580. doi:S0092-8674(05)01157-8[pii]. 10.1016/j.cell.2005.10.024

[32] McPherron AC, Lawler AM, Lee SJ (1997) Regulation of skeletal muscle mass in mice by a new TGF-beta superfamily member. Nature 387 (6628):83–90. doi:10.1038/387083a0

[33] Lee SJ (2007) Quadrupling muscle mass in mice by targeting TGF-beta signaling pathways. PloS one 2 (8):e789. doi:10.1371/journal.pone.0000789

[34] Sutrave P, Kelly AM, Hughes SH (1990) ski can cause selective growth of skeletal muscle in transgenic mice. Genes Dev 4 (9):1462–1472

[35] Mendias CL, Marcin JE, Calerdon DR, Faulkner JA (2006) Contractile properties of EDL and soleus muscles of myostatin-deficient mice. J Appl Physiol (1985) 101 (3):898–905. doi:00126.2006 [pii]. 10.1152/japplphysiol.00126.2006

[36] Schuelke M, Wagner KR, Stolz LE, Hubner C, Riebel T, Komen W et al. (2004) Myostatin mutation associated with gross muscle hypertrophy in a child. N Engl J Med 350 (26):2682–2688. doi:10.1056/NEJMoa040933. 350/26/2682 [pii]

[37] Mosher DS, Quignon P, Bustamante CD, Sutter NB, Mellersh CS, Parker HG, Ostrander EA (2007) A mutation in the myostatin gene increases muscle mass and enhances racing performance in heterozygote dogs. PLoS Genet 3 (5):79. doi:07-PLGE-RA-0050R2 [pii]. 10.1371/journal.pgen.0030079

[38] Kim JS, Petrella JK, Cross JM, Bamman MM (2007) Load-mediated downregulation of myostatin mRNA is not sufficient to promote myofiber hypertrophy in humans: a cluster analysis. J Appl Physiol (1985) 103 (5):1488–1495. doi:01194.2006 [pii]. 10.1152/japplphysiol.01194.2006

[39] Whittemore LA, Song K, Li X, Aghajanian J, Davies M, Girgenrath S et al. (2003) Inhibition of myostatin in adult mice increases skeletal muscle mass and strength. Biochem Biophys Res Commun 300 (4):965–971. doi:S0006291X02029534[pii]

[40] Welle S, Bhatt K, Pinkert CA, Tawil R, Thornton CA (2007) Muscle growth after postdevelopmental myostatin gene knockout. Am J Physiol Endocrinol Metab 292 (4):E985–991. doi:00531.2006 [pii]. 10.1152/ajpendo.00531.2006

[41] Welle S, Bhatt K, Pinkert CA (2006) Myofibrillar protein synthesis in myostatin-deficient mice. Am J Physiol Endocrinol Metab 290 (3):E409–415. doi:00433.2005 [pii]. 10.1152/ajpendo.00433.2005

[42] Welle S, Mehta S, Burgess K (2011) Effect of postdevelopmental myostatin depletion on myofibrillar protein metabolism. Am J Physiol Endocrinol Metab 300 (6):E993–E1001. doi:10.1152/ajpendo.00509.2010. ajpendo.00509.2010 [pii]

[43] Allen DL, Roy RR, Edgerton VR (1999) Myonuclear domains in muscle adaptation and disease. Muscle Nerve 22 (10):1350–1360. doi:10.1002/(SICI)1097-4598(199910)22:10<1350::AID-MUS3>3.0.CO;2-8 [pii]

[44] O`Conner RS, Pavlath GK (2007) Point:Counterpoint:Satellite Cell Addition is/is not obligatory for Skeletal Muscle Hypertrophy. J Appl Physiol 103:1099–1100

[45] Amthor H, Otto A, Vulin A, Rochat A, Dumonceaux J, Garcia L et al. (2009) Muscle hypertrophy driven by myostatin blockade does not require stem/precursor-cell activity. Proc Natl Acad Sci U S A 106 (18):7479–7484. doi:10.1073/pnas.0811129106. 0811129106 [pii]

[46] Blaauw B, Canato M, Agatea L, Toniolo L, Mammucari C, Masiero E et al. (2009) Inducible activation of Akt increases skeletal muscle mass and force without satellite cell activation. FASEB J 23 (11):3896–3905. doi:10.1096/fj.09-131870. fj.09-131870 [pii]

[47] Rosenblatt JD, Parry DJ (1992) Gamma irradiation prevents compensatory hypertrophy of overloaded mouse extensor digitorum longus muscle. J Appl Physiol (1985) 73 (6):2538–2543

[48] McCarthy JJ, Mula J, Miyazaki M, Erfani R, Garrison K, Farooqui AB et al. (2011) Effective fiber hypertrophy in satellite cell-depleted skeletal muscle. Development 138 (17):3657–3666. doi:10.1242/dev.068858. 138/17/3657 [pii]

[49] Lepper C, Partridge TA, Fan CM (2011) An absolute requirement for Pax7-positive satellite cells in acute injury-induced skeletal muscle regeneration. Development 138 (17):3639–3646. doi:10.1242/dev.067595. 138/17/3639 [pii]

[50] Hickson RC (1980) Interference of strength development by simultaneously training for strength and endurance. Eur J Appl Physiol Occup Physiol 45 (2–3):255–263

[51] Baar K (2006) Training for endurance and strength: lessons from cell signaling. Med Sci Sports Exerc 38 (11):1939–1944. doi:10.1249/01.mss.0000233799.62153.19. 00005768-200611000-00009 [pii]

[52] Nader GA (2006) Concurrent strength and endurance training: from molecules to man. Med Sci Sports Exerc 38 (11):1965–1970. doi:10.1249/01.mss.0000233795.39282.33. 00005768-200611000-00013 [pii]

[53] Coffey VG, Pilegaard H, Garnham AP, O'Brien BJ, Hawley JA (2009) Consecutive bouts of diverse contractile activity alter acute responses in human skeletal muscle. J Appl Physiol (1985) 106 (4):1187–1197. doi:10.1152/japplphysiol.91221.2008.91221.2008 [pii]

[54] Coffey VG, Jemiolo B, Edge J, Garnham AP, Trappe SW, Hawley JA (2009) Effect of consecutive repeated sprint and resistance exercise bouts on acute adaptive responses in human skeletal muscle. Am J Physiol Regul Integr Comp Physiol 297 (5):R1441–1451. doi:10.1152/ajpregu.00351.2009.00351.2009 [pii]

[55] de Souza EO, Tricoli V, Roschel H, Brum PC, Bacurau AV, Ferreira JC et al. (2013) Molecular adaptations to concurrent training. Int J Sports Med 34 (3):207–213. doi:10.1055/s-0032-1312627

[56] Hawley JA (2009) Molecular responses to strength and endurance training: are they incompatible? Appl Physiol Nutr Metab 34 (3):355–361. doi:10.1139/H09-023. h09-023 [pii]

[57] Wackerhage H (2014) Molecular Exercise Physiology: An introduction. Routledge, New York

Stoffwechselprinzipien der Ernährung

Petra Stuparits, Erich Roth, Karl-Heinz Wagner

13.1 Einleitung – 321

13.2 Bedeutung der Ernährung für den Muskel – 321
13.2.1 Kohlenhydrate – 322
13.2.2 Proteine – 322
13.2.3 Fette – 323
13.2.4 Mikronährstoffe – 323
13.2.5 Flüssigkeitszufuhr – 323

13.3 Chemie der Makro- und Mikronährstoffe – 324
13.3.1 Proteine, Aminosäuren – 324
13.3.2 Kohlenhydrate – 325
13.3.3 Fette – 326
13.3.4 Vitamine – 328
13.3.5 Mineralstoffe – Mengenelemente – 328
13.3.6 Mineralstoffe – Spurenelemente – 330

13.4 Molekulare Ernährungsprinzipien – 331
13.4.1 Stickstoffhomöostase – 331
13.4.2 Aminosäuren – 331
13.4.3 Energiegewinnung – 333
13.4.4 Glukosestoffwechsel – 333
13.4.5 Fettstoffwechsel – 335

N. Bachl, H. Löllgen, H. Tschan, H. Wackerhage, B. Wessner (Hrsg.),
Molekulare Sport- und Leistungsphysiologie,
https://doi.org/10.1007/978-3-7091-1591-6_13

13.5 Einfluss der Ernährung auf physiologische und molekulare Mechanismen der Trainingsanpassung – 336
13.5.1 Regulation des Energiestoffwechsels – 336
13.5.2 Kohlenhydratstoffwechsel und Trainingsanpassung – 337
13.5.3 Fettstoffwechsel und Trainingsanpassung – 339
13.5.4 Proteinstoffwechsel und Trainingsanpassung – 344

13.6 Nahrungsergänzungsmittel im Sport – 347

Literatur – 352

Die Ernährung des Sportlers stellt neben dem Training eine wichtige Grundlage für die sportliche Leistungsfähigkeit dar. Die individuell optimale Nahrungszufuhr hängt dabei von verschiedenen Faktoren ab, wie beispielsweise von der Art der Belastung, der Belastungsintensität oder -dauer. Bei der Ernährung des Sportlers geht es allerdings nicht nur um eine ausreichende Versorgung hinsichtlich des Energie- bzw. Makro- und Mikronährstoffbedarfs, um das Funktionieren der normalen physiologischen Vorgänge zu gewährleisten, sondern vielmehr darum, Stoffwechselwege auf zellulärer Ebene und somit die Anpassungsmechanismen an verschiedene Trainingsreize zu optimieren. Während für die Energiebereitstellung primär Kohlenhydrate und Fette von Bedeutung sind, spielt für den Muskelaufbau vor allem das Eiweiß als Muskelgrundsubstanz die wichtigste Rolle. Bei ihrem Abbau liefern die Makronährstoffe dem Organismus somit Verbrennungsenergie und Bausteine, welche dann entweder zur Energiegewinnung weiter zerlegt (kataboler Stoffwechsel) oder zum Aufbau neuer Moleküle (anaboler Stoffwechsel) verwendet werden können. Bezüglich der Sporternährung können Nahrungsergänzungsmittel unter bestimmten Umständen dazu beitragen, die Deckung des Nährstoffbedarfs zu erleichtern bzw. optimieren.

13.1 Einleitung

In diesem Kapitel sollen Grundlagen der Sporternährung beschrieben werden, wobei zunächst einmal auf die Bedeutung der Ernährung für den Muskel sowie auf die Chemie der Makro- und Mikronährstoffe eingegangen wird. Danach werden molekulare Ernährungsprinzipien sowie der Einfluss der Ernährung auf molekulare Mechanismen der Trainingsanpassung näher betrachtet. Den Abschluss bildet eine kurze Darstellung ausgewählter Nahrungsergänzungsmittel mit ihren jeweiligen diskutierten Wirkungsweisen, die im Sport von Bedeutung sein könnten.

Es ist im Rahmen dieses Kapitels allerdings nicht möglich, eine umfassende Darstellung der Ernährungsphysiologie sowie der molekularen Mechanismen zu geben. Diesbezüglich sei auf ausgezeichnete Lehrbücher und Monographien zu diesem Thema verwiesen [1–8]. Diese wurden u. a. auch im Rahmen der Bearbeitung dieses Kapitels verwendet.

Dennoch sollen im Folgenden die wichtigsten ernährungsphysiologischen sowie molekularen Grundlagen der Ernährung im Zusammenhang mit physischer Aktivität, Sport bzw. Training dargestellt werden.

13.2 Bedeutung der Ernährung für den Muskel

Die sportliche Leistungsfähigkeit eines Individuums hängt nicht nur vom Training ab. Es gibt zahlreiche weitere Einflussfaktoren, die zum Erfolg oder Misserfolg beitragen. Eine optimierte Ernährung ist einer davon und stellt sowohl für Leistungs- als auch für Breitensportler eine wichtige Grundlage zur Erlangung und Erhaltung sportlicher Leistungen dar.

Obwohl in allen Leistungsklassen dieselben Prinzipien der Sporternährung gelten, steigt die Bedeutung einer optimierten Sporternährung mit steigendem Leistungsniveau an.

Die Zufuhrempfehlungen für Sportler hängen zudem von folgenden Faktoren ab:

- Art der Belastung in der jeweiligen Disziplin (Sportartgruppe)
- Belastungsintensität
- Saisonplanung (Vorbereitung-, Wettkampf- und Übergangsperiode)
- Trainingsschwerpunkt (z. B. Ausdauer)
- Körpergewichtsbeschränkungen in einzelnen Sportarten

Dabei dient die Ernährung dem Sportler nicht nur als Energielieferant, sondern sie erfüllt noch viele weitere Funktionen, die im Folgenden diskutiert werden.

Allgemein betrachtet stellt die Ernährung die energetische und stoffliche Basis für sportliche Aktivität bzw. die Funktionsfähigkeit der Muskulatur dar. Dies begründet sich unter anderem damit, dass über die Nahrungszufuhr zum einen Energie für die Muskelkontraktion bzw. die Muskelarbeit und zum anderen Bausubstanz für den Muskel bereitgestellt wird.

Diese Vorgänge werden durch die Aufnahme und anschließende biochemische Umwandlung

(Metabolisierung) der in der Nahrung enthaltenen Makronährstoffe – nämlich Eiweiß, Fett und Kohlenhydrate – realisiert. Während für die Energiebereitstellung primär Kohlenhydrate und Fette von Bedeutung sind, spielt für den Muskelaufbau vor allem das Eiweiß – auch Protein genannt – als Muskelgrundsubstanz die wichtigste Rolle. Bei ihrem Abbau liefern die Makronährstoffe dem Organismus somit Verbrennungsenergie und Bausteine, welche dann entweder zur Energiegewinnung weiter zerlegt (kataboler Stoffwechsel) oder zum Aufbau neuer Moleküle (anaboler Stoffwechsel) verwendet werden können. Nicht bzw. nur sehr wenig verwertbare Nährstoffe werden als Ballaststoffe bezeichnet. Sie liefern dem Organismus zwar keine bzw. nur sehr wenig Energie, sind aber darüber hinaus für den Stoffwechsel sehr wichtig, da sie zum Beispiel für das Funktionieren der Darmflora mitverantwortlich sind.

Nicht alle Makronährstoffe weisen die gleiche Energiedichte auf. Fett liefert durchschnittlich 9,3 kcal/g und somit mehr als doppelt so viel Energie wie Kohlenhydrate und Protein mit jeweils durchschnittlich 4,1 kcal/g. Welcher Nährstoff in welchem Ausmaß letztendlich für die Energieversorgung während einer sportlichen Belastung herangezogen wird, hängt von verschiedensten Faktoren ab, wobei die Belastungsdauer und -intensität den größten Einfluss haben.

Betrachtet man die allgemeinen Empfehlungen für die tägliche Makronährstoffaufnahme eines Sportlers in Prozent der täglichen Gesamtenergiezufuhr, so zeigt sich, dass Kohlenhydrate mit mehr als 50% der Gesamtenergiezufuhr den größten Anteil einnehmen, gefolgt von den Fetten mit einem Anteil von 25 bis 30% und Protein mit 12 bis 15%. Bezieht man die Sportartengruppen (ausdauerbetonte Sportarten bzw. Spielsportarten, kraftbetonte Sportarten und Kraftausdauer bzw. Schnellkraft) mit ein, so zeigt sich, dass vor allem ausdauerbetonte Sportarten einen erhöhten Kohlenhydratbedarf (60%) im Vergleich zu den anderen Sportartengruppen aufweisen, vor allem in der Vorwettkampfphase

13.2.1 Kohlenhydrate

Neben ihrer Funktion als schnell verfügbare Energiequelle bzw. Energiespeicher (Leber- und Muskelglykogen) spielen Kohlenhydrate auch in der Regulation des Fett- und Proteinstoffwechsels eine wichtige Rolle. Eine Energiegewinnung aus freien Fettsäuren während sportlicher Aktivitäten – auch als Fettverbrennung oder Fettoxidation bezeichnet – wäre beispielsweise ohne das Vorhandensein von Kohlenhydraten nicht möglich. Der Grund dafür ist, dass bei der Kohlenhydratverwertung ein für das Funktionieren des Fettabbaus notwendiger Stoffwechselmetabolit bereitgestellt wird, wodurch die Verwendung von freien Fettsäuren für den Muskel als Energiequelle erst möglich wird.

Eine weitere wichtige Funktion der Kohlenhydrate ist die sogenannte „proteinsparende Wirkung". Steht dem Organismus nämlich nicht genügend Glukose aus der Nahrung zur Verfügung, so wird der Bedarf über den Vorgang der Glukoneogenese gedeckt. Das bedeutet in diesem Fall, dass Kohlenhydrate aus Nahrungs- oder Körpereiweiß synthetisiert werden, wodurch es zu einem Abbau von Körpereiweiß bzw. Muskelmasse kommt. Eine ausreichende periodische Kohlenhydratversorgung (von mindestens 10% der Gesamtenergie) schützt somit den Muskel vor einer katabolen Stoffwechsellage, vor allem da die Kohlenhydratspeicher im Körper sehr gering sind.

13.2.2 Proteine

Proteine bestehen aus Ketten unterschiedlicher Aminosäuren und kommen in jeder Körperzelle des Menschen vor. Aufgrund ihres unterschiedlichen Aufbaus üben sie vielfältige Funktionen im Körper aus. Während strukturelle Proteine – wie Kollagene, Elastine usw. – maßgebend am Aufbau aller Körpergewebe beteiligt sind, haben funktionelle Proteine – wie Enzyme oder Hormone – eher stoffwechselregulierende Funktionen. Dazu zählen unter anderem der Sauerstofftransport, die Immunabwehr sowie die Blutgerinnung.

Als Energielieferant nehmen die Proteine eine eher untergeordnete Rolle ein; ein Proteinabbau (katabole Stoffwechsellage) ist für einen gesunden Organismus grundsätzlich nicht erwünscht. Sie werden nur bei einem Überangebot an Eiweiß oder einem Mangel an Kohlenhydraten bzw. Fett zur Energiebereitstellung herangezogen (z. B. nach Diäten).

Die Tatsache, dass die Muskulatur mit einem Anteil von 60% des Gesamtkörpereiweißes den größten Proteinspeicher darstellt und je nach Proteinverfügbarkeit ein ständiger Proteinauf- und -abbau stattfindet, zeigt die Wichtigkeit einer ausreichenden alimentären Eiweißzufuhr – speziell für Sportler – auf.

13.2.3 Fette

Bezüglich der Fettzufuhr gibt es Empfehlungen, die besagen, dass etwa 25 bis 30% der täglichen Energiemenge über die Aufnahme von Nahrungsfetten gedeckt werden soll. Dabei ist aber vor allem die Fettqualität von großer Bedeutung. Demzufolge sollte etwa je ein Drittel der aufgenommenen Fette aus gesättigten, einfach ungesättigten und mehrfach ungesättigten Fettsäuren stammen (der Schwerpunkt sollte bei einfach ungesättigten Fettsäuren liegen), wobei vor allem die Omega-3- und Omega-6-Fettsäuren, welche zur Gruppe der mehrfach ungesättigten Fettsäuren zählen, einen positiven Einfluss auf die Regeneration nach sportlichen Belastungen haben.

Weitere wichtige Funktionen von Nahrungsfetten sind der Transport und die Aufnahme fettlöslicher Vitamine sowie die Beteiligung an der Bildung von Gallensäure, Hormonen und Eicosanoiden. Zudem üben Fettsäuren eine zentrale Rolle im Stoffwechsel aus, indem sie einen Struktur- bzw. Funktionsbestandteil der Zellmembran darstellen. Aufgrund dieser vielfältigen Funktionen birgt eine zu geringe Fettzufuhr (< 20% der Gesamtenergiezufuhr) die Gefahr von Stoffwechselfunktionsstörungen. Diesbezüglich stellen vor allem Sportler aus Disziplinen, in denen ein niedriges Körpergewicht aus ästhetischen Gründen (z. B. Turner oder Schispringer) oder aufgrund eines Wettbewerbsvorteils (z. B. Langstreckenläufer) erwünscht ist, eine Risikogruppe dar.

13.2.4 Mikronährstoffe

Neben den oben angeführten Makronährstoffen sind auch die Mikronährstoffe, die – wie der Name schon sagt – in mengenmäßig geringeren Anteilen in der Nahrung vorkommen, von großer Bedeutung für den Muskelstoffwechsel. Dazu zählen Vitamine und Mineralstoffe. Bei den Vitaminen unterscheidet man zwischen wasser- und fettlöslichen Vitaminen bzw. bei den Mineralstoffen abhängig von ihrem mengenmäßigen Anteil im Körper zwischen Mengenelementen (> 50 mg/kgKG) und Spurenelementen (< 50 mg/kgKG). Ausführlichere Informationen zu den Mikronährstoffen sind in ▶ Abschn. 13.5.3 angeführt.

13.2.5 Flüssigkeitszufuhr

Eine adäquate Flüssigkeitszufuhr ist für die Leistungsfähigkeit eines Athleten sehr wichtig. Faktoren, die den Flüssigkeitsbedarf beeinflussen, sind die Umgebungstemperatur, -feuchtigkeit, die Körpermasse sowie die Zusammensetzung der Ernährung. Beim Sportler spielen zudem die Intensität und Dauer der jeweiligen Belastung eine wichtige Rolle. Je länger und intensiver die sportliche Belastung, umso größer sind die Schweiß- und somit die Flüssigkeitsverluste aufgrund der Thermoregulation.

Wird weniger Flüssigkeit zugeführt, als verloren geht, dann spricht man von einem Wassermangel oder Dehydration. Liegt eine Dehydration vor, so bedeutet dies, dass das Blutvolumen reduziert ist. Das kann zu Müdigkeit und vor allem zur Beeinträchtigung der Leistungsfähigkeit des Athleten führen. Erste leistungsbeeinträchtigende Effekte können ab einem Gewichtsverlust von ca. 2% des Körpergewichts festgestellt werden, was sich beispielsweise in der Abnahme der aeroben Kapazität sowie der kognitiven und mentalen Fitness zeigt. Bei einer weiteren Abnahme der Flüssigkeitsversorgung des Körpers nehmen die Speichelbildung sowie die Urinproduktion ab bzw. können Kopfschmerzen auftreten. Bei Flüssigkeitsverlusten von mehr als 10% des Körpergewichts kann es zu schweren Stoffwechselschädigungen kommen. Sichtbare Zeichen dafür sind Schwindel, Herzrhythmusstörungen und ein Kreislaufkollaps.

Um eine Unterversorgung des Sportlers mit Flüssigkeit zu vermeiden, hat das *American College of Sports Medicine* (ACSM) Empfehlungen für eine optimale Flüssigkeitszufuhr ausgearbeitet. Demnach soll in der Zeitspanne von mindestens vier Stunden **vor der Belastung** eine Flüssigkeitsmenge von 5–7 ml/kgKG zugeführt werden. Da die Flüssigkeitszufuhr **während der Belastung** von mehreren Faktoren, wie der individuellen Schweißrate, der Belastungsdauer, den Umgebungsbedingungen usw., abhängt, wird diesbezüglich lediglich empfohlen, ausreichend zu trinken, um eine Dehydration zu vermeiden. Dies könnte für einen Marathonläufer beispielsweise bedeuteten, dass er alle 15 bis 20 Minuten ca. 150 bis 200 ml Flüssigkeit konsumiert, sodass sich eine Flüssigkeitszufuhr von ca. 400 bis 800 ml pro Stunde ergibt. Die Empfehlungen zur Flüssigkeitszufuhr **nach der Belastung** gehen von einer Trinkmenge von 1,5 l pro Kilogramm Körpergewichtsverlust aus. Aufgrund der Tatsache, dass Elektrolyte, und hier vor allem das Natrium, über den Schweißverloren gehen, sollten diese dem Sportgetränk zugesetzt werden [9], allerdings immer unter der Berücksichtigung der täglichen hohen Salzaufnahme v. a. bei Breitensportlern.

13.3 Chemie der Makro- und Mikronährstoffe

13.3.1 Proteine, Aminosäuren

Proteine sind Ketten aus Aminosäuren, die durch Peptidbindungen verknüpft sind. Die einzelnen Proteine unterscheiden sich durch die Anzahl und die Anordnung der einzelnen Aminosäuren innerhalb der Kette. Diese Anordnung wird auch Aminosäuresequenz oder primäre Proteinstruktur genannt. Die Aminosäurekette ist als Helix (alpha-Helix) geformt, die als sekundäre Struktur bezeichnet wird. Die tertiäre Struktur repräsentiert die dreidimensionale Form der alpha-Helix im Raum.

Der Wert eines Nahrungsmittelproteins wird über die biologische Wertigkeit definiert. Pflanzliche und tierische Proteine unterscheiden sich von menschlichen Proteinen in ihrer Zusammensetzung (Aminosäuresequenz). Die Qualität eines Proteins ist umso höher, je mehr körpereigenes Protein daraus aufgebaut werden kann. Je höher die biologische Wertigkeit eines Nahrungsproteins, umso geringer ist die Proteinmenge, die zur Aufrechterhaltung der Stickstoffbilanz und somit für den Erhalt oder den Aufbau von Skelettmuskulatur notwendig ist.

Qualitativ hochwertige proteinhaltige Nahrungsquellen sind Milch, Käse, Ei, Fleisch, Fisch sowie vegetarische Nahrungsmittel wie Hülsenfrüchte, Soja und Getreide. Vor allem Vegetarier müssen darauf achten, ausreichend Protein aufzunehmen, um nicht in eine Proteinmangelsituation zu kommen. Glücklicherweise ergänzen sich auch pflanzliche Nahrungsmittel hinsichtlich ihrer Proteinqualität. Eine Mischung von Gemüse, Hülsenfrüchten, Kartoffeln etc. führt daher auch zu einer ausreichenden Proteinqualität bei Vegetariern (Eier sind eine hervorragende Proteinquelle bei Ovo-Lacto-Vegetariern). In Indien, wo ein großer Teil der Bevölkerung vegetarisch lebt, gibt es täglich Dal, das hauptsächlich aus Hülsenfrüchten (Kichererbsen, Linsen, Erbsen, Bohnen) besteht und eine adäquate Proteinversorgung gewährleistet. Der Nachteil einer zu fleischbetonten Kost ist einerseits der hohe Puringehalt, welcher die Entstehung von Gicht begünstigt, und andererseits der hohe Cholesterinanteil, der gefäßbeeinträchtigend wirkt.

Aminosäuren sind der Definition nach Verbindungen, die eine Säure- und eine Aminogruppe beinhalten. Nach dieser Definition gibt es im menschlichen Körper ungefähr 500 Verbindungen, die zu den Aminosäuren gezählt werden [6]. Ernährungsphysiologisch stellen primär 20 α-Amino-α-Karboxylsäuren die Bausteine der Proteine dar. Diese 20 Aminosäuren unterscheiden sich in der Zusammensetzung ihrer Seitenketten, die jeder Aminosäure eine spezifische Form und Größe geben. Aufgrund der unterschiedlichen Zusammensetzung unterscheiden sich die Aminosäuren in ihrem Löslichkeitsverhalten und ihrer elektrischen Mobilität. Räumlich gesehen sind vier unterschiedliche funktionelle Gruppen um ein zentrales Kohlenstoffatom herum angeordnet: Die Aminogruppe, die Carboxylgruppe, eine Seitenkette und ein Wasserstoffatom. Diese Konformation entspricht einem chiralen Zentrum, wo es räumlich gesehen zu zwei nicht deckungsgleichen, aber spiegelbildlichen Molekülkonformationen („Stereoisomeren") kommt. Von den Aminosäureisomeren steht D (für dexter = rechts) für ein rechtsdrehendes und L (für laevus = links) für ein linksdrehendes Isomer. Mit Ausnahme von Glyzin, das kein chirales Zentrum hat, gibt es für alle Aminosäuren ein D- bzw. L-Isomer. In Proteinen und Peptiden liegen die Aminosäuren nahezu exklusiv in der L-Form vor. D-Aminosäuren finden sich vereinzelt in bakteriellen Proteinen und Peptiden. Die in der Nomenklatur häufig als R bezeichneten Seitenketten der Aminosäuren können enzymatisch oder nicht-enzymatisch modifiziert

13

werden. Solche Modifizierungen treten ko- oder posttranslational auf. Posttranslationale Modifizierungen betreffen die Methylierung von Lysyl- oder Histidylresten, die Hydroxylierung von Prolyl- und Lysylresten, die Phosphorylierung von Serylresten oder die Carboxylierung von Glutamylresten. Diese posttranslationalen Modifizierungen von R-Gruppen beeinflussen die strukturellen und funktionellen Eigenschaften von Proteinen. Aminosäuren liegen in Abhängigkeit vom pH-Wert des umgebenden Milieus in unterschiedlichen Ladungszuständen vor. Diese Ladungszustände sind abhängig von der Art und Anzahl der funktionellen Gruppen, die in der Lage sind, mit dem Hydroniumion zu reagieren oder dieses auszutauschen. Aus diesem Grund ist es möglich, für jede Aminosäure Titrationskurven aufzustellen, die darlegen, in welcher elektrostatischen Form – bei einem gegebenen pH – die Aminosäure vorliegt. Beispielhaft seien die Kennzahlen der Titrationskurve der Aminosäure Alanin dargestellt. Alanin hat zwei titrierbare Gruppen. Bei einem niedrigen pH-Wert (d. h. bei einer hohen Konzentration an Hydroniumionen) ist sowohl die Aminogruppe als auch die Karboxylgruppe protoniert. Das heißt, dass das Molekül in positiv geladener Form vorliegt. Fügt man nun eine Lauge hinzu, so verlieren zuerst die Karboxylgruppe und dann die Aminogruppe ihre Protonen. In der Mitte dieses Titrationsvorganges, wenn die Karboxylgruppe unprotoniert und negativ geladen vorliegt, ist die Aminogruppe noch protoniert und positiv geladen, sodass das Molekül nun in neutraler Form vorliegt. Durch weiteres Hinzufügen von Lauge verliert die Aminogruppe ihr Hydroniumion und ihre positive Ladung, und Alanin liegt nun negativ geladen vor.

13.3.2 Kohlenhydrate

Kohlenhydrate – Saccharide (sacchar = Zucker) – bestehen aus Kohlenstoff, Wasserstoff und Sauerstoff. Auf Grund der Anordnung der Atome um das Kohlenstoffatom (C) gibt es bei Zuckern zwei Stereoisomere, eine D- und eine L- Form, die von den menschlichen Enzymen unterschiedlich schnell umgesetzt werden. Für die Zuordnung zur D- oder L-Reihe ist die Stellung der Hydroxylgruppe an dem asymmetrischen C-Atom entscheidend, die am weitesten von der Aldehyd- bzw. Ketogruppe entfernt ist. Diese D- und L-Formen werden Enantiomere genannt. Von den beiden Enantiomeren der Glukose kommt in der Natur nur die D-Form vor.

Je nach Molekülgröße werden Monosaccharide, Disaccharide, Oligosaccharide und Polysaccharide unterschieden. Für den menschlichen Organismus sind die **Monosaccharide**, die als Hexosen (bestehend aus sechs Kohlenstoffatomen) vorliegen, von größter Bedeutung. Glukose, Fruktose, Galaktose und Mannose sind Hexosen. Das wichtigste Monosaccharid für den menschlichen Körper ist die Glukose, die in den Disacchariden Saccharose, Maltose und Laktose enthalten ist. Darüber hinaus kommt Glukose in Obst und Honig sowie in den Polysacchariden Stärke, Glykogen und Zellulose vor. Andere Bezeichnungen für Glukose sind Dextrose und Traubenzucker. Glukose wird vom Körper sehr rasch aufgenommen und ist der wichtigste Kohlenhydratmetabolit des Körpers hinsichtlich der Energiebereitstellung. Die im Körper zirkulierende Menge an Glukose ist sehr gering, sodass die Glukose kontinuierlich aus Glykogen oder aus Aminosäuren gebildet werden muss. Glukoseabhängige Organe sind vor allem die Blutzellen und das Gehirn. Ein weiteres wichtiges Monosaccharid ist die Fruktose (Fruchtzucker, Lävulose), die ein Bestandteil des Disaccharids Saccharose ist und darüber hinaus in Früchten, Mais und Honig vorkommt. Fruktose wird vor allem in Amerika enzymatisch aus Maissirup hergestellt. Fruktose kommt zusehends in schlechten Ruf, weil der hohe Konsum an Maissirup (als Süßungsmittel vor allem in Fruchtsäften und in vielen verarbeiteten Lebensmitteln enthalten) für das Ansteigen der Adipositashäufigkeit in den USA verantwortlich zu sein scheint. Die Industrie versucht, Rohrzucker durch Fruktosesirup zu ersetzen, weil dieser geringere Produktionskosten verursacht. Der Nachteil der Fruktose ist aber, dass diese schneller als Glukose in Fett umgewandelt wird.

Die wichtigsten **Disaccharide** sind Saccharose (auch als Haushaltszucker bekannt; wird aus Zuckerrübe, Zuckerrohr und Früchten gewonnen), Maltose (zwei Glukosemoleküle) und Laktose (Galaktose und Glukose), der Milchzucker. Die Saccharose ist wohl der in unseren Haushalten am häufigsten verwendete Zucker. Die Maltose kommt in Getreidekörner, keimender Gerste, Malz und Bier vor. Bezüglich der

Laktose sei vermerkt, dass es vor allem im asiatischen Raum eine Laktoseintoleranz gibt, die sich dadurch auszeichnet, dass das Enzym Laktase fehlt, wodurch die Laktose nicht in ihre Bestandteile zerlegt bzw. verdaut werden kann. Dieses Enzym ist zwar beim gestillten Baby in großer Menge vorhanden, die Laktasebildung reduziert sich aber im Erwachsenenalter. In Gebieten, wo eine extensive Milchwirtschaft betrieben wird, wie in Europa, hat sich offenbar eine Bevölkerung mit einer erhöhten Laktaseproduktion herausmutiert, sodass in Europa nur ungefähr 10% der Bevölkerung eine Laktoseintoleranz haben; allerdings ist die Prävalenz ansteigend. Eine Laktoseintoleranz führt zu Blähungen und Durchfall, weil die im Dickdarm vorkommende Laktose durch die Darmbakterien verdaut wird, wobei Methan und CO_2 bzw. Laktat entsteht. Letzteres ist osmotisch aktiv und führt zu einem Wassereinstrom in den Darm.

Polysaccharide sind polymere Verbindungen, die aus einer großen Anzahl glykosidisch gebundener Monosaccharide bestehen. Bei den Polysacchariden unterscheidet man Homoglykane und Heteroglykane. Homoglykane, wie zum Beispiel Stärke, Glykogen und Cellulose, enthalten nur eine Monosaccharidart als Baustein, während Heteroglykane Polysaccharide darstellen, die häufig in Verbindung mit Proteinen oder Lipiden auftreten, wie zum Beispiel in Form von Glykoproteinen oder Glykolipiden. Die Stärke ist für die Ernährung das wichtigste pflanzliche Polysaccharid. Stärke besteht aus zwei Arten von Glukosepolymeren, nämlich aus α-Amylose und Amylopektin. Amylose wird im Verdauungstrakt durch die α-Amylase zu Maltose abgebaut. Amylopektin ist der Hauptbestandteil des Stärkekorns (70 bis 80%) und besteht aus α-glykolytisch gebundenen Glukoseresten in verzweigten Ketten. Bei der enzymatischen Hydrolyse entsteht neben Maltose aus den Verzweigungsstellen Isomaltose, weil sie durch die α-Glukosidase abgebaut wird. Glykogen ist das wichtigste Speicherpolysaccharid im tierischen und menschlichen Organismus. Es besteht aus α-glykosidisch gebundenen Glukoseresten. Dextrine sind Abbauprodukte der Stärke und des Glykogens und je nach Molekülgröße unterscheidet man Amylodextrine (30 bis 35 Glukosereste), Erythrodextrine (8 bis 12 Glukosereste) und Achrodextrine (4 bis 6 Glukosereste). Dextrine sind leichter verdaulich als Stärke, weil sie bereits erste Abbauprodukte darstellen. Zu erwähnen sind noch die Pektine, die aus α-1,4-glykosidisch verknüpften Galakturonsäuren bestehen, die wiederum aus Galaktose und Arabinose zusammengesetzt sind. Pektine kommen in Kernen und Schalen verschiedener Obstsorten vor und dienen in der Ernährung als Ballaststoffe, sind jedoch löslich und werden durch die Darmflora teilweise zu kurzkettigen Säuren metabolisiert. Diese können im Dickdarm resorbiert werden und liefern dadurch auch etwas an Energie. Ballaststoffe können zur Durchfallbekämpfung eingesetzt werden.

Der glykämische Index (GI) ist eine wichtige Kenngröße zur Abschätzung der Resorbierbarkeit von Kohlenhydraten und deren Wirkung auf den Blutglukosespiegel. Er beschreibt die Reaktion des Blutzuckerspiegels auf die Zufuhr von Kohlenhydraten in Bezug zu einem Standardlebensmittel (50 g Glukose oder Weißbrot). Ein hoher GI (> 70) bewirkt einen raschen Anstieg des Blutzuckers und eine rasche Insulinsekretion. Zu bevorzugen sind daher Lebensmittel mit einem niedrigen GI.

13.3.3 Fette

Fette sind Ester des dreiwertigen Alkohols Glyzerin mit verschiedenen Fettsäuren. Ist Glyzerin mit drei Fettsäuren verestert, so spricht man von Triglyzeriden (Triacylglyzerine, Neutralfette). Die Fettsäuren werden je nach Kettenlänge und der Art der Verknüpfung der einzelnen C-Atome kategorisiert. Fettsäuren ohne Doppelbindung werden dabei als gesättigte Fettsäuren, Fettsäuren mit einer Doppelbindung als einfach ungesättigte Fettsäuren und Fettsäuren mit mehreren Doppelbindungen als mehrfach ungesättigte Fettsäuren bezeichnet. Ist ein Fett bei Raumtemperatur flüssig, spricht man in der Regel von Öl.

Gemäß der Kettenlänge gibt es kurzkettige Fettsäuren (bis 6 C-Atome), mittelkettige Fettsäuren (10 bis 14 C-Atome, MCT = mittelkettige Triglyceride) und langkettige Fettsäuren (über 14 C-Atome, LCT = langkettige Fettsäuren). Fast alle natürlich vorkommenden Fettsäuren enthalten eine gerade Anzahl von Kohlenstoffatomen, da sie aus C2-Einheiten der aktiven Essigsäure (Acetyl-CoA) aufgebaut werden. Fettsäuren mit 16 und 18 C-Atomen sind dabei am häufigsten in der menschlichen Ernährung zu finden.

Wichtig für die Nomenklatur der Fettsäuren ist der Ort der Doppelbindung von einfach oder mehrfach ungesättigten Fettsäuren. Werden die Kohlenstoffatome einer Fettsäure vom Carboxylende aus durchnummeriert, so erhält das C-Atom mit der Carboxylgruppe die Nummer 1. Die C-Atome mit der Nummer 1 und 2 werden auch mit α und β bezeichnet. Das Kohlenstoffatom am äußersten Ende der Molekülkette (Methylende) wird ω-Kohlenstoffatom genannt. Bei der Zählung vom Carboxylende wird die Doppelbindung mit einem großen Delta mit einer hochgestellten Indexziffer angegeben (z. B. bedeutet 9, dass sich die Doppelbindung zwischen dem 9. und 10. C-Atom befindet, entsprechend der Ölsäure). Bei der Zählung vom Methylende aus spricht man dagegen von einer ω-3-Fettsäure, wenn sich die erste Doppelbindung zwischen dem 3. und 4. C-Atom befindet (α-Linolensäure). Diesbezüglich werden ω-3-, ω-6- und ω-9-Fettsäuren unterschieden.

Die gesättigten Fettsäuren kommen hauptsächlich in tierischen Lebensmitteln vor und machen etwa 12–14% der Gesamtenergieaufnahme aus. Gesättigte Fette werden im Körper aus Kohlenhydraten in der Leber und im Fettgewebe synthetisiert. In Milch- und Milchprodukten ist die Palmitinsäure am häufigsten anzutreffen. Stearinsäure ist meist in geringeren Mengen vorhanden. Die gesättigten Fettsäuren gelten als „schlecht", weil sie die Arterienverkalkung durch vermehrtes LDL-Cholesterin fördern. Als wertvolle Fettsäuren gelten ω-3-Fettsäuren (enthalten in Meeresfisch bzw. Fischölkonzentraten, Rapsöl, Leinöl oder Walnussöl) und die ω-9-Fettsäuren, die vor allem in Oliven- und Rapsöl (fast 75%), Avocados und Nüssen vorkommen. ω-6-Fettsäuren sind vor allem in den bekannten Pflanzenölen wie Maiskeimöl, Sonnenblumenöl oder Kernöl zu finden. Polyenfettsäuren sind Bestandteile der Zellmembran und dienen dem Aufbau des Gehirns, der Nervenreizleitung und der Produktion körpereigener Botenstoffe. Ölsäure ist die am häufigsten vorkommende einfach ungesättigte Fettsäure. Pflanzen können in die Ölsäure zusätzliche Doppelbindungen einbauen und folglich daraus Linolsäure (LNS: 2 Doppelbindungen) und α-Linolensäure (ALA: 3 Doppelbindungen) bilden. Eicosapentaensäure (EPA) und Docosahexaensäure (DHA) kommen hauptsächlich im Fisch vor, können aber auch im menschlichen Organismus aus ALA gebildet werden. ◘ Tab. 13.1 gibt eine Übersicht der wichtigsten Fettsäure-Nahrungsquellen.

Gemäß aktuellen Empfehlungen einer optimalen Fettsäurezufuhr soll der Anteil der gesättigten Fettsäuren 10% der Gesamtenergiezufuhr, die Aufnahme mehrfach ungesättigter Fettsäuren 7 bis 10% und die Aufnahme einfach ungesättigte Fettsäuren 10 bis 13% betragen. In Snacks, Fertigprodukten, aber auch in Backwaren und Fast Food kommen Transfettsäuren vor; allerdings ist ihr Gehalt durch die Transfettsäureverordnung in Österreich geregelt und in den letzten Jahren stark rückläufig. Transfettsäuren gelten grundsätzlich als ungesund, weil sie das Risiko von Herzerkrankungen erhöhen.

◘ **Tab. 13.1** Ungesättigte Fettsäuren und deren wichtigste Nahrungsquellen

FS-Kategorie	Fettsäure	Vorkommen
Omega-3-Fettsäuren	Alphalinolensäure (ALA)	Leinöl, Rapsöl, Sojaöl, Walnussöl, dunkelgrünes Blattgemüse und Nüsse
–	Eicosapentaensäure (EPA) Docosahexaensäure (DHA)	Fettreiche Fische aus kalten Gewässern, z. B. Makrele, Lachs und Thunfisch
Omega-6-Fettsäuren	Linolsäure	Sonnenblumenöl, Distelöl, Kürbiskernöl, Maiskeimöl und Traubenkernöl, Nüsse
–	Arachidonsäure (AA)	Fleisch, Innereien, Butter und Eigelb
Omega-9-Fettsäuren	Ölsäure	Ölivenöl, Rapsöl, Nüsse

13.3.4 Vitamine

Vitamine sind organische Verbindungen, die nicht oder nur unzureichend im menschlichen Organismus synthetisiert werden können. Sie stellen somit essentielle Nahrungsbestandteile dar und wirken bereits in kleinsten Mengen. Einige Vitamine können im Körper aus ihren Vorstufen, den Provitaminen, gebildet werden. Dies betrifft beispielsweise die Bildung von Vitamin A aus bestimmten Carotinoiden, die Bildung von Vitamin D aus Dehydrocholesterin über die Haut nach UV-Einstrahlung und die Bildung von Niacin aus der essentiellen Aminosäure Tryptophan. Ein Vitaminmangel führt zu einer Hypovitaminose, die durch einseitige Ernährung (z. B. Schlankheitsdiäten!) entstehen kann. Eine Vitaminose kann auch durch eine gestörte Vitaminresorption, durch einen erhöhten Bedarf (Schwangere, Stillende, Raucher, Leistungssportler), durch Lebererkrankungen, durch Zerstörung der Darmflora (Durchfallerkrankungen) oder durch längere Behandlung mit Medikamenten entstehen, da Medikamente oft Wechselwirkungen mit Vitaminen aufweisen. Viele Vitamine sind Bestandteile von Koenzymen und beeinflussen somit maßgeblich die Enzymaktivitäten sowie den Stoffwechsel. Einige Vitamine haben eine antioxidative Wirkung und können dadurch die Bildung von Sauerstoffradikalen, welche beispielsweise bei sportlicher Aktivität erhöht ist, vermindern. Neueste Erkenntnisse zeigen, dass Vitaminen einen wichtigen Stellenwert in der Signaltransduktion, der Regulierung zellulärer Vorgänge, aufweisen.

13

Vitamine werden vielfach gemäß ihrem Lösungsverhalten in wasserlösliche und fettlösliche Vitamine eingeteilt. Den vier fettlöslichen Vitaminen (A, D, E, K) stehen neun wasserlösliche Vitamine gegenüber. Es kann im Rahmen dieses Buches nicht auf die vielfältige Bedeutung aller Vitamine eingegangen werden. Diesbezüglich gibt es eine Reihe von ausgezeichneten Lehrbüchern, sodass hier nur einige sportrelevante Hinweise dargestellt werden.

Jahrelang war man davon ausgegangen, dass eine Vitaminsubstitution mittels Supplementen gesund und wertvoll ist. Jüngste Ergebnisse haben die Vitaminsupplementierung allerdings in Frage gestellt, weil verschiedene Studien zeigten, dass eine Vitaminsubstitution schädlich sein kann bzw. positive Adaptionen nach sportlicher Belastung unterdrücken können. Letztlich liegen auch für den Sportler keine gesicherten Daten vor, dass Vitamine eine leistungsfördernde Wirkung aufweisen. Der antioxidative Charakter einiger Vitamine (C, E, Beta-Carotin) scheint für den Sportler deswegen von Interesse zu sein, weil diese die Bildung von Sauerstoffradikalen bei Sport möglicherweise verringern könnten. Studienergebnisse lassen diesbezüglich allerdings keinen einheitlichen Schluss zu. Hipp u. Nieß [10] fassen die vorliegenden Daten zusammen und zeigen, dass eine den Bedarf übersteigende Supplementierung nachteilige Effekte auslösen kann. So zeigte sich, dass bei intensiver sportlicher Betätigung eine Gabe von Vitamin E mit Beta-Carotin eine um 21% erhöhte Inzidenz grippaler Infekte zur Folge hatte. Für die Gesamtgruppe der antioxidativen Vitamine ergab sich ein signifikant erhöhtes relatives Mortalitätsrisiko von 1,05 (Vitamin A 1,16; Beta-Carotin 1,07; Vitamin E 1,04; Vitamin C 1,06; Letzteres nicht signifikant) [11], was bei hoher Prävalenz der Vitaminsupplementierung einer beträchtlichen absoluten Risikozunahme entspricht. Vitamin C hat möglicherweise einen Vorteil bei extremen körperlichen Anstrengungen sowie extremen Kälteexpositionen. Die öfters erwähnte muskelprotektive Wirkung von Vitamin E ist allerdings nicht bewiesen.

Von den Vitaminen des B-Komplexes spielen das Vitamin B1 (Thiamin) sowie das Niacin eine Schlüsselrolle in der Energiegewinnung. Das Vitamin B2 (Riboflavin) ist primär an den Reaktionsschritten des Zitronensäurezyklus bzw. ebenfalls an der Energieproduktion (Koenzym der Oxidoreduktasen) beteiligt. Die Vitamine B6 (Pyridoxin) und B12 (Cobalamin) wirken hingegen als Koenzyme im Aminosäurestoffwechsel. Für keines der Vitamine wurde allerdings bewiesen, dass eine Supplementzufuhr eine Leistungssteigerung bewirkt, wenn nicht ein primärer Mangelzustand vorliegt. Eine Vitaminsubstitution ist nur bei extremer Energie- bzw. Kohlenhydratzufuhr angebracht, wie es beispielsweise bei Ultraausdauerbewerben wie dem Race Accross America der Fall ist.

13.3.5 Mineralstoffe – Mengenelemente

Ernährungsrelevante Mineralstoffe sind anorganische Verbindungen, die für den Aufbau und die Funktion des Körpers wichtig sind. Der Anteil der Mineralstoffe im menschlichen Körper beträgt ungefähr 4% des Körpergewichts. Die Mineralstoffe kommen im Körper in unterschiedlichen Mengen vor und es wird zwischen Mengenelemente (Natrium, Kalium, Chlorid, Schwefel, Kalzium, Phosphat, Magnesium) und Spurenelementen (Eisen, Kupfer, Zink, Nickel, Silicium, Jod, Fluorid, Kobalt, Selen, Zinn, Mangan, Molybdän, Chrom, Arsen, Vanadium) unterschieden. Mineralstoffe sind Bestandteile des Skeletts und der Zähne und liegen hier als unlösliche Verbindungen vor, die im Stoffwechsel allerdings einem kontinuierlichen Auf- und Abbau unterliegen. In löslicher Form liegen Mineralstoffe als Kationen (Na^+, K^+, Ca^{2+}, Mg^{2+}) und als Anionen (Cl^-, HPO_4^{2-}, SO_4^{2-}) vor und sind verantwortlich für die Aufrechterhaltung des osmotischen Druckes, für die Erhaltung der Elektroneutralität sowie für die Bildung der Puffersysteme. Mineralstoffe sind ebenfalls wichtige Bestandteile biologisch wirksamer Verbindungen wie Hormone und Vitamine sowie Bestandteile von Enzymen.

▪ Natrium (Na)

Der Natriumbestand im menschlichen Körper beträgt etwa 70 g, wobei davon ein Drittel im Knochen gespeichert ist. Natriumionen befinden sich hauptsächlich im extrazellulären Raum (gemeinsam mit Cl^- und Hydrogencarbonat), Kaliumionen hingegen im intrazellulären Raum. Natrium, Kalium und Chlorid haben die Aufgabe, den osmotischen Druck der Zellen aufrecht zu erhalten. Natrium ist an der Muskelreizbarkeit und -kontraktion beteiligt. Der tägliche Natriumbedarf liegt bei 550 mg. Natriumreiche Lebensmittel sind z. B. Käse und Wurst, aber auch Brot und Backwaren. Natrium ist auch Teil von Kochsalz; durch die hohe Kochsalzzufuhr wird auch Natrium in hohen Mengen dem Körper zugeführt

Beim Schwitzen verliert der Körper Wasser, Natrium (0,5 bis 1 g pro Liter Schweiß) und Kalium. Schweißverluste können zu allgemeinen Schwächezuständen, zu Muskelkrämpfen und zum Absinken des Blutdrucks führen. Werden große Mengen an Wasser getrunken, so wird dieses rasch wieder ausgeschieden. Dadurch kommt es zu einer weiteren Verminderung der Na^+-Konzentration im extrazellulären Raum und die Wasserverschiebung in den intrazellulären Raum kann zur Bildung von Ödemen führen. Aus diesem Grund sollten Sportler mineralstoffhaltige Getränke zu sich nehmen.

▪ Kalium (K)

Der Kaliumbestand des Körpers beträgt 160 g, wobei 90% davon – gemeinsam mit Hydrogenphosphat und Eiweißstoffen – intrazellulär vorkommen. Kaliumionen wirken auf die Herztätigkeit und sind mitverantwortlich für die normale Erregbarkeit von Muskeln und Nerven. Kaliumionen werden auch im Intermediärstoffwechsel als Aktivator für verschiedene Enzyme benötigt. Kaliummangel führt zu hypotoner Dehydration der Zellen, wodurch es zu Muskelschwäche und Störung der Herztätigkeit kommt. Der tägliche Kaliumbedarf beträgt 2 g, wobei Kalium primär in pflanzlichen Lebensmitteln vorkommt.

▪ Chlorid (Cl)

Der Chloridgehalt des Körpers beträgt etwa 120 g. Chloridionen sind gemeinsam mit Natrium und Kalium für die Aufrechterhaltung des osmotischen Druckes verantwortlich. Chloridionen werden auch für die Magensaftproduktion benötigt. Der Tagesbedarf liegt bei 830 mg. Tierische Lebensmittel enthalten mehr Chlorid als pflanzliche, die Hauptquelle ist Kochsalz.

▪ Kalzium (Ca)

Kalzium ist der mengenmäßig wichtigste Mineralstoff (1 bis 1,5 kg) im Körper, wobei 99% des Kalziums in Knochen und Zähnen eingelagert sind. Kalzium ist aber auch ein wichtiger Stoffwechselmetabolit, der die Muskelkontraktion, die Nervenreizleitung, die Herzfunktion, die Blutgerinnung, die Zellmembranpermeabilität und die Enzymaktivitäten (ATPase) beeinflusst. Die Kalziumaufnahme aus der Nahrung wird durch Vitamin D beeinflusst. Körperliche Aktivität stimuliert ebenfalls den Kalziumeinbau in den Knochen und wirkt deswegen einer Osteoporose entgegen. Kalziumverluste durch Schweiß können allerdings beträchtlich sein und führen zu Muskelkrämpfen. Der Kalziumbedarf eines Erwachsenen liegt bei 1 g pro Tag. Kalziumreiche Lebensmittel sind Milch, Käse, einige Gemüsesorten, wie Broccoli, Fenchel und Grünkohl, sowie Nüsse. Eine Kalziumüberdosierung durch Supplemente kann zu Herzrhythmusstörungen und Darmverstopfungen führen, die sichere tägliche Zufuhr von Kalzium beträgt 2.500 mg.

▪ Magnesium (Mg)

Der Magnesiumbestand des Körpers beträgt etwa 30 g, wobei sich 50% davon im Knochen befinden.

Magnesium übt eine wichtige Funktion im Energiestoffwechsel aus, indem es als Enzymaktivator von über 300 Enzymen wirkt. Ein Magnesiummangel zeigt sich durch Auftreten von Muskelkrämpfen und Ermüdungserscheinungen. Bei Sportlern kann ein erhöhter Magnesiumbedarf einerseits aufgrund hoher Schweißverluste und andererseits aufgrund einer erhöhten Proteinzufuhr (Kraftsportler) auftreten. Der tägliche Magnesiumbedarf liegt bei 350 mg und kann durch den Konsum von Obst (Bananen), Gemüse, Nüssen und Getreideprodukten gedeckt werden. Vor großen körperlichen Anstrengungen können Magnesiumpräparate empfohlen werden, eine Überdosierung kann allerdings zu Durchfällen führen.

▪ Phosphat (P)

Der Körperbestand an Phosphat beträgt beim Erwachsenen etwa 800 g, wobei sich 80% davon im Knochen befinden. Phosphat ist Bestandteil der energiereichen Phosphate (ATP) sowie von Nukleinsäuren und Puffersystemen.

Des Weiteren spielt es eine wichtige Rolle in der Signaltransduktion. Der tägliche Phosphorbedarf für Erwachsene beträgt 800 mg. Phosphatreich sind Fleisch und Wurst (Phosphate als Emulgatoren und Stabilisatoren), Cola, Fisch, Milch, Eier und Getreideprodukte.

13.3.6 Mineralstoffe – Spurenelemente

Etwa 0,5% des anorganischen Körperanteils bestehen aus 40 Elementen, die nur in geringer Menge im Körper vorkommen und deswegen als Spurenelemente bezeichnet werden. Im Folgenden werden kurz einige sportrelevante Spurenelemente dargestellt.

▪ Eisen (Fe)

Der Eisengehalt des Körpers beträgt 4 bis 5 g. Ein großer Teil des Eisens ist an das Speicherprotein Ferritin gebunden. Im Serum wird das Eisen mithilfe von Transferrin transportiert. Eisen ist ein essentielles Spurenelement, das in zwei- (Hämeisen) und dreiwertiger Form vorkommt. Es ist Bestandteil von Hämoglobin und Myoglobin sowie von wichtigen Enzymgruppen wie Zytochromen, Peroxidasen und Katalasen. Mit der Nahrung werden pro Tag ca. 10 bis 15 mg Eisen aufgenommen. Eisen aus vegetarischer Kost (vorwiegend dreiwertig) wird nur zu etwa 5% resorbiert, jenes aus Fleisch (zweiwertiges Hämeisen) zu ca. 20%. Ein Eisenmangel ist gut nachweisbar. Bei chronischem Eisenmangel kommt es zu einer Abnahme der Hämoglobinkonzentration und zur Anämie, weshalb Menschen mit Eisenmangel oft blass sind, schnell ermüden und kälteempfindlicher sind. Die Empfehlung zur täglichen Eisenzufuhr beträgt 10 mg für Männer und 15 mg für Frauen. Die Eisenaufnahme aus der Nahrung sollte am besten aus Fleisch, Hülsenfrüchte und Gemüse erfolgen. Profisportler haben aufgrund von Eisenverlusten über den Schweiß sowie einer höheren Gesamtblutmenge einen erhöhten Eisenbedarf, Hobbysportler in der Regel nicht. Eine Eisenzufuhr mithilfe eisenhaltiger Präparate sollte moderat und nur unter ärztlicher Kontrolle erfolgen, weil eine unkontrollierte Eisenzufuhr Magenbeschwerden und eine Störung der Aufnahme anderer Spurenelemente hervorrufen kann. Besonders gefährlich ist eine Eisenaufnahme bei einem infektiösen Zustandsbild, weil dadurch die Wachstumspotenz von Mikroorganismen verstärkt werden kann.

▪ Selen (Se)

Selen spielt als Enzymbestandteil eine wichtige Rolle als Antioxidans (Peroxidasereaktion, Glutathionstoffwechsel). Selenmangel (in Gegenden mit einem geringen Selengehalt der landwirtschaftlich genutzten Böden, z. B. Teile Chinas oder Neuseeland) führt zu koronaren Herzerkrankungen, Hauterkrankungen und einer höheren Krebssterblichkeit. Der Tagesbedarf beträgt 20 bis 100 μg, wobei vor allem Fleisch, Getreide und Hülsenfrüchte gute Selenquellen darstellen.

▪ Zink (Zn)

Zink kommt in über 100 Enzymen vor. Es ist an der Wundheilung und an der Synthese von DNA, RNA und Proteinen beteiligt. Zink ist sowohl für die humorale als auch für die zellvermittelte Immunität notwendig. Zinkmangel führt daher zu Wundheilungsstörungen, Appetitlosigkeit und Immunschwäche. Sportler haben erhöhte Zinkausscheidungen aufgrund von Schweißverlusten und sollten daher auf eine zinkreiche Ernährung achten. Reich an Zink sind Fleisch, Eier, Innereien, Meeresfrüchte und Getreidekeimlingen.

- **Jod (J)**

Jod ist Bestandteil der Schilddrüsenhormone Thyroxin (T4) und Trijodthyronin (T3), weshalb die Schilddrüsenfunktionen von einer ausreichenden Jodzufuhr über die Nahrung abhängig sind. Bei Jodmangel kommt es demnach zu einer Schilddrüsenunterfunktion. Um diesen Mangel auszugleichen, wird das Größenwachstum der Schilddrüse verstärkt, was eine Vergrößerung der Schilddrüse (Kropf) zur Folge hat. Eine Unterfunktion der Schilddrüse hemmt den Grundumsatz und verlangsamt die Oxidationsvorgänge in allen Zellen. Sportler mit einer Hypothyreose können eine verringerte Leistungsfähigkeit haben. Eine überhöhte Jodzufuhr kann zu einer Schilddrüsenüberfunktion führen, welche den Grundumsatz erhöhen kann. Reich an Jod sind Fische und Muscheln, während der Jodgehalt pflanzlicher und tierischer Lebensmittel vom Jodgehalt des Bodens abhängig ist. Da Österreich zu den Jodmangelgebieten zählt, wird Speisesalz seit 1963 per Gesetz mit Jod angereichert.

13.4 Molekulare Ernährungsprinzipien

13.4.1 Stickstoffhomöostase

Die Stickstoffhomöostase des Körpers wird durch die Zufuhr von Eiweiß aufrechterhalten. Bereits zu Beginn des 19. Jahrhunderts wurde erkannt, dass eine Proteinzufuhr essentiell für die Erhaltung des Lebens ist. Hunde, die nur mit Mehl (als Kohlenhydratquelle) und Öl (als Fettquelle) ernährt wurden, starben. Erst die Ergänzung der Nahrung mit Eiern oder Käse ermöglichte eine normale Wachstumsrate. Durch die Untersuchungen von Rose und durch die Einführung der parenteralen Ernährung wurde erkannt, dass die Essentialität in den Proteinbausteinen, den Aminosäuren, beheimatet ist. Im Nahrungsprotein liegen alle 20 Aminosäuren vor, die für die endogene Proteinsynthese benötigt werden. Aus diesem Grund sind der Protein- und Aminosäurestoffwechsel sehr eng miteinander verbunden.

Beim Erwachsenen halten sich die aufgenommene Stickstoffmenge (Stickstoffgehalt des aufgenommenen Nahrungsproteins bzw. der aufgenommenen Aminosäuren) und die ausgeschiedene Stickstoffmenge die Waage. Man spricht von einer ausgeglichenen Stickstoffbilanz. Die Stickstoffausscheidung in den Faeces ist gering und beträgt 2 g, ebenso wie die Stickstoffausscheidung über die Haut und die Haare. Die Stickstoffausscheidung im Urin läuft hauptsächlich über Harnstoff. 90% des im Harn ausgeschiedenen Stickstoffs gehen über Harnstoff verloren. Die restlichen 10% setzen sich aus Ammoniak, Peptiden/Proteinen, Harnsäure und anderen stickstoffhaltigen Metaboliten zusammen. Bei einer Proteinaufnahme von 100 g, die einer Stickstoffaufnahme von ungefähr 15 g entspricht, lässt sich daher eine Harnstoffstickstoffsynthese von 10 g errechnen.

Ein Erwachsener mit einem Körpergewicht von 70 kg hat einen Proteinanteil von ungefähr 12 kg. Ungefähr 300 g Protein werden gemäß dem Bedarf und der Halbwertszeit täglich zu Aminosäuren gespalten und wieder synthetisiert. Es gibt Proteine mit einer hohen Stabilität und einer sehr langsamen Umsatzrate (Tage oder Monate) und solche mit einer sehr schnellen Umsatzrate (Stunden). Die Anzahl der körpereigenen Proteine liegt bei etwa 50.000.

13.4.2 Aminosäuren

Aminosäuren sind die Bestandteile der Proteine. Aminosäuren haben aber nicht nur einen rein nutritiven Charakter als Bausteine der Nahrungsproteine und als Energielieferanten, sondern spielen auch eine wesentliche Rolle in der Stoffwechselregulation [12]. Diesbezüglich beeinflussen sie das Immunsystem (wie die Aminosäuren Glutamin, Glyzin, Zystein), stimulieren die Zirkulation (wie Arginin als Präkursor des Stickoxids) sowie die Hormonsekretion (Insulin, Wachstumshormon) oder interagieren mit der Signaltransduktion. Darüber hinaus können Aminosäuren (Proteine) auch energetisch verwertet werden, obwohl das für den Körper unökonomisch ist. Eine basale Glukosezufuhr von etwa100–150 g ist notwendig, damit die Glukoneogenese aus Aminosäuren nicht angeschaltet wird. Unter normalen Bedingungen beträgt der prozentuelle Anteil der Aminosäuren an der

Gesamtkörperenergiegewinnung 10 bis 20%. Nur in Notsituation, wie im Hungerzustand, im Falle eines Eiweißkatabolismus oder bei extremer sportlicher Betätigung verwendet der Körper Skelettmuskelprotein zur Energiegewinnung. Bei diesen Zustandsbildern ist der Körper in der Lage, einen beträchtlichen Teil des Energiebedarfs durch die Aminosäureoxidation zu decken. Berechnungen haben ergeben, dass durch die komplette Oxidation von einem Gramm Fleischprotein 195 mmol ATP entstehen, was einer durchschnittlichen ATP-Bildung von 21,5 Mol ATP pro Mol Aminosäure entspricht. 35% dieser ATP-Produktion stammt aus der Aminosäureoxidation im Skelettmuskel und im Dünndarm, 60% aus der Oxidation der glukoneogenetisch gebildeten Glukose und 5% aus der Oxidation von Azetoazetat.

Der **Intermediärstoffwechsel** der Aminosäuren hat die Aufgabe, je nach physiologischem oder pathophysiologischem Bedarf Aminosäuren ineinander umzuwandeln. Das Kohlenstoffgerüst von acht Aminosäuren kann im Körper nicht synthetisiert werden, weshalb sie als essentielle Aminosäuren bezeichnet werden. Dazu zählen Isoleucin, Leucin, Valin, Threonin, Phenylalanin, Tryptophan, Methionin und Lysin. Die anderen 12 (nicht-essentiellen) proteinogenen Aminosäuren werden aus endogenen Metaboliten hergestellt, wie etwa ihren Keto- oder Hydroxylsäureanaloga. Als halb-essentiell gelten Tyrosin und Zystein, weil sie nur aus ihren Vorstufen Phenylalanin und Methionin synthetisiert werden können, sowie Arginin (im Wachstum) und Histidin.

13

Der Aminosäurepool beschreibt die Gesamtmenge der im menschlichen Organismus verfügbaren freien Aminosäuren und beträgt beim Erwachsenen ungefähr 120–125 g. Der größte Anteil dieser freien Aminosäuren liegt intrazellulär im Skelettmuskel vor (etwa 115 g). Im Extrazellulärraum befinden sich hingegen nur etwa 8 g freie Aminosäuren, wobei nur 1 g an freien Aminosäuren im Plasma messbar ist. Aus dieser Mengenverteilung ist erkennbar, dass die Plasmakonzentrationen der Aminosäuren nicht repräsentativ für Vorgänge des Aminosäurestoffwechsels sind. Wir und andere Arbeitsgruppen haben deswegen die Menge der freien Aminosäuren im Skelettmuskel (nach Muskelbiopsie) bestimmt und festgestellt, dass es im Stressstoffwechsel zu einer signifikanten Veränderung der Aminosäurekonzentrationen mit einer Verringerung der Glutaminkonzentration und einer Erhöhung der Menge an verzweigtkettigen Aminosäuren kommt [12].

Die Konzentrationen der freien Aminosäuren sind von Gewebe zu Gewebe unterschiedlich. Die Aminosäure mit der höchsten intrazellulären Konzentration im Skelettmuskel ist Glutamin, das ungefähr einen 50%igen Anteil an allen freien Aminosäuren im Skelettmuskel ausmacht. Anhand der Tatsache, dass der Glutaminanteil am Skelettmuskelprotein nur 6% beträgt, lässt sich erkennen, dass Glutamin intrazellulär aus anderen Aminosäuren gebildet werden muss.

Der **Interorganstoffwechsel** beschreibt den Austausch der Aminosäuren zwischen den Organen. Organspezifische Aminosäurebilanzen erhält man, wenn durch Katheterisierung der zu- und abführenden Blutgefäße (Vene und Arterie) bei gleichzeitiger Messung des Blutflusses die Aminosäureaufnahme bzw. die Aminosäurefreisetzung bestimmt werden.

Aufgrund derartiger Untersuchungen weiß man, dass der Skelettmuskel, wenn er Eiweiß abbaut (Eiweißkatabolismus), Aminosäuren abgibt, die vom Splanchnikusgebiet aufgenommen werden. Vor allem die beiden neutralen Aminosäuren Alanin und Glutamin dienen als Transportvehikel für den Stickstoff und transportieren mehr als 50% des Stickstoffs vom Skelettmuskel zum Splanchnikusgebiet. Glutamin wird hauptsächlich vom Darm und der Niere aufgenommen, wo es einerseits von den Organen als energetisches Substrat verwendet wird und andererseits vor allem rasch proliferierenden Zellen als Vorstufe für die DNA- und RNA-Synthese dient. Aus diesem Grund ist Glutamin ein essentieller Bestandteil aller Zellkulturmedien [13]. Des Weiteren dient Glutamin der Pufferung saurer Valenzen in der Leber und wird im Darm in Alanin umgewandelt. Alanin ist das wichtigste glukoneogenetische Substrat der Leber und wird im Glukose-Alaninzyklus zur Aufrechterhaltung eines konstanten Glukosespiegels und somit zur Energieversorgung der glukoseabhängigen Systeme, wie des ZNS und der Erythrozyten, verwendet.

13.4.3 Energiegewinnung

Für die Aufrechterhaltung der Muskelkontraktion ist das energiereiche Phosphat Adenosintriphosphat (ATP) zuständig. Allerdings ist die ATP-Konzentration im Skelettmuskel sehr gering, sodass ATP immer wieder neu gebildet werden muss. Die tägliche ATP-Bildung entspricht quantitativ ungefähr dem Körpergewicht. Bezüglich der Energieträger des Körpers kann das ATP-System bei hoher Belastung eine Energieversorgung über eine Zeitdauer von einigen Sekunden gewährleisten, während das Kreatinphosphat (als ATP-Reserve) für 3 bis 5 Minuten zur Energiebereitstellung zur Verfügung steht. Die anaerobe Glykolyse, welche Muskelglykogen als Energiesubstrat verwendet, deckt den Energiebedarf (z. B. bei einem Sprint) für 60 bis 120 Sekunden, wobei ungefähr 25 bis 35% des Muskelglykogens verstoffwechselt werden.

Bei Belastungen, die länger als 2 bis 3 Minuten dauern, tritt die Energiebereitstellung über den oxidativen Stoffwechselweg in Erscheinung. Hierbei werden Muskelglykogen, Leberglykogen, Triglyzeride des Fettgewebes und Aminosäuren (in geringem Maße) metabolisiert. Bei einer ein- bis vierstündigen Dauerbelastung mit einer Intensität von 70% der maximalen Sauerstoffaufnahme (VO_{2max}) bezieht der Körper 50 bis 60% der Energie aus den Kohlenhydraten und den Rest aus der Fettoxidation. Aerobes Ausdauertraining erhöht aufgrund von metabolischen Anpassungserscheinungen, wie etwa der Zunahme der Mitochondriendichte, den Anteil der Fettoxidation. Prinzipiell ist festzuhalten, dass mit einem Liter Sauerstoff aus Kohlenhydraten 5,05 und aus Fetten nur 4,69 kcal entstehen können, weshalb Kohlenhydrate um 7% ökonomischer sind als Fette. Bei einer sehr hohen Belastung (> 90% der VO_{2max}) können fast ausschließlich Kohlenhydrate als Energiesubstrat herangezogen werden.

Darüber hinaus sei an dieser Stelle angemerkt, dass die aerobe Energiebereitstellung in den Mitochondrien des Skelettmuskels abläuft. Die Metabolisierung der drei Makronährstoffe passiert letztlich aerob über die Einschleusung der Substrate in den Zitronensäurezyklus (über Acetyl-CoA) und die Oxidation in der Atmungskette. Wird dem Körper nicht genug Sauerstoff zugeführt oder aus physiologischen Gründen (kurze intensive Belastung) nicht angeboten, so kommt es zu einer anaeroben laktaziden Energiegewinnung. Hierbei wird das NADH + H^+ über Pyruvat reoxidiert, das wiederum zu Laktat reduziert wird. Dabei werden aus 1 Mol Glukose 3 Mol ATP gewonnen, wohingegen bei aerober Verstoffwechselung 36 Mol ATP entstehen. Eine lokale Laktatazidose führt zu einer Übersäuerung des Muskels, wodurch es zu einer verringerten Brückenbildung zwischen den Myosinköpfen und den Aktinmolekülen der Muskelfasern kommt. ◘ Abb. 13.1 gibt einen Überblick über katabole und anabole Stoffwechselwege und ihre Beziehung zum Energiestoffwechsel.

13.4.4 Glukosestoffwechsel

Von allen Kohlenhydraten spielt die Glukose die wichtigste Rolle als akuter Energielieferant des Körpers. Die Gesamtglukosemenge des Körpers beträgt allerdings nur etwa 12 g (davon 5 g im Blut), die tägliche Kohlenhydrataufnahme aber etwa 300 g. Der Körper versucht, den Blutglukosespiegel (3,5–5 mmol/l = 80 bis 100 mg/dl) möglichst konstant zu halten, weil die glukoseabhängigen Organe, wie die Erythrozyten und das Gehirn, von einem konstanten (extrazellulären) Glukosespiegel abhängig sind. Eine subnormale Plasmaglukosekonzentration von $\leq$ 3 mmol/l hat für das Gehirn gravierende negative Folgen. Da die Glukosemenge im Blut sehr gering ist (ca. 20 kcal), muss Glukose kontinuierlich neu gebildete werden. Die Glukoseaufnahme in das Blut erfolgt entweder über den Dünndarm via Nahrungszufuhr, über gespaltenes Leberglykogen oder über die Glukoneogenese aus Aminosäuren und Laktat. Letztere stammen primär aus dem Skelettmuskel und werden in der Leber und teilweise in der Niere in Glukose umgebaut.

Glykogen ist die wichtigste Speicherform für Glukose. Jedes Glykogenmolekül enthält bis zu 55.000 Glukosereste. Körperliche Betätigung verringert den Glykogengehalt des Muskels, was zu Ermüdung führen kann. Neue wissenschaftliche Erkenntnisse zeigen, dass Glykogen aber nicht nur eine Funktion als Speichermedium hat, sondern auch

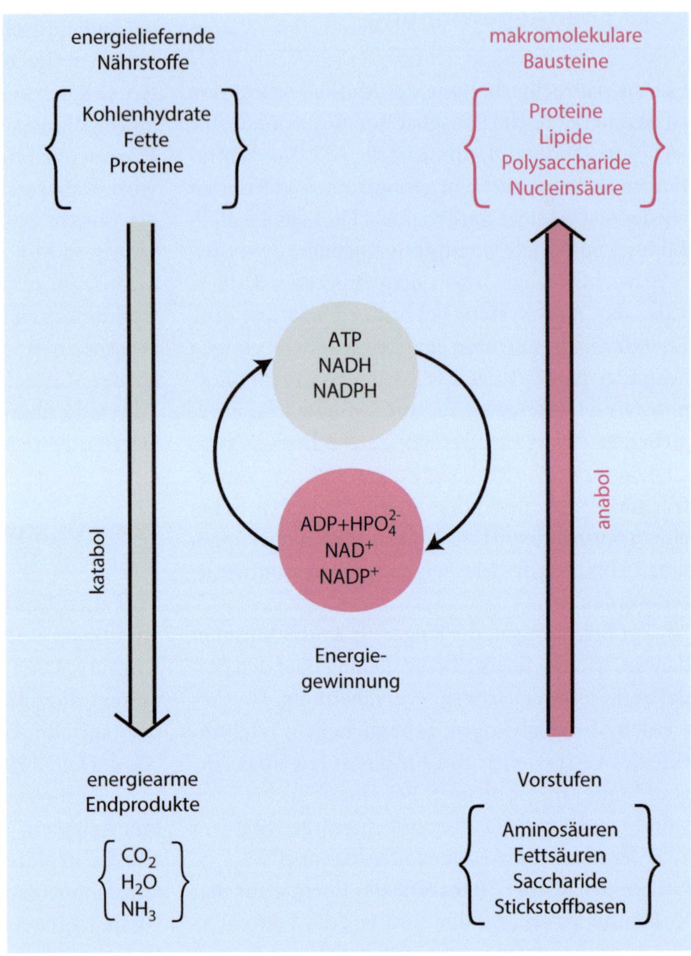

Abb. 13.1 Katabole und anabole Stoffwechselwege und ihre Beziehung zum Energiestoffwechsel [113]

13

aktiv in die Stoffwechselregulation eingreifen kann [14]. Der Glykogen-Proteinkomplex (Summe aller Proteine) besteht aus über 70 Proteinen und scheint bei einer Reihe von regulatorischen Prozessen beteiligt zu sein.

Die organspezifische Regulation des Glukosemetabolismus kann auf verschiedene Arten erfolgen. So kommt es zu einer gewebetypischen Expression spezifischer Enzyme, Isoenzyme sowie spezifischer Transportproteine und zur An- und Abschaltung spezifischer Gene. Das hat wiederum unterschiedliche metabolische Flüsse zur Folge, die die Substratversorgung der einzelnen Organe sicherstellen. Als Beispiel sei das Enzym Glukose-6-Phosphatase angeführt, das in der Leber, allerdings nicht im Muskel exprimiert wird. Somit kann das Glukose-6-Phosphat, das durch die Hydrolyse von Glykogen entsteht, nur in der Leber nicht aber im Muskel in Glukose umgewandelt werden. Deswegen trägt nur das Leberglykogen zum Interorganstoffwechsel der Glukose bei. Die Glukoseversorgung des Gehirns wiederum ist von den Glukosetransportsystemen abhängig. Der Glukosetransporter für die Glukoseaufnahme des Gehirns, GLUT-3, ist relativ unabhängig von der Glukosekonzentration im Plasma und stellt eine konstante Glukoseaufnahme des Gehirns sicher. Im Gegensatz dazu ist der Glukosetransporter des Skelettmuskels, GLUT-4, insulinabhängig, was bedeutet, dass eine postprandial erhöhte Insulinkonzentration die Glukose in den Muskel drängt. Ebenso stimuliert körperliche Aktivität den GLUT-4-Transporter. Für die basale Glukoseversorgung des Skelettmuskels ist hingegen GLUT-1 verantwortlich. Bei hoher zellulärer Aktivität, wie etwas bei sportlicher

Belastung, wird Glukose über die Glykolyse, den Zitronensäurezyklus und die Atmungskette zur ATP-Gewinnung verwendet. Nicht sofort metabolisierte Glukose wird als Glykogen gespeichert oder zu Fett weitermetabolisiert.

13.4.5 Fettstoffwechsel

Triglyzeride stellen die größte Energiereserve des Körpers dar. Die Menge an Körperfett ist variabel und liegt im Bereich von 10 bis 20 kg beim gesunden Erwachsenen, wobei Frauen höhere Körperfettanteile aufweisen. Der Energiegehalt von einem Gramm Fett ist mehr als doppelt so hoch wie der von einem Gramm Glykogen (9,3 vs. 4,1 kcal). Die metabolischen Aufgaben des Körperfetts sind vielfach und reichen von Energielieferung über die Thermogenese, die Laktation bis hin zur Beteiligung an der Immunantwort. Beim Körperfett unterscheidet man weiße und braune Fettzellen (Adipozyten), wobei letztere besonders große und aktive Mitochondrien haben und – aufgrund eines Entkopplungsmechanismus – vor allem für die Thermogenese von Bedeutung sind. ◘ Abb. 13.2 zeigt histologische Bilder des weißen (A) und braunen (B) Fettgewebes.

Fettspeicherstellen sind subkutanes Fett, Organfett (viszerales Fett) und intramuskuläres Fett. Das Fettgewebe besteht aus Adipozyten, die von einem Fetttropfen ausgefüllt sind. Angelieferte Fettsäuren werden in den Adipozyten zu Triglyzeriden synthetisiert und können dort, nach Bedarf, mit Hilfe fettspaltender Enzyme (Lipasen) wieder abgebaut werden. Fette liegen intramuskulär in Form von Fettzellen zwischen den Muskelzellen und in Form von Fetttröpfchen in den Muskelzellen vor. Diese werden als intramuskuläre Triglyzeride (IMTG) bezeichnet. Möglicherweise entspringen die intramuskulären Adipozyten aus Stammzellen, die umfunktioniert werden [15]. Alter, Inaktivität und Krankheit (Sepsis) führen zu einem Anstieg des intramuskulären Fettes. Ein erhöhter Anteil an intrazellulärem Fett ist ein negativer prognostischer Parameter.

Die Nahrungsfettresorption findet hauptsächlich im Duodenum und Jejunum statt. Im Duodenum werden die Fette mit Gallensäuren zu kleinen Tröpfchen emulgiert, was die Effektivität der Lipasenzugänge (und dadurch ihre Aufspaltung) vielfach

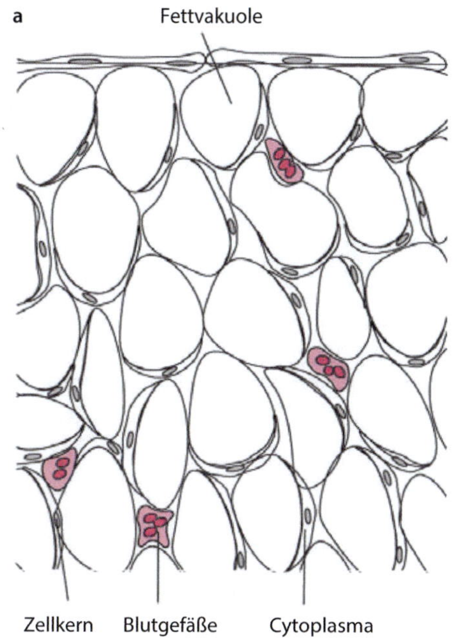

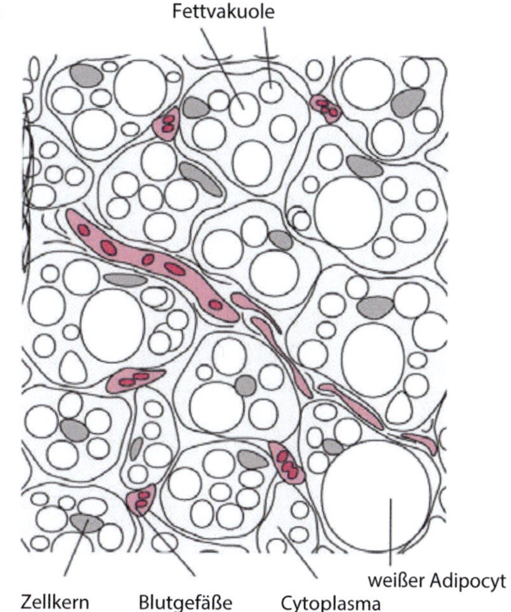

◘ **Abb. 13.2** Histologisches Bild des Fettgewebes [113].

erhöht. Im Dünndarm werden die Triglyzeride nach Spaltung und Resynthese absorbiert, mit Proteinen (Apolipoproteine) „versetzt", als Chylomikronen über die Lymphe aufgenommen und landen dann in der Blutbahn. In den Kapillaren des Fett- und Muskelgewebes spaltet die Lipoproteinlipase einen Großteil der in den Chylomikronen enthaltenen Triglyzeride ab. Die freigesetzten Fettsäuren werden dann in die umliegenden Fett- und Muskelzellen aufgenommen und entweder gespeichert oder verbraucht. Die in der Blutbahn zurückbleibenden Partikel, die nun einen stark erhöhten relativen Cholesteringehalt haben, werden als Chylomikronen-Remnants (engl. für „Überbleibsel") bezeichnet. An sie lagert sich das Apolipoprotein E an, welches schließlich die rezeptorvermittelte Aufnahme der Chylomikronen-Remnants in die Leber vermittelt. Die Fettsäuren werden nach Veresterung mit Carnitin in den Mitochondrien oxidativ verstoffwechselt. Im Gegensatz zu langkettigen können mittelkettige Fettsäuren direkt ins Blut abgegeben werden.

Neben ihrer Aufgabe als Energielieferant sind Fettsäuren ein wichtiger Bestandteil der Zellmembranen und dienen als Vorstufen der Eikosanoide, die eine wichtige Rolle als Mediatoren bei Entzündungen, als Neurotransmitter im Gehirn sowie bei der thrombozytären Blutgerinnung spielen. Die wichtigsten Vertreter der Eikosanoide sind die Prostaglandine, das Prostazyklin, die Thromboxane und die Leukotriene. Die Abkömmliche der Arachidonsäure (2er-Serie) gelten eher als entzündungsfördernd, die der Eicosapentaensäure (4er-Serie), als Abkömmlinge der ω-3 Fettsäuren, haben positive biologische Funktionen. Sie verbessern beispielsweise die Herzleistung und wirken antidepressiv.

13.5 Einfluss der Ernährung auf physiologische und molekulare Mechanismen der Trainingsanpassung

Da die Skelettmuskulatur ein plastisches Gewebe darstellt, ist ihr Phänotyp durch externe Einflussfaktoren, wie beispielsweise die Nährstoffverfügbarkeit, beeinflussbar [16]. Der Prozess der Trainingsanpassung ist in diesem Zusammenhang nichts anderes als eine trainingsinduzierte Modifikation der Genexpression, wodurch die jeweils benötigten spezifischen Proteine synthetisiert werden [17]. Die funktionellen Konsequenzen dieser Anpassung sind primär von der Art des Trainings, dem Trainingsumfang und der Trainingshäufigkeit abhängig. Wie bereits oben erwähnt, kann der Anpassungsprozess zudem durch die Nahrungszufuhr beeinflusst werden [18].

Bereits kurzfristige (< 1 Woche) Ernährungsinterventionen können demnach die Genexpression [19–21], die Substratspeicher [22], die Durchflussrate einzelner Substrate sowie die Substratoxidation [23–25] in der Muskulatur nachweislich modifizieren. Auch das sportliche Training selbst wirkt auf diese Mechanismen ein und führt in Abhängigkeit von der Belastung ebenfalls zu Modifikationen der Genexpression [26] sowie der Substratbereitstellung, wodurch es folglich zu Änderungen in den muskulären Energiespeichern kommt [27]. Die Erkenntnis, dass sowohl die Nahrungsaufnahme als auch das sportliche Training einen ähnlichen Einfluss auf den muskulären Zellstoffwechsel ausüben, hat die Forschung in diesem Gebiet vorangetrieben. Die Ergebnisse liefern Evidenz dafür, dass sowohl Kraft- als auch Ausdauertrainingsreize durch eine gezielte Nährstoffzufuhr optimiert werden können [28, 29, 17].

13.5.1 Regulation des Energiestoffwechsels

Die Ernährung hat die Aufgabe, eine adäquate Energiezufuhr sicherzustellen. Das heißt, dass eine ausgeglichene Energiebilanz (Zufuhr = Verbrauch) den Erhalt der aktiven Körpermasse sicherstellt oder sogar zu einem Anstieg der Skelettmuskelmasse führt, was besonders für den Sportler von großer Bedeutung ist. Der Energiebedarf einer sporttreibenden Person ist von der Trainingsintensität, der Art und Dauer der körperlichen Belastung (Ausdauer oder Kraft), dem Geschlecht, dem Ernährungszustand, der Körpergröße und dem Alter abhängig.

Jede Intensitätsänderung der arbeitenden Muskulatur bedingt eine Erhöhung oder Verminderung des ATP-Verbrauchs der Muskelzelle. Da die verschiedenen Energiebereitstellungswege eng miteinander verknüpft sind, greift die Muskelzelle – je

Tab. 13.2 Einflussfaktoren auf die Substratmobilisation durch Änderungen der Enzymaktivität

	Einflussfaktoren
Intramuskuläre Faktoren	ATP/ADP AMP Phosphat Kalzium
Sympathisches Nervensystem	Norepinephrin (Noradrenalin)
Hormone	Epinephrin (Adrenalin) Insulin Glukagon Kortisol Wachstumshormone

nach Bedarf – auf die jeweils vorhandenen bzw. verfügbaren Energiesubstrate zurück. Die Regulierung des Energiestoffwechsels kann sowohl durch Stoffwechselmetaboliten als auch durch Aktivierung bzw. Hemmung von Enzymen geschehen. Tab. 13.2 gibt einen Überblick über die Faktoren, welche die muskuläre Substratverfügbarkeit bzw. -mobilisation beeinflussen können.

13.5.2 Kohlenhydratstoffwechsel und Trainingsanpassung

Im Folgenden werden Ernährungsprinzipien für Dauerleistungen dargestellt. Vor einer Dauerleistung (> zwei Stunden) ist das Auffüllen der Glykogenspeicher im Skelettmuskel und in der Leber erwünscht. In der Fachsprache heißt diese Aufnahme Kohlenhydratladen (Carbohydrateloading). Es gibt verschiedene Möglichkeiten des Kohlenhydratladens, welches erstmals von Jonas Bergström beschrieben wurde [30, 31]. Das Kohlenhydratladen sieht vor, dass nach einer sehr starken Trainingsbelastung sechs bis drei Tage vor dem Wettkampf und nach einer Verringerung der Trainingsbelastung gemeinsam mit einer kohlenhydratreichen Ernährung, die zu 70 bis 80% aus Kohlenhydraten besteht, der Glykogengehalt im Skelettmuskel und in der Leber erhöht wird. Ein Tag vor dem Wettkampf sollte eine Ruhepause eingelegt werden, was letztlich zu einem zwei- bis dreifachen Anstieg des Muskelglykogens und bis einem zweifachen Anstieg des Leberglykogens führen kann. Ausdauertrainierte weisen grundsätzlich einen etwa doppelt so hohen Glykogengehalt auf. Da 1 g Glykogen 2,6 ml Wasser bindet, ist zu beachten, dass die Glykogenspeicherung mit einer Flüssigkeitsanreicherung und somit mit einer Zunahme des Körpergewichts verbunden ist.

Bei einer Wettkampfdauer von unter 90 Minuten bringt eine Zuckeraufnahme unmittelbar vor dem Start keinen Leistungsvorteil. Bei länger andauernden Belastungen kann eine Kohlenhydratzufuhr in Form von 1,1 g/kgKG Glukose und Maltodextrin zu einem Leistungsanstieg von bis zu 12% führen. Bei einer Hypoglykämieneigung ist allerdings von einer Aufnahme rasch resorbierbarer Kohlenhydrate vor der Belastung abzuraten, weil die dadurch bedingte Insulinsekretion die Gefahr einer Hypoglykämie erhöhen kann.

Während des Wettkampfs sollen bei länger andauernden Belastungen Kohlenhydratmengen von 30 bis 60 g pro Stunde zugeführt werden, bei Belastungen, die länger als 90 Minuten dauern, kann die Zufuhr auf etwa 90 g pro Stunde erhöht werden [32].

Werden die Kohlenhydrate in Form eines Sportgetränks, welches idealerweise einen 6- bis 9%igen Kohlenhydratanteil aufweist, zugeführt, so entspricht dies einer Flüssigkeitszufuhr von 1000 ml pro Stunde, wobei ca. alle 10 bis 20 Minuten 150 bis 200 ml getrunken werden sollten. Bei Überbelastungen und geleerten Glykogenspeichern kann es zu einer Hypoglykämie, einem sogenannten Hungerast, kommen. Dieser äußert sich in Form von Schwindel, Schweißausbrüchen und Zittern. Bei einer Fruktosezufuhr ist zu beachten, dass diese Durchfälle verursachen kann.

Unmittelbar nach dem Wettkampf sind der Glukosetransport und die Glykogensyntheserate verstärkt. Aus diesem Grund empfiehlt es sich, in der Zeitspanne von 30 Minuten bis 6 Stunden nach der Belastung 1,0 bis 1,5 g Kohlenhydrate pro kg Körpergewicht zuzuführen. Allerdings ist zu beachten, dass die Glykogenspeicher des Körpers nach langen Belastungen trotz kohlenhydratreicher Kost erst 4 bis 7 Tage später wieder aufgefüllt sind. Die *International Society of Sports Nutrition* (ISSN) beschreibt in einem Positionspapier Empfehlungen zur Nährstoffzufuhr bei sportlichen Belastungen. Darin wird angeführt, dass 24 Stunden nach eine längeren Belastung eine sehr hohe Kohlenhydratzufuhr im Bereich von 8 bis 10 g pro Kilogramm Körpergewicht pro Tag [33] anzustreben ist. Doch wie sieht es mit den zellulären Mechanismen bezüglich des Kohlenhydratstoffwechsels bei Belastung aus bzw. welche Interaktionsmechanismen bezüglich der Nährstoffzufuhr sind bekannt?

Die Kohlenhydratkonzentration in der Skelettmuskulatur übt einen regulatorischen Effekt auf viele zelluläre Prozesse aus. Werden Ausdauerbelastungen beispielsweise mit niedrigen Muskelglykogenkonzentrationen begonnen, kommt es zu einer höheren Transkriptionsaktivität von Enzymen, die in den Kohlenhydratstoffwechsel involviert sind. Dies betrifft beispielsweise die AMPK, den GLUT-4-Rezeptor, die Hexokinase sowie den Pyruvatdehydrogenase-Komplex (PDH).

Aufgrund dieser Abhängigkeit zwischen Substratverfügbarkeit und zellulären Signalwegen wurden verschiedene Konzepte entwickelt, um eine Optimierung der Trainingsanpassung zu erreichen. Eine dieser Strategien ist unter der Bezeichnung „Train low – Compete high" bekannt. Darunter versteht man ein Training mit leeren oder nur sehr wenig gefüllten Kohlenhydratspeichern, mit dem Ziel, den Fettstoffwechsel zu optimieren, um folglich eine Schonung der Kohlenhydratspeicher während eines Wettkampfes zu erreichen.

Die Studienergebnisse hinsichtlich dieses Ernährungs- und Trainingsregimes sind allerdings nicht eindeutig. Diese zeigen zwar [34–36, 17, 37–39], dass unabhängig vom anfänglichen Trainingsstatus eine 3- bis 10-wöchige Trainingsintervention mit niedrigen initialen Muskelglykogenkonzentrationen die Trainingsanpassung im Vergleich zum Training mit normalen bzw. gut gefüllten Kohlenhydratspeichern verbessern kann; die Ergebnisse sind allerdings schwer vergleichbar. Der Grund dafür ist, dass in den Studien unterschiedliche Trainingsprotokolle (unterschiedliche Art des Trainings, Anzahl der Trainingseinheiten sowie Interventionsdauer) verwendet wurden und daher aus den Ergebnissen kein eindeutig kausaler Zusammenhang zwischen der Kohlenhydratverfügbarkeit und zellulären Mechanismen ableitbar ist. Es besteht somit keine Evidenz dafür, dass ein Ausdauertraining mit initial niedrigen Glykogenkonzentrationen eine verbesserte Trainingsanpassung hervorruft.

Neben der Manipulation der endogenen Kohlenhydratverfügbarkeit gibt es auch Strategien, die auf die Beeinflussung der exogenen Kohlenhydratverfügbarkeit abzielen. Dazu zählen das morgendliche Nüchterntraining, lange Trainingseinheiten mit oder ohne nächtlichem Fasten sowie der Verzicht auf die Zufuhr von Kohlehydraten während einer Trainingseinheit und/oder während der ersten Stunde nach Belastungsende [40]. Auch hier sind die Studienergebnisse nicht eindeutig [34, 36, 35, 38]. Es bedarf somit weiterer Untersuchungen, die sich mit der Manipulation der exogenen Kohlenhydratverfügbarkeit zur Optimierung muskulärer Anpassungsmechanismen beschäftigen.

Obwohl die Studienlage nicht eindeutig ist, wurden in den erwähnten Untersuchungen allerdings auch keine Beeinträchtigungen der Trainingsanpassung durch eine geringe Kohlenhydratverfügbarkeit festgestellt. Auch die molekularen Mechanismen, die durch die Interaktion zwischen Ernährung und Training hervorgerufen werden, konnten noch nicht eindeutig geklärt werden. Es werden mehrere mögliche molekulare Mechanismen diskutiert, welche Trainingsanpassungen über den Weg der Kohlenhydratverfügbarkeit beeinflussen könnten. Diese betreffen unter anderem die Aktivität der AMPK (AMP-aktivierende Proteinkinase) und der MAPK (Mitogen-aktivierte Proteinkinase). Studien zeigen, dass die Aktivität dieser zwei Proteine durch das Nährstoffangebot geregelt wird. In welcher Weise bzw. aufgrund welcher Mechanismen Aktivitätsänderungen der AMPK und MAPK die Trainingsanpassung beeinflussen, ist derzeit allerdings noch fraglich [41].

Eine mögliche Erklärung ist die Regulierung der AMPK über das zelluläre Energielevel. Ein hoher zellulärer Energieumsatz ist nämlich mit einer Reduktion des ATP/AMP-Verhältnisses sowie des ATP/ADP-Verhältnisses assoziiert. Diese Änderungen bewirken möglicherweise eine Initiierung der AMPK-Aktivität, wodurch die AMPK als zellulärer Energiesensor betrachtet werden kann. Die Regulierung der AMPK scheint allerdings nicht nur durch das Energieniveau der Muskelzelle zu erfolgen, sondern auch durch die muskuläre

Glykogenkonzentration. Diesbezüglich geht man davon aus, dass an den B-Subeinheiten der AMPK Glykogen gebunden wird [42] und das AMPK dadurch als Sensor der endogenen Kohlenhydratkonzentration agieren kann [42–46]. Demzufolge würde es – je nach Kohlenhydratverfügbarkeit in der Muskulatur – zu einer erhöhten oder erniedrigten AMPK-Aktivität kommen. Studien konnten zeigen, dass die Aktivierung der α2-AMPK-Subeinheit während einer akuten Belastung stärker ausfällt, wenn die Belastung mit niedrigen muskulären Glykogenkonzentrationen im Vergleich zu gut gefüllten Glykogenspeichern erfolgt [47–49].

Bezüglich der MAPK zeigen Studien unterschiedliche Ergebnisse hinsichtlich der Hoch- bzw. Herunterregulation dieses Enzyms in Abhängigkeit von der Glykogenkonzentration während der Belastung. Cochran und Kollegen [50] untersuchten den Effekt unterschiedlicher Kohlenhydratverfügbarkeiten in der Nachbelastungsphase auf die Stoffwechsel- bzw. die zelluläre Signalantwort nach hoch-intensivem Intervalltraining. Dabei kamen sie zum Schluss, dass wahrscheinlich die Kohlenhydrataufnahme per se und nicht notwendigerweise die Kohlenhydratkonzentration in der Muskulatur die metabolische Antwort am stärksten beeinflusst.

Ein weiterer Aspekt des Einflusses der Kohlenhydratverfügbarkeit auf muskuläre Signalwege ist die Katecholaminausschüttung unter Belastung, welche von der Glykogenkonzentration vor der Belastung beeinflusst wird [19]. Wojtaszewski und Kollegen [48] stellten fest, dass schlecht gefüllte Kohlenhydratspeicher mit erhöhten Plasmanorepinephrinspiegel während der Belastung assoziiert waren, was letztlich zu einer erhöhten Oxidation von Blutglukose führte. Diese erhöhten Norepinephrinkonzentrationen könnten demzufolge für eine erhöhte zelluläre Glukoseaufnahmekapazität bei Glykogenmangel verantwortlich sein.

Des Weiteren zeigt sich, dass auch der Trainingszustand (Trainingsstatus) die Kohlenhydratoxidation während der Belastung beeinflusst. So konnten Studien nachweisen, dass Ausdauersportler im Vergleich zu Untrainierten bei gleicher absoluter submaximaler Leistung eine geringere muskuläre Glukoseaufnahme aufweisen [51, 27, 52–54]. Der Grund dafür ist eine geringere Erhöhung der Glukosetransportkapazität bzw. der GLUT-4-Proteinkonzentration an der Muskelzellmembran im trainierten im Vergleich zum untrainierten Muskel [54]. Bei gleicher relativer Belastungsintensität (80 bis 100% der maximalen Leistungsfähigkeit) hingegen zeigt sich, dass – bei niedrigen Glykogenkonzentrationen – die muskuläre Glukoseaufnahme aus dem Plasma im ausdauertrainierten höher ist als im untrainierten Muskel und dass die erhöhte Glukoseaufnahme mit der muskulären GLUT-4-Proteinkonzentration korreliert [55]. ◘ Abb. 13.6a und ◘ Abb. 13.6b zeigen einerseits die intrazellulären Skelettmuskelvorgänge bei Ausdauersportlern vor der Ernährungsumstellung (◘ Abb. 13.6a) und andererseits die Veränderungen hinsichtlich der Substratverfügbarkeit sowie der zellulären Signalwege nach einer Fettadaption (◘ Abb. 13.6b).

13.5.3 Fettstoffwechsel und Trainingsanpassung

Die Fettzufuhr soll 25 bis 30% der täglichen Energiezufuhr beitragen, wobei die Art der zugeführten Fette weniger gesättigte und vermehrt einfach- und mehrfach ungesättigte Fette sein sollte. Der Vorteil der ungesättigten Fettsäuren ist, dass diese leichter verdaulich sind, die Elastizität der Zellmembranen erhöhen, den Fettstoffwechsel positiv beeinflussen und die Fließeigenschaften des Blutes verbessern.

Die Energiebereitstellung bei niedrigen bzw. moderaten körperlichen Belastungen erfolgt hauptsächlich durch die Oxidation von Fettsäuren (Fettstoffwechsel), wobei der absolute Anteil an oxidierten Fettsäuren primär vom Mitochondrienvolumen in der arbeitenden Skelettmuskulatur abhängig ist.

Obwohl Kohlenhydrate als energielieferndes Substrat bei intensiven Belastungen den leistungsbestimmenden Faktor darstellen, darf in diesen Intensitätsbereichen dennoch die Rolle der Fettsäuren nicht unterschätzt werden. Die glykogensparende Wirkung der Fettsäureoxidation bei Belastungen bis zu 60 bis 65% der VO_{2max} bei Untrainierten bzw. bei Belastungen bis zu 75 bis 85% der VO_{2max} bei Trainierten machen die Fettsäuren zu wichtigen Energielieferanten auch über moderate Belastungsintensitäten hinaus [56]. Da – aufgrund der Speichergröße – die theoretisch verfügbare Energiemenge aus der Oxidation von Fettsäuren höher ist als jene von Kohlenhydraten, wird oftmals eine erhöhte Fettoxidation zugunsten einer niedrigeren Kohlenhydratverwertung im Ausdauersport angestrebt. Dadurch kommt es zu einer verlangsamten Entleerung der Kohlenhydratspeicher und somit zu einer Verzögerung des Auftretens von Ermüdungserscheinungen.

Eine Erhöhung der Fettstoffwechselaktivität erfolgt auf molekularer Ebene durch die Hochregulierung von Proteinen, die für den Fettmetabolismus verantwortlich sind. Um eine derartige Hochregulierung zu erreichen, ist ein dauerhaft niedriger Insulinspiegel notwendig, welcher durch eine kohlenhydratarme bzw. fettreiche Ernährung zustande kommt. Eine niedrige Insulinkonzentration stellt eine Voraussetzung für eine vermehrte Freisetzung von Fettsäuren aus dem Fettgewebe dar und führt somit zu einer erhöhten Fettsäureverfügbarkeit im Plasma. Um diese metabolischen Anpassungserscheinungen zu erreichen, wurde ein sogenanntes *„fat loading"-Protokoll* von Hawley u. Hopkins [57] entwickelt, welches eine fettreiche und kohlenhydratarme Ernährung bei gleichzeitiger Durchführung eines Ausdauertrainingsprogramms beschreibt. Studien, in welchen dieses Protokoll verwendet bzw. überprüft wurde, kommen allerdings zu unterschiedlichen Ergebnissen. Einige Untersuchungen [58–60] zeigen positive Ergebnisse hinsichtlich des glykogensparenden Effekts einer derartigen Ernährung, wohingegen andere Autoren keine Verbesserung feststellen konnten [61]. Des Weiteren stellte sich heraus, dass die Wirkungsweise einer solchen Ernährungsform individuell unterschiedlich ist und sogar zu einer Verschlechterung der Trainingskapazität führen kann [39].

Eine kohlenhydratarme bzw. fettreiche Ernährung führt zu erniedrigten Glykogenkonzentrationen in der Skelettmuskulatur sowie in der Leber. Dies wiederum geht mit einer verminderten Leistungsfähigkeit im Wettkampf einher, weil die Energiebereitstellung hier aufgrund der Belastungsintensität primär durch Kohlenhydrate bewerkstelligt wird. Um dieses Problem zu umgehen, aber gleichzeitig eine Optimierung des Fettstoffwechsels zu erreichen, wurde das Modell der sogenannten *„dietary periodization"* [57, 62–65, 39, 66, 67] entwickelt.

Dieses Modell beinhaltet eine Phase der Fettstoffwechseladaption in Form einer fettreichen Ernährung über mehrere Tage gefolgt von einer Phase des Kohlenhydratladens. ◘ Abb. 13.3 gibt einen Überblick über ein allgemeines Studiendesign, welches für Untersuchungen des Fettadaptionsmodells, das eine Wiederauffüllung der Kohlenhydratspeicher vorsieht, verwendet wird.

Studienergebnisse zeigen, dass durch die kohlenhydratreiche Ernährung zur Wiederauffüllung der Glykogenspeicher zwar die Fettsäureoxidationsraten während submaximaler Belastungen supprimiert werden, diese dennoch ein höheres Niveau aufweisen als vor dem Fettladen [62, 65, 39]. Obwohl es durch die Anwendung dieses Protokolls zu metabolischen Verbesserungen des Fettstoffwechsels kommt, ist die Auswirkung auf die Ausdauerleistungsfähigkeit nicht eindeutig geklärt. Studien von Lambert et al. [66] sowie Rowlands u. Hopkins [67] konnten eine Verbesserung der Ausdauerleistungsfähigkeit

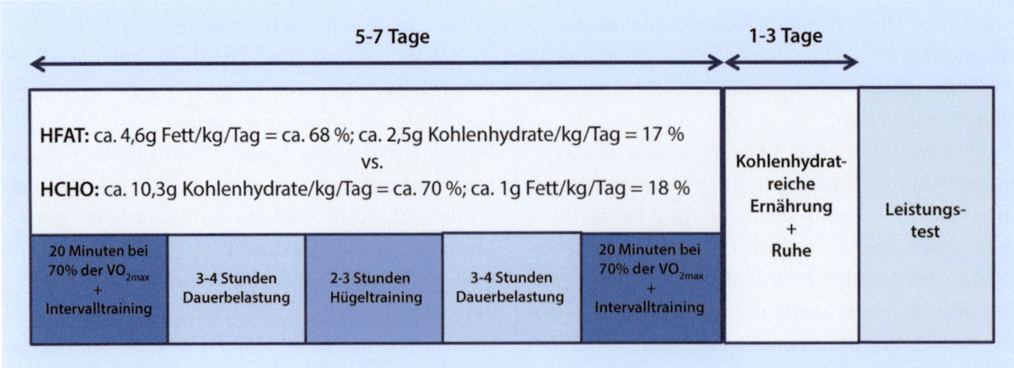

◘ **Abb. 13.3** Fettstoffwechseladaptationsmodell – Überblick über ein allgemeines experimentelles Studiendesign

nachweisen, während andere Autoren keine signifikanten Veränderungen [62, 63] bzw. sogar Leistungsverschlechterungen [68] bei hoch intensiven Kurzzeitbelastungen feststellten. Eine mögliche Erklärung für die negativen Studienergebnisse ist, dass die Ausdauerbelastungen in diesen Studien nicht im submaximalen Belastungsbereich, sondern bei Intensitäten durchgeführt wurden, bei denen die Kohlenhydrate als Energiesubstrat dominieren. Zudem dürfte es – wie bereits oben erwähnt – große individuelle Unterschiede geben, sodass manche Athleten mit einer Leistungsverbesserung und andere wiederum gar nicht oder sogar mit einer Leistungsverschlechterung auf die Umsetzung dieser Ernährungsintervention reagieren [69]. Es muss zudem beachtet werden, dass eine fettreiche, kohlenhydratarme Ernährung – im Vergleich zu einer kohlenhydratreichen Ernährung – höhere mentale und physische Anforderungen an den Sportler stellt [56]. Des Weiteren ist es für Elitesportler wahrscheinlich nicht möglich, ein Ausdauertraining langfristig mit einer solchen Ernährungsweise durchzuführen [41].

Es werden verschiedene molekulare bzw. zelluläre Mechanismen beschrieben, die zu einer Erhöhung der Fettsäureoxidation bei gleichzeitiger Reduktion der Kohlenhydratoxidation und somit Schonung der endogenen Glykogenspeicher bei sportlichen Belastungen nach Fettadaptation führen.

Der erste Mechanismus betrifft die **Peroxisom-Proliferator-aktivierten Rezeptoren (PPAR)**, welche im Zellkern lokalisiert sind und über physiologische oder pharmakologische Liganden aktiviert werden. Als Transkriptionsfaktoren sind sie an der Regulation der Expression verschiedener Gene beteiligt, wobei drei PPAR-Subtypen unterschieden werden, nämlich PPARα, PPARβ und PPARγ. Hinsichtlich der Regulation des Fettmetabolismus bei Ausdauerbelastungen spielt der PPARγ die wichtigste Rolle, weil dieser Rezeptorsubtyp in mengenmäßig großer Anzahl in der Skelettmuskulatur vorkommt [70–72]. Zudem ist die Expression in den oxidativen Typ-1-Muskelfasern stärker ausgeprägt als in den glykolytischen Typ-2-Muskelfasern [73]. Die Aktivierung dieses Rezeptors in der Skelettmuskulatur erfolgt über verschiedene physiologische und pathophysiologische Mechanismen. Sowohl Kurzzeit- [74–76] als auch Langzeitausdauerbelastungen [77, 78] führen z. B. zu einer verstärkten Rezeptorexpression. Nutritive Einflüsse, wie beispielsweise Fasten, beeinflussen ebenfalls die Rezeptoraktivität. So konnte gezeigt werden, dass eine 6-, 24- oder 48-stündige Fastenperiode bei Mäusen zu einer Hochregulierung der PPARγ-Genexpression im Gastrocnemiusmuskel führt [79], wohingegen ein 48-stündiges Fasten bei jungen gesunden Menschen genau den gegenteiligen Effekt bewirkte [80]. Dabei ist allerdings anzumerken, dass Daten von Humanstudien mit kürzerer Fastendauer fehlen. Die Erklärung für die verstärkte Rezeptorexpression bei Ausdauerbelastungen und unter Fastenbedingungen bei Mäusen wird durch das Vorhandensein großer Mengen an zirkulierenden freien Fettsäuren erklärt, welche ein physiologisches Signal für die Hochregulierung des PPARγ-Anteils im Skelettmuskel darstellen. Es macht diesbezüglich allerdings keinen Unterschied, ob die Ausdauerbelastung nüchtern oder nach Kohlenhydratzufuhr durchgeführt wird, woraus gefolgert werden kann, dass die Muskelkontraktion per se den primären Regulator der PPARγ-Genexpression darstellt [76].

Eine vermehrte PPARγ-Aktivierung durch die erwähnten Mechanismen führt in der Skelettmuskulatur letztlich zu einer verstärkten Lipidoxidation sowie zur Regulation weiterer Gene, die für den Fettstoffwechsel eine Rolle spielen [81].

Dies betrifft unter anderem den zweiten wichtigen molekularen Mechanismus des muskulären Fettstoffwechsels, nämlich den Transport der freien Fettsäuren vom Plasma in die Muskelzelle, welcher primär durch die Fettsäuretranslokase **FAT/CD36** und dem im Plasma vorkommenden Fettsäure-bindenden Protein **FABPpm** realisiert wird [82, 83]. Angekommen in der Zelle werden die Fettsäuren im Zytosol mithilfe von Coenzym A (CoA) und Adenosintriphosphat (ATP) aktiviert. Diese aktivierte Form der Fettsäure wird als AcylCoA bezeichnet und mithilfe der Carnitin-Palmitoyltransferase durch die Mitochondrienmembran geschleust, wo dann die tatsächliche Fettsäureoxidation stattfindet [84]. Cameron-Smith und Kollegen [20] konnten nachweisen, dass eine 5-tägige Fettadaption mit einer Erhöhung der Menge an FAT/CD36-mRNA sowie der FAT/CD36-Proteinkonzentration einhergeht, wobei sich die FABPpm-Konzentration nicht signifikant veränderte. Die Autoren schlossen daraus, dass die Fettsäuretranslokase FAT/CD36 sensitiver auf eine fettreiche Ernährung reagiert als das

Fettsäure-bindende Protein FABPpm. Die hohe Sensitivität der FAT/CD36 gegenüber nutritiven Einflüssen konnten auch Yeo und Kollegen [39] nachweisen. Sie kamen in ihrer Studie zum Ergebnis, dass die höheren FAD/CD36-Konzentrationen als Folge einer Fettadaptation wieder ihren Ausgangswert erreichten, sobald mit der Wiederauffüllung der Glykogenspeicher begonnen wurde. Dadurch konnte gezeigt werden, dass bereits kurzfristige Veränderungen im Ernährungsverhalten diesen zellulären Signalweg beeinflussen.

Die durch hochintensives Ausdauertraining bedingte Erhöhung der Konzentrationen von FABPpm und FAT/CD36 in der Muskulatur erfolgt zudem an unterschiedlichen Orten. Während die Erhöhung des FABPpm-Anteils auf die Zellmembran der Muskelzelle (Sarkolemm) beschränkt ist, findet die Erhöhung der FAT/CD36 primär an der Mitochondrienmembran statt [85]. Des Weiteren zeigte sich, dass es zwischen den Membranen (Muskelzellmembran und Mitochondrienmembran) zu einer Verschiebung der erwähnten Transportproteine kommen kann. Es sind allerdings weitere Untersuchungen notwendig, um nachzuweisen, ob es durch eine Fettadaptation sowie eine Wiederauffüllung der Glykogenspeicher jeweils zu einer veränderten Präsenz der Fettsäuretransportsysteme an der Muskelzellmembran unter Ruhebedingungen kommt bzw. ob die fettsäuretransportierenden Proteine während der Belastung (bei Fettadaption oder Wiederauffüllung der Kohlenhydratspeicher) tatsächlich bevorzugt zur Muskelzellmembran wandern [69].

13

◘ Abb. 13.6b und ◘ Abb. 13.6c zeigen die jeweiligen Anpassungserscheinungen der Skelettmuskulatur von Ausdauersportlern nach Fettadaption (B) sowie nach Fettadaptation, der eine Phase der Wiederauffüllung der Kohlenhydratspeicher folgt (C).

Der dritte zellulärer Mechanismus, welcher der Fettadaptation zugrunde liegt und einen möglichen Vorteil hinsichtlich der Ausdauerleistungsfähigkeit bringt, ist die Erhöhung der **intramuskulären Triglyceridkonzentration (IMTG)** sowie die Aktivitätserhöhung der **Hormon-sensitiven Lipase (HSL)**. Dabei geht man davon aus, dass eine durch Fettadaptation erhöhte IMTG-Konzentration mit einer erhöhten Oxidation derselben einhergeht und die IMTGs somit mehr Energie während einer Ausdauerbelastung zur Verfügung stellen. Allgemein hängt die IMTG-Konzentration von der Fettsäureaufnahme, -oxidation und -speicherung sowie der Triglyzeridhydrolyse ab. Die HSL spielt in diesem Zusammenhang als Regulator des IMTG-Abbaus eine wichtige Rolle, indem sie durch ihre enzymatische Aktivität das gespeicherte Fett in ihre Bestandteile zerlegt, sodass dieses als Energiesubstrat zur Verfügung stehen kann. Die Aktivität der HSL wird wiederum durch verschiedene hormonelle Einflüsse gesteuert, wobei das sympathische Nervensystem sowie die Kathecholamine den größten Einfluss hinsichtlich der Aktivitätssteigerung der HSL ausüben. Ein Anstieg der Plasmakonzentration der beiden Katecholamine Norepinephrin und Epinephrin kann unmittelbar nach Belastungsbeginn beobachtet werden. Dieser Anstieg führt über die Aktivierung des zyklischen Adenosinmonophosphats (cAMP) zur Phosphorylierung und somit zur Überführung der HSL in seine aktive Form. Die Ausschüttung von Katecholaminen führt zu einer Verstärkung sowohl der Lipolyse als auch des Glykogenabbaus, sodass diese Energieproduzenten für die arbeitende Muskulatur relativ schnell zur Verfügung stehen. ◘ Abb. 13.4 gibt einen Überblick über die hormonelle Regulation des Triglyceridabbaus und der Triglyceridsynthese.

Mehrere Studien [65, 62, 86, 63, 64] zeigen, dass die Fettoxidationsraten während submaximaler Belastungen (bis zu 70% der VO_{2max}) nach Fettadaptation im Vergleich zu einer kohlenhydratreichen Ernährung doppelt so hoch sind. Dabei konnte bei fettreicher Ernährung eine 20- bis 30%ige Erhöhung der HSL sowohl während der Belastung als auch in Ruhe festgestellt werden. Obwohl – wie oben erwähnt – die Aktivität der HSL grundsätzlich durch das hormonelle Milieu gesteuert wird, konnten in der Untersuchung von Stellingwerf und Kollegen [65] keine Unterschiede in der Epinephrin- und Insulinkonzentration in Abhängigkeit von der Nahrungszufuhr (kohlenhydratreiche Kost oder fettreiche Kost) festgestellt werden. Dies führt die Autoren zu dem Schluss, dass die HSL-Aktivität möglicherweise von intrazellulären Signalen beeinflusst wird. Diesbezüglich könnte die IMTG-Konzentration von entscheidender Bedeutung sein, weil eine erhöhte Fettzufuhr zu einer erhöhten IMTG-Konzentration führt [23, 87–89, 22], welche wiederum sowohl in Ruhe als auch während der Belastung mit einer verstärkten Fettsäureoxidation in Zusammenhang steht.

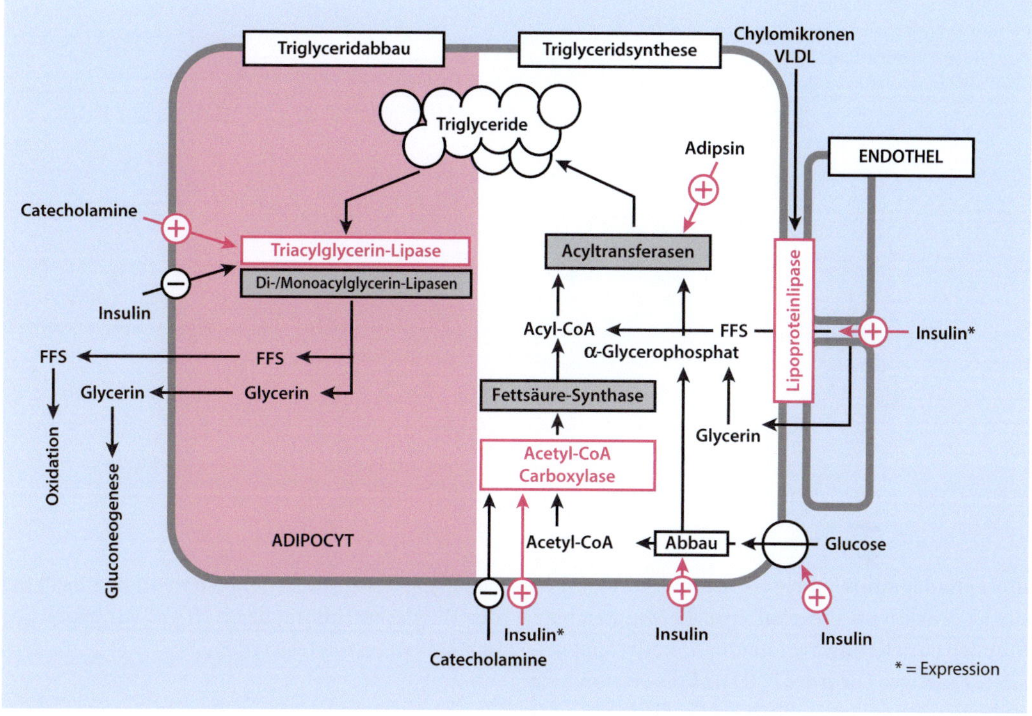

Abb. 13.4 Hormonelle Regulation des Triglyzeridabbaus und der Triglyzeridsynthese [113]

Der vierte Signalweg, welcher in Folge einer Fettadaptation zu einer erhöhten Fettoxidation sowie zu einer verminderten Kohlenhydratoxidation – und somit zur Schonung der Glykogenspeicher – führt, ist die Regulation des **Pyruvatdehydrogenase-Komplexes (PDH)**, dem Schlüsselenzym der Kohlenhydratoxidation. Studien haben gezeigt, dass es durch eine fettreiche Ernährungsweise unter Ruhebedingungen zu einer Hochregulierung des Enzyms Pyruvatdehydrogenase-Kinase (PHK) kommt, welche die PDH in seine inaktive Form überführt, was wiederum eine Reduktion von aktivem PDH-Protein zur Folge hat [90, 91]. Abb. 13.5 veranschaulicht die Regulation des Pyruvat-Dehydrogenase-Komplexes durch Veränderung der Enzymaktivität (Interkonvertierung).

Da – wie bereits oben erwähnt – die PDH das Schlüsselenzym der Kohlenhydratoxidation ist, wird über den beschriebenen Signalweg – aufgrund von Substratmangel – die Energiegewinnung aus Kohlenhydraten herab- und jene aus Fettsäuren hochreguliert. Man geht davon aus, dass diese Veränderungen im Zellstoffwechsel durch eine niedrige Insulinkonzentration sowie ein erhöhtes Angebot an freien Fettsäuren als Folge einer fettreichen Ernährung hervorgerufen werden. Die Rolle des Insulins kann in diesem Zusammenhang dadurch erklärt werden, dass es eine inhibitorische Wirkung auf die PHK ausübt. Bei Wegfall oder Reduktion dieses hemmenden Effekts aufgrund geringer Insulinkonzentrationen kommt es zur vermehrten Bildung von PHK und somit zur Inaktivierung des PDH-Komplexes. Das vermehrte Angebot an freien Fettsäuren greift in diesen Stoffwechselweg hingegen insofern ein, als es wahrscheinlich Transkriptionsfaktoren innerhalb der Zelle stimuliert [91].

Studien zeigen zudem, dass nach vorangegangener Fettadaptation [92] mit anschließender Wiederauffüllung der Kohlenhydratspeicher [65] die PDH-Aktivität nicht nur in Ruhe, sondern auch bei unterschiedlichen Belastungsintensitäten reduziert bleibt. Dadurch kommt es zu einer verminderten Kohlenhydratoxidation bzw. zu einem Einsparen von Muskelglykogen. Interessanterweise führt zwar die Zufuhr von Kohlenhydraten nach der Phase

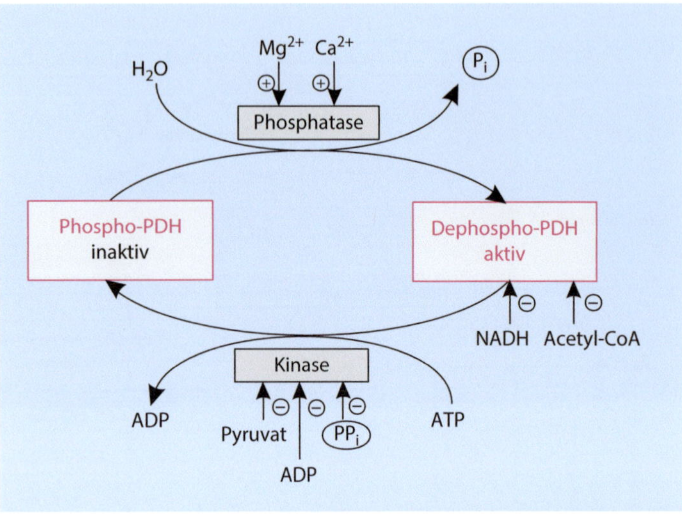

Abb. 13.5 Regulation des Pyruvat-Dehydrogenase-Komplexes durch Interkonvertierung [113]

der Fettadaptation zu einem schnellen Absinken der PDK-Aktivität innerhalb von 45 Minuten bis 3 Stunden nach Kohlenhydrataufnahme; die Suppression der aktiven Form der PDH und die verminderte Kohlenhydratoxidation bleiben allerdings noch für mindestens 3 Stunden nach Belastungsende aufrecht [93]. In der Studie von Stellingwerff et al. [65] war die PDH-Aktivität sogar noch 24 Stunden nach der Wiederauffüllung der Glykogenspeicher (nach Fettadaptation) vermindert, was darauf hindeutet, dass die PDK-Aktivität zu diesem Zeitpunkt immer noch erhöht war. Die Autoren schließen daraus, dass diese Beobachtung einerseits durch die Kombination der fettreichen Ernährung mit dem intensiven Ausdauertrainingsprogramm und andererseits mit einem traniningsinduzierten Anstieg des gesamten PDH-Komplexes begründet sein könnte.

Eine Suppression der PDH-Aktivität als Folge einer Fettadaptation bringt für den Ausdauersportler allerdings nicht nur Vorteile mit sich, sondern kann sich auch negativ auf dessen Leistungsfähigkeit auswirken und zwar dann, wenn es um hochintensive Belastungen geht. Durch die Aktivitätssenkung der PDH und der damit einhergehenden Verminderung der Oxidation von Kohlenhydraten, welche das primäre Energiesubstrat bei hochintensiven Belastungen darstellen, ergibt sich eine unzureichende Substratversorgung. Deshalb sollte in Phasen hochintensiver Belastungen (90 bis 100% der VO_{2max}) auf die Umsetzung der erwähnten Fettadaptationsprotokolle, auch wenn sie eine Phase der Wiederauffüllung der Kohlenhydratspeicher beinhalten, verzichtet werden.

13.5.4 Proteinstoffwechsel und Trainingsanpassung

Molekulare Mechanismen der Trainingsanpassung, in denen Proteine eine Rolle spielen, verfolgen immer den Endzweck der (erhöhten) Proteinsynthese.

Im gesunden Muskel besteht eine feinregulierte Balance zwischen Proteinaufbau und -abbau, die durch das Zusammenwirken verschiedener regulierender Faktoren (Signaltransduktion) geregelt wird. Auf Seiten der Proteinsynthese sind es die neuronale Aktivität, das Nährstoffangebot, die systemischen Hormone, wie das Wachstumshormon (HGH), der insulinähnliche Wachstumsfaktor 1 (insulin-like growth factor 1, IGF-1) sowie das Insulin, die einen stimulierenden Effekt ausüben. Ebenso trägt auch eine Dehnung der Muskelzelle während einer Muskelkontraktion zu einer erhöhten Proteinsynthese bei.

Beides, körperliche Aktivität sowie die Aminosäurezufuhr, beeinflussen die Proteinumsatzrate des Skelettmuskels über eine Modulation des intrazellulären Signaltransduktionsnetzwerkes, das letztlich dafür verantwortlich ist, dass Proteine auf- oder abgebaut werden [94,95]. An diesem Signalnetzwerk

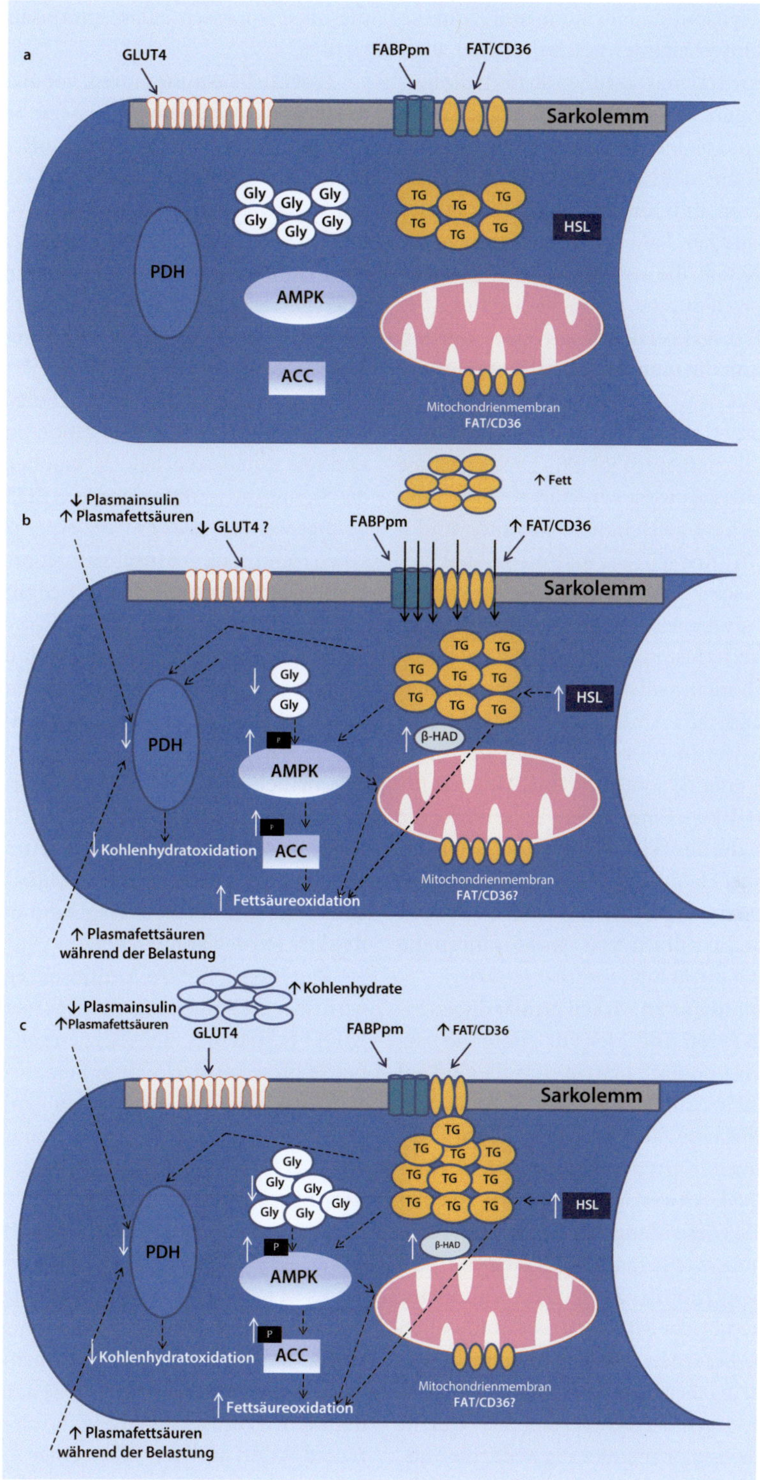

Abb. 13.6 Ausdauertraining und Anpassung der Skelettmuskulatur an eine Fettadaption mit und ohne Wiederauffüllung der Kohlenhydratspeicher.

sind Enzyme, Transmitter, Hormone und Zytokine beteiligt, die, hintereinander geschaltet oder auch miteinander vernetzt, ein von außen an die Zelle herangebrachtes Signal verstärken. Diese Signaltransduktionswege sind oft ineinander verschachtelt und haben dadurch die Möglichkeit, bei der Blockade eines Weges einen anderen einzuschlagen. Dieser vernetzte Zustand kann allerdings ein Problem für Therapieansätze sein, die auf ein spezielles Ziel ausgerichtet sind, weil durch die Blockade eines Ziels andere Umgehungskreisläufe aktiviert werden können, die dann die ursprüngliche Therapie wirkungslos machen.

Die Proteinsyntheserate des Muskels wird durch die Gabe von Nährstoffen erhöht [96]. Dieser anabole Effekt ist zeitabhängig, wobei die stärkste Erhöhung der Proteinsynthese zwischen 30 Minuten und 2 Stunden nach Aminosäureaufnahme beobachtet werden kann. Nach 2,5 bis 3 Stunden ist die Syntheserate wieder auf die ursprünglichen Werte abgesunken. Der Mechanismus hinter diesen Beobachtungen ist noch nicht vollständig geklärt. Studien zeigten allerdings, dass Aminosäuren indirekt über eine Erhöhung der Insulin- und Wachstumshormonsekretion eine Aktivierung des Akt/mTOR-Signalweges erwirken. Eine weitere Rolle dürfte die AMPK spielen, die über eine Aktivierung der TSC2 (Tuberin) zu einer Hemmung von mTOR und damit einer Reduktion der Proteinsynthese führt. Es wird vermutet, dass die Zufuhr von Aminosäuren die AMPK-Aktivität direkt oder indirekt reduziert.

Von den Aminosäuren wirken primär die essentiellen Aminosäuren und hier vor allem die verzweigtkettige Aminosäure Leuzin stimulierend auf die Muskelproteinsynthese (MPS) [97]. Quantitativ gesehen, führt eine Zufuhrmenge von etwa 10 g essentieller Aminosäuren – das entspricht einer Zufuhr von 20 g hochwertigem Protein – zu einer optimalen MPS. Diese Menge an essentiellen Aminosäuren inkludiert eine maximale Gabe von 3,5 g Leuzin. Eine Steigerung der Zufuhrrate bringt keine weitere Stimulierung der MPS, weil die Aminosäuretransporter mit dieser Menge bereits maximal gesättigt sind. Diese Angaben beziehen sich auf eine akute Leuzingabe. Im Gegensatz dazu scheint im Alter eine langfristige Leuzinsupplementierung weder die Muskelmasse noch die Muskelkraft zu erhöhen [98]. Was sind nun die molekularen Mechanismen, die durch die Gabe von essentiellen Aminosäuren stimuliert werden?

Essentielle Aminosäuren, vor allem Leuzin, stimulieren die MPS dadurch, dass sie bestimmte kritische Schritte, die am Niveau der mRNA-Translation liegen, letztlich über das mTORC1-Signaltransduktionsnetzwerk anregen. Die Gabe von Aminosäuren führt in diesem Zusammenhang zu einer Erhöhung der Plasmainsulinkonzentration. Dies bewirkt in Folge Veränderungen in der Expression und der Aktivität von hVps34, MAP4K3 und in Folge der Rag-GPTasen, wodurch mTORC1 aktiviert wird. mTORC1 aktiviert in weiterer Folge Regulationsfaktoren, die die RNA-Translation und die Proteinsynthese stimulieren. Jedoch, wie oben erwähnt, sind die Signaltransduktionswege vielfältig. So konnte gezeigt werden, dass es trotz einer pharmakologischen Hemmung der Insulinsekretion zu einem über Leuzin vermittelten mTORC1-Signalweg kommt. Dies führt zur Annahme, dass es sowohl einen insulinabhängigen als auch einen insulinunabhängigen Signaltransduktionsweg gibt. Ein zentraler Ansatzpunkt scheint das jüngst entdeckte hVps34-Protein zu sein, das für die Phosphorylierung von $p70^{SK1}$ verantwortlich ist und 4E-BP1 blockiert. Es ist darauf hinzuweisen, dass diese experimentellen Daten noch nicht für den menschlichen Skelettmuskel nachgewiesen sind. Die vorgestellte Signalkaskade zeigt allerdings, auf welchem Weg Aminosäuren regulativ aktiv werden können [95].

Die intrazelluläre Aminosäurekonzentration wird über die Aminosäuretransportsysteme (System L: LAT1, System A: SNAT2) geregelt, die wiederum per se diese intrazellulären Signalwege beeinflussen. Eine Gabe von essentiellen Aminosäuren, die eine MPS hervorriefen, führte zu einem Anstieg von LAT1 und SNAT2. Der gegenteilige Effekt, eine Verringerung der Konzentrationen von LAT1 und SNAT2 sowie vom mTORC1-Signalweg, tritt nach sieben Tagen Bettruhe ein [99].

Es ist bekannt, dass die effektivste Stimulierung der MPS durch Bewegung gemeinsam mit einer Aminosäuregabe eintritt. Diese gemeinsame Vorgangsweise stimuliert mTORC1 unabhängig von dem IGF-1/PI3K-Signalweg durch die Mechanotransduktion und den Effekt einer Aminosäurezufuhr. Die Muskelbelastung erhöht die Membranpermeabilität für Aminosäuren und bewirkt dadurch eine erhöhte Aminosäureaufnahme in den Skelettmuskel. Es ist daraus abzuleiten, dass es vor allem die Kombination von physischer Aktivität und einer dementsprechenden Aminosäurezufuhr ist, die die Skelettmuskelanabolie am stärksten stimuliert.

Obwohl bewiesen ist, dass die Zufuhr von Aminosäuren einen synergistischen Effekt hinsichtlich der MPS ausübt, gibt es über den idealen Zeitpunkt der Proteinzufuhr in Abhängigkeit von der Trainingsbelastung unterschiedliche Ansätze. Diesbezüglich werden drei Zeitfenster diskutiert, um eine Optimierung der Trainingsanpassung durch die Gewährleistung einer ausreichenden Proteinverfügbarkeit zu erreichen. Diese sind die Proteinzufuhr in der Stunde vor dem Training, während des Trainings oder in der Zeitspanne von 3 Stunden nach Beendigung des Trainings. Tipton et al. [100] kamen zum Schluss, dass die Stimulierung der MPS größer war, wenn die Proteinzufuhr unmittelbar vor dem Krafttraining erfolgte, im Vergleich zur Zufuhr nach dem Training. Dieser Effekt wird mit einer verstärkten Durchblutung und einem dadurch besseren Aminosäuretransport zur Muskulatur erklärt. Andere Studien konnten dies nicht nachweisen [101, 102].

Obwohl die MPS während der Belastung abgeschwächt ist, konnte gezeigt werden, dass eine Proteinzufuhr während des Trainings die MPS dennoch erhöht. Als zugrunde liegenden Mechanismen werden Störungen im Energiestoffwechsel durch die Proteinzufuhr angegeben und/oder, dass die Ca^{2+}-regulierten Signalwege nicht ausreichend waren, um die MPS zu unterdrücken bzw. wird diskutiert, ob die Proteinzufuhr möglicherweise jeglicher Herabsetzung der MPS entgegenwirkt [103].

Eine Aminosäurezufuhr nach dem Training bzw. der damit verbundene Anstieg der Insulinkonzentration unterdrückt ebenfalls den durch die Belastung hervorgerufenen Muskelproteinabbau [104–106]. Die daraus resultierende positive Nettoproteinbilanz führt dabei langfristig zur Muskelhypertrophie, wobei sich gezeigt hat, dass eine möglichst unmittelbar nach der Belastung stattfindende Aminosäurezufuhr den größten Effekt erzielt [107, 108].

Die unterschiedlichen Studienergebnisse bezüglich des optimalen Timings der Proteinzufuhr lassen sich unter anderem dadurch erklären, dass unterschiedliche Proteinzufuhrmengen [109] und unterschiedliche Proteinquellen [108, 110, 111] verwendet sowie Studienteilnehmer unterschiedlichen Alters und Trainingsstatus herangezogen wurden. Zudem kam es in manchen Studien zur Aminosäurezufuhr sowohl vor als auch nach dem Training, um den Effekt auf die MPS zu untersuchen [112, 107].

13.6 Nahrungsergänzungsmittel im Sport

Eine sportartgerechte bedarfsangepasste Ernährung übt einen positiven Einfluss auf die Leistungsfähigkeit aus und kann zum Erfolg eines Sportlers beitragen. Nahrungsergänzungsmittel (Supplemente) sollten diesbezüglich nur als kleiner Baustein in der Sporternährung betrachtet werden. Dementsprechend sind ihre Bedeutung und ihr Einfluss auf die Leistungsfähigkeit als nicht allzu groß einzustufen. Sie können allerdings, zum richtigen Zeitpunkt eingesetzt, die Leistungsfähigkeit im Training oder im Wettkampf unterstützen. Diesbezüglich sei allerdings darauf verwiesen, dass nur von sehr wenigen der sich auf dem Markt befindlichen Produkte ein wissenschaftlich nachgewiesenes Nutzen-Risiko-Profil vorhanden ist. Bei vielen Substanzen besteht nicht nur die Gefahr, dass sie wirkungslos sind, sondern, dass sie unter Umständen sogar negative gesundheitliche Auswirkungen haben können.

Um einen Überblick über die (möglichen) Wirkmechanismen bzw. den Nutzen verschiedener leistungssteigernder (ergogener) Substanzen zu erhalten, hat die ISSN anhand der Ergebnisse wissenschaftlicher Studien diese hinsichtlich ihrer leistungssteigernden Wirkung kategorisiert. Mögliche positive Wirkungen auf die Gesundheit werden bei dieser Bewertung allerdings nicht berücksichtigt. Zudem nimmt die Bedeutung und Sicherheit der Substanzen von Kategorie 1 bis 4 ab.

Die erste Kategorie *„apparently effective"* enthält Supplemente, welche für spezielle Belastungen empfohlen werden können, weil die Mehrzahl wissenschaftlicher Studien die jeweilige Wirkung nachweisen konnte. Die zweite Kategorie *„possibly effective"* fasst Substanzen zusammen, für deren Wirkung es wissenschaftliche Anhaltspunkte gibt. Es sind allerdings weitere Untersuchungen notwendig, um diese tatsächlich empfehlen zu können. Die dritte Kategorie *„too early to* *tell*" beinhaltet Substanzen, deren Wirkweise noch nicht ausreichend erforscht ist und eine Einnahme somit derzeit nicht empfohlen werden kann. Von Substanzen der Kategorie 4 „*apparently ineffective*" wird abgeraten, weil es hier keine wissenschaftliche Beweislage für deren Wirksamkeit gibt bzw. sich im Rahmen von Untersuchungen herausgestellt hat, dass diese Substanzen unwirksam sind [33]. ◘ Tab. 13.3, ◘ Tab. 13.4 und ◘ Tab. 13.5 geben einen Überblick über die Zuordnung der ergogenen Substanzen zu den einzelnen Kategorien sowie eine kurze Beschreibung des (möglichen) Wirkmechanismus bzw. Nutzen.

Grundsätzlich kann eine sporttreibenden Person (Breitensportler) über eine ausgewogene Ernährung ihren Nährstoffbedarf gut abdecken und ist nicht auf die Zufuhr von Nahrungsergänzungsmitteln angewiesen. Anders stellt sich die Situation im Profisport dar, wo fallspezifisch Nahrungsergänzungen durchaus sinnvoll sein können.

◘ **Tab. 13.3** Kategorisierung muskelaufbaufördernder Substanzen*

Muskelaufbaufördernde Substanzen	(Möglicher) Wirkmechanismus bzw. Nutzen
Kategorie 1	
Flüssignahrung (Eiweiß, Kohlenhydrate)	↑ Muskelmasse (anabole Stoffwechsellage)
Kreatin	↑ Muskelmasse → ↑ Kraftfähigkeit ↑ ATP-Resynthese bei kurzen (bis zu 30 Sekunden) hochintensiven wiederholenden Belastungen – Verletzungsprävention
Protein	– Eiweißversorgung
Essentielle Aminosäuren	↑ Proteinsynthese
Kategorie 2	
Beta-hydroxy-beta-methyl-butyrat (HMB)	↓ Muskelabbau (antikatabole Wirkung) ↑ Muskelmasse
BCAA	↓ Muskelabbau (antikatabole Wirkung) ↑ Magere Körpermasse
Kategorie 3	
α-Ketoglutarat	↓ Muskelabbau (antikatabole Wirkung)
α-Ketoisocaproat	↓ Muskelabbau (antikatabole Wirkung)
Ecdysteron	↑ Magere Körpermasse
Wachstumshormonfreisetzende Peptide und „Secretagogues"	↑ Wachstumshormone
Ornithin	↑ Stickstoffgleichgewicht
Zink- und Magnesiumaspartat	↑ Regeneration ↑ Kraftfähigkeit → anabole Wirkung
Kategorie 4	
Glutamin	↑ Magere Körpermasse ↑ Kraftfähigkeit
Smilax	↑ Immunsystem ↑ Muskelmasse

13

Tab. 13.3 Fortsetzung

Muskelaufbaufördernde Substanzen	(Möglicher) Wirkmechanismus bzw. Nutzen
Isoflavone	↑ Muskelmasse bzw. ↑ Trainingsanpassung
Sulfo-Polysaccharide	– Myostatin-Blocker →↑ Muskelmasse
Boron	↑ Testosteronproduktion → ↑ Muskelmasse → ↑ Kraftfähigkeit
Chrom	↑ Insulinsensitiviät → ↑ Muskelmasse → ↑ Kraftfähigkeit
Konjugierte Linolsäure	↓ Körperfett ↑ Muskel- und Knochenmasse ↑ Immunsystem ↓ Fortschreiten von Herz-Kreislauferkrankungen – antikanzerogene Wirkung
Gamma Oryzanol	↑ anabole Antwort während des Trainings
Prohorme	↑ Muskelmasse ↑ Kraftfähigkeit ↓ Muskelabbau (antikatabole Wirkung)
Tribulus terrestris	↑ Testosteronproduktion → ↑ Muskelmasse → ↑ Kraftfähigkeit
Vanadium	↑ verbesserte Insulinsensitivität → ↑ Muskelmasse → ↑ Kraftfähigkeit

* Daten basieren vorwiegend auf Tierversuchen und nur teilweise auf Humanstudien
Kategorie1: „apparently effective"; Kategorie 2: „possibly effective"; Kategorie 3: „too early to tell"; Kategorie 4: „apparently ineffective"

Tab. 13.4 Kategorisierung von Substanzen zur Körpergewichtsreduktion*

Substanzen zur Körpergewichtsreduktion	(Möglicher) Wirkmechanismus bzw. Nutzen
Kategorie 1	
Kalorienarme Nahrungsmittel Mahlzeitenersatzpulver Mahlzeitenersatzgetränke	↓ Energieaufnahme
Ephedra (verboten durch die FDA) Koffein Salicin	↑ Energieverbrauch → ↑ Thermogenese
Kategorie 2	
Ernährung mit hohem Ballaststoffanteil	↑ Sättigungsgefühl → Appetithemmer
Kalzium	↓ Körperfett (Fatburner)

Tab. 13.4 Fortsetzung

Substanzen zur Körpergewichtsreduktion	(Möglicher) Wirkmechanismus bzw. Nutzen
Grünteeextrakt	↑ Energieverbrauch → ↑ Thermogenese
Konjugierte Linolsäure	↓ Körperfett ↑ Magere Körpermasse
Kategorie 3	
Gymnema Sylvestre	– Beeinflussung des Zucker- und Fettstoffwechsels ↓ Hyperlipidämie
Lecithin	↑ Konzentrationsfähigkeit ↑ Fettstoffwechsel
Coleus Forskolin	↑ cAMP → Stimulierung des Fettstoffwechsels
Dehydroepiandrosteron (DHEA)	↑ DHEA-Verfügbarkeit → ↑ Testosteronspiegel → ↓ Körperfett
Kategorie 4	
Kalziumpyruvat	– Appetithemmung – Einfluss auf Kohlenhydrat- und Fettstoffwechsel
Chitosan	– Fettblocker
Chrom	↑ Insulinsensitiviät → Einfluss auf Kohlenhydrat- und Fettstoffwechsel
Garcinia cambogia (HCA)	↑ Fettverbrennung → Inhibition der Citrat-Lyase und Lipogenese
L-Carnitin	↑ Transport von Fettsäuren in die Mitochondrien → ↑ Fettverbrennung
Phosphate	↑ Energieverbrauch
Pflanzliche Diuretika	↑ Wasserausscheidung

* Daten basieren vorwiegend auf Tierversuchen und nur teilweise auf Humanstudien
Kategorie1: „apparently effective“; Kategorie 2: „possibly effective“; Kategorie 3: „too early to tell“; Kategorie 4: „apparently ineffective“

13

Tab. 13.5 Kategorisierung von leistungssteigernden Substanzen*

Leistungssteigernde Substanzen	(Möglicher) Wirkmechanismus bzw. Nutzen
Kategorie 1	
Wasser und Sportgetränke	– Hydration
Kohlenhydrate	↑ Energielieferant ↑ Energiespeicher (Glykogenspeicher) ↑ Proteinsynthese

Tab. 13.5 Fortsetzung

Leistungssteigernde Substanzen	(Möglicher) Wirkmechanismus bzw. Nutzen
Kreatin	↑ Muskelmasse → ↑ Kraftfähigkeit ↑ ATP-Resynthese bei kurzen (bis zu 30 Sekunden) hochintensiven wiederholenden Belastungen ↑ anaerobe Leistungsfähigkeit ↑ Ausdauerleistungsfähigkeit ↑ Glykogenspeicherung
Natriumphosphat	↑ Maximale Sauerstoffaufnahme – anaerobe Schwelle
Natriumbikarbonat	↑ Pufferkapazität der Muskulatur (Laktat) v. a. wichtig bei hochintensiven anaeroben Belastungen
Koffein	– Schonung der Kohlenhydratspeicher → ↑ Ausdauerleistungsfähigkeit – Hinauszögern von Ermüdungserscheinungen → ↑ Leistungsfähigkeit bei kurzen hochintensiven sich wiederholenden Belastungen
Β-Alanin	↑ Karnosinspiegel – Hinauszögern von Ermüdungserscheinungen
Kategorie 2	
Kohlenhydrat- und Proteinzufuhr nach der Belastung	↑ Glykogenspeicher ↑ Proteinsynthese ↑ Trainingsanpassung
Essentielle Aminosäuren	↑ Proteinsynthese → ↑ Muskelmasse → ↑ Kraftfähigkeit
BCAA	– Hinauszögern von Ermüdungserscheinungen (z. B. zentrale Ermüdung)
HMB	↑ Trainingsanpassung (Untrainierte) ↓ Muskelabbau – Verzögerung und/oder Prävention von Muskelschäden
Kategorie 3	
Mittelkettige Fettsäuren (MCT)	– „schnell verfügbare" Energiequelle
Kategorie 4	
Glutamin	↑ Proteinsynthese → ↑ Muskelmasse → ↑ Kraftfähigkeit
Ribose	↑ ATP-Synthese
Inosin	– Bestandteil von DNA und RNA – Beteiligung am Energiestoffwechsel

* Daten basieren vorwiegend auf Tierversuchen und nur teilweise auf Humanstudien
Kategorie1: „apparently effective"; Kategorie 2: „possibly effective"; Kategorie 3: „too early to tell";
Kategorie 4: „apparently ineffective"

Literatur

[1] Biesalksi HK, Bischoff SC, Puchstein C (2010) Ernährungsmedizin. 4. Auflage edn. Thieme, Stuttgart

[2] Frayn KN (2010) Metabolic Regulation: A Human Perspective. Wiley-Blackwell, Chichester

[3] Nieman DC, Pedersen BK (2000) Nutrition and Exercise Immunology. CRC Press, Boca Raton

[4] Raschka C, Ruf S (2012) Sport und Ernährung. Wissenschaftlich basierte Empfehlunen und Ernährugnspläne für die Praxis, vol 1. Aufl. Stuttgart

[5] Schlieper CA (2010) Grundfragen der Ernährung. Handwerk und Technik, Hamburg

[6] Widhalm K (ed) (2009) Ernährungsmedizin. Die Nährstoffe bei körperlicher Aktivität. Verl.-Haus der Ärzte Wien

[7] Brody T (1999) Nutritional biochemistry Academic Press, San Diego, Californien

[8] Wagner I, Musso H (1983) New Naturally Occuring Amino Acids. Angewandte Chemie International Edition in English 22 (11):13. doi:10.1002/anie.198308161

[9] Sawka MN, Burke LM, Eichner ER, Maughan RJ, Montain SJ, Stachenfeld NS (2007) American College of Sports Medicine position stand. Exercise and fluid replacement. Med Sci Sports Exerc 39 (2):377–390. doi:10.1249/mss.0b013e31802ca597. 00005768-200702000-00022 [pii]

[10] Hipp A, Nieß A (2008) Vitamine im Sport – Nutzen oder Risiko? Deutsche Zeitschrift für Sportmdeizin 59 (3): 2

[11] Bjelakovic G, Nikolova D, Gluud LL, Simonetti RG, Gluud C (2007) Mortality in randomized trials of antioxidant supplements for primary and secondary prevention: systematic review and meta-analysis. JAMA 297 (8):842–857. doi:297/8/842 [pii]. 10.1001/jama.297.8.842

[12] Roth E (2007) Immune and cell modulation by amino acids. Clin Nutr 26 (5):535–544. doi:S0261-5614(07)00094-5 [pii]. 10.1016/j.clnu.2007.05.007

[13] Roth E (2008) Nonnutritive effects of glutamine. J Nutr 138 (10):2025S–2031S. doi:138/10S-I/2025S [pii]

[14] Philp A, Hargreaves M, Baar K (2012) More than a store: regulatory roles for glycogen in skeletal muscle adaptation to exercise. Am J Physiol Endocrinol Metab 302 (11):E1343–1351. doi:10.1152/ajpendo.00004.2012. ajpendo.00004.2012 [pii]

[15] Vettor R, Milan G, Franzin C, Sanna M, De Coppi P, Rizzuto R, Federspil G (2009) The origin of intermuscular adipose tissue and its pathophysiological implications. Am J Physiol Endocrinol Metab 297 (5):E987–998. doi:10.1152/ajpendo.00229.2009. 00229.2009 [pii]

[16] Coffey VG, Hawley JA (2007) The molecular bases of training adaptation. Sports Med 37 (9):737–763. doi:3791 [pii]

[17] Hansen AK, Fischer CP, Plomgaard P, Andersen JL, Saltin B, Pedersen BK (2005) Skeletal muscle adaptation: training twice every second day vs. training once daily. J Appl Physiol 98 (1):93–99. doi:10.1152/japplphysiol.00163.2004. 00163.2004 [pii]

[18] Hawley JA (2002) Adaptations of skeletal muscle to prolonged, intense endurance training. Clin Exp Pharmacol Physiol 29 (3):218–222

[19] Arkinstall MJ, Bruce CR, Clark SA, Rickards CA, Burke LM, Hawley JA (2004) Regulation of fuel metabolism by preexercise muscle glycogen content and exercise intensity. J Appl Physiol 97 (6):2275–2283. doi:10.1152/japplphysiol.00421.2004. 00421.2004 [pii]

[20] Cameron-Smith D, Burke LM, Angus DJ, Tunstall RJ, Cox GR, Bonen A et al. (2003) A short-term, high-fat diet up-regulates lipid metabolism and gene expression in human skeletal muscle. Am J Clin Nutr 77 (2):313–318

[21] Jump DB, Clarke SD (1999) Regulation of gene expression by dietary fat. Annu Rev Nutr 19:63–90. doi:10.1146/annurev.nutr.19.1.63

[22] Zderic TW, Davidson CJ, Schenk S, Byerley LO, Coyle EF (2004) High-fat diet elevates resting intramuscular triglyceride concentration and whole body lipolysis during exercise. Am J Physiol Endocrinol Metab 286 (2):E217–225. doi:10.1152/ajpendo.00159.2003. 00159.2003 [pii]

[23] Coyle EF, Jeukendrup AE, Oseto MC, Hodgkinson BJ, Zderic TW (2001) Low-fat diet alters intramuscular substrates and reduces lipolysis and fat oxidation during exercise. Am J Physiol Endocrinol Metab 280 (3):E391–398

[24] Horowitz JF, Mora-Rodriguez R, Byerley LO, Coyle EF (1997) Lipolytic suppression following carbohydrate ingestion limits fat oxidation during exercise. Am J Physiol 273 (4 Pt 1):E768–775

[25] Horowitz JF, Mora-Rodriguez R, Byerley LO, Coyle EF (1999) Substrate metabolism when subjects are fed carbohydrate during exercise. Am J Physiol 276 (5 Pt 1):E828–835

[26] Freyssenet D (2007) Energy sensing and regulation of gene expression in skeletal muscle. J Appl Physiol 102 (2):529–540. doi:01126.2005 [pii]. 10.1152/japplphysiol.01126.2005

[27] Coggan AR, Kohrt WM, Spina RJ, Bier DM, Holloszy JO (1990) Endurance training decreases plasma glucose turnover and oxidation during moderate-intensity exercise in men. J Appl Physiol 68 (3):990–996

[28] Churchley EG, Coffey VG, Pedersen DJ, Shield A, Carey KA, Cameron-Smith D, Hawley JA (2007) Influence of preexercise muscle glycogen content on transcriptional activity of metabolic and myogenic genes in well-trained humans. J Appl Physiol 102 (4):1604–1611. doi:01260.2006 [pii]. 10.1152/japplphysiol.01260.2006

[29] Creer A, Gallagher P, Slivka D, Jemiolo B, Fink W, Trappe S (2005) Influence of muscle glycogen availability on ERK1/2 and Akt signaling after resistance exercise in human skeletal muscle. J Appl Physiol 99 (3):950–956. doi:00110.2005 [pii]. 10.1152/japplphysiol.00110.2005

[30] Bergstrom J, Hultman E (1966) The effect of exercise on muscle glycogen and electrolytes in normals. Scand J Clin Lab Invest 18 (1):16–20

[31] Jeukendrup AE (2011) Nutrition for endurance sports: marathon, triathlon, and road cycling. J Sports Sci 29 Suppl 1:S91–99. doi:10.1080/02640414.2011.610348

13

[32] Burke LM, Hawley JA, Wong SH, Jeukendrup AE (2011) Carbohydrates for training and competition. J Sports Sci 29 Suppl 1:S17–27. doi:10.1080/02640414.2011.585473. 938533953 [pii]
[33] Kreider RB, Wilborn CD, Taylor L, Campbell B, Almada AL, Collins R et al. (2010) ISSN exercise & sport nutrition review: research & recommendations. J Int Soc Sports Nutr 7:7. doi:10.1186/1550-2783-7-7. 1550-2783-7-7 [pii]
[34] Akerstrom TC, Krogh-Madsen R, Petersen AM, Pedersen BK (2009) Glucose ingestion during endurance training in men attenuates expression of myokine receptor. Exp Physiol 94 (11):1124–1131. doi:10.1113/expphysiol.2009.048983. expphysiol.2009.048983 [pii]
[35] Cox GR, Clark SA, Cox AJ, Halson SL, Hargreaves M, Hawley JA et al. (2010) Daily training with high carbohydrate availability increases exogenous carbohydrate oxidation during endurance cycling. J Appl Physiol 109 (1):126–134. doi:10.1152/japplphysiol.00950.2009.japplphysiol.00950.2009 [pii]
[36] De Bock K, Derave W, Eijnde BO, Hesselink MK, Koninckx E, Rose AJ et al. (2008) Effect of training in the fasted state on metabolic responses during exercise with carbohydrate intake. J Appl Physiol 104 (4):1045–1055. doi:10.1152/japplphysiol.01195.2007. 01195.2007 [pii]
[37] Hulston CJ, Venables MC, Mann CH, Martin C, Philp A, Baar K, Jeukendrup AE (2010) Training with low muscle glycogen enhances fat metabolism in well-trained cyclists. Med Sci Sports Exerc 42 (11):2046–2055. doi:10.1249/MSS.0b013e3181dd5070
[38] Nybo L, Pedersen K, Christensen B, Aagaard P, Brandt N, Kiens B (2009) Impact of carbohydrate supplementation during endurance training on glycogen storage and performance. Acta Physiol (Oxf) 197 (2):117–127. doi:10.1111/j.1748-1716.2009.01996.x. APS1996 [pii]
[39] Yeo WK, Lessard SJ, Chen ZP, Garnham AP, Burke LM, Rivas DA et al. (2008) Fat adaptation followed by carbohydrate restoration increases AMPK activity in skeletal muscle from trained humans. J Appl Physiol 105 (5):1519–1526. doi:10.1152/japplphysiol.90540.2008. 90540.2008 [pii]
[40] Hawley JA, Burke LM (2010) Carbohydrate availability and training adaptation: effects on cell metabolism. Exerc Sport Sci Rev 38 (4):152–160. doi:10.1097/JES.0b013e3181f44dd9. 00003677-201010000-00002 [pii]
[41] Hawley JA, Burke LM, Phillips SM, Spriet LL (2011) Nutritional modulation of training-induced skeletal muscle adaptations. J Appl Physiol 110 (3):834–845. doi:10.1152/japplphysiol.00949.2010.japplphysiol.00949.2010 [pii]
[42] McBride A, Ghilagaber S, Nikolaev A, Hardie DG (2009) The glycogen-binding domain on the AMPK beta subunit allows the kinase to act as a glycogen sensor. Cell Metab 9 (1):23–34. doi:10.1016/j.cmet.2008.11.008. S1550–4131 (08)00360-4[pii]
[43] McBride A, Hardie DG (2009) AMP-activated protein kinase – a sensor of glycogen as well as AMP and ATP? Acta Physiol (Oxf) 196 (1):99–113. doi:10.1111/j.1748-1716.2009.01975.x. APS1975 [pii]
[44] Bendayan M, Londono I, Kemp BE, Hardie GD, Ruderman N, Prentki M (2009) Association of AMP-activated protein kinase subunits with glycogen particles as revealed in situ by immunoelectron microscopy. J Histochem Cytochem 57 (10):963–971. doi:10.1369/jhc.2009.954016. jhc.2009.954016 [pii]
[45] Hudson ER, Pan DA, James J, Lucocq JM, Hawley SA, Green KA et al. (2003) A novel domain in AMP-activated protein kinase causes glycogen storage bodies similar to those seen in hereditary cardiac arrhythmias. Curr Biol 13 (10):861–866. doi:S0960982203002495 [pii]
[46] Polekhina G, Gupta A, Michell BJ, van Denderen B, Murthy S, Feil SC et al. (2003) AMPK beta subunit targets metabolic stress sensing to glycogen. Curr Biol 13 (10):867–871. doi:S0960982203002926 [pii]
[47] Roepstorff C, Vistisen B, Donsmark M, Nielsen JN, Galbo H, Green KA et al. (2004) Regulation of hormone-sensitive lipase activity and Ser563 and Ser565 phosphorylation in human skeletal muscle during exercise. J Physiol 560 (Pt 2): 551–562. doi:10.1113/jphysiol.2004.066480. jphysiol.2004.066480 [pii]
[48] Wojtaszewski JF, MacDonald C, Nielsen JN, Hellsten Y, Hardie DG, Kemp BE et al. (2003) Regulation of 5'AMP-activated protein kinase activity and substrate utilization in exercising human skeletal muscle. Am J Physiol Endocrinol Metab 284 (4):E813–822. doi:10.1152/ajpendo.00436.2002. 00436.2002 [pii]
[49] Yeo WK, McGee SL, Carey AL, Paton CD, Garnham AP, Hargreaves M, Hawley JA (2010) Acute signalling responses to intense endurance training commenced with low or normal muscle glycogen. Exp Physiol 95 (2):351–358. doi:10.1113/expphysiol.2009.049353. expphysiol.2009.049353 [pii]
[50] Cochran AJ, Little JP, Tarnopolsky MA, Gibala MJ (2010) Carbohydrate feeding during recovery alters the skeletal muscle metabolic response to repeated sessions of high-intensity interval exercise in humans. J Appl Physiol 108 (3):628–636. doi:10.1152/japplphysiol.00659.2009. 00659.2009 [pii]
[51] Bergman BC, Butterfield GE, Wolfel EE, Lopaschuk GD, Casazza GA, Horning MA, Brooks GA (1999) Muscle net glucose uptake and glucose kinetics after endurance training in men. Am J Physiol 277 (1 Pt 1):E81–92
[52] Friedlander AL, Casazza GA, Horning MA, Huie MJ, Brooks GA (1997) Training-induced alterations of glucose flux in men. J Appl Physiol 82 (4):1360–1369
[53] Friedlander AL, Casazza GA, Horning MA, Huie MJ, Piacentini MF, Trimmer JK, Brooks GA (1998) Training-induced alterations of carbohydrate metabolism in women: women respond differently from men. J Appl Physiol 85 (3):1175–1186
[54] Richter EA, Jensen P, Kiens B, Kristiansen S (1998) Sarcolemmal glucose transport and GLUT-4 translocation during exercise are diminished by endurance training. Am J Physiol 274 (1 Pt 1):E89–95
[55] Kristiansen S, Gade J, Wojtaszewski JF, Kiens B, Richter EA (2000) Glucose uptake is increased in trained vs. untrained muscle during heavy exercise. J Appl Physiol 89 (3):1151–1158

[56] Stepto NK, Carey AL, Staudacher HM, Cummings NK, Burke LM, Hawley JA (2002) Effect of short-term fat adaptation on high-intensity training. Med Sci Sports Exerc 34 (3):449–455

[57] Hawley JA, Hopkins WG (1995) Aerobic glycolytic and aerobic lipolytic power systems. A new paradigm with implications for endurance and ultraendurance events. Sports Med 19 (4):240–250

[58] Lambert EV, Speechly DP, Dennis SC, Noakes TD (1994) Enhanced endurance in trained cyclists during moderate intensity exercise following 2 weeks adaptation to a high fat diet. Eur J Appl Physiol Occup Physiol 69 (4):287–293

[59] Muoio DM, Leddy JJ, Horvath PJ, Awad AB, Pendergast DR (1994) Effect of dietary fat on metabolic adjustments to maximal VO2 and endurance in runners. Med Sci Sports Exerc 26 (1):81–88

[60] Venkatraman JT, Feng X, Pendergast D (2001) Effects of dietary fat and endurance exercise on plasma cortisol, prostaglandin E2, interferon-gamma and lipid peroxides in runners. J Am Coll Nutr 20 (5):529–536

[61] Phinney SD, Bistrian BR, Evans WJ, Gervino E, Blackburn GL (1983) The human metabolic response to chronic ketosis without caloric restriction: preservation of submaximal exercise capability with reduced carbohydrate oxidation. Metabolism 32 (8):769–776. doi:0026-0495(83)90106-3 [pii]

[62] Burke LM, Angus DJ, Cox GR, Cummings NK, Febbraio MA, Gawthorn K et al. (2000) Effect of fat adaptation and carbohydrate restoration on metabolism and performance during prolonged cycling. J Appl Physiol 89 (6):2413–2421

[63] Burke LM, Hawley JA, Angus DJ, Cox GR, Clark SA, Cummings NK et al. (2002) Adaptations to short-term high-fat diet persist during exercise despite high carbohydrate availability. Med Sci Sports Exerc 34 (1):83–91

[64] Carey AL, Staudacher HM, Cummings NK, Stepto NK, Nikolopoulos V, Burke LM, Hawley JA (2001) Effects of fat adaptation and carbohydrate restoration on prolonged endurance exercise. J Appl Physiol 91 (1):115–122

[65] Stellingwerff T, Spriet LL, Watt MJ, Kimber NE, Hargreaves M, Hawley JA, Burke LM (2006) Decreased PDH activation and glycogenolysis during exercise following fat adaptation with carbohydrate restoration. Am J Physiol Endocrinol Metab 290 (2):E380–388. doi:00268.2005 [pii]. 10.1152/ajpendo.00268.2005

[66] Lambert EV, Goedecke JH, Zyle C, Murphy K, Hawley JA, Dennis SC, Noakes TD (2001) High-fat diet versus habitual diet prior to carbohydrate loading: effects of exercise metabolism and cycling performance. Int J Sport Nutr Exerc Metab 11 (2):209–225

[67] Rowlands DS, Hopkins WG (2002) Effects of high-fat and high-carbohydrate diets on metabolism and performance in cycling. Metabolism 51 (6):678–690. doi:S0026049502987007 [pii]

[68] Havemann L, West SJ, Goedecke JH, Macdonald IA, St Clair Gibson A, Noakes TD, Lambert EV (2006) Fat adaptation followed by carbohydrate loading compromises high-intensity sprint performance. J Appl Physiol 100 (1):194–202. doi:00813.2005 [pii]. 10.1152/japplphysiol.00813.2005

[69] Yeo WK, Carey AL, Burke L, Spriet LL, Hawley JA (2011) Fat adaptation in well-trained athletes: effects on cell metabolism. Appl Physiol Nutr Metab 36 (1):12–22. doi:10.1139/H10-089. h10-089 [pii]

[70] Braissant O, Foufelle F, Scotto C, Dauca M, Wahli W (1996) Differential expression of peroxisome proliferator-activated receptors (PPARs): tissue distribution of PPAR-alpha, -beta, and -gamma in the adult rat. Endocrinology 137 (1):354–366

[71] Muoio DM, MacLean PS, Lang DB, Li S, Houmard JA, Way JM et al. (2002) Fatty acid homeostasis and induction of lipid regulatory genes in skeletal muscles of peroxisome proliferator-activated receptor (PPAR) alpha knock-out mice. Evidence for compensatory regulation by PPAR delta. J Biol Chem 277 (29):26089–26097. doi:10.1074/jbc.M203997200. M203997200 [pii]

[72] de Lange P, Ragni M, Silvestri E, Moreno M, Schiavo L, Lombardi A et al. (2004) Combined cDNA array/RT-PCR analysis of gene expression profile in rat gastrocnemius muscle: relation to its adaptive function in energy metabolism during fasting. FASEB J 18 (2):350–352. doi:10.1096/fj.03-0342fje. 03-0342fje [pii]

[73] Wang YX, Zhang CL, Yu RT, Cho HK, Nelson MC, Bayuga-Ocampo CR et al. (2004) Regulation of muscle fiber type and running endurance by PPARdelta. PLoS Biol 2 (10): e 294. doi:10.1371/journal.pbio.0020294

[74] Watt MJ, Southgate RJ, Holmes AG, Febbraio MA (2004) Suppression of plasma free fatty acids upregulates peroxisome proliferator-activated receptor (PPAR) alpha and delta and PPAR coactivator 1alpha in human skeletal muscle, but not lipid regulatory genes. J Mol Endocrinol 33 (2):533–544. doi:33/2/533 [pii]. 10.1677/jme.1.01499

[75] Mahoney DJ, Parise G, Melov S, Safdar A, Tarnopolsky MA (2005) Analysis of global mRNA expression in human skeletal muscle during recovery from endurance exercise. FASEB J 19 (11):1498–1500. doi:04-3149fje [pii]. 10.1096/fj.04-3149fje

[76] Russell AP, Hesselink MK, Lo SK, Schrauwen P (2005) Regulation of metabolic transcriptional co-activators and transcription factors with acute exercise. FASEB J 19 (8):986–988. doi:04-3168fje [pii]. 10.1096/fj.04-3168fje

[77] Russell AP, Feilchenfeldt J, Schreiber S, Praz M, Crettenand A, Gobelet C et al. (2003) Endurance training in humans leads to fiber type-specific increases in levels of peroxisome proliferator-activated receptor-gamma coactivator-1 and peroxisome proliferator-activated receptor-alpha in skeletal muscle. Diabetes 52 (12):2874–2881

[78] Fritz T, Kramer DK, Karlsson HK, Galuska D, Engfeldt P, Zierath JR, Krook A (2006) Low-intensity exercise increases skeletal muscle protein expression of PPARdelta and UCP3 in type 2 diabetic patients. Diabetes Metab Res Rev 22 (6):492–498. doi:10.1002/dmrr.656

[79] de Lange P, Farina P, Moreno M, Ragni M, Lombardi A, Silvestri E et al. (2006) Sequential changes in the signal transduction responses of skeletal muscle following food deprivation. FASEB J 20 (14):2579–2581. doi:fj.06-6025fje [pii]. 10.1096/fj.06-6025fje

[80] Tsintzas K, Jewell K, Kamran M, Laithwaite D, Boonsong T, Littlewood J et al. (2006) Differential regulation of metabolic genes in skeletal muscle during starvation and refeeding in humans. J Physiol 575 (Pt 1): 291–303. doi:jphysiol.2006.109892 [pii]. 10.1113/jphysiol.2006.109892

[81] Ehrenborg E, Krook A (2009) Regulation of skeletal muscle physiology and metabolism by peroxisome proliferator-activated receptor delta. Pharmacol Rev 61 (3):373–393. doi:10.1124/pr.109.001560. 61/3/373 [pii]

[82] Nickerson JG, Alkhateeb H, Benton CR, Lally J, Nickerson J, Han XX et al. (2009) Greater transport efficiencies of the membrane fatty acid transporters FAT/CD36 and FATP4 compared with FABPpm and FATP1 and differential effects on fatty acid esterification and oxidation in rat skeletal muscle. J Biol Chem 284 (24):16522–16530. doi:10.1074/jbc.M109.004788. M109.004788 [pii]

[83] Glatz JF, Luiken JJ, Bonen A (2010) Membrane fatty acid transporters as regulators of lipid metabolism: implications for metabolic disease. Physiol Rev 90 (1):367–417. doi:10.1152/physrev.00003.2009. 90/1/367 [pii]

[84] Kiens B (2006) Skeletal muscle lipid metabolism in exercise and insulin resistance. Physiol Rev 86 (1):205–243. doi:86/1/205 [pii]. 10.1152/physrev.00023.2004

[85] Talanian JL, Holloway GP, Snook LA, Heigenhauser GJ, Bonen A, Spriet LL (2010) Exercise training increases sarcolemmal and mitochondrial fatty acid transport proteins in human skeletal muscle. Am J Physiol Endocrinol Metab 299 (2):E180–188. doi:10.1152/ajpendo.00073.2010.ajpendo.00073.2010 [pii]

[86] Burke LM, Hawley JA (2002) Effects of short-term fat adaptation on metabolism and performance of prolonged exercise. Med Sci Sports Exerc 34 (9):1492–1498. doi:10.1249/01.MSS.0000027690.61338.38

[87] Jansson E, Kaijser L (1982) Effect of diet on the utilization of blood-borne and intramuscular substrates during exercise in man. Acta Physiol Scand 115 (1):19–30. doi:10.1111/j.1748-1716.1982.tb07041.x

[88] Kiens B, Essen-Gustavsson B, Gad P, Lithell H (1987) Lipoprotein lipase activity and intramuscular triglyceride stores after long-term high-fat and high-carbohydrate diets in physically trained men. Clin Physiol 7 (1):1–9

[89] Starling RD, Trappe TA, Parcell AC, Kerr CG, Fink WJ, Costill DL (1997) Effects of diet on muscle triglyceride and endurance performance. J Appl Physiol 82 (4):1185–1189

[90] Peters SJ, St Amand TA, Howlett RA, Heigenhauser GJ, Spriet LL (1998) Human skeletal muscle pyruvate dehydrogenase kinase activity increases after a low-carbohydrate diet. Am J Physiol 275 (6 Pt 1):E980–986

[91] Peters SJ, Harris RA, Wu P, Pehleman TL, Heigenhauser GJ, Spriet LL (2001) Human skeletal muscle PDH kinase activity and isoform expression during a 3-day high-fat/low-carbohydrate diet. Am J Physiol Endocrinol Metab 281 (6):E1151–1158

[92] Putman CT, Spriet LL, Hultman E, Lindinger MI, Lands LC, McKelvie RS et al. (1993) Pyruvate dehydrogenase activity and acetyl group accumulation during exercise after different diets. Am J Physiol 265 (5 Pt 1):E752–760

[93] Bigrigg JK, Heigenhauser GJ, Inglis JG, LeBlanc PJ, Peters SJ (2009) Carbohydrate refeeding after a high-fat diet rapidly reverses the adaptive increase in human skeletal muscle PDH kinase activity. Am J Physiol Regul Integr Comp Physiol 297 (3):R885–891. doi:10.1152/ajpregu.90604.2008. 90604.2008 [pii]

[94] Dickinson JM, Rasmussen BB (2011) Essential amino acid sensing, signaling, and transport in the regulation of human muscle protein metabolism. Curr Opin Clin Nutr Metab Care 14 (1):83–88. doi:10.1097/MCO.0b013e3283406f3e

[95] Pasiakos SM (2012) Exercise and amino acid anabolic cell signaling and the regulation of skeletal muscle mass. Nutrients 4 (7):740–758. doi:10.3390/nu4070740. nutrients-04-00740 [pii]

[96] Roth E (2008) Skeletal muscle gain: how much can be achieved by protein and amino acid administration? Curr Opin Clin Nutr Metab Care 11 (1):32–33. doi:10.1097/MCO.0b013e3282f2cc9d. 00075197-200801000-00007 [pii]

[97] Norton LE, Layman DK (2006) Leucine regulates translation initiation of protein synthesis in skeletal muscle after exercise. J Nutr 136 (2):533S–537S. doi:136/2/533S [pii]

[98] Verhoeven S, Vanschoonbeek K, Verdijk LB, Koopman R, Wodzig WK, Dendale P, van Loon LJ (2009) Long-term leucine supplementation does not increase muscle mass or strength in healthy elderly men. Am J Clin Nutr 89 (5):1468–1475. doi:10.3945/ajcn.2008.26668. ajcn.2008.26668 [pii]

[99] Drummond MJ, Dickinson JM, Fry CS, Walker DK, Gundermann DM, Reidy PT et al. (2012) Bed rest impairs skeletal muscle amino acid transporter expression, mTORC1 signaling, and protein synthesis in response to essential amino acids in older adults. Am J Physiol Endocrinol Metab 302 (9):E1113–1122. doi:10.1152/ajpendo.00603.2011.ajpendo.00603.2011 [pii]

[100] Tipton KD, Rasmussen BB, Miller SL, Wolf SE, Owens-Stovall SK, Petrini BE, Wolfe RR (2001) Timing of amino acid-carbohydrate ingestion alters anabolic response of muscle to resistance exercise. Am J Physiol Endocrinol Metab 281 (2):E197–206

[101] Tipton KD, Elliott TA, Cree MG, Aarsland AA, Sanford AP, Wolfe RR (2007) Stimulation of net muscle protein synthesis by whey protein ingestion before and after exercise. Am J Physiol Endocrinol Metab 292 (1):E71–76. doi:00166.2006 [pii]. 10.1152/ajpendo.00166.2006

[102] Fujita S, Dreyer HC, Drummond MJ, Glynn EL, Volpi E, Rasmussen BB (2009) Essential amino acid and carbohydrate ingestion before resistance exercise does not enhance postexercise muscle protein synthesis. J Appl

Physiol 106 (5):1730–1739. doi:10.1152/japplphysiol.90395.2008. 90395.2008 [pii]

[103] Beelen M, Tieland M, Gijsen AP, Vandereyt H, Kies AK, Kuipers H et al. (2008) Coingestion of carbohydrate and protein hydrolysate stimulates muscle protein synthesis during exercise in young men, with no further increase during subsequent overnight recovery. J Nutr 138 (11):2198–2204. doi:10.3945/jn.108.092924. 138/11/2198 [pii]

[104] Biolo G, Maggi SP, Williams BD, Tipton KD, Wolfe RR (1995) Increased rates of muscle protein turnover and amino acid transport after resistance exercise in humans. Am J Physiol 268 (3 Pt 1):E514–520

[105] Biolo G, Williams BD, Fleming RY, Wolfe RR (1999) Insulin action on muscle protein kinetics and amino acid transport during recovery after resistance exercise. Diabetes 48 (5):949–957

[106] Phillips SM, Tipton KD, Aarsland A, Wolf SE, Wolfe RR (1997) Mixed muscle protein synthesis and breakdown after resistance exercise in humans. Am J Physiol 273 (1 Pt 1):E99–107

[107] Cribb PJ, Hayes A (2006) Effects of supplement timing and resistance exercise on skeletal muscle hypertrophy. Med Sci Sports Exerc 38 (11):1918–1925. doi:10.1249/01.mss.0000233790.08788.3e. 00005768-200611000-00006 [pii]

[108] Hartman JW, Tang JE, Wilkinson SB, Tarnopolsky MA, Lawrence RL, Fullerton AV, Phillips SM (2007) Consumption of fat-free fluid milk after resistance exercise promotes greater lean mass accretion than does consumption of soy or carbohydrate in young, novice, male weightlifters. Am J Clin Nutr 86 (2):373–381. doi:86/2/373 [pii]

[109] Moore DR, Robinson MJ, Fry JL, Tang JE, Glover EI, Wilkinson SB et al. (2009) Ingested protein dose response of muscle and albumin protein synthesis after resistance exercise in young men. Am J Clin Nutr 89 (1):161–168. doi:10.3945/ajcn.2008.26401. ajcn.2008.26401 [pii]

[110] Tang JE, Moore DR, Kujbida GW, Tarnopolsky MA, Phillips SM (2009) Ingestion of whey hydrolysate, casein, or soy protein isolate: effects on mixed muscle protein synthesis at rest and following resistance exercise in young men. J Appl Physiol 107 (3):987–992. doi:10.1152/japplphysiol.00076.2009. 00076.2009 [pii]

[111] Wilkinson SB, Tarnopolsky MA, Macdonald MJ, Macdonald JR, Armstrong D, Phillips SM (2007) Consumption of fluid skim milk promotes greater muscle protein accretion after resistance exercise than does consumption of an isonitrogenous and isoenergetic soy-protein beverage. Am J Clin Nutr 85 (4):1031–1040. doi:85/4/1031 [pii]

[112] Burk A, Timpmann S, Medijainen L, Vahi M, Oopik V (2009) Time-divided ingestion pattern of casein-based protein supplement stimulates an increase in fat-free body mass during resistance training in young untrained men. Nutr Res 29 (6):405–413. doi:10.1016/j.nutres.2009.03.008. S0271-5317(09)00053-0 [pii]

[113] Rehner G, Daniel H (2010) Biochemie der Ernährung. 3. Auflage edn. Spektrum Akademischer Verlag, Heidelberg

Einfluss des Alters

Barbara Wessner, Erich Roth, Marlene Hofmann, Norbert Bachl

14.1 Einleitung – 358

14.2 Theorien des Alterns – 360

14.2.1 Biologische Uhren – 360

14.2.2 Genomische Instabilität – 361

14.2.3 Inflammageing – 361

14.2.4 Oxidativer Stress – 362

14.3 Der alternde Muskel – 364

14.4 Training im Alter – 367

14.5 Wechselwirkung mit Ernährungssubstraten – 368

Literatur – 369

N. Bachl, H. Löllgen, H. Tschan, H. Wackerhage, B. Wessner (Hrsg.),
Molekulare Sport- und Leistungsphysiologie,
https://doi.org/10.1007/978-3-7091-1591-6_14

Der biologische Alterungsprozess bezieht sich auf die Funktionsveränderung von Zellen und Organen mit zunehmendem Alter. Die Frage, warum wir altern, ist Kernpunkt der verschiedensten wissenschaftlichen Theorien (Telomerverkürzung, Schädigungen durch oxidativen Stress, Inflammageing etc.), die in diesem Kapitel näher beleuchtet werden sollen. Ein besonderes Augenmerk gilt der Muskulatur, deren Masse und Funktion kontinuierlich abnimmt, ein Erscheinungsbild, das unter dem Begriff Sarkopenie zusammengefasst wird. Neben den aktuellen Trainingsempfehlungen im Alter wird auch kurz auf die Wechselwirkung mit Ernährungssubstraten eingegangen.

14.1 Einleitung

Alter kann nach verschiedenen Gesichtspunkten betrachtet werden. Klar definiert ist das Lebensalter (kalendarisches oder chronologisches Alter), das rein nach dem Geburtsdatum berechnet wird. Daneben werden aber auch Begriffe wie biologisches Alter (physiologische Zustandsveränderungen des Körpers), soziales Alter (Änderungen in gesellschaftlichen Rechten und Pflichten) oder psychologisches Alter (subjektive Selbstwahrnehmung) verwendet. Auf Grund der Tatsache, dass immer mehr Menschen älter werden und sich die Gruppe der älteren Menschen als sehr heterogen herausstellt, sind zusätzliche Unterteilungen notwendig geworden. So wird heute zumindest zwischen einem 3. und 4. Lebensabschnitt (junge Alte und alte Alte) unterschieden. Bei welchem kalendarischen Alter jedoch der Übergang zwischen diesen Abschnitten ist, kommt auf die jeweilige Definition an. Eine populations-basierende Definition etwa würde jenes kalendarische Alter als Beginn der Hochaltrigkeit heranziehen, ab welchem 50% der Angehörigen eines Geburtsjahrgangs verstorben sind. Diese Grenze liegt in den meisten Industrieländern bei etwa 80–85 Jahren, in Entwicklungsländern dahingegen darunter [1].

Auf Grund der generell steigenden Lebenserwartung, die etwa auf eine bessere medizinische Versorgung, höheren Wohlstand, humanere Arbeitsbedingungen und bessere Hygiene zurückzuführen ist, aber auch auf Grund der niedrigeren Geburtenrate nimmt der Anteil der über 65-Jährigen an der Gesamtbevölkerung stetig zu (■ Tab. 14.1). Schätzungen der Vereinten Nationen (*World Population Prospects*) zeigen, dass im Jahr 2050 weltweit etwa 1,5 Milliarden und in Europa etwa 190 Millionen Menschen leben werden, die älter als 65 Jahre alt sind. Dies spiegelt sich auch im sogenannten Altersabhängigkeitsquotienten (*Old-age dependency ratio*) wieder, der den Anteil der über 65-Jährigen an der erwerbstätigen Bevölkerung (20 bis 64 Jahre) angibt. Dieser lag in Europa im Jahr 2010 bei 26 Senioren auf 100 Erwerbsfähige und wird im Jahr 2050 auf 51 Senioren auf 100 Erwerbsfähige steigen (vgl. Deutschland: 2010 [34 auf 100] und 2050 [65 auf 100]) [2].

Der biologische Alterungsprozess bezieht sich auf Funktionsveränderungen von Zellen bzw. Organen auf Grund eines höheren Alters, die sich über die Zeit anhäufen und zu physiologischen Veränderungen führen, die den Organismus anfällig auf bestimmte Erkrankungen machen und letztlich zum Tod führen. Laut WHO sind die drei Hauptursachen für einen vorzeitigen Tod von über 60-Jährigen ischämische Herzerkrankungen, zerebrovaskuläre Erkrankungen (Schlaganfall) sowie chronisch-obstruktive Lungenerkrankungen (COPD). Betrachtet man jedoch die Gründe, die im Alter zu Behinderungen führen, so sind das in erster Linie Sehbehinderungen, Demenz, Hörverlust und Osteoarthritis [3].

Der Alterungsprozess ist jedoch individuell höchst unterschiedlich und von einer Reihe von Faktoren wie der Genetik, Vorerkrankungen und vor allem von Umweltbedingungen und dem Lebensstil (Ernährung, körperliche Aktivität, …) abhängig. Betrachtet man die Inzidenz von Übergewicht, so sind etwa in Österreich 43,5% der 65- bis 74-Jährigen übergewichtig (BMI > 25 kg/m^2) und 14,3% sind adipös (BMI > 30 kg/m^2) (Statistik Austria). Hinzu kommt, dass nur 25,2% der Männer mit einem Alter über 60 Jahren und 24,3% der gleichaltrigen Frauen als „aktiv" eingestuft werden konnten (mindestens 150 Minuten Sport, Fitness oder körperliche Aktivität in der Freizeit plus 2× pro Woche Muskelaufbautraining) [4]. Fraglich ist jedoch, wie viel körperliche Aktivität in der jeweiligen Altersgruppe ausreichend ist und mit welchen Methoden die körperliche Aktivität bestimmt wird (objektiv, subjektiv). Aus diesem Grund variiert etwa der Prozentsatz an Personen, die das vorgeschlagene Ausmaß an Bewegung erreichen, stark [5].

■ **Tab. 14.1** Demografischer Wandel 1950–2050 (nach [2])

Weltweit	Anteil der Bevölkerung (%)			Anzahl Personen (x10³)
	< 20 Jahre	20–64 Jahre	≥ 65 Jahre	≥ 65 Jahre
1950	43,8	51,1	5,1	128.427
1970	47,6	47,1	5,4	197.725
1990	42,6	51,2	6,2	330.694
2010	35,4	56,9	7,7	530.507
2030*	31,3	57,2	11,6	973.093
2050*	28,2	56,2	15,6	1.489.570
USA	Anteil der Bevölkerung (%)			Anzahl Personen (x10³)
	< 20 Jahre	20–64 Jahre	≥ 65 Jahre	≥ 65 Jahre
1950	34,1	57,6	8,3	13.043
1970	37,6	52,7	9,8	20.486
1990	28,8	58,7	12,5	31.735
2010	26,9	60,0	13,1	40.794
2030*	25,1	54,8	20,2	75.968
2050*	24,3	54,3	21,4	85.979
Europa	Anteil der Bevölkerung (%)			Anzahl Personen (x10³)
	< 20 Jahre	20–64 Jahre	≥ 65 Jahre	≥ 65 Jahre
1950	34,8	57,2	8,0	43.654
1970	33,6	55,9	10,5	68.828
1990	27,7	59,6	12,7	92.207
2010	21,3	62,4	16,3	120.975
2030*	20,8	56,8	22,4	166.964
2050*	20,5	52,6	26,9	190.653
Österreich	Anteil der Bevölkerung (%)			Anzahl Personen (x10³)
	< 20 Jahre	20–64 Jahre	≥ 65 Jahre	≥ 65 Jahre
1950	29,4	60,3	10,3	715
1970	31,1	54,8	14,1	1.052
1990	24,1	60,8	15,1	1.159
2010	20,7	61,4	17,8	1.498
2030*	20,1	55,9	24,0	2.260
2050*	20,1	52,3	27,6	2.582
Deutschland	Anteil der Bevölkerung (%)			Anzahl Personen (x10³)
	< 20 Jahre	20–64 Jahre	≥ 65 Jahre	≥ 65 Jahre
1950	30,5	59,9	9,6	6.709
1970	30,2	56,2	13,6	10.750

Tab. 14.1 Fortsetzung

Deutschland	Anteil der Bevölkerung (%)			Anzahl Personen ($x10^3$)
	< 20 Jahre	20–64 Jahre	≥ 65 Jahre	≥ 65 Jahre
1990	21,7	63,3	15,0	12.065
2010	18,6	60,6	20,8	17.275
2030*	17,5	54,2	28,2	23.511
2050*	17,0	50,2	32,7	23.743

* Die Abschätzung beruht auf einer mittleren Geburtenhäufigkeit [2].

14.2 Theorien des Alterns

Grundsätzlich stellt sich jedoch die Frage, warum wir überhaupt altern. Trotz der Fortschritte in der Molekularbiologie ist diese Frage immer noch nicht gänzlich geklärt. Es haben sich verschiedene Theorien herauskristallisiert, die sich wiederum in zwei Hauptrichtungen aufteilen. So unterscheidet man prinzipiell zwischen den **Programmtheorien**, wonach der Alterungsprozess praktisch von Geburt an vorgegeben ist und einem fixen Ablaufplan folgt, und den sogenannten **Damage-and-Error-Theorien**, die implizieren, dass verschiedene Umweltfaktoren Zellen und Organe schädigen und so letztlich den Alterungsprozess verursachen und/oder beschleunigen [6]. Keine der einzelnen Theorien alleine ist so überzeugend, dass sie wirklich erklären könnte, warum wir altern. Im heutigen Verständnis nimmt man jedoch an, dass ein komplexes Zusammenspiel der verschiedenen Mechanismen den Alterungsprozess verursacht. Im Folgenden sollen dennoch einige der wichtigsten Theorien erörtert werden, wobei dies aufgrund der Vielzahl von Theorien keine vollständige Abhandlung sein kann.

14.2.1 Biologische Uhren

Wenngleich die durchschnittliche Lebenserwartung beim Menschen in den letzten 100 Jahren meist kontinuierlich anstieg, hat sich über diesen Zeitraum das maximale Lebensalter interessanterweise kaum verändert. Die Erklärung dafür könnte in der genetischen Programmierung des Alterungsprozess liegen [7, 8]. Es ist somit vorstellbar, dass verschiedene biologische Uhren für die Zellalterung verantwortlich sind.

Es ist mittlerweile bekannt, dass die Chromosomenenden von sogenannten Telomeren geschützt werden. In den meisten somatischen Zelltypen wird bei einer Teilung ein Stück dieser Telomere abgeschnitten, bis eine maximale Anzahl an Zellteilungen erreicht ist (Hayflick-Limit) und die Zelle stirbt und/oder abgebaut wird. Sogenannte immortalisierte (unsterbliche) Zellen wie etwa Krebszellen besitzen ein Enzym, die Telomerase, die in der Lage ist, die Telomere wieder zu verlängern [9]. Es ist somit nicht verwunderlich, dass auf der einen Seite Telomerverkürzungen mit einer Reihe von altersassoziierten Erkrankungen wie Osteoarthritis, Arteriosklerose und Herzkreislauferkrankungen zusammenhängen [10–12]; Telomerverlängerungen hingegen können den Alterungsprozess zwar aufhalten, jedoch auf Kosten eines erhöhten Risikos einer Tumorentstehung [13].

Ein weiterer biologischer Mechanismus könnte im Thymus liegen, wo T-Zellen lernen, fremde von körpereigenen Zellen zu unterscheiden. Mit dem Alter schrumpft der Thymus und wird weniger funktionsfähig. Dadurch werden auch die T-Zellen fehleranfälliger, was einerseits zu einer erhöhten Infektionsanfälligkeit und andererseits zu einer gesteigerten Autoimmunreaktion führt [14].

Kürzlich wurde ein dritter Mechanismus vorgeschlagen: Es ist bekannt, dass die Entwicklung unter epigenetischer Kontrolle der Genexpression steht, damit bestimmte Gene zu einem bestimmten, genau definierten Zeitpunkt an- oder abgeschaltet werden können. In diesem Zusammenhang werden zwei Begriffe unterschieden, der epigenetische Drift (*epigenetic drift*) und die epigenetische Uhr (*epigenetic clock*). Beim ersteren handelt es sich um die individuell unterschiedliche Veränderung in der DNA-Methylierung mit zunehmendem Alter. Die epigenetische Uhr bezieht sich auf Veränderungen, die in allen Individuen im Alterungsprozess auftreten und die letztlich auch für die Vorhersage des chronologischen Alters herangezogen werden können (▢ Abb. 14.1) [15].

14.2.2 Genomische Instabilität

Verschiedene endogene und exogene Faktoren verursachen im Laufe des Lebens kontinuierliche Schäden an der DNA. Diese werden so gut wie möglich repariert, allerdings ist dieser Vorgang nie perfekt. Die resultierenden Veränderungen in der DNA interagieren mit der Genexpression und führen so zu veränderten Funktionen der verschiedensten Zelltypen und einem zellulären Alterungsprozess (*cellular senescence*). Viele Zellen werden dann durch apoptotische oder autophagosomale Prozesse abgebaut. Wenn sich die Änderungen (Mutationen) festsetzen, kann es auch zur Entstehung von Krankheiten wie Krebs kommen (▢ Abb. 14.2) [7].

Es stehen zahlreiche Methoden zur Messung von DNA-Schäden zur Verfügung [16]. Eine dieser Methoden stellt die Erfassung der Häufigkeit von Mikrokernen dar. Der Einfluss von akuter sportlicher Betätigung auf diesen Parameter wurde in verschieden Studien mit unterschiedlichen Ergebnissen untersucht. Während in manchen Studien geringere Schäden an der DNA gemessen wurden, kamen andere Autoren zu indifferenten oder genau gegenteiligen Ergebnissen [17, 18]. Während DNA-Schäden bis zu einem bestimmten Alter ansteigen, deuten jüngste Untersuchungen besonders bei hochaltrigen Personen darauf hin, dass es hier offenbar ein Leveling-off gibt, da diese Personen wieder ähnliche Werte aufweisen wie die jungen Erwachsenen [19]. Ob und wie körperliche Aktivität dazu beiträgt, muss in künftigen Studien abgeklärt werden.

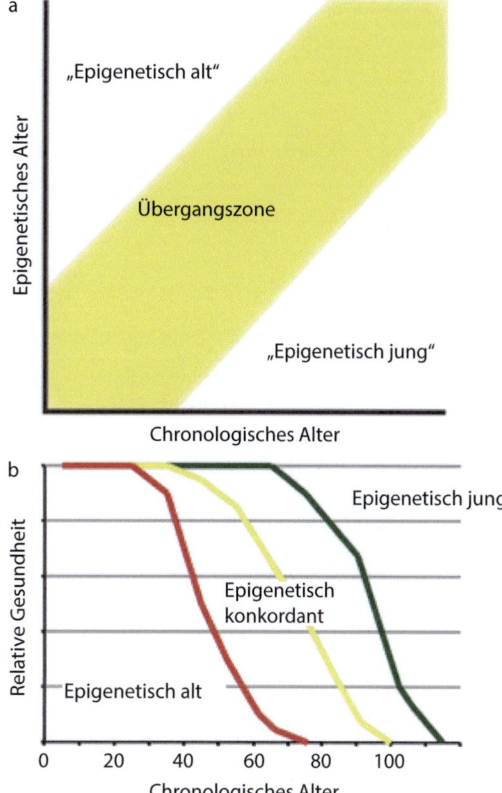

▢ **Abb. 14.1** DNA-Methylierung und Alter. Epigenetisches und chronologisches Alter bestimmen Krankheit und Gesundheit [15].

14.2.3 Inflammageing

Der Alterungsprozess geht mit einer chronischen niedriggradigen Entzündung (*chronic low-grade inflammation*) einher und diese steht in direktem Zusammenhang mit einer erhöhten Mortalität und Morbidität [20]. In der Literatur wird dies mit dem Begriff „Inflammageing" zusammengefasst [21]. Während akute Entzündungen eine durchaus gewünschte Reaktion des Körpers auf eindringende Pathogene oder Gewebsverletzungen darstellen, ist die chronische niedriggradige Entzündung meist auf Inaktivität und Übergewicht zurückzuführen. Vor allem das viszerale Fett spielt eine nicht unerhebliche Rolle, da die Fettzellen (Adipozyten) neben den Immunzellen pro-inflammatorische Zytokine (TNF-α [Tumornekrosefaktor α], IL-6 [Interleukin 6], …) produzieren können, die direkt mit der Entwicklung von verschiedenen Zivilisationserkrankungen wie Insulinresistenz, Diabetes mellitus Typ 2, Arteriosklerose und Krebs in Verbindung stehen. Entzündungsmarker wie

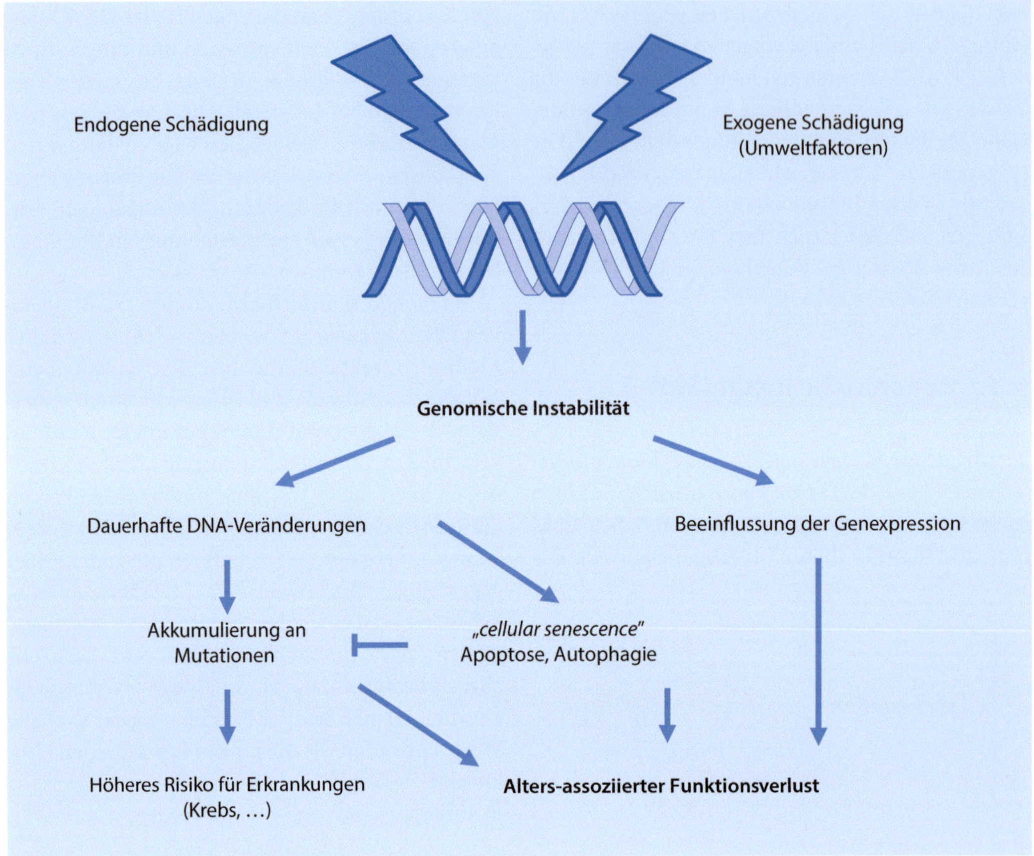

Abb. 14.2 Genomische Instabilität.

TNF-α, IL-6 oder das Akutphaseprotein CRP (C-reaktives Protein) interagieren über die Zirkulation mit anderen Zellen des Körpers etwa im Gehirn, wodurch sie auch mit einigen neurodegenerativen Erkrankungen (Alzheimer, Parkinson) in Zusammenhang gebracht werden konnten (Abb. 14.3) [22, 23].

Es konnte gezeigt werden, dass regelmäßige körperliche Aktivität mit niedrigeren Spiegeln an Entzündungsmarkern in Verbindung steht. Zahlreiche Studien belegen, dass speziell Ausdauertraining auch bei älteren Personen in der Lage ist, TNF-α, IL-6 und hs-CRP zu senken, während die Konzentration anti-inflammatorischer Zytokine steigt [24]. Inwieweit auch Krafttraining positive Auswirkungen bei älteren Personen zeigen kann, steht noch in der Diskussion. Ein 12 Wochen andauerndes moderates Krafttraining verringerte zwar signifikant die zirkulierenden IL-6-Konzentrationen, aber bereits zwei Wochen nach Beendigung des Trainings stiegen die IL-6-Konzentrationen wieder an. Interessanterweise ergab ein Vergleich zweier Trainingsarten – Krafttraining mit geringer und hoher Intensität –, dass letzteres zwar die Muskelkraft stärker stimulierte, aber nur das moderate Training die TNF-α-Spiegel verringerte. Interessanterweise kann Krafttraining auch die Immunfunktion verändern, indem die durch Endotoxin-stimulierte Freisetzung von IL-6, IL-1β und TNF-α gesenkt werden kann [25].

14.2.4 Oxidativer Stress

Eine erhöhte Aktivität der Sauerstoffradikale wird immer wieder mit dem Alterungsprozess in Verbindung gebracht. Doch nicht nur das Altern, sondern auch längere Perioden einer muskulären Inaktivität

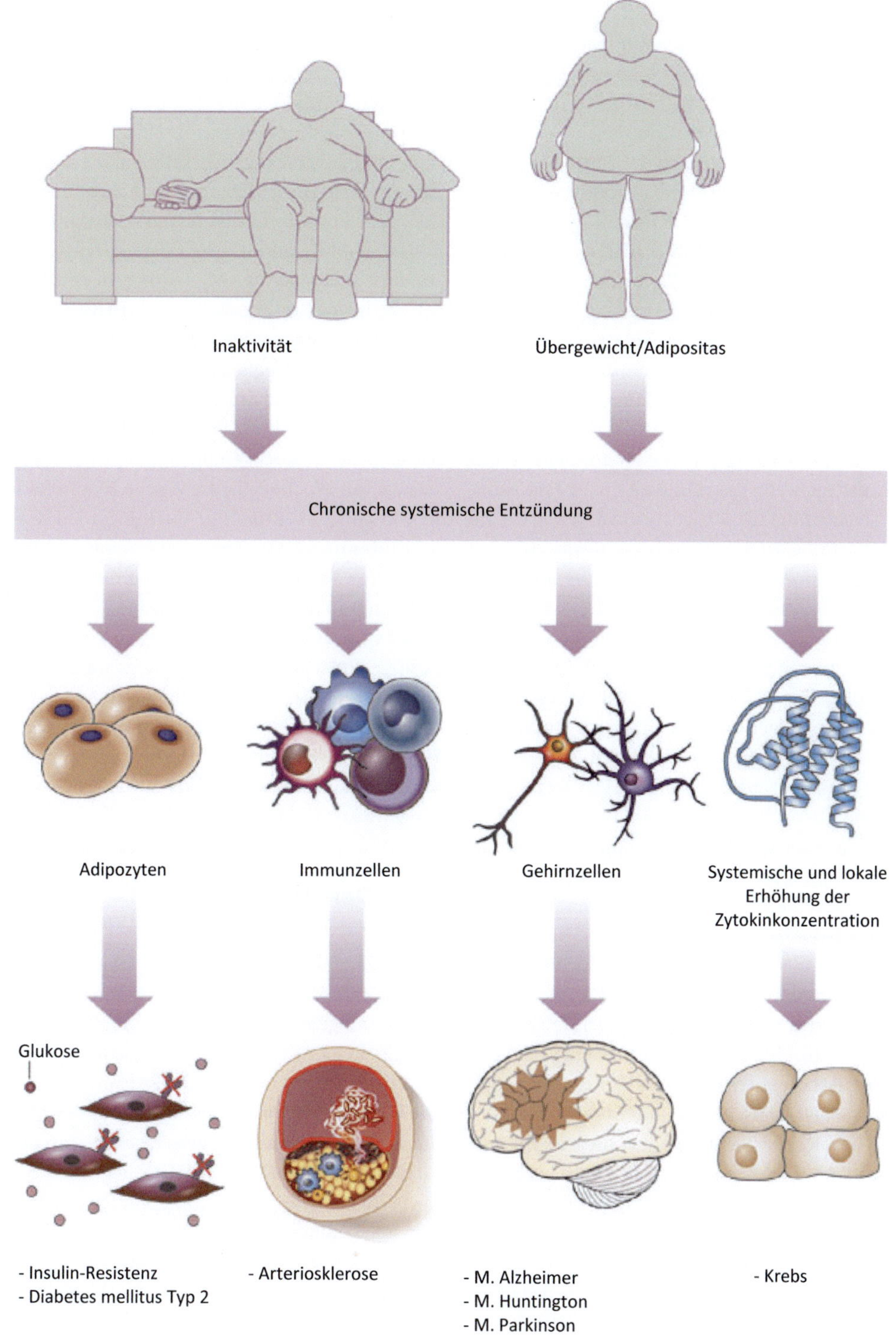

Abb. 14.3 Inaktivität, Übergewicht und chronische niedriggradige Entzündung. Reprinted by permission from Macmillan Publishers Ltd: [Nature] [22], copyright (2008).

führen zu einem Anstieg der Sauerstoffradikalkonzentrationen (ROS, *radical oxygen species*) im Skelettmuskel. Hand in Hand damit kommt es zu einer Abnahme der kontraktilen Funktion und einer Abnahme der Dicke der Muskelfasern.

Die Bedeutung der ROS in der Muskelatrophie wird kontrovers diskutiert [26]. Oxidativer Stress ist gekennzeichnet durch eine Unausgewogenheit zwischen pro-oxidativen und anti-oxidativen Prozessen, wobei die pro-oxidativen Abläufe dominieren. Eine länger andauernde Muskelruhestellung bewirkt eine vermehrte Konzentration an oxidativ veränderten Proteinen und Lipiden. Die Bildung der Sauerstoffradikale findet vorwiegend in den Mitochondrien statt. In Tierversuchen hat man gesehen, dass die mitochondriale Freisetzung von Wasserstoffperoxid um 100% ansteigt, wenn man ein Bein für 14 Tage ruhig stellt. Darüber hinaus aktiviert oxidativer Stress die Calpain- und Caspase-3-Proteasen, was zu einer erhöhten Expression der Komponenten des Ubiquitin-Proteasomen-Systems führt, die Autophagie stimuliert und die Translationsinitiation herabsetzt ▶ Kap. 2). Ein weiteres positives Signal für die Bedeutung der ROS bei Muskelruhestellung besteht darin, dass einige tierexperimentelle und auch Studien am Menschen zeigen, dass die Gabe von Antioxidantien die Muskelatrophie verringert. Darüber hinaus führt eine Überexpression vom antioxidativ wirkenden Enzym Katalase ebenfalls zu einer verringerten Muskelatrophie. Im Gegensatz dazu muss erwähnt werden, dass eine Reihe von Studien keinen Zusammenhang zwischen Muskelatrophie und ROS zeigen konnte. So konnten Glover et al. nachweisen, dass nach einer Immobilisierung kein Anstieg der oxidativen Biomarker im Skelettmuskel nachweisbar war und keine Atrophie gemessen werden konnte [27]. Diese Versuche wurden von Kuwahara et al. bestätigt, obwohl morphologische und funktionelle Veränderungen nachweisbar waren, die aber nicht im Zusammenhang mit einer Atrophie standen [28]. In einigen Tierversuchen wurde keine protektive Wirkung von Antioxidantien festgestellt. Eine Erklärung für ein anderes Wirkungsspektrum als das des anti-oxidativen Schutzes liegt für Vitamin E vor, da man erkannt hat, dass Vitamin E nicht nur in den Radikalstoffwechsel eingreifen kann, sondern auch (oder vor allem) in verschiedenen Signalwegen eine wichtige Rolle spielt. So verringert Vitamin E die Expression proteolytisch wirkender Gene [29]. Andererseits haben Sauerstoffradikale auch eine positive Wirkung, da sie gewisse notwendige Abwehrmechanismen initiieren, wie zum Beispiel die Stimulierung des Transkriptionsfaktors NFκB, der wiederum die Synthese verschiedener Interleukine anschaltet. Aus der Sicht dieser Erkenntnisse lässt sich schließen, dass Sauerstoffradikale und auch Antioxidantien nicht nur eine Rolle im oxidativen Stress spielen, sondern auch wichtige Mediatoren des Stoffwechsels sind. Der Einsatz von antioxidativen Substanzen im Sport muss daher mit Vorsicht durchgeführt werden, da diesbezüglich zurzeit sehr widersprüchliche Meinungen und Ergebnisse vorliegen. In diesem Zusammenhang sei die Studie von Ristow erwähnt, bei der in der Versuchsgruppe während des Trainings (Dauer vier Wochen, 5× die Woche 20 min Radfahren, 45 min Zirkeltraining) Vitamin E (400 IU/Tag) und Vitamin C (1000 mg/Tag)verabreicht wurde [30]. Eine Verbesserung der Insulinwirksamkeit wurde nur in der Gruppe beobachtet, die keine Vitamine zu sich nahm. Die Vitamingabe egalisierte den positiven Insulineffekt des Trainings auf die Insulinwirksamkeit. Daraus ist zu sehen, dass Sauerstoffradikale wichtige Zellmediatoren sind, die spezifische Stoffwechselwege stimulieren. Eine Hemmung dieser Stimulation kann sich negativ auf Trainingsanpassungen auswirken [31].

14.3 Der alternde Muskel

Die Muskulatur ist nicht nur für lebensnotwenige Funktionen wie Atmen, den aufrechten Gang und die Thermogenese essentiell, sie ermöglicht uns auch unerlässliche Aufgaben des Alltags, wie Essen und die Pflege der eigenen Hygiene, zu bewältigen [32]. Die Definition des altersbedingten Muskelverlustes, der Sarkopenie (aus dem griechischen „sarcos" für Fleisch und „penia" für Verlust), begründete Prof. Irwin Rosenberg 1989 [33, 34]. Studien zeigen, dass der altersbedingte Muskelverlust um das 30. Lebensjahr beginnt und sich um 1–2% pro Jahr nach dem 50. Lebensjahr akkumuliert [35–38]. Darüber hinaus geht dem Verlust der Muskelmasse ein Verlust der Kraft (Dynapenie) voraus [39]. Dieser Verlauf kann auch bei Rekorden in kraftbetonten Wettbewerben wie dem Gewichtheben verfolgt werden [36].

Abhängig von der Messmethode und der definierten Referenzbereiche schätzt man die Prävalenz von Sarkopenie bei Personen über 60 Jahren auf 5–13% und bei Personen über 80 Jahren auf 11–50% [36]. Sarkopenie und Dynapenie gehen nicht nur mit einem Verlust an Lebensqualität und einem höheren Sturzrisiko und somit längeren Perioden der Immobilität einher, sie sind auch eine enorme Belastung für unser Gesundheitssystem [40].

Aufgrund der Mehrdimensionalität der Einflüsse auf Sarkopenie stellt sich eine bisher ungelöste Frage bezüglich Ursache und spezifischer Auswirkung auf die Muskelzelle und dem weiteren Verlust an Muskelmasse [41]. Vor allem dadurch, dass eine altersbedingte Verschlechterung der unterschiedlichsten Systeme auch auf Sarkopenie Einfluss nimmt, werden diese weitreichenden Dimensionen ersichtlich [41]:

- **Reduktion von mechanischen Reizen:** Verlust an α-Motoneuronen und Typ-II-Muskelfasern (Inaktivität, Immobilisation, Diabetes, …)
- **Dysbalance zwischen Proteinsynthese und -abbau:** Proteinabbau bedingt durch erhöhte Wirkung von katabolen Hormonen und Faktoren (Myostatin,..) und/oder Schwächung der anabol wirkenden Hormone und Faktoren (Testosteron, IGF-1, …), nicht nur durch die altersbedingte Umstellung des Hormonhaushalts, sondern auch durch Mangelernährung bzw. Überernährung und reduzierte körperliche Aktivität.
- **Chronische Erhöhung von Entzündungsparametern:** Erhöhte Konzentrationen von pro-inflammatorischen Zytokinen in der Zirkulation (TNF-α, IL-6, hs-CRP …) und dadurch auch eine verringerte Kapazität zur Regeneration
- **Erhöhung des oxidativen Stresses:** Erhöhte Menge an freien Radikalen und die dadurch verursachte Schädigung von Proteinen, Lipiden und der DNA. Erhöhte Konzentrationen an Glukokortikoiden durch steigende Einnahme von Medikamenten.

Sarkopenie geht aber nicht zwangsweise mit einem Verlust des Körpergewichts einher, da es im Altersgang nicht nur zu einer Reduktion der Muskelmasse, sondern auch zu einer Akkumulation an Fettmasse kommt. Treten diese Phänomäne gemeinsam auf, spricht man von sarkopenischer Adipositas [42]. Mechanismen, die zum Umbau in der Muskulatur führen und letztendlich auch für den Verlust der Funktion ausschlaggebend sind, sind Gegenstand aktueller Forschung, wobei die multifaktorielle Kausalität einen Konsensus über die Ursachen erschwert [43].

Man rechnet jedoch den Satellitenzellen (muskuläre Stammzellen siehe ▶ Kap. 5.1.1) in diesem Zusammenhang eine wichtige Rolle zu. Studien haben gezeigt, dass die Anzahl der Satellitenzellen mit steigendem Alter sinkt [44]. Mit Hilfe der Satellitenzell-Marker Pax7, NCAM und M-cadherin konnte auch im menschlichen Muskel gezeigt werden, dass im Altersgang Satellitenzellen ihre Fähigkeit auf einen Aktivierungsreiz verlieren [45]. Angelehnt an den Theorien des Alterns werden auch hier unterschiedlich Signalwege, die die Satellitenzelle beeinflussen, in diesem Zusammenhang untersucht. Dabei wurden beispielsweise Parameter des oxidativen Stresses und der Inflammation („Inflammageing") vor allem auch im Kontext von intermuskulärer Fettakkumulation damit in Verbindung gebracht [46, 47].

Vor allem aber sollen zwei bedeutende Signalwege der Hypertrophie und Atrophie im Altersgang besonders hervorgehoben werden: Der IGF-1-Akt-mTOR-Signalweg als positiver Regulator der Muskelmasse und der Myostatin-Smad2/3-Signalweg, ein potenter Inhibitor des Muskelwachstums (◘ Abb. 14.4) [48–50, 44]. Diese Signalwege werden durch Krafttraining positiv beeinflusst, was auch der Grund dafür ist, dass in erster Linie Krafttraining als Therapie von Sarkopenie gilt (▶ Kap. 12.4). Die Bedeutung dieser Signalwege wird auch durch die Entwicklung von Medikamenten in diese Richtung unterstrichen. So wurde beispielsweise eine soluble Form des Myostatin-Rezeptors (ACE-031) entwickelt und bereits an gesunden postmenopausalen Frauen angewendet. Bereits eine einmalige Verabreichzng von ACE-031 bewirkte nach 29 Tagen eine Erhöhung der Muskelmasse des Oberschenkels um 5,1% [51].

Darüber hinaus gibt es mehr und mehr wissenschaftliche Evidenz, dass der Muskel ähnlich einem endokrinen Organ andere Systeme und Gewebe des menschlichen Körpers durch diese Signalwege beeinflusst. Myokine wie IL-6, IL-15, Irisin oder BDNF,

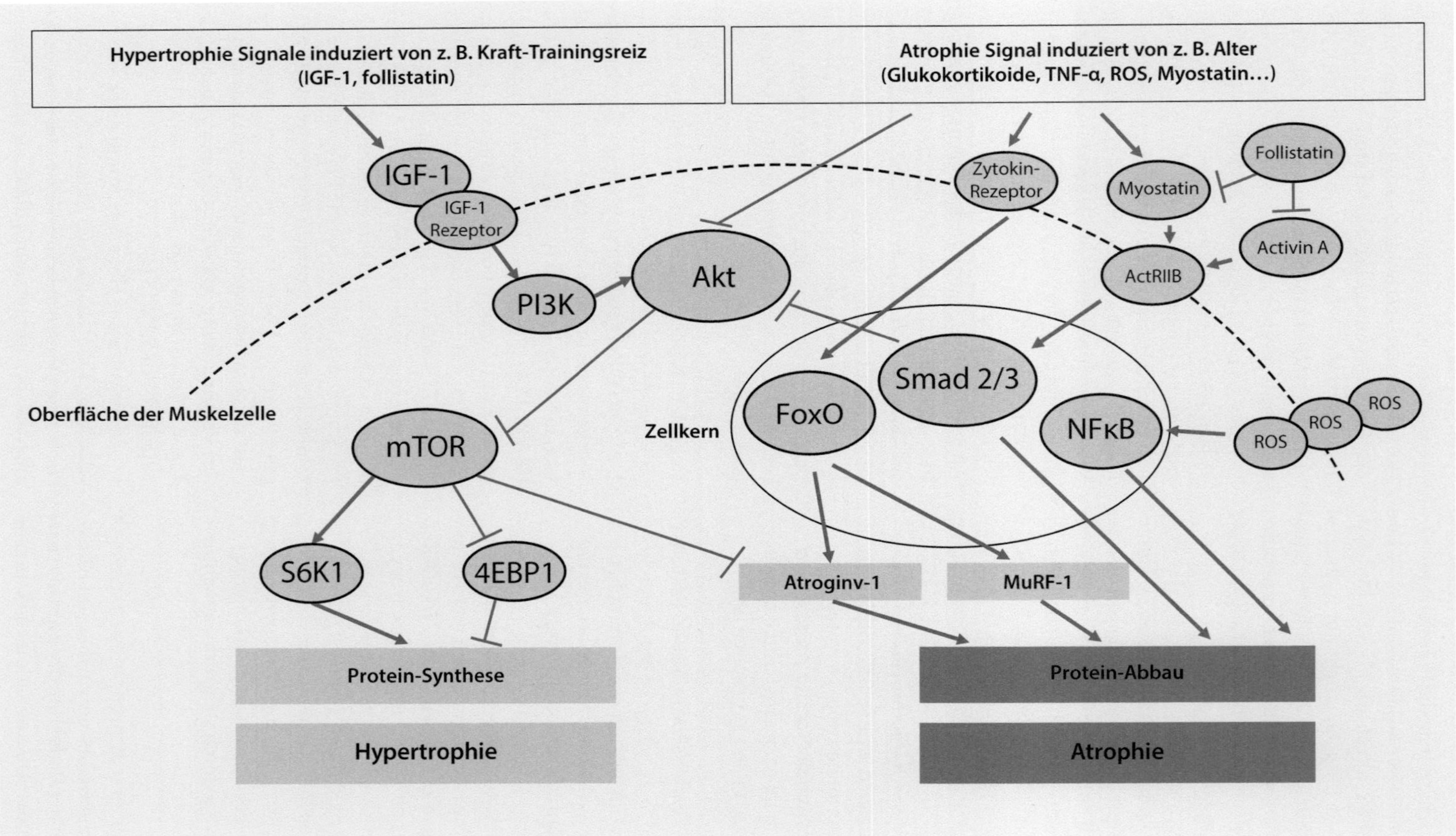

Abb. 14.4 Hypertrophie und Atrophie im alternden Muskel (TNF-α = Tumornekrosefaktor-α; IGF1 = Insulin-like Growth Factor-1; PI3K = Phosphoinositide-3-Kinase; FoxO = Forkhead box O; ActRIIB = Activing Receptor IIB; mTOR = mammalian Target of Rapamycin; S6K1 = p70-S6 Kinase 1; 4EBP1 = eukaryotiv initiation facor 4E (eIF-4E) Binding-Protein-1; MuRF-1 = Muscle Ring Finger Protein-1; ROS = Reactive Oxygen Species; NFκB = Nuclear Factor kappa of activated B-cells).

Mediatoren werden dabei im Muskel gebildet und vermitteln die positiven Wirkungen der körperlichen Aktivität in Organen wie Leber und Gehirn, aber auch Fettgewebe, Knochen und Immunsystem [52–54]. Dies unterstreicht einmal mehr die Wichtigkeit eines lebenslangen aktiven Lebensstils und betont die Bedeutung einer gesunden Muskulatur in der Pathogenese von chronischen Zivilisationskrankheiten.

14.4 Training im Alter

Die zweite Lebenshälfte ist durch eine deutliche Zunahme an gesundheitlichen Beeinträchtigungen, Behinderungen und chronischen Krankheiten gekennzeichnet. Die Abnahme der funktionellen Kapazität (Ausdauerleistungsfähigkeit, Gehgeschwindigkeit, Muskelkraft, Gleichgewichtsfähigkeit, Beweglichkeit) beeinflusst die Fähigkeit, Alltagsaktivitäten selbstständig durchzuführen. Dies resultiert dann häufig in einem Verlust der Unabhängigkeit und der Fähigkeit, Alltagsaktivitäten ohne fremde Hilfe zu absolvieren. Viele Leistungseinschränkungen ab dem mittleren Lebensalter sind aber nicht ausschließlich auf den Alterungsprozess zurückzuführen, vielmehr sind Bewegungsmangel und andere Lebensstilfaktoren für diese Tatsache in hohem Maße mitverantwortlich. Eine hohe Evidenz spricht dafür, dass regelmäßige körperliche Aktivität dazu beiträgt, die meisten Risikofaktoren positiv zu beeinflussen, die Lebensqualität zu erhöhen sowie den alternsbedingten Zeitpunkt des Morbiditätsbeginns hinauszuzögern [55–58]. Zahlreiche Studien belegen darüber hinaus, dass der Organismus auch im hohen Lebensalter die Fähigkeit beibehält, auf körperliches Training zu reagieren [59–61]. Primäre Ziele von körperlichem Training im Seniorenalter sind die Erhaltung bzw. gegebenenfalls die Wiederherstellung der körperlichen Leistungsfähigkeit sowie der Erhalt von Selbstständigkeit, Autonomie und Gesundheit. Im Vordergrund stehen dabei die Minimierung von schädigenden sowie die Maximierung von leistungserhaltenden Einflüssen des körperlichen Allgemeinzustandes, nicht aber die Maximierung der körperlichen Leistungsfähigkeit [62]. Positive, gesundheitswirksame Anpassungsprozesse können durch ein zielorientiertes, regelmäßiges und systematisches Training unter Bezugnahme auf die Trainingsinhalte (Ausdauer, Kraft, Schnellkraft, Gleichgewicht, Beweglichkeit) und Belastungsparameter (Trainingshäufigkeit, Trainingsdauer, Trainingsintensität) realisiert werden [63]. Da unterschiedliche Trainingsformen sehr unterschiedliche physiologische Anpassungserscheinungen bewirken, ist es essentiell, die biologischen Wirkmechanismen besser zu verstehen, um den Trainingsprozess optimieren zu können. In diesem Zusammenhang beschäftigt sich die molekulare Leistungsphysiologie als aktuelles Arbeitsfeld im Bereich der Theorie des sportlichen Trainings mit der molekularen Adaptation an Trainingsbelastungen. Im Vordergrund steht dabei die Erforschung zellulärer Signaltransduktionswege vor allem von Ausdauer- und Kraftbelastungen und die Erforschung, wie die durch unterschiedliche Trainingsreize ausgelösten Signalketten auf den verschiedenen Ebenen der Proteinbiosynthese zu strukturellen Anpassungen führen. Evidenzbasierte Daten belegen, dass belastungsbedingte Anpassungen des Proteinmetabolismus hochspezifisch sind und von der Art des Belastungsreizes (von der muskulären Aktionsform, von dessen Dauer und Intensität), aber auch vom Trainingszustand abhängen [64].

Gegenwärtige Empfehlungen zur Trainingsprogrammgestaltung bei älteren Personen beziehen sich zumeist auf ein Positionspapier des American College of Sports Medicine (ACSM) [55]. Das ACSM empfiehlt, dass Senioren für einen gesundheitswirksamen Effekt mindestens 150 Minuten pro Woche körperlich aktiv sein sollen. Es wird einerseits darauf hingewiesen, dass Personen mit körperlichen Beeinträchtigungen versuchen sollten, so aktiv wie möglich zu sein, dass aber andererseits eine längere Dauer, eine größere Häufigkeit und eine höhere Intensität zusätzlichen Nutzen bringen können. Die körperliche Aktivität sollte Ausdauer-, Kraft-, Flexibilitäts- und Gleichgewichtskomponenten beinhalten. Für das Ausdauertraining werden 30- bis 60-minütige Trainingseinheiten mit moderater Intensität mit einem Wochenumfang von 150–300 Minuten oder 20- bis 30-minütige intensivere Einheiten mit einem Wochenumfang von 75–150 Minuten empfohlen. Das subjektive Belastungsempfinden liegt dabei bei 5–6 (moderat) bzw. bei 7–8 (intensiv) auf einer zehnteiligen Skala. Diese Trainingszeiten können auch durch die Akkumulierung von kürzeren Belastungen von minimal 10 Minuten erreicht werden. Als Ausdauersportarten werden für ältere Personen, aber insbesondere für Personen mit orthopädischen Problemen, vor allem solche empfohlen, welche keine große Belastung für den passiven Bewegungsapparat darstellen (Gehen, Nordic Walking, Ergometer-Training, Schwimmen). Neben einem Ausdauertraining empfiehlt das ACSM älteren Personen, zusätzlich an zumindest zwei nicht aufeinanderfolgenden Tagen ein Krafttraining durchzuführen, das zu Beginn als Anpassungstraining mit niedriger Intensität und höheren Wiederholungszahlen durchgeführt wird. Danach erfolgt eine Progression auf eine Intensität, die 8–12 Wiederholungen (70–80% des Einwiederholungsmaximums) erlaubt [65].

Zusätzlich zum Ausdauer- und Krafttraining rät das ACSM den älteren Personen aber auch, regelmäßig das Gleichgewicht zu schulen und Beweglichkeitsübungen durchzuführen, um etwa die Sturzgefahr zu vermindern.

14.5 Wechselwirkung mit Ernährungssubstraten

Eine adäquate Ernährung ist für die Erhaltung oder den anabolen Aufbau des Skelettmuskels von großer Bedeutung. Der Verlust an Muskelmasse kann somit mit einer verringerten Nahrungsaufnahme oder aber mit einer verringerten anabolen (muskelaufbauenden) Wirksamkeit der zugeführten Nahrungsbestandteile in Verbindung stehen. Hungerphasen (auch bedingt durch einen Krankenhausaufenthalt) sind im Alter besonders gefährdend, da die dabei auftretenden Gewichtsverluste und Verluste an aktiver Zellmasse im Gegensatz zu jungen Erwachsenen sehr schwer aufgeholt werden können.

Ältere Menschen weisen oft eine geringere Nahrungsaufnahme auf und ernähren sich auch qualitativ schlechter (Probleme mit dem Kauapparat). Doch nicht nur die geringere Nahrungsaufnahme, sondern auch eine geringere Stimulierbarkeit der Muskelproteinsynthese durch Aminosäuren scheint im Alter vorzuliegen [66]. Aus diesem Grunde werden im Alter und insbesondere bei Vorliegen von Sarkopenie im Vergleich zu jungen Personen höhere Zufuhrmengen zwischen 1,0 und 1,5 g Protein pro kg Körpergewicht empfohlen [67, 68]. Diese Zufuhrmengen stehen allerdings noch in der Diskussion; es konnte aber gezeigt werden, dass eine Erhöhung des Proteinanteils an der Gesamtkalorienzufuhr von 12 auf 21% die Gesamtkörperproteinsynthese erhöht. In Bezug auf die Qualität der zugeführten Proteine hat sich tierisches Protein als günstiger erwiesen als Protein aus pflanzlichen Quellen. Darüber hinaus ist eine rasche Resorption aus dem Dünndarm günstig. Aus diesem Grund ist Molke als Proteinquelle günstiger als Kasein. Was die Aminosäurenzusammensetzung betrifft, sind es vor allem die essentiellen Aminosäuren und hier insbesondere verzweigtkettige Aminosäuren (z. B. Leucin), die die muskuläre Proteinsynthese stimulieren [69]. Studien zeigten, dass Supplementmischungen mit essentiellen Aminosäuren (6,7 g), bei einem Leucinanteil von 2,8 g, muskelaufbauend wirken können. Es ist allerdings festzuhalten, dass auch konträre Studien vorliegen, die den anabolen (muskelaufbauenden) Effekt einer langfristigen Gabe von Leucin nicht belegen konnten [70].

Die Literatur betreffend die Wirksamkeit einer Proteinsupplementierung vor und nach einem Training bei alten Menschen ist sehr widersprüchlich. So erwies sich bei einer Gruppe von alten Menschen (72 ± 2 Jahren) eine Proteinsupplementierung (20 g pro Trainingseinheit) ergänzend zu einem 12 wöchigen Krafttraining als nicht effektiv. Das Training bewirkte unabhängig von der Proteingabe einen 25–35% Anstieg des Einwiederholungsmaximums [71]. Eine Studie bei alten, gebrechlichen Menschen ergab, dass eine tägliche Gabe von 2× 15 g Protein während eines 24 Wochen andauernden Krafttrainings zu einer Zunahme der aktiven Zellmasse führt, wohingegen ebenfalls kein Unterschied im Kraftzuwachs durch die Proteingabe zu erkennen war [72]. Eine Metaanalyse, bei der die Daten von 22 randomisierten Studien verglichen wurden, ergab jedoch, dass eine Proteinzufuhr zusätzlich zum Krafttraining eine Zunahme der fettfreien Körpermasse (plus 0,69 kg) und des Einwiederholungsmaximums (plus 13,5 kg bei der Beinpresse) bewirkt [73]. Die Gabe von Kreatin (5 g) gemeinsam mit Krafttraining führte nicht zu einem zusätzlichen Kraftzuwachs bei älteren Personen [74].

Ein direkter Effekt auf den Muskelstoffwechsel wird auch Vitamin D zugeschrieben. Bei älteren Menschen ist die Vitamin-D-Bildung durch Sonneneinstrahlung in der Haut herabgesetzt. Auf Grund einer verringerten Aufnahme von Vitamin

D über die Nahrung kann somit vielfach ein Vitamin-D-Mangel festgestellt werden. Wünschenswert wäre ein Spiegel von 75 nmol/l (30 ng/ml) 25-Hydroxyvitamin D im Blut. Eine proximale Myopathie gilt als klassisches klinisches Zeichen einer schweren Vitamin-D-Unterversorgung, die neben der Beeinträchtigung des Kalziumstoffwechsels des Knochens auch zu einem erhöhten Sturzrisiko führt. So ergab die Zusammenfassung verschiedener Studien mit Vitamin-D-Supplementierung in einer Metaanalyse, dass Vitamin D die Gefahr einer Hüftfraktur um 30% verringern kann [75]. Die Interaktion von Vitamin D mit der Muskulatur erfolgt über einen hochspezifischen Vitamin-D-Rezeptor. Die Studienlage zur Erhöhung der Muskelkraft durch eine Gabe von Vitamin D bei älteren Personen ist jedoch nicht vielversprechend, da kein Einfluss auf die Handgriffkraft und nur eine minimale Verbesserung der Mobilität festgestellt werden konnte [76].

Literatur

[1] Baltes PB, Smith J (2003) New frontiers in the future of aging: from successful aging of the young old to the dilemmas of the fourth age. Gerontology 49 (2):123–135. doi:67946. 67946 [pii]

[2] United Nations DoEaSA, Population Division (2013) World Population Ageing 2013. http://www.un.org/en/development/desa/population/publications/pdf/ageing/WorldPopulationAgeing2013.pdf. Zuletzt abgerufen 29.12.2015

[3] WHO (2012) Good health adds life to years – Global brief for World Health Day 2012.

[4] Statistik Austria (2015) Österreichische Gesundheitsbefragung 2014. http://www.statistik.at/web_de/statistiken/menschen_und_gesellschaft/gesundheit/gesundheitsdeterminanten/koerperliche_aktivitaet/105605.html. Zuletzt abgerufen 23.01.2016

[5] Sun F, Norman IJ, While AE (2013) Physical activity in older people: a systematic review. BMC Public Health 13:449. doi:10.1186/1471-2458-13-449. 1471-2458-13-449 [pii]

[6] Jin K (2010) Modern Biological Theories of Aging. Aging Dis 1 (2):72–74

[7] Hasty P, Vijg J (2002) Aging. Genomic priorities in aging. Science 296 (5571):1250–1251. doi:10.1126/science.1071808

[8] Mitteldorf J (2015) An epigenetic clock controls aging. Biogerontology. doi:10.1007/s10522-015-9617-5

[9] Olovnikov AM (1996) Telomeres, telomerase, and aging: origin of the theory. Exp Gerontol 31 (4):443–448

[10] Kuszel L, Trzeciak T, Richter M, Czarny-Ratajczak M (2015) Osteoarthritis and telomere shortening. Journal of applied genetics 56 (2):169–176. doi:10.1007/s13353-014-0251-8

[11] M'Kacher R, Girinsky T, Colicchio B, Ricoul M, Dieterlen A, Jeandidier E et al. (2015) Telomere shortening: a new prognostic factor for cardiovascular disease post-radiation exposure. Radiation protection dosimetry 164 (1-2):134–137. doi:10.1093/rpd/ncu296

[12] Chen S, Lin J, Matsuguchi T, Blackburn E, Yeh F, Best LG et al. (2014) Short leukocyte telomere length predicts incidence and progression of carotid atherosclerosis in American Indians: the Strong Heart Family Study. Aging 6 (5):414–427

[13] Pereira B, Ferreira MG (2013) Sowing the seeds of cancer: telomeres and age-associated tumorigenesis. Current opinion in oncology 25 (1):93–98. doi:10.1097/CCO.0b013e32835b6358

[14] Rezzani R, Nardo L, Favero G, Peroni M, Rodella LF (2014) Thymus and aging: morphological, radiological, and functional overview. Age 36 (1):313–351. doi:10.1007/s11357-013-9564-5

[15] Jones MJ, Goodman SJ, Kobor MS (2015) DNA methylation and healthy human aging. Aging cell 14 (6):924–932. doi:10.1111/acel.12349

[16] Hwang ES, Bowen PE (2007) DNA damage, a biomarker of carcinogenesis: its measurement and modulation by diet and environment. Critical reviews in food science and nutrition 47 (1):27–50. doi:10.1080/10408390600550299

[17] Wagner KH, Reichhold S, Neubauer O (2011) Impact of endurance and ultraendurance exercise on DNA damage. Annals of the New York Academy of Sciences 1229:115–123. doi:10.1111/j.1749-6632.2011.06106.x

[18] Fenech M, Bonassi S (2011) The effect of age, gender, diet and lifestyle on DNA damage measured using micronucleus frequency in human peripheral blood lymphocytes. Mutagenesis 26 (1):43–49. doi:10.1093/mutage/geq050

[19] Franzke B, Halper B, Hofmann M, Oesen S, Peherstorfer H, Krejci K et al. (2014) The influence of age and aerobic fitness on chromosomal damage in Austrian institutionalised elderly. Mutagenesis 29 (6):441–445. doi:10.1093/mutage/geu042

[20] Varadhan R, Yao W, Matteini A, Beamer BA, Xue QL, Yang H et al. (2014) Simple biologically informed inflammatory index of two serum cytokines predicts 10 year all-cause mortality in older adults. J Gerontol A Biol Sci Med Sci 69 (2):165–173. doi:10.1093/gerona/glt023

[21] Franceschi C, Campisi J (2014) Chronic inflammation (inflammaging) and its potential contribution to age-associated diseases. J Gerontol A Biol Sci Med Sci 69 Suppl 1:S4–9. doi:10.1093/gerona/glu057

[22] Handschin C, Spiegelman BM (2008) The role of exercise and PGC1alpha in inflammation and chronic disease. Nature 454 (7203):463–469. doi:10.1038/nature07206

[23] Pedersen BK (2009) The diseasome of physical inactivity and the role of myokines in muscle-fat cross talk. The Journal of physiology 587 (Pt 23):5559–5568. doi:10.1113/jphysiol.2009.179515

[24] Santos RV, Viana VA, Boscolo RA, Marques VG, Santana MG, Lira FS et al. (2012) Moderate exercise training modulates cytokine profile and sleep in elderly people. Cytokine 60 (3):731–735. doi:10.1016/j.cyto.2012.07.028

[25] Phillips MD, Flynn MG, McFarlin BK, Stewart LK, Timmerman KL (2010) Resistance training at eight-repetition maximum reduces the inflammatory milieu in elderly women. Med Sci Sports Exerc 42 (2):314–325. doi:10.1249/MSS.0b013e3181b11ab7

[26] Powers SK, Smuder AJ, Judge AR (2012) Oxidative stress and disuse muscle atrophy: cause or consequence? Curr Opin Clin Nutr Metab Care 15 (3):240–245. doi:10.1097/MCO.0b013e328352b4c2

[27] Glover EI, Yasuda N, Tarnopolsky MA, Abadi A, Phillips SM (2010) Little change in markers of protein breakdown and oxidative stress in humans in immobilization-induced skeletal muscle atrophy. Appl Physiol Nutr Metab 35 (2):125–133. doi:10.1139/H09-137. h09-137 [pii]

[28] Kuwahara H, Horie T, Ishikawa S, Tsuda C, Kawakami S, Noda Y et al. (2010) Oxidative stress in skeletal muscle causes severe disturbance of exercise activity without muscle atrophy. Free Radic Biol Med 48 (9):1252–1262. doi:10.1016/j.freeradbiomed.2010.02.011. S0891-5849(10)00098-5 [pii]

[29] Servais S, Letexier D, Favier R, Duchamp C, Desplanches D (2007) Prevention of unloading-induced atrophy by vitamin E supplementation: links between oxidative stress and soleus muscle proteolysis? Free Radic Biol Med 42 (5):627–635. doi:S0891-5849(06)00771-4 [pii]. 10.1016/j.freeradbiomed.2006.12.001

[30] Ristow M, Zarse K, Oberbach A, Kloting N, Birringer M, Kiehntopf M et al. (2009) Antioxidants prevent health-promoting effects of physical exercise in humans. Proc Natl Acad Sci U S A 106 (21):8665–8670. doi:10.1073/pnas.0903485106. 0903485106 [pii]

[31] Peternelj TT, Coombes JS (2011) Antioxidant supplementation during exercise training: beneficial or detrimental? Sports medicine 41 (12):1043–1069. doi:10.2165/11594400-000000000-00000

[32] Dumont NA, Bentzinger CF, Sincennes MC, Rudnicki MA (2015) Satellite Cells and Skeletal Muscle Regeneration. Compr Physiol 5 (3):1027–1059. doi:10.1002/cphy.c140068

[33] Rosenberg IH (2011) Sarcopenia: origins and clinical relevance. Clin Geriatr Med 27 (3):337–339. doi:10.1016/j.cger.2011.03.003

[34] Janssen I (2010) Evolution of sarcopenia research. Appl Physiol Nutr Metab 35 (5):707–712. doi:10.1139/H10-067

[35] Morley JE (2008) Sarcopenia: diagnosis and treatment. J Nutr Health Aging 12 (7):452–456

[36] Morley JE (2012) Sarcopenia in the elderly. Fam Pract 29 Suppl 1:i44–i48. doi:10.1093/fampra/cmr063

[37] Narici MV, Maffulli N (2010) Sarcopenia: characteristics, mechanisms and functional significance. Br Med Bull 95:139–159. doi:10.1093/bmb/ldq008

[38] Pagotto V, Silveira EA (2014) Methods, diagnostic criteria, cutoff points, and prevalence of sarcopenia among older people. ScientificWorldJournal 2014:231312. doi:10.1155/2014/231312

[39] Goodpaster BH, Park SW, Harris TB, Kritchevsky SB, Nevitt M, Schwartz AV et al. (2006) The loss of skeletal muscle strength, mass, and quality in older adults: the health, aging and body composition study. J Gerontol A Biol Sci Med Sci 61 (10):1059–1064

[40] Kalinkovich A, Livshits G (2015) Sarcopenia – The search for emerging biomarkers. Ageing Res Rev 22:58–71. doi:10.1016/j.arr.2015.05.001

[41] Buford TW, Anton SD, Judge AR, Marzetti E, Wohlgemuth SE, Carter CS et al. (2010) Models of accelerated sarcopenia: critical pieces for solving the puzzle of age-related muscle atrophy. Ageing Res Rev 9 (4):369–383. doi:10.1016/j.arr.2010.04.004

[42] Scharf G, Heineke J (2012) Finding good biomarkers for sarcopenia. J Cachexia Sarcopenia Muscle 3 (3):145–148. doi:10.1007/s13539-012-0081-7

[43] Eibich P, Buchmann N, Kroh M, Wagner GG, Steinhagen-Thiessen E, Demuth I, Norman K (2015) Exercise at Different Ages and Appendicular Lean Mass and Strength in Later Life: Results From the Berlin Aging Study II. J Gerontol A Biol Sci Med Sci. doi:10.1093/gerona/glv171

[44] Blau HM, Cosgrove BD, Ho AT (2015) The central role of muscle stem cells in regenerative failure with aging. Nat Med 21 (8):854–862. doi:10.1038/nm.3918

[45] Carlson ME, Suetta C, Conboy MJ, Aagaard P, Mackey A, Kjaer M, Conboy I (2009) Molecular aging and rejuvenation of human muscle stem cells. EMBO Mol Med 1 (8–9):381–391. doi:10.1002/emmm.200900045

[46] Vettor R, Milan G, Franzin C, Sanna M, De Coppi P, Rizzuto R, Federspil G (2009) The origin of intermuscular adipose tissue and its pathophysiological implications. Am J Physiol Endocrinol Metab 297 (5):E987–998. doi:10.1152/ajpendo.00229.2009

[47] Bowen TS, Schuler G, Adams V (2015) Skeletal muscle wasting in cachexia and sarcopenia: molecular pathophysiology and impact of exercise training. J Cachexia Sarcopenia Muscle 6 (3):197–207. doi:10.1002/jcsm.12043

[48] Schiaffino S, Dyar KA, Ciciliot S, Blaauw B, Sandri M (2013) Mechanisms regulating skeletal muscle growth and atrophy. FEBS J 280 (17):4294–4314. doi:10.1111/febs.12253

[49] Bentzinger CF, von Maltzahn J, Rudnicki MA (2010) Extrinsic regulation of satellite cell specification. Stem Cell Res Ther 1 (3):27. doi:10.1186/scrt27

[50] Han HQ, Zhou X, Mitch WE, Goldberg AL (2013) Myostatin/activin pathway antagonism: molecular basis and therapeutic potential. Int J Biochem Cell Biol 45 (10):2333–2347. doi:10.1016/j.biocel.2013.05.019

[51] Attie KM, Borgstein NG, Yang Y, Condon CH, Wilson DM, Pearsall AE et al. (2013) A single ascending-dose study of muscle regulator ACE-031 in healthy volunteers. Muscle Nerve 47 (3):416–423. doi:10.1002/mus.23539

[52] Pratesi A, Tarantini F, Di Bari M (2013) Skeletal muscle: an endocrine organ. Clin Cases Miner Bone Metab 10 (1):11–14. doi:10.11138/ccmbm/2013.10.1.011

[53] Pedersen BK (2013) Muscle as a secretory organ. Compr Physiol 3 (3):1337–1362. doi:10.1002/cphy.c120033

[54] Pedersen L, Hojman P (2012) Muscle-to-organ cross talk mediated by myokines. Adipocyte 1 (3):164–167. doi:10.4161/adip.20344

[55] American College of Sports M, Chodzko-Zajko WJ, Proctor DN, Fiatarone Singh MA, Minson CT, Nigg CR et al. (2009) American College of Sports Medicine position stand. Exercise and physical activity for older adults. Med Sci Sports Exerc 41 (7):1510–1530. doi:10.1249/MSS.0b013e3181a0c95c

[56] Reiner M, Niermann C, Jekauc D, Woll A (2013) Long-term health benefits of physical activity – a systematic review of longitudinal studies. BMC Public Health 13:813. doi:10.1186/1471-2458-13-813

[57] Lee DC, Pate RR, Lavie CJ, Sui X, Church TS, Blair SN (2014) Leisure-time running reduces all-cause and cardiovascular mortality risk. J Am Coll Cardiol 64 (5):472–481. doi:10.1016/j.jacc.2014.04.058

[58] Garber CE, Blissmer B, Deschenes MR, Franklin BA, Lamonte MJ, Lee IM et al. (2011) American College of Sports Medicine position stand. Quantity and quality of exercise for developing and maintaining cardiorespiratory, musculoskeletal, and neuromotor fitness in apparently healthy adults: guidance for prescribing exercise. Med Sci Sports Exerc 43 (7):1334–1359. doi:10.1249/MSS.0b013e318213fefb

[59] Williams MA, Stewart KJ (2009) Impact of strength and resistance training on cardiovascular disease risk factors and outcomes in older adults. Clin Geriatr Med 25 (4):703–714 doi:10.1016/j.cger.2009.07.003

[60] Grimby G (1986) Physical activity and muscle training in the elderly. Acta Med Scand Suppl 711:233–237

[61] Churchward-Venne TA, Tieland M, Verdijk LB, Leenders M, Dirks ML, de Groot LC, van Loon LJ (2015) There Are No Nonresponders to Resistance-Type Exercise Training in Older Men and Women. J Am Med Dir Assoc 16 (5): 400–411. doi:10.1016/j.jamda.2015.01.071

[62] Mechling H (2005) Physical activity, sport and successful aging. Bundesgesundheitsblatt Gesundheitsforschung Gesundheitsschutz 48 (8):899–905. doi:10.1007/s00103-005-1105-7

[63] Nelson ME, Rejeski WJ, Blair SN, Duncan PW, Judge JO, King AC et al. (2007) Physical activity and public health in older adults: recommendation from the American College of Sports Medicine and the American Heart Association. Circulation 116 (9):1094–1105. doi:10.1161/CIRCULATIONAHA.107.185650

[64] Perez-Schindler J, Hamilton DL, Moore DR, Baar K, Philp A (2015) Nutritional strategies to support concurrent training. Eur J Sport Sci 15 (1):41–52. doi:10.1080/17461391.2014.950345

[65] Mazzeo RS, Tanaka H (2001) Exercise prescription for the elderly: current recommendations. Sports medicine 31 (11):809–818

[66] Cuthbertson D, Smith K, Babraj J, Leese G, Waddell T, Atherton P et al. (2005) Anabolic signaling deficits underlie amino acid resistance of wasting, aging muscle. FASEB J 19 (3):422–424. doi:04-2640fje [pii]. 10.1096/fj.04-2640fje

[67] Morley JE, Argiles JM, Evans WJ, Bhasin S, Cella D, Deutz NE et al. (2010) Nutritional recommendations for the management of sarcopenia. J Am Med Dir Assoc 11 (6):391–396. doi:10.1016/j.jamda.2010.04.014. S1525-8610(10)00148-9 [pii]

[68] Phillips BE, Hill DS, Atherton PJ (2012) Regulation of muscle protein synthesis in humans. Curr Opin Clin Nutr Metab Care 15 (1):58–63. doi:10.1097/MCO.0b013e32834d19bc

[69] Rieu I, Balage M, Sornet C, Debras E, Ripes S, Rochon-Bonhomme C et al. (2007) Increased availability of leucine with leucine-rich whey proteins improves postprandial muscle protein synthesis in aging rats. Nutrition 23 (4):323–331. doi:S0899-9007(07)00007-X [pii]. 10.1016/j.nut.2006.12.013

[70] Verhoeven S, Vanschoonbeek K, Verdijk LB, Koopman R, Wodzig WK, Dendale P, van Loon LJ (2009) Long-term leucine supplementation does not increase muscle mass or strength in healthy elderly men. Am J Clin Nutr 89 (5):1468–1475. doi:10.3945/ajcn.2008.26668. ajcn.2008.26668 [pii]

[71] Verdijk LB, Jonkers RA, Gleeson BG, Beelen M, Meijer K, Savelberg HH et al. (2009) Protein supplementation before and after exercise does not further augment skeletal muscle hypertrophy after resistance training in elderly men. Am J Clin Nutr 89 (2):608–616. doi:10.3945/ajcn.2008.26626. ajcn.2008.26626 [pii]

[72] Tieland M, Dirks ML, van der Zwaluw N, Verdijk LB, van de Rest O, de Groot LC, Loon van LJ (2012) Protein supplementation increases muscle mass gain during prolonged resistance-type exercise training in frail elderly people: a randomized, double-blind, placebo-controlled trial. J Am Med Dir Assoc 13 (8):713–719. doi:10.1016/j.jamda.2012.05.020. S1525-8610(12)00178-8 [pii]

[73] Cermak NM, Res PT, de Groot LC, Saris WH, van Loon LJ (2012) Protein supplementation augments the adaptive response of skeletal muscle to resistance-type exercise training: a meta-analysis. Am J Clin Nutr 96 (6):1454–1464. doi:10.3945/ajcn.112.037556. ajcn.112.037556 [pii]

[74] Bemben MG, Witten MS, Carter JM, Eliot KA, Knehans AW, Bemben DA (2010) The effects of supplementation with creatine and protein on muscle strength following a traditional resistance training program in middle-aged and older men. J Nutr Health Aging 14 (2):155–159

[75] Bischoff-Ferrari HA, Willett WC, Orav EJ, Lips P, Meunier PJ, Lyons RA et al. (2012) A pooled analysis of vitamin D dose requirements for fracture prevention. N Engl J Med 367 (1):40–49. doi:10.1056/NEJMoa1109617

[76] Rosendahl-Riise H, Spielau U, Ranhoff AH, Gudbrandsen OA, Dierkes J (2017) Vitamin D supplementation and its influence on muscle strength and mobility in community-dwelling older persons: a systematic review and meta-analysis. J Hum Nutr Diet 30 (1):3–15. doi: 10.1111/jhn.12394

Körperliche Aktivität in der Prävention und Rehabilitation von onkologischen Erkrankungen

Eva-Maria Strasser, Michael Quittan

15.1 Einleitung – 374

15.2 Körperliche Aktivität in der Tumorprävention – 374

15.3 Molekularbiologische Mechanismen der Tumorprävention durch körperliche Aktivität – 376

15.3.1 Einfluss auf körpereigene Abwehrmechanismen – 376

15.3.2 Einfluss auf Stoffwechselprozesse – 378

15.3.3 Einfluss auf das Immunsystem – 380

15.4 Körperliche Aktivität in der onkologischen Rehabilitation – 380

15.5 Tumorkachexie – 382

15.5.1 Molekularbiologische Mechanismen der Tumorkachexie – 382

15.5.2 Einfluss von körperlicher Aktivität auf die Tumorkachexie – 385

Literatur – 385

N. Bachl, H. Löllgen, H. Tschan, H. Wackerhage, B. Wessner (Hrsg.),
Molekulare Sport- und Leistungsphysiologie,
https://doi.org/10.1007/978-3-7091-1591-6_15

In zahlreichen epidemiologischen Studien wurde nachgewiesen, dass körperliche Aktivität einen präventiven Einfluss auf die Entstehung von verschiedenen Tumoren hat. Körperliche Aktivität scheint durch die Beeinflussung von unterschiedlichen Stoffwechselwegen das Risiko einer Tumorentstehung zu reduzieren. Im ersten Teil dieses Kapitels wird gezeigt, bei welchen Tumoren ein präventiver Einfluss durch körperliche Aktivität berichtet wurde und welche molekularbiologischen Mechanismen hierbei eine Rolle spielen. Insgesamt hat sich gezeigt, dass moderate bis intensive körperliche Aktivität einen durchweg positiven Effekt auf die Tumorprävention hat. Ein weiterer wichtiger Faktor ist die Regelmäßigkeit, mit der körperliche Aktivität durchgeführt wird. In verschiedenen Studien wurde gezeigt, dass es nur bei wiederholter körperlicher Aktivität zu anti-oxidativen, anti-inflammatorischen und anti-proliferativen Anpassungsreaktionen des Körpers kommt, die schlussendlich einer Tumorentstehung entgegenwirken.

Auch während bzw. nach einer Tumorerkrankung ist körperliche Aktivität wichtig. Studien haben gezeigt, dass durch körperliche Aktivität Folgeerkrankungen reduziert und die aerobe Kapazität sowie die Muskelkraft gesteigert werden. Insgesamt kommt es zu einer Steigerung der Lebensqualität und einer Verbesserung der Prognose der Erkrankung. Im zweiten Teil dieses Kapitels wird daher ein Überblick über die internationalen Richtlinien zur Durchführung von körperlicher Aktivität während bzw. nach einer onkologischen Erkrankung gegeben. Danach wird auf einen wesentlichen limitierenden Faktor für das Ausüben von körperlicher Aktivität nach onkologischen Erkrankungen genauer eingegangen: die Tumorkachexie. Sie ist ein multifaktoriell verursachtes Syndrom, das durch den Verlust an Muskelmasse mit oder ohne Verlust an Fettmasse charakterisiert ist. Es werden die bisher untersuchten molekularbiologischen Mechanismen, die bei diesem Syndrom eine ursächliche Rolle spielen, und die Wirkung von körperlicher Aktivität auf diese Prozesse diskutiert.

15.1 Einleitung

Onkologische Erkrankungen führen, durch die sich ständig verbessernden therapeutischen Möglichkeiten, nur noch selten rasch zum Tod, sondern werden immer häufiger zu „chronischen Erkrankungen". Dadurch ergeben sich für die Patienten neue medizinische Probleme und Schwierigkeiten im alltäglichen Leben. Die wesentlichen Ziele während der gesamten Phase einer onkologischen Erkrankung sind die Erhaltung der Lebensqualität, die Reduktion von sekundären Erkrankungen oder eines Tumorrezidivs und die Verlängerung der Lebenszeit. Es hat sich herausgestellt, dass körperliche Aktivität einen großen Beitrag zur Erreichung bzw. Verbesserung dieser Ziele leisten kann. Dies hat in den letzten Jahren zu einer deutlichen Zunahme an Studien geführt, die sich mit der Wirkung von körperlicher Aktivität vor, während oder nach einer onkologischen Erkrankung beschäftigen. Courneya und Friedenreich haben ein „Physical activity and Cancer Control"-Zeitgerüst aufgestellt und sechs Stadien für onkologische Erkrankungen etabliert. Der Grund dafür ist, dass Patienten in den unterschiedlichen Stadien der Erkrankung unterschiedliche Möglichkeiten bzw. Schwierigkeiten haben, körperliche Aktivität zu betreiben [1]. Leider ist bisher noch nicht für alle Stadien ausreichend Literatur vorhanden, um Schlussfolgerungen bezüglich der Wirkung, der Dauer und des Ausmaßes von körperlicher Aktivität zu treffen. Daher erfolgt in diesem Kapitel die Gegenüberstellung der Wirkung von körperlicher Aktivität vor einer Tumorerkrankung, im Sinne der Prävention, und nach der Tumordiagnosestellung, da für diese beiden Phasen ausreichend Literatur vorhanden ist.

15.2 Körperliche Aktivität in der Tumorprävention

Körperliche Aktivität bzw. „physical activity" ist jede Bewegung des Körpers, die durch muskuläre Aktivität verursacht wird und die zu einer Steigerung des Energieverbrauchs führt [2]. Dazu gehören alle muskulären Aktivitäten, sowohl berufsbezogene als auch freizeitbezogene Aktivitäten. Die drei Hauptkomponenten der körperlichen Aktivität sind die Dauer, die Frequenz und die Intensität. Mit der Intensität ist der Energieverbrauch gemeint und als Maß wird das metabolische Äquivalent (MET) herangezogen. Bei einem Erwachsenen entspricht 1 MET im Durchschnitt einem Verbrauch von 3,5 ml Sauerstoff pro Kilogramm Körpergewicht pro Minute. Die

Intensität der körperlichen Aktivität wird in leicht (< 3 MET), moderat (3–5,9 MET) und hoch (≥ 6 MET) eingeteilt. „Exercise“ bzw. Training oder Sport wird gerne fälschlicherweise mit körperlicher Aktivität gleichgesetzt. Im Unterschied zur körperlichen Aktivität ist „Exercise“ zwar auch eine muskuläre Aktivität, die zu einer Steigerung des Energieverbrauchs führt, allerdings wird diese Aktivität geplant, strukturiert und repetitiv durchgeführt mit dem Ziel, die körperliche Fitness zu verbessern bzw. einen Wettkampf zu bestreiten. Während mit körperlicher Aktivität alle Aktivitäten im Leben gemeint sind, bezieht sich Exercise nur auf eine einzelne Untergruppe der körperlichen Aktivität.

Im folgenden Kapitel werden epidemiologische Studien vorgestellt, die die Wirkung der gesamten körperlichen Aktivitäten des täglichen Lebens auf eine Tumorentstehung untersuchen und die Basis liefern für die Tatsache, dass körperliche Aktivität einen positiven Einfluss auf das Risiko einer Tumorentstehung hat.

Prävention von verschiedenen Tumoren durch körperliche Aktivität

Der präventive Einfluss von körperlicher Aktivität auf die Entwicklung eines Tumors ist für die einzelnen Tumorerkrankungen sehr unterschiedlich zu bewerten. Es besteht bereits eine gute Evidenzlage für die primäre Tumorprävention eines Kolonkarzinoms durch körperliche Aktivität. Ebenso gibt es überzeugende Daten, dass körperliche Aktivität das Risiko für die Entwicklung eines Mamma- bzw. eines Endometriumkarzinoms reduziert. Im Folgenden werden die momentane Studienlage und die Risikoreduktion der einzelnen Tumore durch körperliche Aktivität dargestellt.

Tumorarten, deren Entwicklung sehr wahrscheinlich durch körperliche Aktivität beeinflusst werden können, sind Kolon-, Mamma- und Endometriumkarzinome. In Bezug auf die Entstehung eines **Kolonkarzinoms** schätzen Reviews die Risikoreduktion durch körperliche Aktivität bei Männern und Frauen mit 20–25% ein [3, 4, 5]. Des Weiteren besteht ein Dosis/Wirkungseffekt, wobei intensivere körperliche Aktivität eine höhere Risikoreduktion bewirkt [6]. Obwohl es zahlreiche unklare Einflussfaktoren wie Ernährung, Rasse/Ethnizität oder die genaue Lokalisation bzw. histologische Einteilung des Tumors gibt, scheint der positive Einfluss von körperlicher Aktivität unabhängig vom Body Mass Index (BMI) der Patienten zu sein. In den Guidelines der American Cancer Society wurde zusammenfassend festgestellt, dass durch 30–60 Minuten moderate bis intensive körperliche Aktivität pro Tag das Risiko, an einem Kolonkarzinom zu erkranken, signifikant reduziert werden kann [7].

Bei **Mammakarzinomen** wird eine ähnliche Risikoreduktion von 25% durch körperliche Aktivität angenommen [8, 9, 10]. Wiederum wurde eine Dosis/Wirkungsbeziehung festgestellt, wobei durch intensive körperliche Aktivität eine höhere Risikoreduktion zu erwarten ist. Insbesondere profitieren Frauen nach der Menopause, mit einem niedrigen BMI, nicht kaukasischer Herkunft und ohne positive Familienanamnese von körperlicher Aktivität. Der Einfluss des Hormonrezeptorstatus des Tumors auf die Tumorprävention ist bisher noch nicht geklärt. Insgesamt wird davon ausgegangen, dass 4–7 Stunden moderate bis intensive körperliche Aktivität pro Woche das Risiko, an einem Mammakarzinom zu erkranken, signifikant reduzieren.

Das Risiko, an einem **Endometriumkarzinom** zu erkranken, kann ebenfalls durch körperliche Aktivität um 20–30% reduziert werden. In mehreren Studien wurde eine Dosis/Wirkungsbeziehung bereits gefunden, insgesamt fehlen allerdings noch Daten in Bezug auf Einflussfaktoren wie Rasse, Hormonstatus oder BMI. Zusammenfassend scheint eine Stunde moderate körperliche Aktivität pro Tag einen positiven Einfluss auf die Verhinderung von Endometriumkarzinomen zu haben [11, 12].

Einige Studien haben gezeigt, dass das Risiko, an einem **Bronchuskarzinom** zu erkranken, durch körperliche Aktivität um 20–40% reduziert werden kann. Allerdings scheint bei der Entwicklung eines Bronchuskarzinoms das Rauchen der stärkste Einflussfaktor zu sein, da eine Risikoreduktion durch körperliche Aktivität nur bei Rauchern festgestellt werden konnte. Der positive Einfluss war bei männlichen Rauchern stärker als bei weiblichen, aber unabhängig von der histologischen Einteilung des Tumors. Weitere Daten bezüglich anderer Einflussfaktoren wie BMI, Alter, Rasse etc. liegen noch nicht vor [13, 14, 15, 16].

Ein präventiver Einfluss von körperlicher Aktivität bei der Entstehung eines **Prostatakarzinoms**, insbesondere von sehr aggressiven Tumorsubtypen, wird derzeit vermutet, ist aber noch nicht sicher bewiesen. Mit einer Risikoreduktion von 10–20% wird der Benefit von körperlicher Aktivität geringer eingeschätzt als bei anderen Tumoren. Insgesamt scheint intensive körperlicher Aktivität einen größeren Einfluss zu haben und nicht Afroamerikaner scheinen in einem höheren Ausmaß zu profitieren [17, 18].

Für die Risikoreduktion von **Ovarialkarzinomen** liegen ebenfalls noch keine konsistenten Daten vor, obwohl Olsen et al. von einer geschätzten Risikoreduktion von 20% ausgehen [19]. Für einen präventiven Einfluss von körperlicher Aktivität spricht die Tatsache, dass eine sitzende Tätigkeit von mehr als 5–6 Stunden pro Tag das Risiko, an einem Ovarialkarzinom zu erkranken, signifikant erhöht [20, 21]. Leider liegen noch zu wenige Daten vor, um über die notwenige Intensität der körperlichen Aktivität eine Empfehlung abgeben zu können. Ebenso können noch keine Aussagen bezüglich eines Einflusses von BMI, Hormonstatus, Rasse, Familienanamnese oder histologischer Tumoreinteilung getroffen werden.

Bisher wurde kein präventiver Einfluss von körperlicher Aktivität auf die Entstehung eines Hodgkin Tumors oder eines multiplen Myeloms gefunden. Ebenso konnte die Entstehung eines Cervixkarzinoms durch körperliche Aktivität nicht sicher beeinflusst werden [22, 23]. Im Gegensatz zum Kolonkarzinom besteht mit hoher Wahrscheinlichkeit kein präventiver Effekt bezüglich der Vermeidung eines Rektumkarzinoms durch körperliche Aktivität [24, 4]. Für den Einfluss auf die Entstehung von Ösophagus-, Magen-, Pankreas-, Nieren-, Blasen- und Hodenkarzinomen liegen bisher noch zu wenige Daten vor, um eine klare Aussage zu treffen [25].

15

15.3 Molekularbiologische Mechanismen der Tumorprävention durch körperliche Aktivität

Obwohl bis heute weder der genaue Mechanismus der Tumorentstehung noch derjenige der Tumorprävention durch körperliche Aktivität bekannt ist, gibt es zahlreiche interessante Ansätze. In neueren Arbeiten wird davon ausgegangen, dass die Tumorentstehung kein linearer Prozess ist, sondern durch multiple Veränderungen in Genen, die für Zellwachstum, Zelltod und andere maligne Eigenschaften verantwortlich sind, verursacht wird. Diese Veränderungen können durch endogene und exogene Faktoren gefördert werden und führen schließlich zu einer Selektion von Zellen mit malignen Eigenschaften. Während der Tumorpromotion kommt es durch weitere Veränderungen in der Expression von Genen, die Proliferation, Apoptose und Entzündungsprozesse regulieren, zu einer Vermehrung dieser bereits geschädigten Zellen. Im Rahmen der Tumorprogression verselbständigt sich der Prozess der selektiven Vermehrung von veränderten Zellen. Es kommt zu einer selbständigen und unkontrollierten Proliferation dieser Zellen und schließlich zum Wachstum von Tumormassen.

Eine wichtige Tatsache, die bei allen beschriebenen Mechanismen der Tumorprävention durch körperliche Aktivität zu beachten ist, ist die Regelmäßigkeit. Da die Tumorentstehung ein Prozess ist, der sich über Monate bis Jahre erstreckt, ist es wahrscheinlich, dass dieser Prozess nicht durch kurzfristige oder einmalige Ereignisse verhindert werden kann. Erst durch regelmäßige körperliche Aktivität kann es zu Anpassungsmechanismen des Körpers und damit zu verbesserten Abwehrmechanismen gegenüber einer Tumorentstehung kommen.

Im Folgenden werden die möglichen Mechanismen der Beeinflussung einer Tumorentstehung durch körperliche Aktivität diskutiert (◘ Abb. 15.1).

15.3.1 Einfluss auf körpereigene Abwehrmechanismen

Der menschliche Körper ist ständig einer Reihe von potenziellen, endogenen oder exogenen Kanzerogenen ausgesetzt, die DNA-Schäden verursachen und damit eine Tumorinitiierung starten können. Um diesen Schäden entgegenzuwirken, verfügt der Körper über zahlreiche **Abwehr- bzw. Reparaturmechanismen**. Einerseits können Enzyme potenzielle Kanzerogene eliminieren oder ihre Bindung an DNA verhindern, andererseits verfügen gesunde Zellen über Mechanismen, um DNA-Schäden zu erkennen und zu reparieren. Erste tierexperimentelle Untersuchungen haben bereits gezeigt, dass Ausdauertraining die Expression dieser Enzyme erhöht [26, 27]. Auch in einer klinischen Studie konnte gezeigt werden, dass Enzyme, die DNA-Schäden reparieren, durch moderates Ausdauertraining signifikant gesteigert werden [28].

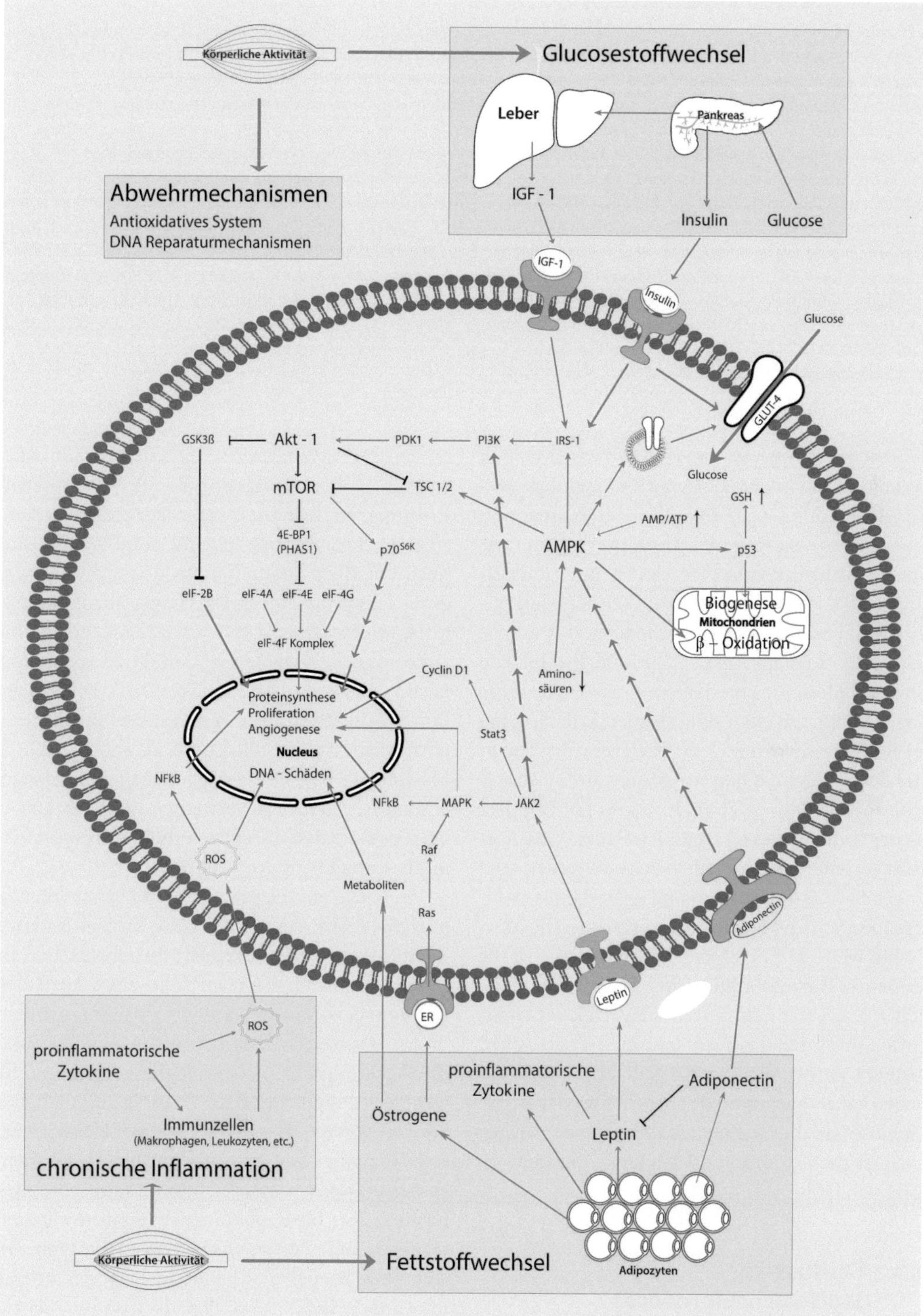

Abb. 15.1 Mechanismen der Tumorprävention durch körperliche Aktivität. Körperliche Aktivität beeinflusst zahlreiche Stoffwechselvorgänge und kann dadurch einer Tumorentstehung entgegenwirken. Ein Überangebot an Glukose, Insulin und IGF-1 fördert über die Aktivierung des Akt-1/m-TOR-Signaltransduktionsweges die Proteinsynthese und damit die Zellproliferation ebenso wie die Angiogenese. Eine Vermehrung des Fettgewebes bei Übergewicht führt einerseits zu

einer vermehrten Produktion von Östrogenen, die intrazellulär zu Metaboliten umgewandelt werden. Diese können DNA-Schäden verursachen und damit zu einer Tumorinitiierung beitragen. Andererseits führt eine Vermehrung des Fettgewebes zu einem Ungleichgewicht von Leptin und Adiponectin zu Gunsten von Leptin. Dieses fördert über verschiedene Signaltransduktionswege die Proteinsynthese und die Zellproliferation. Sein Gegenspieler Adiponectin, das sowohl über die Aktivierung der AMPK als auch über die direkte Hemmung von Leptin einen negativen Einfluss auf die Proteinsynthese und die Zellproliferation hat, ist bei adipöser Stoffwechsellage reduziert. Chronische Entzündungsreaktionen führen zu einer vermehrten Produktion von pro-inflammatorischen Zytokinen, die wiederum über eine erhöhte ROS-Produktion DNA-Schäden verursachen oder die Zellproliferation fördern können (Abkürzungen: Akt-1 = Proteinkinase B; AMPK = AMP-aktivierte Proteinkinase; eIF-4A = Eukaryotic Translation Initiation Factor-4A; eIF-2B = Eukaryotic Translation Initiation Factor-2B; eIF-4E = Eukaryotic Translation Initiation Factor-4E; eIF-4F = Eukaryotic Translation Initiation Factor-4F; eIF-4G = Eukaryotic Translation Initiation Factor-4G; 4E-BP1 = eIF 4E-Binding Protein; ER = Östrogenrezeptor; JAK = Janus Kinase; GLUT-4 = Glukosetransporter Typ 4; GSH = Glutathion; GSK3ß = Glykogen Synthase Kinase-3beta; IRS-1 = Insulin Receptor Substrate-1; MAPK = Mitogen-aktivierte Proteinkinase; mTOR = mammalian Target of Rapamycin; NFκB = Nuclear Factor kappa B; PI3K = Phosphatidylinositol 3 kinase; p70S6K = S6 Kinase p70; ROS = Reactive Oxygen Species; STAT3 = Signal Transducer and Activator of Transcription 3; TSC1/2 = Tuberous Sclerosis Complex 1/2).

Reactive Oxygen Species (ROS), die im Rahmen physiologischer Zellprozesse, bei Entzündungsreaktionen oder durch Umwelteinflüsse entstehen, sind weitere potenzielle Faktoren, die DNA, Proteine oder Lipide schädigen können. Sie werden durch das ausgereifte **anti-oxidative System** des Körpers abgefangen. Es ist bekannt, dass eine einmalige körperliche Belastung zu einem Anstieg der ROS-Produktion führt. Wiederholtes moderates Ausdauertraining hingegen führt zu einer signifikanten Erniedrigung der ROS-Produktion. Ursächlich hierfür scheint eine durch regelmäßiges Ausdauertraining gesteigerte anti-oxidative Kapazität zu sein [29, 30]. Der Körper ist durch dieses verbesserte Redox-Gleichgewicht gegenüber einer vermehrten endogenen oder exogenen ROS-Produktion und einer daraus resultierenden Schädigung der DNA besser geschützt.

Ein weiterer präventiver Mechanismus ist die vermehrte Darmmotilität durch körperliche Aktivität, die zu einer reduzierten Transitzeit der Nährstoffe durch den gastrointestinalen Trakt führt. Dadurch werden die über die Nahrung aufgenommenen kanzerogenen Stoffe schneller wieder ausgeschieden und die Kontaktzeit zwischen der Magen bzw. Darmschleimhaut und den Kanzerogenen verkürzt sich [31].

15.3.2 Einfluss auf Stoffwechselprozesse

Übergewicht und Adipositas sind das Resultat eines Ungleichgewichtes im Energiehaushalt und mit einem erhöhten Risiko für verschiedene Tumore assoziiert. Als zugrunde liegende Mechanismen werden Veränderungen in der Produktion und Wirkung von Insulin, Insulin-like growth factor 1 (IGF-1), Sexualhormonen und Adipokinen diskutiert. Vor allem das abdominelle Fettgewebe kann große Mengen an freien Fettsäuren, pro-inflammatorischen Zytokinen, Leptin und Östrogenen produzieren und gleichzeitig die Produktion von Adiponectin reduzieren. Diese Stoffwechselveränderungen führen schließlich zu einer peripheren Insulinresistenz, einer Hyperinsulinämie und erhöhten IGF-1-Blutspiegeln. Sowohl eine Hyperinsulinämie als auch erhöhte IGF-1-Blutspiegel werden durch ihre anabolen Eigenschaften mit einem erhöhten Tumorrisiko in Zusammenhang gebracht [32].

In Bezug auf die präventive Wirkung von körperlicher Aktivität ist bekannt, dass es zu einer Beeinflussung des **Glukosestoffwechsels** kommt. Ein akuter Trainingsreiz im Sinne eines Ausdauertrainings bewirkt eine vermehrte Insulinsensitivität und eine gesteigerte Aufnahme von Glukose durch die Skelettmuskulatur. Obwohl dieser Effekt nur für wenige Stunden nach dem Training anhält, haben Studien gezeigt, dass durch regelmäßiges Ausdauertraining die Insulinsensitivität auch längerfristig verbessert werden kann [33]. Somit kann Ausdauertraining über die Reduktion der Hyperinsulinämie zu einem reduzierten Tumorrisiko beitragen. Die Datenlage bezüglich der Effektivität von Krafttraining auf die Insulinsensitivität ist dagegen nicht so einheitlich. Einerseits wurde gezeigt, dass ein einzelner Krafttrainingsreiz bei älteren Patienten sogar zu einem signifikanten Anstieg der Insulinspiegel im Blut führt. Dieser Effekt war bei übergewichtigen

Patienten signifikant stärker ausgeprägt als bei gleich alten normalgewichtigen Patienten [34]. Andererseits kann eine endgültige Aussage bezüglich des Langzeiteffekts von Krafttraining auf die Hyperinsulinämie noch nicht getroffen werden, da es hierzu noch keine Studien gibt.

Hyperinsulinämie führt jedenfalls über eine vermehrte **IGF-1**-Produktion in der Leber und über eine Reduktion des IGF-1-Binding-Proteins zu einer Erhöhung des frei verfügbaren IGF-1 im Blut [35]. Aus epidemiologischen Studien weiß man, dass erhöhte IGF-1-Spiegel mit einem erhöhten Tumorrisiko und einer schlechteren Prognose assoziiert sind. In Bezug auf die Beeinflussung des IGF-1-Spiegels gibt es bisher weder für Ausdauertraining noch für progressives Krafttraining einen Konsens in der Literatur. Einige Studien haben gezeigt, dass Ausdauertraining mit einem erhöhten IGF-1-Blutspiegel assoziiert war, während andere das Gegenteil berichten [36, 37]. Die Wirkung eines einmaligen Krafttrainingsreizes wird ebenfalls kontrovers diskutiert. Während einige Arbeitsgruppen keine Veränderungen der IGF-1-Serumspiegel kurz nach einem Krafttraining fanden [38, 39], gehen andere Arbeitsgruppen davon aus, dass es zeitversetzt nach 16–28 h zu einem Anstieg der IGF-1-Spiegel kommt [40, 41]. Bei den Langzeiteffekten scheint es so, dass Krafttraining eher zu einer Erhöhung des IGF-1-Serumspiegels führt [42, 43].

In mehreren Publikationen wird der Zusammenhang zwischen Sexualhormonen und einer Tumorentstehung bei Frauen diskutiert. So wurde gezeigt, dass postmenopausal erhöhte Östrogen- und Androgenspiegel zu einem erhöhten Mamma- bzw. Endometriumkarzinomrisiko führen [44]. Östrogene können intrazellulär zu mutagenen Metaboliten umgewandelt werden und durch eine DNA-Schädigung eine Tumorentstehung begünstigen [45]. Bezüglich des Einflusses von körperlicher Aktivität auf den Hormonstatus von prämenopausalen Frauen gibt es bisher nur wenige Studien, die keine messbaren Veränderungen im Hormonstatus durch körperliche Aktivität feststellen konnten. Andererseits hat sich bei postmenopausalen Frauen gezeigt, dass körperliche Aktivität die Blutspiegel von Östrogenen und Androgenen reduziert [46, 47]. Da bei postmenopausalen Frauen Östrogen hauptsächlich durch eine Umwandlung von Androgenvorstufen im Fettgewebe produziert wird, besteht ein starker Zusammenhang zum Körpergewicht. Eine Reduktion des Fettgewebes durch vermehrte körperliche Aktivität beeinflusst daher den Hormonstatus von postmenopausalen Frauen und wirkt präventiv auf eine Tumorentstehung.

Die Adipozyten produzieren Adipokine deren wichtigste Vertreter das **Leptin** und das **Adiponectin** sind. Erhöhte Leptinspiegel finden sich besonders bei adipösen Menschen und sind mit einem erhöhten Tumorrisiko assoziiert [48, 49]. Es wird vermutet, dass Leptin den Prozess einer chronischen Entzündungsreaktion über die Stimulation von pro-inflammatorischen Zytokinen unterhält und einen Einfluss auf die Produktion von IGF-1 hat. Des Weiteren erhöht Leptin *in vitro* die Expression des Vascular Endothelial Growth Factors (VEGF) in Tumorzellen, wodurch die Angiogenese gesteigert wird [50]. Da es auch Studien gibt, die keinen Zusammenhang zwischen dem Leptinspiegel und einem erhöhten Tumorrisiko für Mammakarzinome gefunden haben [51, 52], wird in rezenten Arbeiten diskutiert, dass nicht die absoluten Leptinspiegel im Plasma eine Rolle spielen, sondern das Verhältnis von Leptin zu Adiponectin [53]. Dem Adiponectin werden anti-inflammatorische und anti-angiogenetische Eigenschaften zugeschrieben und im Gegensatz zu Leptin sind die Adiponectinspiegel bei adipösen Patienten erniedrigt. Diese erniedrigten Adiponectinspiegel korrelieren mit einem erhöhten Tumorrisiko [54, 55]. Eine rezente Studie konnte nun zeigen, dass langfristiges Ausdauertraining zu einer Reduktion der Leptinspiegel und einem Anstieg der Adiponectinspiegel bei postmenopausalen Frauen führt [56]. Wahrscheinlich kann Ausdauertraining über die Beeinflussung bzw. Reduktion von Fettgewebszellen in die Produktion von Hormonen eingreifen und damit die Entstehung von Tumoren beeinflussen.

Das Enzym **Adenosine Monophosphate-activated Protein-Kinase (AMPK)** stellt einen wesentlichen katabolen Einflussfaktor im Energiestoffwechsel dar. Faktoren, die dieses Enzym stimulieren, sind unter anderem eine erhöhte AMP/ATP-Ratio, Hypoxie und ein Mangel an freien Aminosäuren. Auch die Bindung von Adiponectin an seinen Rezeptor führt zu einer Stimulation von AMPK. Seine Aktivierung führt zu einer Blockierung von mTOR, wodurch es zu einer Unterbrechung der Proteinsynthese und schließlich zu einem Zellwachstumsstopp kommt. Neben den direkten Effekten auf die

Proteinsynthese bewirkt das Enzym AMPK auch eine Akkumulation des Tumorsuppressors p53, wodurch die Zelle einen Zellzyklusarrest eingeht und somit die Proliferation gestoppt wird [57, 58]. Zusätzlich fördert die Aktivierung von p53 die mitochondriale Biogenese und damit die aerobe Ausdauerfähigkeit [59]. Des Weiteren beeinflusst eine AMPK-Aktivierung den Glukosestoffwechsel, indem es zu einer vermehrten Expression von Glukoserezeptoren an der Zellmembran und damit zu einer vermehrten Aufnahme von Glukose insbesondere in Muskelzellen kommt [60]. Durch eine Reduzierung des Glukosespiegels im Blut wird daher der Insulinspiegel gesenkt und einer Hyperinsulinämie entgegengewirkt. Zusätzlich scheint das Enzym AMPK die Aktivität des Insulin Receptor Substrate 1 (IRS-1) zu verbessern, wodurch die Insulinsensitivität erhöht wird. Des Weiteren stimuliert AMPK den Fettstoffwechsel, indem es die β-Oxidation anregt und einer Fettspeicherung entgegenwirkt. Hinsichtlich der Tumorprävention durch körperliche Aktivität weiß man, dass Muskelkontraktionen und Ausdauertraining zu einer deutlichen und intensitätsabhängigen Aktivierung der AMPK führen [61, 62].

15.3.3 Einfluss auf das Immunsystem

Körperliche Aktivität führt zu positiven Veränderungen im Immunsystem. Es ist bereits bekannt, dass chronische systemische Entzündungsprozesse die Tumorentstehung begünstigen [63]. Diese Entzündungsprozesse sind charakterisiert durch chronisch erhöhte Blutspiegel von pro-inflammatorischen Zytokinen wie Tumornekrosefaktor α (TNF-α), Interleukin 1β, Interleukin 6 (IL-6), und dem C-reaktiven Protein (CRP). Obwohl noch nicht alle Entstehungsorte dieser Zytokine identifiziert sind, wird sicher ein großer Teil von Adipozyten bzw. Macrophagen im Fettgewebe produziert. Akute oder chronische Begleiterkrankungen sowie der physiologische Alterungsprozess können diese chronischen Entzündungsreaktionen zusätzlich stimulieren. Die chronisch erhöhten pro-inflammatorischen Entzündungsparameter führen über die Aktivierung von Transkriptionsfaktoren wie Nuclear Factor kappa B (NFkB) zu einer vermehrten Expression von Genen, die die Zellproliferation, die Angiogenese und Entzündungsmediatoren regulieren [64]. In zahlreiche Studien wurde zwar bereits gezeigt, dass regelmäßige körperliche Aktivität Entzündungsparameter wie CRP und TNF-α im Blut reduziert [65], der Einfluss von körperlicher Aktivität auf Entzündungsmediatoren scheint allerdings weitaus kompleXEr zu sein. Mittlerweile weiß man, dass eine akute körperliche Belastung, durch eine vermehrte Produktion von IL-6 in der Skelettmuskulatur, kurzfristig zu einem Anstieg von IL-6 im Blut führt. Während IL-6 bei akuten Entzündungen hauptsächlich von Monozyten produziert wird und als pro-inflammatorisches Zytokin wirkt, scheint das von der Skelettmuskulatur produzierte IL-6 bei regelmäßiger körperlicher Aktivität auch anti-inflammatorisch zu wirken [66]. Obwohl der genaue Mechanismus noch nicht geklärt ist, könnte so regelmäßige körperliche Aktivität einen Zustand der chronischen systemischen Entzündung beeinflussen.

Eine weitere Rolle in der Vermeidung der Tumorentstehung spielen die Natural-Killer- (NK) Zellen und die T-Lymphozyten. Die Reduzierung der Anzahl bzw. der Funktion dieser Zellen im Rahmen des Alterungsprozesses wird als eine Ursache für das erhöhte Tumorrisiko im Alter angesehen [67]. Einige Tierstudien konnten zeigen, dass Ausdauertraining zu einer vermehrten zytotoxischen Aktivität von NK-Zellen und einer verbesserten T-Zell-Funktion führt.

15.4 Körperliche Aktivität in der onkologischen Rehabilitation

Auch während und nach einer Tumorerkrankung wird empfohlen, Inaktivität zu vermeiden. Durch onkologische Therapien, Operationen oder die Grunderkrankung selbst kann es bei Tumorpatienten zu vorrübergehenden oder bleibenden Einschränkungen kommen, die es den Patienten erschweren, regelmäßige körperliche Aktivität auszuüben. Neben den körperlichen Folgen und Nebenwirkungen dieser onkologischen Therapien ist auch zu bedenken, dass diese teilweise stationär, in unterschiedlichen Abständen und oft über Monate verabreicht werden müssen. Dem Patienten bleibt daher während einer laufenden Therapie neben stationären Aufenthalten und Untersuchungen oft nur wenig Zeit zur Durchführung körperlicher Aktivität. Des Weiteren sind Tumorpatienten häufig von körperlichen Einschränkungen wie einer Fatigue und/oder einer Tumorkachexie betroffen, die zu einer deutlichen Reduzierung der Lebensqualität beitragen. Gerade diese Symptome können aber durch regelmäßige körperliche Aktivität positiv beeinflusst werden. Es gibt mittlerweile zahlreiche Studien und Metaanalysen, die zeigen, dass körperliche Aktivität die aerobe Kapazität und Muskelkraft steigert, die Lebensqualität [68] und Fatigue [69] verbessert und einen positiven Effekt auf Depressionen hat [70]. Zusätzlich wird in Studien mit Kolon- und Mammakarzinompatienten gezeigt, dass ein Zusammenhang zwischen vermehrter körperlicher Aktivität und einer verbesserten Prognose nach der Tumorerkrankung besteht [71, 72].

Im Folgenden werden zuerst die momentan gültigen Empfehlungen des American College of Sports Medicine (ACSM), des zweiten WCRF/AICR-Reports und der American Cancer Society (ACS) für onkologische Patienten zur Durchführung eines Ausdauer- und Krafttrainings vorgestellt. Danach wird auf die molekularbiologische Entstehungsmechanismen einer Tumorkachexie und ihre Beeinflussung durch körperliche Aktivität eingegangen.

Internationale Empfehlungen zur Durchführung von körperlicher Aktivität

Vor dem Beginn eines Trainings sollte eine **allgemeine medizinische Untersuchung** erfolgen, wobei vor allem auf kardiovaskuläre, neuronale und muskuloskelettale Nebenwirkungen durch die onkologischen Therapien oder die Grunderkrankung geachtet werden sollte. Der Ausschluss möglicher Kontraindikationen für die Durchführung von körperlicher Aktivität sollte unter Einbeziehung des betreuenden onkologischen Teams und symptomorientiert erfolgen. Bei Patienten, die eine Hormontherapie erhalten haben, wird empfohlen, das Frakturrisiko mittels des WHO Fracture Risk Assessment Tools (FRAX) zu bestimmen und bei Bedarf eine anti-osteoporotische Therapie zu beginnen. Bisher wurde allerdings noch kein exakter FRAX-Score ermittelt, bei dem die Durchführung von körperlicher Aktivität als unsicher anzusehen wäre. Besonderes Augenmerk sollte auf das Vorliegen und die genaue Lokalisation von Knochenmetastasen gelegt werden, da sie mit einem erhöhten Frakturrisiko verbunden sind.

Die **Guidelines des ACSM** [73], des **zweiten WCRF/AICR-Report** [74] und der **ACS** [75] empfehlen mindestens 30 min körperliche Aktivität an mindestens 5 Tagen pro Woche mit einer moderaten bis hohen Intensität. Eine Expertengruppe des ACSM hat diese relativ allgemeinen Richtlinien im Hinblick auf die besonderen Bedürfnisse von onkologischen Patienten mit Mamma-, Prostata- oder Kolonkarzinomen sowie hämatologischen und gynäkologischen Karzinomen weiter überarbeitet.

Für Patienen mit Mamma-, Prostata- oder Kolonkarzinomen sowie mit hämatologischen oder gynäkologischen Karzinomen empfehlen die ACSM-Guidelines ein **Ausdauertraining** von 150 min pro Woche mit moderater Intensität oder 75 min pro Woche mit hoher Intensität. Lediglich für Patienten mit hämatologischen Karzinomen und einer Stammzelltransplantation wird empfohlen, mit leichter Intensität zu beginnen und das Training langsamer zu steigern.

Bei einem **progressiven Krafttraining** sollten Patienten mit einem Prostata-, Kolonkarzinom oder mit hämatologischen Karzinomen mindestens 2× pro Woche mit moderater Intensität alle großen Muskelgruppen des Körpers trainieren. Lediglich Patienten mit einem Stoma sollten mit einer niedrigen Intensität beginnen und das Training langsamer steigern, um eine Herniation zu verhindern. Patientinnen mit Mammakarzinomen sollten ein supervidiertes Training durchführen und nur langsam die Intensität steigern. Für Patientinnen mit gynäkologischen Tumoren, insbesondere mit Lymphödemen der unteren Extremitäten, kann auf Grund der begrenzten Datenlage derzeit keine Aussage bezüglich Effektivität und Sicherheit getroffen werden.

Als **Kontraindikationen** werden die allgemeinen altersentsprechenden kardiovaskulären und pulmonalen Kontraindikationen der ACSM-Guidelines für ein Training genannt [76, 77, 78]. Als spezifische Kontraindikation für Tumorpatienten gilt eine extreme Fatigue, die mit einem Punktewert von 7–10 im Functional Assessment of Cancer Therapie Fatigue Assessment beschrieben wird [79]. Ebenso sollte bei einer Anämie die Intensität des Trainings so gewählt werden, dass keine Nebenwirkungen auftreten. Gegebenenfalls sollte das Training pausiert werden, bis die Anämie ausgeglichen wurde. Da während einer Tumortherapie häufig operative Eingriffe notwendig sind, muss zwischen einem Eingriff und dem Beginn eines Trainings genügend Zeit für die Wundheilung eingeplant werden. Bei Patientinnen mit gynäkologischen Tumoren oder

Mammakarzinomen sollte auf die Entstehung eines Lymphödems geachtet und, falls notwendig zur Behandlung, das Training pausiert werden. Allerdings gibt es keine Hinweise, dass Ausdauer- oder Krafttraining das Risiko für die Entwicklung eines Lymphödems bei Mammakarzinompatientinnen steigert [80]. Es zeigte sich sogar eine geringere Symptomatik, eine gesteigerte Muskelkraft und eine geringere Inzidenz für Exazerbationen [81]. Bei Knochenmetastasen ist die Lokalisation ausschlaggebend dafür, ob ein Training weitergeführt werden kann.

15.5 Tumorkachexie

Ein internationales Konsensus-Statement definiert die Tumorkachexie als ein multifaktoriell verursachtes Syndrom im Rahmen einer Tumorerkrankung, das durch einen Verlust an Muskelmasse mit oder ohne Verlust an Fettmasse charakterisiert ist. Sie wird in drei Stadien eingeteilt: Präkachexie, Kachexie und refraktäre Kachexie. Im Stadium der Präkachexie kommt es zwar zu Stoffwechselstörungen und Anorexie, der Gewichtsverlust liegt aber bei ≤ 5%. Im Stadium der Kachexie weisen die Patienten entweder einen Gewichtsverlust von > 5% über die letzten 6 Monate auf oder einen BMI < 20 kg/m^2 in Kombination mit einem rasch fortschreitenden Gewichtsverlust von > 2% oder eine Sarkopenie in Kombination mit einem rasch fortschreitenden Gewichtsverlust von > 2%. Das Stadium der refraktären Kachexie ist charakterisiert durch einen stark reduzierten Allgemeinzustand mit einem WHO-Score zwischen 3 und 4 und einer Lebenserwartung von weniger als 3 Monaten [82].

15

Grundsätzlich kann eine Tumorkachexie bei jeder Tumorerkrankung auftreten. Patienten mit Magen-, Pankreas-, Lungen- oder Kolonkarzinomen sind allerdings häufig schon vor der Diagnose oder Therapie von einem signifikanten Gewichtsverlust betroffen, der sich im Rahmen der Tumoroperation oder Chemotherapie meist noch verstärkt [83]. Die Folgen der Kachexie sind eine reduzierte Muskelkraft und eine erhöhte Muskelermüdung, wodurch es für die Patienten schwierig ist, die Aktivitäten des täglichen Lebens selbständig durchzuführen. Die Tumorkachexie ist mit einer signifikant schlechteren Überlebensrate assoziiert. Diese Tatsache wird mit einem schlechteren Ansprechen auf onkologische Therapien und einer häufigeren Entwicklung von Infektionen erklärt. Des Weiteren wurde gezeigt, dass Patienten mit einer Tumorkachexie vermehrt toxische Nebenwirkungen während einer Chemotherapie entwickeln, die eine Dosisreduktion oder eine Therapiebeendigung notwendig machen [84]. Daher erhalten kachektische Tumorpatienten oft nicht die vollständige Chemotherapie. Insgesamt wird davon ausgegangen, dass die Tumorkachexie für 20–30% der tumorassoziierten Todesfälle verantwortlich ist [85].

15.5.1 Molekularbiologische Mechanismen der Tumorkachexie

Pathophysiologisch kommt es bei der Tumorkachexie zu einem Ungleichgewicht im Protein- und Energiestoffwechsel, welches schließlich zu einem signifikanten Proteinverlust und einer negativen Energiebalance führt. Dieser Vorgang dürfte ein evolutionär bedingter Adaptationsprozess des Körpers auf einen erhöhten Energie- und Proteinbedarf während einer Tumorerkrankung sein. Sicher ist, dass der Tumorkachexie ein sehr kompleXEr Mechanismus zu Grunde liegt, der einerseits vom Tumor selbst gefördert wird, andererseits eine Reaktion des Körpers auf den Tumor darstellt und durch onkologische Therapien verstärkt wird [86]. Im Folgenden sollen die wichtigsten Mechanismen für die Entstehung einer Tumorkachexie dargestellt werden (■ Abb. 15.2).

Insgesamt kommt es durch die Entzündungsprozesse und die vom Tumor selbst produzierten katabolen Proteine zu einer **Steigerung des Proteinabbaus** und einem massiven Verlust von Skelettmuskelproteinen. Der Proteinabbau in der Skelettmuskulatur wird hauptsächlich über das Ubiquitin-Proteasom-System reguliert. Hierbei werden Proteine durch Ubiquitin markiert, um so vom Proteasom erkannt und abgebaut zu werden. Diesbezüglich wurde bereits gezeigt, dass in kachektischen Tumorpatienten die intramuskuläre Proteasom-Aktivität signifikant erhöht ist [87]. Des Weiteren wurde in experimentellen Kachexiemodellen nachgewiesen, dass die Muscle Atrophy F-box- (MAFbx/Atrogin1) Ligase

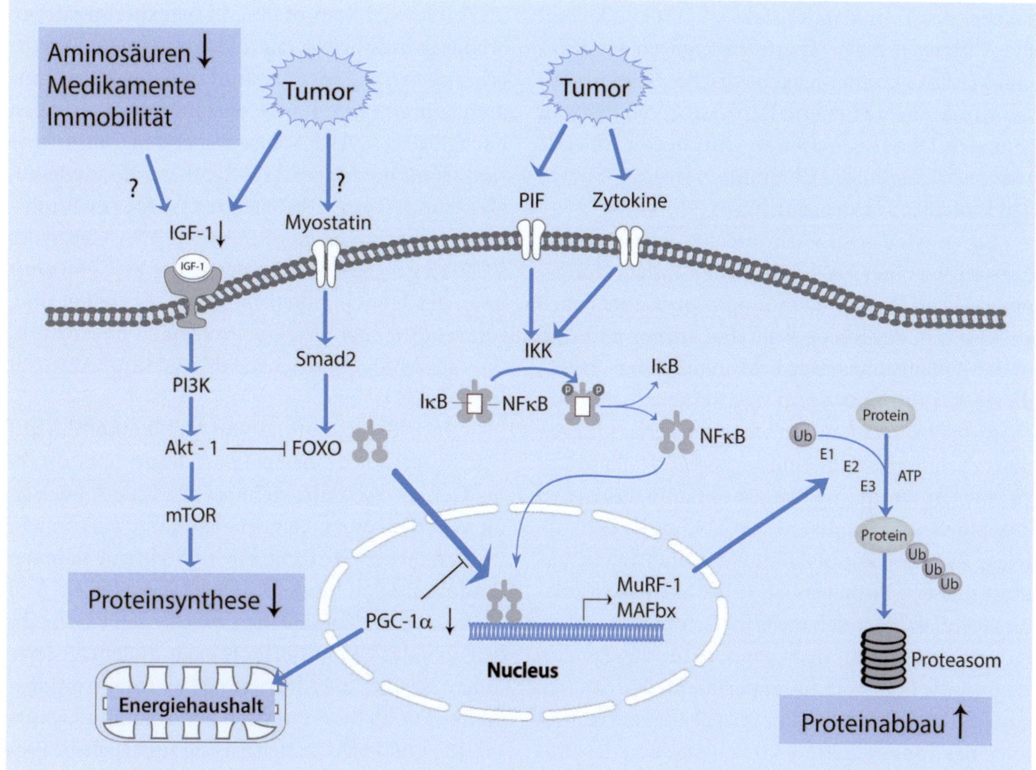

Abb. 15.2 Mechanismen der Tumorkachexie. Im Rahmen der Tumorkachexie kommt es in der Skelettmuskulatur zu einem Ungleichgewicht zwischen Proteinsynthese und Proteinabbau. Über chronische Entzündungsprozesse und proinflammatorische Zytokine sowie über vom Tumor erzeugte Proteine (PIF) wird intrazellulär eine Signalkaskade in Gang gesetzt, die zu einer vermehrten Aktivierung des Ubiquitin-Proteasom-Systems und damit einem gesteigerten Proteinabbau führt. Gleichzeitig wird durch eine Reduktion von Wachstumsfaktoren wie IGF-1 die Proteinsynthese reduziert. Weitere negative Einflussfaktoren für die Proteinsynthese sind ein Mangel an Aminosäuren, verschiedene Medikamente sowie die zunehmende Immobilität von Tumorpatienten. Eine vermehrte Aktivierung des Myostatins bei Tumorpatienten wurde ebenfalls beobachtet und führt zu einer negativen Beeinflussung des Energiestoffwechsels (Abkürzungen: Akt-1 = Proteinkinase B; FOXO = Forkhead Box Transcription Factors (class O); E1 = Ubiquitin-aktivierendes Enzym; E2 = Ubiquitin-konjugierende Enzym; E3 = Ubiquitin Ligase; IGF-1 = Insulin-like Growth Factor 1; PI3K = Phosphatidylinositol 3 Kinase; IKK = IκB Kinase; MAFbx = Muscle atrophy F-box/Atrogin 1; mTOR = mammalian Target of Rapamycin; MuRF-1 = Muscle Ring Finger 1; NFκB = Nnuclear Factor kappa B; PGC-1α = Peroxisome Proliferator Activator Receptor gamma Coactivator 1α; PIF = Proteolysis Inducing Factor; SMAD2 = SMAD Family Member 2; Ub = Ubiquitin).

und die Muscle Ring Finger 1 (MuRF1) Ligase, die beide Ubiquitin an das Zielprotein binden, vermehrt in der Skelettmuskulatur exprimiert werden [88, 89]. Ihre Expression kann über die Aktivierung von Transkriptionsfaktoren wie NFκB oder Forkhead Family of Transcription Factors (FOXO) erhöht werden, die beide während einer Tumorkachexie eine gesteigerte Aktivität zeigen [90, 91]. Weitere Studien bestätigen, dass Myostatin ebenfalls eine wichtige Rolle in der Tumorkachexie spielt, da in kachektischen Tiermodellen erhöhte Myostatinspiegel im Blut gefunden wurden [92]. Myostatin ist ein negativer Regulator des Muskelwachstum, indem es die Aktivierung von Transkriptionsfaktoren wie z. B. MyoD hemmt [93], über die Aktivierung des Transkriptionsfaktors Smad2 die Expression von MURF-1 fördert und den Akt/mTor-Signaltransduktionsweg blockiert [94, 95]. Von Bedeutung ist auch der Transkriptions-Coaktivator Peroxisome Proliferator Activator Receptor gamma Coactivator 1α (PGC-1α), welcher den Transkriptionsfaktor FOXO und damit die Aktivierung der Ubiquitin-Ligasen MURF-1 und MAFbx hemmt. In kachektischen Tumormäusen wurde eine reduzierte Expression von PGC-1α gefunden. Diese Reduktion scheint über die fehlende Hemmwirkung auf das Ubiquitin/Proteasom-System den Proteinabbau zu begünstigen [96].

Einen wichtigen Pathomechanismus für die Entstehung einer Kachexie stellen Entzündungsprozesse dar. Diese Entzündungsprozesse entstehen als Reaktion des Körpers auf den Tumor und sind in der Anfangsphase der Erkrankung von Vorteil, da sie das Immunsystem und seine Abwehrmechanismen verstärken. Im weiteren Verlauf führen diese chronischen Entzündungsprozesse allerdings zu einer Ansammlung von pro-inflammatorischen Zytokinen, unter anderem von TNF-α, IL-6, IL-1β. Diese Zytokine können einerseits die Proteinsynthese und den Proteinabbau in der Skelettmuskulatur beeinflussen, andererseits im Gehirn den Appetit reduzieren [97, 98]. Insbesondere für das Zytokin IL-6 wurde bereits in tierexperimentellen Studien gezeigt, dass erhöhte Plasmaspiegel mit dem Auftreten einer Tumorkachexie korrelieren und der Progress dosisabhängig war [99]. Erhöhte IL-6 Spiegel führen zu einer signifikanten Erhöhung der MAFbx/Atrogin-1-Expression und zu einer Reduktion in der Cross Sectional Area der Myofibrillen [100].

Es wurde außerdem festgestellt, dass Tumore direkt Kachexie induzierende Faktoren produzieren können. Der **Proteolysis Inducing Factor (PIF)** induziert einen Proteinabbau in der Skelettmuskulatur, indem er das Ubiquitin-Proteasom-System aktiviert [101]. Darüber hinaus können manche Tumore **Lipid Mobilizing Factors** produzieren, die zu einem Verlust von Fettgewebe führen [102].

15

Es gibt allerdings auch Hinweise, dass es während der Tumorkachexie zu einer Reduzierung der **Proteinsynthese** kommt. Diesbezüglich konnten bei kachektischen Ratten signifikant reduzierte IGF-1- und Insulin-Serumspiegel nachgewiesen werden [103]. Auch bei Patienten mit einem Magenkarzinom, die noch keine Kachexie aufwiesen, war die intramuskuläre IGF-1 mRNA-Expression signifikant reduziert gegenüber Gesunden [104].

Eine Tumorkachexie geht auch mit **Veränderungen im Energiehaushalt** einher, wodurch es zu einem gesteigerten Grundumsatz im Muskel und im Fettgewebe kommt [85]. In tierexperimentellen Studien wurde belegt, dass es während einer Tumorerkrankung zu einer Dysfunktion der Mitochondien kommt [105, 106]. Constantinou et al. haben nachgewiesen, dass Mäuse mit einem Tumor eine signifikant niedrigere ATP-Syntheserate aufweisen als gesunde Tiere. Des Weiteren wurde bei Tumormäusen ein signifikant geringerer mRNA-Gehalt des PGC-1β gefunden. Da Vertreter der PGC-1-Familie an der Mitochondien-Biosynthese beteiligt sind, kann eine Reduktion dieser Proteine zu einer Reduktion der Mitochondrienanzahl und ihrer Aktivität führen [107].

Obwohl der **Einfluss von Medikamenten** auf den Muskelstoffwechsel ein noch relativ unerforschtes Gebiet darstellt, stehen viele Medikamente, die während einer Tumorbehandlung verabreicht werden, unter Verdacht, einen direkten katabolen Einfluss auf den Muskelstoffwechsel zu haben. Von Glukokortikoiden weiß man, dass sie den Proteinabbau über das Ubiquitin/Proteasom-System fördern, indem sie über die Aktivierung des Transkriptionsfaktors FOXO die Expression der Ubiquitin Ligasen MURF-1 und MAFbx steuern und zusätzlich die Proteinsynthese hemmen [108]. Ebenso können Chemotherapeutika im PI3K/Akt/mTOR-Signaltransduktionsweg eingreifen, um eine Tumorzellproliferation zu verhindern. Dies ist allerdings auch der Mechanismus, über den eine Proteinsynthese in der Skelettmuskulatur stattfindet und dessen Aktivierung die Voraussetzung für ein Muskelwachstum darstellt [109].

Ein zusätzlicher Faktor, der die katabole Stoffwechsellage während einer Tumorerkrankung negativ beeinflusst, ist die **Anorexie**. Diese ist verursacht durch multiple Faktoren wie reduzierten Appetit, chirurgische Interventionen, Nebenwirkungen der Strahlen- und Chemotherapie oder Schmerzen, führt zu einer reduzierten Nahrungsaufnahme und zu einem Mangel an freien Aminosäuren. In der Skelettmuskulatur werden in katabolen Zuständen die Proteine abgebaut und Aminosäuren freigesetzt, um in der Leber zu Akute-Phase-Proteinen umgewandelt zu werden und für die Glukoneogenese bereitzustehen. Eine zusätzliche reduzierte Zufuhr von freien Aminosäuren kann die Katabolie daher verstärken. Andererseits kann eine alleinige Zufuhr von freien Aminosäuren über parenterale Ernährung die Kachexie nicht stoppen [110].

Ein weiterer Faktor in der Entstehung einer Kachexie ist die **körperliche Inaktivität**, die teilweise vom Tumor selbst, teilweise durch Operationen, Chemotherapie oder andere Behandlungen verursacht wird. In Studien wurde gezeigt, dass körperliche Inaktivität sogar bei gesunden Menschen zu einem signifikanten Verlust an Muskelmasse und Muskelkraft führt und die Proteinsynthese in der Muskulatur signifikant reduziert [111, 112]. Bei Tumorpatienten verschärft daher jede Inaktivität die, durch die bereits beschriebenen Faktoren induzierte katabole Stoffwechsellage.

15.5.2 Einfluss von körperlicher Aktivität auf die Tumorkachexie

Obwohl der Mechanismus der Tumorkachexie bereits in den letzten Jahren sehr genau untersucht wurde, gibt es nur sehr wenige Studien, die den Effekt von körperlicher Aktivität zur Vermeidung bzw. Verbesserung einer Tumorkachexie überprüfen. Daher sind auch die molekularbiologischen Wirkungen von körperlicher Aktivität auf die Tumorkachexie noch kaum erforscht.

In einer Studie mit Tumormäusen konnte gezeigt werden, dass die alleinige Gabe von Eicosapentaensäure zu keinem Erhalt der Muskelmasse führte, während die Kombination aus Eicosapentaensäure und einem gleichzeitigen Ausdauertraining das Tumorwachstum verlangsamte und das Ausmaß des Verlustes an Muskelmasse signifikant reduzierte [113].

Donatto et al. konnten zeigen, dass in Tumormäusen ein progressives Krafttraining zu einer signifikanten Reduktion der chronischen Entzündungsreaktionen im intraabdominellen Fettgewebe führte und die Abnahme des Körpergewichts im Vergleich zu nicht trainierenden Tumormäusen signifikant verringert werden konnte [114]. Ebenso wurde nachgewiesen, dass Ausdauertraining zu einer signifikanten Reduktion von pro-inflammatorischen Zytokinen im intraabdominellen Fettgewebe von Tumormäusen führte [115]. In einer weiteren Tierstudie wurde festgestellt, dass anaerobes Training von Tumormäusen das Tumorwachstum verlangsamte und die Expression von PIF im Tumor signifikant reduzierte [116]. Sowohl pro-inflammatorische Zytokine als auch PIF fördern über eine Aktivierung des Ubiquitin-Proteasom-Systems den Proteinabbau in der Skelettmuskulatur und damit die Tumorkachexie. Eine Reduzierung dieser Faktoren könnte daher den erhöhten Proteinabbau in der Skelettmuskulatur bremsen. Diesbezüglich konnten Strasser et al. zeigen, dass in postoperativen Tumorpatienten eine Erhöhung der muskulären Aktivität durch neuromuskuläre Elektrostimulation intramuskulär zu einer signifikanten Reduktion sowohl von ubiquitinierten Proteinen als auch der Proteasom-Aktivität führte. Insgesamt wurde in den stimulierten Muskeln ein um 20% höherer sarkoplasmatischer Proteingehalt detektiert [117]. Eine neuromuskuläre Elektrostimulation könnte daher auch eine mögliche Behandlungsmöglichkeit bei Tumorpatienten sein, die auf Grund einer Tumortherapie kurzfristig nicht in der Lage sind, körperliche Aktivität durchzuführen.

Bisher fehlen allerdings weitere Studien, die die Wirkung von körperlicher Aktivität auf die Proteinsynthese oder den Energiehaushalt während einer Tumorkachexie untersuchen.

Literatur

[1] Courneya KS, Friedenreich CM (2007) Physical activity and cancer control. Semin Oncol Nurs 23(4):242–52

[2] Caspersen CJ, Powell KE, Christenson GM (1985) Physical activity, eXErcise, and physical fitness: definitions and distinctions for health-related research. Public Health Rep 100(2):126–31

[3] Huxley RR, Ansary-Moghaddam A, Clifton P, Czernichow S, Parr CL, Woodward M (2009) The impact of dietary and lifestyle risk factors on risk of colorectal cancer: a quantitative overview of the epidemiological evidence. Int J Cancer 125(1):171–80

[4] Samad AK, Taylor RS, Marshall T, Chapman MA (2005) A meta-analysis of the association of physical activity with reduced risk of colorectal cancer. Colorectal Dis 7(3):204–13

[5] Harriss DJ, Atkinson G, Batterham A, George K, Cable NT, Reilly T, Haboubi N, Renehan AG; Colorectal Cancer, Lifestyle, EXErcise And Research Group (2009) Lifestyle factors and colorectal cancer risk (2): a systematic review and meta-analysis of associations with leisure-time physical activity. Colorectal Dis 11(7):689–701

[6] Wolin KY, Yan Y, Colditz GA, Lee IM (2009) Physical activity and colon cancer prevention: a meta-analysis. Br J Cancer 100(4):611–6

[7] Kushi LH, Byers T, Doyle C, Bandera EV, McCullough M, Mc Tiernan A, Gansler T, Andrews KS, Thun MJ; American

Cancer Society 2006 Nutrition and Physical Activity Guidelines Advisory Committee (2006) American Cancer Society Guidelines on Nutrition and Physical Activity for cancer prevention: reducing the risk of cancer with healthy food choices and physical activity. CA Cancer J Clin 56(5):254–81

[8] Friedenreich CM, Cust AE (2008) Physical activity and breast cancer risk: impact of timing, type and dose of activity and population subgroup effects. Br J Sports Med 42(8):636–47

[9] Monninkhof EM, Elias SG, Vlems FA, van der Tweel I, Schuit AJ, Voskuil DW, van Leeuwen FE; TFPAC (2007) Physical activity and breast cancer: a systematic review. Epidemiology 18(1):137–57

[10] Spence RR, Heesch KC, Brown WJ (2009) A systematic review of the association between physical activity and colorectal cancer risk. Scand J Med Sci Sports 19(6):764–81

[11] Cust AE, Armstrong BK, Friedenreich CM, Slimani N, Bauman A (2007) Physical activity and endometrial cancer risk: a review of the current evidence, biologic mechanisms and the quality of physical activity assessment methods. Cancer Causes Control 18(3):243–58

[12] Voskuil DW, Monninkhof EM, Elias SG, Vlems FA, van Leeuwen FE; Task Force Physical Activity and Cancer (2007) Physical activity and endometrial cancer risk, a systematic review of current evidence. Cancer Epidemiol Biomarkers Prev 16(4):639–48

[13] Tardon A, Lee WJ, Delgado-Rodriguez M, Dosemeci M, Albanes D, Hoover R, Blair A (2005) Leisure-time physical activity and lung cancer: a meta-analysis. Cancer Causes Control 16(4):389–97

[14] Leitzmann MF, Koebnick C, Abnet CC, Freedman ND, Park Y, Hollenbeck A, Ballard-Barbash R, Schatzkin A (2009) Prospective study of physical activity and lung cancer by histologic type in current, former, and never smokers. Am J Epidemiol 169(5):542–53

[15] Wakelee HA, Chang ET, Gomez SL, Keegan TH, Feskanich D, Clarke CA, Holmberg L, Yong LC, Kolonel LN, Gould MK, West DW (2007) Lung cancer incidence in never smokers. J Clin Oncol 25(5):472–8

[16] Subramanian J, Govindan R (2007) Lung cancer in never smokers: a review. J Clin Oncol 25(5):561–70

[17] Friedenreich CM, Thune I (2001) A review of physical activity and prostate cancer risk. Cancer Causes Control 12(5):461–75

[18] Young-McCaughan S (2012) Potential for prostate cancer prevention through physical activity. World J Urol 30(2):167–79

[19] Olsen CM, Bain CJ, Jordan SJ, Nagle CM, Green AC, Whiteman DC, Webb PM; Australian Ovarian Cancer Study Group (2007) Recreational physical activity and epithelial ovarian cancer: a case-control study, systematic review, and meta-analysis. Cancer Epidemiol Biomarkers Prev 16(11):2321–30

[20] Patel AV, Rodriguez C, Pavluck AL, Thun MJ, Calle EE (2006) Recreational physical activity and sedentary behavior in relation to ovarian cancer risk in a large cohort of US women. Am J Epidemiol 163(8):709–16

[21] Zhang M, Xie X, Lee AH, Binns CW. (2004) Sedentary behaviours and epithelial ovarian cancer risk. Cancer Causes Control 15(1):83–9

[22] Hirose K, Tajima K, Hamajima N, Takezaki T, Inoue M, Kuroishi T, Kuzuya K, Nakamura S, Tokudome S (1996) Subsite (cervix/endometrium)-specific risk and protective factors in uterus cancer. Jpn J Cancer Res 87(9):1001–9

[23] Pukkala E, Poskiparta M, Apter D, Vihko V (1993) Life-long physical activity and cancer risk among Finnish female teachers. Eur J Cancer Prev 2(5):369–76

[24] Wannamethee SG, Shaper AG, Walker M (2001) Physical activity and risk of cancer in middle-aged men. Br J Cancer 85(9):1311–6

[25] Friedenreich CM, Neilson HK, Lynch BM (2010) State of the epidemiological evidence on physical activity and cancer prevention. Eur J Cancer 46(14):2593–604

[26] Kim HJ, Lee AK, Kim YG, Bu SC, Kim SH, Yang CH, Suh OK, Kim SG, Lee MG (2002) Influence of 4-week and 8-week eXErcise training on the pharmacokinetics and pharmacodynamics of intravenous and oral azosemide in rats. Life Sci 70(19):2299–319

[27] Reddy KV, Anuradha D, Kumar TC, Reddanna P (1995) Induction of Ya1 subunit of rat hepatic glutathione S-transferases by eXErcise-induced oxidative stress. Arch Biochem Biophys 323(1):6–10

[28] Sato Y, Nanri H, Ohta M, Kasai H, Ikeda M (2003) Increase of human MTH1 and decrease of 8-hydroxydeoxyguanosine in leukocyte DNA by acute and chronic eXErcise in healthy male subjects. Biochem Biophys Res Commun 305(2):333–8

[29] Nakatani K, Komatsu M, Kato T, Yamanaka T, Takekura H, Wagatsuma A, Aoyama K, Xu B, Hirano T, Kasai H, Ando S, Takeuchi T (2005) Habitual eXErcise induced resistance to oxidative stress. Free Radic Res 39(9):905–11

[30] Ennezat PV, Malendowicz SL, Testa M, Colombo PC, Cohen-Solal A, Evans T, LeJemtel TH (2001) Physical training in patients with chronic heart failure enhances the expression of genes encoding antioxidative enzymes. J Am Coll Cardiol 38(1):194–8

[31] Cordain L, Latin RW, Behnke JJ (1986) The effects of an aerobic running program on bowel transit time. J Sports Med Phys Fitness 26(1):101–4

[32] Kaaks R, Lukanova A (2001) Energy balance and cancer: the role of insulin and insulin-like growth factor-I. Proc Nutr Soc 60(1):91–106

[33] Frank LL, Sorensen BE, Yasui Y, Tworoger SS, Schwartz RS, Ulrich CM, Irwin ML, Rudolph RE, Rajan KB, Stanczyk F, Bowen D, Weigle DS, Potter JD, McTiernan A (2005) Effects of eXErcise on metabolic risk variables in overweight postmenopausal women: a randomized clinical trial. Obes Res 13(3):615–25

[34] Ormsbee MJ, Choi MD, Medlin JK, Geyer GH, Trantham LH, Dubis GS, Hickner RC (2009) Regulation of fat metabolism during resistance eXErcise in sedentary lean and obese men. J Appl Physiol 106(5):1529–37

[35] Pollak M (2008) Insulin and insulin-like growth factor signalling in neoplasia. Nat Rev Cancer 8(12):915–28

[36] Nguyen UN, Mougin F, Simon-Rigaud ML, Rouillon JD, Marguet P, Regnard J (1998) Influence of eXErcise duration on serum insulin-like growth factor and its binding proteins in athletes. Eur J Appl Physiol Occup Physiol 78(6):533–7

[37] Gatti R, De Palo EF, Antonelli G, Spinella P (2012) IGF-I/IGFBP system: metabolism outline and physical eXErcise. J Endocrinol Invest 35(7):699–707

[38] Kraemer WJ, Volek JS, Bush JA, Putukian M, Sebastianelli WJ (1998) Hormonal responses to consecutive days of heavy-resistance eXErcise with or without nutritional supplementation. J Appl Physiol 85(4):1544–55

[39] Chandler RM, Byrne HK, Patterson JG, Ivy JL (1994) Dietary supplements affect the anabolic hormones after weight-training eXErcise. J Appl Physiol 76(2):839–45

[40] Rubin MR, Kraemer WJ, Maresh CM, Volek JS, Ratamess NA, Vanheest JL, Silvestre R, French DN, Sharman MJ, Judelson DA, Gómez AL, Vescovi JD, Hymer WC (2005) High-affinity growth hormone binding protein and acute heavy resistance eXErcise. Med Sci Sports EXErc 37(3):395–403

[41] Kraemer WJ, Marchitelli L, Gordon SE, Harman E, Dziados JE, Mello R, Frykman P, McCurry D, Fleck SJ (1990) Hormonal and growth factor responses to heavy resistance eXErcise protocols. J Appl Physiol 69(4):1442–50

[42] Borst SE, De Hoyos DV, Garzarella L, Vincent K, Pollock BH, Lowenthal DT, Pollock ML (2001) Effects of resistance training on insulin-like growth factor-I and IGF binding proteins. Med Sci Sports EXErc 33(4):648–53

[43] Marx JO, Ratamess NA, Nindl BC, Gotshalk LA, Volek JS, Dohi K, Bush JA, Gómez AL, Mazzetti SA, Fleck SJ, Häkkinen K, Newton RU, Kraemer WJ (2001) Low-volume circuit versus high-volume periodized resistance training in women. Med Sci Sports EXErc 33(4):635–43

44] Calle EE, Kaaks R (2004) Overweight, obesity and cancer: epidemiological evidence and proposed mechanisms. Nat Rev Cancer 4(8):579–91

[45] Yager JD, Davidson NE (2006) Estrogen carcinogenesis in breast cancer. N Engl J Med 19; 354(3):270–82

[46] McTiernan A, Tworoger SS, Ulrich CM, Yasui Y, Irwin ML, Rajan KB, Sorensen B, Rudolph RE, Bowen D, Stanczyk FZ, Potter JD, Schwartz RS (2004) Effect of eXErcise on serum estrogens in postmenopausal women: a 12-month randomized clinical trial. Cancer Res 64(8):2923–8

[47] McTiernan A, Tworoger SS, Rajan KB, Yasui Y, Sorenson B, Ulrich CM, Chubak J, Stanczyk FZ, Bowen D, Irwin ML, Rudolph RE, Potter JD, Schwartz RS (2004) Effect of eXErcise on serum androgens in postmenopausal women: a 12-month randomized clinical trial. Cancer Epidemiol Biomarkers Prev 13(7):1099–105

[48] Wu MH, Chou YC, Chou WY, Hsu GC, Chu CH, Yu CP, Yu JC, Sun CA (2009) Circulating levels of leptin, adiposity and breast cancer risk. Br J Cancer 100(4):578–82

[49] Stattin P, Lukanova A, Biessy C, Söderberg S, Palmqvist R, Kaaks R, Olsson T, Jellum E (2004) Obesity and colon cancer: does leptin provide a link? Int J Cancer 109(1):149–52

[50] Gonzalez-Perez RR, Xu Y, Guo S, Watters A, Zhou W, Leibovich SJ (2010) Leptin upregulates VEGF in breast cancer via canonic and non-canonical signalling pathways and NFkappaB/HIF-1alpha activation. Cell Signal 22(9):1350–6

[51] Stattin P, Söderberg S, Biessy C, Lenner P, Hallmans G, Kaaks R, Olsson T (2004) Plasma leptin and breast cancer risk: a prospective study in northern Sweden. Breast Cancer Res Treat 86(3):191–6

[52] Mantzoros CS, Bolhke K, Moschos S, Cramer DW (1999) Leptin in relation to carcinoma in situ of the breast: a study of pre-menopausal cases and controls. Int J Cancer 80(4):523–6

[53] Yamaji T, Iwasaki M, Sasazuki S, Tsugane S (2010) Interaction between adiponectin and leptin influences the risk of colorectal adenoma. Cancer Res 70(13):5430–7

[54] Rzepka-Górska I, Bedner R, Cymbaluk-Płoska A, Chudecka-Głaz (2008) Serum adiponectin in relation to endometrial cancer and endometrial hyperplasia with atypia in obese women. Eur J Gynaecol Oncol 29(6):594–7

[55] Wei EK, Giovannucci E, Fuchs CS, Willett WC, Mantzoros CS (2005) Low plasma adiponectin levels and risk of colorectal cancer in men: a prospective study. J Natl Cancer Inst 97(22):1688–94

[56] Abbenhardt C, McTiernan A, Alfano CM, Wener MH, Campbell KL, Duggan C, Foster-Schubert KE, Kong A, Toriola AT, Potter JD, Mason C, Xiao L, Blackburn GL, Bain C, Ulrich CM (2013) Effects of individual and combined dietary weight loss and eXErcise interventions in postmenopausal women on adiponectin and leptin levels. J Intern Med 274(2):163–75

[57] Imamura K, Ogura T, Kishimoto A, Kaminishi M, Esumi H (2001) Cell cycle regulation via p53 phosphorylation by a 5'-AMP activated protein kinase activator, 5-aminoimidazole- 4-carboxamide-1-beta-D-ribofuranoside, in a human hepatocellular carcinoma cell line. Biochem Biophys Res Commun 287(2):562–7

[58] Jones RG, Plas DR, Kubek S, Buzzai M, Mu J, Xu Y, Birnbaum MJ, Thompson CB (2005) AMP-activated protein kinase induces a p53-dependent metabolic checkpoint. Mol Cell 18(3):283–93

[59] Wang PY, Zhuang J, Hwang PM (2012) p53: eXErcise capacity and metabolism. Curr Opin Oncol 24(1):76–82

[60] Fryer LG, Foufelle F, Barnes K, Baldwin SA, Woods A, Carling D (2002) Characterization of the role of the AMP-activated protein kinase in the stimulation of glucose transport in skeletal muscle cells. Biochem J 363(Pt 1):167–74

[61] Chen ZP, McConell GK, Michell BJ, Snow RJ, Canny BJ, Kemp BE (2000) AMPK signaling in contracting human skeletal muscle: acetyl-CoA carboxylase and NO synthase phosphorylation. Am J Physiol Endocrinol Metab 279(5):E1202–6

[62] Fujii N, Hayashi T, Hirshman MF, Smith JT, Habinowski SA, Kaijser L, Mu J, Ljungqvist O, Birnbaum MJ, Witters LA, Thorell A, Goodyear LJ (2000) EXErcise induces isoform-specific increase in 5'AMP-activated protein kinase

activity in human skeletal muscle. Biochem Biophys Res Commun 273(3):1150–5

[63] Coussens LM, Werb Z (2002) Inflammation and cancer. Nature 420(6917):860–7

[64] Baker RG, Hayden MS, Ghosh S (2011) NF-κB, inflammation, and metabolic disease. Cell Metab 13(1):11–22

[65] Kasapis C, Thompson PD (2005) The effects of physical activity on serum C-reactive protein and inflammatory markers: a systematic review. J Am Coll Cardiol 45(10):1563–9

[66] Petersen AM, Pedersen BK (2005) The anti-inflammatory effect of eXErcise. J Appl Physiol 98(4):1154–62

[67] Franceschi C, Bonafè M, Valensin S, Olivieri F, De Luca M, Ottaviani E, De Benedictis G (2000) Inflamm-aging. An evolutionary perspective on immunosenescence. Ann N Y Acad Sci 908:244–54

[68] Ferrer RA, Huedo-Medina TB, Johnson BT, Ryan S, Pescatello LS (2011) EXErcise interventions for cancer survivors: a meta-analysis of quality of life outcomes. Ann Behav Med 41(1):32–47

[69] Brown JC, Huedo-Medina TB, Pescatello LS, Pescatello SM, Ferrer RA, Johnson BT (2011) Efficacy of eXErcise interventions in modulating cancer-related fatigue among adult cancer survivors: a meta-analysis. Cancer Epidemiol Biomarkers Prev 20(1):123–33

[70] Craft LL, Vaniterson EH, Helenowski IB, Rademaker AW, Courneya KS (2012) EXErcise effects on depressive symptoms in cancer survivors: a systematic review and meta-analysis. Cancer Epidemiol Biomarkers Prev 21(1):3–19

[71] Holmes MD, Chen WY, Feskanich D, Kroenke CH, Colditz GA (2005) Physical activity and survival after breast cancer diagnosis. JAMA 293(20):2479–86

[72] Pierce JP, Stefanick ML, Flatt SW, Natarajan L, Sternfeld B, Madlensky L, Al-Delaimy WK, Thomson CA, Kealey S, Hajek R, Parker BA, Newman VA, Caan B, Rock CL (2007) Greater survival after breast cancer in physically active women with high vegetable-fruit intake regardless of obesity. J Clin Oncol 25(17):2345–51

[73] Schmitz KH, Courneya KS, Matthews C, Demark-Wahnefried W, Galvão DA, Pinto BM, Irwin ML, Wolin KY, Segal RJ, Lucia A, Schneider CM, von Gruenigen VE, Schwartz AL; American College of Sports Medicine (2010) American College of Sports Medicine roundtable on eXErcise guidelines for cancer survivors. Med Sci Sports EXErc 42(7):1409–26

[74] Wiseman M (2008) The second World Cancer Research Fund/American Institute for Cancer Research expert report. Food, nutrition, physical activity, and the prevention of cancer: a global perspective. Proc Nutr Soc 67(3):253–6

[75] Doyle C, Kushi LH, Byers T, Courneya KS, Demark-Wahnefried W, Grant B, McTiernan A, Rock CL, Thompson C, Gansler T, Andrews KS; 2006 Nutrition, Physical Activity and Cancer Survivorship Advisory Committee; American Cancer Society (2006) Nutrition and physical activity during and after cancer treatment: an American Cancer Society guide for informed choices. CA Cancer J Clin 56(6):323–53

[76] American College of Sports Medicine (2006) ACSM's Guidelines for EXErcise Testing and Prescription. Lippincott Williams & Wilkins; Seventh edition

[77] American College of Sports Medicine, Chodzko-Zajko WJ, Proctor DN, Fiatarone Singh MA, Minson CT, Nigg CR, Salem GJ, Skinner JS (2009) American College of Sports Medicine position stand. EXErcise and physical activity for older adults. Med Sci Sports EXErc 41(7):1510–30

[78] Thompson PD, Buchner D, Pina IL, Balady GJ, Williams MA, Marcus BH, Berra K, Blair SN, Costa F, Franklin B, Fletcher GF, Gordon NF, Pate RR, Rodriguez BL, Yancey AK, Wenger NK; American Heart Association Council on Clinical Cardiology Subcommittee on EXErcise, Rehabilitation, and Prevention; Rabolism Subcommittee on Physical Activity (2003) EXErcise and physical activity in the prevention and treatment of atherosclerotic cardiovascular disease: a statement from the Council on Clinical Cardiology (Subcommittee on EXErcise, Rehabilitation, and Prevention) and the Council on Nutrition, Physical Activity, and Metabolism (Subcommittee on Physical Activity). Circulation 107(24):3109–16

[79] Mock V, Atkinson A, Barsevick A, Cella D, Cimprich B, Cleeland C, Donnelly J, Eisenberger MA, Escalante C, Hinds P,
Jacobsen PB, Kaldor P, Knight SJ, Peterman A, Piper BF, Rugo H, Sabbatini P, Stahl C; National Comprehensive Cancer Network (2000) NCCN Practice Guidelines for Cancer-Related Fatigue. Oncology (Williston Park) 14 (11A):151–61

[80] Wolin KY, Schwartz AL, Matthews CE, Courneya KS, Schmitz KH (2012) Implementing the eXErcise guidelines for cancer survivors. J Support Oncol 10(5):171–7

[81] Schmitz KH, Ahmed RL, TroXEl A, Cheville A, Smith R, Lewis-Grant L, Bryan CJ, Williams-Smith CT, Greene QP (2009) Weight lifting in women with breast-cancer-related lymphedema. N Engl J Med 361(7):664–73

[82] Fearon K, Strasser F, Anker SD, Bosaeus I, Bruera E, Fainsinger RL, Jatoi A, Loprinzi C, MacDonald N, Mantovani G, Davis M, Muscaritoli M, Ottery F, Radbruch L, Ravasco P, Walsh D, Wilcock A, Kaasa S, Baracos VE (2011) Definition and classification of cancer cachexia: an international consensus. Lancet Oncol 12(5):489–95

[83] Dewys WD, Begg C, Lavin PT, Band PR, Bennett JM, Bertino JR, Cohen MH, Douglass HO Jr, Engstrom PF, Ezdinli EZ, Horton J, Johnson GJ, Moertel CG, Oken MM, Perlia C, Rosenbaum C, Silverstein MN, Skeel RT, Sponzo RW, Tormey DC (1980) Prognostic effect of weight loss prior to chemotherapy in cancer patients. Eastern Cooperative Oncology Group. Am J Med 69(4):491–7

[84] Andreyev HJ, Norman AR, Oates J, Cunningham D (1998) Why do patients with weight loss have a worse outcome when undergoing chemotherapy for gastrointestinal malignancies? Eur J Cancer 34(4):503–9

[85] Tisdale MJ (2002) Cachexia in cancer patients. Nat Rev Cancer 2(11):862–71

[86] Tisdale MJ (2009) Mechanisms of cancer cachexia. Physiol Rev 89(2):381–410

[87] Khal J, Hine AV, Fearon KC, Dejong CH, Tisdale MJ (2005) Increased expression of proteasome subunits in skeletal muscle of cancer patients with weight loss. Int J Biochem Cell Biol 37(10):2196–206

[88] Bodine SC, Latres E, Baumhueter S, Lai VK, Nunez L, Clarke BA, Poueymirou WT, Panaro FJ, Na E, Dharmarajan K, Pan ZQ, Valenzuela DM, DeChiara TM, Stitt TN, Yancopoulos GD, Glass DJ (2001) Identification of ubiquitin ligases required for skeletal muscle atrophy. Science 294(5547):1704–8

[89] Aulino P, Berardi E, Cardillo VM, Rizzuto E, Perniconi B, Ramina C, Padula F, Spugnini EP, Baldi A, Faiola F, Adamo S, Coletti D (2010) Molecular, cellular and physiological characterization of the cancer cachexia-inducing C26 colon carcinoma in mouse. BMC Cancer 10:363

[90] Wyke SM, Tisdale MJ (2005) NF-kappaB mediates proteolysis-inducing factor induced protein degradation and expression of the ubiquitin-proteasome system in skeletal muscle. Br J Cancer 92(4):711–21

[91] Sandri M, Sandri C, Gilbert A, Skurk C, Calabria E, Picard A, Walsh K, Schiaffino S, Lecker SH, Goldberg AL (2004) Foxo transcription factors induce the atrophy-related ubiquitin ligase atrogin-1 and cause skeletal muscle atrophy. Cell 117(3):399–412

[92] Padrão AI, Oliveira P, Vitorino R, Colaço B, Pires MJ, Márquez M, Castellanos E, Neuparth MJ, TeiXEira C, Costa C, Moreira-Gonçalves D, Cabral S, Duarte JA, Santos LL, Amado F, Ferreira R (2013) Bladder cancer-induced skeletal muscle wasting: disclosing the role of mitochondria plasticity. Int J Biochem Cell Biol 45(7):1399–409

[93] Langley B, Thomas M, Bishop A, Sharma M, Gilmour S, Kambadur R (2002) Myostatin inhibits myoblast differentiation by down-regulating MyoD expression. J Biol Chem 277(51):49831–40

[94] Trendelenburg AU, Meyer A, Rohner D, Boyle J, Hatakeyama S, Glass DJ (2009) Myostatin reduces Akt/TORC1/p70S6K signaling, inhibiting myoblast differentiation and myotube size. Am J Physiol Cell Physiol 296(6):C1258–70

[95] Sartori R, Milan G, Patron M, Mammucari C, Blaauw B, Abraham R, Sandri M (2009) Smad2 and 3 transcription factors control muscle mass in adulthood. Am J Physiol Cell Physiol 296(6):C1248–57

[96] Sandri M, Lin J, Handschin C, Yang W, Arany ZP, Lecker SH, Goldberg AL, Spiegelman BM (2006) PGC-1alpha protects skeletal muscle from atrophy by suppressing FoxO3 action and atrophy-specific gene transcription. Proc Natl Acad Sci U S A 103(44):16260–5

[97] Strassmann G, Fong M, Kenney JS, Jacob CO (1992) Evidence for the involvement of interleukin 6 in experimental cancer cachexia. J Clin Invest 89(5):1681–4

[98] Murray S, Schell K, McCarthy DO, Albertini MR (1997) Tumor growth, weight loss and cytokines in SCID mice. Cancer Lett 111(1-2):111–5

[99] Baltgalvis KA, Berger FG, Pena MM, Davis JM, Muga SJ, Carson JA (2008) Interleukin-6 and cachexia in ApcMin/+ mice. Am J Physiol Regul Integr Comp Physiol 294(2):R393–401

[100] Baltgalvis KA, Berger FG, Peña MM, Davis JM, White JP, Carson JA (2009) Muscle wasting and interleukin-6-induced atrogin-I expression in the cachectic Apc (Min/+) mouse. Pflugers Arch 457(5):989–1001

[101] Todorov P, Cariuk P, McDevitt T, Coles B, Fearon K, Tisdale M (1996) Characterization of a cancer cachectic factor. Nature 379(6567):739–42

[102] Todorov PT, McDevitt TM, Meyer DJ, Ueyama H, Ohkubo I, Tisdale MJ (1998) Purification and characterization of a tumor lipid-mobilizing factor. Cancer Res 58(11):2353–8

[103] Costelli P, Muscaritoli M, Bossola M, Penna F, Reffo P, Bonetto A, Busquets S, Bonelli G, Lopez-Soriano FJ, Doglietto GB, Argilés JM, Baccino FM, Rossi Fanelli F (2006) IGF-1 is downregulated in experimental cancer cachexia. Am J Physiol Regul Integr Comp Physiol 291(3):R674–83

[104] Bonetto A, Penna F, Aversa Z, Mercantini P, Baccino FM, Costelli P, Ziparo V, Lucia S, Fanelli FR, Muscaritoli M (2013) Early changes of muscle insulin-like growth factor-1 and myostatin gene expression in gastric cancer patients. Muscle Nerve doi: 10.1002/mus.23798

[105] Schneeberger AL, Thompson RT, Driedger AA, Finley RJ, Inculet RI (1989) Effect of cancer on the in vivo energy state of rat liver and skeletal muscle. Cancer Res 49(5):1160–4

[106] Hochwald SN, Harrison LE, Port JL, Blumberg D, Brennan MF, Burt M (1996) Depletion of high energy phosphate compounds in the tumor-bearing state and reversal after tumor resection. Surgery 120(3):534–41

[107]Constantinou C, Fontes de Oliveira CC, Mintzopoulos D, Busquets S, He J, Kesarwani M, Mindrinos M, Rahme LG, Argilés JM, Tzika AA (2011) Nuclear magnetic resonance in conjunction with functional genomics suggests mitochondrial dysfunction in a murine model of cancer cachexia. Int J Mol Med 27(1):15–24

[108] Hasselgren PO (1999) Glucocorticoids and muscle catabolism. Curr Opin Clin Nutr Metab Care 2(3):201–5

[109] Antoun S, Birdsell L, Sawyer MB, Venner P, Escudier B, Baracos VE (2010) Association of skeletal muscle wasting with treatment with sorafenib in patients with advanced renal cell carcinoma: results from a placebo-controlled study. J Clin Oncol 28(6):1054–60

[110] Ng EH, Lowry SF (1991) Nutritional support and cancer cachexia. Evolving concepts of mechanisms and adjunctive therapies. Hematol Oncol Clin North Am 5(1):161–84

[111] Kortebein P, Ferrando A, Lombeida J, Wolfe R, Evans WJ (2007) Effect of 10 days of bed rest on skeletal muscle in healthy older adults. JAMA 297(16):1772–4

[112] Ferrando AA, Stuart CA, Sheffield-Moore M, Wolfe RR (1999) Inactivity amplifies the catabolic response of skeletal muscle to cortisol. J Clin Endocrinol Metab 84(10):3515–21

[113] Penna F, Busquets S, Pin F, Toledo M, Baccino FM, López-Soriano FJ, Costelli P, Argilés JM (2011) Combined

approach to counteract experimental cancer cachexia: eicosapentaenoic acid and training eXErcise. J Cachexia Sarcopenia Muscle 2(2):95–104

[114 Donatto FF, Neves RX, Rosa FO, Camargo RG, Ribeiro H, Matos-Neto EM, Seelaender M (2013) Resistance eXErcise modulates lipid plasma profile and cytokine content in the adipose tissue of tumour-bearing rats. Cytokine 61(2):426–32

[115] Lira FS, Yamashita AS, Rosa JC, Koyama CH, Caperuto EC, Batista ML Jr, Seelaender MC (2012) EXErcise training decreases adipose tissue inflammation in cachectic rats. Horm Metab Res 44(2):91–8

116] de Lima C, Alves LE, Iagher F, Machado AF, Bonatto SJ, Kuczera D, de Souza CF, Pequito DC, Muritiba AL, Nunes EA, Fernandes LC (2008) Anaerobic eXErcise reduces tumor growth, cancer cachexia and increases macrophage and lymphocyte response in Walker 256 tumorbearing rats. Eur J Appl Physiol 104(6):957–64

[117] Strasser EM, Stättner S, Karner J, Klimpfinger M, Freynhofer M, Zaller V, Graf A, Wessner B, Bachl N, Roth E, Quittan M (2009) Neuromuscular electrical stimulation reduces skeletal muscle protein degradation and stimulates insulin-like growth factors in an age- and current-dependent manner: a randomized, controlled clinical trial in major abdominal surgical patients. Ann Surg 249(5):738–43

Körperliche Aktivität, Sport, Genetik und kardiovaskuläre Erkrankungen

Herbert Löllgen, Eric Schulze-Bahr, Ruth Löllgen, Norbert Bachl

16.1 Einführung – 393

16.2 Epidemiologie – 393
16.2.1 Langes QT-Syndrom (LQT-Syndrom, Long-QT-Syndrom) – 393
16.2.2 Kurzes QT-Syndrom (SQT-Syndrom, Short QT-Syndrom) – 395
16.2.3 Syndrom der frühen Repolarisation – 397
16.2.4 Brugada-Syndrom (BrS) – 397
16.2.5 Catecholaminerge polymorphe ventrikuläre Tachykardie (CPVT, catecholaminergic polymorphic ventricular tachycardia) – 398
16.2.6 Wolff-Parkinson-White-Syndrom (WPW-Syndrom, Präexcitations-Syndrom) – 398
16.2.7 Vorhofflimmern – 401

16.3 Kardiomyopathien – 402
16.3.1 Hypertrophe Kardiomyopathie (HCM) und hypertrophe obstruktive Kardiomyopathie (HOCM) – 402
16.3.2 Arrhythmogene rechtsventrikuläre Kardiomyopathie (oder Dysplasie) (ARVD) – 405
16.3.3 Linksventrikuläre Non-Compaction Kardiomyopathie (NCCM) – 406
16.3.4 Dilatative Kardiomyopathie – 407
16.3.5 Mitochondriale DNA-Erkrankung mit kardialer Beteilung – 407
16.3.6 Koronare Herzkrankheit – 407

16.4 Körperliche Aktivität und Training – 409
16.4.1 Allgemeine Hinweise – 409
16.4.2 Molekulare Mechanismen – 409

N. Bachl, H. Löllgen, H. Tschan, H. Wackerhage, B. Wessner (Hrsg.),
Molekulare Sport- und Leistungsphysiologie,
https://doi.org/10.1007/978-3-7091-1591-6_16

16.4.3 Trainingseffekte bei Herzkrankheiten – 409

16.5 Genetische Untersuchungen bei Sportlern und deren Angehörigen – 411

16.5.1 Risikoabschätzung – 411

16.5.2 Leitlinie zur sportärztlichen Vorsorgeuntersuchung – 412

16.6 Empfehlungen nach den Leitlinien der AHA – 412

16.6.1 Empfehlung zur genetischen Untersuchung bei langem QT-Syndrom (LQTS) – 412

16.6.2 Empfehlung zur genetischen Untersuchung bei katecholaminerger polymorpher Kammertachykardie (Catecholaminergic polymorphic ventricular tachycardia, CPVT) – 413

16.6.3 Empfehlung zur genetischen Untersuchung bei Brugada-Syndrom (BrS) – 413

16.6.4 Empfehlung zur genetischen Untersuchung bei hypertropher Kardiomyopathie (HCM) – 414

16.6.5 Empfehlung zur genetischen Untersuchung bei arrhythmogener rechtsventriulärer Kardiomyopathie/Dysplasie (AMC/ARVD) – 414

16.6.6 Empfehlung zur postmortalen genetischen Untersuchung nach einem plötzlichen und unerwarteten Tod (sudden unexpected death – SUD; sudden infant death syndrom – SIDS) – 414

Literatur – 414

Regelmäßige körperliche Aktivität hat zahlreiche positive Auswirkungen in der Prävention und Therapie von kardiovaskulären und anderen Erkrankungen. Körperliche Aktivität kann wie ein Medikament mit Wirkungen und Nebenwirkungen eingesetzt werden. Kardiale Komplikationen im Sport sind selten, treten sie aber auf, stellen sie ein dramatisches Ereignis dar. Besonders problematisch sind plötzliche Zwischenfälle und der plötzliche Tod im Kindesalter. In diesem Kapitel werden die genetisch bedingten elektrischen und strukturellen Ursachen kardialer Zwischenfälle dargestellt, insbesondere die Ionenkanalerkrankungen und verschiedenen Formen genetisch bedingter Kardiomyopathien sowie die auslösenden Trigger. Ergänzend werden das WPW-Syndrom und das Vorhofflimmern bei Sportlern erläutert; bei beiden Arrhythmien spielen genetische Faktoren teilweise ebenfalls eine Rolle. Die Diagnostik allgemein und die genetische Abklärung werden dargestellt, ebenso die Risikoabschätzung und die Konsequenzen für die sportärztliche Vorsorgeuntersuchung. Ergänzend werden die aktuellen Empfehlungen zur genetischen Untersuchung aufgeführt.

16.1 Einführung

Regelmäßige körperliche Aktivität hat positive Auswirkungen in der Prävention zahlreicher Krankheiten und wirkt als Therapie bei kardiovaskulären und verschiedenen anderen Erkrankungen. Körperliche Aktivität kann wie ein Medikament mit Wirkungen und Nebenwirkungen eingesetzt werden. Kardiale Komplikationen im Sport sind selten, wenn sie aber auftreten, stellen sie ein dramatisches Ereignis dar, wie Szenen im Profisport, aber auch im Freizeitsport belegen. Besonders problematisch sind plötzliche Zwischenfälle und der plötzliche Tod im Kindesalter. Hier, wie aber auch gelegentlich im Alter, spielen genetische Veranlagungen eine entscheidende Rolle. Sie können in vielen Fällen bei einer qualifizierten Vorsorgeuntersuchung erkannt werden [1–6]. Zusätzliche genetische Analysen können Betroffenen helfen, aber auch Familienangehörigen, um erneute kardiale Zwischenfälle zu vermeiden.

Der kardial bedingte Zwischenfall beruht auf einer strukturellen Grundkrankheit (◘ Tab. 16.1) und einem Trigger für maligne Arrhythmien (◘ Tab 16.2).

Die Grundkrankheit ist häufig eine genetisch bedingte Herzerkrankung (◘ Tab. 16.1) mit einem elektrophysiologisch oft instabilen Substrat.

Genetisch bedingte Erkrankungen werden in „elektrische" Erkrankungen unterteilt, meist Ionenkanalerkrankungen, sowie Herzmuskelerkrankungen, bei denen es sich überwiegend um Kardiomyopathien handelt (◘ Tab. 16.3) [10–13]. Eine aktuelle erweiterte Einteilung ist erst vor einiger Zeit publiziert worden [14].

16.2 Epidemiologie

Die Prävalenz genetisch bedingter kardialer Erkrankungen ist niedrig, jedoch unterschiedlich je nach Ländern und ethnischen Zusammensetzungen. Die hypertrophe Kardiomyopathie liegt um 1:500 in den Ländern mit afro-amerikanischer Bevölkerung, die ARVD ist hingegen häufiger in Italien. Ionenkanalerkrankungen liegen um 1:2000 [5, 10, 13, 25, 26], mit einer etwas größeren Häufigkeit in den asiatischen Ländern [25, 26].

16.2.1 Langes QT-Syndrom (LQT-Syndrom, Long-QT-Syndrom)

Das LQT-Syndrom wird in acht und mehr Subtypen unterteilt [26, 27], entsprechend dem chomosomalen Locus (◘ Tab. 16.4). Klinisch bedeutsam sind LQT 1, 2 und 3. Die Diagnose basiert auf klinischen Symptomen und Befunden und der QT-Dauer im Ruhe-EKG. Die Grenzwerte für die QT-Dauer sind in Empfehlungen der ESC und der AHA unterschiedlich [26, 28, 29] (◘ Tab. 16.5), die definitive Diagnose wird nach einem Punkte-Score gestellt (◘ Tab. 16.5). Entsprechend der Punktzahl wird die Wahrscheinlichkeit als gering oder hoch eingeteilt.

Die Typen 1–3 haben unterschiedliche Trigger als Arrhythmie-Auslöser.

Neben den aufgeführten Genen spielt offensichtlich auch das Gen NOS1AP eine Rolle für den plötzlichen Tod beim LQT-Syndrom [28]. Dieses Gen kodiert das Protein CAPON, welches wiederum die NO-Synthase reguliert.

■ **Tab. 16.1** Angeborene kardiale Erkrankungen mit genetischem Hintergrund

Ionenkanalerkrankungen oder „elektrische" Leitungsstörungen
Langes-QT-Syndrom
Brugada-Syndrom
Katecholaminerge polymorphe ventrikuläre Tachykardie (CPVT)
Kurzes QT-Syndrom
Frühe Repolarisation
Kardiale Leitungserkrankung (Cardiac conduction disease) (CCD)
Progressive kardiale Überleitungsstörungen
Ungeklärter Herzstillstand: Idiopathisches Kammerflimmern
Ungeklärter Herzstillstand: Plötzliches ungeklärtes Tod-Syndrom und plötzlicher, ungeklärter Tod bei Kindern
Angeborenes Arrhythmie-Syndrom
WPW-Syndrom (?)
Vorhofflimmern (?)
Herzmuskelerkrankungen
Hypertrophe obstruktive oder nicht-obstruktive Kardiomyopathie (engl. HOCM, HCM)
Dilatative Kardiomyopathie (familiäre)
Arrhythmogene rechtsventrikuläre Dysplasie oder Kardiomyopathie (ARVD) (Arrhythmogenic right ventricular dysplasia)
Linksventrikuläre non-compaction Kardiomyopathie
Weitere Erkrankungen mit genetischer Ursache
Marfan-Syndrom
Familiäre Fettstoffwechselerkrankung (Hypercholesterinämie)
Koronare Herzkrankheit (möglich)

16

Klinische Untersuchungen bei Erwachsenen und bei dokumentiertem und genetisch nachgewiesenem LQT-Syndrom ergaben typische Risikoindikatoren. Für ein kardiales Ereignis spielen das weibliche Geschlecht eine Rolle, die korrigierte QT-Dauer (> 500 ms), der LQT2-Genotyp und Ereignisse vor dem 18. Lebensjahr. Eine Therapie mit einem ß-Blocker bewirkte eine 60%ige Risikoreduktion [30].

Meist wird eine Kammerarrhythmie ausgelöst, die zu Kammerflimmern degeneriert und zum Herzstillstand führt. Beim Typ 1 (ca. 35%, KCNQ1) wird die Rhythmusstörung häufig durch Schwimmen in kaltem Wasser, Tauchen oder körperliche Belastung ausgelöst [10, 11]. Ackermann et al. [11] vermuten, dass etwa 30% der Ertrinkungsunfälle bei Kindern und Jugendlichen durch ein nicht erkanntes LQT ausgelöst werden und nicht durch einen Unfall [31, 32]. Diese Feststellung beruht auf der postmortalen DNA-Analyse [33]. Das LQT2-Syndrom (30%, KCNQH2) wird durch akustische Reize ausgelöst (z. B. bei Kleinkindern durch plötzliche sehr laute Geräusche). Typ 3 (SCN5A, ca. 10%) reagiert auf einen akuten Stress oder auch im Schlaf mit der gefährlichen Arrhythmie. Alle Medikamente, die zu einer QT-Verlängerung führen können, sind naturgemäß zu vermeiden [10, 32, 34].

Daneben gibt es erworbene QT-Verlängerungen, die vor allem durch Medikamente, zum Teil in Kombination und mit zusätzlicher Elektrolytverschiebung bei schwerer körperliche Belastung auftreten können. So können Antihistaminika, vor allem ältere Präparate wie Terfenadin, alleine oder auch zusammen mit Makrolidantibiotika eine QT-Verlängerung auslösen. Bei der Betreuung von Sportlern empfiehlt sich, die Liste QT-verlängernder Substanzen bereitzuhalten [21, 26, 35, 36].

Tab. 16.2 Trigger eines akuten kardialen Ereignisses [7–9]

Ionenkanalerkrankungen oder „elektrische" Leitungsstörungen
Physikalische Trigger:
Körperliche Aktivität, sexuelle Aktivität
Infektionen (z. B. Influenza)
Ernährung: Kaffee, Alkohol, üppiges Essen
Nikotin, Kokain, Marihuana
Psychologische Trigger:
Ärger, Angst, Depression, Frustration
negativer Stress am Arbeitsplatz
Erdbeben, Krieg und Terror-Attacken
Sportereignisse (Meisterschaften etc.)
Chemische Trigger (UmgebungsnoXEn):
Feinstaubbelastung, Smog
Temperaturänderungen

Bei kongenitalem LQT-Syndrom nach einem überstandenen Herzstillstand oder bei leicht auslösbaren kompleXEn ventrikulären Tachykardien ist die Indikation zur ICD-Implantation gegeben.

Vom Wettkampfsport ist in jedem Fall abzuraten. Je nach Typ ist auch das Freizeitverhalten (Schwimmen, Tauchen) anzupassen oder nur bei entsprechender Überwachung möglich.

Empfehlungen zu einer genetischen Untersuchung bei Verdacht oder Nachweis eines LQT-Syndroms sind in ► Abschn. 16.6 aufgelistet. Die Unterscheidung nach Genetik hat beim LQT-Syndrom auch Konsequenzen für die Therapie [34].

16.2.2 Kurzes QT-Syndrom (SQT-Syndrom, Short QT-Syndrom)

Ein kurzes QT-Syndrom ist genetisch bedingt und kann bei funktionell normalem Herzen auftreten [13, 28, 37]. Drei genetische Varianten sind bekannt

Tab. 16.3 Genetische Defekte bei monogenetischen Krankheiten (HCM) [10, 15–24]

HCM				
Gen-Symbol	Häufigkeit (%)	Chr. Locus	Erbgang	Protein
MYH7	40	14q.12	AD	ß-Myosin Schwerketten
MYBPC3	40	11p11.2	AD	Myosin-bindendes Protein
TNNT2	5	1q32	AD	Troponin T
TNNI3	5	19q13.4	AD	Troponin I
TPM1		15q22.1	AD	α-Tropomyosin
MYL2		12q24.3	AD	Regulatorische Myosin Leichtketten
MYL3		3p21	AD	Essentielle Myosin Leichtketten
ACTC1		15q.14	AD	Actin
TTN		2q31	AD	Titin
CSRP3		11p15.1	AD	Muskel LIM Protein
TCAP		17q12	AD	Telethonin
MYCZ2		4q26	AD	Myozenin 2
VCL		10q22.1	AD	Vinculin
PRKAG2		7q.3		AMP-Kinase
LAMP2		Xq24	X-Linked	Lysosom-assoziiertes Membran-Protein 2
GLA		Xq22	X-Linked	A-Galaktosidase

Chr = chromosomal, AD = autosomal dominant

Tab. 16.4 Genetische Fehler bei monogenetischen Krankheiten (LQTS) [10, 15–17, 26, 28]

LQTS				
Gen-Symbol	Häufigkeit (%)	Chr. Locus	Erbgang	Protein
KCNQ1	35	11p15.5	AD/AR	IKsK$^+$-Kanal α-Einheit KvLQT1
KCNH2	40	7q35-q36	AD	IKyK$^+$-Kanal α-Einheit HERG
SCN5A	10	3p21	AD	Kardiale Na$^+$Kanal α-Einheit
KCNJ2		17q23.1-q24.2	AD	IK1K$^+$-Kanal Kir 2.1
KCNE1		21q22.1-q22.2	AD/AR	IK1K$^+$-Kanal ß-Einheit MinK
KCNE2		21q22.1-q22.2	AD	IK1K$^+$-Kanal ß-Einheit MIRP
ANK2		4q25-q27	AD	Ankyrin B
CACNA1c		12p13.3	AD	Ca^{2+}-Kanal α-Einheit
SCN4b		11q23.3	AD	Na$^+$-Kanal ß-Einheit
Cav 3		3p24	AD	Caveolin
AKAP9		7q21-q22	AD	A-Kinase Anchoring Protein
SNTA1		20q11.2	AD	α1-Synthrophin
KCNJ5		11q23.3-q24.3	AD	Kir 3.4 Einheit des IKAchKanals

Chr = chromosomal; AD = autosomal dominant

Tab. 16.5 Diagnostische Kriterien und Schweregrad-„Score" beim LQT-Syndrom [2]

Diagnostische Kriterien		Punkte (P)
QTc-Intervall	> 480 ms:	3 P
	> 460–470 ms:	2 P
	> 450 (männl.) ms:	1 P
Torsade de pointes		2 P
T-Wellen-Alternans		1 P
T-Wellen abnorm in	> 3 Ableitungen:	1 P
Relative Bradykardie		0,5 P
Synkope bei Belastung		2 P, keine: 1 P
Angeborene Taubheit		0,5 P
Familienanamnese mit langem QT		1 P
- mit plötzlichem Herztod		0,5 P

Ergebnis:
> 4 Punkte: hohe Wahrscheinlichkeit eine LQT-Syndroms
> 4 Punkte: hohe Wahrscheinlichkeit eine LQT-Syndroms
< 1 Punkt: niedrige Wahrscheinlichkeit eine LQT-Syndroms

(KCNH2 für Ikr [SQT1], KCNQ1 für Iks [SQT2] und KCNJ2 für Ikl [SQT3]) [13]. Dieses autosomal dominante Syndrom wird bei Kindern oder auch jungen Erwachsenen beobachtet. Es liegt eine Mutation der Kodierung des K^+-Kanals vor (s. o.).

Das Auftreten ist selten, die Diagnose basiert auf der EKG-Analyse mit einer typischen hohen T-Welle und einer kurzen QT-Dauer (QTc) unter 360 oder 350 ms [28]. Die oft abnorm kurze QT-Dauer ist mitunter kombiniert mit Vorhofflimmern und bedrohlichen ventrikulären Arrhythmien. Typisch ist die schmale hohe T-Welle in den präkordialen Ableitungen.

Eine ICD-Implantation ist indiziert, wenn Kammerflimmern leicht ausgelöst werden kann. Dies kann bei Kindern oft problematisch sein. Eine elektrophysiologische Abklärung wird immer empfohlen. Eine genetische Untersuchung wird empfohlen (► Abschn. 16.6).

Von intensivem Sport, vor allem mit Wettkampfcharakter, wird abgeraten.

16.2.3 Syndrom der frühen Repolarisation

Verschiedene Autoren haben eine frühe Repolarisation im EKG bei plötzlichen Todesfällen beschrieben. Diese kann angeboren oder erworben sein. Sie tritt auf bei Hypothermie (Osborn-Welle), beim akuten Myokardinfarkt (Ischämie) und angeboren beim plötzlichen Herztod philippinischer junger Männer im Schlaf („bangungut") [37]. So wurden in Manila in 34 Jahren 722 solcher plötzlicher Todesfälle bei scheinbar gesunden jungen Männern beschrieben, in den USA bei Einwanderern aus dieser Region 120 Ereignisse.

Antzelevitch et al. [37] schlagen vor, diese Syndrome der frühen Repolarisation als J-Wellen-Syndrom zu bezeichnen, worunter die frühen Repolarisations-Syndrome, aber auch das Brugada-Syndrom und die CPVT als quasi ein Kontinuum erfasst werden. Drei Typen werden dabei unterschieden: frühe Repolarisationen in den lateralen Ableitungen (Typ 1) bei jungen Männern, selten mit Kammerflimmern verbunden, Typ 2 mehr in den inferioren Ableitungen mit einem hohen Risiko für Rhythmusstörungen und Typ 3 mit globalen EKG-Veränderungen mit dem höchsten Risiko für maligne Arrhythmien. Für jeden dieser Typen sind Gen-Mutationen beschrieben [37]. Allen gemeinsam ist eine Störung des Auswärts-Stromes (Ito) an der Zellmembran. Elektrokardiographisch liegt eine J-Punkt-Anhebung über 0,1 oder 0,2 mV vor mit leichter ST-Hebung („slurring") oder mit einer Zacke in der aufsteigenden ST-Strecke („notched J"). Diese Veränderungen müssen in mindestens zwei benachbarten Ableitungen vorliegen. Zu diesem Syndrom gehört auch die unspezifische frühe Repolarisation, die bei finnischen jungen Männern beschrieben wird. Auch hier wird ein erhöhtes Risiko für einen vorzeitigen kardialen Tod bei Menschen im mittleren Lebensalter beschrieben [38, 39]. Die Syndrome der frühen Repolarisation müssen in jedem Fall umfassend abgeklärt werden.

Eine J-Punkt-Anhebung ohne ST-Hebung wird von Wellens [9] nicht unbedingt als krankhaft angesehen. Ebenso wird eine rasch aszendierende ST-Strecke nicht unbedingt als gefährlich angesehen [38, 39]. Mit einem größeren Arrhythmie-Risiko wird die deszendierende Form der ST-Strecke bei früher Repolarisation eingestuft. Diese wird auch häufiger bei Menschen mit koronarer Herzkrankheit gesehen [38]. Auch soll bei der J-Punkt-Anhebung eine längere QT-Dauer problematischer, also mit höherem Risiko verbunden sein. Weitere Untersuchungen sind zur sicheren Abgrenzung und Risikoabschätzung bei diesem Syndrom erforderlich.

16.2.4 Brugada-Syndrom (BrS)

Dieses Syndrom ist benannt nach den Erstbeschreibern, die Brüdern Brugada (1992). Es ist wahrscheinlich häufiger als bisher angenommen; möglicherweise wurde zu wenig danach gesucht. Elektrophysiologisch besteht eine Nähe zum Symptom der frühen Repolarisation (s. o.) [37]. Der genetische Nachweis beruht auf dem Gen SCN5A.

Im Rahmen der Diagnostik spielt die Familienanamnese keine größere prognostische Bedeutung [30, 40]. Bei verdächtigen Rechtsschenkelblockbildern sollte man aber immer an ein BrS denken und zur Diagnose einen Ajmalin-Test durchführen (oder

Flecainid-Test). Auch für das Brugada-Syndrom gibt es mehrere Varianten (Typ 1 bis Typ 3) [26, 41–43].

Nach gesicherter Diagnose ist je nach Anamnese und Klinik die Implantation eines ICD angezeigt. Die Prognose wird ungünstig nach überstandenem Herzstillstand oder Synkopen, bei männlichem Geschlecht, typischem spontanen EKG und komplexen ventrikulären Arrhythmien, besonders bei der EPU. Hier ist meist die Indikation zum ICD gegeben.

Vom Wettkampfsport wird man bei einem solchen Krankheitsbild unbedingt abraten, nach ICD-Versorgung ist Freizeitsport möglich. Von Schwimmen ohne Aufsicht wird abgeraten. Die genetische Diagnostik ist in ► Abschn. 16.6 aufgeführt. Bedingt durch das hohe Risiko bei nicht entdecktem BrS sollte die Abklärung auch von Familienmitgliedern großzügig erfolgen (◘ Abb. 16.1) [13].

16.2.5 Catecholaminerge polymorphe ventrikuläre Tachykardie (CPVT, catecholaminergic polymorphic ventricular tachycardia)

Diese Ionenkanalerkrankung wurde erstmals von Coumel (1978) beschrieben und kann bei erschöpfender körperlicher Belastung zu bedrohlichen Rhythmusstörungen führen. Eine Kalzium-Überladung wird als mögliche Ursache diskutiert [28].

Als Mutationen werden Proteine des sarkoplasmatischen Retikulums beschrieben, so der Rhodanid Rezeptor (RyR2) (autosomal dominant) und das kardiale Calsequestrin (CASq2) (autosomal recessiv) als genetische Ursache [28]. Diese Beobachtung erklärt, dass nicht spannungsabhängige Ionenkanäle der kardialen Myozytenmembran Substrate der Ionenkanalerkrankungen sein können, sondern auch Veränderungen im sarkoplasmatischen Retikulum [28].

Die Diagnostik muss immer mit einer erschöpfenden Ergometerbelastung durchgeführt werden, um eine Arrhythmie bei Verdacht auszulösen. In seltenen Fällen können emotionale Belastungen zu einer Arrhythmie führen. Eine elektrophysiologische Testung ist meist negativ. Die Behandlung beginnt in der Regel mit einem ß-Rezeptoren-Blocker, die Sport- und Trainingsart sind zu berücksichtigen. Ein ICD kann mitunter notwendig werden.

Vom Wettkampfsport wird abgeraten bei Nachweis von ventrikulären Arrhythmien [12, 44, 45].

Nach einer älteren Studie an 21 Kindern wird vermutet, dass die CPVT auch eine Variante des LQT-Syndroms darstellen kann [42]. Eine Behandlung mit ß-Rezeptoren-Blockern hatte gute Ergebnisse nach sieben Jahre Beobachtungszeit [42].

16.2.6 Wolff-Parkinson-White-Syndrom (WPW-Syndrom, Präexcitations-Syndrom)

Neuere Studien haben ergeben, dass bei einigen wenigen Patienten und auch Sportlern eine hereditäre Komponente möglich ist. Eine genetische Testung wird aber nicht angeraten. Nach dem derzeitigen Stand ist die Mehrzahl der WPW-Syndrome nicht durch eine genetische Mutation bedingt [46].

Das Krankheitsbild des WPW-Syndroms beruht auf einem akzessorischen (zusätzlichen) Leitungsbündel vom Vorhof zum infra-AV-nodalen Bereich; mehrere Varianten sind bekannt (◘ Abb. 16.2).

Das diagnostische Vorgehen ist in ◘ Tab. 16.6 aufgeführt. Bei Sportlern mit häufigen Episoden von supraventrikulären Arrhythmien (Tachykardien) ist eine elektrophysiologische Untersuchung indiziert bei gleichzeitiger Bereitschaft zur Ablation des akzessorischen Bündels. Das Risiko ist gering, der Erfolg sehr groß.

Probleme können dann entstehen, wenn das akzessorische Bündel sehr nahe am benachbarten AV-Knoten liegt. Als Kriterium zur Ablation haben Santinelli et al. [40] eine antegrade Refraktärperiode von unter 240 ms vorgeschlagen [23]. Bei Hochleistungssportlern mit WPW-Syndrom wird diskutiert, ob die Indikation zur Ablation großzügiger gestellt werden kann [47, 48].

Kommt es zu intermittierendem Vorhofflimmern, ist eine Ablation immer indiziert, da das akzessorische Bündel dann sehr schnell überleiten kann. Funktionell entsteht dann ein Kammerflimmern mit dem Risiko eines Herzstillstandes (◘ Abb. 16.2).

Eine Indikation zur genetischen Abklärung besteht nicht, derzeit allenfalls aus wissenschaftlichem Interesse oder bei einer familiären Häufung [47].

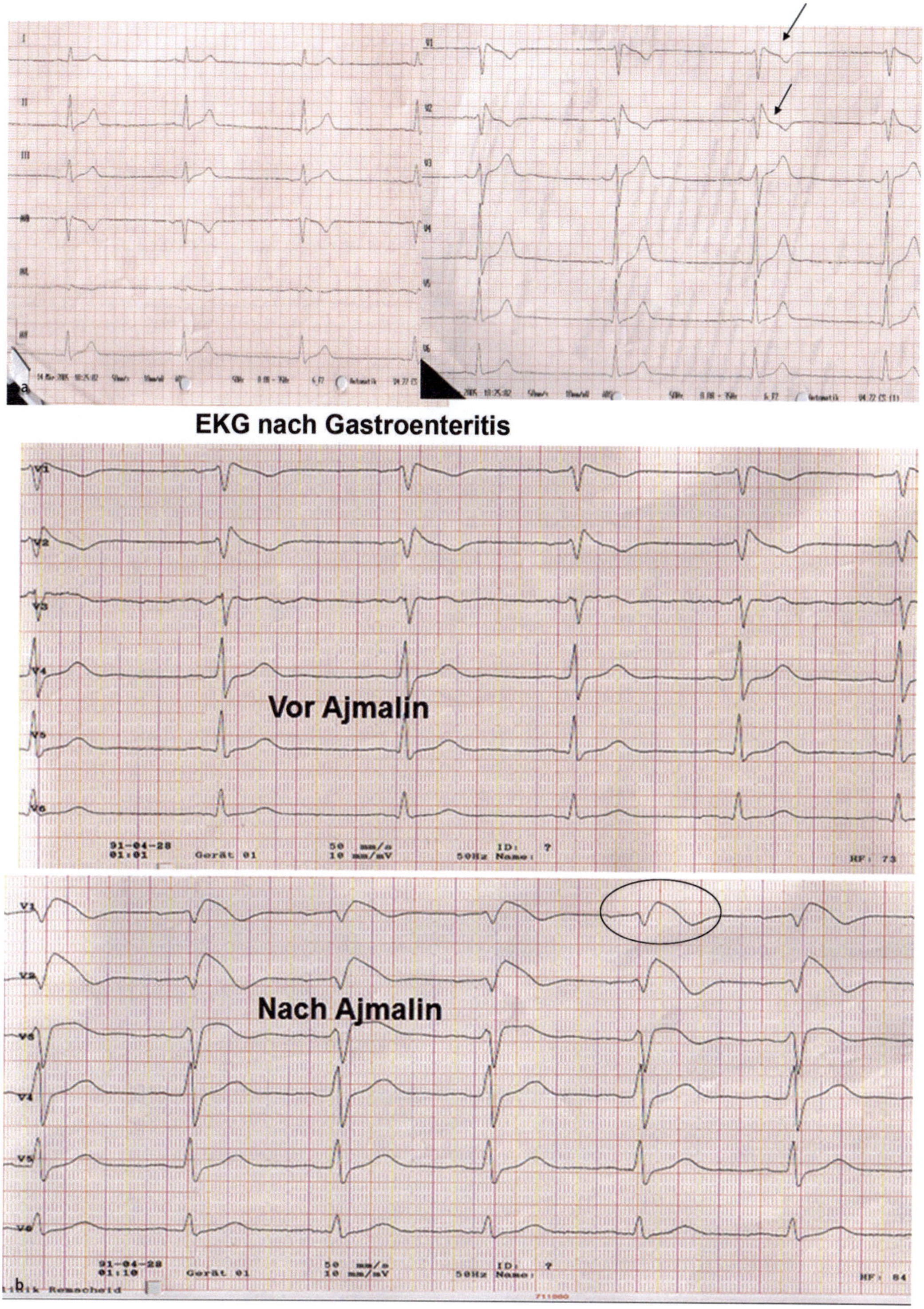

EKG nach Gastroenteritis

Vor Ajmalin

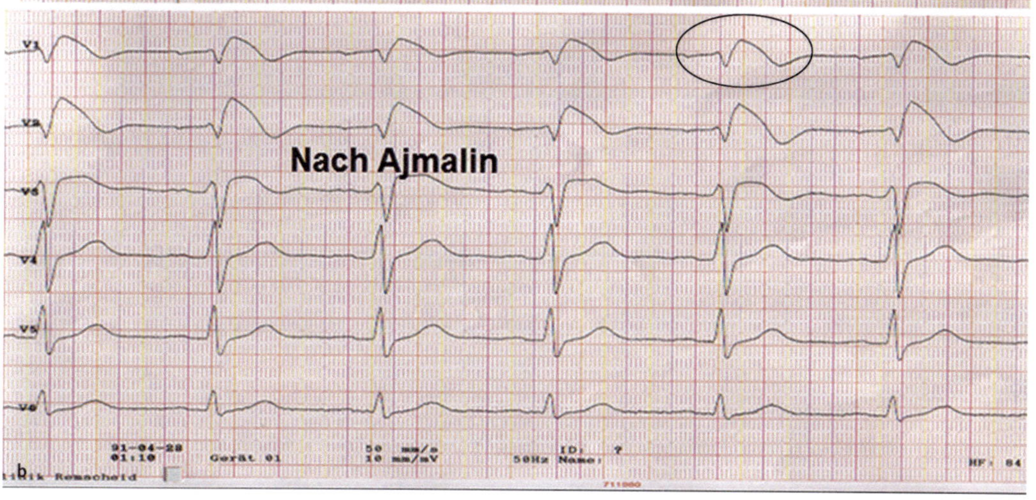

Abb. 16.1 Beispiel für ein Brugada-Syndrom (oben: EKG vor Test; unten: nach Gabe von Ajmalin) [88].

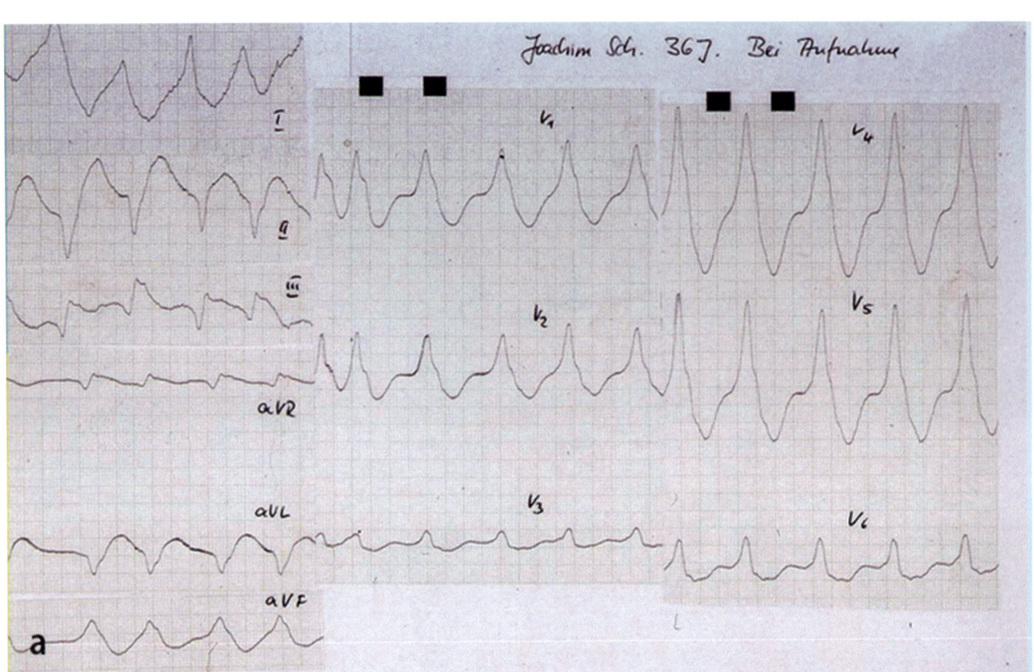

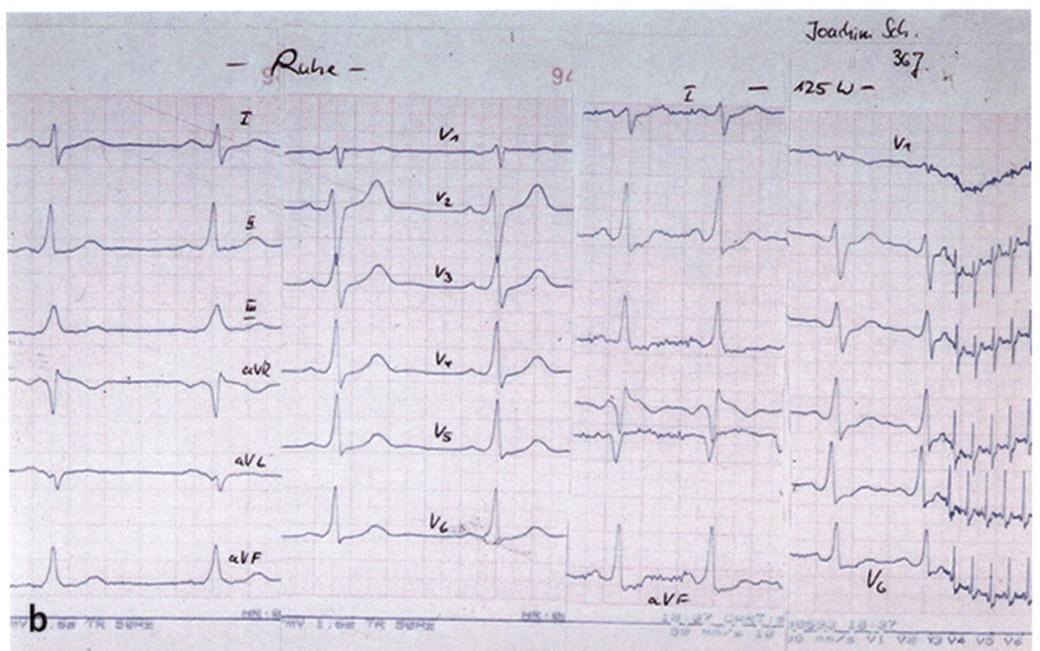

Abb. 16.2 Beispiel für ein Präexcitations-Syndroms. **a** EKG bei Aufnahme nach Defibrillation auf dem Fußballfeld; jetzt Tachykardie (Vorhofflimmern) mit breitem Kammerkomplex, **b** nach erneuter Kardioversion Sinusrhythmus mit typischer Delta-Welle, zugleich Belastungstest mit falsch-positiver ST-Senkung. Nach Ablation des akzessorischen Bündels keine Delta-Welle und keine Arrythmien mehr [88].

16

Tab. 16.6 Supraventrikuläre Arrhythmien und WPW-Syndrom: Ursachen und Vorgehen (modifiziert nach [40])

Supraventrikuläre Arrhythmien und WPW-Syndrom
AVNRT (AV-node Reentry Tachycardia):
Meist typische Palpitationen
Diagnostik: EKG, Langzeit-EKG, Event-Recorder
Sport: ja, je nach Häufigkeit, Dauer, Sportart (z. B. Schwimmen).
Therapie: medikamentös je nach Sportart, BB, Klasse I AA „pill in the pocket", Ablation
WPW-Syndrom:
Therapie: Pill in the pocket, Ajmalin, BB
Ablation bei:
Induzierbarer Tachykardie, antegrader Refraktär-Periode (APERP), von ≤ 240 ms, multiple akzessorische Bahnen [40]
Sportler mit WPW-Syndrom (Leistungssportler):
EPU (elektrophysiologische Untersuchung) zur Risikoabschätzung

16.2.7 Vorhofflimmern

Nach neueren Beobachtungen ist intermittierendes, mitunter auch permanentes Vorhofflimmern bei Sportlern häufiger als bisher angenommen [49, 50]. Betroffen sind eher ältere Sportler und solche mit Ausdauersportarten. Zwei Mechanismen werden diskutiert: zum einen eine vagale Komponente bei nächtlichen Bradykardien mit einem „Escape"-Vorhofflimmern und zum anderen eine mögliche Ermüdung bei Kontraktionsstörungen des rechten Vorhofes (Tab. 16.7). Letztere Hypothese bedarf jedoch der weiteren Untersuchung. Eine Abklärung und Therapie des Vorhofflimmerns erfolgt nach den aktuellen Leitlinien. Eine medikamentöse Therapie ist möglich, die jeweilige Sport- und Trainingsart ist zu berücksichtigen, da nicht alle Medikamente von den Sportlern gleich gut toleriert werden.

Bei neu aufgetretenem bzw. kurz bestehendem Vorhofflimmern wird man heute die Pulmonalvenenablation großzügig und mit gutem Erfolg empfehlen [47, 48]. Dabei ist darauf hinzuweisen, dass bei der Ablation auch parasympathische Ganglien ablatiert werden können. Dies führt dann zu einer vorübergehenden Beschleunigung der Ruheherzfrequenz. Durch ein Ausdauertraining kann aber wieder die vorher bestehende trainingsbedingte Herzfrequenz erreicht werden. Der Sport kann nach der Ablation weiter betrieben werden. Allerdings ist über sechs Monate eine Antikoagulation erforderlich. Regelmäßige Kontrollen mit einem Langzeit-EKG über mehrere Tage sind nach erfolgreicher Ablation notwendig, um ein erneutes Vorhofflimmern zu erkennen.

Eine familiäre Häufung ist in einigen Fällen beschrieben, eine genetische Komponente ist

Tab. 16.7 Vorhofflimmern und Sport: Identifizierung von Patienten mit einem erhöhten Risiko [49, 50]

Prädiktoren für Vorhofflimmern	Alter, Bluthochdruck, Herzklappenerkrankungen, Diabetes mellitus, Herzinsuffizienz
Kardiale Marker	ANP, CRP, IL-6, Angiotensin II, Fibrosemarker
Neuere Risikofaktoren	Diastolische Funktionsstörung, Adipositas, Schlafapnoe-Syndrom, entzündliche Veränderungen, metabolisches Syndrom
Intensives Ausdauertraining	Hier besonders Jogger, jüngere Männer, gesteigerte nächtliche Vagusaktivierung
Genetische Faktoren	KCNQ1, KCNE2, KCNE5,GJA5, SCN5A, SCN1B/2B

möglich, wenngleich selten. Eine routinemäßige genetische Abklärung ist derzeit nicht indiziert.

16.3 Kardiomyopathien

16.3.1 Hypertrophe Kardiomyopathie (HCM) und hypertrophe obstruktive Kardiomyopathie (HOCM)

Diese Erkrankung ist eine der häufigen Ursachen kardialer Zwischenfälle und Todesfälle bei Sportlern in den USA, aber auch bei afro-amerikanischen Sportlern, die in Europa sportlich aktiv sind. Die HCM und HOCM sind vererbbare Erkrankungen mit typischen genetischen Veränderungen [5, 6, 12, 26, 31, 51–54]. Allerdings findet man nur in 30–60% eine typische Sarkomeren-Mutation [55]. Folgende Mutationen werden in der Regel überprüft und gefunden (siehe auch ◘ Tab. 16.3, ◘ Tab. 16.8, ◘ Tab. 16.9, ◘ Tab. 16.11):

- Myosin-bindendes Protein C (MYBPC3),
- Schwerketten-ß-Myosin (MYH7),
- Leichtketten-Myosin (regulatorisch und essentiell wirkend) (MYL2, MYL3),
- Kardiales Troponin T, I (TNNT2 und TNNI3), alpha-Tropomyosin (TPM1) und kardiales Actin (ACTC).

Die aktuellen Details zur Genetik der HCM finden sich bei Maron et al. [19]. Dort werden auch Kriterien kritisch erläutert, mit denen die Wahrscheinlichkeit einer pathologischen Mutation bewertet werden kann. In einem Flussdiagramm wird das Familien-Screening eingehend erläutert [57], eine Kurzform zeigt die ◘ Tab. 16.12.

Eine sportärztliche Vorsorgeuntersuchung zur Früherkennung der HCM ist in Europa bei Fußballspielern der oberen Ligen obligat, in Italien bei allen Sportlern. Ein EKG und eine Herzultraschalluntersuchung gehören bei den Fußballspielern dazu, bei anderen Sportlern je nach klinischer Indikation. Bei einer HCM mit oder ohne Ausflussbahnobstruktion treten Arrhythmien durch eine verminderte Koronarperfusion bei starken körperlichen Belastungen und entsprechend hohen intrakavitären Druckwerten mit einer erhöhten Wandspannung auf. Bei einer HOCM hängt die Flussminderung vom Ausmaß der Obstruktion ab. Eine Testung mittels Stressecho unter Belastung ermöglicht, das funktionelle Ausmaß der Linkshypertrophie besser abzuschätzen.

Die Diagnose der HCM beruht auf Anamnese, Klinik mit Zunahme des systolischen Geräusches vom Liegen zum Stehen sowie dem Ruhe-EKG mit mehr oder weniger ausgeprägten Zeichen einer Linkshypertrophie meist über der gesamten Vorderwand. Wegweisend ist die meist tief negative T-Welle über mindestens 2–3 Ableitungen [31]. Die

◘ **Tab. 16.8** Mögliche genetische Ursachen einer hypertrophen Kardiomyopathie. (Die ausführlichen Angaben zu Genmutationen sind bei Maron et al. [19] und Noseworthy [21, 23] zu finden.)

Hohe Evidenz	
Dickes Filament	ß-Myosin (Schwerketten), z. B. MYH7 Regulatorisches Myosin (Leichtketten), z. B. MYl2 Essentielles Myosin (Leichtketten), z. B. MYl3
Dünnes Filament	Troponin T, I, C, alpha-Tropomyosin, alpha-kardiales Actin
Intermediäres Filament	Kardial Myosin-bindendes Protein C
Z-Scheibe	**Alpha-Actin 2, Myozenin 2**
Niedrige Evidenz	
Dickes Filament	Alpha-Myosin (Schwerketten), Titin
Z-Scheibe	Muskel-LIM-Protein, Telethonin Vinculin/Metavinculin
Kalzium-Stoffwechsel	Calsequestrin, Junctophilin 2

Tab. 16.9 Gene und Loci bei HCM [21, 23]

	Gen-Symbol	Locus	Erbgang	Elektrophysiologische Verbindungen
Dickes Filament				
β-Myosin Schwerketten	MYH7	14q12	AD	Plötzlicher Herztod häufig
Myosin-bindendes Protein C	MYBPC3	11p11.2	AD	---
Troponin T	TNNT2	1q32	AD	
Troponin I	TNNI3	19q13.4	AD	---
α-Tropomyosin	TPM1	15q22.1	AD	---
Regulatorische Myosin-Leichtketten	MYL2	12q24.3	AD	---
Essentielle Myosin-Leichtketten	MYL3	3p21	AD	---
Actin	ACTC1	15q14	AD	---
Z-Scheibe				
Titin	TTN	2q31	AD	---
Muskel LIM Protein	CSRP3	2q31	AD	---
Telethonin	TCAP	11p15.1	AD	---
Myozenin 2	MYOZ2	17q12	AD	---
Intercalated Disc		4q26		
Vinculin	VCL	10q22.1	AD	---
Storage cardiomyopsathie				
AMP-aktivierte Protein-Kinase	PRKAG2	---	AD/AR	+/- Präexzitation
Lysosomen-assoziiertes Membran-Protein 2	LAMP2	---	AD/AR	---
Protein 2				
α-Galactosidase A (Fabry Disease)	GLA	Xq22	X-Linked	Vorhofflimmern, Kammertachykardie, plötzlicher Herztod, Überleitungsstörung

AD = autosomal dominant; AR = autosomal rezessiv

Tab. 16.10 Genetische Defekte bei monogenetischen Krankheiten (DCM) [10, 15–18, 26, 56]

Gen-Symbol	Häufigkeit (%)	Chr. Locus	Erbgang	Protein
DYS		Xp21.2	X-Linked	Dystrophin
G4.5		Xq28	X-Linked	Tafazzin
LMNA	5–8	1q21		Lamin A/C
TNNT2	3–5	1q32	AD	Troponin T
ACTN		1q42-q43		α-Actinin
TTN	18–25	2q31	AD	Titin

Tab. 16.10 Fortsetzung

Gen-Symbol	Häufigkeit (%)	Chr. Locus	Erbgang	Protein
DES		2q35		Desmin
SGCD		5q33		δ-Sarcoglycan
PLN		6q22.1		Phospholamban
LBD3		10q22.3-23.2		ZASP
VCL		10q22.1	AD	Vinculin
MYBPC3		11p11.2	AD	Myosin-bindendes Protein
CSRP3		11p15.1	AD	Muskel-LIM-Protein
MYH7	4–5	14q.12	AD	ß-Myosin Schwerketten
ACTC1		15q.14	AD	Actin
TPM1		15q22.1	AD	α-Tropomyosin
unbekannt		9q13-q21		
unbekannt		3p22-p25		

Chr: chromosomal; AD: autosomal dominant

Tab. 16.11 Genetische Defekte bei monogenetischen Krankheiten (RCM)

Gen-Symbol	Häufigkeit (%)	Chr. Locus	Erbgang	Protein
MYH7	5	14q.12	AD	ß-Myosin Schwerketten
TNNI3	5	19q13.4	AD	Troponin I

Chr = chromosomal; AD = autosomal dominant

16

Tab. 16.12 Diagnostisches Vorgehen mit Herzultraschall und Magnetresonanztomographie (MRT) zur Abklärung einer familiären HCM [19].

Alter < 12 Jahre	Optional, wenn nicht ein vorzeitiger Herztod durch HCM in der Familie vorgekommen ist oder eine andere schwere Komplikation
	Wettkampf-orientierter Sportler mit intensivem Training
	Auftreten von Symptomen
	Andere klinische Hinweise auf eine frühe Linkshypertrophie
Alter 12–21 Jahre	Alle 1–15 Jahre
Alter > 21 Jahre	Bildgebende Diagnostik beim Auftreten der Symptome oder etwa alle fünf Jahre, kürzere Intervalle bei „malignen" Ereignissen in der Familie oder bei neu aufgetretener HCM

mehrdimensionale Herzultraschalluntersuchung ermöglicht meist die Diagnose. In grenzwertigen Fällen oder zur sicheren Abklärung ist eine Kernspinuntersuchung sinnvoll und erlaubt eine bessere prognostische Aussage [5, 6, 26, 29, 54].

Problematisch ist mitunter die Abgrenzung einer physiologischen Linkshypertrophie (Sportherz) von einer leichten oder beginnenden hypertrophen Kardiomyopathie. Die entsprechenden Grenzwerte sind bei Maron et al. [5, 6, 19, 54] ausführlich erläutert, die europäischen Empfehlungen weichen in einigen Aspekten davon ab [29].

Klinische Hinweise auf einen positiven Genotyp sind ein Alter von unter 45 Jahren, Wanddicke des linken Ventrikels über 20 mm, eine positive Familienanamnese und Zustand nach ICD-Implantation.

Mehr als eine Mutation fand sich in der Studie von v. Driest [55] in 31, mehr als 2–3 in 59%. Daraus resultiert als positiver Vorhersagewert für einen positiven Genotyp 46, 59 bzw. 53% je nach Mutation 1–3.

Die genetische Untersuchung ist für die Diagnose selten erforderlich, auch nicht bei positivem Phänotyp. Dagegen kann die genetische Diagnostik hilfreich sein zur Abklärung einer familiären Belastung. Die klinischen Befunde können zur Wahrscheinlichkeit einer positiven Sarkomeren-Mutation beitragen [51, 53].

Hinweise zum diagnostischen Vorgehen zeigt ◘ Tab. 16.12.

Anamnestische oder dokumentierte Synkopen weisen auf ein erhöhtes Risiko für einen plötzlichen Herztod hin. Bei einer gesicherten HCM hängt die Eignung zum Sport, auch zum Wettkampfsport, vom Grad der Hypertrophie und vom Grad der Ausflussbahnobstruktion ab. Bei leichten Graden ist Wettkampfsport im Einzelfall möglich, ein AED sollte aber stets am Trainingsort und Wettkampfort rasch vorhanden sein. Grundsätzlich gilt dies für jede Sportarena: Ein oder mehrere AED sollten heute immer in jeder Wettkampfarena (Fußball, Leichtathletik) vorhanden sein. Jeder Mannschaftsarzt muss in der Praxis der kardio-pulmonalen Reanimation sehr gut geschult sein, wie bei allen anderen beschriebenen Krankheitsbildern auch.

Das diagnostische Vorgehen richtet sich nach dem Befund und den Therapiemöglichkeiten der Klinik. Im Vordergrund stehen die Symptomkontrolle (Medikament, Schrittmacher, Ablation mit TASH – Transluminale Ablation der Septum Hypertrophie), Risikoabschätzung (Langzeit-EKG, evtl. ICD) und weitere Beratung (Familie, körperliche Aktivität, ggf. genetische Beratung).

16.3.2 Arrhythmogene rechtsventrikuläre Kardiomyopathie (oder Dysplasie) (ARVD)

Die ARVD hat eine lange Geschichte, bereits Lancisi in Rom hat 1723 dieses Krankheitsbild beschrieben. Seit dieser Zeit haben sich, vor allem in den letzten Jahrzehnten, die Kenntnisse dieses Krankheitsbildes naturgemäß erheblich erweitert, vor allem durch Beobachtungen in Italien, wo die ARVD gehäuft vorkommt [31, 33, 58, 59]. Eine genetische Ursache ist nachweisbar, derzeit sind 12 Varianten bekannt [26] (◘ Tab. 16.14).

Die Erkrankung ist autosomal dominant. Histologisch typisch ist der Ersatz des rechtsventrikulären Myokardgewebes durch fibrös-fettige oder fettgewebsartige Degeneration. Die interzellulären Verbindungen (Desmosome) der Kardiomyozten sind durch Mutationen (genetische Kodierung) verändert und funktionsgestört. Betroffen sind Plakoglobin (IUP), Desmoplakin (DGP), Plakophilin-2 (PKP2) oder Desmoglobin-2 (DSG2). Zusätzliche inflammatorische Prozesse werden diskutiert, wie eine Erhöhung von (IL)-1ß, IL-6, (TNF)-alpha vermuten lässt [26, 58, 60]. Eine neue genetische Variation als Ursache einer ARVD wird mit der Mutation des Kardiomyopathie-Gens Titin beschrieben [61, 62].

Die Diagnose der ARVD beruht auf Major- und Minor-Kriterien (◘ Tab. 16.13, ◘ Tab. 16.14). Diese müssen bei einer Verdachtsdiagnose alle geprüft werden, um Fehldiagnosen zu vermeiden [63]. Das EKG kann Hinweise geben, ebenso die kardiale Ultraschall-Untersuchung durch einen erfahrenen Untersucher. Gerade diese Diagnose setzt Routine und Erfahrung bei der Bewertung des rechten Herzens voraus. Eine zuverlässige Diagnose ist mit der Kernspintechnik möglich.

Tab. 16.13 Diagnostisches Vorgehen bei ARVD [26, 58, 60]

Wann sollte man an eine ARVD denken? *Zwei oder mehr Befunde wie:*
Anhaltende oder nicht-anhaltende ventrikuläre Tachykardie mit Linksschenkel-Form
Negative T-Wellen in Ableitung V1–V3
Vergrößerter rechter Ventrikel mit abnormen Kontraktionsmuster
Positive Spätpotenziale
Positive Familienanamnese (vorzeitiger plötzlicher Herztod)
Definitive Diagnose gemäß Minor- und Major-Kriterien [87]

Tab. 16.14 Genetische Fehler bei monogenetischen Krankheiten (ARVD/C) [10, 15–18, 28, 43, 56, 64, 26]

	Erbgang	Locus	Gen
Desmosomale Proteine			
ARVD8	AD/AR	6p24	Desmopalkin (DP)
ARVD9	AD	12p11	Pfakophilin-2 (PKP2)
Naxos Disease	AR	17q21	Plakoglobin (JUP)
Andere	AD	---	Desmocolin-2 (DSC-2)
Andere	AD	---	Desmoglein-2 (DSG2)
Nondesmosomale Proteine			
ARVD1	AD	14q23-q24	Transformin Growth Factor β-3 (TGβF3)
ARVD2	AD	1q41.2-q43	Ryanodine Rezeptor (RyR2)
Unbekannte Gene			
ARVD3	AD	14q12-q22	---
ARVD4	AD	2q32.1-q32.3	---
ARVD5	AD	3p23	---
ARVD6	AD	10p14-p12	---
ARVD7	AD	10q22	---

AD = autosomal dominant; AR = autosomal rezessiv

Genanalysen erfolgen gemäß den Leitlinien. Bei Grenzfällen sind sie hilfreich, bei einer Familienuntersuchung obligat. Neben der rechtsventrikulären gibt es, wenngleich selten, eine linksventrikuläre arrhythmogene Kardiomyopathie. Deren Bedeutung im Sport bedarf aber noch der weiteren Abklärung [43].

16.3.3 Linksventrikuläre Non-Compaction Kardiomyopathie (NCCM)

Dieses Krankheitsbild ist selten [13, 65]. Pathogenetisch liegt eine genetisch verursachte Störung des myokardialen Verdichtungsprozesses („Compaction“) vor, wahrscheinlich bereits in der Embryonalphase [65]. Verantwortliche Gene sind TAZ/G4, ZASP/LDB3 und DTMA (◻ Tab. 16.15).

Als typischer Befund zeigen sich im Herzecho wabenförmige Veränderungen in der linksventrikulären Spitze, prominente Rezessus und eine zweilagige Struktur des Myokards. Im etwas fortgeschrittenen Stadium kommt es zu einer linksventrikulären Funktionsstörung mit Abnahme der Auswurffraktion (EF). Diese schreitet ohne Therapie im Laufe der Jahre voran. Eine kausale Therapie ist bisher nicht bekannt. Thromboembolische Ereignisse sind möglich, ebenso gefährdende Rhythmusstörungen. Diagnostik und genetische Abklärung folgen den Leitlinien. Die Kernspintechnik ermöglicht eine zuverlässige Diagnosestellung.

Die sportliche Betätigung hängt entscheidend von der linksventrikulären Funktion ab.

16.3.4 Dilatative Kardiomyopathie

Diese Form der Kardiomyopathie ist teilweise genetisch bedingt [13], das Vorkommen allerdings eher selten, etwa 20% zeigen eine familiäre Beteiligung [21], andere Autoren [26] geben 40–60% an. Die Übertragung ist autosomal dominant. ◻ Tab. 16.10 zeigt die Muster und den genetischen Locus bei einigen Formen. Diese Erkrankung führt zu einer meist systolischen Linksherzinsuffizienz bedingt durch eine Beeinträchtigung des kontraktilen Mechanismus bei kontraktilen Störungen der kardialen Actin- und alpha-Tropomyosin-Proteinen (◻ Tab. 16.10).

Die Diagnose wird durch Anamnese, Klinik und zunächst die Echokardiographie in Ruhe und unter Belastung gestellt. Frühformen sind mitunter schwer zu erkennen. Hilfreich sind dann Rechtsherzkatheteruntersuchung und Magnetresonanz-Tomographie, evtl. mit Stress-Belastung.

16.3.5 Mitochondriale DNA-Erkrankung mit kardialer Beteilung

Diese Erkrankung ist genetisch durch eine DNA-Mutation bedingt und verursacht seltene Syndrome [68]. Diese können aber zu den verschiedenen Formen der Kardiomyopathie führen. Als Folge beschrieben sind die dilatative und hypertrophe Form, selten eine restriktive, non-compaction oder histiozytäre Form der Kardiomyopathie.

Daneben kann es bei dieser mitochondrialen DNA-Erkrankung zu einer Erregungsleitungsstörung oder einem Präexcitationssyndrom kommen. Verantwortliche Gene sind MTL1, MTTI, MTIK, MTND4 und, selten, andere Unterformen. Die Diagnose wird durch eine genetische Analyse und/oder eine Histologie des Myokardgewebes gestellt [68].

16.3.6 Koronare Herzkrankheit

Bei Ionenkanalerkrankungen wie auch bei Kardiomyopathien sind genetische Ursachen mit größerer Wahrscheinlichkeit als Ursache nachweisbar.

◻ **Tab. 16.15** Genetische Fehler bei monogenetischen Krankheiten (LVNC) [10, 13, 15–17, 65–67]

Gen-Symbol	Häufigkeit (%)	Chr. Locus	Erbgang	Protein
TAZ/G4.5		Xq28	X-Linked	Tafazzin
ZASP/LDB3	5	10q22.2-q23.3		LIM Domain Bindend 3
DTMA				
MYH7	13–16	14q.12	AD	ß-Myosin-Schwerketten
MYBPC3	8	11p11.2	AD	Myosin-bindendes Protein

Chr = chromosomal; AD = autosomal dominant

Tab. 16.16 Gen-Loci aus genomweiten Assoziationsstudien mit erhöhtem Herzinfarktrisiko [69]

Chromosomaler Abschnitt	SNP	Allelfrequenz des Risikoallels bei Europäern	OR (95% KI)	p-Wert	Gene	Assoziation mit traditionellem Risikofaktor	Funktion der Gene
1p13.3	rs599839	77%	1,13 (1,08–1,19)	$1,1 \times 10^{-14}$	PSCR1, CELSR2, SORT1, MYBPHL	Ja/LDL	LDL-Erhöhung
1q41	rs3008621	72%	1,10 (1,04–1,17)	$1,4 \times 10^{-9}$	MIA3	Nein	Kollagen-Prozessierung
2q33	rs6725887	14%	1,17 (1,11–1,23)	1×10^{-8}	WDR12	Nein	Aptosis
3q22.3	rs9818870	15%	1,15 (1,11–1,19)	$7,4 \times 10^{-13}$	MRAS	Nein	Adhäsion-Signalling
6p24	rs12526453	65%	1,13 (1,08–1,17)	1×10^{-9}	PHACTR1	Nein	Koronare Verkalkung
6q26-27	rs2048327 rs3127599 rs7767084 rs10755578	18&	1,20 (1,13–1,28)	$1,2 \times 10^{-9}$	SLC22A§, LPAL2, LPA	Ja/Lp(a)	Lp(a)
9p21.3	rs1333049	52%	1,36 (1,27–1,46)	$2,91 \times 10^{-19}$	MTAP, CDKN2A, CDKN2B, ANRIL	Nein	Unbekannt
10q11	rs501120	84%	1,11 (1,05–1,18)	$9,5 \times 10^{-8}$	SDF1	Nein	EPC-Rekrutierung und Inflammation
12q24	rs11065987	34%	1,14 (1,10–1,19)	$5,2 \times 10^{-11}$	SH2B3	Nein	Unbekannt
12q24.3	rs2259816	36%	1,08 (1,05–1,11)	$4,8 \times 10^{-7}$	HNF1A, C12orf43	Nein	Unbekannt
21q22	rs9982601	13%	1,19 (1,14–1,27)	6×10^{-11}	SLC5A3, MRPS6, KCNE2	Nein	Unbekannt

OR = Odds Ratio; KI = Konfidenzintervall; SNP = „single nucleotide polymorphism"

Für die koronare Herzkrankheit werden genetische Ursachen derzeit in genomweiten Assoziationsstudien (GWAS) untersucht. Diese umfassen eine große Zahl von Probanden (> 100.000) mit SNP, im Vergleich zur Suche nach Kandidaten-Genen, die eine kleine Zahl benötigen. Für die KHK sind einige Loci identifiziert (◘ Tab. 16.16) [69].

Aktuell ergab, dass eine genetische Apolipoprotein-(a)-Variante das atherosklerotische Risiko deutlich erhöht. Es bestand eine Beziehung zur Anzahl der Koronargefäßstenosen [70].

Ein einzelnes Gen kann derzeit nicht als alleinige Ursache für eine KHK angesehen werden. Eine Risikoabschätzung mit mehreren Genen könnte in Zukunft denkbar sein. Die bisher bekannten Gene weisen keine Beziehung zu den klassischen Risikofaktoren auf. Problematisch ist, dass mehrere (zahlreiche) Gene jeweils nur wenig zum Phänotyp beitragen. Benötigt werden vermutlich mehrere hundert (oder Tausende) von DNA-Markern [23, S. 155]; der Phänotyp wird zudem vom Umweltfaktoren mitbestimmt. Ob mit einem Bündel von Genen ein sog. Score zur Vorhersage möglich wird, bleibt zu untersuchen.

16.4 Körperliche Aktivität und Training

16.4.1 Allgemeine Hinweise

Die Auswirkungen eines regelmäßigen körperlichen Trainings unterscheiden sich grundsätzlich nicht bei Gesunden und Herz-Kreislaufkranken. Die funktionellen und molekularen Änderungen spielen sich zunächst in der arbeitenden Muskulatur ab, dann am Herzen und parallel hierzu im neuro-humoralen (Noradrenalin, ATII, nTproBNP, Aldosteron) und autonomen System. Dies gilt für die Prävention durch körperliche Aktivität und für die Rehabilitation. Daneben lassen sich Trainingseffekte (s. o.) auch an der Ventilation und einigen Blutparametern nachweisen, so an der die Gerinnung und Plättchenfunktion, aber auch an inflammatorischen Parametern (Fibrinogen, CRP). Die Verbesserung der autonomen Funktion lässt sich an der Herzfrequenzvariabilität aufzeigen: Der Sympathikus nimmt an Wirkung ab, der Vagus hingegen zu [71].

Auch die Relation Ischämie zu Reperfusion, ein Parameter der myokardialen Verletzung oder Schädigung („I/R-Injury"), wird durch das Training günstig beeinflusst, Ischämiephasen werden besser toleriert mit geringerer myokardialer Schädigung [72].

Auch die sarcolemmalen/mitrochondrialen K^+-ATP-Kanäle bewirken einen ähnlichen Schutzmechanismus nach einem Trainingsprogramm. Hier spielt möglicherweise eine geringere Ca^{2+}-Überladung eine Rolle [73].

16.4.2 Molekulare Mechanismen

Eine Verlängerung der Telomeren im Rahmen der DNA-Analyse ist eine weitere trainingsbedingte Anpassung und weist auf eine gesteigerte Lebenserwartung hin.

Inflammatorische (entzündliche) Prozesse einschließlich der Zytokine, Chemokine-Mediatoren (z. B. Makrophagen-Kolonie-stimulierender Faktor, M-CSF) können die Atherosklerose aktivieren. Auch thrombogene Mikropartikel spielen mit hinein. Periphere Leukozyten sind beim akuten Koronarsyndrom beteiligt. Die koronare Instabilität ist assoziiert mit einer Neutrophilen-Aktivierung an der Stenose, weitere Entzündungszellen im Blut werden aktiviert, zusätzlich folgt eine Beteiligung der T-Zellen (sog. $CD4^+CD8$) Null Phänotyp-Untergruppe. Zusätzlich folgt eine Freisetzung des inflammatorisch wirkenden Cytokin Interferon-gamma (IFN-gamma). Bekannt ist die lokale Expression von TNF-alpha, IL-1-beta und IL-6, IGF-1 und iNOS im Skelettmuskel von Patienten mit Herzinsuffizienz als Ausdruck einer anti-inflammatorischen Wirkung [73, 74]. Regelmäßiges körperliches Training bewirkt eine Inaktivierung dieser inflammatorischen Kette und Phänomene. Als Marker dieser Prozesse wird die Bestimmung des CRP herangezogen. Die detaillierten kompleXEn Vorgänge bedürfen aber auch der weiteren wissenschaftlichen Klärung [75].

16.4.3 Trainingseffekte bei Herzkrankheiten

Koronare Herzkrankheit

Trainingseffekte zur Prävention und Rehabilitation umfassen die klassischen Komponenten Muskel- und kardiale Funktionsverbesserung, Stabilisierung/

Normalisierung der neuro-humoralen (Renin-Angiotensin-Aldosteron-System) und der autonomen Funktion (HRV), Verbesserung der Endothelfunktion (s. o.), Abnahme der Progression der Koronar- und Gefäßsklerose sowie eine gesteigerte koronare Kollateralenbildung [74]. Bedeutsam ist die verbesserte Ischämie/Reperfusions-Rate nach Training [72]. Für die Mehrzahl kardiovaskulärer Erkrankungen führt ein regelmäßiges, dosiertes und individuell angepasstes Training zu einer deutlichen Risikoreduktion [23].

Herzinsuffizienz

Die funktionellen Veränderungen durch ein körperliches Training sind grundsätzlich ähnlich wie bei kardialer Insuffizienz. Auch hier erfolgen die ersten Anpassungen in der peripheren, arbeitenden Muskulatur [74, 76]. Danach folgt eine Verbesserung von diastolischer und systolischer bzw. lusitroper und inotroper Herzfunktion, eine Abnahme des peripheren Widerstandes sowie eine Normalisierung der autonomen Funktion und Abnahme der neurohumoralen Parameter.

Die Trainingsempfehlungen bei beiden Krankheitsbildern folgen den Standardempfehlungen und müssen an die aktuelle hämodynamische Situation und die funktionelle Kapazität (physical capacity) angepasst werden (■ Tab. 16.17). Ältere und neuere Studien belegen die relative Sicherheit und Wirksamkeit auch eines Intervalltraining bei Patienten mit Herzinsuffizienz. Neben Ausdauertraining gehört ferner ein dosiertes Krafttraining zur Rehabilitation.

Arterieller Bluthochdruck

Ein regelmäßiges Training ist die Basis für Prävention, Therapie und Rehabilitation des Bluthochdruckes [77, 78]. Es laufen ähnliche Mechanismen ab wie bei den o. a. Herzkrankheiten. Hier kommt zusätzlich eine Rückbildung der Linksherzhypertrophie zum Tragen. Genetische Mitursachen für den Bluthochdruck sind möglich [23, S. 171]. Ein dosiertes Ausdauertraining senkt nach einer umfangreichen Metaanalyse auch die Mortalität [78]. Das regelmäßige Training verbessert die Endothelfunktion; dies gilt als zentraler Mechanismus zur Prävention der Atherosklerose und ist auch eines der wichtigen Phänomene in der Rehabilitation. Weitere Funktionsverbesserungen sind die Abnahme der Wandsteifigkeit und Zunahme der Elastizität, wie Messungen der aortalen Pulsgeschwindigkeit zeigen.

Rehabilitation

Trainingsempfehlungen zur Prävention und Rehabilitation sind in ■ Tab. 16.17 aufgeführt. Die Trainings-induzierten Veränderungen im Rahmen der Rehabilitation wirken sich auf die Muskelfunktion aus, auf kardiale, pulmonale und hämatologische Parameter. Progressionshemmende Vorgänge spielen sich auf molekularer Ebene ab (s. o.). Therapeutisch werden zur Reduzierung der inflammatorischen Vorgänge bisher Statine als effektive Substanzen eingesetzt. Unverändert sind Medikamente wie Aspirin und/oder Pyrimiden neben ACE-Hemmern und ß-Blockern die wichtigen Säulen der medikamentösen Therapie. Körperliches Training

16

■ **Tab. 16.17** Empfehlungen zum Training zur Prävention und Rehabilitation. Die Trainingsempfehlungen bei Patienten sind individuell in Abhängigkeit von der Krankheit und dem Funktionszustand anzugeben [77].

Parameter	Empfehlung
Ausdauertraining	
Art des Trainings	Walking, Jogging, Radfahren
Häufigkeit	5×/Woche moderates Training 3×/Woche intensives Training
Intensität	Moderat: 45–65% der maximalen Herzfrequenz, Borg-Wert 11–13, MET 3–6 Intensiv: 65–85% der maximalen Herzfrequenz, Borg-Wert 13–16, > 6 MET
Dauer	Moderat 30 min oder mehr Intensiv 20 min oder mehr

Tab. 16.17 Fortsetzung

Parameter	Empfehlung
Verlauf	Dauer und Intensität steigern in Wochen und Monaten
Dynamisches Krafttraining	
Häufigkeit	2×/Woche, 2–3 Durchgänge
Intensität	30% der dynamisch-konzentrischen Maximalkraft (1-RM)
Umfang	6–8 Übungen, 10–15(–25) Wiederholungen
Verlauf	Steigerung der Kraft auf 50–60%

MET = metabolisches Äquivalent; 1-RM = eine Wiederholung mit maximaler Kraft, „one repetition maximum"

ist aber die wichtigste Basismaßnahme und damit der Grundpfeiler der Rehabilitation; ohne Bewegung und körperliche Aktivität ist eine effektive Rehabilitation nicht möglich.

16.5 Genetische Untersuchungen bei Sportlern und deren Angehörigen

Die Empfehlungen zur genetische Diagnostik bei sportlich aktiven Menschen basieren auf individuellen Gegebenheiten des Sportlers und des Krankheitsbildes.

Bei der HCM zum Beispiel kann eine genetische Untersuchung notwendig werden, um eine definitive Diagnose und Identifikation der Risiko-behafteten Familienmitglieder zu bestimmen [1, 26, 43, 70], daneben auch, um ein besseres Verständnis der Krankheitsgrundlagen zu ermitteln [12, 13]. Dies bedeutet vor allem wissenschaftliche Untersuchungen als Indikation.

Die Grenzen der genetischen Untersuchung sind zu beachten: Ergebnisse, die mit dem klinischen Bild nicht gut übereinstimmen, fehlender Nachweis einer Mutation, begrenzte klinische Bedeutung oder nicht eindeutige Befunde. Die Sensitivität der genetischen Untersuchung liegt derzeit in einem weiten Rahmen zwischen 26 und 70%. Ergebnisse der genetischen Analyse beruhen mehr auf der Wahrscheinlichkeit als auf quantitativen Resultaten [53].

Die Empfehlungen der ESC haben einige wesentliche Aspekte [13]:

- Genetische Ursachen der Krankheit (z. B. Kardiomyopathie)
- Art der Vererbung, Risiko der Übertragung
- Klinische Manifestation, Anamnese
- Nutzen des Screenings in der Familie
- Risiko einer Verschlechterung in einer Schwangerschaft
- Möglichkeiten und Umfang der molekularen und genetischen Untersuchung
- Geeignete Untersuchungsabläufe für den Patienten
- Medizinische Möglichkeiten (finanziell, organisatorisch)
- Informationen aus dem überweisenden Zentrum

Diese Bedingungen sollten immer erfüllt sein im Rahmen der genetischen Beratung; ein Protokoll der Beratung ist zu erstellen [10, 12]. Wichtig sind natürlich die Ausbildung und das Wissen sowie die praktische Erfahrung des Arztes bzw. Genetikers. Das soziale Umfeld des Patienten oder der Familie ist mit einzubeziehen.

16.5.1 Risikoabschätzung

Es besteht ein zunehmendes Interesse daran, Risiko und Nutzen von Bewegung, körperlicher Aktivität und Sport zu kennen und im Einzelfall zu bewerten. Vor allem steht ein Ziel im Vordergrund: die Verhinderung schwerer kardialer Zwischenfälle oder auch des plötzlichen Herztodes im Sport [36, 79–81]. Auch die Diskussion über den Umfang einer Vorsorgeuntersuchung (EKG ja/nein) sollte bald geklärt werden. Mögliche Ursachen kardialer Zwischenfälle sind Sportbeginn nach langer Pause ohne langsames

Auftrainieren, die plötzliche Anstrengung ohne Aufwärmen, Umgebungsbedingungen wie Hitze, Kälte, Feinstaubbelastung, langdauernde Belastungen bei Läufen oder Triathlon [82], Elektrolytstörungen, Stress bei einigen Sportarten, Medikamentenmissbrauch, hohe Belastungen am Ende einer Leistung (Finish). Bei solchen Bedingungen können potenziell gefährliche Rhythmusstörungen auftreten.

Eine Zusammenstellung an Richtlinien zur Diagnose und zum Management von ARVD aus Amsterdam an jugendlichen Personen mit plötzlichem, ungeklärten Herztod ergab in 17 von 43 Familien eine genetisch bedingte Ursache bzw. Erklärung [83].

Meist fanden sich Ionenkanalerkrankungen oder Kardiomyopathien. In zehn dieser Familien konnte die Diagnose molekulargenetisch bestätigt werden. Dabei hatte das Ruhe-EKG eine hohe diagnostische Aussage; es fanden sich positive Befunde in 12 von 17 untersuchten Familien.

Daneben sind genetisch bedingte Erkrankungen bei Kindern und Jugendlichen Ursachen kardialer Ereignisse. Diese waren vorher meist nicht bekannt. Auch die Kombination beider, Genetik und äußere Bedingungen, kann beim Zusammentreffen fatale Folgen haben, wie z. B. LQT-Syndrom und Schwimmsportarten, aber auch Triathlon, Wasserball, Synchronschwimmen, Tauchen u. a. Diese Erkenntnisse sind ein gewichtiges Argument für ein Ruhe-EKG im Rahmen der sportärztlichen Vorsorgeuntersuchungen [27].

Die Einführungen einer zusätzlichen sportkardiologischen Fortbildung von Sportärzten wird die präventiven Maßnahmen und die Früherkennung verbessern. Belastungsuntersuchungen im Rahmen der Vorsorgeuntersuchung sind bereits heute Inhalt der Leitlinien bei älteren Sportlern (Männer > 45 Jahren, Frauen > 55 Jahren) [4, 6, 29, 84] und sollten präventiv auch bei jugendlichen Athleten durchgeführt werden. Im Rahmen der Untersuchungen sollte jeder Sportarzt, besonders bei Kindern und Jugendlichen, auf mögliche durch genetische Mutationen bedingte EKG-Veränderungen achten und bei der Beurteilung berücksichtigen. Ungeklärte Befunde bedürfen immer der Abklärung durch einen Experten. Auch eine Kooperation mit einem Humangenetiker ist bei klinischem Verdacht mit Interesse an Sportfragen wichtig [85].

Da in Zukunft die genetische Diagnostik deutlich preiswerter werden wird, sollten die Kostenträger eine solche Untersuchung bei Vorliegen der Indikation bezahlen, um Zwischenfälle vor allem in genetisch belasteten Familien zu verhindern.

Postmortale Abklärung und molekulare Autopsie

Im Rahmen einer postmortalen Diagnostik nach einem plötzlichen Tod im Sport sind standardisierte Vorgehensweisen dringend erforderlich. Die molekulare Autopsie ist heute Standard in Pathologie und Gerichtsmedizin [38]. Dies kann für die betroffenen Familien, besonders bei weiteren Kindern und nahen Verwandten, zum einen eine Klärung geben, zum anderen aber können so auch mögliche weitere Zwischenfälle oder Todesfälle vermieden werden.

16.5.2 Leitlinie zur sportärztlichen Vorsorgeuntersuchung

Die Empfehlungen zur sportärztlichen Vorsorgeuntersuchung sind ausführlich in der Leitlinie der DGSP dargestellt [86].

16.6 Empfehlungen nach den Leitlinien der AHA

Aktuelle Empfehlungen zur genetischen Untersuchung bei kardialen genetisch bedingten Krankheiten nach den Leitlinien der AHA sind im Folgenden aufgeführt [10, 59, 79] (Tab. 16.18)

16.6.1 Empfehlung zur genetischen Untersuchung bei langem QT-Syndrom (LQTS)

Klasse I (wird empfohlen)

Eine umfassende Testung auf LQT1–3 (KCNQ1, KCNH2 und SCN5A) wird für jeden Patienten empfohlen, bei dem ein Verdacht auf LQTS vorliegt, wenn dies auf einer Untersuchung der persönlichen Anamnese, der Familienanamnese des Patienten und auf einem EKG-Befund (Ruhe-12-Kanal-EKG und/oder einer Ergometrie oder auf einer Katecholamin-Infusion) basiert.

Eine umfassende Testung auf LQT1-3 (KCNQ1, KCNH2 und SCN5A) wird empfohlen für jeden

Tab. 16.18 Einteilung der angeborenen, meist genetisch bedingten primären Arrhythmie-Syndrome

Langes QT-Syndrom
Brugada-Syndrom
Katecholaminerge polymorphe ventrikuläre Tachykardie
Kurzes QT-Syndrom
Frühe Repolarisation
Progressive kardiale Überleitungsstörungen
Ungeklärter Herzstillstand: Idiopathisches Kammerflimmern
Ungeklärter Herzstillstand: Plötzliches ungeklärtes Tod-Syndrom und plötzlicher, ungeklärter Tod bei Kindern
Angeborenes Arrhythmie-Syndrom

asymptomatischen Patienten mit QT-Verlängerung bei gleichzeitigem Fehlen von anderen klinischen Symptomen oder Befunden, die das QT-Intervall verlängern können (z. B. Elektrolyt-Veränderungen, Hypertrophie, Schenkelblock). Sonst ist diese als idiopathisch zu beschreiben. Eine Verlängerung auf einem 12-Kanal-EKG wird definiert QTc-Wert von 0,480 ms (präpubertäre Kinder) oder 0,500 ms (Erwachsene).

Mutations-spezifische genetische Tests werden empfohlen für Familienmitglieder und andere Verwandte, bei denen eine für ein LQTS ursächliche Mutation identifiziert wurde.

Klasse IIb (kann berücksichtigt werden)

Eine umfassende auf LQT1–3 (KCNQ1, KCNH2 und SCN5A) gerichtete Testung kann für jeden asymptomatischen Patienten mit anderweitigen idiopathischen QTc-Werten von 0,460 ms (präpubertäre Kinder) oder 0,480 ms (Erwachsene) auf einem 12-Kanal-EKG überlegt werden.

16.6.2 Empfehlung zur genetischen Untersuchung bei katecholaminerger polymorpher Kammertachykardie (Catecholaminergic polymorphic ventricular tachycardia, CPVT)

Klasse I (ist empfohlen)

Eine umfassende, auf CPVT1 und CVPT2 (RYR2 und CASQ2) gerichtete CPVT-Testung wird für jeden Patienten empfohlen, bei dem ein klinischer Verdacht auf CPVT vorliegt, welcher auf der Untersuchung der Anamnese, der Familienanamnese des Patienten und auf einem EKG-Befund während einer Fahrrad-Ergometrie oder auf einer Katecholamin-Infusion beruht. Die Belastung sollte dabei maximal bis zur Ausbelastung erfolgen.

Mutations-spezifische genetische Tests werden empfohlen für Familienmitglieder und andere Verwandte, bei denen eine für CPVT ursächliche Mutation identifiziert wurde.

16.6.3 Empfehlung zur genetischen Untersuchung bei Brugada-Syndrom (BrS)

Klasse I (wird empfohlen)

Mutations-spezifische genetische Tests werden empfohlen für Familienmitglieder und andere Verwandte, bei denen eine für BrS ursächliche Mutation identifiziert wurde.

Klasse IIa (nützlich)

Eine umfassende auf BrS1 (SCN5A) gerichtete BrS-genetische Testung ist sinvoll für jeden Patienten, bei dem ein Verdacht auf BrS vorliegt, welcher auf der Untersuchung der persönlichen Anamnese, der Familienanamnese des Patienten und auf dem EKG-Befund (Ruhe-12-Kanal EKG und/oder Testung mit provokativen Medikamenten) beruht.

Klasse III (nicht indiziert oder empfohlen)

Genetische Untersuchungen im Setting eines isolierten Typ-2- oder Typ-3-Brugada-ECG-Musters sind nicht indiziert.

16.6.4 Empfehlung zur genetischen Untersuchung bei hypertropher Kardiomyopathie (HCM)

▪ Klasse I (wird empfohlen)

Eine umfassende, auf eine HCM (MYBPC3, MYH7, TNNI3, TNNT2, TPM1) gerichtete genetische Testung wird für jeden Patienten empfohlen, bei dem ein Verdacht auf HCM vorliegt, welcher auf der Untersuchung der persönlichen Anamnese, der Familienanamnese der Patienten und auf einem Ruhe-EKG-Befund basiert.

Mutations-spezifische genetische Tests werden empfohlen für Familienmitglieder und andere Verwandte, bei denen eine für eine HCM ursächliche Mutation identifiziert wurde.

16.6.5 Empfehlung zur genetischen Untersuchung bei arrhythmogener rechtsventriulärer Kardiomyopathie/Dysplasie (AMC/ARVD)

▪ Klasse I (wird empfohlen)

Mutations-spezifische genetische Tests werden empfohlen für Familienmitglieder und andere Verwandte, bei denen eine für ACM/ARVC ursächliche Mutation identifiziert wurde.

▪ Klasse IIa (nützlich)

Eine umfassende, auf ACM/ARCC (DSC2, DSG2, DSP, JUP, PKP2 und TMEM43) gerichtete genetische Testung ist sinnvoll für Patienten, die die diagnostischen Kriterien für eine ACM/ARVC erfüllen.

16

▪ Klasse IIb (kann berücksichtigt werden)

Genetische Untersuchungen können bei Patienten mit möglicher ACM/ARVC (ein wesentliches Kriterium oder zwei geringfügige Kriterien erfüllt) nach den „task force"-Kriterien von 2010 berücksichtigt werden [12].

▪ Klasse III (nicht indiziert oder empfohlen)

Genetische Untersuchungen sind bei Patienten mit nur einem geringfügig erfüllten Kriterium nach den „task force"-Kriterien von 2010 nicht zu empfehlen.

16.6.6 Empfehlung zur postmortalen genetischen Untersuchung nach einem plötzlichen und unerwarteten Tod (sudden unexpected death – SUD; sudden infant death syndrom – SIDS)

▪ Klasse I (wird empfohlen)

Für alle SUDS- und SIDS-Fälle wird eine Gewebeprobe (5–10 ml Vollblut in EDTA-Röhrchen oder gefrorene Proben des Herzmuskels, der Leber oder Nieren) für eine DNA-Analyse bzw. genetische Testung empfohlen.

Mutations-spezifische genetische Tests werden empfohlen für Familienmitglieder und andere Verwandte, bei denen eine für ein SUDS ursächliche Mutation identifiziert wurde.

▪ Klasse IIb (kann berücksichtigt werden)

Bei der Autopsie kann für negative SUDS eine umfassende genetische Ionenkanal-Untersuchung auf RYR2, KCNQ1, KCNH2 und SCN5A durchgeführt werden. Dies würde einer Absicherung der vermutlichen Todesursache dienen und die Identifikation der Verwandten mit potenziell erhöhtem Risiko erleichtern. Dies wird daher bei Indizien in der klinischen Diagnose von LQTS oder CPVT (emotionaler Stress, akustischer Trigger, Ertrinken als Trigger) empfohlen.

Literatur

[1] Hudson KL (2011) Genomics, health care, and society. N Engl J Med. 365(11): p. 1033–41

[2] Ingles J et al. (2011) Guidelines for genetic testing of inherited cardiac disorders. Heart Lung Circ. 20(11): p. 681–7

[3] Leyk D et al. (2008) Utilization and implementation of sports medical screening examinations: survey of more than 10 000 long-distance runners. Dtsch Arztebl Int. 105(36): p. 609–14

[4] Lollgen H, Leyk D, Hansel J (2010) The pre-participation examination for leisure time physical activity: general medical and cardiological issues. Dtsch Arztebl Int. 107(42): p. 742–9

[5] Maron BJ, Zipes DP (2005) Introduction: eligibility recommendations for competitive athletes with cardiovascular abnormalities-general considerations. J Am Coll Cardiol. 45(8): p. 1318–21

[6] Maron BJ et al. (2004) Recommendations for physical activity and recreational sports participation for young patients with genetic cardiovascular diseases. Circulation. 109(22): p. 2807–16
[7] von Klot S et al. (2008) Intensity of physical eXErtion and triggering of myocardial infarction: a case-crossover study. Eur Heart J. 29(15): p. 1881–8
[8] Mittleman MA, Mostofsky E (2011) Physical, psychological and chemical triggers of acute cardiovascular events: preventive strategies. Circulation. 124(3): p. 346–54
[9] Wellens HJ (2008) Early repolarization revisited. N Engl J Med. 358(19): p. 2063–5
[10] Ackerman MJ et al. (2011) HRS/EHRA expert consensus statement on the state of genetic testing for the channelopathies and cardiomyopathies: this document was developed as a partnership between the Heart Rhythm Society (HRS) and the European Heart Rhythm Association (EHRA). Europace. 13(8): p. 1077–109
[11] Ackerman MJ, Clapham DE (1997) Ion channels – basic science and clinical disease. N Engl J Med. 336(22): p. 1575–86
[12] Charron P et al. (2010) Genetic counselling and testing in cardiomyopathies: a position statement of the European Society of Cardiology Working Group on Myocardial and Pericardial Diseases. Eur Heart J. 31(22): p. 2715–26
[13] Crotti L (2011) Genetic predisposition to sudden cardiac death. Curr Opin Cardiol. 26(1): p. 46–50
[14] Priori SG et al. (2013) HRS/EHRA/APHRS expert consensus statement on the diagnosis and management of patients with inherited primary arrhythmia syndromes: document endorsed by HRS, EHRA, and APHRS in May 2013 and by ACCF, AHA, PACES, and AEPC in June 2013. Heart Rhythm. 10(12): p. 1932–63
[15] Ferrari P, Bianchi G (2000) The genomics of cardiovascular disorders: therapeutic implications. Drugs. 59(5): p. 1025–42
[16] Fuster V, Alexander R W, O'Rourke RA, Roberts R, King SB, Wellens HJJ (2001) Hurst's the Heart. 10 ed. McGraw-Hill Professional
[17] Ganesh SK et al. (2013) Genetics and genomics for the prevention and treatment of cardiovascular disease: update: a scientific statement from the American Heart Association. Circulation. 128(25): p. 2813–51
[18] Hershberger RE et al. (2009) Genetic evaluation of cardiomyopathy – a Heart Failure Society of America practice guideline. J Card Fail. 15(2): p. 83–97
[19] Maron BJ, Maron MS, Semsarian C (2012) Genetics of hypertrophic cardiomyopathy after 20 years: clinical perspectives. J Am Coll Cardiol. 60(8): p. 705–15
[20] Morimoto S (2008) Sarcomeric proteins and inherited cardiomyopathies. Cardiovasc Res. 77(4): p. 659–66
[21] Noseworthy PA, Newton-Cheh C (2008) Genetic determinants of sudden cardiac death. Circulation. 118(18): p. 1854–63
[22] Richard P et al. (2003) Hypertrophic cardiomyopathy: distribution of disease genes, spectrum of mutations, and implications for a molecular diagnosis strategy. Circulation. 107(17): p. 2227–32
[23] Roden D (2009) Cardiovasciular genetics and genomics: Blackwell Publishing
[24] Sidhu J, Roberts R (2003) Genetic basis and pathogenesis of familial WPW syndrome. Indian Pacing Electrophysiol J. 3(4): p. 197–201
[25] Harmon KG et al. (2011) Incidence of sudden cardiac death in National Collegiate Athletic Association athletes. Circulation. 123(15): p. 1594–600
[26] Priori SG, Zipes DP (2006) Sudden cardiac death. A handbook for clinical practice. Blackwell Publishing
[27] Sauer AJ et al. (2007) Long QT syndrome in adults. J Am Coll Cardiol. 49(3): p. 329–37
[28] Cerrone M, Priori SG (2011) Genetics of sudden death: focus on inherited channelopathies. Eur Heart J. 32(17): p. 2109–18
[29] Pelliccia A, Zipes DP, Maron BJ (2008) Bethesda Conference #36 and the European Society of Cardiology Consensus Recommendations revisited a comparison of U.S. and European criteria for eligibility and disqualification of competitive athletes with cardiovascular abnormalities. J Am Coll Cardiol. 52(24): p. 1990–6
[30] Sarkozy A et al. (2011) The value of a family history of sudden death in patients with diagnostic type I Brugada ECG pattern. Eur Heart J. 32(17): p. 2153–60
[31] Beckmann BM, Pfeufer A, Kaab S (2011) Inherited cardiac arrhythmias: diagnosis, treatment, and prevention. Dtsch Arztebl Int. 108(37): p. 623–33; quiz 634
[32] Kauferstein S et al. (2009) Cardiac gene defects can cause sudden cardiac death in young people. Dtsch Arztebl Int. 106(4): p. 41–7
[33] Taylor M et al. (2011) Genetic variation in titin in arrhythmogenic right ventricular cardiomyopathy-overlap syndromes. Circulation. 124(8): p. 876–85
[34] Lu JT, Kass RS (2010) Recent progress in congenital long QT syndrome. Curr Opin Cardiol. 25(3): p. 216–21
[35] Haferkamp W, Haferkamp F, Breithardt G (2002) Medikamentenbedingte QT-Verlängerung und Torsade de pointes. Deutsches Ärzteblatt. 99(28-29): p. A1972–A1979
[36] Löllgen H et al. (1986) Ventricular arrhythmias and Q-Tc interval during stress-ECG. Herz. 11(5): p. 303–8
[37] Antzelevitch C, Yan GX (2010) J wave syndromes. Heart Rhythm. 7(4): p. 549–58
[38] Tester DJ, Ackerman MJ (2006) The role of molecular autopsy in unexplained sudden cardiac death. Curr Opin Cardiol. 21(3): p. 166–72
[39] Tikkanen JT et al. (2009) Long-term outcome associated with early repolarization on electrocardiography. N Engl J Med. 361(26): p. 2529–37
[40] Santinelli V et al. (2009) The natural history of asymptomatic ventricular pre-excitation a long-term prospective follow-up study of 184 asymptomatic children. J Am Coll Cardiol. 53(3): p. 275–80
[41] La Gerche A et al. (2012) EXErcise-induced right ventricular dysfunction and structural remodelling in endurance athletes. Eur Heart J. 33(8): p. 998–1006

[42] Leenhardt A et al. (1995) Catecholaminergic polymorphic ventricular tachycardia in children. A 7-year follow-up of 21 patients. Circulation. 91 (5): p. 1512–9

[43] Sen-Chowdhry S et al. (2008) Left-dominant arrhythmogenic cardiomyopathy: an under-recognized clinical entity. J Am Coll Cardiol. 52(25): p. 2175–87

[44] Jouven X et al. (2000) Long-term outcome in asymptomatic men with eXErcise-induced premature ventricular depolarizations. N Engl J Med. 343(12): p. 826–33

[45] Beckerman J et al. (2005) EXErcise test-induced arrhythmias. Prog Cardiovasc Dis. 47(4): p. 285–305

[46] Doevendans PA, Wellens HJ (2001) Wolff-Parkinson-white syndrome: a genetic disease? Circulation. 104(25): p. 3014–6

[47] Stephenson, E.A. and C.I. Berul, Electrophysiological interventions for inherited arrhythmia syndromes. Circulation, 2007. 116(9): p. 1062–80

[48] Willich SN et al. (1993) Physical eXErtion as a trigger of acute myocardial infarction. Triggers and Mechanisms of Myocardial Infarction Study Group. N Engl J Med. 329(23): p. 1684–90

[49] Aizer A et al. (2009) Relation of vigorous eXErcise to risk of atrial fibrillation. Am J Cardiol. 103(11): p. 1572–7

[50] Chen PS, Tan AY (2007) Autonomic nerve activity and atrial fibrillation. Heart Rhythm. 4(3 Suppl): p. S61–4

[51] Di Paolo FM et al. (2012) The athlete's heart in adolescent Africans: an electrocardiographic and echocardiographic study. J Am Coll Cardiol. 59(11): p. 1029–36

[52] Elliott P, McKenna WJ (2004) Hypertrophic cardiomyopathy. Lancet. 363(9424): p. 1881–91

[53] Ho CY (2012) Hypertrophic cardiomyopathy in 2012. Circulation. 125(11): p. 1432–8

[54] Maron BJ et al. (2009) Sudden deaths in young competitive athletes: analysis of 1866 deaths in the United States, 1980-2006. Circulation. 119(8): p. 1085–92

[55] Van Driest SL et al. (2005) Yield of genetic testing in hypertrophic cardiomyopathy. Mayo Clin Proc. 80(6): p. 739–44

[56] Hershberger RE et al. (2010) Coding sequence rare variants identified in MYBPC3, MYH6, TPM1, TNNC1, and TNNI3 from 312 patients with familial or idiopathic dilated cardiomyopathy. Circ Cardiovasc Genet. 3(2): p. 155–61

[57] Ho CY (2012) Genetic considerations in hypertrophic cardiomyopathy. Prog Cardiovasc Dis. 54(6): p. 456–60

[58] Marcus FI et al. (2010) Diagnosis of arrhythmogenic right ventricular cardiomyopathy/dysplasia: proposed modification of the Task Force Criteria. Eur Heart J. 31(7): p. 806–14

[59] Basso C et al. (2009) Arrhythmogenic right ventricular cardiomyopathy. Lancet. 373(9671): p. 1289–300

[60] Azaouagh A et al. (2011) Arrhythmogenic right ventricular cardiomyopathy/dysplasia: a review and update. Clin Res Cardiol. 100(5): p. 383–94

[61] Asimaki A et al. (2009) A new diagnostic test for arrhythmogenic right ventricular cardiomyopathy. N Engl J Med. 360(11): p. 1075–84

[62] Tan HL et al. (2005) Sudden unexplained death: heritability and diagnostic yield of cardiological and genetic examination in surviving relatives. Circulation. 112(2): p. 207–13

[63] Bomma C et al. (2004) Misdiagnosis of arrhythmogenic right ventricular dysplasia/cardiomyopathy. J Cardiovasc Electrophysiol. 15(3): p. 300–6

[64] Gerull B et al. (2004) Mutations in the desmosomal protein plakophilin-2 are common in arrhythmogenic right ventricular cardiomyopathy. Nat Genet. 36(11): p. 1162–4

[65] Engberding R et al. (2010) Isolated non-compaction cardiomyopathy. Dtsch Arztebl Int. 107(12): p. 206–13

[66] Probst S et al. (2011) Sarcomere gene mutations in isolated left ventricular noncompaction cardiomyopathy do not predict clinical phenotype. Circ Cardiovasc Genet. 4(4): p. 367–74

[67] Hoedemaekers YM et al. (2007) Cardiac beta-myosin heavy chain defects in two families with non-compaction cardiomyopathy: linking non-compaction to hypertrophic, restrictive, and dilated cardiomyopathies. Eur Heart J. 28(22): p. 2732–7

[68] Bates MG et al. (2012) Cardiac involvement in mitochondrial DNA disease: clinical spectrum, diagnosis, and management. Eur Heart J. 33(24): p. 3023–33

[69] Erdman J, Linsel-Nitschke P, Schunkert H (2010) Genetische Ursachen des Herzinfarktes. Neue Aspekte durch genomweite Assoziationsstudien. Deutsches Ärzteblatt. 107(40): p. 694–9

[70] Helgadottir A et al. (2012) Apolipoprotein(a) genetic sequence variants associated with systemic atherosclerosis and coronary atherosclerotic burden but not with venous thromboembolism. J Am Coll Cardiol. 60(8): p. 722–9

[71] Löllgen H (2005) Kardiopulmonale Funktionsdiagnostik. 4 ed. Novartis

[72] Gielen S, Schuler G, Adams V (2010) Cardiovascular effects of eXErcise training: molecular mechanisms. Circulation. 122(12): p. 1221–38

[73] Starnes JW, Taylor RP, Ciccolo JT (2005) Habitual low-intensity eXErcise does not protect against myocardial dysfunction after ischemia in rats. Eur J Cardiovasc Prev Rehabil. 12(2): p. 169–74

[74] Hambrecht R et al. (2003) Regular physical activity improves endothelial function in patients with coronary artery disease by increasing phosphorylation of endothelial nitric oxide synthase. Circulation. 107(25): p. 3152–8

[75] Libby P, Ridker PM, Hansson GK (2009) Inflammation in atherosclerosis: from pathophysiology to practice. J Am Coll Cardiol. 54(23): p. 2129–38

[76] Drexler H et al. (1992) Alterations of skeletal muscle in chronic heart failure. Circulation. 85(5): p. 1751–9

[77] Löllgen H, Löllgen D (2012) Risikoreduktion kardiovaskulärer Erkrankungen durch körperliche Aktivität Der Internist. 53 (1): p. 20–29

[78] Rossi A et al. (2012) The impact of physical activity on mortality in patients with high blood pressure: a systematic review. J Hypertens. 30(7): p. 1277–88

[79] Chaitman BR (2007) EXErcise stress testing, in Braunwald's Heart Disease, R.O. Bonow, Mann, D.L. Zipes, D.P., Libby, P., Editor, Saunders: Philadelphia. p. 195–226

[80] Lemery R et al. (1989) Nonischemic ventricular tachycardia. Clinical course and long-term follow-up in patients without clinically overt heart disease. Circulation. 79(5): p. 990–9

[81] Zhang Y, Mazgalev TN (2011) Arrhythmias and vagus nerve stimulation. Heart Fail Rev. 16(2): p. 147–61

[82] Ott P, Marcus FI (2006) Electrocardiographic markers of sudden death. Cardiol Clin. 24(3)p.453–69, x

[83] Smith W (2011) Guidelines for the diagnosis and management of arrhythmogenic right ventricular cardiomyopathy. Heart Lung Circ. 20(12): p. 757–60

[84] Heidbuchel H et al. (2006) Recommendations for participation in leisure-time physical activity and competitive sports of patients with arrhythmias and potentially arrhythmogenic conditions. Part II: ventricular arrhythmias, channelopathies and implantable defibrillators. Eur J Cardiovasc Prev Rehabil. 13(5): p. 676–86

[85] Vohra J (2011) Diagnosis and management of Brugada Syndrome. Heart Lung Circ. 20(12): p. 751–6

[86] Berbalk A, Boldt F, Hansel J, Horstmann T, Huonker M, Löllgen H, Mooren F-C, Nührenbörger C, Schmitt H, Urhausen A (2007) Leitlinie. Vorsorgeuntersuchung im Sport. Available from: http://www.dgsp.de/_downloads/allgemein/leitlinie_vorsorgeuntersuchung_4.10.2007-1-19.pdf (Zuletzt abgerufen: 24.03.2014)

[87] Froelicher VF, Myers J (2006) EXErcise and the Heart. 5 ed. Saunders

[88] Löllgen H (2015) Das EKG beim Sportler. Herzschr Elektrophys. 26: 274–290

Genetik der Leistungsfähigkeit und Trainierbarkeit

Katharina Blume, Yannis Pitsiladis, Guan Wang, Bernd Wolfarth

17.1 Einleitung – 420

17.2 Das sportliche Talent – 421

17.3 Geographische Variation – 422

17.4 Genetische Diagnostik – 423

17.5 Genetik und Sport in der wissenschaftlichen Literatur: wichtige Studien und Studienkohorten – 425

17.6 Gene und Polymorphismen von Interesse – 428
17.6.1 Kandidatengene in Bezug zur Ausdauerleistungsfähigkeit – 428
17.6.2 Kandidatengene des Muskelstoffwechsels – 431
17.6.3 Kandidatengene im Zusammenhang mit der Sauerstoffzufuhr – 434
17.6.4 Kandidatengene im Zusammenhang mit der Energiezufuhr – 434
17.6.5 Andere wichtige Kandidatengene – 436

17.7 Limitationen – 437

17.8 Zusammenfassung und Ausblick – 438

Literatur – 439

N. Bachl, H. Löllgen, H. Tschan, H. Wackerhage, B. Wessner (Hrsg.),
Molekulare Sport- und Leistungsphysiologie,
https://doi.org/10.1007/978-3-7091-1591-6_17

Das folgende Kapitel soll einen Überblick über die Genomik gesundheitsbezogener Fitness einschließlich körperlicher Leistungsfähigkeit und Training aufzeigen, die neuesten und wichtigsten Erkenntnisse zusammenfassen und einen Ausblick in die Zukunft geben. Ein Großteil der genetischen Daten basiert auf Forschungsergebnissen aus Untersuchungen von Lifestyle-Erkrankungen wie Adipositas und Diabetes mellitus Typ 2. Mit Stand 2008 wurde von 214 autosomalen Geneinträgen und quantitativen Merkmalsloci, 18 mitochondrialen Genen und sieben Genen auf dem X-Chromosom berichtet, welche mit einer/einigen Komponente(n) von körperlicher Leistungsfähigkeit und gesundheitsbezogener Fitness assoziiert sind [2]. Allerdings muss berücksichtigt werden, dass die Mehrzahl der genetischen Erkenntnisse auf relativ kleinen Stichproben und überwiegend auf Einzelgen-Ansätzen beruhen.

17.1 Einleitung

Usain Bolt: jamaikanischer Sprinter, sechsfacher Olympiasieger, 100-Meter-Weltrekordler 2009 in 9,58 Sekunden. ***Haile Gebrselassie:*** äthiopischer Langstreckenläufer, mehrfacher Olympiasieger und Weltmeister, Marathon-Weltrekordler 2008 in 2:03:59 Stunden. ***Dirk Nowitzki:*** deutscher Basketballspieler in der US-Profiliga NBA, wertvollster Spieler der NBA 2007.

Diese Sportler, und viele andere, werden gerne als „Ausnahmetalente" bezeichnet. Dabei werfen sich immer die gleichen Fragen auf: Ist das Begabung? Trainieren diese Athleten anders und/oder besser? Ist es Glück oder einfach nur Zufall? Werden Weltmeister bereits als Sieger geboren? Oder können Olympiasieger gemacht werden?

„Athleten sind nicht alle gleich geboren", sagte schon einst Roger Bannister, der im Jahre 1954 als erster Mensch die Meile unter 4 Minuten lief. In Wissenschaft und Praxis ist seit langem bekannt, dass Talent und erbliche Voraussetzungen eine signifikante Rolle für die Ausprägung der maximal erreichbaren körperlichen Leistungsfähigkeit spielen und nicht jeder Sportler durch Training allein und den Einfluss äußerer Faktoren Höchstleistungen vollbringen kann. Jedoch macht Veranlagung allein noch keinen Champion. Vielmehr stellt die körperliche Leistungsfähigkeit einen multifaktoriellen Phänotypen dar, der interindividuell sehr unterschiedlich ausgeprägt ist – in Abhängigkeit von Training, der Interaktion biomechanischer, physiologischer, metabolischer und psychologischer Konstellationen des Athleten sowie den sozioökonomischen Umweltfaktoren.

Ziel ist es, die genetischen Grundlagen der körperlichen Leistungsfähigkeit zu erfassen – mit der Hoffnung, zukünftig Variationen der Ausprägung dieses Phänotyps bis auf einzelne, dafür verantwortliche Gene zurückverfolgen zu können. Die Wissenschaft, insbesondere im Bereich der Medizin, war in den letzten Jahren geprägt durch die großen Fortschritte in der Entwicklung molekulargenetischer und molekularbiologischer Techniken. Durch diese Methoden werden neue Erkenntnisse über den Zusammenhang zwischen körperlicher Aktivität und Leistungsfähigkeit auf der einen Seite sowie der genetischen Grundlage für die Ausprägung dieser Merkmale auf der anderen Seite eröffnet.

In Bezug auf die körperliche Aktivität konnte die Arbeitsgruppe um Sokolowski einen viel beachteten Artikel veröffentlichen, in welchem ein Polymorphismus in dem Gen der zyklischen Guanosin-Monophosphat- (cGMP) abhängigen Proteinkinase (PKG) beschrieben wurde, der bei Fruchtfliegen das Aktivitätsverhalten entscheidend mit beeinflusst [1]. Anhand der genetisch determinierten PKG-Aktivität konnten die Fliegen in träge Tiere (sog. Sitter) und hyperaktive Tiere (sog. Rover) unterschieden werden. Mit Hilfe gentechnischer Methoden war es möglich, eine Transformation der Tiere vom trägen zum aktiven Individuum durchzuführen. Beim Menschen sind bis heute noch keine Gene bekannt, die eine ähnlich entscheidende Bedeutung für eine einzelne Eigenschaft aufweisen. Aufgrund des komplexen Zusammenspiels von Genen unterschiedlicher Lokalisationen und der multifaktoriellen Beeinflussung der Leistungsfähigkeit lassen sich jedoch unterschiedliche Ausprägungen nicht allein durch DNA-Sequenzvariationen einzelner Gene erklären. Es ist allerdings durchaus vorstellbar, dass im komplexen menschlichen Genom Varianten vorliegen, welche die Grundlage für die zum Teil sehr unterschiedliche Ausprägung des Aktivitätsverhaltens und der Leistungsfähigkeit bilden.

17.2 Das sportliche Talent

Warum gelingt einem Athleten X der Durchbruch in die Weltspitze, wohingegen er einem Athleten Y, bei scheinbar gleichen Voraussetzungen, verwehrt bleibt?

Der ständige Versuch, Talent messbar und erfassbar zu definieren, scheitert am hypothetischen Konstrukt dieses Wortes. Die Komplexität bleibt, aufgrund der vielschichtigen und multifaktoriellen Determinanten (◘ Abb. 17.1), oft unverstanden und noch mehr deren Grad an Beeinflussung.

Bei der Diskussion um außergewöhnliche Talente stellt sich die Frage, ob tatsächlich einzelne Gene durch natürliche Varianten für besondere Leistungen in unterschiedlichen Bereichen prädisponieren. In diesem Zusammenhang werden oft der finnische Skilangläufer *Eero Mäntyranta* und der kalifornische Bodybuilder *Flex Wheeler* genannt: Bei Flex Wheeler wird anekdotisch eine besondere Variante des Myostatin-Gens beschrieben. Myostatin ist an der Differenzierung der Skelettmuskulatur beteiligt und wirkt als negativer Regulator des Muskelwachstums. Aus Tierversuchen ist bekannt, dass durch Ausschaltung des Myostatin-Gens (Knock-out-Mäuse) oder aufgrund unterschiedlicher Mutationen ein vermehrtes Muskelwachstum erzielt wird – auch ohne Training [3]. Eine valide wissenschaftliche Untersuchung fand jedoch bis heute nicht statt. Im Falle *Wheelers* kann daher nicht mit Sicherheit gesagt werden, ob tatsächlich ein Zusammenhang zwischen der beschriebenen Genvariante und der Ausprägung der Muskelmasse besteht.

Im Gegensatz dazu erfolgte beim finnischen Skilangläufer *Eero Mäntyranta* eine umfangreiche wissenschaftliche Aufarbeitung. Bis heute ist es der einzige bekannte Fall, in dem sich ein leistungsphysiologisches Merkmal, eine ausgeprägte körperliche Leistungsfähigkeit bzw. aerobe Kapazität, direkt auf eine bestimmte Genvariante zurückführen lässt [4]. Es handelt sich dabei um das Erythropoietin-Rezeptor- (EPOR) Gen. Die Arbeitsgruppe um *Juvonen* beschrieb erstmals Anfang der neunziger Jahre eine Familie mit autosomal-dominanter Erythrozytose. Dieser gutartigen Erkrankung liegt eine spezifische Mutation des EPOR zugrunde [5]. In Familienmitgliedern mit dieser Genvariation konnten Hämoglobin-Konzentrationen von bis zu 22 g/dl beobachtet werden. Da *Mäntyranta*, als Vertreter dieser Familie, mehrere Weltmeistertitel und Olympiasiege im Skilanglauf erringen konnte, wurde spekuliert, ob diese Mutation eventuell Basis für die außergewöhnliche Ausdauerleistungsfähigkeit sein könnte. Anschließend konnte der tatsächlich zu Grunde liegende Gendefekt gefunden werden, welcher zu einer erhöhten Sensitivität des EPOR gegenüber Erythropoietin

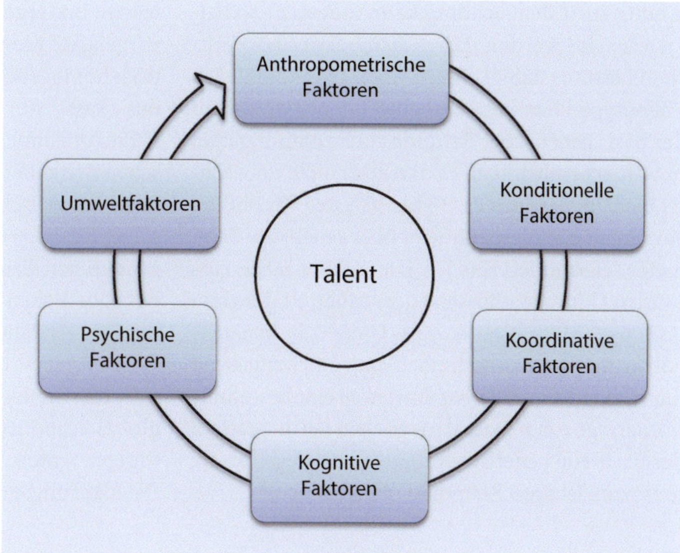

◘ **Abb. 17.1** Schematische Darstellung der Komplexität des Talentbegriffs

führt [6]. Hier lässt sich auch eindeutig ein klarer biologischer Hintergrund aufzeigen: Der EPOR beeinflusst, als zentrales Stellglied im Erythropoietin-Regelkreis, die funktionellen Abläufe und wirkt sich durch erhöhte Hämoglobinmengen bekanntermaßen positiv auf die Ausdauer und somit auf die Leistungsfähigkeit aus.

Die Wissenschaft schreitet zügig fort, steht aber noch in ihren Anfängen, Talent vorhersagen zu können. Dies schreckt jedoch nicht kommerzielle Anbieter ab, durch ein sog. Talentscreening finanziellen Reichtum zu erlangen. Auf der Basis eines ACTN3-Polymorphismus soll die individuelle Leistungsfähigkeit evaluiert werden. Ohne Zweifel gehört ACTN3 zu den Genen, die eng mit der Leistungsfähigkeit verbunden sind. Diese Tatsache rechtfertigt jedoch nicht die Anwendung – vor allem nicht aufgrund der zahlreichen und komplexen Einflussfaktoren, die die Leistungsfähigkeit determinieren und in diesem Test nicht annähernd berücksichtigt werden. Dadurch interindividuelle Variationen entschlüsseln zu wollen, sportliches Talent vorherzusagen oder angepasste Trainingspläne anzufertigen, entbehren jeglicher wissenschaftlicher Grundlage.

Zusammenfassend kann, zum heutigen Zeitpunkt, festgehalten werden, dass eine Zuordnung von genetischen Variationen zu Merkmalen der körperlichen Leistungsfähigkeit nur in Einzelfällen möglich ist. Ein praktischer Nutzen der Genomforschung zur Talentsichtung kann indessen zweifellos verneint werden. Da es sich bei der körperlichen Leistungsfähigkeit um einen sehr komplexen Phänotypen handelt, wird eine Talentauswahl auf der Basis genetischer Befunde auch zukünftig eher unwahrscheinlich sein. Es darf auch nicht unbeachtet bleiben, dass nur ca. 30 bis 40% der Variabilität einzelner Leistungsparameter über genetische Parameter determiniert sind [7]. Die anderen 60 bis 70% werden Umwelteinflüssen zugeordnet, sind extrem divergent (Motivation, soziales Umfeld, individuelle Förderung, Verletzungsfreiheit u. a.) und weitgehend nur bedingt kontrollierbar. Inwieweit eine bestimmte Vorhersage von maximal möglichen Leistungen auf der Basis von genetischen Markern erfolgen kann, muss zum jetzigen Zeitpunkt offen bleiben.

17.3 Geographische Variation

Der überragende Erfolg von Ostafrikanern in Ausdauerdisziplinen ist umfassend bekannt und wird durch folgende Daten und Fakten bestätigt: In der Marathon-Weltbestenliste (Stand: Oktober 2010) befinden sich unter den Top 20 der Männer 17 Läufer aus Kenia und Äthiopien; bei den Sommerspielen 2008 in Peking gewannen entweder Kenianer oder Äthiopier olympisches Gold in allen Mittel- und Langstreckenläufen. Eine in der Literatur oft anzutreffende Annahme ist daher nicht verwunderlich, dass Ostafrikaner die „richtigen" Gene für Ausdauersportarten besitzen [8]. Die Erkenntnis dieser „schwarzen" Überlegenheit ist nicht neu und basiert auf der Annahme, dass eine ähnliche Hautfarbe eine ähnliche Genetik vermuten lässt. Die auffallend geographische Anhäufung von Hochleistungssportlern veranlasste deswegen Wissenschaftler in den letzten Jahren dazu, Assoziationen zwischen genetischen Markern und leistungsphysiologischen Merkmalen von Weltrekordhaltern, Weltmeistern und Olympiasiegern zu untersuchen. Dabei entstanden mehrere DNA-Datenbanken von Weltklasseathleten unterschiedlicher Herkunft und Disziplin.

Trotz der beständigen Auffassung der engen Assoziation zwischen der Hautfarbe der Athleten und der sportlichen Leistungsfähigkeit [9] gibt es jedoch bis dato keinerlei Studien, die diesen genetischen Effekt valide bewerten und/oder quantifiziert haben. Im Gegenteil: Aussagen stützen sich auf die vorgefasste Meinung, dass jede „Rasse" eine genetisch homogene Gruppe darstellt, wobei der Terminus „Rasse" nur durch die Hautfarbe definiert wird. Diese Annahme wirkt konträr zum Wissen, dass zwischen Afrikanern mehr genetische Variationen vorliegen als zwischen der afrikanischen und europäischen Bevölkerung. Nicht verwunderlich, dass die genetischen Grundlagen komplexer Merkmale, wie der sportlichen Leistungsfähigkeit, dadurch noch weniger verstanden werden.

Derzeit wird angenommen, dass die Mehrzahl der menschlichen genetischen Variationen global einheitlich auftreten und nur ein geringfügiger Anteil, weniger als 10%, in vereinzelten Bevölkerungsgruppen spezifisch vorhanden sind.

Verdeutlicht wird dies durch eine Publikation des Humangenomprojektes (Human Genome Project, HGP) und der Analyse von Haplotyp-Frequenzen, dass die meisten Haplotypen gleichzeitig in zwei von drei Bevölkerungsgruppen (Europa, Afrika und Asien) zu finden sind. Es wird daher vermutet, dass der Grad der genetischen Vielfalt zwischen menschlichen Populationen nicht groß genug ist, um die Verwendung des Begriffs „Rasse" zu rechtfertigen [10]. Folglich sind jegliche gefundenen Unterschiede bezüglich Physiologie, Biochemie und/oder Anatomie zwischen Gruppen, die nur auf der Unterscheidung des Merkmals Hautfarbe basieren, nicht direkt auf die gesamte Bevölkerungsgruppe übertragbar, auch wenn diese unumstritten genetisch determiniert sind. Zudem stammen 14 von 23 Läufern der äthiopischen Olympiamannschaft 2008 aus einer Region namens *Arsi*, die nur 5% der Landesbevölkerung ausmacht. Ebenso beeindruckt ein Stamm im Westen Kenias, die *Kalenjin*, aus dem etwa 50 olympische Medaillengewinner in Mittel- und Langdistanzdisziplinen abstammen, obwohl dieser nur einen Anteil von weniger als 0,1% der Weltbevölkerung ausmacht. Dies widerlegt die Annahme, dass die Weltelite im Mittel- und Langstreckenlauf unselektiv aus Kenia und Äthiopien stammt, bestärkt jedoch gleichzeitig die genetische Determinante des Erfolgs ostafrikanischer Athleten. Als Erklärung kann hingegen zum einen ein genetischer Drift für die Frequenzzunahme oder -abnahme bestimmter Allele, zum anderen ein Selektionsvorteil für einen Phänotypen in Abhängigkeit von Umweltfaktoren angenommen werden. Es wird beispielsweise beschrieben, dass vereinzelte ostafrikanische Stämme, wie z. B. der *Nandi*-Stamm in Kenia, eine ausgeprägte Ausdauerleistungsfähigkeit und somit einen genetischen Vorteil aufgrund kultureller Sitten wie Rinderreiten aufweisen [11].

Trotz zahlreicher wissenschaftlich nicht belegter Hypothesen, mit der Gefahr theoretischer Untermauerung, ist es durchaus gerechtfertigt, den phänomenalen sportlichen Erfolg der Ostafrikaner als genetisch determiniert zu begründen, jedoch dahingehend aufzufordern, verantwortliche Gene durch einen standardisierten wissenschaftlichen Ansatz zu identifizieren und zu bewerten. Dabei sollten Wissenschaftler, neben der ständig erklärten biologischen bzw. genetischen Komponente, nicht die ebenfalls beeinflussenden sozio-ökonomischen und kulturellen Faktoren missachten.

17.4 Genetische Diagnostik

Die Bedeutung genetischer Determinanten für die Ausprägung individueller Eigenschaften, wie beispielsweise der Ausdauerleistungsfähigkeit, kann mit unterschiedlichen wissenschaftlichen Ansätzen untersucht werden. Das heutige Wissen zur Genetik der körperlichen Leistungsfähigkeit basiert dabei einerseits auf Familienstudien (Zwillingsstudien, Stammbaumanalysen), andererseits auf Populationsstudien (Assoziationsstudien).

Seit den 1970er Jahren wurde die Konzentration auf Familien- und Zwillingsstudien gelegt. In den Familienstudien werden die unterschiedlich ausgeprägten Phänotypen innerhalb eines Probandenkollektivs miteinander verglichen. Unter Anwendung der Heritabilitätsschätzung (h^2) wurden bzgl. der maximalen Sauerstoffaufnahme (VO_{2max}) bei 25 Zwillingspaaren hohe Heritabilitätsschätzwerte berichtet ($h^2 = 93{,}4\%$) [12], d. h. 93,4% der phänotypischen Veränderung in VO_{2max} konnte durch die Genetik erklärt werden. Teilweise ähnlich hohe Heritabilitätsschätzwerte konnten für andere leistungsbezogene Attribute (Körper- und Skelettmuskelfaserzusammensetzung, motorische Aktivitäten) aufgezeigt werden [13]–[18]. In der Literatur wurde jedoch kritisch angemerkt, dass die hohen Schätzwerte auf der indirekten Methode, den niedrigen Zwillingszahlen und dem nahezu identischen sozialen Umfeld der untersuchten Zwillinge basieren [19], [20].

In den Assoziationsstudien werden die Zusammenhänge von verschiedenen DNA-Sequenzvariationen und den interindividuellen Unterschieden in der Ausprägung des Phänotyps untersucht. Während durch diese epidemiologischen Methoden individuelle Unterschiede aufgrund verschiedener DNA-Sequenzen, Gen-Umwelt-Interaktionen und Gen-Gen-Interaktionen aufgezeigt werden sollen, werden molekularbiologische Studienansätze dafür genutzt, den Einfluss einzelner DNA-Sequenzen auf zelluläre

Regulationsmechanismen und Veränderungen der Transkription und Translation zu untersuchen, um die grundsätzliche Bedeutung der Gene für einen Phänotyp darzustellen.

Unter Nutzung dieser sich kontinuierlich entwickelnden Labormethoden auf molekularer Basis, also damit der direkten Methoden, konnten der Genetik der VO_{2max} ein Anteil von 40–50% zugesprochen werden [21]. Der Fokus der Untersuchung verschob sich von einzelnen Phänotypen (z. B. VO_{2max}) in Richtung komplexerer Phänotypen (z. B. Sportlerstatus), wo interindividuelle phänotypische Variationen durch ein heterogenes, polygenes Modell mit mehreren daran beteiligten und mit Umfeldfaktoren wechselwirkenden Genvarianten verursacht werden [2], [22], [23].

Grundsätzlich sollte die genetische Diagnostik in mehreren Schritten erfolgen, in denen die gefundenen Ergebnisse repliziert werden können. Falls ein Einfluss genetischer Faktoren an der Entstehung leistungsphysiologischer Merkmale vermutet wird, werden zur Untersuchung familiärer Häufungen Familienstudien, insbesondere Zwillingsstudien, oder Stammbaumanalysen durchgeführt (▣ Abb. 17.2).

Um anschließend einen möglichen Zusammenhang genetischer Marker mit der Ausprägung des Phänotyps aufzuzeigen, folgen Assoziationsstudien, häufig als Kandidatengenstrategie (*candidate gene approach*). Dabei wird sich auf Gene fokussiert, deren Genprodukte metabolische Stoffwechselprozesse und physiologische Systeme beeinflussen, die im Zusammenhang mit körperlicher Leistungsfähigkeit stehen könnten. Um die Position von geeigneten Genen in Bezug zu bekannten Leistungsmerkmalen zu lokalisieren, erfolgen Linkage-Analysen. Diese Methode bedient sich der Untersuchung verschiedener Familien.

Im Mittelpunkt der genetischen Diagnostik stehen genetische Marker als Teil des Kandidatengens, die, im Rahmen einer Assoziationsstudie, eine eventuelle Verknüpfung zum Phänotypen (z. B. maximale Sauerstoffaufnahme, VO_{2max}) aufzeigen. Als Marker dienen Einzelnukleotid-Polymorphismen (*single nucleotide polymorphism, SNP*) sowie sogenannte Mikrosatelliten. Durch den Vergleich des Auftretens einer Sequenzvariante in zwei Kollektiven (▣ Abb. 17.2) kann nun festgestellt werden, ob spezifische genetische Varianten zu einem Merkmal prädisponieren. Es wird dabei untersucht, ob ein Genotyp oder Allel, also die Ausprägung eines untersuchten Markers, in einer Gruppe häufiger vorkommt als in der anderen (Fall-Vergleichs-Studie). Von genetischer Assoziation wird folgend ausgegangen, wenn zwei oder mehr Merkmale in einer Population zusammen auftreten, und zwar öfter als durch Zufall erklärt werden kann. Verglichen mit der Linkage-Analyse, in der Gene mit einem relativ kleinen Effekt entgehen können, zeichnen sich Assoziationsstudien durch eine höhere Nachweissensitivität von genetischen Variationen aus. Die Schwierigkeit, Kandidatengene aus relativ kleinen Probandengruppen zu identifizieren, und die oft nicht ausreichende statistische Power schränken jedoch diese Methode ein.

Eine gezeigte Assoziation zwischen Marker und Merkmal ist jedoch noch kein Beweis für eine kausale Beziehung, da beispielsweise die Häufigkeiten von Genotypen zwischen verschiedenen ethnischen und geographischen Populationen variieren können, mit der Folge falsch-positiver Assoziationen. Durch Replikationsstudien und Feinkartierung sollten gefundene Ergebnisse bestätigt werden.

Einen neuen Ansatz und technologischen Fortschritt zugleich stellen genomweite Assoziationsstudien (GWAS) dar. Diese Methode kann neue Kandidatengene oder eine Vielzahl von SNPs für komplexe Merkmale, die genetisch beeinflusst werden, hervorbringen. Dadurch kann die Assoziation eines bestimmten Merkmals mit 500.000 bis zu 1.000.000 SNPs analysiert werden und damit die Identifizierung potenziell relevanter Genloci erfolgen. Ein derartiges *Screening* birgt jedoch auch Gefahren der unselektiven Auswahl. Widersprüchliche Ergebnisse mit geringer statistischer Aussagekraft und die mangelnde Reproduzierbarkeit, abgesehen vom enormen finanziellen Aufwand, können die Folge sein. Aus diesem Grund sollten Kandidatengene folgende Kriterien erfüllen: Die zu untersuchenden Gene sollten einen biologischen Zusammenhang zu dem jeweils interessierenden Leistungsmerkmal/Leistungskomplex aufweisen (z. B. maximale Sauerstoffaufnahme – körperliche Leistungsfähigkeit); die Varianten des Kandidatengens beeinflussen die gesamte Funktion des Gens (z. B. ist die Veränderung der ACE-Aktivität mit Polymorphismen im ACE-Gen verknüpft); und das Auftreten des Polymorphismus in der Bevölkerung sollte häufig genug sein, um eine valide statistische Analyse zu gewährleisten.

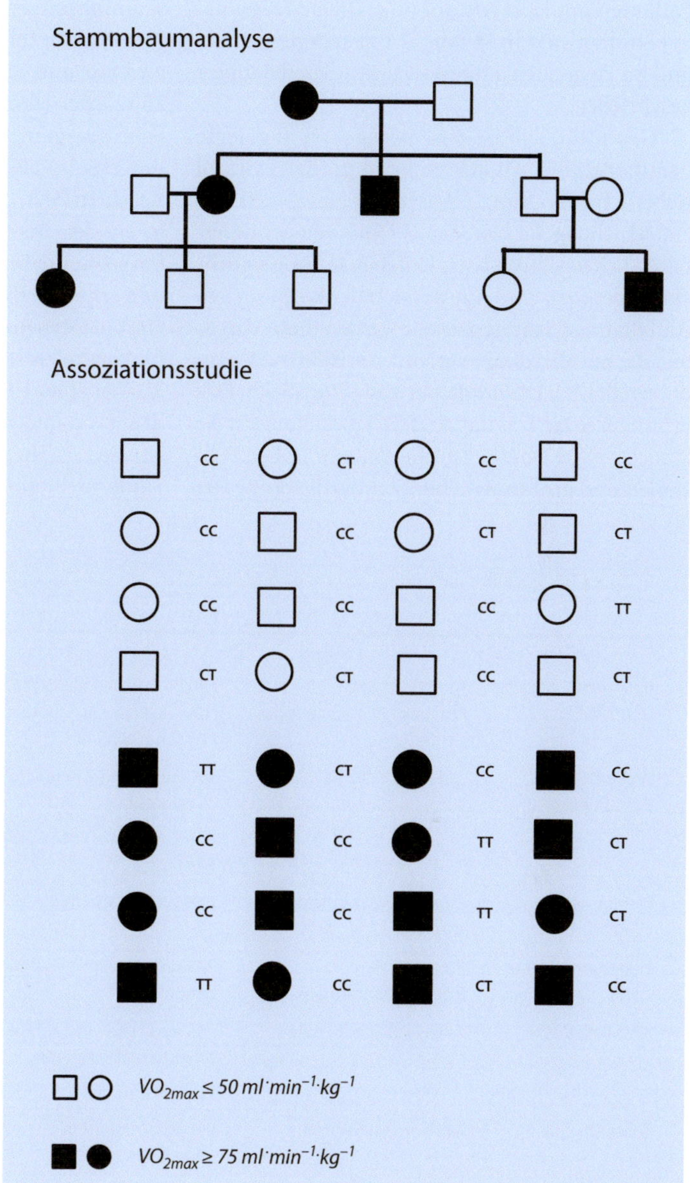

Abb. 17.2 Schematische Darstellung einer Familien- und Populationsanalyse. Bsp. Phänotyp: VO_{2max}

17.5 Genetik und Sport in der wissenschaftlichen Literatur: wichtige Studien und Studienkohorten

Wie in vielen anderen Bereichen, so waren insbesondere die Familien- und Zwillingsstudien auch der Anfang der Forschung zur genetischen Basis leistungsphysiologischer Merkmale. Aufgrund der hohen Ansprüche an die Fallzahl, den finanziellen Limitationen und den zum Teil sehr selektiven Phänotypen ist nur eine beschränkte Anzahl valider Studien vorhanden. Dabei variiert das untersuchte Probandenkollektiv vom Kaukasier zum Afro-Amerikaner, vom Untrainierten zum Hochleistungssportler und vom Gesunden bis hin zum

Patienten mit Herzerkrankung. Die bedeutendsten Studien sind in ◻ Tab. 17.1 zusammengefasst und im Folgenden ausgewählte Studien detailliert beschrieben.

Grundsätzlich ist eine prospektiv angelegte Familienstudie mit ausreichend großer Fallzahl sicherlich der optimale Ansatz für eine genetische Untersuchung, da hierbei alle Optionen der unterschiedlichen statistischen Untersuchungsmöglichkeiten gegeben sind. Im Bereich der körperlichen Aktivität und Trainierbarkeit werden diese Vorgaben derzeit allerdings nur von der **HERITAGE**-Studie erfüllt [24]: Die nordamerikanische **HE**alth, **RI**sk factors, exercise **T**raining **A**nd **GE**netics-Studie ist die aktuell größte Familienstudie mit sehr hohen Fallzahlen und größtmöglicher Standardisierung der Trainingsintervention. Insgesamt wurden nahezu 750 Probanden aus ca. 300 Familien rekrutiert und vor und nach kontrolliertem Training über 20 Wochen (dreimal pro Woche Training auf einem Fahrradergometer) auf zahlreiche Phänotypen hin untersucht. Neben den leistungsphysiologischen Aspekten (VO_{2max}) wurden auch zahlreiche Parameter aus dem Bereich der Herz-Kreislauf-Risikofaktoren sowie umfangreiche Daten zur Körperkomposition erhoben. Es ließen sich dadurch Assoziationen von Genotypen der Probanden mit physiologischen und pathologischen Phänotypen feststellen. Da die Kosten einer solchen Studie immens sind und der damit verbundene administrative Aufwand erheblich ist, wird auf absehbare Zeit sicherlich keine ähnliche Studie mehr durchführbar sein.

◻ **Tab. 17.1** Bedeutende Studien zu Genetik und Sport

Studie	Studiendesign	Kollektiv	Intervention
Bouchard C et al. HERITAGE	Familienstudie Prospektive Interventionsstudie	750 Probanden aus 300 Familien (100 kaukasische, 200 afroamerikanische Familien)	Kontrolliertes Ausdauertraining über 20 Wochen
Wolfarth B et al. Genathlete	Fall-Vergleichs-Studie	300 Ausdauerathleten (VO_{2max} > 75 ml/kg) 300 Kontrollpersonen (VO_{2max} < 50 ml/kg)	
Defoor J et al. CAREGENE	Prospektive Interventionsstudie	1.095 KHK-Patienten	Rehabilitatives Training über drei Monate
Hageberg JM et al. GERS	Prospektive Interventionsstudie	225 untrainierte, gesunde Probanden	Kontrolliertes Ausdauertraining über 24 Wochen
Ahmetov II et al.	Fall-Vergleichs-Studie	786 russische Elite-Athleten verschiedener Disziplinen 1.242 Kontrollen	
Scott RA et al.	Fall-Vergleichs-Studie	291 ostafrikanische Elite-Ausdauerathleten 85 Kontrollen	
Yang N et al.	Fall-Vergleichs-Studie	429 australische Elite-Athleten unterschiedlicher Disziplinen 436 Kontrollen	
Montgomery HB et al.	Prospektive Interventionsstudie	140 britische Militärrekruten	Grundausbildung über zehn Wochen
Cerit M et al.	Prospektive Interventionsstudie	186 kaukasische Männer	Grundausbildung über sechs Monate
He Z et al.	Prospektive Interventionsstudie	102 gesunde, untrainierte chinesische Militärrekruten	Grundausbildung über 18 Wochen

17

Als weitere bedeutende Studie ist die **Genathlete**-Studie zu nennen [25]–[27]. Es handelt sich dabei um eine multizentrische und bis dato die größte Fall-Vergleichs-Studie, bei welcher Ausdauerathleten mit außergewöhnlich hoher VO_{2max} (≥ 75 ml.min^{-1}·kg^{-1}) mit untrainierten Normalpersonen mit niedrig-normaler VO_{2max} (≤ 50 ml.min^{-1}·kg^{-1}) verglichen wurden. Dabei wurden, als Kandidatengenansatz, einzelne genetische Varianten in ihrer Verteilung bezüglich des Phänotyps VO_{2max} in den beiden Gruppen analysiert. Zum Ausschluss von Geschlechts- und ethnischen Einflüssen wurden nur männliche Probanden kaukasischer Herkunft rekrutiert (n = 620). Mit der VO_{2max} wurde ein gemessener, physiologischer Parameter aus einem klar definierten und abgegrenzten Bereich der menschlichen Leistungsfähigkeit untersucht und dadurch eine harte, phänotypische Zielgröße etabliert, welche eine saubere Analyse der Probanden ermöglichte. Hiermit waren eine eindeutige Zuordnung und damit auch eine größtmögliche Übertragbarkeit der Ergebnisse in Teilbereiche der klinischen Medizin unter Berücksichtigung gesundheitsrelevanter Fragestellungen gegeben. Die VO_{2max} wurde in der relativen, auf das Körpergewicht bezogenen Bewertung als Bezugsparameter gewählt, um die Vergleichbarkeit der Athleten aus unterschiedlichen Ausdauersportarten unabhängig vom zum Teil stark differierenden absoluten Körpergewicht zu gewährleisten. Um Einflüsse durch regional unterschiedliche Verteilung einzelner genetischer Varianten auszuschließen, wurde darauf geachtet, dass in beiden Gruppen eine vergleichbare Verteilung der regionalen Herkunft der Probanden gegeben war.

Beide Studien stellen ein zukunftsweisendes Setup dar, welches in Kooperation entstehen konnte. Im Rahmen der **Genathlete**-Studie konnten genetische Assoziationen untersucht und Hinweise aus Linkage-Analysen überprüft werden, die in der **HERITAGE**-Studie gefunden wurden. Im Gegenzug hierzu konnten Ergebnisse aus der **Genathlete**-Studie, insbesondere im Hinblick auf Normalpersonen und Trainingsadaptationen, im **HERITAGE**-Kollektiv zur Replikation untersucht werden.

Die **Caregene**-Studie [28] erforschte die individuelle genetische Variation der aeroben Leistungsfähigkeit und der Reaktion auf körperliches Training bei Patienten mit koronarer Herzkrankheit (KHK). Die Studie umfasst 1.095 Patienten, welche drei Trainingseinheiten pro Woche durchführten. Der Vorteil dieser Studie besteht darin, dass diese einen neuen Einblick in das Verständnis der Rolle von gesundheitsbezogenen Fitnessgenen bei der Verbesserung des Allgemeinzustandes von KHK-Patienten bietet.

In der **GER**-Studie (*Gene-Exercise Research Study*) [29] wurden 225 untrainierte, gesunde Männer und Frauen im Alter zwischen 50 und 75 Jahren rekrutiert, welche an einem 24-wöchigen Ausdauertrainingsprogramm teilnahmen. Das Ziel dieser Studie war es, mit einem hoch standardisierten Trainingsprogramm die Auswirkungen von häufigen genetischen Variationen auf die Veränderungen der Risikofaktoren der Herz-Kreislauf-Erkrankung zu untersuchen.

Die Genotypisierung von Sportlern der höchsten Leistungsklasse kann die Notwendigkeit sehr großer Sportlerkohorten umgehen, um leistungsbezogene Polymorphismen zu detektieren. Es gibt eine Reihe von DNA-Biobanken von Weltklassesportlern aus einer Vielzahl von Ländern und Sportarten. Die wichtigsten Spitzensportlerkohorten, auf Grundlage aktueller Veröffentlichungsergebnisse, sind die folgenden:

In der jüngsten russischen Spitzensportlerkohorte [30]–[32] wurden 998 männliche und 425 weibliche russische Athleten auf regionalem oder nationalem Wettkampfniveau aus 24 verschiedenen Sportarten rekrutiert. Die Athleten wurden in fünf Gruppen nach Dauer des Sportereignisses (sehr lange, lange und mittlere Ausdauer), gemischte anaerobe/aerobe Aktivitätsgruppe und Leistungsgruppe (vorwiegend anaerobe Energiegewinnung) stratifiziert.

Der phänomenale Erfolg von Sportlern aus Äthiopien und Kenia bei Ausdauerlaufveranstaltungen ist allgemein bekannt. Mittel- und Langstreckenläufer aus Äthiopien und Kenia halten über 90% sowohl der All-Time-Weltrekorde als auch der aktuellen Top-10-Positionen der Weltrangliste [33]. Darüber hinaus kommen diese erfolgreichen Sportler aus lokalisierten ethnischen Untergruppen innerhalb ihrer jeweiligen Länder (► Abschn. 17.3) [34], [35]. Dieses geographische Clustering hat die Annahme einer genetischen Grundlage für Spitzenausdauerlaufleistungen erweckt [36]. Zur

Untersuchung des ostafrikanischen Laufphänomens wurden in einer ersten Studie [35], [37], [38] 114 Dauerläufer aus der äthiopischen Leichtathletik-Nationalmannschaft, 315 Kontrollen aus der äthiopischen Gesamtbevölkerung, 93 Kontrollen aus der Arsi-Region Äthiopiens und 38 Sprint- und Kraftsportler aus der äthiopischen Leichtathletik-Nationalmannschaft eingeschlossen (ostafrikanische Spitzensportlerkohorte). Ein ähnlicher Ansatz wurde in einer anschließenden Studie [39] verfolgt, die die Aufnahme von 291 kenianischen Spitzenausdauersportlern und 85 Kontrollpersonen beinhaltete. Diese Studienkohorte bietet eine einzigartige Gelegenheit für die Entdeckung von Leistungsgenen.

Zwei Studien aus Australien lieferten wertvolle genetische Erkenntnisse über Spitzensprinter und Ausdauersportler (australische Spitzensportlerkohorte) [40]. Die Kohorte umfasst 429 australische Spitzenathleten aus 14 verschiedenen Sportarten und 436 unabhängige Kontrollen.

Das Militär bietet ein einzigartiges Umfeld, um standardisierte Trainingsinterventionen durchzuführen und zu beurteilen. Ein weiterer Vorteil von Militärkohorten steht in Bezug mit ihrem prospektiven Design und mit der Möglichkeit, Assoziationen zwischen bestimmten genetischen Variationen und verschiedenen physiologischen Daten zu analysieren.

Die erste bedeutende Studie wurde von Montgomery et al. mit britischen Militärrekruten durchgeführt [41]. Die Rekruten nahmen an einer zehnwöchigen Grundausbildung teil, die intensive Kraft- und Ausdauertrainingseinheiten (n = 78) [41] oder einen 1,5-Meilen-Lauf bei maximaler Anstrengung (n = 140) [42] umfasste.

Eine Kohorte von türkischen Militärrekruten, die aus 186 kaukasischen Männern bestand, nahm an einem sechsmonatigen Trainingsprogramm teil [43]. Wie bei allen anderen Militärstudien besteht der Nachteil dieser Kohorte in der niedrigen Teilnehmerzahl.

Eine weitere Militärrekruten-Kohorte [44] bestand aus 102 gesunden, aber untrainierten Soldaten aus China, die an einem 18-wöchigen Bewegungstrainingsprogramm teilnahmen (drei 5.000-Meter-Läufe pro Woche).

17

17.6 Gene und Polymorphismen von Interesse

Trotz zahlreicher Versuche, Gene, die mit der körperlichen Leistungsfähigkeit und dem Athletenstatus assoziiert sind, zu identifizieren, konnten bis dato nur begrenzte Fortschritte errungen werden. Das liegt zum einen an dem oft vorhandenen zu gering koordinierten Forschungsaufwand und zum anderen an der zu geringen oder gar fehlenden finanziellen Förderung. Die Errungenschaften in der Genomforschung und die Entwicklung neuer Technologien eröffnen dennoch neue Perspektiven, die vor zwei Jahrzehnten noch undenkbar erschienen. Diese molekulargenetischen Techniken ermöglichen beispielsweise die Ermittlung jener DNA-Varianten oder Polymorphismen, die mit der Veranlagung für spezifische körperliche Fähigkeiten assoziiert sind. Aus der *Human gene map for fitness and performance related traits* sind inzwischen mehr als 250 Gene mit sportbezogener Relevanz bekannt, von denen ausgegangen wird, dass diese signifikant mit Komponenten der allgemeinen körperlichen Leistungsfähigkeit, einschließlich der Ausdauerleistungsfähigkeit, assoziiert sind [2]. Die relevantesten Gene und Polymorphismen, die nach derzeitiger Auffassung mit der aeroben Kapazität, der Ausdauerleistungsfähigkeit und dem Muskelstoffwechsel assoziiert sind, werden im Folgenden aufgeführt und diskutiert. Die wichtigsten Gene und Polymorphismen sind in ◘ Tab. 17.2, die Anzahl neuerer Veröffentlichungen mit den untersuchten ausdauerbezogenen Loci in ◘ Abb. 17.3 dargestellt.

17.6.1 Kandidatengene in Bezug zur Ausdauerleistungsfähigkeit

Die moderne Genomforschung beschäftigt sich seit nunmehr 40 Jahren mit dem Phänomen der körperlichen Leistungsfähigkeit. Betrachtet man die Veröffentlichungen der genetischen Epidemiologie zu Determinanten der Ausdauerleistungsfähigkeit, so ist die maximale Sauererstoffaufnahmekapazität (VO_{2max}) bislang der bevorzugte Phänotyp, zu dessen Vererbung in größeren Studien Aussagen

Tab. 17.2 Darstellung der wichtigsten Gene und Polymorphismen in Bezug zur körperlichen Leistungsfähigkeit

Gen (Abkürzung)	Name	Lokalisation
ACE	Angiotensin-Converting-Enzym	17q23
ACTN3	α-Actinin-3	11q13-q14
ADRA2A	Alpha2-adrenerger-Rezeptor	10q24-q26
ADRA2B	Alpha2B-adrenerger-Rezeptor	2p13-q13
ADRA2C	Alpha2C-adrenerger-Rezeptor	4p16
ADRB1	Beta1-adrenerger-Rezeptor	10q24-q26
ADRB2	Beta2-adrenerger-Rezeptor	5q31-q32
ADRB3	Beta3-adrenerger-Rezeptor	8p12
AMPD1	Adenosin-Monophosphat-Deaminase 1	1p13
APOC3	Apolipoprotein C-III	11q23
CKM	Kreatinkinase	19q13.2-q13.3
HIF1A	Hypoxie-induzierbarer Faktor 1	14q23.2
NOS3	Endotheliale Stickstoffmonoxid-Synthase	7q36
PPARA	Peroxisomproliferator-aktivierter-Rezeptor-alpha	22q13.31
PPARD	Peroxisomproliferator-aktivierter-Rezeptor-delta	6p21.1
PPARG	Peroxisomproliferator-aktivierter-Rezeptor-gamma	3p25
PPARGC1A	Peroxisomproliferator-aktivierter-Rezeptor-gamma, Coactivator 1-alpha	4p15.1
UCP1	Uncoupling protein 1	4q28-q31
UCP2	Uncoupling protein 2	11q13
UCP3	Uncoupling protein 3	11q13
VDR	Vitamin D-Rezeptor	12q13.11

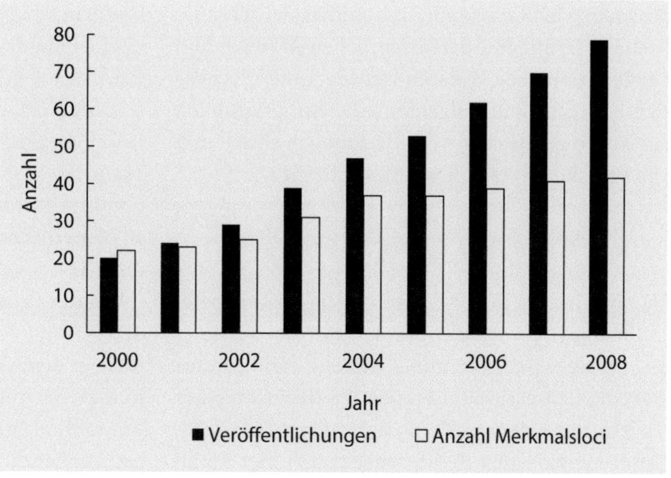

Abb. 17.3 Grafische Darstellung der jährlichen Veröffentlichungen mit den untersuchten ausdauerbezogenen Loci

gemacht wurden. Dieser wird als Bruttokriterium der aeroben Leistungsfähigkeit von Atmung, Herz-Kreislauf-System und Stoffwechsel definiert und repräsentiert die höchstmögliche Sauerstoffaufnahme während der Maximalbelastung.

Die ersten Untersuchungen, die an eineiigen Zwillingen durchgeführt wurden, ergaben für das Maß der genetischen Vorbestimmung dieses Wertes außerordentlich hohe prozentuale Werte (bis 90%), was einer nahezu komplett genetisch bedingten interindividuellen Varianz und einer minimal begrenzten Trainierbarkeit gleichkommt [12]. Neuere Studien zeigen jedoch, dass diese Zahlen in erster Linie durch geringe Fallzahlen und ein häufig nahezu identes Umfeld der untersuchten Zwillinge bedingt waren [20]. Heute wird, nach Abgleich der Ergebnisse in Bezug auf Alter, Geschlecht, Körpergewicht und Körperzusammensetzung, für eine mögliche erbliche Komponente der VO_{2max} ein Wert zwischen 25 bis 40% als realistisch diskutiert [21].

Diese Resultate und die Kenntnis, dass es sich bei der Ausdauerleistungsfähigkeit um ein sehr komplexes Merkmal handelt, legen nahe, dass es nicht den Phänotypus und mit Sicherheit keinen einzelnen Geneffekt als Erklärung für interindividuelle Unterschiede gibt. Vielmehr handelt es sich um ein heterogenes, polygenetisches Geschehen mit zahlreichen Genvarianten, die in Interaktion zu den beobachteten Variationen stehen. Es ist durchaus denkbar, dass in einigen Jahren eine größere Anzahl von unterschiedlichen Genen identifiziert wird, welche in direktem oder indirektem Zusammenspiel die genetische Determinante der körperlichen Aktivität und Leistungsfähigkeit erklären werden, unter Berücksichtigung, dass die allgemeine Leistungsfähigkeit neben den genetischen Voraussetzungen auch durch Umweltfaktoren (z. B. Training) geformt wird.

▪ Hypoxie-induzierbarer-Faktor-1-alpha (HIF1A)

Hypoxie-induzierbarer-Faktor 1 (HIF-1) ist ein heterodimerer DNA-Transkriptionsfaktor, der aus einer α- und einer β-Untereinheit besteht. HIF-1 induziert die Expression und regelt die Reaktion einer Vielzahl von Genen auf hypoxische Reize [45]–[48]. Unter hypoxischen Bedingungen, d. h. bei Abfall des Sauerstoffpartialdrucks, findet eine Aktivierung und Hochregulation von HIF-1α und damit von HIF-1 statt [48], [49]. Das funktionelle *HIF-1*-Protein aktiviert daraufhin die Transkription verschiedener Zielgene, die an der Erythropoese, Angiogenese und anderen Stoffwechselwegen einschließlich der Kodierung für Erythropoietin (Epo), dem vaskulären endothelialen Wachstumsfaktor (VEGF) und dem VEGF-Rezeptor FLT-1 beteiligt sind [48]. Von den neun Polymorphismen im HIF-1α-Gen [50] sind drei am häufigsten untersucht (P582S, A2500T, T140C). Bei der Untersuchung der drei Polymorphismen in Bezug auf VO_{2max} vor und nach einem 24-wöchigen aeroben körperlichen Training konnte eine Assoziation sowohl von P582S als auch von A-2500T festgestellt werden [50]. In der Genathlete-Studie konnten zudem Unterschiede des Auftretens der HIF-1α-Pro582Ser-Genotypen zwischen Spitzenausdauerathleten und Kontrollgruppe aufgezeigt werden [51]. Bevor jedoch ein eindeutiger Zusammenhang zwischen HIF-1α-Polymorphismen und der aeroben Leistungsfähigkeit hergestellt werden kann, bedarf es weiterer Untersuchungen.

▪ Endotheliale Stickstoffmonoxid-Synthase (NOS3)

Stickstoffmonoxid (NO) wird von der endothelialen Stickstoffmonoxid-Synthase (eNOS) aus der Aminosäure L-Arginin in Endothelzellen produziert und ist ein wichtiger Botenstoff, der den Gefäßtonus regelt, den arteriellen Blutdruck beeinflusst und auf den intrazellulären Energiestoffwechsel einwirkt. Bei Hemmung der NO-Synthese resultiert ein erhöhter Blutdruck [52], [53]. Körperliche Bewegung führt zu einer blutdrucksenkenden Wirkung durch Endothel-abhängige Vasodilatation, vermittelt durch eine erhöhte NOS3-Aktivität und somit NO-Produktion [54], [55]. Da die Variation des Nutzens körperlichen Trainings interindividuell weit streut, kann angenommen werden, dass das Ausmaß der Anpassung an körperliches Training einer genetischen Kontrolle unterliegt.

In der Promotorregion des eNOS-Gens wurde der T-786C-Polymorphismus identifiziert. Personen mit dem C-Allel weisen eine geringere Promotoraktivität mit einer folglich beeinträchtigten NO-Produktion auf [56]. So konnte eine abgeschwächte trainingsinduzierte Verbesserung der endothel-abhängigen vasodilatorischen Kapazität im Vergleich zum Wildtyp festgestellt werden [57]. Zudem konnte ein deutlich erhöhter Gefäßwiderstand bei Untrainierten, die ein C-Allel aufweisen, aufgezeigt werden [58]. In einem weiteren Polymorphismus (ecNOS4a/b) konnte eine Assoziation zum Blutdruck gefunden werden [59]. Dabei war bei Personen mit dem seltenen a-Allel der systolische Blutdruck, verglichen mit Nicht-Trägern, deutlich erhöht. In der HERITAGE-Familienstudie wurde der Glu298Asp-Polymorphismus untersucht [60]. Personen, die bezüglich des Glu298-Allels homozygot sind, zeigten nach einem 20-wöchigen Ausdauertrainingsprogramm eine stärkere Reduktion des diastolischen Blutdrucks im Vergleich zu den Asp298-Homozygoten, während die Heterozygoten eine mittelmäßige Reaktion zeigten. Beeindruckende Ergebnisse erbrachte die Genathlete-Studie [27]. Bei der Untersuchung von drei NOS3-Polymorphismen und eines Mikrosatelliten(CA)n-Repeats konnten beim Vergleich von Trägern und Nicht-Trägern der häufigsten (CA)n-Repeat-Allele deutliche Unterschiede zwischen untrainierten Kontrollen und Spitzenausdauersportlern festgestellt werden. Dieses Ergebnis stellt einen möglichen Ansatz zur Klärung der unterschiedlichen Leistungsfähigkeit dar.

Eine endgültige Aussage kann zum aktuellen Zeitpunkt allerdings noch nicht getroffen werden. Vielmehr muss in Abhängigkeit von der jeweils untersuchten Probandengruppe und deren Grad an körperlicher Aktivität sowie den untersuchten Phänotypen die jeweilige Bedeutung der NOS3-Varianten abgeschätzt werden. Hier fehlt es jedoch an Untersuchungen mit großen Kollektiven. Im Rahmen der Ausprägung der körperlichen Leistungsfähigkeit ist das NOS-System allerdings weiterhin ein interessanter Kandidat für die individuelle Varianz, welche zwischen einzelnen Individuen gefunden wird.

▪ Kreatinkinase – muskelassoziierte Varianten (CKM)

Kreatinkinase (CK) ist ein dimeres Enzym, das entweder aus Untereinheiten des M(Muskel)- oder B(Gehirn)-Typs besteht und drei verschiedene Isoenzyme bildet (BB, MB und MM), die jeweils durch verschiedene Gene kodiert werden und eine wichtige Rolle in der Energiespeicherung und dem Energietransport spielen. Die muskelspezifische Isoform der Kreatinkinase (CKMM) wird vorwiegend in der Skelett- und Herzmuskulatur exprimiert und durch das CKM-Gen kodiert. CKMM ist an die M-Linie der Myofibrille gebunden [61] und regelt die Regeneration von ATP in der Nähe der Myosinköpfe [62]. Die CKMM-Aktivität ist bei Typ-1-Fasern niedriger als bei Typ-2-Fasern. Somit kann eine niedrige CKMM-Aktivität für die Ausdauerleistungsfähigkeit von Vorteil sein [63], [64]. In CKMM-Gen-Knockout-Mäusen konnten eine reduzierte Muskelleistung und eine verbesserte Anpassungsfähigkeit an Ausdauertraining beobachtet werden [65]. In der HERITAGE-Familienstudie wurde bei 160 Eltern und 80 erwachsenen Nachkommen, die homozygot bezüglich des CKMM-NcoI-Polymorphismus waren, ein geringeres Ansprechen auf Training festgestellt [66]. Eine signifikante Assoziation zum Sportlerstatus konnte nicht festgestellt werden [67]. Darüber hinaus konnte bei CKMM-AG-Heterozygoten eine größere Verbesserung der Laufökonomie im Vergleich zu homozygoten Trägern aufgezeigt werden [68]. Bis zum heutigen Zeitpunkt ist insgesamt jedoch lediglich eine kleine Anzahl von Studien zu dessen Genvarianten vorhanden und weitere Untersuchungen zur Klärung möglicher Assoziationen sind definitiv notwendig.

17.6.2 Kandidatengene des Muskelstoffwechsels

Der Anteil des Skelettmuskels an der Gesamtkörpermasse beträgt etwa 30 bis 40% [69]. Unter Voraussetzung ausreichender Sensitivität führt Insulin am Skelettmuskel zur Glukoseaufnahme und supprimiert zum anderen die Fettsäureoxidation im Muskel [70]. Der Muskelstoffwechsel stellt daher eine wichtige Rolle in der Erhaltung und Nutzung von Energiespeichern im Körper dar [71], [72]. Eine verminderte Stoffwechselleistung, unabhängig von der Ätiologie, kann das kardiovaskuläre Risiko erhöhen und zu metabolischen Funktionseinschränkungen führen [70]. Dagegen führt die Verbesserung der Skelettmuskelfunktion zu einer erhöhten körperlichen Leistungsfähigkeit und somit zu einer verbesserten Lebensqualität von Patienten mit beeinträchtigter Muskelfunktion.

In Anbetracht des bereits bekannten Einflusses genetischer Faktoren auf die Muskulatur und die körperliche Leistungsfähigkeit erscheint es nicht verwunderlich, dass eine verbesserte muskuläre Stoffwechselleistung den Wirkungsgrad sportlichen Potenzials verstärkt.

Obwohl sich dieser Forschungsbereich noch in seinen Anfängen befindet, sind derzeit mehrere Kandidatengene bekannt, die am Stoffwechsel der Skelettmuskulatur beteiligt sind. Erwähnenswert sind dabei Gene, die an der Skelettmuskel-Effizienz (ACE: höhere Effizienz bei Vorhandensein des ACE-I-Allels), am Energiemetabolimus des Muskels (PPARδ als Regulator der Fettsäureoxidation) und der Muskelfasertyp-Konversion (ACTN3-Defizit führt zu einem reduzierten Durchmesser der Muskelfaser mit assoziierter erhöhter Ausdauerleistungsfähigkeit) beteiligt sind.

Trotz des Wissens relevanter interessanter Kandidatengene werden diese durch die Gesamtanzahl von Genen, die am Skelettmuskelstoffwechsel beteiligt sind und bis dato noch nicht bekannt sind, in den Schatten gestellt.

Die klinische Bedeutung genetischer Faktoren in Bezug auf den Muskelstoffwechsel wurde im Zusammenhang mit Gentherapie und Gendoping ausführlich diskutiert [73]–[75]. Die Gentransfer-Technologie wurde erfolgreich bei lebensbedrohlichen Erkrankungen, wie beispielsweise Tumoren [76], [77], Kardiomyopathie und Muskeldystrophie [78], [79], Adenosindeaminase-Mangel [80], schwerer kombinierter Immunschwäche [81] und Morbus Parkinson [82], angewendet. Diesbezüglich gibt es immer mehr Hinweise dafür, dass dieses Wissen auf physiologische menschliche Merkmale, wie bspw. der sportlichen Leistungsfähigkeit, übertragen werden kann. So kann die Injektion von Insulin-ähnlichem Wachstumsfaktor 1 (IGF-1) in die Skelettmuskulatur zu Muskelhypertrophie und verbesserter Muskelfunktion führen, mit dem Potenzial, die Genesung von Verletzungen positiv zu beeinflussen [73]. Zweifellos wird es unumgänglich sein, dass die Entwicklung von molekularbasierten Methoden zur Verbesserung der Muskelfunktion durch diejenigen missbraucht wird, die einen Wettbewerbsvorteil zu erreichen versuchen.

Das Angiotensin-Converting-Enzym (ACE) und das Renin-Angiotensin-System (RAS)

Das am ausführlichsten untersuchte Kandidatengen für Ausdauerleistung ist das Angiotensin-Converting-Enzym-Gen (ACE-Gen). ACE ist eine Peptidase, die den Blutdruck, durch Umwandlung von Angiotensin I in den Vasokonstriktor Angiotensin II, beeinflusst. Zudem werden über die Freisetzung von Aldosteron, durch Aktivierung verschiedener Zytokine und Wachstumsfaktoren, Zellwachstum und -proliferation reguliert. Die physiologische ACE-Aktivität unterliegt einer interindividuellen Variation, welche mit Polymorphismen im ACE-Gen in Verbindung gebracht werden [83]. Dabei wurden drei ACE-I(nsertions)/D(eletions)-Genotypen gefunden, welche in Bezug auf die körperliche Leistungsfähigkeit mit einem breiten Spektrum von Phänotypen in Verbindung gebracht wurden.

ACE-II-Personen zeigen deutlich höhere Muskeleffizienzgewinne aufgrund von Training im Vergleich zu DD-Personen [84], größere Verbesserungen bei der Laufökonomie und der Fähigkeit, ein submaximales Tempo mit niedrigerer Sauerstoffaufnahme aufrechtzuerhalten [85], und werden mit einem größeren Anteil von langsam kontrahierenden Muskelfasern Typ 1 assoziiert [86]. Während das I-Allel mit einer überlegenen Leistungsfähigkeit von Bergsteigern [41], Triathleten [87], Langstreckenläufern und Ruderern [89] in Verbindung gebracht wurde, wurde das D-Allel mit dem Erfolg von kraftorientierten Sportlern (Kurzstreckenschwimmer [90], Sprinter [91]) verknüpft. Aufgrund heterogener Ergebnisse [26], [92]–[94], bleibt jedoch nach wie vor eine eindeutige Beziehung zwischen Genotyp und Leistung unklar. Ursächlich dafür sind die Berücksichtigung von Studien mit zu geringer Anzahl von Studienteilnehmern [95], die Einbeziehung verschiedener Sportarten [30] und die Anwendung inhomogener Definitionen der Begriffe „Spitzensportler" und „Kontrollperson" [96].

Peroxisomproliferator-aktivierte Rezeptor-assoziierte Gene (PPARA, PPARG, PPARD, PPARGC1A)

Diese nukleäre Hormonrezeptor-Superfamilie umfasst drei Arten von Transkriptionsfaktoren: den Peroxisomproliferator-aktivierten Rezeptor-alpha, -delta und -gamma (PPARα, PPARδ, PPARγ). Diese spielen eine wichtige Rolle in der Regulation des Fettmetabolismus und sind insbesondere an der Peroxisomenoxidation beteiligt [97]. Die Aktivität der Rezeptoren ist gewebespezifisch. PPARα wird weit verbreitet in Leber, Muskel, Niere und Darm exprimiert [98] und scheint die ß-Oxidation von

Fettsäuren zu steuern [99], [100]; PPARδ kommt hauptsächlich im Herzen, in der Skelettmuskulatur und im Fettgewebe vor [101] und kann PPARγ, bei erhöhter Prävalenz im Fettgewebe, und andere Gene durch Vermittlung der Fettzellendifferenzierung aktivieren [102]. Es wurde festgestellt, dass eine Gen-x-Gen-Wechselwirkung zwischen PPARγ-Coaktivator-1α (PPARGC1α) und PPARδ die Muskeltyp-Transformation beeinflusst (die Umwandlung von einem schnell kontrahierenden in einen langsam kontrahierenden Muskelfasertyp) [103]–[105].

PPARα stimuliert die Fettsäureoxidation hauptsächlich in der Leber, der Skelettmuskulatur und im Herzen, was zu einer geringeren Fetteinlagerung in Fettzellen führt und damit möglicherweise ein wichtiger genetischer Bestandteil des metabolischen Syndroms ist [106], [107]. Zudem wurde eine höhere Expression von PPARα in Typ-1-Muskeln als in Typ-2-Muskeln berichtet [108]. Der 7G/C-Polymorphismus wurde mit linksventrikulärem Wachstum als Reaktion auf Training bei gesunden jungen Männern in Verbindung gebracht [106]. Dabei zeigte der CC-Genotyp eine größere linksventrikuläre Masse als GC/GG-Genotypen, was eine Rolle des C-Allels bei der Herzhypertrophie nahe legt, die möglicherweise die Folge einer verminderten PPARα-Expression und verminderter Fettoxidation ist [109]–[111]. Dagegen wurde ein Zusammenhang zwischen G-Allel und Ausdauerleistungsfähigkeit bestätigt und ein deutlich höherer Anteil an langsam kontrahierenden Muskelfasern bei GG-Homozygoten festgestellt [31]. Der Einfluss der körperlichen Leistungsfähigkeit kann somit durch die Assoziation zwischen PPARα-Genotyp und Muskelfasertypzusammensetzung erklärt werden.

PPARδ wird als wichtiger Regulator der Fettsäureoxidation und Energieentkopplung in der Skelettmuskulatur angesehen [112]–[114]. Es wurde festgestellt, dass Fettsäuren und ihre Metaboliten PPARδ aktivieren [115]. Die Aktivierung von PPARδ und seinen Liganden führte zu einer Muskelfaserumwandlung und verbesserte die körperliche Leistungsfähigkeit [103]. Bei ausdauerorientierten Sportlern konnte eine deutlich höhere Häufigkeit des PPARδ-C-Allels im Vergleich zum Kontrollkollektiv gefunden werden (18,3 vs. 12,1%) [116].

Die Expression von PPARγ ist im Wesentlichen auf das Fettgewebe beschränkt, insbesondere PPARγ2, von dem festgestellt wurde, dass es die Fettzellendifferenzierung, die Glukose-Homöostase und den Lipidmetabolismus reguliert [117]. Der Pro12Ala-Polymorphismus des PPARγ-Gens ist eine genetische Variante, die mit Adipositas im Zusammenhang steht [118]. Eine ausgeprägte Gen-x-Umwelt-Wechselwirkung wurde zwischen dem Pro12Ala-Polymorphismus und Adipositas und/oder körperlicher Aktivität berichtet [119], [120].

In Zusammenschau der Ergebnisse gibt es gute Belege dafür, dass die PPAR-Gene auf die Ausdauerleistung einen Einfluss nehmen können, möglicherweise durch eine Beeinflussung der Muskelfasertypumwandlung. Weitere Untersuchungen sind dringend erforderlich, um widersprüchliche Erkenntnisse aus verschiedenen ethnischen Gruppen zu replizieren.

▪ α-Actinin-3 (ACTN3)

Actinin-3 ist ein Aktin-bindendes Protein und ein wichtiger Bestandteil der Z-Linie des Sarkomers in der Skelettmuskulatur. Die Expression von ACTN3 ist auf schnell kontrahierende Muskelfasern Typ 2 begrenzt, die mehr Kraft bei hoher Geschwindigkeit erzeugen können. Homozygotie für den häufig auftretenden Nonsense-Polymorphismus R577X im ACTN3-Gen führt zu einem Actinin-3-Mangel [121]. Sehr niedrige XX-Genotyphäufigkeiten wurden in kenianischen und nigerianischen Sportlern gefunden [122], zudem wiesen Sprint- und Kraftsportler eine niedrigere Häufigkeit des XX-Genotyps im Vergleich zur Kontrollgruppe auf [40], [123]–[125]. In einer Studie mit 429 weißen Spitzensportlern aus 14 verschiedenen Sportarten und 436 Kontrollen zeigte die Sprinter-Gruppe eine höhere Häufigkeit des RR-Genotyps verglichen mit der Kontrollgruppe auf (50 vs. 30%), während die Spitzenausdauerathleten eine höhere Häufigkeit des XX-Genotyps aufwiesen (24 vs. 18%) [40]. Dieses Ergebnis konnte in einer Publikation aus dem Jahr 2012 bestätigt werden [88]. Hierbei konnte die Wahrscheinlichkeit eines Spitzenausdauerathleten, Träger des XX-Genotyps, gegenüber den Genotypen RR und RX, zu sein, mit einer Odds Ratio von 3,74 aufgezeigt werden ($p = 0{,}038$).

In einem ACTN3-Knockout-Maus-Modell [126] wurden neben Änderungen der Muskelfasergröße (geringere Faserdurchmesser der schnell kontrahierenden Muskeln) eine erhöhte Aktivität der aeroben Enzyme, längere Muskelkontraktionszeiten und kürzere Erholungszeiten nach Ermüdungszuständen festgestellt. Es entstand die Schlussfolgerung, dass XX-Träger eine erhöhte Ausdauer mit jedoch reduzierter Muskelkraft aufweisen.

- **Androgen-Rezeptor (AR)**

Der Zusammenhang zwischen Muskelkraft und Testosteron ist bis heute nicht eindeutig geklärt. In einer Studie aus dem Jahr 2012 konnte eine signifikante Assoziation zwischen Muskelkraft (Knieextensoren), freiem Testosteron und dem Androgen-Rezeptor-Gen (AR CAGn) aufgezeigt werden [207]. Diese Ergebnisse erfordern jedoch weitere Studien mit größerer Kohorte zur Reproduzierbarkeit.

17.6.3 Kandidatengene im Zusammenhang mit der Sauerstoffzufuhr

Die Energieversorgung ist ein wichtiger Einflussfaktor auf die sportliche Leistungsfähigkeit. Diese wird durch die Verfügbarkeit von Sauerstoff begrenzt und somit beeinflusst. Obwohl Kohlenhydrate ohne die Verfügbarkeit von Sauerstoff genutzt werden können, kann dieser Metabolismus nur für eine kurze Zeitdauer aufrechterhalten werden. Eine metabolische Azidose mit negativer Auswirkung auf die Belastbarkeit kann die Folge sein. Hingegen findet der Fettmetabolismus ausschließlich unter aeroben Bedingungen, d. h. unter Verbrauch von Sauerstoff statt. Eine längere körperliche Aktivität ist auf die Fettsäure-β-Oxidation angewiesen, erfordert jedoch eine konstante Zufuhr von Kohlenhydraten und die Verfügbarkeit von Sauerstoff zur Aufrechterhaltung der sportlichen Leistungsfähigkeit. Zahlreiche Erkrankungen (z. B. periphere Gefäßerkrankung) sind durch eine schlechte Verfügbarkeit von Sauerstoff gekennzeichnet. Durch die Verbesserung der Sauerstoff-Transportkapazität und/oder der Vaskularisation kann die Sauerstoffzufuhr verbessert werden. In diesem Zusammenhang können Gene, wie beispielsweise Epo, VEGF und Fibroblasten-Wachstumsfaktor 2 (FGF-2), die Sauerstoffzufuhr durch Erhöhung der Sauerstoff-Transportkapazität (Epo) und durch Optimierung der Vaskularisation (VEGF, FGF-2) beeinflussen. So kann durch die Verabreichung von rekombinantem humanem Erythropoietin (rhEpo) die Sauerstoff-Transportkapazität und somit die Sauerstoffaufnahme durch die Erhöhung der Anzahl der roten Blutkörperchen und der Hämoglobin-Konzentration deutlich verbessert werden [127]. Diese Methode findet weltweit Anwendung bei Dialysepatienten [128]. Auch neuartige Methoden werden zunehmend eingesetzt (Einsatz von Epo-Derivaten) [129]. Es bleibt jedoch zu beachten, dass hohe nichtphysiologische Konzentrationen von Epo zu Polyzythämien [130] und Autoimmunreaktionen [131], [132] gegen transgenes und endogenes Epo führen können. Eine weitere Komplikation stellt zudem die Thrombose dar.

Ein weiterer Forschungsbedarf besteht in der Untersuchung und Identifikation physiologischer Epo-Genvariationen. Nach Erlangung dieser Erkenntnis sollte ein Zusammenhang zwischen Variation und körperlicher Leistungsfähigkeit hergestellt werden.

Additiv zum Verständnis der Funktion des Epo-Gens gibt es andere interessante Kandidatengene: das HIF-1α-Gen und das Epo-Rezeptor-Gen (EPOR). Eine bestimmte Mutation im EPOR-Gen kann die autosomal dominante Erythrozytose hervorrufen, eine gutartige Erkrankung, die erhöhte Hämoglobinwerte von bis 22 g/dl aufweist [5], [6]. Ursächlich dafür ist eine erhöhte Empfindlichkeit von EPOR gegenüber Epo [133]. Bis dato ist dies der einzige Fall, in dem eine konkrete einzelne Variante in einem bestimmten Gen direkt mit einem physiologischen Zustand verknüpft ist, der zu einer überragenden körperlichen Leistungsfähigkeit führt [4].

Neben den mutmaßlichen Rollen dieser Gene bei der Beeinflussung der Sauerstoffzufuhr gibt es ein enormes Potenzial für Gene, wie beispielsweise VEGF und FGF-2, die an der Regeneration von verletztem Gewebe beteiligt sind [134], [135]. Auch Knockout befindet sich hier die Forschung im Anfangsstadium.

17.6.4 Kandidatengene im Zusammenhang mit der Energiezufuhr

Das Verständnis und die Beeinflussung des Energiehaushalts ist in zahlreichen sportlichen Disziplinen für den Erfolg und bei der Behandlung von

Lifestyle-Erkrankungen (Adipositas, Diabetes mellitus Typ 2, Metabolisches Syndrom) von entscheidender Bedeutung. Aus diesem Grund wurde ein erheblicher Genforschungsaufwand betrieben, um Gene im Zusammenhang mit dem Energiehaushalt zu entdecken und zu verstehen [136].

Mehrere Gene, welche im Zusammenhang mit dem Muskelenergiemetabolismus stehen, wurden bereits identifiziert (AMPD1, HIF1α, PPARα, PPARδ, UCP2, UCP3). Die wissenschaftlichen Erkenntnisse legen dar, dass Fettgewebe nicht nur ein Energiespeicherort ist, sondern einen wichtigen Faktor des Fett- und Energiemetabolismus darstellt [137]–[140]. Triglyceride (TG) können aus dem Fettgewebe in den Kreislauf freigesetzt werden, um die Erfordernisse der Skelettmuskulatur, durch Oxidation von Fettsäuren, während körperlicher Betätigung zu erfüllen [141]. Darüber hinaus nimmt die Skelettmuskulatur erhebliche Mengen an Plasma-Fettsäuren zur Speicherung auf [142]. Die Identifizierung der Verbindung zwischen überschüssigen Körperfettspeichern und verändertem Substratmetabolismus in der Muskulatur stellte sich als schwierig dar. Mehrere aus Fettgewebe gewonnenen Zytokine (Adipokine), einschließlich Leptin (LEP), Resistin (RST) und Tumor-Nekrose-Faktor-alpha (TNF-α), wurden mit der Beeinträchtigung der Insulinsensitivität bei Nagetieren in Verbindung gebracht [143], [144]. LEP und RST scheinen direkte Wirkungen auf das Gehirn, die Skelettmuskulatur und die Leber auszuüben und spielen eine wichtige Rolle bei der Regulation des Energiehaushalts, des Lipidmetabolismus und der Herz-Kreislauf-Funktion [138], [139]. Diese Zytokine wurden mit einer erhöhten Fettsäure-Oxidation und einer abnehmenden TG-Speicherung in der Muskulatur in Verbindung gebracht. Dadurch kann zumindest partiell die Insulin-sensibilisierende Wirkung erklärt werden [145]–[148].

Seit der Entdeckung von LEP und RST in den 1990er Jahren sind mehrere hundert Veröffentlichungen in Bezug auf Adipositas und Energiehaushalt veröffentlicht worden.

Der Gln223Arg-Polymorphismus im Leptin-Rezeptor- (LEPR) Gen wurde in 268 Pima-Indianern untersucht [137]. Träger des Arg223-Allels hatten einen niedrigeren 24-Stunden-Energieverbrauch und zeigten, im Vergleich zu Gln223Gln-Homozygoten, eine geringere körperliche Aktivität. Ähnliches konnte bei 222 präpubertären Jungen im Alter von sieben Jahren festgestellt werden [140]. Bei Betrachtung des Phänotyps „Stärke" konnten drei SNPs von RST (420 C/G, 398 C/T, 540 G/A) eine Assoziation aufzeigen [139]. Dabei wiesen G-420G-Träger einen geringeren Anstieg des Ein-Wiederholungsmaximums (1RM) verglichen mit CC-Homozygoten bei Männern mit einem BMI $\geq 25\ kg/m^2$ auf. Gleichermaßen zeigten AA-Homozygote einen geringeren Anstieg in 1RM als GG-Homozygote.

Zusammenfassend bleibt festzuhalten, dass das Fettgewebe eine wichtige Energiequelle für die Skelettmuskulatur darstellt. Zusammen mit den aus dem Fettgewebe gewonnenen Zytokinen (LEP, RST, TNF-α) spielt dieses eine wichtige Rolle im Metabolismus der Skelettmuskulatur in Bezug auf die Insulinempfindlichkeit [70]. Demnach besitzt die Identifizierung von Genen im Zusammenhang mit dem Energiehaushalt und der Energiezufuhr selbst in trainierten Populationen ein immenses Potenzial, um die Entdeckung von Genen in Bezug auf das metabolische Syndrom und die Entwicklung neuer Medikamente für eine wirksame Behandlung zu unterstützen.

▪ Adenosinmonophosphatdeaminase 1 (AMPD1)

In der Skelettmuskulatur ist Adenosinmonophosphatdeaminase (AMPD) an der Hydrolyse von AMP zu Inosinmonophosphat (IMP) und Ammoniak beteiligt und nimmt somit eine wichtige Rolle im Muskelenergiestoffwechsel ein. Die AMPD-Reaktion verhindert durch positive Beeinflussung der ATP-Bildung den Anstieg an ADP während körperlicher Betätigung. Folglich kann mehr Energie zur Aufrechterhaltung längerer Muskelarbeit verwendet werden [149]. Eine Nonsense-Mutation (C34T), welche häufiger in der kaukasischen Population auftritt [150], [151], führt zu einer vorzeitigen Beendigung der Proteinsynthese [152], [153]. Dies kann eine negative Auswirkung auf die Leistungsfähigkeit haben, wird jedoch noch kontrovers beschrieben und diskutiert [149], [154]–[162].

▪ Lipidmetabolismus (APOC3, UCP1, UCP2, UCP3)

Das APOC3-Gen kodiert für das Apolipoprotein C-III, das den TG-Metabolismus verzögert. Eine erhöhte Expression von APOC3 erhöht das Risiko von Herz-Kreislauf-Erkrankungen. Bei Trägern einer Null-Mutation (R19X) wurden niedrigere Serum-TG, höhere HDL- und niedrigere LDL-Cholesterin-Spiegel festgestellt, was mit einem verringerten kardiovaskulären Risiko verbunden ist [163].

Die inneren Mitochondrienmembrantransporter (Uncoupling Proteins, UCP1) lösen den Protongradienten auf und setzen Energie in Form von Wärme frei [164]–[166]. Dies kann eine positive Auswirkung auf die Gewichtsabnahme haben und durch Fettoxidation die Leistungsfähigkeit günstig beeinflussen [167]. UCP1 ist hauptsächlich im braunen Fettgewebe bei Nagetieren vorhanden und für die kälteinduzierte Thermogenese erforderlich [168]–[171]. Da braunes Fettgewebe beim Menschen nur minimal exprimiert wird [172], fokussierte sich die Forschung auf die UCP1-Homologen UCP2 und UCP3. U. a. konnte aufgezeigt werden, dass der Val/Val-Genotyp des Polymorphismus Ala55Val im UCP2-Gen mit einer erhöhten Stoffwechselrate und Trainingseffektivität verbunden [173], [174] und bei russischen Spitzenausdauerathleten im Vergleich zum Kontrollkollektiv überrepräsentiert war [175].

Zusammenfassend bleibt festzuhalten, dass weitere Untersuchungen erforderlich sind, um die Beziehung zwischen dem APOC3-Gen und der Leistungsfähigkeit des Menschen und die Rolle der UCPs in Bezug auf den Energiehaushalt aufzuklären.

17.6.5 Andere wichtige Kandidatengene

■ Adrenorezeptoren (ADRA2A, ADRA2B, ADRA2C, ADRB1, ADRB2, ADRB3)

Die adrenergen Rezeptoren sind eine Klasse von G-Protein-gekoppelten Rezeptoren, die sich in den Zellen des sympathischen Nervensystems befinden. Adrenorezeptorgene exprimieren in verschiedenen Zelltypen und spielen eine entscheidende Rolle bei Herz-Kreislauf-, Atemwegs-, Stoffwechsel- und immunologischen Funktionen [176]. Es gibt zwei Hauptgruppen von adrenergen Rezeptoren, α und β, mit mehreren Subtypen entsprechend ihren jeweiligen pharmakologischen und molekularbiologischen Charakteristika. Die Wirkungen von α- und β-Rezeptoren sind im Wesentlichen antagonistisch. Der α2A-adrenerge Rezeptor (ADRA2A) spielt eine entscheidende Rolle bei der Regulation der systemischen sympathischen Aktivität und hat damit Einfluss auf Herz-Kreislauf-Reaktionen (bspw. Puls, Blutdruck) [177], die β-Rezeptortypen sind an der Steuerung des Gefäßsystems beteiligt [178], [179].

■ Alpha-adrenerge Rezeptoren

Das Alpha2A-adrenerge-Rezeptor-Gen (ADRA2A) beinhaltet einen Restriktionsfragment-längenpolymorphismus (RFLP) mit dem Restriktionsenzym Dra I [180]. Es wurde festgestellt, dass der Spitzenausdauerstatus mit dem genannten Polymorphismus schwach assoziiert ist und somit die Spitzenausdauerleistung beeinflusst [181]. Als wahrscheinlicher Mechanismus wird eine verstärkte Lipid-Mobilisierung von RFLP-Trägern angenommen.

In der HyperGen- (Hypertension Genetic Epidemiology Network) Studie wurde eine Assoziation des Alpha2B-adrenergen-Rezeptor-Gens (ADRA2B) mit Hypotonie aufgezeigt [182] und durch eine Meta-Analyse bestätigt [183]. Zudem konnte eine Wirkung, basierend auf einem C/A-Polymorphismus, auf den Ruhepuls festgestellt werden [184]. Hierbei zeigten Träger des A-Allels unter weißen Hypertonikern einen höheren Puls auf. Eine weitere polymorphe Variante (12Glu9) wurde mit einem Einfluss auf den Ruhepuls (niedrigerer Puls in Homozygoten Glu9/Glu9) [185] und einer reduzierten Reaktionsfähigkeit des kardialen autonomen Nervensystems auf körperliches Training assoziiert [186].

Personen mit dem Deletionspolymorphismus im Alpha2C-adrenergen-Rezeptor-Gen (ADRA2C) weisen ein erhöhtes Herzinsuffizienz-Risiko in der schwarzen Bevölkerung auf [187].

■ Beta-adrenerge Rezeptoren

Es wurden 18 ADRB1-Varianten beschrieben, obwohl hauptsächlich die Ser49Gly- und Arg389Gly-Polymorphismen von funktioneller Bedeutung zu sein scheinen [188]. Unter Patienten, die an Niereninsuffizienz leiden, wurde beobachtet, dass die Gly389-Homozygoten eine höhere linksventrikuläre Masse verglichen mit den Arg389-Homozygoten aufweisen [189], während Patienten mit schwerer Herzinsuffizienz, die für Arg389Arg homozygot sind, eine deutlich verbesserte körperliche Leistungsfähigkeit verglichen mit Gly389Gly-Homozygoten besitzen

[190]. Bezüglich des Ser49Gly-Polymorphismus führt die Existenz des Gly-Allels möglicherweise zu einer Myokardprotektion und könnte die Langzeitprognose bei Patienten mit chronischer Herzinsuffizienz in günstiger Weise beeinflussen [191]. Dieser ADRB1-Polymorphismus scheint auch den Ruhepuls zu beeinflussen. Personen, die bezüglich des Ser49Gly-Polymorphismus heterozygot sind, hatten einen durchschnittlichen Puls im Vergleich zu den beiden homozygoten Typen, wobei die Ser-Homozygoten den höchsten und die Gly-Homozygoten den niedrigsten durchschnittlichen Puls aufwiesen [192]. Schließlich konnte gezeigt werden, dass sowohl der Ser49Gly-Polymorphismus als auch die Kombination von Ser49Gly und Gly389Arg die Ausdauerleistungsfähigkeit bei Patienten mit KHK beeinflussten, nicht aber ihre Trainierbarkeit [193].

In der Literatur werden im ADRB2-Gen insgesamt neun verschiedene Polymorphismen berichtet [194], wobei die am intensivsten untersuchten Polymorphismen bei Aminosäuren 16 (Arg16Gly) und 27 (Glu27Gln) vorliegen. Diese Polymorphismen werden mit einem Einfluss auf Ruhepuls, systolischen und diastolischen Blutdruck und Körperzusammensetzung assoziiert und werden durch körperliche Betätigung beeinflusst [192], [195]–[198]. Dabei unterschieden sich die Änderungen der Körpermasse, des Body-Mass-Index (BMI) und des Taille-Hüft-Verhältnisses (WtH-Ratio) nach körperlichem Training deutlich zwischen Trägern des Glu-Allels und Gln-Homozygoten [197]. Bei untrainierten männlichen Individuen haben Studien festgestellt, dass eine Homozygotie für Gln27 mit dem größten Risiko (OR 3,45) für Adipositas verbunden ist [196]. Eine Verringerung der Körpermasse konnte jedoch durch eine Steigerung der körperlichen Aktivität erreicht werden [196], [197]. Dagegen konnte bei Frauen festgestellt werden, dass das Arg16-Allel mit einem deutlich höheren BMI und einer signifikant höheren Körpermasse assoziiert war [198]. In der Genathlete-Studie wurde ein Überschuss an Gly-Trägern in der Kontrollgruppe verglichen mit den Spitzenausdauersportlern festgestellt, was eine etwas ungünstige Wirkung dieses Allels auf die sportliche Leistung vermuten lässt [199], jedoch noch eingehend geprüft werden sollte. ADRB3 wird vorwiegend im Fettgewebe exprimiert. Es wird angenommen, dass dadurch der Energiehaushalt durch Beeinflussung sowohl der Lipolyse in weißen Fettzellen als auch der Thermogenese im braunen Fettgewebe reguliert wird [200], [201]. Für einen ADRB3-Polymorphismus (Trp64Arg) wurde eine Assoziation mit Adipositas aufgezeigt [202]. So konnte in einer Studie gezeigt werden, dass nach drei Monaten Training Unterschiede in der Glukosetoleranz und der Leptin-Resistenz zwischen den Genotypen vorlagen [203]. In Meta-Analysen konnte die Assoziation zwischen Polymorphismus und Körperzusammensetzung/Blutlipiden und die Wechselwirkung mit körperlicher Aktivität bestätigt werden [204]–[206].

Aus physiologischer Sicht ist das adrenerge System von großer Bedeutung für die gesundheitsbezogene Fitness und Leistungsfähigkeit. Trotz der hohen Anzahl relevanter genetischer Studien produzieren diese oft deutlich abweichende Ergebnisse. Daher muss ein Konsens über den Einfluss von Polymorphismen des adrenergen Systems auf bewegungsbezogene Phänotypen und insbesondere solche mit einem Effekt auf die körperliche Leistungsfähigkeit abgewartet werden. Weitere Studien sind daher dringend erforderlich, um die Rolle von genetischen Varianten in adrenergen Rezeptor-Genen und deren Einfluss auf bewegungsbezogene Phänotypen aufzuklären.

17.7 Limitationen

In den vergangenen zehn Jahren wurde in vielen Teilbereichen der Medizin, zum Teil mit erheblichem finanziellem Aufwand, die Durchführung genetischer Studien betrieben. Insbesondere im Bereich der multifaktoriell bedingten Volkskrankheiten wie Adipositas, arterielle Hypertonie, Typ-2-Diabetes mellitus oder Arteriosklerose ist nach anfänglicher Euphorie eine gewisse Ernüchterung eingetreten. Die meisten positiven Assoziationsergebnisse aus kleinen Studienkohorten wurden zwischenzeitlich in großen Populationsstudien oder Meta-Analysen revidiert. Klassisches Beispiel hierfür ist der Insertions-/Deletions-Polymorphismus im ACE-Gen, der mit zahlreichen kardiovaskulären Krankheitsbildern und zudem mit der körperlichen Leistungsfähigkeit assoziiert schien. Dessen Bedeutung wird zwischenzeitlich sehr zurückhaltend interpretiert, da in keiner Studie mit großer Fallzahl (> 500 Probanden) die initialen Ergebnisse bestätigt werden konnten.

Folgende Konsequenzen sollten daher zukünftig beachtet werden:

1. Die Auswahl der zur Untersuchung anstehenden Kollektive ist von großer Bedeutung. Neben stringenten Ein- und Ausschlusskriterien und der unbedingten Voraussetzung einer ausreichend großen Fallzahl muss insbesondere bei Fall-Vergleichs-Studien auch der Auswahl der Kontrollgruppe besondere Beachtung geschenkt werden. Diese sollte nach den gleichen strengen Kriterien ausgewählt und untersucht werden wie die eigentliche Fallgruppe. In der Vergangenheit wurden indes häufig unreflektiert Kontrollgruppen nur aufgrund der lokalen Verfügbarkeit eingesetzt, ohne eine Beschreibung bezüglich Herkunft oder phänotypischer Merkmale zu geben.
2. Von entscheidender Bedeutung, jedoch häufiger Kritikpunkt, ist die Auswahl der Bezugsgröße der Assoziationsuntersuchungen. Es werden eher deskriptive, nicht als physiologische Kenngröße messbare Parameter herangezogen. Weiche Parameter wie Zugehörigkeit zu einer bestimmten Athleten-Kategorie oder Athletenstatus aufgrund der Teilnahme an diversen Wettkämpfen werden nicht selten als Bezugsgröße verwendet. Dies wird zum Teil auch noch durch eine sehr heterogene Auswahl der Sportarten verwässert. Dadurch wird die Einhaltung des nächsten Kriteriums deutlich erschwert.
3. Die Reproduzierbarkeit der Ergebnisse in unabhängigen Studien: Ein Untersuchungsergebnis, welches nur in einer Studie gefunden wurde, und durch andere nicht reproduziert werden kann, ist immer mit Vorsicht zu interpretieren.

17

Sicherlich werden große nationale oder internationale Multicenter-Studien das zukünftige Studiendesign darstellen, da weder der finanzielle Aufwand, noch die Fallzahlanforderungen innerhalb einzelner Institutionen bewältigt werden können. Des Weiteren werden neue Techniken im Bereich der Genomanalyse die Möglichkeiten verbessern, große Kollektive in überschaubarer Zeit auf eine große Anzahl von genetischen Varianten zu untersuchen. Werden genetische Unterschiede in diesen Studien gefunden, muss anschließend die physiologische Konsequenz dieser Varianten geklärt werden. Umgekehrt ist es natürlich wünschenswert, dass entsprechende Unterschiede von Phänotypen durch Ergebnisse genetischer Untersuchungen ursächlich erklärt werden.

17.8 Zusammenfassung und Ausblick

Die Möglichkeit der direkten Untersuchung genetischer Marker als neuer Ansatz zur Erforschung der genetischen Basis der körperlichen Aktivität und Leistungsfähigkeit ist gut etabliert und repräsentiert ein stetig wachsendes wissenschaftliches Interessenfeld. Betrachtet man die konkret vorliegenden Daten aus Untersuchungen, welche sich mit der genetischen Grundlage von Merkmalen der körperlichen Leistungsfähigkeit beschäftigen, ist der momentane Wissensstand selbst in umfangreich untersuchten Teilgebieten als noch zu gering zu bezeichnen. Ein klar nachgewiesener Zusammenhang zwischen einer einzelnen genetischen Variante und einem oder mehreren Parametern der körperlichen Leistungsfähigkeit existiert bis dato nicht. Valide und insbesondere konsistente Replikationsdaten fehlen. Auch wenn große Hoffnungen durch diesen Forschungszweig erweckt werden und sicherlich exzellente Perspektiven für die Zukunft bestehen, muss zum jetzigen Zeitpunkt festgehalten werden, dass man, wie auch in anderen zum Teil klinisch höchst bedeutsamen Bereichen der molekularen Medizin, immer noch am Anfang der Entwicklung steht.

Im Ausblick ergeben sich unterschiedliche Einsatzbereiche in der Praxis: für den Sportler und den Patienten. Neben der Möglichkeit, zukünftig eventuell Aussagen über Leistungspotenziale im Bereich der körperlichen Leistungsfähigkeit zu treffen, eröffnen sich zugleich neue Perspektiven für die präventive und rehabilitative Trainingstherapie: Die Durchführung besserer und effizienterer Therapieplanungen, die frühzeitige Beurteilung der Indikation und Effektivität entsprechender Programme und die inhaltliche Optimierung etablierter Therapiekonzepte im Bereich der körperlichen Trainingstherapie kann so möglich werden, um u. a. die Behandlungsmöglichkeiten für eine große Anzahl von Indikationen und diversen Krankheitsbildern in unterschiedlichen Teilgebieten der Medizin zu verbessern.

Perspektivisch betrachtet, wird es durchaus zukünftig möglich sein, die körperliche Leistungsfähigkeit mit Hilfe genetischer Marker zu charakterisieren, jedoch nur zu Teilen. Davon ausgehend, dass eine große Auswahl von unterschiedlichen Genen, zum Teil mit kleinen Einzeleffekten, zum Teil in Interaktion mit anderen Genen, das Gesamtbild der genetischen Basis der körperlichen Leistungsfähigkeit bestimmen, wird es noch Jahre dauern, bis konkrete und valide Ergebnisse aus der Genomforschung vorliegen, die in der Praxis genutzt werden können.

Literatur

[1] Osborne KA, Robichon A, Burgess E, Butland S, Shaw RA, Coulthard A, Pereira HS, Greenspan RJ, Sokolowski MB (1997) Natural behavior polymorphism due to a cGMP-dependent protein kinase of Drosophila. Science 277 (5327): 834–6

[2] Bray MS, Hagberg JM, PÉRusse L (2009) The Human Gene Map for Performance and Health-Related Fitness Phenotypes: the 2006–2007 update. Med Sci Sports Exerc. 41: 35–73

[3] Grobet L, Martin LJ, Poncelet D et al. (1997) A deletion in the bovine myostatin gene causes the double-muscled phenotype in cattle. Nat Genet. 17: 71–74

[4] Longmore GD (1993) Erythropoietin receptor mutations and Olympic glory [news]. Nature Genetics. 4: 108–110

[5] Juvonen E, Ikkala E, Fyhrquist F, Ruutu T (1991) Autosomal dominant erythrocytosis caused by increased sensitivity to erythropoietin. Blood. 78: 3066–3069

[6] de la Chapelle A, Träskelin AL, Juvonen E (1993) Truncated erythropoietin receptor causes dominantly inherited benign human erythrocytosis. Proc Natl Acad Sci USA. 90

[7] Bouchard C, Dionne FT, Simoneau JA, Boulay MR (1992) Genetics of aerobic and anaerobic performances. Exerc Sport Sci Rev. 20: 27–58

[8] Larsen HB (2003) Kenyan Dominance in Distance Running. Comp Biochem Physiol A Mol Integr Physiol. 136: 161–170

[9] Hamilton B, Weston A (2000) Perspectives on East African Middle and Long Distance Running. J Sci Med Sport. 3: vi–viii

[10] Jobling MA, Hurles ME, Tyler-Smith C (2004) Human Evolutionary Genetics: origins, peoples and disease. Garland Science Publishing. 523

[11] Entine J (2001) Taboo: Why Black Athletes Dominate Sports And Why We're Afraid To Talk About It. New York:PublicAffairs

[12] Klissouras V (1971) Heritability of adaptive variation. J Appl Physiol. 31: 338–344

[13] Komi P, Viitasalo J, Havu M, Thorstensson A, Sjödin B, Karlsson J (1977) Skeletal muscle fibres and muscle enzyme activities in monozygous and dizygous twins of both sexes. Acta Physiol Scand. 100: 385–392

[14] Weber G, Kartodihardjo W, Klissouras V (1976) Growth and physical training with reference to heredity. J Appl Physiol. 40: 211–215

[15] Kovar R (1977) Somatotypes of twins. Acta Univ Carol Gymn. 13: 49–59

[16] Sklad M (1977) Skeletal maturation in monozygotic and dizygotic twins. J Hum Evol. 6: 145–149

[17] Williams LRT, Gross JB (1980) Heritability of motor skill. Acta Genet Med. 29: 127–36

[18] Orvanova E (1984) Body build, heredity and sport achievements. In Genetics of Psychomotor Traits in Man. International Society of Sport Genetics and Somatology, Warsaw. 111–123

[19] Bouchard C, Lesage R, Lortie G (1986) Aerobic performance in brothers, dizygotic and monozygotic twins Med Sci Sports Exerc. 18: 639–646

[20] Fagard R, Bielen E, Amery A (1991) Heritability of aerobic power and anaerobic energy generation during exercise. J Appl Physiol. 70: 357–362

[21] Bouchard C, An P, Rice T (1999) Familial aggregation of VO2 max response to exercise training: results from the HERITAGE Family Study. J Appl Physiol. 87: 1003–1008

[22] Bouchard C, Simoneau J, Lortie G, Boulay M, Marcotte M, Thibault M (1986) Genetic effects in human skeletal muscle fiber type distribution and enzyme activities. Can J Physiol Pharmacol. 64: 1245–1251

[23] Ahmetov I, Rogozkin V (2009) Genes, athlete status and training – An overview. Med Sport Sci. 54: 43–71

[24] Bouchard C, Leon A, Rao D, Skinner J, Wilmore J, Gagnon J (1995) The HERITAGE family study. Aims, design, and measurement protocol. Med Sci Sports Exerc. 27: 721–729

[25] Rivera MA, Dionne FT, Wolfarth B (1997) Muscle-specific creatine kinase gene polymorphisms in elite endurance athletes and sedentary controls. Med Sci Sports Exerc. 29: 1444–1447

[26] Rankinen T, Wolfarth B, Simoneau JA (2000) No association between the angiotensin-converting enzyme ID polymorphism and elite endurance athlete status. J Appl Physiol. 88: 1571–1575

[27] Wolfarth B, Rankinen T, S Mühlbauer S et al. (2008) Endothelial nitric oxide synthase gene polymorphism and elite endurance athlete status: the Genathlete study. Scand J Med Sci Sports. 18: 485–490

[28] Defoor J, Martens K, Matthijs G (2005) The caregene study: muscle-specific creatine kinase gene and aerobic power in coronary artery disease. Eur J Cardivasc Pre Rehabil. 12: 415–417

[29] Gene – Exercise Research Study (GERS). http://clinicaltrials.gov/ct2/show/NCT00976742. Accessed October 22, 2010

[30] Nazarov IB, Woods DR, Montgomery HE (2001) The angiotensin converting enzyme I/D polymorphism in Russian athletes. Eur J Hum Genet. 9: 797–801

[31] Ahmetov II, Mozhayskaya IA, Flavell DM (2006) PPARa gene variation and physical performance in Russian athletes. Eur J Appl Physiol. 97: 103–108

[32] Ahmetov II, Williams AG, Popov DV (2009) The combined impact of metabolic gene polymorphisms on elite endurance athlete status and related phenotypes. Hum Genet. 126: 751–761

[33] Ash GI, Scott RA, Deason M (2010) No association between ACE gene variation and endurance athlete status in Ethiopians. In Press. Med Sci Sports Exerc

[34] Onywera V, Scott R, Boit M, Pitsiladis Y (2006) Demographic characteristics of elite Kenyan endurance runners. J Sports Sci. 24: 415–422

[35] Scott RA, Georgiades E, Wilson RH (2003) Demographic Characteristics of Elite Ethiopian Endurance Runners. Med Sci Sports Exerc. 35: 1727–1732

[36] Scott RA, Pitsiladis YP (2007) Genotypes and Distance Running: Clues from Africa. Sports Medicine. 37: 1–4

[37] Moran CN, Scott RA, Adams SM (2004) Y Chromosome Haplogroups of Elite Ethiopian Endurance Runners. Hum Genet. 115: 492–497

[38] Scott RA, Wilson RH, Goodwin WH (2005) Mitochondrial DNA Lineages of Elite Ethiopian Athletes. Comp Biochem Physiol B Biochem Mol Biol. 140: 497–503

[39] Scott RA, Moran CN, Wilson RH (2005) No Association Between Angiotensin Converting Enzyme (ACE) Gene Variation and Endurance Athlete Status in Kenyans. Comp Biochem Physiol A Mol Integr Physiol. 141: 169–175

[40] Yang N, MacArthur D, Gulbin J (2003) ACTN3 genotype is associated with human elite athletic performance. Am J Hum Genet. 73: 627–631

[41] Montgomery HE, Marshall R, Hemingway H (1998) Human gene for physical performance. Nature. 393: 221–222

[42] Montgomery HE, Clarkson P, Dollery C (1997) Association of angiotensin-converting enzyme gene I/D polymorphism with change in left ventricular mass in response to physical training. Circulation. 96: 741–747

[43] Cerit M, Colakoglu M, Erdogan M, Berdeli A, Cam F (2006) Relationship between ace genotype and short duration aerobic performance development. Eur J Appl Physiol. 98: 461–465

[44] He Z, Hu Y, Feng L (2006) Polymorphisms in the HBB gene relate to individual cardiorespiratory adaptation in response to endurance training. Br J Sports Med. 40: 998–1002

[45] Jiang BH, Rue E, Wang GL, Roe R, Semenza GL (1996) Dimerization, DNA binding, and transactivation properties of hypoxia-inducible factor 1. J Biol Chem. 271: 17771–17778

[46] Jiang C, Lu H, Vincent KA (2002) Gene expression profiles in human cardiac cells subjected to hypoxia or expressing a hybrid form of HIF-1 alpha. Physiol Genomics. 8: 23–32

[47] Semenza GL (2000) HIF-1 and human disease: one highly involved factor. Genes Dev. 14: 1983–1991

[48] Semenza GL (2000) HIF-1: mediator of physiological and pathophysiological responses to hypoxia. J Appl Physiol. 88: 1474–1480

[49] Jiang BH, Semenza GL, Bauer C, Marti HH (1996) Hypoxia-inducible factor 1 levels vary exponentially over a physiologically relevant range of O2 tension. Am J Physiol. 271: 1172–C1180

[50] Prior SJ, Hagberg JM, Phares DA (2003) Sequence variation in hypoxia-inducible factor 1alpha (HIF1A): association with maximal oxygen consumption. Physiol Genomics. 15: 20–26

[51] Döring F, Onur S, Fischer A (2010) A common haplotype and the Pro582Ser polymorphism of the hypoxia-inducible factor-1alpha (HIF1A) gene in elite endurance athletes. J Appl Physiol. 108: 1497–1500

[52] Sander M, Chavoshan B, Victor RG (1999) A large blood pressure-raising effect of nitric oxide synthase inhibition in humans. Hypertension. 33: 937–942

[53] Zatz R, Baylis C (1998) Chronic nitric oxide inhibition model six years on. Hypertension. 32: 958–964

[54] Higashi Y, Sasaki S, Kurisu S (1999) Regular aerobic exercise augments endothelium-dependent vascular relaxation in normotensive as well as hypertensive subjects: role of endothelium-derived nitric oxide. Circulation. 100: 1194–1202

[55] Wang J, Wolin MS, Hintze TH (1993) Chronic exercise enhances endothelium-mediated dilation of epicardial coronary artery in conscious dogs. Circ Res. 73: 829–838

[56] Marsden PA, Heng HH, Scherer SW (1993) Structure and chromosomal localization of the human constitutive endothelial nitric oxide synthase gene. J Biol Chem. 268: 17478–17488

[57] Erbs S, Baither Y, Linke A (2003) Promoter but not exon 7 polymorphism of endothelial nitric oxide synthase affects training-induced correction of endothelial dysfunction. Arterioscler Thromb Vasc Biol. 23: 1814–1819

[58] Data SA, Roltsch MH, Hand B, Ferrell RE, Park JJ, Brown MD (2003) eNOS T-786C genotype, physical activity, and peak forearm blood flow in females. Med Sci Sports Exerc. 35: 1991–1997

[59] Kimura T, Yokoyama T, Matsumura Y (2003) NOS3 genotype-dependent correlation between blood pressure and physical activity. Hypertension. 41: 355–360

[60] Rankinen T, Rice T, Perusse L (2000) NOS3 Glu298Asp genotype and blood pressure response to endurance training: the HERITAGE family study. Hypertension. 36: 885–889

[61] Turner DC, Wallimann T, Eppenberger HM (1972) A Protein That Binds Specifically to the M- ine of Skeletal Muscle Is Identified as the Muscle Form of Creatine Kinase. Proc Nat Acad Sci USA. 70: 702–705

[62] Wallimann T, Schlosser T, Eppenberger HM (1984) Function of M-line-bound Creatine Kinase as Intramyofibrillar ATP regenerator at the receiving end of

the Phosphorylcreatine Shuttle in Muscle. J Biol Chem. 259: 5238–5246

[63] Holloszy JO, Coyle EF (1984) Adaptations of skeletal muscle to endurance exercise and their metabolic consequences. J Appl Physiol. 56: 831–838

[64] Yamashita K, Yoshioka T (1991) Profiles of creatine kinase isoenzyme compositions in single muscle fibers of different types. J Muscle Res Cell Motil. 12: 37–44

[65] van Deursen J, Heerschap A, Oeriemans F (1993) Skeletal muscles of mice deficient in muscle creatine kinase lack burst activity. Cell. 74: 621–631

[66] Rivera MA, Dionne FT, Simoneau JA (1997) Muscle-specific creatine kinase gene polymorphism and VO2max in the HERITAGE Family Study. Med Sci Sports Exerc. 29: 1311–1317

[67] Rivera MA, Pérusse L, Simoneau JA (2006) Linkage between a muscle-specific CK gene marker and VO2max in the HERITAGE Family Study. Med Sci Sports Exerc. 1999;31:698–701

[68] Zhou DQ, Hu Y, Liu G, Gong L, Xi Y, Wen L. Muscle-specific creatine kinase gene polymorphism and running economy responses to an 18-week 5000-m training programme. Br J Sports Med. 40: 988–991

[69] Clarke IJ, Henry BA (2010) Targeting energy expenditure in muscle as a means of combating obesity. Clin Exp Pharmacol Physiol. 37: 121–124

[70] Stump CS, Henriksen EJ, Wei Y, Sowers JR (2006) The metabolic syndrome: role of skeletal muscle metabolism. Ann Med. 38: 389–402

[71] Kelley DE (2005) Skeletal muscle fat oxidation: timing and flexibility are everything. J Clin Invest. 115: 1699–1702

[72] Kiens B (2006) Skeletal muscle lipid metabolism in exercise and insulin resistance. Physiol Rev. 85: 205–243

[73] Schneider AJ, Friedmann T (2006) Gene transfer in sports: an opening scenario for genetic enhancement of normal "human traits" Advances in Genetics. 51: 37–49

[74] Dartmouth scientists genetically engineer muscular mice. http://www.futurepundit.com/archives/003886.html. Accessed November 16, 2006

[75] Keim B (2010) Athletes beware, scientists hot on gene doping trail. http://www.wired.com/wiredscience/2010/02/gene-doping-detection/

[76] Hernandez J, Cooper J, Babel N, Morton C, Rosemurgy AS (2010) TNFalpha gene delivery therapy for solid tumors. Expert Opin Biol Ther. 10: 993–999

[77] López-Lázaro M (2010) A new view of carcinogenesis and an alternative approach to cancer therapy. Mol Med. 16: 144–153

[78] Muntoni F, Wells D (2007) Genetic treatments in muscular dystrophies. Curr Opin Neurol. 20: 590–594

[79] Bushby K, Lochmüller H, Lynn S, Straub V (2009) Interventions for muscular dystrophy: molecular medicines entering the clinic. Lancet. 374: 1849–1856

[80] Gene therapy for cancer. http://www.medic8.com/cancer/gene-therapy.htm

[81] Kulkarni M (2009) Gene therapy for human severe combined immunodeficiency disease. http://www.buzzle.com/articles/gene-therapy-for-human-severe-combined-immunodeficiency-scid-disease.html

[82] Gene therapy for Parkinson's disease is safe and some patients benefit, according to study. http://www.sciencedaily.com/releases/2007/06/070622101037.htm. Accessed June 25, 2007

[83] Rigat B, Hubert C, Alhenc-Gelas F, Cambien F, Corvol P, Soubrier F (1990) An insertion/deletion polymorphism in the angiotensin I-converting enzyme gene accounting for half the variance of serum enzyme levels. J Clin Invest. 86: 1343–1346

[84] Williams AG, Rayson MP, Jubb M (2000) The ACE gene and muscle performance. Nature. 403: 614

[85] Woods DR, World M, Rayson MP (2002) Endurance enhancement related to the human angiotensin I-converting enzyme I-D polymorphism is not due to differences in the cardiorespiratory response to training. Eur J Appl Physiol. 86: 240–244

[86] Zhang B, Tanka H, Shono N (2003) The I allele of the angiotensin-converting enzyme gene is associated with an increased percentage of slow-twitch type I fibers in human skeletal muscle. Clin Genet. 63: 139–144

[87] Collins M, Xenophontos SL, Cariolou MA (2004) The ACE gene and endurance performance during the South African Ironman Triathlons Med Sci Sports Exerc. 36: 1314–1320

[88] Eynon N, Ruiz JR, Femia P (2012) The ACTN3 R577X polymorphism across three groups of elite male European athletes. PLoS One. 7(8): e43132

[89] Gayagay G, Yu B, Hambly B (1998) Elite endurance athletes and the ACE I allele- the role of genes in athletic performance. Hum Genet. 103: 48–50

[90] Taylor R, CDS CM, Fallon K, Bockxmeer F (1999) Elite athletes and the gene for angiotensin-converting enzyme. J Appl Physiol. 87: 1035–1037

[91] Yu N, Chen FC, Ota S (2002) Larger Genetic Differences Within Africans Than Between Africans and Eurasians. Genetics. 161: 269–274

[92] Zhao B, Moochhala SM, Tham S (2003) Relationship between angiotensin-converting enzyme ID polymorphism and VO(2max) of Chinese males. Life Sci. 73: 2625–2630

[93] Hagberg JM, Ferrell RE, McCole SD, Wilund KR, Moore GE (1998) VO2 max is associated with ACE genotype in postmenopausal women. J Appl Physiol. 85: 1842–1846

[94] Scott RA, Irving R, Irwin L (2010) ACTN3 and ACE genotypes in elite Jamaican and US sprinters. Med Sci Sports Exerc. 42: 107–112

[95] Kalson NS, Thompson J, Davies AJ (2009) The effect of angiotensin-converting enzyme genotype on acute mountain sickness and summit success in trekkers attempting the summit of Mt. Kilimanjaro (5,895 m). Eur J Appl Physiol. 105: 373–379

[96] Woods D, Hickman M, Jamshid Y (2001) Elite swimmers and the D allele of the ACE I/D polymorphism. Hum Genet. 108: 230–232

[97] Schoonjans K, Staels B, Auwerx J (1996) Role of the peroxisome proliferator-activated receptor (PPAR) in mediating the effects of fibrates and fatty acids on gene expression. J Lipid Res. 37: 907–925

[98] Auboeuf D, Rieusset J, Fajas L (1997) Tissue distribution and quantification of the expression of mRNAs of peroxisome proliferator-activated receptors and liver X receptor- a in humans: no alteration in adipose tissue of obese and NIDDM patients. Diabetes. 46: 1319–1327

[99] Krey G, Braissant O, L'Horset F (1997) Fatty acids, eicosanoids, and hypolipidemic agents identified as ligands of peroxisome proliferator-activated receptors by coactivator-dependent receptor ligand assay. Mol Endocrinol. 11: 779–791

[100] Kersten S, Desvergne B, Wahli W (2000) Roles of PPARs in health and disease. Nature. 405: 421–424

[101] Holst D, Luquet S, Nogueira V, Kristiansen K, Leverve X, Grimaldi PA (2003) Nutritional regulation and role of peroxisome proliferator-activated receptor δ in fatty acid catabolism in skeletal muscle. Biochim Biophys Acta. 1633: 43–50

[102] Berger J, Moller DE (2002) The mechanisms of action of PPARs. Annu Rev Med. 53: 409–435

[103] Wang YX, Zhang CL, Yu RT (2004) Regulation of muscle fiber type and running endurance by PPARδ. PLoS Biol. 2: e294

[104] Schuler M, Ali F, Chambon C (2006) PGC1alpha expression is controlled in skeletal muscles by PPARbeta, whose ablation results in fiber-type switching, obesity, and type 2 diabetes. Cell Metab. 4: 407–414

[105] Pilegaard H, Richter EA (2008) PGC-1α: important for exercise performance? J Appl Physiol. 104: 1264–1265

[106] Jamshidi Y, Montgomery HE, Hense HW (2002) Peroxisome proliferator–activated receptor alpha gene regulates left ventricular growth in response to exercise and hypertension. Circulation. 105: 950–955

[107] Uthurralt J, Gordish-Dressman H, Bradbury M (2007) PPARalpha L162V underlies variation in serum triglycerides and subcutaneous fat volume in young males. BMC Med Genet. 8: 55

[108] Russell AP, Feilchenfeldt J, Schreiber S (2003) Endurance training in humans leads to fiber type-specific increases in levels of peroxisome proliferator-activated receptor-gamma coactivator-1 and peroxisome proliferator-activated receptor-alpha in skeletal muscle. Diabetes. 52: 2874–2881

[109] Kagaya Y, Kanno Y, Takeyama D (1990) Effects of long-term pressure overload on regional myocardial glucose and free fatty acid uptake in rats. A quantitative autoradiographic study. Circulation. 81: 1353–1361

[110] Allard MF, Schonekess BO, Henning SL, English DR, Lopaschuk GD (1994) Contribution of oxidative metabolism and glycolysis to ATP production in hypertrophied hearts. Am J Physiol Heart Circ Physiol. 267: 742–750

[111] Barger PM, Brandt JM, Leone TC, Weinheimer CJ, Kelly DP (2000) Deactivation of peroxisome proliferator-activated receptor a during cardiac hypertrophic frowth. J Clin Invest. 105: 1723–1730

[112] Wang YX, Lee CH, Tiep S (2003) Peroxisomeproliferator-activated receptor d activates fat metabolism to prevent obesity. Cell. 113: 159–170

[113] Tanaka T, Yamamoto J, Iwasaki S (2003) Activation of peroxisome proliferator-activated receptor d induces fatty acid b-oxidation in skeletal muscle and attenuates metabolic syndrome. Proc Natl Acad Sci USA. 100: 15924–15929

[114] Dressel U, Allen TL, Pippal JB (2003) The peroxisome proliferator-activated receptor beta/delta agonist, GW501516, regulates the expression of genes involved in lipid catabolism and energy uncoupling in skeletal muscle cells. Mol Endocrinol;17: 2477–2493

[115] Amri EZ, Bonino F, Ailhaud G, Abumrad NA, Grimaldi PA (1995) Cloning of a protein that mediates transcriptional effects of fatty acids in preadipocytes. J Biol Chem. 270: 2367–2371

[116] Ahmetov II, Astranenkova IV, Rogozkin VA (2007) Association of PPARD gene polymorphism with human physical performance. Mol Biol (Mosk). 41: 852–857

[117] Auwerx J (1999) PPARgamma, the ultimate thrifty gene. Diabetologia. 42: 1033–1049

[118] Masud S, Ye S, SAS Group (2003) Effect of the peroxisome proliferator activated receptor-gamma gene Pro12Ala variant on body mass index: a meta-analysis. J Med Genet. 40: 773–780

[119] Vänttinen M, Nuutila P, Pihlajamäki J (2005) The effect of the Ala12 allele of the peroxisome proliferator-activated receptor-gamma2 gene on skeletal muscle glucose uptake uepends on obesity: a positron emission tomography study. J Clin Endocrinol Metab. 90: 4249–4254

[120] Nelson TL, Fingerlin TE, Moss LK, Barmada MM, Ferrell RE, Norris JM (2007) Association of the peroxisome proliferator-activated receptor gamma gene with type 2 diabetes mellitus varies by physical activity among non-Hispanic whites from Colorado. Metabolism. 56: 388–393

[121] North KN, Yang N, Wattanasirichaigoon D, Mills M, Easteal S, Beggs AH (1999) A common nonsense mutation results in alphaactinin-3 deficiency in the general population. Nat Genet. 21: 353–354

[122] Yang N, MacArthur DG, Wolde B (2007) The ACTN3 R577X polymorphism in East and West African athletes. Med Sci Sports Exerc. 39: 1985–1988

[123] Ahmetov II, Druzhevskaya AM, Astratenkova IV, Popov DV, Vinogradova OL, Rogozkin VA (2010) The ACTN3 R577X polymorphism in Russian endurance athletes. Br J Sports Med. 44: 649–652

[124] Niemi AK, Majamaa K (2005) Mitochondrial DNA and ACTN3 genotypes in Finnish elite endurance and sprint athletes. Eur J Hum Genet. 13: 965–969

[125] Papadimitriou ID, Papadopoulos C, Kouvatsi A, Triantaphyllidis C (2008) The ACTN3 gene in elite Greek track and field athletes. Int J Sports Med. 29: 352–355

[126] MacArthur DG, Seto JT, Chan S (2008) An Actn3 knockout mouse provides mechanistic insights into the association between α-actinin-3 deficiency and human athletic performance. Hum Mol Genet. 17: 1076–1086

[127] Jelkmann W (1992) Erythropoietin: structure, control of production, and function. Physiol Rev. 72: 449–489

[128] Eckardt KU (2001) After 15 years of success––perspectives of erythropoietin therapy. Nephrol Dial Transplant. 16: 1745–1749

[129] Gaffney GR, Parisotto R (2007) Gene doping: a review of performance-enhancing genetics. Pediatr Clin North Am. 54: 807–822

[130] Regulier E, Schneider BL, Deglon N, Beuzard Y, Aebischer P (1998) Continuous delivery of human and mouse erythropoietin in mice by genetically engineered polymer encapsulated myoblasts. Gene Ther. 5: 1014–1022

[131] Chenuaud P, Larcher T, Rabinowitz JE (2004) Autoimmune anemia in macaques following erythropoietin gene therapy. Blood. 103: 3303–3304

[132] Gao G, Lebherz C, Weiner DJ (2004) Erythropoietin gene therapy leads to autoimmune anemia in macaques.]Blood. 103: 3300–3302

[133] de la Chapelle A, Sistonen P, Lehvaslaiho H, Ikkala E, Juvonen E (1993) Familial erythrocytosis genetically linked to erythropoietin receptor gene. Lancet. 341: 82–84

[134] Lee RJ, Springer ML, Blanco-Bose WE, Shaw R, Ursell PC, Blau HM (2000) VEGF gene delivery to myocardium: deleterious effects of unregulated expression. Circulation. 102: 898–901

[135] Walgenbach KJ, Gratas C, Shestak KC, Becker D (1995) Ischaemia-induced expression of bFGF in normal skeletal muscle: a potential paracrine mechanism for mediating angiogenesis in ischaemic skeletal muscle. Nat Med. 1: 453–459

[136] Bray MS (2008) Implications of gene-behavior interactions: prevention and intervention for obesity. Obesity (Silver Spring). 16: S72–S78

[137] Stefan N, Vozarova B, Del Parigi A (2002) The Gln223Arg polymorphism of the leptin receptor in Pima Indians: influence on energy expenditure, physical activity and lipid metabolism. Int J Obes Relat Metab Disord. 26: 1629–1632

[138] Meier U, Gressner AM (2004) Endocrine Regulation of Energy Metabolism: Review of Pathobiochemical and Clinical Chemical Aspects of Leptin, Ghrelin, Adiponectin, and Resistin. Clin Chem. 50: 1511–1525

[139] Pistilli EE, Gordish-Dressman H, Seip RL (2007) Resistin Polymorphisms Are Associated with Muscle, Bone, and Fat Phenotypes in White Men and Women. Obesity (Silver Spring). 15: 392–402

[140] Richert L, Chevalley T, Manen D, Bonjour JP, Rizzoli R, Ferrari S (2007) Substitution in the Leptin Receptor Bone Mass in Prepubertal Boys Is Associated with a Gln223Arg Amino Acid. J Clin Endocrinol Metab. 92: 4380–4386

[141] Frayn KN, Arner P, Yki-Järvinen H (2006) Fatty acid metabolism in adipose tissue, muscle and liver in health and disease. Essays Biochem. 42: 89–103

[142] Dyck DJ, Heigenhauser GJ, Bruce CR (2006) The role of adipokines as regulators of skeletal muscle fatty acid metabolism and insulin sensitivity. Acta Physiol (Oxf). 186: 5–16

[143] Bruce CR, Dyck DJ. Cytokine regulation of skeletal muscle fatty acid metabolism: effect of interleukin-6 and tumor necrosis factor alpha. Am J Physiol Endocrinol Metab. 2004;287:E616–E621

[144] Junkin KA, Dyck DJ, Mullen KL, Chabowski A, Thrush AB (2009) Resistin acutely impairs insulin-stimulated glucose transport in rodent muscle in the presence, but not absence, of palmitate. Am J Physiol Regul Integr Comp Physiol. 296: R944–R951

[145] Yamauchi T, Kamon J, Waki H (2001) The fat-derived hormone adiponectin reverses insulin resistance associated with both lipoatrophy and obesity. Nat Med. 7: 941–946

[146] Singh MK, Krisan AD, Crain AM, Collins DE, Yaspelkis BB, 3rd (2003) High-fat diet and leptin treatment alter skeletal muscle insulin-stimulated phosphatidylinositol 3-kinase activity and glucose transport. Metabolism. 52: 1196–1205

[147] Yaspelkis BB, 3rd, Singh MK, Krisan AD (2004) Chronic leptin treatment enhances insulin-stimulated glucose disposal in skeletal muscle of high-fat fed rodentss. Life Sci. 74: 1801–1816

[148] Dyck DJ (2009) Adipokines as regulators of muscle metabolism and insulin sensitivity. Appl Physiol Nutr Metab. 34: 396–402

[149] Fischer H, Esbjornsson M, Sabina RL, Stromberg A, Peyrard-Janvid M, Norman B (2007). AMP deaminase deficiency is associated with lower sprint cycling performance in healthy subjects. J Appl Physiol. 103: 315–322

[150] Norman B, Glenmark B, Jansson E (1995) Muscle AMP deaminase deficiency in 2% of a healthy population. Muscle Nerve. 18: 239–241

[151] Verzijl HT, van Engelen BG, Luyten JA (1998) Genetic characteristics of myoadenylate deaminase deficiency. Ann Neurol. 44: 140–143

[152] Morisaki T, Gross M, Morisaki H, Pongratz D, Zollner N, Holmes EW (1992) Molecular basis of AMP deaminase deficiency in skeletal muscle. Proc Natl Acad Sci. 89: 6457–6461

[153] Sabina RL, Fishbein WN, Pezeshkpour G, Clarke PR, Holmes EW (1992) Molecular analysis of the myoadenylate deaminase deficiencies. Neurology. 42: 170–179

[154] Sabina RL, Swain JL, Olanow CW (1984) Myoadenylate deaminase deficiency. Functional and metabolic abnormalities associated with disruption of the purine nucleotide cycle. J Clin Invest. 73: 720–730

[155] De Ruiter CJ, May AM, van Engelen BG, Wevers RA, Steenbergen-Spanjers GC, de Haan A (2002) Muscle function during repetitive moderateintensity muscle contractions in myoadenylate deaminase-deficient Dutch subjects. Clin Sci (Lond). 102: 531–539

[156] Rico-Sanz J, Rankinen T, Joanisse DR (2003) Associations between cardiorespiratory responses to exercise and the C34T AMPD1 gene polymorphism in the HERITAGE Family Study. Physiol Genomics. 14: 161–166

[157] Rubio JC, Martin MA, Rabadan M (2005) Frequency of the C34T mutation of the AMPD1 gene in world-class endurance athletes: does this mutation impair performance? J Appl Physiol. 98: 2108–2112

[158] Lucia A, Martin MA, Esteve-Lanao J (2006) C34T mutation of the AMPD1 gene in an elite white runner. Br J Sports Med. 40: e7

[159] Sinkeler SP, Binkhorst RA, Joosten EM, Wevers RA, Coerwinkei MM, Oei TL (1987) AMP deaminase deficiency: study of the human skeletal muscle purine metabolism during ischaemic isometric exercise. Clin Sci (Colch). 72: 475–482

[160] De Ruiter CJ, Van EBG, Wevers RA, De Haan A (2000) Muscle functionv during fatigue in myoadenylate deaminase-deficient Dutch subjects. Clin Sci (Colch). 98: 579–585

[161] Norman B, Sabina RL, Jansson E (2001) Regulation of skeletal muscle ATP catabolism by AMPD1 genotype during sprint exercise in asymptomatic subjects. J Appl Physiol. 91: 258–264

[162] Tarnopolsky MA, Parise G, Gibala MJ, Graham TE, Rush JW (2001) Myoadenylate deaminase deficiency does not affect muscle anaplerosis during exhaustive exercise in humans. J Physiol. 553: 881–889

[163] Pollin TI, Damcott CM, Shen HQ (2008) A null mutation in human APOC3 confers a favorable plasma lipid profile and apparent cardioprotection. Science. 322: 1702–1705

[164] Yoshitomi H, Yamashita K, Abe S, Tanak I (1998) Differential regulation of mouse uncoupling proteins among brown adipose tissue, white adipose tissue, and skeletal muscle in chronic beta 3 adrenergic receptor agonist treatment. Biochem Biophys Res Commun. 253: 85–91

[165] Gleeson M, Blannin AK, Walsh NP, Field CN, Pritchard JC (1998) Effect of exercise-induced muscle damage on the blood lactate response to incremental exercise in humans. Eur J Appl Physiol Occup Physiol. 77: 292–295

[166] Boss O, Hagen T, Lowell BB (2000) Uncoupling proteins 2 and 3: potential regulators of mitochondrial energy metabolism. Diabetes. 49: 143–156

[167] Hawley JA, Brouns F, Jeukendrup A (1998) Strategies to enhance fat utilisation during exercise. Sports Med. 25: 241–257

[168] Klaus S, Casteilla L, Bouillaud F, Ricquier D (1991) The uncouplingprotein UCP: a membraneous mitochondrial ion carrier exclusively expressed in brown adipose tissue. Int J Biochem. 23: 791–801

[169] Monemdjou S, Hofmann WE, Kozak LP, Harper ME (2000) Increased mitochondrial proton leak in skeletal muscle mitochondria of UCP1-deficient mice. Am J Physiol Endocrinol Metab. 279: E941–E946

[170] Erlanson-Albertsson C (2003) The role of uncoupling proteins in the regulation of metabolism. Acta Physiol Scand. 178: 405–412

[171] Klaus S, Rudolph B, Dohrmann C, Wehr R (2005) Expression of uncoupling protein 1 in skeletal muscle decreases muscle energy efficiency and affects thermoregulation and substrate oxidation. Physiol Genomics. 21: 193–200

[172] Garruti G, Ricquier D (1992) Analysis of uncoupling protein and its mRNA in adipose tissue deposits of adult humans. Int J Obes Relat Metab Disord. 16: 383–390

[173] Astrup A, Toubro S, Dalgaard LT, Urhammer SA, Sùrensen TIA, Pedersen O (1999) Impact of the v/v 55 polymorphism of the uncoupling protein 2 gene on 24-h energy expenditure and substrate oxidation. Int J Obes Relat Metab Disord. 23: 1030–1034

[174] Buemann B, Schierning B, Toubro S (2001) The association between the val/ala-55 polymorphism of the uncoupling protein 2 gene and exercise efficiency. Int J Obes Relat Metab Disord. 25: 467–471

[175] Ahmetov II, Hakimullina AM, Shikhova JV, Rogozkin VA (2008) The ability to become an elite endurance athlete depends on the carriage of high number of endurance-related alleles. Eur J Hum Gene. 16: 341

[176] Cagliani R, Fumagalli M, Pozzoli U (2009) Diverse evolutionary histories for beta-adrenoreceptor genes in humans. Am J Hum Genet. 85: 64–75

[177] Kurnik D, Muszkat M, Li C (2006) Variations in the alpha2A-adrenergic receptor gene and their functional effects. Clin Pharmacol Ther. 79: 173–185

[178] Chruscinski A, Brede ME, Meinel L, Lohse MJ, Kobilka BK, Hein L (2001) Differential distribution of beta-adrenergic receptor subtypes in blood vessels of knockout mice lacking beta(1)- or beta(2)-adrenergic receptors. Mol Pharmacol. 60: 955–962

[179] Rohrer DK, Chruscinski A, Schauble EH, Bernstein D, Kobilka BK (1999) Cardiovascular and metabolic alterations in mice lacking both beta1- and beta2-adrenergic receptors. J Biol Chem. 274: 16701–16708

[180] Hoehe MR, Berrettini WH, Lentes KU (1988) Dra I identifies a two allele DNA polymorphism in the human alpha 2-adrenergic receptor gene (ADRAR), using a 5.5 kb probe (p ADRAR). Nucleic Acids Res. 16: 9070

[181] Wolfarth B, Rivera MA, Oppert JM (2000) A polymorphism in the alpha2a-adrenoceptor gene and endurance athlete status. Med Sci Sports Exerc. 32: 1709–1712

[182] Rao DC, Province MA, Leppert MF () A genome-wide affected sibpair linkage analysis of hypertension: the HyperGEN network. Am J Hypertens. 2003;16:148–150

[183] Province MA, Kardia SL, Ranade K (2003) A meta-analysis of genome-wide linkage scans for hypertension: the National Heart, Lung and Blood Institute Family Blood Pressure Program. Am J Hypertens. 16: 144–147

[184] Wilk JB, Myers RH, Pankow JS (2006) Adrenergic receptor polymorphisms associated with resting heart rate: the HyperGEN Study. Ann Hum Genet. 70: 566–573
[185] Heinonen P, Koulu M, Pesonen U (1999) Identification of a three-amino acid deletion in the alpha2B-adrenergic receptor that is associated with reduced basal metabolic rate in obese subjects. J Clin Endocrinol Metab. 84: 2429–2433
[186] Ueno LM, Frazzatto ES, Batalha LT (2006) Alpha2B-adrenergic receptor deletion polymorphism and cardiac autonomic nervous system responses to exercise in obese women. Int J Obes (Lond). 30: 214–220
[187] Small KM, Wagoner LE, Levin AM, Kardia SL, Liggett SB (2002) Synergistic polymorphisms of beta1- and alpha2C-adrenergic receptors and the risk of congestive heart failure. N Engl J Med. 47: 1135–1142
[188] Podlowski S, Wenzel K, Luther HP (2000) Beta1-adrenoceptor gene variations: a role in idiopathic dilated cardiomyopathy? J Mol Med. 78: 87–93
[189] Stanton T, Inglis GC, Padmanabhan S, Dominiczak AF, Jardine AG, Connell JM (2002) Variation at the beta-1 adrenoceptor gene locus affects left ventricular mass in renal failure. J Nephrol. 15: 512–518
[190] Sandilands AJ, Parameshwar J, Large S, Brown MJ, O'Shaughnessy KM (2005) Confirmation of a role for the 389R>G beta-1 adrenoceptor polymorphism on exercise capacity in heart failure. Heart. 91: 1613–1614
[191] Borjesson M, Magnusson Y, Hjalmarson A, Andersson B (2000) A novel polymorphism in the gene coding for the beta(1)-adrenergic receptor associated with survival in patients with heart failure. Eur Heart J. 21: 1853–1858
[192] Ranade K, Jorgenson E, Sheu WH (2002) A polymorphism in the beta1 adrenergic receptor is associated with resting heart rate. Am J Hum Genet. 70: 935–942
[193] Defoor J, Martens K, Zielinska D (2006) The CAREGENE study: polymorphisms of the beta1-adrenoceptor gene and aerobic power in coronary artery disease. Eur Heart J. 27: 808–816
[194] Reihsaus E, Innis M, MacIntyre N, Liggett SB (1993) Mutations in the gene encoding for the beta 2-adrenergic receptor in normal and asthmatic subjects. Am J Respir Cell Mol Biol. 8: 334–339
[195] Bruck H, Leineweber K, Beilfuss A (2003) Genotype-dependent time course of lymphocyte beta 2-adrenergic receptor down-regulation. Clin Pharmacol Ther. 74: 255–263
[196] Meirhaeghe A, Helbecque N, Cottel D, Amouyel P (1999) Beta2-adrenoceptor gene polymorphism, body weight, and physical activity. Lancet. 353: 896
[197] Meirhaeghe A, Helbecque N, Cottel D, Amouyel P (2000) Impact of polymorphisms of the human beta2-adrenoceptor gene on obesity in a French population. Int J Obes Relat Metab Disord. 24: 382–387
[198] Meirhaeghe A, Luan J, Selberg-Franks P () The effect of the Gly16Arg polymorphism of the beta(2)-adrenergic receptor gene on plasma free fatty acid levels is modulated by physical activity. J Clin Endocrinol Metab. 2001;86:5881–5887
[199] Wolfarth B, Rankinen T, Mühlbauer S (2007) Association between a beta2-adrenergic receptor polymorphism and elite endurance performance. Metabolism. 56: 1649–1651
[200] Giacobino JP (1995) Beta 3-adrenoceptor: an update. Eur J Endocrinol. 132: 377–385
[201] Katzmarzyk PT, Perusse L, Bouchard C (1999) Genetics of abdominal visceral fat levels. Am J Human Biol. 11: 225–235
[202] Widen E, Lehto M, Kanninen T, Walston J, Shuldiner AR, Groop LC (1995) Association of a polymorphism in the beta 3-adrenergic-receptor gene with features of the insulin resistance syndrome in Finns. N Engl J Med. 333: 348–351
[203] Kahara T, Takamura T, Hayakawa T (2002) Prediction of exercise-mediated changes in metabolic markers by gene polymorphism. Diabetes Res Clin Pract.57: 105–110
[204] Allison DB, Heo M, Faith MS, Pietrobelli A (1998) Meta-analysis of the association of the Trp64Arg polymorphism in the beta3 adrenergic receptor with body mass index. Int J Obes Relat Metab Disord. 22: 559–566
[205] Fujisawa T, Ikegami H, Kawaguchi Y, Ogihara T (1998) Meta-analysis of the association of Trp64Arg polymorphism of beta 3-adrenergic receptor gene with body mass index. J Clin Endocrinol Metab. 83: 2441–2444
[206] Kurokawa N, Nakai K, Kameo S, Liu ZM, Satoh H (2001) Association of BMI with the beta3-adrenergic receptor gene polymorphism in Japanese: meta-analysis. Obes Res. 9: 741–745
[207] Folland JP, Mc Cauley TM, Phypers C, Hanson B, Mastana SS (2012) The relationship of testosterone and AR CAG repeat genotype with knee extensor muscle function of young and older men. Exp. Gerontol. 47(6): 437–43

Epigenetik und körperliche Aktivität

Gerda Katschinka, Barbara Wessner

18.1 Einleitung – 448

18.2 Beeinflussung der Gehirnfunktion – 449

18.3 Epigenetische Modifikationen und Krebs – 452

18.4 Diabetes mellitus – 454

18.5 Immunsystem – 454

18.6 Skelettmuskulatur, Epigenetik und körperliche Aktivität – 456

18.7 Ausblick zur Bedeutung von Epigenetik im Sport – 460

Literatur – 460

N. Bachl, H. Löllgen, H. Tschan, H. Wackerhage, B. Wessner (Hrsg.),
Molekulare Sport- und Leistungsphysiologie,
https://doi.org/10.1007/978-3-7091-1591-6_18

Umweltfaktoren wie Ernährung und körperliche Aktivität können nicht zuletzt über epigenetische Modifikationen auf die Genexpression verschiedenster Gene und somit auf die Beibehaltung der Gesundheit und die Entwicklung von Krankheiten einwirken. In diesem Kapitel werden epigenetische Mechanismen unter dem Blickwinkel von körperlicher Aktivität betrachtet. Es ist nicht überraschend, dass epigenetische Mechanismen direkt auf den Muskelauf- und -abbau einwirken. Darüber hinaus kommt der Epigenetik bei der positiven Auswirkung eines regelmäßigen Trainings auf die Gehirnfunktion, in der Prävention von Tumorerkrankungen und Diabetes mellitus Typ 2 sowie in der Aufrechterhaltung der Immunfunktion eine nicht unwesentliche Bedeutung zu.

18.1 Einleitung

Während in ▶ Abschn. 1.5 die molekularen Grundlagen der Epigenetik betrachtet wurden, sollen hier nun epigenetische Mechanismen im Zusammenhang mit körperlicher Aktivität und verschiedenen Organsystemen sowie ausgewählten Erkrankungen betrachtet werden. Epigenetische Mechanismen werden durch verschiedene Prozesse und Faktoren wie Umwelteinflüsse, körperliche Aktivität und Ernährung beeinflusst und können sich letztendlich auf die Gesundheit des Menschen und die Entstehung von Krankheiten auswirken (◻ Abb. 18.1).

Da die Epigenetik ein relativ junges Forschungsfeld im Bereich der Leistungsphysiologie darstellt, sind experimentelle Daten zu Zusammenhängen zwischen Epigenetik und körperlicher Aktivität aktuell noch begrenzt, wenngleich deren Anzahl rasant zunimmt [1]. Die bereits erworbenen Erkenntnisse weisen jedoch auf eine nicht zu unterschätzende Bedeutung epigenetischer Faktoren für die Ausprägung phänotypischer Merkmale wie körperliche Leistungsfähigkeit und Trainierbarkeit hin. Sie verleihen der Frage, inwieweit diese Merkmale angeboren oder durch Umwelteinflüsse erworben sind, einen neuen Aspekt.

Das Ausmaß der Prädetermination der körperlichen Leistungsfähigkeit bei einem Individuum ist

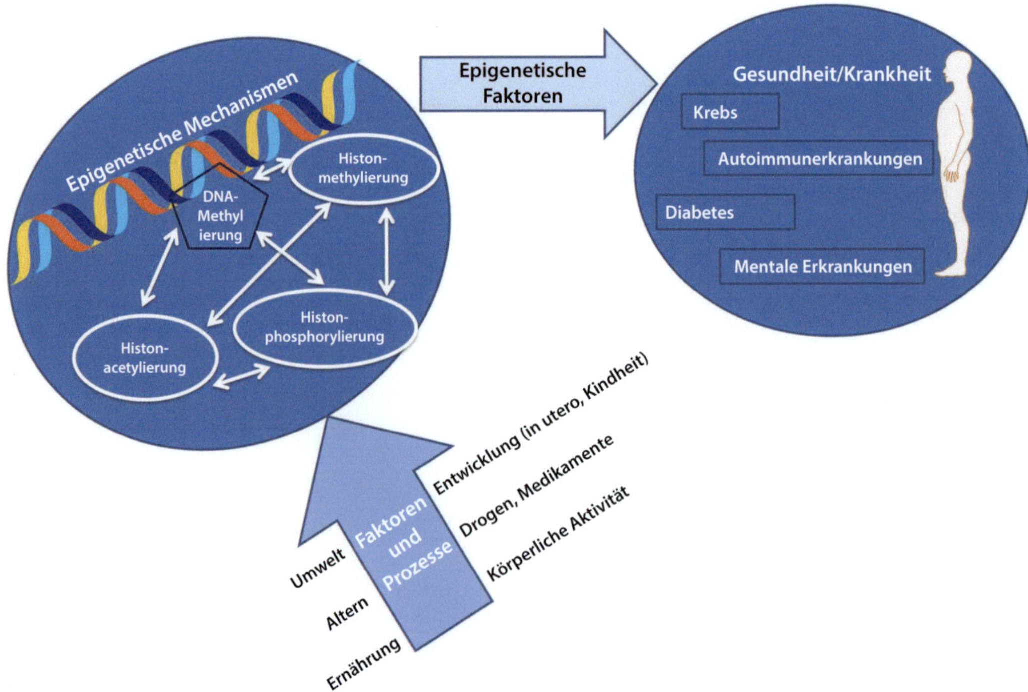

◻ **Abb. 18.1** Einfluss epigenetischer Mechanismen auf die Gesundheit. Epigenetische Mechanismen werden von zahlreichen Faktoren und Prozessen beeinflusst, die untereinander in einer Wechselwirkung stehen. So können sich epigenetische Modifikationen auf die Entstehung von Krankheiten auswirken.

18

eine Thematik der Leistungsphysiologie [2]. In früheren Annahmen [3] wurde der Einfluss von äußeren Faktoren wie Umwelt oder Lebensstil auf die körperliche Leistungsfähigkeit mit zumindest 50% beurteilt. Ausgehend vom Schema in ◻ Abb. 18.2 ist der durch Training und andere Umwelteinflüsse steuerbare Bereich der körperlichen Leistungsfähigkeit jedoch geringer als in früheren Untersuchungen angenommen [4].

Es ist hinlänglich bekannt, dass regelmäßige körperliche Aktivität positive Effekte auf die Gesundheit ausübt und zu einem geringeren Auftreten von Krankheiten führt [5]. In diesem Prozess spielen auch epigenetische Mechanismen eine Rolle, wo Training, aber auch Eustress als Modulatoren der gesundheitsförderlichen Effekte gesehen werden [6]. Als Beispiel für die positiven Effekte von körperlicher Aktivität kann eine Untersuchung zum Tai-Chi-Training genannt werden. Hier werden epigenetische Modifikationen in einigen Cytosin-Phosphat-Guanin- (CpG) Sequenzen des Genoms bei der Tai-Chi-Kohorte im Vergleich zur Kontrollkohorte beobachtet, was sich speziell im Alter positiv auswirken könnte [7]. In den nächsten Abschnitten werden epigenetische Mechanismen in Zusammenhang mit körperlicher Aktivität und Sport beschrieben, wobei ein Großteil der Erkenntnisse noch aus tierexperimentellen Studien stammt.

18.2 Beeinflussung der Gehirnfunktion

Bei der Betrachtung epigenetischer Mechanismen im Kontext mit körperlicher Aktivität und neuropsychologischen Vorgängen werden meist Veränderungen in den Gehirnarealen Hippocampus und Cortex genauer beschrieben. Der Hippocampus ist ein Teil des Großhirns. Er spielt eine wichtige Rolle im räumlichen Lernen und für das Gedächtnis [8]. Der Gyrus dentatus als Teil des Hippocampus besitzt die Fähigkeit zur strukturellen Reorganisation als Reaktion auf Umweltstimuli; diese Fähigkeit wird als Neuroplastizität bezeichnet. Er ist für die Erinnerungsbildung, Stress und Depression von Bedeutung [9].

Eine Lebensraumbereicherung (*environmental enrichment*), zu der auch die freiwillige Bewegung zählt, bewirkt bei Nagetieren mit Hirnatrophie molekulare Veränderungen in Nervenzellen [10]. Eine vierwöchige freiwillige Bewegung verbessert das assoziative und räumliche Lernen, das Langzeitgedächtnis und das Bewältigungsverhalten der Tiere. Diese Verbesserungen werden mit epigenetischen Veränderungen im Hippocampus und im Cortex in Verbindung gebracht. Es scheint, dass Transkriptionsprogramme angeregt werden, die zur Aktivierung von Genen der neuronalen Plastizität und dadurch zu einer Erhöhung der Neuroplastizität im

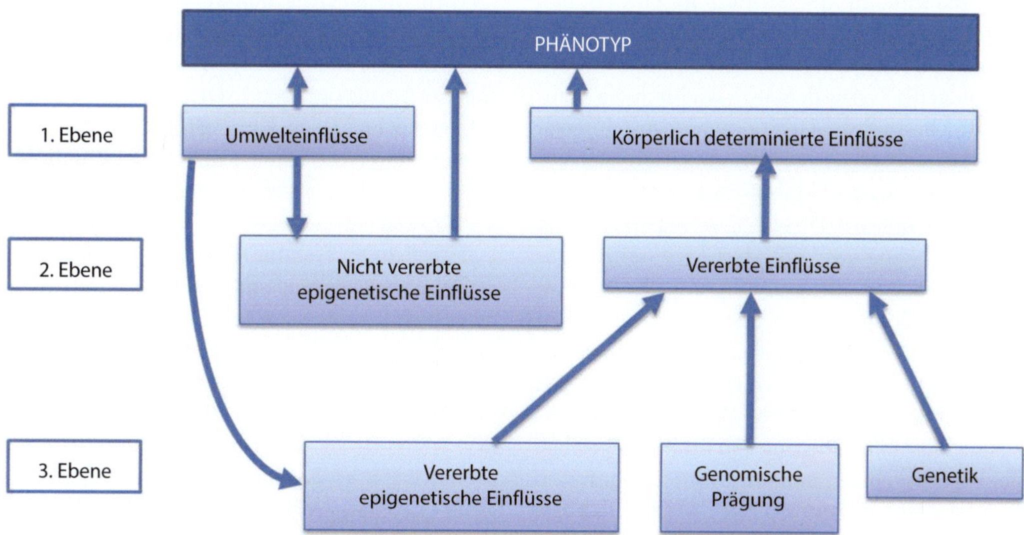

◻ **Abb. 18.2** Einflussfaktoren auf den Phänotyp [4].

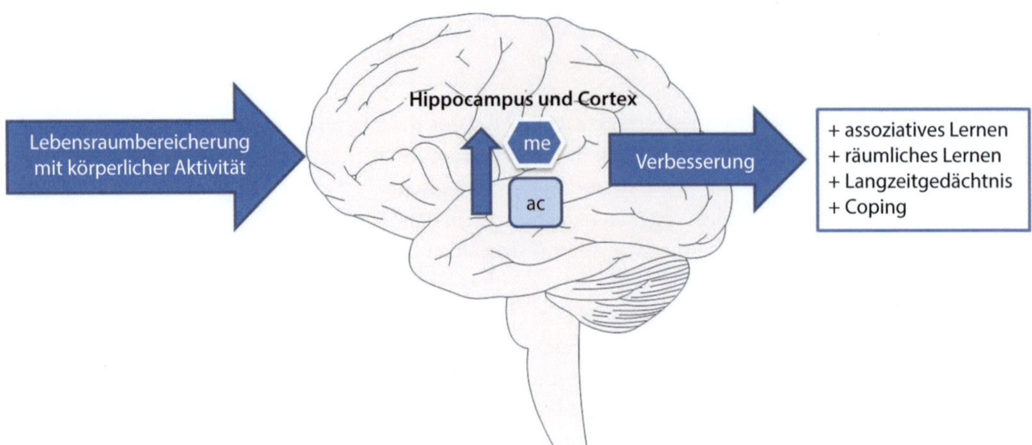

Abb. 18.3 Körperliche Aktivität, Lebensraumbereicherung und kognitive Leistungsfähigkeit [10].

Gehirn führen. Ein Anstieg der Methylierung und Acetylierung bestimmter Histone im Hippocampus und im Cortex liegt vor. Die Chromatinmodifikationen bestehen zumindest zwei Wochen. Sie können nicht alleine der körperlichen Bewegung zugeschrieben werden, da zu einer Lebensraumbereicherung auch weitere Reize wie soziale und visuelle Stimuli zählen [1] (Abb. 18.3).

Für die physiologische und funktionelle Anpassung von Neuronen zur kognitiven Verarbeitung von stressreichen Ereignissen ist die Regulation der Genexpression erforderlich, in der epigenetische Mechanismen involviert sind. So kommt es bei psychologischen Stimuli mit einer hohen Stresskomponente zu einer Erhöhung der Acetylierung und Phosphorylierung der Histone in den Neuronen des Gyrus dentatus, wodurch die Transkription bestimmter Gene aktiviert wird. Interessanterweise werden bei trainierten Tieren andere verhaltensbezogene Copingstrategien beobachtet als bei untrainierten. Diese Anpassungen stehen im Zusammenhang mit Veränderungen der Histonacetylierung und -phosphorylierung, die bei Trainierten fast doppelt so hoch wie bei Untrainierten sind (Abb. 18.4). Die epigenetischen Veränderungen in den Nervenzellen von trainierten Nagetieren tragen über neuroplastische Prozesse im Hippocampus zur Manifestierung von Erinnerungen bei. Sie stehen in Zusammenhang mit einer besseren Stressbewältigung bei körperlich Aktiven als Folge gesteigerter kognitiver Fähigkeiten, Impulsivität und geringerer Angst. Freiwillige Bewegung ohne Stresskomponente führt zu einer Abnahme der Anzahl phosphorylierter Neuronen. Dies geht mit der stressreduzierenden Wirkung freiwilligen Trainings einher [9, 11].

Der Einfluss körperlicher Aktivität auf die Neuroplastizität scheint neben epigenetischen Veränderungen in Neuronen des Gyrus dentatus zum Teil über epigenetische Modifikationen der Genexpression des BDNF (*brain derived neutrophic factor*) im Hippocampus zu erfolgen [12]. Der BDNF ist ein Regulator der synaptischen Plastizität im Gehirn und wird im Hippocampus mit den Funktionen des Lernens und Gedächtnisses assoziiert. Körperliche Aktivität und BDNF-Genexpression werden mit einer depressionsmindernden Wirkung und einer Förderung der kognitiven Leistung in Verbindung gebracht. Zudem kann körperliche Aktivität, teilweise durch die erhöhte BDNF-Ausschüttung, neurodegenerativen Veränderungen im Alter entgegenwirken [13].

Einwöchiges Training wirkt sich bei Tieren auf die DNA-Methylierung und die Histonacetylierung in der BDNF-Promotorregion aus (Abb. 18.5). Es führt zu einer verminderten DNA-Methylierung an einer CpG-Insel. Diese CpG-Stelle, an der das MeCP2 (*methyl CpG binding protein 2*) bindet, zeigt bei inaktiven Tieren die stärkste Methylierung. MeCP2 kann die BDNF-Expression durch die Bindung an methyliertes Chromatin regulieren und so die Transkription unterdrücken.

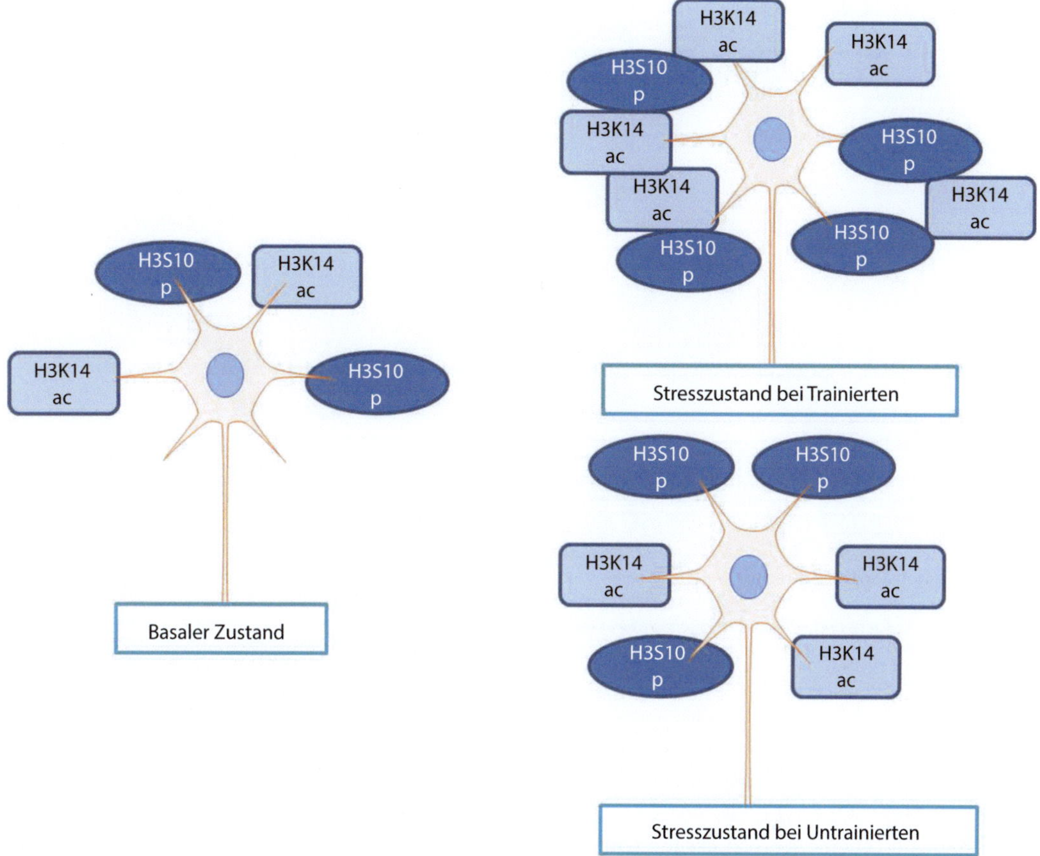

Abb. 18.4 Epigenetische Veränderungen und Stresszustände in Abhängigkeit vom Trainingszustand [9, 11].

Körperliche Aktivität führt auch zu einer Erhöhung der Phosphorylierung von MeCP2 und folglich zur Trennung vom BDNF-Promotor, welches die BDNF-Transkription ermöglicht. Trainierte Tiere haben eine höhere BDNF-mRNA-Expression und höhere BDNF-Proteinspiegel als untrainierte. Das Histon 3 ist mit der BDNF-Promotorregion verknüpft. Bei trainierten ist es im Vergleich zu inaktiven Tieren stärker acetyliert. Im Gegensatz dazu bestehen am Histon 4 keine Veränderungen. Die Histondeacetylase 5 (HDAC5) ist ebenfalls in die BDNF-Genregulation involviert. Es konnte gezeigt werden, dass die Genexpression von HDAC5 bei trainierten Tieren reduziert ist. Zudem sind nach dem Training Kalzium/Calmodulin-abhängige Proteinkinase II (CaMKII) und das *cAMP response element binding protein* (CREB) erhöht. Beide Faktoren sind in die Signalübertragung, über welche die neuronale Aktivität epigenetische Mechanismen zur Stimulation der BDNF-Transkription ansteuert, involviert [12].

Die Histonacetylierung im Hippocampus wird durch die HAT- (Histonacetylase) und HDAC-Aktivität reguliert. Sie spielt in den neuroprotektiven Eigenschaften von körperlicher Aktivität eine Rolle. Das HAT-HDAC-System stellt ein mögliches molekulares Bindeglied zwischen körperlicher Aktivität und der Genexpression dar. Nach einer einzelnen Trainingseinheit ist sofort und eine Stunde danach die globale HDAC-Aktivität vermindert, die zweiwöchige Intervention mit täglich 20 Minuten Bewegung zeigt keine Effekte auf die HDAC-Aktivität. Die HAT-Aktivität nach einer Einheit ist an H4 sofort und nach einer Stunde erhöht, jedoch nicht an H3. Ebenso wie bei der HDAC-Aktivität zeigen sich keine langfristigen Effekte von Training auf die HAT-Aktivität. Training könnte durch eine Erhöhung der

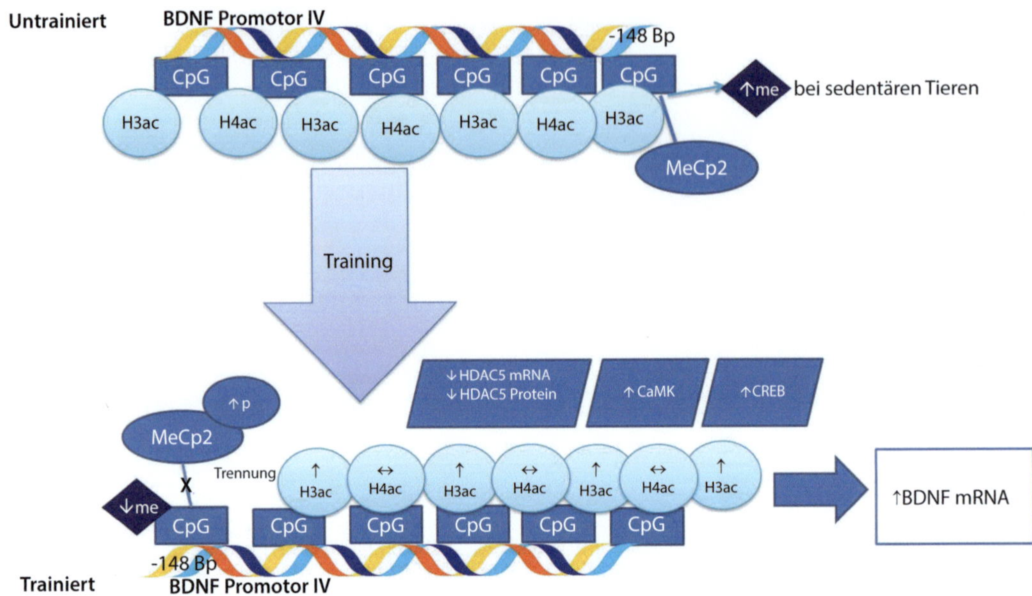

Abb. 18.5 Epigenetische Veränderungen und Auswirkungen auf das BDNF-Protein im Hippocampus durch Training [12].

HAT-Aktivität in Kombination mit einer Reduktion der HDAC-Aktivität kurzfristig zur Hyperacetylierung der Histone führen [14] (Abb. 18.6).

Zusätzlich scheint die Weitergabe von durch Sport hervorgerufenen epigenetischer Modifikationen auf mehrere Generationen möglich [8]. Nachkommen von während der Schwangerschaft mit submaximaler Intensität trainierten Mäusen weisen am Tag der Geburt eine höhere BDNF-mRNA-Expression im Hippocampus auf als die Kontrollgruppe, 28 Tage nach der Geburt ist diese jedoch niedriger. Nachkommen von trainierten Muttertieren weisen eine Verbesserung des räumlichen Lernens auf, welches aus einer erhöhten BDNF-mRNA-Expression im Hippocampus resultiert. Diese Ergebnisse deuten möglicherweise auf eine durch Training während der Schwangerschaft hervorgerufene epigenetische Vererbung von Merkmalen auf nachfolgende Generationen hin [1] (Abb. 18.7).

Körperliche Aktivität kann sich durch epigenetische Modifikationen somit kurzfristig und möglicherweise auch über Generationen auf die Genexpression in Hippocampus und Cortex auswirken.

18.3 Epigenetische Modifikationen und Krebs

Körperliche Aktivität kann sich auf den Methylierungszustand bestimmter Gene und auf die Entwicklung von Krebs auswirken. Zusammenhänge zwischen epigenetischen Modifikationen bei verschiedenen Krebsformen und körperlicher Aktivität werden beobachtet. In der Tumorentstehung ist die epigenetische Gen-Stilllegung durch Methylierung ein zu beachtender Mechanismus.

Bei zunächst gesunden Menschen gibt es eine Vielzahl von Genen, die in die Entstehung von Brustkrebs involviert sind. Es besteht ein Zusammenhang zwischen der Methylierung von CpG-Inseln dieser Gene und körperlicher Aktivität. So wird nach einem zwölfmonatigen Trainingsprogramm eine höhere Bewegungsdauer mit einer niedrigeren DNA-Methylierung assoziiert. In CpG-Inseln von Genen, die in der Entstehung von Brustkrebs eine wesentliche Rolle spielen, ist somit eine niedrigere Methylierung erstrebenswert [15]. Selbst bei Brustkrebspatientinnen verändert sich durch ein

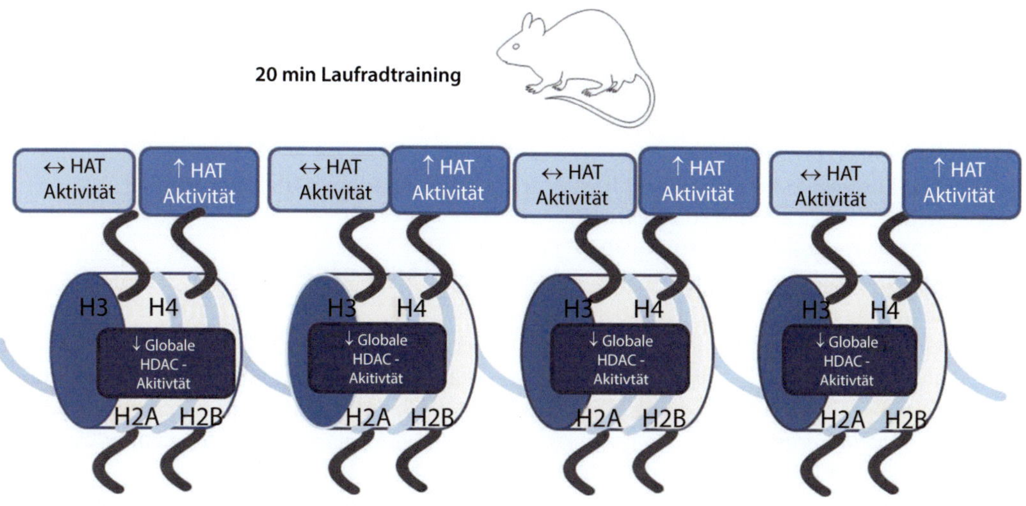

Abb. 18.6 Auswirkungen eines einmaligen Laufradtrainings auf die HAT-HDAC-Aktivität. Sofort und eine Stunde nach der Belastung zeigen sich Veränderungen in der globalen HDAC-Aktivität und der HAT-Aktivität an Histon 4 [14].

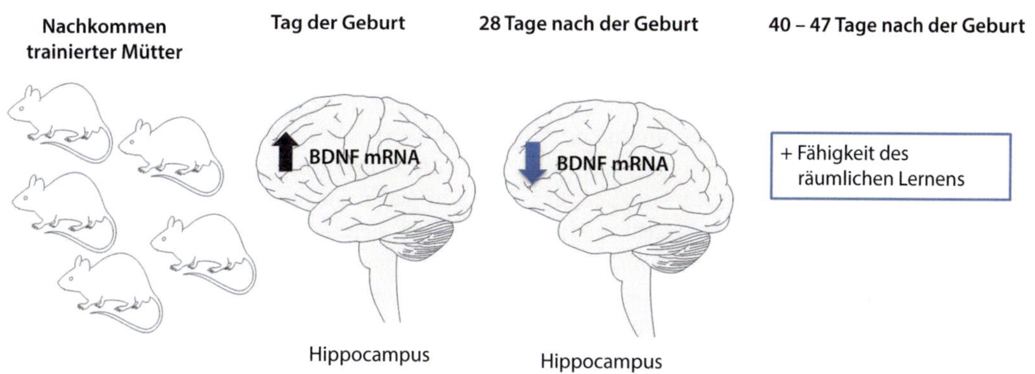

Abb. 18.7 BDNF-mRNA-Expression im Hippocampus von Nachkommen trainierter Mütter [8].

sechsmonatiges Ausdauertrainingsprogramm mit moderater Intensität auch die genomweite DNA-Methylierung in Leukozyten des peripheren Blutes. An den Genen Glutamatdehydrogenase 1 (GLUD1), *l(3) mbt-like 1* (L3MBTL1) und *Msh homeobox 1* (MSX1) werden nach der Trainingsintervention eine reduzierte Methylierung und eine erhöhte Genexpression festgestellt. Dies steht mit erhöhten Überlebenschancen im Zusammenhang [16]. Indikatoren für das Brustkrebsrisiko sind die Methylierung der Promotorregion des adenomatösen Polyposis Coli-Gen (APC) und des *Ras association domain family member* (RASSF) 1A Gens in nicht-malignem Brustgewebe. Es zeigt sich ein Trend in Richtung negativem Zusammenhang zwischen lebenslanger körperlicher Aktivität, körperlicher Aktivität während der letzten fünf Jahre und während des letzten Jahres und der Hypermethylierung der APC-Promotorregion. Eine Beziehung zwischen der Methylierung der RASSF1A-Promotorregion und körperlicher

Aktivität besteht nicht [17]. Nach einem sechsmonatigen aeroben Trainingsprogramm ist die Methylierung in p15, einem Tumorsuppressorgen, unverändert [18].

Bei Rektumkarzinompatienten, die in der Vergangenheit körperlich inaktiv waren, liegt eine höhere Methylierungshäufigkeit von mit der Tumorgenese im Magen assoziierten Genen vor als bei Personen, die sich regelmäßig bewegten (mehr als einer Stunde Bewegung pro Woche) [19]. An den Genen CACNA1G (*calcium channel, voltage-dependent, T type, alpha 1G subunit*), IGF2 (*insulin-like growth factor 2*), Neurogenin-1 (NEUROG1), RUNX3 (*runt-related transcription factor 3*) und SOCS1 (*suppressor of cytokine signaling 1*) liegt zwischen dem Grad der körperlichen Aktivität und dem Auftreten von CpG-Insel-Methylator-Phänotyp- (CIMP) Tumoren keine umgekehrte Dosis-Wirkungs-Beziehung vor [20].

Bei Darmkrebspatienten ist die Beziehung zwischen körperlicher Aktivität und dem CIMP nicht eindeutig [21]. Beim CIMP sind zahlreiche CpG-Inseln methyliert und Tumorsuppressorgene deaktiviert. Körperliche Aktivität wird sowohl mit CIMP-low Tumoren mit null oder einem methylierten Marker und CIMP-high Tumoren mit zwei oder mehr methylierten Markern negativ assoziiert. Ein Muster zwischen der körperlichen Aktivität und der Anzahl an methylierten Markern kann nicht beobachtet werden. Auch in Hinblick auf den Grad der körperlichen Aktivität kann weder bei Frauen noch bei Männern eine Verbindung zwischen dem Grad der körperlichen Aktivität und CIMP-high Tumoren hergestellt werden [22]. Der Grad der körperlichen Aktivität hat bei den untersuchten Markern keine Auswirkungen auf eine unterschiedliche Entstehung von CIMP-high oder CIMP-low Tumoren.

Eine verminderte Methylierung repetitiver Sequenzen im menschlichen Genom gilt als Indikator für ein erhöhtes Krebsrisiko. US-Untersuchungen zeigen bei Nicht-Hispanics mit höherer körperlicher Aktivität eine höhere globale DNA-Methylierung in Leukozyten im Vergleich zu jenen mit niedrigerer körperlicher Aktivität. Eine Reduktion des Krebsrisikos durch körperliche Aktivität über eine erhöhte Methylierung bestimmter DNA-Abschnitte könnte vorliegen [23].

Zusammenfassend lässt sich feststellen, dass sowohl zwischen den einzelnen Geweben, in welchen der Tumor auftritt, wie auch zwischen den Genen und Genregionen unterschieden werden muss. Ausgehend vom aktuellen Forschungsstand sind Trends in Richtung eines negativen Zusammenhangs zwischen spezifischer Methylierung von Tumorgenen und körperlicher Aktivität erkennbar.

18.4 Diabetes mellitus

Geringe körperliche Aktivität, Adipositas und das Altern erhöhen die Anfälligkeit für Diabetes mellitus Typ 2 [24]. Es gibt epigenetische Muster, die für die Entwicklung von Diabetes mellitus Typ 2 prädisponieren. Im M. vastus lateralis von Männern mit (FG+) und Männern ohne Familiengeschichte (FG-) von Diabetes mellitus Typ 2 unterscheidet sich in zahlreichen Genen die Methylierung (◘ Abb. 18.8). Dazu zählen Gene in biologischen Signalwegen der Mitogen-aktivierten Proteinkinase (MAPK), des Insulins, des Kalziums und einzelne Gene mit Funktionen im Muskel.

Ein sechsmonatiges Trainingsprogramm mit dem Schwerpunkt auf Ausdauertraining verändert die DNA-Methylierung bei positiver und negativer Familiengeschichte von Diabetes mellitus Typ 2. Die DNA-Methylierung einiger Gene des Kalziumsignalwegs, von Interleukin 7 (IL-7) und von Genen mit Funktionen im Muskel und Diabetes mellitus Typ 2 nimmt nach dem Trainingsprogramm ab. Gleichzeitig ist die Genexpression erhöht. Einige Gene des Insulinsignalweges und Gene der Glykolyse/Glukoneogenese zeigen eine erhöhte DNA-Methylierung. In mehreren Genen unterscheiden sich nach dem Training die Methylierung und auch die Expression dieser Gene zwischen den Personen mit positiver und negativer Familiengeschichte. Ein Einfluss des Trainings auf einige Kandidatengene von Diabetes mellitus Typ 2 über epigenetische Steuerungsmechanismen liegt vor [25].

18.5 Immunsystem

Es ist bekannt, dass moderate körperlicher Aktivität die Immunabwehr stärken kann. Dabei scheint die Aktivierung oder Stilllegung von Genen, welche in der Immunabwehr eine wichtige Rolle spielen,

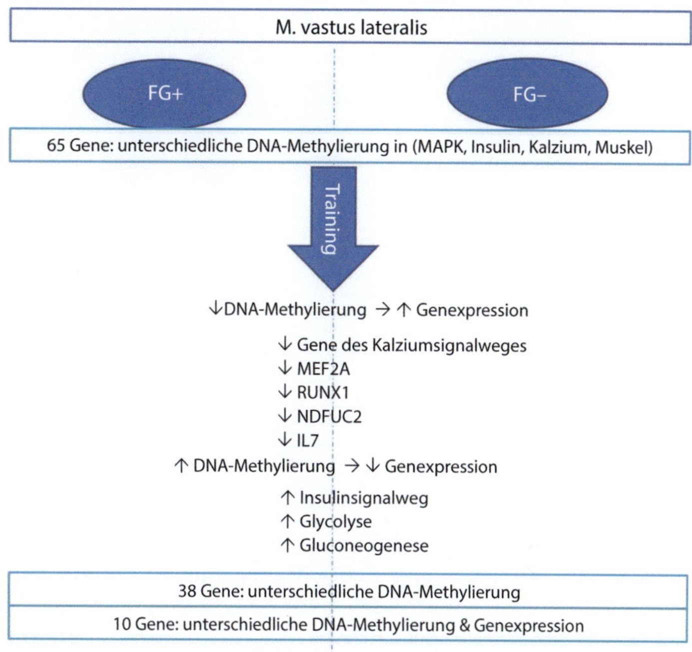

Abb. 18.8 Männer mit (FG+) und ohne (FG-) Familiengeschichte von Diabetes mellitus Typ 2 [25].

durch körperliche Aktivität auch über epigenetische Mechanismen beeinflusst zu werden.

Ein für das Immunsystem bedeutendes Protein ist das *apoptosis associated speck-like protein containing a caspase recruitment domain* (ASC). Es ist ein Mediator in der Signalübertragung von Inflammationsprozessen, reguliert die Expression von zahlreichen Interleukinen und Tumornekrosefaktoren und spielt in der angeborenen Immunität eine Rolle. Nach sechsmonatigem Ausdauertraining ist die Methylierung bei älteren trainierten Personen in der CpG-Insel der ASC-Promotorregion höher als bei älteren Untrainierten (Abb. 18.9). Im Altersvergleich ist die ASC-Methylierung bei jungen Untrainierten höher als bei älteren Untrainierten, was auf eine Zunahme der Genexpression im Alter hinweist. Die ASC-Methylierung bei Trainierten steht in einem positiven Zusammenhang mit der Anzahl an Trainingstagen. Moderates längerfristiges Training kann über die Methylierung des ASC-Gens den altersbezogenen Anstieg pro-inflammatorischer Cytokine abschwächen [18].

Adipositas kann im Immunsystem eine Störung der Immunreaktion auslösen. Eine Wiederherstellung der gestörten Immunreaktion erfolgt über bestimmte Signalwege. In Knochenmarksmakrophagen adipöser Tiere ist die Histonacetylierung im Bereich der Promotoren für den TNF, IL-10 und *Toll-like Rezeptor 2* (TLR-2) reduziert. Die Histonacetylierung bei mit einem Virus infizierten Mäusen wird durch Ernährung verursachte Fettleibigkeit an TNF, IL-10, iNOS und TLR-2 verringert. Zudem nimmt die Rekrutierung von *nuclear factor kappa beta* (NF-κB) ab. Moderates vierwöchiges Ausdauertraining und eine kontrollierte Ernährung können die Histonacetylierung von TNF und IL-10 sowohl bei adipösen, nicht infizierten Tieren als auch bei adipösen infizierten Tieren wiederherstellen, in der Promotorregion von TLR-2 bleibt sie unverändert niedrig (Abb. 18.10). Eine mögliche Ursache für die verringerte Histonacetylierung an TLR-2 könnten epigenetische Modifikationen der Genpromotoren hervorgerufen durch freie Fettsäuren und den TNF sein. Die Histonacetylierung scheint für die geregelte Funktion des Immunsystems eine wichtige Rolle zu spielen. Körperliche Aktivität in Kombination mit einer geregelten Ernährung kann über epigenetische Modifikationen zu einer Verringerung pro-inflammatorischer Vorgänge beitragen [26]. Eine präventive, anti-inflammatorische Wirkung von körperlichem Training durch epigenetische Veränderungen könnte vorliegen [13].

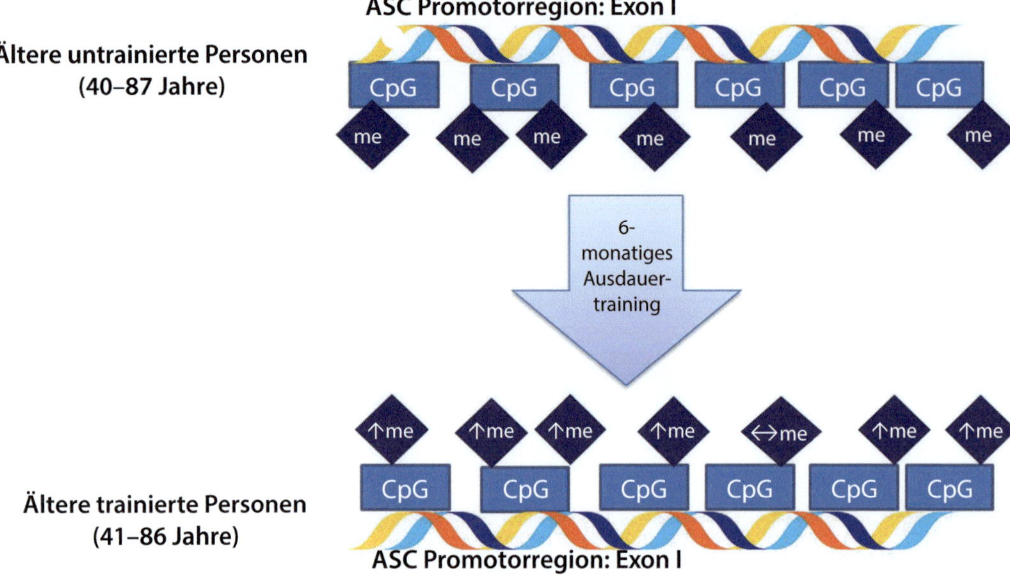

Abb. 18.9 Einfluss von Training auf die DNA-Methylierung bei älteren Personen [18].

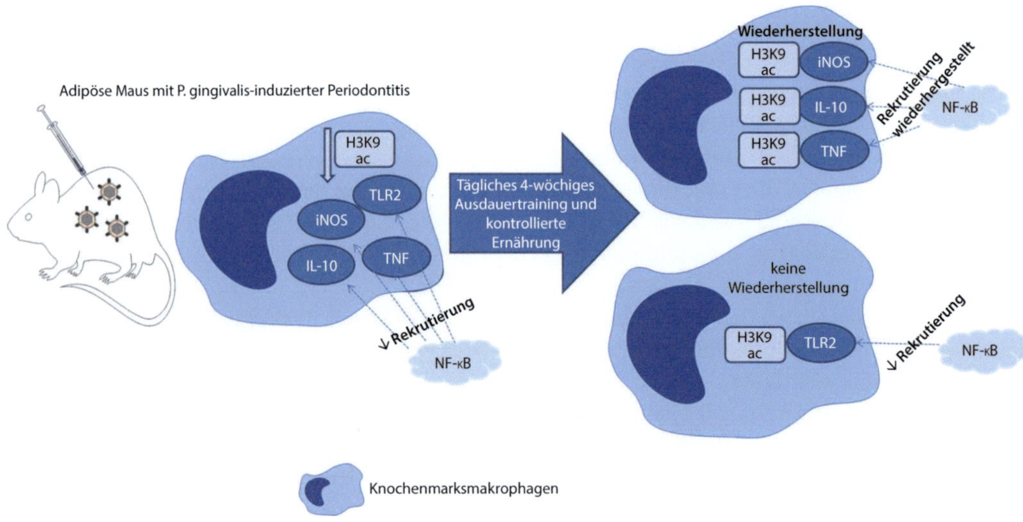

Abb. 18.10 Modifikationen der Histonacetylierung bei Adipositas und Virusinfektion und Veränderungen nach Ausdauertraining [26].

18.6 Skelettmuskulatur, Epigenetik und körperliche Aktivität

Körperliche Aktivität ruft im Skelettmuskel Prozesse hervor, die über verschiedene Signalwege gesteuert werden. Dabei wird der Epigenetik eine Funktion in der Aktivierung oder Stilllegung von Skelettmuskelgenen zugeschrieben.

Körperliche Inaktivität ist ein Risikofaktor für die Entstehung von Diabetes. Glukose wird in der Muskelzelle zur Energiegewinnung verwendet, dabei wird sie über die Glykolyse oder die oxidative

Phosphorylierung in den Mitochondrien umgewandelt. Ein wichtiges Gen zur Regulation der oxidativen Phosphorylierung ist der peroxisome proliferator-activated receptor-gamma coactivator-1alpha (**PPARGC1A, auch PGC-1α**), dessen Expression bei Diabetes herunterreguliert ist. In einer Studie, die den Zusammenhang zwischen einer Ruhigstellung (9 Tage Bettruhe), der Methylierung und der mRNA-Expression von PGC-1α untersuchte, wurde eine erhöhte Methylierung in der Promotorregion des PGC-1α im M. vastus lateralis detektiert. Ein anschließendes vierwöchiges Aufbautraining bewirkte einen Trend zur Rückkehr zu den Ausgangswerten vor der Ruhigstellungsphase, konnte den Ausgangszustand jedoch nicht wieder völlig herstellen [27] (Abb. 18.11).

Es konnte allerdings gezeigt werden, dass eine einmalige Belastung bis zur körperlichen Ermüdung zur Reduktion der globalen Methylierung und zur Hypomethylierung der Promotorregionen von metabol wirkenden Genen wie PGC-1α und PDK4 führen kann. Die Methylierung muskelspezifischer Transkriptionsfaktoren wie MEF2A und MYOD1 ist vor und nach der einmaligen Ausbelastung bis zur Ermüdung unverändert. Trotz unterschiedlicher Veränderung der Methylierung weisen nach körperlicher Aktivität alle Gene eine erhöhte Expression auf [28].

Natürlich hat auch die Trainingsintensität einen Einfluss auf die Genexpression, da in Abhängigkeit von der Trainingsintensität Veränderungen in der Promotormethylierung und in der Phosphorylierung von HDACs Klasse II beobachtet wurden. Eine Belastung niedriger Intensität (40% VO_2peak) führt zu keinen Veränderungen der Promotormethylierung und der Phosphorylierung von HDAC 4, 5 und 7, die Genexpression von PGC-1α, MYOD1 und PDK4

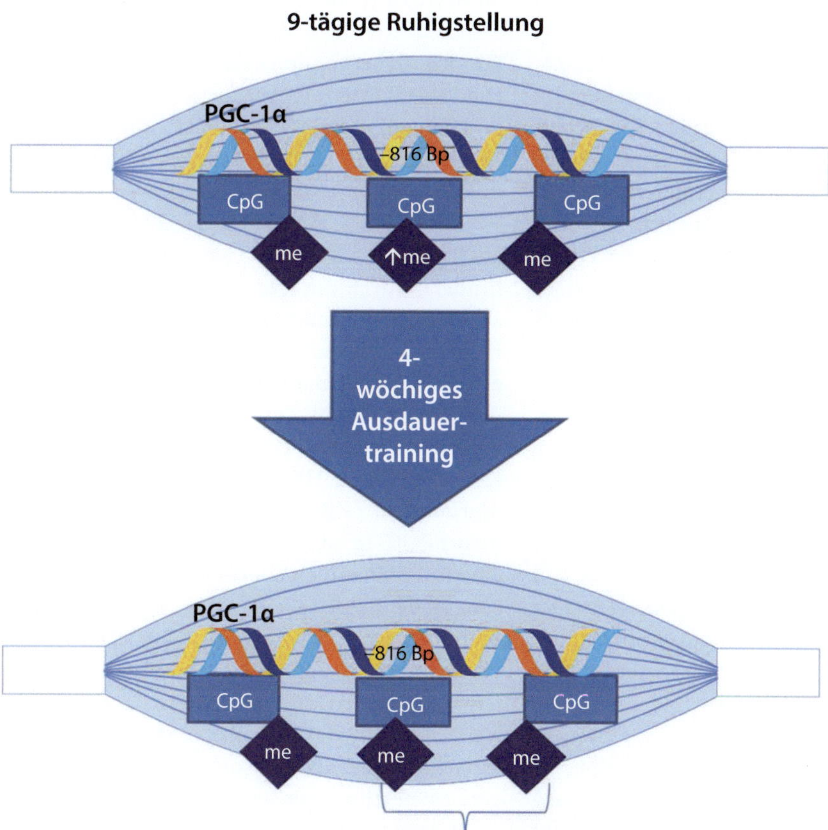

Abb. 18.11 Einfluss von Ruhigstellung und nachfolgendem Ausdauertraining auf die DNA-Methylierung des PPARGC1A [27].

ist erhöht (PGC-1 α: 4-fach). Nach einer Belastung hoher Intensität (80% VO_2peak) ist die Promotormethylierung von PGC-1α, PDK4, MEF2A und des mitochondrialen Transkriptionsfaktors A (TFAM) sofort, die von PPAR-δ nach drei Stunden, reduziert. Diese Verminderung in der DNA-Methylierung steht mit einer erhöhten mRNA-Expression dieser Gene in Verbindung (Vergleiche PGC-1α: 10-fache Erhöhung). Daneben liegt auch eine erhöhte Phosphorylierung von HDAC 4, 5 und 7 vor. Veränderungen der DNA-Methylierung nach einmaliger Belastung stehen in manchen, aber nicht in allen Genen in umgekehrten Zusammenhang mit der Genaktivierung, was auf eine Genspezifität der durch Training hervorgerufenen DNA-Hypomethylierung zurückzuführen ist [28, 29].

Das **GLUT4**-Protein hat eine wichtige Aufgabe im Glukosetransport im Skelettmuskel. Dabei kann durch Training die Transkription des GLUT4-Gens aktiviert und die Präsenz des Proteins im Muskel gesteigert werden. Eine erhöhte Transkription erfolgt aufgrund der Bindung des MEF2 und des GLUT4-Enhancer-Factor (GEF) an Bindungsstellen des GLUT4-Gens. Der durch körperliche Aktivität hervorgerufene Anstieg der GLUT4-Expression wird durch den CaMK-II Signalweg reguliert, der wiederum durch körperliche Aktivität aktiviert wird. In einem Tiermodell konnte nun gezeigt werden, dass sich intermittierendes Training auf die Histonacetylierung innerhalb des Glucosetransporter-4-(GLUT4) Gens und auf die Histonphosphorylierung der Gene der MAPK und der Mitogen- und Stress-aktivierten Proteinkinase 1 (MSK1) und MSK2 im Skelettmuskel auswirkt. Sofort nach dem Training kommt es zu einer Hyperacetylierung von Histonen an der Bindestelle von MEF2 an den GLUT4-Promotor. Eine gesteigerte Acetylierung der Histone bedeutet hier eine leichtere Zugänglichkeit zu den Bindungsstellen an der Promotorregion. Nach einer intermittierenden Trainingsbelastung bei 85% der VO_2max steigt die MAPK- und MSK-Aktivität an, wobei ihr Anstieg bei Untrainierten höher ist als bei Trainierten. Gleichzeitig nimmt sowohl bei Trainierten als auch bei Untrainierten die Histonphosphorylierung zu. In Ruhe ist die Histonphosphorylierung im Skelettmuskel von Hochleistungsathleten leicht höher als bei untrainierten Personen. Die epigenetischen Modifikationen an den Histonen übernehmen somit eine wichtige Funktion in der Steuerung der GLUT4-, der MAPK-, der MSK1- und der MSK2-Genexpression nach einer intermittierenden Belastung [30, 31].

Die Acetylierung bestimmter Histone steht mit der Initiierung der Transkription in Zusammenhang [32, 33]. Obwohl sich die globale Acetylierung nach einer einstündigen Belastung unverändert gegenüber dem Ruheniveau zeigt, ist die Acetylierung von Histonen in Regionen, welche in der Elongation eine Rolle spielen, vor allem in Promotorregionen mit aktiver RNA-Polymerase II erhöht.

Die Histonacetylierung spiegelt das Gleichgewicht zwischen der HAT- und HDAC-Aktivität wieder, wobei eine erhöhte Acetylierung eine Abnahme in der globalen HDAC-Aktivität vermuten lässt. Sofort nach einer einstündigen Belastung zeigt sich kein Unterschied in der globalen HDAC-Aktivität im Skelettmuskel. Die körperliche Aktivität führt zu einem Export von HDAC4 und 5 aus dem Zellkern. Das schließt eine Unterdrückung der Histonacetylierung durch diese beiden Enzyme aus. Die AMP-aktivierte Proteinkinase (AMPK), CaMKII und Proteinkinase D (PKD) sind Enzyme, die in der Modifikation der HDACs Klasse II eine Rolle spielen und den Export aus dem Nucleus herbeiführen [32].

HDAC Klasse II sind im Ruhezustand mit MEF2 am Promotor des GLUT4-Gens verknüpft und verhindern durch die Deacetylierung der Histonschwänze eine Transkription. Die AMPK-vermittelte HDAC5-Serin-Phosphorylierung ist nach Ausdauertraining bei Männern und Frauen erhöht. Durch die HDAC5-Phosphorylierung wird die Freisetzung von HDAC5 im Nucleus aus dem HDAC5-MEF2-Komplex initiiert. HDAC5 wird von MEF2 getrennt und aus dem Zellkern transportiert, es bindet vermehrt PGC-1α an MEF2 [33]. Dies steht in Übereinstimmung mit einer erhöhten Histonacetylierung an der Bindestelle von MEF2 am GLUT4-Gen nach körperlicher Aktivität [30]. Bei einer AMPKα2-Überexpression im trainierten Muskel ist der Proteingehalt von HDAC5 im Zellkern des trainierten Muskels reduziert. Durch die Lockerung der Strukturen um MEF2, dessen Expression zuvor durch das verdichtete Chromatin verhindert worden war, wird eine Interaktion mit Coaktivatoren der Transkription und folglich die Transkriptionsaktivität von MEF2 ermöglicht. Training erhöht den Gehalt von MEF2A im Zellkern und die Bindung von MEF2A an die Bindedomäne des Glut4-Promotors [34, 35].

Epigenetische Mechanismen haben auch eine Bedeutung in der koordinierten Regulation der **MHC- (Myosin Heavy Chain) Gene**. Die spezifische MHC-Expression der vier Isoformen MHC I, MHC IIa, MHC IIx und MHC IIb in den einzelnen Muskelfasertypen ist an Histonmodifikationen der Gene gekoppelt, welche sich dynamisch mit der Ausprägung in schnellen oder langsamen Muskelfasern ändern. Acetylierung und Trimethylierung von Histonen treten verstärkt an aktiven Genen auf [36].

Die differentielle Analyse von Histonmodifikationen der MHC-Gene in M. plantaris (vor allem MHC IIx- und IIb-mRNA exprimiert) und M. solaris (vor allem MHC I-mRNA exprimiert) ergab, dass zum einen Unterschiede im Ausmaß der Acetylierung zwischen den beiden Muskeln bestehen und andererseits eine Ruhigstellung mit einer Deacetylierung am Histon H3 für das MHC-I-Gen einhergeht, was zu einer Herabregulierung der MHC-I-Expression führt. Gleichzeitig kommt es durch die Ruhigstellung zu einer Acetylierung in den Typ IIx und IIb MHCs, was deren Transkription erleichtert und zu einer höheren Expression dieser Gene führt [36]. Somit stimmen die Acetylierungsmuster der Histone mit den MHC-Expressionsprofilen in den Isoformen von MHC überein (◘ Tab. 18.1).

Auch die Expression von Enzymen der Histondeacetylierung unterscheidet sich zwischen den Muskelfasertypen. HDACs Klasse II werden primär in schnellen Muskeln exprimiert, dazu zählen der M. plantaris, der M. extensor digitorum longus und der M. vastus lateralis. Hingegen ist die HDAC-Klasse-II-Expression im langsamen M. soleus nur gering. Bei der Umwandlung von schnellen in langsame Fasern im M. vastus lateralis wird die Expression von Typ-I-MHC mit einer verringerten HDAC-Klasse-II-Expression in Verbindung gebracht. HDAC Klasse II können die Bildung langsamer, oxidativer Muskelfasern durch die Repression der MEF2-Aktivität unterdrücken. Wenn nur eine einzige HDAC fehlt, bestehen keine Anomalitäten. Sind HDAC 4, 5 und 9 nicht vorhanden, kommt es zu einem Anstieg der Expression von oxidativen Typ-I-MHC-Genen im M. soleus. Bei einer Unterdrückung von HDAC5-Targetgenen im M. gastrocnemius und im M. plantaris erfolgt eine Verhinderung der durch Ausdauertraining normalerweise hervorgerufenen Umwandlung schneller in langsame Muskelfasern.

In die Aktivierung von langsamen Muskelfasern sind auch MEF2C und MEF2D eingebunden. Ein Abbau von HDAC Klasse II im langsamen Skelettmuskel könnte durch eine erhöhte Aktivierung von MEF2 die Genexpression langsamer Muskelfasern erhöhen und zu einer Verbesserung der Ausdauerleistung beitragen. Es scheint, dass durch Ausdauertraining über Veränderungen in der Histonacetylierung von Genen, die für die Anpassung des Muskels verantwortlich sind, eine Fasertypenumwandlung in Richtung Typ-I-Muskelfasern erfolgen kann [37].

◘ **Tab. 18.1** Vergleich epigenetischer Modifikationen zwischen M. soleus und M. plantaris bei Ratten (nach [36])

MHC-Gen	Modifikation	M. plantaris vs. M. soelus	Entlasteter M. soleus vs. M. soleus
I MHC	H3-Acetylierung	Stark vermindert ↓↓	Vermindert ↓
	H3K4me3	Stark vermindert ↓↓	Unverändert ↔
	mRNA	Stark vermindert ↓↓	Vermindert ↓
IIa MHC	H3-Acetylierung	Keine Unterschiede ↔	Unverändert ↔
	H3K4me3	Keine Unterschiede ↔	Unverändert ↔
	mRNA	Keine Unterschiede ↔	Stark vermindert ↓↓
IIb MHC und IIx MHC	H3-Acetylierung	Stark erhöht ↑↑	Erhöht ↑
	H3K4me3	Stark vermindert ↓↓	Unverändert ↔
	mRNA	Stark erhöht ↑↑	Erhöht ↑

Genetische Varianten (Polymorphismen) in Enzymen, die die DNA-Methylierung beeinflussen, können auch zu unterschiedlichen Effizienzen in der DNA-Methylierung führen. So zeigt sich, dass bestimmte genetische Varianten in diesen Enzymen in Athleten in unterschiedlicher Häufigkeit im Vergleich zu inaktiven Kontrollpersonen vorkommen. Dies legt eine reduzierte Kapazität für DNA-Methylierungen in Athleten nahe. Interessanterweise ist eine Hypomethylierung auch mit einer schnelleren Differenzierung von Myoblasten in reife Muskelfasern und einer verbesserten Hypertrophie assoziiert. Dies suggeriert, dass eine DNA-Hypomethylierung in Myoblasten zur Förderung des Muskelwachstums und zu einem Anstieg an Muskelmasse beiträgt [38].

18.7 Ausblick zur Bedeutung von Epigenetik im Sport

Die Beeinflussung von verschiedenen epigenetischen Regulationsmechanismen durch körperliche Aktivität ist erst zu einem geringen Teil erforscht [13]. Vor allem die langfristigen Auswirkungen körperlicher Aktivität auf epigenetische Wirkmechanismen im Organismus erscheinen interessant. So gilt es zu untersuchen, inwieweit epigenetische Modifikationen durch körperliche Aktivität langfristig in der Regulation der Expression bestimmter Gene ein Rolle spielen oder ob sie primär in der akuten Anpassung der Genexpression bei körperlicher Aktivität von Bedeutung sind. Ebenso sind weitere Untersuchungen zur DNA-Methylierung in Zusammenhang mit Sport und der Entwicklung von Pathologien wie Krebs oder Diabetes mellitus Typ 2 durchzuführen. Möglicherweise wirken sich bestimmte Aktivitätsformen über epigenetische Mechanismen besonders positiv auf den Krankheitsverlauf aus. Insofern könnte die Epigenetik zur Erklärung der gesundheitsfördernden Wirkung und der gezielten Erstellung von Bewegungsprogrammen von großer Bedeutung sein. Es ist nicht auszuschließen, dass zur Unterstützung medizinischer Behandlungen körperliche Aktivitäten zielgerichtet bei Krebserkrankungen angewendet werden, um bestimmte Gene zu regulieren [13].

Die Rolle der Epigenetik in der Regulation von Genen, welche in die Plastizität der Skelettmuskulatur involviert sind, ist noch unklar. Zu klären gilt, ob die epigenetische Regulation in die Ausbildung von Muskelphänotypen mit pathologischen Ausprägungen wie Muskelatrophie im Alter, Muskeldystrophien oder Herzmyopathien involviert ist [39].

Zum aktuellen Zeitpunkt liegen nur Vermutungen über eine Vererbbarkeit bestimmter epigenetischer Marker im Chromatin im Zusammenhang mit Sport von einer Generation auf die nächste vor. Wie stark eine durch Training erworbene sportliche Leistungsfähigkeit bei Spitzenathlet/innen von einer Generation auf die nächste über epigenetische Mechanismen vererbt werden kann und ob eine epigenetische Adaptation an bestimmte Reize erfolgen kann, ist noch ungeklärt. Ein zu berücksichtigender Aspekt scheint die Phase der Beeinflussung von außen zu sein. Ob bestimmte Phasen im Leben der Eltern oder während der Schwangerschaft der Mutter sich besonders prägend auf epigenetisch veränderte Genexpressionsmuster auswirken, ist sowohl aus sportlicher wie aus allgemein gesundheitlicher Perspektive von Interesse.

Bisher werden primär Auswirkungen von Ausdauersport auf epigenetische Mechanismen untersucht, jedoch sollten in Zukunft auch Krafttraining, Koordinationstraining oder Schnelligkeitstraining miteinbezogen werden, da diese Fragen noch weitgehend unbeantwortet sind. Hier stellt sich auch die Frage, ob epigenetische Mechanismen auch im Bereich des concurrent Trainings, also der unmittelbaren Hintereinanderausübung von Kraft- und Ausdauertraining, eine Auswirkung auf die Anpassung haben.

Die angeführten Fragen sind nur einige Aspekte, welche sich durch die Epigenetik in der Sportwissenschaft eröffnen und für die Trainingsgestaltung, aber auch in der Prävention oder Minderung von Krankheiten eine Rolle spielen. In jedem Fall bleibt dieses Feld auch für die Zukunft hoch spannend, da die Epigentik im direkten Zusammenspiel zwischen Genotyp und Phänotyp liegt [40].

18

Literatur

[1] Kaliman P, Parrizas M, Lalanza JF, Camins A, Escorihuela RM, Pallas M (2011) Neurophysiological and epigenetic effects of physical exercise on the aging process. Ageing Res Rev. doi:10.1016/j.arr.2011.05.002

[2] Rupert JL (2003) The search for genotypes that underlie human performance phenotypes. Comp Biochem Physiol A Mol Integr Physiol 136 (1):191–203

[3] Bouchard C, An P, Rice T, Skinner JS, Wilmore JH, Gagnon J et al. (1999) Familial aggregation of VO(2max) response to exercise training: results from the HERITAGE Family Study. J Appl Physiol 87 (3):1003–1008
[4] Ehlert T, Simon P (2011) Genetik und Epigenetik der körperlichen Leistungsfähigkeit. Deutsche Zeitschrift für Sportmedizin 62 (4):86–91
[5] Bouchard CB, S.N.; Haskell, W.L. (2012) Physical Activity and Health. 2nd Edition edn. Human Kinetics,
[6] Sanchis-Gomar F, Garcia-Gimenez JL, Perez-Quilis C, Gomez-Cabrera MC, Pallardo FV, Lippi G (2012) Physical exercise as an epigenetic modulator: eustress, the „positive stress" as an effector of gene expression. J Strength Cond Res 26 (12):3469–3472. doi:10.1519/JSC.0b013e31825bb594
[7] Ren H, Collins V, Clarke SJ, Han JS, Lam P, Clay F et al. (2012) Epigenetic changes in response to tai chi practice: a pilot investigation of DNA methylation marks. Evid Based Complement Alternat Med 2012:841810. doi:10.1155/2012/841810
[8] Parnpiansil P, Jutapakdeegul N, Chentanez T, Kotchabhakdi N (2003) Exercise during pregnancy increases hippocampal brain-derived neurotrophic factor mRNA expression and spatial learning in neonatal rat pup. Neurosci Lett 352 (1):45–48
[9] Bilang-Bleuel A, Ulbricht S, Chandramohan Y, De Carli S, Droste SK, Reul JM (2005) Psychological stress increases histone H3 phosphorylation in adult dentate gyrus granule neurons: involvement in a glucocorticoid receptor-dependent behavioural response. Eur J Neurosci 22 (7):1691–1700. doi:10.1111/j.1460-9568.2005.04358.x
[10] Fischer A, Sananbenesi F, Wang X, Dobbin M, Tsai LH (2007) Recovery of learning and memory is associated with chromatin remodelling. Nature 447 (7141):178–182. doi:10.1038/nature05772
[11] Collins A, Hill LE, Chandramohan Y, Whitcomb D, Droste SK, Reul JM (2009) Exercise improves cognitive responses to psychological stress through enhancement of epigenetic mechanisms and gene expression in the dentate gyrus. PLoS One 4 (1):e4330. doi:10.1371/journal.pone.0004330
[12] Gomez-Pinilla F, Zhuang Y, Feng J, Ying Z, Fan G (2011) Exercise impacts brain-derived neurotrophic factor plasticity by engaging mechanisms of epigenetic regulation. Eur J Neurosci 33 (3):383–390. doi:10.1111/j.1460-9568.2010.07508.x
[13 Bloch W, Zimmer P (2012) Epigenetik und Sport. Deutsche Zeitschrift für Sportmedizin 63 (6):163–167
[14] Elsner VR, Lovatel GA, Bertoldi K, Vanzella C, Santos FM, Spindler C et al. (2011) Effect of different exercise protocols on histone acetyltransferases and histone deacetylases activities in rat hippocampus. Neuroscience 192:580-587. doi:10.1016/j.neuroscience.2011.06.066
[15] Bryan AD, Magnan RE, Hooper AE, Harlaar N, Hutchison KE (2012) Physical Activity and Differential Methylation of Breast Cancer Genes Assayed from Saliva: A Preliminary Investigation. Ann Behav Med. doi:10.1007/s12160-012-9411-4
[16] Zeng H, Irwin ML, Lu L, Risch H, Mayne S, Mu L et al. (2011) Physical activity and breast cancer survival: an epigenetic link through reduced methylation of a tumor suppressor gene L3MBTL1. Breast Cancer Res Treat. doi:10.1007/s10549-011-1716-7
[17] Coyle YM, Xie XJ, Lewis CM, Bu D, Milchgrub S, Euhus DM (2007) Role of physical activity in modulating breast cancer risk as defined by APC and RASSF1A promoter hypermethylation in nonmalignant breast tissue. Cancer Epidemiol Biomarkers Prev 16 (2):192–196. doi:10.1158/1055-9965.EPI-06-0700
[18] Nakajima K, Takeoka M, Mori M, Hashimoto S, Sakurai A, Nose H et al. (2010) Exercise effects on methylation of ASC gene. Int J Sports Med 31 (9):671–675. doi:10.1055/s-0029-1246140
[19] Yuasa Y, Nagasaki H, Akiyama Y, Hashimoto Y, Takizawa T, Kojima K et al. (2009) DNA methylation status is inversely correlated with green tea intake and physical activity in gastric cancer patients. Int J Cancer 124 (11):2677–2682. doi:10.1002/ijc.24231
[20] Hughes LA, Simons CC, van den Brandt PA, Goldbohm RA, de Goeij AF, de Bruine AP et al. (2011) Body size, physical activity and risk of colorectal cancer with or without the CpG island methylator phenotype (CIMP). PLoS One 6 (4): e18571. doi:10.1371/journal.pone.0018571
[21] Slattery ML, Curtin K, Sweeney C, Levin TR, Potter J, Wolff RK et al. (2007) Diet and lifestyle factor associations with CpG island methylator phenotype and BRAF mutations in colon cancer. Int J Cancer 120 (3):656–663. doi:10.1002/ijc.22342
[22] Slattery ML, Curtin K, Wolff RK, Herrick JS, Caan BJ, Samowitz W (2010) Diet, physical activity, and body size associations with rectal tumor mutations and epigenetic changes. Cancer Causes Control 21 (8):1237–1245. doi:10.1007/s10552-010-9551-4
[23] Zhang FF, Cardarelli R, Carroll J, Zhang S, Fulda KG, Gonzalez K et al. (2011) Physical activity and global genomic DNA methylation in a cancer-free population. Epigenetics 6 (3):293–299
[24] Ling C, Groop L (2009) Epigenetics: a molecular link between environmental factors and type 2 diabetes. Diabetes 58 (12):2718–2725. doi:10.2337/db09-1003
[25] Nitert MD, Dayeh T, Volkov P, Elgzyri T, Hall E, Nilsson E et al. (2012) Impact of an exercise intervention on DNA methylation in skeletal muscle from first-degree relatives of patients with type 2 diabetes. Diabetes 61 (12):3322–3332. doi:10.2337/db11-1653
[26] Zhou Q, Leeman SE, Amar S (2011) Signaling mechanisms in the restoration of impaired immune function due to diet-induced obesity. Proc Natl Acad Sci U S A 108 (7):2867–2872. doi:10.1073/pnas.1019270108
[27] Alibegovic AC, Sonne MP, Hojbjerre L, Bork-Jensen J, Jacobsen S, Nilsson E et al. (2010) Insulin resistance induced by physical inactivity is associated with multiple transcriptional changes in skeletal muscle in young men. Am J Physiol Endocrinol Metab 299 (5):E752–763. doi:10.1152/ajpendo.00590.2009

[28] Barres R, Yan J, Egan B, Treebak JT, Rasmussen M, Fritz T et al. (2012) Acute exercise remodels promoter methylation in human skeletal muscle. Cell Metab 15 (3):405–411. doi:10.1016/j.cmet.2012.01.001

[29] Egan B, Carson BP, Garcia-Roves PM, Chibalin AV, Sarsfield FM, Barron N et al. (2010) Exercise intensity-dependent regulation of peroxisome proliferator-activated receptor coactivator-1 mRNA abundance is associated with differential activation of upstream signalling kinases in human skeletal muscle. J Physiol 588 (Pt 10):1779–1790. doi:10.1113/jphysiol.2010.188011

[30] Smith JA, Kohn TA, Chetty AK, Ojuka EO (2008) CaMK activation during exercise is required for histone hyperacetylation and MEF2A binding at the MEF2 site on the Glut4 gene. Am J Physiol Endocrinol Metab 295 (3):E698–704. doi:10.1152/ajpendo.00747.2007

[31] Yu M, Stepto NK, Chibalin AV, Fryer LG, Carling D, Krook A et al. (2003) Metabolic and mitogenic signal transduction in human skeletal muscle after intense cycling exercise.
J Physiol 546 (Pt 2):327–335

[32] McGee SL, Fairlie E, Garnham AP, Hargreaves M (2009) Exercise-induced histone modifications in human skeletal muscle. J Physiol 587 (Pt 24):5951–5958. doi:10.1113/jphysiol.2009.181065

[33] McGee SL, Hargreaves M (2004) Exercise and myocyte enhancer factor 2 regulation in human skeletal muscle. Diabetes 53 (5):1208–1214

[34] Vissing K, McGee SL, Roepstorff C, Schjerling P, Hargreaves M, Kiens B (2008) Effect of sex differences on human MEF2 regulation during endurance exercise. Am J Physiol Endocrinol Metab 294 (2):E408–415. doi:10.1152/ajpendo.00403.2007

[35] Gong H, Xie J, Zhang N, Yao L, Zhang Y (2011) MEF2A Binding to the Glut4 Promoter Occurs via an AMPKalpha2-Dependent Mechanism. Med Sci Sports Exerc 43 (8):1441–1450. doi:10.1249/MSS.0b013e31820f6093

[36] Pandorf CE, Haddad F, Wright C, Bodell PW, Baldwin KM (2009) Differential epigenetic modifications of histones at the myosin heavy chain genes in fast and slow skeletal muscle fibers and in response to muscle unloading. Am J Physiol Cell Physiol 297 (1):C6–16. doi:10.1152/ajpcell.00075.2009

[37] Potthoff MJ, Wu H, Arnold MA, Shelton JM, Backs J, McAnally J et al. (2007) Histone deacetylase degradation and MEF2 activation promote the formation of slow-twitch myofibers. J Clin Invest 117 (9):2459–2467. doi:10.1172/jci31960

[38] Terruzzi I, Senesi P, Montesano A, La Torre A, Alberti G, Benedini S et al. (2011) Genetic polymorphisms of the enzymes involved in DNA methylation and synthesis in elite athletes. Physiol Genomics 43 (16):965–973. doi:10.1152/physiolgenomics.00040.2010

[39] Zwetsloot KA, Laye MJ, Booth FW (2009) Novel epigenetic regulation of skeletal muscle myosin heavy chain genes. Focus on „Differential epigenetic modifications of histones at the myosin heavy chain genes in fast and slow skeletal muscle fibers and in response to muscle unloading". Am J Physiol Cell Physiol 297 (1):C1–3. doi:10.1152/ajpcell.00176.2009

[40] Bird A (2007) Perceptions of epigenetics. Nature 447 (7143):396–398. doi:10.1038/nature05913

Serviceteil

Stichwortverzeichnis – 464

N. Bachl, H. Löllgen, H. Tschan, H. Wackerhage, B. Wessner (Hrsg.),
Molekulare Sport- und Leistungsphysiologie,
https://doi.org/10.1007/978-3-7091-1591-6

Stichwortverzeichnis

α-Motoneuron 130
17ß-Östradiol 252–253, 257
17ß-Östradiols 249

A

ACE-Gen 432
Acetylcholin 131
Acetylcholinrezeptor 48
Acetylierung 20, 22
Achillessehne 157, 159–162
ACTH 237
Actinin-3 433
ACTN3 32
ACTN3-Polymorphismus 422
ActRIIB 185
Adenin 4
Adenosine Monophosphate 379
Adenosinmonophosphatdeaminase 435
Adenosintriphosphat 333
Adipokine 379
Adiponectin 379
Adipositas
- sarkopenische 365
Adrenalin 236
Adrenorezeptorgen 436
Aggrecan-Polymorphismus 152
Agonist 133
Akt 310
Akt/mTOR 200
Akt/PKB-Signalweg 182
Aktin 115
Akute-Phase-Proteine 267
Akute-Phase-Reaktion 272
Allel 15
Allelfrequenz 19
Allelie
- multiple 15
Alpha-Actinin 3 255
Alter
- biologisches 358
- chronologisches 358
Amine
- biogene 236
Aminosäuren 324, 331
AMP-Konzentration 311
AMPK 113, 183, 295, 311, 338
Anaphase 13
Androgen-Rezeptor-Gen 434
Androgene 239
Angina pectoris 86
Angiogenese 64, 135, 185, 298
Angiotensin Converting Enzyme 253
Angiotensin II 69, 237
Angiotensin-Converting-Enzym-Gen 432
Angiotensin-konvertierendes Enzym 253
Antagonist 133
antegrad 134
antigen-presenting cells 273
Antikörper 267
Apolipoprotein 409
Apoptose 376
Arginin-Methylierung 23
ARII 185
Asporin 153
Ataxie 86
ATP 298
Atrophie 190
Ausdauerbelastung 200
Ausdauertraining 201
Ausprägung 14
autokrin 46
Autophagie 39, 112, 285, 310
- Chaperon-vermittelte 39
Aveolen 61

B

Bandgewebe 212
BDNF 189
Biogenese 125
BISC 188
BMP 188
BMP-2 188
Bone Morphogenetic Protein 14 161
Bradykardie 401
Brain Derived Neurotrophic Factor 259
brain derived neutrophic factor 450
Bronchuskarzinom 375
Brustkrebs 452
Burst
- oxidativer 270

C

C2C12-Zellkultur 110
Calcitonin 243
Capping 30
Cathepsin 38
Caveolin-3 110
cellular senescence 361
Centrosomen 13
CGRP 134, 302
Chemorezeptor 83
Chlorid 329
Chondrozyten 142
Chromatid 7
Chromatin 7
Chromatin-Remodeling 20, 24, 35
Chromosom 7
Chromosomenmutation 17
chronic low-grade inflammation 361
Co-Aktivierung 133
Code
- genetischer 17, 32
Codominanz 15
Codon 32
Cohäsins 13
COL11A1-Gen 153
COL1A1-Gen 156
COL5A1-Gen 157, 159–161
Concurrent Training 185
Corticosteroide 185
Cortisol 47, 258
Cox2 111
CpG-Insel 452
cross education 134
Crossing-over 13
Cyanose 86
Cytochrom-P450-Reduktase 251
Cytokinese 13
Cytoplasma 114
Cytosin 4
Cytosol 68

D

Damage-and-Error-Theorie 360
Deacetylierung 22
Dehydration 323
delayed onset muscle soreness 281
Deletion 17
Demethylierung 23
Desmoglobin-2 405
Desmoplakin 405
Detraining 295
DHEAS 258
Dilatation 96
diploid 13
Diseasome 202
Diskopathie 162
DNA 298

- chromosomale 7
- mitochondriale 7, 9
DNA-Helikase 10
DNA-Ligase 10
DNA-Methylierung 20, 35
DNA-Polymerase 10
DNA-Sequenzvariationen 423
DNA-Struktur 4
dominant 15
Dominanz
- unvollständige 15
DOMS 281
Drift
- epigenetischer 361
- genetischer 19
Dynapenie 364
Dyspnoe 86

E

Effektorprotein 51
EGF 188
EIAH 302
Eikosanoide 336
Einzelnukleotid-Polymorphismus 424
Eisen 330
Eiweißkatabolismus 332
Elongation 34
endokrin 46
Endometriumkarzinom 375
Endomysium 114
Endothelin 69
Endotoxin 284
Energiezufuhr 336
Enhancer 29
Entzündung
- niedriggradige 361
Epigenetik 100
ER-Kinase 110
Erythropoietin 300
Erythrozyten 300
Erythrozytengehalt 293
Estradiol 240
Estrogen-Rezeptor-Gen-Polymorphismus 150
Evolution 17
Exon 29
Extrapolierung 83
Exzisionsreparatur 17

F

FABPpm 341
FAK 110, 196
Fasciculus 114
Faser
- elastische 143
- kollagene 142
FAT/CD36 341
Fatigue 380
Fehlpaarungskorrektur 17
Fette 323, 326
Fettoxidation 333
Fettsäuren 326
Fettsäureoxidation 339
Fettsäuretranslokase 341
Fettsäurezufuhr 327
Fettstoffwechsel 339
Fettstoffwechseladaption 340
FGF 185
Fibroblast 108
Fibroblasten 98
Fibronectin 69
Fibrozyten 142
FLT1 186
Flüssigkeitszufuhr 323
Focal-Adhesion-Kinase (FAK) 182
Follistatin 200, 254
FoxO 182
FRS2α 185
Fruktose 325

G

G-Protein 51
G-Proteine 311
GABA-Rezeptor 259
Gamet 13
Gap junction 73
Gap-Phase 10
GDF 189
GDF-5 209
GDF-8 199, 210
Gen 7, 15
Genesilencing 23
Genfluss 19
Genloci 69
Genom 4, 15
- mitochondriales 16
Genotyp 15
Genotypfrequenz 19
Genpool 19
Gestagen 241
Gewebeverletzung 188
GH-IGF-1-Achse 146
Ghrelin 245
Glaucom 252
Glukokortikoide 237
Glukose 325, 333
Glukosezufuhr 331
GLUT-4 339
GLUT4 458
Glutamin 332
Glykämischer Index 326
Glykogen 311, 333
Glykogenspeicher 337
Glykogensynthasekinase 3β (GSK3β) 182
Glykoprotein 143
Glykosaminoglykane 151
Glykosaminoglykanen 145
Glykosilierung 34
gp130 187
Granulozyten 268
growth hormone (GH) 110
Guanin 4
gut-associated lymphoid tissue 275

H

H-Reflex 132
H2O2 297
Hämatokrit 300
Hämoglobingehalt 293
- des Blutes 300
haploid 13
Hardy-Weinberg-Gleichgewicht 19
Hayflick Limit 9
Hayflick-Limit 360
Hemmung
- präsynaptische 132
Herzautomatie 76
heterozygot 15
HIF-1 297
Hippocampus 449
Histon 7, 22, 100
Histon-Arginin-Methyltransferase 23
Histon-Code 21
Histon-Lysin-Methyltransferase 23
Histonacetylierung 22
Histonacetyltransferase 22
Histondeacetylase 22
Histondemethylase 22–23
Histonkinase 22
Histonmethyltransferase 22
Histonmodifikation 20–21
Histonphosphatase 22
Histonphosphorylierung 22
Hitzeschockprotein 281
Hochregulierung
- transkriptionelle 295
homozygot 15
Hormondoping 248
Hormone 230
HSL 342
Hyperandrogenämie 253
Hyperplasie 306–307
Hypertrophie 190, 306, 308

Hypertrophietraining 201
Hypoglykämie 337
Hypothalamus-Hypophysensystem 232
Hypothyreoidismus 247
Hypoxie-induzierbarer-Faktor 1 430

I

ICD-Implantation 397
IgA 279
IGF 178
IGF-1 111, 191, 311
IGF-1-Akt-mTOR-Signalweg 365
IGF-1Ec 194
IGF-2 199
IGFBP 191
IGFBP5 182
IL-6 280
Immunoglobuline 279
Immunsystem
– angeborenes 267
– erworbenes 267
– mukosales 279
Imprinting
– genomisches 35
Inflammageing 361
Initiation 33
Insertion 17
Insulin 243, 311
Insulinrezeptor 49
Integrin 110
Integrin β1D 110
Interphase 10
Interzellularraum 142
Intron 29
Ionenkanalrezeptor 48
IRS 183, 311
Ischämiephasen 409

J

JAK1 187
JAK2 187
Janus-Kinase 51
JNK 114, 182
Jod 331

K

Kalium 329
Kalzium 329
Kardiomyopathie 393
Katecholamin 236, 339
Katecholamine 61
Kathecholamine 342
KDR 186
Killerzellen
– natürliche 270
Knochen 140, 205
Knochengewebe 213
Knochenmasse 149
Knochenmineraldichte 148–149
Knochenmineralgehalt 148
Knorpel 140, 205
– bindegewebige 151
– elastische 151
– faserige 151
– hyaline 151
Knorpelgewebe 206, 213
Kohlenhydrate 322, 325, 333
Kohlenhydratladen 337
Kohlenhydratstoffwechsel 338
Kohlenhydratzufuhr 337
Kollagen 69
Kollagen Typ I 143
Kollagen Typ II 143
Kollagen Typ III 143
Kollagen Typ IV 143
Kollagen Typ V 143
Kollagen-Typ-I-alpha-Polymorphismus 149
Kollagen-Typ-II-alpha-Polymorphismus 152
Kollagenbildung 145
Kollagenfaser 142
Kollagenhelix 144
Kollagenpolymorphismus 156
Kollagensynthese 155, 209
Kolonkarzinom 375
Komplementsystem 267
Kopplung 16
Kortisol 237
Kortisol-bindendes Globulin (CBG) 238
Krafttraining 200
Kreatin 368
Kreatinphosphat 333
Kreuzband
– vorderes 157

L

Laktatutilisation 84
Laktose 326
Leptin 244, 379
Leucin 368
Leuzin 346
LIF 186
Ligand 46
Linolensäure 231
Lipase
– Hormon-sensitive 342
Lipid Mobilizing Factor 384
LQT-Syndrom 393
Lymphozyten 269
Lysin-Methylierung 23

M

Magnesium 329
Magnetstimulation
– transkranielle 133
Makroautophagie 39
Makromolekül 117
Mammakarzinom 375
mammalian Target of Rapamycin 310
MAPK 338
Mastzellen 269
Matrix 145
Matrix-Metalloprotease-12-Expression 212
Mechano Growth Factor 180
Mechanorezeptor 83, 311
Mechanotransduktion 68, 195
Mediastinum 67
Meiose 10
Melanozyten-stimulierendes Hormon (MSH) 234
Membranrezeptor 46
Mesoangioblast 111
Messenger
– sekundärer 51
Messenger RNA 29
Metaphase 13
Methylierung 20, 23, 100
Methylierung von DNA 108
Methylierungszustand 452
MGF 178
MHC-Expression 459
microRNA 36
Mikroautophagie 39
Mikrofibrille 154
Mikrokerne 361
Mineralkortikoide 237
Mineralstoffe 328
Mitochondriogenese 99
Mitochondrium 125
Mitose-Phase (M) 10
MKK 188
MMP3-Gen 159, 161
Monozyten 269
MRF 197
Mrf4 108
mRNA 295, 313
mTOR 182, 310, 346
mTOR-Komplexe 311
mTOR-Signalweg 311
mTORC1 182, 311
mTORC2 311

Muskelatrophie 182
Muskelatrophie F-box (MAFbx) 182
Muskeldystrophie 201
Muskelerkrankung
- dystrophe 195
Muskelglykogen 338
Muskelproteinsynthese 346
Muskelringfinger 1 (MuRF1) 182
Mutation 16
Myf5 108
Myf6 108
MyoA 108
MyoB 108
Myoblast 108
MyoC 108
MyoD 108, 110
Myogenese 106, 108
Myogenic Regulatory Factor 108
Myogenin 108
Myokin 100
Myokine 365
MyomiR 37
Myosin 115
Myostatin 185, 210, 254, 313
Myostatin-Smad 312
Myostatin-Smad2/3-Signalweg 365
Myozytenmembran 398

N

Nahrungsergänzungsmittel 347
Natrium 329
Neuroplastizität 449
NF-kappaB 114
NFAT 110
NFκB 364
NO-Synthase 250, 393
Noradrenalin 236
Nukleosom 7, 100
Nukleotid 4

O

Okazaki-Fragmente 10
Old-age dependency ratio 358
ONOO- 297
Osteoblasten 147
Osteoklasten 147
Osteozyten 142, 147
Östradiol 240, 261
Östrogen 240
Ovarialkarzinom 376
Overtraining Syndrom (OTS) 247
Oxytocin 258

P

parakrin 46
Parathormon (PTH) 242
PARP1 114
Partikelhypothese 15
PDGF 187
PDH 343
PDK1 182, 311
Peptid
- natriuretisches 246
Perimysium 114
Perizyte 111
Peroxisom-Proliferator-aktivierter Rezeptor 341
Peroxisomenoxidation 432
Peroxisomproliferator-aktivierter Rezeptor-alpha 432
PGC-1α 295, 457
PGC1α 183, 185
PGF2α 69
Phagozytose 270
Phänotyp 15
Phenylephrin 69
PHK 343
Phosphat 330
Phosphatase 22
Phospholipide 311
Phosphorylierung 20, 22, 34
PI-3-Kinase 182
PI3K 311
PI3K-Akt-Signalkette 182
PIF 384
PKB 310
PKB/Akt 311
Plakoglobin 405
Plakophilin-2 405
Pleiotropie 16
Poly-A-Schwanz 30
Polygenie 16
Polymorphismus 16
Polypeptid 32
Polysaccharid 326
Populationsgenetik 19
Potenzierung
- synaptische 135
PPAR 341
PPAR-System 297
PRAS40 311
Primärstruktur 35
Progesteron 241, 256, 258, 260
Programmtheorie 360
Prokollagen-mRNA 145
Prolaktin 234
Prometaphase 13
Promotor 29
Prophase 13
Prostatakarzinom 375
Protease 38, 64
Protein 32, 322
- C-reaktives 272
- Fettsäure-bindendes 341
Proteinkinase 48, 63, 110
Proteinphosporylierung 311
Proteinsynthese 309
Proteinsyntheserate
- myofibrilläre 200
Proteinzufuhr 347
Proteoglykane 61, 151, 154
Proteolyse 34
Proteolysis Inducing Factor 384
PRP 210
PTEN 183
Pulmonalvenenablation 98, 401
Punktmutation 17
Pyruvatdehydrogenase-Kinase 343
Pyruvatdehydrogenase-Komplex 343

Q

Quartärstruktur 35

R

Rag Family of GTPasis 182
Rapamycin 310
Raptor 182
Ras-ERK 182
RAS/MAP-Kinase-Signalweg 185
Reactive Oxygen Specie 378
Redundanz 32
Refraktärperiode 398
Releasefaktor 34
Renin-Angiotensin-Aldosteron-System 245
Renin-Angiotensin-Aldosterone 71
Reperfusion 409
Replikation
- semikonservative 10
Repolarisation 397
Respiratory Compensation Threshold 85
Rezeptor
- enzymgekoppelter 48
- zytoplasmatischer 46
rezessiv 15
Rheb mTORC1 311
Rhyanodinrezeptor 75
Rhythmik
- zirkadiane 232
ribosomale RNA 29, 33
Ribosomen 311
RIP1 114

RNA Editierung 30
ROS 297, 378
RT-PCR 313
RTK 186

S

Saccharose 325
Sarkolemm 114
Sarkolemm-Ionenkanal 68
Sarkomer 115
Sarkopenie 201, 364
Sarkoplasma 114
Satellitenzelle 106, 108
Satellitenzellen 194, 365
Sauerstoffradikale 362
Schilddrüsenhormon 235
Sehnen 140
Sehnengewebe 212
Sehnenverletzungen 213
Sekundärstruktur 35
Selektion
- disruptive 18
- gerichtete 18
- natürliche 18
- sexuelle 18
- stabilisierende 18
Selen 330
Sequenzhypothese 28
Ser473 182
Serin-/Threoninkinaseaktivität 50
Sexualhormone 238
Shc-Protein 182
Signalkaskade 51
Signalkette 178
Signaltransduktion 63, 344
Signalwege 178
Silencer 29
silent period 133
Single Nucleotide Polymorphismus 16
Skelettmuskelgewebe 212
ski 313
Smad 50
SMAD 185
SNAP-25 134
sno 313
Spaltungsregel 15
Spindelapparat 13
Spliceosom 30
Splicing 30
- alternatives 30
Stammzellen
- hämapoetische 267
STAT1 187
Steroide
- anabole androgene 248
Steroidhormon 237
Stickstoffbilanz 331
Stickstoffhomöostase 331
Stickstoffmonoxid-System 249
Substitution 17
Switch
- binärer 24
Symbiontenhypothese 9
Sympathikus 76
Synaptogenese 135
Synkope 405
Synthese-Phase 10

T

Telomer 8
Telomerase 360
Telomere 360, 409
Telophase 13
Tenascin-C-Gen 159
Tenocyten 212
Tenozyte 154
Termination 34
Terminator 29
Tertiärstruktur 35
Testosteron 237, 239, 255
Tetrade 13
TGF-β 186, 188
TGF-β-Rezeptor 50
TGF-β-Rezeptorfamilie 47
tHb-mass 301
Thrombin 69
Thrombozyten 269
Thymin 4
Thymus 360
Thyreotropin-Releasing-Hormo 233
TNC-Gen 160
TNFα 183
Toll-like Rezeptor (TLR) 272
Tonus
- sympathischer 300
Transfer RNA 29, 33
Transforming Growth Factor 161
Transkription 28, 178
Transkriptionsfaktor 432
Transkriptionsfaktoren 36
Translation 28, 33, 178
Triglycerid
- intramuskuläres 342
Triglyzeride 335
Troponin C 75
Troponinkomplex 131
TSC2 183, 311
Tumorentstehung 452
Tumornekrosis-Faktor α (TNFα) 182
TWEAK 183
Typ-I-Kollagen 153–154
Tyrosinkinase 50

U

Ubiquitin 382
Ubiquitin-Ligase 39
Ubiquitin-Proteasom-System 38, 382
Uhr
- biologische 360
- epigenetische 361
Unabhängigkeitsregel 15
Underperformance Syndrom (UPS) 247
Uniformitätsregel 15
upper respiratory symptoms 282
upper respiratory tract infection 282

V

Vagotonus 91, 96
Vagusentzug 82
Vaskulogenese 64
Vasopressin 246
VEGF 186, 297
VEGFR1 186
Vererbung
- geschlechtsgekoppelte 16
Verletzungen 212
Vermischungshypothese 14
Vitamin D 242, 369
Vitamin-D-Rezeptoren-Polymorphismus 149
Vitamine 328
Vitaminsubstitution 328
VO2max 293

W

Wachstumsfaktoren 173, 212, 311
Wachstumsfaktorrezeptor 47
Wachstumshormon (GH) 234, 248
Wertigkeit
- biologische 324

Z

Zellen
- dendritische 269
Zellzyklus 10
zentrales Dogma der Molekularbiologie 28
Zentromer 8
Zink 330

Zygote 13
Zysterne 75
Zytokin 50, 269
– anti-inflammatorisches 280
– pro-inflammatorisches 280
Zytokine
– pro-inflammatorische 361
Zytokinrezeptor 47, 50

MIX
Papier aus verantwortungsvollen Quellen
Paper from responsible sources
FSC® C105338

If you have any concerns about our products,
you can contact us on
ProductSafety@springernature.com

In case Publisher is established outside the EU,
the EU authorized representative is:
Springer Nature Customer Service Center GmbH
Europaplatz 3, 69115 Heidelberg, Germany

Printed by Libri Plureos GmbH
in Hamburg, Germany